集成电路制造设备零部件归类指南

温朝柱　史芳婷　蒋耘弈◎编著

中国海关出版社有限公司
·北京·

图书在版编目（CIP）数据

集成电路制造设备零部件归类指南 / 温朝柱，史芳婷，蒋耘弈编著 . —北京：中国海关出版社有限公司，2023.1

ISBN 978-7-5175-0624-9

Ⅰ.①集… Ⅱ.①温… ②史… ③蒋… Ⅲ.①集成电路工艺—零部件—分类—指南 Ⅳ.①TN405-62

中国版本图书馆 CIP 数据核字 (2022) 第 253769 号

集成电路制造设备零部件归类指南

JICHENG DIANLU ZHIZAO SHEBEI LINGBUJIAN GUILEI ZHINAN

作　　者：温朝柱　史芳婷　蒋耘弈

责任编辑：熊　芬

出版发行：中国海关出版社有限公司

社　　址：北京市朝阳区东四环南路甲 1 号　　邮政编码：100023

编 辑 部：01065194242-7528（电话）

发 行 部：01065194221/4238/4246/5127（电话）

社办书店：01065195616（电话）

https://weidian.com/?userid=319526934（网址）

印　　刷：北京铭成印刷有限公司　　经　　销：新华书店

开　　本：787mm × 1092mm　1/16

印　　张：19　　字　　数：390 千字

版　　次：2023 年 1 月第 1 版

印　　次：2023 年 1 月第 1 次印刷

书　　号：ISBN 978-7-5175-0624-9

定　　价：78.00 元

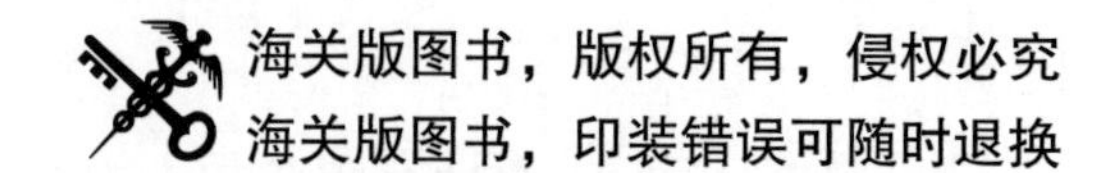

序言一

受益于5G商用化、物联网、人工智能、汽车电子、云计算、大数据等技术应用为代表的快速发展，集成电路作为信息技术的核心基础，其重要性日益凸显。

同时，集成电路产业作为国家“十四五”规划中具有前瞻性、战略性的国家重大科技项目之一，是新一轮科技革命和产业变革的关键力量；作为国民经济和国家安全中基础性、关键性和战略性的产业，我国相继出台了多项政策支持集成电路产业的发展。如国家发展改革委等五部门联合印发《关于做好2022年享受税收优惠政策的集成电路企业或项目、软件企业清单制定工作有关要求的通知》（发改高技〔2022〕390号），对集成电路生产相关企业给予进口税收优惠等政策倾斜，促进集成电路产业迎来政策发展新机遇。

根据中国半导体行业协会统计，2021年中国集成电路产业规模（不包含港澳台地区数据）为10458.3亿元，同比增长18.2%。相对于全球集成电路产业规模，中国集成电路产业规模呈现快速上升的趋势，2018—2021年中国集成电路产业规模年复合增长率达到17%。

支撑着全球上万亿元的电子软硬件大生态的半导体设备是半导体行业的基石。以半导体产业链中技术难度最高、附加值最大、工艺最为复杂的集成电路制造为例，应用于集成电路领域的设备通常可分为前道工艺设备和后道工艺设备两大类。前道工艺设备主要包括薄膜沉积设备、光刻机、涂胶显影机、刻蚀机、去胶机、清洗机、抛光设备、离子注入机、热处理设备、量测设备等，后道工艺设备主要包括测试机、分选机、探针台、减薄机、划片机、引线键合机等。

整个集成电路制造和封测过程，会经过上千道加工工序，其中每一种工艺步骤都要涉及不同的专用设备和核心部件。随着产业链和供应链需要加强韧性建设，为了加快物流系统快速反应，商品归类作为一项极具技术难度的工作，在集成电路制造加工工艺繁多、商品结构复杂、技术专业性强、迭代速度快等情况的影响下，对商品的定义、认识容易产生分歧，商品编码判定差异等问题应在供应链中加以解决。特别在目前国际局势日趋复杂的大环境下，商品编码也决定了进出口商品的税负大小、贸易管制要求以及出口退税率的适用，对企业正常运营影响更为显著。

金关工程（二期）系统上线后，为配合全国海关通关一体化改革模式推广，关、企协作更为紧密。统一全国集成电路制造设备及其零部件的归类思路，有助于降低集成电路制造上下游企业、商品预归类企业单位、海关之间，因商品信息不对称而产生的争议率和申报错误率，也会降低企业因商品归类争议造成的设备宕机、货物延迟交付、库存成本增加、物流费用增加、贸易不合规风险等发生的概率，以便更好地推动集成电路产业持续快速稳定发展。

正是在当前各行各业都在推行数字化和加强集成电路行业供应链的形势下，在上海海关的大力支持下，上海市集成电路行业协会、泓明集团和上海海关学院的部分专家、学者编写了本书。

希望本书可以丰富企业和商品归类从业人员关于集成电路制造工艺、制造设备及零部件、制造材料等相关行业知识，帮助企业准确、合规申报，实现链动产业，共创产业价值。

上海市集成电路行业协会会长　张素心

2022年12月

序言二

杰克·基尔比发明第一颗微芯片的时候，是否会料到这颗小小的芯片足以改变整个工业体系，撬动世界贸易的运转？

64年后的今天，芯片已经嵌入了人们生活中的各个角落。芯片生产以及相关的原材料、制造设备，已经成为数千亿美元级别、牵动全球进出口贸易和供应链的庞大科技产业。

作为芯片进口的大国，2021年中国芯片进口达到4337亿美元，约占全国总进口额的16%。进口芯片已然成为中国发展过程中一项巨大的支出。近些年来，在有关政策的支持和产业人士的共同努力下，中国芯片自主研发、自行生产的比率逐年提升，全国各地都将芯片产业作为带动当地科技产业水平的龙头产业，着力引进和扶持，新建和扩产的新闻层出不穷。与之相应的，芯片生产相关的制造设备及零部（备）件进口贸易额也有较大程度的增长。

身为上海市集成电路行业协会副会长以及上海泓明供应链有限公司董事总经理，作为十几年来为国家集成电路产业进行服务供应链配套的从业者，见证了这一产业的发展和壮大，也深感作为产业供应链服务商所肩负的，为加快打造具有全球影响力和全球供应链中心，促进产业链、供应链与价值链的融合与创新发展，全面为“中国芯”产业赋能的一份沉甸甸的责任感。

集成电路的制备产业具有鲜明的行业特色：从设备角度而言，零部件种类多而复杂，科技程度高，发展迭代快，参考资料少；从产业需求角度而言，7x24小时不停机生产，备货急，数量大，综合的报关、库存、运输时效要求高。这对于相关的从业人员，具有很高的挑战性。

秉承着为“中国芯”保驾护航理念的泓明供应链集团，独创了扩展型M+1+N供应链模型平台，服务涵盖一体化产业供应链服务各环节，在实现商流、货物流、信息流、资金流和能力流“五流合一”过程中，深切感受到将上下游企业底层数据打通、让各环节得以完成标准化发展，才可以真正做到上下游企业供应链形成全国一体化网络运作的标准化创新模式。

而想要让物流和通关环节中的数字信息高速跑起来，大大提高单证信息的准确性，商品归类环节逐步成了上下游企业以及海关、发改委等各方关注的焦点。

确认商品编码既要了解相关专业商品知识，又要掌握丰富的归类技能。企业往往在商品归类工作方面投入了大量的人力、物力、财力后，结果仍旧不尽如人意。产生的商品归类差异严重阻碍了集成电路产业供应链上下游企业之间的高效流转，也不利于国家机关对集成电路相关商品进行全量、全要素的统计、分析与研判。

在此背景下针对集成电路制造相关的商品归类指南编撰工作已迫在眉睫。

本书以 2022 年版《商品名称及编码协调制度》和 2023 年版《中华人民共和国进出口税则》为依据，主要涵盖了集成电路制造的工艺介绍及设备零部件的归类原则概述、集成电路制造前道设备、检测设备及其主要部件介绍及供参考的归类结论等，内容取材贴近最新的集成电路制造相关商品，力求分类清晰、图文并茂，希望能够给相关从业人员提供有益的参考和借鉴。

本书主要由我国海关进出口商品归类权威专家温朝柱副教授牵头执笔，由上海集成电路行业协会专家、上海泓明供应链有限公司相关人员共同参与完成。为精准提供全国一体化商品通关流转、为形成数字化供应链整合监管、为助力产业整体升级保驾护航。

上海市集成电路行业协会副会长
上海泓明供应链有限公司董事总经理 **沈 翊**

2022 年 12 月

前 言

集成电路产业是全球高新技术产业的重要组成部分之一，其发展水平不仅影响着我国的经济发展，还与我国的国家战略安全息息相关。自 2018 年美国挑起中美经贸摩擦以来，我国相继出台了多项政策支持集成电路产业的发展。比如，对集成电路生产企业进口的关键零部件、自用的生产性原材料、消耗品等实行优惠的关税政策，而在执行这项政策的过程中，由于不同企业（包括集成电路制造上下游企业）之间或企业与海关之间对商品范围的理解不同，导致集成电路制造企业不能很好地利用这项优惠政策，或者同一商品，由于不同企业的商品归类不同，而享受不同的优惠待遇，这对企业来说，有失公平性。基于这种背景，我们萌生了编写本书的想法。

2021 年 8 月在上海市集成电路行业协会的组织和协调下成立了编委会，并明确了编写本书的目的，初步讨论了本书的编写提纲。编写本书的主要目的就是为了规范、统一整个集成电路制造企业及其供应链上游设备、零配件厂商的商品归类，解决部分商品归类不一致的问题，分析部分疑难商品的归类，为准确开展商品归类工作储备必要的商品知识。

在近 10 个月的编写过程中，在上海市集成电路行业协会的组织和协调下，召开了两次编写协调会。第一次是邀请了行业的部分专家，对完成的部分章节样稿举行了审稿交流会，听取了专家提出的建议；第二次是对本书的编写提纲进行了论证、修改。

2022 年 5 月初，本书初稿完成后，上海市集成电路行业协会又召集了多名集成电路制造厂生产一线的专家按章节分工进行了初审；随后在专家审稿建议的基础上完成了第二稿，并由上海市集成电路行业协会高级工程师王龙兴教授对第二稿进行了复审；同时，对书中的归类税号还邀请了海关的专家和集成电路制造企业负责关务的领导和专家进行了审核，对归类不一致、有疑问的商品税号和疑难的商品进行了分析和讨论。

本书共分为 6 章。第 1 章简要介绍了集成电路的制造工艺和集成电路制造设备零部件的归类方法；第 2 章是本书的核心部分，主要按集成电路的制造工艺不同分别介绍了集成电路制造设备的组成结构及其零部件的归类；第 3 章主要介绍了洁净室（厂房）及其配套系统所用的设备、零部件的组成结构及其归类；第 4 章介绍了与集成电路制造设备相关的设备、部件及仪表的组成结构及其归类；第 5 章介绍了集成电路制造所用材料的种类及其归类；第 6 章介绍了部分典型零部件的归类，并对其归类依据进行了详细的分析。

本书由上海海关学院的温朝柱副教授统稿并参与大部分内容的编写。具体的编写分工情况如下。

史芳婷编写的内容包括：

2.1 氧化、扩散、退火及快速热处理设备

2.7 清洗设备

2.8 大马士革工艺设备

蒋耘弈编写的内容包括下面章节设备的相关组成结构及工艺：

2.2.2 化学气相沉积设备的组成结构及其归类

2.2.3 物理气相沉积设备的组成结构及其归类

2.4.1 刻蚀工艺

2.4.3 干法刻蚀设备的组成结构及其归类

其余部分均由温朝柱编写。

全书编写过程中所需的大量资料、图片由史芳婷搜集、整理；另外部分图片由姜玉瑶搜集、编辑、整理。

在此书即将出版之际，感谢所有给予本书大力支持和帮助的领导和审稿专家以及出版社的领导。在此特别要感谢的是上海市集成电路行业协会副秘书长石建宾，他多次组织编者与专家开座谈会、审稿会等；上海泓明供应链有限公司董事长曹明先生，他对本书的编写提供了有力的资金支持，并多次关照本书的编写进度。另外，还要感谢那些为本书补充了详细且珍贵的资料和图片的审稿专家们。

本书可作为从事集成电路行业进出口贸易及与之相关业务的经理、主管和关务人员的参考用书，同时还可作为集成电路零配件供应链企业、报关预归类单位和有报关专业的院校的参考用书。

但愿本书的出版能对集成电路制造产业的商品归类发挥一定的指导作用。

由于编者的水平有限，不足之处在所难免，恳请本行业的专家和广大读者提出宝贵建议，在此表示衷心的感谢。

编者

2022 年 12 月

目 录

第1章　集成电路的制造工艺和制造设备零部件的归类概述

1.1　集成电路制造工艺和制造设备的概述

集成电路是采用一系列特定的加工工艺，把一个电路中所需的晶体管、二极管、电阻、电容等元器件及金属布线互连在一起，制作在半导体芯片上，然后封装在一个外壳内，成为具有所需电路功能的微型电子器件或部件。

集成电路的制造工艺极其复杂，通常可分为5个阶段。

第一阶段：硅片制备，就是用来提供制造集成电路的硅片（原材料），包括硅单晶的生长、滚圆、切片及抛光等；

第二阶段：硅片制造（即集成电路的制造），就是在硅片上制作各种电子元器件，包括薄膜沉积、光刻、刻蚀、清洗及掺杂等；

第三阶段：硅片测试/拣选，就是对制作好的芯片进行质量测试，同时拣选出合格与不合格品；

第四阶段：装配与封装，就是对合格的芯片进行封装，包括划片、装片、固化成型等；

第五阶段：终测，就是最终测试并包装。

表1.1–1为集成电路制造工艺的5个阶段。

表1.1–1　集成电路制造工艺的5个阶段

序号	阶段的划分	工艺简图
1	硅片制备	

表 1.1–1（续）

序号	阶段的划分	工艺简图
2	硅片制造	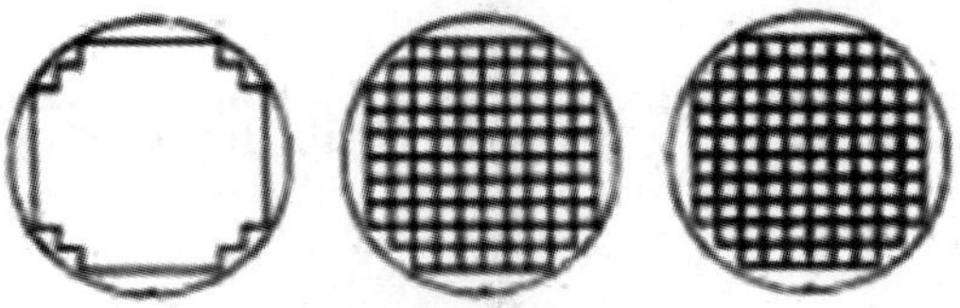
3	硅片测试 / 拣选	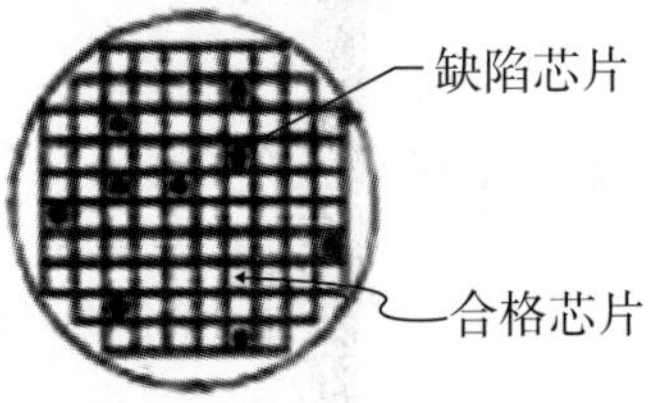
4	装配与封装	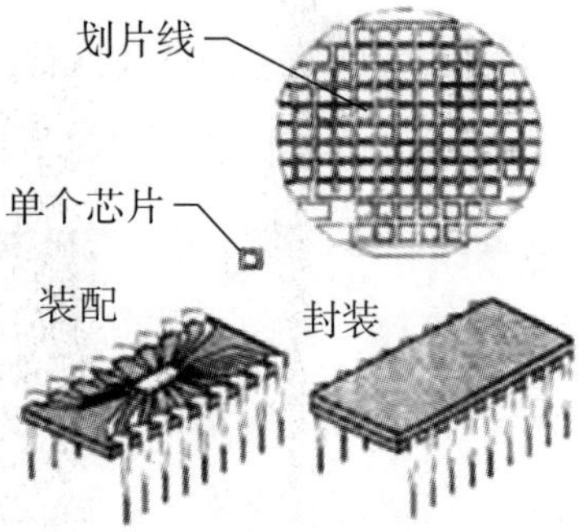
5	终测	

其中，集成电路制造过程在业界通常又分为前道工艺和后道工艺。前道工艺包括薄膜生长、光刻、刻蚀、离子注入、清洗、抛光、量测等工艺；后道工艺包括减薄、划片、装片、键合等封装工艺以及终端测试等。前道工艺主要在集成电路芯片制造厂加工；后道工艺主要在封装测试厂进行。前道工艺所用设备主要包括薄膜沉积设备、涂胶显影设备、光刻机、刻蚀机、去胶机、清洗机、离子注入机、热处理设备、抛光设备和工艺检测设备等。后道工艺所用设备主要包括测试机、分选机、探针台、减薄机、划片机和引线键合机等。

图 1.1–1 为集成电路制造设备的分类。

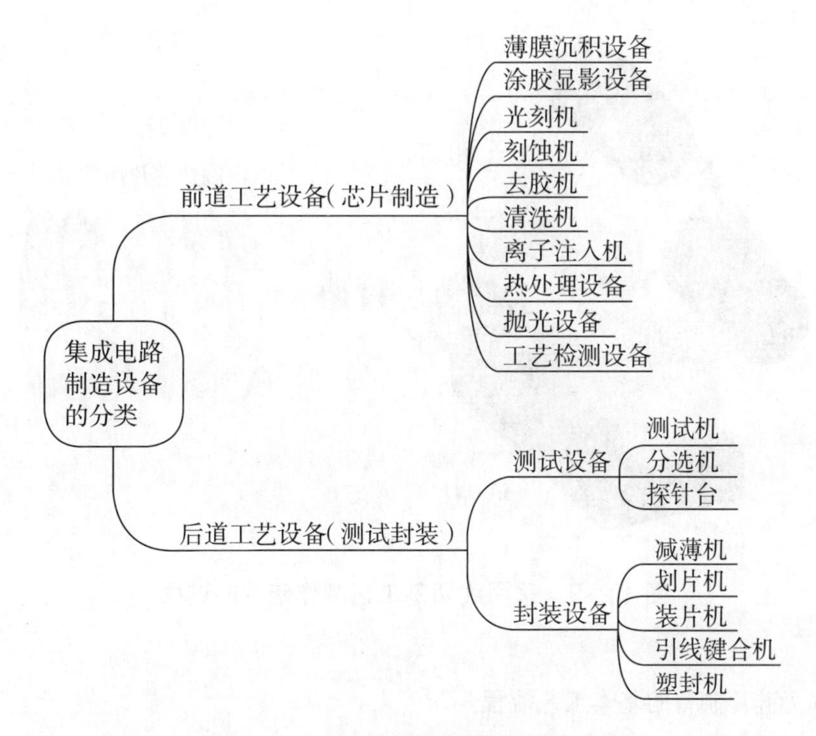

图 1.1–1　集成电路制造设备的分类

1.2　单晶柱及晶圆的制备

硅单晶片（又称“硅片”）是集成电路生产的主要原材料。

硅片制造设备是指将纯净的多晶硅材料制造成一定直径和长度的硅单晶柱，然后再将硅单晶柱经过一系列的机械加工和化学处理等工序，制成具有一定几何精度要求和表面质量要求的硅片，为集成电路芯片制造提供所需硅衬底材料的设备。

以直径 300 mm 的硅片为例，其加工工艺流程为：单晶生长→截断→外径滚磨（定位槽或参考面处理）→切片→倒角→表面磨削→刻蚀→切缘抛光→双面抛光→单面抛光→最终清洗→外延 / 退火→包装等。

圆柱形的硅单晶柱要经过一系列的处理，才能制成符合集成电路制造要求的硅片。图 1.2–1 为单晶柱。

图 1.2–1　单晶柱

硅片的制备包括机械加工、化学处理、表面抛光和质量测量等工序。目前，为提高切割效率和切割质量，已广泛采用线切割的切片工艺将单晶柱切割成硅片。图 1.2–2 为采用线切割工艺制作硅片的过程。

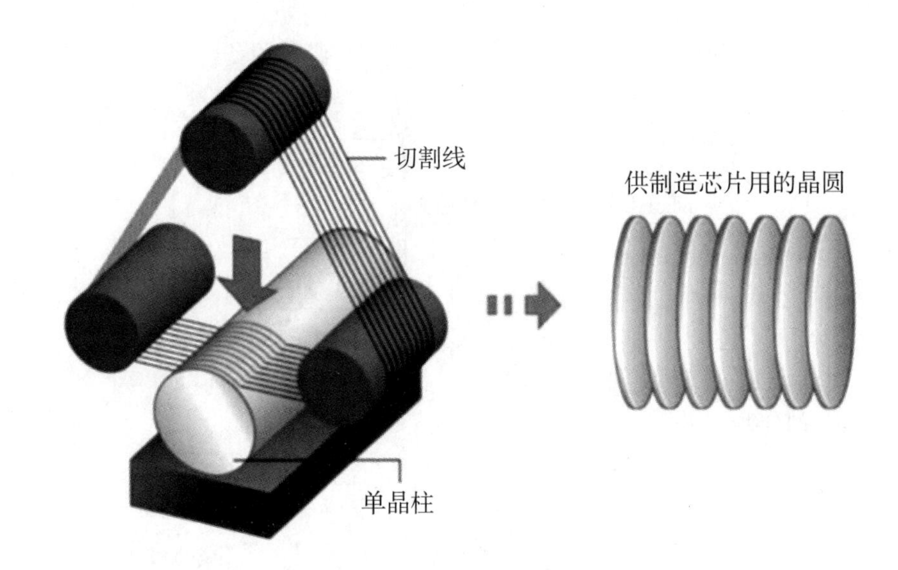

图 1.2-2　采用线切割工艺制作硅片的过程

图 1.2-3 为硅片制备的基本工艺流程。

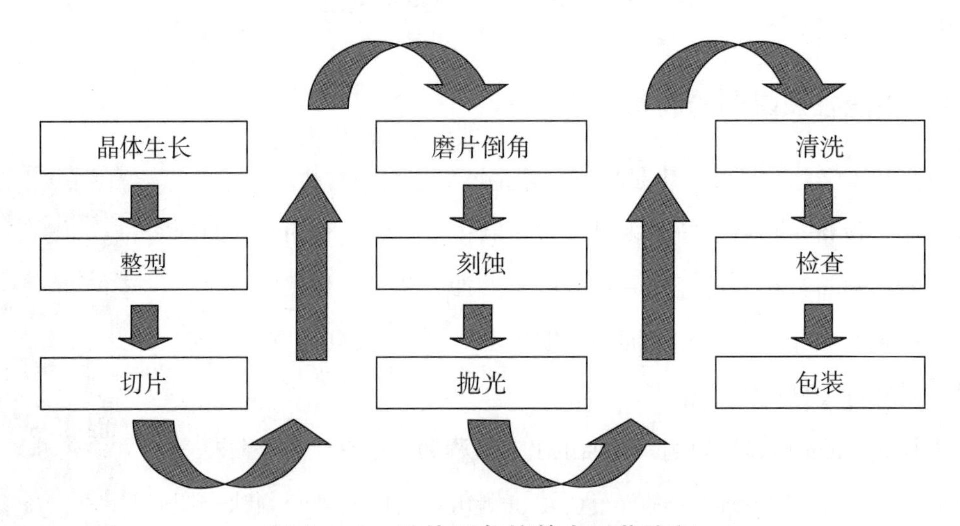

图 1.2-3　硅片制备的基本工艺流程

硅片的制备一般在硅片厂进行。制备好的硅片可直接供集成电路制造厂使用。

1.3　集成电路芯片的制造

集成电路的微观结构类似于房屋的结构，如图 1.3-1 所示，所以集成电路的制造类似于我们建造房子，一层一层逐渐地垒积而成。集成电路“垒积”的过程，也是一次次“长膜”和“吃膜”的过程。“长膜”用沉积的方式，“吃膜”用刻蚀的方式。

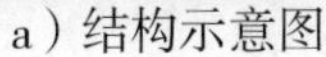
a）结构示意图

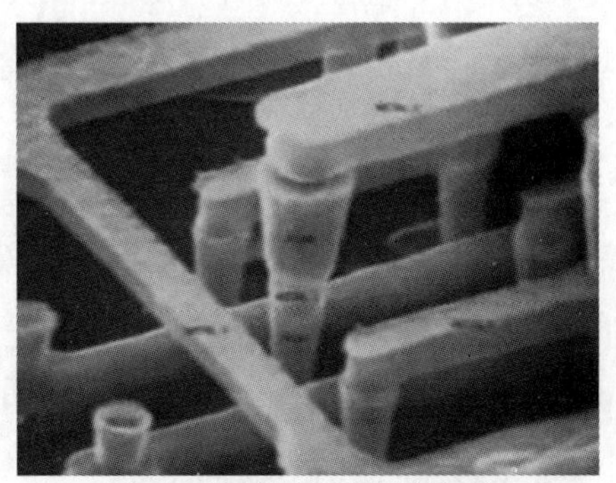
b）电子显微镜下的结构图

图 1.3–1　集成电路的微观结构

集成电路的制造就是在硅片厂制备的硅片上制造各种元器件的工艺过程。这些工艺主要包括薄膜沉积、光刻、刻蚀、离子注入、扩散、抛光工艺等。这一部分又称为集成电路制造的前端（或前道），如图 1.3–2 所示。其中，薄膜沉积属于“长膜”，光刻与刻蚀属于“吃膜”，扩散与离子注入属于掺杂工艺。

经过前端制造的硅片，再经过测试 / 拣选、封装工艺得到最终的集成电路。这一部分又称为集成电路制造的后端（或后道）。

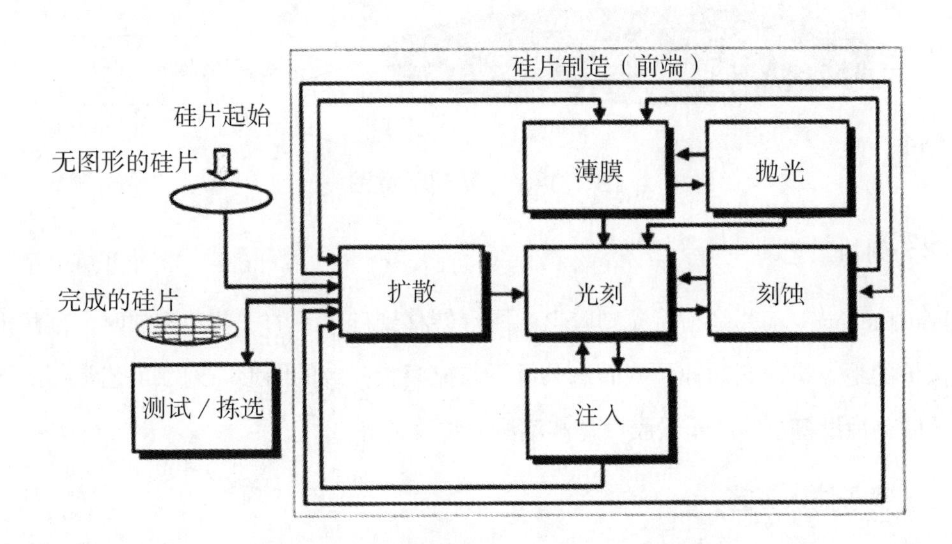

图 1.3–2　典型的集成电路制造工艺流程

1.3.1 薄膜工艺

薄膜（Film Deposition）工艺又称为薄膜生长工艺、薄膜沉积工艺，是采用物理或化学方法使物质（原材料）附着于硅片衬底表面的过程。

薄膜生长按生长工艺的不同，分为物理工艺、化学工艺和外延工艺 3 大类。

1.3.2 光刻工艺

光刻（Photolithography）工艺是指将掩模版上的电路图形转移到覆盖于半导体衬底表面光刻胶上的工艺。图 1.3–3 为光刻示意图。光刻胶是一种光敏材料，作为一种图形转移介质，利用光照反应后溶解度的不同将掩模版的图形转移至衬底上。光刻工艺使用的设备主要包括光刻机、涂胶设备和显影设备等。

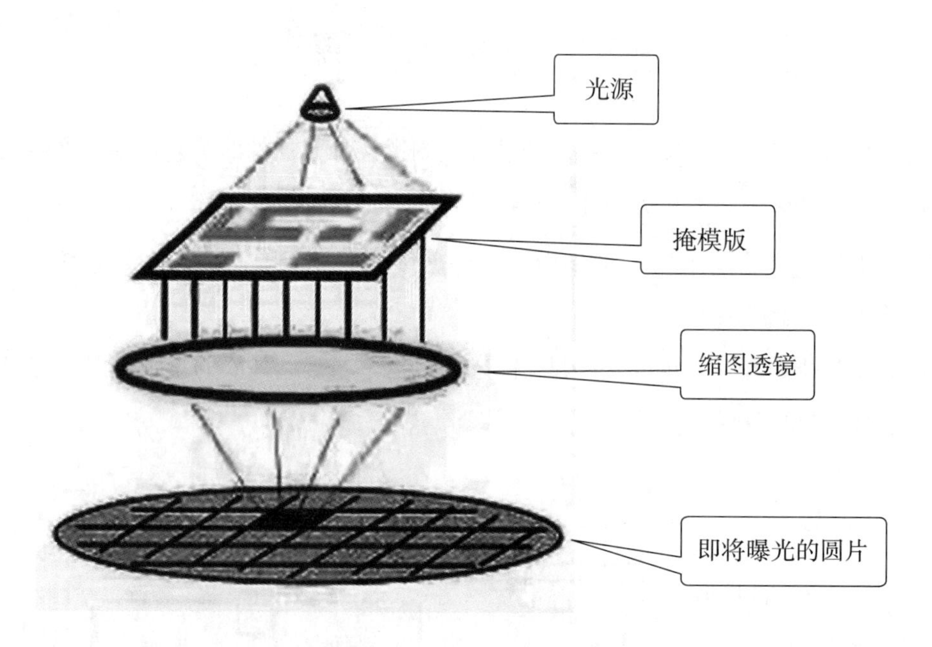

图 1.3–3 光刻示意图

1.3.3 刻蚀工艺

刻蚀（Etching）工艺是指将光刻胶上的图形转移到硅片上的工艺。刻蚀时，硅片上没有光刻胶保护的地方将被刻蚀掉，从而永久留下与掩模版一致的图形。刻蚀工艺常用的设备包括等离子体刻蚀设备、等离子去胶设备和湿法清洗设备等。

1.3.4 离子注入工艺

离子注入（Ion Implantation）工艺是指在真空系统中，使具有一定能量的带电粒子（离子）

高速轰击硅片衬底并将其注入硅片衬底的过程。离子注入是物理过程。离子注入时一般在室温或低于 400 ℃的温度下进行，属于低温掺杂。

图 1.3–4 为离子注入示意图。离子注入的设备主要是离子注入机。

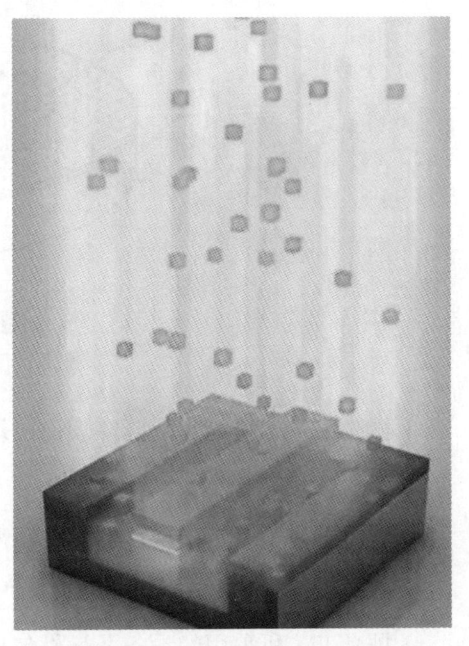

图 1.3–4　离子注入示意图

离子注入工艺与扩散工艺均属于掺杂，掺杂的目的是为了改变半导体层的导电性能或其他性能。例如，掺杂了三价的硼元素后，就形成了 P 型半导体；掺杂了五价的磷或砷元素后，就形成了 N 型半导体。

离子注入工艺是目前集成电路制造过程中对硅片表层区域进行掺杂的主要方法。相对于扩散而言，离子注入的主要优点是能够在较低的温度下，准确地控制杂质掺入的浓度和深度。离子注入工艺属于低温工艺，可选择的杂质种类多，掺杂剂量控制准确，可以向浅表层引入杂质，但设备昂贵，大剂量掺杂耗时较长，存在隧道效应和注入损伤。

1.3.5　扩散工艺

扩散（Diffusion）是指一种材料向另一种材料的渗透运动，是一种自然的物理过程。扩散工艺是指在较高温度下向硅片表面掺杂一定浓度杂质的工艺。由于扩散时温度较高，所以又称为热扩散。

产生扩散必须具备两个条件：一是一种材料的浓度必须高于另一种材料的浓度；二是系统内部必须有足够的能量使高浓度的材料进入或通过另一种材料。

与离子注入工艺相比，扩散工艺设备简单、扩散速率快、掺杂浓度高，但扩散温度高、扩散浓度分布控制难（表层杂质浓度最高），难以实现有选择性的扩散。

扩散工艺常用的设备是扩散炉。

1.3.6　抛光工艺

抛光工艺，又称为化学机械抛光（Chemical Mechanical Polisher，CMP），是指通过化学腐蚀与机械研磨相结合的方式磨平或抛光硅片表面的工艺，如图 1.3–5 所示。

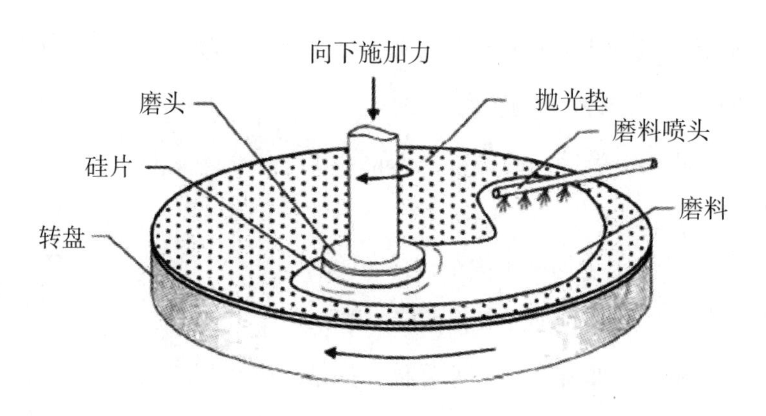

图 1.3–5　抛光工艺

抛光工艺的目的是使硅片表面平坦化，通过将硅片表面凸出的部分减薄到下凹部分的高度来实现。

抛光工艺不仅用于硅片的制备，而且还用于集成电路的制造，特别是薄膜生长后的抛光和大马士革工艺铜电镀后的抛光。

抛光工艺所采用的设备及耗材包括抛光机、抛光垫、抛光液（又称研磨液）、抛光终点（End Point）检测及工艺控制设备等。

1.4　集成电路的封装与测试

集成电路的封装与测试是集成电路产业链中最后的环节。封装的主要目的是对芯片起到支撑与机械保护的作用，同时实现电信号的互联与引出、电源的分配和热管理功能；测试的主要目的是保证生产的芯片是合格产品。

集成电路的测试与封装一般在集成电路的封装测试厂完成，封装测试厂是集成电路制造厂的下游企业。

1.4.1　集成电路的封装

集成电路的封装（Packaging）是指为集成电路芯片安装外壳，不仅起着安放、固定、密封、保护芯片和增强电热性能的作用，而且还是连接芯片内部与外部电路的桥梁——芯片上的接点用导线连接到封装外壳的引脚上，这些引脚通过印刷电路板上的导线与其他器件相连接。

封装不仅起到集成电路芯片内键合点与外部进行电气连接的作用，同时也为集成电路芯片提供了一个稳定可靠的工作环境，保证其具有较高的稳定性和可靠性。

传统集成电路的封装工艺流程包括硅片测试和拣选、分片、贴片、引线键合、塑料封装和测试，如 1.4-1 图所示。

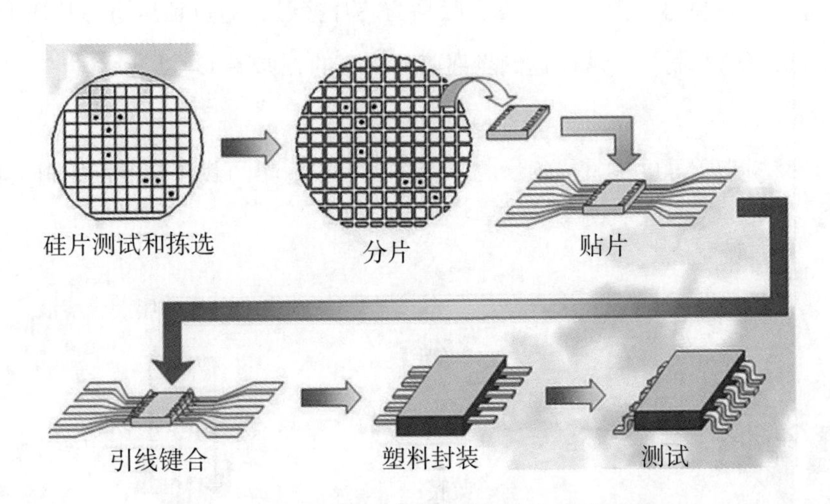

图 1.4-1 传统集成电路的封装工艺流程

如果对上述封装工艺进行细分，也可分为芯片减薄、芯片切割、芯片贴装、芯片互连、成型固化、去飞边毛刺、切筋成型、打弯、打码、外观检查、成品测试和包装等工艺。

常用的封装外壳有塑料外壳、金属外壳、陶瓷外壳和玻璃外壳。其中，塑料外壳是最常用的封装形式。

1. 芯片减薄工艺

芯片减薄工艺又称为背面研磨（Back-Side Grinding）工艺，是指对圆片的背面进行研磨或刻蚀，将圆片减薄至封装所需厚度的工艺，同时圆片减薄也有利于改善芯片的散热效果。减薄的方式包括机械研磨、干法刻蚀、湿法刻蚀等。

2. 芯片切割工艺

芯片切割（Wafer Dicing Sawing）工艺又称为划片工艺，是指用不同的方法将单个芯片从大圆片上分离出来的工艺。目前划片的方式包括金刚石刀片机械切割、激光切割和等离子切割等。

3. 芯片贴装工艺

芯片贴装（Die Bonding）工艺又称为装片工艺、粘片工艺，是指通过精密机械设备，用装片胶或胶膜等材料将切割后的芯片粘贴于基板或框架内的工艺。装片的目的是实现芯片与载体（基板或框架）有效的物理连接，满足电性能的要求，同时达到一定的散热效果。

芯片贴装的流程一般包括吸片、涂胶和贴片。

（1）吸片

顶针从蓝膜下方将芯片上顶，使真空吸嘴与芯片接触，通过负压将芯片向上提拉，使芯片背面挣脱开蓝膜的黏附力，从而达到剥离蓝膜的目的，如图 1.4–2 所示。

（2）涂胶

将液态环氧树脂（导电银浆或绝缘胶）涂覆到引线框架的载片台上，如图 1.4–3 所示。

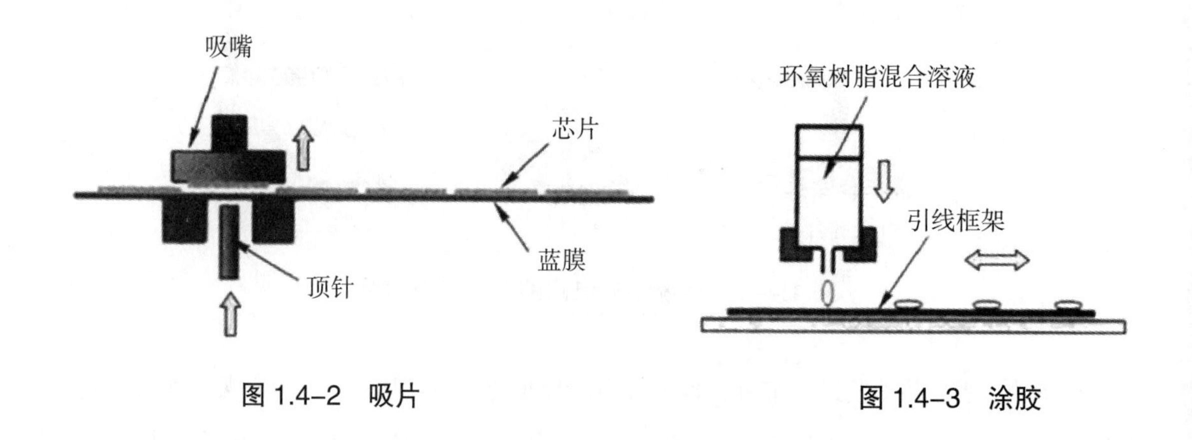

图 1.4–2　吸片

图 1.4–3　涂胶

（3）贴片

将芯片贴装到涂好环氧树脂的引线框架上，如图 1.4–4 所示。

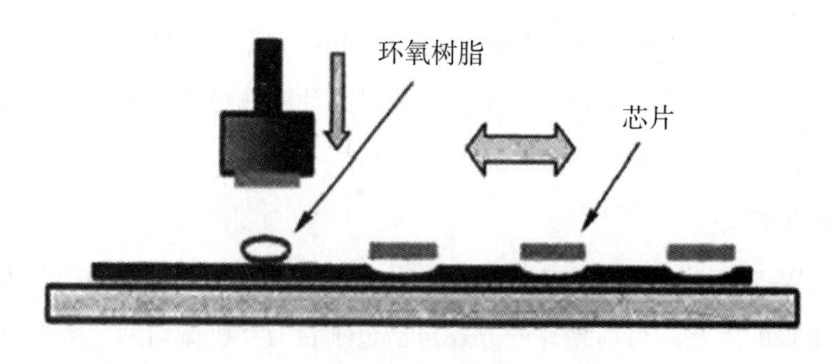

图 1.4–4　贴片

4. 芯片互连工艺

芯片互连工艺又称为引线键合（Wire Bonding）工艺，是指在半导体器件封装过程中，实现芯片（或其他器件）与基板或框架互连的一种方法，如图 1.4–5 所示。按外加能量的不同，引线键合可分为超声键合、热压键合和热超声键合。

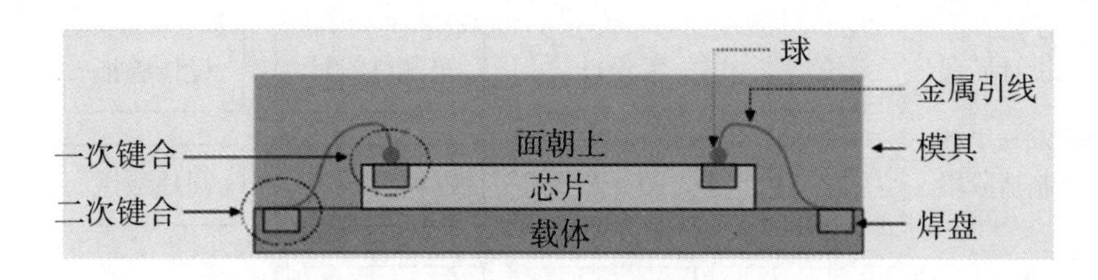

图 1.4–5　引线键合

5. 成型固化工艺

成型固化（Molded Epoxy Enclosure）工艺又称为塑封工艺，是指将芯片或器件覆盖膜塑料进行保护的封装工艺。通过塑封，使得原先裸露于外界的芯片、器件及连接线路通过外部的塑封体得到保护，免受外界环境（特别是湿气环境）的侵袭。

6. 去飞边毛刺工艺

去飞边毛刺（Deflashing）工艺是指封装过程中塑封材料溢出、贴带毛边、引线毛刺等工艺。因为在塑封过程中，塑封材料可能会从模具合缝处渗出，流到外面的引线框架上，毛刺不去除将会影响后续的工艺。

7. 其他工艺

其他工艺主要包括切筋成型、打弯、打码、外观检查、成品测试和包装等。

切筋成型是指切除框架外引脚之间的堤坝及框架带上连在一起的地方。

打弯是指将引脚弯成一定的形状，以适合装配的需要。

打码是指在封装模块的顶部印上字母和标识，包括制造商信息、器件代码及生产批号等。

成品测试包括一般的目检、老化试验和最终产品的测试。

集成电路封装、测试工艺流程完成后，对测试后的合格品用集成电路编带机进行编带包装。

1.4.2　集成电路的测试

集成电路的测试既是集成电路制造中的一个重要环节，又是检验集成电路设计、制造是否成功的一个主要手段。集成电路测试的主要作用是检测电路是否存在问题，如有问题，问题出现在什么位置，然后确定修正问题的方法。

测试贯穿于集成电路的整个生产过程，分为设计验证、检测筛选和质量控制等。图 1.4–6 列出了集成电路产业链中主要的测试环节。由图可以看出，设计阶段的可测性设计和设计验证，制造阶段的圆片接受测试和圆片测试，以及封装阶段的成品测试和失效分析等，都属于测试技术领域。

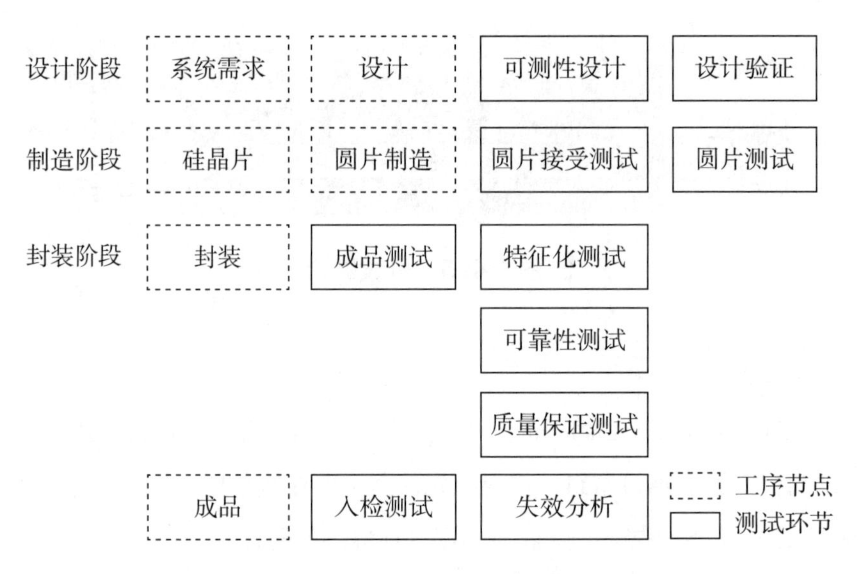

图 1.4–6　集成电路产业链中主要的测试环节

圆片级测试是在集成电路制造后进行的圆片状态下的测试，用于最初合格芯片的筛选。

成品测试是封装后的测试环节，用以检测集成电路在此阶段是否符合规范要求。有时也会加入系统应用级测试，通常会将前面环节中实施成本较高的测试项目放在该测试环节，以避免不合格产品进入最终应用环节。

特征化测试是对功能、直流特性和交流特性进行全面的功能 / 性能检测，用于表征集成电路各项极限参数，验证设计的正确性。

图 1.4–7 为基本的测试原理框图。由图可知，基本的测试原理是对被测电路施加一定的激励条件，观测被测电路的响应，与期望值进行对比。如果一致，表明电路是好的；如果不一致，则表明电路存在故障。

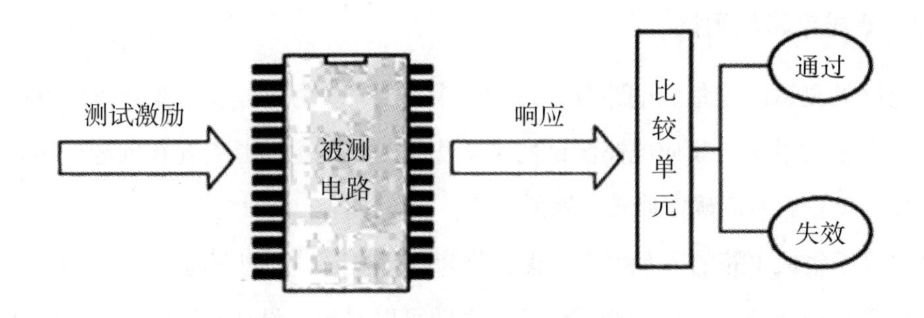

图 1.4–7　基本的测试原理框图

另外，根据被测集成电路类型的不同，可分为数字集成电路测试、模拟集成电路测试、混合集成电路测试、射频集成电路测试、可编程器件测试、存储器集成电路测试、系统芯片测试和物联网 / 微机电系统芯片测试等。

目前集成电路测试常用的设备是自动测试设备（Automatic Test Equipment，ATE），它是利用计算机控制，完成对集成电路的自动测试。测试时，自动测试设备由计算机控制并产生输入激励信号 U_{in}，通过外部连接，输入待测器件（Device Under Test，DUT），同时在待测器件输出端收集响应输出信号 U_{out}，并将其送入自动测试设备数据存储单元中存储起来，然后与预存的理想输出结果进行对比，从而判断待测器件是否符合相关质量要求。

1.5 集成电路制造设备零部件的归类概述

集成电路制造设备的整机归入品目 84.86 项下，而它们的零部件并不是全部归入品目 84.86 项下。零部件的归类要遵循一定的归类规则，也就是《中华人民共和国进出口税则》相关的类注释、章注释和《进出口税则商品及品目注释》（以下简称《品目注释》）。

根据上述规则，集成电路制造设备零部件的归类一般分为以下 3 类情况：

第一类是在第十六类注释一和第八十四章注释一中已排除的商品不能按专用零件归入品目 84.86 项下【依据是第十六类注释二】；

第二类是在第八十四章、第八十五章以及第九十章内已列名的零部件不能按专用零部件归入品目 84.86 项下【依据是第十六类注释二（一）】；

第三类是只有不属于前两类的零部件，且能判断它是专用于集成电路制造设备的零部件，才能按它们的专用零件归入品目 84.86 项下【依据是第十六类注释二（二）】。

1.5.1 相关条文

第十六类注释一：

一、本类不包括：

（一）第三十九章的塑料或品目 40.10 的硫化橡胶制的传动带、输送带及其带料，除硬质橡胶以外的硫化橡胶制的机器、机械器具、电气器具或其他专门技术用途的物品（品目 40.16）；

……

（五）纺织材料制的传动带、输送带及其带料（品目 59.10）或专门技术用途的其他纺织材料制品（品目 59.11）；

（六）品目 71.02 至 71.04 的宝石或半宝石（天然、合成或再造）或品目 71.16 的完全以宝石或半宝石制成的物品，但已加工未装配的唱针用蓝宝石和钻石除外（品目85.22）；

（七）第十五类注释二所规定的贱金属制通用零件（第十五类）及塑料制的类似品（第三十九章）；

……

（十）第八十二章或第八十三章的物品；

……

（十二）第九十章的物品；

……

第八十四章注释一：

一、本章不包括：

（一）第六十八章的石磨、石碾及其他物品；

（二）陶瓷材料制的机器或器具（例如，泵）及供任何材料制的机器或器具用的陶瓷零件（第六十九章）；

（三）实验室用玻璃器（品目70.17）；玻璃制的机器、器具或其他专门技术用途的物品及其零件（品目70.19或70.20）；

……

（六）品目85.09的家用电动器具；品目85.25的数字照相机；

……

第十六类注释二：

二、除本类注释一、第八十四章注释一及第八十五章注释一另有规定的以外，机器零件（不属于品目84.84、85.44、85.45、85.46或85.47所列物品的零件）应按下列规定归类：

（一）凡在第八十四章、第八十五章的品目（品目84.09、84.31、84.48、84.66、84.73、84.87、85.03、85.22、85.29、85.38及85.48除外）列名的货品，均应归入该两章的相应品目；

（二）专用于或主要用于某一种机器或同一品目的多种机器（包括品目84.79或85.43的机器）的其他零件，应与该种机器一并归类，或酌情归入品目84.09、84.31、84.48、84.66、84.73、85.03、85.22、85.29或85.38。但能同时主要用于品目85.17和85.25至85.28所列机器的零件，应归入品目85.17，专用于或主要用于品目85.24所列货品的零件应归入品目85.29；

（三）所有其他零件应酌情归入品目 84.09、84.31、84.48、84.66、84.73、85.03、85.22、85.29 或 85.38，如不能归入上述品目，则应归入品目 84.87 或 85.48。

1.5.2 条文解析

集成电路制造设备的零部件的主要归类依据是第十六类注释二。

第十六类注释二（一）要求我们必须了解第八十四章、第八十五章的列目结构，知道这两章已具体列出了哪些商品，所要归类的商品是否属于已具体列名的商品。对于已具体列名的商品不能再按专用零部件归入品目 84.86 项下。比如，刻蚀机用的真空泵在品目 84.14 项下已具体列名，不能再按刻蚀机的专用零件归入品目 84.86 项下，而应归入品目 84.14 项下；

第十六类注释二（二）要求，集成电路制造设备的零部件必须同时满足下列 4 个条件才可按专用零件归入品目 84.86 项下：

一是不属于第十六类注释一已排除的商品；

二是不属于第八十四章注释一已排除的商品；

三是不属于第八十四章、第八十五章已具体列名的商品；

四是能确定该零部件是专用于集成电路制造设备用的。

只有不属于第十六类注释一和第八十四章注释一排除的零部件，且能判断它是专用于集成电路制造设备的零部件才能按它们的专用零件归入品目 84.86 项下。

根据以上分析，集成电路制造设备零部件的归类流程归纳如图 1.5–1 所示。

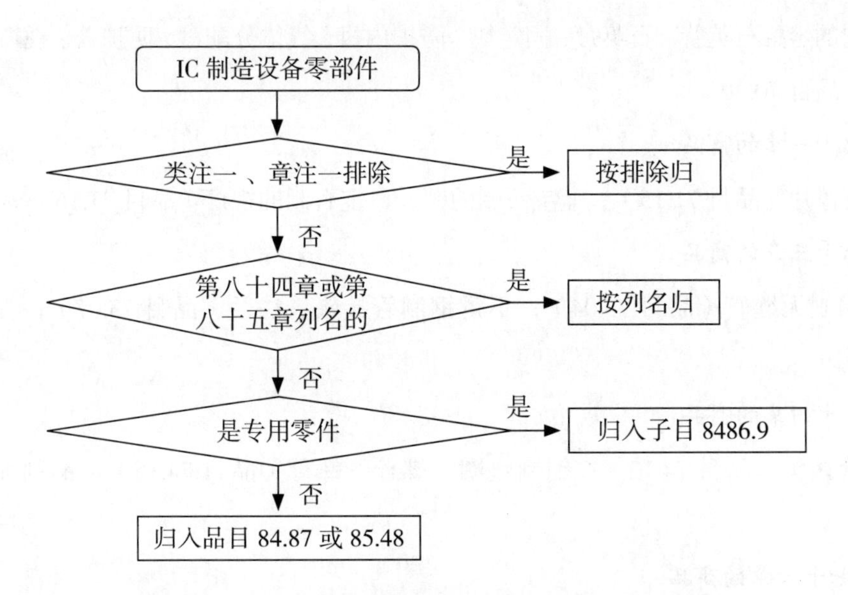

图 1.5–1 集成电路制造设备零部件的归类流程

目前不归入品目84.86的商品主要有：

1. 归入第三十九章的商品

各种塑料管及管子附件（品目39.17）；自粘的抛光垫（品目39.19）；供运输或包装货物用的圆片盒、用于盛装化学机械抛光液和光刻胶去除剂的集成电路级塑料桶（品目39.23）；不具有专用性的塑料制品以及满足第十五类注释二“通用零件”范围的塑料制同类零件，如密封用的硅橡胶圈、塑料制的销、塑料制的传动带、输送带、聚氨酯制成的非自粘抛光盘等（品目39.26）。

2. 第四十章的商品

硫化橡胶制的各种管子（品目40.09）、硫化橡胶制的传动带、输送带（品目40.10）、硫化橡胶制密封圈、垫、片（品目40.16）等。

3. 第五十九章的商品

纺织材料或纺织物制造的滤布、抛光盘、密封垫（品目59.11）等。

4. 第六十八章的商品

由金刚石颗粒镶嵌在金属胎体上构成的抛光垫修整盘（品目68.04）；石墨制挡板、导向板、防护盖、腔体内衬、束流器等制品（品目68.15）。

5. 第六十九章的商品

陶瓷制的内衬、销、喷嘴、轴承等（品目69.09）。

6. 第七十章的商品

石英制的熔融石英管、石英舟、固定块、防护内衬、气体分配盘、防护盖、视窗、支撑环、圆片叉等（品目70.20）。

7. 第七十一章的商品

银制支撑片（品目71.15）；蓝宝石制的销，蓝宝石制的视窗（品目71.16）等。

8. 第七十三章的商品

不锈钢制无缝管（品目73.04）；不锈钢制管接头、法兰（品目73.07）；弹簧（品目73.20）。

9. 第七十四章的商品

铜制管接头（品目74.12）；铜制垫圈、螺栓、螺母（品目74.15）；铜制弹簧（品目74.19）等。

10. 第七十六章的商品

铝制管接头、法兰（品目76.09）；铝制螺栓、螺钉、螺母、垫圈、销（品目76.16）。

11. 第八十一章的商品

钨制灯丝（品目 81.01）。

12. 第八十三章的商品

不锈钢制铰链、把手（品目 83.02）；不锈钢制波纹管（品目 83.07）。

13. 第八十四章的商品（品目 84.86 的商品除外）

液压缸、气压缸（品目 84.12）；各种液体泵（品目 84.13）；各种真空泵、压缩机、风扇、通风装置（品目 84.14）；空调装置（品目 84.15）；其他制冷设备、冷水机（品目 84.18）；热交换器及冷却器（品目 84.19）；液体过滤器、气体过滤器、除尘器、滤芯等过滤装置（品目 84.21）；喷枪、喷嘴（品目 84.24）；非专用于集成电路制造的搬运设备（品目 84.28）；工业用电脑、服务器（品目 84.71）；气弹簧（品目 84.79）；各种阀门及其零件（品目 84.81）；滚动轴承（品目 84.82）；传动轴、滑动轴承、轴承座、滚珠螺杆传动装置、各种变速箱、齿轮箱、联轴器等各种传动装置（品目 84.83）；多种材质构成的密封垫（品目 84.84）。

14. 第八十五章的商品

各种马达、电动机（品目 85.01）；变压器及稳压电源、变频器、逆变器、电源适配器、UPS 电源等静止式变流器（品目 85.04）；电磁铁及电磁线圈、稀土永磁铁等（品目 85.05）；加热电阻器（品目 85.16）；摄像头（品目 85.25）；液晶显示器（品目 85.28）；烟雾报警器、灯信号报警器等声光报警器（品目 85.31）；电涌抑制器（品目 85.35）；熔断器、自动断路器、继电器、开关、插头、插座、电气连接件、光纤连接器（品目 85.36）；可编程控制器、控制装置、电气分配控制器（品目 85.37）；卤钨灯、金属卤化物灯、紫外线灯（品目 85.39）；发光二极管、光电耦合器（品目 85.41）；其他品目未列名的具有独立功能的电气设备（品目 85.43）；同轴电缆、其他电缆、光缆（品目 85.44）；碳电极、石墨电极（品目 85.45）；绝缘零件（品目 85.47）。

15. 第九十章的商品

光学透镜、光纤、光缆、滤光片（品目 90.01）；物镜（品目 90.02）；激光器（品目 90.13）；温度传感器（品目 90.25）；液体流量计、气体流量计、液位传感器、压力变送器、压力传感器、真空计（品目 90.26）；氧气浓度分析仪、光谱仪、质谱仪（品目 90.27）；法拉第杯（品目 90.30）；制造集成电路时利用光学原理检测圆片或掩模版的仪器及其他品目未列名的检测仪器（品目 90.31）；恒温器、恒压器、气体质量流量控制器等（品目 90.32）。

16. 第九十四章的商品

LED 灯具（品目 94.05）。

1.5.3 典型商品（腔体内衬）的归类分析

商品归类时，不能只考虑商品名称，而要考虑多种因素（如商品的组成结构、功能、原理、用途、材质等）。例如，同为腔体内衬，因为材质不同，而归类不同：石墨制的腔体内衬应归入子目 6815.1900；铝制的腔体内衬归入子目 8486.9099。

腔体内衬一般均具有专用性，但由于制造的材质不同，而归入不同的税号，有的可以按专用零件归类，有的则要按材质归类。

对于石墨制的内衬，我们不能将它归入第八十四章，因为在第八十四章注释一（一）已将第六十八章的商品排除，而石墨制品属于第六十八章的商品，所以依据第八十四章注释一（一）和品目 68.15 的品目条文，将石墨制的腔体内衬应归入子目 6815.1900。

第八十四章注释一（一）如下：

一、本章不包括：

（一）第六十八章的石磨、石碾及其他物品；

……

对于铝制的腔体内衬来说，由于在第十六类注释一和第八十四章注释一中并没有将“铝制的内衬”排除，从其尺寸、规格上判断，它具有专用性，所以，依据第十六类注释二（二），将铝制的内衬归入子目 8486.9099。

第2章　集成电路芯片制造设备

2.1　氧化、扩散、退火及快速热处理设备

氧化、扩散、退火及快速热处理设备主要用于集成电路制造中的热制程，即加热工艺。加热工艺通常在高温炉内进行。

2.1.1　氧化、扩散、退火及快速热处理工艺

半导体制造中的加热工艺主要包括氧化、杂质的扩散和晶格缺陷的修复退火等。

1. 氧化工艺

氧化工艺是指将圆片放置于氧气或水汽等氧化剂的氛围中进行高温热处理，在圆片表面发生化学反应形成氧化膜（二氧化硅薄膜）的过程。

二氧化硅是一种绝缘介质，在半导体器件中起着十分重要的作用，因为硅暴露在空气中，即使在室温条件下，其表面也能生成氧化膜，这一层氧化膜结构致密，能防止硅表面继续被氧化。由于二氧化硅具有极稳定的化学性质和绝缘性质，热氧化方式工艺简单、操作方便、氧化膜质量好、膜的稳定性和可靠性高等优点，所以在集成电路制造工艺中被广泛采用。

氧化工艺主要用于：MOS器件（全称为“金属－氧化物－半导体场效应晶体管”）结构中的栅介质、表面钝化处理、表面绝缘体、离子注入掩蔽层、掺杂阻挡层、器件的保护和隔离、硅与其他材料之间的缓冲层等。

下面介绍几种常用的热氧化工艺。

（1）干氧氧化法

干氧氧化的生长机理：在常压下，当氧气与硅片接触时，氧分子与其表面的硅原子反应，生成二氧化硅起始层。其化学反应式如下：

Si（固态）+O_2（气态）= SiO_2（固态）

（2）水汽氧化法

水汽氧化的生长机理：在高温下，水汽与硅片表面的硅原子作用，生成二氧化硅起始层。

其化学反应式如下：

Si（固态）+$2H_2O$（气态）= SiO_2（固态）+$2H_2$（气态）

（3）湿氧氧化法

湿氧氧化的生长机理：在高温下，水分子和氧分子与硅原子反应生成二氧化硅层，即让氧气进入反应室前，先通过加热高纯去离子水，使氧气中携带一定的水汽，所以湿氧氧化兼有干氧和水汽两种氧化作用，氧化速度和质量介于两者之间。

（4）掺氯氧化法

掺氯氧化是继上述3种氧化方法之后出现的另一种热氧化技术，其生长机理：在干氧中添加少量的氯化氢、三氯乙烯或氯气等含氯的气态物。在氧气氧化的同时，氯结合到氧化层中，并集中分布在SiO_2-Si界面附近。

（5）氢氧合成氧化法

在湿氧氧化和水汽氧化时，都有大量水进入石英管道内，这样会带来很多质量问题（如水的纯度不高时会引入杂质），为了消除这种弊端，目前在生产中常采用氢氧合成氧化。具体是在高温下，将高纯氢气和氧气混合后，通入石英管道内，使其合成水，水随之汽化，与硅反应生成二氧化硅。

（6）高压氧化法

在高压氧化过程中，氧化剂气体以高于大气压10 ~ 20倍的压力被送入密封的工艺腔中。与常压氧化相比，高压下氧化剂分子到达硅表面的速度更快，氧原子更快地穿越正在生长的氧化层，氧化剂的扩散速率大大提高，氧化层的生长速率也相应提高；其具有较低的生长温度和缩短氧化时间的优点，氧化层质量好，可用于生长栅氧化层和场氧化层。

2. 扩散工艺

扩散（Diffusion）工艺是指在高温条件下，利用热扩散原理将杂质元素按工艺要求掺入圆片衬底中，使其具有特定的浓度分布，从而改变圆片材料的电学特性。例如，在硅中扩散掺入三价元素硼，就形成了P型半导体；掺入五价元素磷或砷，就形成了N型半导体。具有较多空穴的P型半导体与具有较多电子的N型半导体接触，就构成了PN结。扩散时原子、分子、离子会从高浓度处向低浓度处运动。扩散过程遵循菲克定律，直至均匀分布为止。

扩散是半导体掺杂（Doping）的工艺之一，掺杂的另一种工艺是离子注入（Ion Plantation）。两种工艺都是集成电路制造中常用的掺杂工艺。两种工艺各有特点：扩散掺杂的成本低，但无法精确控制掺杂物质的浓度和深度；离子注入可以精确控制掺杂物质的浓度和分布情况，但成本较高。掺杂工艺贯穿整个芯片制造工艺，各种晶体管、二极管、电阻器和电导的结构在圆片表面和内部形成，以此形成一个完整的集成芯片。

集成电路图形特征尺寸在 10 μm 数量级，一般采用传统的热扩散工艺进行掺杂。随着特征尺寸的缩小，各向同性的扩散工艺使得掺杂物可能扩散到屏蔽氧化层的另一侧，导致相邻区域之间发生短路，除某些特殊的用途（如长时间扩散形成均匀分布的耐高压区域）外，扩散工艺已逐渐被离子注入所取代。但是在 10 nm 以下的制造工艺，由于三维鳍式场效应管（Fin Field-Effect Transistor，FinFET）器件中鳍（Fin）的尺寸非常小，离子注入会损伤其微小结构，也会采用固态源扩散工艺。

3. 退火工艺

退火（Annealing）工艺又称为热退火，泛指集成电路制造工艺中所有在氮气等不活泼气氛中进行热处理的过程。退火的目的是为了消除晶格缺陷和硅结构的晶格损伤。

退火工艺中最为关键的参数是温度和时间，温度越高、时间越长，则热预算越高。通常，退火工艺是与离子注入、薄膜沉积、金属硅化合物的形成等工艺合在一起的，最常见的就是离子注入后的热退火。因为离子注入会撞击衬底原子，使其脱离原本的晶格结构，而对衬底晶格造成损伤。而热退火可以修复离子注入时造成的晶格损伤，还能使注入的杂质原子从晶格间隙移动到晶格点上，从而使其激活。另外，退火也可用于除氧、除金属杂质、清除表面吸附物质、改善表面粗糙度，以及使半导体表面与金属能形成合金，保证接触良好等方面。

4. 快速热处理工艺

传统的热退火工艺，退火温度高、时间长，容易导致杂质再分布，造成大量杂质扩散而无法符合浅结及窄杂质分布的需求。在这种背景下，科研人员研制了快速热处理工艺，且随着制造工艺的发展，传统长时间的炉管热退火已逐渐被快速热处理所取代。

快速热处理（Rapid Thermal Processing，RTP）是指用极快的升 / 降温和在目标温度处的短暂停留来对圆片进行热处理的工艺。在形成超浅结的过程中，快速热退火在晶格缺陷修复、杂质激活、杂质扩散最小化三者之间实现了折中优化，在先进技术节点制造工艺中必不可少。升 / 降温过程及目标温度短暂停留共同组成了快速热退火的热预算。传统的快速热退火温度约为 1000 ℃，时间在秒量级。近年来对快速热处理的要求越来越严格，逐渐发展出闪光退火（Flash Annealing）、尖峰退火（Spike Annealing）及激光退火（Laser Annealing），退火时间达到了毫秒量级，甚至有向微秒和亚微秒量级发展的趋势。例如，激光退火最独特的优点是空间上的局域性和时间上的短暂性，采用激光光源的能量来快速加热表面，使其表面瞬间达到临界熔化点温度。由于硅的高热导率，圆片表面可以在约 0.1 ns[1] 时间内快速降温冷却。激光退火可以在离子注入后以最小的杂质扩散激活掺杂物离子，现已被用于 45 nm 以下工艺技术节点。

2.1.2 卧式扩散炉的组成结构及其归类

扩散炉是集成电路制造过程中完成扩散工艺的加热设备。它具有自动升温、耐高温的功能。根据其结构不同，扩散炉可分为卧式扩散炉和立式扩散炉。

扩散炉的名称中虽然只有“扩散”二字，但它并不限于扩散工艺，还用于氧化工艺和热退火工艺。

卧式扩散炉是加热炉体、反应管及承载圆片的石英舟均呈水平放置的加热炉，是一种在圆片直径小于 200 mm 的集成电路扩散工艺中大量使用的加热设备，具有片间均匀性好的工艺特点。图 2.1–1 为卧式扩散炉原理示意图。

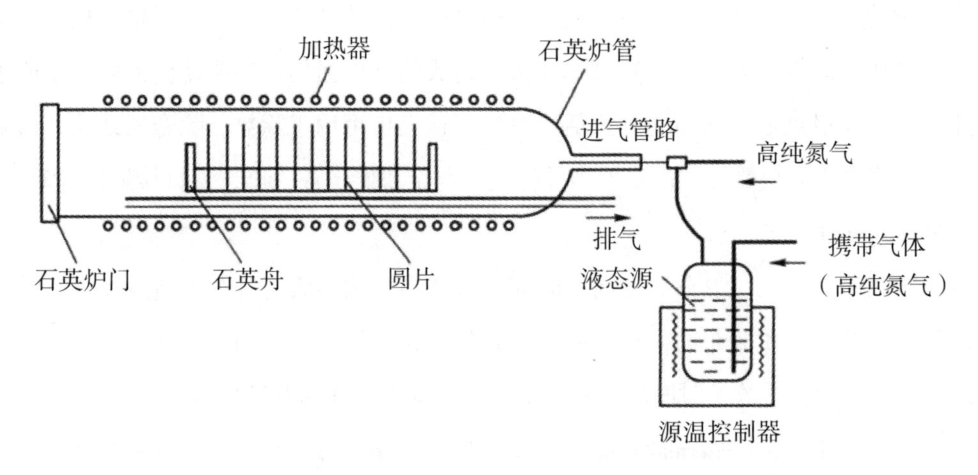

图 2.1–1 卧式扩散炉原理示意图

卧式扩散炉可装备 1~5 个工艺炉管，炉管越多，产能越大，超净间的利用效率越高。卧式扩散炉的配置可根据用户的需求灵活选择，但其基本功能单元大致相同。以五管卧式扩散炉为例，其整机主要由净化工作台、主机箱、气源柜和控制柜 4 大部分组成，如图 2.1–2 所示。

---

① 纳秒，1 纳秒 $=10^{-9}$ 秒。

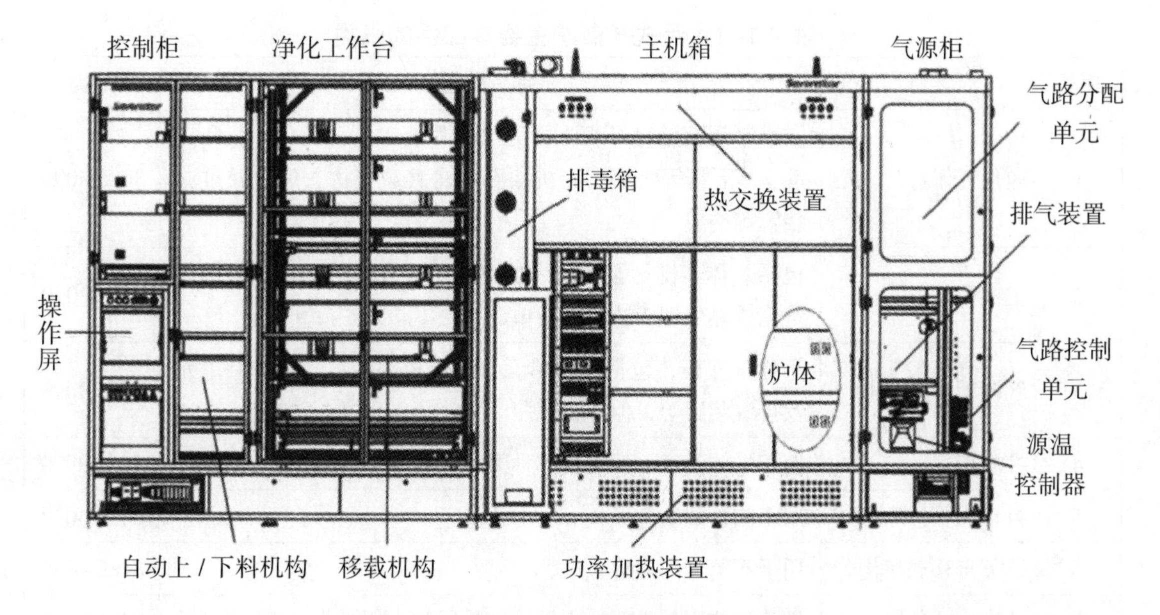

图 2.1-2　五管卧式扩散炉结构示意图

1. 净化工作台

在水平层流洁净环境下，完成圆片装卸、石英舟移载和自动上/下料等工序。

2. 主机箱

包括炉体、排毒箱、炉体功率加热装置和热交换装置等，是完成热处理工艺的核心单元。其中，炉体是放置加热炉管的部分；排毒箱，安装在主机箱和净化台之间，由不锈钢箱体和排风道组成，一端与炉管相连，另一端则与排风道相连，侧面设有风量调节板。

3. 气源柜

包括气路分配单元、源温控制器、气路控制单元及排气装置等，用于工艺气体的输送。

4. 控制柜

采用工控机作为系统主机，通过网络与各下位机实现通信，每个工艺炉管各自具有独立的控制系统，可实现对温度、气体流量、阀门、石英舟及真空泵等的自动控制，并实现工艺配方（Recipe）管理。

卧式扩散炉整个设备归入子目 8486.2010。

表 2.1-1 为卧式扩散炉主要零部件的归类。

表 2.1-1 卧式扩散炉主要零部件的归类

序号	名称	商品描述	归类
1	净化工作台	在水平层流洁净环境下，完成圆片装卸、石英舟移载和自动上 / 下料等工序，由机架石英舟移载机构、风扇及过滤装置等构成	8486.9099
2	主机箱	包括炉体、排毒箱、炉体功率加热装置和热交换装置等，是完成热处理工艺的核心单元	8486.2010
3	气源柜	又称气瓶柜，包括气路单元、源温控制器、气路控制单元及排气装置等，但不含气瓶	8486.9099
4	控制柜	用于炉体温度、反应气体种类与供给量的自动调节与控制	9032.8990
5	自动上 / 下料机构	用于圆片的装卸	8486.4039
6	石英舟移载机构	用于石英舟的搬移	8486.4039
7	功率加热装置	用于加热石英炉管，由炉管加热器和支架构成	8486.9099
8	热交换装置	将炉体产生的热量排出，由排风扇和气体风道构成	84.14
9	排毒箱	用于排除反应炉体内产生的有毒气体，由箱体、排毒风扇、风道和过滤单元构成	84.14
10	加热炉体	由石英炉管、加热器及支架等构成	8486.9099
11	气路分配单元	用于控制分配反应气体的种类与流量，由阀门、管路及流量控制器等构成	8486.9099
12	供气单元	由阀门和管路构成	8486.9099
13	源温控制器	用于对源气体的温度保持恒温	9032.1000
14	石英炉管	对圆片进行热处理的场所	7020.0013
15	石英炉门	与石英炉管构成封闭腔室	7020.0013

2.1.3 立式扩散炉的组成结构及其归类

立式扩散炉是将加热炉体、反应管及承载圆片的石英舟均垂直放置（圆片呈水平放置状态）的加热炉。它是应用于 200 mm 和 300 mm 圆片的集成电路工艺中的一种批量式热处理设备，具有片内均匀性好、自动化程度高、系统性能稳定的特点，符合 SEMI 标准[①]要求，可以满足大规模集成电路生产线的需求。

立式扩散炉适用的工艺包括干氧氧化、氢氧合成氧化、DCE（二氯乙烯）氧化及氮氧化

① SEMI 标准：国际半导体装备和材料委员会标准。

硅氧化等氧化工艺，以及二氧化硅、多晶硅（Ploy-Si）、氮化硅（Si_3N_4）及原子层沉积等薄膜生长工艺，也常应用于高温退火、铜退火（Cu Anneal）及合金等工艺。

立式扩散炉的核心技术主要集中在高精度温度场控制、颗粒控制、微环境微氧控制、系统自动化控制、先进工艺控制及工厂自动化等方面。其工艺温度范围为 300 ~ 1200 ℃，恒温区温度均匀性控制在 ±1 ℃，恒温区长度为 800 mm ~ 1000 mm。

立式扩散炉通常由圆片装卸端口（Load Port）、存储系统（Stocker）、微环境水平层流净化系统、自动传输系统、热处理反应室系统、气路控制系统（Gas Box）、自动化控制系统、真空系统（适用于低压炉管）、供电系统，以及其他水冷、排气、危险气体检测等辅助装置组成。设备外形结构采用行业通行的肩并肩（Side-by-Side）设计，可实现设备侧向无间隙排布，占地面积小，可节省超净间成本。

图 2.1-3 为立式扩散炉（300 mm）的外观结构示意图。

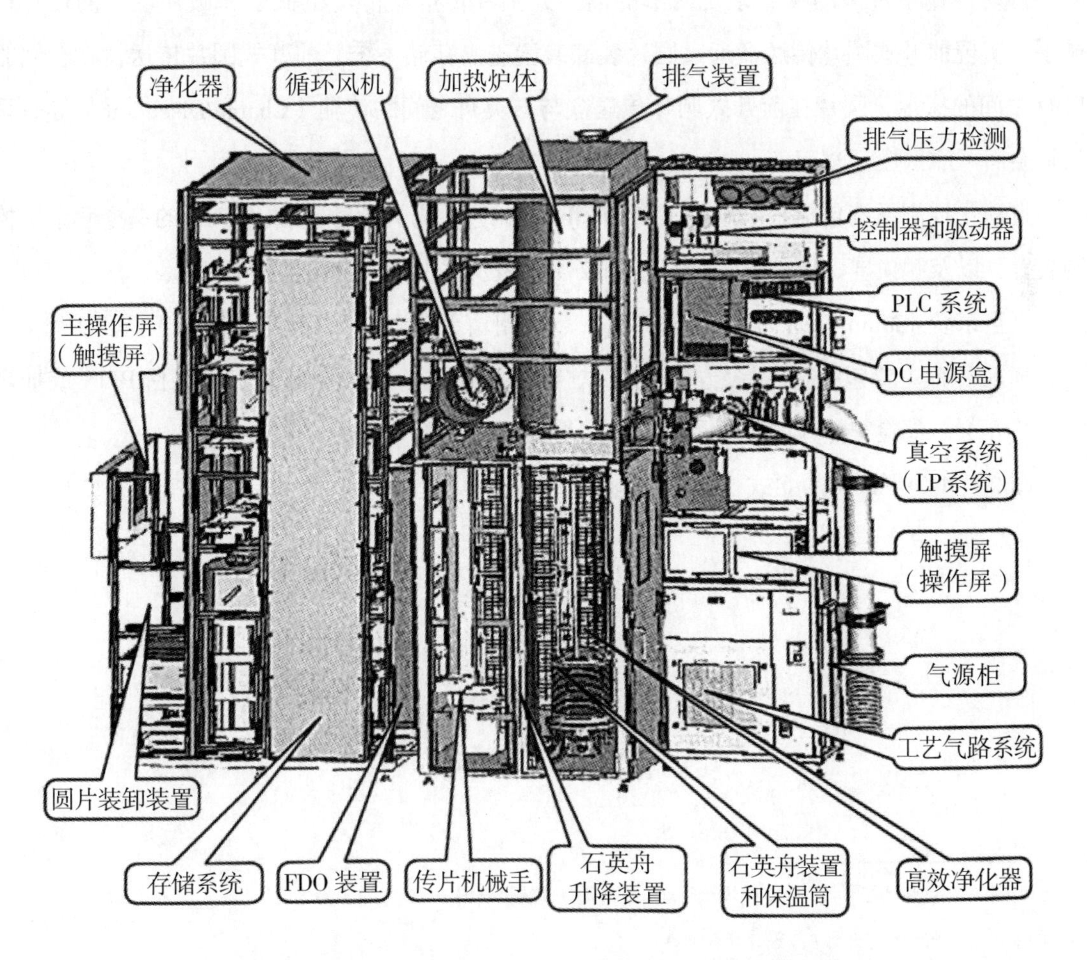

图 2.1-3　立式扩散炉（300 mm）外观结构示意图

圆片装卸装置是300 mm圆片盒进出设备的输入/输出端口，也是设备与生产线的唯一机械接口。300 mm圆片盒采用封闭式的前开式圆片传送盒（Front Opening Unified Pod，FOUP）；而200 mm及以下圆片盒则采用开放式的圆片盒（Cassette）。存储系统（Stocker）负责前开式圆片传送盒或Cassette在设备内部的临时存放，以及圆片装卸装置、存储舱圆片传送盒门打开装置（FOUP Door Opener，FDO）之间的前开式圆片传送盒搬运，并依靠风机过滤器单元（Fan Filter Unit，FFU）实现内部的垂直层流净化环境。

微环境系统借助高效过滤器（Ultra Low Penetration Air Filter，ULPA）和循环风机装置，建立内部洁净水平层流气流模型以控制颗粒污染，并依靠高纯氮气吹扫手段和氧气监测器来实现微环境中的氧含量控制和压力控制。

热处理反应系统包括加热炉体、反应腔室、石英舟及组件、石英舟升降装置（Boat Elevator）等，用于圆片的热处理工艺及升降石英舟的功能。

自动传输系统借助存储系统内部的前开式圆片传送盒传输机械手和微环境中的传片机械手，实现前开式圆片传送盒通过圆片装卸装置进出存储系统、前开式圆片传送盒在存储舱FDO之间的搬运、圆片在前开式圆片传送盒与石英舟之间的传输（Charge/Discharge）等一系列复杂而可靠的搬运过程。

自动化控制系统包括系统软件（CTC/TMC/PMC① 系统）和基于IPC/PLC② 的一整套系统控制装置，以及触摸屏、遥控电源柜、检测仪器仪表及外围输入输出器件等。

真空系统（Main Valve & Vacuum Gauge）包括阀门和真空压力计等，适用于低压炉管。

辅助装置主要包括排气系统（Exhaust、Photohelix）、压力控制系统（包括PTI③ 或抽真空系统等）、危险气体检测装置及水冷装置等。

图2.1-4为更详细的立式扩散炉结构示意图。

① CTC/TMC/PMC：整机控制器/传输模块控制器/工艺处理模块控制器。

② IPC/PLC：工业控制计算机/可编程序控制器。

③ PTI：一种压力预检测方法。

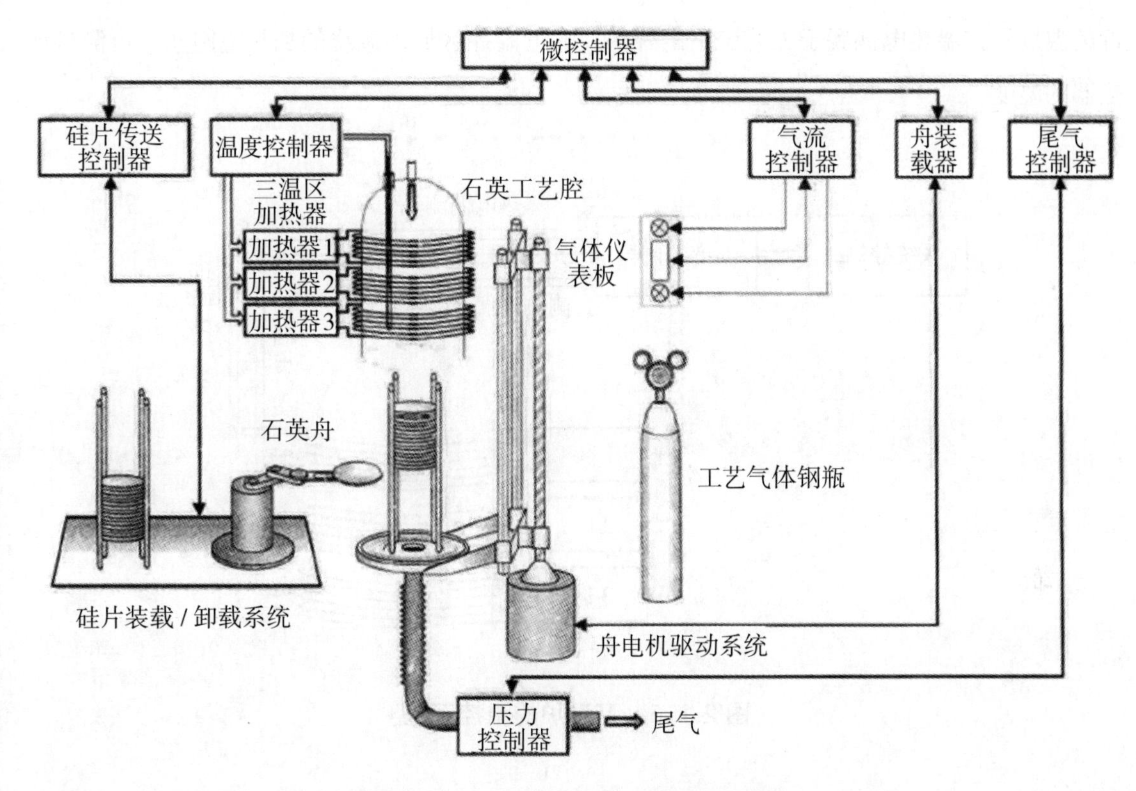

图 2.1–4　立式扩散炉的结构示意图

上述类型的立式扩散炉主要包括工艺腔室、硅片传输系统、气体分配系统、尾气处理系统、控制系统、晶舟和舟电机驱动系统等。

1. 工艺腔室

工艺腔室又称炉管，是对硅片加热的场所。它由垂直的石英工艺管、多区加热电阻丝和加热管套组成。图 2.1–5 为立式扩散炉炉管，其中的炉管是用耐高温的无定形石英做成的。

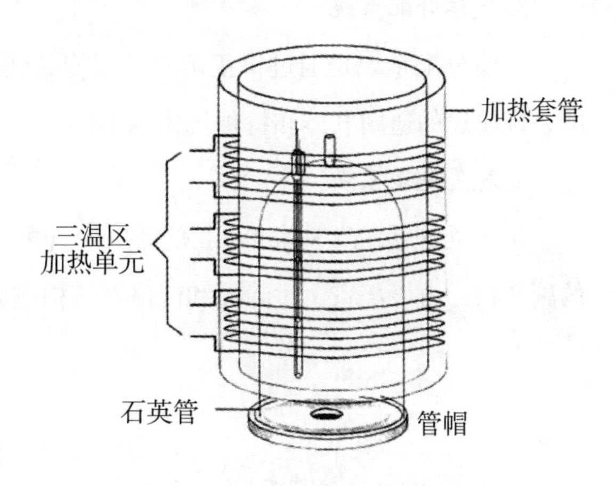

图 2.1–5　立式扩散炉炉管

加热炉对温度的精确控制是非常关键的。整个温控系统由温度控制器和多个热电偶组成，如图 2.1–6 所示。温度控制器用于高温炉炉内的温度控制；工艺腔室的每一个加热区都有多支热电偶，分为侧热电偶（Inner TC）和控温热电偶（Outer TC）。侧热电偶置于工艺腔室的内部，与硅片相邻，可测量硅片表面附近的温度；控温热电偶置于工艺腔室的外部，靠近温控区域内缠绕的加热电阻丝，可测量加热器的温度。

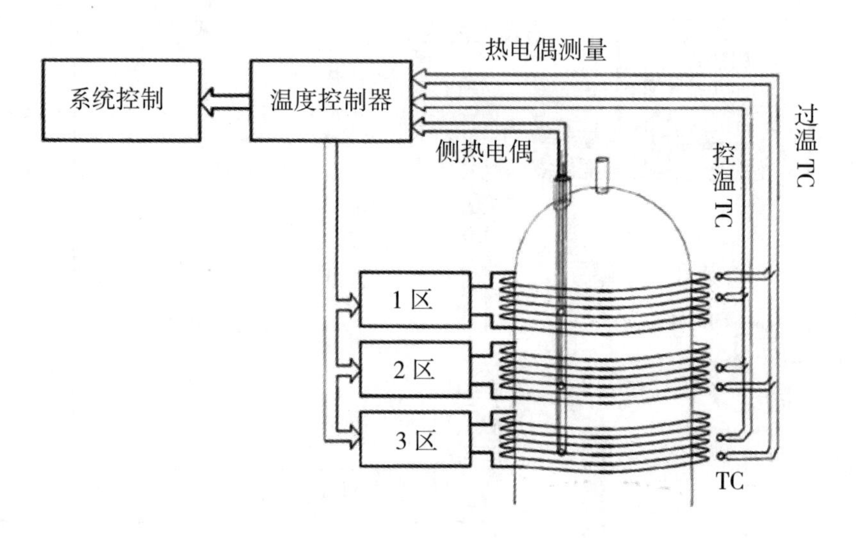

图 2.1–6　高温炉的温控系统

2. 硅片传输系统

硅片传输系统的主要功能是在工艺腔室中装卸硅片。所有的装卸硅片都是由自动机械设备完成的，它们主要在 4 个位置间运动：圆片装卸端口（Load Port）、存储系统（Stocker）、存储舱 FDO、晶舟（Boat）。

3. 气体分配系统

气体分配系统是通过将正确的气流传送到炉管来维持炉内的气氛。对于不同的工艺，分配系统输送的通用气体和特种气体也不同。

4. 尾气处理系统

尾气处理系统（Scrubber）是低压炉管配套附属设备，其主要作用是清除反应后所留下的副产物，由燃烧室、过滤器和洗涤器等构成，如图 2.1–7 所示。

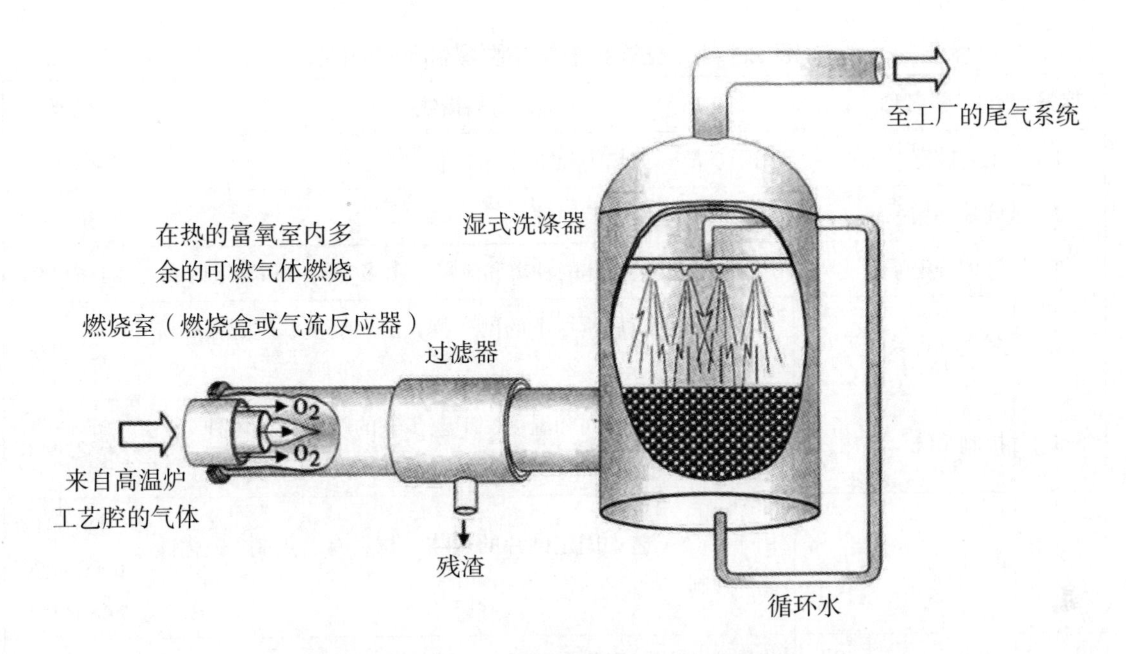

图 2.1–7　带有燃烧室的尾气处理设备

该系统与高温炉管相连，首先进入该系统的易燃气体（硅烷、磷化氢和氢气）在燃烧室的腔体内燃烧，燃烧是在远离工艺腔室的下风口处，是在空气存在的条件下进行的，随后经过燃烧的气体进入过滤器，去除部分残渣后再进入湿式洗涤器去除部分有害成分，最后将几乎无害的副产物排入工厂的尾气系统。

5. 控制系统

控制系统用来控制炉子的所有操作，如工艺时间和温度控制、工艺步骤的顺序、气体种类、气流速率、升 / 降温的速率和装卸硅片等。

6. 晶舟

晶舟（Boat），又称圆片舟（Wafer Boat），根据其制作材料，通常分为石英舟（Quartz Boat）、碳化硅舟（SiC Boat）或硅舟（Si Boat），是在高温氧化炉或扩散炉内用于装载硅片的器皿。

7. 舟电机驱动系统

舟电机驱动系统又称为推舟器，是将载有硅片的石英舟以固定的速度推进或拉出高温加热炉的机械装置。

立式扩散炉的完整设备归入子目 8486.2010，立式扩散炉主要零部件的归类见表 2.1–2。

表 2.1–2 立式扩散炉主要零部件的归类

序号	名称	商品描述	归类
1	工艺腔室	用于扩散、加热的腔室	8486.9099
2	硅片传输系统	在工艺腔中用于装卸硅片	8486.4039
3	气体分配系统	用于分配反应气体的种类和流量，由多个阀门和管道构成	8486.9099
4	尾气处理系统	用于清除反应后所留下的副产物，由燃烧室、过滤器和洗涤器等构成	8421.3990
5	控制系统	用于控制工艺时间和温度、工艺步骤的顺序、气体种类、气流速率、升 / 降温的速率和装卸硅片等，闭环控制	9032.8990
6	晶舟	用于扩散工艺中固定圆片的载体，材料有石英制 / 碳化硅制 / 硅制	7020.0013/ 6903.9000/ 8486.9099
7	舟电机驱动系统	将载有硅片的石英舟以固定的速度推进或拉出高温加热炉的机械装置	8486.4039
8	石英工艺管	用于放置圆片	7020.0013
9	多区加热电阻丝	为带支架的加热装置	8486.9099
10	主操作屏	用于操作人员输入相应参数和指令，同时监视工艺流程	8537.1090
11	圆片装卸装置	用于圆片盒的装卸	8486.4039
12	FDO 装置	圆片盒舱门打开装置	8486.9099
13	传片机械手	用于扩散炉内部圆片的传输	8486.4039
14	石英舟升降装置	用于石英舟的升降	8486.4039
15	石英舟装置和保温筒	石英制，用于承载圆片	7020.0013
16	高效净化器	用于控制颗粒污染物，以保证微环境内的洁净水平，由风扇和过滤装置构成	84.14
17	风机过滤器单元（FFU）	用于气体的过滤	8421.3990
18	气源柜	又称气瓶柜，包括气路单元、源温控制器、气路控制单元、排气装置等，但不含气瓶	8486.9099
19	DC 电源盒	用于为设备提供直流电源	8504.4099

表 2.1-2（续）

序号	名称	商品描述	归类
20	可编程序控制器（PLC）	用于立式扩散炉，是系统的智能控制核心单元，负责系统的工艺运行控制、温度控制、热电偶故障检测、超温报警、温控仪参数设定、推拉舟控制、气路质量流量控制、气路故障检测、工艺要求的各种联锁控制和实时报警等	8537.1011
21	排气压力检测装置	即压力计，用于检测排气压力	9026.2090
22	排气装置	用于排出反应后所产生的副产品	84.14
23	加热炉体	由加热炉管、加热单元及支架等构成	8486.9099
24	热电偶	用于测量炉体不同部位的温度	9025.9000
25	真空系统	用于保证反应环境为真空环境，由阀门、真空压力计及管路等组成	8486.9099

2.1.4　退火炉的组成结构及其归类

退火炉是集成电路制造工艺中的常用设备之一。在半导体制造中，有很多工艺（如氧化、扩散、外延、离子注入及蒸发电极等）在其完成后均需要进行特定的退火处理，以消除晶格缺陷（使不在晶格位置上的离子运动到晶格位置，以使其具有电活性，产生自由载流子，起到激活杂质的作用）和晶格损伤（在离子注入过程中，由于受到高能粒子的撞击，导致硅结构的晶格原子发生位移，造成晶格缺陷和损伤）。

退火可分为快速退火、激光退火和传统的管式退火。其中，大尺寸的圆片（直径≥ 200 mm）的退火工艺一般采用立式炉及单片退火设备；而传统的管式退火炉（卧式退火炉）广泛用于小尺寸（直径＜ 200 mm）的生产线。图 2.1-8 为退火工艺原理示意图。

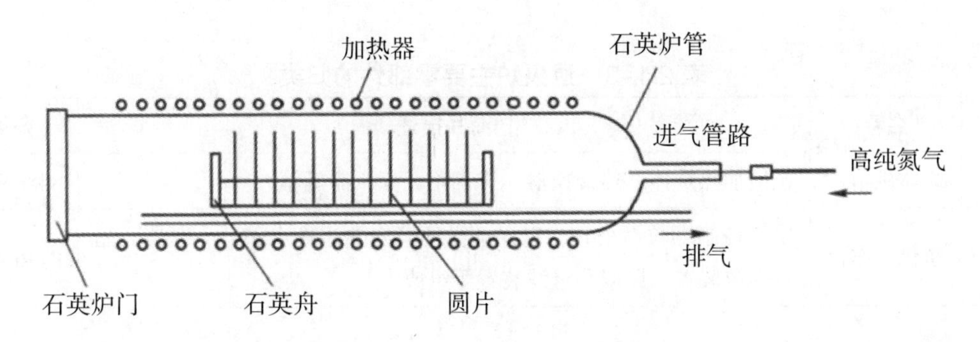

图 2.1- 8　退火工艺原理示意图

退火炉的主要技术指标：工作温度范围为 500 ～ 1280 ℃，恒温区长度为 600 mm ～ 1100 mm，恒温区精度为 ±0.5 ℃，最大可控升温速率不小于 15 ℃ / min，最大可控降温速率不小于 5 ℃ /min。

退火炉主要由炉体机箱（包括加热炉体、热交换器、排毒箱、变压器机箱）、净化工作台、控制柜和气源柜 4 部分构成，如图 2.1-9 所示。

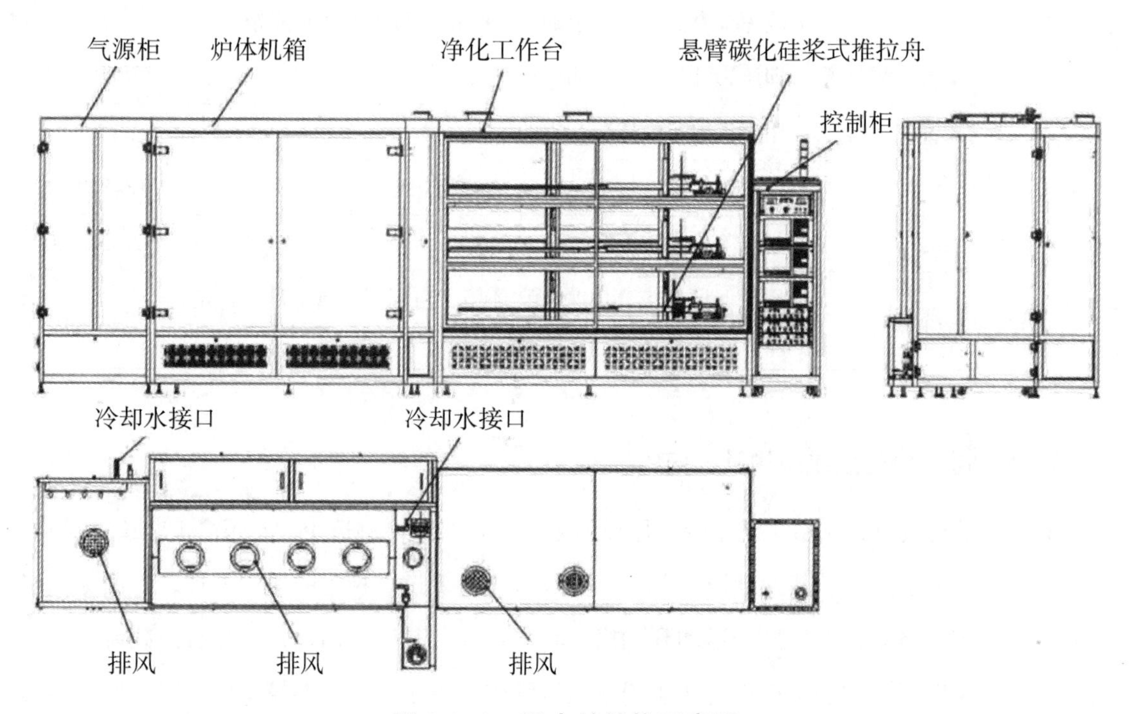

图 2.1-9　退火炉结构示意图

退火炉系统一般采用工控机作为控制主机，使用防磁、防振、抗干扰能力强且适应恶劣工作环境的工作站，每个炉管具有一套独立的控制系统。

退火炉整个设备归入子目 8486.2010，退火炉主要零部件的归类见表 2.1-3。

表 2.1-3　退火炉主要零部件的归类

序号	名称	商品描述	归类
1	炉体机箱	包括加热炉体、热交换器、排毒箱、变压器机箱	8486.9099
2	净化工作台	用于控制颗粒污染物，以保证微环境内的洁净水平，由框架、晶舟推拉装置、风扇和过滤装置等组成	8486.9099

表 2.1-3（续）

序号	名称	商品描述	归类
3	气源柜	又称气瓶柜，包括气路单元、源温控制器、气路控制单元及排气装置等，但不含气瓶	8486.9099
4	控制柜	用于控制工艺时间和温度、工艺步骤的顺序、气体种类、气流速率、升 / 降温的速率及装卸圆片等	9032.8990
5	加热炉体	用于圆片退火工艺的腔体	8486.9099
6	变压器机箱	用于为退火炉提供相应的电源	85.04
7	桨式推拉舟	碳化硅制，是固定圆片的载体	6903.9000

2.1.5 高压氧化炉的组成结构及其归类

高压氧化炉是一种特殊的氧化炉，它将高压稀有气体和高压氧化气体输入石英管，在 10 ~ 20 atm（1 atm 代表 1 个标准大气压）下完成氧化工艺，其主要作用是提高氧化速率，降低热预算。高压氧化速率快，适用于厚膜生长。由于反应压力高，需要在石英管反应室外部加装不锈钢外套。

与常压氧化相比，高压氧化可以在较低的温度条件下实现相同的氧化速率，或者在相同温度条件下获得更快的氧化层生长速率。图 2.1-10 为高压氧化炉结构示意图。

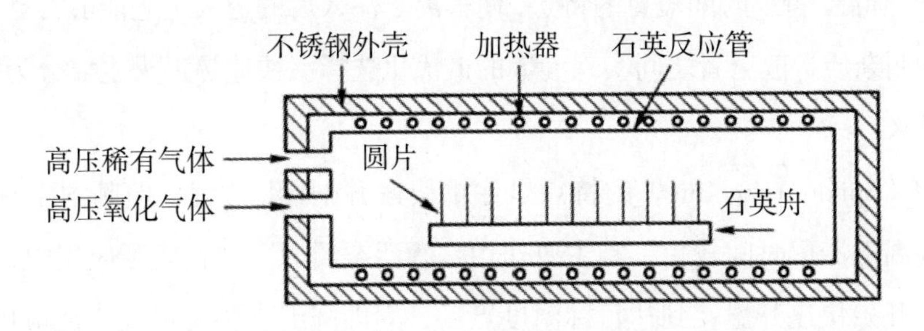

图 2.1-10 高压氧化炉结构示意图

高压氧化炉整个设备归入子目 8486.2010，高压氧化炉主要零部件的归类见表 2.1-4。

表 2.1-4　高压氧化炉主要零部件的归类

序号	名称	商品描述	归类
1	石英反应管	属于氧化炉炉体的一部分	7020.0013
2	加热器	用于炉体的加热，由加热器和支架构成	8486.9099
3	不锈钢外壳	为石英反应管的外壳	8486.9099
4	石英舟	用于氧化炉中固定圆片的载体	7020.0013

2.1.6　快速热处理设备的组成结构及其归类

快速热处理（Rapid Thermal Processing，RTP）设备是一种单片热处理设备，可将圆片的温度快速升至工艺所需的温度（200 ~ 1300 ℃），并且能够快速降温，升 / 降温速率一般为 20 ~ 250 ℃ / s。

快速热处理设备主要包括反应腔室、加热热源、温度传感器及温度控制器等。

RTP 设备的能源种类多，退火时间范围宽，具有极佳的热预算控制和更好的表面均匀性（尤其是对大尺寸的圆片），能较好地修正离子注入造成的圆片损伤，多个腔室可以同时运行不同的工艺过程，可以集成光化学技术，可以灵活、快速地转换和调节工艺气体，使得在同一个热处理过程中可以完成多段热处理工艺。

快速热处理在快速热退火（Rapid Thermal Annealing，RTA）中应用最普遍。由于 RTP 设备具有快速升 / 降温、持续时间短暂的特点，使得离子注入后的退火工艺能够在晶格缺陷修复、激活杂质和抑制杂质扩散三者之间实现参数的最优化选择。快速热退火主要分为四类：

1. 尖峰退火

尖峰退火（Spike-Annealing）的特点是注重快速升 / 降温过程，但基本没有保温过程。尖峰退火在高温点滞留时间较短，其主要作用是激活杂质原子。在实际应用中，圆片由一稳定待机温度点开始快速升温，到达目标温度点后，立即降温。尖峰退火广泛应用于 65 nm 之后的超浅结工艺。

尖峰退火的工艺参数主要包括峰值温度、峰位驻留时间、温度发散度和工艺后的圆片电阻值等。峰值驻留时间越短越好，它主要取决于控温系统的升 / 降温速率。

2. 恒温退火

恒温退火（Soak Annealing）一般采用卤素灯作为快速退火热源，有很高的升 / 降温速率和精确的温度控制，可以满足 65 nm 以上的制造工艺要求，随着超浅结和应力可变技术的应用，恒温退火工艺被尖峰退火和激光退火工艺逐渐替代。

3. 激光退火

激光退火（Laser Annealing）是直接利用激光快速提高圆片表层的温度，直至足够熔化硅晶体，从而使其高度活化。激光退火的优势是升温极快，控制灵敏，不需要用灯丝进行加热，基本不存在温度滞后和灯丝寿命的问题。但从技术角度看，激光退火存在泄漏电流和残留物缺陷等问题，对器件性能也会造成影响。

4. 闪光退火

闪光退火（Flash Annealing）是一种利用高强度辐射对特定预热温度下的圆片进行尖峰退火技术。圆片的预热温度为600 ~ 800 ℃，之后采用高强度辐射进行短时间脉冲照射，当圆片温度峰值达到所需退火温度时，立即关闭辐射。

RTP设备的核心技术主要包括反应腔（包括热源）设计、温度测量技术和温度控制技术。在RTP设备中，热量多数借助辐射（Radiation）的方式传导至圆片上。目前使用的辐射能源（Radiant Energy Source）主要有卤素灯、氙气灯和激光光源。图2.1-11为快速热处理设备反应腔室的基本结构示意图。

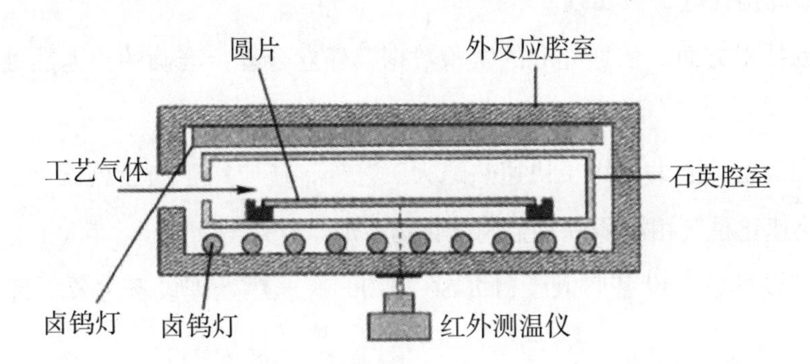

图2.1-11　快速热处理设备反应腔室的基本结构示意图

在热源与反应腔室设计方面，如果运用灯组（单个卤素灯的功率为1 kW ~ 2 kW，电弧灯则为数十千瓦）作为热源，必须设计成灯组阵列，其排列形状与圆片表面温度均匀性有很大关系。图2.1-12为快速热处理设备反应腔室灯组阵列排列图。

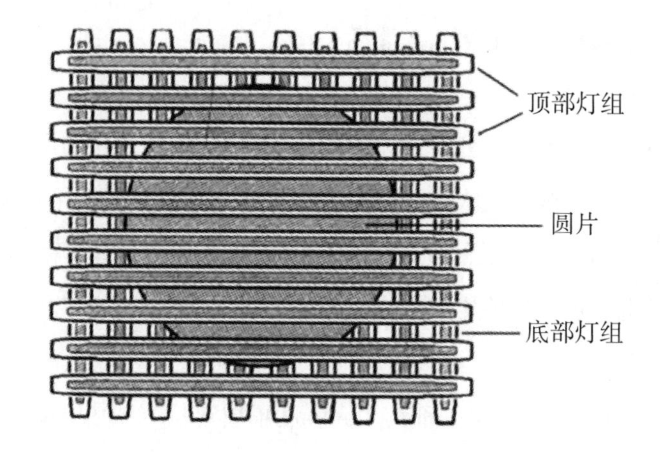

图 2.1–12 快速热处理设备反应腔室灯组阵列排列图

在温度测量技术方面，快速热处理设备中圆片温度的精确测量对温度控制效果及工艺成品率具有决定性的影响。通常，在快速热处理设备中的温度测量是依靠热电偶与高温计来实现的。热电偶属于接触式传感器，无法直接用于工艺中，但它能表征真实、可靠的温度信号，因此热电偶通常用于校正其他的温度传感器；而工艺过程中的温度测量，则基本依赖非接触式的传感器（如高温计等）来实现。

在温度控制技术方面，依据充分的实验数据，建立合理、准确的快速热处理温度过程控制的数学模型。

快速热处理设备除了大量用于快速热退火工艺外，还应用于快速热氧化、快速热氮化、快速热扩散、快速化学气相沉积以及金属硅化物生成、外延等工艺。

快速热处理设备整个设备归入子目 8486.2010，快速热处理设备主要零部件的归类见表 2.1–5。

表 2.1–5 快速热处理设备主要零部件的归类

序号	名称	商品描述	归类
1	石英腔室	用于快速热处理工艺的腔室	7020.0013
2	外反应腔室	为反应腔室的炉体	8486.9099
3	卤钨灯管	该灯管不含灯座	8539.2190
4	红外测温仪	用于测量热处理设备内的温度	9025.1910

2.2 薄膜生长设备

2.2.1 薄膜生长工艺

薄膜是指一种在圆片衬底上生长的一层较薄的固体物质。

薄膜生长又称薄膜沉积，是指在圆片表面沉积一层薄膜的工艺。

薄膜生长按生长工艺的不同，分为物理工艺、化学工艺和外延工艺3大类，详细分类方法如图2.2-1所示。

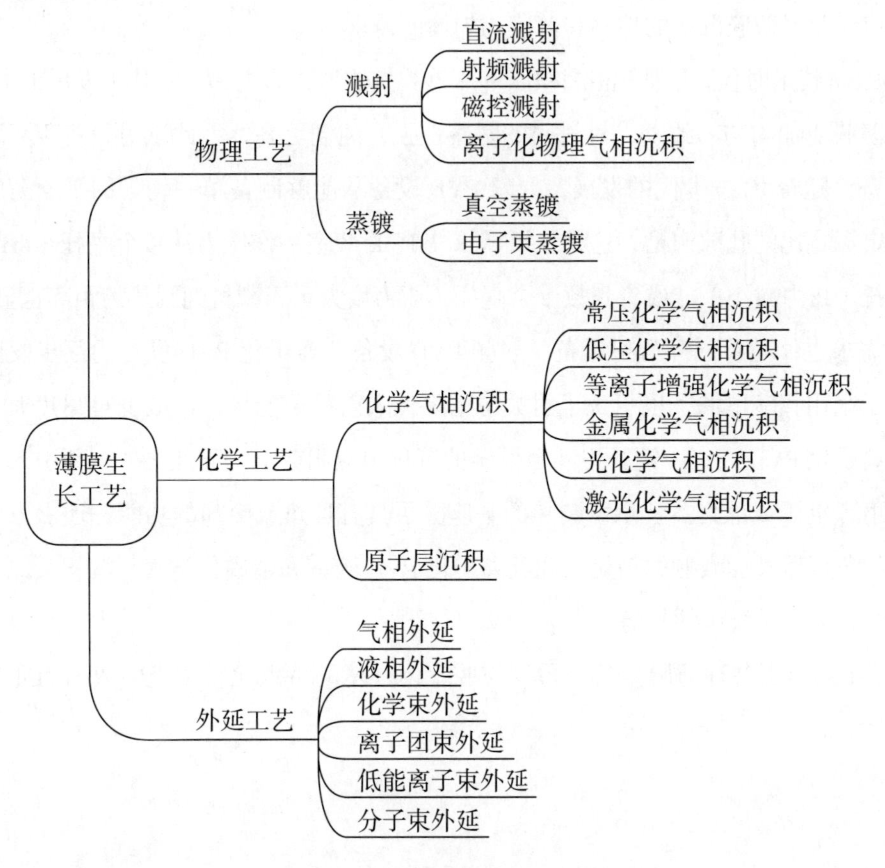

图 2.2-1 薄膜生长工艺分类

在微米技术时代，化学气相沉积均采取多片式的化学气相沉积设备，其结构比较简单，腔室工作压力约为1 atm（即1个标准大气压），圆片的传输和工艺是连续的，随着圆片尺寸的增大，单片单腔室工艺占据了主导地位。在圆片尺寸增大的同时，IC 技术代也在不断地更新。到了亚微米技术代，低压化学气相沉积设备成为主流设备，其工作压力大大降低，从而改善了薄膜沉积的均匀性和沟槽覆盖填充能力。在 IC 的技术代发展到 90 nm 的过程中，等离子体增强化学气相沉积设备扮演了重要的角色。由于等离子的作用，化学反应温度明显降低，薄膜纯度得到提高，薄膜密度得以加强。化学气相沉积不仅用于沉积介质绝缘层和半导体材料，还用于沉积金属薄膜。在硅外延应用的基础上，从 65 nm 技术代开始，在器件的源区、漏区采用选择性硅锗（SiGe）外延工艺，提高了 PMOS 的空穴迁移率。从 45 nm 技术代开始，为了减小器件的泄漏电流，新的高介电（High κ）材料及金属栅（Metal Gate）工艺被应用到集成电路工艺中，由于膜层非常薄，通常在数纳米量级内，所以不得不引入原子层沉积的工艺设备，以满足对薄膜沉积的控制和薄膜均匀性的需求。

在 150 nm 技术时代，物理气相沉积以单片单腔室的形式为主，从 IC 技术发展的角度来看，因制备的薄膜更加均匀、致密，对衬底的附着性强，纯度更高，因此溅射设备逐渐取代了真空蒸镀设备。随着 IC 技术代的发展，要求 PVD 设备从能够制备单一均匀的平面薄膜，到覆盖具有一定深宽比的孔隙沟槽，这种发展需求使 PVD 腔室工作压力从数个毫托（mTorr[①]）发展到亚毫托（压力减小），或者到数十个毫托（压力增大），靶材到圆片的距离也显著增加。这种发展需求也伴随着磁控溅射设备、射频 PVD 设备和离子化 PVD 设备的逐步发展。磁控溅射源除了采用直流电源，也引入了射频源来降低入射粒子能量，以减少对圆片上器件的损伤，这类离子化 PVD 腔室在铜互连和金属栅的沉积中应用广泛。除此之外，还引入了辅助磁场、辅助射频电源或准直器。承载圆片的基座除了具有加热或冷却的功能，还引入了射频电源所产生的负偏压及反溅射的功能。此类离子化 PVD 腔室和金属化学气相沉积及原子层沉积也有着结合在同一系统中的趋势。

表 2.2–1 列出了各种薄膜生长设备反应腔室内环境的特点比较（表中数据为通常情况下的工艺条件）。

① Torr（托）是表示真空度高低的单位，1 托等于 1 毫米汞柱压力。

表 2.2-1　各种薄膜生长设备反应腔室内环境的特点比较

序号	设备名称	薄膜生长源	薄膜生长温度	反应腔工作压力	衬底承载方式	等离子体源
1	真空蒸镀设备	蒸发源	高温生长（＜1500 ℃）	＞10^{-3} Torr	悬挂式衬底加热	热蒸发或电子束
2	直流 PVD 设备	靶材	高温或常温生长（＜600 ℃）	0.1~10 Torr	加热或冷却基座	直流源（阴极溅射）
3	射频 PVD 设备	靶材	高温或常温生长（＜600 ℃）	0.01~10 Torr	加热、冷却或射频基座	射频源（13.56 MHz、20 MHz、60 MHz）
4	磁控溅射设备	靶材	高温或常温生长（＜600 ℃）	0.1~200 mTorr	加热、冷却或射频基座	直流源
5	离子化 PVD 设备	靶材	高温或常温生长（＜600 ℃）	10~200 mTorr	冷却射频源	直流源和射频源
6	常压 CVD 设备	前驱物	550~1100 ℃	常压	承载舟	无
7	低压 CVD 设备	前驱物	350~1100 ℃	0.1~10 Torr	承载舟	无
8	等离子体增强 CVD 设备	气态前驱物	低温生长（室温 ~700 ℃）	常压：760 Torr 或低压：0.05~5 Torr	加热或射频基座或承载舟	射频（100 kHz~40 MHz）
9	金属 CVD 设备	金属无机化合物或金属有机化合物前驱物	低温生长（＜500 ℃）	1~300 Torr	加热或射频基座	射频（13.56 MHz~60 MHz）
10	原子层沉积设备	卤化物或金属有机化合物前驱物	＜500 ℃	常压：760 Torr 或低压：0.1~10 Torr	加热或射频基座	射频（13.56 MHz~60 MHz）
11	光化学气相沉积设备	气态前驱物	100~300 ℃	0.1~50 Torr	加热基座	无
12	激光化学气相沉积设备	气态前驱物	100~500 ℃	0.1~50 Torr	加热基座	无
13	分子束外延设备	固态源或气态源或液态源	500~900 ℃	10^{-3}~10^{-11} Torr	加热基座	无

表 2.2-1（续）

序号	设备名称	薄膜生长源	薄膜生长温度	反应腔工作压力	衬底承载方式	等离子体源
14	气相外延设备	固态源或气态源	550~1100 ℃	常压：760 Torr 或 低压：20~100 Torr	加热基座	无
15	液相外延设备	液态源或固态源	400~500 ℃	—	加热基座或滑动舟	无
16	化学束外延设备	前驱物	500~900 ℃	低压（＜ 0.1 mTorr）	加热基座	无
17	离子团束外延设备	固态源或气态源	400~800 ℃	10^{-10}~10^{-7} Torr	加热基座	直流
18	低能离子束外延设备	固态源或气态源	150~900 ℃	10^{-10}~10^{-7} Torr	加热基座	直流

薄膜沉积的种类主要包括介质薄膜（又称为绝缘体膜）、金属薄膜（又称为导体膜）和半导体薄膜。

介质薄膜主要包括二氧化硅和氮化硅，其作用是隔绝金属层间互相通电。最上层的绝缘薄膜也称保护钝化层。二氧化硅还可以掺杂磷、硼或氟等元素，从而改变二氧化硅原有的结构。例如，掺杂磷可以使二氧化硅薄膜变得疏松。在高温条件下，该物质从某种程度上具有像液体一样的流动能力。硼的加入可以降低回流温度。如果硼和磷的含量各占 4%，回流温度在 800 ~ 950 ℃，比只掺杂磷的薄膜降低了 300 ℃。

金属薄膜主要包括铝、铜和钨，其中，铝、铜使集成电路具备导电性能，钨常用于连接上、下金属层。

半导体薄膜主要包括多晶硅，它可以代替铝作为 MOS 器件的栅极，提高 MOS 器件的性能，而且使用多晶硅可以实现源漏区域自对准离子注入，从而提高 MOS 电路的集成度。

图 2.2-2 为薄膜的种类。

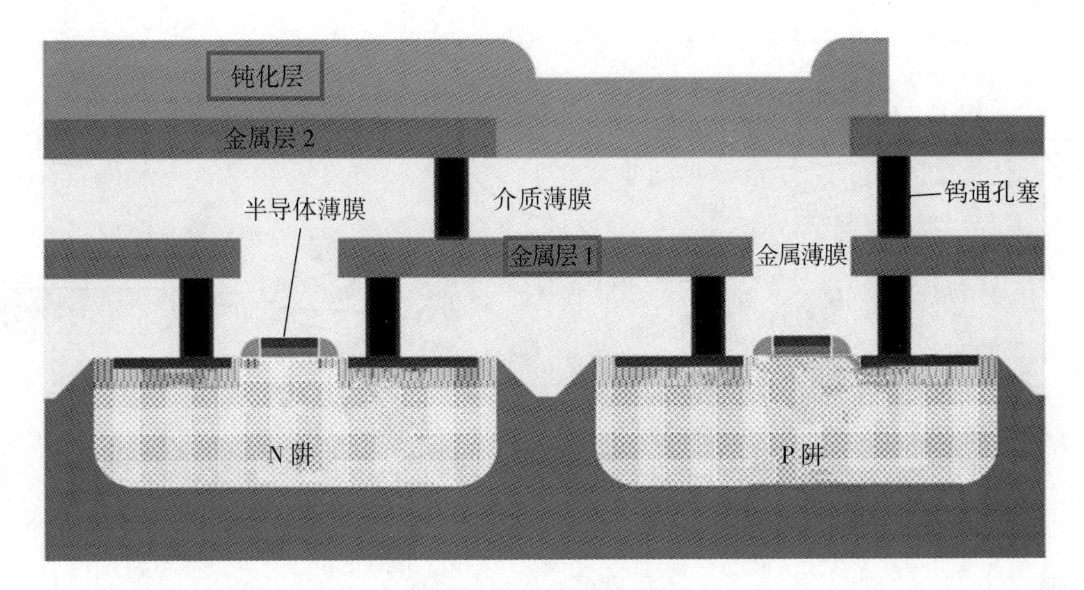

图 2.2-2　薄膜的种类

下面介绍 4 种常用的薄膜生长工艺。

1. 化学气相沉积工艺

化学气相沉积（Chemical Vapor Deposition, CVD）是指不同分压的多种气相状态反应物在一定温度和气压下发生化学反应，生成的固态物质沉积在衬底材料表面的工艺。

薄膜的生长过程取决于气体与衬底间界面的相互作用，可能涉及以下几个步骤：

一是反应气体从入口区域流动到衬底表面的沉积区域；

二是气体反应导致膜先驱物和副产物的形成；

三是气体分子扩散；

四是膜先驱物黏附在衬底表面；

五是膜先驱物向膜生长区域的表面扩散；

六是吸附原子（或分子）在衬底表面发生化学反应导致膜沉积和副产物的生成；

七是气态副产物和未反应的反应剂扩散离开衬底表面；

八是副产物排出反应室。

图 2.2-3 为化学气相沉积的反应步骤。

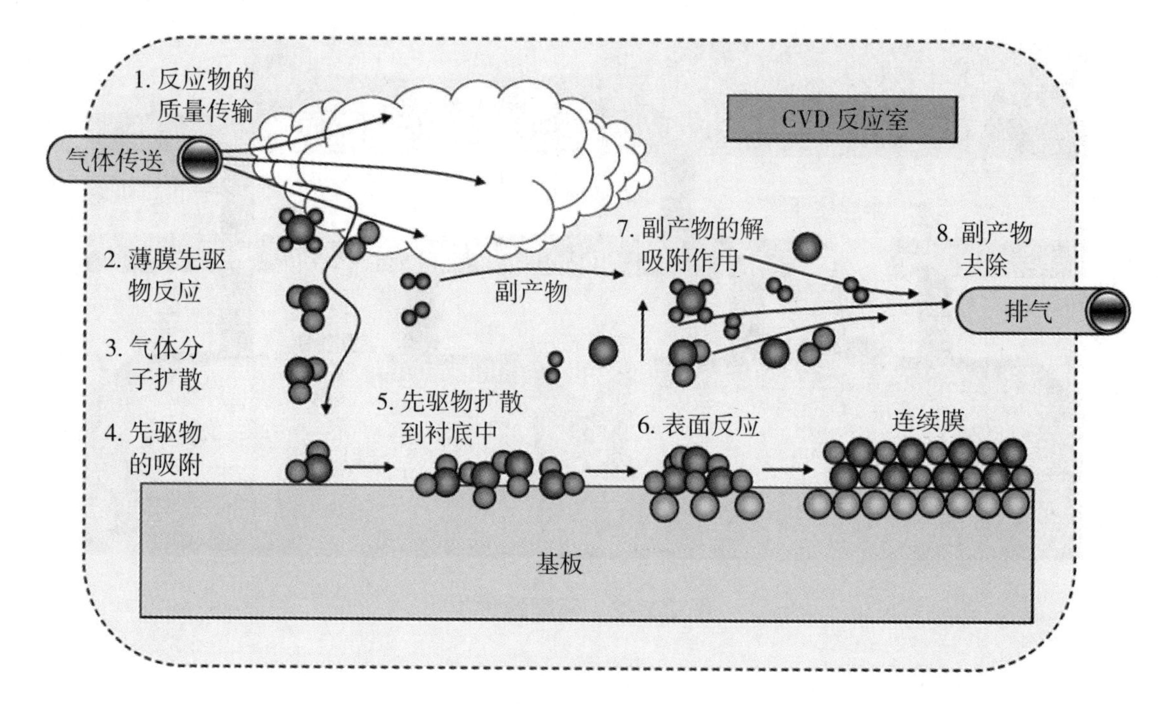

图 2.2–3　化学气相沉积的反应步骤

该工艺需要满足 3 个条件：其一，反应物在室温或者非高温情况下，呈现气态或易于挥发成蒸汽的液态或固态物体；其二，通过化学反应形成的沉积物呈固态，但反应的副产物是易于挥发的，以便通过排气系统排出；其三，沉积过程中的化学反应易于控制，尽量减少不可控因素。

（1）化学气相沉积的 5 种反应原理

① 热分解反应

热分解反应是最简单的反应方式，在真空或惰性环境下，将衬底加热到预先设定的温度，随后将反应源物质送入反应腔室，利用热分解原理将其分解成固态材料，并沉积在圆片表面。反应方程式如下：

$$SiH_4 \xrightarrow{650\ ℃} Si（固态）+2H_2（气态）$$

② 氧化反应

氧化反应是指反应源物质与氧气发生化学反应，形成新的固态物质，沉积在圆片表面。反应方程式如下：

$$SiH_4+2O_2 \longrightarrow SiO_2（固态）+2H_2O（气态）$$

③ 还原反应

还原反应是指反应源物质与氢气发生化学反应，形成新的固态物质，沉积在圆片表面。

反应方程式如下：

$$SiCl_4+2H_2 \longrightarrow Si（固态）+4HCl（气态）$$

④ 置换反应

置换反应是指由两种或两种以上的反应气体，在反应腔室相互作用，合成得到新的固态物质，沉积在圆片表面。与热分解反应相比，此反应运用更为广泛，因为几乎所有的无机薄膜都可以通过置换反应合成得到。反应方程式如下：

$$3SiCl_4+4NH_3 \longrightarrow Si_3N_4（固态）+12H_2（气态）$$

⑤ 等离子体增强反应

等离子体增强反应是指在低真空环境下，利用交流或者直流电压、射频、微波或电子回旋共振等方法对气体实施辉光放电，在沉积反应腔室产生等离子体以增强化学反应。

等离子体是不同于固态、液态、气态的物质第四态。物质是由分子构成的，分子又是由原子构成的，原子是由带正电的原子核及围绕它的负电子组成的。当原子被加热到足够高的温度或有其他刺激因素时，轨道上的电子会摆脱原子核的束缚，变成自由电子。该过程称为"电离"。此时，物质就变成了带正电的原子核与带负电的自由电子组成的一团离子浆。电离的过程中并没有失去或增加电子，离子浆的电荷正负总量相等，所以也被称为等离子体。由于等离子体内的离子、电子及中子相互碰撞，所以会大幅度降低反应温度。图 2.2-4 为原子电离为等离子体的示意图。例如，硅烷和氨气通常在 850 ℃时才能反应产生氮化硅，但在等离子体增强反应的条件下，反应温度只要达到 350 ℃就可以得到氮化硅。

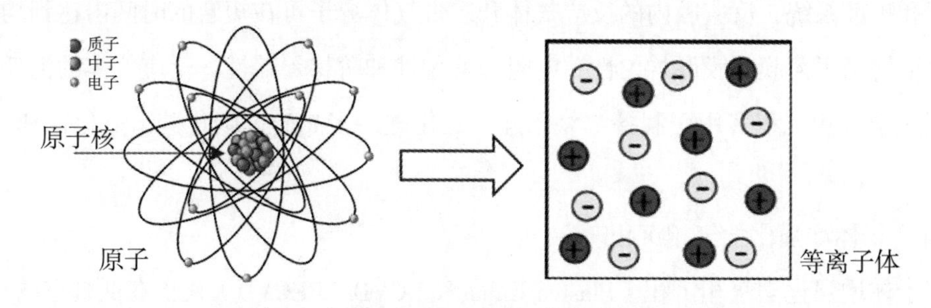

图 2.2-4　原子电离为等离子体的示意图

【自问自答】

问：什么是等离子体？

答：等离子体（Plasma），又称电浆，是被电离后的气体，即以离子态形式存在的气体（正离子和电子组成的混合物），由于正离子和电子的数量相同，所以称为等离子。等离子广泛存在于宇宙中，被视为除固态、液态、气态之外，物质存在的第四态。

等离子体有两个特点：一是呈现出高度不稳定态，有很强的化学活性。等离子增强的化学气相沉积（CVD）就是利用了这个特点。二是具有较好的导电性，利用经过设计的磁场可以捕捉、移动和加速等离子体。

（2）化学气相沉积的分类

① 常压化学气相沉积

常压化学气相沉积（Atmospheric Pressure CVD, APCVD）是指在接近大气压力的环境下，将气态反应源匀速喷射至加热的固体衬底表面，使反应源在衬底表面发生化学反应，所生成的反应物在衬底表面沉积并形成薄膜的沉积工艺。

常压化学气相沉积是最早出现的沉积工艺，它的优点是反应腔室结构简单，沉积速率高；缺点是阶梯覆盖能力差且有粒子污染。

常压化学气相沉积多用于制备单晶硅、多晶硅、二氧化硅、氧化锌、二氧化钛、磷硅玻璃及硼磷硅玻璃等薄膜。

② 低压化学气相沉积

低压化学气相沉积（Low Pressure CVD，LPCVD）是指在加热（350 ~ 1100 ℃）和低压（0.1 ~ 10 Torr）环境下，利用气态原料在固体衬底表面发生化学反应，所生成的反应物在衬底表面沉积并形成薄膜的沉积工艺。

与常压化学气相沉积相比，低压化学气相沉积的低压反应环境增大了反应室内气体的平均自由程和扩散系统，反应腔内的反应气体和载带气体分子可在短暂的时间内达到均匀分布，因而极大地提高了薄膜的膜厚均匀性、电阻率均匀性和阶梯覆盖性，反应气体的消耗量也小。

低压化学气相沉积多用于制备二氧化硅、氮化硅、多晶硅、碳化硅、氮化镓和石墨烯等薄膜。

③ 等离子体增强化学气相沉积

等离子体增强化学气相沉积（Plasma Enhanced CVD，PECVD）是指在低真空的环境下，气态前驱物在等离子体作用下发生离子化，形成激发态的活性基团，这些活性基团通过扩散到达衬底表面，进而发生化学反应，完成薄膜生长的工艺。等离子体增强化学气相沉积是目前应用最广的一种化学气相沉积。

等离子体增强化学气相沉积的特点是反应温度低，阶梯覆盖性优良，但系统制备成本较高，且有粒子污染。等离子体增强化学气相沉积主要用于沉积介质层。

随着半导体最小工艺尺寸越来越小，相应地对加工工艺也提出了更高的要求。其中一大难题就是均匀无孔地沉积夹在各薄膜层之间的绝缘介质层。等离子体增强化学气相沉积对小于0.8μm的间隙，在沉积过程中会产生夹断和空洞。为了解决这一难题，在等离子体增强化学气相沉积的基础上开发了新的工艺，即高密度等离子体化学气相沉积（High Density Plasma CVD，HDPCVD）。这一工艺使沉积和刻蚀在同一腔室内进行，采用沉积—刻蚀—沉积工艺流程（图2.2-5），沉积的薄膜具有高密度、低杂质缺陷和优良的黏附能力等特点。

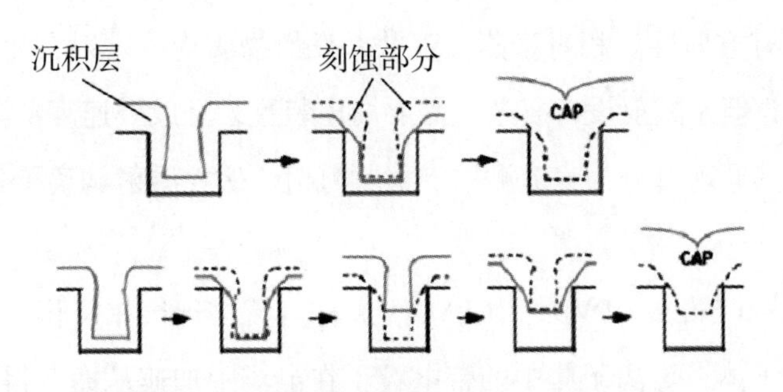

图2.2-5　沉积—刻蚀—沉积工艺流程

2. 物理气相沉积工艺

物理气相沉积（Physical Vapor Deposition，PVD）是指在真空条件下，使用物理方法，将材料源——固体或液体表面气化成气态原子、分子或部分电离成离子，并通过低压气体区域，在圆片表面沉积具有某种特殊功能的薄膜。在集成电路制造过程中，PVD技术主要用于制备金属和半导体薄膜。

物理气相沉积的方法主要有蒸镀和溅射，在超大规模集成电路制造中，使用最广的PVD技术是溅射，主要用于集成电路的电极和金属互连。

（1）蒸镀

蒸镀（Evaporating），又称为真空蒸发，是一种在真空条件下加热固体材料，使其蒸发气化或升华后凝结沉积到一定温度的衬底材料表面形成薄膜的沉积工艺。图2.2-6为蒸镀示意图。

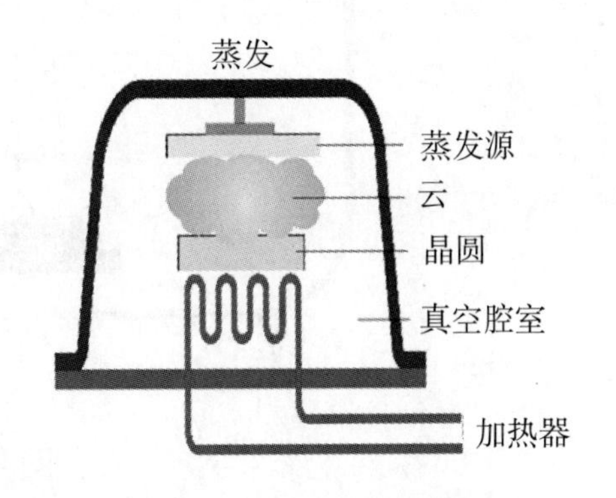

图2.2-6　蒸镀示意图

蒸镀按加热方式不同可分为电阻加热和电子束加热。

蒸镀是PVD中使用最早的技术，由于该技术无法以同等速率蒸发合金材料，而且对于高深宽比孔洞的填充也无能为力，所以现已逐步被溅射所取代。

（2）溅射

溅射（Sputtering）的原理是在真空条件下充入氩气，对氩气进行辉光放电，使氩原子（Ar）电离成氩离子（Ar^+），并在高电压环境下轰击靶源，撞击出靶材中的固体原子或分子，经过无碰撞飞行过程抵达圆片表面形成薄膜的工艺。

溅射与真空蒸发有着本质的区别，真空蒸发是由能量转化引起的，而溅射含有动量转换，所以溅射出的原子有方向性。相对于蒸发工艺，任何物质均可溅射，尤其是高熔点、低蒸汽压的元素或化合物，但是溅射设备复杂，需要高压装置，且成膜速度低。

溅射工艺根据其原理可分为直流溅射、射频溅射、磁控溅射和离子化物理气相沉积。

① 直流溅射

直流溅射（Direct Current PVD，DCPVD）又称直流物理气相沉积，是指通过将工艺气体电离后，形成等离子体，等离子体中的带电粒子在电场中加速从而获得一定的能量，能量足够大的粒子轰击靶材表面，使靶原子被溅射出来，被溅射出的带有一定动能的原子向衬底运动，并在衬底表面形成薄膜的工艺。图 2.2-7 为直流溅射示意图。

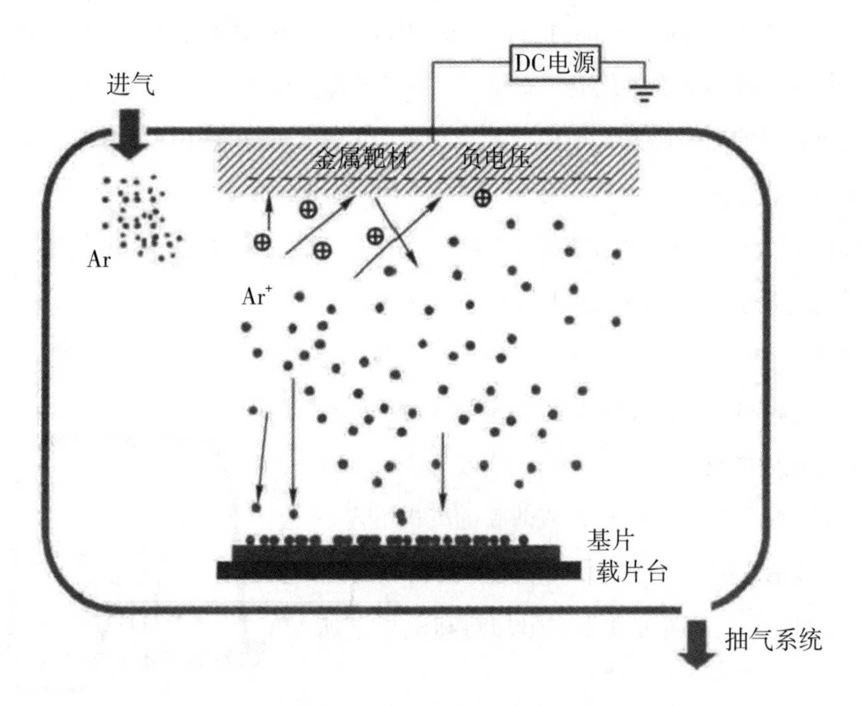

图 2.2-7　直流溅射示意图

在直流溅射过程中，常用的气体为氩气，靶材置于上方，为阴极；衬底位于下方，为阳极，溅射电压为1 kV ~ 5 kV，薄膜沉积速率低于0.1 μm/min，直流溅射只能溅射导体材料，如金属。

② 射频溅射

射频溅射（Radio Frequency PVD，RFPVD）又称射频物理气相沉积，是一种使用射频电源作为激励源的PVD工艺。射频溅射适用于各种金属和非金属材料的PVD工艺。

射频溅射使用的射频电源常用频率为13.56 MHz、20 MHz、60 MHz。射频电源的正、负周期交替出现，当PVD靶处于正半周时，因为靶材表面处于正电位，工艺气氛中的电子会流向靶面中和其表面积累的正电荷，甚至继续积累电子，使其表面呈现负偏位；当PVD靶处于负半周时，正离子会向靶材移动，并在靶材表面被部分中和。由于射频电场中电子的运动速度比正离子快很多，而正、负半周期的时间却是相同的，所以导致在一个完整周期后，靶材表面会“净剩”负电。因此，开始的数个周期内，靶材表面的负电性呈现增加的趋势；之后，靶材表面达到稳定的负电位；此后，因为靶材的负电性对电子具有排斥作用，致使靶材电极所接受的正、负电荷量趋于平衡，靶材呈现稳定的负电性。从上述过程可以看出，负电压形成的过程与靶材材料本身的属性无关，所以射频溅射工艺不仅能够解决绝缘体靶材的溅射问题，还能很好地兼容金属导体靶材。图2.2-8为射频溅射示意图。

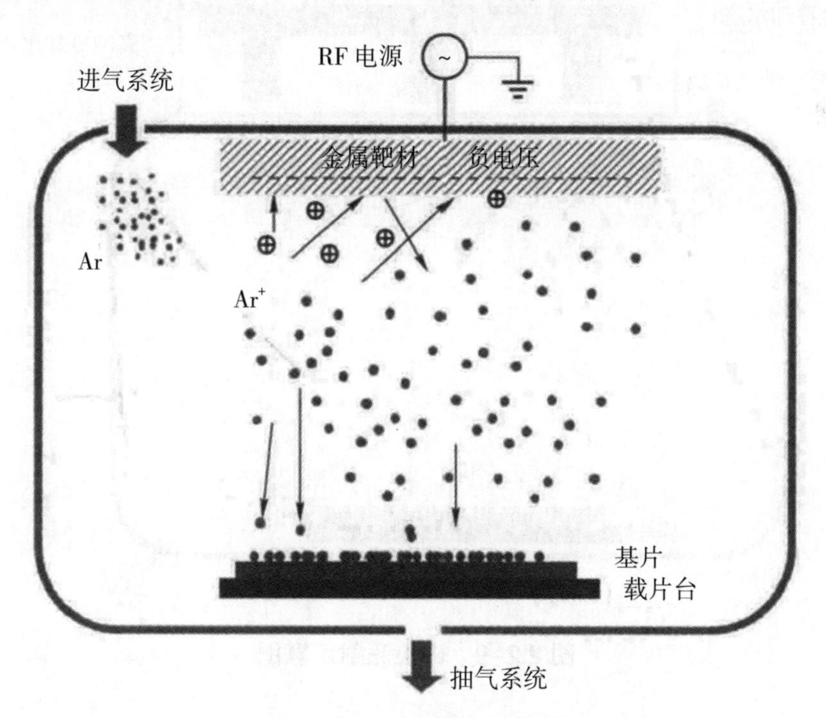

图 2.2-8　射频溅射示意图

与直流溅射相比，在稳定状态下，射频溅射的靶材电压更小，更低的靶材电压意味着轰击到靶材上的正离子被加速的动能更小，进而轰击出的靶材原子动能也更小；而薄膜沉积时，沉积粒子的动能会直接影响薄膜的成膜结构和特性。利用这个特点，射频溅射在改变薄膜特性和控制沉积粒子对衬底的损伤方面具有独特的优势。

③ 磁控溅射

磁控溅射（Magnetron-PVD）是指在靶材背面装上磁体，添加的磁体与直流电源（或交流电源）系统形成磁控溅射源（Magnetron Source），利用该溅射源在腔室内形成交互的电磁场，俘获并限制腔室内部等离子体中电子的运动范围，延长电子的运动路径，进而提高等离子体的浓度，最终实现更多的沉积。另外，因为更多的电子被束缚于靶材表面附近，从而减少了电子对衬底的轰击，降低了衬底的温度。磁控溅射是目前应用最广的工艺。

最简单的磁控溅射源设计是在平面靶材背面（真空系统以外）放置一组磁体，以在靶材表面局部区域内产生平行于靶材表面的磁场。图 2.2-9 为磁控溅射示意图。

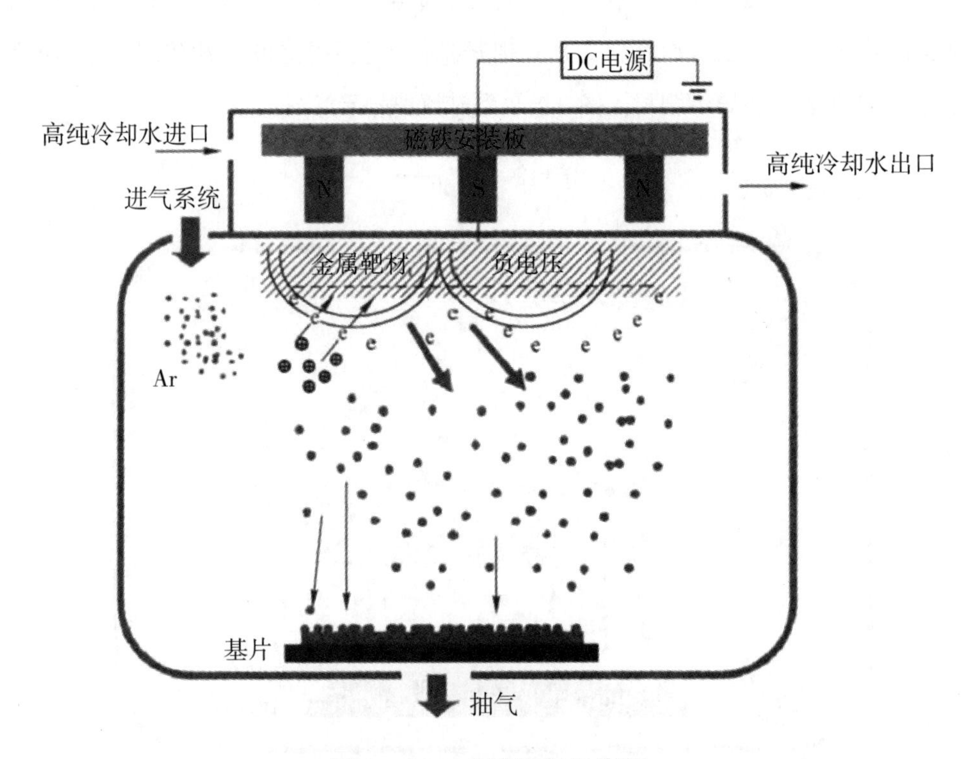

图 2.2-9　磁控溅射示意图

④ 离子化物理气相沉积

随着微电子技术的发展，特征尺寸变得越来越小，由于PVD技术无法控制粒子的沉积方向，所以PVD进入具有高深宽比的通孔和狭窄沟道的能力受到限制。离子化物理气相沉积（Ionized- PVD）技术就是为了解决上述限制而开发的。

离子化物理气相沉积是指把真空蒸发与溅射相结合的一种新工艺，先将从靶上溅射出来的金属原子通过不同的方式使之等离子化，再通过调整加载在圆片上的偏压，控制金属离子的方向与能量，以获得稳定的定向金属离子流来制备薄膜，从而提高对高深宽比通孔和狭窄沟道的台阶底部的覆盖能力。离子化金属等离子体技术的典型特征是在腔室内加入一个射频线圈。图 2.2-10 为离子化金属等离子体技术示意图。

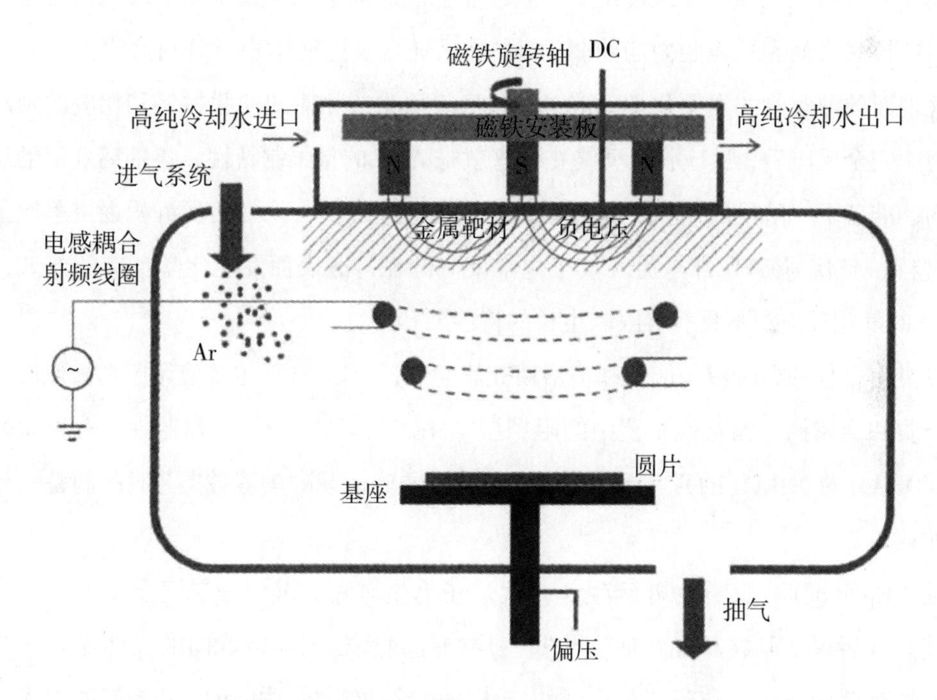

图 2.2-10　离子化金属等离子体技术示意图

进行PVD工艺加工时，腔室的工作压力维持在比较高的状态（为正常工作气压的5～10倍），利用射频线圈产生第2个等离子体区域，该区域中的氩离子浓度随着射频功率和气压的增加而升高，当靶材溅射出的金属原子经过该区域时，与高密度氩等离子体相互作用而形成金属离子。在圆片的载盘（如静电吸盘）处施加射频源可以提高圆片上的负偏压，以此来吸引金属正离子到达孔隙沟槽的底部。这种与圆片表面垂直的定向金属离子流提高了对高深宽比孔隙和狭窄沟道的台阶底部的覆盖能力。施加在圆片上的负偏压还会使离子轰击圆片表面（反溅射）。这种反溅射能力会削弱孔隙沟槽口的悬垂结构，并且将已沉积在底部的薄膜溅射到孔隙沟槽底部拐角处的侧壁上，从而加强了拐角处的台阶覆盖率。

3. 原子层沉积工艺

原子层沉积（Atomic Layer Deposition，ALD）是一种以准单原子层形式周期性生长的薄膜沉积技术，通过单原子膜逐层生长的方式，将原子逐层沉积在衬底材料上。ALD 可通过控制生长周期的数目来精确调节薄膜沉积的厚度。

典型的 ALD 采用的是将气相前驱物交替脉冲式地输入反应器内的方式。例如，首先将反应前驱物 *A* 通入衬底表面，并经过化学吸附，在衬底表面形成一层单原子层；接着通过气泵抽走残留在衬底表面和反应腔内的前驱物 *A*；然后通入反应前驱物 *B* 到衬底表面，并与被吸附在衬底表面的前驱物 *A* 发生化学反应，在衬底表面生成相应的薄膜材料和相应的副产物；当前驱物 *A* 完全反应后，反应将自动终止，这就是 ALD 的自限制特性，再抽离残留的反应物和副产物，准备下一阶段的生长；通过不断地重复上述过程，就可实现沉积逐层单原子生长的薄膜材料。ALD 与 CVD 都是通入气相化学反应源在衬底表面发生化学反应的方式，不同的是 CVD 的气相反应源不具有自限制生长的特性。

ALD 具有极佳的台阶覆盖能力和沟槽填充均匀性，所以 ALD 主要应用于栅极侧墙生长、高 k 栅介质和金属栅、铜互连工艺中的阻挡层、MEMS、光电子材料和器件、有机发光二极管材料、DRAM 及 MRAM 的介电层、嵌入式电容、电磁记录磁头等各类薄膜的制备。

4. 外延工艺

外延（Epitaxy），又称为外延生长，就是在单晶衬底上沉积一层完全排列有序的单晶层的工艺。或者说，是在单晶衬底上生长一层与原衬底相同晶格取向的晶体层。图 2.2-11 为圆片上外延硅示意图。外延工艺广泛用于集成电路的制造，如 MOS 晶体管的嵌入式源漏外延。

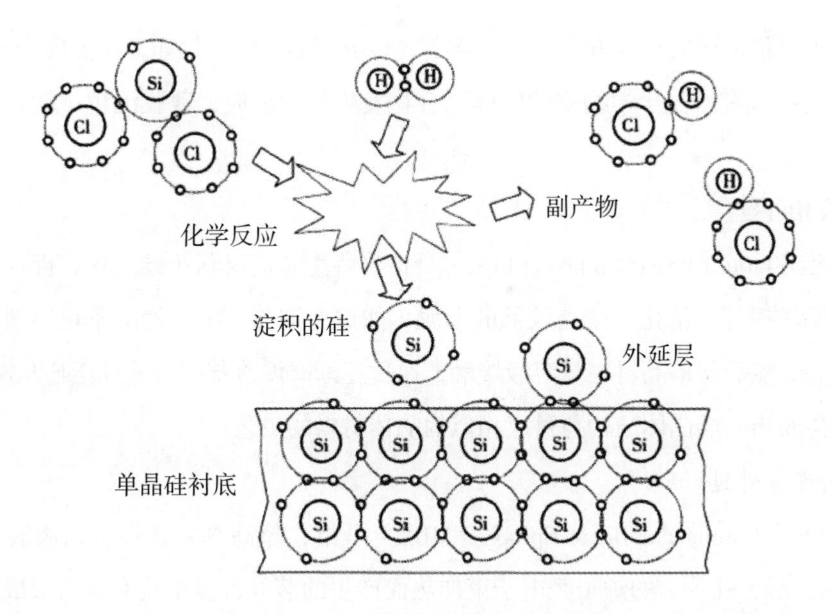

图 2.2-11　圆片上外延硅示意图

按生长层与衬底的材料是否相同，外延又分为同质外延和异质外延。同质外延是指生长层与衬底的材料相同（如在硅衬底上生长硅膜）；异质外延是指生长层与衬底的材料不同（如在硅衬底上生长氧化铝）。

外延工艺按外延方式的不同可分为：气相外延、液相外延、分子束外延、化学束外延、离子团束外延和低能离子束外延。

（1）气相外延

气相外延（Vapor Phase Epitaxy，VPE）是指将气态化合物输送到衬底表面，通过化学反应而获得一层与衬底具有相同晶格排列的单晶材料层的工艺。图 2.2-12 为气相外延示意图。

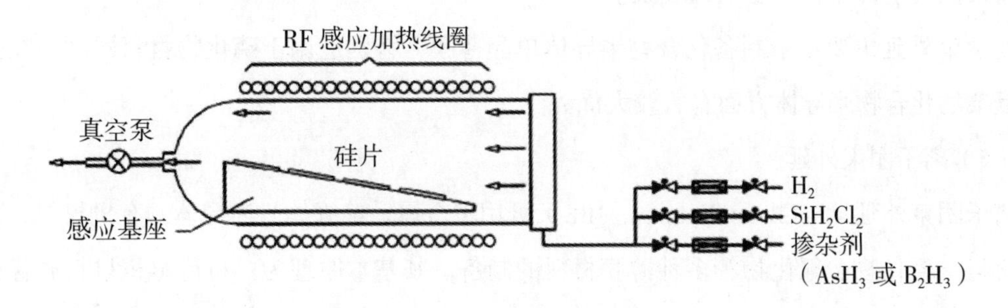

图 2.2-12　气相外延示意图

气相外延是最常用的外延方式，属于化学气相沉积的范畴。例如，在温度为 800~1150 ℃ 的圆片表面通过含有所需化学物质的气体化合物发生化学反应，薄膜沉积，就可实现气相外延。

（2）液相外延

液相外延（Liquid Phase Epitaxy，LPE）是指将待生长的材料（硅、镓、砷、铝等）及掺杂剂（锌、碲、锡等）溶化于熔点较低的金属（如镓、铟等）中，使溶质在溶剂中呈现饱和或过饱和状态，然后将单晶衬底与溶液接触，通过逐渐降温冷却的方式使溶质从溶剂中析出，在衬底表面生长出一层晶体结构与衬底相似的晶体材料的工艺。

（3）分子束外延

分子束外延（Molecular Beam Epitaxy，MBE）是指在超高真空条件下，由装有各种所需组分（如 Ga、As、Si 等）的炉子经电子束加热而产生的蒸气，经小孔准直后形成的分子束或原子束，以一定速度喷射到加热的衬底表面上，并在衬底表面进行吸附、迁移而沿着衬底材料的晶轴方向外延单晶薄膜的工艺。

工作时，一般在具有热挡板的喷射炉加热的条件下，束流源形成原子束或分子束，沿衬底或材料晶轴方向逐层生长薄膜。

（4）化学束外延

化学束外延（Chemical Beam Epitaxy，CBE）是在分子束外延与金属有机化合物气相外延（Metal Organic Vapor Phase Epitaxy，MOVPE）的基础上发展起来的超薄层薄膜生长技术。它综合了两者的特点，既能用Ⅲ族 MO（金属有机化合物）源，也能用Ⅴ族氢化物气体源。化学束外延系统主要由可以对源气体进行精密电子质量流速控制的多路气态源系统和高真空生长室两部分组成。多路气态源系统用质量流量计控制气体流量；高真空生长室由涡轮分子泵和冷凝泵抽真空，压强小于 0.1 mTorr。

化学束外延主要用于制备化合物半导体单晶薄膜，特别适用于磷化物材料器件，在生长结构复杂的化合物半导体方面有着较大优势。

（5）离子团束外延

离子团束外延（Ion Beam Epitaxy，IBE）可用于金属、绝缘体、半导体、有机材料、高温超导材料、氧化物、氟化物等多种薄膜材料的制备。其基本原理为：将待蒸积材料放置在特制的具有小孔的坩埚中，加热使其蒸发，蒸气通过小孔进入高真空室，这样待蒸积材料的蒸气就经历一个绝热膨胀过程，致使蒸发材料的分子耦合成松散的原子团，原子团通过电离区，使部分原子团离子化，通过电离区可以方便地控制离子团束的能量和离子的含量，从而可在低温基片上生长致密的、附着力强的薄膜。

（6）低能离子束外延

低能离子束外延（Low Energy Ion Beam Epitaxy）可用于硅、锗、氮化镓等薄膜的低温外延，也可用于生长金刚石多晶膜。其基本原理为：用一个适当的强流离子源产生成膜材料并经加速聚焦成束，用质量分析器从离子束中分离出所需要的离子，然后再进行聚焦、偏转、减速（由高能变成低能）和中和（由低能离子变成中性原子或分子），最后在基片上外延沉积薄膜。

2.2.2 化学气相沉积设备的组成结构及其归类

化学气相沉积设备主要包括常压化学气相沉积设备、低压化学气相沉积设备和等离子体增强化学气相沉积设备。

常压化学气相沉积设备是指在大气压力的环境下，将气态反应源匀速喷射至加热的固体衬底表面，在衬底表面发生化学反应，并在衬底表面形成薄膜的化学气相沉积设备。

常压化学气相沉积设备主要由气体控制部分、加热及其电气控制部分、传送部分、反应腔室部分和尾气处理部分等组成。

低压化学气相沉积设备是指在加热和低压环境下，利用气态原料在固体衬底表面发生化学反应，并在衬底表面形成薄膜的化学气相沉积设备。

低压化学气相沉积设备主要由气体控制部分、反应腔及其压力控制部分、电气控制部分、传送部分和尾气处理部分等组成。

等离子体增强化学气相沉积设备是指在低真空的环境下，气态前驱物在等离子体作用下产生离子化的活性基团来加速化学反应，最终形成薄膜的化学气相沉积设备。

在化学气相沉积设备中，目前应用最广的是等离子体增强型化学气相沉积设备，这种设备所用的射频频率一般为13.56 MHz。按射频等离子引入的方式通常可分为电容耦合式（CCP）和电感耦合式（ICP）两种。

电容耦合式为直接等离子体（Direct Plasma）反应方式，图2.2-13为平板电容耦合式PECVD设备示意图。

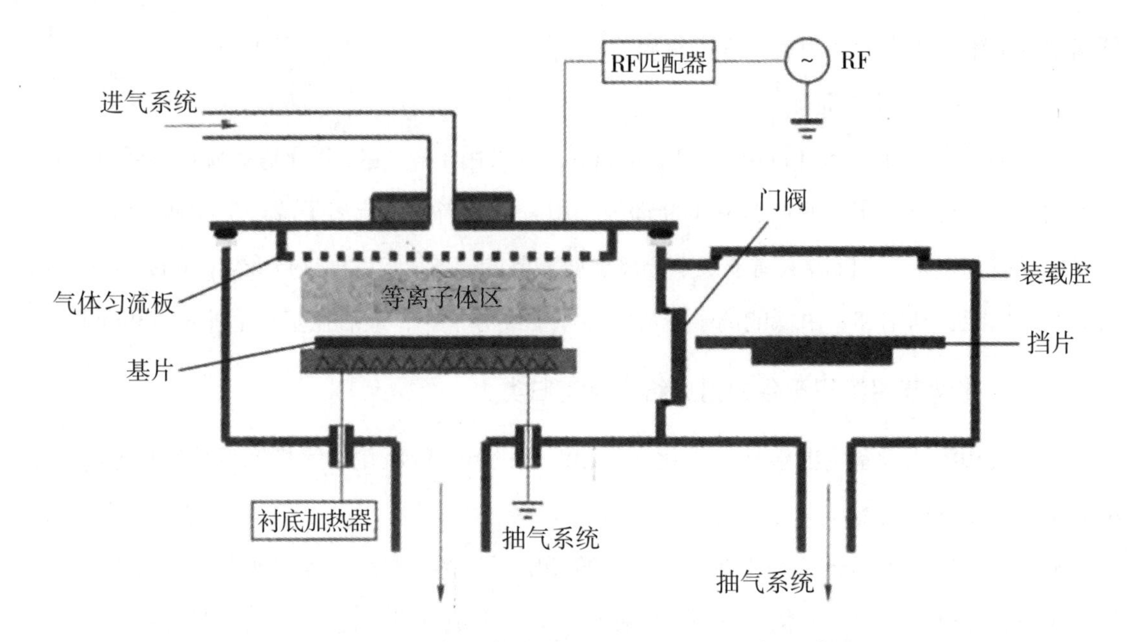

图 2.2-13　平板电容耦合式 PECVD 设备示意图

电感耦合式可以为直接等离子体反应方式，也可以为远程等离子体（Remote Plasma）反应方式，图 2.2-14 为 3 种典型的电感线圈形状及耦合方式。图中 a）与 b）都属于多圈电感型，不同之处在于 a）为帽型螺旋线圈，b）为平面螺旋线圈；图中 c）为浸没式单匝线圈。

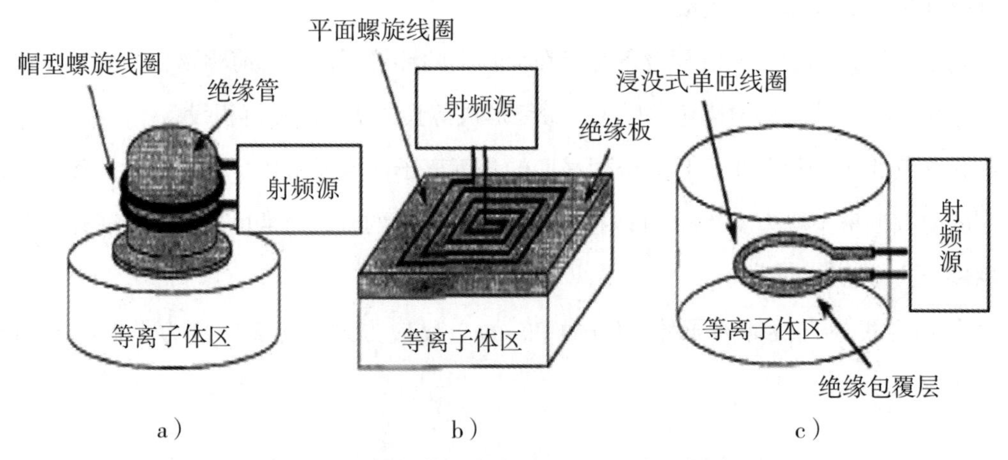

图 2.2-14　3 种典型的电感线圈形状及耦合方式

通常，使用电容耦合生成的等离子体的电离率较低，所以导致反应前驱物的离解有限，沉积速率也相对较低；而使用电感耦合可以产生更高密度的等离子体，当电感线圈上施加高频信号时，在电感线圈内部感应出电场，加速等离子体中的电子至更高的能量，这样就可以产生更高密度的等离子体。

下面主要以300 mm圆片的等离子体增强化学气相沉积设备为例，介绍该设备的组成结构及其归类。该设备主要包含6大部分：

一是主机台（Mainframe）。所有的薄膜沉积工艺均在此主机台中进行，归入子目8486.2021；

二是操作控制平台（Monitor）。该平台供操作人员现场或远程控制、监控整个设备的运行，归入子目8537.1090；

三是电源分配单元（Remote AC Box）。该单元将厂务端的主电源接入后为设备主体及其他相关附属设备提供电力接口，归入子目8537.1090；

四是热交换器（Heat Exchanger）。其主要作用是通过循环的去离子水来维持反应腔体壳体的温度始终处于设定温度，归入子目8419.5000；

五是真空泵（Vacuum Pump）。其作用是用于维持各系统处于真空状态，分为腔室初级真空泵、高真空泵、传输腔室真空泵，均归入子目8414.1000；

六是液体输送系统（Liquid Delivery System）。该系统只在使用液体作为反应气体源时才会使用，其作用是把反应液体输送到反应腔体的气化部件内使其气化，然后参与反应腔体内的化学反应，归入品目84.13项下的相应子目。

图2.2–15为化学气相沉积设备的组成结构。

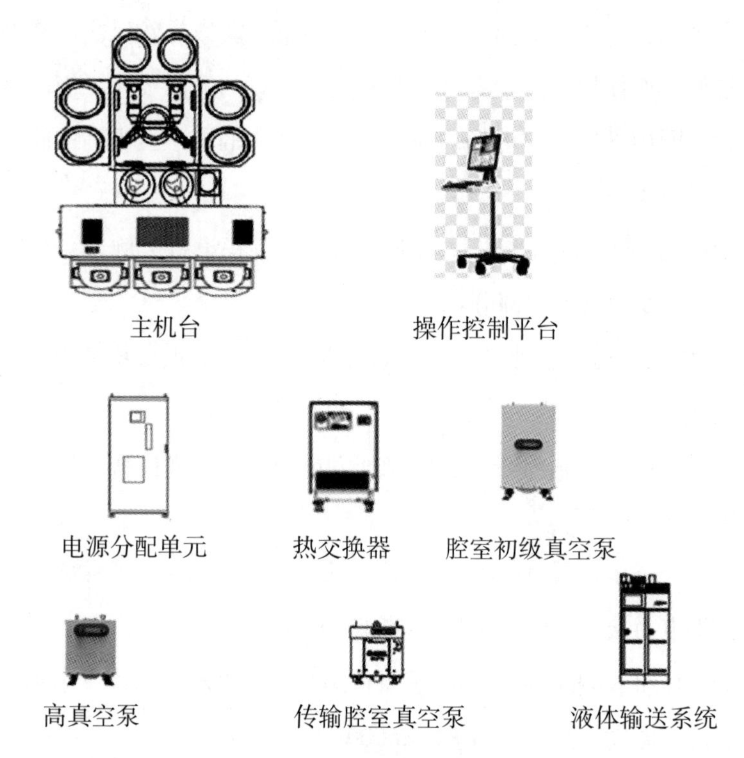

图 2.2-15　化学气相沉积设备的组成结构

第一部分主机台的组成结构包括工艺腔体（Process Chambers）、真空机械手（Vacuum Robot）、传输腔室（Transfer Chamber）、双层负载锁（Double Decker Loadlock，也称为真空交换舱）、工厂接口（Factory Interface，FI，也称为设备前端模块）和圆片盒放置口（FOUP Load Ports，也称为圆片装卸系统）。图 2.2-16 为主机台组成结构的俯视图，图 2.2-17 为主机台组成结构的立体图。

化学气相沉积整个工艺流程如下：由操作人员将圆片盒放置在圆片装卸系统→打开圆片盒→通过工厂接口中的机械手将圆片转移到双层圆片负载锁接收区→将负载锁抽至真空状态→由传输腔室内的真空机械手将圆片从负载锁接收区传输至工艺反应腔体内进行化学气相沉积→反应结束后再由传输腔室内的真空机械手将圆片由反应腔室传送至负载锁输出区→由工厂接口中的机械手将圆片由负载锁输出区传送至圆片装卸系统，最终完成整个工艺过程。

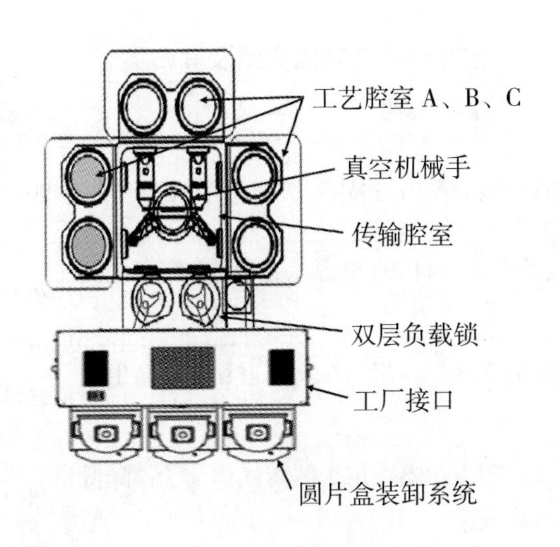

图 2.2-16　主机台组成结构的俯视图

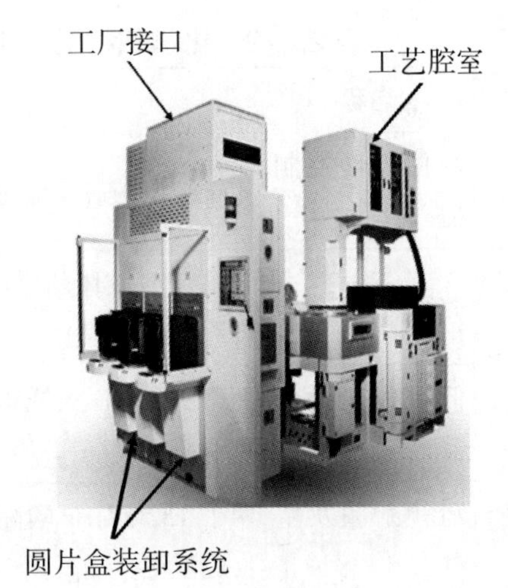

图 2.2-17　主机台组成结构的立体图

下面主要介绍工艺腔室、真空机械手和传输腔室。

1. 工艺腔室

工艺腔室（Process Chamber）是用于薄膜沉积发生化学反应的腔室。在此机台中，有 A、B、C 三个腔室，且每个腔室又属于双片式工艺腔室（即每个工艺腔室可同时加工两片圆片），所以总共可同时加工六片圆片。圆片成对地进入和移出每个工艺腔室。图 2.2-18 为工艺腔室组件的组成结构，表 2.2-2 为工艺腔室各组件的功能介绍及其归类，图 2.2-18 中的标号与表 2.2-2 中的序号相对应。

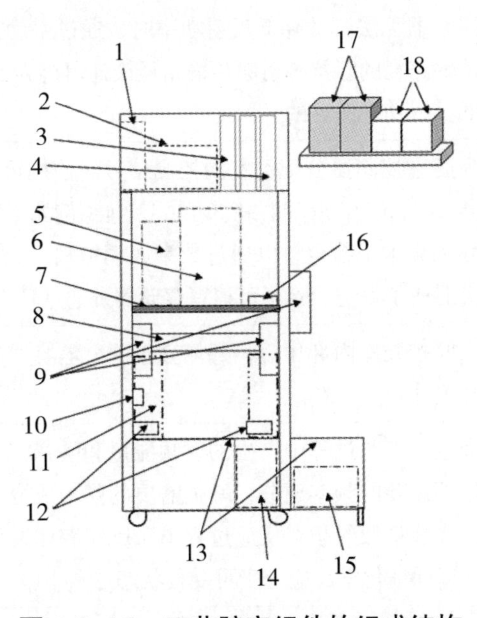

图 2.2-18　工艺腔室组件的组成结构

表 2.2–2　化学气相沉积工艺腔室各组件的功能介绍及其归类

序号	名称	商品描述	归类
1	液体温度控制器	用于控制液态反应物在传输管路内的温度	9032.1000
2	腔室 AC 箱	它是反应腔体的供电箱单元，将 AC 电源从远程 AC 箱分配到各腔室的负载	8504.4099
3	低频射频发生器	两个 350 kHz 的低频射频发生器，用于在反应过程中提高生成物的质密度	8543.2010
4	高频射频发生器	两个 13.56 MHz 的高频射频发生器，用于解离气体分子，降低反应温度，提高化学反应效率	8543.2010
5	远程清洁射频发生器	用于解离 NF_3 气体，使其产生氟的自由基，以便跟反应腔体内的反应残留物反应，来对反应腔体进行清理	8543.2010
6	双射频匹配器	双射频匹配器通过其内部的自动匹配电感和电容，使高频和低频射频发生器所产生的射频能量在传输到反应腔体内的过程中尽可能地减少损失，即降低反射功率。它安装在阴极上，位于腔室上面，通过同轴射频电缆与射频发生器相连接	8543.7099
7	腔室盖	它是反应腔体的上盖板，打开后可查看腔内部的结构	8486.9099
8	腔室主体	化学气相沉积反应的腔体，通过热交换器来循环腔体内的去离子水，以保持反应腔体始终处于设定温度	8486.9099
9	射频调谐器	射频调谐器（上、下各 2 个）有可调节的电感和电容，用在射频匹配器无法自动降低反射功率时，通过手动方式调整整个射频传输路径的阻抗（射频传输路径最佳阻抗为 50 Ω），以达到降低反射功率的目的	8543.7099
10	输入输出控制器	作为腔室控制器分配腔室的控制信号。使用可编程 / 可重写存储器（例如闪存）存储并实现特定功能（例如逻辑、排序、定时、计数和算术）指令，以通过数字或模拟输入 / 输出模块控制各类机器或子系统。除了可擦写存储器外通常还会集成逻辑设备	8537.1090
11	电容式压力计	用于监控腔室内部压力，每侧分布两个电容式压力计和一个过压开关	9026.2090
12	高阻抗射频滤波器	用来过滤工艺过程中产生的射频能量和噪音，滤波器从信号中去除不需要的频率成分，增强需要的频率成分，或两者兼而有之，屏蔽高低射频在反应过程中对反应腔体通讯信号传输的干扰，以保证化学反应处于可受控状态	8548.0000

表 2.2-2（续）

序号	名称	商品描述	归类
13	气体传输盘	用于传输反应气体或液态气化的气体到反应腔体内参与化学反应，其包含气动阀门、流量控制器、压力传感器、压力调节阀和气体管路等	8486.9099
14	电源维修安全开关盒	其内部安装有电源开关和断路器，用于工程师在维修过程中对电源进行管控，防止触电或意外事件发生	8537.1090
15	水阀控制盘	其包含去离子循环水开关阀门、厂务冷却水开关控制阀门	8481.8040
16	气体加热分配盘	带有加热功能的气体分配盘，在反应气体通过该加热盘时，使反应气体均匀地流进反应腔体内，以便得到均匀的沉积膜	8486.9099
17	静电吸盘电源	用于给静电吸盘提供直流电（1000 V/300 W），以保证圆片被吸附在静电吸盘上而不移动	8504.4
18	辅助电源箱	包含外部区域的控制电路以及高温过程中的变压器。辅助电源箱中装有功率计，用于监视双区基座加热器（双极型静电吸盘加热器）的电压和电流	8537.1090

图 2.2-19 为腔室盖和腔室主体的组成结构。该图直观展示了腔室盖打开后，腔室主体内部的结构。

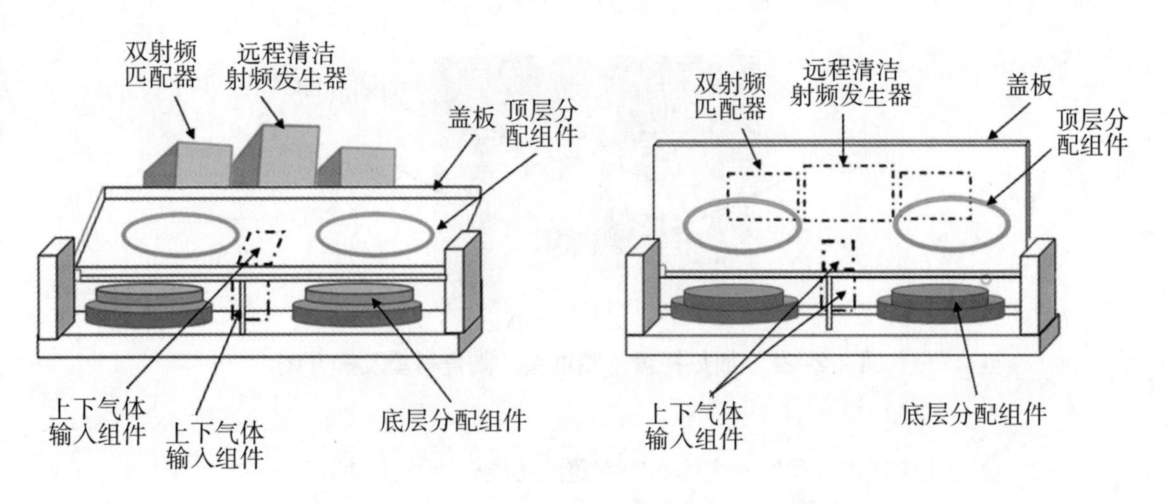

图 2.2-19 腔室盖和腔室主体的组成结构

图 2.2-20 为化学气相沉积双腔室结构示意图。图 2.2-21 为化学气相沉积用的加热托盘（Wafer Heater Pedestal）、喷淋头（Shower Head）、陶瓷衬垫（Ceramic Liner）及提升销

（Lift Pin）的实物图。

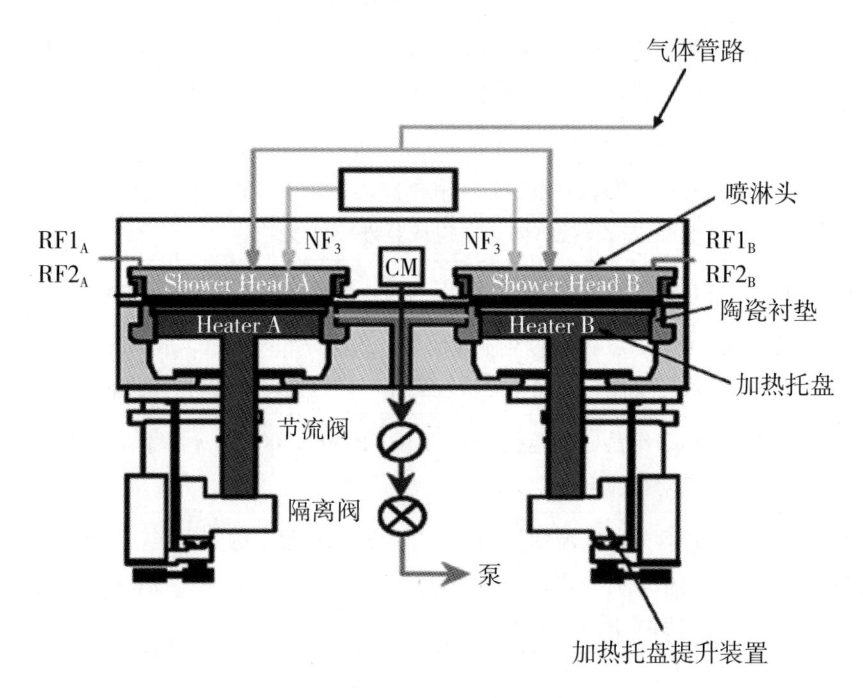

图 2.2-20　化学气相沉积双腔室结构示意图

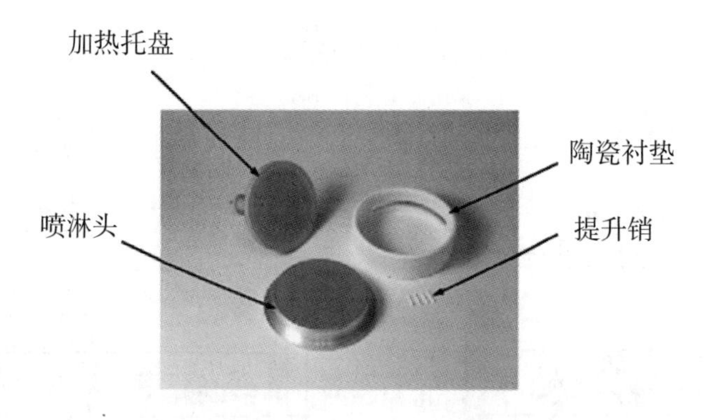

图 2.2-21　加热托盘、喷淋头、陶瓷衬垫及提升销

表 2.2-3 为化学气相沉积腔室主体和腔室盖的功能介绍及其归类。

表 2.2-3　化学气相沉积腔室主体和腔室盖的功能介绍及其归类

序号	名称	商品描述	归类
1	盖板	用于支撑安装在其上部的远程清洁射频发生器、双射频匹配器和顶层分配组件	8486.9099
2	顶层分配组件	顶层分配组件主要包含气体分配盒、气体传输管路和射频隔离层，其主要功能是密封反应腔体上部并供给反应气体进入反应腔体内的通路，同时保证射频能量不泄漏到外部	8486.9099
3	底层分配组件	底层分配组件主要包含气体分配盘、气体流速阻挡盘和加热组件，其主要功能是保证反应气体均匀、慢速地进入反应腔体内，以保证稳定的化学反应	8486.9099
4	上下气体输入组件	连接气体盘面和反应腔体顶层分配组件的媒介，铝制组件内包含反应气体的进出通道和热交换器提供的循环去离子水，以保证反应气体在进入反应腔体内气体温度处于设定值范围内	8486.9099
5	气体管路	用于反应气体的输送，不锈钢制	8486.9099
6	喷淋头	上面有多个小孔，以便使反应气体均匀地进入工艺腔室，贱金属制	8486.9099
7	陶瓷衬垫	上面有多个小孔，以便使反应气体均匀地进入工艺腔室，瓷制	6909.1100
8	加热托盘	由加热器和托盘构成，以使圆片达到反应所需的温度	8486.9099
9	加热托盘提升装置	用于加热托盘的升 / 降	8486.9099
10	提升销	用于圆片的提升，瓷制	6909.1100

2. 真空机械手

真空机械手跟工厂接口内大气环境的机械手的功能完全一样，但由于使用环境不同，速度要求不同，在结构上会有所不同，但总体上的结构和控制方式是一样的。

真空机械手带有上、下臂组。两对关节臂可以独立伸缩，但它们必须始终以相同的方向旋转。在传输腔室中，机械手可快速传输未加工和已加工的圆片。

机械手的四轴驱动是一个紧凑的圆柱形机构，采用同心安装的驱动组件。机械手电机通过真空屏障运行，定子在大气一侧，转子在真空一侧，这样就不需要像以前的真空机械手那样使用磁性联轴器了，如图 2.2–22 所示。

图 2.2-22 真空机械手

机械手有 3 个真空环境下的永磁电机，同轴布置，用于旋转和伸缩机械手；还有一个大气环境下的电机，用于升、降机械手。这些电机具有相似的结构，都包含了霍尔传感器和故障安全电气制动器。

参考子目：8486.4039。

3. 传输腔室

传输腔室（Transfer Chamber），其内部包含真空机械手。该腔室可以同时与 3 个化学气相沉积工艺腔室相连。其中的狭缝阀将传输腔室与工艺腔室和负载锁（Loadlock）隔开。图 2.2-23 为传输腔室的组成结构，表 2.2-4 为传输腔室各组件的功能介绍及其归类，图 2.2-23 中的标号与表 2.2-4 中的序号相对应。

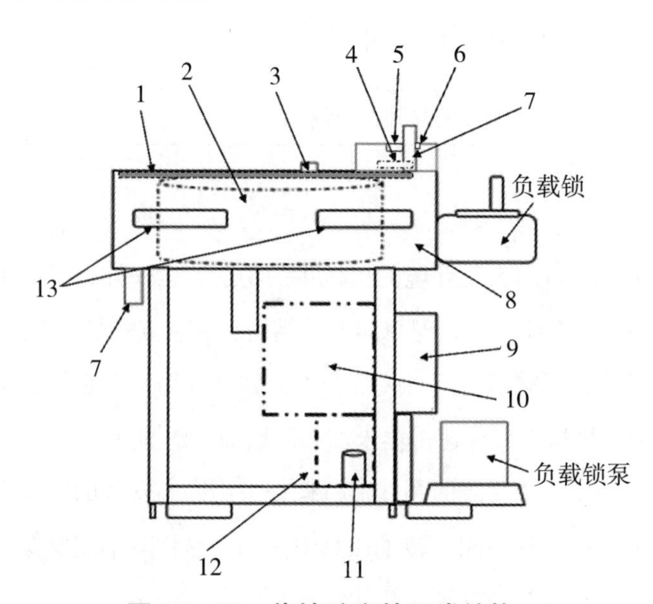

图 2.2-23 传输腔室的组成结构

表 2.2-4　化学气相沉积传输腔室各组件的功能介绍及其归类

序号	名称	商品描述	归类
1	传输腔室盖	盖的材质为铝制，用于密封传输腔体，盖上面装有探测有无圆片的探测器，同时中心位置有观察窗，用于观察圆片的状态	8486.9099
2	真空机械手	该机械手配备有两对手臂，用于快速传输圆片	8486.4039
3	圆片位置探测器	圆片探测器通过光学原理用来检测圆片在机械手上的位置是否处于中心，如果有偏差，在设定范围内机械手可以进行自动调整，超出设定范围则触发报警	9031.4100
4	气震	该装置是辅助升降转移腔室盖的气弹簧机构，两边各有一个	8479.8999
5	腔室盖提升铰链	它是腔室盖提升装置的一部分，以方便打开腔室盖	8302.1000
6	腔室盖锁销	该锁销可插入销孔，铝制，当打开腔室盖时，此销可将腔室盖固定在打开位置，确保维护传输腔体时的安全	7616.1000
7	闸阀驱动器	该组件安装在传输腔体与负载锁、或传输腔体与工艺腔体的接口处，由气缸和其他支撑部件组成，通过控制气缸两侧充气或放气实现气缸的上下运动（最多 10 个）	8412.3100
8	传输腔室主体	在其一侧安装负载锁，另外三侧可安装三个工艺腔室	8486.9099
9	主机台输入输出 / 运动控制器模块	该模块由两部分组成：主机台输入输出组件负责分配主机台信号，运动控制器用于控制整个系统的大部分组件的运动	8537.1090
10	主机台净化和排气歧管	该歧管材质为不锈钢，用于把厂务端接入的氮气通过歧管分配到负载锁和传输腔的不同位置，可依据需要在总管路上安装压力控制器和流量控制器等部件	8486.9099
11	氮气净化调节器	该调节器用于调整吹扫氮气压力，一般此压力设定为 75 psig+/–1，也可按照不同的要求进行调整。该调节器由调节流量的阀门、加载元件和测量元件组成	8486.9099
12	传输腔真空管路	用于连接传输腔与真空泵，传输腔内的气体通过该真空管路抽出，以保证传输腔内处于设定的真空值，由各种管路、管接头、阀门及歧管等组件构成	8486.9099
13	工艺腔体传输口	真空机械手把圆片通过该传输口传输到负载锁和工艺腔体内	—

2.2.3 物理气相沉积设备的组成结构及其归类

物理气相沉积设备主要包括真空蒸镀设备、直流溅射物理气相沉积设备（DCPVD）、射频溅射物理气相沉积设备（RFPVD）及磁控溅射物理气相沉积设备（Magnetron-PVD）等。

真空蒸镀设备主要由真空系统、蒸发系统及加热和测温系统 3 部分组成。真空系统由真空管路和真空泵组成，主要功能是为蒸镀提供合格的真空环境；蒸发系统由蒸发台、加热组件和测温组件组成，蒸发台上放置所要蒸发的目标材料（如铝、银等）；加热和测温组件是一个闭环系统，用于控制蒸发的温度，保证蒸发顺利进行。加热组件由载片台和加热组件组成，载片台用于放置需要蒸镀的薄膜衬底，加热组件用于实现基板加热和测温反馈控制。图 2.2-24 为典型的真空蒸镀设备示意图。

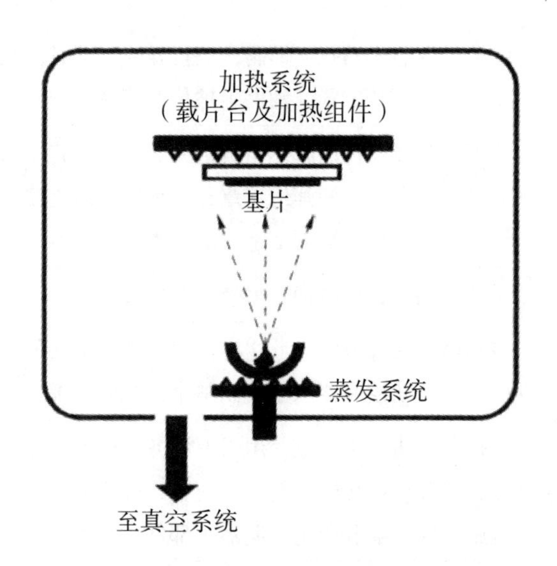

图 2.2-24　典型的真空蒸镀设备示意图

直流溅射物理气相沉积设备主要由直流电源、溅射室、载片台、进气系统及抽气系统构成。

射频溅射物理气相沉积设备主要由射频电源、溅射室、载片台、进气系统及抽气系统构成。

目前应用较广的是磁控溅射物理气相沉积设备。

下面主要以 300 mm 圆片的磁控溅射物理气相沉积设备为例，介绍该设备的组成结构、功能及其归类。该物理气相沉积设备主要包括 7 部分，如图 2.2-25 所示。

一是主机台（Mainframe）。该机台最多可容纳 11 个工艺腔室和 2 个负载锁，所有圆片的处理和加工均在主机台内进行，归入子目 8486.2022；

二是设备机架（Equipment Rack）。该机架用于放置加工圆片时所需的直流电源和射频电源。根据设置的不同，第 2 个或第 3 个电源机架可能备用，归入子目 8538.1090；

三是供电装置（Load Center）。该装置为系统及其他远程设备提供电能，归入子目 8537.1090；

四是热交换器（Heat Exchanger）。它提供闭环温度控制的冷却液，来维持腔室盖和主机台的温度。冷却液从热交换器流向腔室盖，然后流向腔室主体并通过流量计返回热交换器。使整体温度保持在 65 ℃，归入子目 8419.5000；

五是真空泵（Vacuum Pump）。该真空泵用于维持各系统内的真空状态，归入子目 8414.1000；

六是去离子水冷却器（DI Water Cooler）。它提供去离子水，用于冷却主机台，归入子目 8418.69 项下的相应子目；

七是低温泵压缩机（Cryo Compressor）。该压缩机可提供压缩氦气给主机台中的冷却泵，归入子目 8414.804 项下的相应子目。

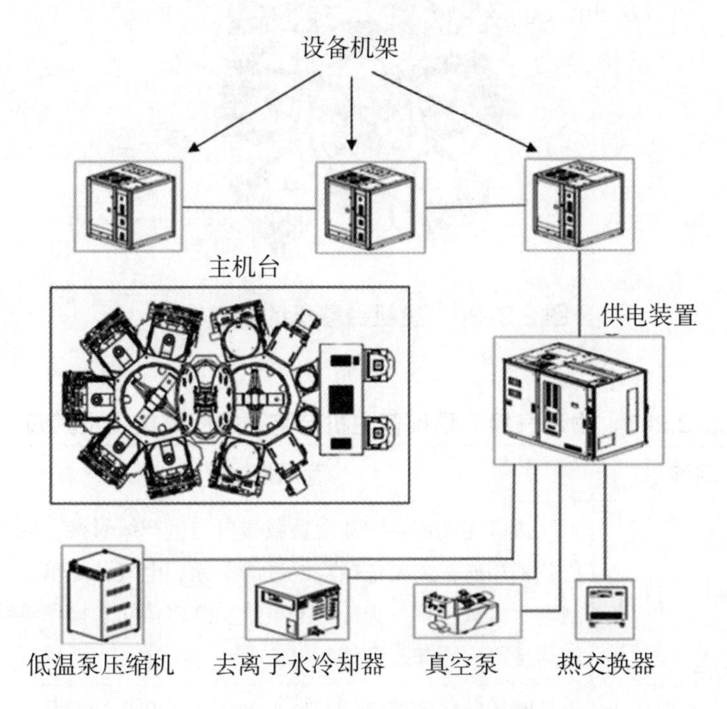

图 2.2–25　磁控溅射物理气相沉积设备的组成结构

以下主要介绍主机台的组成结构及其归类。

1. PVD 主机台整机

主机台整机指的是图 2.2–25 中的主机台，包含缓冲腔室（Buffer Chamber）、传输腔室（Transfer Chamber）、预清洗腔室（Pre–cleaning Chamber）、脱气腔室（Degas Chamber）、冷却腔室（Cooldown Chamber）、工艺腔室（Process Chamber）和 2 个圆片搬运机械手等，如图 2.2–26 所示。下面介绍主机台的组成结构和各部分的功能，表 2.2–5 为主机台整机的组成结构及其归类，图 2.2–26 中的标号与表 2.2–5 中的序号相对应。

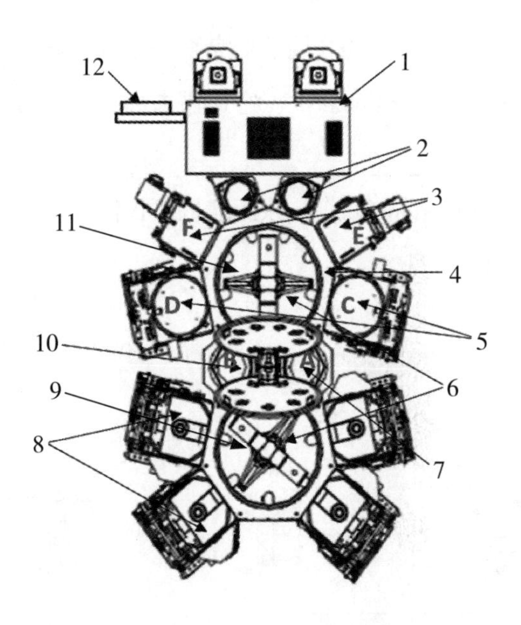

图 2.2–26 主机台整机的组成结构

表 2.2–5 物理气相沉积设备主机台整机的组成结构及其归类

序号	名称	商品描述	归类
1	工厂接口（FI）	工厂接口前端依靠圆片盒负载端口与生产线对接，后端与负载锁相连，主要包括空气过滤单元、电气分配单元、控制器、机械手臂、圆片对准系统、急停按钮、操作终端、加热装置或冷却装置等	8486.2090
2	负载锁（真空交换舱）	它是圆片转移到系统的起始点和处理后圆片到 FOUP 的出口点。该负载锁与化学气相沉积设备中的负载锁相似	8486.2090
3	脱气腔室	在预清洁工艺之前，对圆片进行脱气以去除水蒸气	8486.2029
4	主机台	该部件为主机台整机的框架，用于支承和连接其他部件	8486.9099

表 2.2-5（续）

序号	名称	商品描述	归类
5	预清洗腔室	用于圆片预清洗	8486.2029
6	机械手	用于转移主机台内的圆片，包含两个机械手，它们分别安装于缓冲腔室内和传输腔室内	8486.4039
7	直通腔室	用于在真空环境下，将圆片从缓冲腔室转移到传输腔室	8486.9099
8	工艺腔室	用于沉积互连金属材料的直流磁控溅射腔室，是物理气相沉积的核心部分。通常沉积的材料有铝、钛、氮化钛、钛钨和各种难熔的硅化物	8486.2022
9	传输腔室	用于工艺腔室与直通腔室或冷却腔室间传送圆片	8486.9099
10	冷却腔室	在物理气相沉积工艺完成后，用于对圆片进行冷却	8486.2029
11	缓冲腔室	用于在负载锁与脱气腔室、预清洗腔室间传送圆片	8486.9099
12	监控系统	用于监视并进行控制整个系统的运行状况	8537.1090

图 2.2-27 为圆片在主机台内移动的顺序。

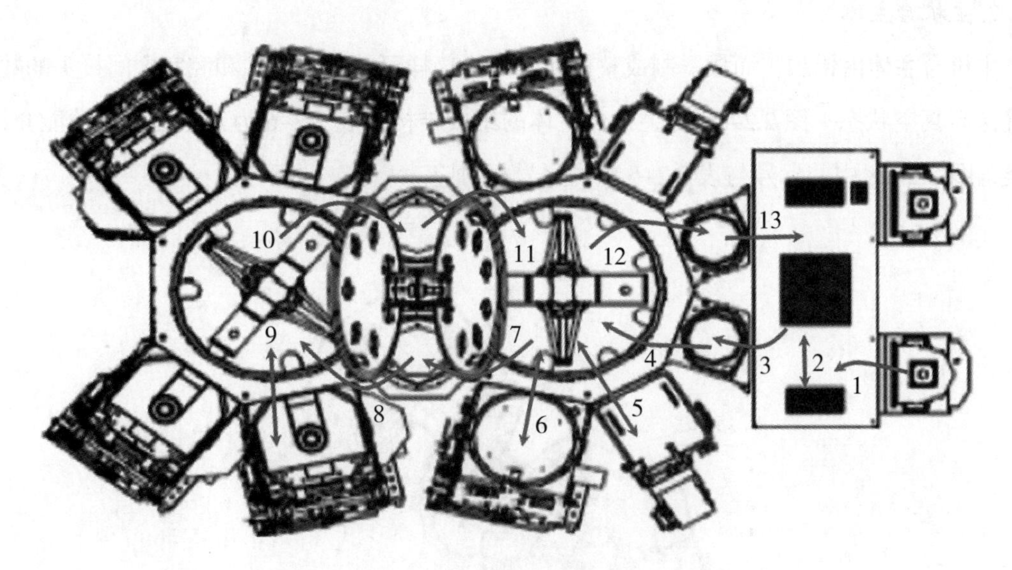

图 2.2-27　圆片在主机台内移动的顺序

首先将前开式圆片传送盒加载到固定负载上，圆片盒开启器启动，然后按以下顺序移动，其顺序号与图 2.2-27 中的标号相对应：

（1）工厂接口（FI）内的机械手从前开式圆片传送盒中取出一个圆片，并将其移动到预对准器；

（2）圆片放置在预对准器上，并保证圆片凹口的旋转对准；

（3）工厂接口（FI）内的机械手随后将圆片放入单圆片负载锁，并抽真空；

（4）缓冲腔内的机械手将圆片从负载锁转移到缓冲腔室；

（5）缓冲腔内的机械手将圆片运输到脱气腔室，以去除圆片上的水蒸气；

（6）缓冲腔内的机械手将圆片运输到预清洗腔室，以便进行非选择性刻蚀；

（7）缓冲腔内的机械手将圆片从预清洗腔室转移到冷却腔室；

（8）传输腔内的机械手将冷却后的圆片取出；

（9）传输腔内的机械手将圆片转移至 PVD 腔室，利用磁控溅射进行沉积；

（10）传输腔内的机械手将沉积后的圆片传输到冷却腔室；

（11）缓冲腔内的机械手从冷却腔室取出圆片；

（12）缓冲腔内的机械手将圆片转移至负载锁，并把内部环境恢复成大气环境；

（13）工厂接口（FI）内的机械手将圆片从负载锁重新放回硅片存放盒前开式圆片传送盒，以此结束整个流程。

2. 主机台主体

主机台主体由铝加工而成。制成整体状是因为这样可减少密封件和腔室之间接头的数量，来确保高真空状态。图 2.2–28 为主机台主体的组成结构，表 2.2–6 为其零部件的功能介绍及归类，图 2.2–28 中的标号与表 2.2–6 中的序号相对应。

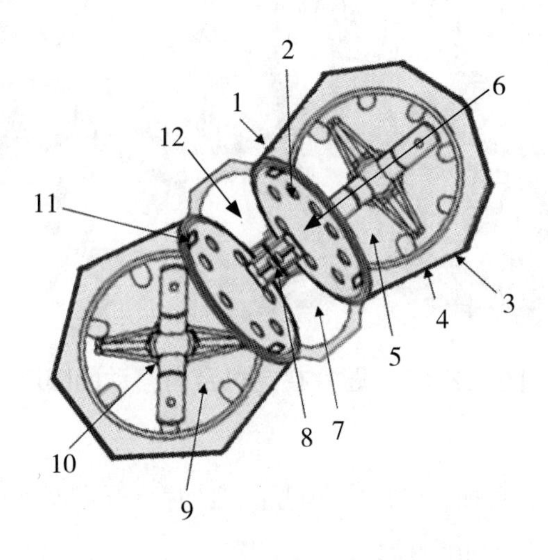

图 2.2–28　主机台主体的组成结构

表 2.2-6　物理气相沉积设备主机台主体的功能介绍及其归类

序号	名称	商品描述	归类
1	主机台主体	由金属铝加工而成	8486.9099
2	视窗和圆片传感器	位于每个腔室的视窗和光学传感器，用于检测圆片是否存在	8486.9099
3	狭缝阀	用于密封缓冲腔室、传输腔室与其他腔室的端口，并将缓冲腔室、传输腔室与其他腔室隔离	8486.9099
4	圆片端口	该端口是搬运机械手放入和取出圆片的开口。完整配置的缓冲腔室有 8 个圆片端口；传输腔室有 7 个圆片端口	—
5	缓冲腔室	安装有多个狭缝阀，将缓冲腔室与其他腔室隔离，在缓冲腔室内装有一个机械手，以搬运圆片。其作用是在低真空区域（负载锁）和高真空区域（预清洁腔室、冷却腔室、传输腔室和工艺腔室）之间起缓冲作用；辅助负载锁、脱气腔室和其他可控选择的扩充腔室	8486.9099
6	腔室盖	用于密封缓冲腔室和传输腔室，上面装有视窗和圆片传感器	8486.9099
7	直通腔室	在缓冲腔室和传输腔室之间转移圆片	8486.9099
8	腔室盖升降装置	该装置起升降腔室盖的作用，通过两个气动弹簧和气动执行器向上旋转传输腔室盖和缓冲腔室盖	8486.9099
9	传输腔室	安装有多个狭缝阀，将传输腔室与其他腔室隔离，在传输腔室内装有一个机械手，将圆片送入或移出工艺腔室。机械手的作用是在传输腔室、冷却腔室和工艺腔室之间起传输作用	8486.9099
10	机械手	用于不同腔室间搬运圆片，与化学气相沉积部分的类似	8486.4039
11	LCF 圆片探测器支架	该支架用于固定 LCF（Local Center Find）圆片局部中心探测器，探测器用于检测圆片是否在机械手的中心	8486.9099

3. 冷却腔室

冷却腔室（Cool down Chamber）用于均匀冷却物理气相沉积工艺前或后的圆片。冷却过程使用惰性气体（氩）作为热介质，将圆片热传导至水冷基座，从而增加腔室压力。冷却腔室包括去离子水冷底座和圆片升降装置，升降装置用于将圆片放置在底座上。

圆片的冷却过程：当圆片被放置在水冷基座上，腔室中开始填充氩气，到达工艺压力时，圆片开始冷却。冷却完成后，打开缓冲腔室狭缝阀，将冷却腔室中的氩气由泵输送至缓冲腔室。一旦腔室中的气体由泵排出，就可将圆片取出进行下一个工艺步骤，或者返回工厂接口（FI）。

图 2.2–29 为冷却腔室内部的结构，图 2.2–30 为冷却腔室下面的结构。

表 2.2–7 列出了冷却腔室的功能介绍及其归类。

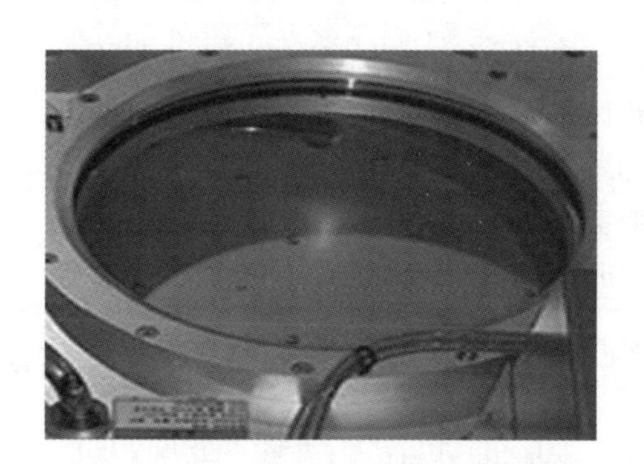

图 2.2–29　冷却腔室内部的结构

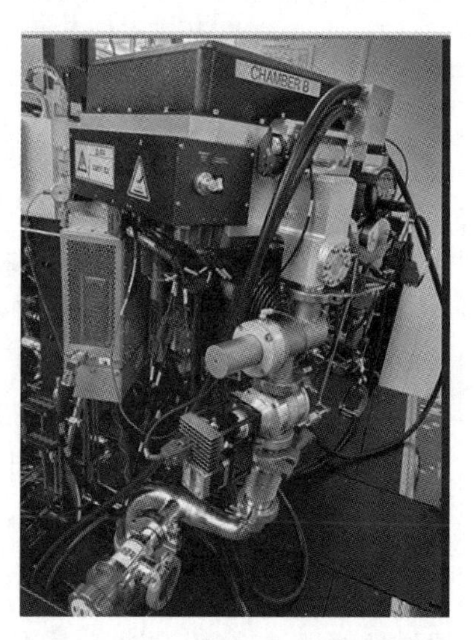

图 2.2–30 冷却腔室下面的结构

表 2.2–7　物理气相沉积设备冷却腔室的功能介绍及其归类

序号	名称	商品描述	归类
1	腔室盖	该腔室盖由两部分组成：石英视窗和透明塑料护罩，盖上装有联锁装置，联锁装置是一个磁性开关	8486.9099
2	圆片提升环	该提升环是连接到圆片提升装置的一个环形零件	8486.9010
4	圆片底座	该底座是在冷却过程中放置圆片的水冷基座	8486.9099
5	提升销	提升销是圆片升降环的一部分，总共有三个，不锈钢制。圆片在升降过程中，放置在提升销上。销的设计用于减少接触面积，以降低污染粒子	8486.9010
6	精密计量阀	该阀为可调节针阀，在冷却过程中用于控制氩气的流量	8481.8040
7	供气管路	用于提供工艺氩气，不锈钢制	8486.9099
8	通气管	用于腔室内通气，不锈钢制	8486.9099
9	气压阀	为气压隔膜阀，由气压驱动，常闭模式，用于控制气体通断	8481.8040

表 2.2–7（续）

序号	名称	商品描述	归类
10	压力计（真空计）	用于测量腔室的压力，从标准大气压到 1 mTorr	9026.2090
11	供水管路	用于向设备内供给冷却工艺用的去离子水，丁腈橡胶制	40.09
12	回水管路	用于设备内去离子水的回路，丁腈橡胶制	40.09
13	波纹管组件	用于连接真空泵与冷却腔室，不锈钢制	8307.1000
14	直角阀	该阀门为气压驱动，将粗抽管道与腔室隔离，只有开或关两种状态	8481.8040
15	圆片升降装置	该装置为气压控制升降装置，有 3 种位置：（工艺）过程位置、提升位置和释放位置	8486.4039
16	腔室超压阀	将腔室气体排放到大气的过程中，该阀门用于防止腔室过压	8481.4000

圆片升降装置的操作过程：首先圆片升降装置从释放位置上升到提升位置，使提升销高出冷水基座，此时机械手将圆片转移至冷却腔室，并将圆片放置在提升销上，提升销会托住圆片，机械手从冷却腔室内收回；随后升降装置下降至（工艺）过程位置，使圆片放置在冷水基座上，开始冷却工艺；冷却完成后，升降装置上升至提升位置，使提升销高出冷水基座，提升销再次托住圆片，此时机械手会进入冷却腔室，并移动到圆片正下方，升降装置下降到释放位置，提升销下降至冷水基座的平面内，圆片降落至机械手上，机械手取走圆片，完成整个工艺过程。图 2.2–31 为圆片升降装置操作过程的 3 种位置。

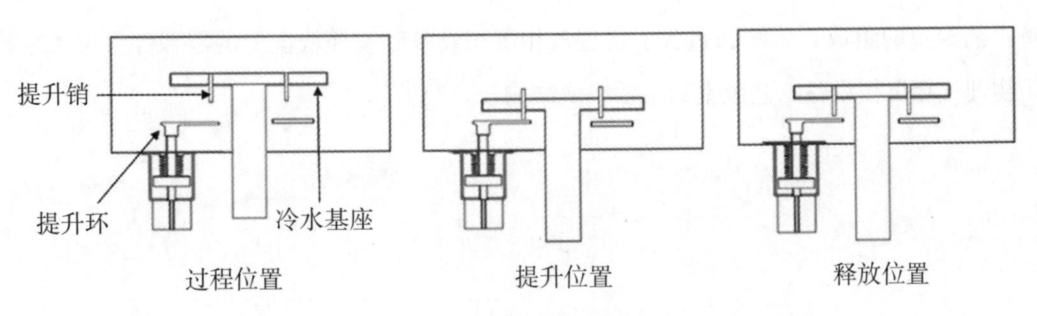

图 2.2–31　圆片升降装置操作过程的 3 种位置

参考子目：8486.4039。

4. 脱气腔室

圆片和沉积层会吸收水蒸气和其他气体杂质，从而降低薄膜的性能。在预清洁或物理气相沉积工艺之前，脱气腔室（Degas Chamber）执行脱气工艺以去除圆片上的挥发性污染物，例如水蒸气。该腔室通过氩气实现脱气工艺，并由辅助的电阻加热器加热圆片。

表 2.2–8 列出了脱气腔室部分零部件的功能介绍及其归类。

表 2.2–8　物理气相沉积设备脱气腔室部分零部件的功能介绍及其归类

序号	名称	商品描述	归类
1	腔室主体	该主体由铝合金制成，通用适配器和 O 形圈安装到缓冲腔室	8486.9099
2	腔室盖	用于密封腔室	8486.9099
3	低温泵	该低温泵专用于将氩气和解吸的污染物从腔室中抽走，从而最大限度地减少腔室内部污染和交叉污染	8414.1000
4	加热装置	该装置用于加热圆片基座，由加热装置和基座构成	8486.9099
5	反射器	该反射器用于将热量引导至圆片的表面，进一步提高圆片升温速率和圆片加热的均匀性。此外，当腔室排空时，反射器帮助圆片保持高温并继续解吸污染物	8486.9099
6	隔离阀	圆片加工时，用于将低温泵与脱气腔室隔离	8481.8040
7	圆片提升环	该提升环是圆片提升装置上的一个环形零件，不锈钢制	8486.9010

5. 工艺腔室

工艺腔室用于通过物理气相沉积方式在圆片上沉积一层薄膜。图 2.2–32 为物理气相沉积设备工艺腔室的组成方块图，包含了物理气相沉积设备腔室模块主要的零部件。表 2.2–9 列出了物理气相沉积设备工艺腔室的主要组成结构及其归类。

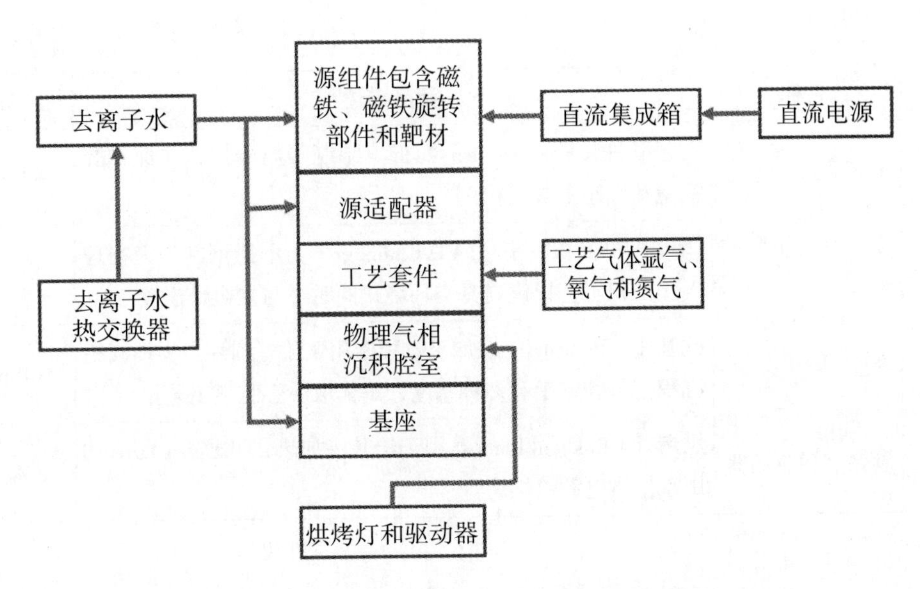

图 2.2-32　物理气相沉积设备工艺腔室的组成方块图

表 2.2-9　物理气相沉积设备工艺腔室的主要组成结构及其归类

序号	名称	商品描述	归类
1	热交换器	热交换器（Heat Exchanger）通过去离子水冷却工艺腔室，即将工艺腔室的热量传递给循环的去离子水，同时将去离子水电阻率保持在 200 k 至 1 M 之间，以防止金属表面腐蚀和通过水的功率损失	8419.5000
2	直流电源	直流电源（Pulse DC Generator）提供直流电源给直流集成箱	8543.2010
3	直流集成箱	直流集成箱（DC Integration Box）向源组件提供直流电源，由直流电源和电源匹配网络组成	8543.7099
4	源组件	源组件（Source Assembly）包含磁铁、磁铁旋转部件和靶材。磁铁在靶材上方旋转以产生均匀的磁场。磁通线在靶材表面附近捕获电子。与非磁控溅射相比，这会导致更高效的等离子体、更低的能量，来产生更高的沉积速率。磁控溅射还可实现工程靶侵蚀，实现薄膜均匀性和阶梯覆盖对称性。靶材应是非常纯净的待溅射材料源。靶材通过 O 形圈和陶瓷适配器放在密封腔室的顶部	8486.9099
5	源适配器	源适配器（Source Adapter）固定工艺套件护罩，并确定靶材到基座的间距。它们还可以为需要额外冷却的腔室和工艺腔室提供水冷却	8486.9099

表 2.2-9（续）

序号	名称	商品描述	归类
6	工艺套件	工艺套件（Process Kit）的护罩限制等离子体，并保护腔室壁和底座不被沉积	8486.9099
7	物理气相沉积腔室	物理气相沉积腔室（PVD Chamber）为不锈钢制，为物理气相沉积工艺提供高真空环境，同时还与主机台连接	8486.9099
8	基座	此基座（Pedestal）在加工过程中用于放置圆片。物理气相沉积设备腔室中有多种基座，具体取决于腔室工艺	8486.9099
9	烘烤灯和驱动器	烘烤灯（Bakeout Lamp）用于给基座加热，驱动器（Driver）用于提供电源给烘烤灯	8486.9099

2.2.4 原子层沉积设备的组成结构及其归类

原子层沉积（Atomic Layer Deposition，ALD）设备通过单原子膜逐层生长的方式，将原子逐层沉积在衬底材料上。原子层沉积设备的工作温度一般低于 500 ℃，虽然原子层沉积设备可以在常压条件下工作，但更主要的是在低压（0.1 ~ 10 Torr）条件下工作。

原子层沉积设备根据供能方式的不同，可分为热原子层沉积（Themal ALD）设备和等离子增强型原子层沉积（Plasma Enhanced ALD，PE-ALD）设备。

热原子层沉积设备依靠热能激发两种或多种前驱物发生化学反应。为提供足够的反应激活能量，热原子层沉积设备一般工作温度区间是 200 ~ 500 ℃。图 2.2-33 为喷淋头式热原子层沉积设备工作原理示意图。

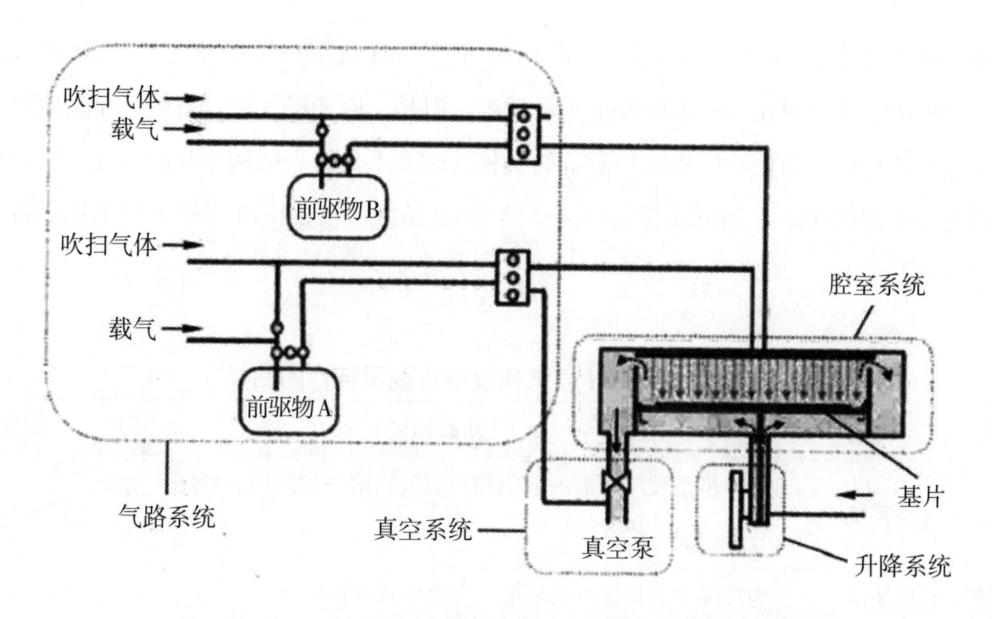

图 2.2-33　喷淋头式热原子层沉积设备工作原理示意图

等离子体增强型原子层沉积设备是在热原子层沉积设备的基础上，在工艺腔室中引入等离子体，可有效降低工艺温度。另外，等离子体的引入还可使更多的前驱物满足原子层沉积工艺化学吸附反应所要求的反应激活能，从而可使原子层沉积工艺制备更多的薄膜。等离子增强型原子层沉积设备一般工作在室温至 400 ℃的温度范围内。根据等离子体引入方式的不同，等离子增强型原子层沉积设备又可分为电容耦合型（CCP PE-ALD）和电感耦合型（ICP PE-ALD）。图 2.2-34 为电容耦合型等离子增强型原子层沉积设备原理示意图。

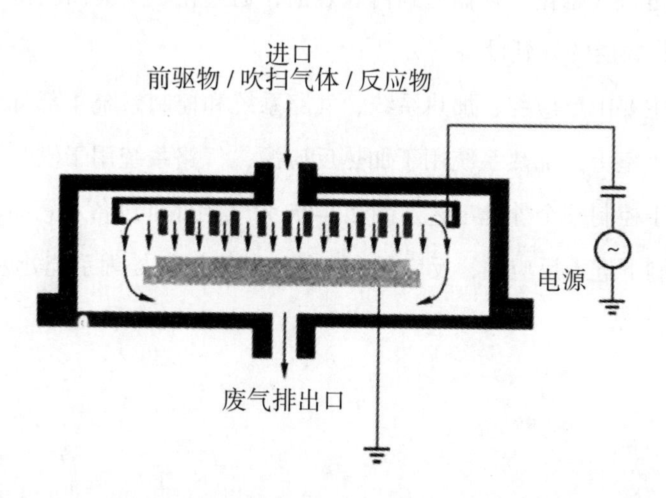

图 2.2-34　电容耦合型等离子增强型原子层沉积设备原理示意图

原子层沉积设备整机应归入子目 8486.2029。虽然原子层沉积设备与化学气相沉积设备都是通入气相化学反应源在衬底表面发生化学反应，但是，原子层沉积设备的气相反应源具有自限制生长的特性，而化学气相沉积设备的气相反应源不具有自限制生长的特性，所以原子层沉积设备不能按化学气相沉积设备归入子目 8486.2021。表 2.2–10 为原子层沉积设备主要零部件的归类。

表 2.2–10　原子层沉积设备主要零部件的归类

序号	名称	商品描述	归类
1	气路系统	用于供给反应所需的前驱物与载气，由各种阀门、管路、流量计等构成	8486.9099
2	真空系统	为反应腔室提供真空环境，主要由真空泵构成	8414.1000
3	腔室系统	用于原子层沉积工艺	8486.2029
4	圆片升降系统	用于圆片的升降	8486.4039
5	射频电源	用于为等离子体增强型原子层沉积设备提供射频信号源	8543.2010

2.2.5　外延设备的组成结构及其归类

外延设备主要包括气相外延设备、液相外延设备、分子束外延设备等。

1. 气相外延设备

气相外延设备是将气态化合物输送到衬底表面，通过化学反应而获得一层与衬底具有相同晶格排列的单晶材料层的外延设备。

气相外延设备主要由反应腔、加热系统、气路系统和控制系统 4 部分组成。反应腔是生成外延层的反应腔（室），加热系统用于加热反应源，气路系统用于供给各种载气和反应源气体，控制系统用于控制整个外延工艺。图 2.2–35 为气相外延设备示意图，反应源与气源在气体控制系统的控制下进入反应腔，反应所产生的废气由尾气处理系统处理。

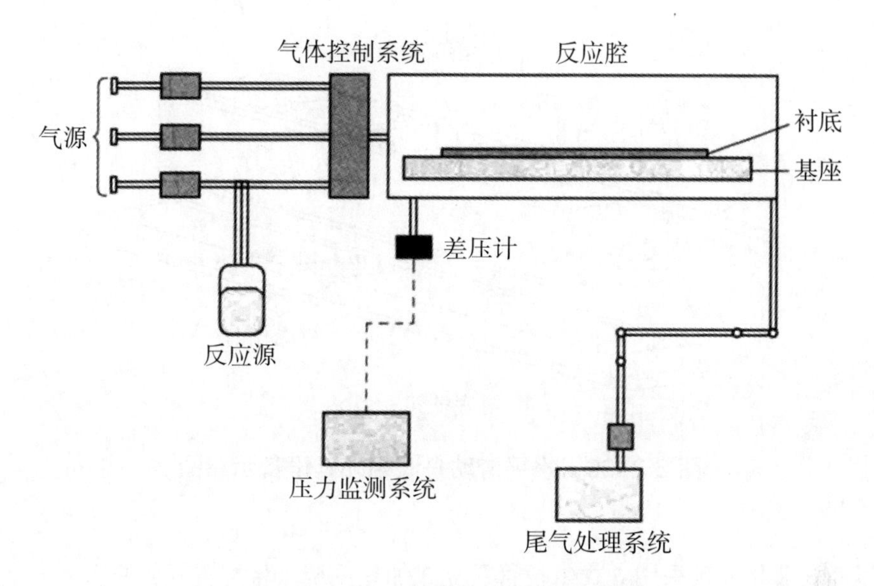

图 2.2–35　气相外延设备示意图

对于 GaAs（砷化镓）和 GaN（氮化镓）外延膜的生长，大多采用感应加热和电阻加热方式。对于硅外延膜的生长，厚外延膜多采用感应加热方式；薄外延膜则多采用红外加热方式。

在气体分配系统中为了严格控制气体流动到反应腔，要用到气体质量流量控制器和真空阀。

2. 液相外延设备

液相外延设备是指将待生长的材料（硅、镓、砷、铝等）及掺杂剂（锌、碲、锡等）溶化于熔点较低的金属（如镓、铟等）中，使溶质在溶剂中呈现饱和或过饱和状态，然后将单晶衬底与溶液接触，通过逐渐降温冷却的方式使溶质从溶剂中析出，在衬底表面生长出一层晶体结构与衬底相似的晶体材料的外延设备。

液相外延设备一般由气体控制部分、加热部分、控制部分、装料室、反应腔和真空系统组成。

根据反应腔结构的不同，可分为水平滑动式、垂直浸渍式和旋转坩埚式 3 种。

水平滑动式液相外延为水平式反应器，在衬底上放置具有多个槽室的滑动石墨舟，在槽室放入原料溶液，滑动石墨舟至载有溶液的槽室与衬底接触，外延结束后，推动石墨舟将剩余溶液刮走。图 2.2–36 为水平滑动舟液相外延设备示意图。

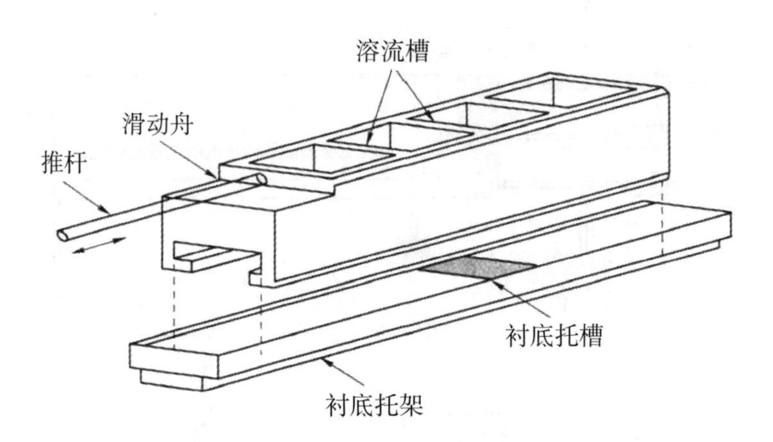

图 2.2-36 水平滑动舟液相外延设备示意图

垂直浸渍式液相外延采用立式生长管及立式加热系统，将配置好的原料溶液放置在石墨坩埚内，将衬底固定在石墨坩埚上方的衬底架上，采用降温生长，或者在溶质、溶液及衬底间形成一定温度梯度生长的方式外延。

旋转坩埚式液相外延是将坩埚固定在一个可旋转的立柱上，衬底固定在坩埚底部，通过控制坩埚的转速，在离心力的作用下使原料溶液覆盖或离开衬底表面，从而实现外延。

3. 分子束外延设备

分子束外延设备是指在超高真空条件下，由一束或多束热能原子束或分子束，以一定速度喷射到加热的衬底表面上，并在衬底表面进行吸附、迁移而沿着衬底材料的晶轴方向外延生长单晶薄膜的外延设备。

分子束外延设备主要由超高真空系统、分子束流、衬底加热和旋转台、样品传输系统、原位监测系统、控制系统、测试系统、残余气体分析系统等组成。图 2.2-37 为分子束外延设备结构示意图，图中 RHEED（Reflection High-Energy Electron Diffraction）为反射高能电子衍射仪，用于实时原位监测薄膜的增长信息。

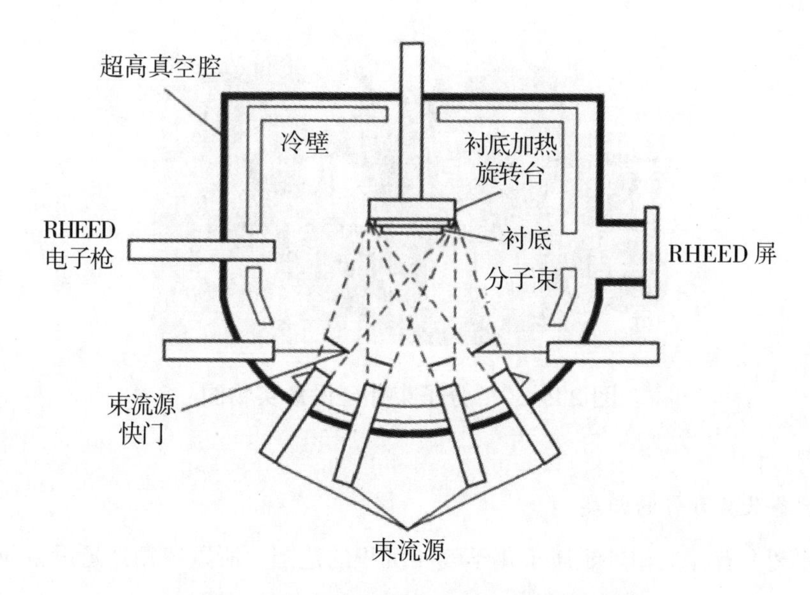

图 2.2-37　分子束外延设备结构示意图

真空系统包括真空泵（机械泵、分子泵、离子泵和冷凝泵等）和各种阀门，用来产生超高真空生长环境，一般可实现的真空度为 10^{-8} ~ 10^{-11} Torr。真空系统主要有 3 个真空工作室，即进样室、预处理和表面分析室、生长室。进样室用于实现与外界传递样品，从而保证其他腔室的高真空条件；预处理和表面分析室连接着进样室与生长室，其主要功能是样品前期处理（高温除气、保证衬底表面的完全清洁）和对清洁过的样品进行初步的表面分析；生长室是分子束外延设备的核心部分，主要由源炉及其相应的快门组件、样品控制台、冷却系统、反射高能电子衍射仪、原位监测系统等组成。

图 2.2-38 为用于残余气体分析的四极质谱仪；图 2.2-39 为分子束外延设备实物图，型号为芬兰 DCA 公司 P600 型 MBE 系统。

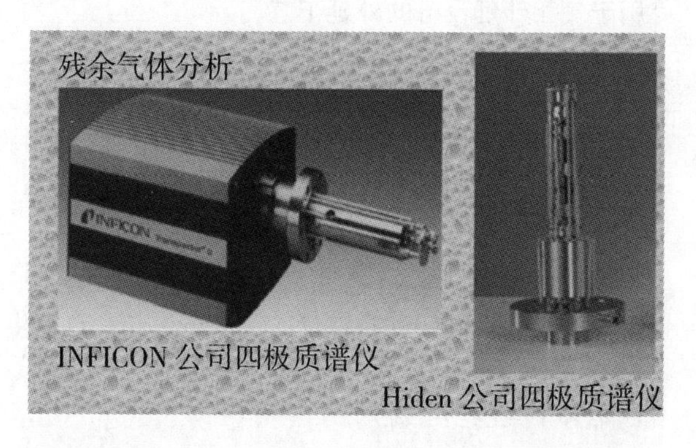

图 2.2-38　用于残余气体分析的四极质谱仪

图 2.2–39　分子束外延设备实物图

4. 外延设备及其部件的归类

从工艺原理上看，气相外延属于化学气相沉积的范围，所以气相外延设备应按化学气相沉积设备归入子目 8486.2021；液相外延设备和分子束外延设备应按其他薄膜沉积设备归入子目 8486.2029。表 2.2–11 为外延设备及主要零部件的归类。

表 2.2–11　外延设备及主要零部件的归类

序号	名称	商品描述	归类
1	气相外延设备	主要由反应器、加热系统、气路系统和控制系统组成	8486.2021
2	液相外延设备	主要由气体控制部分、加热部分、控制部分、装料室、反应腔和真空系统组成	8486.2029
3	分子束外延设备	主要由超高真空系统、分子束流、衬底加热和旋转台、样品传输系统、原位监测系统、控制系统、测试系统、残余气体分析系统等组成	8486.2029
4	气体控制系统	用于气相外延设备的气体供给、分配，由阀门、管路等构成	8486.9099
5	反应腔室	用于气相外延设备的外延工艺	8486.2021
6	尾气处理系统	用于清除反应后所留下的副产物	8421.3990
7	压力监测系统	用于气相外延设备中监测反应腔室的压力并保持特定的范围	9032.2000
8	滑动石墨舟	用于液相外延设备中的反应腔室	6815.1900
9	超高真空系统	包括高真空腔室、真空泵（机械泵、分子泵、离子泵和冷凝泵等）、各种阀门和真空计，用来产生超高真空生长环境	8486.9099
10	束流源	产生分子束的组分源	按材质的成分归类

表2.2-11（续）

序号	名称	商品描述	归类
11	束流源快门	用于遮挡分子束的挡板	8486.9099
12	衬底加热和旋转台	包括基片架和控制基片架加热、旋转及前后来回移动的控制组件	8486.9099
13	样品传输系统	由连接进样室与预处理室的磁力耦合传递杆进行这两室间的样品传输	8486.4039
14	原位监测系统	通过RHEED（反射高能量电子衍射仪）原位观察、实时监测薄膜的生长	9012.1000
15	控制系统	用于源炉温度、挡板位置、RHEED监测、残余气体、真空度等参数的控制	9032.8990
16	四极质谱仪	用于残余气体的分析	9027.8190

2.3 光刻设备

2.3.1 光刻工艺

光刻（Photolithography）工艺就是将掩模版上的电路图形转移到覆盖于半导体衬底表面光刻胶（即对光辐照敏感的薄膜材料）上的工艺。

光刻工艺的目的就是将掩模版上的电路设计图形转移到圆片（即半导体衬底）表面上。这一工艺过程是通过曝光时利用涂敷在圆片表面的光刻胶的光化学反应作用来完成的。

在集成电路的加工过程中，其中的晶体管、二极管、电容、电阻和金属层的各种物理部件均是通过光刻工艺完成的。加工时，各元器件依次在圆片表面上形成，每次使用一个掩模版，通过光刻工艺在衬底表面保留特定的图形。

1. 光刻工艺的基本流程

光刻是一种图像复印和刻蚀技术相结合的精密表面加工技术。光刻工艺类似于相纸的复印和冲洗，是将掩模版（相当于照相时所使用的感光胶片，即底片）上的电路图形转移到圆片（相当于相纸）上，但与相纸的冲洗略有不同：圆片表面无法直接曝光，需要采用涂敷中间媒介——感光材料（光刻胶）完成图形转移工序。所以，为完成图形转移这一工序，首先在圆片表面上涂覆光刻胶，通过曝光原理将掩模版上的图形先转移到光刻胶上，然后再通过蚀刻技术把光刻胶上的图形转移到圆片表面。因为经过显影后，已曝光部分的光刻胶会被溶解掉而消失（以正胶为例），而未被曝光的部分光刻胶依然存在。采用蚀刻工艺时，已曝光的部分成为蚀刻区，而未曝光的部分仍覆盖有光刻胶，由光刻胶保护而成为非蚀刻区，最终完成将图形转移到圆片表面上。

所以说，光刻工艺有两次图形转移：第一次转移是将掩模版上的图形转移到光刻胶上（光刻）；第二次转移是将光刻胶上的图形转移到圆片表面上（刻蚀）。

一般的光刻工艺要经过底膜处理、涂胶、前烘、曝光、显影、坚膜、刻蚀、去胶、检验工序，如图 2.3–1 所示。

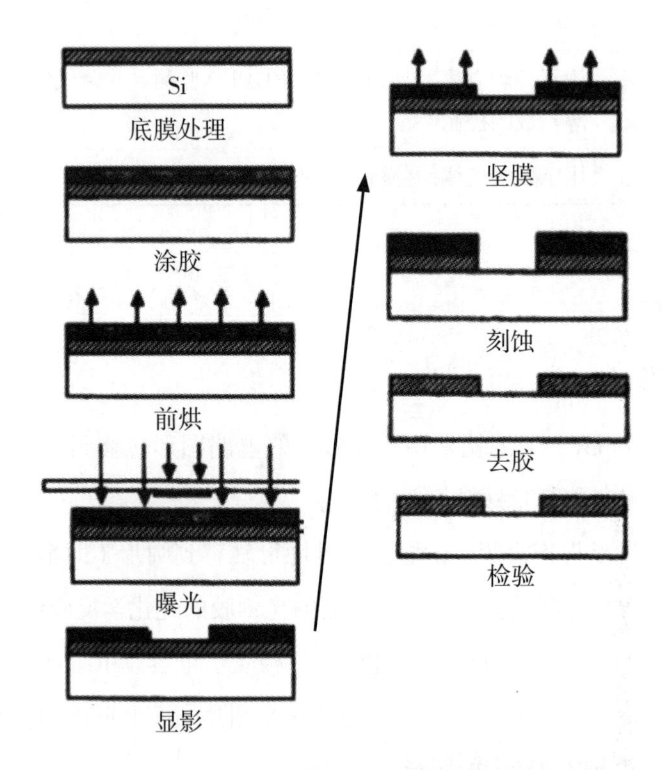

图 2.3–1　光刻工艺的基本流程

（1）底膜处理

底膜处理是光刻工艺的第一步，其主要目的是对圆片衬底表面进行处理，以增强衬底与光刻胶之间的黏附性。底膜处理包括：清洗、烘干和增黏处理。

（2）涂胶

涂胶就是用旋涂法在圆片表面上涂覆一层薄的光刻胶。

（3）前烘

前烘就是在一定的温度下，使光刻胶膜里面的溶剂缓慢、充分地逸出来，使光刻胶膜干燥。干燥后可以增加光刻胶与衬底的黏附性，增强胶膜的光吸收和抗腐蚀能力，以及缓和涂胶过程中胶膜内产生的应力等。

（4）曝光

曝光是使光刻掩模版与涂有光刻胶的衬底对准，用光源经过掩模版照射衬底，使受到光照射的光刻胶的光学特性发生变化。

（5）显影

显影就是除去曝光（或未曝光）部分的光刻胶，将电路图复制到光刻胶上。经过曝光后，在光刻胶层中形成的只是潜在图形，要经过显影后才能显现出来。经过显影后，掩模版上的图形才能被以曝光区域和未曝光区域的形式记录在光刻胶上。此时，正胶的曝光区和负胶的非曝光区的光刻胶在显影液中被溶解掉，而正胶的非曝光区和负胶的曝光区的光刻胶仍然存在。仍然存在的光刻胶用来作为非刻蚀区域的保护膜。

（6）坚膜

坚膜，又叫后烘，是为了去除由于显影液的浸泡而引起的胶膜软化、溶胀现象。坚膜能使胶膜附着能力增强，抗腐蚀能力提高。坚膜温度要高于前烘和曝光后烘烤温度，较高的坚膜温度可使坚膜后光刻胶中的溶剂含量更少，但增加了去胶时的难度。

（7）刻蚀

刻蚀就是将圆片上未被光刻胶覆盖的部分去除掉，从而将光刻胶上的图形转移到光刻胶下层的衬底上。

（8）去胶

光刻胶作为非刻蚀区域的保护膜，当刻蚀工艺完成后，光刻胶已没有任何用处，需要将其彻底清除，这个过程称为去胶。目前主要使用将光刻胶溶于有机溶剂中来去胶的方法，或者使用等离子体来去胶的方法。

（9）检验

在基本的光刻工艺完成后，最终步骤是检验。衬底在入射白光或紫外光下首先接受表面目检，以检查污点和大的微粒污染。之后是显微镜检验或自动检验来检验缺陷和图案变形的情况。

2. 光刻工艺的划分

上述介绍光刻工艺的基本流程包括9个步骤，这属于广义上的光刻工艺。随着集成电路制造工艺的发展，工艺过程越分越细，目前所指的“光刻工艺”属于狭义上的光刻工艺，只包括将掩模版上的图形转移到光刻胶上的工艺过程，即只包括上述（1）至（6）前面六项；而（7）至（9）后面三项，是将光刻胶上的图形转移到圆片表面上，属于刻蚀工艺。

图 2.3–2 为最基本的光刻工艺，即狭义的光刻工艺，只包括涂胶、光刻和显影工艺。

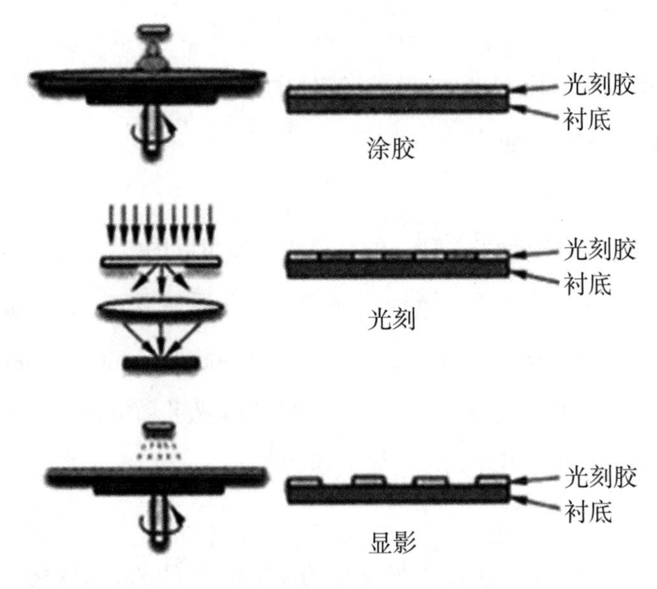

图 2.3–2　最基本的光刻工艺

【自问自答】

问：光刻与刻蚀有何区别？

答：光刻与刻蚀都是光刻工艺中的重要工艺。光刻工艺完成的是将掩模版上的图形转移到光刻胶上（图形的第一次转移）；刻蚀工艺完成的是将光刻胶上的图形转移到硅片表面上（图形的第二次转移）。

3. 光刻技术的发展历程

光刻技术经历了接触 / 接近式光刻、光学投影光刻、步进重复光刻、步进扫描光刻、浸没式光刻、极紫外光刻的发展历程，如图 2.3–3 所示。

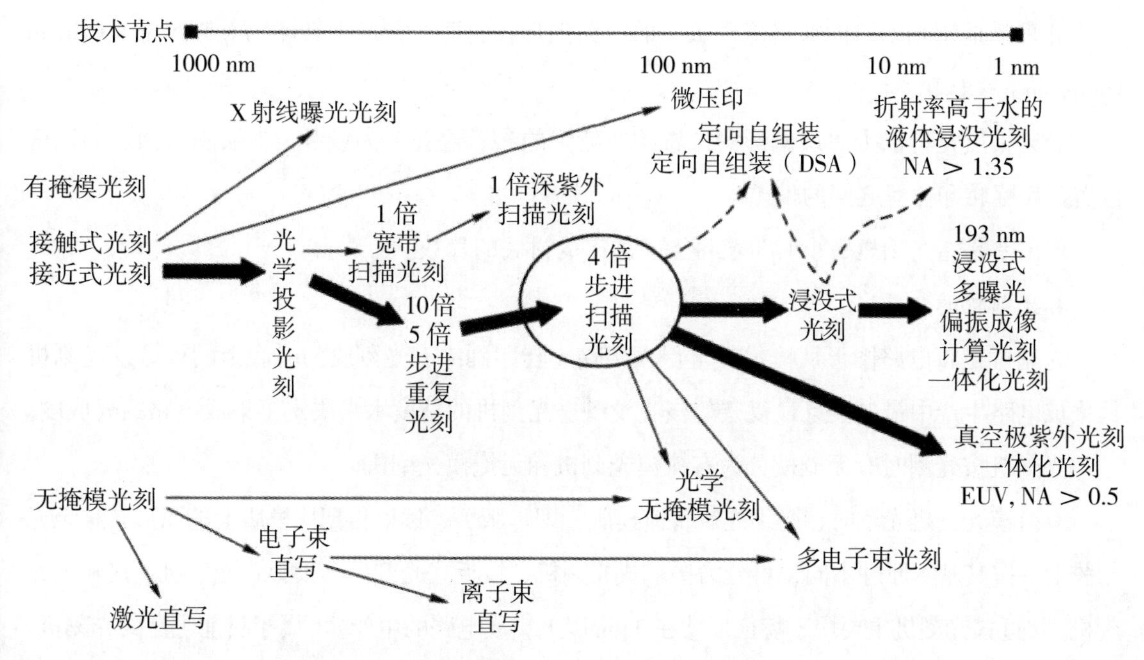

注：NA（Numerical Aperture）为数值孔径。

图 2.3-3　光刻技术的发展历程

接触 / 接近式光刻机是最早（20 世纪 60 年代）用于集成电路制造工艺的光刻机，其最高分辨率可达亚微米级，掩模版上的图形与曝光在衬底上的图形在尺寸上是 1:1 的关系，即掩模版与衬底的尺寸一样大，可以一次曝光整个衬底。

到了 20 世纪 70 年代中后期，投影式光刻机开始替代接触 / 接近式光刻机，其将掩模版上的电路图形通过一个投影物镜成像，曝光在衬底上。早期的投影比例是 1:1，通过扫描方式完成整个衬底的曝光过程，随着集成电路特征尺寸的不断缩小和衬底尺寸的增大，缩小倍率的步进重复光刻机替代了 1:1 比例的扫描光刻机。目前主流的曝光波长从 G 线（436 nm）、I 线（365 nm）、KrF[①]（248 nm）、ArF[②]（193 nm），一直缩减到极紫外线（EUV）（13.5 nm）。极紫外线光源波长是光刻机能够使用的终极波长，最短可达到 6.8 nm，但 6.8 nm 波长的极紫外线将面临巨大的工程技术挑战。与其他光刻机的投影或成像系统不同，极紫外光刻机只能使用全反射投影成像光学系统。

评价光刻机技术等级和经济性的主要指标有 3 个：分辨率、套刻精度和产出率。

---

① KrF：氟化氪准分子激光器。

② ArF：氟化氩准分子激光器。

分辨率是指光刻机能够将掩模版上的电路图形在衬底光刻胶上转印的关键尺寸（Critical Dimension，CD）。

套刻精度是指以上一层图形的位置（或特定的参考位置）为参考，本层图形预定的期望位置与实际转印位置之间的偏差。

产出率是指光刻机每小时（或每天）加工的衬底的片数。

4. 光刻机的分类

光刻机是将电路图形从掩模版上保真传输、转印到涂有光刻胶的衬底上的设备。光刻机是集成电路生产中最昂贵且最复杂的核心设备。光刻机的精度水平决定了集成电路的集成度。

光刻机按光刻时有无掩模分为有掩模光刻机和无掩模光刻机。

有掩模光刻机光刻时，必须先制备掩模版（即母版），然后再把掩模版上的图形转移至光刻胶上，按其基本原理不同，可分为接触式光刻机、接近式光刻机、投影式光刻机。接触式光刻机、接近式光刻机主要用于特征尺寸在 3 μm 以上集成电路的生产，不属于目前主流的光刻机。投影式光刻机是目前主流的光刻机，根据其投影方式不同，常用的主要类型有步进重复光刻机、扫描投影式光刻机、步进扫描光刻机、浸没式光刻机、极紫外光刻机等。有掩模光刻机是集成电路制造工艺中应用最广的一类光刻机，适用于大规模地制造集成电路，生产效率高。

无掩模光刻机光刻时无需掩模版，而是采用扫描的方式将计算机内的图形直接扫描到光刻胶上，所以又称为直写光刻机，按照采用的辐照源的不同，可分为电子束光刻机、离子束光刻机、激光光刻机。其中，电子束光刻机主要用于高分辨率掩模版的制造，离子束光刻机多用于实验研究，激光光刻机用于小批量特定芯片的制造。无掩模光刻机由于无须制作昂贵的掩模版，所以它只适用于实验研究（如集成电路器件原型的研制验证制作）、光刻掩模版的制作或小批量特定芯片的制造，不适用于大规模化地制造集成电路。

图 2.3-4 为光刻机的分类归纳。

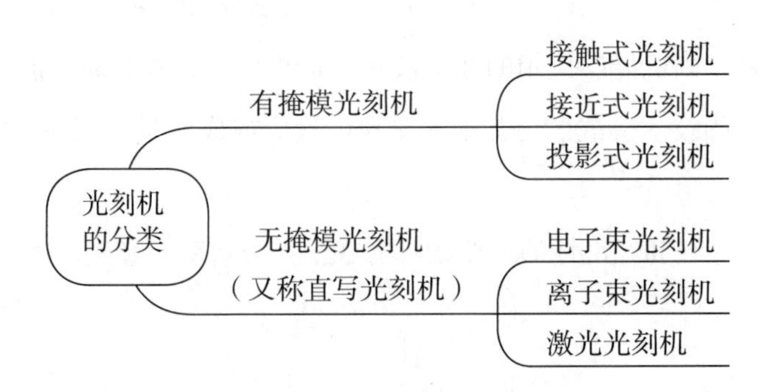

图 2.3-4 光刻机的分类

2.3.2 光刻机的组成结构及其归类

1. 常见光刻机的主要类型及其组成结构

（1）接触式光刻机

接触式光刻机（图 2.3–5）是指涂有光刻胶的圆片与掩模版直接接触的光刻机，是早期小规模集成电路时代的主要光刻设备，是最为简单、经济的光刻机，现已基本淘汰。接触式光刻机的掩模版包括要转移到圆片表面的所有芯片图形。

接触式光刻机工作时，由于涂有光刻胶的圆片与掩模版直接接触，减小了光的衍射效应，可实现较小特征尺寸的曝光。但是，由于圆片与掩模版直接接触，在接触过程中，圆片与掩模版之间的摩擦会在二者表面形成划痕，同时很容易产生颗粒沾污，从而会缩短掩模版的使用寿命，降低圆片的成品率。

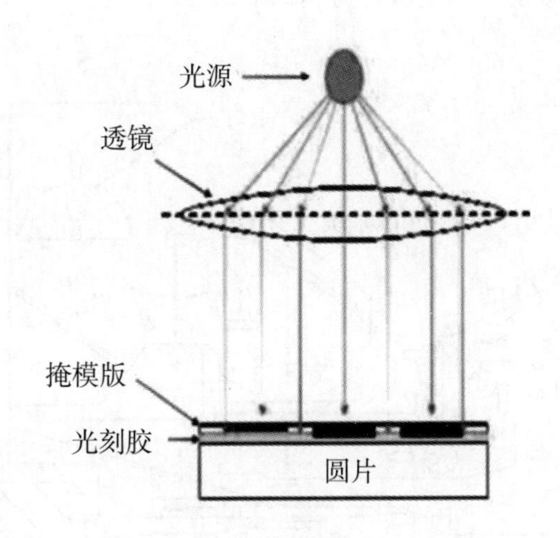

图 2.3–5　接触式光刻示意图

（2）接近式光刻机

接近式光刻机（图 2.3–6）是指掩模版不直接与涂有光刻胶的圆片接触，而是留有一定间隙（大约有 10 μm 的间距）的光刻机。它是从接触式光刻机发展而来的，在光刻时，由于两者不直接接触，减少了光刻过程中引入的缺陷，从而降低了掩模版的损耗，提高了圆片的成品率。但是也有不足之处，由于两者存在间隙，会产生光的衍射，限制光刻设备的分辨率。

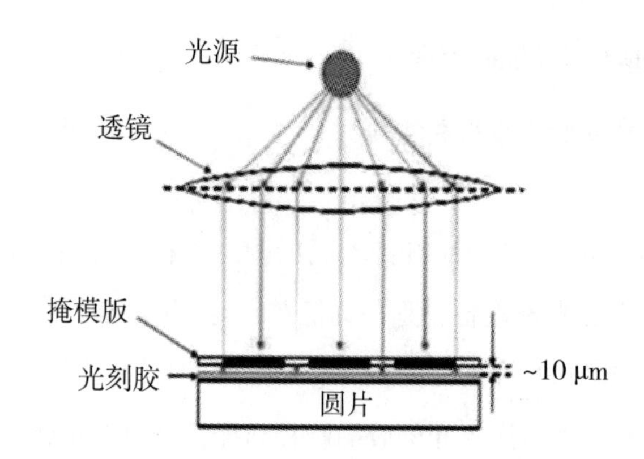

图 2.3–6　接近式光刻示意图

图 2.3–7 为接触 / 接近式光刻机系统的组成结构。它主要由圆片承载台、掩模版承载台、汞灯及发光装置、对准显微镜、真空吸盘等构成。

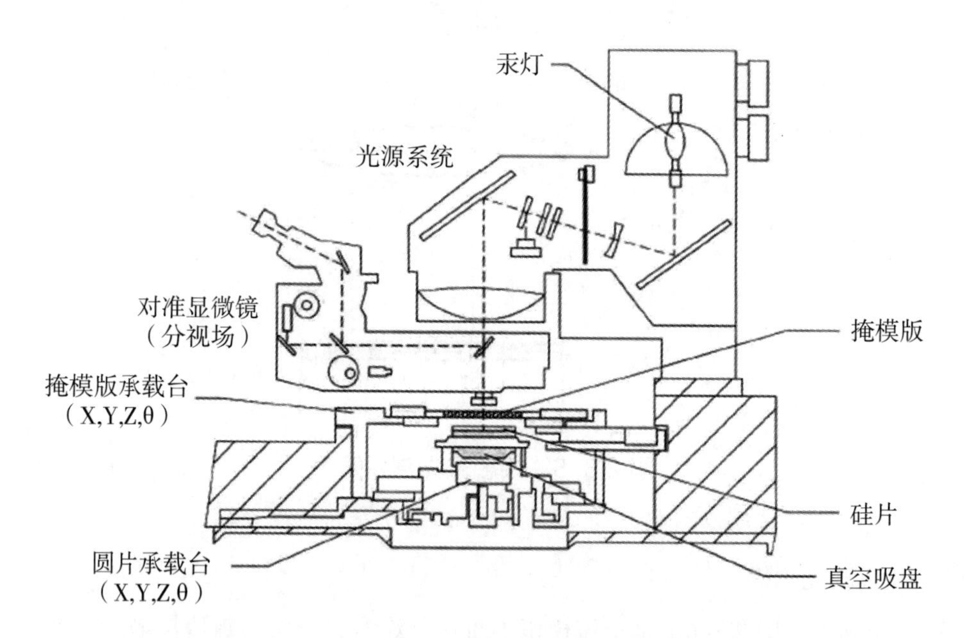

图 2.3–7　接触 / 接近式光刻机系统的组成结构

（3）扫描投影式光刻机

扫描投影式光刻机是利用反射镜系统把有 1:1 图形的整个掩模版图形通过扫描投影到圆片表面。由于掩模版上的图形与圆片上的图形尺寸相同，所以图像没有放大或缩小。扫描投影式光刻机主要适用于线宽大于 1 μm 的非关键层，属于 20 世纪 70 年代至 80 年代的主流光刻设备，目前在一些较老的生产线中仍在使用。

工作时，紫外线通过一个狭缝聚焦在圆片上，能够获得均匀的光源。掩模版和涂有光刻胶的圆片被放置在扫描架上，并且同步通过窄紫外光束扫描，最终实现掩模版上的图形在圆片上的光刻胶曝光，从而全部转移至圆片上。图 2.3–8 为扫描投影式光刻机的组成结构。

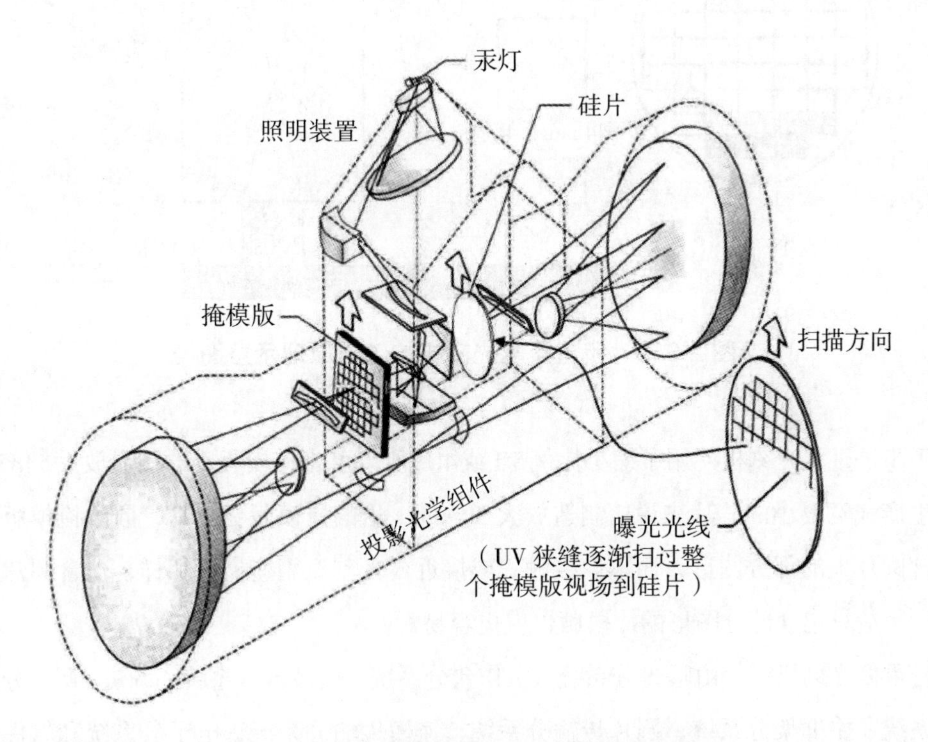

图 2.3–8　扫描投影式光刻机的组成结构

（4）步进重复光刻机

步进重复光刻机，又称为分步重复光刻机，每次只曝光圆片上的一部分图形，然后步进到另一个位置重复曝光。它通常利用 22 mm × 22 mm 的典型静态曝光视场和缩小比例为 5:1 或 4:1 的光学投影物镜，将掩模版上的图形转印至圆片上。图 2.3–9 为步进重复光刻机的工作原理示意图。

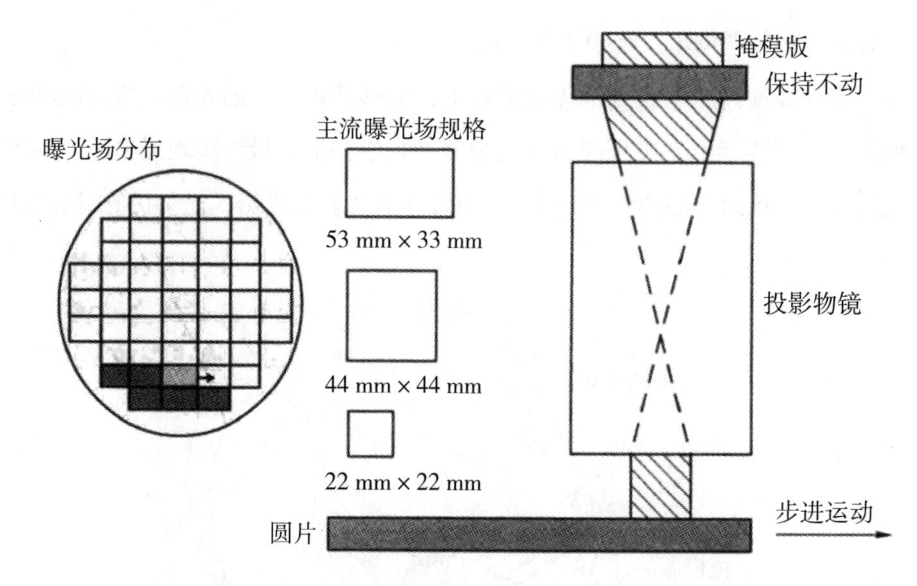

图 2.3–9　步进重复光刻机的工作原理示意图

由于步进重复光刻机使用了缩小比例5:1或4:1，所以可将掩模版上的图形放大5倍或4倍，这样对生产线宽更小的芯片来说，制造放大 5 倍或 4 倍的掩模版更容易；同时掩模版上的图形只包含圆片上的部分图形，而不像接触式或接近式光刻机用掩模版那样，包含圆片上的全部图形，制造只包含部分图形的掩模版也就更容易。

步进重复光刻机一般由曝光分系统、工作台分系统、掩模台分系统、调焦 / 调平分系统、对准分系统、主框架分系统、圆片传输分系统、掩模传输分系统、电子分系统和软件分系统组成。图 2.3–10 为步进重复光刻机部分结构图。

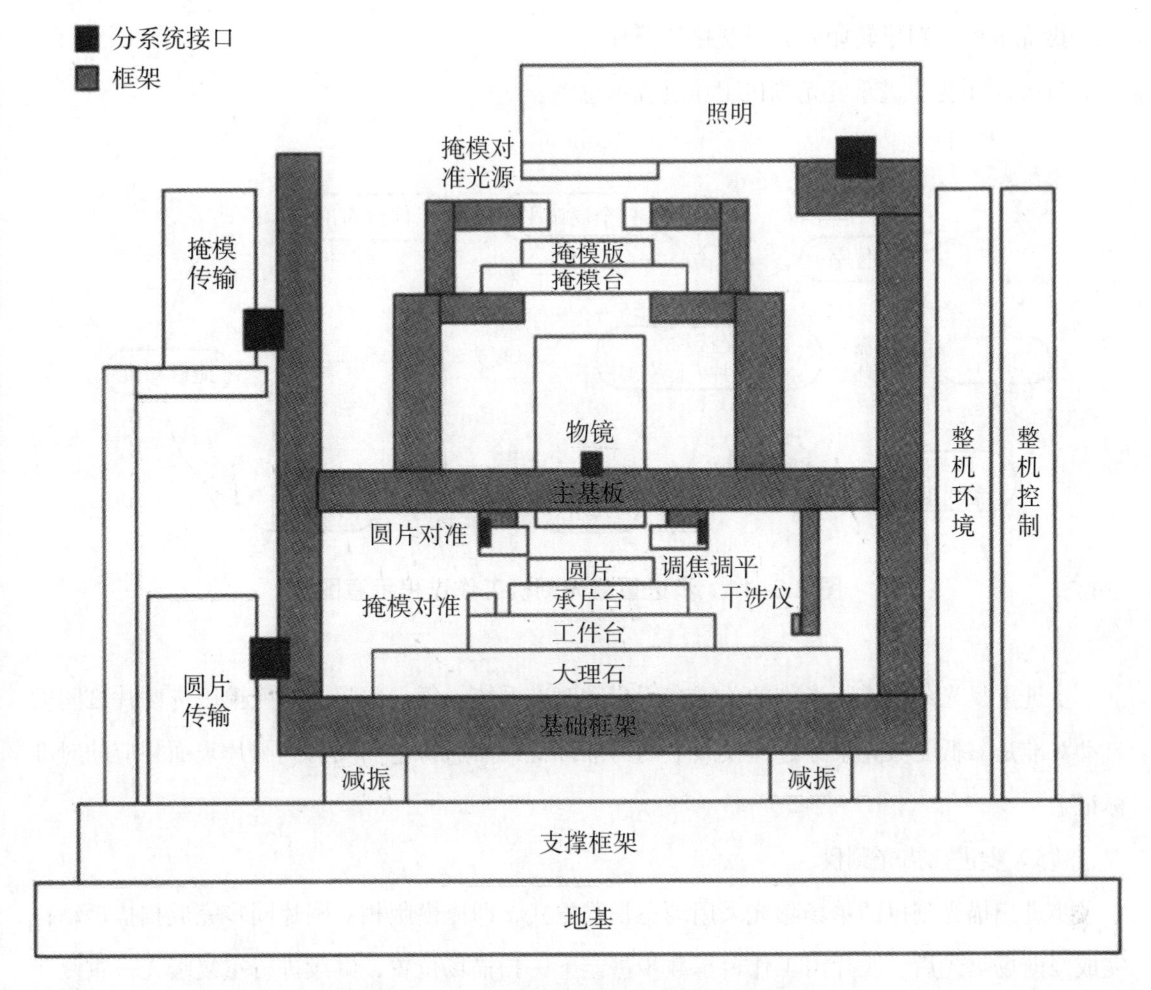

图 2.3–10　步进重复光刻机部分结构图

典型步进重复光刻机的工作过程如下：

① 利用圆片传输分系统将涂有光刻胶的圆片传输到工作台上（即取片），同时利用掩模版传输分系统将需要曝光的掩模版传输到掩模台上；

② 利用调焦 / 调平分系统对工作台上载有的圆片进行多点高度测量，获得待曝光圆片表面的高度和倾斜角度等信息，以便在曝光过程中始终将圆片曝光区域控制在投影物镜焦深范围内（即圆片预对准），并等待交接片；

③ 调平分系统全局调平，对准分系统对工作台对准、掩模版对准和圆片对准，以便在曝光过程中控制掩模版图像与圆片图形转印的位置精度始终在套刻要求的范围内；

④ 步进并曝光选定区域；

⑤ 按规定路径循环上述步进–曝光动作来完成整面圆片的曝光；

⑥ 完成整个图形转印后通过交接片退片。

图 2.3–11 为步进重复光刻机工作过程示意图。

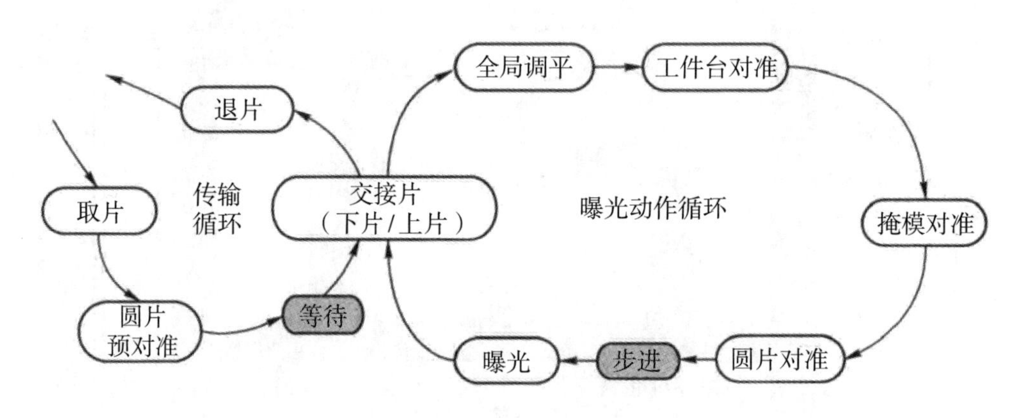

图 2.3–11　步进重复光刻机工作过程示意图

步进重复光刻机进行光刻的关键在于自动对准系统。每一次曝光时掩模版与圆片之间的自动对准是靠低能激光束穿过掩模版上的对准标记，然后将它们反射到圆片表面相应的对准标记上。

（5）步进扫描光刻机

步进扫描光刻机的单场曝光采用动态扫描方式，即掩模版相对圆片同步完成扫描运动；完成当前场曝光后，圆片由工作台承载步进至下一扫描场位置，继续进行重复曝光；重复步进并扫描曝光多次，直至整个圆片所有场曝光完毕。通过配置不同的曝光光源，步进扫描技术可支撑不同的工艺技术节点，从 365 nm、248 nm、193 nm、193 nm 浸没式，直至极紫外光刻。

步进扫描光刻机的投影物镜倍率通常为 4:1，即掩模图形尺寸为圆片图形尺寸的 4 倍，故掩模台扫描速度也为工作台的 4 倍，且扫描方向相反。图 2.3–12 为步进扫描光刻机的工作原理示意图。

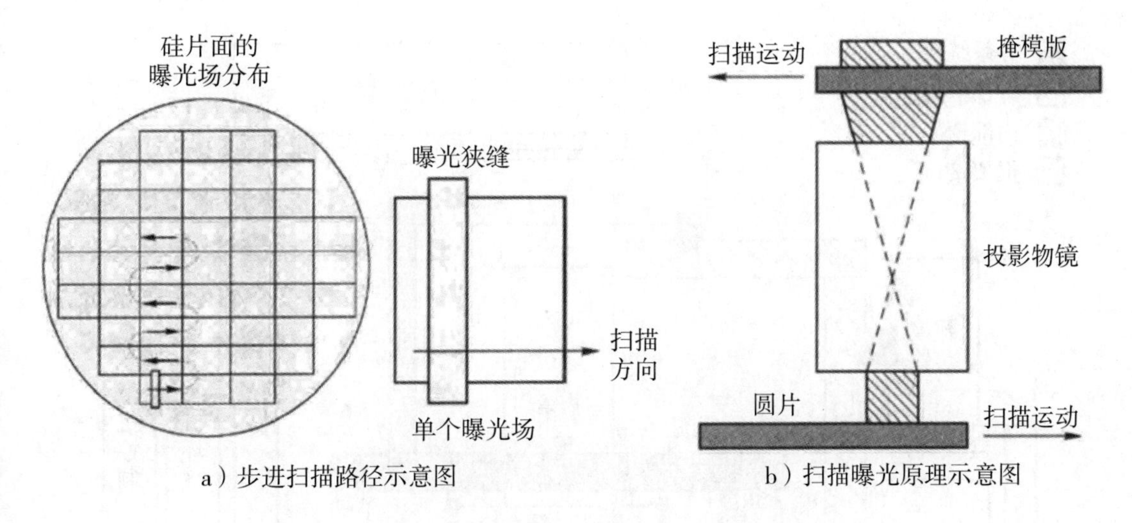

图 2.3–12　步进扫描光刻机的工作原理示意图

与步进重复光刻机相比，步进扫描光刻机成像系统的静态视场更小，在同等成像性能约束下，投影物镜制造难度降低。因此，在 0.18 μm 工艺节点后，即采用 KrF 光源后，高端光刻机厂商基本采用步进扫描技术，并一直沿用至今。

步进扫描光刻机需要时刻保持掩模台相对工作台的高速、高精度同步运动。为满足高产出率与高成品率的量产需要，通常要求运动台具备较高的速度和加速度，以及超高相对运动控制的精度。图 2.3–13 为步进扫描光刻机系统结构图。

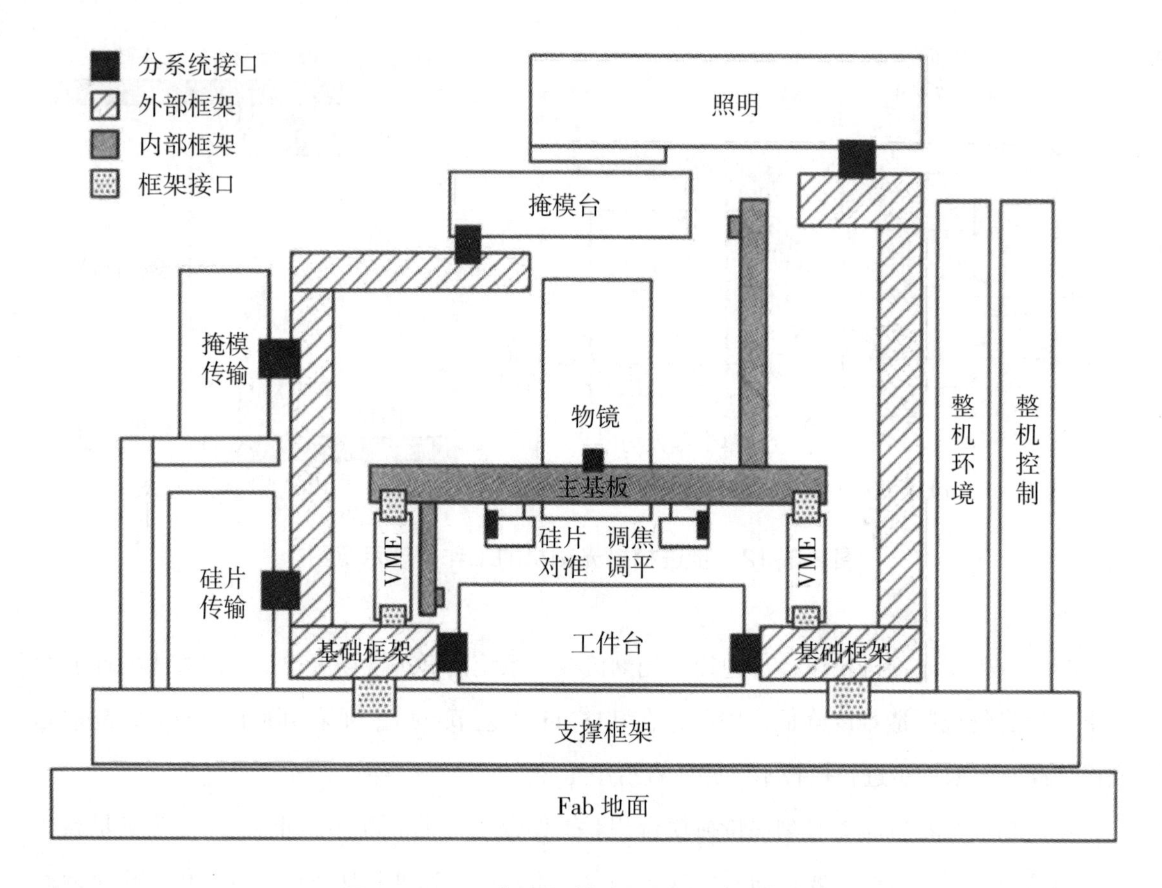

图 2.3-13　步进扫描光刻机系统结构图

（6）浸没式光刻机

传统的光刻技术中，其镜头与光刻胶之间的介质是空气，而浸没式光刻机是将空气介质换成液体（通常是折射率为 1.44 的超纯水）。浸没式技术利用光通过液体介质后光源波长缩短来提高分辨率，其缩短的倍率即为液体介质的折射率。

对于 45 nm 以下及更高的成像分辨率，采用 ArF 干法曝光方式已无法满足要求（因其最大支持 65 nm 成像分辨率），故引入浸没式光刻技术。图 2.3-14 为浸没式光刻机的工作原理示意图。

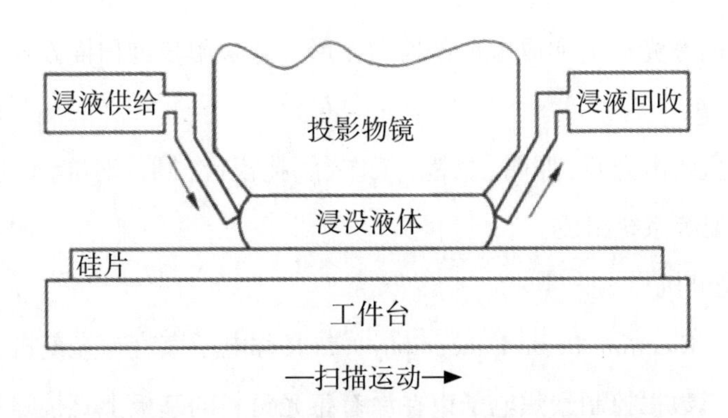

图 2.3–14　浸没式光刻机的工作原理示意图

（7）极紫外光刻机

为了提高光刻分辨率，在采用了准分子光源后进一步缩短曝光波长，引入波长为 10 ~ 14 nm 的极紫外线光作为曝光光源。极紫外光刻机就是使用极紫外线光作为曝光光源的光刻机。

极紫外光的波长极短，可使用的反射式光学系统也通常由 Mo/Si 多层反射镜（膜）组成。其中，Mo/Si 多层反射膜在 13.0 ~ 13.5 nm 波长范围内的反射率理论最大值约为 70%，所以，目前采用 Mo/Si 多层反射膜的极紫外光刻机使用的曝光波长为 13.5 nm。

主流的极紫外光源采用激光等离子体（Laser–Produced Plasma，LPP）技术，通过高强度激光激发热熔状态的 Sn 等离子体发光。极紫外线经过多层镀膜的反射镜组成的照明系统后，照射在反射掩模版上，被掩模版反射的光进入由一系列反射镜构成的光学全反射成像系统，并最终在真空环境下将掩模版的反射图像投影在圆片表面。图 2.3–15 为极紫外光刻机的原理示意图。

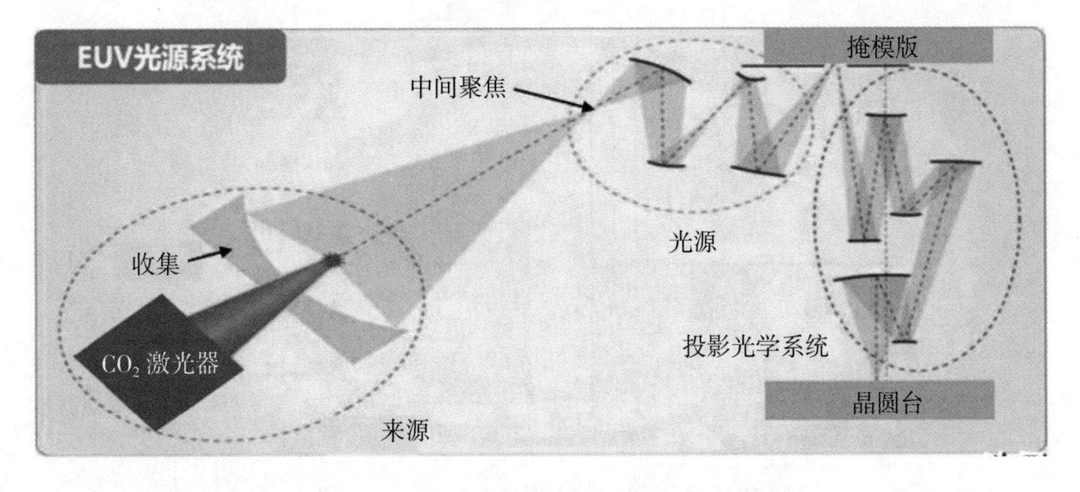

图 2.3–15　极紫外光刻的原理示意图

极紫外光刻机的曝光视场和成像视场均为弧形，并采用步进扫描方式实现全圆片曝光，以提高产出率。

极紫外光刻机主要由光源、照明、物镜、工作台、掩模台、圆片对准、调焦调平、掩模传输、圆片传输、真空框架等系统组成。

（8）电子束光刻机

电子束光刻机（Electron-Beam Lithography），又称电子束直写光刻机，是一种利用计算机输入的地址和图形数据控制聚焦电子束在涂有感光材料的基板上直接曝光绘制电路图形的光刻机。

电子束光刻机工作时不需要掩模版，直接将汇聚的电子束斑打在表面涂有光刻胶的衬底上。所以，通常用于制作掩模版。另外，由于电子束效率较低，一般不用于大批量的集成电路的制造，而用于小批量的科研实验阶段。

电子束光刻机从功能上可分为快速掩模制造电子束光刻机和高精度纳米电子束光刻机。其中前者主要用于制造掩模版；后者高精度纳米电子束光刻机既可在圆片表面的光刻胶上直接扫描曝光纳米图形，也可应用于纳米尺度掩模版的制造。

电子束光刻机通常由电子枪、电子枪准直系统、快门、变焦透镜、投影透镜、偏转器、背散射电子探测器、样品台、图形产生器、计算机等构成。图 2.3-16 为电子束曝光系统结构简图。

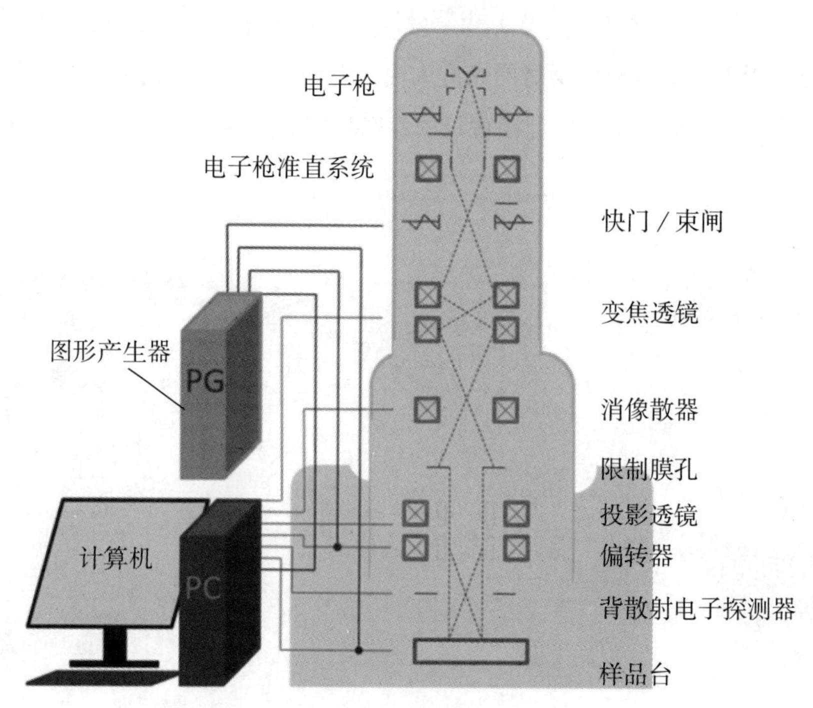

图 2.3-16　电子束曝光系统结构简图

2. 光刻机及其主要零部件的归类

光刻机整机归入子目 8486.2031（分步重复光刻机）或子目 8486.2039（其他光刻机）。它们的专用零件归入子目 8486.9099。但是依据第十六类注释二，按专用零件子目 8486.9099 归类的前提条件是：该零部件不属于在第十六类注释一和第八十四章注释一已排除的商品；该零部件不属于第八十四章、第八十五章或第九十章已具体列名的商品。

下面介绍光刻机的主要零部件及其归类。

（1）曝光光源

曝光光源产生的能量要能激活光刻胶，并将图形从掩模版上转移到圆片表面。由于光刻胶材料可与紫外光所对应的特定波长的光发生反应，所以，目前光刻机常用的光源就是发出紫外光（Ultra-Violet Light，UVL）的光源，主要包括汞灯光源、准分子激光器、极紫外光源等。表 2.3-1 为常用曝光光源以及光源波长与特征尺寸的关系。

表 2.3-1　常用曝光光源以及光源波长与特征尺寸的关系

UV 波长（nm）	波长名	UV 发射源	特征尺寸（μm）
436	G 线	汞灯	0.5
405	H 线	汞灯	0.4
365	I 线	汞灯	0.35
248	深紫外（DUV）	汞灯或氟化氪准分子激光器	≤ 0.25
193	深紫外（DUV）	氟化氩准分子激光器	≤ 0.18
157	真空紫外（VUV）	氟准分子激光器	≤ 0.15
13.5	等离子体极紫外（EUV）	CO_2 激光器	≤ 0.007

注：DUV，Deep Ultraviolet（深紫外线）；VUV，Vacuum Ultraviolet（真空紫外线）；EUV，Extreme Ultraviolet（极紫外线）。

① 汞灯光源

汞灯光源（图 2.3-17）是光刻机用于产生 436 nm 和 365 nm 波长的曝光光源。汞灯光源在熔融石英灯室中填充汞与惰性气体氩气或氙气，在灯室的阳极与阴极之间施加高频高电压，使得填充的惰性气体电离。放电使得灯室内的汞蒸发，并辐射出光。

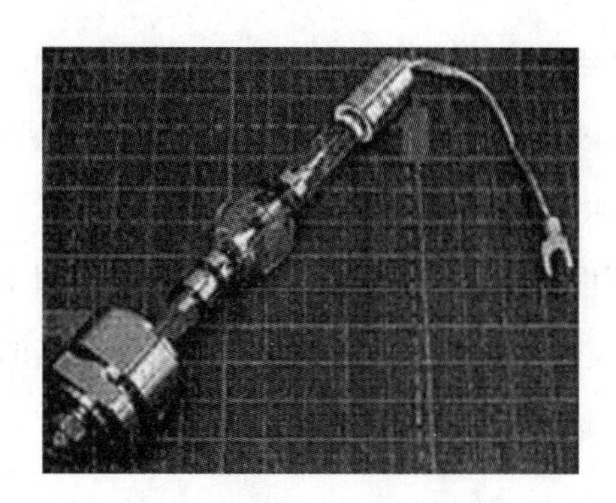

图 2.3–17　汞灯光源

参考子目：8539.3240。

② 准分子激光器

准分子激光器是光刻机用于产生 248 nm 和 193 nm 波长的曝光光源。准分子激光可以在 248 nm 深紫外及以下的波长提供较大的能量，所以目前已基本取代汞灯光源。准分子是不稳定分子，由惰性气体原子和卤素如氟化氩（ArF）构成。现在大多数准分子激光器含有一种高压混合物，混合物由跃进到激发态的两种或更多成分组成。在不稳定的分子分解成它的两个组成原子时，激光辐射发生激发态衰变。通常用于深紫外光刻胶的准分子激光器有波长为 248 nm 的氟化氪（KrF）激光器和波长为 193 nm 的氟化氩（ArF）激光器。

图 2.3–18 为常用准分子激光器的基本结构，主要包括整机控制系统、激励源、放电腔、谐振腔、水电气辅助系统。光刻用准分子激光器一般还包括线宽压窄模块、脉冲展宽模块等。激励源产生高压快脉冲，通过放电腔对工作气体放电激励形成粒子数反转，由于增益较大，一般采用平 – 平结构的谐振腔形成激光输出。辅助系统提供配电、工作气体、冷却水等，激光器整体运行由整机控制系统控制。

参考子目：9013.2000。

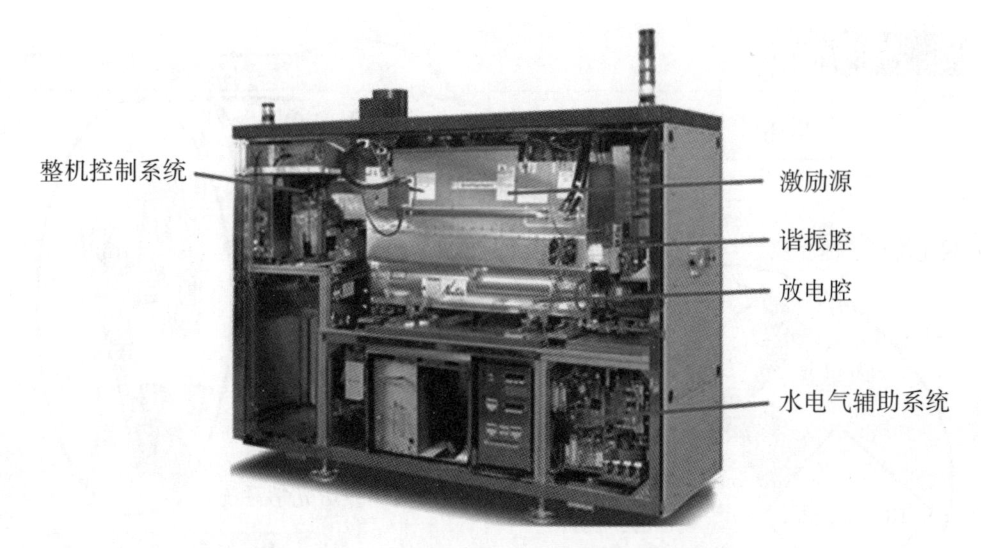

图 2.3–18 常用准分子激光器的基本结构

③ 极紫外光源

极紫外光源又称 EUV 光源、LPP 光源，是激光等离子体光源，是产生 13.5 nm 波长的曝光光源。它的工作原理是：二氧化碳激光脉冲经过放大、整形并对焦后，进入激光激发等离子型真空室，通过二氧化碳激光与 Sn 液滴相互作用，产生等离子体，辐射极紫外线光。它的基本构成包括主脉冲激光器、预脉冲激光器、光束传输系统、Sn 液滴靶、Sn 回收器、收集镜、靶室等。主脉冲激光器通常采用高功率二氧化碳激光器，主脉冲激光器与预脉冲激光器经光束传输系统后聚焦于收集镜的焦点上。Sn 液滴靶产生的 20 μm ~ 30 μm 直径的液滴先后被预脉冲与主脉冲轰击，转化为高温 Sn 等离子体，辐射出 13.5 nm 波长的极紫外线光，经收集镜汇聚于中间焦点。

参考子目：9013.2000。

（2）照明光学模组

紫外光从光源模组（Source）生成后，被导入照明模组（Illumination Module），在这里，要检测及控制光的能量、均匀度以及光的形状，光穿过光掩模后，聚光镜（Projection Lens）将影像聚焦成像在圆片表面的光刻胶上。

照明模组由一系列的光学反射镜组成，见图 2.3–19。

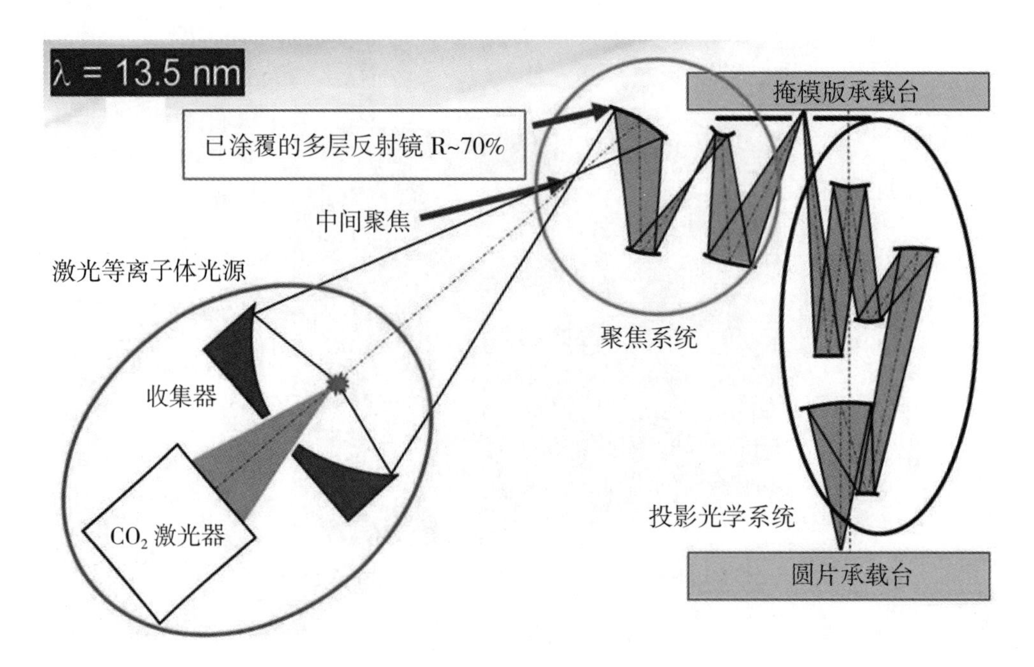

图 2.3-19 极紫外线光源及光学照明系统

参考子目：9002.9090。

（3）掩模版模组

掩模版模组包括掩模版传送模组（Reticle Handler）及掩模版平台模组（Reticle Stage）。掩模版传送模组用于将掩模版由掩模版盒传送至掩模版平台模组；而掩模版平台模组用于承载及快速来回移动掩模版。为何要来回移动掩模版，因为光刻机成像方式是扫描的方式，类似于打印机，从照明系统打到掩模版上的光是条形光，所以掩模版来回移动来完成扫描。表 2.3-2 为掩模版模组及其零部件的归类。

表 2.3-2 掩模版模组及其零部件的归类

序号	名称	商品描述	归类
1	掩模版模组	包括掩模版传送模组及掩模版平台模组	8486.9099
2	掩模版传送模组	用于将掩模版由掩模版盒传送至掩模版平台模组	8486.9099
3	掩模版平台模组	用于承载及快速来回移动掩模版	8486.9099

【归类辨析】

掩模版传送模组不能归入子目 8486.4039，应归入子目 8486.9099，因为它传送的对象是

“掩模版”，不属于第八十四章注释十一（三）3所列的“单晶柱、圆片、半导体器件、集成电路及平板显示器”的范围。

第八十四章注释十一（三）3：

3．升降、搬运、装卸单晶柱、晶圆、半导体器件、集成电路及平板显示器。

（4）圆片模组

圆片模组包括圆片传送模组（Wafer Handler）和圆片平台模组（Wafer Stage）。圆片传送模组用于将圆片从光刻胶涂布设备传送至圆片平台模组；圆片平台模组用于承载圆片并精准定位圆片来完成曝光工艺。随着技术节点的提高，目前的光刻机多采用双平台圆片模组，在圆片曝光前，必须要侦测圆片在平台上的精确位置，双平台可以在前一片圆片曝光的同时，对下一片圆片进行精准量测，不需要等待。表 2.3–3 为圆片模组及其零部件的归类。

表 2.3–3　圆片模组及其零部件的归类

序号	名称	商品描述	归类
1	圆片模组	包括圆片传送模组和圆片平台模组	8486.9099
2	圆片传送模组	用于将圆片从光刻胶涂布设备传送至圆片平台模组	8486.4039
3	圆片平台模组	用于承载圆片并精准定位圆片来完成曝光工艺	8486.9099

（5）工件台

工件台用于承载圆片与掩模版，并实现二者的高精度同步扫描等功能。

工件台由基座、驱动电机、承片台、双频激光干涉仪等构成，承片台两侧的方镜反射激光干涉仪发出测量光束，干涉仪实时测量承片台的位置。测量结果用于补偿工作台与掩模台的位置误差，实现水平方向的高精度定位。

参考子目：8486.9099。

（6）对准系统

对准系统用于精确测量并调整掩模版与圆片的相对位置，使掩模图形在圆片上的曝光位置偏差在允许范围之内（包括同轴对准用于测量掩模版的位置和离轴对准用于测量圆片的位置）。

参考子目：8486.9099。

（7）调焦调平系统

调焦调平系统是实现高质量曝光的关键，用于测量并调整圆片面在光轴方向的位置，使其处于投影物镜的焦深范围内。

例如，基于光学三角法的调焦调平测量系统一般包含光源、照明系统、投影标记、投影成像系统、探测标记、探测系统等部分。其中，光源用于产生合适波长范围的照明光束以满足测量系统需求；照明系统用于改变入射光束的光斑大小和数值孔径，实现对投影标记的均匀照明；投影成像系统分别位于投影标记和硅片之间以及硅片和探测标记之间，可使投影标记分别成像在硅片和探测标记上；探测系统可检测通过探测标记后的光强或图像变化，并输出可转换成硅片表面高度信息的信号。

参考子目：9031.4100。

（8）光束矫正器

光束矫正器用于矫正光束入射方向，让激光束尽量平行。图 2.3–20 为光刻机简易工作原理图。

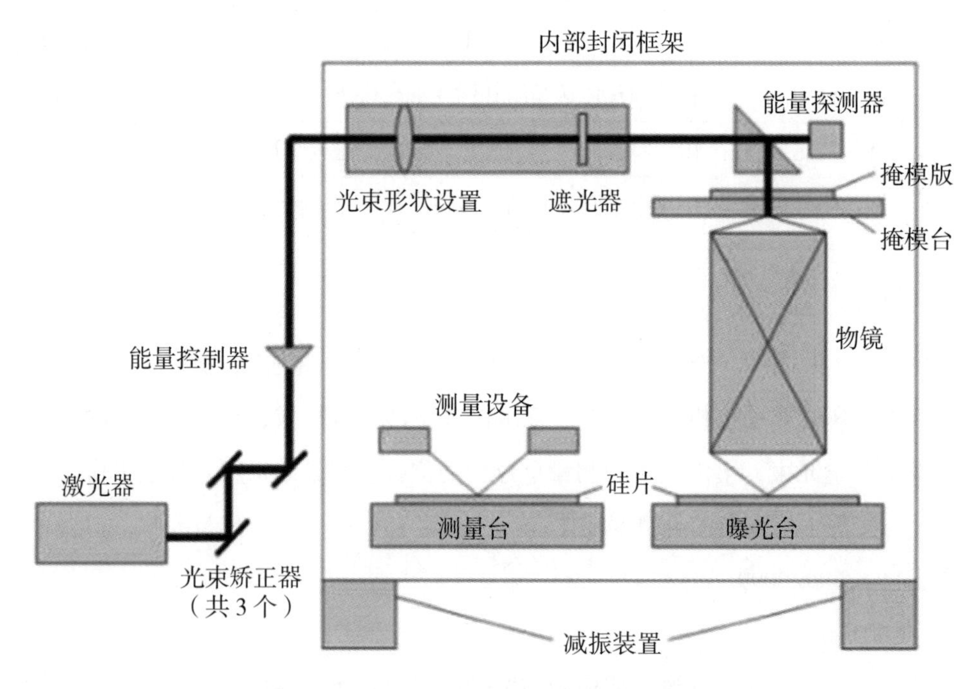

图 2.3–20　光刻机简易工作原理图

参考子目：9002.9090。

（9）能量控制器

能量控制器用于控制最终照射到圆片上的能量，曝光不足或过足都会严重影响成像质量，由电机、传感器和叶片组成，通过控制叶片开合时间来控制激光的能量，如图 2.3–20 所示。

参考子目：8486.9099。

（10）光束形状设置

光束形状设置用于设置光束为圆形、环型等不同形状，不同的光束状态有不同的光学特性，由两个光学镜片、电机、传感器组成，通过改变两个镜片的相对位置来改变光束，如图 2.3–20 所示。

参考子目：9002.9090。

（11）遮光器

遮光器用于在不需要曝光的时候，阻止光束照射到圆片，由电机和遮光板组成，其中的遮光板用来遮挡光线，如图 2.3–20 所示。

参考子目：8486.9099。

（12）能量探测器

能量探测器用于检测光束最终入射能量是否符合曝光要求，并反馈给能量控制器进行调整，由针孔和能量传感器组成，用于检测光束强度，如图 2.3–20 所示。

参考子目：9027.5090。

（13）内部封闭框架、减振器

内部封闭框架、减振器用于将工作台与外部环境隔离，保持水平，减少外界振动干扰，并维持稳定的温度和压力，如图 2.3–20 所示。

参考子目：8486.9099。

（14）主动隔振系统

主动隔振系统作为光刻机整机框架分系统的核心模块，用于支撑内部结构，隔离地基振动，同时快速衰减运动台反力引起的振动，从而为光刻机提供一个良好的振动环境，使其能够正常工作，由减振器和控制器构成。

参考子目：8479.8999。

（15）光学镜片

光学镜片作用于光刻机照明系统和投影物镜中，起到光线的会聚或发散、光路传导、光程改变等重要作用，最终使照明系统在掩模版上产生正确的照明视场，投影物镜将被照明的掩模图形完美地成像到硅片上。

参考子目：9002.9090（已装配，带框架）或 9001.9090（纯光学镜片，未装配）。

（16）圆片装载台

圆片装载台通过基于数字信号处理器（DSP）的运动控制器，升降电机与定心电机的伺服运动，再通过气控系统调节气浮导轨压力，流量保证气浮导轨正常工作，最终安全稳妥地实现硅片的装载和定位，属于一种精密运动平台。

参考子目：8486.4039。

2.3.3 涂胶与显影设备的组成结构及其归类

光刻工艺主要用到 2 种设备，即圆片涂胶显影设备和光刻机，通常将涂胶设备与显影设备 2 部分集成在一起，业内又称为轨道（Track）。先进的半导体工艺通常将轨道与光刻机直接对接，协同工作。图 2.3-21 为圆片涂胶显影设备与光刻机的布置，该图中间上半部分是涂胶单元，中间下半部分是显影单元。

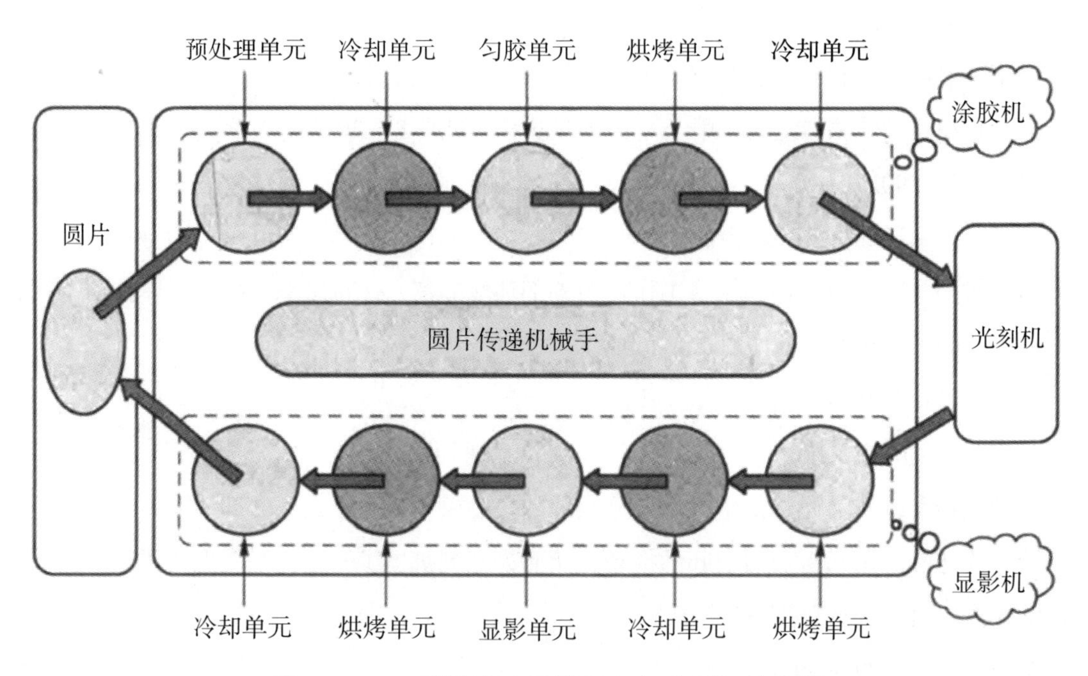

图 2.3-21 圆片涂胶显影设备与光刻机的布置

圆片涂胶显影设备主要由涂胶（也称为匀胶）、显影、烘烤 3 大系统组成。通过圆片传输机械手，使圆片在各系统间传输和处理，完成圆片的光刻胶涂覆、固化、光刻、显影、坚膜的工艺过程。

涂胶的顺序为：预处理→冷却→涂胶→烘烤→冷却。

显影的顺序为：烘烤→冷却→显影→烘烤→冷却。

表 2.3–4 为圆片涂胶显影设备及其部件的归类。

表 2.3–4 圆片涂胶显影设备及其部件的归类

序号	名称	商品描述	归类
1	涂胶显影设备	又称轨道，由涂胶设备与显影设备两部分集成在一起	8486.2090
2	涂胶设备	又称匀胶设备，是将光刻胶均匀地涂敷在圆片表面上的设备	8486.2039
3	显影设备	是对曝光后的圆片进行显影的设备	8486.2090
4	烘烤设备	是对圆片进行加热的设备，主要用在涂胶后、光刻后显影前、显影后	85.14

1. 涂胶设备的组成结构

涂胶设备也称为匀胶设备，是将光刻胶均匀地涂敷在圆片表面上的设备。

涂胶设备的主要功能是实现光刻胶的均匀涂覆，要求涂覆的光刻胶厚度均匀、附着性强、没有缺陷。它用高精度的光刻胶泵，将定量的光刻胶准确地滴到指定位置，通过电动机的加速旋转，利用离心力将光刻胶均匀地涂覆于圆片表面。

涂胶工艺包括预涂增黏剂、旋涂光刻胶、圆片涂胶后软烘等流程，如图 2.3–22 所示。

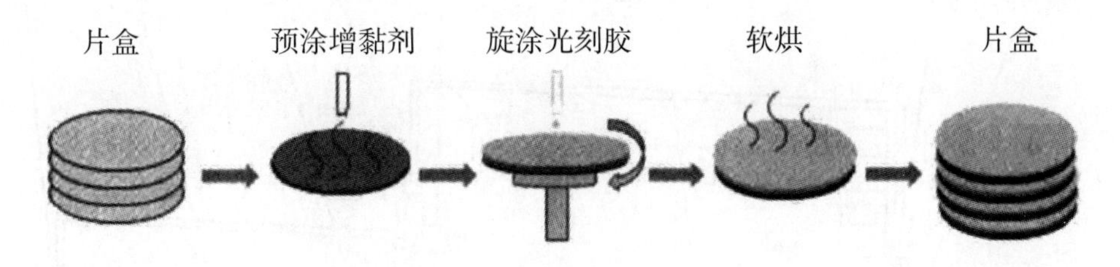

图 2.3–22 涂胶工艺流程

涂胶时将圆片放在一个可旋转的托盘上，托盘表面有个小孔与真空管相连，圆片就被吸附在托盘上，这样圆片就可与托盘一起旋转。涂胶时要经过滴胶和甩胶两个过程，如图 2.3–23 所示。

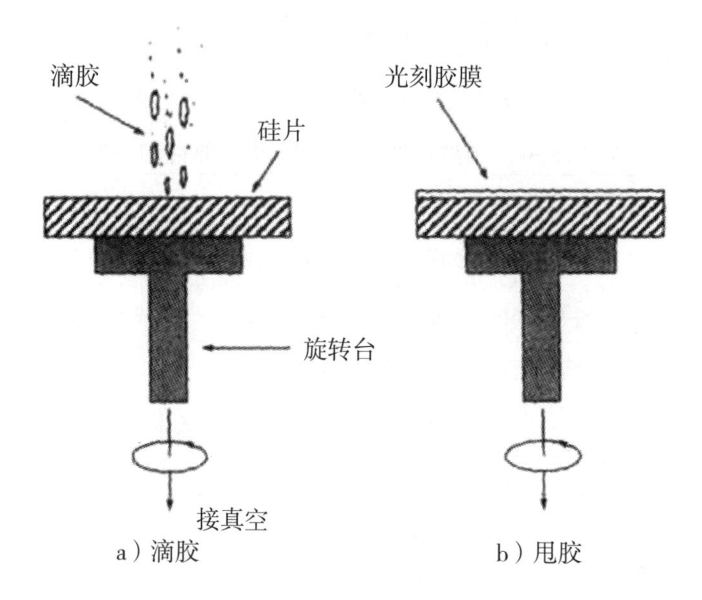

图 2.3–23　涂胶过程

旋涂光刻胶设备主要包括载片台、喷胶嘴、光刻胶收集器、通 / 断回吸阀、胶泵、胶瓶、过滤器，如图 2.3–24 所示。

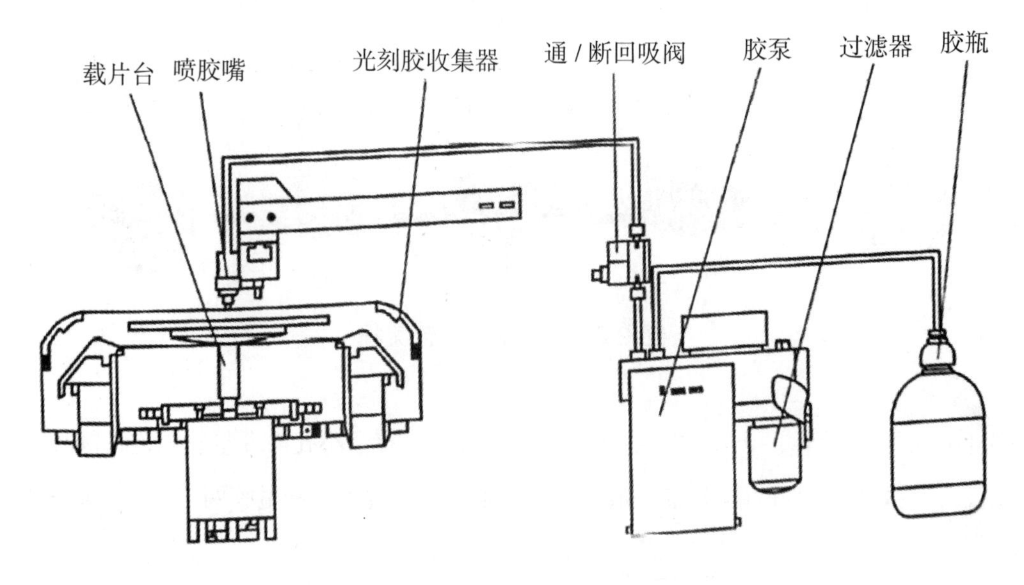

图 2.3–24　旋涂光刻胶设备的组成

2. 涂胶设备主要零部件的归类

涂胶设备的整机归入子目 8486.2039。表 2.3–5 为涂胶设备主要零部件的归类。

表 2.3–5　涂胶设备主要零部件的归类

序号	名称	商品描述	归类
1	载片台	在涂胶设备上用于承载圆片的圆台	8486.9099
2	喷胶嘴	用于喷涂光刻胶的装置	8486.9099
3	光刻胶收集器	用于涂胶液收集的容器	8486.9099
4	通 / 断回吸阀	用于涂胶液的通、断	8481.8040
5	胶泵	用于输送光刻胶	84.13
6	胶瓶	用于盛放光刻胶的容器，特氟龙塑料制或低钠玻璃制，容积超过 1 L	3923.3000/7010.9010
7	过滤器	用于过滤光刻胶	8421.2990

3. 显影与烘烤设备的组成结构

显影设备的主要功能是对曝光后的圆片进行显影及坚膜，其工艺流程是利用气压泵将显影液通过喷嘴喷洒到高速旋转的圆片上，与光刻胶发生反应后形成相应的图形，然后喷洒清洗液去除显影液及光刻胶，再喷洒定影液进行定影，经过高速旋转甩干后，将圆片传输到烘烤单元进行坚膜，最后送回片盒，如图 2.3–25 所示。

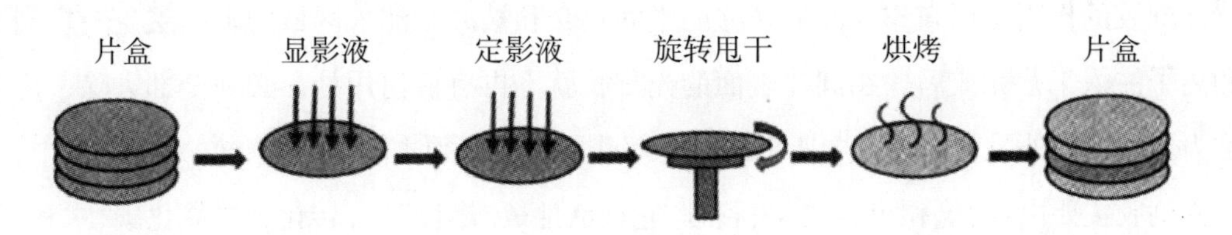

图 2.3–25　显影工艺流程

烘烤设备用于提供相应的高温来促使光刻胶（指显影后仍保留的光刻胶）中的溶剂蒸发，使光刻胶黏结力达到最大化，以便于光刻胶均匀、牢固地附着于圆片表面。由于匀胶 / 显影设备的自动化，多数烘烤单元与匀胶 / 显影单元集成于匀胶 / 显影设备中，实现了匀胶—烘烤—显影—坚膜的一体化。

决定烘烤设备性能的是烘烤温度、温度的精度及温度在圆片不同区域的均匀性。烘烤温度是受光刻胶热流程特性限制的，一般为 30 ~ 200 ℃。烘烤温度精度、温度分布的均匀性则是由烘烤单元的加热方式、控制方法及热盘结构所决定的。光刻胶烘烤产生的挥发物主要为各种有机溶剂，有较大的刺激性气味，所以烘烤设备应采取适当的措施对其进行收集与强制排出。

显影与烘烤设备主要包括显影模块、定影模块、高速甩干模块、烘烤模块、机械手等。

4. 显影与烘烤设备主要零部件的归类

显影与烘烤设备的整机归入子目 8486.2090，表 2.3–6 为显影与烘烤设备主要零部件的归类。

表 2.3–6　显影与烘烤设备主要零部件的归类

序号	名称	商品描述	归类
1	显影模块	对曝光后的圆片进行显影	8486.2090
2	定影模块	对显影后的圆片进行定影	8486.2090
3	高速甩干模块	通常离心方式将圆片上面的液体甩掉	8421.1990
4	烘烤模块	用于提供相应的高温来促使光刻胶中的溶剂蒸发	85.14
5	机械手	用于不同模块间传输圆片	8486.4039

2.3.4　去胶设备的组成结构及其归类

光刻胶的作用是用来作为图形转移的中间媒介和被离子注入区域的阻挡层，一旦刻蚀工艺和离子注入工艺完成后，在圆片表面的光刻胶就不再有任何用处，必须全部去除，这个过程称为去胶。另外，刻蚀过程中所带来的任何残留物也必须去除。

光刻胶主要由碳、氢和氧组成，去胶时，它被活性氧“燃烧”后，转化为二氧化碳、水和氧气，这个过程与固体废料被氧燃烧的灰化过程类似，所以去胶又称为“灰化”。

按去胶的方式不同，去胶设备可分为湿法去胶设备和干法去胶设备。去胶设备在子目 8486.204 的条文中又叫“剥离设备”，在品目 84.86 的《品目注释》中又称为“去膜机或灰化机”。其实，这些不同的名称指的都是同一种商品。

1. 湿法去胶设备的组成结构及其归类

湿法去胶设备主要用于圆片刻蚀后其表面剩余的光刻胶的去除，适用于 50 mm ～ 300 mm 圆片的处理，按工作方式可分为单片处理机台和槽式处理机台两类。随着圆片尺寸的增大，集成电路生产中越来越多地采用单片湿法去胶设备。

常见的单片去胶处理方法有常压去胶液冲洗方法和高压去胶液冲洗方法。为了配合厚胶的去除，单片处理机台一般也配有浸泡单元，可以将多个圆片同时浸泡，以提高设备的产能。

单片去胶的工艺流程为：浸泡（可选）→高压去胶（可选）→常压去胶→清洗甩干。

浸泡工艺在浸泡槽中进行。浸泡槽内一般具有去胶液加热和超声波清洗辅助功能，加热的去胶液的分子运动更强烈，对胶膜的溶解也更快一些。所以，单片湿法去胶可以实现圆片干进干出的流程。

超声波的清洗原理为：在频率为 20 kHz ~ 40 kHz 的超声波作用下，液体会产生局部密度差异（密度低的疏部和密度高的密部），其中疏部可能接近真空，从而形成空腔；当空腔撕裂时，其周边会产生强大的局部压力，增快胶膜的剥离和脱落，同时也起到加速溶解的作用。超声波去胶效果与介质温度以及超声波的频率、功率、压力等条件有关。

最为常见的常压去胶液冲洗法适用于去除较薄的胶膜（约 10 μm），使用加热后的去胶液直接对圆片表面进行喷洒，直至圆片表面的胶膜完全溶解后，再使用纯水清洗圆片，最后将圆片甩干后取回。

高压去胶液冲洗法一般应用于较难去除的光刻胶，或者在提高机台产能时使用。通过气液增压泵将去胶液加压至 5 MPa ~ 20 MPa，然后选择柱状或扇状喷嘴冲刷圆片表面。在整个去胶过程中，圆片需要以较高的速度旋转，在旋转的过程中不断地向圆片表面喷洒去胶液，利用去胶液的溶解作用和高速旋转的离心作用，使溶解的胶膜和颗粒及时脱离圆片表面。

湿法去胶设备主要包括机架、工艺槽体（浸泡槽体）、上下料装置、机械手、水浴加热系统、循环系统、排风系统、电气控制系统、水路系统及气路系统等，部分结构示意图如图 2.3-26 所示。图 2.3-27 为工艺槽体（浸泡槽体）的结构示意图。

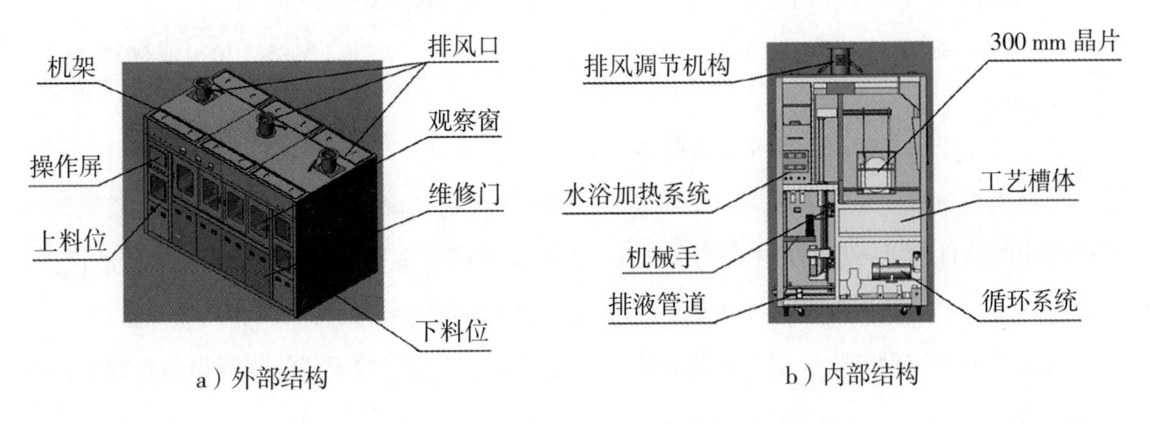

图 2.3-26　湿法去胶设备的部分结构示意图

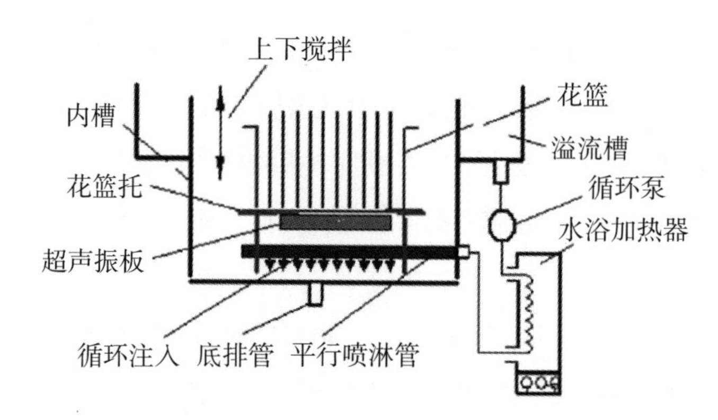

图 2.3–27 工艺槽体（浸泡槽体）的结构示意图

湿法去胶设备的整机归入子目 8486.2049。表 2.3–7 为湿法去胶设备主要零部件的归类。

表 2.3–7 湿法去胶设备主要零部件的归类

序号	名称	商品描述	归类
1	机架	用于安装湿法去胶设备	8486.9099
2	工艺槽体	是进行去胶工艺的浸泡槽体	8486.9099
3	超声波清洗模块	用于辅助清洗圆片、去除光刻胶	8486.2090
4	上下料装置	用于搬运已完成去胶的圆片或即将去胶的圆片	8486.4039
5	机械手	在设备内部用于搬运圆片	8486.4039
6	水浴加热系统	利用电阻加热循环的化学药液	8514.1990
7	循环系统	利用液体泵使去胶液循环流动	84.13
8	排风系统	用于工艺槽体内气体的排放，由风扇和风道构成	84.14
9	控制系统	用于控制整个设备的运行	8537.1090 或 9032.8990

2. 干法去胶设备的组成结构及其归类

干法去胶，主要是指采用等离子体去胶。等离子体去胶设备是指用氧气、氮气或氢气等离子体中的活性粒子，与圆片上的光刻胶发生反应，使之分解和挥发的干法剥离去胶的设备。等离子体去胶不需要化学试剂，也不需要加温，有利于提高器件的可靠性和产品质量。

等离子体去胶设备除了用于去除光刻胶，也可用于清除刻蚀工艺的残留物和光刻工艺留下的浮渣。

就等离子体去胶设备而言，由于等离子体本身伴随着紫外辐射，并含有大量的带电粒子，在一些与栅板有关的前道工艺和有金属衬底暴露的后道工艺中，一旦等离子体接触圆片，就会对器件的电性表现产生伤害，如域值电压漂移、泄漏电流增加、击穿电压降低等，所以对带电粒子和紫外辐射敏感度高的工艺，采用将等离子体源与圆片隔离，这种去胶的方式又称为远程等离子体源去胶；对带电粒子和紫外辐射敏感度很低的工艺，采用将圆片直接“浸泡”在等离子体中，如硬掩模的图形刻蚀、某些接触孔的刻蚀等。

等离子体源设计主要有3种，即电感耦合型、微波激发型和螺旋管激发型。图2.3–28为

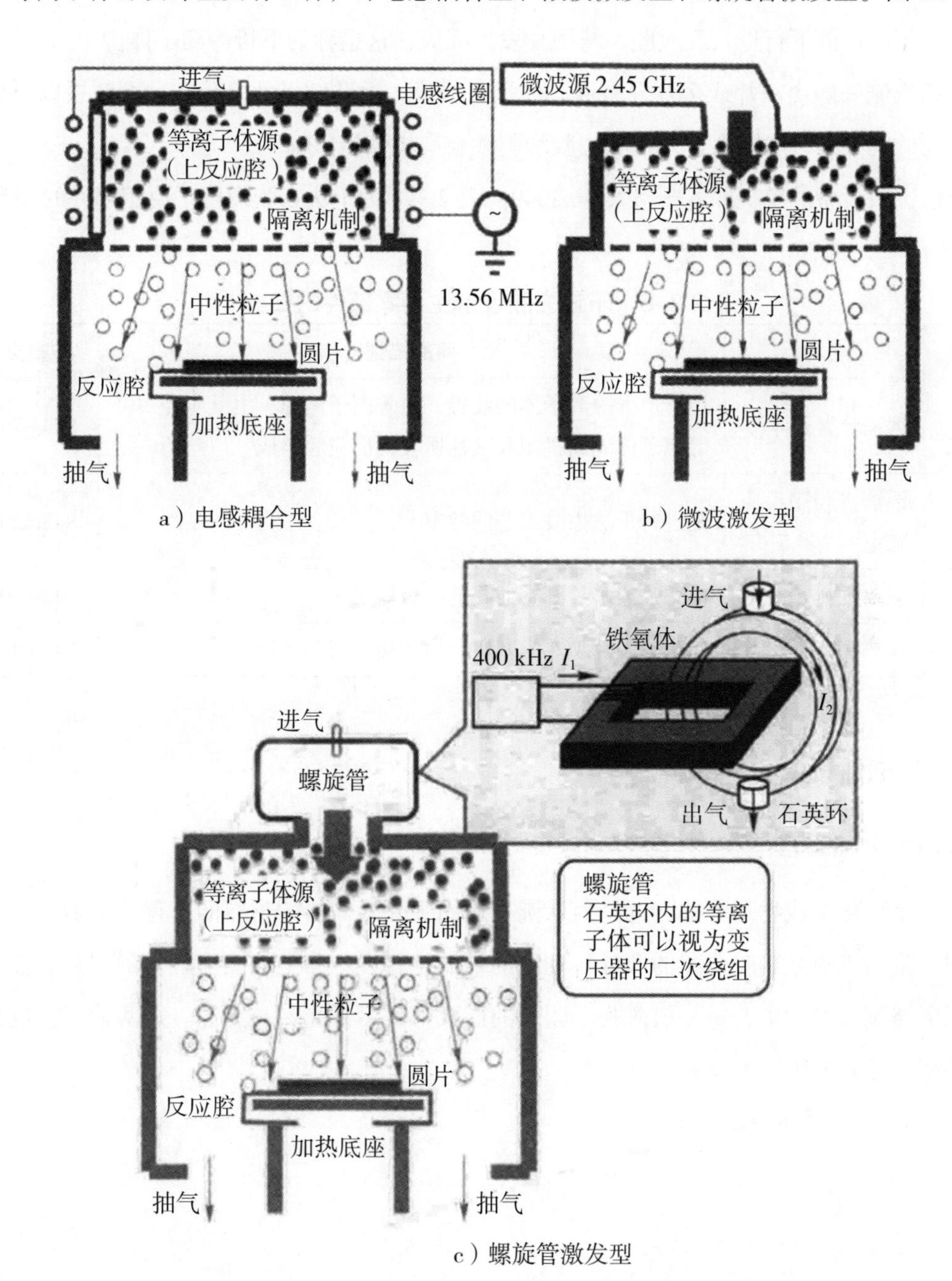

图 2.3–28　远程等离子体源去胶设备的简化示意图

远程等离子体源去胶设备的简化示意图。这种设备将等离子体与圆片隔离开来，主要是为了防止等离子体对器件电性表面的伤害。

远程等离子体源去胶设备由等离子体源（上反应腔）、等离子体隔离机制和圆片所在的反应腔组成。

产生的等离子体被限制在上反应腔中，等离子体中的中性粒子以及被隔离机制中和的带电粒子，经由扩散下行进入反应腔，与圆片发生反应，这也称为下行等离子体。

隔离机制一般由一片或多片开有通孔的平板构成，通孔的尺寸及分布，板与板以及板与圆片之间的间距等，对隔离紫外线和去胶均匀性会产生直接影响。

干法去胶设备的整机归入子目 8486.2049。表 2.3–8 为干法去胶设备主要零部件的归类。

表 2.3–8 干法去胶设备主要零部件的归类

序号	名称	商品描述	归类
1	远程等离子体源	用于产生等离子体的装置，由等离子体源（上反应腔）、等离子体隔离机制和圆片所在的反应腔组成	8543.7099
2	干法去胶用反应腔室	是进行干法去胶工艺的腔室	8486.2049
3	隔离机制	由一片或多片开有通孔的平板构成	8486.9099
4	加热底座	作为对圆片加热的基座，由加热装置和底座构成	8486.9099

2.4 刻蚀设备

2.4.1 刻蚀工艺

刻蚀是用化学或物理方法有选择地从圆片表面去除不需要的材料的过程。所谓“不需要的材料”是指未被光刻胶覆盖的部分。刻蚀的目的是将光刻胶上的图形转移到圆片表面上。在集成电路制造过程中，每一层薄膜上图形的形成都离不开光刻与刻蚀。这两种工艺也是集成电路制造工艺中使用次数最多的。

图 2.4–1 为刻蚀前后的比较。

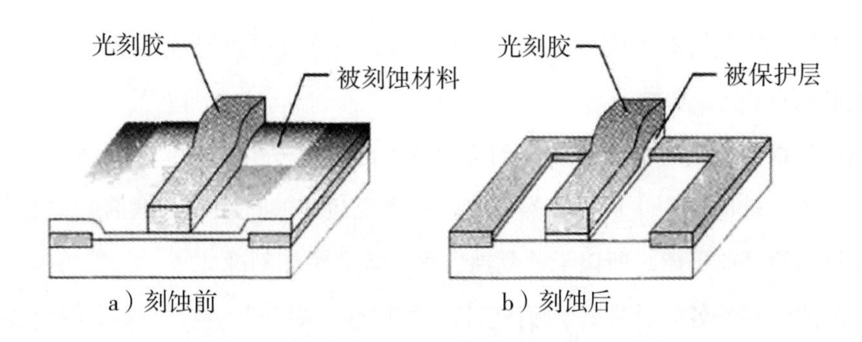

图 2.4–1　刻蚀前后的比较

刻蚀前：经过曝光显影后，已曝光部分的光刻胶被去除（以正胶为例），此时这部分成为被刻蚀的区域；而未被曝光部分的光刻胶仍然存在，在刻蚀时用于保护下面的材料。

刻蚀后：无光刻胶保护的区域被刻蚀掉，而有光刻胶保护的区域仍完好无损。

在集成电路制造工艺中，有两种基本的刻蚀工艺：湿法刻蚀与干法刻蚀。

1. 湿法刻蚀

湿法刻蚀就是把圆片浸泡在一定的化学试剂溶液中，使没有被光刻胶覆盖的那一部分薄膜表面与试剂发生化学反应而被去除掉。

湿法刻蚀的优点是操作简便，对设备要求低，易于实现大批量生产，刻蚀的选择性好；不足是各向同性（即刻蚀中腐蚀液不但浸入到纵向方向，而且也在侧向进行腐蚀，这样腐蚀后得到的图形结构像一个倒八字形，而不是理想的垂直墙），不能用于小的特征尺寸，会产生大量的化学废液，反应生成物必须是气体或能溶于刻蚀剂的物质，否则会造成反应生成物的沉淀。

湿法刻蚀的对象主要有氧化硅、氮化硅、单晶硅和多晶硅等。刻蚀不同材料所选取的腐蚀液不同。例如，湿法刻蚀二氧化硅通常采用氢氟酸为主要化学载体。湿法刻蚀是集成电路制造工艺中最早采用的技术之一。

湿法刻蚀又分为沉浸式刻蚀和喷射式刻蚀。

沉浸式刻蚀是将圆片沉浸在装有液体刻蚀剂的凹槽中进行刻蚀，经过一段时间后，传送到冲洗设备，将圆片上残留的酸去除，最后再送到清洗台进行冲洗和甩干。沉浸式刻蚀生产效率高，但是均匀性和准确度都无法满足现代芯片工艺要求，因此，这种刻蚀方式已基本被淘汰。

喷射式刻蚀是通过机械压力将液体刻蚀剂喷射在圆片表面以达到刻蚀的目的。与沉浸式刻蚀相比，喷射式刻蚀的精度更高，还可以将来自刻蚀剂的污染降到最低程度。这种刻蚀可让被刻蚀下来的材料及时被水从圆片表面冲走，所以更加可控，但是其设备的成本较高。

2. 干法刻蚀

干法刻蚀是指使用气态的化学刻蚀剂与圆片上的材料发生反应，以刻蚀掉不需要的部分材料并形成可挥发性的反应生成物，然后将其抽离反应腔的过程。刻蚀剂通常为直接或间接地产生刻蚀气体的等离子体，所以干法刻蚀也称为等离子体刻蚀。

干法刻蚀的优点是各向异性好，选择性高，可控性、灵活性、重复性好，细线条操作安全，易实现自动化，无化学废液，处理过程未引入污染，洁净度高；不足是设备的成本高，设备结构复杂。

干法刻蚀工艺流程：将刻蚀气体注入真空反应室，待腔内压力稳定后，利用射频辉光放电产生等离子体；受高速电子撞击后分解产生自由基，并扩散到圆片表面被吸附；在离子轰击作用下，被吸附的自由基与圆片表面的原子或分子发生反应，从而形成气态副产品，该副产品从反应室中排出。图 2.4–2 为圆片的等离子刻蚀过程。

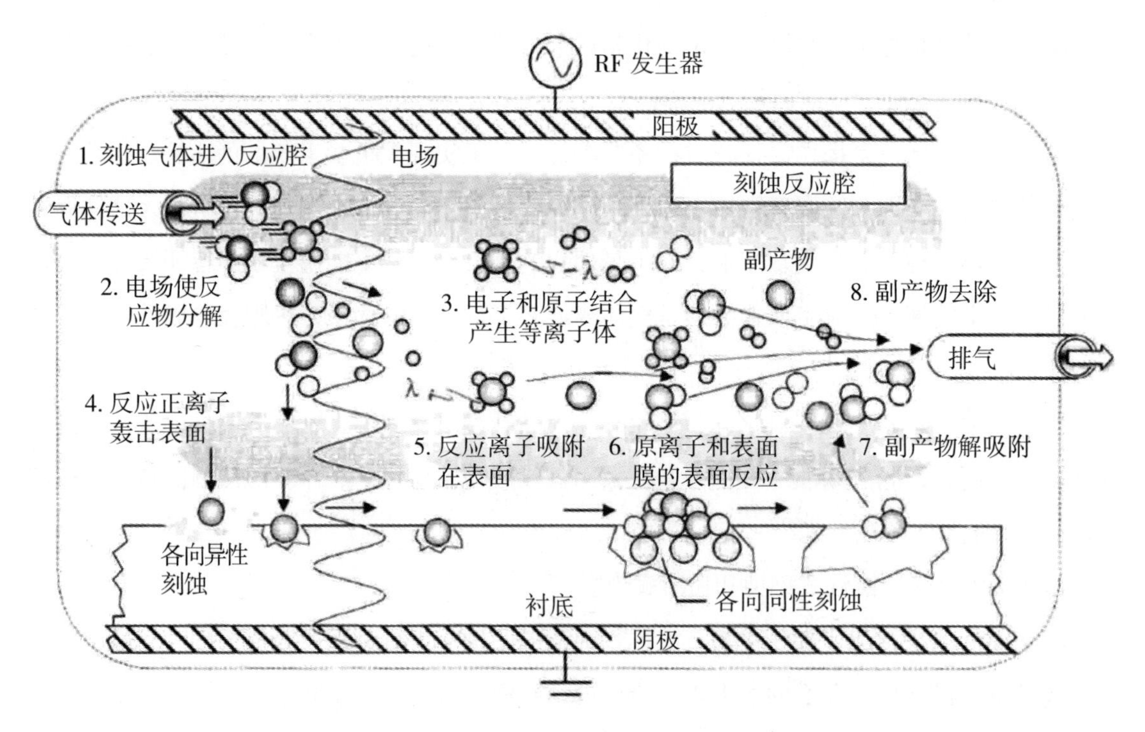

图 2.4–2　圆片的等离子刻蚀过程

（1）干法刻蚀按材料分类

干法刻蚀按材料不同，可分为介质刻蚀、硅刻蚀和金属刻蚀。

介质刻蚀用于介质材料（如二氧化硅）的刻蚀，如在制作接触孔和通孔时需要用介质刻蚀。

硅刻蚀（包括多晶硅刻蚀）用于需要去除硅的场合，如刻蚀多晶硅晶体管栅和硅槽电容。

金属刻蚀主要用于金属层的互连，如用于去除铝合金复合层。

（2）干法刻蚀按工艺原理分类

干法刻蚀按工艺原理不同，可分为化学刻蚀、物理刻蚀、离子能量驱动刻蚀和离子—阻挡层复合刻蚀。

化学刻蚀是利用等离子体中的化学活性原子团与被刻蚀材料发生化学反应，来进行刻蚀的。刻蚀时，等离子体将刻蚀气体电离成带电离子、分子和反应性很强的原子团，然后与表面发生化学反应后，生成具有挥发性的反应物，并被真空设备抽离腔室。因该过程完全是化学反应，所以称为化学刻蚀。化学刻蚀的优点是选择性好，缺点是各向异性差。

物理刻蚀又称为溅射刻蚀，其原理是靠能量的轰击打出原子。在刻蚀时通过辉光放电将刻蚀气体电离成带正电的离子，再利用偏压将离子加速，溅射在圆片表面，将被刻蚀物的原子击出。它主要依靠等离子体中的载能离子轰击被刻蚀材料的表面来完成刻蚀，所溅射出的原子数量取决于入射粒子的能量和角度。该工艺完全是物理能量转移，所以被称为物理刻蚀。其优点是方向性强，各向异性刻蚀；缺点是不能进行选择性刻蚀。

图 2.4–3 为物理刻蚀与化学刻蚀机理的比较。

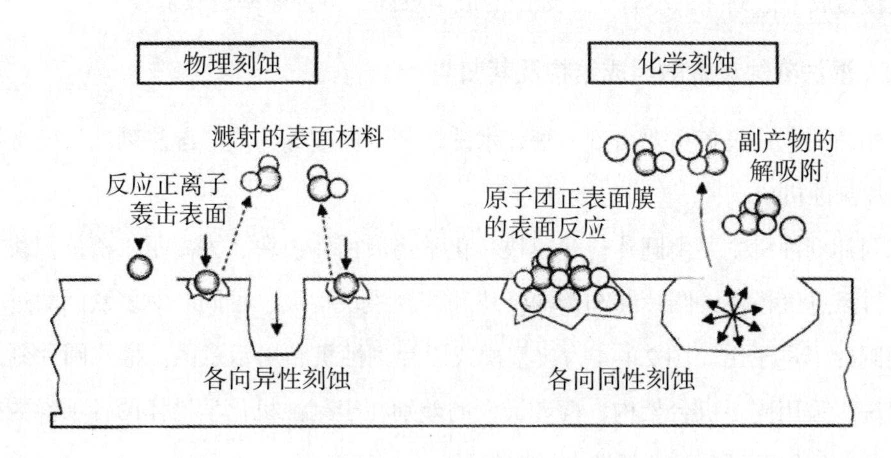

图 2.4–3　物理刻蚀与化学刻蚀机理的比较

在刻蚀过程中，有两种基本的刻蚀剖面：各向同性刻蚀剖面和各向异性刻蚀剖面。

各向同性刻蚀剖面是指刻蚀剖面在所有方向上（横向和垂直方向）以相同的刻蚀速率进行刻蚀。这种剖面导致被刻蚀材料在掩模版下面产生钻蚀的情形，这会带来不希望的线宽损失。

各向异性刻蚀剖面是指刻蚀剖面只在垂直于圆片表面的方向上进行刻蚀，只有很少的横向刻蚀。这种垂直的侧壁使得在芯片上可制作更高密度的刻蚀图形，有利于小线宽图形器件的制作。

物理刻蚀属于各向异性刻蚀，化学刻蚀属于各向同性刻蚀。

离子能量驱动刻蚀又称反应离子刻蚀，它的离子既是产生刻蚀的粒子，又是载能粒子。这种载能粒子的刻蚀效率比单纯的物理或化学刻蚀要高一个量级以上。其中，工艺的物理和化学参数的优化是控制刻蚀过程的核心。

离子—阻挡层复合刻蚀主要是指在刻蚀过程中有复合粒子产生聚合物类的阻挡保护层。等离子体在刻蚀工艺过程中需要有这样的保护层来阻止侧壁的刻蚀反应。

集成电路制造工艺中早期普遍采用的是湿法刻蚀，但由于其在线宽控制及刻蚀方向性等多方面的局限性，小于 3 μm 的工艺大多采用干法刻蚀。

现代芯片生产过程中大多使用的都是干法刻蚀。与湿法刻蚀相比，干法刻蚀的刻蚀精度更高。芯片越做越小，对刻蚀工艺的精度要求也越来越高，所以集成电路制造行业不得不从湿法刻蚀转变成干法刻蚀，尽管干法刻蚀的成本较高，刻蚀速率也较低。

2.4.2 湿法刻蚀设备的组成结构及其归类

湿法刻蚀工艺的设备主要由刻蚀槽、水洗槽和干燥槽等构成。湿法刻蚀目前常用的设备是槽式圆片刻蚀机。

槽式圆片刻蚀机主要由圆片传输模块、化学药液槽体模块、去离子水槽体模块、干燥槽体模块、排风进气模块、圆片装卸传输模块和控制模块构成，可同时对多盒圆片进行刻蚀，可以做到圆片干进干出。图 2.4-4 为典型槽式圆片刻蚀机布局示意图。槽式圆片刻蚀机与槽式圆片清洗机采用同一机台架构，两者最大的差别在于刻蚀机化学槽体的各项参数控制更加严格，主要通过如下两个关键部件进行控制：

一是高温泵，适当的化学液体循环流速可以保证槽体内浓度和温度的均匀性；

二是加热器，高效的化学液体加热装置可以保证高温控制的稳定性。

同时针对不同的刻蚀薄膜，也需要制定特定的功能，如针对氮化硅薄膜的湿法刻蚀，需要精确控制磷酸中水的含量与温度。

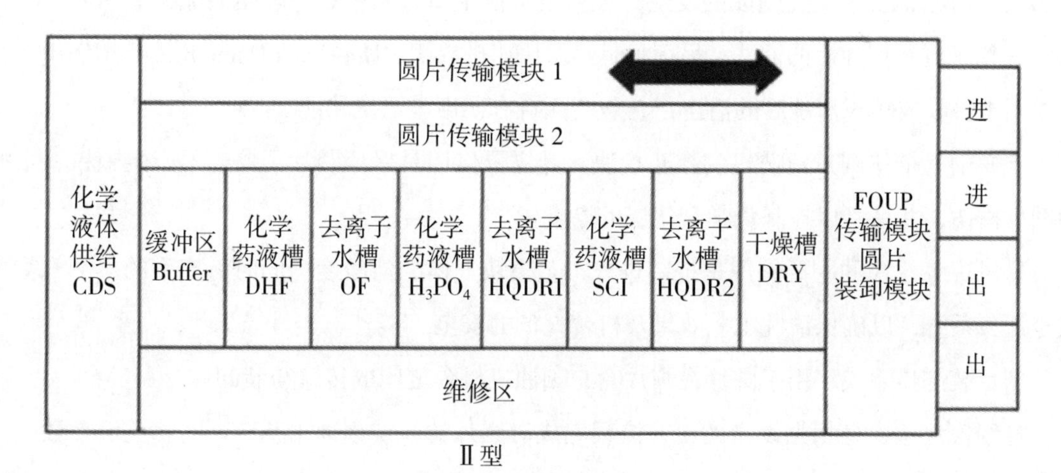

图 2.4-4 典型槽式圆片刻蚀机布局示意图

圆片传输模块将圆片在各个工艺模块之间传输，水平位置的精度控制和进入各槽体的垂直速度是关键控制参数，直接影响清洗效果。

化学药液槽体模块由槽体、兆声波发生器、循环泵、热交换器、过滤器、浓度计、流量计、温度计和液位计等构成，主要用于准备化学药液，实现对化学药液浓度、温度及循环流量的精确控制，从而实现清洗工艺目标。其中，兆声波发生器的主要作用是加强对圆片表面颗粒清洗的效果。图 2.4-5 为典型化学药液槽体模块示意图。

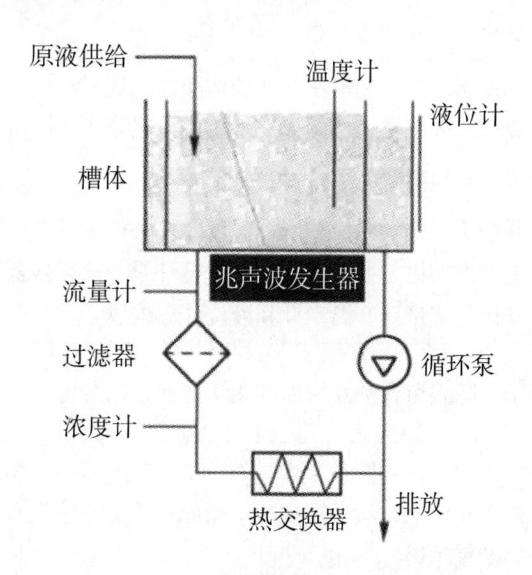

图 2.4-5 典型化学药液槽体模块示意图

在完成化学药液槽工艺后，圆片需要及时进入去离子水槽进行清洗，去除残留在圆片表面的化学药液，以避免过刻蚀的发生。去离子水槽主要有两种：一种是溢流槽（Over Flow，OF），用于湿法刻蚀后的清洗；另一种是热水快速排放槽（Hot Quick Dump Rinse，HQDR），主要用于去胶或颗粒清洗后的清洗，一般会配备有兆声波清洗功能。

干燥槽是槽体圆片清洗机的核心模块，其主要作用是保证圆片干燥时不产生颗粒、水痕和图形损伤，并且可以控制化学氧化层的厚度。

排风进气模块的主要作用是控制进入工艺模块气体的洁净度，同时将产生的化学气雾排放至厂务系统，以确保清洗工艺效果及机台人员的安全。

圆片装卸传输模块用于圆片在圆片盒与刻蚀机机台之间的传输与装卸。

控制模块主要是根据设定的工艺流程完成对圆片的清洗刻蚀工艺，同时将关键参数上传至工厂数据控制系统。

28 nm及更先进工艺的湿法清洗对圆片表面小颗粒的数量及刻蚀均匀性的要求越来越高，同时必须达到图形无损干燥。

湿法刻蚀设备的整机归入子目8486.2049，湿法刻蚀设备主要零部件的归类见表2.4–1。

表 2.4–1　湿法刻蚀设备主要零部件的归类

序号	名称	商品描述	归类
1	圆片传输模块	用于不同模块之间传输圆片	8486.4039
2	圆片装卸传输模块	用于从FOUP圆片盒内取出圆片至刻蚀设备内或从刻蚀设备内取出装入FOUP圆片盒	8486.4039
3	排风进气模块	用于控制进入工艺模块气体的洁净度，同时将产生的化学气雾排放至厂务系统，以确保清洗工艺效果及机台人员的安全，由风扇和管路组成	84.14
4	化学药液刻蚀槽体模块	主要用于对化学药液浓度、温度及循环流量的精确控制与刻蚀工艺，由槽体、兆声波发生器、循环泵、热交换器、过滤器、浓度计、流量计、温度计和液位计等构成	8486.2049
5	去离子水槽体模块	用于去除残留在圆片表面的化学药液，以避免过刻蚀的发生	8486.2090
6	干燥槽体模块	主要作用是保证圆片干燥时不产生颗粒、水痕和图形损伤，并且控制化学氧化层的厚度，干燥原理是离心法甩水，然后再用热的氮气干燥	8486.2090

表 2.4-1（续）

序号	名称	商品描述	归类
7	控制模块	根据设定的工艺流程控制圆片刻蚀工艺的运行	8537.1090 或 9032.8090
8	兆声波发生器	用来产生兆声波，是兆声波清洗模块的一部分	8543.7099
9	循环泵	用于化学药液槽体内刻蚀液的循环流动	84.13
10	热交换器	用于保证循环液温度稳定在一定范围内	8419.5000
11	过滤器	用于过滤循环流动的刻蚀液	8421.2990
12	浓度计	用于检测刻蚀液的浓度	9027.8990
13	液体流量计	用于检测刻蚀液的流量	9026.1000
14	温度计	用于检测刻蚀液的温度	9025.1910
15	液位计	用于检测刻蚀液的液位	9026.1000

2.4.3 干法刻蚀设备的组成结构及其归类

干法刻蚀是目前主要的刻蚀方法。干法刻蚀常用的设备是等离子刻蚀机。而目前主流的干法刻蚀设备又分为电容耦合等离子体（Capacitively Coupled Plasma，CCP）刻蚀机和电感耦合等离子体（Inductively Coupled Plasma，ICP）刻蚀机两类。

1. 电容耦合等离子体刻蚀机

电容耦合等离子体刻蚀机是一种施加在极板上的射频（或直流）电源通过电容耦合的方式在反应腔内产生等离子体并用于刻蚀的设备。它利用电容耦合产生等离子体，是在两个平行板电容器上施加高频电场，反应腔室中初始电子在射频电场的作用下获得能量，轰击蚀刻气体使其电离，产生更多的电子、离子以及中性的自由基粒子，形成动态平衡的低温等离子体，在射频电场的作用下，形成垂直于圆片方向的自偏压，进而使离子可以获得较大的轰击能量，如图 2.4-6 所示。这种等离子密度较低，但能量较高，适合刻蚀氧化物、氮氧化物等较硬介质材料和掩模等。

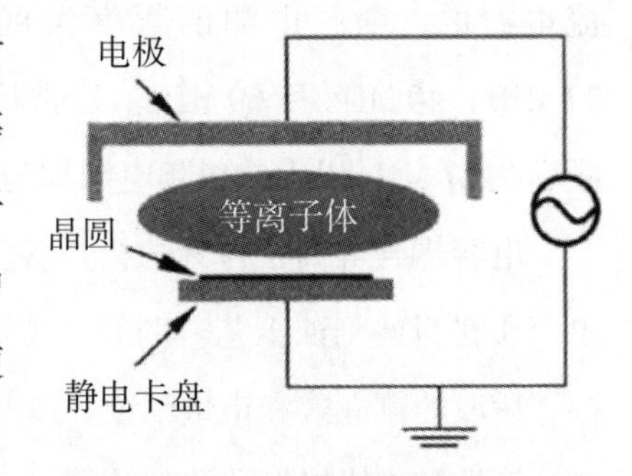

图 2.4-6　电容耦合等离子体刻蚀原理示意图

它的射频电源接在反应腔上、下两个电极上，两个极板之间的等离子体形成简化的等效电路中的电容，图 2.4–7 为电容耦合等离子体刻蚀机的简化示意图。

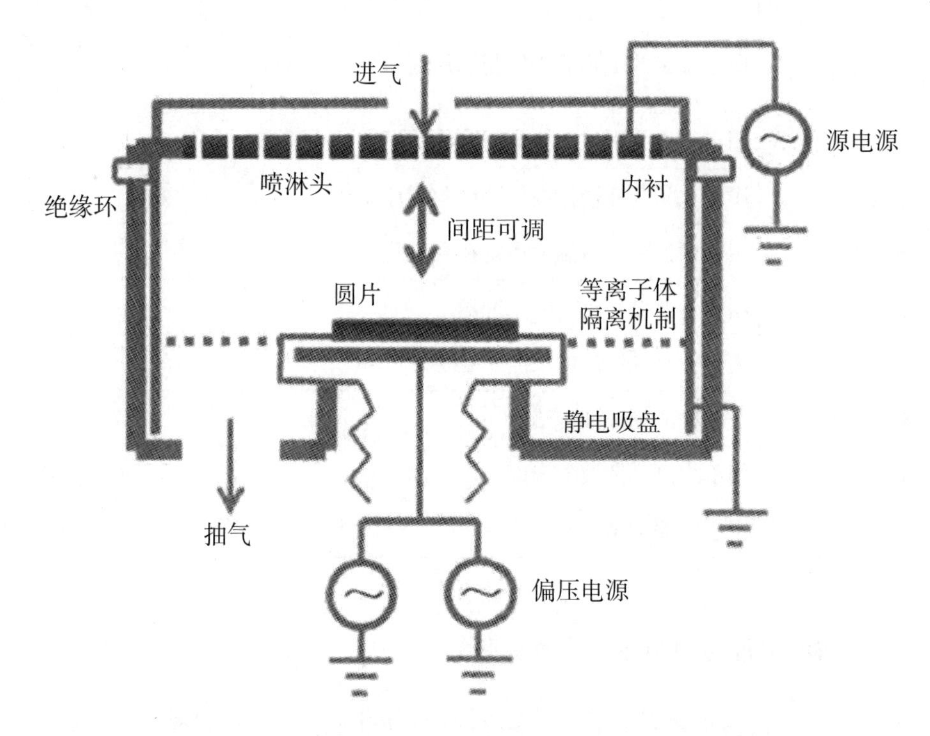

图 2.4–7　电容耦合等离子体刻蚀机的简化示意图

电容耦合等离子体刻蚀机一般采用 2 个或 3 个不同频率的射频电源，也有配合采用直流电源的。射频电源的频率为 800 kHz ~ 162 MHz，常用的有 2 MHz、4 MHz、13 MHz、27 MHz、40 MHz 和 60 MHz。通常将频率为 2 MHz 或 4 MHz 的射频电源称为低频射频电源，频率在 27 MHz 以上的射频电源称为高频射频电源。

电容耦合等离子体刻蚀机是各类等离子体刻蚀机中应用最广的两类设备之一，主要用于电介质材料的刻蚀工艺。例如，逻辑芯片工艺前段的栅侧墙和硬掩模刻蚀，中段的接触孔刻蚀，后段的镶嵌式和铝垫刻蚀，以及 3D 闪存芯片工艺（以氮化硅 / 氧化硅结构为例）中的深槽、深孔和连线接触孔的刻蚀等。

2. 电感耦合等离子体刻蚀机

电感耦合等离子体刻蚀机是一种将射频电源的能量经电感线圈，以磁场耦合的形式进入反应腔内部，从而产生等离子体并用于刻蚀的设备。它利用电感耦合产生等离子体，是通过在反应腔室外的电磁线圈上加射频电压，在反应腔室中，急剧变化的感应磁场会在腔室中产生感应电场，使得初始电子获得能量继而产生低温等离子体，初始电子在感应电场中获得能量轰击中性粒子，产生稳定的等离子体，如图 2.4–8 所示。这种等离子密度高，能量较低，但调控起来更灵活，可独立控制离子密度和能量，适合刻蚀单晶硅、多晶硅、金属等硬度不高或比较薄的材料。

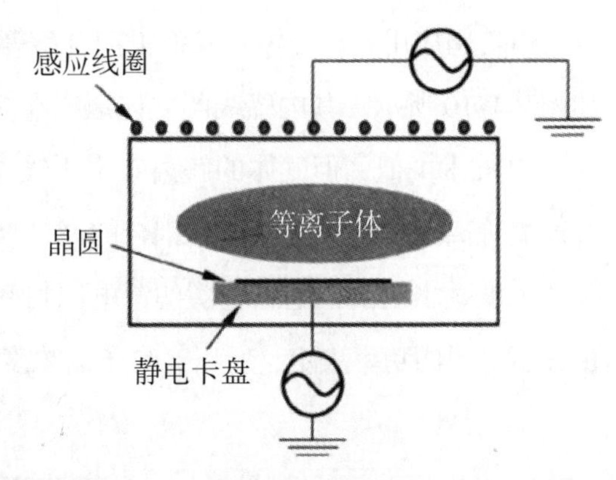

图 2.4–8　电感耦合等离子体刻蚀原理示意图

电感耦合等离子体刻蚀机按等离子体源的设计不同可分为两种：变压器耦合型电感耦合等离子体刻蚀机和去耦合型电感耦合等离子体刻蚀机。

由美国泛林公司开发的变压器耦合型等离子体（Transformer Coupled Plasma，TCP）技术，如图 2.4–9 所示。其电感线圈置于反应腔上方的介质窗平面上，13.56 MHz 的射频信号在线圈中产生一个垂直于介质窗并以线圈轴为中心径向发散的交变磁场，该磁场透过介质窗进入反应腔，而交变磁场又在反应腔中产生平行于介质窗的交变电场，从而实现对刻蚀气体的解离并产生等离子体。由于可以将此原理理解成一个以电感线圈为一次绕组而反应腔中的等离子体为二次绕组的变压器，所以称此为变压器耦合型电感耦合等离子体刻蚀机。

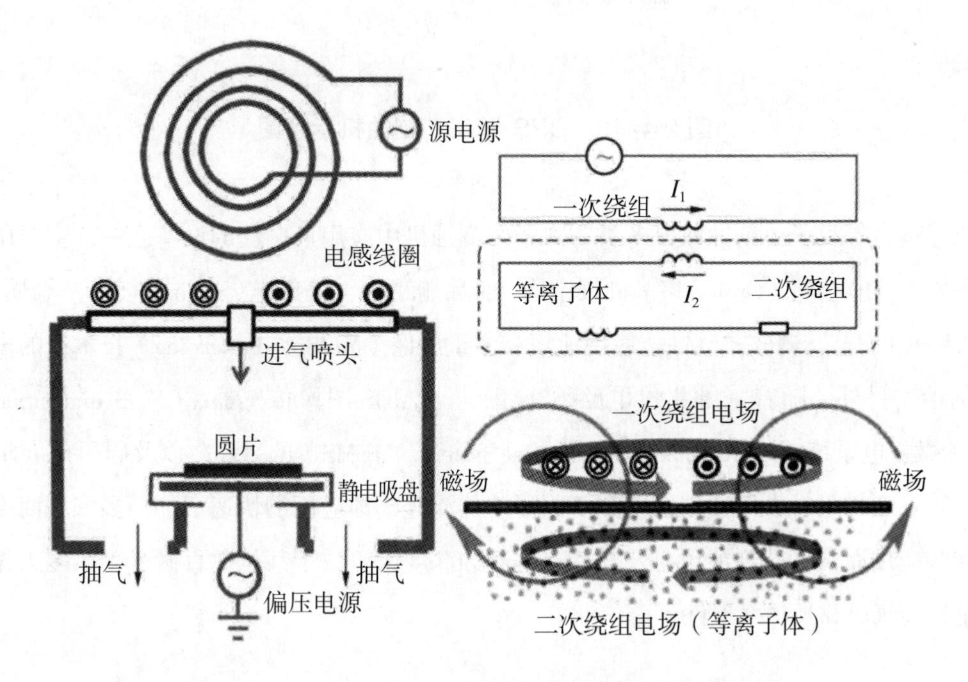

图 2.4–9　TCP 型 ICP 刻蚀机示意图及其等效电路

由美国应用材料公司开发的去耦合型等离子体源（Decoupled Plasma Source，DPS）技术，如图 2.4-10 所示。其电感线圈立体地绕在一个半球形的介质窗上，产生等离子体的原理与前述 TCP 技术类似，但气体的解离效率比较高，有利于获取较高的等离子体浓度。由于电感耦合产生等离子体的效率比电容耦合的高，且等离子体主要产生于接近介质窗的区域，其等离子体浓度基本上由接电感线圈的源电源功率决定，而圆片表面离子鞘中的离子能量则基本上由偏压电源的功率决定，所以，离子的浓度和能量能够独立控制，从而实现去耦合。

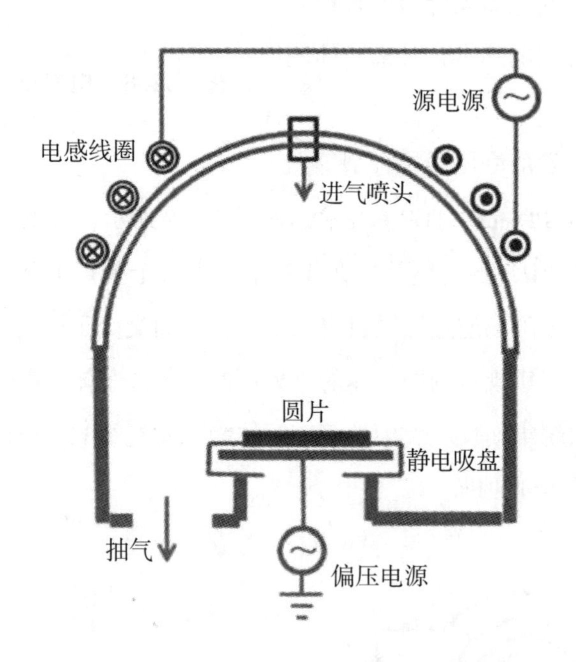

图 2.4-10　DPS 型 ICP 刻蚀机示意图

电感耦合等离子体刻蚀机是各类等离子体刻蚀机中应用最广泛的设备之一，主要用于硅浅槽隔离（STI）、锗（Ge）、多晶硅栅结构、金属栅结构、应变硅（Strained-Si）、金属导线、金属焊垫（Pad）、镶嵌式刻蚀金属硬掩模和多重成像（Multiple Patterning）技术中的多道工序的刻蚀。另外，随着三维集成电路（3D IC）、CMOS 图像传感器（CMOS Image Sensor，CIS）和微机电系统（Micro-Electromechancial System，MEMS）的兴起，以及硅通孔（Through Silicon Via，TSV）、大尺寸斜孔槽和不同形貌的深硅刻蚀应用的快速增加，多家厂商推出了专为这些应用而开发的刻蚀设备，其特点是刻蚀深度大（数十甚至数百微米），多工作在高气流量、高气压和高功率条件下。

3. 等离子体刻蚀系统的组成结构及其归类

一个完整的等离子体刻蚀系统包括：发生刻蚀反应的反应腔室、产生等离子体的射频电源（又称射频发生器）、匹配网络、气体流量控制系统、去除刻蚀生成物和气体的真空系统，如图 2.4–11 所示。完整的等离子体刻蚀系统归入子目 8486.2041。

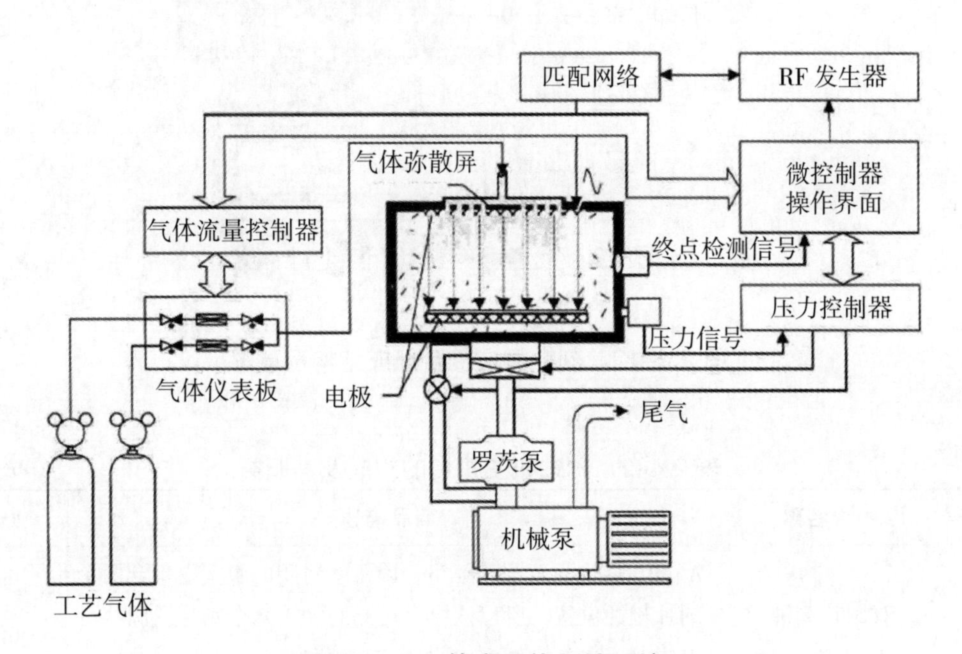

图 2.4–11　等离子体刻蚀系统

下面以 300 mm 圆片使用的刻蚀机为例，分析等离子体刻蚀系统的组成结构及其归类。

这类等离子体刻蚀机主要包括主体模块、工作站和远程设备。

主体模块包含刻蚀腔室（A、B、C）、机械手、传输腔室、负载锁、工厂接口（又称为设备前端模块）和圆片盒，如图 2.4–12 所示。

工作站则有一个人机交互屏幕，用于操作人员实时监视工艺流程。

远程设备包含电力提供箱、真空泵和热交换机等。

工作站和远程设备两大模块与气相沉积设备中提及的设备类似，下面主要介绍刻蚀机主机台。表 2.4–2 为刻蚀机主机台的组成及其归类。

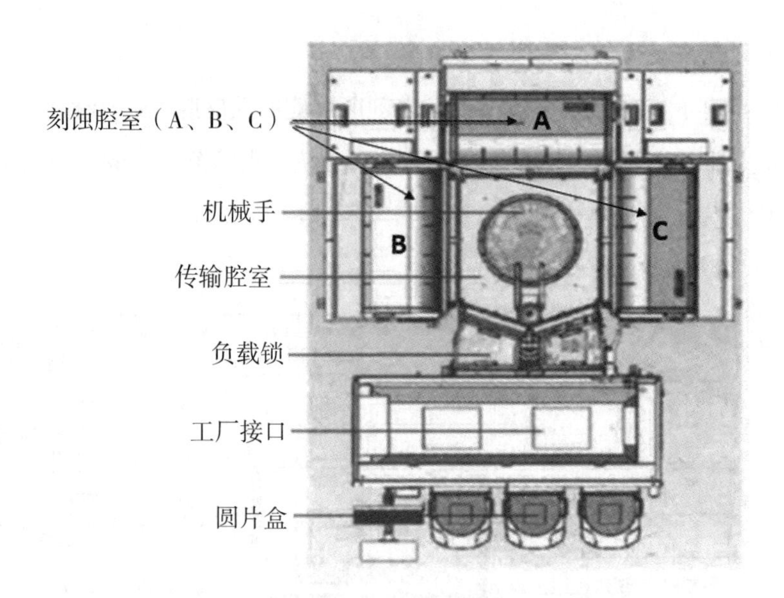

图 2.4–12　刻蚀机主机台组成结构示意图

表 2.4–2　刻蚀机主机台的组成及其归类

序号	名称	商品描述	归类
1	双圆片刻蚀腔室（A、B、C）	A、B、C 均为双圆片腔室，即每个封闭的腔室内包含两个圆片刻蚀位置，所以该机台可同时加工六个圆片。圆片可以成对地移送到腔室内或从腔室中移出。每个腔室共用一个气体面板	8486.2041
2	机械手	用于传输不同腔体中的圆片	8486.4039
3	传输腔室	该腔室内有真空环境下传输圆片的机械手，位于主机台的中心，是安装所有其他腔室的基础，也是圆片处理系统的工作站。其前端与圆片负载锁相连，后端与刻蚀腔室相通	8486. 9099
4	负载锁	该负载锁一侧连接传输腔室，另一侧连接工厂接口，其作用是将腔室压力从大气压抽至真空	8486.2090
5	工厂接口（又称设备前端模块）	主要包括钢制框架、两个大气压下的机械手臂和控制器、单轴缺口对准器（可选择）、两个或三个兼容负载锁端口、风扇过滤装置和外壳面板。其主要作用是将圆片从外部传送至机台内部，或从机台内部传送至外部	8486.2090
6	圆片盒	用于盛放 25 片圆片的容器，与工厂接口相连	3923.1000

表 2.4–3 为刻蚀机各部分的功能介绍及其归类。

从图 2.4–13 中可以看到，刻蚀腔室可以同时处理两个圆片。该双圆片腔室与单圆片腔室所用的真空泵、流量控制器和流体输送部件的数量是一样的，这种设计优化了共享组件，使气体和液体入口、腔室压力和真空泵在每个腔室中共享共用，从而使生产效率提高了一倍。

图 2.4–13、图 2.4–14、图 2.4–15 为刻蚀腔室不同角度的视图，图 2.4–16 为刻蚀腔室内部的剖视图，图 2.4–17 为静电吸盘的组成结构，图 2.4–18 为刻蚀腔室的供电系统。表 2.4–3 中的序号与图 2.4–13 至图 2.4–17 中标号相对应，也有少部分商品未在图中显示。

表 2.4–3 刻蚀机台各部分的功能介绍及其归类

序号	名称	商品描述	归类
1	气体输入歧管	分配进入腔室的气体	8486.9099
2	射频源匹配控制器	将射频电源耦合到腔室电极中，以便在蚀刻过程中产生等离子体。两个射频匹配器安装在双腔室的顶端	8543.7099
3	冷却歧管	将冷却水分配到射频冷却板。冷却水由冷却入口供应	8486.9099
4	电极	电极源将来自射频源发生器的射频功率与等离子体耦合，为金属电极	8536.9
5	射频冷却盘	用于对射频电源的冷却	8486.9099
6	高压力计（高真空计）	又称反应腔室压力计，位于腔室盖手柄旁，用于测量腔室内部高真空压力值	9026.2090
7	节流闸阀	通过改变真空管路的开口尺寸和电导，不断调节腔室压力。必要时，该阀还用于将腔室与涡轮泵隔离，是带有控制器的阀门	8481.8040
8	加热控制器	控制腔室内壁的加热装置，为闭环控制	9032.8990
9	腔室电磁阀组	腔室电磁阀组（Chamber EV Block）是由多个电磁阀集成在一起形成的电磁阀阀岛，当电磁铁通电后产生电磁力推动电磁阀阀芯运动，从而实现电磁阀的换向功能	8481.8021
10	腔室气体分配面板	包括多个阀门、质量控制器、管路等，用于反应气体的分配	8486.9099
11	直流电源箱	为主机台提供直流电源	8504.4099
12	交流电源箱	为主机台提供交流电源	8504.4099
13	输入输出控制器	用于控制腔室信号的输入、输出，并与主控制系统相连。每个腔室都有一个控制器	8537.1090

表 2.4–3（续 1）

序号	名称	商品描述	归类
14	阴极驱动器	该驱动器为马达，在蚀刻过程中，驱动阴极调整圆片和喷头之间的间隙	85.01
15	涡轮泵	涡轮泵又称为分子泵，当低真空泵将腔室抽至一定压力值后，涡轮泵介入，进一步抽真空。每个腔室配有一个涡轮泵	8414.1000
16	偏压射频匹配器	将偏压射频功率耦合到 ESC 阴极中，以便在蚀刻过程中产生等离子体。两个偏压射频匹配器安装在双腔室底部	8543.7099
17	高压供电装置	给静电卡盘提供静电高压的盒子，电压大于 1000 V，且为负电压	8537.2
18	射频源匹配器（又称匹配网络）	将射频电源耦合到腔室电极中，以便在蚀刻过程中产生等离子体。两个射频匹配器安装在双腔室的顶端	8543.7099
19	腔室高真空管路	连接涡轮泵与低真空泵通道之间的管路，材质为不锈钢	8486.9099
20	氦气量调节装置	用来调节通过静电卡盘中同心环内孔洞的氦气量，以便冷却加工过程中的圆片	8486.9099
21	涡轮泵控制器	控制涡轮泵运转，为闭环控制	9032.8990
22	闸板阀	闸板阀（SLIT Door）用作工艺腔室与传输腔室之间的真空密封	8486.9099
23	气体输送管道	用于通过气体面板提供工艺气体，材质为不锈钢	8486.9099
24	气体分配盘	气体分配盘（Show Header）包含多个孔洞，均匀地分配工艺气体进入各个工艺腔室，孔洞的数量与大小取决于圆片的大小，材质有多种，如单晶硅、铝材涂碳化硅或碳化硅	8486.9099/6903.9000
25	腔室内衬	将工艺气体从腔室中均匀地分配到泵中，材质：内部是铝，外面喷涂氧化钇	8486.9099
26	低真空管路	绕过涡轮泵的低真空管路，用于连接腔室与低真空泵	8486.9099
27	低真空阀门	低真空泵的阀门，通过管路与真空泵连接	8481.8040
28	低真空泵	低真空泵又称干泵，作用是将腔室抽至低真空状态	8414.1000
29	隔离阀	在腔室压力达到工艺所需压力时，将低真空泵的管路与涡轮泵的管路隔离，不含控制器，为气动阀	8481.8040

表 2.4–3（续 2）

序号	名称	商品描述	归类
30	静电吸盘	通过静电将圆片牢牢吸附在吸盘表面，由复合材质（铝 + 陶瓷）构成	8486.9099
31	圆片升降装置	通过陶瓷提升销升降陶瓷升降盘，与沉积工艺的升降设备相似	8486.4039
32	射频源发生器	产生射频电源以供腔室内的电极生成等离子体。两个紧凑型射频发生器集成在远程发生器中	8543.2010
33	偏压射频发生器（中高频）	为工艺腔室产生偏压射频。两个紧凑型偏压射频发生器集成在远程发生器中	8543.2010
34	终点检测器	终点检测器通过光学原理（光发射谱法）检测工艺终点，它安装于腔室内壁上	9031.4100
35	压力计	用于检测低真空管路内的气压，为检测精度不高的压力计	9026.2090
36	阴极组件	是静电吸盘、升降装置和偏压射频装置的组合体。其中，静电吸盘用于将圆片牢牢地吸附在吸盘表面，升降装置用于沿垂直方向升降吸盘，偏压射频装置用于为工艺腔室提供偏压射频	8486.9099

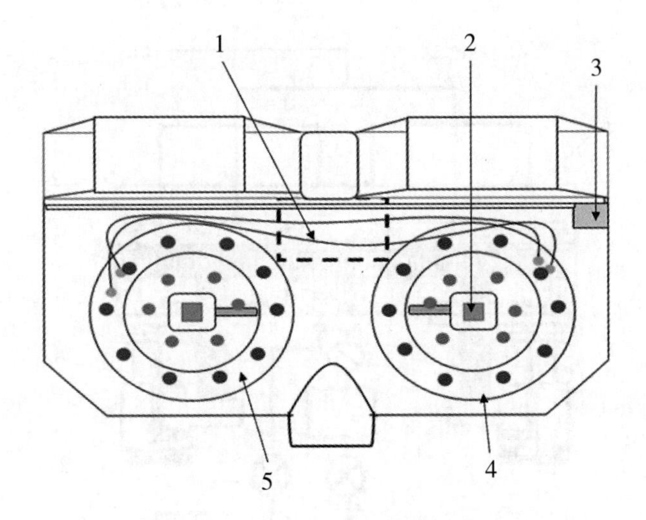

图 2.4–13　刻蚀腔室顶部视图

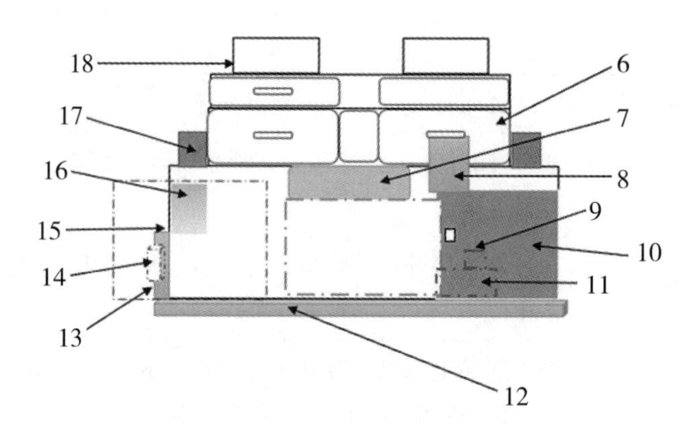

图 2.4–14　刻蚀腔室正面视图

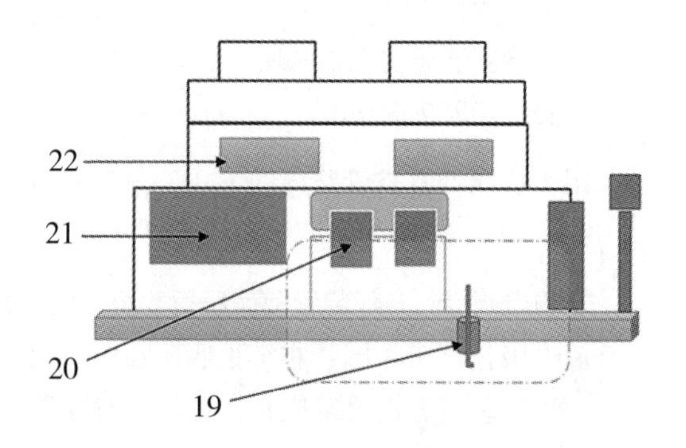

图 2.4–15　刻蚀腔室背面视图

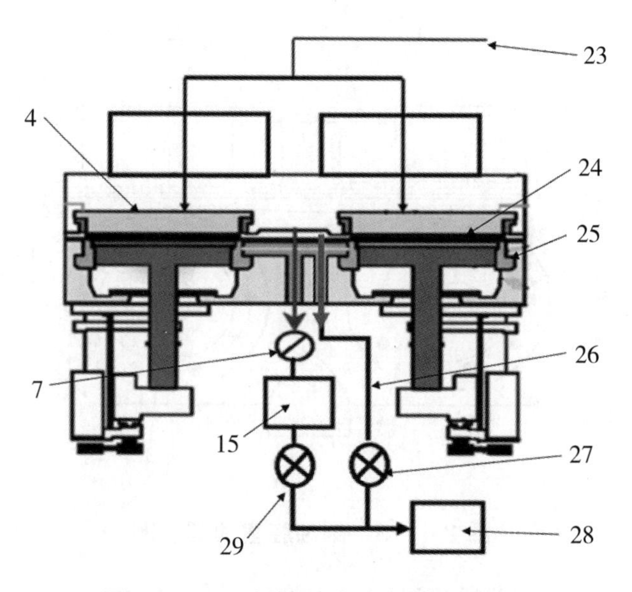

图 2.4–16　刻蚀腔室内部的剖视图

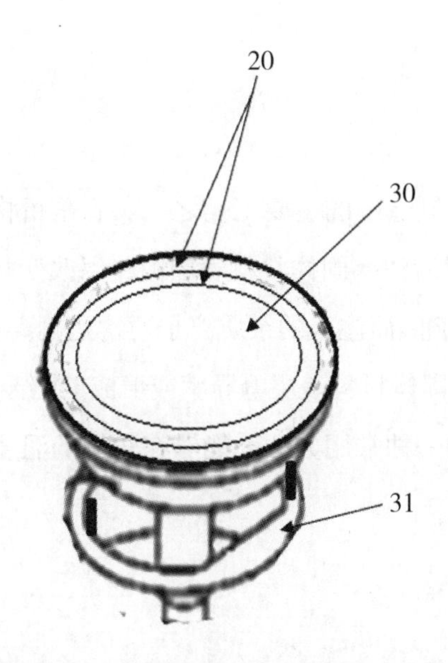

图 2.4-17　静电吸盘的组成结构

图 2.4-18　刻蚀腔室的供电系统

2.5 离子注入设备

离子注入工艺是集成电路制造中的主要工艺之一。它是指将离子束加速到一定能量（一般在 keV 至 MeV）范围内，然后注入固体材料表层内，以改变材料表层物理性质的工艺。在离子注入时的固体材料通常是硅，而注入的杂质离子通常是硼离子、磷离子、砷离子、铟离子、锗离子等。注入离子后可改变固体材料表层电导率或形成 PN 结。

离子注入是半导体掺杂的一种常用方式，能够在较低的温度下，准确地控制掺杂物质的浓度和深度。

2.5.1 离子注入工艺

在集成电路制造的掺杂工艺中，离子注入是一个物理过程，扩散是一个化学过程，或者说，离子注入动作不依赖于杂质与圆片材料的化学反应。离子注入类似于火炮将炮弹打入墙内的情况，如图 2.5–1 所示。在离子注入工艺中，离子（类似于炮弹），被掺杂的原子离子化加速（获取动能），形成离子束流，射向圆片表面（类似于墙体）并在表面以下停止。与扩散运动相比，离子注入过程中没有侧向扩散，工艺在接近室温下进行，同时具有宽范围浓度掺杂的特点。因此，离子注入已逐渐取代热扩散工艺。

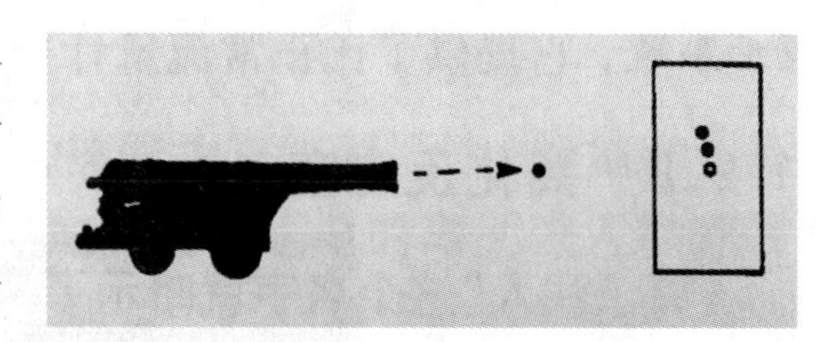

图 2.5–1 离子注入示意图

所谓离子是带正电荷或负电荷的原子或分子。被注入的离子是掺杂物原子离化产生的。离化过程发生在通有源气体或源蒸气的离化反应腔中。反应腔内部灯丝加热到其表面可以发射电子的温度，带负电的电子被反应腔中的阳极所吸引，电子从灯丝运动到阳极的过程中与杂质源分子碰撞，产生大量该分子所含元素形成的正离子。

离化过程中产生的各种离子，有些是离子注入时需要的，有些是不需要的。必须要从中选出需要的离子。这个选择过程是通过分析器完成的。在分析器的磁场中，每一种带正电的离子都会被以特定的半径沿弧形扭转，偏转弧形的半径由离子的质量、速度和磁场强度所决定。分析器的末端是一个只能让一种离子通过的狭缝。磁场的强度被调整为只有指定离子才能通过的狭缝。这样，从分析器出来的就是所需要的离子。

离开分析器后，离子运动到加速管中。其目的是将离子加速到足够高的速度，以获取足够高的动量穿透圆片表面。

从加速管出来的离子束流由于相同电荷的排斥作用而发散。发散导致离子密度不均匀和圆片掺杂层的不均一。为使离子注入成功，离子束流必须聚焦。因此，利用静电或磁透镜将离子聚焦成小尺寸束流或平行束流带。

尽管真空去除了系统中的大部分空气，但是离子束流附近还是有一些残存的气体分子。离子和剩余气体分子的碰撞导致掺杂离子的中和。这些电中性的粒子会导致掺杂不均匀，同时由于它们无法被设备探测计数，还会导致圆片掺杂量的计数不准确。抑制中性粒子流的方法是通过静电场板的方法将所需束流弯曲，而无用的中性束流会继续沿直线运动而远离圆片。

最终的离子注入发生在终端的靶室内。圆片会被逐一或批量放到固定器上，注入结束后，圆片被取下装入片架盒，从靶室取出。目前使用的注入圆片表面的束流方式有批量式和单片式两种设计。批量式效率更高，但是对其维护和对准要求更高。

图 2.5-2 为离子注入工艺过程示意图。

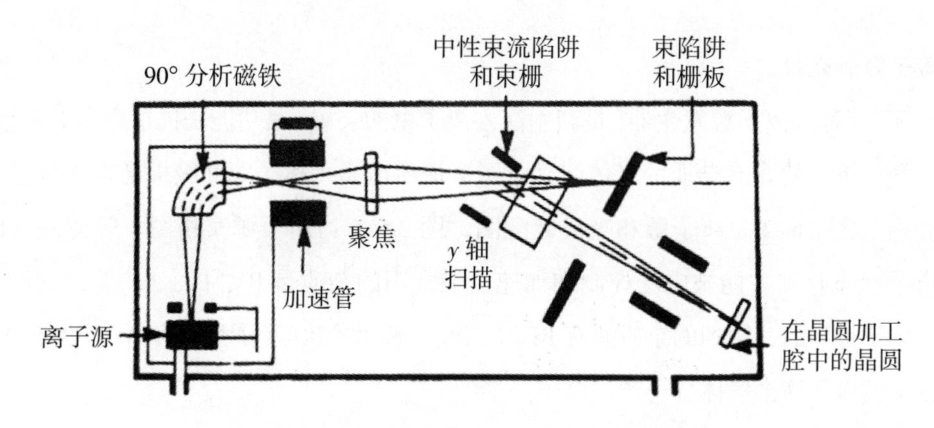

图 2.5-2　离子注入工艺过程示意图

2.5.2　离子注入机的组成结构及其归类

离子注入机主要包括 9 个基本模块：离子源和吸极、质量分析器、加速系统、扫描系统、静电中和系统、工艺腔室、剂量控制系统、真空系统及电力配置系统，部分系统如图 2.5-3 所示。所有模块都处在由真空系统建立的真空环境中。

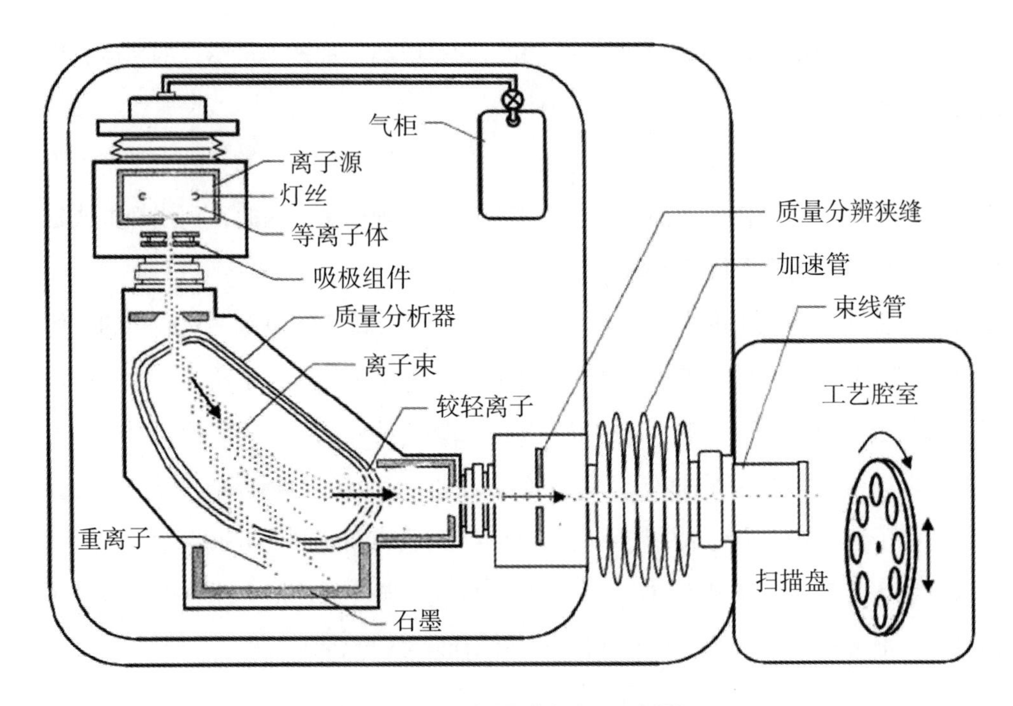

图 2.5–3　离子注入机示意图

1. 离子源和吸极

离子源，又称为离子源发生器，是产生注入离子束的装置，其功能是提供所需的杂质离子，在合适的气压下，使含有杂质的气体受到电子碰撞而电离。离子源和吸极通常被放置在同一个真空腔内。图 2.5–4 为离子源和吸极装配图，图 2.5–5 为离子源实物图。等待注入的杂质必须以离子状态存在才能被电场控制和加速，最常用的杂质是 B^+、P^+、As^+ 等，它们是由电离原子或分子得到的，用到的杂质源有 BF_3（三氟化硼）、PH_3（磷烷）和 AsH_3（砷烷）等，灯丝释放出的电子撞击气体分子产生离子。

吸极用来收集离子源电弧室内产生的正离子，并使其形成离子束。由于电弧室是阳极，而吸极上为阴极负压，所以产生的电场对正离子产生了控制，使正离子向吸极移动，并从离子狭缝引出。电场强度越大，离子经过加速获得的动能就越大。

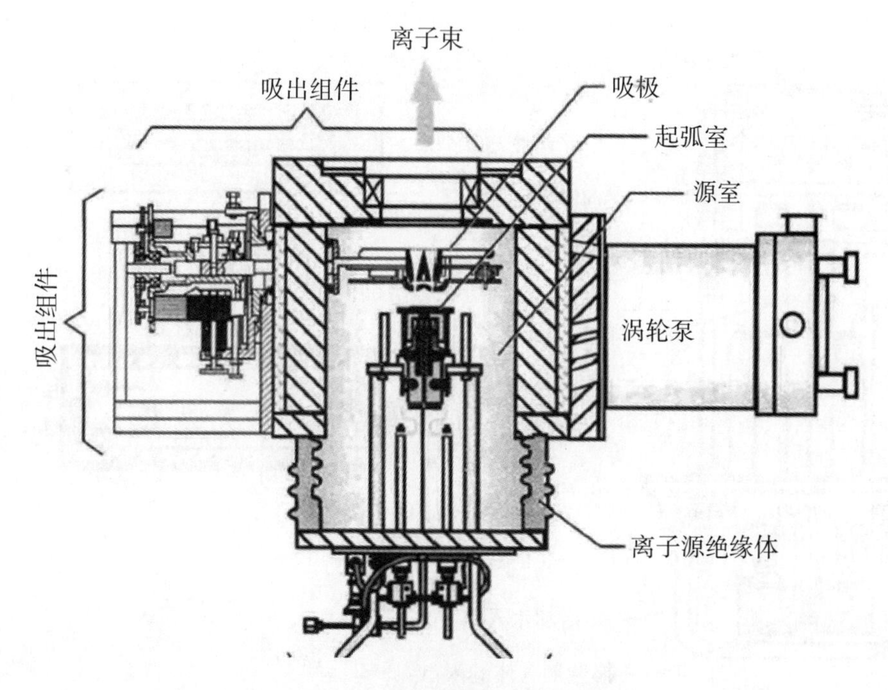

图 2.5-4　离子源和吸极装配图

图 2.5-5　离子源实物图

图 2.5-6 所示是一种常用的 Bernas 离子源装配图。棒状阴极灯丝装在一个有气体入口的电弧释放室内，电弧的侧壁是阳极，当气体进入时，灯丝通大电流，并在阴极和阳极之间加 100 V 电压，就会在灯丝周围产生等离子体，高能电子和气体分子发生碰撞，就产生了正离子。

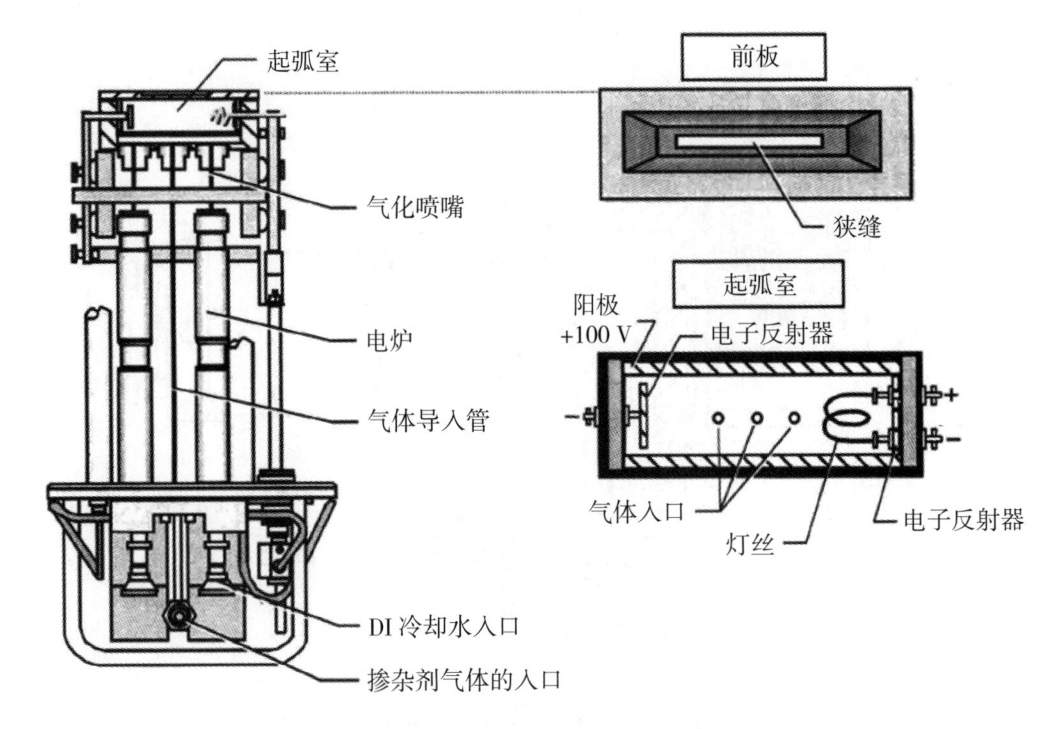

图 2.5–6　Bernas 离子源装配图

2. 质量分析器

质量分析器，又称分析磁体，其作用就是将需要的杂质离子从混合离子束中分离出来。因为从离子源中引出的离子中通常会包含许多不同种类的离子，在分析器的磁铁中形成 90° 角，其磁场使离子的轨迹偏转成弧形，如图 2.5–7 所示。从图中可以看出，质量小的轻离子偏转弧度大，质量大的重离子偏转弧度小，从而将需要的掺杂离子分离出来。图 2.5–8 为质量分析器实物图。

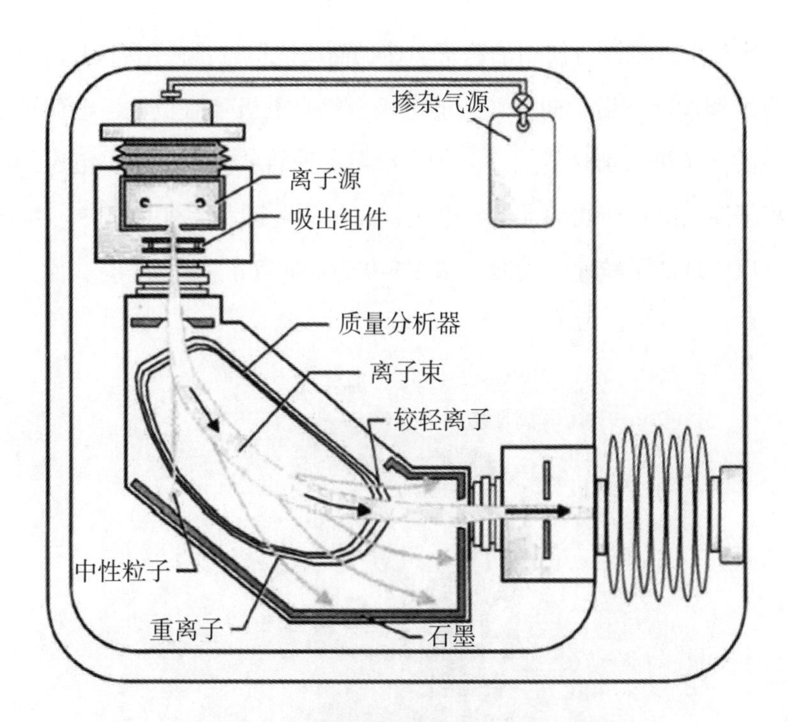

图 2.5–7　质量分析器的作用示意图

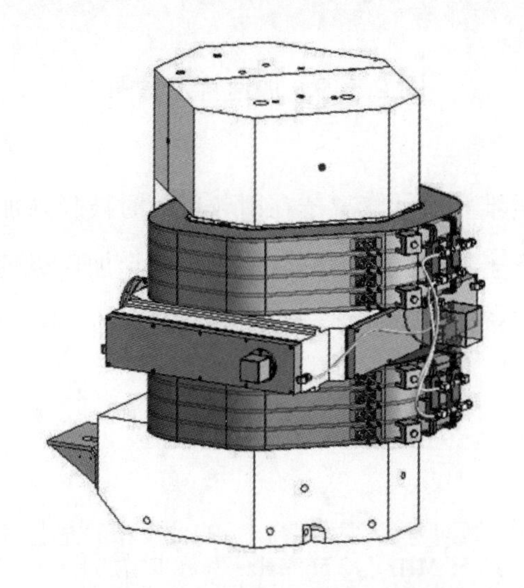

图 2.5–8　质量分析器实物图

3. 加速系统

加速系统用于电场下加速所选择的离子束，提高离子束的能量，使离子能够具有足够的能量穿越圆片表面到材料内部。加速系统的设计取决于注入离子能量的大小，不同的注入离子能量会采用不同的加速方法。该过程的原理是利用正负电荷互相吸引的特性获取离子所需的速度。其中，高电流与中束流设备使用加速管加速，而高能机设备使用射频线性加速器加速。

加速管为直线型设计，沿轴向有环形的电极，每个电极带有负电，电荷量沿加速管方向增加，当带正电的离子进入加速管后，立刻会沿着加速管的方向加速。电压的确定基于离子的质量，以及离子注入圆片所需的动量。电压越高，动量越大，速度越快，离子入射就越深。同样的原理也可以实现离子减速的功能。图 2.5–9 为加速管示意图。

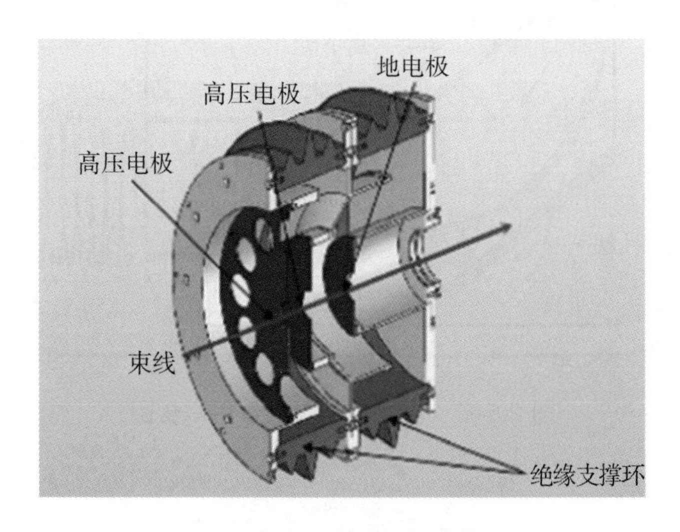

图 2.5–9　加速管示意图

射频线性加速器为逐级堆叠设计，离子在射频谷值时被吸入加速电极，进而在射频峰值时被高速推出加速电极，离子在射频功率的峰值达到各个加速级的加速峰值，从而实现离子的线性加速，如图 2.5–10 所示。图中 Q 表示 Quadruple Lens（四极透镜），C 表示 Canister（加速桶）。

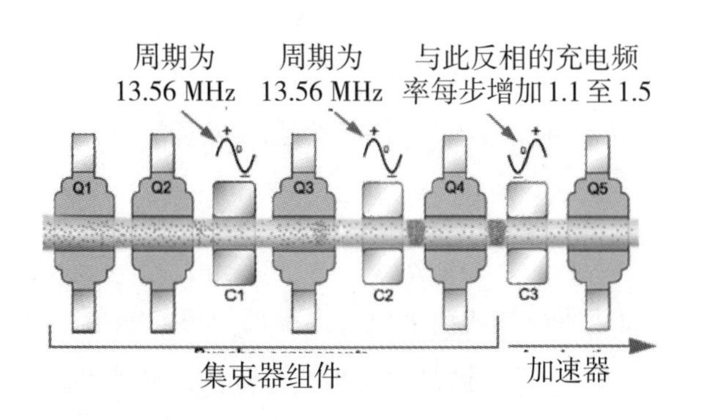

图 2.5–10　射频线性加速器

4. 扫描系统

扫描系统是通过扫描方式将离子束流覆盖整个圆片，这样可使得掺杂的离子束在靶片（即圆片）上得到大面积均匀注入。扫描盘在剂量的统一性和重复性方面起着关键作用。

按固定方式不同，扫描系统可分两种：固定圆片，移动束斑；固定束斑，移动圆片。通常情况下，中低电流注入机使用的是固定圆片的方法，这种方式多采用静电扫描的方式，在一套 X–Y 电极上加特定电压，使离子束发生偏转；大电流注入机使用的是固定束斑的方法，这种方式多采用机械扫描的方式。

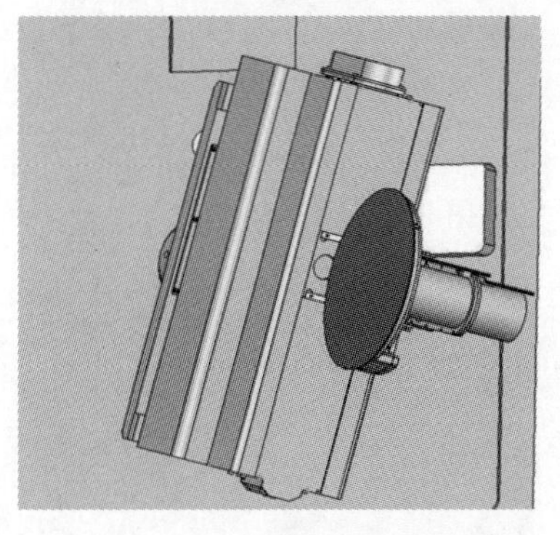

图 2.5–11　单圆片扫描系统

按照每次扫描圆片的数量不同，扫描系统可分为单圆片扫描系统和批注入扫描系统。

单圆片扫描系统，每次只扫描注入一片，圆片载台可以实现旋转（转角）、倾斜（倾斜角）、滑动（扫描）等各种方向运动，进而实现相应的注入角度和电子扫描功能，如图 2.5–11 所示。

批注入扫描系统，每次可扫描注入多片，多个圆片固定在一个大转盘的外沿上，转盘旋转的同时上下移动，使离子束能扫过圆片的内沿和外沿，如图 2.5–12 所示。

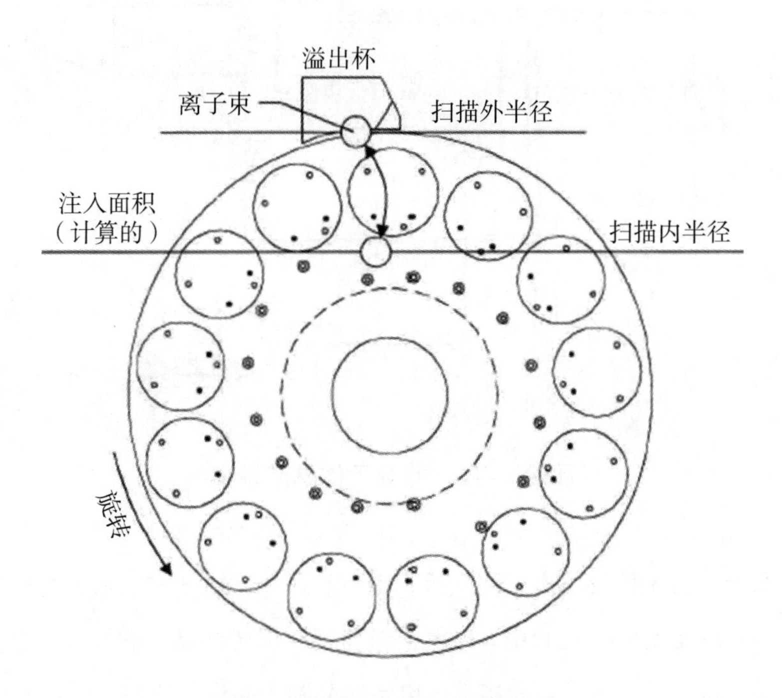

图 2.5–12　批注入扫描系统

5. 静电中和系统

在离子注入过程中，离子束撞击圆片，并使电荷在掩模表面积累，形成的电荷累积会改变离子束中的电荷平衡，使束斑变大，剂量分布不均匀，甚至会击穿表面氧化层等导致器件失效。为避免这种情况发生，通常把圆片和离子束置于一种被称为等离子体电子淋浴系统的稳定高密度等离子环境中，能够控制圆片充电。这样从位于离子束路径和圆片附近的一个电弧室内的等离子体提取电子，等离子体被过滤，只有二次电子能够到达圆片表面，中和正电荷。图 2.5–13 为等离子体淋浴系统。

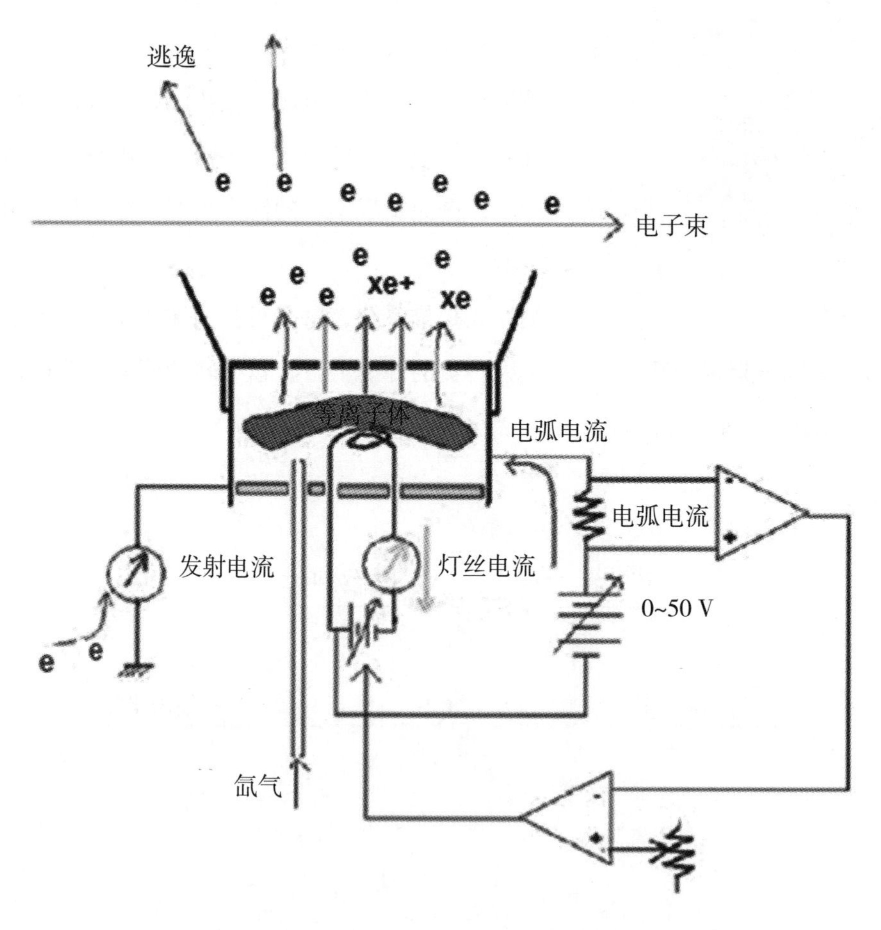

图 2.5–13　等离子体淋浴系统

除了上述系统，对于传统的离子注入机，也有利用二次电子溅射后，与圆片表面完成电荷中和的设计。它的主要原理是利用大电流对灯丝进行电子激发，激发后的电子经过反射板反射之后形成低能量的二次电子，利用二次电子对晶圆表面进行中和。图 2.5–14 为二次电子淋浴系统。

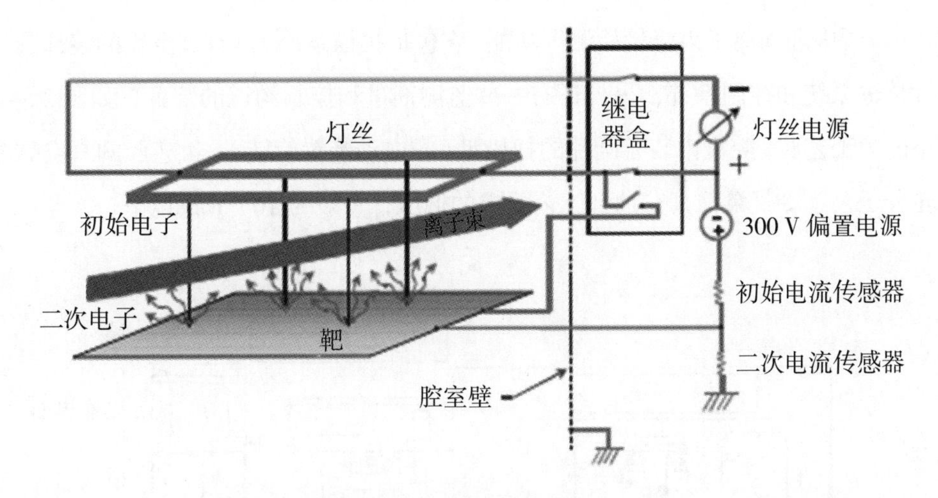

图 2.5–14　二次电子淋浴系统

近年来，随着射频技术的发展，离子注入机也开始装备射频的静电中和系统。惰性气体和微波（射频波）送到反应腔内，产生大量的低能电子和毒性气体离子，偏置电压把低能电子吸取出反应腔，并送到圆片表面进行中和。图 2.5–15 为射频等离子体淋浴系统。

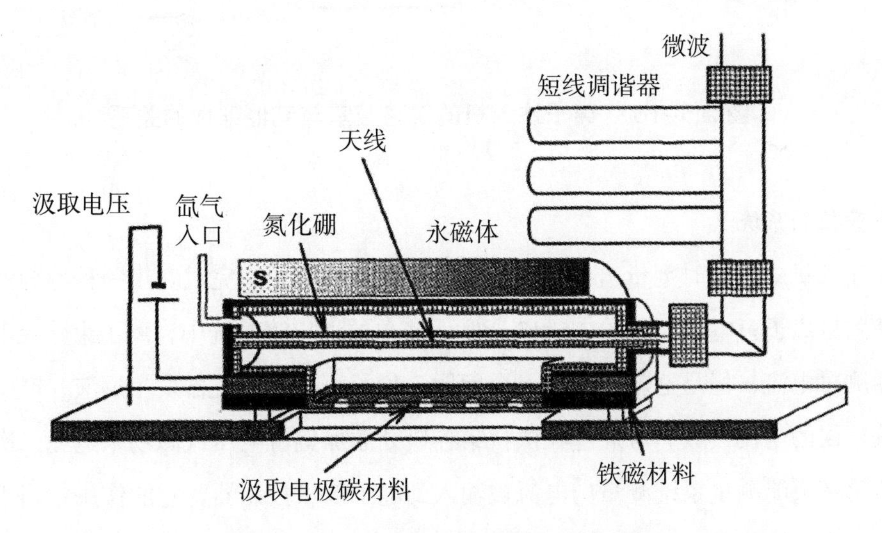

图 2.5–15　射频等离子体淋浴系统

6. 工艺腔室

工艺腔室又称为靶室，是圆片接受离子注入的地方，在这个腔室内实现圆片的承载、冷却、正离子中和和离子束流量检测等功能。它包括扫描系统、具有真空锁的装卸圆片的终端台、圆片传输系统和控制系统，另外还有一些监测剂量和控制沟道的装置，如图 2.5–16 所示。该图中间为工艺腔，腔室内装有圆片的扫描盘（靠电动装置旋转）。工艺腔的真空靠多级机械泵、涡轮分子泵、冷凝泵把真空抽到工艺要求的低压，一般为 10^{-6} Torr 以下。

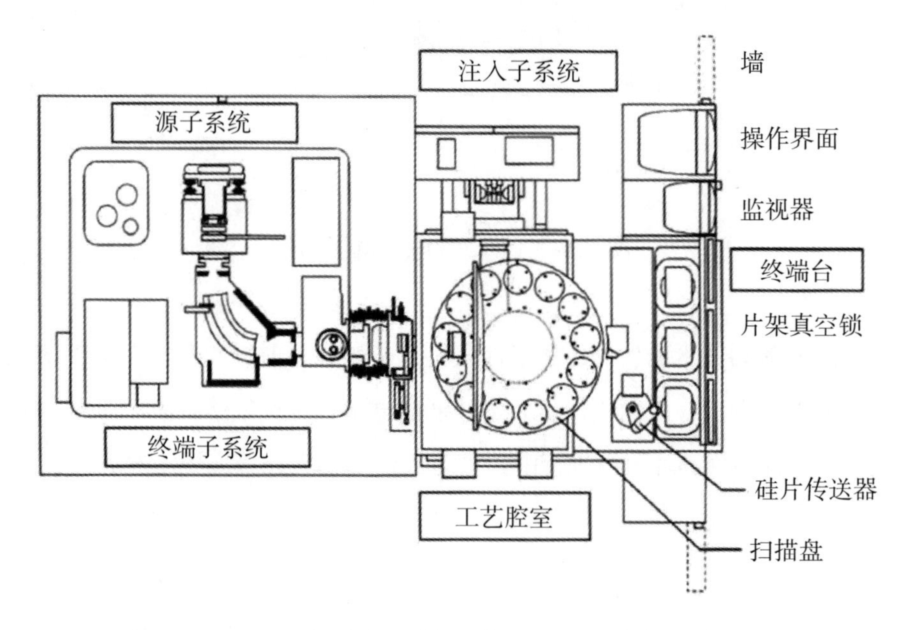

图 2.5–16　离子注入机的工艺腔室与其他部件的关系

7. 剂量控制系统

离子注入机中的实时剂量监控通过测量到达圆片的离子束完成。用一种称为法拉第杯的传感器来测量离子束电流，如图 2.5–17 所示。简单的法拉第系统中，离子束路径上有一个电流感应器测量电流，但是这就出现了一个问题，离子束会与感应器发生反应，产生的二次电子将导致错误的电流读数。可通过在法拉第杯口处添加偏置电压或磁场来避免二次电子的干扰。法拉第杯束流测量系统测量的电流被输入到电子剂量控制器，它的作用相当于电流累加器（能连续累加测量的离子束电流），利用控制器把总的电流与相应的注入时间联系起来，计算出一定剂量所需时间。

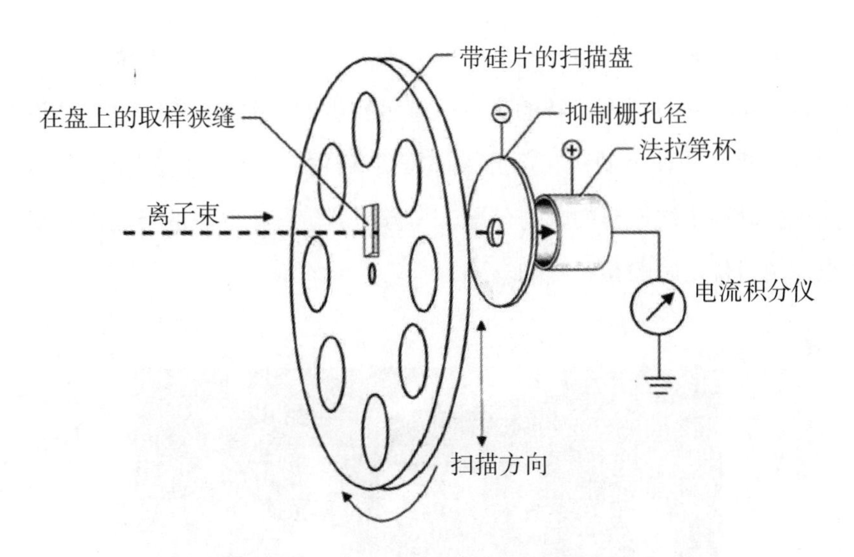

图 2.5–17　法拉第杯束流测量系统

8. **真空系统**

离子注入机需要非常高的真空度以达到离子注入的制程需求。离子注入机的真空腔体由腔体、隔离阀门、泄压阀门、通风阀门、安全阀门及真空管路等组成，为了实现高真空度，必须由干式真空泵、分子泵、冷泵等综合实现，图 2.5–18 为 3 种类型的真空泵。同时为了实时监测离子注入机腔体内的真空环境，需要配置不同检测范围的真空规（即真空计）。由于离子注入过程中使用到非常多的危险气体，所以离子注入机的真空排放系统必须要做适当的处理，例如，在进行本地吸附纯化处理后，才能与厂内的其他排气系统混合。

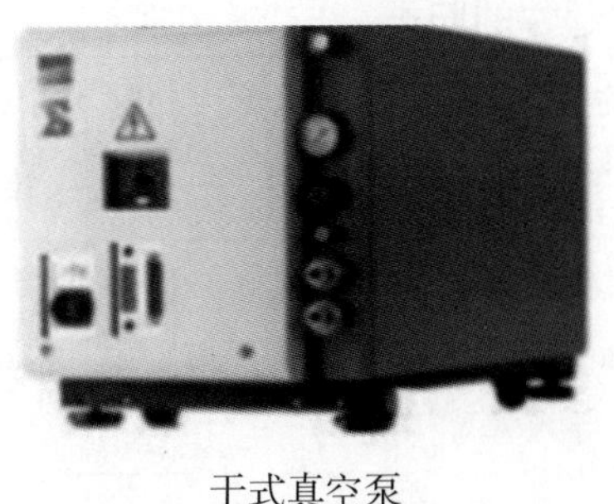

干式真空泵

分子泵

冷泵

图 2.5–18　真空泵

9. **电力配置系统**

离子注入机的电力配置系统非常复杂，一般来讲由变压器、电力开关、直流电源、交流电源、隔离变压器、电源配置电路及发电机等组成。独立的配电设计和隔离变压器或发电机，可以将电力输送到机台超过几万伏特的高压区域进行供电。图 2.5-19 为中束流离子注入机的高压舱。离子注入机每个独立的运转部分，都需要不同的电路设计要求，因此变压器和电力开关可以灵活地控制离子注入机的电力分配，一方面满足各个区域的交流或者直流配电要求，另外一方面也避免组件之间的相互影响。

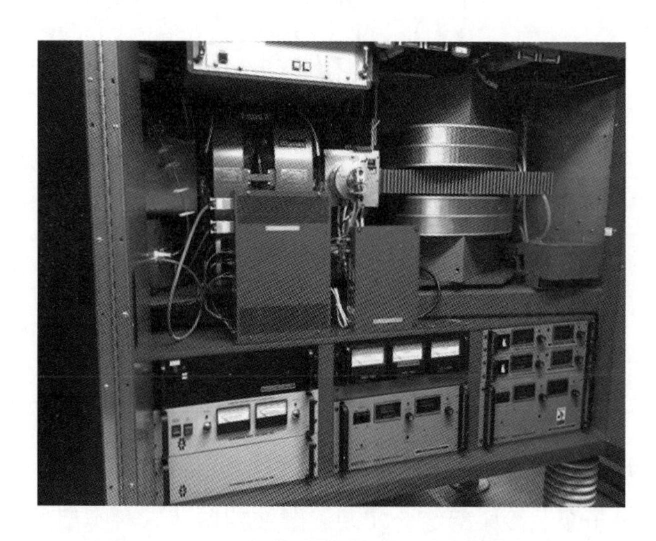

图 2.5-19　中束流离子注入机的高压舱

离子注入机整机归入税号 8486.2050，离子注入机主要零部件的归类见表 2.5-1。

表 2.5-1　离子注入机主要零部件的归类

序号	名称	商品描述	归类
1	离子源和吸极	即离子源和吸极的组合体	8486.9099
2	离子源	作为产生注入用正离子的部件，其原理是把含有要注入杂质的单质或化合物引入其中，并产生和引出某种元素的离子束，主要由加热电炉、起弧室、掺杂气体导入管等构成	8486.9099
3	吸极	用于把电弧反应室内的正离子吸出并加速，同时将分散的离子流聚焦成离子束	8486.9099
4	质量分析器	又称分析磁体，对离子束进行质量分离，选出所需的单一离子	8486.9099
5	加速管、加速器	用于在电场下加速所选择的离子束，提高离子束的能量，使离子能够具有足够的能量穿越圆片表面到材料内部	8543.1000

表 2.5-1（续）

序号	名称	商品描述	归类
6	扫描系统	用于偏转离子束，以达到离子束扫描目的；同时用来过滤掉中性离子及能量不同的离子	8486.9099
7	静电中和系统	用于过滤等离子体，只有二次电子能够到达圆片表面，中和正电荷	8486.9099
8	工艺腔室	又称靶室，是圆片接受离子注入的地方，包括扫描系统、具有真空锁的装卸圆片的终端台、圆片传输系统和控制系统等	8486.9099
9	剂量控制系统	用于实时监测到达圆片的离子束的剂量	9030.1000
10	真空系统	为使离子束加速行进并积累足够的能量而提供真空环境的系统，主要由真空腔体、真空泵、隔离阀门、泄压阀门、通风阀门、安全阀门及真空管路等组成	8486.9099
11	电力配置系统	用于将输入的低压电能转变为几万伏的高压，由变压器、电力开关、直流电源、交流电源、隔离变压器、电源配置电路及发电机等组成	8537.2090

2.6 抛光设备

2.6.1 抛光工艺

抛光工艺，又称为化学机械抛光，是指通过化学腐蚀与机械研磨相结合的方式磨平或抛光圆片表面的工艺。集成电路加工过程中，硅片制备以及集成电路（芯片）制造时均会使用这一工艺。

抛光完成后，通常还要进行清洗、抛光终点检测工艺。

1. 抛光工艺的原理

抛光工艺原理：利用机械力作用于圆片表面，同时由研磨液中的化学物质与圆片表面材料发生化学反应来增加其研磨速率，如图 2.6-1 所示。在抛光工艺中，首先让研磨液填充在研磨垫的空隙中，圆片在研磨头带动下高速旋转，与研磨垫和研磨液中的研磨颗粒发生作用，同时需要控制研磨头的下压力等其他参数。装有研磨垫的转盘在下面旋转，带有圆片的研磨头在研磨垫上面旋转。

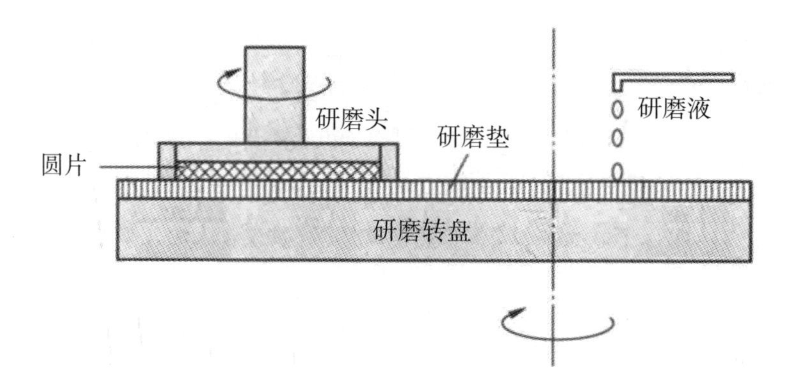

图 2.6–1 抛光工艺原理

抛光机使用的主要耗材包括抛光液（又称研磨液）和抛光垫（又称研磨垫）。

抛光液是化学机械抛光工艺中使用的关键材料，主要由纳米级研磨粒、不同化学试剂和去离子水组成。针对具体工艺和被抛光材料的要求，使用不同的研磨颗粒（如二氧化硅、三氧化二铝、二氧化铈等）和多种化学试剂（如金属铬合剂、表面抑制剂、氧化还原剂、分散剂及其他助剂等）。

抛光垫的介绍详见本书第 5 章 5.8 节“抛光材料”。

2. 清洗工艺

抛光清洗工艺的目的是为了去除抛光工艺中带来的所有沾污物。这些沾污物包括磨料颗粒、被抛光材料带来的任何颗粒以及从磨料中带来的化学沾污物。

抛光后清洗从最初的用去离子水进行兆声波清洗，发展到用双面洗擦毛刷和去离子水对硅片进行物理洗擦。毛刷转动并压在圆片表面，机械地去除颗粒。然而，对于用双面洗擦毛刷和只用去离子水进行清洗而言，毛刷很快就被颗粒沾污了。为了解决毛刷被沾污的问题，抛光后清洗通常使用带有稀释的氢氧化铵毛刷，这些氢氧化铵会流过毛刷中心，对毛刷进行冲洗，如图 2.6–2 所示。这些液体向外流过毛刷杆，从而连续不断地带走颗粒。

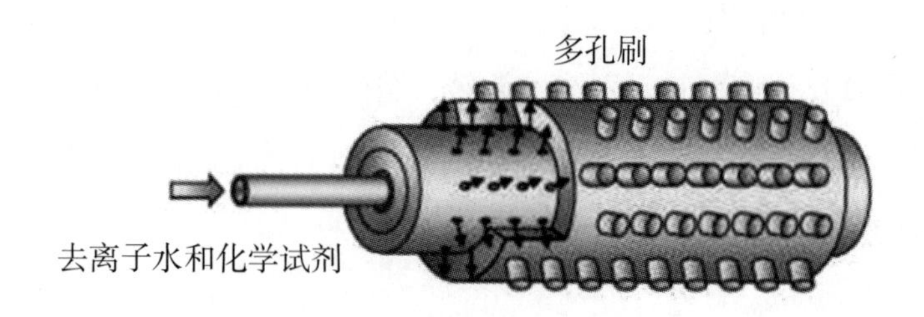

图 2.6–2 CMP 后清洗中化学品流入毛刷孔的示意图

3. 抛光设备的检测工艺

（1）抛光设备的主要检测参数

抛光设备的主要检测参数包括研磨速率（Removal Rate）、研磨均匀性（Uniformity）和缺陷量（Defect）。研磨速率是指单位时间内圆片表面材料被研磨的总量。研磨均匀性又分为圆片内研磨均匀性和圆片间研磨均匀性。圆片内研磨均匀性是指某个圆片研磨速率的标准方差与研磨速率的比值；圆片间研磨均匀性用于表示不同圆片在同一条件下研磨速率的一致性。对于抛光而言，主要缺陷包括表面颗粒、表面刮伤、研磨剂残留等。这些缺陷直接影响产品的成品率。

（2）终点检测

终点检测（End Point Detection）就是检测抛光的终点，需要实时得到被抛光薄膜的厚度。抛光的终点判断就是判断何时到达抛光的理想终点，从而停止抛光。目前常用的两种方法是电机电流终点检测和光学终点检测。

① 电机电流终点检测

电机电流终点检测就是检测磨头电机或转盘电机中的电流量。检测的原理是：为了保持合适的抛光速率，磨头是以不变的速度旋转运动的，以补偿电机负载的变化，电机驱动电流也是变化的，所以电机电流对圆片表面上的摩擦或粗糙程度的变化是敏感的，当抛光机磨完一种材料，露出另一种具有不同抛光和摩擦特性的材料后，摩擦力就会发生变化，如从金属钨覆盖层抛光至下面的Ti/TiN，阻挡层移到氧化物层的时候，电机驱动电流的变化很容易被检测到这些材料中的每一种材料的变化，通过电机驱动电流的变化来判断抛光终点，如图2.6–3所示。

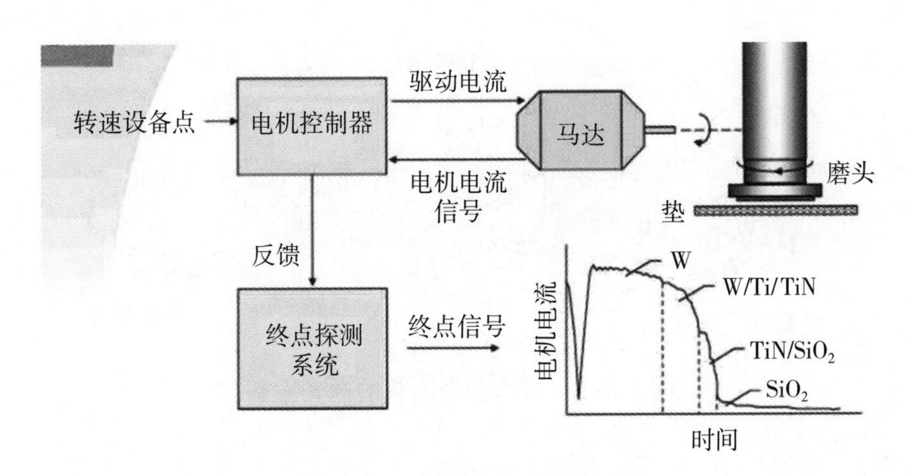

图 2.6–3　电机电流终点检测

② 光学终点检测

光学终点检测就是利用光学干涉原理检测终点。它是基于反射系数的检测方法，因为光从膜层上反射的不同角度与膜层材料和厚度有关。当膜层从一种材料的界面变化到另一种材料的界面处时，光学终点检测到从抛光膜层反射过来的紫外光或可见光之间的干涉，通过连续地测量抛光中膜层厚度的变化，就能测定抛光的速率，通过光干涉后的光学探测器来判断抛光的终点，图 2.6–4 为终点检测的光学干涉示意图。

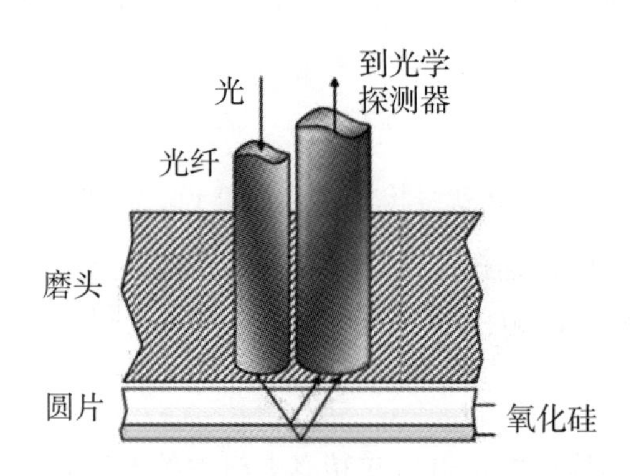

图 2.6–4　终点检测的光学干涉示意图

2.6.2　抛光设备的组成结构及其归类

抛光设备，又称抛光机，是指采用把一个抛光垫粘在转盘的表面来对圆片进行平坦化的设备。抛光设备是一种集机械学、液体力学、材料化学、精密加工、控制软件等多领域最先进技术于一体的设备。通常一个抛光机带有多个抛光磨头，如图 2.6–5 所示。

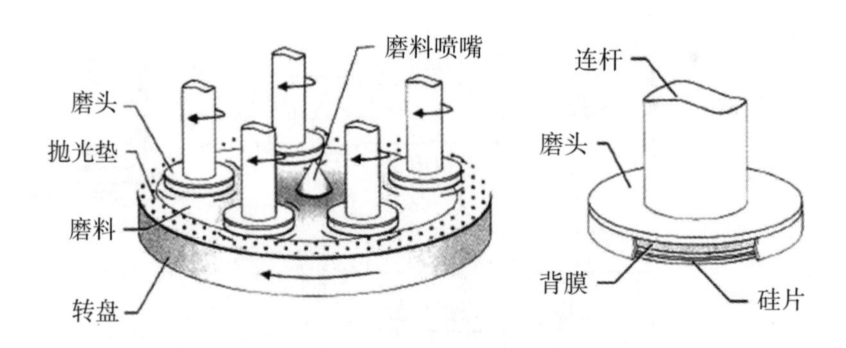

图 2.6–5　带有多个磨头的抛光设备

完整的抛光设备主要由两部分组成：抛光部分和清洗部分，如图 2.6–6 所示。抛光部分由抛光转盘和圆片装卸模块组成，用于实现抛光功能；清洗部分由圆片传输模块、兆声波清洗模块、毛刷清洗模块、圆片甩干模块、圆片输出模块、机械手、量测模块、设备前端模块等组成，用于圆片的清洗和甩干，实现圆片的干进干出。

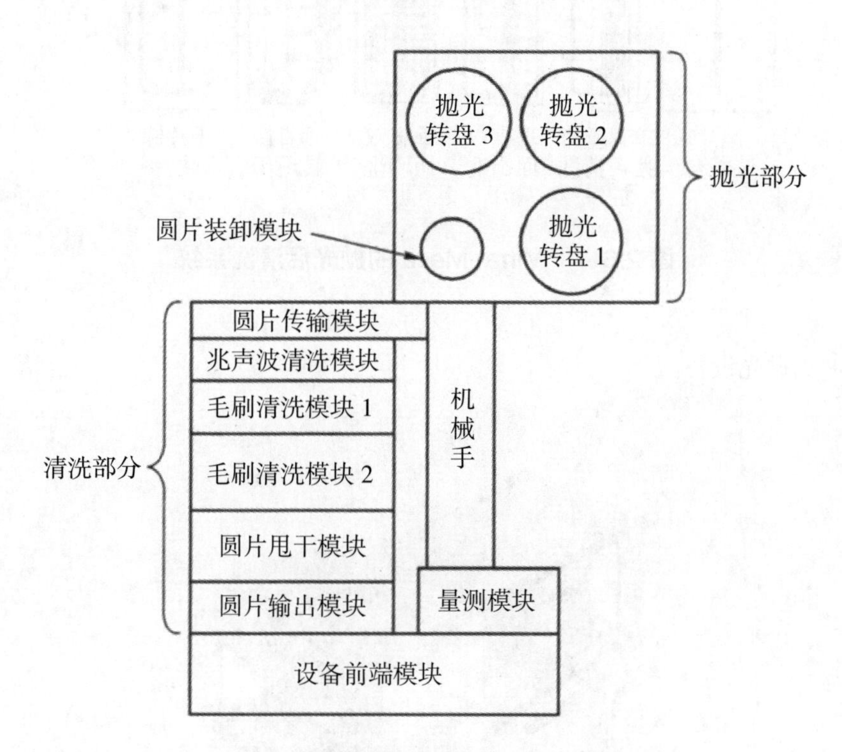

图 2.6–6　抛光设备的相关配套组成结构

目前，抛光后清洗工艺中，分立式抛光的后清洗机台被集成进抛光设备机台内。代表性的设备是应用材料的 Mirra–Mesa，其中垂直清洗是显著特征，也是应用材料的核心技术之一。一方面，可以获得更加洁净的圆片；另一方面，可以大幅度减少抛光设备的结构空间。Mirra–Mesa 后清洗采用一次单片垂直兆声清洗 + 两次垂直双面清洗 + 垂直旋转甩干的工艺，从而达到干进干出，如图 2.6–7 所示。

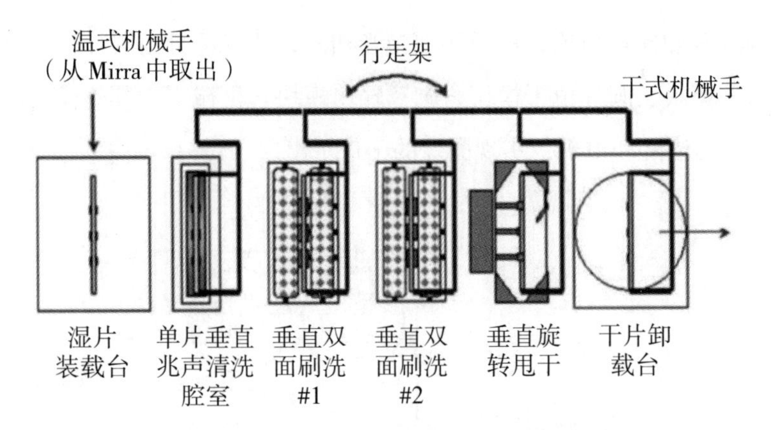

图 2.6–7　Mirra–Mesa 的抛光后清洗系统

图 2.6–8 为抛光设备。

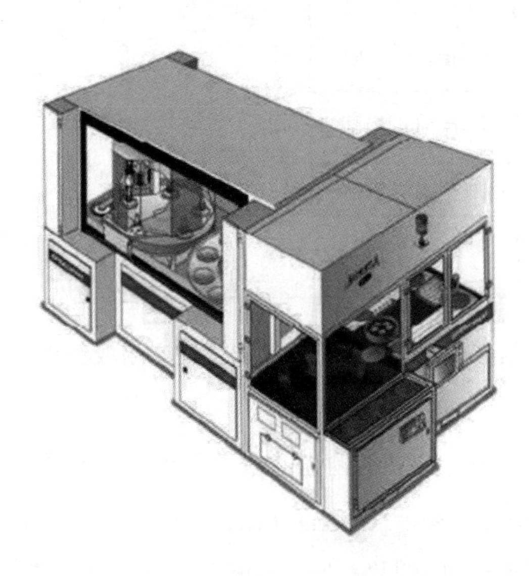

图 2.6–8　抛光设备

完整的抛光设备归入子目 8486.1040。表 2.6–1 为化学机械抛光设备主要零部件的归类。

表 2.6-1　化学机械抛光设备主要零部件的归类

序号	名称	商品描述	归类
1	抛光垫	由发泡式多孔聚亚胺脂材料制成，形状为圆盘形，非自粘	3926.9010
2	抛光头	又称研磨头，用于吸附固定圆片，同时将圆片压在抛光垫上并带动圆片旋转的装置，由转轴、固定装置、背膜组成	8486.9099
3	抛光转盘	一种支撑平台，其作用是承载抛光垫并带动其转动；同时，承载研磨液并能排除磨除的废料	8486.9099
4	兆声波清洗模块	利用频率为 800 kHz ~ 3 MHz 的兆声波对圆片进行清洗的模块	8486.2090
5	毛刷清洗模块	利用毛刷对圆片进行清洗的模块	8486.2090
6	圆片装卸机械手	用于装卸抛光圆片的机械手	8486.4039
7	抛光垫修整盘	是在抛光过程中对抛光垫进行修整的圆盘，其金属胎体上镶嵌有金刚石颗粒	6804.2190
8	圆片甩干模块	通过离心力的作用将圆片上面的液体去除	8421.1990

2.7 清洗设备

2.7.1 清洗工艺

圆片清洗用于去除芯片生产中产生的各种沾污杂质，是芯片制造中步骤最多的工艺。每一步光刻、刻蚀、沉积、离子注入、抛光后均需要清洗。圆片清洗通过物理方法或化学方法清洗。

化学方法清洗主要是通过将圆片浸入不同的化学试剂来达到清洗的目的，根据清洗剂的不同又分为 RCA 清洗[①]、改进 RCA 清洗、臭氧清洗、IMEC 清洗[②]等多种方法。

物理方法清洗则是通过机械刷洗法、超声波／兆声波清洗法、二流体清洗法、旋转喷淋法等物理技术，对圆片进行全面清洗的过程。

① RCA 清洗，由美国无线电公司（RCA）于 20 世纪 60 年代提出，目前被认为是工业标准湿法清洗工艺。该方法主要由一系列有序侵入不同的化学液组成，即 1 号标准液（SC-1）和 2 号标准液（SC-2）。1 号标准液化学配料为：$NH_4OH : H_2O_2 : H_2O=1:1:5$，2 号标准液化学配料为：$HCl : H_2O_2 : H_2O=1:1:6$。

② IMEC 清洗，是由 IMEC（Interuniversity Microelectronics Centre，大学间联合微电子研究中心）提出的用臭氧化和稀释化学品的清洗工艺。IMEC 清洗过程是：第一步，去除有机污染物，生成一薄层化学氧化物以便有效去除颗粒；第二步，去除氧化层，同时去除颗粒和金属氧化物；第三步，在硅表面产生亲水性，以保证干燥时不产生干燥斑点或水印。这种工艺减少了化学品和去离子水的消耗量。

圆片清洗的目的是去除前一步工艺中残留的不需要的杂质，为后续工艺准备。洁净的圆片是生产全过程的基本要求，在芯片制造过程中如果遭到颗粒、金属的污染，很容易造成芯片内电路功能的损坏，形成短路或断路等，而黏附在芯片表面上的任何有机物或油脂污垢都会使加工过程形成的膜附着度下降，或在不需要的位置形成针孔而导致改变器件的性能，使得集成电路芯片失效。因此，去除这些污染物是圆片制造过程中尤为重要的一个工艺步骤。清洗工艺要求在去除芯片表面污染物的同时，不会损害圆片表面。圆片表面主要污染物的来源和主要危害见表 2.7–1。

表 2.7–1　圆片表面主要污染物的来源和主要危害

序号	污染物	来源	主要危害
1	颗粒	环境，其他工艺过程中产生	影响后续光刻，干法刻蚀工艺，造成器件短路
2	自然氧化层	环境	影响后续氧化，沉积工艺，造成器件电性失效
3	金属污染	环境，其他工艺过程中产生	影响后续氧化工艺，造成器件电性失效
4	有机物	干法刻蚀副产物、环境	影响后续沉积工艺，造成器件电性失效
5	牺牲层	氧化 / 沉积工艺	影响后续特定工艺，造成器件电性失效
6	抛光残留物	研磨液	影响后续特定工艺，造成器件电性失效

资料来源：盛美上海招股说明书，由光大证券研究所整理。

根据清洗方式的不同，清洗工艺可分为湿法清洗和干法清洗两种。

1. 湿法清洗

湿法清洗是指利用溶液、酸碱、表面活性剂、去离子水及其混合物，通过腐蚀、溶解、化学反应等方法，使圆片表面的杂质与溶剂发生化学反应生成可溶性物质、气体或直接脱落，以获得满足洁净度要求的圆片。湿法清洗的同时还可采用超声波、兆声波、加热、真空等辅助手段。

湿法清洗时，针对不同的工艺需求，应采用不同的特定化学药液和去离子水。例如，SPM 是硫酸、过氧化氢和去离子水的混合物，主要用于清洗有机物；SC–1 是氨水、过氧化氢和去离子水的混合物，主要用于清洗颗粒物；SC–2 是盐酸、过氧化氢和去离子水的混合物，主要用于清洗金属污染物；DHF 是稀释的氢氟酸，主要用于二氧化硅的刻蚀；DIO_3 是臭氧水，主要用于清洗有机物等。

2. 干法清洗

干法清洗是指不依赖化学试剂的清洗工艺，与湿法清洗相比，由于不采用溶液，所以称为干法清洗。干法清洗主要包括等离子体清洗、气相清洗、束流清洗等工艺。

干法清洗采用气相化学法去除晶片表面污染物。气相化学法主要有热氧化法和等离子体清洗法，清洗过程就是将热化学气体或等离子体反应气体导入反应室，反应气体与圆片表面发生化学反应生成易挥发性的反应物而被抽走。

目前，集成电路制造生产线上通常以湿法清洗为主。表2.7–2详细列出了常用湿法、干法清洗工艺所用的清洗介质、工艺简介和应用特点。

表2.7–2　常用湿法、干法清洗工艺的比较

类别	清洗方法	清洗介质	工艺简介	应用特点
湿法清洗	溶液浸泡法	化学药液	主要用于槽式清洗设备，将待清洗圆片放入溶液中浸泡，通过溶液与圆片表面及杂质的化学反应达到去除污染物的目的	应用广泛，针对不同的杂质可选用不同的化学药液；产能高，可同时浸泡清洗多个圆片；成本低，分摊在每片圆片上的化学品消耗少；不足是容易造成圆片之间的交叉污染
	机械刷洗法	去离子水	主要配置包括专用刷洗器，配合去离子水，利用刷头与圆片表面的摩擦力去除颗粒的清洗方法	成本低，工艺简单，对微米级的大颗粒去除效果好；清洗介质一般为水，应用受到限制；易对圆片造成损伤。一般用于机械抛光后大颗粒的去除和背面颗粒的去除
	纳米喷射清洗	SC–1溶液，去离子水等	一种精细化的水气二流体雾化喷嘴，在喷嘴的两端分别通入液体介质和高纯氮气，利用高纯氮气为动力，辅助液体微雾化成极微细的液体粒子被喷射至圆片表面，从而去除颗粒	效率高，广泛用于辅助颗粒去除的清洗步骤中；对精细圆片图形结构有损伤风险，且对小尺寸颗粒去除能力不足
	超声波清洗	化学溶剂加超声辅助	在20 ~ 40 kHz超声波下清洗，内部产生空腔泡，泡消失时将表面杂质解吸	能清除圆片表面附着的大块污染和颗粒；易造成圆片图形结构损伤

表 2.7-2（续）

类别	清洗方法	清洗介质	工艺简介	应用特点
湿法清洗	兆声波清洗	化学溶剂加兆声波辅助	与超声波清洗类似，但用 1 MHz ~ 3 MHz 工艺频率的兆声波清洗	对小颗粒去除效果优越，在高深宽比结构清洗中优势明显，精确控制空穴气泡后，兆声波也可用于精细圆片图形结构的清洗
	批式旋转喷淋法	高压喷淋去离子水或清洗液	清洗腔室配置转盘，可一次装载至少两个圆片盒，在旋转过程中通过液体喷柱不断向圆片表面喷淋液体来去除圆片表面杂质	与传统的槽式清洗相比，化学药液的使用量更低；机台占地面积小；但化学药液间存在交叉污染风险
干法清洗	等离子清洗	氧气等离子体	在强电场作用下，使氧气产生等离子体，迅速使光刻胶气化成为可挥发性气体状态物质并被抽走	工艺简单、操作方便、表面干净无划伤；但较难控制、造价较高
	气相清洗	化学试剂的气相等效物	利用液体工艺中对应物质的气相等效物与圆片表面的沾污物质相互作用	化学品消耗少，清洗效率高；但不能有效去除金属污染物；较难控制，造价较高
	束流清洗	高能束流状物质	利用高能量的呈束流状的物质流与圆片表面的沾污杂质发生相互作用而清除圆片表面杂质	技术较新，清洗液消耗少、避免二次污染；但较难控制、造价较高

资料来源：盛美上海招股说明书，由光大证券研究所整理。

2.7.2 清洗设备的组成结构及其归类

目前常用的湿法清洗设备包含槽式圆片清洗机、单圆片清洗设备、单槽体圆片清洗机等；干法清洗设备主要包括等离子体清洗设备、气相清洗设备、束流清洗设备等。由于湿法清洗对杂质和基体选择性好，并且可将杂质清洗至非常低的水平，所以目前湿法清洗设备占主导地位，是清洗的主流设备，干法清洗设备主要用在 28 nm 及以下生产线上。

1. 湿法清洗设备的组成结构及其归类

（1）槽式圆片清洗机的组成结构及其归类

槽式圆片清洗机主要适用的清洗方式有溶液浸泡和兆声波清洗等。它的组成结构主要包括前开式圆片传送盒（FOUP）传输模块、圆片装载 / 卸载传输模块、化学药液槽体模块、去离子水槽体模块、干燥槽体模块、排风进气模块和控制模块等。

它可同时对多盒圆片进行清洗，做到圆片的干进干出。图 2.7-1 为两种典型槽式圆片清洗机的布局示意图。干法刻蚀区域的清洗一般选择 I 型，扩散沉积区域的清洗一般选择 II 型。

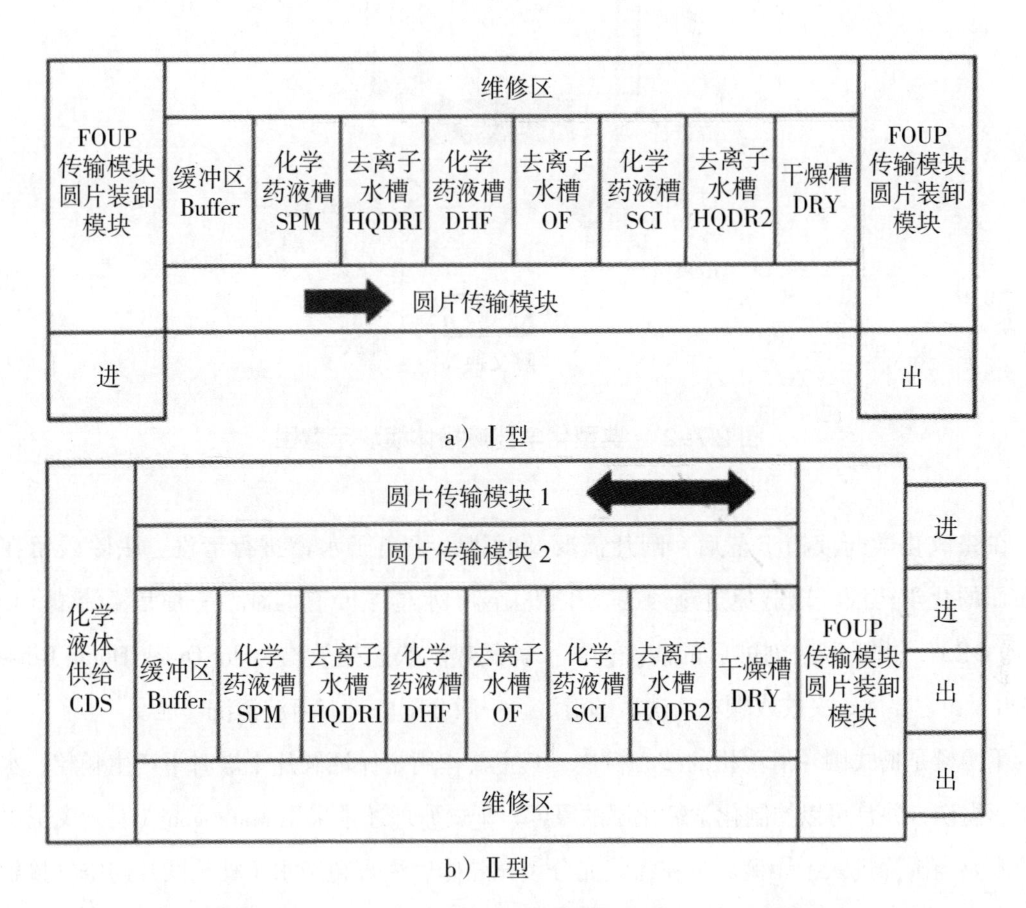

图 2.7-1　两种典型槽式圆片清洗机的布局示意图

前开式圆片传送盒传输模块的功能是将 FOUP 传到 FOUP 存储区域的确定位置，并确保圆片在清洗前、后进入同一个 FOUP。

圆片传输模块的功能是在各个工艺模块间传输圆片，它的水平位置的精确控制和进入各槽体的垂直速度是关键控制参数，直接影响清洗效果。

化学药液槽体模块的功能是用于准备化学药液。该槽体模块由槽体、兆声波发生器、泵、热交换器、过滤器、浓度计、流量计、温度计和液位计等构成，主要实现对化学药液浓度、温度及循环流量的精确控制，从而实现清洗工艺的目的。其中，兆声波发生器的作用是加强对圆片表面颗粒清洗的效果。图 2.7–2 为典型化学药液槽体模块示意图。

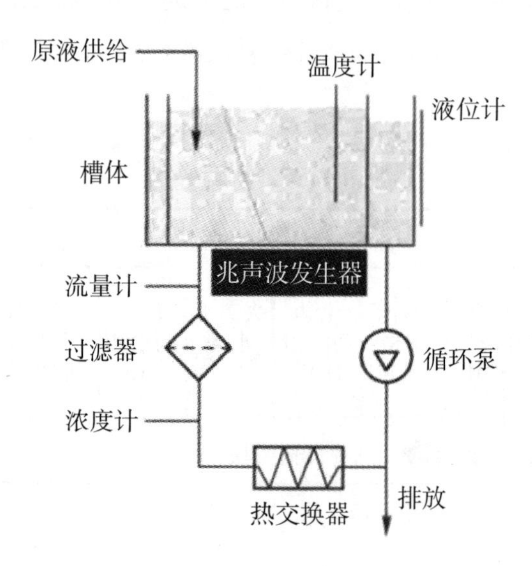

图 2.7–2 典型化学药液槽体模块示意图

在完成化学药液槽工艺后，圆片需要及时进入去离子水槽进行清洗，去除残留在圆片表面的化学药液，以避免过刻蚀的发生。去离子水槽主要有两种：一种是溢流槽（Over Flow，OF），用于湿法刻蚀后的清洗；另一种是热水快速排放槽（Hot Quick Dump Rinse，HQDR），主要用于去胶或颗粒清洗后的清洗，一般会配备有兆声波清洗功能。

干燥槽是槽式圆片清洗机的核心模块，其主要作用是保证圆片干燥时不产生颗粒、水痕和图形损伤，并且可以控制化学氧化层的厚度。干燥原理通常采用 Marangoni（马兰戈尼）干燥技术。当圆片进入干燥槽后，在氮气充分填充腔体后注入超纯水（杜绝圆片与空气接触，以防污染圆片），当圆片完全沉浸于液面下时，停止填充氮气，进行超纯水溢流漂洗，氮气携带 IPA （异丙醇）气体充满工作腔体，在水面上形成 IPA 气体环境，随后圆片与水面缓慢脱离（可通过圆片提拉上升或缓慢排水两种方式实现），由于 IPA 的表面张力比水小得多（25 ℃下，IPA 表面张力为 20.9×10^{-3} N/m；水的表面张力为 72.8×10^{-3} N/m），所以会在坡状水流表层形成表面张力梯度，产生 Marangoni 对流，水被"吸回"水面。

排风进气模块的主要作用是控制进入工艺模块气体的洁净度，同时将产生的化学气雾排放至厂务系统中处理，以确保清洗工艺效果及机台人员的安全。

控制模块的主要功能是根据预先设定的工艺流程完成对圆片的清洗工艺，同时将关键参数上传至工厂数据控制系统。

槽式圆片清洗机整机归入子目 8486.2090，槽式圆片清洗机主要零部件的归类见表 2.7–3。

表 2.7–3　槽式圆片清洗机主要零部件的归类

序号	名称	商品描述	归类
1	化学药液清洗槽	主要用于对化学药液浓度、温度及循环流量的精确控制与清洗工艺，由清洗槽体、兆声波发生器、循环泵、热交换器、过滤器、浓度计、流量计、温度计和液位计等构成	8486.2090
2	干燥槽	其作用是保证圆片干燥时不产生颗粒、水痕和图形损伤，干燥原理是离心法甩水，然后再用热的氮气干燥	8486.2090
3	兆声波发生器	用于产生兆声波，是兆声波清洗模块的一部分	8543.7099
4	循环泵	用于化学药液槽体内清洗液的循环流动	84.13
5	热交换器	用于保证循环液温度稳定在一定范围内	8419.5000
6	过滤器	用于过滤循环流动的清洗液	8421.2990
7	浓度计	用于检测清洗液的浓度	9027.8990
8	液体流量计	用于检测清洗液的流量	9026.1000
9	温度计	用于检测清洗液的温度	9025.1910
10	液位计	用于检测清洗液的液位	9026.1000
11	排风进气模块	用于控制进入工艺模块气体的洁净度，同时将产生的化学气雾排放至厂务系统，以确保清洗工艺效果及机台人员的安全，由风扇和管路组成	84.14
12	控制模块	根据设定的工艺流程控制圆片清洗工艺的运行	8537.1090/9032.8990
13	圆片传输机械手	用于不同模块之间圆片的传输	8486.4039
14	FOUP 传输模块	用于圆片盒的装卸与搬运	8486.4039

（2）单圆片清洗设备的组成结构及其归类

单圆片清洗设备是基于传统的 RCA 清洗方法设计的，其工艺目的是清洗颗粒、有机物、自然氧化层、金属杂质等污染物。从工艺应用上看，单圆片清洗设备目前已广泛应用于集成电路制造工艺中的成膜前或成膜后清洗、等离子刻蚀后清洗、离子注入后清洗、化学机械抛光后清洗和金属沉积后清洗等。

单圆片清洗设备适合的清洗方式有旋转喷淋清洗、纳米喷射清洗、兆声波清洗、机械刷洗等，其中最为常用的清洗方式是纳米喷射清洗和兆声波清洗。

① 纳米喷射清洗

纳米喷射（Nano Spray）清洗，又称二流体清洗，是将气体和水按一定比例混合后对圆片进行清洗，在二流体雾化喷嘴的两端分别通入液体介质和高纯氮气，利用高压气体为动力，辅助液体微雾化成极微细的液体粒子，并将其喷射至圆片表面，从而达到去除颗粒的效果。图 2.7–3 为纳米喷射清洗示意图。

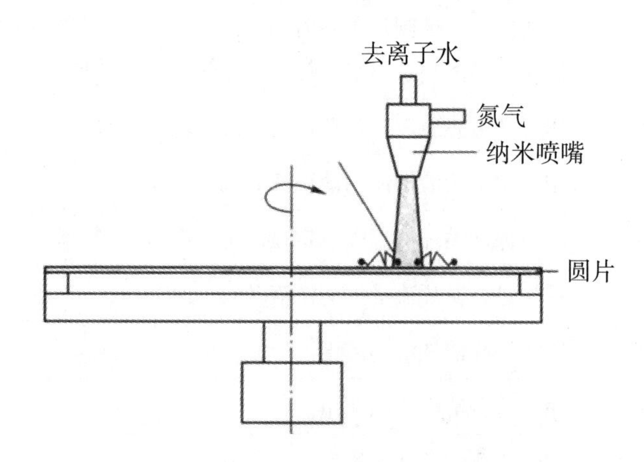

图 2.7–3 纳米喷射清洗示意图

影响纳米喷射清洗技术的主要因素包括喷雾粒径（即喷雾液滴的平均粒子直径）、喷射至圆片表面的液滴数量、液滴喷射速度、喷雾角度和喷射高度。

液滴数量和喷雾粒径决定着喷雾液滴与圆片接触的概率和可清洗的图形尺寸。液滴喷射速度决定着对圆片表面污染物的冲击力和去除效果。喷雾角度（喷雾进行时最接近两侧的喷雾夹角角度）与喷射高度（喷嘴口与圆片表面的距离）决定着喷雾覆盖面积的大小。所以在纳米喷射清洗中，最重要的工艺参数为氮气流量和清洗液流量。

② 兆声波清洗

美国无线电公司于 1979 年提出兆声波辅助圆片清洗工艺。兆声波结合 SC–1（即用氨水、过氧化氢和去离子水混合物进行清洗的方法）可以非常有效地去除颗粒，同时能显著降低化学药液的使用量。特别是对于小尺寸颗粒的去除，效果更加明显。为了获得好的清洗效果，同时避免对圆片（特别是有图形的圆片）产生损伤，需要选择特定的兆声波振荡频率范围。通常使用的兆声波频率为 800 kHz ~ 3 MHz。兆声波是一种机械波，在传输的液体介质中产生周期性的压缩或拉伸。当低压相中兆声波的强度超过液体的固有拉伸强度时，液体将会被拉开而形成一个空穴，这个现象被称为空穴现象。空穴现象可产生显著的清洗效果。由于在兆声波中边界层厚度非常小，空穴的运动可以在距离圆片表面非常近的位置产生局部流体流动，这个现象被称为微流，通过这种流动和空穴破碎所产生的冲击波可将颗粒从圆片表面去除。兆声波由兆声波发生器产生，传递到清洗液中，然后对圆片进行清洗。图 2.7–4 为兆声波清洗示意图。

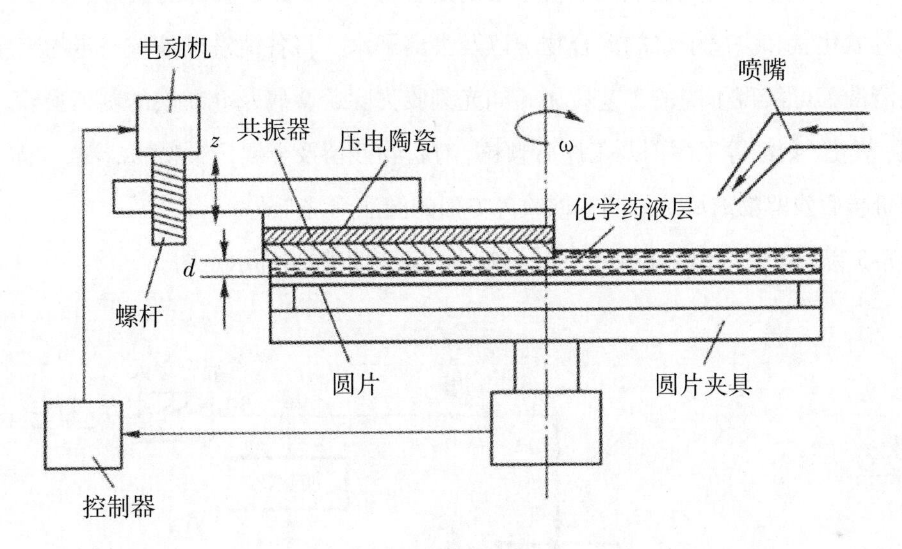

图 2.7–4　兆声波清洗示意图

单圆片清洗设备整机归入子目 8486.2090，单圆片清洗设备的归类见表 2.7–4。

表 2.7–4　单圆片清洗设备的归类

序号	名称	商品描述	归类
1	旋转喷淋清洗设备	采用旋转喷淋技术完成清洗功能，利用所喷液体的溶解作用来溶解硅片表面的污渍，同时利用高速旋转的离心作用，使溶有杂质的液体及时脱离硅片表面	8486.2090
2	兆声波清洗设备	利用兆声波对圆片进行清洗的设备	8486.2090
3	纳米喷射清洗设备	是将气体和水按一定比例混合后对圆片进行清洗的设备	8486.2090

（3）单槽体圆片清洗机的组成结构及其归类

单槽体圆片清洗机不同于传统的多槽体清洗机，其主要特征是只有一个进行湿法工艺的槽体，多种清洗工序均在同一个槽体中完成。它主要采用旋转喷淋的方式对圆片进行清洗，清洗时圆片在清洗槽体中以机械方式高速旋转，在旋转过程中，化学药液或去离子水不断喷向圆片，对圆片表面进行清洗。设备可同时提供多种清洗药液，如 SPM（硫酸和过氧化氢混合物）、SC-1（氨水、过氧化氢和去离子水的混合物）、DHF（稀释的氢氟酸液体）、SC-2（盐酸、过氧化氢和去离子水的混合物）以及去离子水，将各清洗药液按一定的工序对圆片进行湿法清洗，可实现不同的工艺应用，如光刻胶去除，金属及介质层的剥离去除，扩散、薄膜沉积、氧化、刻蚀等工序前及工序后颗粒、有机物残留及金属污染物的清洗，介质层刻蚀，化学机械研磨后残留物的清洗，圆片回收等方面的湿法清洗工艺。

图 2.7-5 为 FSI 公司开发的单槽体离心喷淋式清洗机的结构示意图。

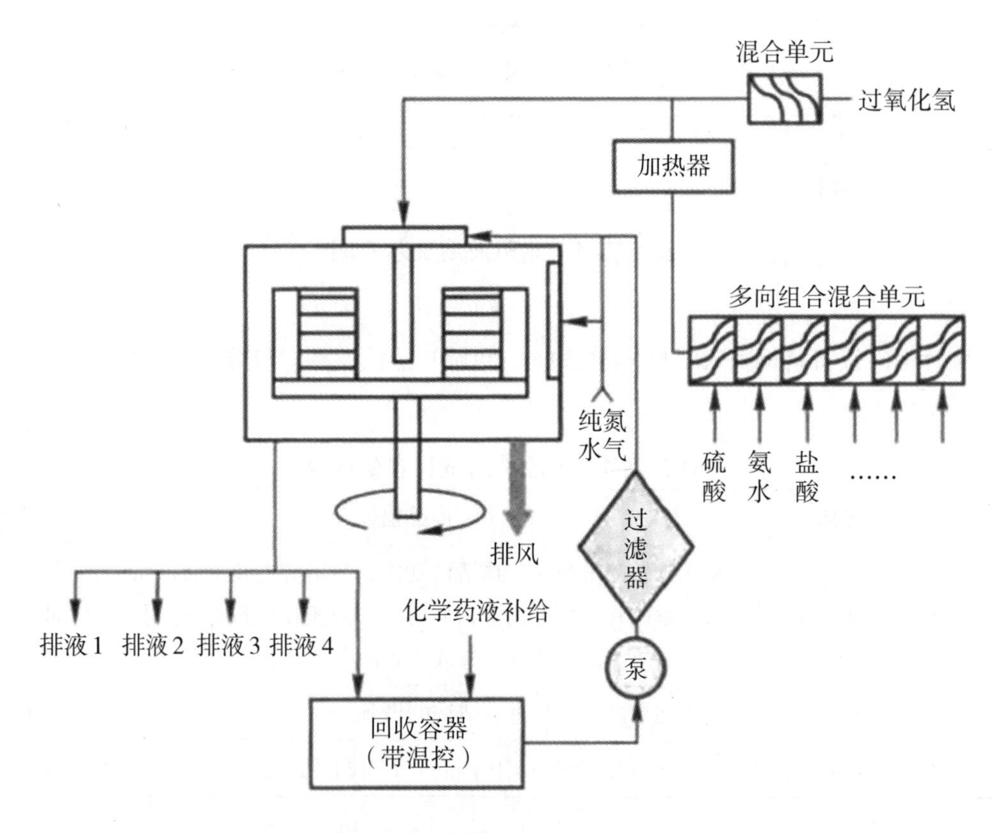

图 2.7-5　FSI 公司开发的单槽体离心喷淋式清洗机的结构示意图

该清洗设备将多个圆片盒放置在槽体中转速可控的旋转盘上，在高速旋转的同时，将用于清洗工艺的化学药液、去离子水和氮气通过置于槽体顶盖中心的喷射柱喷淋在圆片上。化学药液的喷射也可通过氮气加压后喷出，以达到更好的清洗效果。各清洗药液与去离子水喷淋在圆片上的清洗顺序可控，每道化学清洗工序结束后，化学药液立即排出槽体，槽体内通入去离子水，将喷射柱与槽体内部各处冲洗干净，再通入下一种化学药液；不同化学药液与去离子水的排放通过多向阀分别控制，排放到不同的下排液管道，也可选择回收到回收容器中循环使用，清洗完成后，通入氮气吹干，结合转盘高速旋转产生的离心力甩干，可达到良好的干燥效果。

化学药液的温度控制主要通过在线加热器完成，加热后的化学药液通入槽体进行工艺使用。

单槽体圆片清洗机的整机归入子目 8486.2090，单槽体圆片清洗机主要零部件的归类见表 2.7–5。

表 2.7–5　单槽体圆片清洗机主要零部件的归类

序号	名称	商品描述	归类
1	可旋转的清洗槽	槽内可放置多个圆片盒，槽下面为转速可控的旋转盘，在高速旋转的同时，装于槽体顶部中心的喷射柱可将清洗用的化学药液、氮气等喷淋在圆片上	8486.2090
2	清洗液混合单元	用于混合多向组合的化学药液，主要由阀门、管路等组成	8486.9099
3	清洗液加热器	用于对化学药液进行加热	8516.1020
4	清洗液过滤器	用于对化学药液过滤，以提供高纯度的清洗液	8421.2990
5	清洗液供给模块	用于供给指定的清洗液，主要由液体泵构成	84.13
6	控制装置	用于控制清洗工艺流程、各种清洗液种类的选择等	8537.1090/9032.8990

2. 干法清洗设备的组成结构及其归类

干法清洗设备的主要类型包括等离子体清洗设备、气相清洗设备和束流清洗设备。

等离子体清洗（Plasma Wafer Cleaning）设备利用等离子体产生的活性粒子与圆片表面异物发生化学反应加以清除（如用氧气等离子体清洗刻蚀残留的聚合物），或利用等离子体中带有动能的离子溅射异物加以清除（如氩气等离子体可用于 PVD 沉积前的表面清洗）。等离子体清洗设备的组成结构与去光刻胶设备或带有偏压电源的离子反应刻蚀设备类似，主要由等离子体源和清洗腔室等构成。

气相清洗（Gas-Phase Wafer Cleaning）设备是指利用液体工艺中对应物质的气相等效物与圆片表面的沾污物质作用而去除杂质的设备。通常使用汽化的无水氟化氢与圆片表面的自然氧化层相互作用来去除圆片表面的氧化物和氧化层中的金属颗粒，并具有一定的抑制圆片表面氧化膜生成的能力。使用汽化的无水氟化氢后，会大大减少氟化氢的用量，同时能加快清洗效率。气相清洗设备的结构与等离子蚀刻设备相似，不同之处在于气相清洗设备没有等离子体源。

束流清洗（Beam Wafer Cleaning）设备是指利用含有较高能量的、呈束流状的物质流（能量流）与圆片表面的沾污杂质发生作用而清除圆片表面杂质的清洗设备。清洗时在电场力的作用下，雾化的导电化学清洗剂通过毛细管形成细小的束流状，高速冲击在圆片表面上，使得杂质与硅原子之间的范德瓦尔斯键断裂，杂质脱离圆片表面，从而达到圆片清洗的目的。束流清洗设备的结构主要由清洗腔室、束流产生装置等构成。

干法清洗设备归入子目 8486.2090。

清洗腔室归入子目 8486.9099。

2.8 大马士革工艺设备

2.8.1 大马士革工艺

大马士革（Damascene）工艺，也称为镶嵌技术，即先在介电层（即绝缘介质）上刻蚀金属导线用的图形（凹槽），然后再用金属填充（或称镶嵌）。这种技术的最大特点是不需要金属层的刻蚀。

大马士革工艺的流程是首先沉积绝缘介质，接着在介质上刻蚀孔和槽，确定好线宽和图形间距，然后用金属（通常为铜）采用溅射或电镀的方式填充到凹槽中，最后用抛光工艺去除表面溢出的金属，这样在凹槽中的金属就保留下来了。

大马士革工艺是在传统金属互连工艺受限的情况下发展而来的，因为传统集成电路的多层金属互连以金属层（通常为铝）的干刻蚀来制作金属导线，然后再进行介质层的填充。而如果将金属层用铜替代，由于铜的干刻蚀较为困难，铜金属的互连不能再用传统的金属互连工艺，因而采用大马士革工艺就能很好地实现金属铜的互连。表 2.8-1 为制作金属导线时传统工艺与大马士革工艺的比较。

表 2.8-1　制作金属导线时传统工艺与大马士革工艺的比较

	传统工艺	大马士革工艺
刻蚀对象	金属层	介电层（即绝缘层）
填充物质	介电层（即绝缘层）	金属介质
工艺流程	沉积金属层→刻蚀金属层→填充介电层	沉积介电层→刻蚀介电层→填充或镶嵌金属层

大马士革工艺分为单大马士革工艺和双大马士革工艺。

单大马士革工艺是指仅布线沟槽用沉积铜的方式，而连接孔用钨柱塞填充的方式。

双大马士革工艺（Daul Damascene）是通过层间介质刻蚀形成孔和槽，确定好线宽和图形间距，然后将铜沉积至刻蚀好的图形，再经过抛光工艺去除多余的铜。这种工艺可以用金属镶嵌的方式同时制备通孔和引线。

目前较为成熟的工艺是 Cu-CMP 的大马士革工艺，又称为铜互联线的镶嵌工艺，先是对介质进行刻蚀，形成孔洞和槽，然后沉积金属铜，使其填充到这些孔洞和槽内，最后再进行化学机械抛光处理，即可以得到所需的金属图案。其中的孔洞实现层与层之间的互连，槽实现同一层各器件之间的互连。

图 2.8-1 为传统互连工艺流程和双大马士革工艺流程的比较。图 2.8-1 a）是传统互连工艺流程，即覆盖层间介质（Interlayer Dielectric，ILD）+CMP →刻蚀氧化硅通孔→沉积钨 +CMP →沉积金属 2+ 刻蚀；图 2.8-1 b）是双大马士革工艺流程，即覆盖层间介质 +CMP →沉积并刻蚀氮化硅终止层→沉积第二层 ILD+ 刻蚀两层氧化硅→铜填充→铜 CMP。

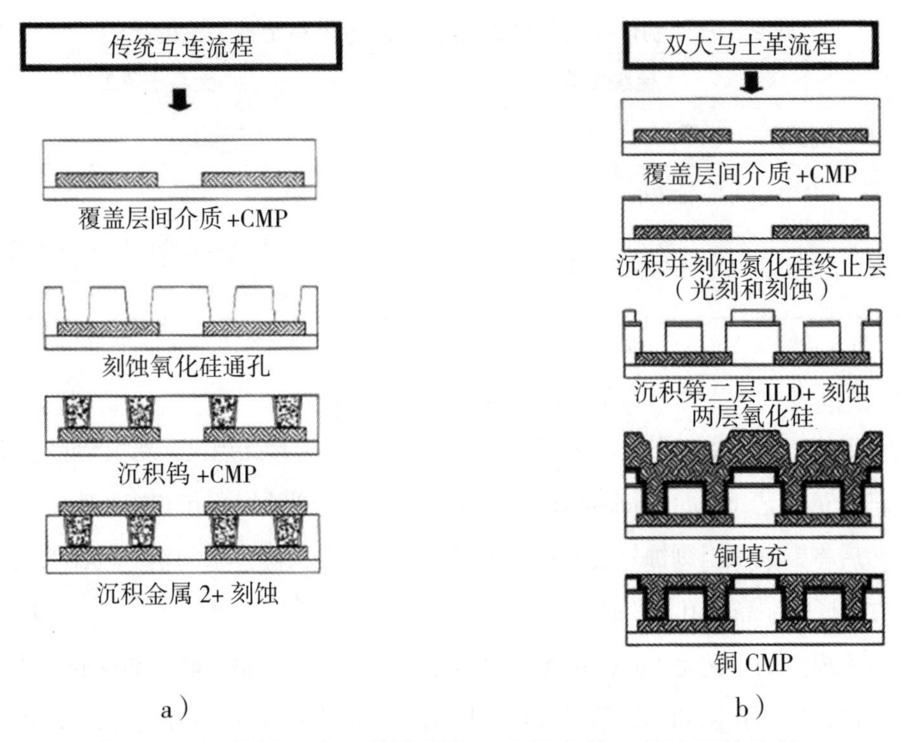

图 2.8-1 传统互连工艺流程和双大马士革工艺流程的比较

从图 2.8-1 b）可以看到，当刻蚀穿过两层的氧化硅介质层后，在第二层 ILD 上形成了沟槽，在第一层 ILD 上没有氮化硅终止层覆盖的地方形成了通孔，然后在沟槽和通孔内填充铜，这样就实现了沟槽和通孔互连。

填充铜的方式有两种：溅射和电镀。

溅射属于 PVD 工艺，其工艺原理在 PVD 中已进行过介绍。

铜电镀工艺采用电化学原理，将已经沉积有种子层的圆片表面作为阴极，整个圆片浸没在电镀液中。电镀液是含有高浓度硫酸铜、硫酸和相应添加剂的电解液混合溶液。电镀液中的铜离子浓度、酸性和氯离子浓度决定了镀铜后表面铜层的质量。当铜离子浓度过高时，会造成铜层粗糙度增加；当铜离子浓度过低时，会使电流密度下降，最终导致沉积速率降低。因此在镀铜工艺中，需要对镀铜液中的上述 3 大要素定期进行分析和监控，通过补充去离子水和氯离子调整镀铜液的浓度。此外，在半导体铜互连工艺中，还需要加入少量添加剂，以改善镀层表面形态及在图形结构圆片上的镀铜效果。添加剂主要包括加速剂、抑制剂和表面平整剂。

2.8.2 大马士革设备的组成结构及其归类

大马士革工艺采用溅射或电镀的方式将金属填充到凹槽中。如果采用溅射的方式，所用设备与 PVD 设备相同，前面已详细介绍过，在此不再赘述；如果采用电镀的方式则应使用电化学镀铜设备。

电镀铜设备大多采用单片式结构，在电镀腔内部采用离子膜分离技术，使阴极电镀液与阳极电镀液分离开来，各自单独循环。在电场的作用下，铜离子可以穿过离子膜，使阴极电镀液内消耗的铜离子及时得到补充，而添加剂和阴离子则不能穿过离子膜。图 2.8–2 为水平式电镀腔的结构示意图。

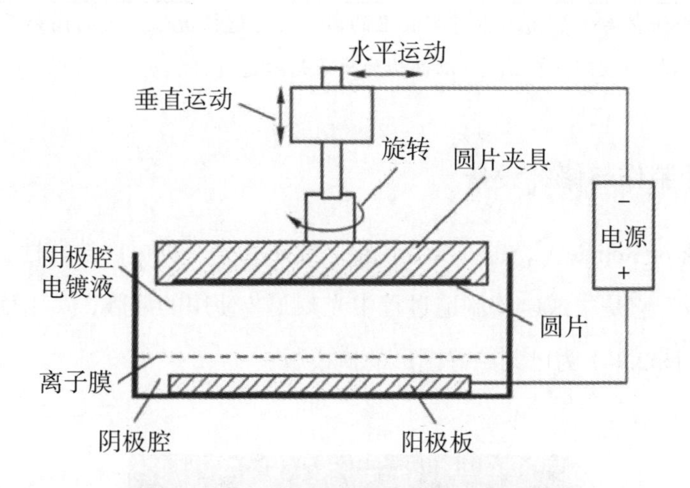

图 2.8–2 水平式电镀腔的结构示意图

在工艺腔内，圆片正面向下固定于圆片夹具上，夹具携带圆片可以垂直、水平以及旋转运动。夹具不仅要保证圆片表面种子层的导电性能良好，还要保证电镀液不能进入夹具内的接触触点。圆片夹具的触点与电源负极相连作为阴极，可溶性铜块和阳极板与抛光电源正极相连作为阳极。通过控制电源的电流或电压、电镀液的流量，以及圆片水平和旋转的工艺参数，来控制圆片铜层的镀铜速率和形貌。

电镀铜设备的整机归入子目 8486.2029，电镀铜设备主要零部件的归类见表 2.8–2。

表 2.8-2　电镀铜设备主要零部件的归类

序号	名称	商品描述	归类
1	工艺腔	对圆片进行电镀的场所	8486.2029
2	电源	为电镀工艺提供相应的直流电源	8504.4
3	圆片夹具	用于电镀工艺时夹持固定圆片	8486.9099
4	带动圆片夹具运动的装置	带动圆片旋转、水平运动和垂直运动	8486. 9099
5	阳极板	电镀铜用	7407.1090
6	离子膜	一种高分子膜，可以让铜离子穿过，而添加剂和阴离子则不能穿过	3926.9010

注：离子膜是一种含离子基团的、对溶液里的离子具有选择透过能力的高分子膜。因为一般在应用时主要是利用它的离子选择透过性，所以也称为离子选择透过性膜。

2.9　掩模版制作与修补设备

掩模版（Mask or Reticle），也称为光掩模、光罩，是一种可以选择性阻挡光、辐照或物质穿透的掩蔽模板。它是集成电路制造过程中光刻工艺使用的母版，其上面有要转印到圆片光刻胶上的图形。图 2.9-1 为已刻蚀好图形的掩模版。

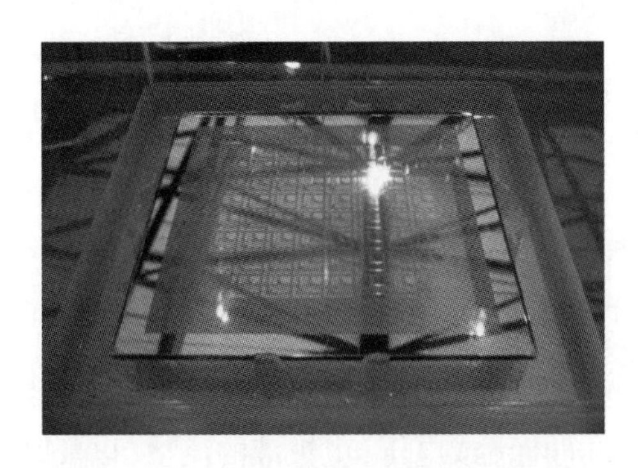

图 2.9-1　已刻蚀好图形的掩模版

集成电路制造中常用的掩模版有两种类型：一类掩模版（对应英文 Mask）上面包含了整个圆片所有芯片阵列的图形并且通过一次曝光完成图形的转印（通常是 1:1 的比例）；另一类掩模版（对应英文 Reticle）上面只包含了圆片上的部分图形，每次曝光只能转印整个圆片上的部分图形，必须通过分步重复曝光来完成整个圆片上图形的转印，所以这类掩模版用的光刻机称为分步重复光刻机，如图 2.9-2 所示。

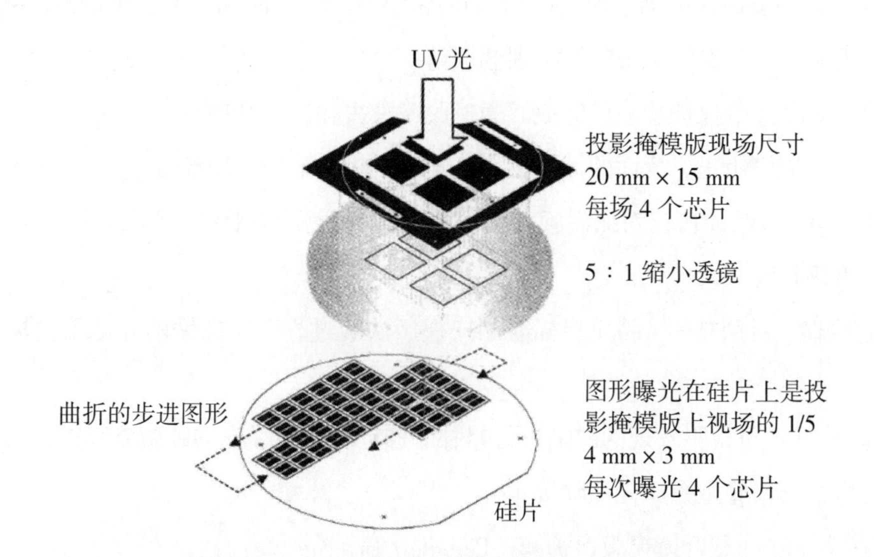

图 2.9-2　分步重复光刻机上使用的掩模版

掩模版由透光的衬底材料（通常为石英玻璃）和不透光的金属吸收材料（通常为金属铬）组成，通常还要在其表面沉积一层保护膜，避免掩模版受到空气中微粒或其他形式的污染。

2.9.1　掩模版的制作流程

目前制作掩模版用的基板多为匀胶铬板（Chromium Photo Plate）。匀胶铬板是在玻璃（或石英玻璃）基片上蒸镀或溅射一层带氧化膜的金属铬膜，然后再在铬膜上涂覆一层光刻胶，它是空白的没有掩模图形且涂有感光材料的掩模版基板。

掩模版的制作流程为：图形设计→图形转换→光刻→显影→蚀刻→脱膜→清洗→尺寸测量→缺陷检查→缺陷修补→再次清洗→贴膜→检查→包装。

1. 图形设计：通过专业设计软件对客户的图形做二次编辑处理与检查。

2. 图形转换：将客户要求的版图设计数据分层、运算，再按照相应的工艺参数将文件格式转换为光刻设备专用的数据形式。

3. 光刻：通过光刻机进行激光光束或电子束直写方式完成图形曝光。掩模版的制造多采用正性光刻胶，通过激光作用使需要曝光区域的光刻胶内部发生交联反应，从而产生性能改变。

4. 显影：将曝光完成后的掩模版显影，以便进行蚀刻。在显影液的作用下，经过激光曝光区域的光刻胶会溶解掉，而未曝光区域则会保留并继续保护铬膜。

5. 蚀刻：对铬层进行蚀刻，保留图形。在蚀刻液的作用下，没有光刻胶保护的区域会被腐蚀溶解，而有光刻胶保护区域的铬膜则会保留。

6. 脱膜：光刻胶的保护功能已完成，通过脱膜液去除多余光刻胶。

7. 清洗：将掩模版正、反面的污染物清洗干净，为缺陷检验做准备。

8. 尺寸测量：按品质协议对掩模版关键尺寸（CD 精度）和图形位置（TP 精度）进行测量，判定尺寸的准确程度。

9. 缺陷检查：对照技术 / 品质指标检测掩模版制版过程产生的缺陷并记录坐标及相关信息。

10. 缺陷修补：对检验发现的缺陷进行修补。修补包括对丢失的细微铬膜进行 LCVD 沉积补正以及对多余的铬膜进行激光切除等。

11. 再次清洗：为贴合掩模版保护膜（Pellicle）做准备。

12. 贴膜：将保护膜贴合在掩模版上，以降低下游制造过程中灰尘造成的不良率。

13. 检查：对掩模版做最后检查，以确保掩模版符合品质指标。

14. 包装：对掩模版进行包装，然后发货。

2.9.2 掩模版制作、质量检测与修补设备及其归类

掩模版制作、质量检测与修补设备主要包括掩模图形编辑、数据处理与格式转换设备，光学图形发生器，掩模版质量检测设备，掩模光刻胶处理及清洗设备，掩模版修补系统，掩模版保护膜安装仪等。

1. 图形编辑、数据处理与格式转换设备

图形编辑、数据处理与格式转换设备是将相应的工艺参数等文件格式转换为光刻设备专用数据形式的计算机，主要包括图形编辑和数据处理设备、掩模数据格式转换设备等。

2. 光学图形发生器

光学图形发生器是一种使用计算机辅助工具制造中间掩模的曝光设备，属于光刻机的范围。它通过不同的曝光手段在感光材料上形成掩模图形，主要用在利用分步重复精缩机或投影光刻机制备中间掩模版的程序中，主要有激光图形发生器和电子束图形发生器两种。

（1）激光图形发生器

激光图形发生器（Laser Pattern Generator，LPG），又称为激光直写系统，是一种采用激光束在光刻胶上直接扫描曝光出掩模图形的掩模制造设备。它主要包括激光光源系统、激光

调制系统（激光聚束装置、扩束装置、分束器、声光调制器和多面镜滚轮扫描器）、变焦透镜和缩小投影透镜系统、He–Ne双频激光干涉仪定位的精密工作台控制系统、焦面自动控制和检测系统、计算机控制系统，以及恒温保持和补偿系统等。图2.9–3为激光直写系统光路示意图。

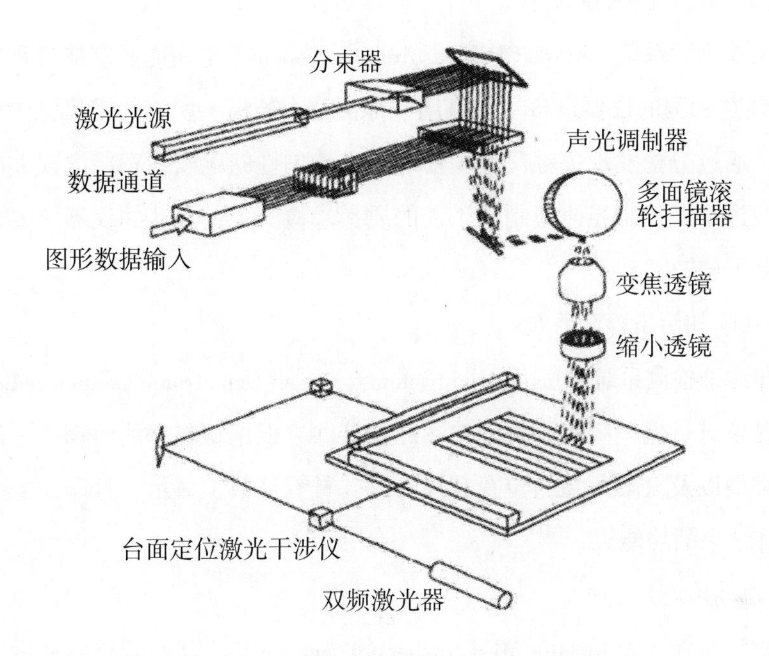

图2.9–3 激光直写系统光路示意图

（2）电子束图形发生器

电子束图形发生器（E–Beam Pattern Generator），又称电子束曝光系统，是利用电子束直接在涂覆光刻胶的表面上曝光形成掩模图形的掩模制造设备。通常在电子显微镜内配置电子束图形发生器和微动工作台，计算机输出波形数据，控制电子显微镜的电子束偏转线圈与微动工作台，两者相互配合并在感光材料上绘制出相应的图形。

3. 掩模版质量检测设备

掩模版质量检测设备（Mask Quality Checking Equipment），又称掩模版检查设备，是指利用适当方法，在掩模制造过程中检测掩模版或中间掩模版的图形缺陷、线宽及套版精度，以保证制备出合格的掩模版，从而提升大规模集成电路芯片制造成品率、稳定性和可靠性的关键设备。这类设备检测的指标主要包括掩模基片平整度，掩模基片缺陷，基片表面光刻胶均匀性，基片表面涂覆的光刻胶缺陷，掩模曝光、显影过程质量控制，铬膜腐蚀过程质量控制，掩模清洗和烘烤后缺陷，图形线宽、图形畸变、图形反差、边缘粗糙度和图形完整性，图形层之间的套刻精度、图形阵列的正交性和定位精度等。

掩模版质量检测设备主要包括掩模版关键尺寸测量系统、掩模缺陷和污染检测系统和掩模自动检测系统等。

（1）掩模关键尺寸测量系统

掩模关键尺寸测量系统（Mask CD Measurement System）是在掩模制造过程中用于关键尺寸（CD）图形线宽检测的仪器设备。它可用于检测整个掩模上所有关键尺寸图形的线宽均匀性及线宽精度，通过分析发现关键尺寸图形的线宽均匀性问题及线宽精度误差的规律，以指导工艺技术的改进，并控制光掩模制造工艺的质量。检测关键尺寸的仪器主要包括光学显微镜或关键尺寸电子显微镜。

（2）掩模缺陷和污染检测系统

掩模缺陷和污染检测系统（Inspection System for Mask Defects and Contamination）是一种利用扫描聚焦激光束进行掩模版表面缺陷检测的仪器。它根据缺陷和沾污物产生的激光散射光信息判别缺陷类型以及缺陷所在的位置和尺寸，并具有计数、显示、打印缺陷分布图、分析缺陷密度及统计结果的功能。

（3）掩模自动检测系统

掩模自动检测系统（Automatic Mask Inspection System）是以表面缺陷和污染检测仪为基础发展而来的自动化掩模缺陷检测和掩模精度检测的仪器。它利用对比或直接测量的方法，对中间掩模版和精缩版图形缺陷的类型、位置及尺寸进行自动检测，并存储检测数据作为掩模版修补的依据。掩模版检测方法有两种，即图形比较法和图形—数据比较法。图形比较法可以准确地检测出掩模图形的各种缺陷；图形—数据比较法可以检测出掩模图形与原设计图形的实际误差和缺陷。

4. 掩模光刻胶处理及清洗设备

掩模光刻胶处理及清洗设备（Resist Processing and Cleaning Equipment for Mask-Making）是对掩模进行表面热处理、涂增黏剂、涂胶、前烘、显影、清洗、坚膜、刻蚀及干燥等化学处理工序的一系列辅助设备。这些设备可以单独使用，也可组合成综合系统或轨道式全自动批量处理的流水线系统。

5. 掩模版修补系统

掩模版修补系统（Mask Repairing System）是一种利用聚焦的高能辐射束（包括离子束或激光束等），结合热沉积或光化学气相沉积材料修复掩模缺陷的专用设备。掩模修补工艺是制造无缺陷掩模、延长掩模版使用寿命、降低掩模版制造成本的重要手段。在掩模制造过程中，由于材料、环境或工艺的因素会在铬掩模上造成残留的透明或不透明的缺陷。例如，小岛、毛刺、连线等是不透明的缺陷，需要选择性地去除，去除这些缺陷需采用高能量激光脉冲汽化的方式；而针孔、凹陷、断线等是透明的缺陷则需要进行填补，填补这些缺陷需采用高能量热辐射束在透明区局部加热，将金属材料选择性地沉积在透明区域上。通常自动掩模修补系统需要与掩模缺陷检查系统连接，根据缺陷检查系统的检测和分析结果对掩模版进行修补。

目前常用的自动掩模修补系统主要有两类：聚焦激光束修补系统和聚焦离子束修补系统。

（1）聚焦激光束修补系统

聚焦激光束修补系统（Laser Mask Repair System）既可修复不透明缺陷，也可修复透明缺陷。以高热的激光能量将多余的铬材料瞬间升华，达到修复不透明缺陷的目的；利用适当波长的激光，使特定金属有机物反应剂在透明的缺陷区域产生光化学气相沉积，可达到修复透明缺陷的目的。

（2）聚焦离子束修补系统

聚焦离子束修补系统（Focused Ion Beam Repair System）主要依靠特定区域溅射刻蚀去除不透明缺陷区域的铬材料。

6. 掩模版保护膜安装仪

掩模版保护膜安装仪（Pellicle Mounting Instrument）是用于在掩模版上安装掩模保护膜（Pellicle）的精密装置。保护膜是一种高透光率薄膜，它采用金属框架固定在中间掩模版图形层上方的一定高度处，用以隔离空气中的颗粒和其他环境沾污物等缺陷对掩模图形层的污染。

表 2.9-1 为掩模版制备、质量检测与修补设备的归类。

表 2.9-1　掩模版制备、质量检测与修补设备的归类

序号	名称	商品描述	归类
1	掩模图形编辑和数据处理设备、掩模数据格式转换设备	将相应的工艺参数等文件格式转换为光刻设备专用的数据形式	8471.5040
2	激光图形发生器	是一种使用计算机辅助工具制造中间掩模的曝光设备	8486.4010
3	电子束图形发生器	又称电子束曝光系统，是利用电子束直接在涂覆光刻胶的表面上曝光形成掩模图形的掩模制造设备	8486.4010

表 2.9-1（续）

序号	名称	商品描述	归类
4	掩模关键尺寸测量系统	在掩模制造过程中用于关键尺寸图形线宽检测的仪器	9011.8000 或 9012.1000
5	掩模缺陷和污染检测系统	是一种利用扫描聚焦激光束进行掩模版表面缺陷检测的仪器。根据缺陷和沾污物产生的激光散射光信息判别缺陷类型，以及缺陷所在的位置和尺寸，并具有计数、显示、打印缺陷分布图、分析缺陷密度及统计结果	9031.4100
6	掩模自动检测系统	是利用光学原理自动检测掩模缺陷和掩模精度的仪器	9031.4100
7	掩模光刻胶处理及清洗设备	是对掩模进行表面热处理、涂增黏剂、涂胶、前烘、显影、清洗、坚膜、刻蚀及干燥等化学处理工序的一系列辅助设备	8486.4010
8	掩模版修补系统	是一种利用聚焦的高能辐射束（包括离子束或激光束等），结合热沉积或光化学气相沉积材料修复掩模缺陷的专用设备	8486.4010
9	掩模版保护膜安装仪	是在掩模版上安装掩模保护膜的精密装置	8486.4010

2.10 集成电路制造中的工艺检测设备

工艺检测设备是应用于工艺过程中的量测类设备和缺陷（含颗粒）检查类设备的统称。在集成电路制造过程中，在线工艺检测设备要对每一道工艺（或数道相近工艺）加工后的圆片进行无损、定量的测量与检查，以保证工艺的关键物理参数（如薄膜厚度、线宽、沟/孔深度、侧壁角等）满足工艺指标，发现可能出现的“致命”缺陷并对其进行分类，剔除不合格的圆片，避免后续工艺的浪费；同时，工艺检测设备还可帮助工程师及时找出生产设备或工艺流程出现的偏移或问题，及时纠正或解决，优化生产设备（如光刻、薄膜、刻蚀、抛光等设备）的运行参数和光掩模的设计，查找影响芯片工艺质量的各种因素，从而优化整个工艺流程，快速提升芯片的成品率。

工艺检测设备在确保集成电路芯片较高成品率的同时，还要对生产类设备进行实时地监控，也就是对圆片制造工艺过程中的在线检测。这就要求检测设备必须具备智能化的图像识别功能，能够快速、准确地找到工艺流程中规定的测量区域去完成检查和测量，并且自动地将数据实时上传至生产线控制终端系统，为各工艺段的生产设备的参数微调提供依据，从而保证每道工艺均落在容许的工艺窗口内，使整条生产线平稳、连续地运行。

集成电路制造工艺流程在线使用的工艺检测设备种类较多，可分为前段芯片制造工艺和后段芯片封装工艺。本书主要介绍前段芯片制造工艺常用的检测设备。

2.10.1 集成电路制造中工艺检测的类型

集成电路制造工艺的检测按不同的分类方法有不同的类型。

1. 按检测目的分类

按检测目的不同，可分为量测（Metrology）类和缺陷检测（Defect Inspection）类。

量测的主要作用在于“量”，即测定圆片制造过程中的薄膜厚度、膜应力、掺杂浓度、关键尺寸、套刻精度等关键参数是否符合设计要求。对应的设备主要包括椭圆偏振光谱仪、四探针方块电阻测试仪、原子力显微镜（AFM）、扫描电子显微镜（SEM）、热波系统、相干探测显微镜等。

缺陷检测的重点在于“检”，即检查生产过程中有无产生表面杂质颗粒沾污、晶体图案缺陷、机械划伤等缺陷，圆片缺陷可能会导致芯片在使用时发生漏电、断电的情况，影响芯片的成品率。对应的设备主要包括圆片表面缺陷检测设备（无图形圆片检测设备 / 图形化圆片检测设备）、圆片表面缺陷复查设备、光学显微镜、扫描电子显微镜等。

2. 按应用范畴分类

按应用范畴不同，可分为关键尺寸测量、薄膜厚度测量、套刻对准测量、无图形圆片检测、图形化圆片检测、缺陷复查等。

3. 按技术原理分类

按技术原理不同，可分为光学技术（Optical Technology）和电子束技术（E-beam Technology）。两种技术在量测与缺陷检测下各具不同的特点。

光学量测通过分析光的反射、衍射光谱间接进行测量，其优点是速度快、分辨率高、非破坏性，其缺点是需借助其他技术进行辅助成像。电子束量测是根据电子扫描直接放大成像，其优点是可以直接成像进行测量，其缺点是速度慢、分辨率低，而且使用电子束进行成像量测操作时需要切割圆片，所以，电子束量测具有破坏性。

光学缺陷检测是通过光信号对比发现圆片上存在的缺陷，其优点是速度快，其缺点是无法呈现出缺陷的具体形貌。而电子束缺陷检测可以直接呈现缺陷的具体形貌，但是，该方法在精度要求非常高的情况下会耗费大量的时间。

2.10.2 集成电路制造中常用的工艺检测仪器及其归类

集成电路制造中常用的工艺检测仪器包括关键尺寸测量设备、薄膜厚度测量设备、套刻对准测量设备、缺陷检测设备和其他量测设备等。

1. 关键尺寸测量设备

关键尺寸测量（Critical Dimension Metrology）设备是用于测量集成电路制造工艺过程中关键尺寸的仪器或设备。

关键尺寸（CD）是指半导体制程中的最小线宽。随着关键尺寸越来越小，容错率也越小，所以必须要尽可能地测量所有产品的线宽，可见关键尺寸的测量越来越重要。图 2.10-1 为关键尺寸示意图，图中的 L 和 φ 为关键尺寸。

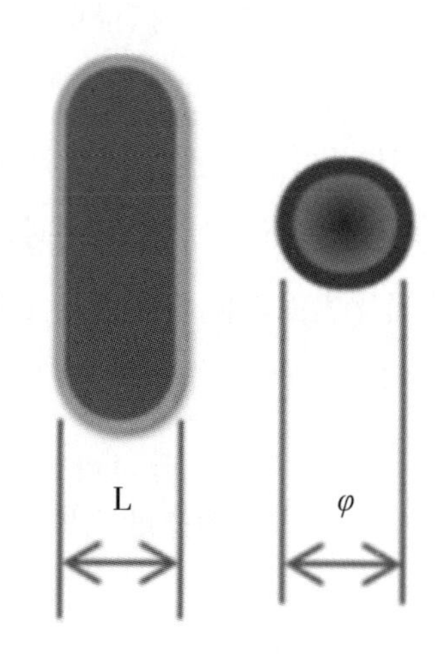

图 2.10-1 关键尺寸示意图

任何经过光刻后的光刻胶线条宽度或刻蚀后栅极线条宽度与设计尺寸的偏离都会直接影响最终器件的性能、成品率及可靠性，所以先进的工艺控制都需要对线条宽度进行在线测量。

关键尺寸测量设备主要包括光学关键尺寸测量设备和关键尺寸扫描电子显微镜。

（1）光学关键尺寸测量设备

光学关键尺寸（Optical Critical Dimension，OCD）测量设备可以实现对器件关键线条宽度及其形貌尺寸的精确测量，并具有很好的重复性和长期稳定性，而且可以一次性获得诸多工艺尺寸参数，所以，它已成为先进集成电路制造工艺中的主要测量工具。

光学关键尺寸测量系统是一种非成像的线宽测量系统，图 2.10–2 为光学关键尺寸测量系统的基本工作原理。

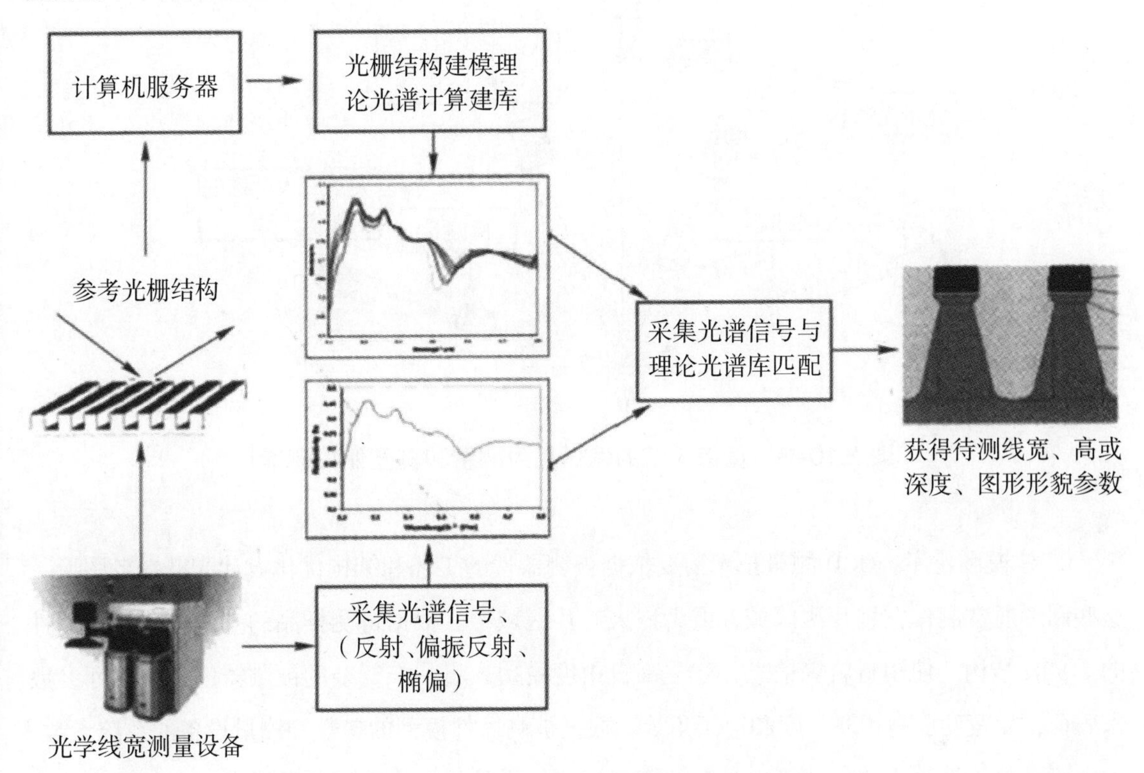

图 2.10–2　光学关键尺寸测量系统的基本工作原理

① 采集光谱信号。基于宽带光谱的偏振反射测量技术和椭圆偏振测量技术，如图 2.10–3 所示。宽带光谱光束经过起偏器入射样品的被测周期性结构区域，经过样品的衍射，衍射光中包含了样品的结构、材料等信息。衍射光中的反射光束通过检偏器被光谱传感器接收，并进一步经过信号处理形成包含被测样品信息的特征测量光谱。

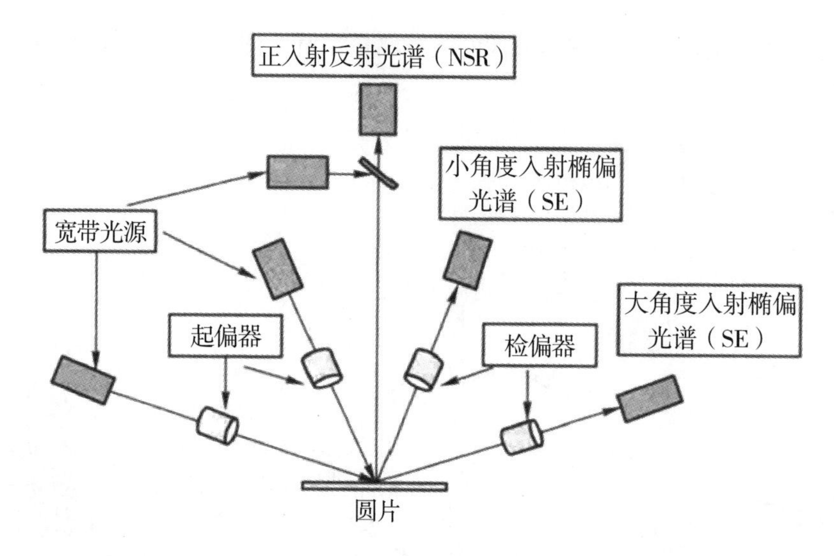

图 2.10-3 宽带光谱的偏振反射测量和椭圆偏振测量

② 建模和建库。OCD 测量技术需要依据被测器件的工艺和结构优化设计光栅参考图形，这些图形通常制作在划片槽区域，或者嵌入芯片区域中。根据待测样品的基本信息，如器件的 2D/3D 结构、使用材料等信息，建立高自由度模型，将一个复杂的被测器件用一系列参数来表征，如宽度、高（厚）度和边倾角等。根据被测器件模型的参数和测量设备的系统参数，由电磁场数值计算方法，计算出具有该模型描述的样品的理论光谱。通过在一定范围内改变被测器件模型的参数组合，重复上述电磁场数值计算，以获得相应的理论光谱库。

③ 光谱匹配。将采集的测量光谱与理论光谱库中的光谱逐一匹配，寻找与测量光谱均方差最小的一条理论光谱作为最佳匹配，并索引出应用于产生这一理论光谱的参数组合值，作为最终的测量结果。

参考子目：9027.5090。

（2）关键尺寸扫描电子显微镜

关键尺寸扫描电子显微镜（CD-SEM）可测量线宽、孔直径、边缘粗糙度等多种微观结构的各种尺寸，且对于测试结构没有复杂要求，所以，常在一道工艺制成后，同时测量不同功能区的多个图形结构。其测量精度高，但是需要将待测的圆片放置于真空中，所以测量速度慢，同时由于设备体积大，不利于集成。

参考子目：9012. 1000。

2. 薄膜厚度测量设备

薄膜厚度测量（Film Metrology）设备是用于测量集成电路制造工艺过程中薄膜厚度的仪

器或设备。在整个制造工艺中圆片表面有多种不同类型的薄膜，包含金属、绝缘体、多晶硅、氮化硅等材质的薄膜。图 2.10–4 为薄膜厚度示意图。

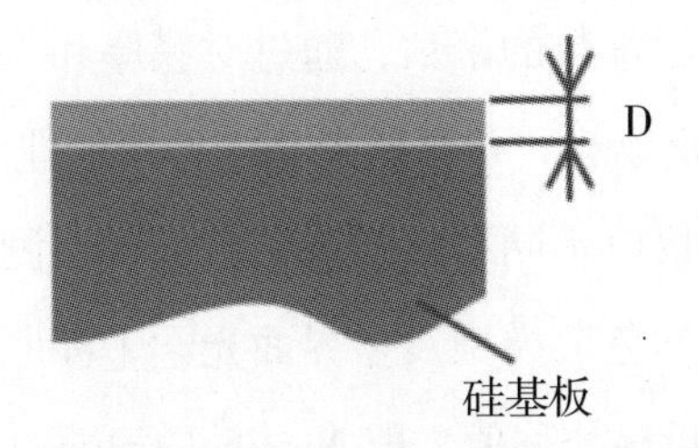

图 2.10–4　薄膜厚度示意图

在集成电路制造过程中，圆片要进行多次各种材质的薄膜沉积，这些薄膜的厚度及其性质（如折射率和消光系统）需要准确地确定，以确保每一道工艺均满足设计规格要求。

薄膜厚度测量设备主要包括两种类型：一种是椭圆偏振仪，用于透明或半透明薄膜的测量；另一种是四探针方块电阻测试仪，用于不透明薄膜的测量。

（1）椭圆偏振仪

椭圆偏振仪（Ellipsometry），又称椭圆偏振光谱仪，是一种用于探测薄膜厚度以及材料微结构的光学测量仪器。椭圆偏振仪可精确测定透明或半透明介质薄膜的厚度及折射率。其测量原理是根据平行椭圆偏振光的偏振参数随介质厚度及折射率不同而不同，从而依据偏振参数来精确测量薄膜的厚度及折射率。在椭圆偏振方式下，光源发出的光经由起偏器、光学聚焦系统，以一定的角度入射圆片表面，经过表面膜层和硅衬底反射的光再经过光学系统和检偏器，由光谱仪接收，如图 2.10–5 所示。

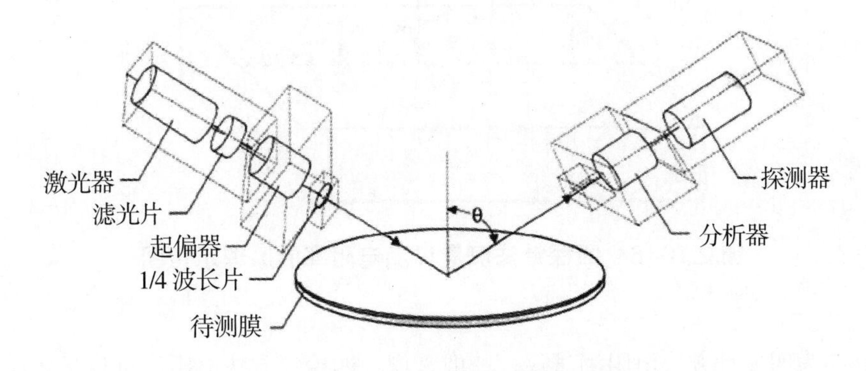

图 2.10–5　椭圆偏振的基本原理

反射光的P偏振分量（平行于入射面）和S偏振分量（垂直于入射面）的光场振幅比（tanϕ）和相位（Δ），在起偏器或检偏器旋转的情况下，通过光谱仪同时获取。由于振幅比和相位是波长、膜厚和薄膜光学常数的函数，通过对膜厚和薄膜光学常数等变量进行回归迭代逼近，使计算光谱与实测光谱吻合，最终所得到的迭代值即为所测薄膜的厚度和光学常数。

生产线上常用的椭圆偏振仪以不同材料的光学色散模型测量区域以毫秒级的积分时间快速采集光谱，以不同材料的光学色散模型及多界面光学干涉原理为基础的计算软件，从预设的薄膜参量初值（常称为工艺指标公称值，即Nominal Values）开始，围绕实测光谱进行回归迭代逼近，最终获得薄膜参量终值，并将其作为测量结果。

参考子目：9027.5090。

（2）四探针方块电阻测试仪

四探针方块电阻测试仪（Four-Point Probe）是通过四探针测量方块电阻判断其电阻与横截面积，进而计算出膜厚的仪器。它主要用于测量不透明薄膜的厚度。由于不透明薄膜无法利用光学原理进行测量，所以，利用四探针仪器测量方块电阻，根据膜厚与方块电阻之间的关系间接测量膜厚。方块电阻可以理解为圆片上正方形薄膜两端之间的电阻，它与薄膜的电阻率和厚度相关，与正方形薄层的尺寸无关。四探针将4个在一条直线上等距离放置的探针依次与圆片进行接触，在外面的2根探针之间施加已知的电流，同时测得内侧2根探针之间的电势差，由此便可得到方块电阻值，如图2.10-6所示。

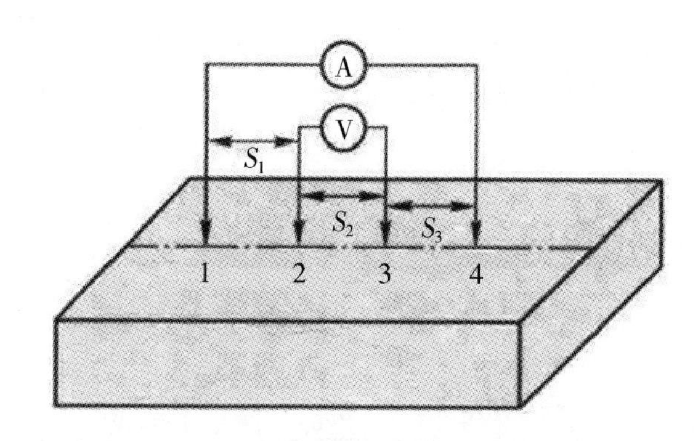

图2.10-6　四探针法测量样品电阻率的原理示意图

图2.10-7为四探针方块电阻测试仪。一般来说，四探针方块电阻测试仪是集成电路制造工艺中常用的一种线下（Off-Line）监测设备，可测量PVD/CVD金属薄膜电阻、薄膜外延层电阻率或离子注入退火后的方块电阻，用于日常监控相关工艺设备的稳定性。

图 2.10-7　四探针方块电阻测试仪

参考子目：9030.8200。

3. 套刻对准测量设备

套刻对准测量（Overlay Metrology）设备是用于测量套刻对准误差的设备。

在集成电路制造过程中，关键层的光学套刻是否对准直接影响器件的性能、成品率及可靠性，所以，套刻误差（Overlay，OL）是制造工艺中检测的主要指标之一。套刻误差的定义为第 n 层图形结构中心与第 n+1 层图形结构中心的平面距离。套刻误差的测量通常包括确定各个结构沿 X 轴和沿 Y 轴方向的中心线。图 2.10-8 为在 X、Y 两个方向上的套刻对准误差。

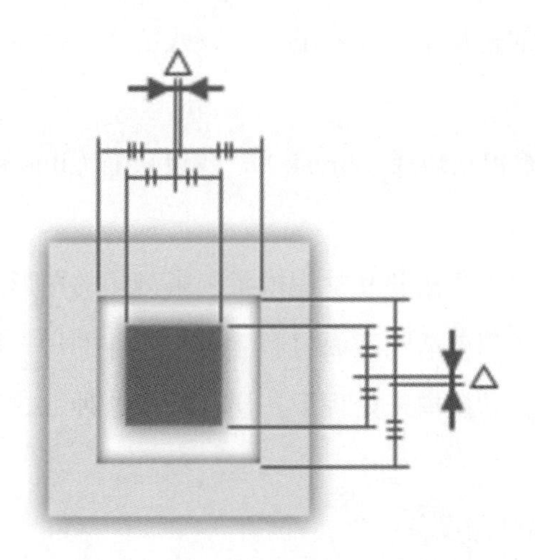

图 2.10-8　在 X、Y 两个方向上的套刻对准误差

套刻对准测量应用在光刻工艺后，主要是用于测量光刻机、掩模版和圆片的对准能力。目前常用的套刻误差测量系统包括 3 种：光学显微成像系统、光学衍射系统和扫描电子显微镜系统。

（1）光学显微成像系统（Image-Based Overlay，IBO）。通过光学显微成像获得包括两层套刻目标图形的数字化图像，然后基于数字图像处理算法，分别提取每一层的套刻目标图形的边界位置，再进一步计算每层图形的中心位置，从而获得套刻误差。

参考子目：9011.8000。

（2）光学衍射系统（Diffraction-Based Overlay，DBO）。使用特定设计的光栅目标图形和光强传感器，将一束单色平行光照射到两个不同层上的套刻目标光栅上，利用一对光强传感器分别测量由光栅反射的至不同空间方向的第一衍射束的强度，通过测量两个第一衍射束强度的不对称性来确定套刻误差。这是一种非成像的套刻误差测量系统。

参考子目：9012.1000。

（3）扫描电子显微镜系统（SEM-OL）。主要用于经刻蚀后的最终套刻误差测量。相应的套刻目标图形尺寸更小，通常设计在芯片器件内部，而不是在画线槽区域。这种系统的缺点是测量速度较慢。

参考税号：9012.1000。

4. 缺陷检测设备

缺陷检测设备是用于检测圆片表面杂质颗粒沾污、图案缺陷、机械划伤等缺陷的设备。缺陷检测分为无图形圆片缺陷检测和有图形圆片缺陷检测。

无图形缺陷检测的要素包括颗粒（Particle）、残留物（Residue）、刮伤（Scratch）、警惕原生凹坑（COP）等。

有图形缺陷检测的要素包括短线（Break）、线边缺陷（Bite）、桥接（Bridge）、线形变化（Deformation）等。

圆片上的图形是指使用光刻法和光学掩模工艺来刻印的图形。在器件制造工艺的特定工序中，圆片按特定的图形沉积或清除表面材料。对于器件的每一层，在掩模未覆盖的区域沉积或清除材料，然后使用新的掩模来处理下一层。按照这种方式重复处理圆片，由此生成多层电路。

（1）无图形圆片缺陷检测设备

无图形圆片缺陷检测（Non-Patterned Wafer Inspection）设备是一种用于检测圆片表面品质和发现圆片表面缺陷的光学检测设备。

无图形化检测指在开始生产之前，裸圆片在圆片制造商处获得认证，半导体晶圆厂收到后再次认证的检测过程。

无图形圆片检测系统用于圆片制造商中的圆片运输检验、圆片进货检验以及使用虚拟裸圆片监控设备清洁度的设备状况检查。

无图形圆片检测设备的工作原理是将激光光束照射在圆片表面某一区域，通过圆片旋转与径向移动相结合，实现激光在圆片全表面的扫描；当激光光束遇到缺陷结构时，缺陷结构产生散射信号，该散射信号被大口径的光学采集系统收集，并被探测器捕获；缺陷在圆片表面的位置会被记录下来，并与扫描电子显微镜等图像检测仪器同步位置信息，以便进行缺陷分析、判断。图 2.10–9 为无图形圆片缺陷检测示意图。

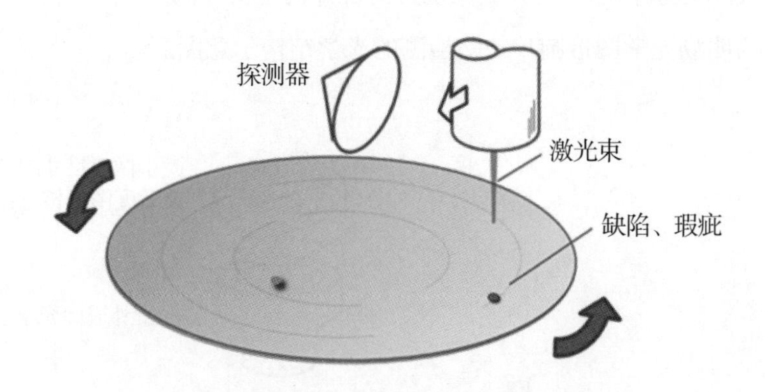

图 2.10–9　无图形圆片缺陷检测示意图

圆片的旋转位置和光束的径向位置决定了缺陷在圆片表面的位置。在圆片检测工具中，使用 PMT 或 CCD 方式记录光强度，并生成圆片表面的散射或反射强度图。此图提供有关缺陷大小和位置的信息，以及由于颗粒污染等问题而导致的圆片表面状况的信息。

参考子目：9031.4100。

（2）有图形圆片缺陷检测设备

有图形圆片缺陷检测（Patterned Wafer Inspection）设备是用于检测圆片短线、线边缺陷、桥接等缺陷的设备。

随着图形化和几何结构线宽的缩小，在早期技术节点不构成问题的瑕疵，现在已成为“致命”的缺陷，或影响成品率的主要因素。所以，有图形圆片缺陷检测是芯片制造工艺中保证成品率很重要的一环。

有图形圆片缺陷检测设备主要包括明场光学图形圆片缺陷检测设备、暗场光学图形圆片缺陷检测设备和电子束图形圆片缺陷检测设备。

① 明场光学图形圆片缺陷检测设备

光学图形圆片缺陷检测设备采用高精度光学检测技术，对圆片上的纳米 / 微米尺度的缺陷和污染进行检测和识别。这类设备基于传统光学显微镜针对照明光角度和采集光角度的相互关系，分为明场和暗场两大类。明场是指照明光角度和采集光角度完全相同或部分相同，所以在光电传感器上最终形成的图像是由照明光入射圆片表面并反射回来的光形成的；暗场是指照明光角度和采集光角度完全不同，所以在光电传感器上最终形成的图像是由照明光入射圆片表面并被图形表面的 3D 结构散射回来的光形成的。

明场光学图形圆片缺陷检测设备的光学显微系统是以更亮光源照明、更宽光谱范围、更高成像分辨率、更大数值孔径、更大成像视野为设计的主要方向。

图 2.10–10 为明场光学图形圆片缺陷检测的光学结构示意图。

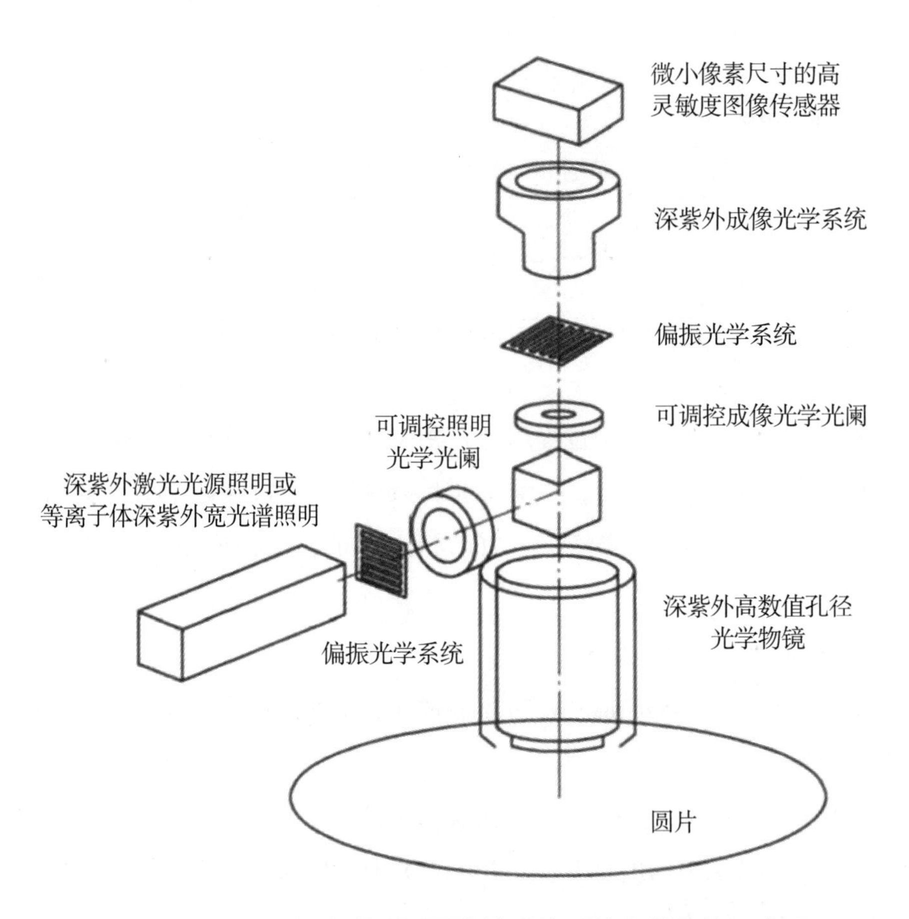

图 2.10–10　明场光学图形圆片缺陷检测的光学结构示意图

在检测过程中，圆片被机械臂自动上载后，移动平台将圆片真空吸附，使得圆片表面的平整度在 10 μm 内。以 “S” 形路径移动平台，光学系统在移动过程中对不同的位置成像拍照，采集的图像通过相邻重叠区域的特征识别完成整个圆片的图像拼接。全圆片的图像按芯片单元的重复性分成每个芯片的图像。缺陷的检测算法有两种：一是将每个芯片的图像和事先取得的黄金芯片（Golden Die）的图像进行对比，找到图像的不同，得到可能的缺陷图像；二是将每个芯片的图像与前 / 后的若干芯片的图像进行对比，找到图像的不同，得到可能的缺陷图像。

参考子目：9031.4100。

② 暗场光学图形圆片缺陷检测设备

暗场光学图形圆片缺陷检测设备的照明光路与采集光路在物理空间上是完全分离的，在光电传感器上最终形成的图像是由照明光入射圆片表面并被图形表面散射回来的光形成的。

图 2.10-11 为暗场光学图形圆片缺陷检测的光学结构示意图。

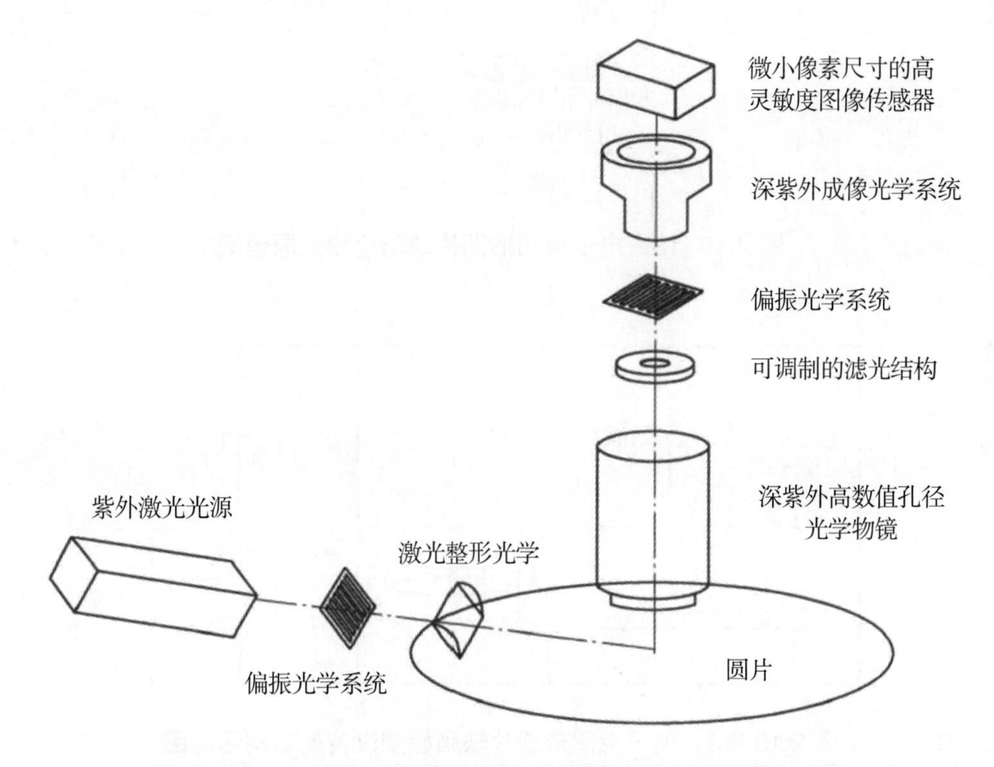

图 2.10-11　暗场光学图形圆片缺陷检测的光学结构示意图

暗场光学图形圆片缺陷检测过程及检测算法与明场光学图形圆片缺陷检测过程及检测算法类似。

参考子目：9031.4100。

③ 电子束图形圆片缺陷检测设备

电子束图形圆片缺陷检测设备是一种利用扫描电子显微镜在前道工序中对集成电路圆片上的刻蚀图形直接进行缺陷检测的工艺检测设备。图 2.10–12 为电子束图形圆片缺陷检测的原理图，图 2.10–13 为电子束图形圆片缺陷检测设备的结构示意图。

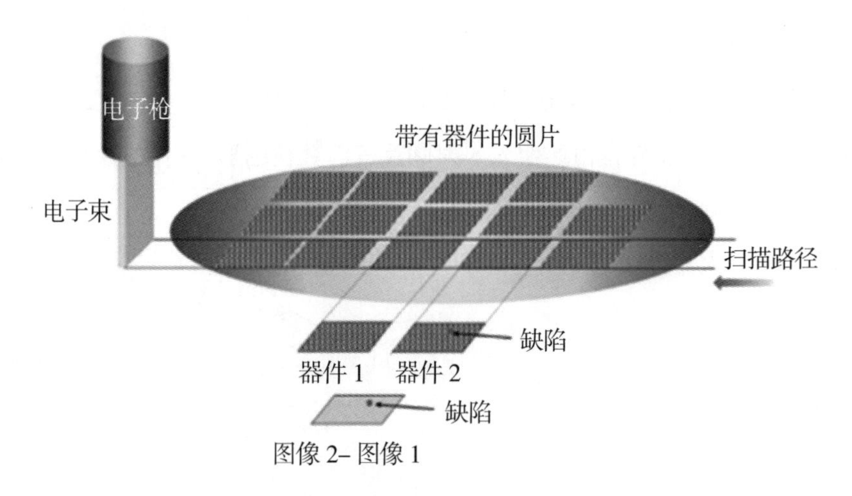

图 2.10–12　电子束图形圆片缺陷检测的原理图

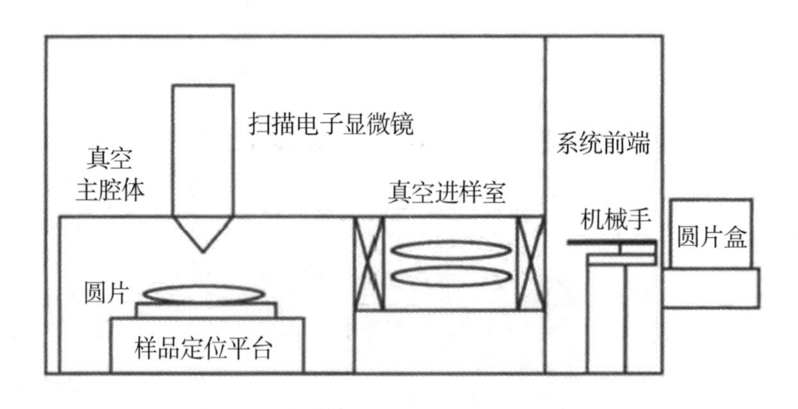

图 2.10–13　电子束图形圆片缺陷检测设备的结构示意图

它的核心是扫描电子显微镜，通过聚焦电子束对圆片表面进行扫描，接受反射回来的二次电子和背散射电子，进而将其转换成对应的圆片表面形貌的灰度图像。通过比对圆片上不同芯片同一位置的图像，或者通过图像和芯片设计图形的直接比对，找出刻蚀或设计上的缺陷。

与基于普通光学明场和暗场的图形圆片缺陷检测设备相比，电子束图形圆片缺陷检测设备对图形的物理缺陷（如颗粒、突起、桥接、空穴等）具有更高的分辨率，以及特有的通过电压衬度（Voltage Contrast）检测隐藏缺陷的能力。但是，由于受检测速度的限制，电子束图形圆片缺陷检测设备的工作模式主要为抽样检测。

该检测设备如果只是通过扫描电子显微镜得到放大的图像，建议归入子目 9012.1000；如果还能对扫描电子显微镜得到的放大图像进行比对功能，建议归入子目 9031.8090。

参考税号：9012. 1000/9031.8090。

5. 其他量测设备

其他量测设备主要包括原子力显微镜、热波系统、二次离子质谱仪、X 射线荧光光谱仪、X 射线衍射光谱仪和 X 射线反射仪等。

（1）原子力显微镜

原子力显微镜（Atomic Force Microscope，AFM）又称为扫描力显微镜（Scanning Force Microscope，SFM），是一种纳米级高分辨的扫描探针显微镜。

原子力显微镜主要用于膜应力的量测。在衬底表面上沉积多层薄膜可能会引入强的局部力量，这种局部力量被称之为膜应力。膜应力可能会导致衬底发生形变，进而影响器件的稳定性。原子力显微镜可以在大气和液体环境下对各种材料和样品进行纳米区域物理性质的探测，其最大的特点是不受真空环境的限制。

其工作原理是测量探针顶端原子与样品原子间的相互作用力，即当两个原子离得很近使电子云发生重叠时产生的泡利（Pauli）排斥力。工作时计算机控制探针在样品表面进行扫描，根据探针与样品表面物质的原子间的作用力强弱成像。具体方法是将微小的针尖装在一个对原子力非常敏感的微悬臂的一端，悬臂的另一端固定；利用针尖对样品表面进行扫描，通过针尖原子与样品原子之间非常微弱的排斥力获得样品表面信息，如图 2.10-14 所示。

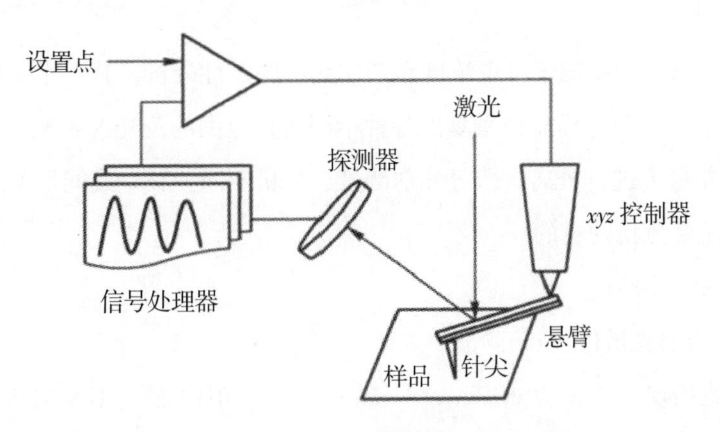

图 2.10-14　原子力显微镜工作原理图

参考子目：9012.1000。

（2）热波系统

热波系统（Thermal Wave System）通过测量聚焦在圆片上同一点的两束激光在圆片表面反射率的变化量来计算杂质粒子的注入浓度。在该系统内，一束激光通过氩气激光器产生加热的波使圆片表面温度升高，热圆片会导致另一束氦氖激光的反射系数发生变化，这一变化量正比于圆片中由杂质粒子注入而产生的晶体缺陷点的数目。由此，测量杂质粒子浓度的热波信号探测器可以将晶格缺陷的数目与掺杂浓度等注入条件联系起来，描述离子注入工艺后薄膜内杂质的浓度数值。

热波系统主要用于测量掺杂浓度。

参考子目：9027.8990。

（3）二次离子质谱仪

二次离子质谱仪（Secondary Ion Mass Spectrometer，SIMS）是在磁场中用加速离子侵蚀圆片表面以分析材料表面组成的一种仪器。这些离子轰击圆片表面并撞出或溅射其他离子，有些称为二次离子。二次离子包含圆片材料和掺杂的杂质，在真空腔中，用质谱仪将它们收集并分析，便可鉴别出掺杂类型及其圆片中杂质的浓度。所以，二次离子质谱仪主要用于测量掺杂浓度。

参考子目：9027.8190。

（4）X 射线荧光光谱仪

X 射线荧光光谱仪（X-ray Fluorescence Spectrometer，XRF）是利用 X 射线荧光对样品进行定性、定量分析的仪器。X 射线荧光是用高能量 X 射线或伽马射线撞击材料时激发出的次级 X 射线。

X 射线荧光光谱仪主要用于掺杂浓度和杂质元素的定性分析，其工作原理是：当 X 射线作用在测试样品上时，测试样品被激发出各种不同波长范围的荧光 X 射线，将这些混合的 X 射线按波长（或能量）进行分离，即可分别测量、分析不同波长（或能量）的 X 射线强度，从而达到定量和定性分析的目的。

参考子目：9022.1990。

（5）X 射线衍射光谱仪

X 射线衍射光谱仪（X-ray Diffraction Spectrometer，XRD）是利用 X 射线衍射原理，对材料进行精准地测定分析，用以表征物质的晶体结构、应力等的仪器。同时，它也可进行定性、定量分析，广泛用于集成电路制造和先进工艺开发领域。

参考子目：9022.1990。

（6）X 射线反射仪

X 射线反射仪（X-ray Reflectometer）是基于 X 射线的反射原理，对材料的表面特征非常敏感，可以进行无损的纳米尺度检测的仪器。主要用于 3 个方面：沉积薄膜厚度、界面粗糙度的测定以及层密度的高精确度测量；高 k 介质金属栅工艺集成中所用多层薄膜结构性质的测量；铜互连工艺中低 k 介质薄膜孔密度和孔径测量分析。

参考子目：9022.1990。

表 2.10-1 为常用工艺检测设备的主要测量目标、测量原理及其归类。

表 2.10-1　常用工艺检测设备的主要测量目标、测量原理及其归类

类别	检测设备	测量目标	测量原理	归类
量测类	光学关键尺寸测量设备	关键尺寸	将采集的测量光谱与理论光谱库中的光谱逐一匹配，寻找与测量光谱均方差最小的理论光谱作为最佳匹配，并索引出产生这一理论光谱的参数组合值，作为最终测量结果	9027.5090
	关键尺寸扫描电子显微镜	关键尺寸	以电子入射后转换成的 SEM 图像计算线宽	9012.1000
	椭圆偏振仪	透明 / 半透明薄膜厚度	根据平行椭圆偏振光的偏振参数随介质厚度及折射率不同而不同，依据偏振参数来精确测量薄膜的厚度及折射率	9027.5090
	四探针方块电阻测试仪	不透明薄膜厚度	通过四探针测量方块电阻判断其电阻与横截面积，进而计算出膜厚	9030.8200
	光学显微成像套刻误差测量系统	套刻标记	通过光学显微成像数字化原理来确定套刻误差	9011.8000
	光学衍射套刻误差测量系统	套刻标记	通过测量两个第一衍射束强度的不对称性来确定套刻误差	9012.1000
	扫描电子显微镜套刻误差测量系统	套刻标记	通过扫描电子显微镜来确定套刻误差	9012.1000
	原子力显微镜	膜应力、表面形貌等	利用探针顶端原子与样品原子间的相互作用力来计算膜应力、表面形貌等	9012.1000

表 2.10–1（续）

类别	检测设备	测量目标	测量原理	归类
量测类	热波系统	掺杂浓度	通过测量聚焦在圆片上同一点的两束激光在圆片表面反射率的变化量来计算杂质粒子的注入浓度	9027.8990
	二次离子质谱仪	掺杂类型和掺杂浓度	利用包含圆片材料和掺杂材料的二次离子来鉴别掺杂类型和掺杂浓度	9027.8190
	X 射线荧光光谱仪	掺杂类型和掺杂浓度	利用测试样品被激发出各种不同波长范围的荧光 X 射线来检测掺杂类型和掺杂浓度	9022.1990
	X 射线衍射光谱仪	晶体结构、应力	利用 X 射线衍射原理，对材料进行精准地测定分析，用以表征物质的晶体结构、应力等	9022.1990
	X 射线反射仪	薄膜厚度、界面粗糙度、薄膜孔密度和孔径等	利用 X 射线反射原理，用来检测材料的薄膜厚度、界面粗糙度、薄膜孔密度和孔径等	9022.1990
缺陷检测类	明场光学图形圆片缺陷检测设备	缺陷	其照明光路和采集光路完全相同或部分相同，在光电传感器上最终形成的图像是由照明光入射圆片表面并反射回来的光形成的，然后将实际芯片的图像与黄金芯片或前 / 后若干芯片的图像进行对比，找到图像的不同，以及可能的缺陷	9031.4100
	暗场光学图形圆片缺陷检测设备	缺陷	其照明光路和采集光路完全分离，在光电传感器上最终形成的图像是由照明光入射圆片表面并被图形表面散射回来的光形成的，然后将实际芯片的图像与黄金芯片或前 / 后若干芯片的图像进行对比，找到图像的不同，以及可能的缺陷	9031.4100
	电子束图形圆片缺陷检测设备	缺陷	利用扫描电子显微镜在前道工序中对圆片上的刻蚀图形直接进行缺陷检测	9012.1000 或 9031.8090
	无图形圆片表面检测设备	缺陷	当圆片上有缺陷时，照射到圆片上的激光光束会产生散射，利用光束的散射来检测缺陷	9031.4100

2.11 集成电路制造设备的核心零部件

集成电路制造设备的核心零部件作为我国半导体设备乃至半导体产业链的基石，目前主要被美国、日本、欧洲等国际品牌所垄断。不同集成电路制造设备的核心零部件有所不同。例如：光刻机的核心零部件包括工作台、投影物镜、光源等，而等离子体真空设备（PVD、CVD、刻蚀）的核心零部件包括气体质量流量控制器（Mass Flow Controller，MFC）、射频电源、真空泵、静电吸盘等。表 2.11–1 为主要集成电路制造设备的核心零部件。

表 2.11–1 主要集成电路制造设备的核心零部件

序号	设备名称	设备所包含的核心零部件
1	光刻机	工件台、投影物镜、光源、光束矫正器、能量控制器、光束形状设置、掩模台、内部封闭框架、减振器等
2	涂胶显影机	机械传动、陶瓷热盘、中空轴电机、光刻胶泵、高精度温湿度控制器
3	清洗设备	气路系统、物料传送系统、反应腔、加热器、功能水、臭氧发生器、CO_2 混合发生器、冷却器、氢气发生器、兆声波发生器等
4	PVD	真空排气系统、MFC、冷却水供给系统、加热电源、阴极电源、检测 / 监控系统
5	PECVD	RF 射频电源、MFC、反应室系统、尾气处理系统、真空系统
6	刻蚀机	圆片盒、ESC、射频发生器、反应控制器、分子泵、等离子体反应器等
7	离子注入机	离子源、引出电极、离子分析器、加速管、扫描系统、工艺室
8	CMP 设备	研磨衬垫、自旋圆片载具、研磨浆输配器装置等

资料来源：中银证券。

据半导体产业调查公司 VLSI 统计，集成电路制造设备的关键子系统主要分为 8 大类：气液流量控制系统、真空系统、制程诊断系统、光学系统、电源及气体反应系统、热管理系统、圆片传送系统、集成系统及关键组件。每个子系统又由数量庞大的零部件组合而成，详见表 2.11–2。

表 2.11-2　集成电路制造设备核心子系统的构成

核心子系统	英文	主要部件
气液流量控制系统	Fluid Management Subsystems	气体质量流量控制器、液体流量控制器、排液泵等
真空系统	Vacuum Subsystems	控制阀、隔离阀、传输阀、低温泵、干式泵、分子泵等
制程诊断系统	Integrated Process Diagnostics Subsystems	气体分析仪、液体分析仪、粒子计数器、其他计量等
光学系统	Optical Subsystems	光刻光学系统
电源及气体反应系统	Power and Reactive Gas Subsystems	RF 射频电源，RF 射频电源匹配网络、DC 制程电源、等离子体源等
热管理系统	Thermal Management Subsystems	温控装置、换热系统、测温系统等
圆片传送系统	Wafer Handling Subsystems	真空机械手臂、常压机械手臂等
集成系统	Integrated Subsystems	
关键组件	Critical Components	静电卡盘装置（ESC）、陶瓷组件、橡胶组件等

资料来源：VLSI、中银证券。

第3章　洁净室（厂房）及其配套系统

3.1　洁净室（厂房）

洁净室（厂房）（Cleanroom），又称为净化室、无尘室，是指空气悬浮粒子浓度受控的房间。它的建造和使用应尽可能地减少室内诱入、产生及滞留颗粒物。室内其他有关参数，如温度、湿度、压力、静电等按特殊的要求进行控制。

更确切地说，洁净室（厂房）有一个受控的污染水平，该水平由在指定的颗粒尺寸下每立方米（或每立方英尺）允许所包含的颗粒数来规定。

3.1.1　洁净室（厂房）的作用

由于集成电路的关键尺寸越来越小，在一块小小的芯片上，集成了成千上万个元器件，在集成电路制造过程中如果有外界杂质污染源（包括尘埃、金属离子、各类有机物、自然氧化层、静电释放等）进入，就会造成元器件性能的劣化及产品成品率和可靠性的降低。所以制造集成电路必须在洁净的环境中进行，以尽量将污染源与硅片隔离。同时，无尘室的衣柜、衣服和穿着无尘衣的程序都有助于提高无尘室的质量，严格的无尘室规则对于隔离污染物及防止成品率降低很有帮助。

随着图形尺寸的缩小，杂质污染源的尺寸也随之缩小，因此，越小的图形尺寸就越需要纯净度更高的无尘室。

对于不同的工艺过程，杂质微粒所造成的缺陷也不同。比如，微粒如果掉落在掩模版上的空白区域，将会在光刻工艺中负光刻胶上产生细孔或正光刻胶上留下残余物。经刻蚀后，这些细孔和残余物就会转移到圆片表面产生缺陷，从而会严重降低芯片的成品率。图 3.1–1 显示了无尘室掩模版上的杂质微粒对光刻工艺的影响，从图中可以看到上面的小微粒已改变了圆片表面的图形。

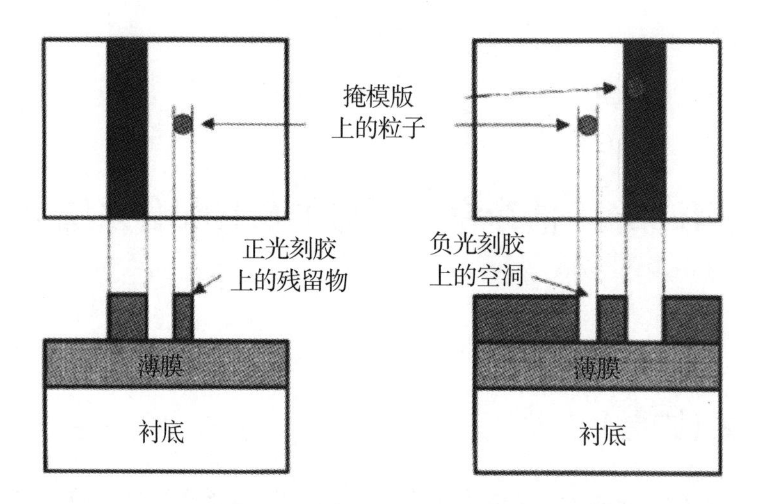

图 3.1-1 无尘室掩模版上的杂质微粒对光刻工艺的影响

在离子注入过程中，如果出现杂质微粒，它将会挡住注入的离子并造成不完整的界面，从而影响元器件的性能，如图 3.1-2 所示。

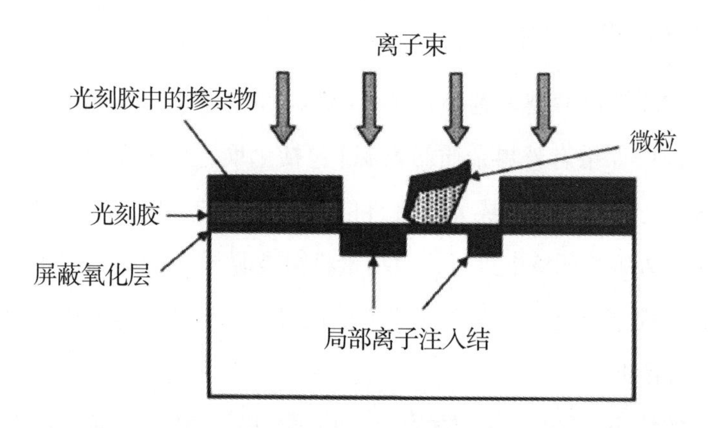

图 3.1-2 无尘室粒子对离子注入工艺的影响

为保证集成电路制造所需要的洁净环境，通常采用 3 种基本策略来消除洁净室（厂房）的颗粒：

一是从未受颗粒沾污的洁净室（厂房）着手开始；

二是尽可能减小通过设备、器具、人员和洁净室（厂房）供给引入的颗粒；

三是持续监控洁净室（厂房）的颗粒、定期反馈信息和维护清洁。

3.1.2 洁净室（厂房）主要因素指标要求

影响洁净室（厂房）的主要因素指标包括温度、湿度、气压、气流、静电及振动等。

1. 温度与湿度

对于集成电路制造工艺来说，温度和湿度有特定的规定。通常温度控制在 23 ℃ ±1 ℃内；湿度控制在 45% ± 3% RH[①]。

2. 气压

洁净室（厂房）内的气压一直维持在比非洁净室（厂房）区域高的状态，以避免开门时空气流入而带进杂质微粒。同样的原理也用于洁净室（厂房）内的不同等级区域，即高等级区域的气压要高于低等级区域的气压，以防止低等级区域的杂质微粒进入高等级区域。

3. 气流

由于洁净厂房内的工作人员及生产设备也会产生灰尘，而这些灰尘对洁净室（厂房）环境也是一大危害，所以必须通过气流将这些尘埃过滤或排出室外。依据气流的方向特点，可分为单向流（大致平行的受控气流，以及与水平垂直或平行的气流）、非单向流［进入洁净室（厂房）的送风以诱导方式与室内空气混合的气流］和混合流（单向流和非单向流组合的气流）。

4. 静电

洁净室（厂房）对环境中的防静电要求也非常苛刻。静电对集成电路行业的主要危害有 3 个方面：

（1）静电吸附：指附着在产品上的静电荷会通过静电作用吸附空气中的尘埃，从而引起产品上尘埃的附着。

（2）静电放电：当静电电荷积累到一定程度，若有导体接近就会产生静电放电，从而造成器件击穿。

（3）电子干扰：静电放电会产生辐射，这些辐射会干扰周围的微处理器。

目前防范洁净室（厂房）的静电根据不同的工艺区域，采用不同的防范措施。

（1）内装（高架地板、吊顶、隔板等）静电防护：洁净室（厂房）内装环境的防静电措施是接地。因在集成电路的生产过程中会产生电荷，但工艺所需的材料如石英、玻璃、塑料等都是绝缘体，电荷无法就地移除，所以接地系统是对抗静电的关键。

（2）工艺静电防护（离子棒、离子风扇）：离子棒与离子风扇均为静电发生器，通过电

---

① RH：Relative Humidity，相对湿度。

离空气中的粒子产生正负电荷，洁净室（厂房）中的气流会使正负电荷形成一股带有正负电荷的气流。当设备或产品带有电荷时，气流中的异性电荷会中和设备或产品带有的电荷，从而消除静电。

5. 振动

精密设备、精密仪器仪表的容许振动值应由生产工艺和设备制造部门提供。振动尤其对光刻设备影响巨大。

3.1.3 洁净室（厂房）的级别

洁净室（厂房）需要控制空气中的颗粒。我们通常所呼吸的空气是不适用于半导体制造环境的，因为它包含了较多的漂浮沾污。洁净室（厂房）级别的标定是由洁净室（厂房）空气中的颗粒尺寸和密度来划分的。

国际标准（ISO 14644-1）以每立方米所含空气粒子数进行分类，该标准分为 9 个等级，见表 3.1-1。

表 3.1-1 国际标准（ISO 14644-1）下洁净室（厂房）等级分类

空气洁净度等级（N）	大于或等于所标粒径的粒子最大浓度限值（个 / 每立方米空气粒子）					
	0.1 μm	0.2 μm	0.3 μm	0.5 μm	1 μm	5 μm
1	10	2	—	—	—	—
2	100	24	10	4	—	—
3	1000	237	102	35	8	—
4	10000	2370	1020	352	83	—
5	100000	23700	10200	3520	832	29
6	1000000	237000	102000	35200	8320	293
7	—	—	—	352000	83200	2930
8	—	—	—	3520000	832000	29300
9	—	—	—	35200000	8320000	293000

注：由于涉及测量过程的不确定性，故要求用不超过 3 个有效的浓度数字来确定等级水平。

该表中最高等级是 1 级，最低等级是 9 级。等级为 1 级的要求每立方米内直径大于或等于 0.1 μm 的微粒数目必须小于 10 个，直径大于或等于 0.2 μm 的微粒数目必须小于 2 个，不存在直径大于或等于0.3 μm的微粒；等级为2级的要求每立方米内直径大于或等于0.1 μm的微粒数目必须小于100个，直径大于或等于0.2 μm的微粒数目必须小于24个，直径大于或等于0.3 μm的微粒数目必须小于10个，直径大于或等于0.5 μm的微粒数目必须小于4个；以此类推。

3.1.4 洁净室（厂房）的布局结构与组成结构

在洁净室（厂房）布局中，早期制造区的整体净化级别是7级，而单独工作台的局部级别是5级；后来，采用生产区与技术夹层的方法，生产区的净化级别上升至3级，绝大多数设备维护所在的服务区级别为6级。而在目前大多采用舞厅式布局，在生产区和服务区两种洁净室（厂房）的下面都设有一个亚工厂区，在亚工厂区包括大量的设施（如泵、管道系统、各种电缆等）。

圆片的生产区，又称为制造区，通常分隔成几个制造区间，包括湿法区、扩散区、光学区、刻蚀区、注入区、薄膜区及CMP区。

湿法工艺区是进行湿式工艺的区域，如光刻胶去除、湿法刻蚀和湿法化学清洗是湿法工艺区最普遍的工艺；扩散区主要是进行加热工艺的区域，如氧化、LPCVD和扩散掺杂等；光学区是进行光刻工艺的区域；刻蚀区是进行刻蚀工艺的区域；注入区是进行离子注入和快速热退火工艺的区域；薄膜区是沉积电介质或金属层的区域，其中CVD用于沉积电介质，PVD用于沉积金属层；CMP区是进行化学机械研磨的区域。

为了实现洁净室（厂房）的超净环境，气流种类是很关键的，对于5级或以下的洁净室（厂房），层状气流是必需的。层状气流是指气流为平滑的无湍气流模式。图3.1–3为圆片工艺线的空气处理系统，图中生产区是层状气流，服务夹层区是湍状气流。

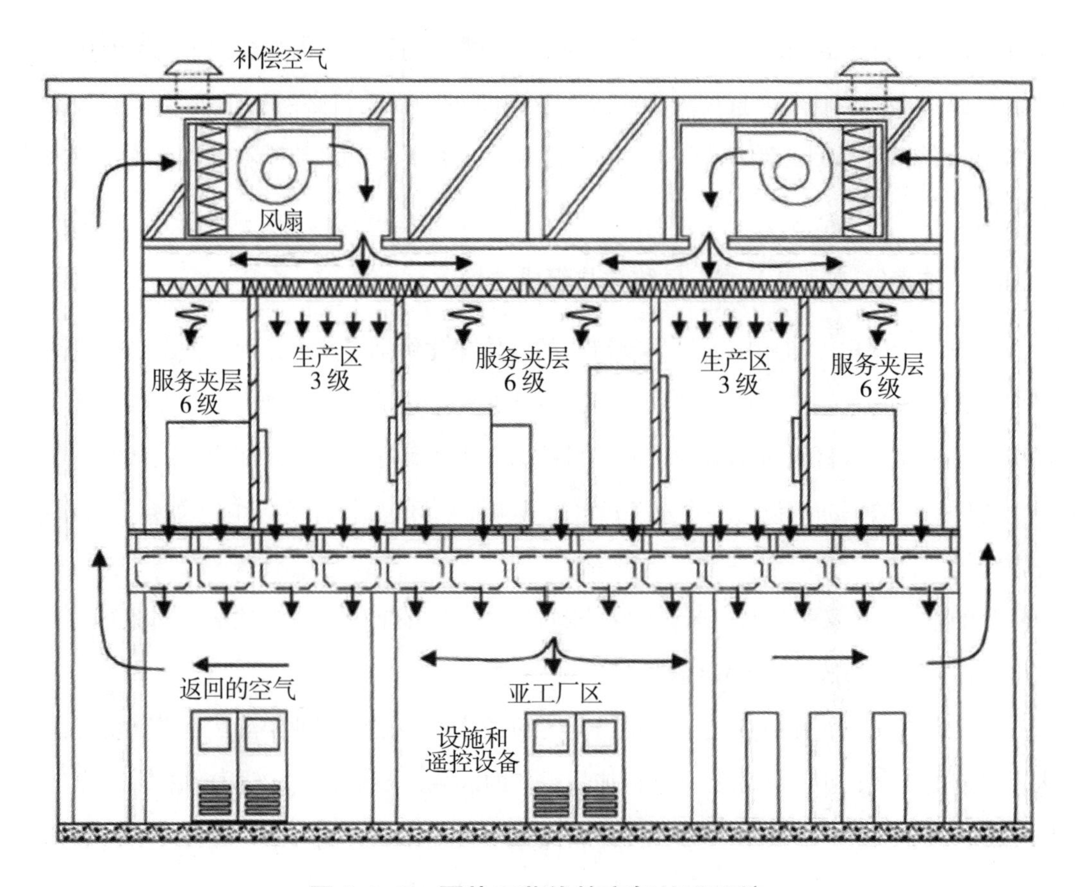

图 3.1-3　圆片工艺线的空气处理系统

空气进入天花板内的特效颗粒过滤器后，以层流模式流向地面，进入到空气再循环系统后与补给的空气一道返回过滤系统。其中的特效颗粒过滤器包括高效颗粒过滤器（High Efficiency Particulate Air Filter，HEPA）和超低渗透率空气过滤器（Ultra Low Penetration Air Filter，ULPA）。

HEPA 过滤器是用玻璃纤维制作成型的，可产生层状气流，能过滤掉 99.97% ~ 99.999% 的直径超过 0.3 μm 的颗粒；ULPA 过滤器能过滤掉 99.9995% 的直径超过 0.12 μm 的颗粒。

图 3.1-4 为 HEPA 过滤器和 ULPA 过滤器的组成结构。

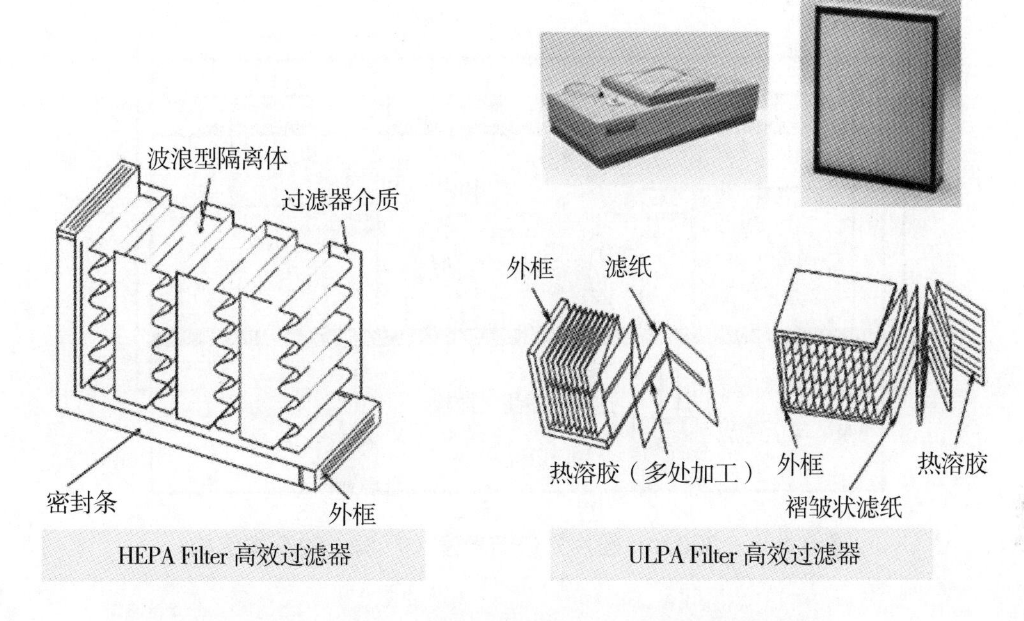

图 3.1–4　HEPA 过滤器和 ULPA 过滤器的组成结构

图 3.1–5 为一座 300 mm 圆片先进洁净室（厂房）的基本结构。洁净室（厂房）的地板通常是很高的孔状框架地板，以便空气能够从天花板垂直流动到制造和设备区的底部区域，当气流回送到洁净室（厂房）时，将通过微粒空气过滤器过滤掉气流中所带的大部分微粒。通常情况下，为了降低成本，只有圆片的制造区域才被设计成拥有最高级的洁净区，设备区放在等级较低的洁净区，大部分辅助设备不放在洁净区内，而是放在洁净区的下面。圆片被放置在一个密封的 FOUP 内，而且只暴露在工艺或计量设备的气流下，所以，只要在工艺设备内或计量设备内设置成高等级区即可。

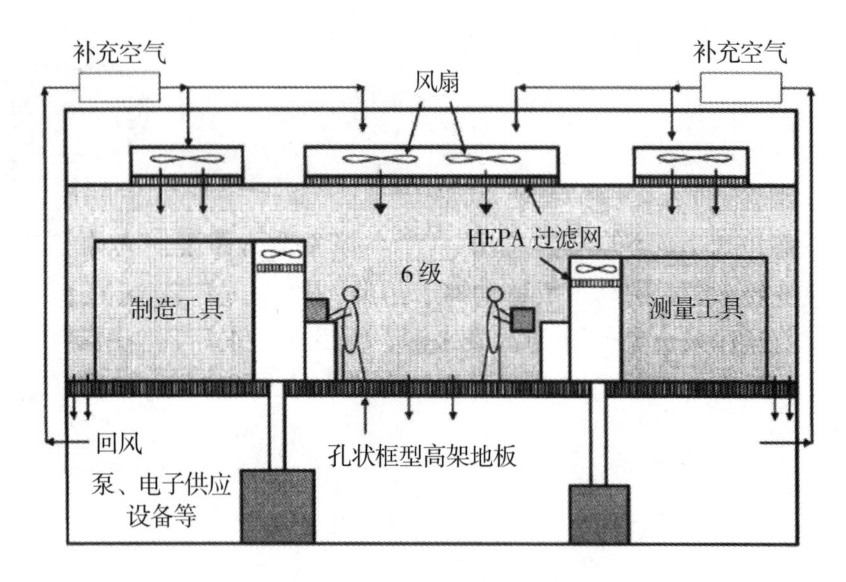

图 3.1–5　300 mn 圆片先进洁净室（厂房）的基本结构

图 3.1–6 为一般洁净室（厂房）的基本结构。一般在洁净室（厂房）内，圆片被放置在一个开放式的盒子里，圆片在进行工艺加工或测试之前暴露在开放式盒子的气流下，所以，整个工艺区也被设置成高等级区域，而对于设备区只要 6 级的洁净室（厂房）即可。

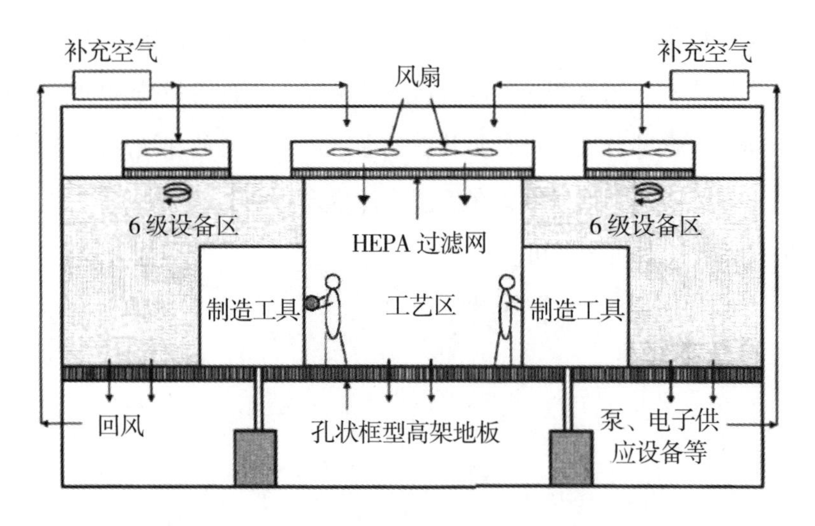

图 3.1–6　一般洁净室（厂房）的基本结构

洁净室（厂房）的详细组成结构包括：

1. 一般空调系统、洁净空调系统、一般通风系统、工艺排风系统及事故通风系统。

2. 生产原水供水系统、排水系统、工艺循环冷却水系统、纯水系统、超纯水系统、软化水系统、工艺废水系统、消防给水系统及气体灭火系统；

3. 低温冷冻水系统、中温冷冻水系统、常温循环冷却水系统、热回收系统、热水系统、蒸汽和凝结水系统、天然气系统、供油系统、工艺真空系统、大宗气体及特殊气体供应系统（如工艺氮气 PN_2、工艺氢气 PH_2、工艺氧气 PO_2、工艺氩气 PAr、工艺氦气 PHe、压缩空气等）、化学品供应系统。其中，冷冻水及热回收系统包括低温离心式冷水机组、中温离心式冷水机组、热回收型离心式冷水机组、冷冻水一次泵、冷冻水二次泵、热回收水一次泵、热回收水二次泵、膨胀水箱、加药装置、管道及阀门附件、保冷材料等；冷却水系统包括冷却水泵、冷却塔、加药装置、砂滤系统、管道及阀门附件等；热水系统包括热水锅炉、高热水循环水泵、热水循环泵、板式换热器、定压补水装置、管道及阀门附件、保温材料等。

4. 供电电源（变电站部分）、供配电系统（高压配电系统部分）、过电压保护和接地装置、厂区供配电线路及户外照明、建筑物防雷保护。

5. 洁净室（厂房）附属设备（主要包括风淋室、货淋室、气闸室、传递窗、隧道传输型传递箱、余压阀、清扫装置、无尘衣鞋柜、洗鞋机、无菌自动洗手烘干机、洁净工作台、生物安全操作台、隔离手套箱及洁净棚等）。

6. 天花板系统（吊杆、纲梁及天花板格子梁等）。

7. 隔墙板、窗户、门等。

8. 地板（高架、防静电地板等）。

9. 照明器具（日光灯、黄色灯管等）。

3.2 配套系统

洁净室（厂房）的配套系统主要包括：空调系统、工艺循环冷却水系统、工艺真空系统、工艺排气系统、气体供应系统、特气侦测系统、化学品供应系统、二次配管系统、超纯水系统、废水处理系统及自动物料搬运系统等。其中，自动物料搬运系统的介绍详见本书第 4 章 4.3 节。

3.2.1 空调系统

空调系统是指为生产工艺过程或为系统正常运转创造必要环境条件的空气处理系统。在集成电路制造过程中，空调系统可以调节与控制某个空间内的温度、湿度和空气流动速度等，并供应新风和排除污浊的空气。

空调系统主要由过滤器、空气洗涤器、冷却器、风机及加热器等构成，如图 3.2–1 所示。

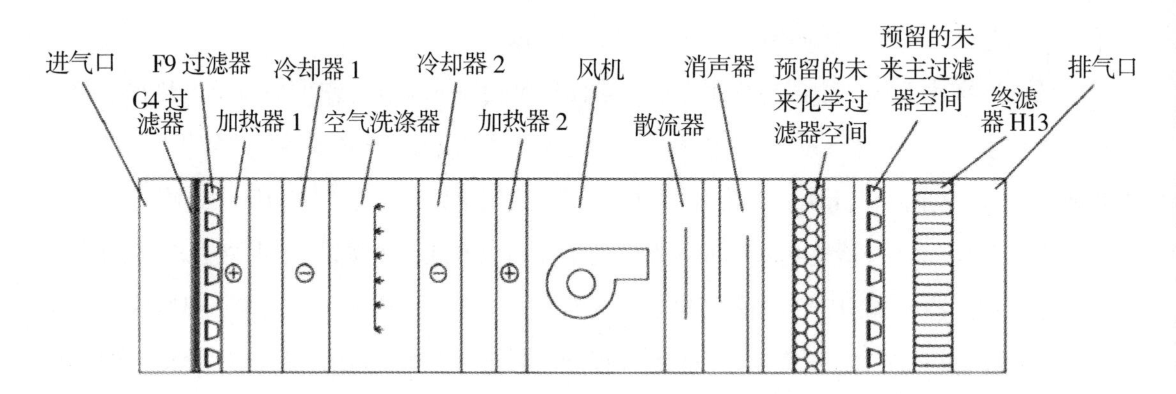

图 3.2-1　某半导体公司的空调系统结构图

洁净室（厂房）新风系统的工作原理：经过空调箱处理后的恒温恒湿的新风经风管送入洁净室（厂房）回风墙内并与洁净室（厂房）的回风进行混合，在风机过滤机组的作用下在洁净室（厂房）内形成新风流动场。洁净室（厂房）新风系统通过空调箱送入恒温恒湿的新风，空气在洁净室（厂房）内部循环，如图 3.2-2 所示。

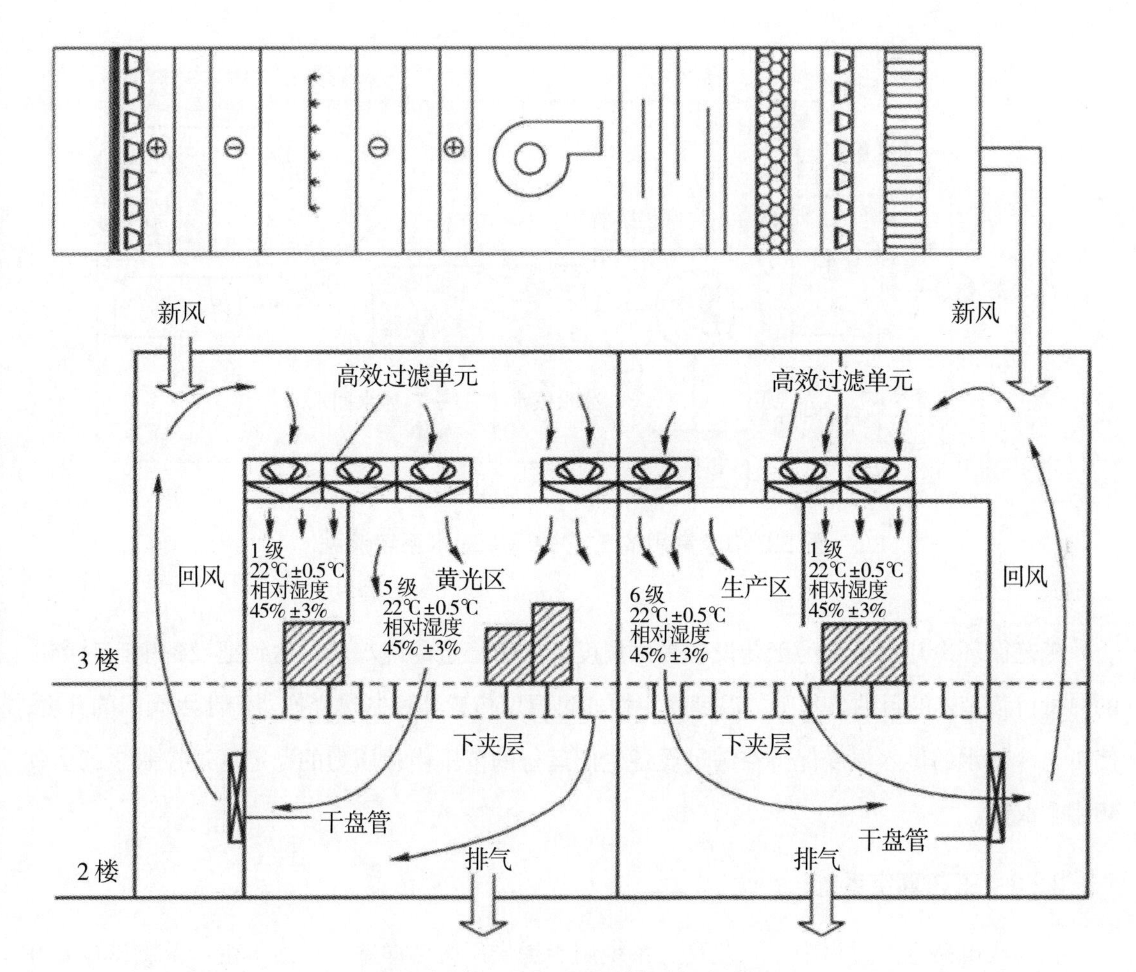

图 3.2–2 洁净室新风系统示意图

3.2.2 工艺循环冷却水系统

在集成电路圆片的制造过程中，设备在生产及测试等过程中会产生热量，而工艺循环冷却水系统则用来将这些热量带走。

图 3.2–3 为常用的工艺循环冷却水系统流程。它主要包括水箱（提供供应的水源及收集回水，同时可加入药剂以调整水质）、水泵（提供足够的动力将冷却水送至用户侧）、热交换器（让冷却水与冰水进行热交换，保证冷却水供水的温度稳定）、变频器（改变运转频率，可控制水泵出口达到相应的输出压力）、过滤器（将水中杂质过滤掉，以免工艺设备堵塞）。

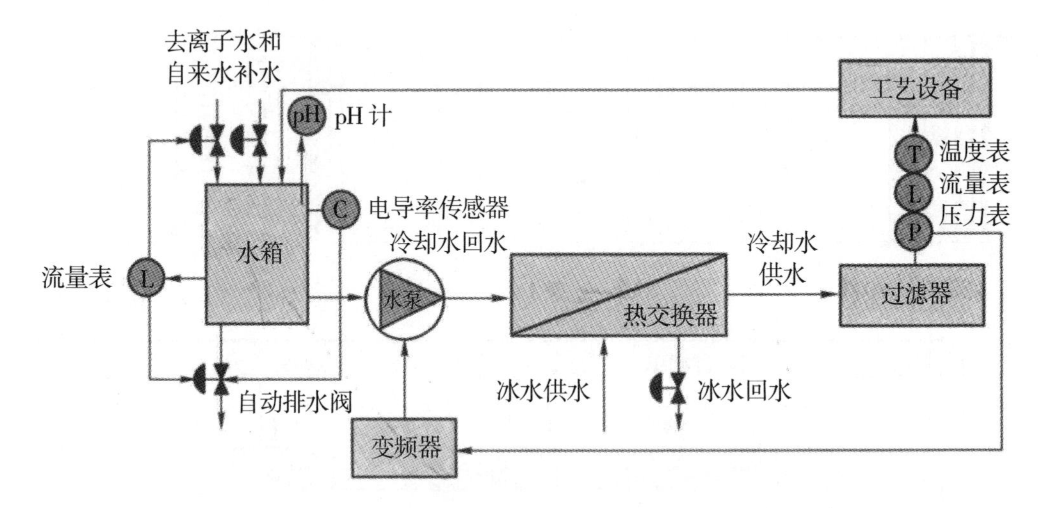

图 3.2–3 常用的工艺循环冷却水系统流程

工艺循环冷却水系统为工艺设备提供温度、压力稳定的冷却水，达到把设备生产时产生的热量持续带走的目的。其中，温度稳定性通过温度传感器控制热交换器侧冰水阀门的开度，使工艺冷却水的供水温度保持在满足设备生产运行的范围内；压力的稳定通过控制泵的运动频率来保证。

3.2.3 工艺真空系统

在集成电路生产过程中，工艺真空系统用于提供厂区洁净室（厂房）生产及测试设备在制造过程中所需的真空压力和气体流量，如图 3.2–4 所示。

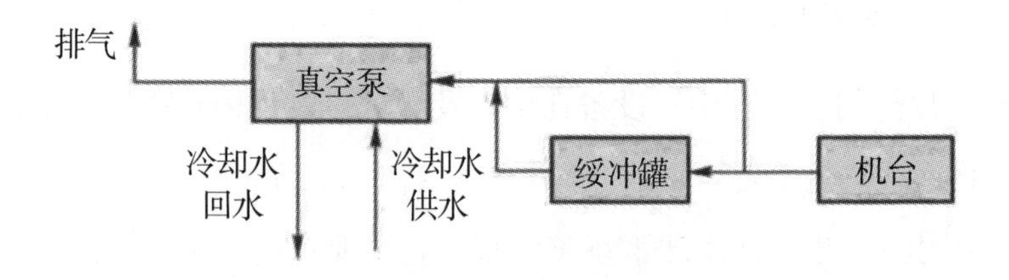

图 3.2–4 工艺真空系统工作流程示意图

工艺真空系统通过真空泵抽取管路内的空气，以保持腔体内具有一定的压力，抽取后的气体通过真空泵的后端排入大气或排气系统。同时由于单个工艺产品末端压力需要恒定，因此主管路的压力系统运动时的压力也需要恒定。缓冲罐并联入整个系统，可在真空泵端发生短暂异常时，使主管压力在短时间内维持在原来的压力值，避免工艺产品受到影响。

3.2.4　工艺排气系统

在集成电路生产过程中，各种气体和化学品与圆片的反应会产生有毒有害的反应物。工艺排气系统就是用来对反应的产物进行有效处理，达到排放标准后排放到室外，以避免气态物质对环境和人员造成伤害。工艺排气系统按其排放的气体类别分为4种。

1. 一般气体的排气系统

一般气体的排气系统是通过风机排除工艺设备产生的废热，或为了保证工艺设备内部的负压环境的排气系统。一般排气不含有毒、有害的物质，所以可以不经过处理，直接排入大气中，如图3.2–5所示。

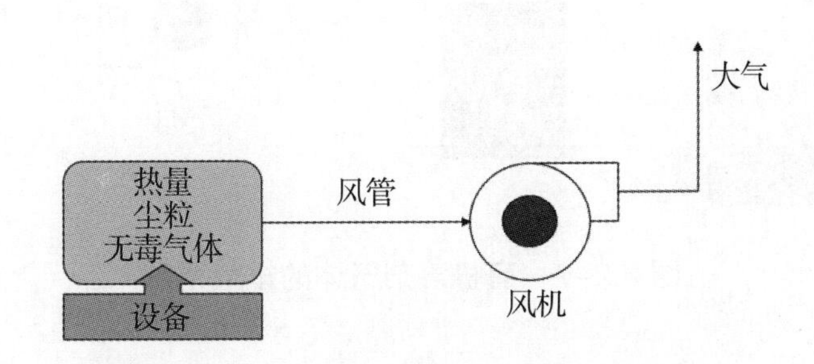

图3.2–5　一般气体的排气系统示意图

2. 酸性气体的排气系统

酸性气体的排气系统是采用酸性洗涤塔处理含有HCl、H_2SO_4等的酸性有害气体并通过风机排到大气的处理系统。酸性洗涤塔使用酸性有害气体与碱性液体进行反应中和，然后通过风机分离出液体和符合排放标准的气体，如图3.2–6所示。

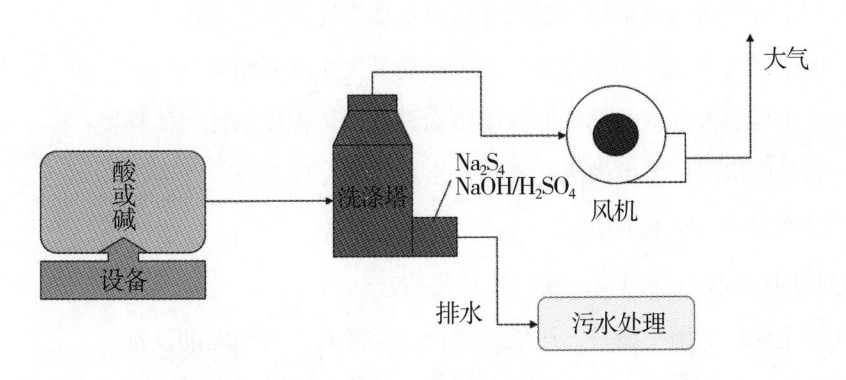

图3.2–6　酸性或碱性气体的排气系统示意图

3. 碱性气体的排气系统

碱性气体的排气系统是采用碱性洗涤塔处理含有 NH_3 等的碱性有害气体并通过风机排到大气的处理系统。碱性洗涤塔使用碱性有害气体与酸性液体进行反应中和，然后通过风机分离出液体和符合排放标准的气体。

4. 有机溶剂气体的排气系统

有机溶剂气体的排气系统是采用沸石转轮和燃烧炉处理含有苯、丙酮、异丙醇等有机溶剂的有害气体的排气处理系统，如图 3.2-7 所示。

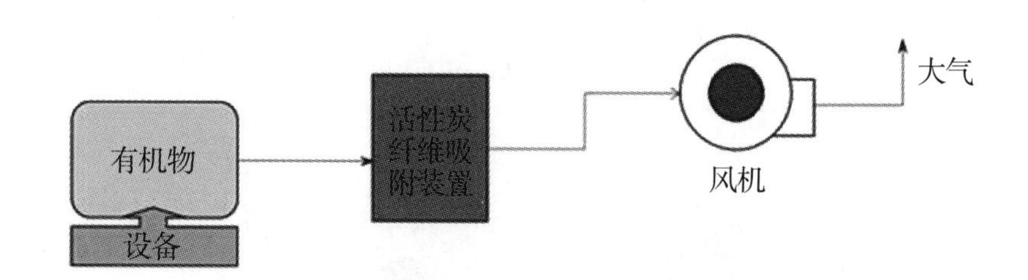

图 3.2-7 有机溶剂气体的排气系统

3.2.5 气体供应系统

气体供应系统分为大宗气体供应系统和特种气体供应系统。

1. 大宗气体供应系统

（1）大宗气体的分类和应用

大宗气体是氮气、氢气、氧气、氩气、氦气的统称。它们各自的用途如下：

① 氮气用于厂房内设备吹扫、稀释原料气，提供惰性气体环境以及化学品输送压力来源；

② 氢气用于为厂房内设备提供燃烧介质以及作为还原反应气体；

③ 氧气用于厂房内设备的氧化剂，或供给臭氧发生器所需的氧气；

④ 氩气用于厂房内设备的热传导介质，为设备腔体提供惰性气体环境；

⑤ 氦气用于厂房内设备中产品的冷却。

（2）大宗气体供应系统的组成

大宗气体供应系统包括制气站和气体纯化站。

① 制气站主要包括制气设备、压缩储存设备、灌充设备和辅助设备等。

② 气体纯化站主要包括大宗气体纯化设备、气体过滤器、输送管道和辅助设施等。

源于制气站的大宗气体通过气体纯化设备、颗粒物过滤器后生成高纯度的大宗气体供厂房内设备使用。

2. 特种气体供应系统

特种气体是集成电路制造中不可缺少的原材料，主要用于氧化、掺杂、气相沉积、扩散等工艺。按气体性质一般分为不燃性气体、毒性气体、易燃性气体、腐蚀性气体，并分别放置于不同的化学品站内。

特种气体供应系统一般包括气瓶柜（Gas Cabinet，GC）、气瓶架（Gas Rack，GR）、特殊气体大量供应系统（Bulk Specialty Gas Supply System，BSCS）、混气（Mixer）系统、VDB（Valve Distribution Box）主阀箱 /VDP（Valve Distribution Panel）主阀盘、VMB（Valve Manifold Box）分阀箱 /VMP（Valve Manifold Panel）分阀盘。

图 3.2–8 为特种气体供应系统流程图，图 3.2–9 为分阀箱。

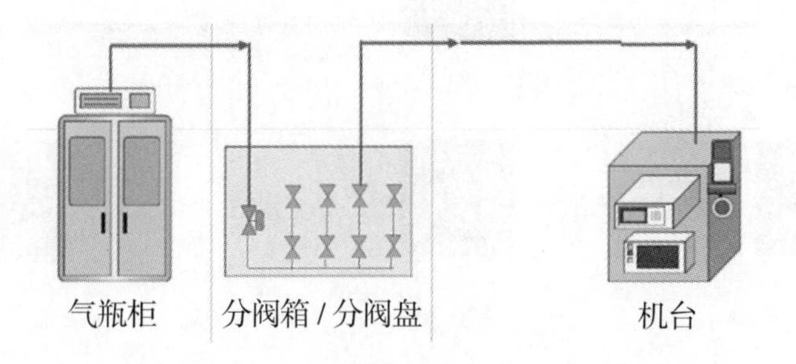

图 3.2–8　特种气体供应系统流程图

图 3.2–9　分阀箱

3.2.6 特气侦测系统

特气侦测系统是用来侦测特殊气体的泄漏情况，主要是为防止气体泄漏、防止火灾等情况而设置的。当侦测的数值超出设定限值时，就会立即发出声、光报警信号。整个系统主要由气体侦测器、PLC I/O 分站、PLC 主站、声光报警装置、HMI（Human Machine Interface）工作站等组成，如图 3.2-10 所示。

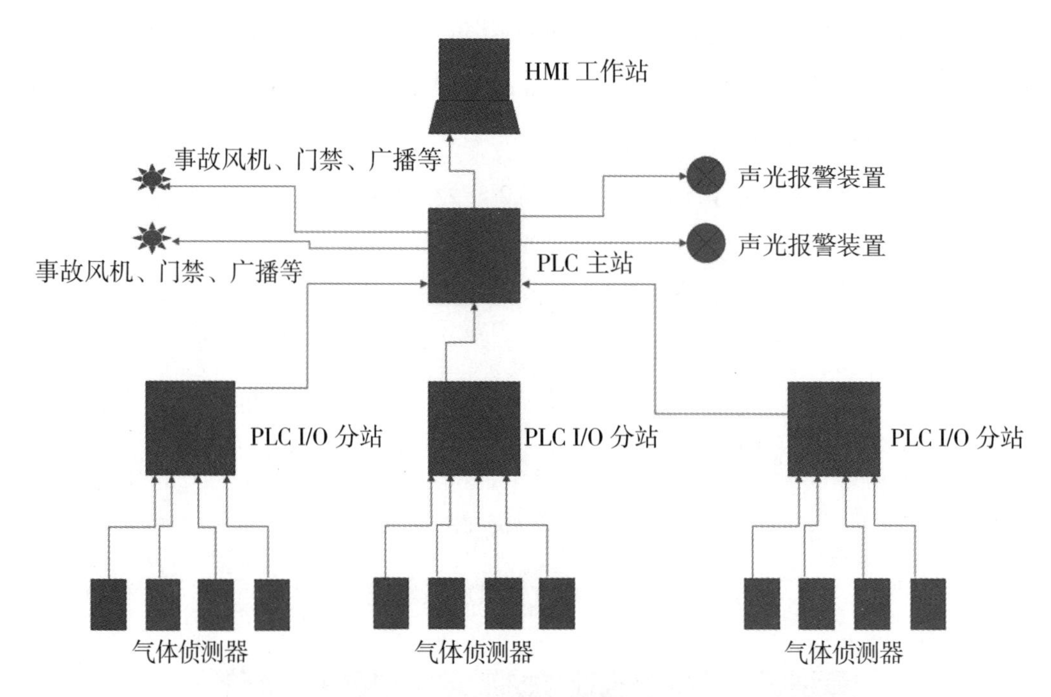

图 3.2-10 气体侦测系统的组成

特气侦测系统的工作原理为：机台一旦有气体泄漏（包括微量泄漏）就会被所配置的高灵敏气体侦测器捕捉到，泄漏的气体与侦测器内的材料发生化学反应，而后产生模拟 / 数字信号通过光缆 / 电缆传输到 PLC 分站，PLC 分站判断确定泄漏气体的种类和浓度以及泄漏位置，这类信息汇总到 PLC 主站，由 PLC 主站依据气体泄漏的浓度、种类、位置分别发出指令，启动声光报警、广播人员撤离、关闭气体阀门、开启事故排风、开启消防喷淋等，从而避免因气体意外泄漏而造成人员伤亡和财产损失。

气体侦测的方式包括化学试纸带侦测、电化学侦测、傅立叶红外侦测、催化燃烧侦测等。图 3.2-11 为化学试纸带侦测示意图与实物图。

气体侦测器可以在短时间内侦测出待测气体是否存在或待测气体浓度的直接读数等。

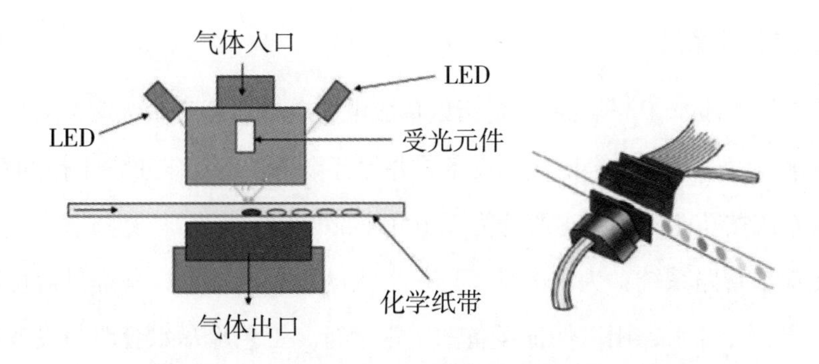

图 3.2–11 化学试纸带侦测示意图与实物图

3.2.7 化学品供应系统

化学品供应系统是为满足集成电路制造工艺要求，在充分保证工艺和安全的前提下，按照工艺需求的流量及压力，将化学品从位于化学品库房的化学品供应设备输送至洁净室（厂房）阀门分配箱，再稳定地输送到工艺生产设备使用点的管道与设备。

化学品供应系统的供应方式分为氮气压力供应和泵供应。

氮气压力供应化学品供应系统由高纯氮气作为动力源，通过氮气的压力将化学品供应至工艺设备，可提供稳定及较高用量需求的化学品，如图 3.2–12 所示。

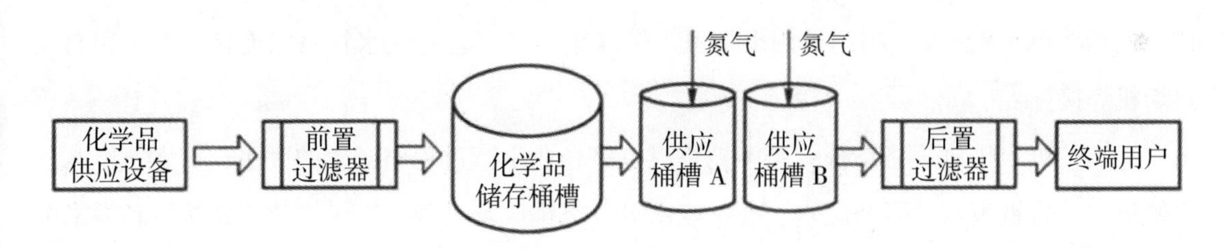

图 3.2–12 氮气压力供应化学品供应系统示意图

泵供应化学品供应系统由泵作为动力源，通过泵的压力将化学品供应至工艺设备，如图 3.2–13 所示。

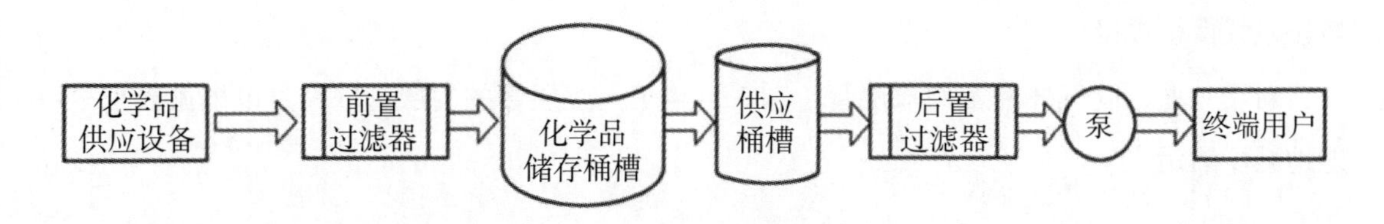

图 3.2–13 泵供应化学品供应系统示意图

3.2.8 二次配管系统

二次配管系统（Hook Up System）是指以集成电路制造所需设备为服务对象，将中央供应主系统的各种水、气、电等安全衔接到设备，并保证设备长期稳定正常工作的系统。

二次配管系统按功能不同，主要分为以下几个部分：

1. 工艺冷却水管路系统：为洁净室（厂房）内的设备及辅助设备提供温度稳定、压力稳定和电导率稳定的冷却水，用以保证设备的正常运行。工艺冷却水管路与设备的连接是封闭式的，由供水管路和回水管路组成。工艺冷却水管路由不锈钢硬管和橡胶高压软管等配件组成，不锈钢硬管一般采用亚弧焊焊接。

2. 工艺真空管路系统：工艺真空系统可给工艺设备提供一定的真空度，用于设备吸附圆片。工艺真空管路全部由高密度聚氯乙烯（UPVC）硬管及配件组成的，并使用聚氨酯（PU）或聚乙烯（PE）软管接到设备使用点，工艺真空管路的连接一般采用黏合方式。

3. 自来水管路系统：按设备需求进行配置，从主系统预留点连接到厂内以及其他支持区域的工艺设备和相关附属设备。自来水管路是由 304 不锈钢硬管及橡胶高压软管等配件组成的，不锈钢硬管一般采用亚弧焊焊接。

4. 工艺超纯水管路系统：按设备需求进行配置，从主系统预留点连接到厂内以及其他支持区域的工艺设备和相关附属设备。工艺超纯水管路及配件，选用聚偏氟乙烯（PVDF）和聚四氟乙烯（PFA）材质；阀门选用聚偏氟乙烯隔膜阀。工艺超纯水管路的连接一般采用自动热熔机焊接。

5. 工艺废水排放管路系统：用于把集成电路企业生产过程中产生的废水，如含氨废水、含氟废水、含铜废水、研磨废水、酸碱废水等分类排放及处理。工艺排放管路按设备需求配置不同的排放类型，从主系统预留点连接到厂内以及其他支持区域的工艺设备和相关附属设备。

6. 工艺气体管路系统：按设备需求分配各种集成电路生产所需的气体。工艺气体管路从各自的气瓶柜、阀组箱或主系统预留点连接到厂内以及其他支持区域的工艺设备和相关附属设备。工艺气体管路一般使用内表面抛光处理的不锈钢。工艺气体管路的连接一般采用自动轨迹氩气保护焊接。

对于一些危险气体经常用双层管（图 3.2–14）。双层管的内层管壁经过电解抛光来尽可能地减少沾污。

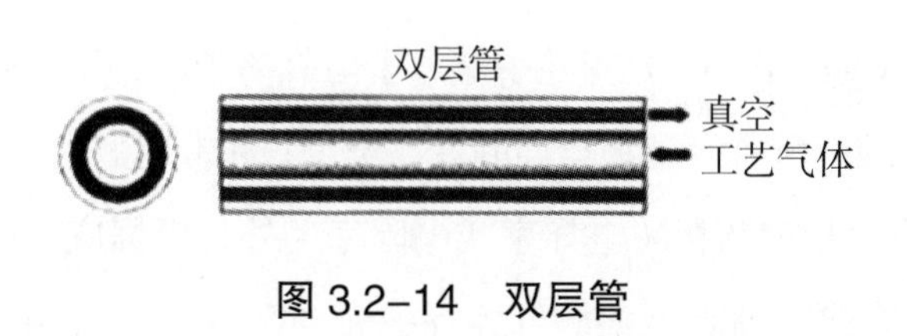

图 3.2-14　双层管

7. 工艺排气管路系统：用于把集成电路企业生产过程中产生的各种废气分类排放并处理。管路按设备需求配置不同，从主系统预留点连接到厂内以及其他支持区域的工艺设备和相关附属设备。管路的连接一般采用法兰连接。

8. 工艺化学品管路系统：按设备需求分配各种集成电路生产所需的化学品，从各自的化学品阀组箱连接到厂内以及其他支持区域的工艺设备和相关附属设备。工艺化学品管路的材料一般用聚四氟乙烯（PFA）内管或不锈钢内管。

9. 二次配电系统：电力供电从主系统预留点连接到设备。

3.2.9　超纯水系统

集成电路生产的多数工序都需要使用超纯水将芯片制造过程中的污染物清洗干净。由于超纯水与芯片直接接触，超纯水中的微量杂质又有可能污染芯片，所以对超纯水的品质要求较高。同时，随着集成电路集成度的不断提高，对超纯水的品质要求也越来越高。图 3.2-15 为某集成电路制造厂的超纯水制备流程。

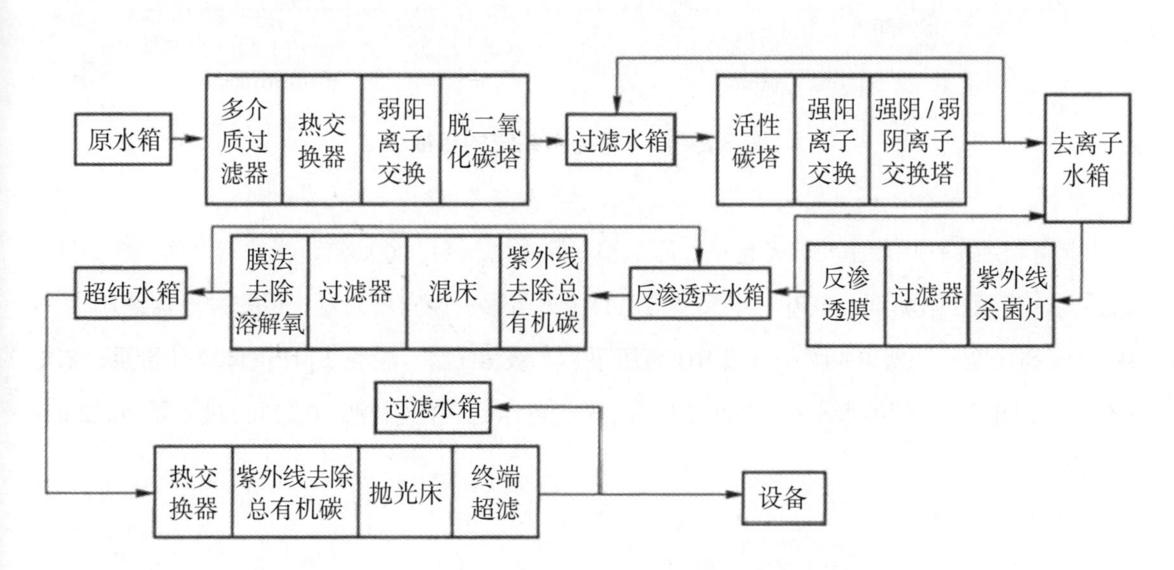

图 3.2-15　某集成电路制造厂的超纯水制备流程

超纯水（Ultrapure Water，UPW）是指除了氢离子与氧离子外，几乎没有任何其他杂质的水。“超纯”强调了水被处理至所有污染物类型的最高纯度，和常用的术语去离子（DI）水不同，除了常规的表征电解质含量的指标（电导率或电阻率）外，根据应用的不同还包括有机和无机化合物、溶解和颗粒物质、细菌及溶解气体等指标。

业界通常将半导体超纯水系统细分成不同的五大子系统，即预处理、除盐水、纯水、循环抛光及回收系统，如图 3.2–16 所示。

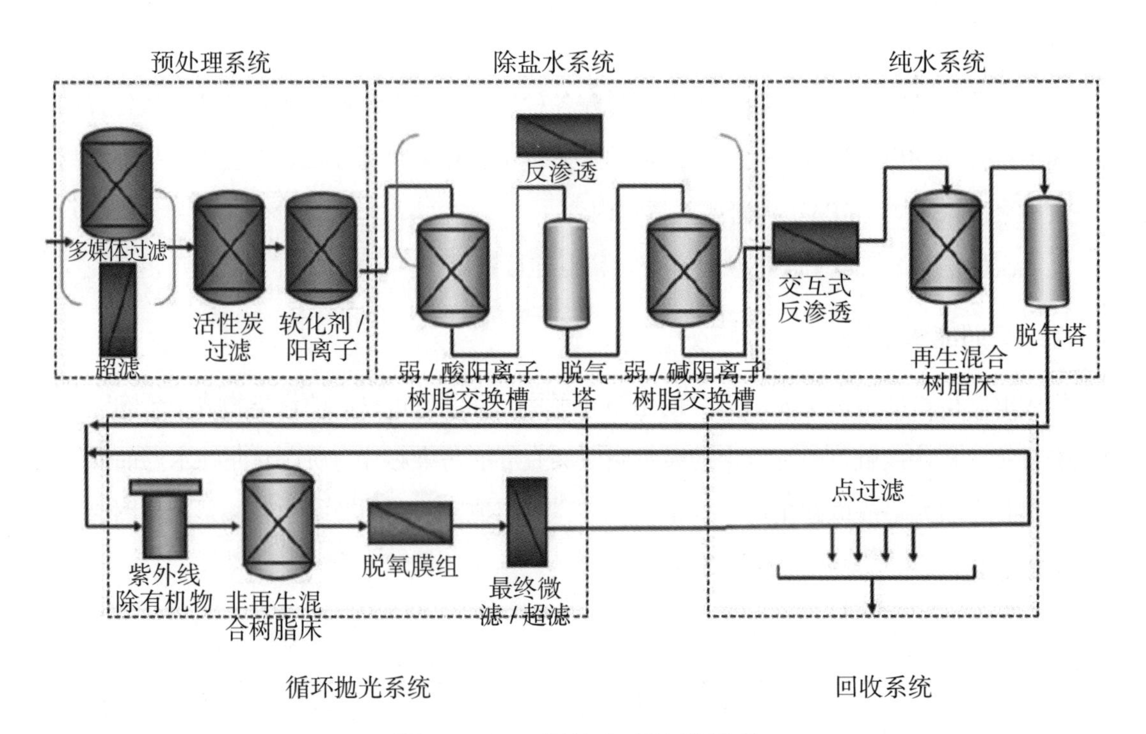

图 3.2–16 超纯水系统的组成

制备超纯水使用的主要设备包括：原水箱、原水增压泵、砂滤器，炭滤器罐体、多路阀、阻垢剂计量泵、阻垢剂（氨基三甲叉膦酸 ATMP）药罐、保安过滤器、保安过滤器滤芯、一级 RO① 高压泵、一级 RO 膜、二级 RO 高压泵、二级 RO 膜、膜壳、pH 值调整计量泵、EDI 增压泵、EDI 模块、超纯水水箱、纯水增压泵、抛光混床罐、抛光树脂、0.22 μm 过滤器、0.22 μm 滤芯等。

① RO：Reverse Osmosis，反渗透。

1. 制备超纯水的主要流程

制备超纯水的主要流程：预处理→初步制备→精处理。

（1）超纯水制备的预处理

为了使超纯水处理设备安全、高效和经济地运行，需要将原水进行预处理，先去除原水中的悬浮固体、浊度、胶体、大分子有机物、阴阳离子的含量，并调节水温。

预处理的方式通常使用多介质过滤器或超滤膜、脱气塔或脱气膜、离子交换树脂、活性炭进行处理。

（2）超纯水的初步制备

原水经预处理后，再处理并初步制成纯水，电阻率可达 18.0 MΩ · cm（在 25 ℃的情况下）以上。

超纯水的初步制备主要使用反渗透和紫外线灯去除水中有机物，使用反渗透和离子交换树脂去除水中阴阳离子和二氧化硅，使脱气膜去除水中溶解氧。反渗透前使用紫外线灯进行杀菌，避免反渗透膜被微生物污染。

（3）超纯水制备的精处理

初步制备的超纯水还要经过精处理，基本将杂质成分全部去除，最终制成超纯水。

精处理主要包括精抛光处理、超滤膜处理等。精抛光处理设备主要使用紫外线灯去除有机物和细菌，使用抛光树脂去除残留离子，使用超滤膜去除微颗粒，并使用板式热交换器将水温控制在 23 ℃ ±1 ℃。为了保证超滤膜的安全，超滤膜前设置一道过滤器。为了保证溶解氧的指标，在超滤膜前可以再设置一道脱气膜去除水中的溶解质。

2. 超纯水的指标监控和分析

为了持续、稳定地供应高品质超纯水，必须对超纯水进行在线和离线监控，并制定控制标准，自动监控自动报警，以便于进行及时处理。在线实时监测指标有电阻率、微粒、总有机碳、二氧化硅、溶解质、温度等；离线监测主要采用定期取样的方式，将样品送到实验室检测阴阳离子的含量。

3. 超纯水的回收利用

由于水资源的匮乏，使用高品质再生水代替自来水作为超纯水的原水是必然趋势。可利用活性炭、反渗透膜等去除回收水中的有机物、盐类等，来回收再利用，达到节约自来水的目的。

3.2.10　废水处理系统

集成电路圆片制造企业生产过程中产生的废水可分为含氨废水、含氟废水、含铜废水、研磨废水、酸碱废水 5 类。应根据废水的种类，分类收集、分类处理，即将含氨废水、含氟废水、含铜废水、研磨废水分流进入各自处理系统进行处理后，最终进入中和处理系统处理。为了保证废水处理系统正常稳定运行，在中央控制室设有在线监测系统，自动控制整个废水处理系统，以确保处理后的废水达标排放。经处理的废水达标后排放至市政污水管网。

1. 含氨废水处理

集成电路圆片制造企业的含氨废水浓度高，常用吹脱法进行处理。图 3.2–17 为含氨废水吹脱法处理流程。

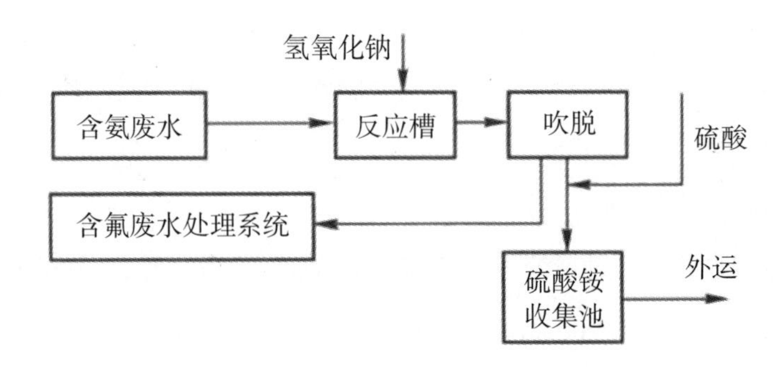

图 3.2–17　含氨废水吹脱法处理流程

2. 含氟废水处理

集成电路圆片制造企业的含氟废水处理方法是石灰或氯化钙絮凝沉淀法。图 3.2–18 为含氟废水处理流程。

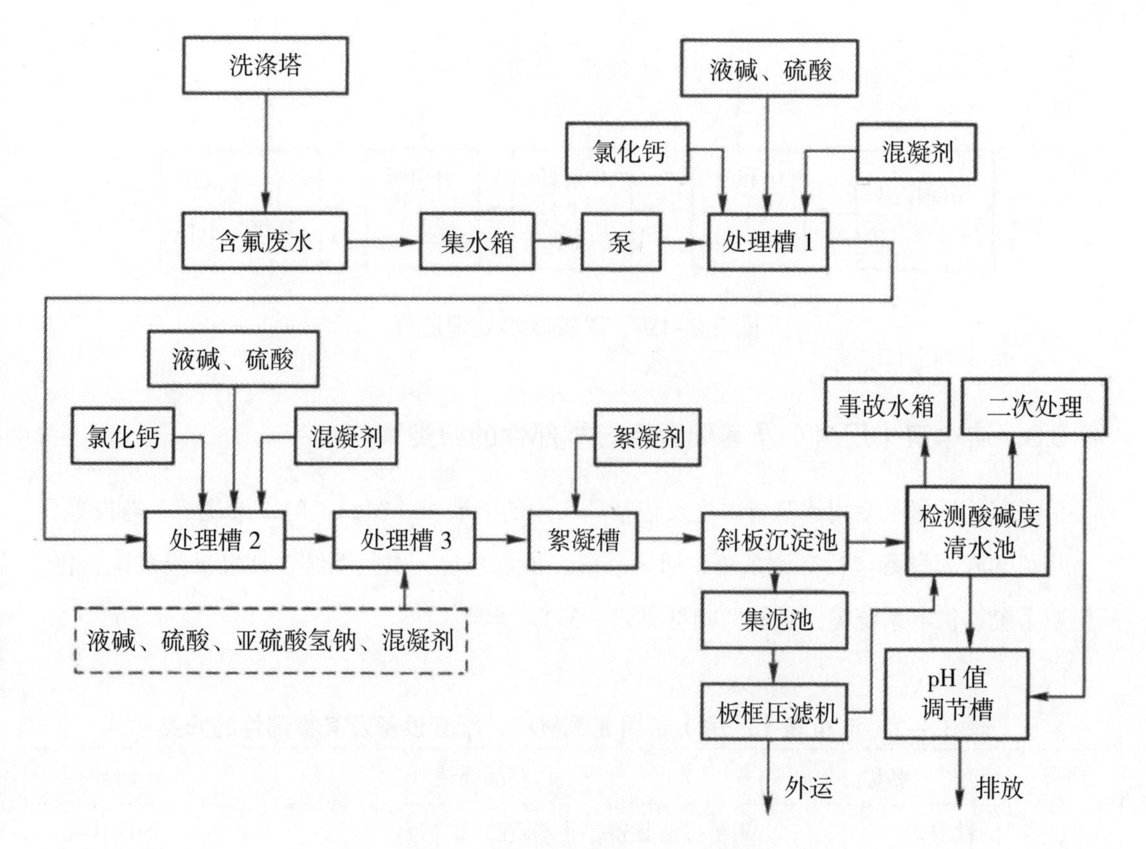

图 3.2–18　含氟废水处理流程

3. 含铜废水处理

通过添加络合剂使含铜废水生成含铜沉淀物，再添加混凝剂并通过沉淀分离，将淤泥压缩成饼并委外处理。

4. 研磨废水处理

研磨废水经管道至集水池，常采用絮凝沉淀法进行处理。研磨废水经收集、调整 pH 值后，加入混凝剂，充分混合后排入絮凝池，投加絮凝剂，废水进入沉淀池，处理后的澄清废水进入酸碱废水处理系统进行再中和，产生的污泥经浓缩脱水后外运。

5. 酸碱废水处理

酸碱废水通常采用酸碱中和法处理。酸碱废水经加液碱（如 NaOH）或液酸（如 H_2SO_4）中和，达到污水收纳管的标准后排放。图 3.2–19 为酸碱废水处理流程。

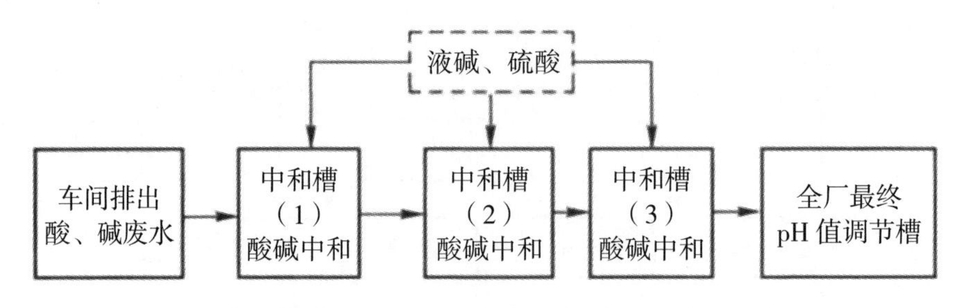

图 3.2–19　酸碱废水处理流程

3.3　洁净室（厂房）及其配套系统零部件的归类

洁净室（厂房）专用建筑材料主要包括厂房用的隔墙板、窗户、门、天花板、地板等。

相关的配套设备包括空调系统、通风系统、供水系统、供气系统、特气供应系统、化学品供应系统、供电系统等，它们的归类见表 3.3–1。

表 3.3–1　洁净室（厂房）专用建筑材料、配套设备及其零部件的归类

序号	名称	商品描述	归类
1	活性炭	用于过滤装置，非木质的	3802.1090
2	离子交换树脂	初级形状的，用于水的软化等	3914.0000
3	塑料硬管	聚乙烯制	3917.2100
4	塑料硬管	聚丙烯制	3917.2200
5	塑料硬管	聚氯乙烯制	3917.2300
6	塑料硬管	特氟龙制、聚偏二氟乙烯制等	3917.2900
7	塑料软管	最小爆破压力大于 27.6 MPa	3917.3100
8	塑料软管	未装有管子附件，未经加强也未与其他材料合制	3917.3200
9	管接头	塑料制	3917.4000
10	不锈钢焊缝管	用于气体、液体的输送	7306.4000
11	不锈钢法兰	用于连接管子	7307.2100
12	不锈钢管接头	用于连接管子	7307.2200
13	化学品储存罐 / 桶	用于储存工艺用化学品，钢铁制，容积大于 300 L	7309.0000
14	风阀气动执行器	用于驱动阀门开闭	8412.3100

表 3.3-1（续 1）

序号	名称	商品描述	归类
15	调节阀气动执行器	用于驱动阀门开闭	8412.3100
16	计量泵	用于计量输送的液体	8413.1900
17	耐腐蚀隔膜泵	用于输送液体，气动往复式泵	8413.5010
18	循环泵	电动式，往复泵	8413.5020
19	加药泵	电动式，往复泵	8413.5020
20	螺杆泵	通过回转的螺杆旋转来输送液体	8413.6040
21	离心泵	通过离心原理输送液体	8413.7099
22	真空泵	集成电路制造工艺设备用	8414.1000
23	真空泵	大宗气体厂务系统通用	8414.1000
24	风机	离心式风机，输出功率超出 125W	8414.5930
25	燃烧器	燃烧有害气体用炉	8417.8090
26	热交换装置	通过热流体与冷流体交换热量的方式工作	8419.5000
27	水过滤装置	包括反渗透膜、超过滤膜	8421.2199
28	液体过滤器	除水以外的液体过滤装置	8421.2990
29	气体过滤器	包括空气过滤器、气体净化设备、氮气纯化器	8421.3990
30	气动隔膜阀	控制管路的开闭和密封	8481.8040
31	流量阀	用于调节流体的流量	8481.8040
32	碟阀	通过碟片来开、闭阀门	8481.8040
33	波纹管阀	气动控制或手动控制	8481.8040
34	插板阀	通过插板来开、闭阀门	8481.8040
35	闸阀	通过启闭件来开、闭阀门	8481.8040
36	不间断电源	用于为设备提供电源	8504.4020
37	高精度电阻温度计	用于测量温度	9025.1910
38	高精度温湿度计	用于测量温度和湿度	9025.8000
39	特种气体纯化及监测装置	由侦测器、PLC 柜组和 HMI 工作站组成	依据相应的侦测仪器归类
40	仪表监测控制柜	用于各种监控参数的控制	9032.8990

表 3.3–1（续 2）

序号	名称	商品描述	归类
41	气体质量流量控制器	用于对多种气体质量流量进行精确测量和控制	9032.8990
42	HEPA 过滤器	可产生层状气流的高效颗粒过滤器	8421.3990
43	ULPA 过滤器	超低渗透率的空气过滤器	8421.3990
44	气瓶柜	不含气瓶	9403.2000
45	主阀箱、分阀箱	箱内由一系列的阀门和人机交互界面等构成	8481.8040

第 4 章　其他相关设备、部件及仪表

4.1　设备前端模块的组成结构及其归类

设备前端模块（Equipment Front End Module，EFEM），又称为工厂接口（FI），是生产线与设备工艺模块之间安全、洁净的机械传输接口。

它主要用于洁净度要求较高的 200 mm 和 300 mm 集成电路制造设备，通常 EFEM 的前端依靠圆片盒负载端口（Load Port）与生产线对接，后端与设备主体功能模块（如光刻机、PVD 设备、CVD 设备）相连，EFEM 内部的机械手用于实现圆片在 EFEM 接口上的圆片盒与设备后端功能模块间的传输，确保传输过程始终处于一个洁净的环境中。其中，高效空气净化器为 EFEM 内部提供了一个相对设备外环境更加洁净的正压微环境，保障了圆片在 EFEM 内部传输过程中的洁净度。

常见的 EFEM 有两端口、三端口和四端口 3 种形式，内部功能结构的配置会依据设备的需求不同而改变，但内部洁净的微环境、密闭的对外接口、可靠的圆片传输是最基本的要求。图 4.1–1 为三端口 EFEM 的结构示意图。

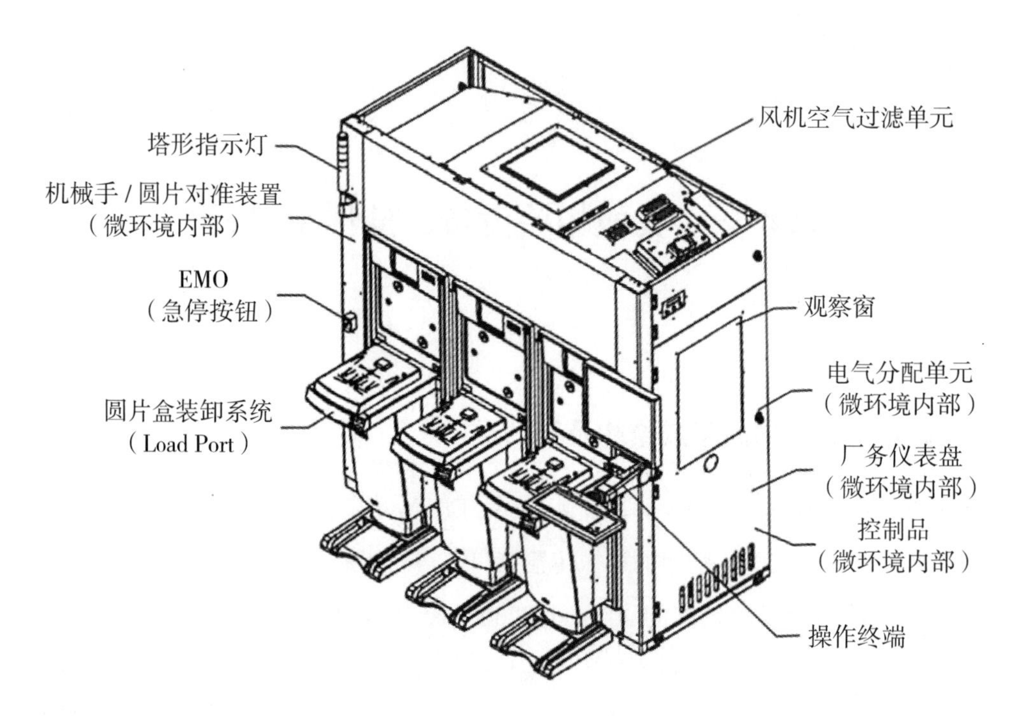

图 4.1–1　三端口 EFEM 的结构示意图

设备前端模块主要包括空气过滤单元、电气分配单元、控制器、机械手臂、圆片对准系统、观察窗、仪表盘、指示灯、急停按钮、操作终端、加热装置或冷却装置等。

图 4.1–2 为三端口 EFEM 的俯视图，从俯视图中可以看到内部传输的机械手。

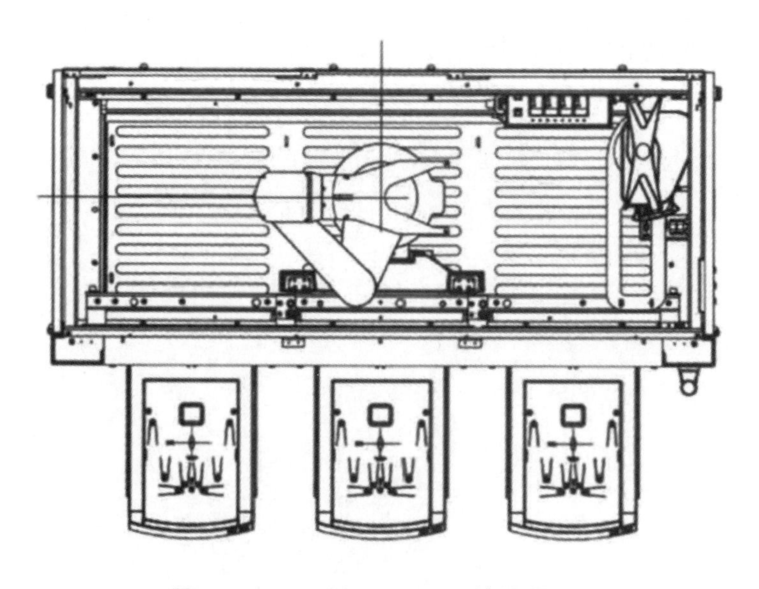

图 4.1–2　三端口 EFEM 的俯视图

设备前端模块的整机归入子目 8486.2090，设备前端模块主要零部件的归类见表 4.1–1。

表 4.1–1　设备前端模块主要零部件的归类

序号	名称	商品描述	归类
1	风机空气过滤单元	为微环境内部提供了一个相对设备外环境更加洁净的正压微环境，以保障圆片在 EFEM 内部传输过程中的洁净度，主要由风扇、过滤装置等组成	84.14
2	电气分配单元	用于微环境内电气设备的电力分配	8537.1090
3	控制器	用于微环境内设备的电气控制	8537.1090 或 9032.8990
4	机械手臂	用于与圆片装卸系统和负载锁之间的圆片传输	8486.4039
5	圆片对准系统	通过光学定位仪判断圆片的凹口与机械手是否对准	9031.4100
6	观察窗	用于观察微环境内部的运行状况	7020.0019
7	仪表盘	用于显示运行状态中的各个参数	8486.9099
8	指示灯	用于显示运行状态的指示灯	8531.8090
9	急停按钮	遇到紧急情况下的急停按钮	8536.5000
10	操作终端	是用于操作人员监控运行状况、输入相关指令和参数的人机交互界面	8537.1090

图 4.1–3 显示了某品牌设备前端模块的内部组成结构，其部分组件的功能介绍及其归类见表 4.1–2。

图 4.1–3　某品牌设备前端模块的内部组成结构

表 4.1–2　设备前端模块（EFEM）内部分组件的功能介绍及其归类

序号	名称	商品描述	归类
1	圆片冷却盘	圆片冷却盘（Wafer Cooling Station）有两种，一种是带有圆片切口对准功能，共有 7 层冷却盘，另一种是不带圆片切口对准功能，共有 9 层冷却盘，主要用于把完成化学反应的圆片从反应腔高温环境中取出，放置在该冷却盘上自然冷却到 70 ℃左右，使圆片不会发生热应力损伤	8486.9099
2	机械手	机械手（Robot）包括大气压环境下的 2 个机械手臂，用于在设备前端模块和负载锁（Loadlock）之间传输圆片	8486.4039
3	机械手底座	机械手底座（Robot Trunk Base）内部装有马达和控制机械手臂用的电路板	8486.9099
4	负载端口门	负载端口门（Load Port Door）作为连接前开式圆片传送盒与 EFEM 接口的门，依靠气缸来驱动上下运动，运动轨迹为 L 形。打开时，该门先向外侧运动大约 2 英寸后再向下运动直至门完全打开；关闭时的运动过程恰好相反。当圆片盒放置在圆片装卸系统后，该门打开，EFEM 内的机械手通过该门取放圆片，取放完成后，该门会关闭以保持 EFEM 的微环境稳定且可控	8486.9099

4.2　机械手的组成结构及其归类

机械手，也称为机械手臂，是集成电路制造设备中重要的部件之一，主要用于生产线和工艺设备中的片盒（Cassette 或 FOUP）传输，以及设备内部不同模块之间的圆片传输。它具有高洁净度、高平稳性、高精度、高效率和高可靠性的特点。

机械手通常由控制器、驱动器、手臂及末端执行器等部分组成。

按运动轴数量不同，机械手可分为单轴或多轴机械手。

按工作环境不同，机械手可分为真空机械手和大气机械手。

真空机械手是指在真空环境下用于集成电路加工过程中不同工位或不同工艺腔室内之间圆片的传送。图 4.2–1 为双臂真空机械手臂，图 4.2–2 为单臂真空机械手臂。

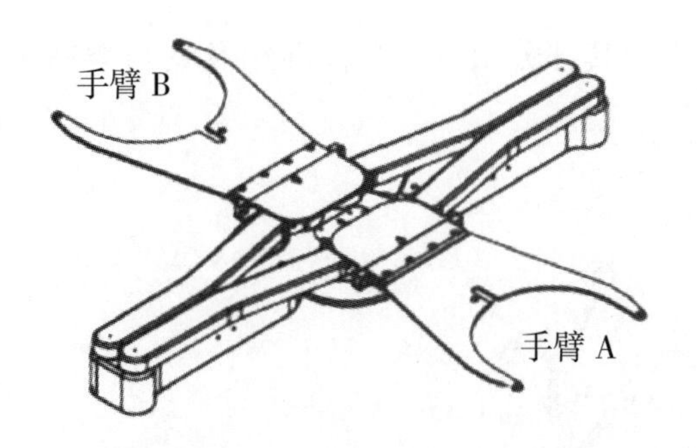

图 4.2-1　双臂真空机械手臂

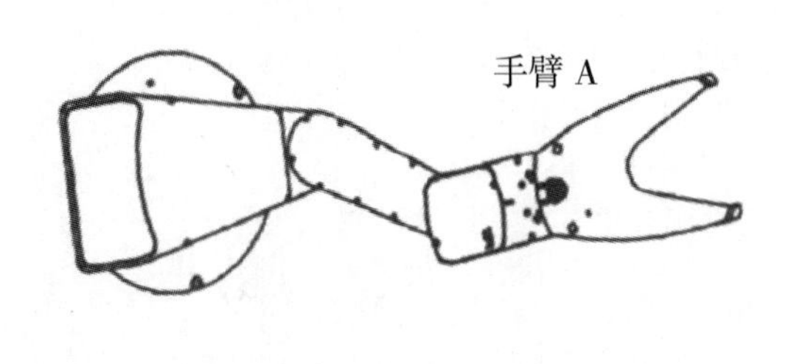

图 4.2-2　单臂真空机械手臂

参考子目：8486.4039。

大气机械手主要用于大气环境（即常压环境）下圆片的传送。大气机械手采用高刚性的轻金属材料手臂，高性能的交流伺服系统和高精度谐波减速器来实现机械手整体传动的高速平稳运行。按传送方式的不同，可分为接触式和非接触式两种。接触式机械手的机械手臂与圆片直接接触，通常采用真空吸附方式或托举方式来搬运圆片。图 4.2-3 为真空吸附式大气机械手，图 4.2-4 为托举式大气机械手。由于接触式手臂与圆片直接接触，所以它的缺点是容易造成圆片表面的污染、划伤和翘曲变形。

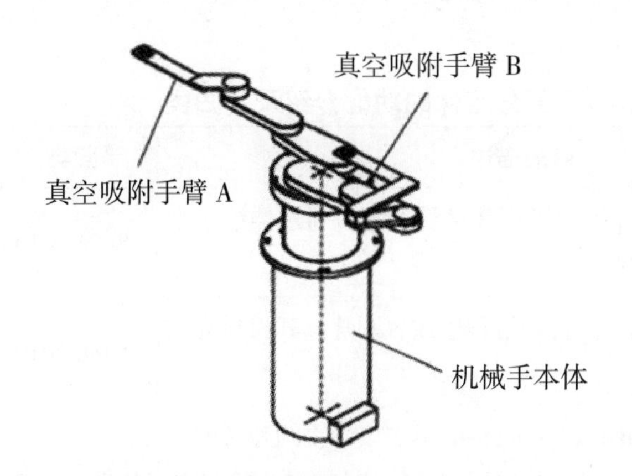

图 4.2-3　真空吸附式大气机械手

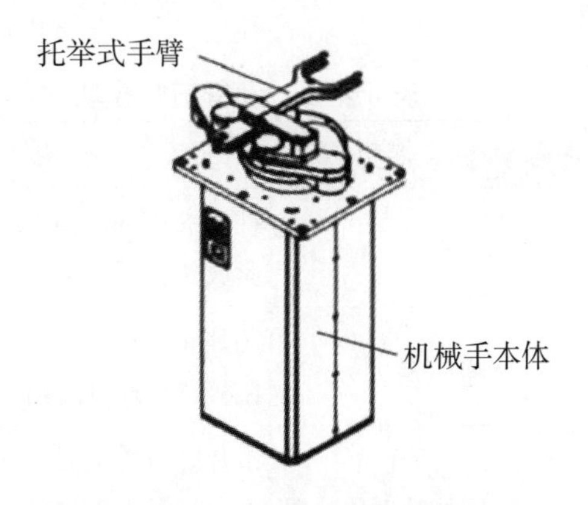

图 4.2-4　托举式大气机械手

参考子目：8486.4039。

非接触式机械手主要利用空气动力学原理实现机械手对圆片的非接触“夹持”。这种方式对圆片材料和形状的限制少，对圆片表面无划伤，以及对工作环境污染小。

参考子目：8486.4039。

图 4.2-5 为某品牌设备前端模块内部的机械手，其部分组件的功能介绍及其归类见表 4.2-1。

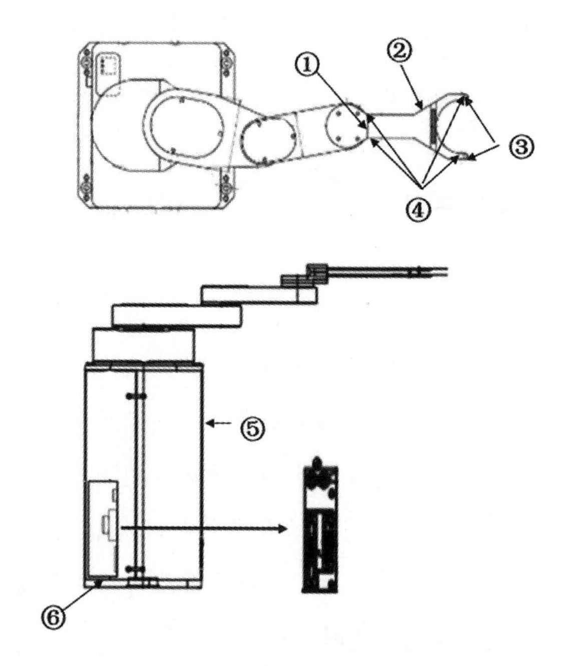

图 4.2-5　某品牌设备前端模块内部的机械手

表 4.2-1　设备前端模块内部机械手部分组件的功能介绍及其归类

序号	名称	商品描述	归类
1	柱塞夹	柱塞夹（Plunger Clamp）位于圆片叉的后端，通过伸缩来夹紧放置在圆片叉上的圆片	8486.9010
2	圆片叉	圆片叉（Blade），用于在传输过程中放置圆片，其材料为经阳极化处理过的铝	8486.9010
3	圆片映射传感器	圆片映射传感器（Wafer Mapping Sensors）安装在圆片叉的尖端，通过发射红外线，确认其有无被遮挡来判断 FOUP 圆片盒中是否有圆片存在	9031.4100
4	圆片导向垫	圆片导向垫（Wafer Guides），分布于圆片叉的前后端，共有 4 个，其材质为导电聚醚醚酮，主要用于增加圆片背面与圆片叉之间的摩擦力，防止圆片在设备前端模块机械手臂运动过程中掉落，同时具备防静电功能，避免圆片在运动过程中因摩擦产生静电	8486.9010

表 4.2-1（续）

序号	名称	商品描述	归类
5	机械手底座	机械手底座（Trunk）内部包含 *X*、*Y*、*Z* 方向的运动控制马达、机械手控制板、备用电池、连接面板等	8486.9099
6	连接器面板	连接器面板（Connector Panel）用于连接电源、机械手控制器以及清洁干燥的空气	8486.9099
7	机械手控制器	机械手控制器（Controller）是一个紧凑的交流伺服控制系统，控制 12 轴的运动。它包括两个用于电源和数据的连接面板，位于设备前端模块内左下部位	9032.8990

4.3 自动物料搬运系统及其归类

自动物料搬运系统（Automated Material Handling System，AMHS）是集成电路生产中一种先进的搬运系统。它既可降低人力成本，又能提高生产效率。在传统的圆片制造中，物料的搬运是靠手推车来实现的。但随着圆片直径的加大（如目前主流的 300 mm），满载的前开式圆片传送盒（FOUP）的质量已增加到约 8.3 kg，采用人力搬运还是需要较大体力的，所以，AMHS 系统逐渐取代了人力搬运物料。

本章 4.2 节所介绍的机械手主要解决的是设备内的传输、搬运，而 AMHS 系统解决的是设备之间或不同工艺之间物料的搬运。

AMHS 系统由两部分构成：工艺区内（Intra-bay）搬运系统和工艺区间（Inter-bay）搬运系统。

工艺区内搬运系统是指在同一工作区的设备之间的物料搬运系统，在集成电路制造厂内是指在同一个生产区域（Bay）内，设备与设备之间或设备与仓储系统（Stocker）之间的圆片自动搬运系统，主要通过空中搬运车（Overhead Hoist Transports，OHT）实现圆片的自动搬运。

工艺区间搬运系统主要是指不同生产区域之间的圆片自动搬运系统，目前也主要通过空中搬运车实现圆片的自动搬运。

参考子目：8486.4031。

4.4　前开式圆片传送盒和圆片装卸系统及其归类

1. 前开式圆片传送盒

前开式圆片传送盒（FOUP），又称为圆片存放盒，是半导体制程中被用来保护、运送并储存圆片的一种专用塑料容器。其内部通常可以容纳 25 片的 300 mm（12 英寸）圆片，其主要组成元件包括一个能容纳 25 片圆片的前开式容器和一个前开式的门（专用于容器的开闭），如图 4.4–1 所示。

图 4.4–1　装有圆片的 FOUP

FOUP 最重要的功用是确保内部的圆片在每一台生产机台之间的传送途中不被外部环境中的微尘污染，从而保证较高的良品率。

每个 FOUP 都有各种耦合板（Coupling Plates）、销和孔，以便于将 FOUP 装载到负载端口（Load Port）上，或由自动物料搬运系统（AMHS）搬运。FOUP 还可能包含射频（RF）标签，以便于由阅读器在机台上或自动物料搬运系统中自动识别。FOUP 有多种颜色可供选择，具体应用取决于客户的要求。

参考子目：3923.1000。

2. 圆片装卸系统

圆片装卸系统（Wafer Handling System）用于将圆片传送盒与设备前端模块对准，随后打开圆片传送盒的门和设备前端模块的端口门，以便于两者之间圆片的传输。

圆片装卸系统主要由圆片传送盒夹紧机构、开门机构等构成。

参考子目：8486.4039。

圆片装卸系统中前开式圆片传送盒与设备前端模块的对接过程，如图 4.4–2 所示。

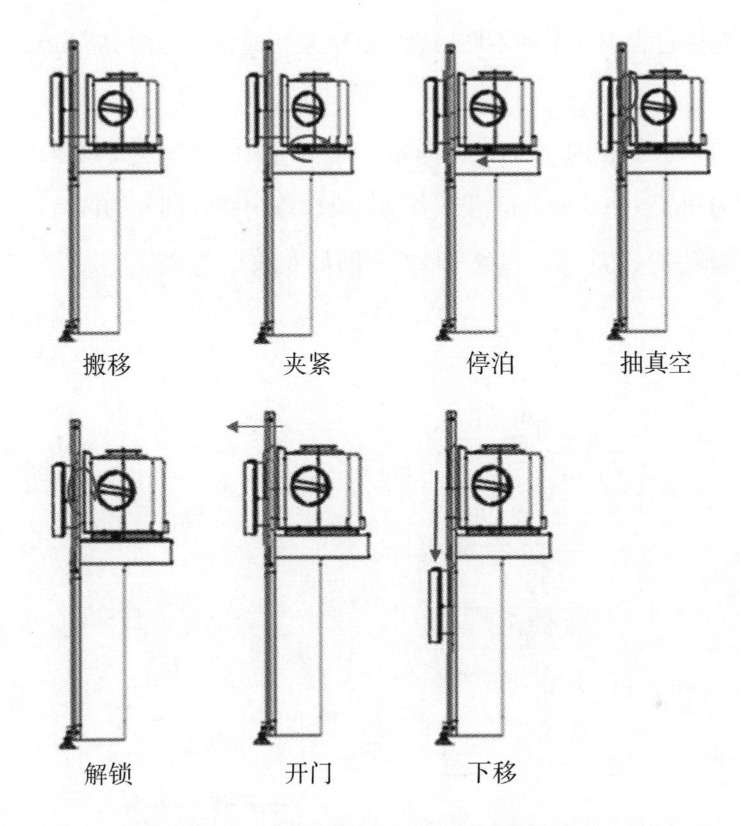

图 4.4–2 FOUP 与 EFEM 的对接过程

（1）搬移（Unload）：将 FOUP 放置在设备前端模块的托盘（Tray）上。

（2）夹紧（Clamp）：用夹钳固定 FOUP 后，将 FOUP 上的门与负载端口门对准。

（3）停泊（Dock）：将 FOUP 靠近负载端口门，并使两门对接。

（4）抽真空（Vacuum On）：将 FOUP 盒内抽成真空。

（5）解锁（Unlatch）：将闩锁旋转 90°，使 FOUP 门与负载端口门解锁。

（6）开门（Door Open）：在气缸的驱动下打开负载端口的门。

（7）下移（Door Down）：在气缸的驱动下将 FOUP 门和负载端口门下移至安全位置，以便设备前端模块内的机械手进入 FOUP 内搬移圆片。

4.5 真空泵及其归类

在集成电路制造过程中有多种不同用途的真空泵，通常分为两类：初级真空泵和高级真空泵。

初级真空泵可以去除腔内 99.99% 的原始空气或其他成分，主要用途包括：在腔室内创造近似真空（压力小于 10^{-3} Torr）；清空多腔集成设备中接收圆片的区域，如负载锁；为高级真空泵抽气，如图 4.5–1 所示。初级泵最常用的是干泵。

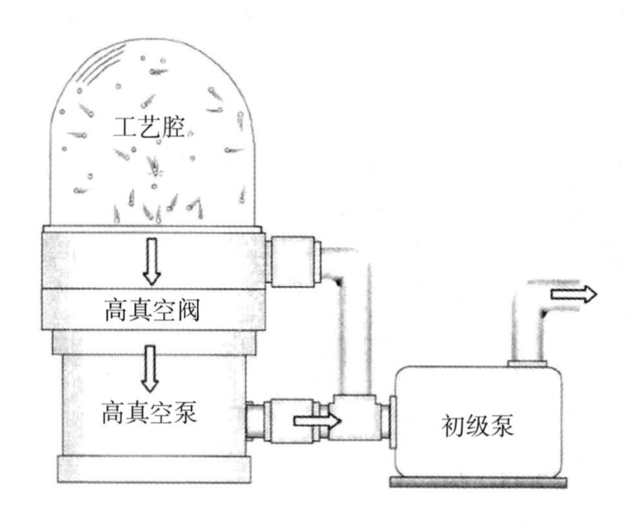

图 4.5–1 初级泵为高级真空泵抽气

高级真空泵可以更加有效地去除那些附在腔壁上的残余水蒸气和气体分子，用来获得压力范围 10^{-3} ~ 10^{-9} Torr 的高级和超高级真空环境。高级真空泵常用的有分子泵和冷凝泵。

真空泵的分类归纳如图 4.5–2 所示：

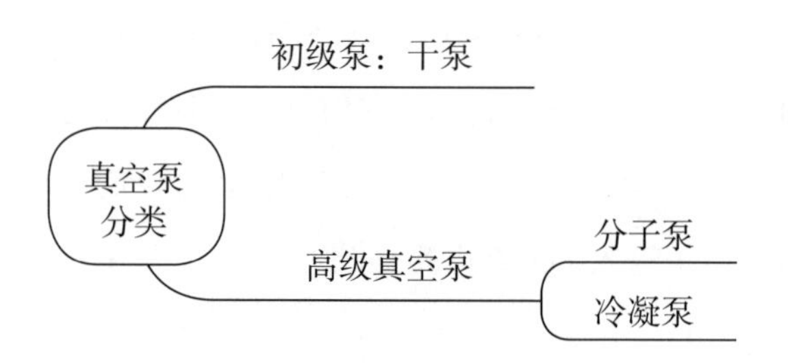

图 4.5–2 真空泵的分类

对于多腔室的集成设备来说，不同的腔室真空环境不同，取决于每个独立的工艺需要，如刻蚀工艺腔要求中级至高级的真空环境，圆片传递腔、圆片定向器要求中级真空环境。图4.5-3为真空环境下多腔集成设备不同真空腔的布局。

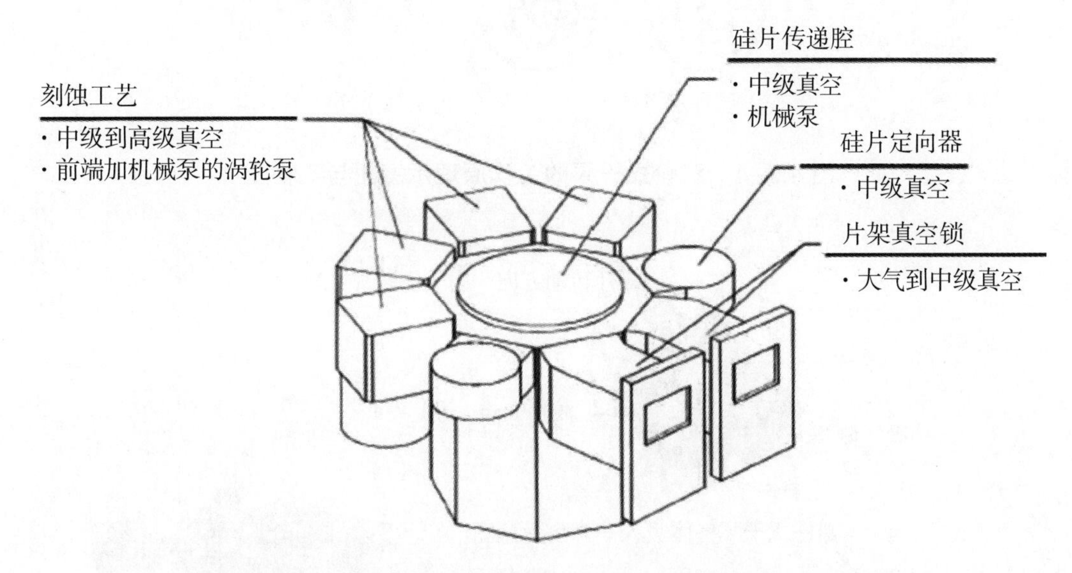

图 4.5-3 真空环境下多腔集成设备不同真空腔的布局

1. 干泵

干泵（Dry Pump）是指不使用任何润滑剂和密封流体的泵，泵的内部没有任何可能回流到工艺腔中沾污圆片的油或润滑剂。与传统机械泵相比，干泵不使用任何润滑油，洁净度高，机械性能优良，可靠度高。干泵的冷却通常采用空气或厂务系统供给的冷却水进行冷却。

干泵的工作原理是利用机械装置来去除气体的，其工作压力范围为 $10^{-3} \sim 10^{3}$ Torr。

干泵广泛用于集成电路制造工艺中的LPCVD、PVD、刻蚀等工艺。

按工作原理不同，干泵分为干式螺杆真空泵、无油往复真空泵、爪式真空泵和无油涡旋真空泵等。

按结构形式不同，干泵分为接触型（包括叶片式、凸轮式、往复活塞式、膜片式等）和非接触型（包括罗茨式、爪式、涡轮式、螺杆式等）。接触型干泵速度较低，适用于小容量、高压缩比的情形；非接触型干泵速度较高，适用于大容量、低压缩比的情形。

图4.5-4为涡轮式干泵的工作原理示意图与实物图，图4.5-5为螺杆式干泵的工作原理示意图与实物图。

a）原理示意图　　b）实物图

图 4.5–4　涡轮式干泵的工作原理示意图与实物图

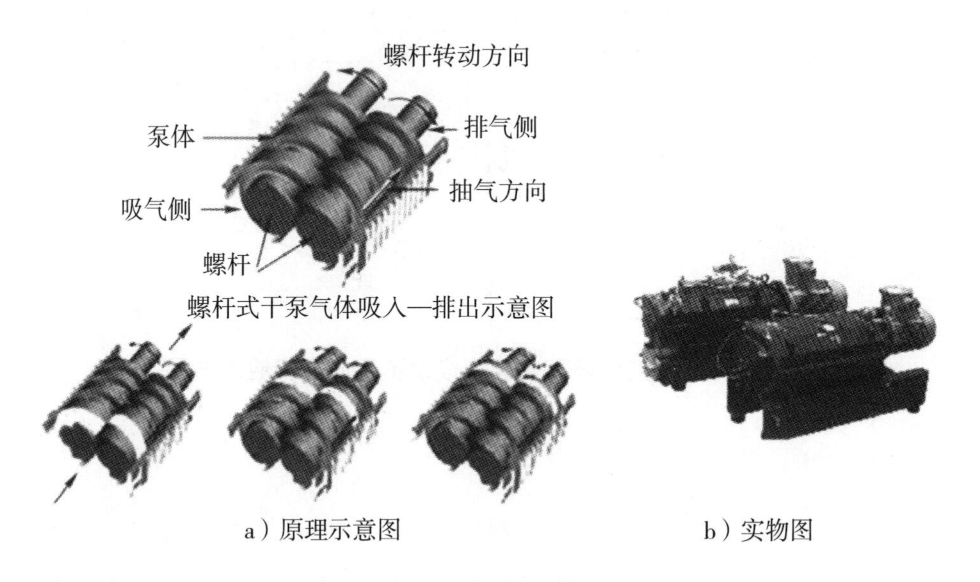

a）原理示意图　　b）实物图

图 4.5–5　螺杆式干泵的工作原理示意图与实物图

参考子目：8414.1000。

2. 冷泵

冷泵（Cryo Pump）又称为冷凝泵或低温泵，是一种通过低温表面冷凝和吸附气体来获得真空的真空泵。它通过使气体变得如此之冷以致凝结并俘获在泵中的方式去除工艺腔体中的气体。冷泵是集成电路制造业中产生高级和超高级真空的设备。冷泵广泛用于集成电路制造工艺中的蒸发、溅射、离子注入、分子束外延等工艺。

冷泵的冷源一般为低温制冷机或低温液体，通常冷泵分为闭路循环气氦制冷机冷泵和注入式液氦冷泵两种类型。

闭路循环气氦制冷机冷泵采用氦气作为制冷机的制冷介质，不消耗氦气，易于维修，一级冷板的温度范围为 50 ~ 100 K，其作用是冷凝水蒸气和预冷其他气体，并为后级更冷的冷板提供防辐射屏蔽；二级冷板的内表面涂有活性炭，少量不能被冷板冷凝的剩余气体会被活性炭吸附，活性炭的比表面积范围为 500 ~ 2500 m^2/g，在低温下对 He（氦）、Ne（氖）和 H_2（氢）有很强的吸附能力，冷板采用表面镜面抛光的无氧铜材料，以减小辐射系数，泵的预抽压力为 1 Pa，图 4.5–6 为制冷机型冷泵结构图。

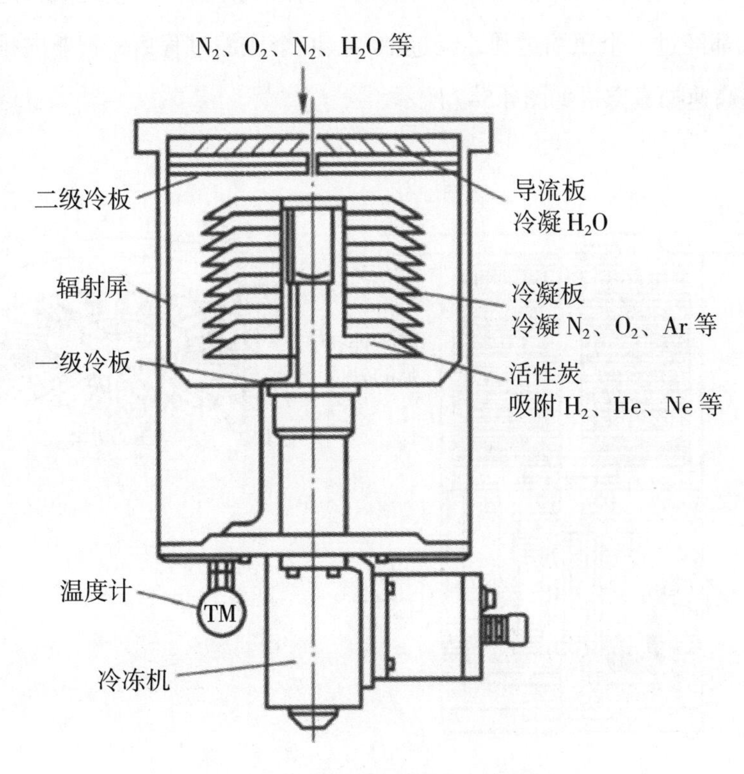

图 4.5–6　制冷机型冷泵结构图

注入式液氦冷泵的主要零部件包括泵体、液氦容器和连接挡板的液氮腔体等，液氦容器外壁采用双层保温壁，两层之间抽成真空，以减少液氦消耗。当泵被抽到 10^{-6} Pa 时，灌入液氮和液氦，气体凝结在温度为 4.2 K 的冷凝板上；经过预抽，氦气和氢气的分压可达到 10^{-12} Pa 的数量级，泵的极限压力能够达到 10^{-11} Pa 以下。

参考子目：8414.1000。

3. 分子泵

分子泵（Turbo Pump）又称涡轮泵，是利用高速旋转的转子把动量传输给气体分子，使之获得定向速度，从而被压缩、驱向排气口的一种真空泵。主要用于刻蚀、沉积、金属化、离子注入等多种集成电路制造工艺设备中。分子泵的工作压力可达 10^{-8} Pa。

分子泵泵体由电动机、转子、定子（连接在泵的外壳上）组成，转子的旋转叶片和定子的固定叶片两两间隔，每组转子和定子组成一个压缩单元，不同型号的涡轮泵的压缩单元个数不同，通常为 10 ~ 40 个。

分子泵的工作原理：将气体进行机械压缩，使气体分子向指定方向运动。当电动机高速旋转时，带动转子将气体从入口抽入，并将动量传输给气体分子，使之获得定向速度；气体在每个压缩单元都经过一个压缩过程，经过 10 ~ 40 个压缩过程后，被驱向排气口，这样实现了高压缩比的高速抽真空，如图 4.5–7 所示。

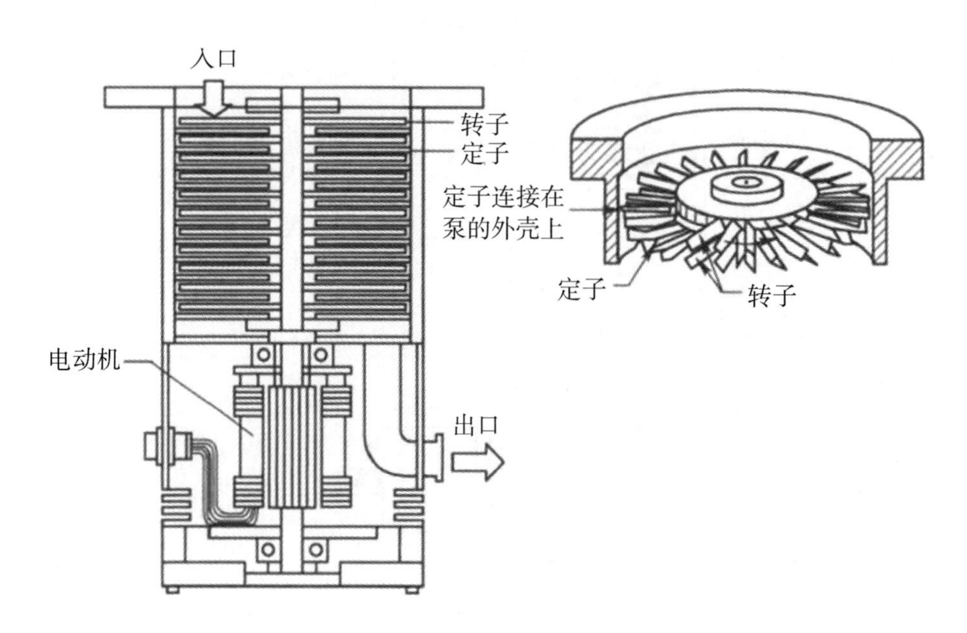

图 4.5–7 分子泵的工作原理图

参考子目：8414.1000。

不同真空类别对应不同的压力范围如表 4.5–1 所示。

表 4.5-1　真空压力范围（Vacuum Pressure Ranges）

序号	真空的类别	压力范围
1	低真空（Low/Rough Vacuum）	760 ~ 1 Torr
2	中真空（Medium Vacuum）	1 ~ 10^{-3} Torr
3	高真空（High Vacuum）	10^{-3} ~ 10^{-6} Torr
4	极高真空（Very High Vacuum）	10^{-6} ~ 10^{-9} Torr
5	超高真空（Ultra High Vacuum）	10^{-9} ~ 10^{-12} Torr

4.6　阀门及其归类

阀门（Valve）是一种安装在管路中用于控制管路开闭的机械装置，其主要功能是控制管路中流体的流量、压力等参数。阀门控制的介质通常为液体或气体。

集成电路制造设备中使用的阀门，按驱动方式不同，可分为手动阀、气动阀和电磁阀；按材质不同，可分为金属阀和非金属阀。图 4.6-1 为集成电路制造设备常用的阀门。

图 4.6-1　集成电路制造设备常用的阀门

下面只介绍其他行业不通用的几种阀门。

1. 波纹管阀

波纹管阀又称为波纹管截止阀，是以波纹管作为密封件的截止阀。通过自动滚焊焊接，将波纹管外表面的上部与阀体焊在一起，波纹管下部与阀杆连接在一起，阀杆在波纹管内部，从而在阀芯内部与外部大气之间形成一个金属屏障。当阀杆上、下移动调整阀芯的开度时，波纹管可伸缩，这样可以保证阀芯内部始终是一个封闭的空间。图 4.6–2 为波纹管阀的外观结构与内部结构图。

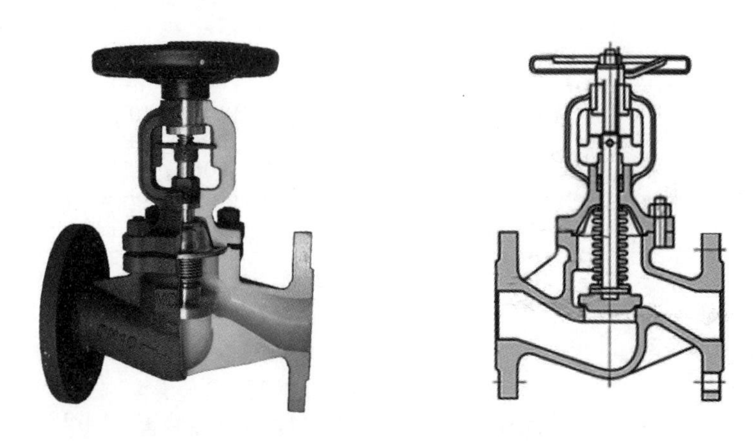

图 4.6–2　波纹管阀的外观结构与内部结构图

2. 隔膜阀

隔膜阀是指带有通过橡胶等可挠性隔膜进行通路开、闭结构的阀。

隔膜阀通常由驱动部分、隔膜、阀体三部分构成。图 4.6–3 为隔膜阀的结构，图 4.6–4 为阀用隔膜。

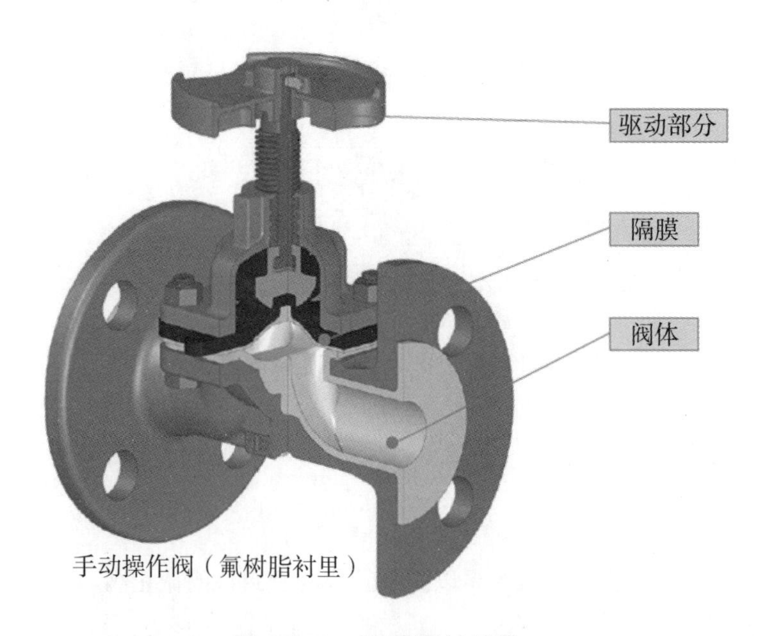

图 4.6–3　隔膜阀的结构

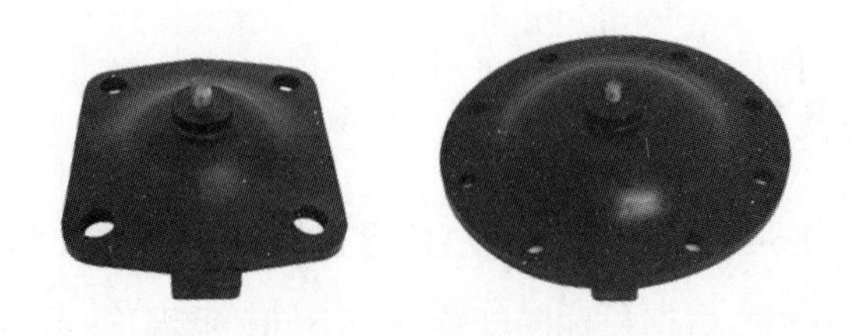

图 4.6-4 阀用隔膜

表 4.6-1 为集成电路制造过程中常用阀门的种类及其归类。

表 4.6-1 集成电路制造过程中常用阀门的种类及其归类

序号	阀门种类	作用	应用场合	归类
1	截止阀	控制管路的开闭	适用于频繁开关的场合	8481.8040
2	球阀	控制管路的开闭	适用于流通管径较大且阻力较小的场合	8481.8040
3	真空碟阀	控制管路的真空度	适用于控制真空度的场合	8481.8040
4	单向阀	限制流通方向，保证安全	可限制流体的流动方向，自动卸压	8481.3000
5	减压阀	调整流通介质的压力	适用于管路压力需调整的场合	8481.1000
6	计量阀	可精确控制流通介质流过的量	可根据调整阀门的开度来精确控制流量	8481.8040
7	闸板阀	隔断和密封	适用于需密封两个腔室的隔断和打开	8486.9099
8	气动隔膜阀	控制管路的开闭和密封	适用于气路或真空管道密封性要求高的场合	8481.8040
9	波纹管阀	控制管路的开闭和密封	适用于气路或真空管道密封性要求高的场合	8481.8040
10	ALD 阀	控制管路的高速开关	适用于控制气路高速开关的专用阀门	8481.8040
11	非金属阀	用于腐蚀性液体的输送	适用于耐腐蚀性要求较高的场合	根据其功能归入品目 84.81 的相关子目
12	阀用隔膜	控制阀的开与闭	隔膜阀用，硫化橡胶制	4016.9310

注：ALD 阀，又称原子层沉积隔膜阀。

4.7 低温冷却器及其归类

低温冷却器（Chiller）是一种通过液体热传导控制特定器件或单元温度的温控装置。它的控温范围通常为 5 ~ 40 ℃。根据目标温度范围的不同，低温冷却器可分为制冷（室温以下）和加热（室温以上）两种工作模式。低温冷却器主要由 3 部分回路组成：循环液回路、冷冻液回路和冷却液回路。

循环液回路用于对目标部件或单元的温度控制。循环液通常是水、乙二醇等。

冷冻液回路用于对循环液温度的控制。冷冻液一般是氟利昂。

冷却液回路用于对冷冻液温度的控制，以辅助冷冻液实现对循环液进行加热或冷却的控制。冷却液一般是水。

图 4.7-1 为 SMC 公司生产的低温冷却器的工作原理图。

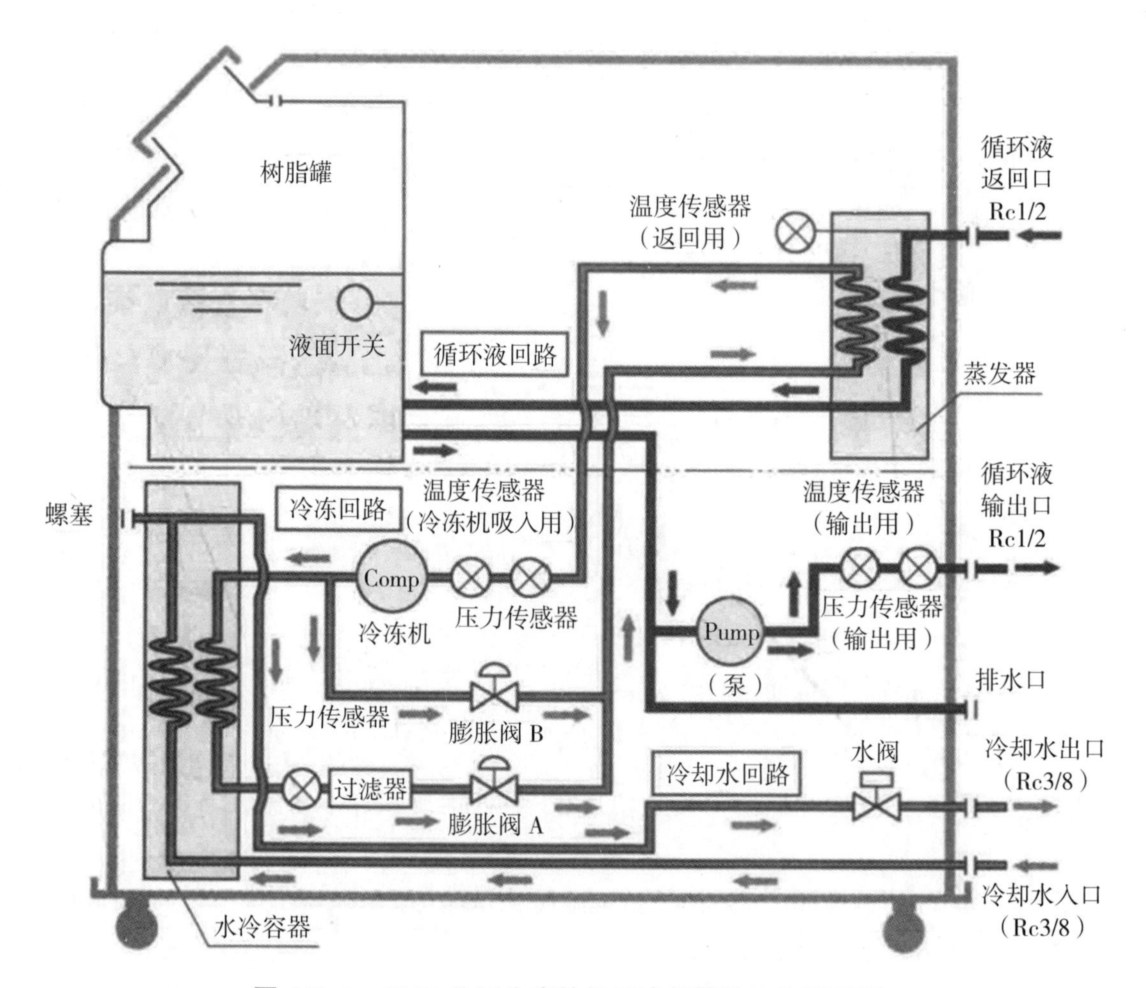

图 4.7-1 SMC 公司生产的低温冷却器的工作原理图

以制冷模式为例，低温冷却器的工作过程为：循环液回路中的液体经过目标部件或单元后，带走目标或单元的热量，循环液温度升高；冷冻回路中的冷冻液通过汽化吸收循环液带来的热量，并将其存储在冷冻液中；冷冻液通过与冷却液进行热交换，将热量传递给冷却液，并由冷却液携带出低温冷却器。

参考子目：8418.6990。

4.8　气路系统及其归类

气路系统主要是指集成电路工艺设备中用于工艺气体或其他气体控制和输送的装置。集成电路制造中的气路系统主要分为3类。

1. 工艺气路系统及其归类

工艺气路系统主要用于高纯度气体、有毒气体和腐蚀性气体的控制与输送。它对稳定性要求非常高，管路内气体的颗粒度低于0.003 μm，整体管路的泄漏率低于 10^{-9} Pa·m^3/s，管路调压阀的稳定性高，拆卸方便易更换。气体管路由高质量的安全退火型无缝连接的不锈钢管（EP[①]级）制成，洁净的不锈钢管件在现场安装时方可启封，启封后均要用纯度达到5N（即99.999%）的高纯气体吹扫后才能接入系统。图4.8-1为工艺气路系统原理图。

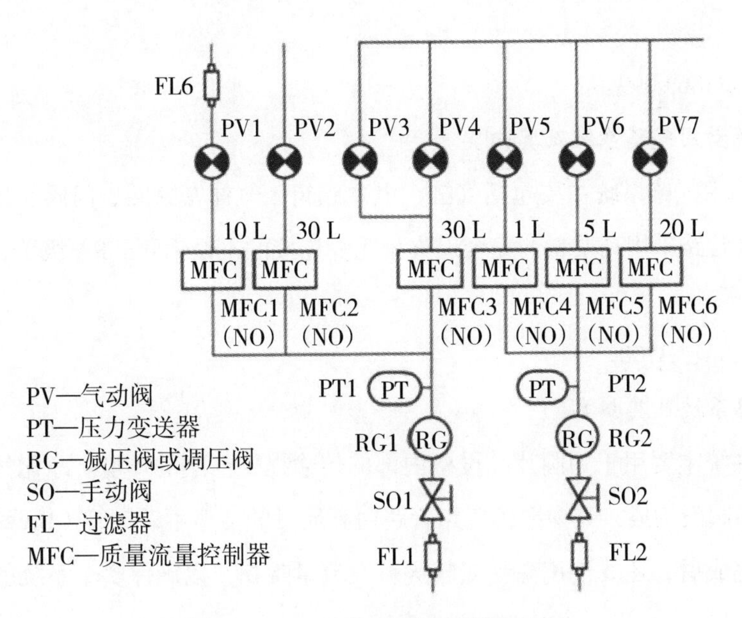

图4.8-1　工艺气路系统原理图

① EP：Electro-Polish，电解抛光。

工艺气路中的每条管路均包含过滤器、手动阀、调压阀、压力传送器、质量流量控制器、气动阀、单向阀等部件。主要连接方式有 VCR、C-SEAL 和 W-SEAL。目前，主流的工艺气路系统采用集成气路系统（ICS），图 4.8-2 为其结构示意图。

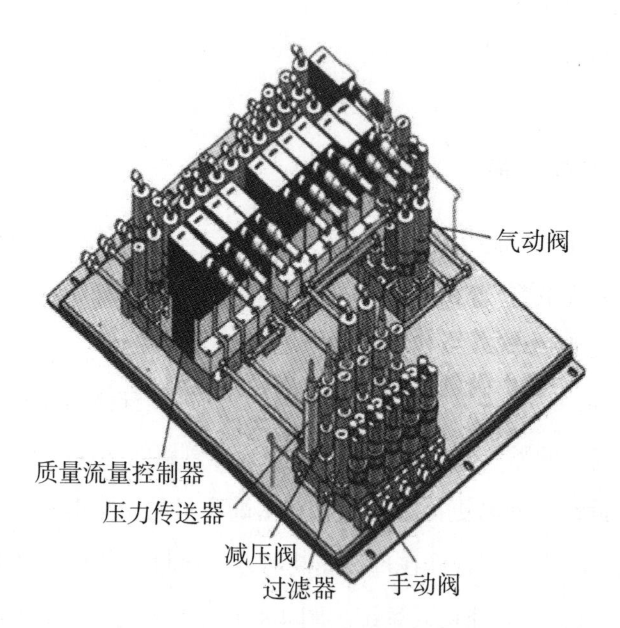

图 4.8-2 集成气路系统结构示意图

参考子目：8486.9099。

2. 零部件驱动用气路系统及其归类

零部件驱动用气路系统主要包括气缸、电磁阀组、气体密封圈、门阀、角阀、真空比例控制阀等。进气管路采用高质量的完全退火型无缝连接的不锈钢管（BA 级），后端部件连接使用聚氨酯管。

参考子目：8412.3100。

3. 净化气路系统及其归类

净化气路系统主要用于为圆片在设备内部的传输提供洁净的环境。净化气路系统主要由一系列的管路和阀门构成，其中净化气路管路由高质量的洁净不锈钢管（BA 级）制成。净化气路系统安装完成后，还要使用高纯氮气进行大流量吹扫，以确保整个系统的洁净度符合要求。

参考子目：8486.9099。

4.9 气体质量流量控制器及其归类

气体质量流量控制器（Mass Flow Controller, MFC）属于一种精密的工业自动化控制器件，它可对多种气体质量流量进行精确测量和控制（常用气体包括 N_2、H_2、CH_4、NH_3 等），其测量值不因环境压力或温度的变化而失准，并且能依据用户需求设定流量控制值。该控制器主要用于集成电路生产线上的扩散、氧化、外延、CVD、等离子刻蚀等工艺设备中。

它主要由流量传感器、流量控制阀、控制电路、阀门、加热器 5 部分组成。图 4.9–1 为气体质量流量控制器的结构示意图，图 4.9–2 为气体质量流量控制器工作原理示意图，图 4.9–3 为气体质量流量控制器实物图。

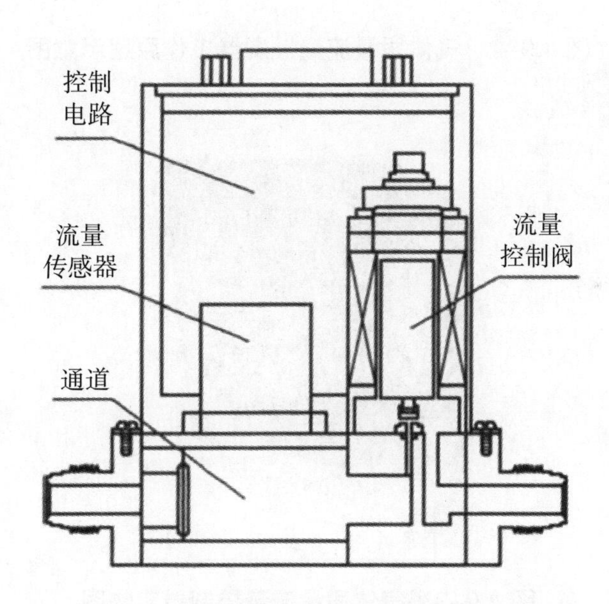

图 4.9–1　气体质量流量控制器的结构示意图

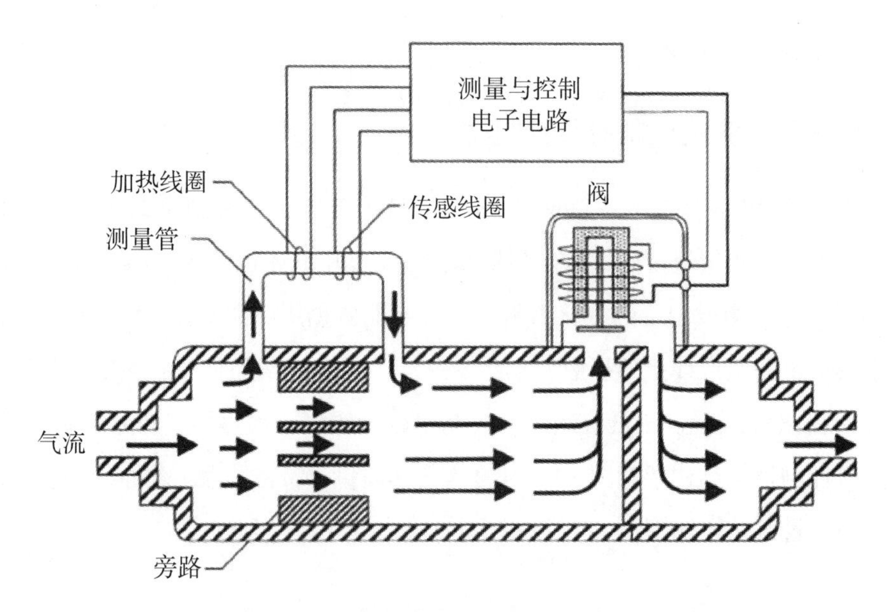

图 4.9–2　气体质量流量控制器工作原理示意图

图 4.9–3　气体质量流量控制器实物图

流量传感器是基于热式原理或压力原理检测流量，流量控制阀一般采用电磁调节阀或压电阀。当气体通过质量流量控制器通道时，由热式或压力式流量传感器测得其流量信号，流量信号经控制电路放大后，与流量设定信号进行比较，比较后的差值信号经控制算法处理后传递给流量控制阀，流量控制阀根据控制信号改变其阀口的开度，从而改变气体流量的大小，实现对气体流量的闭环控制。

参考子目：9032.8990。

【归类分析】

质量流量控制器主要由流量传感器、流量控制阀、控制电路、阀门、加热器五部分组成。它们相互配合来保证按照预先设定的恒定气体流量提供给相应的腔室，该商品虽然由阀门和控制装置构成，但它的基本特征是传送和分析气体的流量（the essential character of the subject MFC directs and analyzes the gas flow），而不是阀门的功能，该商品符合第九十章注释七的条件，应归入子目9032.8990，不能按阀门归入子目8481.8040。

4.10 残余气体分析器及其归类

残余气体分析器（Residual Gas Analyzer，RGA）用来探测工艺腔是否有泄漏、分析工艺腔内的沾污以及故障查询，用来检验残留在已清空系统中的气体分子的类型，最常见的用途是检漏和工艺中的故障查询。它是工艺腔设备的重要组成部分。

残余气体分析器的功能是隔离、鉴别和测量腔中所有的气体分子，测量真空系统中的每种气体成分的局部压力分布，以及所有气体分子的总压力。

残余气体分析器包括4个基本部分：一个离子发生器、一个孔径、一个四极分析器和一个探测器，如图4.10-1所示。

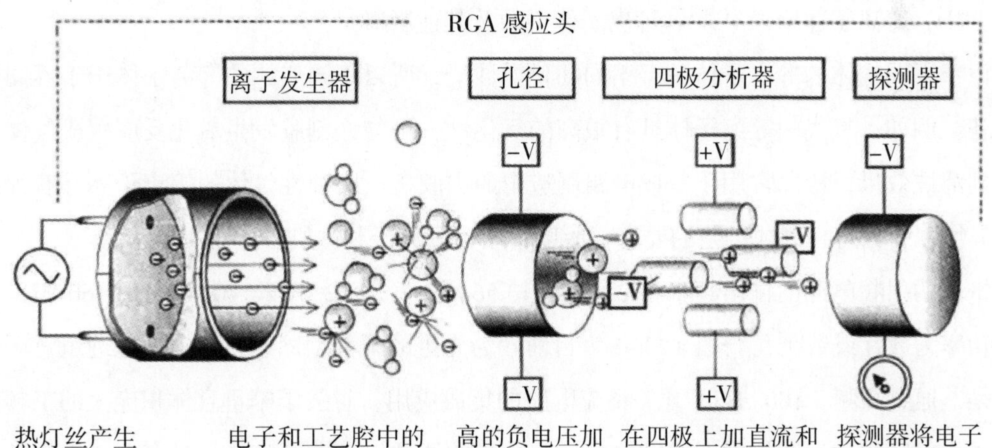

图4.10-1 残余气体分析器（RGA）的基本构成

这 4 部分类似于质谱仪的组成结构，但是残余气体分析器比质谱仪小，这 4 部分位于一个直接通向工艺腔的特制阀门入口处的 RGA 感应头上。

离子发生器通过其自身产生的电子轰击腔中的分子产生气体离子，这种轰击从气体分子中轰击一个电子，生成一个正离子，通过在孔径内施加电场或磁场，使得这些离子向分析器运动。在分析器内，离子按质量分离。分析器有 4 个圆柱形的棒，每个棒都具有恒定的直流电压和高频 RF 分量，当在圆柱体上施加某个电压时，只有具备特定质量和电荷的离子可以通过这个过滤器，而其他的离子都落到圆柱体上，RGA 上的探测器具有 1 原子质量单位（AMU）的分辨率，以分辨出不同的离子。随着过滤器上的电压阶段性改变，不同类型的离子分别通过过滤器，使用这种方法，不同类型的气体就被分离并鉴别出来。

参考子目：9027.8990。

4.11 射频电源及其归类

射频（Radio Frequency，RF）无线电波是一种可以辐射到空间的高频交变电磁波。集成电路制造设备中所使用的射频电源的频率范围为 300 kHz ~ 300 MHz。

射频电源（Radio Frequency Generator，RFG）又称射频发生器，是等离子体发生器的配套电源，主要用于在低压或常压气氛中产生等离子体，在集成电路制造工艺中广泛用于射频溅射 PVD、等离子体增强 CVD、等离子体刻蚀及其他制造工艺。

由于不同气体的等离子体具有不同的化学性能，所以不同气体的等离子体用于不同的工艺设备。例如，氧气的等离子体具有很高的氧化性，可与光刻胶发生氧化反应生成气体，从而达到清洗效果，所以常用于集成电路制造中的去胶机；腐蚀性气体的等离子体具有很好的各向异性，十分符合刻蚀工艺的要求，所以常用于等离子刻蚀机。

常用的射频电源的输出频率有 2 MHz、13.56 MHz、27.12 MHz、40.68 MHz、60 MHz 等，射频功率为数瓦或数千瓦。图 4.11-1 为目前较为先进的开关型固态射频电源原理示意图。其特点是，通过高频（100 kHz）开关整流电路的集成应用，省去了笨重且体积庞大的工频变压器，并为射频驱动回路提供了驱动电力；与传统的线性射频电源相比，具有低电力损耗、低存储能量、系统体积小型化的特点，因而非常适用于半导体薄膜设备的等离子真空工艺。

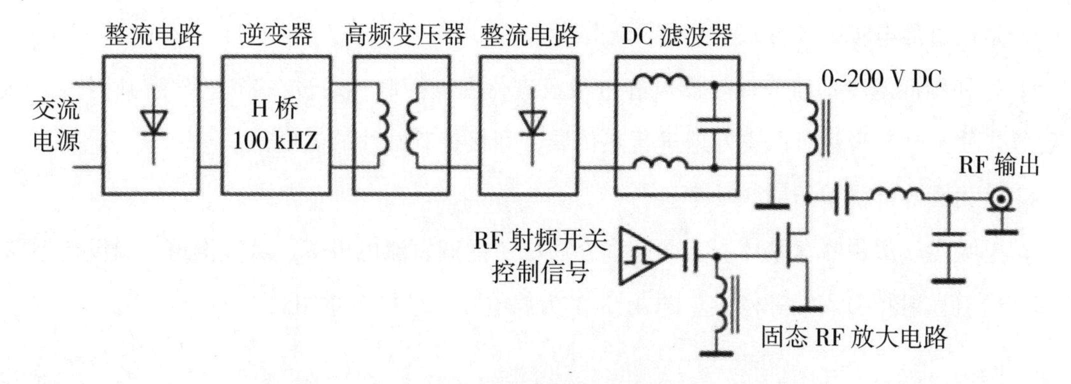

图 4.11-1　开关型固态射频电源原理示意图

射频电源与射频阻抗匹配器和阻抗功率计等构成了完整的射频电源系统。其中，射频电源提供固定频率的高频正弦波电压；阻抗匹配器主要通过 LC 网络的阻抗调整，使负载阻抗与射频源内部阻抗相互适配，以最大限度地减小射频的反射损耗，使输出功率最大化，保证尽可能多的射频功率能量进入设备输入端，从而提高设备的工作性能；阻抗功率计用于显示射频阻抗匹配的实时状况。

参考子目：8543.2010。

4.12　射频电源匹配网络及其归类

射频电源匹配网络（RF Matching Network，RMN）又称射频阻抗匹配器、射频控制器，主要包括可变电容器、可变电感器和用于连接的电路板，其功能是将等离子体室的复杂阻抗与射频发生器的阻抗保持一致（50 Ω）。

射频电源匹配网络通过电缆将射频发生器与等离子体室相连，当等离子体被点燃时，由于各种因素（如气体压力、气体类型、圆片）的变化，等离子体腔室内的阻抗也在不断变化，此时匹配网络实时将等离子体腔室的波动阻抗与 50 Ω 阻抗匹配。然后通过线圈将射频信号输出到腔室，点燃腔室内的气体或混合气体，形成等离子体。

参考子目：8543.7099。

4.13　静电吸盘及其归类

静电吸盘（Electrostatic-Chuck，ESC）是集成电路制造设备的重要部件之一，广泛用于刻蚀、PVD、CVD 设备中，主要功能如下：

一是通过静电吸附的方式承载和固定圆片；

二是利用低温冷却器或加热器对静电吸盘进行温度控制，通过在静电吸盘与圆片之间通入氦气，使圆片与吸盘可以更好地进行热传导，间接控制圆片的温度；

三是为圆片提供偏压射频功率。

静电吸盘一般由吸盘基体、表面陶瓷介质层（内嵌直流电极）、氦气沟道、温度传感器、冷却液通道和射频引入端等构成。图 4.13-1 为静电吸盘结构示意图。

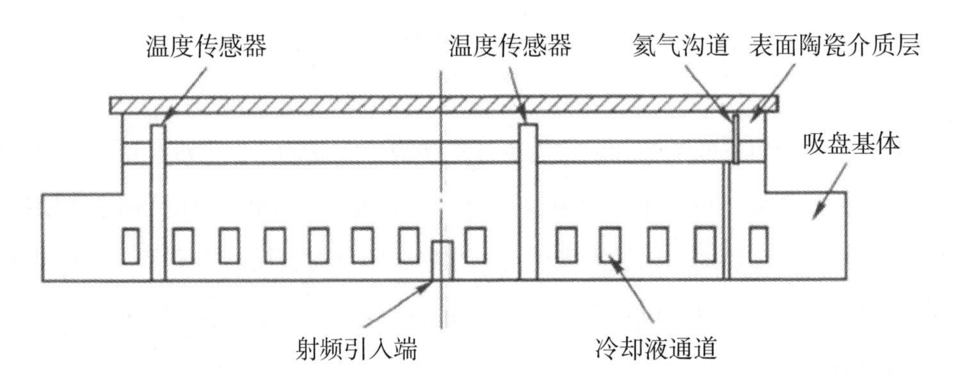

图 4.13-1　静电吸盘结构示意图

参考子目：8486.9099。

4.14　喷淋头及其归类

喷淋头（Shower Head）又称为反应腔喷淋头，是一种面式的反应源导入装置。

喷淋头一般由 3 部分组成：进口、缓冲腔和出口。图 4.14-1 为喷淋头结构示意图。

进口一般由数个独立的管路组成，各种反应源经过进口管路进入喷淋头中。

缓冲腔是各种反应源混合的区域，在缓冲腔中形成相对均匀的反应源混合物。

出口一般位于一个平面上，由少则十几个、多则成百上千个小孔组成，反应源混合物通过出口以面状形式进入工艺腔室中，与线式、点式反应源导入装置相比，喷淋头适用于大面积均匀成膜的领域。

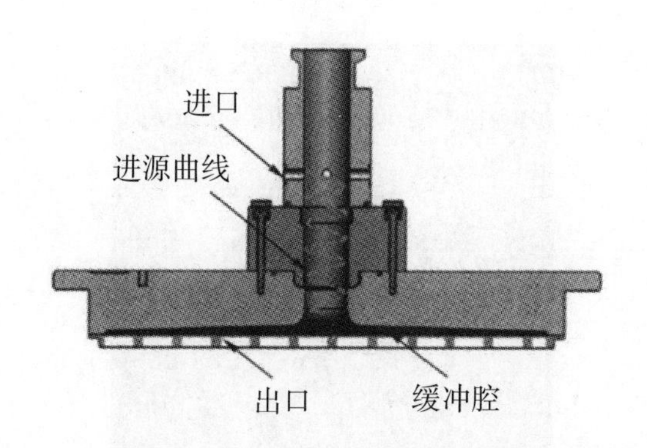

图 4.14–1　喷淋头结构示意图

参考子目：8486.9099。

4.15　反应腔室及其归类

反应腔室是集成电路制造设备的主体部分，因为集成电路制造中的主要工艺过程均在反应腔室内进行。反应腔室的材质、粗糙度、颗粒度、力学性能、热力学性能、耐腐蚀等指标均会影响设备的工艺性能。

按材质不同，反应腔室主要分为金属腔室、石英腔室和树脂腔室。

金属腔室主要用于 PVD、CVD、ETCH（刻蚀）类设备中，因为这些工艺一般在一定负压条件下进行，工艺温度约为 800 ℃，所以一般选择力学性能好、导热性能好的金属材料，如铝、镍和不锈钢等。

石英腔室主要用于硅外延炉、氧化炉、扩散炉、退火炉类设备中，这些工艺温度一般较高（500 ~ 1200 ℃），所以一般选择耐热性能好且污染小的石英材质。

树脂腔室主要用在清洗类设备中，其工艺温度一般小于 200 ℃，工艺中涉及的化学药液通常具有一定的腐蚀性，所以一般选择耐腐蚀性能好的树脂材料，常用的材料包括 PFA（可溶性聚四氟乙烯）、PTFE（聚四氟乙烯）等。

按衬底数量划分，反应腔室可分为单片工艺腔室和多片工艺腔室。

单片工艺腔室仅可容纳一个圆片，如图 4.15–1 所示，其工艺灵活，工艺质量高，但产能相对较低。

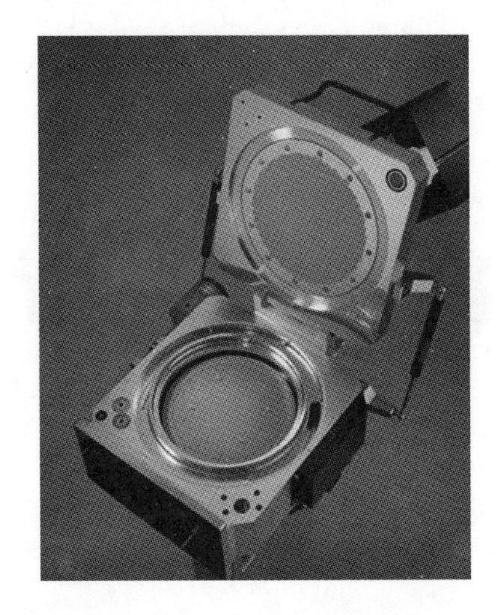

图 4.15–1　单片工艺腔室

多片工艺腔室可容纳多个圆片，产能高，但工艺灵活性相对较差。图 4.15–2 为平板式多片工艺腔室。

图 4.15–2　平板式多片工艺腔室

工艺腔室根据报验状态按具有完整品基本特征的整机归入相应子目或按专用零件归入子目 8486.9099。

4.16　双层负载锁及其归类

双层负载锁（Double Decker Loadlock），又称真空交换舱，包含上、下两层（所以称为双层），用于暂时存放圆片。下层负载锁用于从设备前端模块（EFEM）接收待加工的圆片，通过预加热系统将圆片加热到指定温度后再将其传送至工艺腔室进行加工；上层负载锁用于从工艺腔室接收已加工好的圆片，并将其放置冷却后传输至设备前端模块，最后回到负载端口（Load Ports）。

图 4.16-1 是某品牌的双层负载锁结构示意图。完整的负载锁归入子目 8486.2090。表 4.16-1 列出了各组件对应的功能及其归类，图 4.16-1 中的标号与表 4.16-1 中的序号相对应。

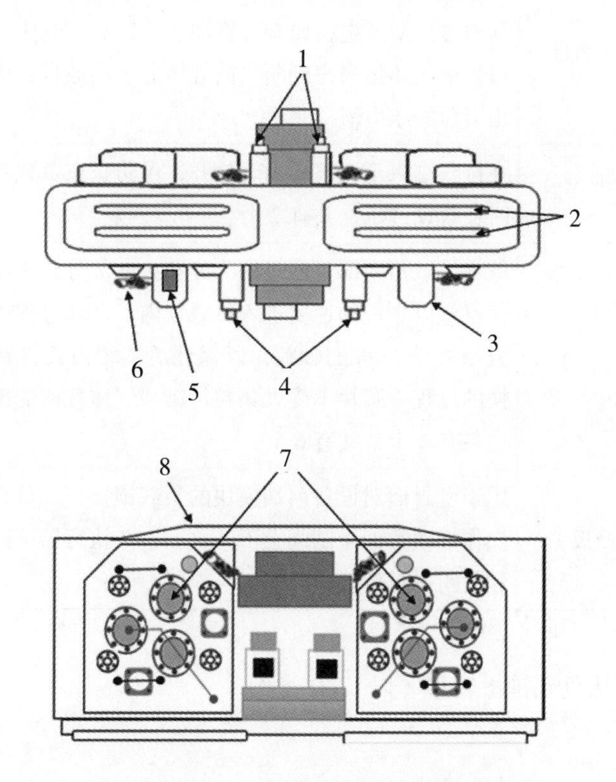

图 4.16-1　双层负载锁结构示意图

表 4.16-1　双层负载锁各组件对应的功能及其归类

序号	名称	商品描述	归类
1	上层负载锁升降装置	连接到上层负载锁的支撑装置上，控制上层负载锁上下运动，以实现圆片的传输，共有 2 个	8486.9099
2	闸板阀	用于隔离腔室与负载锁	8486.9099
3	预热装置	在 CVD 工艺进行化学反应前先对圆片进行预加热（一般不超过 300 ℃），以保证圆片在反应腔内不会因温度变化太大而产生弯曲或破裂。预热器安装在下层负载锁的底部，内部的热电偶读取预热板的温度并反馈到主机交流电箱内的控制器，用于精准地控制预热板的温度	8486.9099

表 4.16–1（续）

序号	名称	商品描述	归类
4	下层负载锁升降装置	连接到下层负载锁的支撑装置上，控制下层负载锁上下运动，以实现圆片的预热或传输，共 2 个	8486.9099
5	下层负载锁压力计	该压力计主要用于测量 0 ~ 760 Torr 范围内的压力值，其通过惠斯通电桥原理计算加热金属丝在气体分子流动过程中的热损失来判断当前气体分子的数量，从而计算出当前的压力值	9026.2090
6	压力均衡阀	在排气结束至大气压力时打开，可防止在负载锁门打开时负载锁过压，共有 2 个	8481.8040
7	氮气扩散器	氮气扩散器内部包含过滤部分和扩散部分，主要目的是让氮气以缓慢的速度进入负载锁内，在此过程中过滤掉直径大于 1 μm 的颗粒，以保证负载锁由真空到大气转换的过程中圆片不受大颗粒污染和气体扰流的影响，每边各有 3 个，共有 6 个	8421.3990
8	负载锁门（挡板）	用于密封面对设备前端模块的负载锁接口。负载锁门的操作方式类似于闸阀上下开关，一个执行器可同时打开和关闭一对负载锁门	8486.9099

圆片按以下顺序从负载锁上转移（以 CVD 为例）：

1. 沉积前

（1）设备前端模块机械手将两个圆片从圆片盒转移到下层负载锁的升降销上。

（2）升降销（下层负载锁分度器）将圆片下降到固定预热装置上。

（3）按照预热配方运行指定的时间和温度。

（4）升降销装置向上移动圆片，达到圆片可传输的位置。

（5）传输腔室内的真空机械手将一对圆片传输到工艺腔室，进行沉积工艺。

2. 沉积后

（1）传输腔室内的真空机械手将一对圆片从工艺腔室内取出，并将其放入上层负载锁提升翼的凹槽中。

（2）升降销（上层负载锁分度器）将圆片下降到固定冷却板上。

（3）按照事先选择好的设置进行一定时间的冷却。

（4）升降销将圆片提升到圆片可传输的位置。

（5）设备前端模块机械手将圆片转移到负载端口（Load Ports）。

4.17 供电设备及其归类

集成电路制造厂用电负荷等级一般多为二级负载，采用两路电源供电的方式。当一路电源发生故障时，另一路电源可以通过联络开关对全厂负载继续供电。图 4.17-1 为集成电路制造厂工厂电力系统架构示意图。

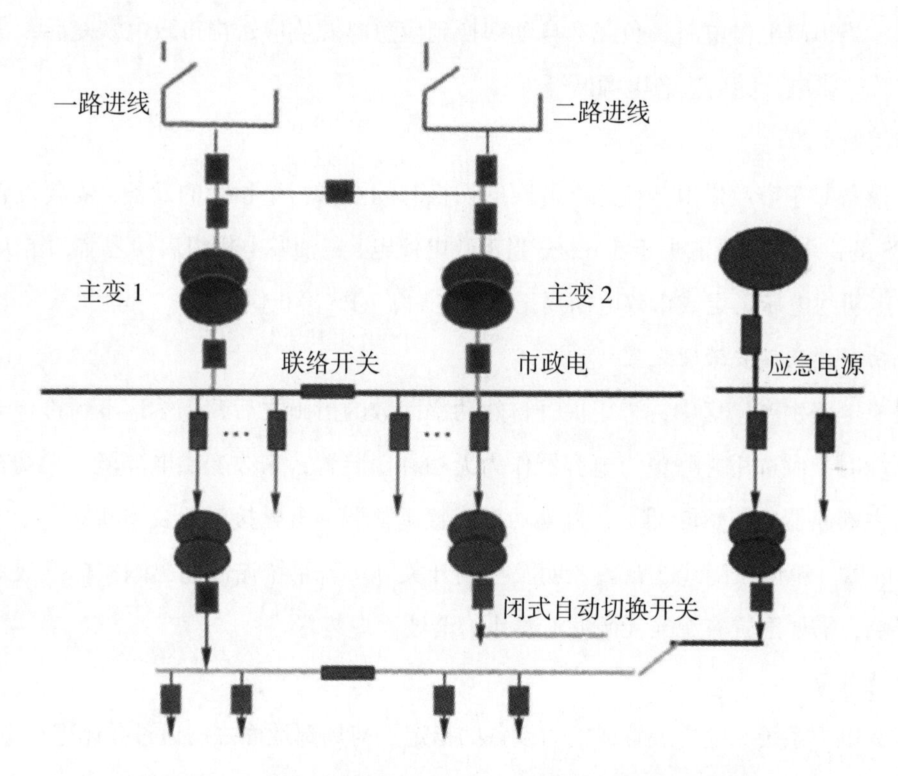

图 4.17-1 集成电路制造厂工厂电力系统架构示意图

供电电力的进线电压等级一般为 220 kV、110 kV、35 kV、10 kV 等。

主要的供电设备包括：高压电力变压器（油浸）、六氟化硫密封式组合电器、闭式自动切换开关、不间断电源、无功补偿及谐波治理装置、接地装置等。

1. 高压电力变压器（油浸）

集成电路生产厂房一般采用油浸式电力变压器将高电压等级转化为低电压等级，再由中压柜分配至各分变电站。油浸式变压器的主要电气保护包括瓦斯保护、纵联差动保护、过电流保护等。

2. 六氟化硫密封式组合电器

采用六氟化硫气体绝缘开关（GIS），用来“分”“合”10 kV 及以上电压等级的电气回路的设备。GIS 开关中填充六氟化硫气体，这种气体拥有较好的绝缘及灭弧功能。

3. 闭式自动切换开关

用于市政供电与应急电源间的转换。每个闭式自动切换开关均包括一个电力切换开关单元和一个控制模组，在盘内接线，以进行完整的自动化操作。在正常情况下，负载由市政电进行供电，当市政电停电时，负载会自动切换到应急电源供应；当市政电恢复后，负载自动切回到市政电供电，随后应急电源断开。

4. 不间断电源

部分设备对于市政供电与应急电源间的切换时间要求为毫秒级的设备，需要设置不间断电源。UPS 的供电时间不能少于 5 分钟。当市政电停电，柴油发电机组启动之前，由 UPS 供电，等柴油发电机组电压稳定或市政电恢复正常供电后，UPS 停止供电。

5. 无功补偿及谐波治理装置

在集成电路生产厂房中，采用提升自然功率因数的措施之后，仍然达不到符合电网要求的供电环境时，应选用并联电力电容器作为无功补偿装置，来改变供电环境。无功补偿装置主要包括主断路器（或熔断器）、自动功率因数调整器、电磁接触器及熔断器、干式电容器及 6% 电抗器、箱体及配线、盘内照明及控制开关等。若系统谐波超出国家标准或对下游设备产生影响，需要配置有源或无源滤波器作为谐波治理装置。

6. 接地装置

是指在电力系统、电力装置或电力设备的指定点与局部地面之间通过导体进行电位连接。接地装置按功能分为功能性接地、保护性接地、电磁兼容性接地、建筑物防雷接地等。

表 4.17–1 为集成电路制造厂房主要供电设备的归类。

表 4.17–1　集成电路制造厂房主要供电设备的归类

序号	名称	商品描述	归类
1	高压电力变压器	即油浸式电力变压器	8504.2
2	六氟化硫密封式组合电器	采用六氟化硫气体绝缘的电器	8535.3

表 4.17–1（续）

序号	名称	商品描述	归类
3	闭式自动切换开关	用于市政供电与应急电源间的转换，包括一个电力切换开关单元和一个控制模组	8535.9000
4	不间断电源	是一种含有储能装置的不间断电源，主要用于给部分对电源稳定性要求较高的设备提供不间断的供电电源	8504.4020
5	无功补偿及谐波治理装置	主要包括主断路器（或熔断器）、自动功率因数调整器、电磁接触器及熔断器、干式电容器及 6% 电抗器、箱体及配线、盘内照明及控制开关等	8537.1090
6	接地装置	用于电力系统、电力装置或电力设备的指定点与局部地面之间通过导体进行的电位连接	按材质归类

4.18 电容式真空计及其归类

电容式真空计（Capacitance Manometer）是一种直接读取数值的、具有振动膜的真空计。通过测量振动膜（Diaphragm）与固定横膈膜（Fixed Diaphragm）之间的电容大小，来确定被测腔室（Chamber）内的真空度。图 4.18–1 为电容式真空计的工作原理示意图，图 4.18–2 为某品牌的电容式真空计实物图。

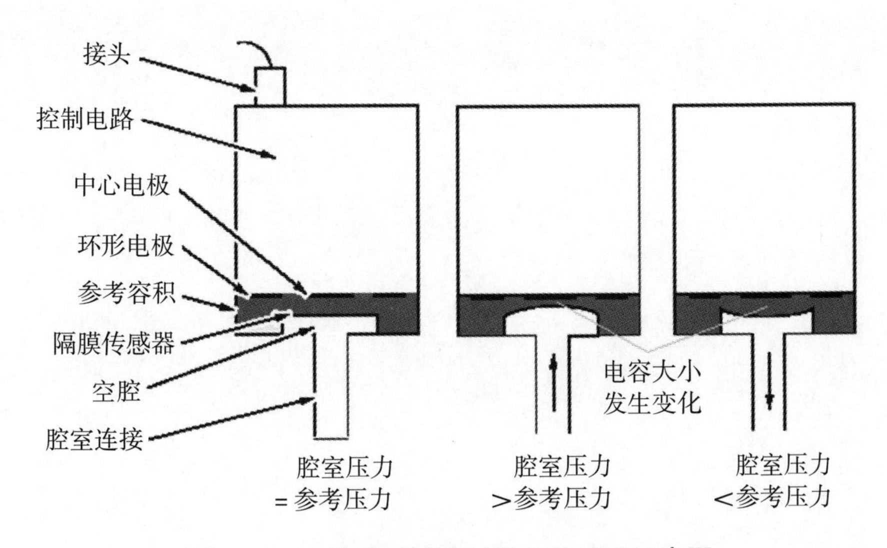

图 4.18–1 电容式真空计的工作原理示意图

图 4.18-2　某品牌的电容式真空计

参考子目：9026.2090。

第5章 集成电路制造用材料

集成电路制造用的材料主要包括供晶圆制造和封装、测试过程中使用的衬底材料、电子级的气体、湿电子化学品、掺杂源（前驱体）、靶材、光刻胶、研磨液和清洗剂等。

这些材料对纯度要求很高，先进工艺所需的材料通常要求达到6 N（即99.9999%）及以上的级别。它们涵盖了气体、液体、固体等多种形态，品种多达上百种，且多具有剧毒、易腐蚀、易燃易爆等危险特性。如气体类的氢气、甲烷、硅烷等，液体类的氢氟酸、硫酸、硝酸等。

5.1 衬底材料

衬底（Substrate）是由半导体单晶材料制造而成的晶圆片，是具有特定晶面和适当电学特性的洁净单晶薄片。衬底可以直接进入晶圆制造环节生产半导体器件，也可以进行外延工艺加工生产外延片。

衬底按化学成分不同，可分为元素半导体和化合物半导体两大类。

1. 元素半导体

元素半导体中最常用的为硅片。硅片是半导体上游产业链中最重要的基底材料之一，是以高纯结晶硅为材料制成的圆片，一般可作为集成电路和半导体器件的载体。与其他材料相比，结晶硅的分子结构较为稳定，导电性极低。

硅片是硅单质材料的片状结构，有单晶硅和多晶硅之分。单晶硅是具有固定晶向的结晶体材料，多晶硅是没有固定晶向的晶体材料。用于集成电路衬底材料的硅片是单晶硅，要求有极高的纯度，要求达9 N（99.9999999%）以上。

硅片根据直径大小不同，可分为6英寸（150 mm）、8英寸（200 mm）及12英寸（300 mm）。目前市场上主流的硅片尺寸是8英寸和12英寸。

硅片根据加工工序不同，可分为抛光片、外延片、SOI硅片等。其中，抛光片应用范围最广，是抛光环节的终产物。

（1）抛光片

抛光片是从单晶硅柱上直接切割成厚度约 1 mm 的原硅片，切割后对其进行抛光加工，去除部分损伤层后得到的表面光洁平整的硅片，如图 5.1–1 a）所示。

（2）外延片

外延片是在经抛光的单晶衬底（即抛光片）上再生长一层新单晶的硅片。由于新生的单晶层按衬底晶相延伸生长，从而被称之为外延层，其厚度通常为几微米，外延出的硅单晶薄膜与衬底的晶向是相同的，二者为一个连续的单晶体，但硅外延单晶薄膜的导电类型、电阻率和厚度等参数可根据具体要求进行控制，不一定与硅抛光片衬底相同。该技术可有效减少硅片中的单晶缺陷，使硅片具有更低的缺陷密度和氧含量，从而提升终端产品的可靠性，常用于制造 CMOS 芯片。如图 5.1–1 b）所示为外延片，从图中可以看出，外延片由硅衬底和外延层构成。制备方式是将抛光片在外延炉中加热后，通过气相沉淀的方式使其表面外延符合特定要求的单晶硅。

外延片按外延层与衬底的材料是否相同，可分为同质外延和异质外延。

同质外延的外延层与衬底材料相同：如 Si/Si、GaAs/GaAs、GaP/GaP；

异质外延的外延层与衬底材料不同：如 Si/Al_2O_3、GaS/Si、GaAlAs/GaAs、GaN/SiC 等。

（3）SOI 硅片

SOI（Silicon-On-Insulator）是指覆盖在绝缘衬底上的单晶硅薄膜，SOI 硅片是指在顶层硅和背衬底之间引入了一层埋氧化层的硅片。如图 5.1–1 c）所示为 SOI 硅片。SOI 硅片有 3 个基本层：薄薄的单晶硅在顶层，中间是相当薄的绝缘 SiO_2 层，下面一层是非常厚的硅衬底用来提供机械支撑。

SOI 硅片具有寄生电容小、短沟道效应小、集成密度高、速度快、功耗低等优点，常用在射频前端芯片中。

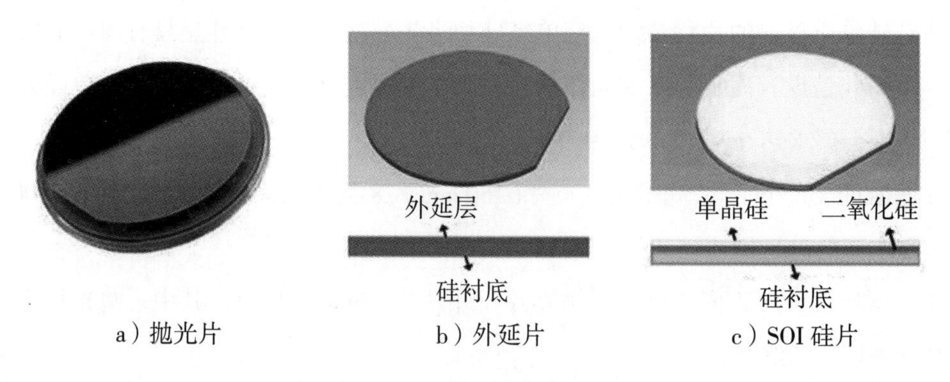

a）抛光片　　b）外延片　　c）SOI 硅片

图 5.1–1　3 种不同类型的硅片

2. 化合物半导体

化合物半导体中最常用的为碳化硅、氮化镓。碳化硅、氮化镓属于宽禁带化合物半导体。宽禁带化合物半导体是指禁带宽度大于或等于 2.3 eV 的半导体材料。禁带宽度是半导体的一个重要特性参数，半导体材料的禁带宽度越大，意味着其电子跃迁到导带所需的能量越大，从而材料能承受的温度和电压就越高，即越不容易成为导体。宽禁带半导体材料非常适合于制作抗辐射、高频、大功率和高密度集成的电子器件，其具有良好的抗辐射能力及化学稳定性、较高的饱和电子漂移速度及导热率、优异的电性能等特点。近年来，迅速发展起来的以氮化镓、碳化硅为代表的宽禁带半导体材料是固态光源和电力电子、微波射频器件的“核芯”，在半导体照明、新一代移动通信、智能电网、高速轨道交通、新能源汽车、消费类电子等领域应用广泛。表 5.1-1 列出了常用半导体材料指标参数的对比。

表 5.1-1　常见半导体材料指标参数的对比

指标参数	硅	砷化镓	碳化硅	氮化镓	备注
禁带宽度（eV）	1.12	1.43	3.2	3.4	禁带宽度越大，耐高电压和高温性能越好
饱和电子漂移速率（107 cm/s）	1.0	1.0	2.0	2.5	电子迁移速率越高，电阻率越小
热导率（W/cm・K）	1.5	0.54	4.0	1.3	热导率越高，工作温度上限越高
击穿电场强度（MV/cm）	0.3	0.4	3.5	3.3	击穿电场强度越高越耐高压

资料来源：民生证券研究院。

（1）碳化硅（SiC）

碳化硅属于第三代半导体材料，在低功耗、小型化、高压、高频的应用场景有极大优势。碳化硅制作的器件具有耐高温、耐高压、高频、大功率、抗辐射等特点，具有开关速度快、效率高的优势，可大幅降低产品功耗、提高能量转换效率并减小产品体积。目前碳化硅半导体主要应用于以 5G 通信、国防军工、航空航天为代表的射频领域和以新能源汽车为代表的电力电子领域。图 5.1-2 为碳化硅衬底产业链。

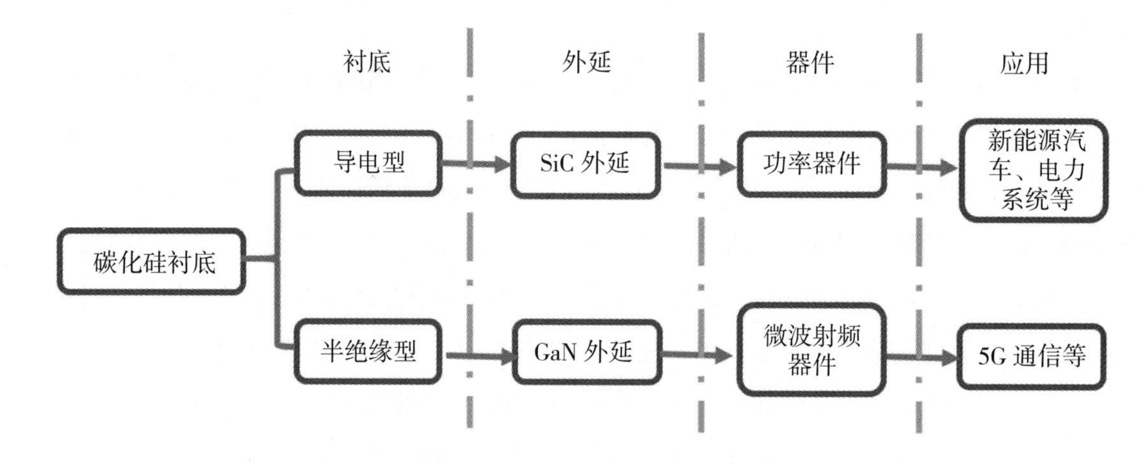

图 5.1–2　碳化硅衬底产业链

碳化硅衬底的制备流程大致分为两步：

第一步，SiC 粉料（高纯硅粉和高纯碳粉）在单晶炉中经过高温升华之后在单晶炉中形成 SiC 晶锭；

第二步，通过对 SiC 晶锭进行粗加工、切割、研磨、抛光，得到透明或半透明、无损伤层、低粗糙度的 SiC 晶片（即 SiC 衬底）。图 5.1–3 为碳化硅衬底的制备流程图。

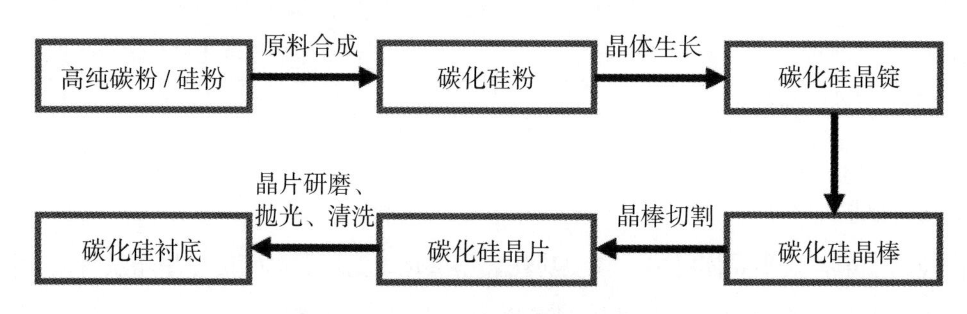

图 5.1–3　碳化硅衬底的制备流程图

碳化硅衬底的尺寸（按直径计算）主要分为 4 英寸（100 mm）、6 英寸（150 mm）、8 英寸（200 mm）等规格。目前行业内主要量产的集中在 4 英寸及 6 英寸。

（2）氮化镓（GaN）

受技术与工艺水平限制，GaN 材料作为衬底实现规模化应用仍面临挑战，因为氮化镓材料本身熔点高，而且需要高压环境，很难采用熔融的结晶技术制作 GaN 衬底。目前主要在 Al_2O_3 蓝宝石衬底上生长氮化镓厚膜制作的 GaN 基板，然后通过剥离技术实现衬底和氮化镓厚膜的分离，分离后的氮化镓厚膜可作为外延用的衬底。这种基板现在主流的尺寸为 4 ~ 6 英寸。这种衬底的优点是位错密度明显较低，但价格昂贵，因此限制了氮化镓厚膜衬底的应用。

5.2 光刻胶及配套试剂

1. 光刻胶

光刻胶又称为光阻、光致抗蚀剂，是一种感光材料，其中的感光成分在光的照射下会发生化学变化，从而引起溶解速率的改变。其主要作用是将掩模版上的图形转移到圆片衬底上。图 5. 2–1 为光刻胶的作用（曝光前后的变化情况）。图 5.2–1 a）是涂覆光刻胶后的情况；图 5.2–1 b）在光刻胶上放置掩模版，并在光刻胶上曝光的过程；图 5.2–1 c）是显影后的情况，此时已将掩模版上的图形转移至光刻胶上。

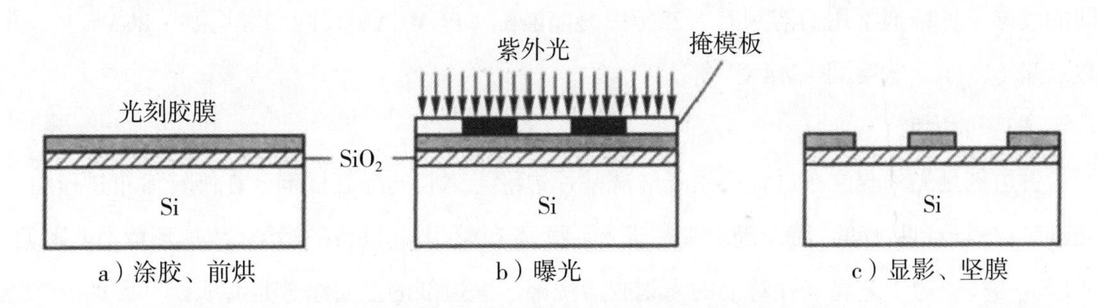

图 5. 2–1　光刻胶的作用（曝光前后的变化情况）

使用时，首先将光刻胶涂布在衬底上，前烘去除其中的溶剂，然后透过掩模版进行曝光，使曝光部分的感光组分发生化学反应，再进行曝光后的烘烤，最后通过显影将光刻胶部分溶解（对于正性光刻胶，曝光区域被溶解；对于负性光刻胶，未曝光区域被溶解），从而实现图形从掩模版转移到衬底上。

光刻胶的组分主要包括成膜树脂、感光组分、微量添加剂和溶剂。其中成膜树脂用于提供机械性能和抗刻蚀能力；感光组分在光照下发生化学变化，引起溶解速度的改变；微量添加剂包括染料、增黏剂等，用于改善光刻胶性能；溶剂用于溶解各组分，使之均匀混合。

光刻胶按其曝光波长和用途不同，可分为紫外宽谱、g 线（436 nm）、i 线（365 nm）、KrF（248 nm）、ArF（193 nm）、EUV（13.5 nm）、电子束光刻胶等几个大类。

光刻胶根据显示效果不同，可分为正性光刻胶和负性光刻胶。正性光刻胶在特定光线照射下光刻胶会变得易于溶解，经显影后曝光部分的光刻胶可以被清除；负性光刻胶在曝光后光刻胶交联硬化，在显影液中难于溶解，而未曝光的光刻胶在显影液中被清除。

2. 光刻胶配套试剂

光刻胶配套试剂是指在集成电路制造中与光刻胶配套使用的试剂，主要包括增黏剂、稀释剂、去边剂、显影液和剥离液。大部分配套试剂的组分包括有机溶剂和微量添加剂。有机溶剂和微量添加剂都是具有低金属离子及颗粒含量的高纯试剂。

（1）增黏剂

增黏剂是在涂布光刻胶前对基片进行处理的一种试剂。其主要组分是六甲二硅氮烷，主要作用是通过与基片表面的羟基反应，将基片表面由亲水性变为疏水性，提高光刻胶与基片之间的黏附性，减少由光刻胶黏附性不好而引起的缺陷，提高光刻胶的抗湿法腐蚀性能。

（2）稀释剂

稀释剂是一种用于稀释光刻胶的溶剂。其主要作用是调整光刻胶的黏度，使其适用于不同的膜厚。稀释剂常用的溶剂有丙二醇甲醚醋酸酯（PGMEA）、丙二醇甲醚（PGME）、乳酸乙酯（EL）、二庚酮（MAK）等。

（3）去边剂

去边剂是光刻胶涂布过程中用于清洗基片边缘光刻胶的配套试剂。在旋转涂布过程中，光刻胶会回溅到基片的背面，随着基片进入后续环节，易引起设备的污染，增加环境中的颗粒，所以应通过去边工艺将基片背面的光刻胶清洗掉。去边剂的主要组分是有机溶剂，如丙二醇甲醚醋酸酯、丙二醇甲醚、乳酸乙酯等，需要与光刻胶的溶剂匹配。

（4）显影液

显影液是在显影过程中使用的配套试剂。其作用是溶解基片上不需要的光刻胶（即正性光刻胶的已曝光部分或负性光刻胶的未曝光部分）。对于正性光刻胶，显影液主要是碱的水溶液，如四甲基氢氧化铵、氢氧化钠等；对于环化橡胶型的负性光刻胶，显影液的主要成分是有机溶剂。

（5）剥离液

剥离液是指在曝光显影及后续工艺后用于去除基片上不需要的光刻胶的配套试剂。由于光刻胶在显影后要经过不同的工艺，如湿法刻蚀、干法刻蚀、离子注入等，这些工艺会引起光刻胶的结构变化，从而不易被去除，因此，需要剥离液对光刻胶有较强的溶解性能。

剥离液的基本组分是有机溶剂与有机胺类添加剂，常用的剥离液包括N-甲基吡咯烷酮（纳米P）、二甲基亚砜（DMSO）等。

3. 光刻胶及配套试剂的主要组分及其归类

表 5.2–1 为光刻胶及配套试剂的主要组分及其归类。

表 5.2–1 光刻胶及配套试剂的主要组分及其归类

试剂类别	试剂名称	主要组分	归类
光刻胶		不同种类的光刻胶成分不同	3707.9090
增黏剂		六甲二硅氮烷	2931.9000
稀释剂		丙二醇甲醚醋酸酯、丙二醇甲醚、乳酸乙酯、二庚酮等	根据其成分归类
去边剂		丙二醇甲醚醋酸酯、丙二醇甲醚、乳酸乙酯、二庚酮等	根据其成分归类
显影液	正性光刻胶显影液	碱的水溶液	3707.9090
	负性光刻胶显影液	有机溶剂	3707.9090
剥离液	正性光刻胶剥离液	胺类物质、有机溶剂、缓冲剂等	3824.9999
	负性光刻胶剥离液	有机碱、有机溶剂、缓冲剂等	3824.9999

5.3 电子气体

《战略性新兴产业分类（2018）》在电子专用材料制造的重点产品部分将电子气体划分为电子特种气体和电子大宗气体。电子气体在电子产品制程工艺中广泛应用于离子注入、气相沉积、刻蚀、掺杂等工艺，被称为集成电路制造的“粮食”和“源”。大宗气体主要包括氮气、氧气、氩气、二氧化碳等。表 5.3–1 为按化学成分分类的电子特种气体。

表 5.3–1 按化学成分分类的电子特种气体

分类	主要产品
烷类	硅烷、磷烷、砷烷、硼烷、锗烷、四乙氧基硅烷、四甲基环四硅氧烷、二乙基硅烷、特丁基砷、三乙基砷、特丁基磷等
氯化物	三氯氢硅、二氯二氢硅、氯化氢、氯气、三氯化硼、三氯氧磷等
氟化物	三氟化氮、三氟化硼、四氟化碳、六氟化硫、六氟化钨、三氟甲烷、四氟甲烷、六氟乙烷、八氟丙烷、六氟乙烯等
其他	氧化亚氮、硫化氢、溴化氢、溴化硼、丙烯等

资料来源：武汉纽瑞德贸易有限公司，由西南证券整理。

表 5.3–2 为常用高纯特种气体的用途及其归类。

表 5.3–2　常用高纯特种气体的用途及其归类

序号	商品名称	分子式	用途	归类
1	硅烷	SiH_4	扩散 /CVD	2850.0090
2	二氯硅烷	SiH_2Cl_2	扩散 /CVD	2853.9090
3	六氟化钨	WF_6	扩散 /CVD	2826.1930
4	一氧化二氮	N_2O	扩散 /CVD	2811.2900
5	氨气	NH_3	扩散 /CVD	2814.1000
6	四氟化硅	SiF_4	扩散 /CVD	2812.9019
7	磷烷（磷化氢）	PH_3	扩散 /CVD/ 离子注入	2853.9040
8	六氯化二硅	Si_2Cl_6	扩散 /CVD	2812.1910
9	丙烯	C_3H_6	扩散 /CVD	2901.2200
10	三甲基硅烷	$SiH(CH_3)_3$	扩散 /CVD	2931.9000
11	氯化氢	HCl	扩散 /CVD	2806.1000
12	氟化氢	HF	扩散 /CVD	2811.1110
13	氦	He	扩散 /CVD	2804.2900
14	磷烷氮气混合气	$1\%PH_3/N_2$	扩散 /CVD	3824.9999
15	乙硼烷氮气混合气	$5\%B_2H_6/N_2$	扩散 /CVD	3824.9999
16	氢氦混合气	$5\%H_2/He$	扩散 /CVD	3824.9999
17	甲烷氩气混合气	$10\%CH_4/Ar$	扩散 /CVD	3824.9999
18	锗烷氢气混合气	GeH_4/H_2	扩散 /CVD	3824.9999
19	氟氮混合气	$20\%F_2/N_2$	扩散 /CVD	3824.9999
20	三氟化氮	NF_3	刻蚀 / 清洗	2812.9011
21	四氟化碳	CF_4	刻蚀 / 清洗	2903.4900
22	一氧化碳	CO	刻蚀	2811.2900
23	溴化氢	HBr	刻蚀	2811.1990
24	二氧化碳	CO_2	刻蚀	2811.2100
25	氟甲烷(一氟甲烷）	CH_3F	刻蚀	2903.4300

表 5.3-2（续）

序号	商品名称	分子式	用途	归类
26	四氯化硅	$SiCl_4$	刻蚀	2812.1910
27	三氯化硼	BCl_3	刻蚀	2812.1910
28	三氟甲烷	CHF_3	刻蚀	2903.4100
29	二氟甲烷	CH_2F_2	刻蚀	2903.4200
30	氯气	Cl_2	刻蚀	2801.1000
31	全氟丁二烯	C_4F_6	刻蚀	2903.5990
32	六氟乙烷	C_2F_6	刻蚀	2903.4900
33	六氟化硫	SF_6	刻蚀 / 清洗	2812.9012
34	八氟环丁烷	C_4F_8	刻蚀 / 清洗	2903.8900
35	甲烷	CH_4	刻蚀	2711.2900
36	氢氮混合气	$4\%H_2/N_2$	刻蚀	3824.9999
37	三氟化硼	BF_3	离子注入	2812.9019
38	砷化氢（砷烷）	AsH_3	离子注入	2850.0090
39	氙气	Xe	离子注入 / 光刻	2804.2900
40	四氟化锗	GeF_4	离子注入	2826.1990
41	氦氮混合气	$1.2\%He/N_2$	光刻	3824.9999
42	氩氙氖混合气	3.5%Ar/10−6Xe/Ne	光刻	3824.9999
43	氟氩氖混合气	$0.95\%F_2/3.5\%Ar/Ne$	光刻	3824.9999
44	氪氖混合气	1.25%Kr/Ne	光刻	3824.9999
45	氟氪氖混合气	$0.95\%F_2/1.25\%Kr/Ne$	光刻	3824.9999
46	二氯二氢硅	Cl_2H_2Si	外延	2853.9090

5.4 前驱体

前驱体是集成电路制造的重要材料之一，主要用于化学气相沉积（CVD）和原子气相沉积（ALD）工艺过程，以形成符合集成底电路制造要求的各类薄膜层。表 5.4-1 为常用前驱体及其归类。

表 5.4–1 常用前驱体及其归类

序号	商品名称	分子式	归类
1	硅酸四乙酯（TEOS）	$SiC_8H_{20}O_4$	2920.9000
2	磷酸三乙酯（TEPO）	$PO(OC_2H_5)_3$	2919.9000
3	3,3',5,5' – 四甲基联苯胺（TMB）	$C_{16}H_{20}N_2$	2921.5900
4	四二甲胺基钛（TDMAT）	$C_8H_{24}N_4Ti$	2921.1100
5	四氯化铪	$HfCl_4$	2827.3990
6	四(二甲胺基)锆	$C_8H_{24}N_4Zr$	2921.1100
7	四氯化硅	$SiCl_4$	2812.1910

5.5 靶材

靶材是 PVD 制备薄膜的主要材料之一，主要应用于集成电路制造中的溅射工艺。靶材的纯度都很高，大多都要达到 99.99%（4 N）及以上。

溅射靶材主要用于器件导电层及阻挡层和金属栅极的制作，主要用到铝、钛、铜、钽等金属。其中，导电层主要使用铝靶和铜靶，阻挡层主要使用钽靶和钛靶，阻挡层主要有两个作用：一方面是金属扩散；另一方面是黏附。

1. 靶材的类型

按形状不同，可分为圆靶、方靶和长靶。

按化学成分不同，可分为金属靶材（纯金属铝、铜、钛、钽等）、合金靶材（镍铬合金、镍钴合金等）和陶瓷合金靶材（氧化物、硅化物、碳化物、硫化物等）。

按是否带有背板，可分为带背板靶材和无背板靶材。

2. 靶材制造工艺

靶材的制造方法主要包括熔融铸造和粉末冶金加工两大类。

熔融铸造法的靶材需要经过熔炼、预处理、塑性加工、热处理、焊接、机加工、净化、检测等多道工艺处理，塑性变形再结晶过程需要重复进行。如铝靶材的制作过程一般是将铝原料进行熔炼（电子束或电弧、等离子熔炼）、铸造，将得到的锭或胚料进行热锻以破坏铸造组织，使气孔或偏析扩散、消失，再通过退火使其再结晶化从而提高材料组织的致密化和强度，进而经过焊接、机加工和清洗等步骤最终制备成靶材。

粉末冶金法的靶材一般用冷压、热压或热等静压的方法对粉末压制成型，然后对成型的坯料进行机加工等。如钛合金靶材的制作过程是将钛粉和添加的合金成分经混粉工艺，用热压或热等静压的方法成型，然后再对坯料进行加工，进而得到钛合金靶。

3. 靶材的组成

靶材由“靶坯”和“背板”焊接而成。

靶坯是高速离子束流轰击的目标材料，属于溅射靶材的核心部分，涉及高纯金属、晶粒取向调控。在溅射过程中，靶坯被离子撞击后，其表面原子被溅射飞散出来并沉积于基板上而薄膜沉积。

背板主要起到固定溅射靶材的作用，涉及焊接工艺。由于高纯度金属强度较低，而溅射靶材需要安装在专用的机台内完成溅射过程。机台内部为高电压、高真空环境。因此，超高纯金属的溅射靶坯需要与背板通过不同的焊接工艺进行接合，背板需要具备良好的导电、导热性能。

图 5.5–1 为常用的铝靶材，图 5.5–2 为常用的铜靶材。

图 5.5–1 常用的铝靶材

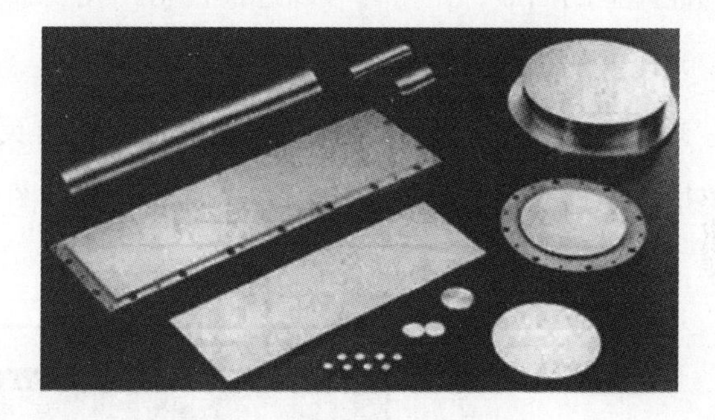

图 5.5–2 常用的铜靶材

4. 常用靶材的种类、用途及其归类

表 5.5–1 为常用靶材的种类、用途及其归类。

表 5.5–1 常用靶材的种类、用途及其归类

序号	商品名称	用途	归类
1	带背板靶材	靶坯有多种材质，靶坯材质不同，用途不同	8486.9091
2	无背板铝靶	用于芯片中的金属互连	7616.9910
3	无背板铝 – 铜合金靶（Al ＞ 99%，Cu ≤ 1%）	用于芯片中的金属互连	7616.9910

表 5.5–1（续）

序号	商品名称	用途	归类
4	无背板铜靶	用于芯片中的铜互连	7419.8091
5	无背板钽靶	用于芯片中铜互连的阻挡层，以阻止铜原子向基体硅中扩散	8103.9990
6	无背板钛靶	用于芯片中铜互连的阻挡层，以阻止铜原子向基体硅中扩散	8108.9090
7	无背板金靶	用于硅基体与金属导线间的互连	7115.9010
8	无背板银靶	用于硅基体与金属导线间的互连	7115.9010

5.6 光掩模

光掩模又称掩模版、光罩，是集成电路制造过程中光刻工艺使用的母版，其上面有要转印到硅片上的图形，是一种可以选择性阻挡光、辐照或物质穿透的掩蔽模板。

光掩模的制作流程详见本书第 2 章 2.9.1 节。

光掩模由四层材料构成，从下至上依次为石英玻璃、金属铬、氧化铬、光刻胶。其中金属铬层为不透光材料，用于阻挡曝光时的光线。图 5.6–1 为光掩模的断面结构。

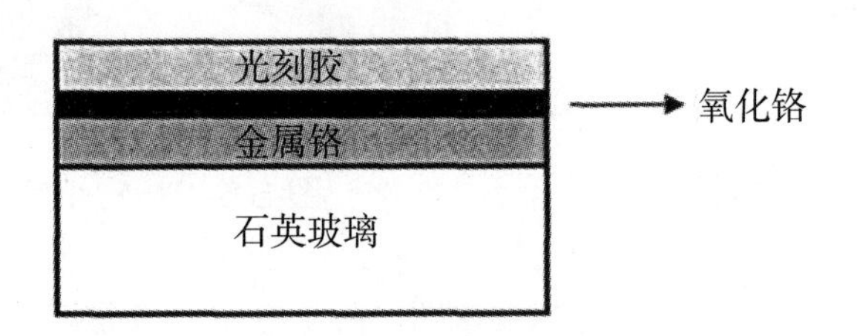

图 5.6–1　光掩模的断面结构

通常所称的光掩模是已刻蚀有掩模图形的，而无掩模图形的称为匀胶铬板。

匀胶铬板是在玻璃（或石英玻璃）基板上蒸镀或溅射一层带氧化膜的金属铬膜，然后再在铬膜上涂覆一层光刻胶。

从光掩模的制作流程可知，匀胶铬板是制作光掩模的基板。制作光掩模的匀胶铬板也由上述四层材料构成。光掩模与匀胶铬板的区别是：光掩模上面已刻蚀有掩模图形；而匀胶铬板上面是空白的，无掩模图形，但其上面已涂覆一层光刻胶。

用于制作匀胶铬板的基板通常为石英玻璃、低膨胀硼硅玻璃，也就是未溅射金属铬膜和涂覆光刻胶的纯玻璃基板。

表5.6–1为光掩模玻璃基板、匀胶铬板、光掩模的区别及其归类。

表5.6–1 光掩模玻璃基板、匀胶铬板、光掩模的区别及其归类

序号	名称	商品描述	归类
1	光掩模玻璃基板	是制造匀胶铬板的基板熔融石英制，其上面无铬层、无光刻胶	7020.0013
2	匀胶铬板	其上面有金属铬膜和光刻胶，但还未曝光，无任何图形	3701.9990
3	光掩模（掩模版）	已经过曝光、显影和刻蚀工艺，其上面已有掩模图形	9002.9090

5.7 湿电子化学品

湿电子化学品包含单一物质高纯化学试剂（或化学品）和复合型试剂。

1. 单一物质高纯化学试剂（或化学品）

集成电路制造中常用单一物质高纯化学试剂（或化学品）的品种超过30多种，具有超高纯度和超高洁净度。例如，用于清洗、刻蚀等工艺的各类酸（如硫酸、盐酸、硝酸、磷酸）、碱（氢氧化钠、氢氧化钾、氢氧化铵）、有机溶剂（如丙酮、异丙醇、二甲苯）、氧化试剂（如双氧水），用于CVD工艺的正硅酸乙酯、硼酸三乙酯、硼酸三甲酯、磷酸三乙酯等液体类化学品。表5.7–1为常用高纯化学试剂（或化学品）的名称、分子式及其归类。

表5.7–1 常用高纯化学试剂（或化学品）的名称、分子式及其归类

序号	商品名称	分子式	归类
1	硫酸	H_2SO_4	2807.0000
2	盐酸	HCl	2806.1000
3	硝酸	HNO_3	2808.0000
4	磷酸	H_3PO_4	2809.2019
5	氢氟酸	HF	2811.1110
6	氢氧化钠	$NaOH$	2815.1200
7	氢氧化铵	NH_4OH	2814.2000

表 5.7–1（续）

序号	商品名称	分子式	归类
8	氢氧化钾	KOH	2815.2000
9	异丙醇	C_3H_8O	2905.1220
10	三氯乙烯	C_2HCl_3	2903.2200
11	丙酮	CH_3COCH_3	2914.1100
12	乙二醇	$(CH_2OH)_2$	2905.3100
13	二甲苯（混合）	C_8H_{10}	2902.4400
14	柠檬酸	$C_6H_8O_7$	2918.1400
15	N– 甲基 –2 吡咯烷酮	C_5H_9NO	2933.7900
16	正硅酸乙酯	$C_8H_{20}O_4Si$	2920.9000
17	硼酸三乙酯	$C_6H_{15}BO_3$	2920.9000
18	硼酸三甲酯	$(CH_3O)_3B$	2920.9000
19	磷酸三乙酯	$C_6H_{15}O_4P$	2919.9000
20	亚磷酸三甲酯	$C_3H_9O_3P$	2920.2300

2. 复合型试剂

复合型试剂是指一些配方类或复配类化学品，是两种或多种化学试剂的混合物，主要用于集成电路制造过程中的湿法清洗和刻蚀工艺。例如，清洗中常用的 1 号液（Standard Clean 1，SC–1）是由双氧水、氨水、超纯水按一定比例混合而成的；旋涂玻璃的主要成分是异丙醇（32% ~ 51%）、乙醇（6% ~ 29%），丙酮（13% ~ 28%）、丁烷 –1– 醇（4% ~ 10%）、有机硅聚合物（2% ~ 11%）、水（小于 5%），主要用于刻蚀工艺，通过将旋涂玻璃滴在硅片表面，经高速旋转，将沟槽填平，使其均匀地附在硅片表面。

与单一物质高纯化学试剂（或化学品）不同，复合型试剂是由试剂制造企业根据专有的配方和特定比例混配好后供应给集成电路制造企业使用的，试剂制造企业拥有该试剂的知识产权。

这类试剂主要包括清洗液、刻蚀液等。表 5.7–2 为常用复合型试剂的组分及其归类。

表 5.7–2　常用复合型试剂的组分及其归类

试剂类别	试剂名称	主要组分	归类
铝连线干法刻蚀后清洗液	DSP+（稀释的硫酸双氧水混合液）	H_2SO_4、H_2O_2、HF、H_2O	3824.9999
	胺基清洗液	胺类、有机溶剂、腐蚀抑制剂、水	3824.9999
	氟基清洗液	HF、有机溶剂、腐蚀抑制剂、水	3824.9999
铜连线刻蚀后清洗液	DHF（稀释氢氟酸）	300：1 ~ 1000：1 的 H_2O：HF	2811.1110
	氟基清洗液	HF、有机溶剂、腐蚀抑制剂、水	3824.9999
铜线 CMP 后清洗液	碱性混合液	主要含有络合剂、腐蚀抑制剂、表面活性剂、pH 值调节剂等	3402.9000
	酸性混合液	主要含有机酸、络合剂、表面活性剂等	3402.9000
混合刻蚀液	硅刻蚀液	HF、HNO_3（可添加 H_2SO_4、H_3PO_4）	3824.9999
	铝刻蚀液	H_3PO_4、HNO_3、CH_3COOH	3824.9999
	铜刻蚀液	H_2SO_4、H_2O_2（或其他氧化剂）	3824.9999
	缓释氧化刻蚀液	HF、NH_4F（可以添加表面活性剂）	3824.9999
旋涂玻璃		异丙醇、乙醇、丙酮、丁烷 –1– 醇、有机硅聚合物、水	3209.9090

5.8　抛光材料

抛光材料主要包括抛光垫、抛光液以及部分清洗剂，是 CMP（化学机械研磨）工艺过程中必不可少的耗材。

1. 抛光垫

抛光垫的作用主要是传输抛光液，传导压力和打磨发生化学反应的材料表面，通常为影响化学机械抛光的“机械”因素。

抛光垫的材料通常为聚氨酯或聚酯中加入饱和的聚氨酯。抛光垫的各种性质严重影响到抛光圆片的表面质量和抛光速率，主要有抛光布的纤维结构和孔的尺寸、抛光垫的黏弹性、抛光垫的硬度和厚度、耐化学性以及反应性等。

参考子目：3926.9010。

2. 抛光液

抛光液又称为研磨液，其作用主要是为抛光对象提供研磨及腐蚀溶解，通常为影响化学机械抛光的“化学”因素。

抛光液是影响抛光速率和效率的重要因素，由亚微米或纳米磨粒和化学溶液组成的抛光液在硅片表面和抛光垫之间流动，通过抛光液中的化学成分与硅片表面材料产生化学反应，将不溶的物质转化为易溶物质，或者将硬度高的物质进行软化。

抛光液的具体成分是纳米级研磨粒（如二氧化硅、三氧化二铝、二氧化铈等）、不同化学试剂（如金属铬合剂、表面抑制剂、氧化还原剂、分散剂及其他助剂）和去离子水。针对具体工艺和被抛光材料的要求，使用不同的研磨颗粒和多种化学试剂。

参考子目：根据不同成分归入子目 3405.9000 或 3824.9999。

3. 清洗剂

在 CMP 工艺中，抛光液中的磨料和被去除的材料作为外来颗粒（含金属颗粒）是 CMP 工艺的污染源，CMP 后清洗的重点是去除抛光过程中带有的所有污染物。

CMP 后清洗必然用到清洗剂，清洗剂的种类有多种，其成分也各不相同，详见表 5.8–1。

表 5.8–1　CMP 后清洗常用的清洗剂的种类、成分、用途及归类

序号	种类	成分	用途	归类
1	SC–1	$NH_4OH + H_2O_2 + H_2O$	去除微粒子与有机物	3824.9999
2	SC–2	$HCl + H_2O_2 + H_2O$	去除金属	3824.9999
3	SPM	$H_2SO_4 + H_2O_2 + H_2O$	去除有机物	3824.9999

5.9　集成电路级包材（容器）

集成电路级包材（容器）主要包括塑料桶、钢瓶和玻璃瓶等。

1. 塑料桶

塑料桶由 100% 的高密度聚乙烯制成，用于盛装化学机械抛光液和光刻胶去除剂。其洁净度和金属离子含量有较高的标准。

洁净度要求 LPC 值（即注入纯水后每毫升中含有 0.3 μm 的颗粒数）小于或等于 10 个；

金属离子含量要求 PPB 值（即注入纯水后每毫升中在十亿分之一浓度下的金属离子含量）小于 10 个。

参考子目：3923.3000。

2. 钢瓶

钢瓶又称储气罐，主要用于盛放经压缩的各种特纯气体。图 5.9-1 为特种气体钢瓶。

参考子目：7311.0090。

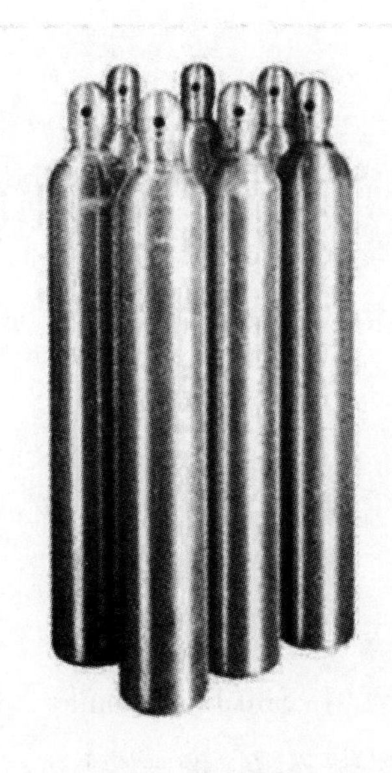

图 5.9-1　特种气体钢瓶

3. 玻璃瓶

玻璃瓶主要用于盛放各种型号的光刻胶及其配套材料等，容积大于 1 L。

参考子目：7010.9010。

第 6 章　部分典型零部件的归类

本章主要介绍部分有争议的典型零部件的归类，分析这些商品归类争议的主要原因，一方面是因为商品描述不清晰，相关商品知识的缺乏，确定商品归类所需要的条件或要素不足，另一方面是对进出口税则的列目结构及规律研究不深入，或是对所列商品范围的理解产生偏差等。

6.1　CMP 终点检测模块

1. 商品描述

CMP 终点检测模块又称为 ISRM（In Situ Rate Monitor）检测模块（图 6.1–1），是利用光学的折射原理来对 CMP（化学机械抛光设备）抛光终点进行检测的装置。

组成结构：激光器（用来发出波长为 670 nm 的光束）；探测器（即光电传感器，或称光电二极管，用于检测折射返回光束的强度）；反光镜（用于光束的折射）；PCB 板（用于将检测到的光信号转换为相应的电信号）。

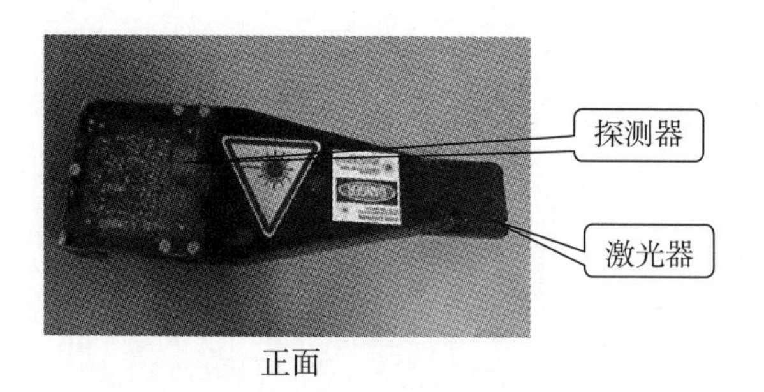

正面

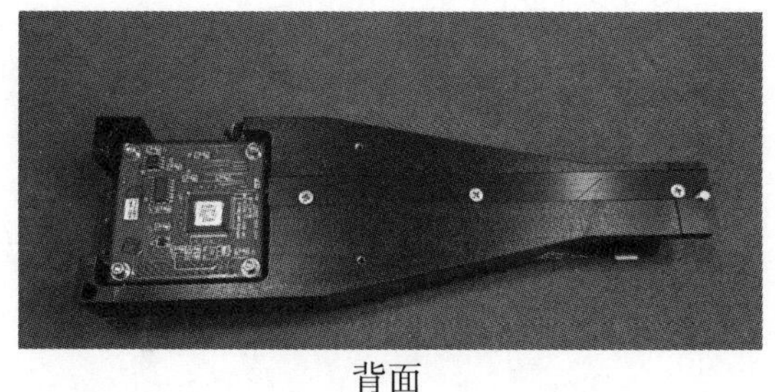
背面

图 6.1–1　ISRM 检测模块

工作原理：激光光束照射至一块倾斜的反光镜后发生折射，然后穿过一小窗口照射到晶圆表面，经由晶圆表面反射到光电传感器）上，光电传感器将检测到的光信号转换为电信号，再由模数转换器转换为数字信号发送给外部的控制装置。当光电传感器检测到不同的反射值时，说明晶圆表面层是由不同金属层构成的（不同的金属层，对应不同的折射角，返回不同的光强度），表明已到达抛光终点，此时控制装置发送指令给 CMP 停止抛光。

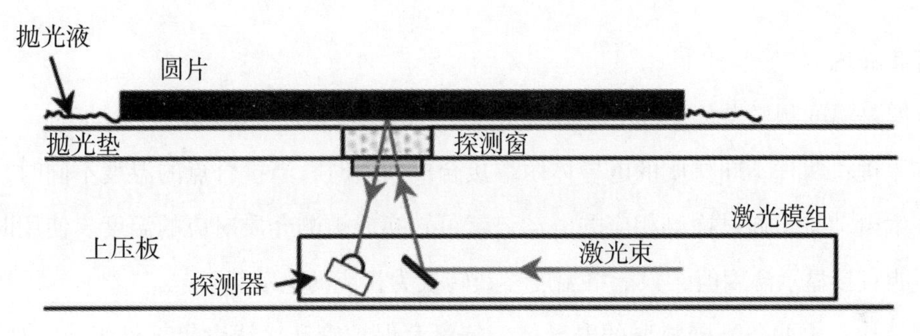

图 6.1-2 ISRM 检测模块的检测原理示意图

2. 归类争议

观点一：按检测晶圆的光学器具归入子目 9031.4100。

观点二：按其他品目未列名的检测仪器或器具归入子目 9031.8090。

3. 归类分析

品目 90.31 的列目结构及《品目注释》如下：

90.31 本章其他品目未列名的测量或检验仪器、器具及机器；轮廓投影仪：

10- 机械零件平衡试验机

20- 试验台

-其他光学仪器及器具：

41-- 制造半导体器件（包括集成电路）时检验半导体晶圆、器件（包括集成电路）或检测光掩模或光栅用

49-- 其他

80- 其他仪器、器具及机器

90- 零件、附件

ISRM 检测模块的主要功能是通过光学原理检测折射光束强度的装置，属于光学检测装置，从用途上判断，它是检测晶圆用的，依据归类总规则一及六，将 ISRM 检测模块归入子目 9031.4100。

既然该商品符合子目 9031.4，就不能再按其他品目未列名的检测仪器或器具归入子目

9031.8 了。只有有充分理由排除子目 9031.4 后，才可考虑子目 9031.8。所以，该商品就不能归入子目 9031.8090。

6.2 热电偶

1. 商品描述

热电偶是温度测量设备中常用的感温元件，它的功能是把温度转化为电动势。

工作原理：两种不同材质的电导体两端接合成回路时，当接合点的温度不同时，在回路中就会产生电动势，通过检测相应的电动势就可转换成被测介质对应的温度。使用时，热电偶本身不能直接显示温度值，只能将温度参数转换为相应的电动势。

组成结构：由两条不同材质的电导体、绝缘套保护管和接线盒等部件组成，如图 6.2–1 所示。

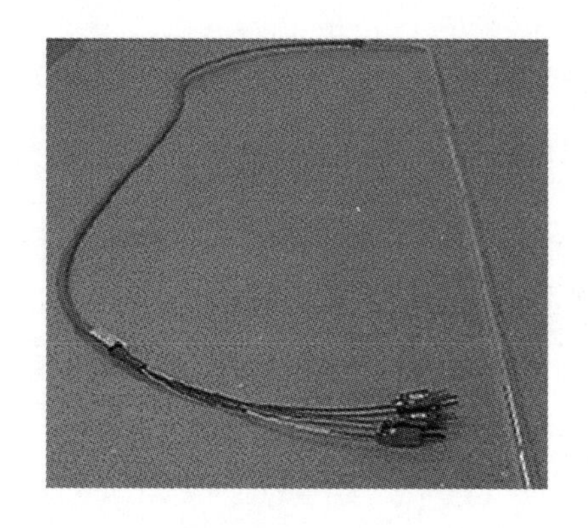

图 6.2–1 热电偶

用途：主要用于自动监测扩散炉内的温度，使用时热电偶一端放入炉内，另一端与自动温度控制器连接，自动温度控制器通过检测到的电动势（与相关温度参数对应）发出相应指令给加热装置，以自动调整扩散炉内的温度。

2. 归类争议

观点一：按检测温度的专用零件归入子目 9025.9000。

观点二：按温度检测装置归入子目 9025.1910。

观点三：按其他品目未列名的电气零件归入子目 8548.0000。

3. 归类分析

品目90.25的列目结构及《品目注释》如下：

90.25　记录式或非记录式的液体比重计及类似的浮子式仪器、温度计、高温计、气压计、湿度计、干湿球湿度计及其组合装置：

－温度计及高温计，未与其他仪器组合：

11-- 液体温度计，可直接读数

19-- 其他

80- 其他仪器

90- 零件、附件

……

二、温度计、温度记录器及高温计

本组包括：

……

（五）电测温度表及高温计，例如：

1. 电阻温度计及高温计，通过金属（例如，铂）或半导体的电阻变化进行工作。

2. 热电偶温度计及高温计，根据两种不同电导体的接点受热时会产生与温度相应的电动势的原理制成；构成电偶的导体金属有：铂与铂锗合金、铜与铜镍合金、铁与铜镍合金、镍铬合金与镍铝合金。

在此要特别强调，“热电偶”与“热电偶温度计”两者不能混淆，热电偶是热电偶温度计的组成部分，只有“热电偶温度计”才可按温度测量装置归入子目9025.1项下。从品目85.06的《品目注释》排他条款可以看出，它将热电偶全部排除到零件品目（即品目85.03、85.48、90.33），这一点说明热电偶属于“零件”的范围，只能归入零件的品目或零件的子目。

品目85.06的《品目注释》排他条款如下：

本品目不包括：

……

（五）热电偶（例如，品目85.03、85.48、90.33）。

这个条款说明了《商品名称及编码协调制度》的归类原则：不论热电偶的整体特征如何符合温度检测装置的描述，但它必须按照零件税号进行归类，即使与笼统宽泛的通用原则相悖。而同样因为该商品具有明显“完整”的功能，所以可以方便地通过电气接头连接在各种设备的各种部件上，作为一个温度检测信号源使用，所以就存在了各种各样可能存在的零件税号，或者直接可以适用多个品目项下不同的商品，以至于归入品目 85.48 或 90.33。

如果给热电偶加上一套信号处理装置（比如编码、模 / 数转换），或者是更进一步加装数据显示部件，那么就构成了《品目注释》在品目 90.25 项下列名的“热电偶温度计及高温计”，就可以按整机归入子目 9025.1 项下了。

该条款将热电偶排入品目 85.03、85.48、90.33 项下。但归入品目 85.03 的热电偶必须是专用于品目 85.01 至 85.02 所列机器的零件，归入品目 85.48 的热电偶必须是通用于第八十四章或第八十五章多个品目的零件，归入品目 90.33 的热电偶必须是通用于第九十章多个品目的零件。而用于检测扩散炉温度的热电偶显然不是专用于品目 85.01 至 85.02 所列机器的零件，不是通用于第八十四章或第八十五章多个品目的零件，所以归入品目 85.03 和品目 85.48 不妥。

上述用于扩散炉的热电偶由两种不同材质的电导体两端接合成回路，当接合点的温度不同时，在回路中就会产生电动势，通过检测电动势，就可以得到相应的温度。该商品的功能是将温度参数转换为可测量的电信号，与自动温度控制器连接，能自动调整扩散炉内的温度，完整的温度自动调节装置归入品目 90.32 项下。如果该热电偶既可用于品目 90.32 的温度自动调节装置，又可用于品目 90.25 的热电偶温度计，则依据第九十章注释二（三），将该热电偶归入子目 9033.0000；如果该热电偶专用于品目 90.32 的温度自动调节装置，则应归入子目 9032.9000。

6.3 狭缝阀

1. 商品描述

狭缝阀（Slit Valve）由下列部件组成：狭缝阀门（Slit Valve Door）、狭缝阀门密封圈（Slit Valve Door O–Ring）、波纹管（Bellow）、轴承（Bearing）、轴（Shaft）、气缸适配器（Cylinder Adaptor）、波纹管密封圈（Bellow O–Ring）等，如图 6.3–1 所示。

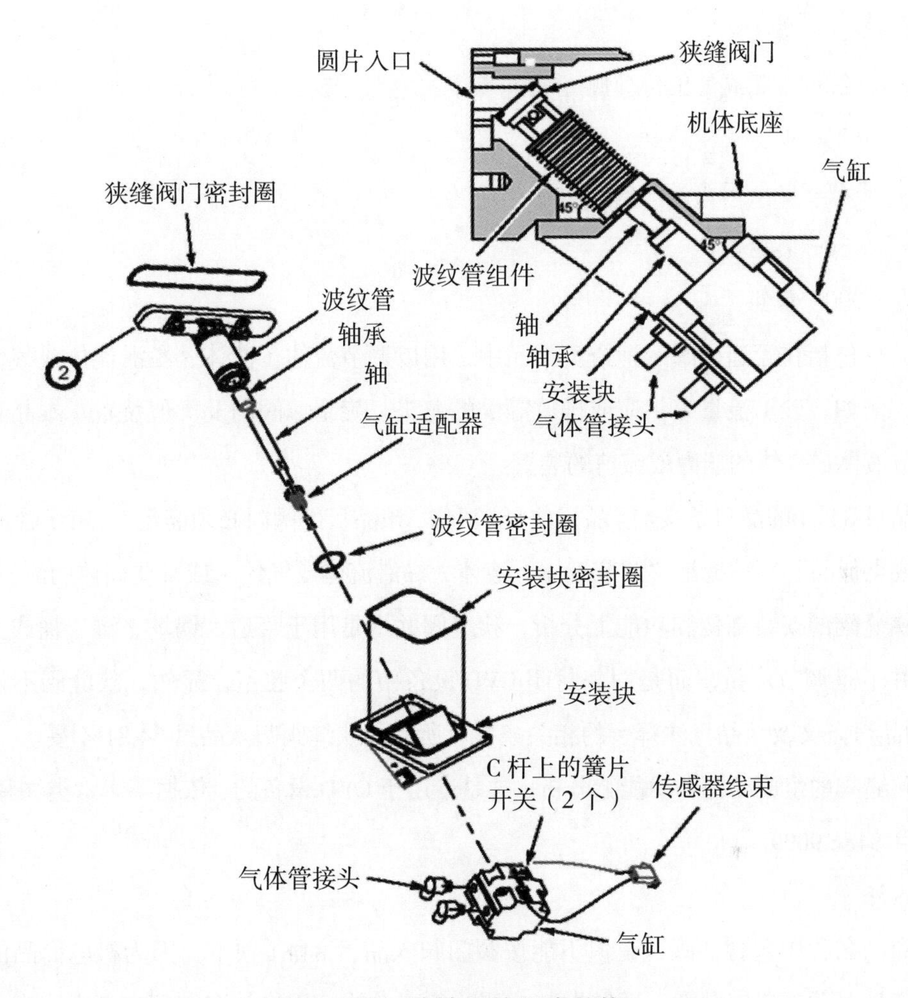

图 6.3–1 狭缝阀的组成结构

工作原理：当压缩空气进入气缸内时，气缸内的活塞推动活塞杆向外伸出，关闭狭缝阀；当压缩空气从气缸内排除时，气缸内的活塞带动活塞杆向内收缩，打开狭缝阀。

功能：当阀门关闭时，封闭 CVD 设备中两个不同的腔室。

2. 归类争议

观点一：按阀门归入子目 8481.8040。

观点二：按 CVD 制造设备的专用零件归入子目 8486.9099。

3. 归类分析

品目 84.81 的列目结构与《品目注释》如下：

84.81 用于管道、锅炉、罐、桶或类似品的龙头、旋塞、阀门及类似装置，包括减压阀及恒温控制阀：

10- 减压阀

20- 油压或气压传动阀

30- 止回阀

40- 安全阀或溢流阀

80- 其他器具

90- 零件

本品目包括在管道、罐、桶或类似品中，用以调节流体（液体、黏滞流体或气体）或某些固体（例如，砂）流量（供应或排放等）的龙头、旋塞、阀门及类似装置。本品目也包括用以调节液体或气体的压力或流速的装置。

从品目84.81的品目条文与《品目注释》可知，该品目的阀门必须满足："用于管道、锅炉、罐、桶或类似品"，功能是"调节流体（液体、黏滞流体或气体）或某些固体的流量"。

从狭缝阀的安装部位和功能上分析，狭缝阀并不是用于管道、锅炉、罐、桶或类似品，其功能并不是调节流量，而是用来封闭CVD设备中的两个腔室，显然，狭缝阀不符合品目84.81的品目条文及《品目注释》的相关条文，所以，狭缝阀归入品目84.81不妥。

从狭缝阀的组成结构和功能上分析，这是专用于CVD设备的，依据第十六类注释二（二）归入子目8486.9099。

4. 点评

该商品名称中包含"阀"，但不能按阀门归入品目84.81项下。因为机电商品的归类不能只凭商品名称来确定归类，要依据其功能、组成结构、用途等多方面来考虑归类，同时要熟悉税则的列目结构，了解各品目与子目所包含商品的范围。

6.4 加热基座

1. 商品描述

加热基座由电阻加热线圈和真空吸盘组成，两者永久组装在一起，如图6.4–1所示。电阻加热线圈用于加热晶圆至适当的温度；真空吸盘用于承载与固定晶圆。加热基座安装于化学气相沉积设备内部。

图 6.4–1　加热基座

2. 归类争议

观点一：按加热电阻器归入子目 8516.8000；

观点二：按化学气相沉积设备的专用零件归入子目 8486.9090。

3. 归类分析

品目 85.16 的列目结构与《品目注释》如下：

85.16　电热的快速热水器、储存式热水器、浸入式液体加热器；电气空间加热器及土壤加热器；电热的理发器具（例如，电吹风机、电卷发器、电热发钳）及干手器；电熨斗；其他家用电热器具；加热电阻器，但品目 85.45 的货品除外：

……

80- 加热电阻器

90- 零件

……

六、加热电阻器

除碳制加热电阻器（品目 85.45）以外，所有加热电阻器不论其应用于哪个品目的设备或装置上，均应归入本品目。

加热电阻器为通电时可发出高热的条、棒、板等或线段(一般绕成线圈),用特殊材料制成，所用的材料多种多样（特种合金、以碳化硅为主的合成材料等）。加热电阻器可以是印制的单个元件。

电线电阻器通常装在绝缘的线圈架上(例如，陶瓷、块滑石、云母或塑料等制的线圈架)，或装在软绝缘芯上（例如，玻璃纤维芯或石棉芯）。未装配的电线只有在截成一定长度并已绕成线圈，或已制成形，可以确定为加热电阻元件时，才可归入本品目。这项规定同样适用于条、棒及板片；这些材料只有在已切成一定尺寸或长度，即可供使用时，才归入本品目。

加热电阻器即使专用于某种机器或器具，仍应归入本品目；如果除了装有绝缘线圈架和电气接头以外，还与机器或器具的零件组装在一起，则应作为有关机器或器具的零件归类（例如，电熨斗的底板及电锅用的电热板）。

本品目也不包括除霜器及去雾器，它们是一根装在框架上的电阻丝，用于安装在挡风玻璃上（品目 85.12）。

由上述相关条文可知，单独报验的加热电阻器仍归入品目 85.16，如果除了加热电阻器外，还与机器或器具的零件组装在一起，则应作为有关机器或器具的零件归类。

从加热基座的图片看到，它是由电阻加热线圈和真空吸盘两部分组成的，并不是单独的加热电阻器，显然已超出了品目 85.16 的范围。或者说，加热基座归入品目 85.16 不妥。

从加热基座的结构、功能和用途上分析，它是专用于化学气相沉积设备的，依据第十六类注释二（二），按化学气相沉积设备的专用零件归入子目 8486.9099。

6.5 气体喷淋头

1. 商品描述

气体喷淋头，英文为 Shower Head，圆盘状，厚约 11 mm，上面分布着上千个小孔，如图 6.5–1 所示。

材质与加工工艺：该商品材质为碳化硅，未经烧结工艺，而是采用化学气相沉积的方式加工而成，沉积完成后再用超声波加工机床打孔即可。

安装部位与功能：该商品安装于等离子刻蚀机工艺腔体的顶部，通过此喷淋头的小孔可使工艺气体均匀地进入刻蚀机腔体，与硅片发生物理和化学反应。

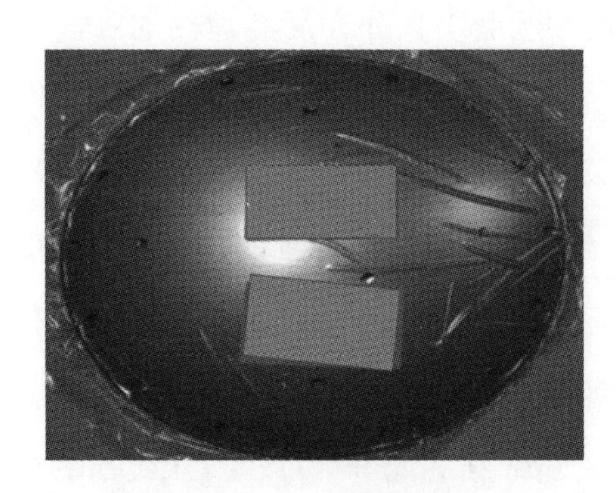

图 6.5–1 气体喷淋头

2. 归类争议

观点一：按耐火的陶瓷制品归入子目6903.9000；

观点二：按其他品目未列名的矿物制品归入子目6815.9990。

3. 归类分析

第六十九章《品目注释》中的总注释和第一分章总注释部分条文可知，归入第六十九章的商品必须经过“烧制（Firing）”这一工艺，归入品目69.03的商品必须满足“耐火制品不但要能耐高温，而且还能在高温下工作”。

该气体喷淋头是经化学气相沉积方式加工而成的，未经烧结工艺，显然不满足上述条件，归入品目69.03不妥。

品目68.15的列目结构及《品目注释》如下：

68.15　其他品目未列名的石制品及其他矿物制品（包括碳纤维及其制品和泥煤制品）：

－碳纤维；非电气用的碳纤维制品；其他非电气用的石墨或其他碳精制品：

11－－碳纤维

12－－碳纤维织物

13－－其他碳纤维制品

19－－其他

20－泥煤制品

－其他制品：

91－－含有菱镁矿、方镁石形态的氧化镁、白云石（包括煅烧形态）或铬铁矿的

99－－其他

本品目包括各种石制品或其他矿物制品，但本章其他品目及《商品名称及编码协调制度》其他章具体列名的制品除外，例如，第六十九章的陶瓷产品。

本品目主要包括：

一、天然或人造石墨（包括核纯石墨）或者其他碳精的非电气制品，例如，过滤器；圆片；轴承；管子和套管；已加工的砖、瓦；供制造小精品（例如，硬币，奖章、作为收藏品的铅制小人等）所用的模子。

二、碳纤维及碳纤维制品。碳纤维通常是碳化有机聚合物长丝制成的，这些产品多用作加强材料。

三、泥炭制品（例如，片、气缸壳体、植物培植盆等）。但泥炭纤维纺织品不归入本品目（第十一类）。

四、用焦油黏聚白云石制成的非烧制砖。

五、经化学黏合但未经烧制的砖及其他形状的产品（特别是菱镁砖或铬镁砖）。这类制品安装在熔炉内，在熔炉首次加热时才予烘烧。报验时已烧制的类似产品不归入本品目（品目 69.02 或 69.03）。

六、非烧制的硅石缸或矾土缸（例如，用于熔化玻璃）。

七、测验贵金属的试金石。它们可用天然石料制成（例如，燧石板岩，一种坚硬细粒暗色的石头）。

八、不用黏合剂模制熔融矿渣制成的铺路石块和石板。但不包括品目 68.06 所列具有隔热性能的货品。

九、将石英或燧石精细捣碎并黏聚制成的滤管。

十、用熔融玄武岩制成的块、板、片及其他制品。它们具有高度耐磨损性能，可作管子、输送机的衬料以及焦炭、煤块，矿砂、砂砾、石料等的滑运道衬料。

从品目 68.15 的品目条文及其《品目注释》可知，归入品目 68.15 的商品必须是矿物制品（Mineral Substance），而该气体喷淋头的材质是碳化硅，SiC 既不是石墨制品也不是碳精制品，更不是石制品，所以该气体喷淋头归入品目 68.15 不妥。

从该气体喷淋头的功能、用途和结构上分析，它是专用于等离子刻蚀机的，依据第十六类注释二（二），按等离子刻蚀机的专用零件归入子目 8486.9099。

6.6 上电极接地环

1. 商品描述

上电极接地环，英文为 Upper GND Ring，结构简单，外观为环状，如图 6.6-1 所示。

图 6.6-1 上电极接地环

材质：材质为石墨，表面喷涂碳化硅，以便于抵抗等离子的腐蚀。表面所涂碳化硅中有掺杂，所以掺杂后的碳化硅仍具有导电功能。

安装部位与功能：安装于等离子刻蚀机喷淋头外圈处，起射频接地、导电作用。

2. 归类争议

观点一：按等离子刻蚀机的专用零件归入子目 8486.9099。

观点二：按电气设备用的石墨制品归入子目 8545.9000。

3. 归类分析

品目 85.45 的列目结构及《品目注释》：

85.45 碳电极、碳刷、灯碳棒、电池碳棒及电气设备用的其他石墨或碳精制品，不论是否带金属：

－碳电极：

11－－炉用

19－－其他

20－碳刷

90－其他

凡可从形状、尺寸或其他特征确定为电气用的石墨制品或其他碳精制品，不论其是否含有金属，均应归入本品目。

一般来说，这些物品是通过对含有基体材料（天然碳、碳黑、气态碳、焦炭、天然或人造石墨等）、黏合剂（沥青、焦油等）及金属粉末等其他物质的混合物进行挤压或模制（一般在高压下进行），并经过加热处理而制成的。

归入本品目的物品在某些情况下可经电解涂层或喷涂（例如，用铜喷涂），以增强导电性，降低磨损率。这些物品即使装有孔眼、接线柱或其他接头，仍应归入本品目。

本品目包括：

……

八、石墨或其他碳精制品，例如：

（一）用以连接炉用碳的连接件（螺纹接套）。

（二）整流电子管用的阳极、栅、屏。

（三）供各种加热装置使用的加热电阻器，呈棒状、条状等。

（四）自动电压调节器用的电阻圆片或电阻板片。

（五）其他碳质接触器或碳电极。

从该接地环的材质、功能和用途上分析，它是石墨制品，起导电的作用，显然符合品目85.45的品目条文，依据归类总规则一及六，归入子目8545.9000。

既然该商品符合品目85.45的品目条文，是品目85.45已列名的商品，就不能再按等离子刻蚀机的专用零件归入品目84.86了。

6.7 陶瓷顶针

1. 商品描述

陶瓷顶针为两种不同杆径组成的长条形圆柱体，长45.9 mm，粗端直径1.9 mm，如图6.7–1所示。

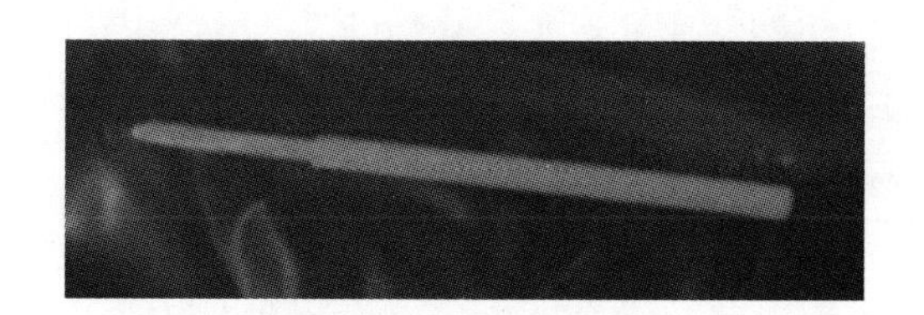

图6.7–1 陶瓷顶针

材质及加工工艺：由氧化铝经高温烧结而成。

所安装的设备与用途：安装于等离子刻蚀机腔体静电卡盘中，用于将硅片顶起。

莫氏硬度为9。

2. 归类争议

观点一：按专门技术用途的瓷制品归入子目6909.1100。

观点二：按莫氏硬度为9专门技术用途的陶瓷制品归入子目6909.1200。

观点三：按耐火的陶瓷制品归入子目6903.2000。

3. 归类分析

品目69.03的品目条文如下：

69.03 其他耐火陶瓷制品（例如，甑、坩埚、马弗罩、喷管、栓塞、支架、烤钵、管子、护套、棒条及滑阀式水口），但硅质化石粉及类似硅土制的除外：

第六十九章第一分章的总注释的部分条文如下：

归入品目的69.02或69.03的耐火制品不但要能耐高温，而且还能在高温下工作。因此品目69.03包括用烧结氧化铝制成的坩埚，但用同样原料制成的纺织机导纱器则应归入69.09，因该器件显然不是作为耐火材料使用。

从上述条文可知，归入品目69.03的耐火制品必须满足：不但要能耐高温，而且还能在高温下工作。而陶瓷顶针只在刻蚀腔体内工作，不是在高温下，并不满足这些条件，所以陶瓷顶针归入品目69.03不妥。

品目69.09的列目结构及《品目注释》如下：

69.09　实验室、化学或其他专门技术用途的陶瓷器；农业用陶瓷槽、缸及类似容器；通常供运输及盛装货物用的陶瓷罐、坛及类似品（十）：

－实验室、化学或其他专门技术用途的陶瓷器：

11－－瓷制

12－－莫氏硬度为9或以上的物品

19－－其他

90－其他

本品目包括通常用玻璃化陶瓷（粗陶器、瓷、块滑石陶瓷等）制成的上釉或不上釉的制品，其品种范围相当广，但不包括第一分章总注释所述耐高温的耐火材料货品。然而非供高温工作用的物品（例如，用烧结矾土制成的引线器、研磨器等），即使是用耐火材料制成的，仍归入本品目。

本品目主要包括：

……

二、其他专门技术用途的陶瓷器，例如，泵、阀；蒸馏甑、瓮、化学槽及其他单壁或双壁固定容器（例如，用于电镀、贮酸等）；酸用龙头；旋管、分馏或蒸馏盘管和柱、石油分馏器用的填充圈；研磨机上的研磨器和研磨球等；纺织机上的引线器和用于挤出化学纤维的模头等；工具用板、杆、刀头及类似品。

……

子目注释如下：

子目6909.12

本子目包括高性能陶瓷制品。这些制品由结晶陶瓷料（例如，矾土、金刚砂、锆土、硅的氮化物、硼或铝，或这些矿物的混合物）组成；晶须或增强纤维（例如，金属或石墨晶须或纤维）可分散于结晶陶瓷料中，构成复合陶瓷材料。

这些制品具有以下特点：其陶瓷料孔隙度极低，内部粒度极细；抗磨损、抗腐蚀、抗疲劳、抗热冲击性能好；耐高温；其强度重量比相当于甚至优于钢制品。

在有精密尺寸公差要求的机械（例如，涡轮增压发动机转子、滚动轴承及机床）应用上，它们往往用于替代钢或其他金属零件。

本子目所列的莫氏硬度是指某一材料能在另一莫氏硬度较低的材料表面刻划，留下刻痕，从而确定该材料的硬度。各种材料被分成1（滑石）到10（金刚石）级。大部分的高性能陶瓷材料接近莫氏硬度的最高一级。用于高性能陶瓷的金刚砂及氧化铝，两者的莫氏硬度均为9及以上。为了区分硬度高的材料，莫氏硬度有时将级扩大，滑石为1，金刚石为15。按扩大的莫氏硬度计，熔融矾土的硬度相当于12，金刚砂的硬度则相当于13。

该陶瓷顶针是用氧化铝经高温烧结而成的，而且用在等离子刻蚀机腔体的石墨托盘上可将硅片顶起，属于专门技术用途的陶瓷制品，符合品目69.09的品目条文。

比较子目6909.11与6909.12的子目条文，子目6909.11是按材质（瓷制）列目的，而子目6909.12是按硬度指标（莫氏硬度）来列目的，列目标准不同。由于两个子目列目标准不同，必然存在交叉问题，但是在《品目注释》中，子目6909.12有详细的子目注释。

归入子目6909.12的商品必须满足：由结晶陶瓷（Crystalline Ceramic Matrix）组成，而且其孔隙度极低，内部粒度极细，抗磨损、抗腐蚀、抗疲劳、抗热冲击性能好，耐高温，其强度重量比相当于甚至优于钢制品。正是由于这些特点，决定了它的用途，用于制作轴承和汽车刹车片（利用其耐磨性）、用于制作切削金属的刀具的切削部件（利用其高强度、高硬度），制作泵、化学槽等（利用其抗腐蚀性）。只有满足这些条件且莫氏硬度为9或以上的物品才可归入子目6909.12项下。

不符合子目6909.12的子目注释条件的瓷制专门技术的制品，则应归入子目6909.11项下。

陶瓷顶针的莫氏硬度为9。如果其内部结构及特点符合子目6909.12的子目注释条件，则应归入子目6909.1200；如果不符合子目6909.12的子目注释条件，则应归入子目6909.1100。

6.8 不锈钢顶针

1. 商品描述

该顶针为长条形圆柱状，有两段不同直径的圆柱组成，不锈钢制，如图6.8–1所示。

图 6.8-1　不锈钢顶针

材质及加工工艺：不锈钢经机加工而成。

所安装的设备与用途：安装于等离子刻蚀机腔体喷淋头背面，用于将喷淋头固定于上电级上。

2. 归类争议

观点一：按钢铁制类似的针归入子目 7319.9000；

观点二：按等离子刻蚀机的专用零件归入子目 8486.9099。

3. 归类分析

品目 73.19 的列目结构及《品目注释》如下：

73.19　钢铁制手工缝针、编织针、引针、钩针、刺绣穿孔锥及类似制品；其他品目未列名的钢铁制安全别针及其他别针：

40- 安全别针及其他别针

90- 其他

一、缝针、织针、引针、钩针、刺绣穿孔锥及类似品

本品目包括手工用缝针、织针、刺绣针、钩针、地毯针等。

本品目包括：

（一）缝针、织补针、刺绣针、打包针、褥垫针、缝帆针、装订针、软垫针、地毯针及厚毛毯针、补鞋针（包括带眼锥子）、补皮革用的三角针等。

（二）织针（无眼长针）。

（三）穿带子、细绳等用的各种引针（包括足球网织针）。

（四）钩针（一端逐渐缩小并带一小钩的针，供钩编用）。

（五）刺绣穿孔锥，用于刺绣织物的底布穿孔。

（六）结网针，一头尖或两头尖的。

其中有些针还装有手柄。

本品目还包括针坯，例如，未制成针的杆（不论是否有眼）；有眼但未削尖或磨光的针；未装手柄的刺绣穿孔锥及引针针坯。

本品目不包括：

（一）鞋匠用的无眼锥子及皮革加工、办公室等用的穿孔锥型穿刺工具（品目 82.05）。

（二）针织机、编带机、刺绣机等用的针（品目 84.48）；缝纫机针（品目 84.52）。

（三）拾音器用的唱针（品目 85.22）。

（四）医疗、外科、牙科或兽医用的针（品目 90.18）。

……

从品目 73.19 的品目条文及其《品目注释》可知，该品目主要包括手工用的缝针、织针、刺绣针、钩针、地毯针等，品目条文所称的“类似品”也必须与“手工缝针、编织针、引针、钩针、刺绣穿孔锥”类似，也就是说，“类似品”也必须是手工用的各种针。而不锈钢制顶针用于等离子刻蚀机腔体的石墨托盘上以便将硅片顶起，显然不符合品目 73.19 的条文和《品目注释》所列出的商品，所以归入品目 73.19 不妥。

从不锈钢制顶针的外形结构上分析，它不具有通用性，按未列名的工业用钢铁制品归入品目 73.26 也不妥。依据第十六类注释二（二），应按等离子刻蚀机的专用零件归入子目 8486.9099。

参考文献

［1］王阳元 . 集成电路产业全书（全 3 册）［M］. 北京：电子工业出版社，2018.

［2］夸克，等 . 半导体制造技术［M］. 韩郑生，等译 . 北京：电子工业出版社，2015.

［3］陈译，等 . 芯片制造：半导体工艺与设备［M］. 北京：机械工业出版社，2022.

［4］张汝京，等 . 纳米集成电路制造工艺（第 2 版）［M］. 北京：清华大学出版社，2014.

［5］赞特 . 芯片制造：半导体工艺制程实用教程（第六版）［M］. 北京：电子工业出版社，2015.

［6］Peter Van Zant. 芯片制造：半导体工艺制程实用教程（第六版）（英文版）［M］. 北京：电子工业出版社，2014.

［7］李惠军 . 集成电路制造技术教程［M］. 北京：清华大学出版社，2014.

［8］张渊 . 半导体制造工艺（第 2 版）［M］. 北京：机械工业出版社，2015.

［9］商世广，等 . 集成电路制造与封装基础［M］. 北京：科学出版社，2018.

［10］京瓷精密陶瓷 . 静电夹盘（ESC）https://www.kyocera.com.cn/prdct/fc/product/category/semiconductor/semicon008.html.

［11］爱姆加电子设备 . 全自动匀胶显影机［EB/OL］.（2020-03-24）［2022-10-25］. http://www.semiamj.com/page5?product_id=63.

［12］芯达科技，涂胶显影机 .https://www.tdsemi.com.cn/product/jcx/169.html.

［13］智通编选 . 中国集成电路材料专题系列报告：关键材料实现从无到有，产能增长加快 .［EB/OL］.（2019-07-15）［2022-10-25］. https://www.zhitongcaijing.com/content/detail/219626.html.

［14］洪为 . 一文看懂集成电路原材料［EB/OL］.（2020-04-20）［2022-10-25］. https://zhuanlan.zhihu.com/p/133725091.

［15］知乎用户 . 什么是光刻技术，为什么对芯片制造至关重要？［EB/OL］.（2020-12-09）［2022-10-25］. https://www.zhihu.com/question/327660899.

［16］朱晶．半导体设备与材料，半导体零部件产业现状及发展建议［EB/OL］．(2021-11-20)［2022-10-25］．https://mp.weixin.qq.com/s/crS65rKiwkMr6SpFyE8vhQ.

［17］沈东旭，邱亚明．EUV 光刻机是怎么工作的［EB/OL］．(2021-03-31)［2022-10-25］.https://ai.supergenius.cn/article/11/1137.

［18］中银证券．半导体零件深度报告［EB/OL］．(2022-01-12)［2022-10-25］．https://www.sgpjbg.com/baogao/60062.html.

［19］广发证券．半导体设备行业系列 -CMP：半导体设备领域“小而美”，国产装备崛起［EB/OL］．(2021-09-17)［2022-10-25］.https://www.baogaoting.com/info/72463.

［20］光大证券．国内领先面板检测厂商，半导体检测设备打开成长新空间［EB/OL］．(2021-07-15)［2022-10-25］．http://stock.tianyancha.com/ResearchReport/eastmoney/e55d6c3d79c20d39253fab3172b39507.pdf.

［21］国盛证券．半导体设备系列：量测检，国产替代潜力巨大［EB/OL］．(2021-08-11)［2022-10-25］．http://stock.tianyancha.com/ResearchReport/eastmoney/81389a1ef45a95f3ccc3bbc33490f01d.pdf.

［22］民生证券．半导体检测设备领航者，担纲国产化重任［EB/OL］．(2021-12-17)［2022-10-25］.http://stock.tianyancha.com/ResearchReport/eastmoney/cae92c76768bbe67d79a29b5d3a894d2.pdf.

［23］腾讯网．刻蚀机和光刻机的原理及区别［EB/OL］．(2021-11-10)［2022-10-25］．https://new.qq.com/omn/20211110/20211110A03HK800.html.

［24］游利兵．3 分钟了解准分子激光器［EB/OL］．(2020-08-13)［2022-10-25］．https://zhuanlan.zhihu.com/p/182423530.

［25］中国半导体论坛微信公众号．半导体工厂（Fab）洁净室原理介绍［EB/OL］．(2021-03-31)［2022-10-25］.https://mp.weixin.qq.com/s/VlPWR8VGWnAdMHc2q9JMlA.

［26］杜邦水处理微信公众号．半导体超纯水是怎么“炼”成的？［EB/OL］．(2020-04-26)［2022-10-25］.https://zhuanlan.zhihu.com/p/136383955.

［27］多仪阀门（上海）有限公司．波纹管截止阀结构（图），波纹管截止阀作用及特性［EB/OL］．(2015-08-24)［2022-10-25］.http://www.doooyi.com/zhishi_177.html.

［28］行业研究．半导体生产设备有哪些［EB/OL］．(2021-01-22)［2022-10-25］．https://www.zhihu.com/question/289228928.

［29］https://rulings.cbp.gov/home.

附录：相关英文术语

Atmospheric Pressure Chemical Vapor Deposition：简称 APCVD，常压化学气相沉积

Atmospheric Pressure CVD：简称 APCVD，常压化学气相沉积

Atomic Force Microscope：简称 AFM，原子力显微镜

Atomic Layer Deposition：简称 ALD，原子层沉积

Automated Material Handling System：简称 AMHS，自动物料搬运系统

Automatic Mask Inspection System：掩模自动检测系统

Beam Wafer Cleaning：束流清洗

Bellow O-Ring：波纹管密封圈

Boat Elevator：石英舟升降装置

Boat：晶舟

Buffer Chamber：缓冲腔室

Bulk Specialty Gas Supply System：简称 BSCS，特殊气体大量供应系统

Canister：加速桶

Capacitance manometer：电容式真空计

Capacitively Coupled Plasma：简称 CCP，电容耦合等离子体

Cassette：圆片盒

Chemical Beam Epitaxy：简称 CBE，化学束外延

Chemical Mechanical Polisher：简称 CMP，化学机械抛光

Chemical Vapor Deposition：简称 CVD，化学气相沉积

Chemical-Mechanical Planarization：简称 CMP，化学机械平坦化

Chiller：低温冷却器

Chromium Photo Plate：匀胶铬板

Cleanroom：洁净室（厂房）

Cooldown Chamber：冷却腔室

Critical Dimension：简称 CD，关键尺寸

Critical Dimension Metrology：关键尺寸测量

Cryopump：冷泵

Daul Damascene：双大马士革工艺

Decoupled Plasma Source：简称 DPS，去耦合型等离子体源

Deep Ultraviolet Lithography：简称 DUV，深紫外线光刻

Deep Ultraviolet：简称 DUV，深紫外光

Defect Inspection：缺陷检测

Deflashing：去飞边毛刺

Degas Chamber：脱气腔室

Die Bonding：芯片粘贴

Direct Current PVD：简称 DCPVD，直流溅射

Double Decker Loadlock：双层负载锁，也称真空交换舱

Dry Pump：干泵

E-Beam Pattern Generator：电子束图形发生器

Electron-beam lithography：电子束光刻机

ElectroStatic-Chuck：简称 ESC，静电吸盘

Ellipsometry：椭圆偏振仪

End Point：抛光终点

End Point Detection：终点检测

Epitaxy：外延

Equipment Front End Module：简称 EFEM，设备前端模块，又称工厂接口

Evaporating：蒸镀，又称真空蒸发

Extreme Ultraviolet：简称 EUV，极紫外线

Extreme Ultraviolet Lithography：极深紫外线光刻

Factory Interface：简称 FI，工厂接口，也称设备前端模块

Fan Filter Unit：简称 FFU，风机过滤器单元

Film Deposition：薄膜沉积

Film Metrology：薄膜厚度量测

Fin Field-Effect Transistor：三维鳍式场效应管

Flash Annealing：闪光退火，又称快速退火

Focused Ion Beam Repair System：聚焦离子束修补系统

FOUP Door Opener：简称 FDO，圆片传送盒门打开装置

FOUP Load Ports：圆片盒放置口，也称为圆片装卸系统

Four-Point Probe：四探针方块电阻测试仪

Front Opening Unified Pod：FOUP，前开式圆片传送盒

Gas Cabinet：简称 GC，气瓶柜

Gas Rack：简称 GR，气瓶架

Gas-Phase Wafer Cleaning：气相清洗

High Efficiency Particulate Air Filter：简称 HEPA，高效颗粒过滤器

Hot Quick Dump Rinse：简称 HQDR，热水快速排放槽

Human Machine Interface：简称 HMI，人机界面

Illumination Module：照明模组

In Situ Rate Monitor：简称 ISRM，终点检测模块

Inductively Coupled Plasma：简称 ICP，电感耦合等离子体

Inspection System for Mask Defects and Contamination：掩模缺陷和污染检测系统

Interlayer dielectric：简称 ILD，覆盖层间介质

Ion Beam Epitaxy：简称 IBE，离子团束外延

Ion Implantation：离子注入

Ionized- PVD：离子化物理气相沉积

Isolation Valve：隔离阀

Laser Annealing：激光退火

Laser Mask Repair System：聚焦激光束修补系统

Laser Pattern Generator：简称 LPG，激光图形发生器

Laser-Produced Plasma Source：激光等离子体光源，又称 LPP 光源

Liquid Phase Epitaxy：简称 LPE，液相外延

Load Port Door：负载端口门

Loadlock：负载锁，又称真空交换舱

Low Energy Ion Beam Epitaxy：低能离子束外延

Low Pressure Chemical Vapor Deposition，简称 LPCVD，低压化学气相沉积

Magnetron Source：磁控溅射源

Magnetron-PVD：磁控溅射

Mainframe：主机台

Mask CD Measurement System：掩模关键尺寸测量系统

Mask Quality Checking Equipment：掩模版质量检测设备

Mask Repairing System：掩模版修补系统

Mass Flow Controller：简称 MFC，质量流量控制器

Metal Organic Vapor Phase Epitaxy：简称 MOVPE，金属有机化合物气相外延

Metrology：量测

Micro-Electromechancial System：简称 MEMS，微机电系统

Molded Epoxy Enclosure：固化成型塑封

Molecular Beam Epitaxy：简称 MBE，分子束外延

Nominal Values：公称值

Non-patterned Wafer Inspection：无图形圆片检测

Over Flow：简称 OF，溢流槽

Overlay Metrology：套刻对准量测

Overlay：简称 OL，套刻误差

Patterned Wafer Inspection：图形化圆片检测

Pellicle Mounting Instrument：掩模版保护膜安装仪

Physical Vapor Deposition：简称 PVD，物理气相沉积

Plasma Enhanced Chemical Vapor Deposition：简称 PECVD，等离子增强化学气相沉积

Plasma Wafer Cleaning：等离子体清洗

Polishing Pad：抛光垫

Pre-cleaning Chamber：预清洗腔室

Pressure Gauge：压力表，真空规

Process Chamber：工艺腔室

Projection Lens：聚光镜

Quadruple Lens：四极透镜

Radio Frequency Generator：射频发生器，又称射频电源

Radio Frequency Matching Network：射频电源匹配网络，又称射频阻抗匹配器

Radio Frequency PVD：简称 RFPVD，射频溅射

Rapid Thermal Annealing：简称 RTA，快速热退火

Rapid Thermal Processing：简称 RTP，快速热处理

Reflection High-Energy Electron Diffraction：简称 RHEED，反射高能电子衍射仪

Residual Gas Analyzer ：简称 RGA，残余气体分析器

Resist Processing and Cleaning Equipment for Mask-Making：掩模光刻胶处理及清洗设备

Reticle Handler：掩模版传送模组

Reticle Stage：掩模版平台模组

Secondary Ion Mass Spectrometer：SIMS，简称二次离子质谱仪

SEMI 标准：国际半导体装备和材料委员会标准

Shower Head：喷淋头，又称为反应腔喷淋头

Silicon-On-Insulator：简称 SOI，覆盖在绝缘衬底上的单晶硅薄膜

Slit Valve：狭缝阀

Soak Annealing：恒温退火

Spike-Annealing：尖峰退火

Sputtering：溅射

Throttle Valve：节流阀

Through Silicon Via：简称 TSV，硅通孔

Transfer Chamber：传输腔室

Transformer Coupled Plasma：简称 TCP，变压器耦合型等离子体

Turbo Pump：分子泵，又称涡轮泵

Ultra Low Penetration Air Filter：简称 ULPA，超低渗透率空气过滤器

Ultra-Violet Light：简称 UVL，紫外光

Vacuum Evaporator：真空蒸发

Vacuum Ultraviolet：简称 VUV，真空紫外线

Vacuum Ultraviolet Lithography ：真空紫外线光刻

Valve Distribution Box：简称 VDB，主阀箱

Valve Distribution Panel：简称 VDP，主阀盘

Valve Manifold Box：简称 VMB，分阀箱

Valve Manifold Panel：简称 VMP，分阀盘

Vapor Phase Epitaxy：简称 VPE，气相外延

Wafer Cooling Station：圆片冷却盘

Wafer Dicing Sawing：芯片切割

Wafer Handler：圆片传送模组

Wafer Stage：圆片平台模组

X-ray Diffraction Spectrometer：简称 XRD，X 射线衍射光谱仪

X-ray Fluorescence Spectrometer：简称 XRF，X 射线荧光光谱仪

X-ray Reflectometer：X 射线反射仪

谨以此书献给

致力于航空发动机事业的人们

涡桨发动机控制原理

TURBOPROP ENGINE CONTROL PRINCIPLES

王　曦　著

科　学　出　版　社

北　京

内 容 简 介

本书是研究涡轮螺旋桨发动机气动热力机械控制机制和设计方法的专著。本书以涡桨发动机控制系统的设计要求为目标，系统介绍单轴、双轴涡桨发动机气动热力学部件级非线性动力学模型的建模方法及其线性化方法，以及涡桨发动机控制系统的时域、频域设计方法，主要包括控制系统的基本概念、原理，螺旋桨、涡桨发动机、液压机械执行机构的数学模型建立，双轴涡桨发动机液压机械式燃油控制、变距调速控制，单轴涡桨发动机数字式控制计划、防喘控制、执行机构小闭环根轨迹设计、转速闭环频域回路成型设计，双轴涡桨发动机数字式控制方案设计、双回路解耦控制、状态反馈闭环极点配置伺服控制，以及双轴涡桨发动机多变量混合灵敏度 H_∞ 控制、模型跟踪二自由度 H_∞ 控制、不确定性系统 μ 综合控制、高阶控制器降阶设计、验证等内容。

本书结构完整，内容丰富，论述严谨，重点突出，渐进有序地论述涡桨发动机控制系统的基本概念、原理、方法，着重强调解决工程实际问题时理论指导的重要性，适合从事航空发动机控制专业的工程技术人员学习参考，也可作为航空发动机控制专业的本科生、研究生学习参考。

图书在版编目(CIP)数据

涡桨发动机控制原理 / 王曦著. —北京：科学出版社，2023.12

ISBN 978-7-03-076433-1

Ⅰ. ①涡… Ⅱ. ①王… Ⅲ. ①透平螺旋桨发动机—控制系统 Ⅳ. ①V235.12

中国国家版本馆 CIP 数据核字(2023)第 184637 号

责任编辑：徐杨峰 / 责任校对：谭宏宇
责任印制：黄晓鸣 / 封面设计：殷 靓

科学出版社 出版
北京东黄城根北街 16 号
邮政编码：100717
http：//www.sciencep.com

南京展望文化发展有限公司排版
苏州市越洋印刷有限公司印刷
科学出版社发行 各地新华书店经销

*

2023 年 12 月第 一 版 开本：B5(720×1000)
2023 年 12 月第一次印刷 印张：26 1/2
字数：516 000

定价：200.00 元

(如有印装质量问题，我社负责调换)

前　言

自然界存在着馈赠给人类的规则宝藏，当人类逐渐认识到这一规则后，并将其致力于某一活动的实现，就使人类社会向前迈进了一步。

运动是自然界特有的一种有规则的、能够实现某一活动目标的属性。运动以种种不同的形式遍布人类社会的各个领域。长期以来，人们为了祈求美好的生活，不断地探索不同运动规则的所在，并通过自身的智能实践掌握了不同级别运动的属性，促使人类社会不断进步。人类的活动也不例外，人的一生都在各种各样运动的伴随中度过，如思维运动、体能运动、操纵运动……勤劳的人们因为这些运动改变了生活，发展了社会，人类从运动中获得物质财富的同时，也获得了精神财富，使我们的家园变得如此美好。

航空发动机是一种气动热力机械，通过使其流道内流场气体按某种规则运动，而产生期望的推力或功率，为了实现这一目标，需要对进入发动机的燃油流量和空气流量进行控制，使这种热力机械的运动按照一定的规律变化，在运动的整个变化过程中，控制行为起了非常重要的作用。

航空发动机作为飞机的动力装置，与传感器、控制器、执行机构集成一个内在联系的系统，其运动特点与人类的运动具有极大的相似性，也是在智能控制的作用下有序运动的。人类作为一个智能系统，每一天的工作、学习、生活都可以抽象为一个特定的运动，并由大脑合理计划支配，人们的每一种特定运动通过眼、耳、鼻、舌、身所感知的外界信息反馈给大脑，大脑对指令和反馈构成的偏差进行逻辑判断、数学分析和推理运算，捕获消除偏差的控制意识（或控制指令），并将这种具有定量控制的意识或指令通过神经系统传递给四肢，使四肢对外界产生准确的运动行为和作用，以实现这一特定的运动。而在每个运动的过程中，控制指令的合理性成为某一特定运动目标成败的决定性因素。

任何类型的航空发动机都需要设计和配备控制系统，以对控制变量进行调节，涡桨发动机也不例外。由于涡桨发动机的工作范围很宽，任何飞行条件的干扰变化都将引起发动机性能的变化，为使发动机性能具有抗飞行条件干扰的能力，同时当涡桨发动机工作状态变化时，为使发动机输出功率伺服跟踪期望功率，必须对控制变量进行调节。

螺旋桨式飞机起飞滑跑距离比装备涡喷、涡扇发动机的同类型飞机的起飞滑跑距离短,在同等空气流量与气动力条件下,涡桨发动机以中低空耗油率低、起飞推力大、推进效率高等诸多优点广泛应用于运输机、支线客机、空中预警机、中低空长航时无人机等领域,有广阔的发展空间。涡桨发动机作为飞机的动力装置为飞机提供必需的功率,其工作循环是一个十分复杂的气动热力过程,飞行包线范围宽广,发动机特性变化很大,在高温、高压、高转速下长期工作,工作环境极其恶劣。涡桨发动机在任何工作状态、任何飞行条件下,螺旋桨、发动机主要工作参数不能超出其规定的安全条件范围,并具备自动超限保护和状态监控、故障诊断、隔离、重构、容错控制和健康监视等功能。涡桨发动机控制系统必须保证推进系统在任何工作条件下正常、安全工作,肩负着为发动机保驾护航的重要使命。

涡桨发动机和涡扇发动机在工作特性上有着很大不同,由于螺旋桨直径较大,转速低,转动惯量大,有变距调速、反桨控制等功能,而且减速器扭矩受限,将涡桨发动机燃油控制和螺旋桨变距调速控制综合在一起以协调涡桨发动机发挥整体功能和性能,难度极大。

显然,为了使涡桨发动机在任何工作条件下按期望的运动规律正常、安全运行,发挥出期望潜能,需要研究涡桨发动机控制系统的设计机制和实现方法。

自1776年瓦特发明蒸汽机,采用离心飞重闭环负反馈调速器实现了蒸汽机转速的自动控制,到2000年在四代9 694 kW大功率三转子TP400－D6涡桨发动机上采用全权限数字发动机/螺旋桨综合控制技术,自动控制理论与方法在工程应用领域无不起到了极为重要的支撑作用。无论是单轴涡桨发动机还是多轴涡桨发动机,考虑其工作特点和设计要求的复杂性,以单变量为主导的经典控制理论设计方法因其存在局限性,已不能满足现代多变量涡桨发动机高性能的发展要求,其最佳控制方式是采用多变量控制技术。状态空间理论构筑了多变量复杂系统动力学的一个完美空间,依赖线性系统叠加原理,用状态变量作为状态空间的基,将研究对象放置在以状态变量基空间中描述,并通过输入矩阵的映射网络关系,描述外界输入变量对状态空间状态变量的动力学特性关系,通过输出矩阵的映射网络关系,描述系统状态和输入信号在映射网络关系下不同线性组合的输出表征,具备了现代控制理论多变量控制的内涵和特点。同时,状态空间理论在线性系统理论与矩阵理论的支持下不断发展、趋于成熟,为研究高性能涡桨发动机多变量综合控制建立了重要基础。

现代涡桨发动机控制系统采用了全权限数字发动机和螺旋桨控制(full authority digital engine and propeller control, FADEPC)技术,数字电子控制器是涡桨发动机控制系统的大脑,采用多变量控制技术能够利用先进的现代控制理论实现多通道控制回路的动态解耦和干扰抑制,进一步提升涡桨发动机复杂多变量控制系统的性能品质。

本书的构思和创作过程是针对涡桨发动机的结构和工作特点,首先研究螺旋桨和涡桨发动机的非线性动力学特性及其建模方法，其次，基于涡桨发动机控制系统的设计要求，以经典控制理论基本概念、原理为基础，以现代控制理论中的鲁棒多变量控制方法为重点，循序渐进展开涡桨发动机液压机械式燃油控制、变距调速控制，涡桨发动机数字式控制的系统设计方法研究，其中包括稳态、过渡态控制计划、防喘控制、执行机构小闭环控制、频域回路成型设计、解耦控制、状态反馈极点配置伺服控制，以及双变量混合灵敏度 H_∞ 控制、不确定性系统模型跟踪 μ 综合控制的设计及其仿真验证的内容，突出了现代控制理论在涡桨发动机控制中的重要指导作用和发展前景。

本书以航空发动机控制专业的工程技术人员、本科生、研究生为读者对象，系统地、渐进有序地、有重点地阐述涡桨发动机控制原理的理论和设计方法，本书各章的具体内容安排如下。

第 1 章为绪论，概述了涡桨发动机控制技术的发展历程，阐述了自动控制理论在航空发动机控制领域工程应用中的重要作用和价值，分析了涡桨发动机控制系统的特点和设计要求，最后对本书的结构作了安排。

第 2 章为控制系统的基本概念、原理，以系统特征不变性、渐进稳定、闭环负反馈原理、伺服跟踪和扰动抑制、液压机械系统两个基本动力学微分方程、小闭环原理、开环频域回路成型设计、模型降阶方法等作为闭环系统的基本概念和理论展开讨论，为后续章节涡桨发动机控制系统的设计建立基础。

第 3 章为螺旋桨特性，根据空气动力学原理，以机翼升力和阻力产生的机制作为螺旋桨叶片动力学的研究基础；其次，根据质量守恒、动量守恒和能量守恒三大守恒定律，基于螺旋桨叶素运动学、桨盘动力学展开螺旋桨叶素动力学特性的研究，建立完整的螺旋桨输入输出特性关系。

第 4 章为涡桨发动机热力循环及热力计算，基于热力学体系和外界交换的热量和功遵从质量守恒、动量守恒和能量守恒原理，研究自由涡轮式双轴涡桨发动机设计点热力循环及其热力计算，以作为涡桨发动机非设计点热力循环计算的研究基础。

第 5 章为自由涡轮式双轴涡桨发动机动态模型，基于螺旋桨特性、自由涡轮式双轴涡桨发动机部件特性和给定的飞行条件、控制变量，通过部件法+共同工作方程，采用 Newton-Raphson 非线性方程迭代法和 Euler 微分方程递推法建立自由涡轮式双轴涡桨发动机部件级非线性动态迭代模型，采用顺数法建立自由涡轮式双轴涡桨发动机线性模型。

第 6 章为单轴涡桨发动机动态模型，基于螺旋桨特性、单轴涡桨发动机部件特性和给定的飞行条件、控制变量，通过部件法+容腔动力学法，采用 Euler 微分方程递推法建立单轴涡桨发动机部件级非线性动态非迭代模型，采用顺数法建立单轴涡桨发动机线性模型。

第 7 章为涡桨发动机液压机械式控制，针对典型自由涡轮式双轴涡桨发动机液压机械控制系统的特点，从发动机燃油控制和螺旋桨变距调速控制两个方面展开分析和研究，为涡桨发动机全权限数字电子控制建立基础。

第 8 章为单轴涡桨发动机数字控制，针对典型单轴涡桨发动机工作特点和工作需求，阐述控制计划的设计机制，包括节流状态控制计划、恒转速、变转速组合控制计划、加减速过渡态控制计划；通过分析单轴涡桨发动机特性，包括节流特性、转速特性、高度特性、速度特性、地面温度-压力特性，展开单轴涡桨发动机调节规律的设计，并研究压气机防喘控制、执行机构小闭环控制设计、单轴涡桨发动机闭环控制伺服性能、抗干扰性能的若干设计方法。

第 9 章为双轴涡桨发动机数字控制，首先研究双轴涡桨发动机控制系统的架构方案，包括稳态控制回路方案和加减速过渡态控制回路方案，其次引入运动模态概念以及运动模态与系统矩阵所有特征值的内在互等关系，给出了状态反馈极点配置伺服控制器的设计方法，并针对涡桨发动机多目标控制回路的内部耦合干扰问题，研究了多回路解耦控制的设计以及解耦后状态反馈极点配置的伺服控制器设计与仿真验证方法。

第 10 章为双轴涡桨发动机多变量综合控制，针对涡桨发动机多回路系统动态解耦问题，研究状态空间混合灵敏度 H_∞ 多变量控制器的设计方法，针对 MIMO 不确定性系统的鲁棒控制问题，研究多变量 μ 综合控制器的设计及其伺服跟踪性能、抗干扰性能和噪声抑制性能的分析，设计方法包括混合灵敏度 H_∞ 控制、模型跟踪 H_∞ 控制、模型跟踪 μ 控制及其高阶控制器的降阶设计等。

本书是作者多年来在研究涡桨发动机控制理论和实践的基础上，经过反复推敲、不断的修改、更新、提炼和完善而整理完成，其中陈怀荣博士在硕士研究生、博士研究生期间参与了涡桨发动机控制的科研合作课题研究，对本书的撰写起到了非常重要的参考作用，在此特别感谢！

感恩无数先辈、导师的启蒙和教诲，感恩父母的养育之恩！

我期待本书能够为更多的读者提供控制理论在航空发动机控制领域中应用的方法学范例，并起到启发式教育的作用，能够体会到控制理论的重要地位和价值，以此坚定科学研究的必要性。

在本书的创作过程即将完成之时，仰望浩瀚深邃的星空，怀着对大自然的无限敬畏之心，深感控制理论的博大精深！从古至今，人类在向往美好生活、探索自然苍穹奥秘的进程中生生不息，激励着热爱航空发动机控制事业的人们，扎根于这片沃土，根深叶茂，硕果累累。

最后，尽管作者在本书的创作中恪尽职守，但书中难免还有不妥之处，敬请读者批评指正。

2023 年 7 月于北京航空航天大学

目　录

第1章　绪　　论

第2章　控制系统的基本概念、原理

第3章 螺旋桨特性

第4章 涡桨发动机热力循环及热力计算

第5章 自由涡轮式双轴涡桨发动机动态模型

第 6 章 单轴涡桨发动机动态模型

第7章 涡桨发动机液压机械式控制

第8章 单轴涡桨发动机数字控制

第9章 双轴涡桨发动机数字控制

第10章 双轴涡桨发动机多变量综合控制

第1章 绪 论

1.1 涡桨发动机的发展历程

螺旋桨飞机是指用空气螺旋桨将发动机的功率转化为推进力的飞机，涡轮螺旋桨飞机在起降性能上“天生”具有的优势，即螺旋桨的高速滑流在机翼上的切洗作用增大了低速飞行时的机翼升力，改善了升降舵和方向舵的低速飞行控制性能，“反桨”功能无须设计反推装置[1]，缩短了着陆时滑跑距离，以及中低空、低马赫数下油耗低、推进功率与飞机飞行速度无关、起飞推力大、推进效率高等诸多优点，广泛应用于运输机、支线客机、空中预警机、中低空长航时无人机等领域。

涡轮螺旋桨发动机(简称涡桨发动机)通常采用自由动力涡轮驱动减速齿轮箱，减速齿轮箱再以较低的转速驱动螺旋桨。自由涡轮与核心转子的机械独立结构能够更灵活地协调螺旋桨功率需求，而不会对核心机效率产生不利影响，高压核心压气机/涡轮轴转速可达35 000 r/min，自由低压涡轮转速约20 000 r/min，而螺旋桨轴转速约1 200 r/min。涡桨发动机依靠螺旋桨产生的拉力和少部分尾喷口气体反作用推力共同驱动飞机飞行，为400~800 km/h飞行速度的飞机提供飞行动力。与活塞发动机相比，涡桨发动机功重比大、迎风面积小、推进效率高，飞行高度增加时其性能更为优越，在同等空气流量与气动力条件下，涡桨发动机起飞推力比涡喷发动机、涡扇发动机几乎大一倍[2]，因此，螺旋桨飞机起飞滑跑距离比装备涡喷发动机、涡扇发动机的同类型飞机的起飞滑跑距离短，当飞行速度在900 km/h以下时，在同等空气流量与气动力条件下，涡桨发动机油耗低、经济性好，如MQ-9A捕食者B无人机采用了Honeywell的TPE331-10T涡桨发动机，实现了长航时飞行[3]。

第一台CS-1涡桨发动机于1938年由György Jendrassik在匈牙利开发并通过性能测试；1942年英国研制的“曼巴”(Mamba)涡桨发动机配装于皇家海军“塘鹅”舰载反潜飞机[4]；随后，欧美等国相继研制出Dart系列、PT6A系列(70多个型别、120多种机型)、T56、TPE331系列、AI-20、AI-24、NK-12等一代涡桨发动机，采用了液压机械式控制系统。配装于美国C-150军用运输机和E-2C预警机的

T56 涡桨发动机起飞功率从最初的 2 580 kW 发展到 4 342 kW。俄罗斯库兹涅佐夫设计局生产的 NK－12 系列单转子涡桨发动机采用对转螺旋桨,提高了起飞功率,如 NK－12M 涡桨发动机起飞功率高达 11 025 kW,是世界上起飞功率最大的涡桨发动机。又如改进的 PT6A 系列的功率相比 1963 年加拿大普惠公司首台 PT6A 发动机增加了 4 倍,功重比提高了 40%,燃油耗油率降低了 20%,PT6A 系列涡桨发动机输出功率从 350 kW 增加到 1 100 kW[4],用于单发和双发固定翼飞机,已累计飞行 4 亿小时。

20 世纪 70 年代中期能源危机爆发,低耗油率、低成本涡桨发动机受到关注,美、英等国研制出新型高性能螺旋桨桨叶,PW120、CT7、TPE331－12、TVD－10 等第二代涡桨发动机相继问世,采用液压机械备份的电子控制系统。相比第一代涡桨发动机,第二代涡桨发动机虽然并未着重提高其起飞功率和巡航功率,但其整体推进效率得到提高,并降低了耗油率。

发展到 20 世纪 90 年代,AE2100、TPE341－20、PW150、TVD－20、TVD1500B 等第三代涡桨发动机研制成功,相比第二代涡桨发动机,螺旋桨、发动机采用新设计技术、新材料、新制造工艺,其性能、效率进一步提升,尤其是得益于大规模集成电路先进技术,采用了具有状态监控、故障诊断功能的双通道全权限数字电子控制(full authority digital electronic control, FADEC)系统,实现了以预防为主的定时维修到以可靠性为中心的视情维修的维修作业转变。例如,GE 公司研制的 1 470 kW 级 Catalyst 先进涡桨发动机具有双转子结构,采用 3D 离心式和 4 级轴流式组合压气机,并采用反流式燃烧室、2 级高压涡轮和 3 级低压涡轮,并引入两级可变静叶和冷却高压涡轮叶片技术,总压比为 16,同比 PT6A 涡桨发动机,巡航功率增加了 10%,耗油率降低了 20%,大修间隔时间为 4 000 h,翻修期延长了 33%,Catalyst 采用全权限数字发动机和螺旋桨控制(FADEPC)技术,实现了单杆式操作,减少了驾驶员工作负荷,充分发挥了涡桨发动机的性能。

PW100 系列(功率为 1 324~3 678 kW)在 563 km 以内的航线运输中有着极高的燃油效率。与相同尺寸的喷气支线机相比,配装 PW100 系列发动机的涡桨支线飞机,燃油消耗率降低了 25%~40%,二氧化碳排放量减少了 50%,最初以高效离心式压气机作为核心基础的小型发动机,只有两级离心式压气叶片。到了 PW150A 发动机,由于加大发动机尺寸必须降低叶片的转速,前面的低压压气机叶片改型为三级轴流式叶片。

PW150 发动机的设计在中型涡桨发动机中极其特殊,不仅采用了三转子设计,而且还采用了“轴流+离心式”的压气机结构,只用三级轴流式叶片,就达到其他主流设计机型好几级轴流叶片的压气性能,是以高转速 27 000 r/min 为代价换取的,而第二级离心式高压压气机,为保障高效率,尺寸放大后转速高达 31 150 r/min。超出常规主流设计 2 倍以上的转速,用转速换取效率是 PW150 发动机在中型涡桨发动机上独特的设计特征，对于4 000 kW级别及更大的中、大型涡桨发动机，PW150发动机这种“离心叶片+超高转速”的设计特征失去优势。

2000年9月，斯奈克玛、罗尔斯·罗伊斯、MTU和菲亚特四家公司共同出资组建欧洲国际涡轮螺桨发动机股份有限公司(EPI)，推出为A400M运输机新设计的第四代TP400-D6涡轮螺旋桨发动机方案[1,4]。2003年5月，空客客车公司最终选择9 694 kW的三转子TP400-D6涡桨发动机作为A400M运输机的发动机，罗尔斯·罗伊斯公司负责最后的总装，在巡航条件下飞行高度达到9 450 m、飞行速度为781 km/h、马赫数为0.68~0.72。A400M运输机机翼下装有4台TP400-D6涡桨发动机，具有30 000 h的服役寿命，装载能力37 t货物(运载2架“阿帕奇”或1架“超美洲豹”直升机，装运3辆M113装甲输送车)，飞行任务半径2 450 km，采用悬臂式上单翼和T形尾翼式的常规气动布局，机翼采用超临界翼型设计，后掠角为18°，与涡扇运输机相比，在相同载荷情况下涡桨运输机A400M的起飞重量要轻15%，油耗节省20%，起飞着陆性能非常出色[1]。

典型涡桨发动机主要性能参数如表1.1所示[4,5]。

表1.1 典型涡桨发动机主要性能参数

代别	国家或地区	型　号	起飞功率/kW	起飞耗油率/[kg/(kW·h)]	总增压比	涡轮前总温/K
第一代	加拿大	PT6A-27	680(小型)	0.367	6.3	1 228
	加拿大	PT6A-34	750(小型)	0.362	7.0	1 305
	加拿大	PT6A-65R	875(小型)	0.31	10	—
	美国	TPE331-1	496(小型)	0.368	8.34	1 286
	美国	TPE331-10	746(小型)	0.34	10.8	1 278
	英国	Dart6MK510	1 145(中小型)	—	5.5	1 123
	英国	Dart7MK532	1 495(中小型)	0.41	5.6	—
	俄罗斯	AI-24	1 875(中小型)	0.342	6.4	1 070
	俄罗斯	AI-20M	3 169(中型)	0.321	7.9	1 200
	美国	T56-A-15	3 424(中型)	0.305	9.6	1 244
	俄罗斯	NK-12	11 032(大型)	0.302	9.5	1 250
第二代	加拿大	PW115	1 342(中小型)	0.31	11.8	1 422
	加拿大	PW120	1 491(中小型)	0.286	12.14	1 422

续 表

代别	国家或地区	型　号	起飞功率/kW	起飞耗油率/[kg/(kW · h)]	总增压比	涡轮前总温/K
第二代	加拿大	PW124	1 790(中小型)	0.29	14.4	1 422
	美国	TPE331 - 12	701(小型)	0.334	10.8	1 493
	美国	TPE331 - 14	809(小型)	0.31	11	1 278
	俄罗斯	TVD - 10	671(小型)	0.365	7.4	1 160
	美国	CT7 - 5A	1 294(中小型)	0.29	16	1 533
第三代	俄罗斯	TVD - 1500B	956.2(小型)	—	14.4	1 500
	美国	TPE351 - 20	1 566(中小型)	0.31	13.3	—
	俄罗斯	TVD - 20	1 066(中小型)	0.299	9.0	—
	英国	AE2100A	3 096(中型)	0.25	16.6	—
	加拿大	PW150	3 781(中型)	0.255	17.97	1 533
第四代	俄罗斯	TV7 - 117S	2 088(中型)	0.255	17	1 530
	欧洲	TP400 - D6	9 694(大型)	0.21	25	1 500

TP400 - D6 发动机是迄今西方国家制造的功率最大涡桨发动机。它以法国“阵风”战斗机的斯奈克玛公司研制的 M88 - 2 发动机核心机为基础,采用宝马-罗尔斯 · 罗伊斯有限公司研制的 BR700 - TP 方案的进气口、三级低压涡轮和减速齿轮箱,英国罗尔斯 · 罗伊斯公司研制的瑞达 700 涡扇发动机缩小比例的五级低压压气机、中压涡轮等单元组合而成,并增加了一个中压压气机,有更大的功率提升潜力、更高的燃油效率和更好的可靠性。该发动机采用双通道全权限数字式发动机控制系统+发动机健康监视系统,在各种恶劣条件下都能安全稳定地运行。在发动机进气道中配有加热除冰装置,进气道经过优化设计后,在最大限度地减少了气流畸变和压力损失的同时,还保留了良好的颗粒分隔能力,这对于 A400M 运输机在未铺砌或仅经过简单平整铺砌的前沿野战机场上起降尤为重要。发动机排气管采用热辐射抑制设计,将排出的热气与发动机吊舱的冷却空气混合,可减少红外辐射以提高战场生存概率。A400M 运输机的设计巡航马赫数为 0.68~0.72,是西方国家飞行速度最快的大型涡轮螺旋桨飞机。要达到这么快的飞行速度,一个很大的难题就是螺旋桨转速过高导致桨尖速度过快而很容易失速,并会产生很严重的喘振和噪声。设计人员通过计算机模拟、风洞试验和飞行平台验证,从五种配置方案中选取最优化的桨叶叶型和螺旋桨直径,采用又薄又宽、前缘尖锐并带有后掠的

大曲率先进三维后掠桨叶叶型。从剖面来看，这种叶型近似于典型的超声速机翼的剖面形状，其高亚声速性能非常出色，即使是在接近马赫数0.8的最大飞行速度时仍有良好的推进效率，而此时的振动和噪声污染也完全符合以严格著称的欧洲适航认证标准。另外，设计人员从空气动力学角度对桨毂、发动机短舱和机翼进行一体化设计，使阻力和噪声达到最小。A400M运输机所采用的FH386型螺旋桨由法国拉蒂埃·菲雅克公司负责制造，为单件金属毂心、8片碳纤维复合材料叶片结构，螺旋桨直径5.18 m，巡航飞行时桨尖速度为198 m/s，起飞时桨尖速度为228.6 m/s。FH386型螺旋桨的桨叶由碳纤维梁和复合材料外壳结构组成，桨叶表面覆盖了一层聚亚氨脂膜敷层以防腐蚀。桨叶前缘装有电加热除冰装置，前缘外表面还有一个镍制防护罩，以保护桨叶不会因外来物的撞击而受伤，并起到防腐蚀作用。

A400M运输机在标准国际大气压+15℃和914 m海拔的条件下，以最大起飞重量起飞时起飞场长小于1 km，最大着陆重量时着陆场长小于600 m，甚至在最大起飞重量时可在2%的坡度上向后倒退。A400M运输机运送30 t重量货物时任务半径可达2 450 km，从巴黎起飞可达欧洲全境及非洲北部然后再返航；运送20 t货物时任务半径可达3 550 km，从巴黎起飞可达中东、俄罗斯腹地及非洲中部；在飞机空载的情况下，任务半径甚至可达4 900 km，相当于从德国法兰克福直飞中国乌鲁木齐然后再返航；空载转场飞行时，航程高达9 445 km，从巴黎起飞几乎可以到达世界上任何地点。

1.2 涡桨发动机控制特点

任何类型的航空发动机都需要装置控制系统对控制变量进行调节，涡桨发动机也不例外，由于发动机的工作范围很宽，任何飞行条件的变化都将引起发动机性能的变化，为使发动机性能不随飞行条件的改变而改变，必须对控制变量进行调节，同时，为了获得良好的发动机性能和需要的工作状态也必须对控制变量进行调节。

从1942年英国研制的“曼巴”(Mamba)第一代涡桨发动机配装于皇家海军“塘鹅”舰载反潜飞机，到20世纪70年代中期以加拿大PW100系列(起飞功率为1 342 kW的PW115、起飞功率为1 491 kW的PW120、起飞功率为1 790 kW的PW124)为代表的采用电子控制+液压机械备份系统的第二代涡桨发动机，发展到20世纪90年代以加拿大起飞功率为3 781 kW的PW150为代表的双通道FADEC控制技术的第三代涡桨发动机，总增压比为13~20，涡轮前温度为1 500 K左右，耗油率为0.25~0.31 kg/(kW·h)；进入21世纪，以欧洲起飞功率为9 694 kW的TP400－D6为代表的配装发动机健康监视系统的FADEPC的第四代涡桨发动机，总增压比达25，涡轮前温度达1 600 K，发动机耗油率降到0.21~0.27 kg/(kW·h)，单位空气流量产生的功率约270 kW/(kg/s)，具备完善的发动机控制与动力管理功能,能够自动控制桨叶的运行状态,使螺旋桨始终保持在一个恒定、最佳效率状态,并具有过速保护、喘振监测和恢复、螺旋桨自动变距和自动顺桨功能,将发动机与螺旋桨的性能匹配发挥到了极致。

在涡桨发动机控制系统的发展进程中,典型第二代 CT7 - 5A/7/7E 涡桨发动机和螺旋桨控制系统由液压机械单元(hydromechanical unit, HMU)、螺旋桨控制单元(propeller control unit, PCU)和电子控制单元(electrical control unit, ECU)的基本结构组成,HMU 感受燃气发生器转速、压气机出口压力和进口温度,并接收驾驶员指令,具有燃油流量计算计量、压气机放气和可变几何控制、发动机功率选择、超转限制和螺旋桨转速管理、涡轮进口温度限制、齿轮箱扭矩限制的功能,实现从慢车到起飞功率范围内的转速控制及燃气发生器转速的加速和减速控制;PCU 实现螺旋桨转速和桨距控制;监控系统采用 ECU, ECU 提供所需的驾驶舱信号,包括螺旋桨转速、发动机扭矩和涡轮前进口温度,以确保发动机正常运行,ECU 中还有一个动力涡轮超转限制器控制装置,感受动力涡轮转速,并提供燃油流量降低的信号,以便在突然失去负载时将动力涡轮超转限制在允许值内,自动点火系统可防止发动机在意外超转时熄火。

典型第三代 PT6A - 68 涡桨发动机控制功率管理系统的基本功能[6, 7],通过采用调节桨叶安装角和燃油流量的方法对功率和螺旋桨转速进行控制,而驾驶舱操纵杆可根据环境条件按正常(电子)模式和故障安全备份的手动(机械)这两种操作模式调节发动机功率,控制系统主要部件包括功率管理单元(power management unit, PMU)、燃油计量单元(fuel metering unit, FMU)和螺旋桨接口单元(propeller interface unit, PIU),PMU 是完全冗余的 FADEC,具有独立的控制和保护通道,特点在于采用了综合发动机和螺旋桨控制(integrated engine and propeller control),使用了多变量控制回路逻辑对发动机和螺旋桨集成控制,用于地面和飞行模式操作,包括发动机自动起动,具有故障修复能力,能够在正常电子模式故障后自动切换至功能齐全的液压机械系统,能够对发动机扭矩、温度和转速实时监测和超限限制,并具有为安全持续运行提供的故障重构功能,发动机参数和状态指示器数据采用 ARINC429 串行数据总线与驾驶舱通信,从逻辑图生成的编码软件满足 DOD - STD - 2167A 和 RTCA/DO - 178 要求,具有实时仿真/集成测试的系统验证、确认功能和可靠的电子硬件 EMI、防雷电功能。

在过去各型涡轮螺旋桨飞机中,螺旋桨和发动机的控制系统各自都是独立的,而典型第四代 TP400 - D6 发动机将螺旋桨的控制系统也综合到全权限数字式发动机控制系统中,这在世界航空史上也是首次,该控制系统能自动控制桨叶的运行状态,使螺旋桨始终保持在一个恒定、最佳的效率速度,并具有过速保护、喘振监测和恢复、螺旋桨自动变距和自动顺桨功能。虽然这种大胆的设计可将发动机与螺旋桨的性能匹配发挥到最佳,但因为发动机控制系统软件包含了对螺旋桨的控制,其复杂程度甚至比 A380 飞机发动机控制系统还要高出数倍。涡桨发动机和涡扇发动机在工作特性上有着很大不同，由于螺旋桨直径较大，转速低，转动惯量大，有变距调速、反桨控制等功能，而且减速器扭矩受限，与涡扇发动机类似的燃油控制和涡桨发动机特有的变距调速控制的特点也不同，将涡桨发动机燃油控制和螺旋桨变距调速控制综合在一起以协调发挥涡桨发动机整体性能，难度极大。

1.3 自动控制理论的重要作用

在涡桨发动机乃至航空发动机控制技术的发展过程中，牛顿、欧拉、瓦特、拉普拉斯、傅里叶、李雅普诺夫、奈奎斯特、伯德、伊文斯、卡尔曼、冯·诺依曼等创建的经典力学、微分方程数值解、自动控制理论(包括经典控制理论和现代控制理论)、计算机理论等开拓性研究理论起到了重大的作用。

1.3.1 经典控制理论

英国物理学家、数学家、天文学家艾萨克·牛顿(Isacc Newton, 1642.12.25~1727.3.20)所著的《自然哲学之数学原理》[8]一书原版出版于 1687 年 7 月 5 日，是人类掌握的第一个完整的科学宇宙论和科学理论体系，全书共三卷，前两卷标题为“论物体运动”，论述了哲学的数学原理，涵盖运动学和力学的一系列定律和前提条件，第三卷标题为“论宇宙系统”，是根据前两卷提出的科学原理，通过演绎推导，探讨宇宙世界的组成。牛顿把地球上物体的力学和天体力学统一到一个基本的力学体系中，创立了经典力学理论体系。其宗旨是从各种运动现象中探究自然力，再用这些力来解释自然现象，核心是三大运动定律和万有引力定律，是人类对自然界认识的一次飞跃。宇宙之大，基本粒子之小，从物质到精神，力无所不在[9]。皮埃尔·西蒙·拉普拉斯这位在后人心目中仅次于艾萨克·牛顿的杰出数学家和哲学家，曾将艾萨克·牛顿的《自然哲学之数学原理》称为人类智慧产物中最卓越的杰作[10]。

图 1.1 英国物理学家、数学家、天文学家艾萨克·牛顿

在牛顿创立的经典力学理论体系中，牛顿第二定律作为这一理论体系的基础，其因果性：力是产生加速度的原因；同体性：$\sum F = ma$，等号两边数值相等，物体加速度方向与所受合外力方向一致，$\sum F$、m、a 对应于同一物体；矢量性：力和加速度都是矢量，物体加速度方向由物体所受合外力的方向决定；瞬时性：当物体所受外力发生变化时，加速度的大小和方向也要同时发生变化，力和加速度同时产

生、同时变化、同时消逝;相对性:牛顿定律只在惯性参照系中适用,当物体不受力时将保持匀速直线运动或静止状态,地面和相对地面静止或做匀速直线运动的物体可以看作是惯性参照系;独立性:作用在物体上的各个力,都能各自独立产生一个加速度,各个力产生的加速度的矢量和等于合外力产生的加速度,这六个性质是揭示物体运动本性的完整性体系学说。牛顿第二定律是航空发动机工作状态变化的内涵,也是在航空发动机热力学机械中的典型应用例,牛顿力学的诞生为其后250年第一台涡轮喷气发动机的成功问世奠定了微分动力学基础,为实现航空发动机热力循环过程运动的状态转变和状态控制建立了理论依据。

图1.2 瑞士数学家、自然科学家莱昂哈德·欧拉

莱昂哈德·欧拉(Leonhard Euler, 1707. 4. 15 ~ 1783. 9. 18),瑞士数学家、自然科学家。他不但在数学上做出伟大贡献,而且把数学用到了几乎整个物理领域,所著的《无穷小分析引论》《微分学原理》《积分学原理》展示了在常微分方程和偏方程理论方面的众多发现,在解决力学、物理问题的过程中创立了微分方程这门学科。在数学和计算机科学中,欧拉方法包括前进 Euler 法、后退 Euler 法、改进 Euler 法,是一种给定初值的常微分方程数值显式解法,其基本思想是逐次迭代,其特点是单步、显式、一阶求导精度,截断误差为二阶。为了解决当步数增多时误差积累变大导致求解精度变低的问题,对 Euler 迭代算法中的斜率改进,采用区间两端函数值的平均值作直线方程的斜率计算,以此提高常微分方程的数值解精度,精度为二阶。在航空发动机控制领域,建立航空发动机动态数学模型是研究自动控制理论的基础,改进 Euler 方法对研究航空发动机动态数学模型做出了巨大的贡献。

自动控制的萌芽起始于18世纪60年代,英国发明家詹姆斯·瓦特(James Watt, 1736. 1. 19~1819. 8. 19) 1776年发明第一台蒸汽机,1784年发明了离心飞重式调速器,第一次采用闭环负反馈原理实现了对蒸汽机转速的自动控制,使蒸汽机产生的功率能够被人们控制,瓦特蒸汽机发明的重要性是难以估量的,它被广泛应用于几乎所有机器的动力装置,拉开了工业革命的序幕,可以说蒸汽机是第一次工业革命的原动机,从那时起人们认识到自动控制技术在工业革命中的巨大威力和重要地位。瓦特蒸汽机巨大的、不知疲倦的威力使生产方法以过去所不能想象的规模走上了机械化道路。恩格斯在《自然辩证法》中这样写道:“蒸汽

图1.3 英国发明家詹姆斯·瓦特

机是第一个真正国际性的发明,而这个事实又证实了一个巨大的历史性的进步。”

瓦特的创造精神、超人的才能和不懈的钻研为后人留下了宝贵的精神和物质财富。瓦特发明的蒸汽机极大地推进了社会生产力的发展,它武装了人类,使虚弱无力的双手变得力大无穷;健全了人类的大脑,以便处理一切难题;它为机械动力在未来创造奇迹打下了坚实的基础,将有助并报偿后代的劳动。[11]

瓦特改进的蒸汽机模型如图 1.4 所示,离心飞重调速器原理如图 1.5 所示。

图 1.4 瓦特改进的蒸汽机模型[11]

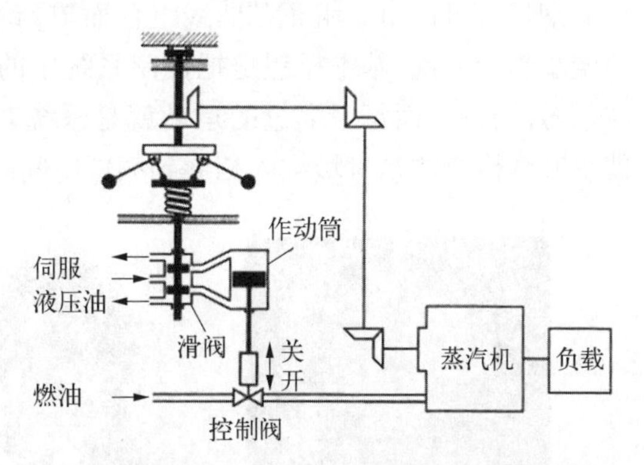

图 1.5 瓦特蒸汽机离心飞重转速调节原理图[12]

当蒸汽机速度提高后,调速器运转会出现调节时快时慢的不稳定现象,英国物理学家詹姆斯·克拉克·麦克斯韦(James Clerk Maxwell, 1831. 6. 13~1879. 11. 5)发表的《论调节器》是有关反馈控制理论第一篇正式发表的论文,是最早用微分方程来描述调速器运动状态的文章,他导出了调速器的微分方程,并在平衡点附近进行了线性化处理,指出稳定性取决于特征方程根是否具有负实部。麦克斯韦通过对调速系统线性常微分方程的建立和分析,揭示了瓦特蒸汽机速度控制中剧烈振荡的不稳定问题,提出了简单的稳定性代数判据,开辟了用数学方法研究控制问题的途径,他的《论调节器》一文被认为开了控制论的先河[13]。

图 1.6 英国物理学家詹姆斯·克拉克·麦克斯韦

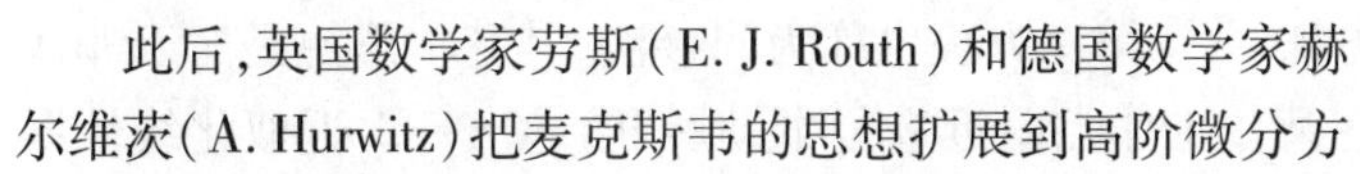

此后,英国数学家劳斯(E. J. Routh)和德国数学家赫尔维茨(A. Hurwitz)把麦克斯韦的思想扩展到高阶微分方程描述的系统中,分别在 1877 年和 1895 年提出了直接根据代数方程系数判别系统稳定性的准则,即劳斯-赫尔维茨稳定性判据[14, 15],奠定了经典控制理论中时域分析法的基础。

拉普拉斯变换是法国数学家、天文学家、物理学家皮埃尔·西蒙·拉普拉斯(Pierre Simon Laplace, 1749. 3. 23~1827. 3. 5)发明的一种积分变换,可将一个实参数的函数转换为一个复参数 s 的函数。拉普拉斯变换是求解带有初始条件的常系数线性常微分方程的一个重要方法，在控制领域的重要价值在于运用拉普拉斯变换将常系数微分方程的求解问题化为线性代数方程或方程组的求解问题来分析和研究控制系统的规律[14, 15]，是经典控制理论中由微分方程建立传递函数的理论基础。

法国数学家、物理学家让·巴普蒂斯·约瑟夫·傅里叶(Jean Baptiste Joseph Fourier, 1768.3.21~1830.5.16)于1807年在法国科学学会上展示的一篇《任何连续周期信号可以由一组正弦曲线组合而成》论文为经典控制理论频率响应分析法奠定了理论基础，基本思想是把控制系统中的所有变量看成由许多不同频率正弦波信号的合成，而每一变量的运动就是系统对各个不同频率信号响应的总和[15]，傅里叶变换方法是时域空间拓展到频域空间的一座桥梁。

图 1.7　法国数学家、天文学家、物理学家皮埃尔·西蒙·拉普拉斯

图 1.8　法国数学家、物理学家让·巴普蒂斯·约瑟夫·傅里叶

图 1.9　俄国数学家、力学家亚历山大·米哈伊洛维奇·李雅普诺夫

运动的稳定性是俄国数学家、力学家亚历山大·米哈伊洛维奇·李雅普诺夫(Aleksandr Mikhailovich Lyapunov, 1857.6.6~1918.11.3)于1892年在《运动稳定性的一般问题》博士论文中提出的，李雅普诺夫不仅为运动的稳定性给出了严格的定义，还提出了从微分方程判定运动是否稳定的两种方法，称其为李雅普诺夫第一方法和李雅普诺夫第二方法[15]。第一方法也称为间接法，其基本思想是对于非线性自治系统的运动方程在某一工作点附近进行泰勒展开，导出一次近似化线性系统，再根据线性系统特征值在复平面上的分布推断非线性系统在其邻域内的稳定性；第二方法也称为直接法，它是对非线性系统引入具有广义能量的李雅普诺夫函数和分析李雅普诺夫函数导数的定号性，以此建立的稳定性判据。李雅普诺夫运动稳定性方法为自动控制理论的发展奠定了坚实的基础。

美国物理学家哈里·奈奎斯特(Harry Nyquist, 1889.2.7~1976.4.4)于1932

年发表的论文中提出了研究系统动静态特性的频率响应法，发现了闭环负反馈放大器的稳定性条件，即著名的奈奎斯特稳定判据[14,15]，建立了以频率特性为基础的稳定性判据，为具有高质量的动态品质和静态准确度的控制系统提供了所需的分析工具，为反馈系统的研究开辟了全新的道路和前景，他对控制理论的重大贡献大大推动了控制工程在各种工业中的应用和发展。

美籍荷兰应用数学家、现代控制理论与电子通信先驱亨德里克·韦德·伯德(Hendrik Wade Bode, 1905.12.24~1982.6.21)于1940年在自动控制分析的频率法中引入对数坐标系，使频率特性绘制工作适用于工程设计，1945年出版了他的著作《网络分析和反馈放大器设计》(*Network Analysis and Feedback Amplifier Design*)提出了频率响应分析方法，即简便而实用的"伯德图"(Bode plots)法[14,15]，形成了经典控制理论的频域分析法。

图1.10　美国物理学家哈里·奈奎斯特

图1.11　美籍荷兰应用数学家亨德里克·韦德·伯德

图1.12　美国控制科学家沃尔特·理查德·伊文斯

系统的稳定性和动态特性取决于系统闭环特征根的分布，但高阶系统特征根的求解非常困难，对于这一工程棘手问题，美国控制科学家沃尔特·理查德·伊文斯(Walter Richard Evans, 1920.1.15~1999.7.10)于1948年在《控制系统的图解分析》论文中提出了根轨迹法[14,15]，用于研究系统参数对反馈控制系统的稳定性和运动特性的影响。其学术思想是当开环增益或其他参数改变时，对应的闭环极点均可在根轨迹图上确定，由于系统的稳定性由闭环极点唯一确定，系统稳态性能和动态性能又与闭环零、极点在 s 复数平面上的位置密切相关，所以根轨迹图可以直接给出闭环系统时间响应的全部信息，以此确定开环零、极点应该怎样变化才能满足闭环系统的性能要求。由于Evans的根轨迹法以如此直观的图形形式概括了反馈系统中的频率信息，为分析系统性能随系统参数变化的规律性提供了有力途径，使根轨迹法在控制系统设计中得到了广泛应用。

从19世纪的控制系统运动微分方程分析法到20世纪50年代的频率响应法，以单输入单输出线性定常系统为主要研究对象、以传递函数作为描述系统的数学模型、以时域分析法、奈奎斯特、伯德频域分析法和伊文斯根轨迹法作为核心分析设计工具，构成了经典控制理论的基本框架[14, 15]。

1.3.2 现代控制理论

美籍匈牙利数学家、计算机科学家、物理学家约翰·冯·诺依曼(John von Noumann, 1903.12.28～1957.2.8)发明了计算机，1946年2月14日以二进制为设计思想研制的世界第一台电子计算机ENIAC在美国宾夕法尼亚大学问世，给控制界带来了空前的活力，使人们摆脱了多变量控制问题中碰到的复杂计算的局限性，开始考虑复杂系统同时控制多个变量的复杂控制目标，如能耗最小的控制等问题。

图1.13 美籍匈牙利数学家、计算机科学家、物理学家约翰·冯·诺依曼

1. 状态空间理论

20世纪60年代产生的现代控制理论是以状态变量概念为基础，以状态空间描述为数学模型，利用现代数学方法和计算机作为系统建模分析、设计乃至控制的新理论，适用于多输入、多输出，时变的或非线性系统。状态空间方法属于时域方法，其核心是最优控制理论，这不同于经典控制理论以稳定性和动态品质为中心的设计方法，而是以系统在整个工作期间的性能作为一个整体来考虑，寻求最优控制规律，从而可以大大改善系统的性能。现代控制理论是在20世纪50年代中期在空间技术的推动下迅速发展起来的，那时迫切要求建立新的控制原理，以解决诸如把宇宙火箭和人造卫星用最少燃料或最短时间准确地发射到预定轨道等控制问题，显然采用经典控制理论是难以解决的。这一控制目标是使某一控制指标达到最小，这不得不使人们又重新关注常微分方程组的控制问题及力学中的变分学问题，在这一背景下，苏联科学家庞特里亚金(L. S. Pontryagin)于1963年提出了极大值原理。极大值原理与维纳提出的最优滤波方法奠定了最优控制理论的基础，用于发动机燃料和转速控制、轨迹修正最小时间控制、最优航迹控制和自动着陆控制等。

匈牙利裔美国数学家鲁道夫·埃米尔·卡尔曼(Roudolf Emil Kalman, 1930.5.19～2016.7.2)提出的卡尔曼滤波方法和系统的能控性、能观性概念[16]，为20世纪50年代末至60年代初发展起来的现代控制理论做出了杰出贡献。以状态空间来描述运动对象和控制系统是从20世纪60年代以来开辟的新领域，多变量控制中的一个关键技术是把一般动力学系统表示为一阶常微分方程组进行研究，卡尔曼在1960年基于状态概念解决了二次型性能指标下的线性最优控制问题，并根据状态

图1.14 匈牙利裔美国数学家鲁道夫·埃米尔·卡尔曼

空间模型和传递函数描述之间的关系建立了可控性和可观性这两个基本的系统结构概念,1961 年卡尔曼和布西(R. S. Bucy)采用状态空间多变量时间响应方法处理非平稳随机过程,从有噪声的信号中恢复有用信号,即卡尔曼-布西滤波器。1967 年旺钠姆(W. M. Wonham)推导了全部闭环特征频率可以通过反馈进行配置的任意配置条件,为解决制导问题提供了重要理论依据。状态空间方法属于时域方法,对揭示和认识控制系统的许多重要特性具有关键作用。以状态空间法、极大值原理、动态规划、卡尔曼-布西滤波为基础的分析和设计控制系统的新原理和方法已经确立,这标志着现代控制理论的形成。

2. 鲁棒控制

进入 20 世纪 70 年代,随着计算机科学、数学的发展及工程实际对控制理论需求的推动,产生了基于状态空间法的线性二次高斯 LQG 控制、鲁棒 H_∞ 控制、结构化奇异值 μ 控制、线性矩阵不等式 LMI 凸优化控制、自适应控制等现代控制理论,使人们对控制系统的认识更为深刻、丰富和全面。

鲁棒控制主要针对系统存在不确定性和外界干扰时,如何设计控制器使闭环系统具有期望的鲁棒性,但在处理方法上与自适应控制有所不同。自适应控制的基本思想是通过对模型参数及时辨识,不断调整控制器参数,控制器参数调整依赖于模型参数的更新,但不能预先把可能出现的不确定性考虑进去。而鲁棒控制在设计控制器时尽量利用不确定性信息来设计一个控制器,使得不确定参数出现时仍能满足性能指标要求。鲁棒控制认为系统的不确定性可用模型集来描述,系统的模型并不唯一,可以是模型集里的任一元素,但在所设计的控制器下,都能使模型集里的元素满足要求。

鲁棒控制理论发展最突出标志是 H_∞ 控制方法、结构奇异值方法。1981 年 G. Zames 提出了最优灵敏度控制方法[17],同时,J. C. Doyle 和 G. Stein 针对非结构化不确定性系统,采用经典回路整形思想将奇异值概念推广到多变量系统的反馈控制设计中,在频域内通过回路整形使得鲁棒稳定性和鲁棒性能指标能够表示为闭环传递函数矩阵的 H_∞ 范数描述,形成了如今的 H_∞ 鲁棒控制思想。

H_∞ 控制理论主要解决具有非结构不确定性的控制系统问题,它把复杂的数学理论与实际的工程问题完美地结合,使 H_∞ 方法在工程设计中获得了广泛的应用。1988 年,J. C. Doyle 和 K. Glover 采用状态空间分析方法依赖两个 Riccati 方程的求解[18, 19],突破了在算子空间中以逼近的方式求解 H_∞ 控制问题在计算上带来的难度,不仅在概念和算法上简化了 H_∞ 控制问题,同时开辟了状态空间方法和频率方法结合的新路,使 H_∞ 控制从理论走向了应用,成为现代鲁棒控制的核心问题之一。1994 年,P. Gahinet 从有界实引理出发,应用矩阵约束,提出了一种新的 H_∞ 解的状态空间表达式,这种方法用参数约束的耦合 Riccati 方程组取代了线性分式变换描述[20, 21],推广了 J. C. Doyle 等的结论,更具有应用价值。

H_∞ 控制理论是在 H_∞ 控制空间用 H_∞ 范数作为目标函数的变量进行的优化设计方法,H_∞ 控制范数是指在右半复平面上解析的有理函数矩阵的最大奇异值,其物理意义是系统所获得的最大能量增益,由此可见,若使系统的干扰至闭环误差的传递函数的 H_∞ 范数最小,则有限功率谱的干扰对系统误差的影响将会降到最低程度,这就是最优控制理论的基本思想。

H_∞ 控制特点:

(1) 吸取了经典控制理论频域概念和现代控制理论状态空间方法的优点,实现了在状态空间进行频率域回路成形;

(2) 可以把不同性能目标的控制系统设计问题转为 H_∞ 标准控制问题的统一框架进行处理,具有灵活多样性和概念清晰的特点;

(3) 对于系统不确定性的鲁棒控制设计问题,提供了两个 Riccati 方程或一组线性矩阵不等式的 H_∞ 控制器的求解方法,使控制系统能够保证鲁棒稳定性和一定的优化性能指标;

(4) H_∞ 控制是频域内的最优控制理论,但 H_∞ 控制器的参数设计比最优调节器更为直接。

当系统中的不确定性可以用一个范数有界的摄动来反映时,系统对不确定性的最大容限的稳定性问题可用小增益定理来描述,J. C. Doyle 和 G. Stein 研究了对象受加性和乘性摄动时闭环系统的鲁棒稳定性,给出了用矩阵奇异值表示的闭环系统鲁棒稳定的充要条件,然而,在许多实际问题中,系统的未建模动态不能简单地归结为一个范数有界的摄动来描述,对于未建模动态系统,可以获得部分的内部结构信息,若仍用小增益定理来估计系统的鲁棒性,设计的控制器存在很大的保守性。

为了弥补矩阵奇异值在处理系统不确定性问题上存在的缺陷,J. C. Doyle 在 1982 年首次引入了结构化奇异值 μ 方法,结构化奇异值已成为一种有效的鲁棒控制方法。μ 方法的基本思想是对控制系统中的输入、输出、传递函数、不确定性等进行回路成形,把实际问题归结为结构化奇异值 μ 的问题进行控制器的设计。它克服了小增益定理的保守性,并将鲁棒稳定性和鲁棒性能统一在一个标准框架下考虑,这正是控制系统设计中很难解决的一个最基本问题。

线性矩阵不等式(linear matrix inequality, LMI)是一种凸优化问题的数学方法, 1982 年,Pyatnitskii 和 Skorodiskii 提出了 LMI 转化为计算机求解的凸优化问题方法,1988 年,开发了直接求解 LMI 问题的内点法程序,在算法上较代数 Riccati 方程和代数 Riccati 不等式的优越性更为明显,在鲁棒分析和综合方面,LMI 有更多的潜在自由度,许多控制问题可以转化为 LMI 的可解性问题,或者 LMI 约束的凸优化问题,1995 年,美国 The Mathworks 公司推出了 Matlab 软件包中求解线性矩阵不等式问题的 LMI Control Toolbox[22],使得 LMI 方法的工程应用更为广泛。

采用 LMI 方法设计控制器的基本过程是将控制理论中的一些判据,如稳定性分析判据、性能指标综合的 Lyapunov 函数、凸二次矩阵不等式转化为 LMI 标准问题求解,进一步将 LMI 问题表述为一个凸约束条件,用求解凸优化问题的方法求解,保证了控制器设计的有效性。

LMI 方法特点:

(1) 有限维凸优化算法能获得全局最优解;

(2) 可以统一处理多目标控制问题,如将镇定、H_∞ 控制、LQG 控制等问题纳入统一的框架,设计的控制器满足稳定性和其他多目标性能要求;

(3) 根据有界实引理,大多数分析和综合的控制问题都可以转化为 LMI 凸优化问题,并通过椭球法、内点法获得其解。

模型参考自适应控制(model reference adaptive control, MRAC)也是一种鲁棒控制方法[23, 24]。MRAC 在现代控制理论、Lyapunov 稳定性理论的基础上近年来发展迅速,MRAC 参考模型在系统指令信号变化的情况下为实际的被控对象提供了预期跟随的理想运行轨迹,以参考模型的输出和被控对象的输出产生的误差构成了跟踪误差,这一跟踪误差和被控对象的输出一起进入自适应律并对自适应参数进行在线实时调整,以获得自适应系统不确定性的稳态、动态鲁棒性能。

自动控制理论的不断发展促进和推动了航空发动机控制系统的工程应用。控制学是调配系统之间作用力的动平衡法则,也是力遵循约束条件下的协调关系,其表现形式是用运动的时空观刻画表征的,也是人们的期望运动蓝图。当今,航空发动机控制在自动控制理论的基础上不断发展应用,技术水平已由液压机械式控制发展为全权限数字电子控制。航空发动机控制技术的发展历程如图 1.15 所示。

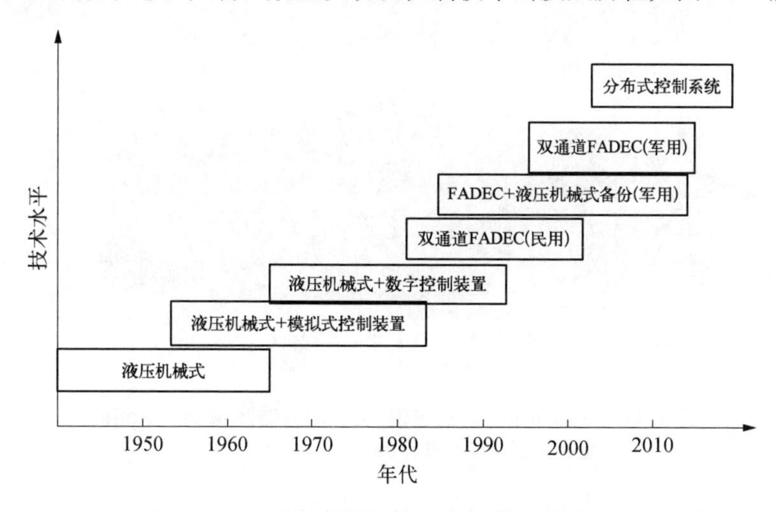

图 1.15 航空发动机控制技术的发展历程

1.4 涡桨发动机控制系统设计要求

1.4.1 涡桨发动机控制系统结构组成

涡桨发动机主要有单轴式、双轴式和三轴式结构。单轴式涡桨发动机结构如图 1.16 所示,主要组成部件包括: 进气道、压气机、燃烧室、涡轮、减速器、螺旋桨及其附件传动装置、排气装置等。

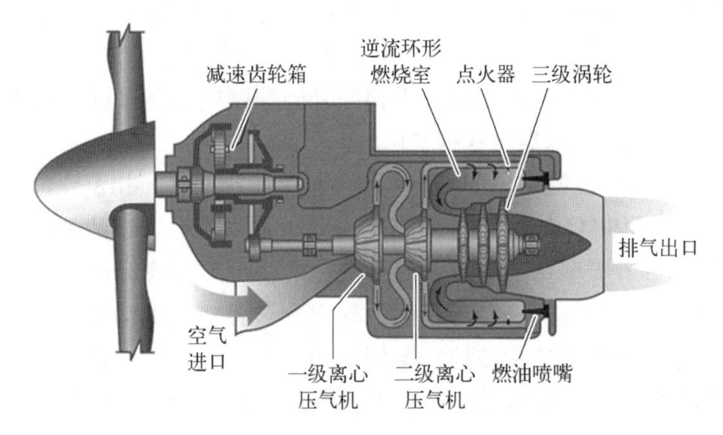

图 1.16 单轴涡桨发动机结构[25]

双轴涡桨发动机与单轴式相比,起动过程中,由于大惯性环节的动力涡轮、减速齿轮箱、螺旋桨与燃气发生器无机械连接,起动负载小,起动机所需扭矩低,利于起动,双轴式涡桨发动机结构如图 1.17 所示。

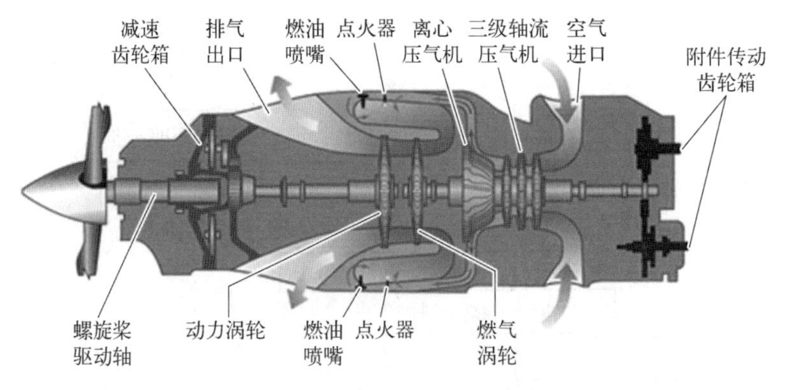

图 1.17 双轴涡桨发动机结构(自由涡轮转速 40 000 r/min,螺旋桨转速 2 000 r/min)[25]

三轴式涡桨发动机三个转子彼此无机械联系,且在各自最佳转速下运转。三轴涡桨发动机核心机相对低压系统独立,易于改进实现功率增加。

典型三轴中型涡桨发动机如加拿大普惠 PW150,采用了轴流+离心式压气机设计,只用三级轴流式叶片就达到了其他主流设计机型好几级轴流叶片的压气机性能,转速 27 000 r/min,离心压气机转速 31 150 r/min,超出常规主流设计 2 倍以上转速。用转速换取效率的思路是 PW150 最为明显独特设计特征,但由于“离心叶片+超高转速”设计的代价无法在大型涡桨发动机中成为主流。典型三轴大型涡桨发动机如欧洲 TP400 - D6,高压压气机(源于 M88 中推发动机)最大转速 18 430 r/min, 低压压气机最大转速 10 464 r/min。

三轴结构的涡桨发动机相比双轴式尺寸短,具有刚性的承载轴承结构,减少转子/静子间的偏心率,运动副间隙小,传动效率高,耗油率低,便于使用和维护。而双轴发动机的主轴比较长,容易颤振。

三轴结构的涡桨发动机气动稳定性高,高压压气机增压比不大,级数少,负荷较低,无须可变进口导流叶片和可调静子叶片,省掉了静子叶片角度调节装置,固定式静子叶片角度使控制系统结构简单,通过可调的三个转子转速使压气机喘振裕度自适应保证,成本低、起动性能和加速性能好,在较低的涡轮进口温度条件下能达到较高的功率,热端寿命长。而双轴式涡桨发动机高压压气机级数多,负荷重,需要配置静子叶片角度调节装置。

三轴结构的涡桨发动机高压涡轮只有一级,工作温度相比双轴式低,寿命长。

三轴涡桨发动机起动可靠、功率杆角度与功率成线性、无多级导流叶片、加速不易喘振、加速性好、寿命长,具有使用性好、易于维护等诸多特点,是涡桨发动机的主要发展方向。

典型三轴式涡桨发动机 PW150 结构如图 1.18 所示。

图 1.18　典型三轴式涡桨发动机 PW150(加拿大普惠公司)[26]

涡桨发动机控制系统主要包括被控对象即涡桨发动机和控制系统两大部分,涡桨发动机主要组成部件包括:进气道、压气机、燃烧室、燃气涡轮、动力涡轮、减速器、螺旋桨及其附件传动装置、排气装置、螺旋桨地面停留刹车机构、防冰系统、灭火系统等。控制系统主要由发动机燃油控制系统、螺旋桨调速系统、自动起动系统等组成。

发动机燃油控制系统保证燃烧室获得一定数量的燃油,使发动机在各种状态下都能正常工作。驾驶员通过操纵油门杆改变发动机的工作状态,燃油调节器根据发动机的工作状态、大气条件和飞行情况,按控制计划开环或闭环自动调节燃油供油量,实现发动机响应功率杆或油门杆的变化指令。

螺旋桨调速系统通过改变螺旋桨桨叶角,保证发动机除慢车以外的所有工作状态下动力涡轮转速能够保持不变,并通过扭矩、超转、负拉力、顺桨等限制装置,保证涡桨发动机能够安全可靠工作。

自动起动系统保证发动机的冷转、地面和空中起动。起动时由起动机带转发动机转子转动,点火器将燃烧室内的燃油点燃。

如加拿大普惠公司生产的PT6双轴涡桨发动机,发动机轴功率为475~2 000 hp*,动力涡轮转速38 000 r/min通过减速齿轮箱降到螺旋桨转速2 000 r/min。通过功率控制杆和由Beta杆、变距反馈联动杆等传回的变距反馈信号控制Beta控制阀实现反推功能。PT6A-6与PT6A-68主要性能参数如表1.2所示。

表1.2 PT6A-6与PT6A-68主要性能参数

发动机	PT6A-6	PT6A-68
年份	1963	1992
质量/kg	123	251
发动机输出轴功率/hp	455	1 365
功重比/(kW/kg)	3.7	5.44
齿轮箱最大功率/kW	410	930
燃油耗油率 sfc/[kg/(kW·h)]	0.39	0.3
涡轮进口温度/℃	x	$x+200$
空气流量/(kg/s)	2.6	5.3
压气机增压比	6.2	11
控制方式	气动液压机械式	带液压机械备份的全权限数字电子控制

* 1 hp≈735.498 75 W。

PT6 涡桨发动机在驾驶舱装有三个控制杆，即功率控制杆（power control lever）、螺旋桨控制杆（propeller control lever）和状态控制杆（condition control lever），驾驶员通过操作三个控制杆控制涡桨发动机的状态。

功率控制杆与 FCU 和 CSU 联动，驾驶员操作功率控制杆使指令加在燃气发生器转速指令弹簧上，通过由飞重控制的从压气机出口引入的出口压力的分压实现燃油控制，用以在 Alpha 模式和 Beta 模式下控制发动机输出轴功率；功率控制杆与螺旋桨攻角 Beta 控制阀相连，保证发动机从反推功率状态到慢车功率状态再到最大功率状态全程有效，反推功率与功率杆移动的大小成比例变化。

螺旋桨控制杆将动力涡轮转速（与螺旋桨转速成减速传动比关系）指令发送给 CSU，在 Alpha 模式下通过调节桨叶角使动力涡轮转速伺服跟踪指令转速；最大位置为顺桨模式；在 Beta 模式下通过 Beta 控制阀控制反推状态桨叶角。

状态控制杆有三个位置：停车；地慢转速 50%；空慢转速 80%。

PT6 双轴涡桨发动机液压机械式控制系统实现以下功能。

1. Alpha 模式控制

Alpha 模式也是飞行模式，驾驶员操作功率控制杆设定发动机功率时，功率控制杆指令加在了发动机燃油控制单元（fuel control unit, FCU）的燃气发生器转速指令弹簧上，通过由飞重控制的从压气机出口引入的出口压力的分压实现燃油控制，功率控制杆直接控制发动机输出轴功率；同时，螺旋桨转速调节单元（constant speed unit, CSU）也与功率控制杆联动，通过转速指令弹簧设定了期望的螺旋桨转速（螺旋桨转速与动力涡轮转速成定比例关系），转速指令弹簧与离心飞重构成转速偏差按闭环负反馈原理调节分油活门的移动，分油活门控制了变距活塞腔滑油压力从而实现对桨叶角的自动调节，保证螺旋桨转速恒定不变，使螺旋桨功率控制在 80% ~ 100%。

CSU 设计了拉杆（lift rod）可以快速卸掉变距活塞腔滑油使螺旋桨桨叶角进入顺桨位置。

2. Beta 模式控制

在地面状态当螺旋桨功率运行在 50% ~ 80% 时，进入 Beta 模式运行，螺旋桨转速调速器处于欠速状态，不控制转速，桨叶角通过反馈环与 Beta 控制阀联动，Beta 控制阀按比例控制螺旋桨桨叶角。

当后拉功率控制杆时，Beta 控制阀控制滑油进入变距活塞腔，通过减小桨叶角控制螺旋桨攻角减少，同时与功率控制杆联动的 FCU 减小燃油流量；当前推功率控制杆时，Beta 控制阀控制变距活塞腔滑油使之排出，通过增大桨叶角来控制螺旋桨攻角增加，当发动机转速随功率控制杆前推增加到 80% 时，CSU 从 Beta 控制阀控制切换到转速控制，进入 Alpha 模式，同时，与功率控制杆联动的 FCU 增大燃油流量。

3. 螺旋桨攻角控制

螺旋桨转速调速器通过分油活门控制滑油进入变距活塞腔，滑油压力用于驱动螺旋桨进入小攻角和反推模式，当分油活门控制滑油从变距活塞腔排出到减速齿轮箱，在螺旋桨平衡重和顺桨弹簧力作用下驱动螺旋桨进入大攻角和顺桨模式。

螺旋桨转速调速器有 Alpha 模式和 Beta 模式，在 Alpha 模式下也即飞行状态下，通过螺旋桨转速调速器控制螺旋桨的桨叶角，将螺旋桨攻角设置到设计点功率的 80%~100%，自动保证桨速伺服跟踪桨速指令；在 Beta 模式下也即欠速状态下，由于螺旋桨桨叶角不受转速闭环控制，螺旋桨桨叶角是通过 Beta 控制阀机械传动系统控制的，如地面工作状态通过操作功率杆控制 Beta 控制阀可将螺旋桨攻角设置到设计点功率的 50%~80%。

螺旋桨变距调速原理结构如图 1.19 所示。

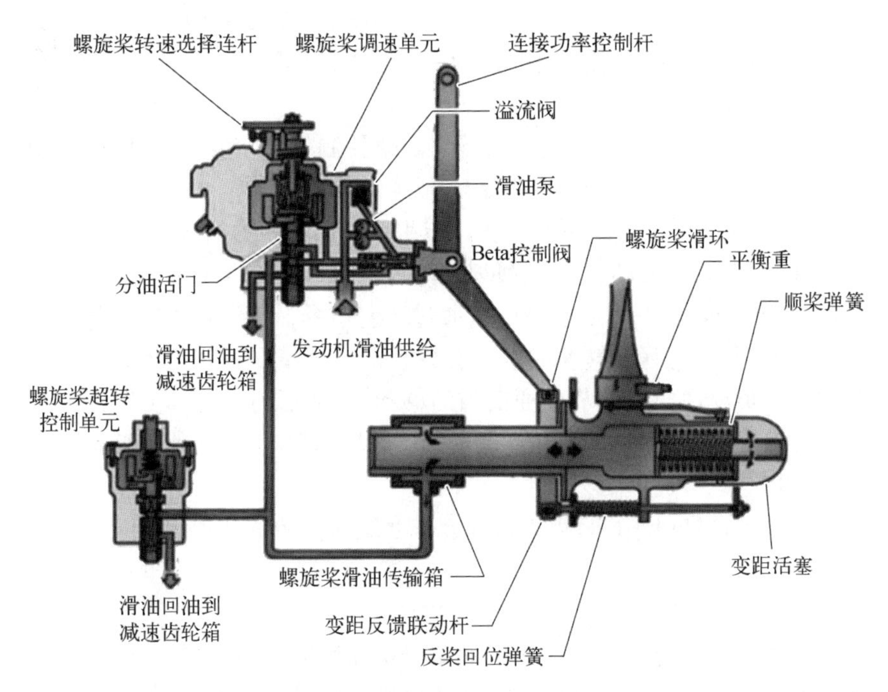

图 1.19 螺旋桨变距调速原理结构图（图片来源：普惠公司官网）

4. 螺旋桨转速超转保护

当 CSU 失效时，螺旋桨转速调速器通过螺旋桨转速超转保护装置保证螺旋桨转速不超过其极限值。

5. 燃气发生器转速超转保护

当燃气发生器转速超过 105%时，FCU 通过燃气发生器转速超转装置自动减少发动机燃油流量，保证燃气发生器转速不超过其极限值。

6. 自动点火、自动顺桨

当滑油压力低于临界值时,首先起动点火系统,当扭矩传感器感测到扭矩仍在减小时,自动顺桨阀工作,使桨叶角到达顺桨位置。

1.4.2 涡桨发动机控制计划

涡桨发动机的总体性能是按设计点工作状态设计的,在发动机飞行包线内,飞机的需用功率、飞行条件都在变化,经常在远离设计点状态的非设计点状态工作,发动机主要工作参数和性能指标也在变化。为了使发动机在各种条件下都能工作在最佳有利的状态,需要规定发动机的某些重要参数的变化规律以调节发动机的工作过程,这些参数称为被控参数,能够对被控参数进行调节的参数称为控制参数,被控参数的变化规律定义为调节规律。调节规律是由控制系统通过感受飞行条件、发动机工作参数的变化对被控参数实施控制行为而实现的。

涡桨发动机工作状态主要有最大状态、额定状态、巡航状态和慢车状态。最大状态工作在飞机起飞时,这时涡桨发动机功率最大,发动机、减速器、螺旋桨承受最大应力,转速和涡轮前总温也最大,连续工作时间不能超过10~15 min;额定状态的功率为最大状态的90%,在30 min内可保证连续可靠工作;巡航状态的功率为最大状态的40%~80%,可在整个寿命期连续可靠工作;慢车状态的功率为最大状态的3%~5%,连续可靠工作的时间不超过50 min。

涡桨发动机在各种状态下调节规律的总成称为控制计划,为实现既定的涡桨发动机控制计划,常采用以下调节规律。

(1) 等转速调节。对于单轴涡桨发动机,当飞行条件不变时,等转速调节使发动机在各个状态下使转速保持恒定,换算转速也保持不变,在状态改变时可避开大惯性环节的螺旋桨、减速齿轮箱导致的加速性能差的问题,使状态工作点远离压气机喘振边界。等转速调节可通过改变桨叶角使螺旋桨功率发生变化的方式实现,这样等转速调节的加速性能只取决于桨叶角的变化速度和燃油调节器的动作速度,而桨叶角的变化速度和燃油调节器的动作速度相对较快,使发动机表现出良好的加速性能。

对于双轴涡桨发动机,当飞行条件不变时,等动力涡轮转速调节使发动机在各个状态下使动力涡轮转速(螺旋桨转速与动力涡轮转速是减速齿轮箱传动比的定量比值关系)保持恒定,动力涡轮换算转速也保持不变,在状态改变时可避开大惯性环节的螺旋桨、减速齿轮箱导致的加速性能差的问题,使状态工作点远离压气机喘振边界。等转速调节可通过改变桨叶角使螺旋桨功率发生变化的方式实现。

采用等转速调节规律时,尽管在节流状态发动机循环热效率低、耗油率高,但由于具有良好的加速性能和状态变化时喘振裕度大的特点,这对于提升涡桨发动机的性能具有明显的优势。

(2) 等涡轮前总温调节。根据涡桨发动机转速特性,最大功率、最佳单位当量功率燃油消耗量是在涡轮前总温保持设计值不变的情况下获得的，考虑到涡桨发动机在功率限制高度以上的范围内飞行时，如果保持涡轮前总温为最大值（不同工作状态有不同的最大值）能够获得最大功率，这就能够充分发挥发动机热端部件能力。等涡轮前总温调节可采用调节供油量的方式实现。

（3）等当量功率调节。飞机对涡桨发动机的性能要求是为了获得期望的涡桨发动机当量功率，以保证飞机的动力需求，但当量功率难以测量，考虑到螺旋桨功率可测，占据了当量功率的90%以上，因此，从控制的可实现性角度，采用等螺旋桨功率调节这一间接的方式近似实现对涡桨发动机当量功率的控制。

等当量功率调节通常适用于从地面到高空的某一限制高度的范围内，与等涡轮前总温调节相比，如果二者在地面起飞功率相等的条件下对比，则到了高空这一限制高度，采用等当量功率调节规律的功率要比采用等涡轮前总温调节规律的功率大得多，这在高原起飞时起飞功率大，高空飞行时有充分的富裕功率，改善了涡桨发动机的高空性，扩大了涡桨发动机的适应范围、增加了使用可靠性；如果二者在限制高度上当量功率相等的条件下对比，则采用等涡轮前总温调节规律的涡桨发动机地面功率将大大增加，螺旋桨和减速器就得设计得很笨重，以保证其强度不受破坏，这种笨重的涡桨发动机功重比将会大大降低，相反，采用等当量功率调节规律的涡桨发动机既能在地面到限制高度的大范围内保证需要的功率不变，又能设计得轻巧，提高功重比。等当量功率调节可采用调节供油量的方式实现。

在给定的调节规律下，发动机当量功率、推力、耗油率随供油量、大气条件、飞行速度、飞行高度变化的关系称为发动机特性，不同的调节规律对应不同的发动机特性。

图1.20为典型中小型双轴/三轴涡桨发动机输出轴功率（输出轴功率与PW120相当）在最大连续功率油门状态（略低于起飞功率，以减少发动机磨损、增加发动机寿命）随飞行条件变化的示意图，在低海拔时，无论飞行速度如何，输出轴功率基本恒定，当飞行速度增大时，通过减少燃油流量以保持最大功率输出不变。在较高的海拔，随着环境空气压力的降低，输出轴功率会下降，在给定高度下，随着飞行速度的增加，由于空气动力冲压作用，发动机输出轴功率会有所增加。

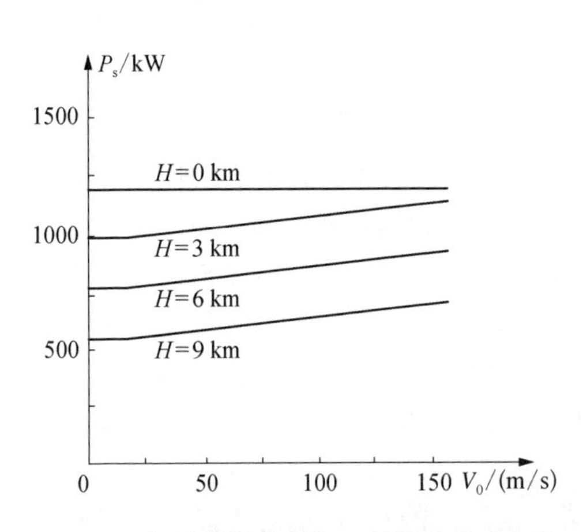

图1.20 典型中小型双轴/三轴涡桨发动机输出轴功率在最大连续功率状态随飞行速度、高度变化的示意图[25]

图1.21是典型中小型双轴/三轴涡桨发动机（输出轴功率与PW120相当）在起飞功率状态采用等当量功率调节规律，发动机输出轴功率随大气温度变化和不

同机场高度起飞时的函数关系，在地面温度30℃以下，发动机输出轴功率恒定，当大气环境温度升高到30℃时，为了避免涡轮前温度超温，使供油量开始减少，30℃为转折点温度，地面温度超过转折点温度后，按等涡轮前温度调节规律工作，减少供油量，发动机输出轴功率按一定的斜率下降。

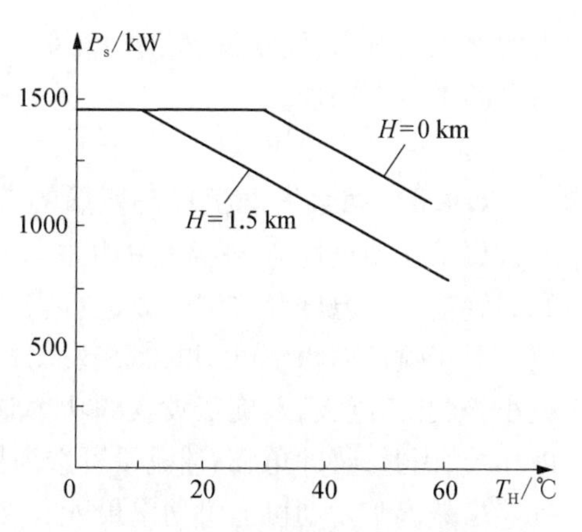

图1.21 起飞功率状态，典型中小型双轴/三轴涡桨发动机输出轴功率随大气环境温度、机场高度的函数关系[25]

随着机场高度升高，气压降低，空气流量较少，油气比增大，因此，在较低的大气温度下就使涡轮前温度达到最大允许值，等当量功率调节范围要缩小，需要切换到等涡轮前温度限制的调节规律，其转折点是随大气压力的降低向低温方向移动，当机场高度上升到1.5 km时，转折点温度降低到20℃。

图1.22为轴功率为1 213 kW、燃气发生器转速为35 602 r/min、螺旋桨转速为1 552 r/min、扭矩限制值为7 571 N · m的TPE331－14涡桨发动机在高空不同的工作状态下减速器扭矩限制线的变化规律，以及转折点温度随大气环境温度变化的规律。

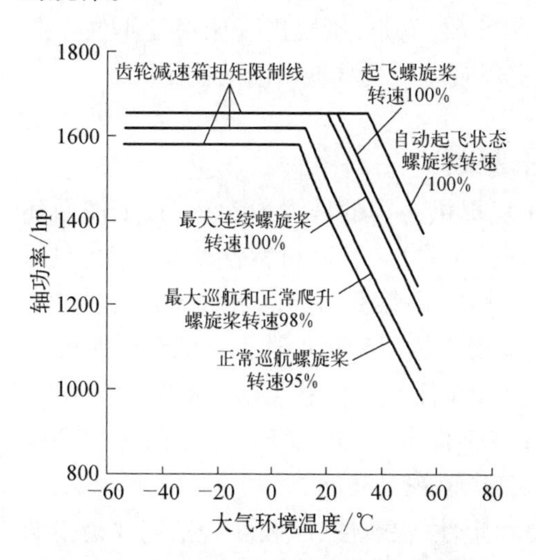

图1.22 TPE331－14涡桨发动机减速器扭矩限制线（图片来源：www.Honeywell.com）

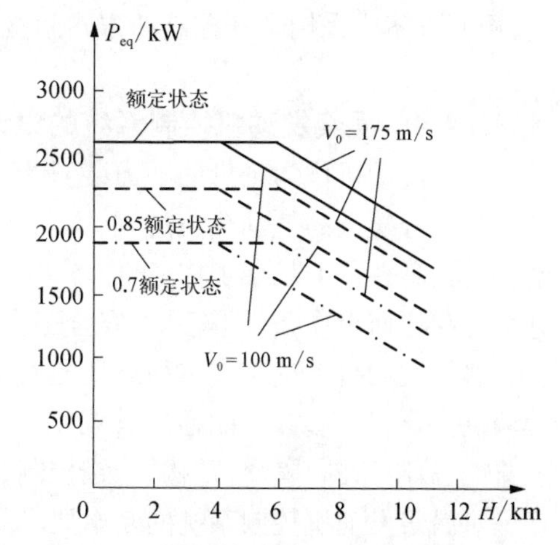

图1.23 单轴涡桨发动机在功率限制高度上、下发动机当量功率随工作状态、高度、速度变化的飞行特性

典型单轴涡桨发动机在功率限制高度上、下，发动机当量功率随工作状态、高度、速度变化的飞行特性如图1.23所示。当工作状态不变，转折点温度随飞行速度的增大而升高;发动机当量功率随工作状态的升高而增加;功率限制高度随飞行速度的上升而增加。

1.4.3 涡桨发动机控制变量的选择

涡桨发动机性能、零部件的机械负荷和热负荷可用转速、涡桨发动机当量功率和涡轮前燃气温度等关键参数进行表征,因此这些参数可作为控制系统的被控参数。对于喷口面积不可调的涡桨发动机,桨叶角的变化反映了螺旋桨吸收功率的大小,桨叶角越大,螺旋桨吸收的功率越多,另外,燃油流量直接与转速、涡轮前温度相关,因此,桨叶角、燃油流量可选为控制参数。

虽然涡桨发动机当量功率最能直接反映涡桨发动机性能的优劣,考虑到涡桨发动机当量功率是螺旋桨功率与一小部分尾喷管出口气流反作用功率之和的关系,由于推力不可测,难以获得尾喷管出口气流反作用功率,因此,当量功率也难以获得,如果选为被控参数在控制上难以实现。考虑到涡桨发动机的特点,即当量功率大部分由螺旋桨功率提供,因此,从控制的可实现性角度考虑,可以选择螺旋桨功率作为控制系统的被控参数,以控制螺旋桨功率这种间接的方式近似实现对涡桨发动机当量功率的控制。

另外,从气动稳定性的要求考虑,被控参数还应包括涡桨发动机的喘振裕度。压气机喘振裕度受压气机进口导叶角、压气机放气活门的影响最大,因此,可选择压气机进口导叶角、压气机放气活门作控制参数,但是,压气机喘振裕度不便于测量,控制方案应采用开环控制的方式间接实现对压气机喘振裕度的控制。

1.4.4 涡桨发动机控制系统的设计要求

涡桨发动机作为飞机的动力装置为飞机提供必需的推力或功率,其工作循环是一个十分复杂的气动热力过程,飞行包线范围宽广,发动机特性变化很大,在高温、高压、高转速下长期工作,工作环境极其恶劣,涡桨发动机控制系统必须保证推进系统在任何工作条件下正常、安全工作,肩负着为发动机保驾护航的重要使命。

涡桨发动机不论工作在稳态还是过渡态,在任何工作状态、任何飞行条件下,发动机主要工作参数不能超出其规定的安全条件范围,并具备自动超限保护和状态监控、故障诊断、隔离、重构、容错控制和健康监视等功能。

对涡桨发动机控制系统的基本要求是稳定性、快速性、准确性。稳定性是指处于平衡状态的系统,在干扰作用下输出量偏离指令的偏差应随时间增长逐渐趋于零;在系统稳定的前提下,快速性是指系统的输出量与指令之间产生偏差时,消除偏差过程的快慢程度,由于控制系统是按时域法和频域法进行分析的,所以快速性一般有两种提法,时域分析上用调整时间 t_s 表示,t_s 是指输出瞬态响应达到并保持在稳态值的允许误差范围内所需要的时间,频域分析上用带宽 ω_B(bandwidth)表示，ω_B 指在一定的输入信号下，随着频率的增加，当输出量的幅值衰减到输入量的70.7%时所对应的频率范围；准确性是指调整过程结束后输出量与指令之间的偏差，又称为稳态精度。

涡桨发动机油气比随转速变化的安全边界如图1.24所示。

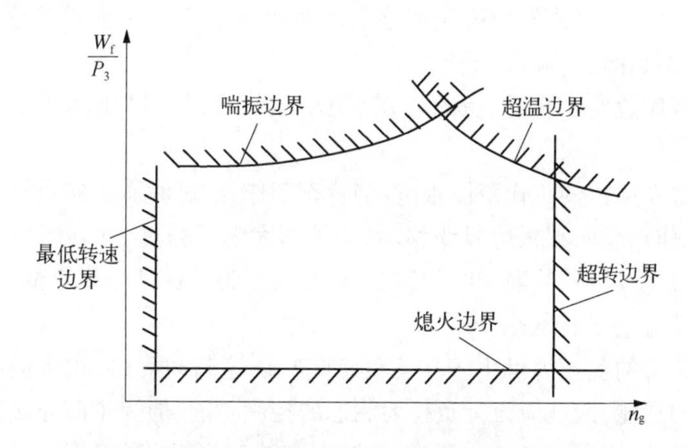

图1.24 涡桨发动机油气比随转速变化的安全边界

为了提高涡桨发动机综合性能，发挥其各个部件的最佳潜力，全权限数字发动机和螺旋桨控制的设计是关键，其中涡桨发动机控制系统必须按涡桨发动机的性能、结构特点、工作状态、飞行包线、安全可靠性等提出设计要求。

涡桨发动机控制系统的设计要求：

（1）涡桨发动机在任何飞行条件下、任何工作状态应保持工作稳定；

（2）涡桨发动机在起飞状态功率最大，转速静态误差量不应超过0.5%，涡轮前总温静态误差不应超过5℃；转速调节超调量不应超过3%；

（3）发动机工作参数（如涡轮进口温度、压气机出口压力、燃气涡轮转速、动力涡轮转速、动力涡轮扭矩、减速器功率等参数）处于极限工作状态时，为了保证这些参数不超过其机械强度、热强度的容许设计值，在控制系统中要求设计相应的限制保护调节器，如螺旋桨转动惯量很大，当发动机进入制动状态时，螺旋桨传给减速器的扭矩非常大，同时螺旋桨转速的微小振荡将引发减速器轴的扭矩振荡，因此应考虑设计最大扭矩限制器；考虑到螺旋桨的旋转半径和质量都很大，为保证其离心力不超过其机械强度，应设计最大转速限制器；又如燃烧室的燃烧过程惯性很小，过渡态过程的燃气温度和压力几乎是瞬时变化的，其过渡态燃油控制的设计应考虑限制燃油流量的大小和变化率；又如为保证涡轮热强度不超其极限，应设计涡轮前最高燃气温度限制器；

（4）涡桨发动机在巡航状态工作时，应保证单位燃油耗油率最小，以满足经济性要求；

(5) 加减速过渡态性能好,加减速时间短,不超温、不喘振、不熄火;

(6) 双轴涡桨发动机起动过程中,由于大惯性环节的动力涡轮、减速齿轮箱、螺旋桨与燃气发生器无机械连接,起动负载小,起动机所需扭矩低,利于起动。但对于单轴涡桨发动机,燃气发生器通过减速齿轮箱与螺旋桨直接连接,起动负载大,起动过程复杂。涡桨发动机应能够在地面和高空飞行状态可靠、安全起动,起动时间最短,不超温、不喘振、不熄火;

(7) 具有应急安全措施,具有自动、手动顺桨、回桨、限动、解除限动、复桨等功能;

(8) 涡桨发动机的工作范围很宽,当稳态工作点、过渡态工作点远离设计工作点时,共同工作点会向喘振边界线移动,为了增大喘振裕度,通常对压气机设计放气调节机构或压气机导叶静子叶片调节机构;同时为了保证燃烧室的工作稳定性,设计最小燃油流量限制器;

(9) 螺旋桨的负拉力可用于在飞机着陆时快速制动飞机,在机场和飞行中具有机动飞行的功能,因此应设计负拉力状态的控制功能,但为了防止负拉力状态的螺旋桨飞转现象,应设计负拉力限制器,应具备自动顺桨、反桨等功能。在地面运行期间,允许降低螺旋桨转速并使螺旋桨顺桨,无须关闭发动机,有利于快速加载起飞。

单转子涡桨发动机风车状态、风车转速为零、螺旋桨顺桨下压气机工作线如图1.25所示,其中桨距按最大风车转速设置,螺旋桨在风车状态下作用如同涡轮,气流流过螺旋桨叶片后压力、温度均降低,输出轴功率,这时,螺旋桨和涡轮一起带转压气机,即使马赫数为0.4下换算转速也能达到100%。由于燃烧室不供油,燃烧室温升为零,因此,风车状态下压气机工作线低于无负载正常工作时的工作线,当

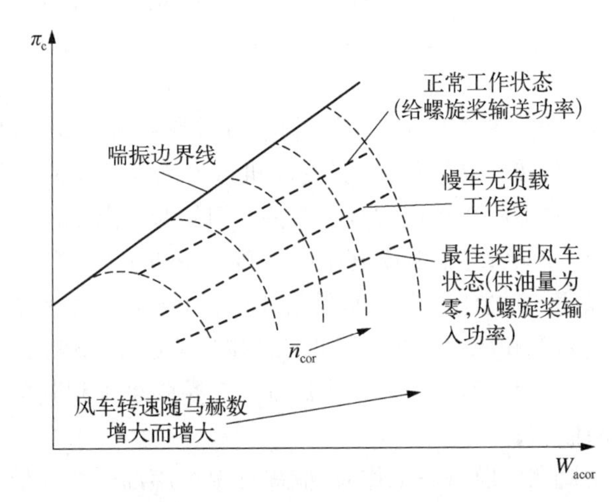

图1.25 单转子涡桨发动机风车状态压气机工作线[27]

换算转速达到100%时,压气机压比大约为起飞设计点压比的25%,这个压比就能使涡轮膨胀做功,换算空气流量也相当大,是同样飞行条件下涡喷发动机的两倍。

风车状态下螺旋桨驱动发动机转动,而不是反过来被发动机驱动,在涡桨发动机齿轮箱中装有“扭矩反向开关”,通过扭矩反向判断发动机是否进入风车状态,当判断为进入风车状态时,通知控制系统将桨叶角调到顺桨位置,即桨叶与飞行方向平行的位置,防止发动机转动,确保风车状态下螺旋桨阻力最小。

自由涡轮式涡桨发动机一旦进入风车状态,会使涡轮超转,因此,螺旋桨必须立即顺桨。

图1.26为飞行高度和飞行马赫数不变条件下,单轴涡桨发动机当量功率随发动机转速变化的安全工作范围,所有的安全边界线位置是按不同的飞行高度和飞行马赫数条件下确定的边界线的集合,由此集合构造的包络线就是涡桨发动机在飞行包线范围内的安全工作范围。

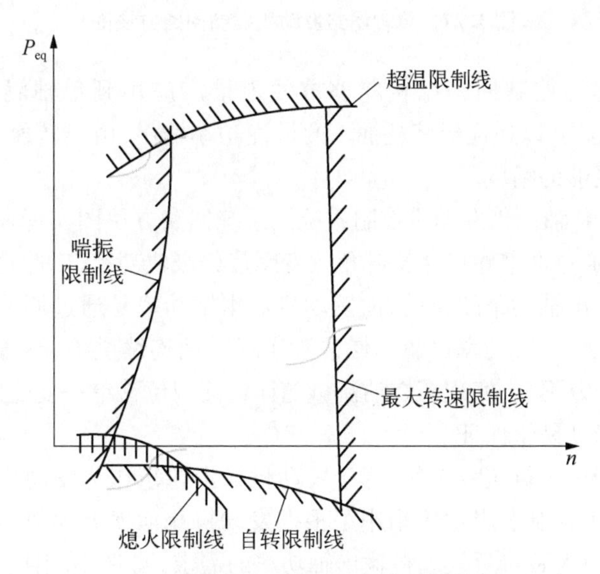

图1.26 单轴涡桨发动机当量功率随发动机转速变化的安全工作包线

典型单轴涡桨发动机控制回路方块图如图1.27所示,通过燃油流量开环调节获得期望的发动机输出轴功率,通过桨叶角闭环调节保持螺旋桨转速不变。其控制需求包括:

(1) 防止压气机喘振和超转保护的最大燃油流量计划;

(2) 防止燃烧室熄火的最小燃油流量计划;

(3) 功率杆调节燃油计划。

这些功能需求通常按功能模块的输入输出关系形成相应的控制计划。

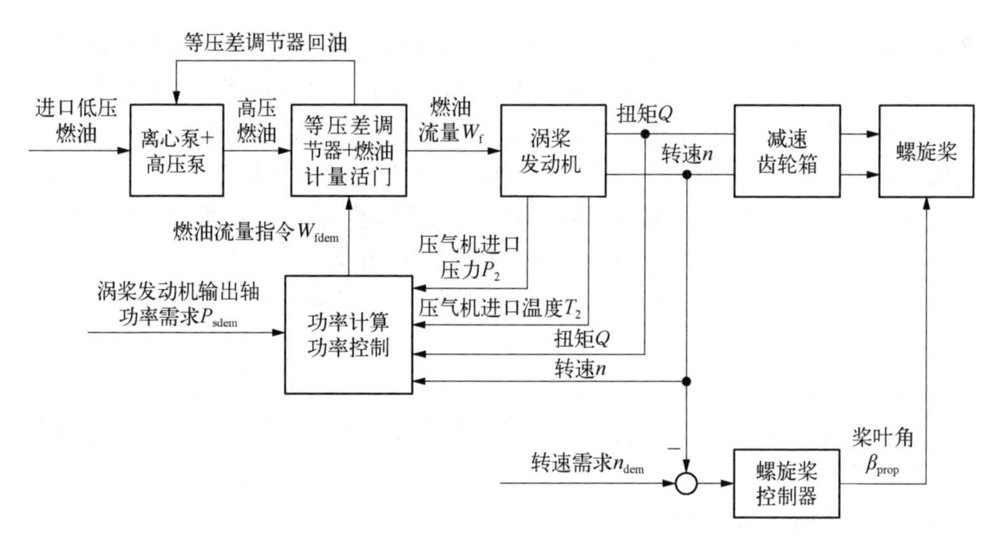

图 1.27　单轴涡桨发动机控制回路方块图

功能模块化的控制回路结构能够方便地推广应用到单轴涡桨发动机变速(70%~100%)范围,以适应经济耗油率的最优功率输出,由于转速范围很宽,加速性能必须满足足够的精度。

机制分析：单轴涡桨发动机控制系统按系统回路方块图实现发动机轴功率控制,发动机转速通过调节螺旋桨桨叶角改变螺旋桨吸收功率,以此达到使螺旋桨功率匹配发动机输出轴功率的目的,而发动机输出轴功率是通过调节燃油流量实现的,同时,发动机输出轴功率也驱动燃油泵实现燃油连续供给,等压差调节器保证计量活门前后压差不变,实现了燃油流量随计量活门位移单一变化的函数关系,使燃油流量计量精度易于保证。

为了适用于全飞行包线工作,基于发动机输出扭矩作为发动机输出轴功率控制的参数,其燃油控制逻辑主要采用了根据发动机相似换算参数构建的标准燃油供给开环计划,以大致接近发动机输出轴功率的需求,同时,采用扭矩闭环的结构,实现对扭矩偏差的精准控制,单轴涡桨发动机控制方案 1 原理图如图 1.28 所示。

单轴涡桨发动机控制方案 2 原理图如图 1.29 所示。

图 1.28、图 1.29 中,压气机进口相似总压为

$$\delta = \frac{P_2}{101\ 325}$$

压气机进口相似总温为

$$\theta = \frac{T_2}{288.15}$$

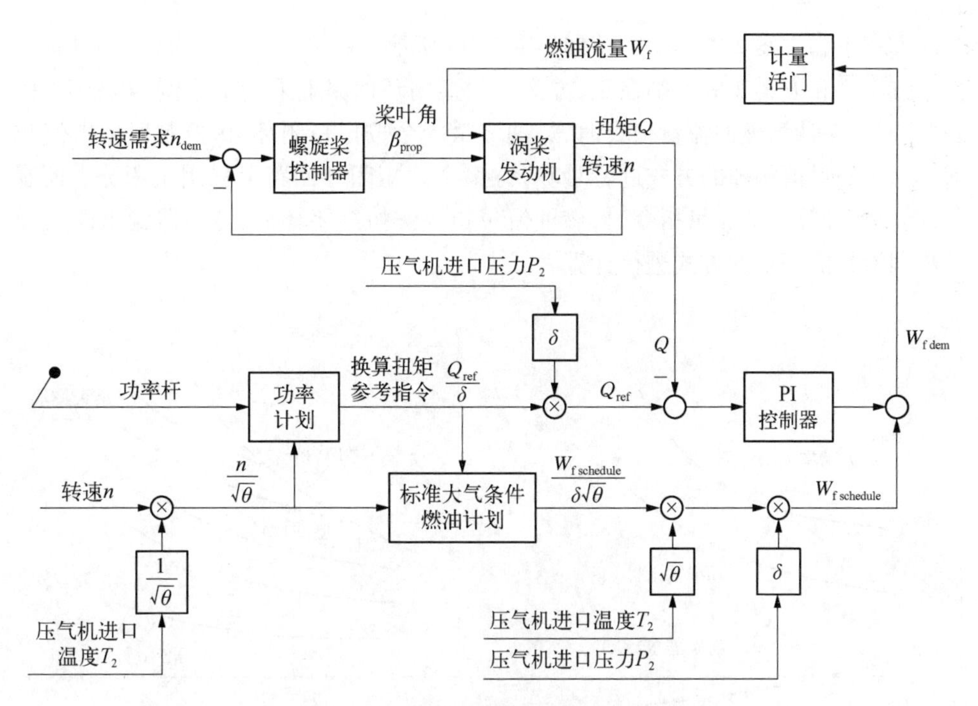

图 1.28　单轴涡桨发动机控制方案 1 原理图

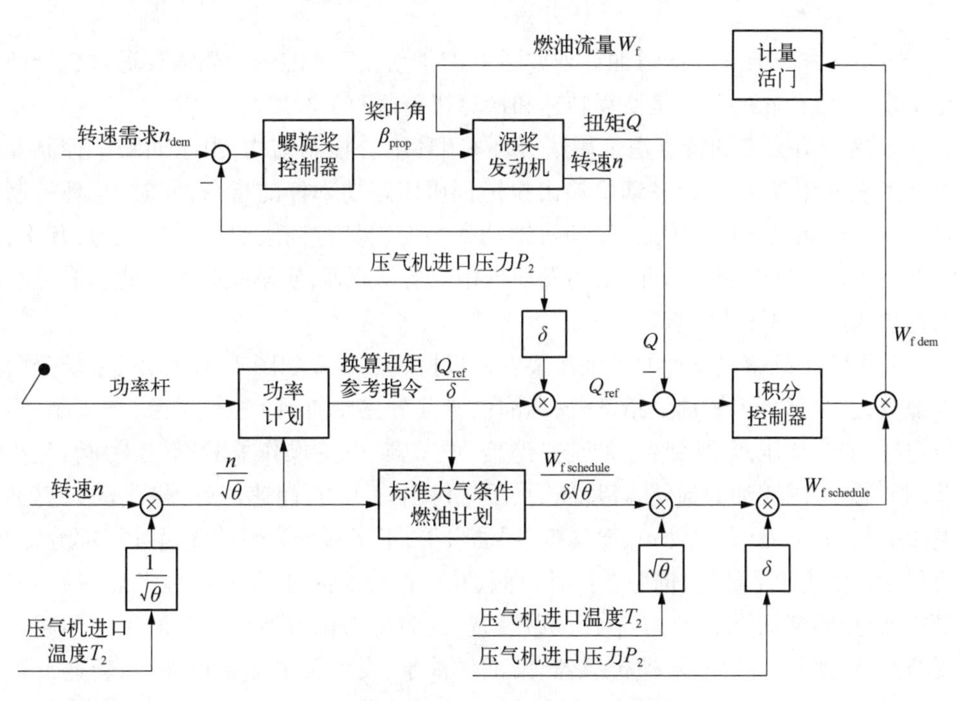

图 1.29　单轴涡桨发动机控制方案 2 原理图[28]

方案 1 和方案 2 中的功率计划如图 1. 30 所示。

方案 1 和方案 2 的差别在于，方案 1 扭矩闭环回路上采用了比例+积分 PI 控制器，同时在计算燃油流量指令时，燃油流量指令按扭矩闭环 PI 控制器输出值与前馈燃油流量值相加的方式进行计算；方案 2 扭矩闭环回路上采用了积分 I 控制器，同时在计算燃油流量指令时，燃油流量指令按扭矩闭环 PI 控制器输出值与前馈燃油流量值相乘的方式进行计算。

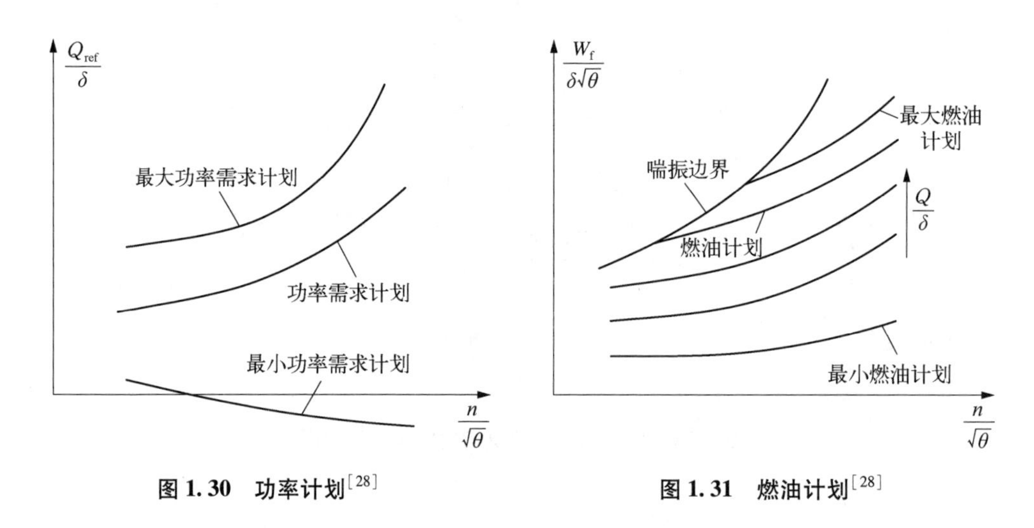

图 1. 30 功率计划[28]　　**图 1. 31 燃油计划**[28]

方案 1 和方案 2 中的燃油计划如图 1. 31 所示，开环燃油计划需要通过三维凸轮实现，三维凸轮的输入是换算转速和换算扭矩这两个参数。

方案 1、方案 2 的特点是采用了开环+闭环组合控制结构，由于回路中控制器内嵌了积分环节，能够使发动机输出扭矩伺服跟踪功率杆的指令，同时，开环控制具有前馈性能，响应快，因此，发动机轴功率的控制具有伺服快速响应能力；其次，考虑了飞行条件的变化情况，采用发动机相似换算原理，使得控制系统能够满足全飞行包线的控制性能需求。

采用液压机械式设计的单轴涡桨发动机控制方案 2 如图 1. 32 所示，系统分两大部分，上半部分为燃油供给部分，燃油供给部分主要包括：主燃油泵、增压泵、增压空气、安全泄压阀、导流器、冲洗过滤器、调节器、电磁操作关断阀、压力阀、等压差调节器、极限燃油旁通阀、环境压力、压气机出口压力、超速传感器（气动）、燃油电磁关断阀、电磁阀、进油口、出油口、回油口等；下半部分为燃油流量计算部分，主要包括：燃油计量环槽、伺服燃油计量阀、乘法积分器部分、扭矩计划凸轮、最小流量止动钉、转速伺服活塞、功率杆伺服装置、伺服压力调节器、伺服杆、欠速和超速调节阀、转速输入凸轮、转速传感器、滑油供油泵、发动机滑油泵进油口、转速反馈凸轮、压气机进口温度波纹管传感器、低速调速器锁定、最小功率止动钉、差动扭矩

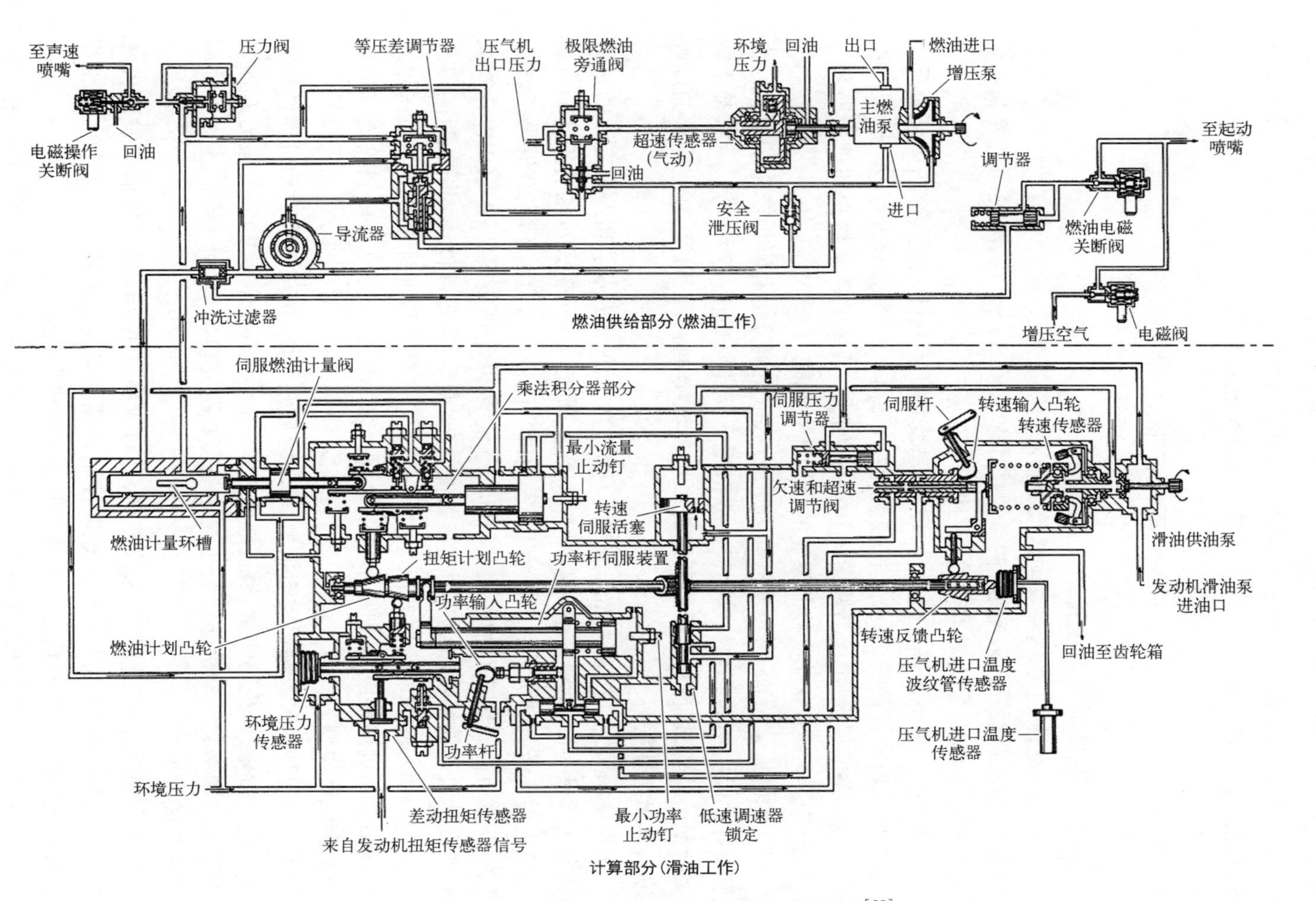

图 1.32　液压机械式设计的涡桨发动机控制系统[28]

传感器、来自发动机扭矩传感器信号、功率杆、功率输入凸轮、环境压力传感器、燃油计划凸轮等，燃油计算部分采用相对清洁的滑油作为工作介质，为了实现基于数学运算相对复杂的控制计划，燃油计算部分结构相对复杂。

1.5 本书结构安排

本书各章的具体内容安排如下。

第 1 章绪论，概述了涡桨发动机控制技术的发展历程，阐述了自动控制理论在航空发动机控制领域工程应用中的重要作用和价值，分析了涡桨发动机控制系统的特点和设计要求，最后对本书的结构做了安排。

第 2 章控制系统的基本概念、原理，以系统特征不变性、渐进稳定、闭环负反馈原理、伺服跟踪和扰动抑制、液压机械系统两个基本动力学微分方程、小闭环原理、开环频域回路成型设计、模型降阶方法等作为闭环系统的基本概念和理论展开讨论，为后续章节涡桨发动机控制系统的设计建立基础。

第 3 章螺旋桨特性，根据空气动力学原理，以机翼升力和阻力产生的机制作为螺旋桨叶片动力学的研究基础；其次，根据质量、动量和能量三大守恒定律，基于螺旋桨叶素运动学、桨盘动力学展开螺旋桨叶素动力学特性的研究，建立完整的螺旋桨输入输出特性关系。

第 4 章涡桨发动机热力循环及热力计算，基于热力学体系和外界交换的热量和功遵从质量守恒、动量守恒和能量守恒原理，研究自由涡轮式双轴涡桨发动机设计点热力循环及其热力计算，作为涡桨发动机非设计点热力循环计算的研究基础。

第 5 章自由涡轮式双轴涡桨发动机动态模型，基于螺旋桨特性、自由涡轮式双轴涡桨发动机部件特性和给定的飞行条件、控制变量，通过部件法+共同工作方程，采用 Newton-Raphson 非线性方程迭代法和 Euler 微分方程递推法建立自由涡轮式双轴涡桨发动机部件级非线性动态迭代模型，采用顺数法建立自由涡轮式双轴涡桨发动机线性模型。

第 6 章单轴涡桨发动机动态模型，基于螺旋桨特性、单轴涡桨发动机部件特性和给定的飞行条件、控制变量，通过部件法+容腔动力学法，采用 Euler 微分方程递推法建立单轴涡桨发动机部件级非线性动态非迭代模型，采用顺数法建立单轴涡桨发动机线性模型。

第 7 章涡桨发动机液压机械式控制，针对典型自由涡轮式双轴涡桨发动机液压机械控制系统的特点，从发动机燃油控制和螺旋桨变距调速控制两个方面展开分析和研究，为涡桨发动机全权限数字电子控制建立基础。

第 8 章单轴涡桨发动机数字控制，针对典型单轴涡桨发动机工作特点和工作需求，阐述控制计划的设计机理，包括节流状态控制计划、恒转速、变转速组合控制计划、加减速过渡态控制计划，其次，通过分析单轴涡桨发动机特性，包括节流特性、转速特性、高度特性、速度特性、地面温度-压力特性，展开单轴涡桨发动机调节规律的设计，并研究压气机防喘控制、执行机构小闭环控制设计、单轴涡桨发动机闭环控制伺服性能、抗干扰性能的若干设计方法。

第 9 章双轴涡桨发动机数字控制，首先研究双轴涡桨发动机控制系统的架构方案，包括稳态控制回路方案和加减速过渡态控制回路方案，其次引入运动模态概念以及运动模态与系统矩阵所有特征值的内在互等关系，给出了状态反馈极点配置伺服控制器的设计方法，并针对涡桨发动机多目标控制回路的内部耦合干扰问题，研究了多回路解耦控制的设计以及解耦后状态反馈极点配置的伺服控制器设计与仿真验证方法。

第 10 章双轴涡桨发动机多变量综合控制，针对涡桨发动机多回路系统动态解耦问题，研究状态空间混合灵敏度 H_∞ 多变量控制器的设计方法，针对涡桨发动机 MIMO 不确定性系统的鲁棒控制问题，研究多变量 μ 综合控制器的设计及其伺服跟踪性能、抗干扰性能和噪声抑制性能的分析，设计方法包括混合灵敏度 H_∞ 控制、模型跟踪 H_∞ 控制、模型跟踪 μ 控制及其高阶控制器的降阶设计等。

第2章 控制系统的基本概念、原理

稳态控制是涡桨发动机控制中的基础组成部分,其功能是保证发动机在稳定工作状态、飞行条件等外部干扰作用下,通过稳态控制器调节主控回路的偏差,使主控回路的被控参数能够无静差伺服跟踪控制计划的参考指令。稳态控制的设计方法有时域法、频域法和混合法。时域法是通过状态反馈、输出反馈、极点配置、最小奇异值等方法将超调量、调节时间等期望的时域指标设计到满足性能要求为止;频域法是利用根轨迹、奈奎斯特、伯德图、H_∞ 混合灵敏度等频率域成型的方法,将系统的开环或闭环传递函数设计到满足频域性能指标为止;混合法是将时域法和频域法的特点相结合的设计方法。

如果在动态系统中,各环节的输入、输出特性都是线性的,则称为线性系统。线性系统的主要特点是可以应用叠加原理来处理输入与输出之间的关系,其状态和性能可以用微分方程描述,若系统为线性定常系数微分方程,则称该系统为线性定常系统或线性时不变系统;若系统的线性方程中系数不是常数,而是时间的函数,则称该系统为线性时变系统:在动态系统中,只要有一个元部件的输入输出特性是非线性的,就要用非线性微分方程来描述,称为非线性系统。

如果系统的输出端和输入端之间不存在反馈回路,输出量对系统的控制作用没有影响,这样的系统就称为开环控制系统。系统的输出端与输入端间存在反馈回路,即输出量对控制作用有直接影响的系统,称为闭环控制系统。

本章以系统特征不变性、渐进稳定、闭环负反馈原理、伺服跟踪和扰动抑制、液压机械系统两个基本动力学微分方程、小闭环原理、开环频域回路成型设计、模型降阶设计、抗执行机构饱和设计等作为闭环系统的基本概念和理论展开讨论,为后续章节控制系统的设计建立基础。

2.1 系统特征不变性

2.1.1 系统特征不变性及线性模型的归一化

考虑到真实被控对象各物理变量的数量级相差较大,在控制系统设计中会碰到计算上的不稳定问题,可采用归一化线性模型。

设稳态点连续时间线性时不变系统的状态空间模型为

$$\Sigma: \begin{array}{l} \dot{x} = Ax + Bu \\ y = Cx + Du \end{array} \tag{2.1}$$

其中, $x \in R^n$ 为状态向量; $u \in R^p$ 为输入向量; $y \in R^q$ 为输出向量。

对应的传递函数矩阵为

$$G(s) = \frac{y(s)}{u(s)} = C(sI - A)^{-1}B + D \tag{2.2}$$

对系统运动和结构的固有特性进行分析,主要包括反映系统特征的量值(如特征多项式、特征值、极点等)和反映系统特征的属性(如稳定性、能控性、能观性等)。

对于线性定常动态对象可用频率域的传递函数 $G(s)$ 进行描述,在这种数学模型中,自变量不是实数时间 t,而是拉普拉斯变换公式中的复数频率 $s = \sigma + \mathrm{j}\omega$,其中 σ 和 ω 为实数, $G(s)$ 是一个复变函数,具有复变函数的一切性质,传递函数 $G(s)$ 定义为零初值条件下该对象的输出量的拉普拉斯变换象函数与输入量的拉普拉斯变换象函数之比,即

$$G(s) = \frac{Y(s)}{U(s)} = \frac{b_m s^m + b_{m-1}s^{m-1} + \cdots + b_1 s + b_0}{s^n + a_{n-1}s^{n-1} + \cdots + a_1 s + a_0} = \frac{N(s)}{D(s)},\ n \geqslant m \tag{2.3}$$

它描述了时域零初值条件下的输入量为 $u(t)$、输出量为 $y(t)$ 的 n 阶线性常系数微分方程:

$$\frac{\mathrm{d}^{(n)}y}{\mathrm{d}t^n} + a_{n-1}\frac{\mathrm{d}^{(n-1)}y}{\mathrm{d}t^{n-1}} + \cdots + a_1\frac{\mathrm{d}y}{\mathrm{d}t} + a_0 = b_m\frac{\mathrm{d}^{(m)}u}{\mathrm{d}t^m} + b_{m-1}\frac{\mathrm{d}^{(m-1)}u}{\mathrm{d}t^{m-1}} + \cdots + b_1\frac{\mathrm{d}u}{\mathrm{d}t} + b_0 \tag{2.4}$$

设微分方程组或微分方程与代数方程混合的方程组:

$$T(s)y = u \tag{2.5}$$

其中, $T(s)$ 为微分算符 $s\left(\triangleq \frac{\mathrm{d}}{\mathrm{d}t}\right)$ 表示的方矩阵,该矩阵的元素为 s 的多项式,输入向量 u 和输出向量 y 的维数相等,定义 s 的多项式:

$$\rho(s) = \det(T(s)) \tag{2.6}$$

为矩阵 $T(s)$ 的特征多项式,即该微分方程组的特征多项式,定义:

$$\rho(s) = \det(T(s)) = 0 \tag{2.7}$$

为特征方程,特征方程的根决定了用微分方程描述的对象的稳定性。

上述微分方程的特征多项式就是传递函数 $G(s)$ 的分母多项式 $D(s)$，可以说微分方程在零输入条件下 $u(t)=0$ 的自由运动,其模态完全由对象的特征多项式的零点即特征根 $\lambda_i(i=1, 2, \cdots, n)$ 决定,即自由运动的模态完全取决于传递函数 $G(s)$ 的分母多项式 $D(s)$，自由运动模态的特征根即 $D(s)=0$ 的解。

系统 Σ 的特征矩阵为

$$E_V \triangleq (sI - A) \tag{2.8}$$

特征多项式为

$$f(s) \triangleq \det(sI - A) = s^n + \alpha_{n-1}s^{n-1} + \cdots + \alpha_1 s + \alpha_0 \tag{2.9}$$

特征方程为

$$f(s) \triangleq \det(sI - A) = s^n + \alpha_{n-1}s^{n-1} + \cdots + \alpha_1 s + \alpha_0 = 0 \tag{2.10}$$

特征方程的根为矩阵 A 的特征值 $\lambda_i(i=1, 2, \cdots, n)$。

矩阵 A 的谱为

$$\mathrm{ch}(A) = \{\lambda_1, \lambda_2, \cdots, \lambda_n\} \tag{2.11}$$

矩阵 A 的迹为

$$\mathrm{tr}(A) = \lambda_1 + \lambda_2 + \cdots + \lambda_n \tag{2.12}$$

矩阵 A 的行列式为

$$\det(A) = \lambda_1 \lambda_2 \cdots \lambda_n \tag{2.13}$$

对于 n 维连续时间线性时不变系统 Σ，定义能控阵为

$$Q_c \triangleq [B \quad AB \quad \cdots \quad A^{n-1}B] \tag{2.14}$$

系统 Σ 完全能控的充分必要条件为

$$\mathrm{rank}\, Q_c \triangleq \mathrm{rank}[B \quad AB \quad \cdots \quad A^{n-1}B] = n \tag{2.15}$$

定义能观阵为

$$Q_o \triangleq \begin{bmatrix} C \\ CA \\ \vdots \\ CA^{n-1} \end{bmatrix} \tag{2.16}$$

系统 Σ 完全能观的充分必要条件为

$$\operatorname{rank} Q_o \triangleq \operatorname{rank}\begin{bmatrix} C \\ CA \\ \vdots \\ CA^{n-1} \end{bmatrix} = n \tag{2.17}$$

对状态向量 $x \in R^n$、输入向量 $u \in R^p$ 和输出向量 $y \in R^q$ 分别作以下线性非奇异变换：

$$\bar{x} = T_X x,\ \bar{u} = T_U u,\ \bar{y} = T_Y y \tag{2.18}$$

其中，

$$T_X = \operatorname{diag}\left\{\frac{1}{x_{1,\max}}, \cdots, \frac{1}{x_{n,\max}}\right\} \tag{2.19}$$

$$T_U = \operatorname{diag}\left\{\frac{1}{u_{1,\max}}, \cdots, \frac{1}{u_{p,\max}}\right\} \tag{2.20}$$

$$T_Y = \operatorname{diag}\left\{\frac{1}{y_{1,\max}}, \cdots, \frac{1}{y_{q,\max}}\right\} \tag{2.21}$$

则无量纲归一化线性模型为

$$\bar{\Sigma}:\ \begin{aligned} \dot{\bar{x}} &= \bar{A}\bar{x} + \bar{B}\bar{u} \\ \bar{y} &= \bar{C}\bar{x} + \bar{D}\bar{u} \end{aligned} \tag{2.22}$$

其中，

$$\bar{A} = T_X A T_X^{-1},\ \bar{B} = T_X B T_U^{-1},\ \bar{C} = T_Y C T_X^{-1},\ \bar{D} = T_Y D T_U^{-1} \tag{2.23}$$

对应的传递函数矩阵为

$$\bar{G} = \frac{\bar{y}(s)}{\bar{u}(s)} = \bar{C}(sI - \bar{A})^{-1}\bar{B} + \bar{D} = T_Y G T_U^{-1} \tag{2.24}$$

由于系统 $\bar{\Sigma}$ 的特征矩阵：

$$\bar{E}_V \triangleq (sI - \bar{A}) \tag{2.25}$$

故

$$\begin{aligned} \bar{f}(s) \triangleq \det(sI - \bar{A}) &= \det(sI - T_X A T_X^{-1}) = \det[T_X(sI - A)T_X^{-1}] \\ &= \det(T_X)\det(sI - A)\det(T_X^{-1}) = \det(sI - A) \end{aligned} \tag{2.26}$$

可见，归一化系统 $\bar{\Sigma}$ 的特征多项式与系统 Σ 的特征多项式相同。

又由于系统 $\bar{\Sigma}$ 的能控阵：

$$\bar{Q}_c \triangleq [\bar{B} \quad \bar{A}\bar{B} \quad \cdots \quad \bar{A}^{n-1}\bar{B}] = [T_X B T_U^{-1} \quad T_X A T_X^{-1} T_X B T_U^{-1} \quad \cdots \quad (T_X A T_X^{-1})^{n-1} T_X B T_U^{-1}]$$
$$= T_X [B \quad AB \quad \cdots \quad A^{n-1}B] T_U^{-1} = T_X Q_c T_U^{-1} \tag{2.27}$$

由于 T_X 与 T_U 非奇异,左右对 Q_c 相乘,不改变 Q_c 的秩, $\mathrm{rank}\ \bar{Q}_c = \mathrm{rank}\ Q_c$, 即归一化系统 $\overline{\Sigma}$ 的能控性与系统 Σ 的能控性等价。同理,归一化系统 $\overline{\Sigma}$ 的能观性与系统 Σ 的能观性等价。

对被控对象状态空间模型进行了归一化处理,实质上,归一化模型的特征多项式、特征值、极点、谱、迹、特征矩阵行列式,这些反映系统特征的量值不会发生改变,稳定性、能控性、能观性这些属性也不会发生变化,它们反映了系统运动和结构的固有属性,因此,对发动机模型归一化处理后,针对归一化模型再进行控制系统的设计,能够避免原模型可能引发的数值计算稳定性的问题,这是为什么要对发动机线性模型的原型归一化的原因。

2.1.2 被控对象的增广及归一化与控制器的还原

设被控对象的某一稳态点状态空间模型为

$$\Sigma_{\text{plant}}: \begin{cases} \dot{x}_p = A_p x_p + B_p u_p \\ y_p = C_p x_p + D_p u_p \end{cases} \tag{2.28}$$

其中, $x_p \in R^{n_p}$ 为状态向量; $u_p \in R^{p_p}$ 为输入向量; $y_p \in R^{q_p}$ 为输出向量。

涡桨发动机的传递函数矩阵为

$$G_p(s) = \frac{y_p(s)}{u_p(s)} = C_p(sI - A_p)^{-1}B_p + D_p \tag{2.29}$$

设执行机构某一稳态点状态空间模型为

$$\Sigma_{\text{actuator}}: \begin{cases} \dot{x}_{ac} = A_{ac} x_{ac} + B_{ac} u_{ac} \\ u_p = C_{ac} x_{ac} \end{cases} \tag{2.30}$$

其中, $x_{ac} \in R^{n_{ac}}$ 为状态向量; $u_{ac} \in R^{p_{ac}}$ 为输入向量; $n_{ac} = p_{ac} = p_p$。

$$A_{ac} = \mathrm{diag}\left\{-\frac{1}{\tau_1}, \cdots, -\frac{1}{\tau_{n_{ac}}}\right\} \tag{2.31}$$

$$B_{ac} = \mathrm{diag}\left\{\frac{1}{\tau_1}, \cdots, \frac{1}{\tau_{p_{ac}}}\right\} \tag{2.32}$$

$$C_{ac} = K_i = \mathrm{diag}\{k_{i,1}, \cdots, k_{i,n_{ac}}\} \tag{2.33}$$

执行机构的传递函数矩阵为

$$G_{ac}(s)=\frac{u_p(s)}{u_{ac}(s)}=C_{ac}(sI-A_{ac})^{-1}B_{ac}=\mathrm{diag}\left\{\frac{k_{i,1}}{\tau_1 s+1},\cdots,\frac{k_{i,p_{ac}}}{\tau_{p_{ac}}s+1}\right\} \tag{2.34}$$

对被控对象和执行机构进行增广，设增广后被控对象的状态向量为 $x_{aug}=\begin{bmatrix}x_p\\x_{ac}\end{bmatrix}\in R^{n_p+n_{ac}}$，输入向量为 $u_{aug}=u_{ac}\in R^{p_{ac}}$，输出向量为 $y_{aug}=y_p\in R^{q_p}$。

增广的被控对象为

$$\Sigma_{augmented}:\begin{cases}\dot{x}_{aug}=A_{aug}x_{aug}+B_{aug}u_{aug}\\ y_{aug}=C_{aug}x_{aug}\end{cases} \tag{2.35}$$

其中，

$$A_{aug}=\begin{bmatrix}A_p & B_pC_{ac}\\0 & A_{ac}\end{bmatrix},\ B_{aug}=\begin{bmatrix}0\\B_{ac}\end{bmatrix},\ C_{aug}=[C_p\quad D_pC_{ac}] \tag{2.36}$$

增广被控对象的传递函数矩阵为

$$G_{aug}(s)=\frac{y_{aug}(s)}{u_{aug}(s)}=C_{aug}(sI-A_{aug})^{-1}B_{aug} \tag{2.37}$$

对增广被控对象的状态向量 x_{aug}、输入向量 u_{aug} 和输出向量 y_{aug} 分别作以下线性非奇异变换：

$$x_n=T_Xx_{aug},\ u_n=T_Uu_{aug},\ y_n=T_Yy_{aug} \tag{2.38}$$

其中，状态向量 $x_n\in R^{n_p+n_{ac}}$；输入向量 $u_n\in R^{p_{ac}}$；输出向量 $y_n\in R^{q_p}$，非奇异变换矩阵分别为

$$T_X=\mathrm{diag}\left\{\frac{1}{x_{aug,1,max}},\cdots,\frac{1}{x_{aug,n_p+n_{ac},max}}\right\} \tag{2.39}$$

$$T_U=\mathrm{diag}\left\{\frac{1}{u_{aug,1,max}},\cdots,\frac{1}{u_{aug,p_{ac},max}}\right\} \tag{2.40}$$

$$T_Y=\mathrm{diag}\left\{\frac{1}{y_{aug,1,max}},\cdots,\frac{1}{y_{aug,q_p,max}}\right\} \tag{2.41}$$

则增广被控对象的无量纲归一化线性模型为

$$\Sigma_{\text{normalized}}: \begin{cases} \dot{x}_n = A_n x_n + B_n u_n \\ y_n = C_n x_n \end{cases} \tag{2.42}$$

其中，

$$A_n = T_X A_{\text{aug}} T_X^{-1},\ B_n = T_X B_{\text{aug}} T_U^{-1},\ C_n = T_Y C_{\text{aug}} T_X^{-1} \tag{2.43}$$

增广被控对象的无量纲归一化线性模型传递函数矩阵为

$$G_n(s) = \frac{y_n(s)}{u_n(s)} = C_n(sI - A_n)^{-1} B_n = T_Y G_{\text{aug}} T_U^{-1} \tag{2.44}$$

采用闭环负反馈回路对增广被控对象的无量纲归一化线性模型设计控制器 K_n，归一化线性模型闭环负反馈结构如图 2.1 所示。

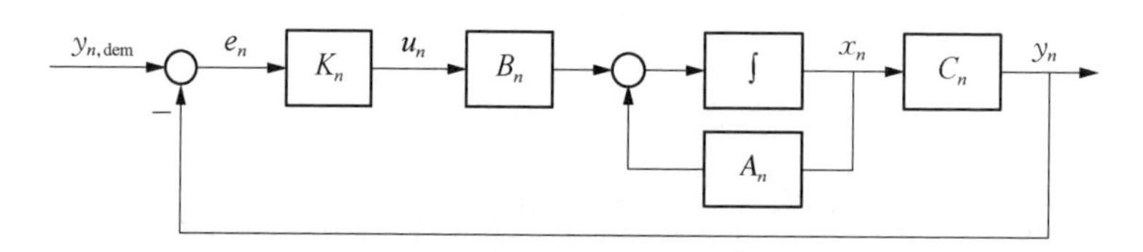

图 2.1　归一化线性模型闭环负反馈结构

等效的归一化线性模型闭环负反馈结构如图 2.2 所示。

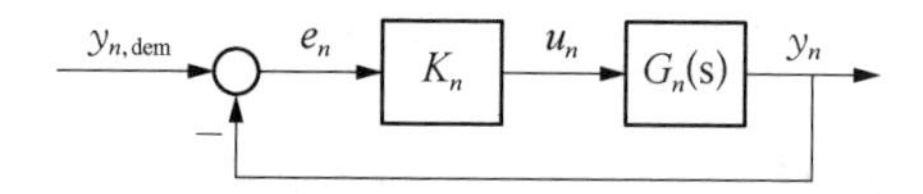

图 2.2　等效的归一化线性模型闭环负反馈结构

对于增广被控对象 $\Sigma_{\text{augmented}}$，应将对增广被控对象的无量纲归一化线性模型 $\Sigma_{\text{normalized}}$ 设计的控制器 K_n 进行还原，还原的控制器为

$$K = T_U^{-1} K_n T_Y \tag{2.45}$$

对增广被控对象 $\Sigma_{\text{augmented}}$ 设计的闭环控制系统如图 2.3 所示，控制器还原示意图如图 2.4 所示，等效的增广被控对象 $\Sigma_{\text{augmented}}$ 设计的闭环控制系统如图 2.5 所示。

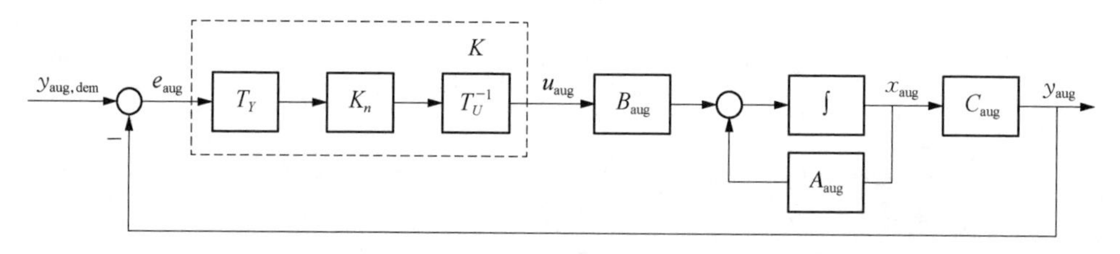

图 2.3　增广被控对象 $\Sigma_{\text{augmented}}$ 设计的闭环控制系统

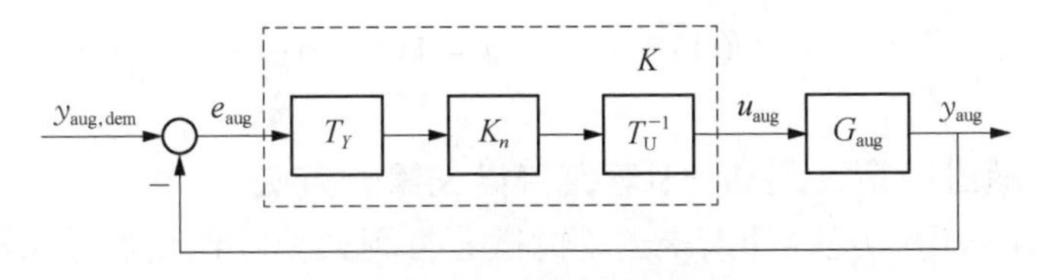

图 2.4　控制器还原示意图

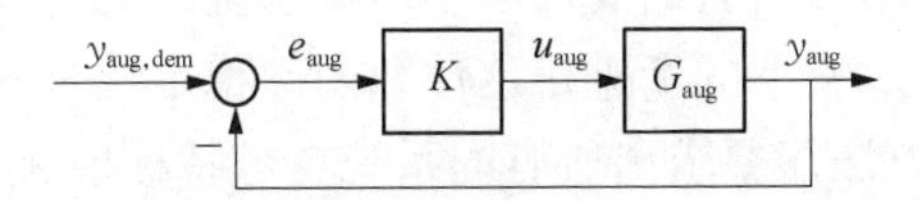

图 2.5　等效的增广被控对象 $\Sigma_{augmented}$ 设计的闭环控制系统

2.2　渐进稳定

2.2.1　渐进稳定性定义

连续时间线性时变系统 $\sum_1$，其零输入、任意非零初始状态下的状态方程即自治状态方程：

$$\sum_1 : \dot{x} = A(t)x, \quad x(t_0) = x_0, \quad t \in [t_0, \infty) \tag{2.46}$$

其中，$A(t) \in R^{n \times n}$ 为时变系统矩阵，如果满足

$$\lim_{t \to \infty} x(t) = 0 \tag{2.47}$$

则称系统 $\sum_1$ 在 t_0 时刻是内部稳定即渐进稳定的，其充分必要条件为状态转移矩阵 $\Phi(t, t_0)$ 在所有的时间 $t \in [t_0, \infty)$ 内有界，且满足

$$\lim_{t \to \infty} \Phi(t, t_0) = 0 \tag{2.48}$$

考虑连续时间线性时不变系统 $\sum_2$，其零输入、任意非零初始状态下的自治状态方程：

$$\sum_2 : \dot{x} = Ax, \quad x(t_0) = x_0, \quad t \in [t_0, \infty) \tag{2.49}$$

其中，$A \in R^{n \times n}$ 为时不变系统矩阵，如果满足

$$\lim_{t \to \infty} e^{At} = 0 \tag{2.50}$$

则称系统 $\sum_2$ 在 t_0 时刻是内部稳定即渐进稳定的，其充分必要条件为系统矩阵的所有特征值的实部均为负数，即

$$\mathrm{Re}\{\lambda_i(A)\} < 0, \quad i = 1, 2, \cdots, n \tag{2.51}$$

2.2.2 渐进稳定性判据一：李雅普诺夫第一方法

李雅普诺夫第一方法，即系统运动的微分方程微偏线性化后的系统特征多项式的全部零点（即传递函数的全部极点）都位于复平面的左半平面，则系统是渐进稳定的，且线性化过程中被略去的高次项不影响系统的稳定性。

因此，李雅普诺夫意义下的渐进稳定性和内部稳定性是等价的。

李雅普诺夫第一方法需要求出所有的系统全部特征值 $\lambda_i(i = 1, 2, \cdots, n)$，才能判别系统的渐进稳定性，以下几种方法采用了间接法判别，避免了直接采用李雅普诺夫第一方法求解闭环系统特征值的困难。

2.2.3 渐进稳定性判据二：劳斯-赫尔维茨判据

劳斯判据由劳斯（E. J. Routh）在 1877 年提出，赫尔维茨判据由赫尔维茨（A. Hurwitz）在 1895 年提出，其功能与劳斯判据相同。

劳斯-赫尔维茨方法是一种代数判据，由系统矩阵特征多项式：

$$\det(sI - A) = s^n + a_{n-1}s^{n-1} + \cdots + a_1 s + a_0 \tag{2.52}$$

的系数构成劳斯矩阵表，若表中第一列的 $(n+1)$ 元素均为正，则系统特征根在 s 复平面的左半平面（不包括虚轴），系统渐进稳定。

对于二阶系统矩阵特征多项式，根据劳斯-赫尔维茨判据，即

$$\det(sI - A) = s^2 + a_1 s + a_0 \tag{2.53}$$

若所有系数都大于零，则二阶系统渐进稳定。

对于三阶系统矩阵特征多项式，根据劳斯-赫尔维茨判据，即

$$\det(sI - A) = s^3 + a_2 s^2 + a_1 s + a_0 \tag{2.54}$$

若所有系数都大于零，且 $a_2 a_1 > a_0$，则三阶系统渐进稳定。

2.2.4 渐进稳定性判据三：根轨迹法

根轨迹法（root locus）是一种不直接求解特征方程，而是用作图的方法将闭环特征方程的根与系统某一参数的全部数值关系，根据开环特性确定闭环稳定性的方法，即当开环增益或其他参数从零变化到无穷大时，能够在 s 复平面上确定闭环系统特征根轨迹。

根轨迹法具有直观的特点，利用系统的根轨迹可以分析结构和参数已知的闭环系统的稳定性和瞬态响应特性，还可分析参数变化对系统性能的影响。在设计线性控制系统时，可以根据对系统性能指标的要求确定可调整参数及系统开环零

极点的位置,即根轨迹法可以用于系统的分析与综合。

根轨迹直接与开环传递函数的极点和零点有关,增加一个开环极点或零点会使根轨迹变化,从而使闭环极点位置发生变化。

根轨迹与系统的稳定性:

(1) 如果根轨迹全部落在 s 左半平面,无论开环增益怎样变化,系统是稳定的;

(2) 如果根轨迹落在虚轴上,系统临界稳定,这时的开环增益为系统临界稳定的阈值;

(3) 如果根轨迹全部落在 s 右半平面,无论开环增益怎样变化,系统都是不稳定的;

(4) 增加开环零点,根轨迹左移,稳定性增强,改善动态性能,零点越靠近虚轴影响越大;

(5) 增加开环极点,根轨迹右移,稳定性和动态性能降低;

(6) 采用根轨迹法确定的开环增益与阈值的偏离度确定了开环增益的稳定裕度。

根轨迹方法:

(1) 用于分析开环增益(或其他参数)值变化时对系统性能的影响,闭环极点离虚轴最近的一对孤立的共轭复数极点对系统的动态性能具有主要影响,称为主导极点对,通过对开环增益变化看到主导极点位置变化的情况,由此可估计开环增益对系统动态性能的影响;

(2) 用于分析附加环节对控制系统性能的影响,引入新的开环极点和开环零点,通过根轨迹能够评估新的开环极点和开环零点对系统性能的影响;

(3) 用于设计控制器,利用根轨迹可确定控制器的结构和进行控制器参数设计。

2.2.5 渐进稳定性判据四:奈奎斯特判据

奈奎斯特(Nyquist)判据是在复变函数理论基础上建立的,是一种根据系统的开环频域特性确定闭环系统稳定性的图形法。

设开环传递函数为

$$G_{\text{open}}(s) = \frac{N(s)}{D(s)} \tag{2.55}$$

则闭环传递函数为

$$G_{\text{close}}(s) = \frac{G_{\text{open}}(s)}{1 + G_{\text{open}}(s)} = \frac{N(s)}{D(s) + N(s)} \tag{2.56}$$

构造函数:

$$W(s) = 1 + G_{open}(s) = \frac{D(s) + N(s)}{D(s)} \tag{2.57}$$

奈奎斯特(Nyquist)稳定判据：若开环传递函数 $G_{open}(s)$ 在复数平面右半平面的极点数为 q，当 s 沿广义 D 形围线顺时针连续变化1周时，开环传递函数 $G_{open}(s)$ 的轨迹逆时针包围复数平面上的 $-1+j0$ 点 q 周。

其中，广义 D 形围线是复数平面上的封闭曲线，一部分包括整个虚轴[如果 $G_{open}(s)$ 在虚轴有极点，s 沿 D 形围线顺时针方向变化而经过 $G_{open}(s)$ 的每一极点时，则在该极点右侧画一个无穷小的半圆绕过该极点]，另一部分包括虚轴右侧半径为无穷大的半圆。D 封闭曲线正好包括了复数平面的整个右半平面。

奈奎斯特(Nyquist)稳定判据推广1：

若开环传递函数 $G_{open}(s)$ 在复数平面右半平面没有极点，即 $q=0$，当 s 沿广义 D 形围线顺时针连续变化1周时，开环传递函数 $G_{open}(s)$ 的轨迹逆时针不包围复数平面上的 $-1+j0$ 点。

奈奎斯特(Nyquist)稳定判据推广2：

若开环传递函数 $G_{open}(s)$ 为严格真，且在复数平面右半平面没有极点，$q=0$，当 $s=j\omega$ 沿虚轴变化时，即 ω 从 $-\infty$ 变化到 $+\infty$，开环传递函数 $G_{open}(s)=G_{open}(j\omega)$ 的轨迹逆时针不包围复数平面上的 $-1+j0$ 点。

闭环截止频率一般规定 $A(\omega)$ 由 $A(0)$ 下降到−3 dB 时的频率，即 $A(\omega)$ 由 $A(0)$ 下降到0.707 $A(0)$ 时的频率称作系统的闭环截止频率。截止频率越大，系统带宽频率就越大，系统快速性就越好。系统带宽越宽，意味着系统响应信号各种频率变化的能力越强，“复现”能力就越强，“信号通透性好”，不迟钝，系统的快速性好。

2.2.6 渐进稳定性判据五：李雅普诺夫第二方法

连续时间非线性时不变系统 $\sum_3$，自治状态方程：

$$\sum\nolimits_3 : \dot{x} = f(x), \quad t \geqslant 0 \tag{2.58}$$

其中，$x \in R^n$ 为 n 维状态，对所有 $t \in [t_0, \infty)$ 有 $f(0)=0$，即状态空间原点 $x=0$ 为系统的孤立平衡状态。若可以构造对 x 具有一阶偏导数的一个标量函数 $V(x)$，$V(0)=0$，且对状态空间 R^n 中的所有非零状态点 x 满足以下条件：

(1) $V(x)$ 为正定；

(2) $\dot{V}(x) \triangleq \dfrac{\mathrm{d}V(x)}{\mathrm{d}t}$ 为负定；

(3) 当 $\|x\| \to \infty$，有 $V(x) \to \infty$。

则系统 $\sum_3$ 的原点平衡状态 $x=0$ 为大范围渐进稳定。

连续时间非线性时不变系统 $\sum_4$，自治状态方程：

$$\sum_4: \dot{x}=f(x), \quad t \geqslant 0 \tag{2.59}$$

其中，$x \in R^n$ 为 n 维状态，对所有 $t \in [t_0, \infty)$ 有 $f(0)=0$，即状态空间原点 $x=0$ 为系统的孤立平衡状态。若可以构造对 x 具有一阶偏导数的一个标量函数 $V(x)$，$V(0)=0$，在状态空间原点的一个吸引区 Ω 域内所有非零状态点 $x \in \Omega$，满足以下条件：

(1) $V(x)$ 为正定；

(2) $\dot{V}(x) \triangleq \dfrac{\mathrm{d}V(x)}{\mathrm{d}t}$ 为负定。

则系统 $\sum_4$ 的原点平衡状态 $x=0$ 为 Ω 域内小范围渐进稳定。

上述称为大范围、小范围渐进稳定的李雅普诺夫第二方法，其来源是基于系统运动中能量的变化描述的，即如果系统运动中能量变化的速率保持为负，则系统运动的能量在变化中是单调衰减的，那么系统的受扰运动最终会回到平衡状态。

考虑连续时间线性时不变系统 $\sum_5$，自治状态方程：

$$\sum_5: \dot{x}=Ax, \quad x(t_0)=x_0, \quad t \in [t_0, \infty) \tag{2.60}$$

其中，$x \in R^n$ 为 n 维状态；$A \in R^{n\times n}$ 为时不变系统矩阵，设其平衡状态 $x_e=0$。

选取一个二次函数：

$$V(x)=x^{\mathrm{T}}Px \tag{2.61}$$

其中，$P \in R^{n\times n}$ 为对称加权正定矩阵，$P>0$，对于任给一个对称加权正定矩阵 $Q \in R^{n\times n}$，满足

$$\dot{V}(x)=\dot{x}^{\mathrm{T}}Px+x^{\mathrm{T}}P\dot{x}=x^{\mathrm{T}}(A^{\mathrm{T}}P+PA)x=-x^{\mathrm{T}}Qx \tag{2.62}$$

即满足连续系统的李雅普诺夫方程：

$$A^{\mathrm{T}}P+PA=-Q \tag{2.63}$$

则系统 $\sum_5$ 的平衡状态 x_e 是渐进稳定的，李雅普诺夫方程(2.63)为渐进稳定的充分必要条件。

2.3 闭环负反馈原理

无论是液压机械式控制，还是数字电子式控制，闭环负反馈原理在涡桨发动机

乃至航空发动机控制中起着极其重要的作用。任何类型的涡桨发动机都有各自的安全工作边界，发动机为了发挥其内在的潜力，需要靠近安全工作边界工作。安全工作边界与涡桨发动机工作线的距离定义了工作安全裕度，但安全裕度与性能成反比关系，即安全裕度小，则性能好；安全裕度大，则性能差，因此，涡桨发动机控制计划的设计是安全裕度与性能的折中设计。涡桨发动机工作循环是一个十分复杂的气动热力过程，飞行包线宽广，特性变化很大，长时间工作在高温、高压、高转速的恶劣环境下，压气机喘振裕度随着服役时间的增长越来越小，这就需要涡桨发动机控制系统具备高精准伺服性能和强抗干扰的能力，这一高难度技术给涡桨发动机控制系统的设计带来极大的挑战。

2.3.1 闭环灵敏度函数、补灵敏度函数的约束条件

伺服性能好、抗干扰能力强是闭环负反馈的最大特点，显然，闭环负反馈的这一特点尤其适宜于涡桨发动机控制。闭环负反馈控制系统结构如图 2.6 所示。其中，G 为被控对象传递函数；G_d 为外界干扰对系统输出的传递函数；K 为控制器；r 为参考指令输入信号；d 为外部干扰信号；n 为传感器高频噪声信号；e 为偏差信号；u 为控制器输出信号；y 为被控对象输出信号。

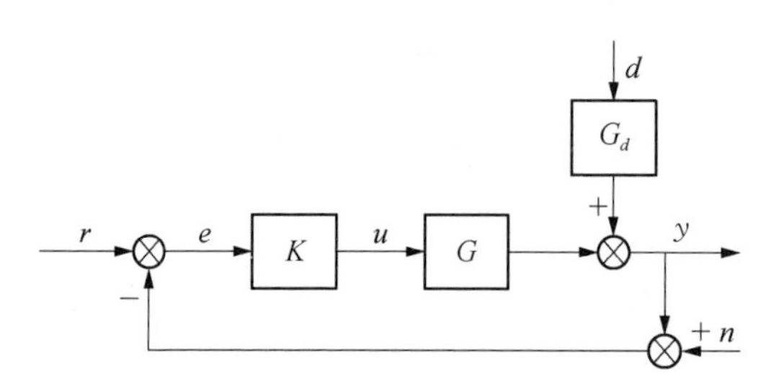

图 2.6 闭环负反馈控制系统结构图

定义系统回路的开环传递函数为

$$L = GK \tag{2.64}$$

闭环灵敏度函数为

$$S = (I + GK)^{-1} = (I + L)^{-1} = I - T \tag{2.65}$$

闭环补灵敏度函数为

$$T = (I + GK)^{-1}GK = (I + L)^{-1}L = I - S \tag{2.66}$$

则闭环系统的输出响应为

$$y = \underbrace{(I + GK)^{-1}GK}_{T}r + \underbrace{(I + GK)^{-1}}_{S}G_d d - \underbrace{(I + GK)^{-1}GK}_{T}n = Tr + SG_d d - Tn \tag{2.67}$$

控制误差为

$$e = r - n - y = \underbrace{(I + GK)^{-1}}_{S}r - \underbrace{(I + GK)^{-1}}_{S}G_d d - \underbrace{(I + GK)^{-1}}_{S}n = Sr - SG_d d - Sn \tag{2.68}$$

控制器输出为

$$u = Ke = K\underbrace{(I + GK)^{-1}}_{S}r - K\underbrace{(I + GK)^{-1}}_{S}G_d d - K\underbrace{(I + GK)^{-1}}_{S}n = KSr - KSG_d d - KSn \tag{2.69}$$

显然,若闭环系统要具有低频伺服跟踪性能,即 y 在低频范围内伺服跟踪 r,则在低频范围内 T 应为单位矩阵,S 应足够小;若闭环系统要具有低频抗干扰性能,即 d 对闭环系统的输出 y 影响极小,则 S 应在低频率范围内足够小;若闭环系统要具有高频噪声抑制性能,即 n 对闭环系统的输出 y 影响极小,则 T 应在高频率范围内足够小。

2.3.2 开环内嵌积分环节伺服性能

设开环传递函数为

$$L_{\text{open}}(s) = \frac{K\prod_{r=1}^{m}(b_r s + 1)}{s^v \prod_{i=1}^{n}(a_i s + 1)} \tag{2.70}$$

若开环传递函数中至少含有1个积分元件,$v \geqslant 1$,对于单位阶跃函数:

$$R(s) = \frac{1}{s} \tag{2.71}$$

根据拉普拉斯变换终值定理,闭环系统在单位阶跃参考输入的输出响应静态误差为

$$\begin{aligned} e_{ss} &= \lim_{t\to\infty} e(t) = \lim_{s\to 0} sE(s) = \lim_{s\to 0} s\frac{1}{1 + L_{\text{open}}(s)}R(s) = \lim_{s\to 0} s\frac{1}{1 + L_{\text{open}}(s)}\frac{1}{s} \\ &= \lim_{s\to 0}\frac{1}{1 + L_{\text{open}}(s)} = \lim_{s\to 0}\frac{1}{1 + \dfrac{K\prod_{r=1}^{m}(b_r s + 1)}{s^v \prod_{i=1}^{n}(a_i s + 1)}} = \lim_{s\to 0}\frac{1}{1 + \dfrac{K}{s^v}} = 0 \end{aligned} \tag{2.72}$$

若开环传递函数中无积分元件,$v = 0$,对于单位阶跃参考输入的闭环系统输出响应静态误差为

$$e_{ss} = \lim_{s\to 0}\frac{1}{1 + L_{\text{open}}(s)} = \lim_{s\to 0}\frac{1}{1 + \dfrac{K\prod_{r=1}^{m}(b_r s + 1)}{s^v \prod_{i=1}^{n}(a_i s + 1)}} = \lim_{s\to 0}\frac{1}{1 + K} \neq 0 \tag{2.73}$$

上述分析表明,当开环传递函数中内含积分环节,可以实现伺服跟踪阶跃参考指令。

2.3.3 闭环负反馈原理

闭环负反馈原理：采用闭环负反馈结构,在开环传递函数中内嵌积分环节,设计控制器 K,使所构造的闭环灵敏度函数 S 在低频范围内足够小、闭环补灵敏度函数 T 在高频率范围内足够小,能够满足闭环系统的伺服跟踪性能、抗干扰性能和噪声抑制性能。

2.4 伺服跟踪和扰动抑制

2.4.1 无静差伺服跟踪

考虑同时存在控制输入和扰动输入的线性时不变系统 $\sum$ 的状态空间描述：

$$\sum:\begin{cases}\dot{x}=Ax+Bu+Fw\\ y=Cx+Du+Hw\end{cases}\tag{2.74}$$

其中, $x\in R^n$ 为状态向量; $u\in R^p$ 为输入向量; $w\in R^q$ 为确定性扰动输入向量; $y\in R^q$ 为输出向量; $\{A, B\}$ 完全能控; $\{A, C\}$ 完全能观。

对于系统的伺服跟踪问题,存在四种情况。

(1) 渐进跟踪。若对于任意非零参考输入 $r(t)\neq 0$ 和零扰动输入 $w(t)=0$, 存在控制输入 u, 满足

$$\lim_{t\to\infty}e(t)=\lim_{t\to\infty}[r(t)-y(t)]=0\tag{2.75}$$

(2) 扰动抑制。若对于任意非零扰动输入 $w(t)\neq 0$ 和零参考输入 $r(t)=0$, 存在控制输入 u, 满足

$$\lim_{t\to\infty}y(t)=0\tag{2.76}$$

(3) 无静差跟踪。若对于任意非零参考输入 $r(t)\neq 0$ 和任意非零扰动输入 $w(t)\neq 0$, 存在控制输入 u, 满足

$$\lim_{t\to\infty}e(t)=\lim_{t\to\infty}[r(t)-y(t)]=0\tag{2.77}$$

(4) 无静差鲁棒跟踪。若对于任意非零参考输入 $r(t)\neq 0$ 和任意非零扰动输入 $w(t)\neq 0$, 当被控系统和补偿器的参数摄动 Δ 变化较大时,存在控制输入 u, 满足

$$\lim_{\substack{t\to\infty\\ \Delta\neq 0}}e(t)=\lim_{\substack{t\to\infty\\ \Delta\neq 0}}[r(t)-y(t)]=0\tag{2.78}$$

工程上,涡桨发动机控制系统在稳态时都要求具备无静差鲁棒跟踪的能力,满足

$$\lim_{\substack{t \to \infty \\ \Delta \neq 0}} \bar{e}(t) = \lim_{\substack{t \to \infty \\ \Delta \neq 0}} \left[\frac{r(t) - y(t)}{r(t)} \right] < \varepsilon \tag{2.79}$$

其中,$\bar{e}(t) = \dfrac{r(t) - y(t)}{r(t)}$表示不同被控物理参数相对误差;$\varepsilon = 0.2\% \sim 0.3\%$为相对误差指标。

2.4.2　无静差伺服跟踪控制系统结构设计

设被控对象$\sum$的状态空间描述:

$$\sum : \begin{cases} \dot{x} = Ax + Bu + Fw \\ y = Cx + Du + Hw \end{cases} \tag{2.80}$$

其中,$x \in R^n$为状态向量;$u \in R^p$为输入向量;$w \in R^q$为确定性扰动输入向量;$y \in R^q$为输出向量;$\{A, B\}$完全能控;$\{A, C\}$完全能观。

系统的镇定问题:被控系统通过状态反馈或输出反馈使闭环系统在李雅普诺夫意义下能够渐进稳定,称为镇定控制。状态反馈或输出反馈将反馈信号连接到输入端,不会改变该控制输入端对状态的可控性,且系统的不可控模态是该变换下的不变量。

根据上述伺服和镇定工作原理,构造无静差伺服跟踪控制系统如图2.7所示。

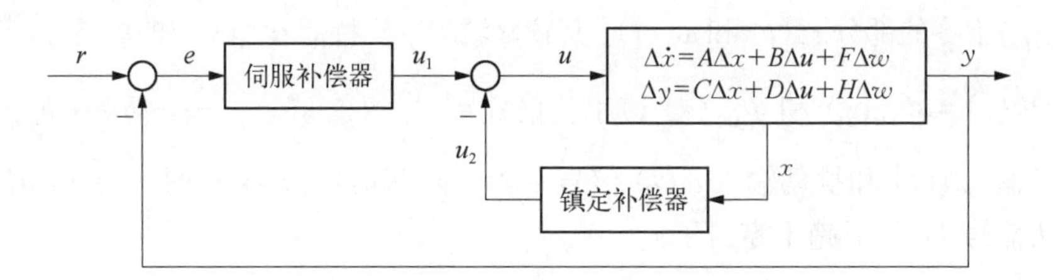

图2.7　无静差伺服跟踪控制系统结构

控制器由镇定补偿器和伺服补偿器两部分组成,镇定补偿器对状态进行反馈调节,其功能是保证系统渐进稳定,伺服补偿器对偏差进行调节,其功能是保证渐进跟踪和扰动抑制性能。根据闭环负反馈伺服原理,需要在伺服补偿器中内嵌积分环节。

设镇定补偿器按状态反馈,可设计为

$$u_2 = Kx \tag{2.81}$$

设伺服补偿器内嵌积分环节,可设计为

$$\dot{\zeta} = A_s\zeta + B_s e \tag{2.82}$$

$$u_1 = K_s\zeta \tag{2.83}$$

则开环系统的状态空间描述为

$$\begin{bmatrix} \dot{x} \\ \dot{\zeta} \end{bmatrix} = \begin{bmatrix} A & 0 \\ -B_sC & A_s \end{bmatrix} \begin{bmatrix} x \\ \zeta \end{bmatrix} + \begin{bmatrix} B \\ -B_sD \end{bmatrix} u + \begin{bmatrix} F \\ -B_sH \end{bmatrix} w + \begin{bmatrix} 0 \\ B_s \end{bmatrix} r \tag{2.84}$$

系统完全能控和在控制律 $u = [-K \quad K_s] \begin{bmatrix} x \\ \zeta \end{bmatrix}$ 作用下的无静差伺服跟踪的充分条件为

(1) 被控对象的输入维数大于等于输出维数,即

$$\dim(u) \geqslant \dim(y) \tag{2.85}$$

(2) 对参考输入和扰动输入的共同不稳定代数方程 $\Phi(s)=0$ 的每个根 λ_i,满足以下条件:

$$\mathrm{rank}\begin{bmatrix} \lambda_i I - A & B \\ -C & D \end{bmatrix} = n + q, \quad i = 1, 2, \cdots, l \tag{2.86}$$

其中,$\Phi(s)$ 为参考输入和扰动输入的共同不稳定信号的拉普拉斯变换函数的分母多项式。

对于上述条件(2),参考输入 r 和扰动输入 ω 的不稳定部分为,$t \to \infty$ 时 r 和 ω 中的不趋于零的部分 $r_{us}(t)$ 和 $\omega_{us}(t)$,其频率域的结构特征 $\Phi_{rus}(s)$ 和 $\Phi_{\omega us}(s)$,计算:

$$\Phi(s) = \Phi_{rus}(s) \text{ 和 } \Phi_{\omega us}(s) \text{ 最小公倍式} = s^m + b_{m-1}s^{m-1} + \cdots + b_1 s + b_0$$

如参考输入 $r(t)$ 和扰动输入 $\omega(t)$ 信号中含有阶跃信号,$t \to \infty$ 时 $r(t)$ 和 $\omega(t)$ 中的阶跃信号 $1(t)$ 不趋于零,且

$$L[1(t)] = \lim_{\substack{\varepsilon \to 0 \\ (\varepsilon < 0)}} \int_{\varepsilon}^{\infty} 1(t)e^{-st}\mathrm{d}t = \int_0^{\infty} e^{-st}\mathrm{d}t = \left.\frac{e^{-st}}{-s}\right|_{t=0}^{t=\infty} = 0 - \left(\frac{1}{-s}\right) = \frac{1}{s}$$

故,$\Phi_{rus}(s) = s$、$\Phi_{\omega us}(s) = s$,则 $\Phi(s) = s$,$\Phi(s) = s = 0$ 的根为 $\lambda = 0$。

2.4.3 内模原理

系统的外部信号有参考输入和扰动信号,工程上控制系统都有伺服跟踪参考输入和抑制扰动信号的性能要求,根据上述无静差跟踪充分条件,将外部参考输入和扰动信号的共有不稳定模型称为内模,并将其嵌入闭环系统的伺服补偿器中,在闭环系统渐进稳定的前提下,能够实现无静差跟踪,当被控系统和补偿器的参数摄

动变化较大时，内模控制都具有很强的无静差跟踪鲁棒性能。如参考输入为阶跃信号和斜波信号时，其不稳定模型为一阶和二阶积分环节，如果要实现无静差跟踪，则伺服补偿器中要包含一阶和二阶积分环节。

2.5 液压机械系统的两个基本动力学微分方程

液压机械系统的动态特性：液压控制腔的压力一阶微分方程和机械运动部件的速度一阶微分方程这两个基本动力学描述的微分方程是液压机械系统的基本动态特性。

图2.8所述的液压机械系统由液压放大器和质量-阻尼-弹簧机械运动部件组成，液压放大器包括液压控制腔元件、进口节流嘴元件、出口节流嘴元件和机械运动部件，机械运动部件包括质量运动元件、弹簧元件、阻尼元件。

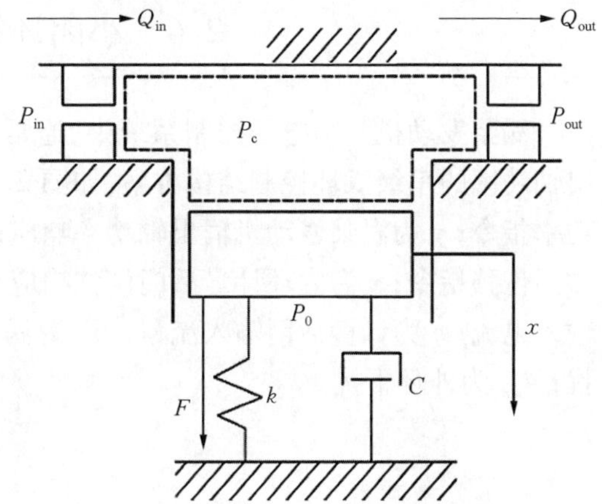

图2.8 液压机械系统的结构原理图

定义液压控制腔为腔内压力均相等的联通腔，进入液压控制腔的流量为"+"，流出液压控制腔的流量为"-"，对液压控制腔进行隔离，并设质量运动元件按图示箭头移动，则液压控制腔隔离体的压力一阶微分方程可描述为

$$\frac{\mathrm{d}P_c}{\mathrm{d}t} = \frac{\beta}{V_0 + Ax}\sum_{i=1}^{n} Q_i = \frac{\beta}{V_0 + Ax}(Q_{in} - Q_{out} - A\dot{x} - C_e P_c) \tag{2.87}$$

其中，n 为液压控制腔与外界之间进行流量交换的进出节流孔个数；β 为液体的弹性模量；V_0 为稳态时刻的液压控制腔体积；A 为质量运动元件的承压面积；x 为质量运动元件的动态位移；$\dot{x}$ 为质量运动元件的动态速度；Q_{in} 为进入液压控制腔的流量；Q_{out} 为流出液压控制腔的流量；C_e 为液压控制腔的泄漏流量系数；P_c 为液压控制腔的压力。

定义机械运动部件的坐标 x 的正方向向下，如图2.8所示，作用在运动体上的力，若力的方向与 x 坐标方向一致为"+"，与 x 坐标方向相反为"-"，对机械运动部件进行隔离，机械运动部件隔离体的速度一阶微分方程（位移二阶微分方程）可描述为

$$\frac{\mathrm{d}\dot{x}}{\mathrm{d}t} = \frac{\mathrm{d}^2 x}{\mathrm{d}t^2} = \frac{1}{m}\sum_{i=1}^{n} F_i = \frac{1}{m}(P_c A_1 - P_0 A_2 + F - c\dot{x} - kx) \tag{2.88}$$

其中，n 为作用在运动隔离体上所有力的个数；m 为运动隔离体的质量；P_c 为液压控制腔的压力；P_0 为作用在运动隔离体下端的压力；A_1、A_2 分别为运动隔离体上端和下端的承压面积；F 为作用在运动隔离体上的外力；x 为运动隔离体的动态位移；$\dot{x}$ 为运动隔离体的动态速度；c 为作用在运动隔离体上的等效阻尼系数；k 为弹簧刚度。

液压机械系统工作的核心思想：就是液压控制腔中的压力变化与运动体的位移、速度、加速度变化之间的因果关系，通过这一因果关系间接控制液压控制腔的压力 P_c，从而实现对机械运动部件位移 x 的精确控制。

2.6 小闭环控制原理

涡桨发动机数字电子控制系统中，通常采用通过调节燃油流量控制发动机输出轴功率的串级双环控制结构方案，如图 2.9 所示。其中，r 为涡桨发动机输出轴功率指令；y 为涡桨发动机输出轴功率响应；e_{out} 为外环指令偏差；x_{dem} 为内环计量活门位移指令；x 为内环计量活门位移响应；e_{in} 为内环指令偏差；i 为电液伺服阀输入电流；q 为计量活门输入流量；W_f 为涡桨发动机输入燃油流量；d_{in} 为内环干扰；d_{out} 为外环干扰。

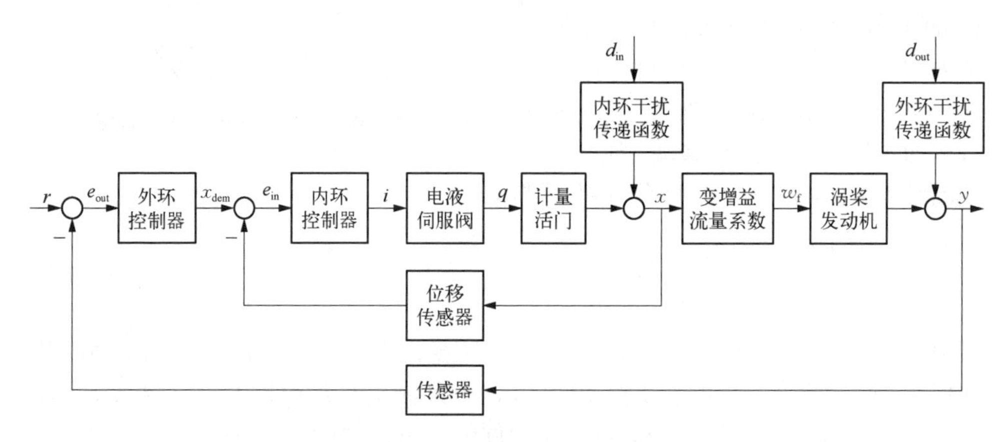

图 2.9 输出轴功率串级双环控制结构方案

通常，液压机械系统燃油流量执行机构采用等压差计量装置方案，通过计量活门的燃油质量流量为

$$W_f = \mu A(x)\sqrt{2\rho\Delta P} = K_i x \tag{2.89}$$

其中，μ 为流量系数；x 为计量活门位移；$A(x)$ 为对应计量活门位移 x 的计量活门节流孔流通面积；ρ 为燃油密度；ΔP 计量活门节流孔前后压差；K_i 为变增益流量系数。

串级双环控制结构的内环回路如图2.10所示，将其定义为小闭环控制回路，由内环控制器K_{in}、电液伺服阀G_{EHSV}、计量活门G_m、位移传感器LVDT、内环干扰传递函数G_{din}等模块组成，是一个典型的闭环负反馈结构，因此，小闭环控制回路具有闭环负反馈控制的特点，即伺服跟踪、抗干扰和噪声抑制性能。

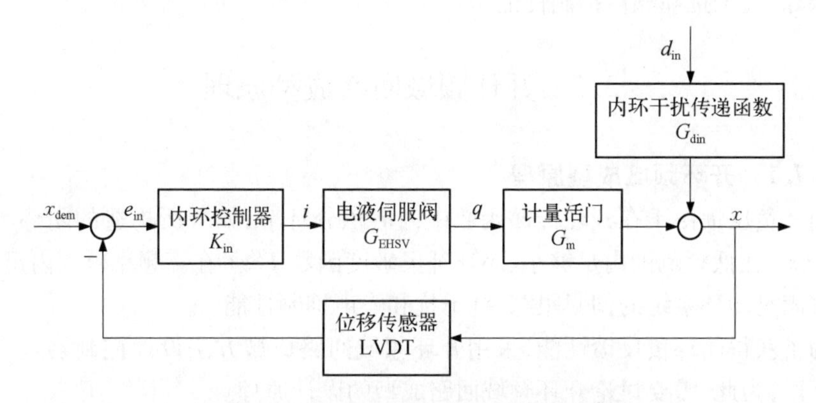

图2.10　串级控制结构的小闭环控制回路

小闭环控制回路通过设计内环控制器获得期望的伺服跟踪、抗干扰和噪声抑制性能，通常设计的结果等效为一个一阶标准惯性环节（或二阶标准振荡环节）。

设内环小闭环等效传递函数为一阶标准惯性环节：

$$G_{in}(s) = \frac{x(s)}{x_{dem}(s)} = \frac{1}{\tau s + 1} \tag{2.90}$$

则图2.9所示的串级双环控制结构等效为图2.11所示的单环结构，由外环控制器K_{out}、内环小闭环等效传递函数G_{in}、变增益流量系数K_i、涡桨发动机G_{tp}、外环干扰传递函数G_{dout}、传感器G_{sensor}等模块组成，也是一个典型的闭环负反馈结构，其增广

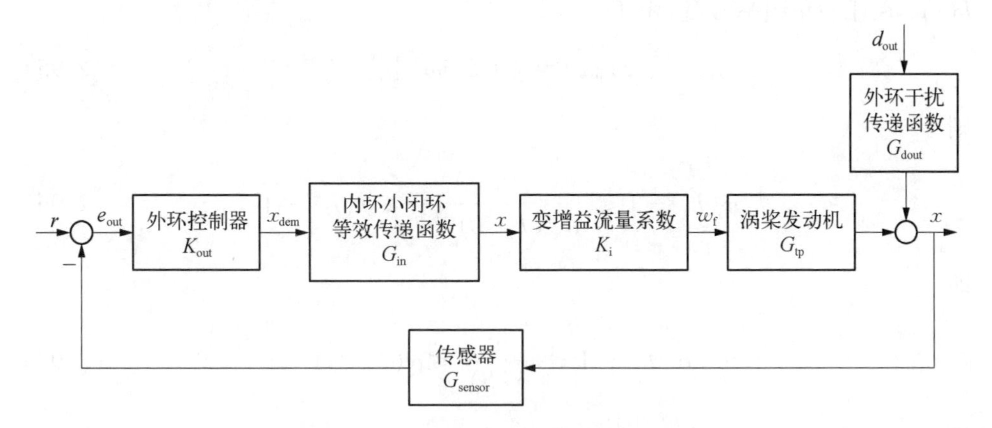

图2.11　串级双环控制结构等效的单环结构

的被控对象为

$$G_{\mathrm{augmented}}=G_{\mathrm{tp}}(s)K_{\mathrm{i}}G_{\mathrm{in}}(s) \tag{2.91}$$

以增广被控对象 $G_{\mathrm{augmented}}$ 设计闭环负反馈控制器 $K_{\mathrm{out}}(s)$，使得串级双环控制具有伺服跟踪、抗干扰和噪声抑制性能。

2.7 开环频域回路成型原理

2.7.1 开环频域成型原理

闭环负反馈由于在开环传递函数中内嵌积分环节,如果所构造的闭环灵敏度函数 $S(s)$ 在低频范围内足够小、闭环补灵敏度函数 $T(s)$ 在高频率范围内足够小,则能够满足闭环系统的伺服跟踪、抗干扰和噪声抑制性能。

为了获得闭环负反馈性能,采用开环频域回路成型方法设计控制器是一种有效的手段,为此,需要讨论开环频域回路成型的设计原理。

对于矩阵 A，$\bar{\sigma}$ 表示最大奇异值，$\underline{\sigma}$ 表示最小奇异值,下式成立:

$$\bar{\sigma}(A^{-1})=\frac{1}{\underline{\sigma}(A)} \tag{2.92}$$

$$\underline{\sigma}(A)-1\leqslant\underline{\sigma}(I+A)\leqslant\underline{\sigma}(A)+1 \tag{2.93}$$

故有

$$\underline{\sigma}(A)-1\leqslant\frac{1}{\bar{\sigma}[(I+A)^{-1}]}\leqslant\underline{\sigma}(A)+1 \tag{2.94}$$

设闭环灵敏度函数为 $S(s)$、闭环补灵敏度函数为 $T(s)$，开环传递函数为 $L(s)$，在任一角频率 ω 处,由于,

$$S(\mathrm{j}\omega)=[I+L(\mathrm{j}\omega)]^{-1} \tag{2.95}$$

则

$$\underline{\sigma}(L)-1\leqslant\frac{1}{\bar{\sigma}[(I+L)^{-1}]}\leqslant\underline{\sigma}(L)+1 \tag{2.96}$$

即

$$\underline{\sigma}(L)-1\leqslant\frac{1}{\bar{\sigma}(S)}\leqslant\underline{\sigma}(L)+1 \tag{2.97}$$

显然,在低频范围内 $\omega<\omega_{\mathrm{c}}$，下式成立:

$$\underline{\sigma}[L(j\omega)] \approx \frac{1}{\bar{\sigma}[S(j\omega)]}, \quad \omega < \omega_c \tag{2.98}$$

其中，ω_c 为开环截止频率。

因此，要保证在低频范围内 $S(j\omega)$ 足够小，则

$$\frac{1}{\bar{\sigma}[S(j\omega)]} \gg 1 \Rightarrow \underline{\sigma}[L(j\omega)] \gg 1, \quad \omega < \omega_c \tag{2.99}$$

同理，在高频范围内 $\omega > \omega_c$，下式成立：

$$\bar{\sigma}[L(j\omega)] \approx \bar{\sigma}[T(j\omega)], \quad \omega > \omega_c \tag{2.100}$$

因此，要保证在高频率范围内 $T(j\omega)$ 足够小，

$$\bar{\sigma}[T(j\omega)] \ll 1 \Rightarrow \bar{\sigma}[L(j\omega)] \ll 1, \quad \omega > \omega_c \tag{2.101}$$

基于上述原理，开环传递函数 $L(s)$ 按图 2.12 进行频域成型，则能够获得闭环负反馈性能。

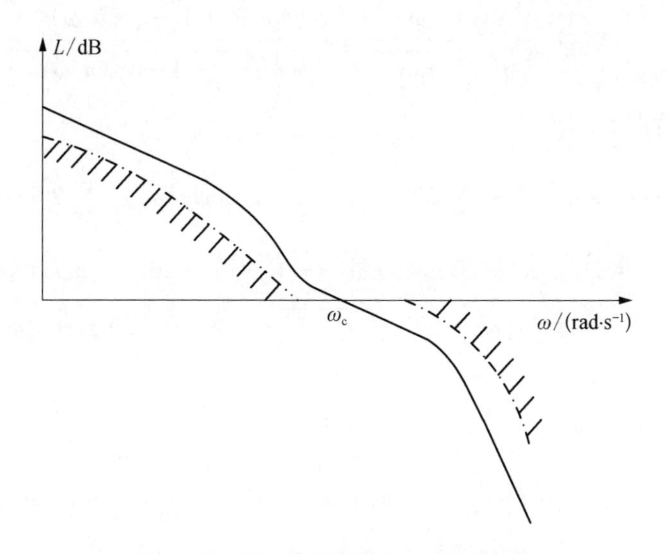

图 2.12 开环传递函数 $L(s)$ 频域成型

2.7.2 开环频域成型设计

1. 低频段幅频特性成型

通过上述分析，频域回路成型即对开环传递函数的幅频特性成型，从式(2.99)可知，为保证低频伺服跟踪性能和抗干扰性能，在低频段要采用高的开环增益，设期望的开环传递函数为

$$L_{\text{expect}}(s)=\frac{K\prod_{r=1}^{m}(b_r s+1)}{s^v\prod_{i=1}^{n}(a_i s+1)}=\frac{K(b_1 s+1)\cdots(b_m s+1)}{s^v(a_1 s+1)\cdots(a_n s+1)} \tag{2.102}$$

其频率特性函数为

$$L_{\text{expect}}(\mathrm{j}\omega)=\frac{K\prod_{r=1}^{m}(b_r\omega\mathrm{j}+1)}{s^v\prod_{i=1}^{n}(a_i\omega\mathrm{j}+1)}=\frac{K(b_1\omega\mathrm{j}+1)\cdots(b_m\omega\mathrm{j}+1)}{(\omega\mathrm{j})^v(a_1\omega\mathrm{j}+1)\cdots(a_n\omega\mathrm{j}+1)} \tag{2.103}$$

频率特性函数的模为

$$\begin{aligned}|L_{\text{expect}}(\mathrm{j}\omega)|&=\frac{|K|\prod_{r=1}^{m}|b_r\omega\mathrm{j}+1|}{|\mathrm{j}\omega|^v\prod_{i=1}^{n}|a_i\omega\mathrm{j}+1|}\\&=\frac{|K|\sqrt{(b_1\omega)^2+1}\sqrt{(b_2\omega)^2+1}\cdots\sqrt{(b_m\omega)^2+1}}{|\omega|^v\sqrt{(a_1\omega)^2+1}\sqrt{(a_2\omega)^2+1}\cdots\sqrt{(a_n\omega)^2+1}}\end{aligned} \tag{2.104}$$

其对数幅频特性为

$$\begin{aligned}20\lg|L_{\text{expect}}(\mathrm{j}\omega)|&=20\lg|K|+\sum_{r=1}^{m}20\lg|b_r\omega\mathrm{j}+1|-20v\lg|\omega|-\sum_{i=1}^{n}20\lg|a_i\omega\mathrm{j}+1|\\&=20\lg|K|+20\lg\sqrt{(b_1\omega)^2+1}+\cdots+20\lg\sqrt{(b_m\omega)^2+1}\\&\quad-20v\lg|\omega|-20\lg\sqrt{(a_1\omega)^2+1}-\cdots-20\lg\sqrt{(a_n\omega)^2+1}\,(\text{dB})\end{aligned} \tag{2.105}$$

频率特性函数的角为

$$\arg L_{\text{expect}}(\mathrm{j}\omega)=\sum_{r=1}^{m}\arctan(b_r\omega)-90^\circ v-\sum_{i=1}^{n}\arctan(a_i\omega) \tag{2.106}$$

当 $s\to 0$ 时,

$$L_{\text{expect}}(s)\approx\frac{K}{s^v} \tag{2.107}$$

如果开环传递函数中含有积分元件($v>0$),当 $\omega\to 0$ 时,总能够使 $|L_{\text{expect}}(\mathrm{j}\omega)|$ 很大;如果开环传递函数中没有积分元件($v=0$),当 $\omega\to 0$ 时,$|L_{\text{expect}}(\mathrm{j}\omega)|=K$,只要采用高的开环增益,也可以保证 $|L_{\text{expect}}(\mathrm{j}\omega)|$ 很大。但是,当频率逐渐增大时,开环频率特性函数的模和角都会随 ω 变化,由于 $m<(n+v)$,开

环频率特性函数的角总是负值,当频率到达中频段的 $\arg L_{\text{expect}}(\mathrm{j}\omega) \approx -180^{\circ}$ 附近时,如果开环频率特性函数的模还大于 1,奈奎斯特曲线就会包围-1+j0 点,使系统失去稳定性,因此,高的开环增益仅适用于低频段。

低频段期望开环频率特性的设计要求是伺服跟踪参考指令,实现无静差目标,同时抗低频干扰,另外还要求满足单位斜波函数输入的静态误差。

设开环传递函数中含有积分元件,以实现伺服跟踪参考指令,对于单位斜波函数:

$$U(s) = \frac{1}{s^2}$$

根据拉普拉斯变换终值定理,即

$$e_{ss} = \lim_{t\to\infty} e(t) = \lim_{s\to 0} sE(s) = \lim_{s\to 0} s \frac{1}{1 + L_{\text{open}}(s)} U(s) = \lim_{s\to 0} \frac{1}{s + sL_{\text{open}}(s)} = \lim_{s\to 0} \frac{1}{sL_{\text{open}}(s)} \tag{2.108}$$

定义速度误差系数:

$$K_v = \lim_{s\to 0} sL_{\text{open}}(s) \tag{2.109}$$

则单位斜波函数输入的静态误差为

$$e_{ss} = \frac{1}{K_v} \tag{2.110}$$

设期望开环传递函数为

$$L_{\text{open}}(s) = \frac{K\prod_{r=1}^{m}(b_r s + 1)}{s^v \prod_{i=1}^{n}(a_i s + 1)} = \frac{K(b_1 s + 1)\cdots(b_m s + 1)}{s^v (a_1 s + 1)\cdots(a_n s + 1)} \tag{2.111}$$

K 为开环增益,则

$$K_v = \lim_{s\to 0} sL_{\text{open}}(s) = \frac{K}{s^{v-1}} \tag{2.112}$$

当 $v = 1$ 时,

$$K_v = K \tag{2.113}$$

$$e_{ss} = \frac{1}{K_v} = \frac{1}{K} \tag{2.114}$$

因此,如果给定了单位斜波函数输入的静态误差要求 e_{ss},则期望的开环增益为

$$K = \frac{1}{e_{ss}} \tag{2.115}$$

上述与开环增益成反比的静态误差仅仅是系统实际静态误差的一部分,这部分为原理性误差,实际静态误差还包含元部件的加工制造、磨损缺陷、测量带来的误差,这部分误差为系统的工艺误差或固有误差,无法通过提高开环增益减小,如测量误差会全部在输出量中出现,执行机构的死区,传动齿轮的间隙等工艺误差,设计控制系统时应在总静态误差(为原理性误差与工艺误差之和)中扣除这一部分工艺误差。

2. 中频段幅频特性成型

在中频段 ω_c 附近,为保证闭环系统稳定以及满足期望的动态品质,考虑到最小相位系统的相频特性在某一斜率点的数值正比于对数幅频特性斜率在该频率点附近区间内的加权平均值这一特点,同时,奈奎斯特曲线不能包围 $-1+j0$ 点,其模由大于 1 到小于 1 的过渡应在复平面内的第 3 或第 4 象限内完成,在 ω_c 点的相频特性数值应为 $-180°\sim0°$,在 ω_c 点附近的一段频率区间对数幅频特性斜率的加权平均值应在 $0\sim2$,因而,在 ω_c 点的对数幅频特性斜率只能是 -1,在远离 ω_c 点两侧的频率区间才允许变为 -2 或 -3。中频段的截止频率反比于阶跃响应时间,经验上存在 $t_s\omega_c = 3 \sim 7$ 的关系,为了加快系统的响应速度,ω_c 应该增大,但是,系统阶跃响应时间受执行机构加速度的限制,而加速度与阶跃响应时间的平方成反比,即加速度与截止频率的平方成正比,因此,截止频率不能太大。

3. 高频段幅频特性成型

在高频段系统工作时,由于回路中含有放大器,将会受到外部噪声的干扰,噪声的频段一般高于控制信号的频段,但噪声经过高增益放大器后,可能使放大器处于饱和状态无法正常工作,如果放大的噪声传到了输出端,输出信号就产生随机误差,无法满足控制系统的要求。如果噪声信号与控制信号的频率特性范围是分开的,则可以设计低通滤波器消除噪声,但实际中噪声信号与控制信号的频率特性范围是交叉的,要把噪声全部滤掉,低通滤波器的带宽只能设计得很低,控制信号就无法全部复现,因此,采用折中方法在低频到中频范围尽可能复现控制信号,而在高频段使开环幅频曲线快速衰减,将大部分噪声滤除。

根据上述频域回路成型要求,四阶期望开环传递函数可设计为

$$G_d(s) = \frac{\beta\left(\dfrac{s}{\dfrac{\omega_c}{\alpha}} + 1\right)}{\left(\dfrac{s}{\omega_c}\right)\left(\dfrac{s}{\dfrac{\omega_c}{\alpha\beta}} + 1\right)\left(\dfrac{s}{\gamma\omega_c} + 1\right)\left(\dfrac{s}{\gamma\delta\omega_c} + 1\right)} \tag{2.116}$$

其中，$\alpha \geqslant 1.5$；$\beta \geqslant 1.2$；$\gamma \geqslant 4$；$\delta \geqslant 5$；$\frac{\omega_c}{\alpha\beta} < \frac{\omega_c}{\alpha} < \omega_c < \gamma\omega_c < \gamma\delta\omega_c$，其开环增益 $K = \beta\omega_c$。

四阶期望开环传递函数的对数幅频特性如图 2.13 所示。

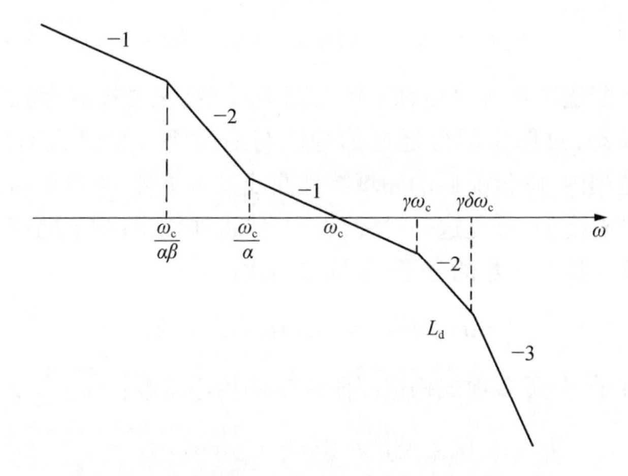

图 2.13　四阶期望开环传递函数的对数幅频特性

MATLAB 软件中的 loopsyn 函数是一种 H_∞ 最优环路成形控制综合方法，设计一个使被控对象 G 稳定的 H_∞ 控制器 K，使回路传递函数 GK 的奇异值逼近期望的回路形状 G_d，γ 为逼近的精度，即

$$\sigma[G(j\omega)K(j\omega)] \approx \sigma[G_d(j\omega)] \tag{2.117}$$

$$\bar{\sigma}[G(j\omega)K(j\omega)] < \gamma\bar{\sigma}[G_d(j\omega)] \tag{2.118}$$

$$\underline{\sigma}[G(j\omega)K(j\omega)] > \frac{1}{\gamma}\underline{\sigma}[G_d(j\omega)] \tag{2.119}$$

即

$$[K,\ CL,\ \gamma,\ f] = \text{loopsyn}(G,\ G_d) \tag{2.120}$$

其中，CL 为闭环传递函数。

2.8　模型降价原理

2.8.1　主导极点支配逐次迭代降阶法

降阶基本思想：高阶模型其动态是由主导极点支配的，保留主导极点的对应模态，去掉非主导极点所对应的模态，是降阶的基本思想。

对于高阶模型：

$$G(s)=\frac{B(s)}{A(s)}=\frac{num}{den}=\frac{b(1)s^n+\cdots+b(n)}{a(1)s^n+\cdots+a(n)}=k(s)+\frac{r(1)}{s-p(1)}+\cdots+\frac{r(n)}{s-p(n)} \tag{2.121}$$

将其进行部分分式展开:

$$[r, p, k]=\text{residue}(num, den) \tag{2.122}$$

主导极点支配逐次迭代降阶法:针对高阶模型,先去掉离虚轴最远的非主导极点对应的子模态,对保留部分通过伯德图与原高级模型进行对比,如果在 0~100 rad/s频域范围内,降价前后的频域特性曲线基本重合,则将保留部分作为下一次要降价的次高阶模型,重复这一过程,否则,停止迭代,将剩下的部分分式展开的子模态模型还原为传递函数的分子、分母多项式:

$$[num, den]=\text{residue}(r, p, k) \tag{2.123}$$

以传递函数的分子、分母多项式构造降阶模型的传递函数:

$$G_{\text{reducedorder}}=\text{tf}(num, den) \tag{2.124}$$

$G_{\text{reducedorder}}$ 即为降价模型。

2.8.2 状态空间模型降阶方法

状态空间模型降阶原理:对于一个稳定系统,其可控 Gramians 和可观 Gramians 相等,其 Gramians 阵为对角阵,其对角元素构成了 Hankel 奇异值向量,Hankel 奇异值向量中较小的值对应的元素对模型的贡献很小,将这些元素去掉后可获得状态空间降阶模型。

已知高阶状态空间模型的系数矩阵 A、B、C、D,确定工作频域范围 $[\omega_{\text{start}}, \omega_{\text{end}}]$,状态空间模型降阶方法如下:

%构造状态空间模型

$Model\_ss = ss(A, B, C, D)$

%确定工作频域范围

$opts = balredOptions('FreqIntervals', [\omega_{\text{start}}, \omega_{\text{end}}])$

%在频域范围内,获得平衡实现模型及 Hankel 奇异值向量,其各元素按数值大小降序排列

$[Model\_balreal, vector\_Hsv\_gramians] = balreal(Model\_ss, opts)$

%观察 Hankel 奇异值向量中各个元素值的大小,确定应舍弃元素的阈值

$eliminate = (vector\_Hsv\_gramians < threshold)$

%按降阶原理算法计算降阶模型

$$Model\_reduced\_order = \mathrm{modred}(Model\_balreal,\ \mathrm{eliminate},\ 'Truncate')$$

2.9　执行机构饱和抗积分原理

设 SISO 控制系统如图 2.14 所示，$P(s)$ 为被控对象，$K(s)$ 为已知的控制器，$K(s)$ 是最小相位的分母、分子多项式阶次相等的传递函数，$\mathrm{Lim}(s)$ 表示受执行机构速率饱和与位置饱和限制的模块。

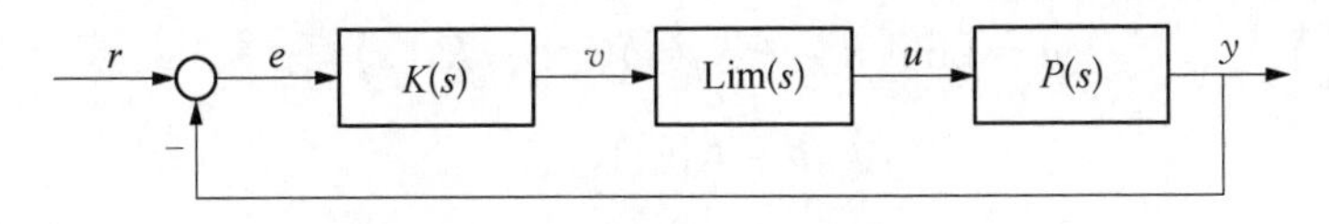

图 2.14　SISO 闭环控制系统

抗执行机构饱和设计目标：通过感受执行机构输出的饱和信号，将其反馈到控制器中，通过抗饱和控制器的作用使执行机构不会进入饱和状态。

抗执行机构饱和思想：由于控制回路中存在积分环节，当 $\mathrm{Lim}(s)$ 进入非线性饱和状态时，该积分环节将不断对指令信号与被控对象输出信号的偏差进行积分，如果能够去掉该积分环节，则能够避免上述问题。

为此，将 $K(s)$ 分解为

$$K(s) = K_0 + K_T(s) \tag{2.125}$$

其中，K_0 为静态增益；$K_T(s)$ 为严格真传递函数。

设 e_{cr} 为偏差信号 e 刚好到达执行机构饱和状态时的偏差，则 $e_{cr} = e$，$u_{cr} = v_{cr}$。考察在这一时刻的控制器输出，即

$$v_{cr} = K(s)e_{cr} = K_0 e_{cr} + K_T(s)e_{cr} \tag{2.126}$$

同时，执行机构的输出为

$$u_{cr} = \mathrm{Lim}[K(s)e_{cr}] = \mathrm{Lim}\{[K_0 + K_T(s)]e_{cr}\} = \mathrm{Lim}[K_0 e_{cr} + K_T(s)e_{cr}] \tag{2.127}$$

则

$$K_0 e_{cr} + K_T(s)e_{cr} = \mathrm{Lim}[K_0 e + K_T(s)e_{cr}] \tag{2.128}$$

即

$$e_{cr} = K_0^{-1}\{\mathrm{Lim}[K_0 e_{cr} + K_T(s)e_{cr}] - K_T(s)e_{cr}\} \tag{2.129}$$

抗执行机构饱和控制器构造的二要素：其一是能够感受偏差信号 e，并仅通过

静态增益进行调节,其二是当执行机构达到饱和状态时能够感受执行机构的输出信号 u,在执行机构刚好达到饱和状态的时刻,u_{cr} 通过式(2.127)间接反映 e_{cr}。

根据上述抗执行机构饱和控制器构造的二要素,可找到当执行机构达到饱和状态时 e_{cr} 与 e 的关系,即

$$e_{cr} = K_0^{-1}\{\mathrm{Lim}[K_0 e + K_T(s)e_{cr}] - K_T(s)e_{cr}\} \tag{2.130}$$

同时,考虑到信号的连续性,可知 e_{cr} 代表了执行机构进入饱和状态时的执行机构输出信号 u,定义以下变量:

$$a = \mathrm{Lim}[K_0 e + K_T(s)e_{cr}] - K_T(s)e_{cr} \tag{2.131}$$

$$b = K_T(s)e_{cr} \tag{2.132}$$

$$u = \mathrm{Lim}[K_0 e + K_T(s)e_{cr}] \tag{2.133}$$

$$v = K_0 e + K_T(s)e_{cr} \tag{2.134}$$

则

$$e_{cr} = K_0^{-1}a = K_0^{-1}[u - K_T(s)e_{cr}] \tag{2.135}$$

由于回路是 SISO 系统,则

$$e_{cr} = [1 + K_0^{-1}K_T(s)]^{-1}K_0^{-1}u \tag{2.136}$$

可得抗饱和控制器:

$$v = K_0 e + [1 - K_0 K^{-1}(s)]u \tag{2.137}$$

综上所述,抗执行机构饱和闭环控制系统可设计为图 2.15 所示的结构。

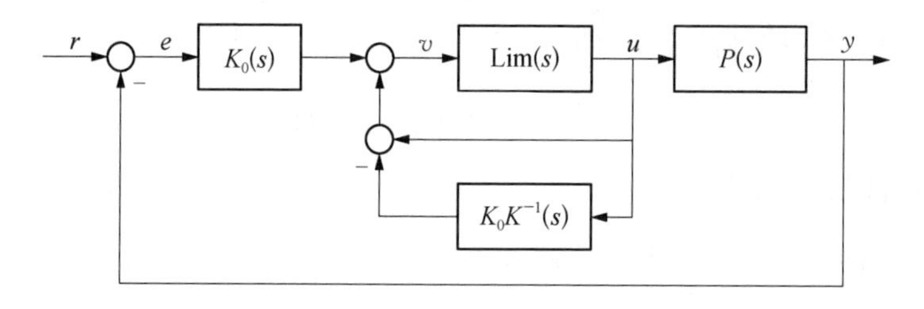

图 2.15 抗执行机构饱和闭环控制系统

2.10 热电偶传感器动态特性补偿原理

2.10.1 传感器动态模型

铠装热电偶传感器动态特性为一阶大惯性环节,传感器测量值在被测参数快速变化下动态误差很大,对控制系统动态性能造成很大影响。

设在 t 时刻被测燃气真实温度为 $T_{zs}(t)$，传感器采集到的温度为 $T_{cj}(t)$，热电偶热传导动态特性为

$$mc\frac{dT_{cj}(t)}{dt}=q(t) \tag{2.138}$$

$$q(t)=\frac{T_{zs}(t)-T_{cj}(t)}{R} \tag{2.139}$$

其中，m 为热电偶热传导介质质量；c 为热电偶热传导介质比热；R 为热电偶线束与被测气流介质之间的热阻；$q(t)$ 为被测气流介质传给热电偶热传导介质的热量，令 $\tau=mcR$，则

$$\tau\frac{dT_{cj}(t)}{dt}+T_{cj}(t)=T_{zs}(t) \tag{2.140}$$

其拉普拉斯变换为

$$\frac{T_{cj}(s)}{T_{zs}(s)}=\frac{1}{\tau s+1} \tag{2.141}$$

铠装热电偶传感器的时间常数 τ 可以通过风洞测试试验获得，在被测参数温度不变条件下，τ 随着相似流量的增大而减小，在被测参数相似流量不变条件下，τ 随着温度的增大而减小，惯性时间常数 τ 随测试点相似流量和温度的二维函数关系如图2.16所示，可通过二维插值实时求出。图2.16中，相似流量 $W_{similar}=\frac{W\sqrt{T}}{P}$，单位为 $\frac{(kg/s)(\sqrt{℃})}{kPa}$。

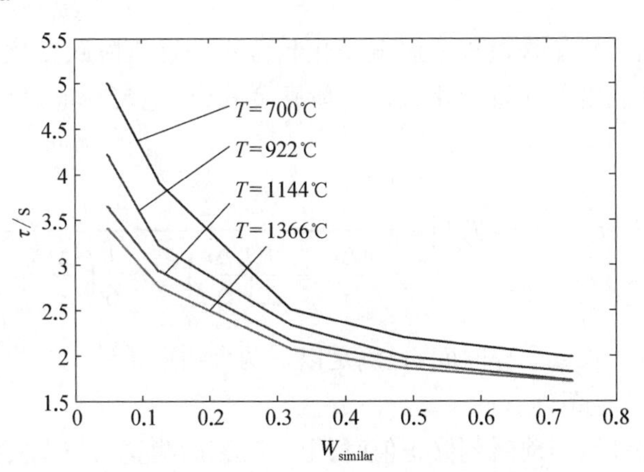

图2.16 铠装热电偶传感器时间常数与气体相似流量、温度的二维函数关系

2.10.2 动态补偿算法

给 $T_{zs}(t)$ 加入阶跃参考输入信号，设初值在 $t=0$ 时刻为稳态，热电偶的真实温度为 $T_{zs}(0)$，且阶跃输入的幅值为 ΔT_{zs}，则

$$\Delta T_{zs}(t)=\begin{cases}0, & t<0\\ \Delta T_{zs}, & t>0\end{cases} \tag{2.142}$$

$$L[\Delta T_{zs}(t)]=\frac{\Delta T_{zs}(s)}{s} \tag{2.143}$$

$$\Delta T_{cj}(s)=\frac{1}{\tau s+1}\,\frac{\Delta T_{zs}(s)}{s}=\Delta T_{zs}(s)\left(\frac{1}{s}-\frac{\tau}{\tau s+1}\right) \tag{2.144}$$

对上式进行拉普拉斯反变换，得

$$\Delta T_{cj}(t)=\Delta T_{zs}(t)\left(1-\mathrm{e}^{-\frac{1}{\tau}t}\right) \tag{2.145}$$

由此，可根据 $T_{zs}(0)$ 和 $T_{cj}(t)$，求出 $T_{zs}(t)$，即

$$T_{zs}(t)=T_{zs}(0)+\frac{T_{cj}(t)-T_{cj}(0)}{\left(1-\mathrm{e}^{-\frac{1}{\tau}t}\right)} \tag{2.146}$$

当 $\frac{1}{\tau}t\ll 1$ 时，式中的指数函数可用其幂级数展开，并保留 3 阶项，则

$$T_{zs}(t_s)=T_{zs}(0)+\frac{T_{cj}(t_s)-T_{cj}(0)}{\frac{t_s}{\tau}-\frac{1}{2}\left(\frac{t_s}{\tau}\right)^2+\frac{1}{6}\left(\frac{t_s}{\tau}\right)^3} \tag{2.147}$$

考虑发动机实际工作过程中温度变化趋势不一定是阶跃变化，但在每个采样周期 Δt 内，可将温度的任意变化近似为阶跃变化，得铠装热电偶传感器动态特性补偿算法为

$$T_{zs}(t+\Delta t)=T_{cj}(t)+\frac{T_{cj}(t+\Delta t)-T_{cj}(t)}{\frac{\Delta t}{\tau}-\frac{1}{2}\left(\frac{\Delta t}{\tau}\right)^2+\frac{1}{6}\left(\frac{\Delta t}{\tau}\right)^3} \tag{2.148}$$

其中，Δt 为仿真步长或采样时间，且满足以下两个约束条件。

条件 1. 连续性条件。

按补偿算法计算当前时刻修正值时，上一时刻的测量值与真实值相等，即

$$T_{zs}(t)=T_{cj}(t) \tag{2.149}$$

条件2. 初值条件。

初始时刻传感器测量值与真实值相等,即

$$T_{zs}(0) = T_{cj}(0) \tag{2.150}$$

实现铠装热电偶传感器动态特性补偿算法的 Simulink 模型如图 2.17 所示。

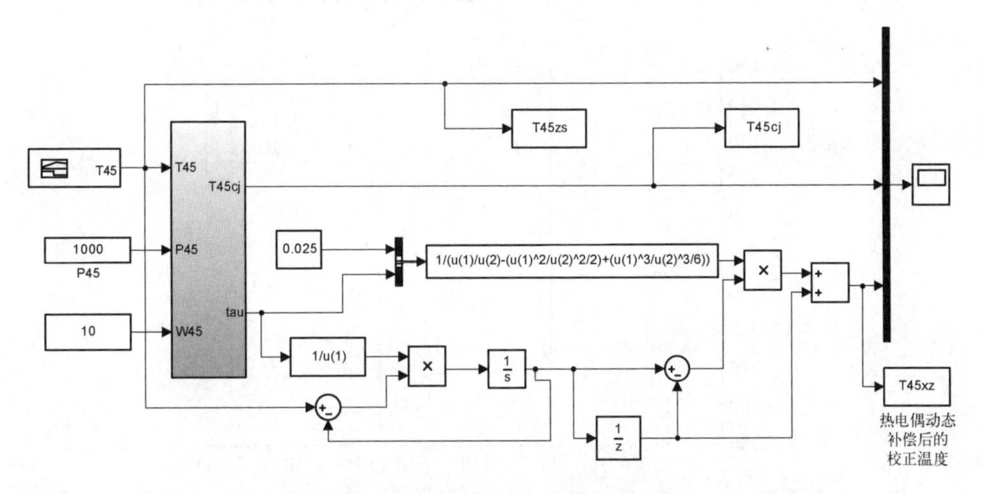

图 2.17 铠装热电偶传感器动态特性补偿算法的 Simulink 模型

图 2.17 中,铠装热电偶传感器动态特性时间常数 τ 求解算法 Simulink 模型如图 2.18 所示。

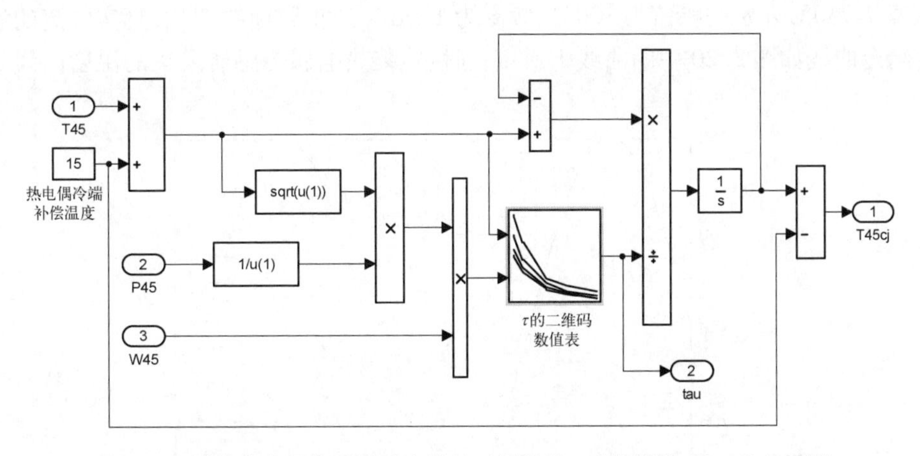

图 2.18 铠装热电偶传感器动态特性时间常数 τ 求解算法 Simulink 模型

2.10.3 算例

算例1:设气体流量为 10 kg/s,气体总压为 1 000 kPa,气体总温从 0~20 s 保持750℃不变,在第20 s突然升到850℃,并保持到40 s不变,在第40 s突降到750℃,并保持到60 s不变,真实气流的温度给定曲线如图2.19中的曲线1所示;通过铠装热电偶传感器采集的温度曲线如图2.19中的曲线2所示,曲线2与曲线1动态误差很大;按铠装热电偶传感器动态特性补偿算法校正的温度曲线如图2.19中的曲线3所示,曲线3与曲线1动态误差很小,几乎完全一致。

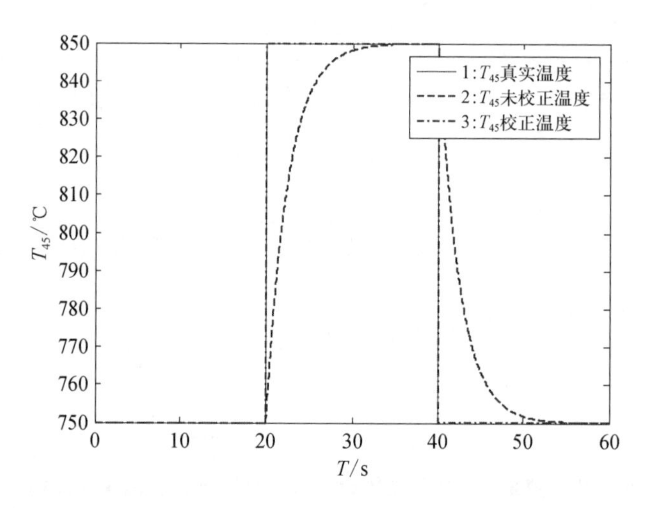

图2.19　铠装热电偶传感器动态特性补偿和未补偿的对比情况

算例2:设气体流量为10 kg/s,气体总压为1 000 kPa,在0~10 s仿真中,气体总温从750℃开始按幅值为100℃、频率为1 rad/s的正弦曲线变化,真实气流的温度给定曲线如图2.20中的曲线1所示;通过铠装热电偶传感器采集的温度曲线如

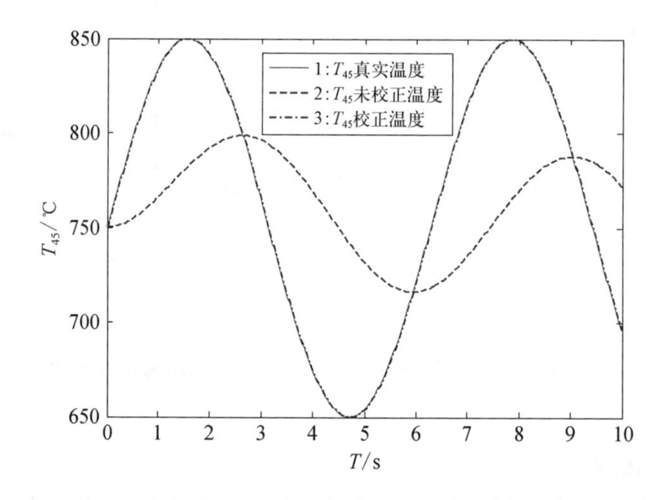

图2.20　铠装热电偶传感器动态特性补偿和未补偿的对比情况

图2.20中的曲线2所示,曲线2与曲线1动态误差很大;按铠装热电偶传感器动态特性补偿算法校正的温度曲线如图2.20中的曲线3所示,曲线3与曲线1动态误差很小,几乎完全一致。

2.11　增量式PI控制递归算法

2.11.1　增量式PI控制递归算法

设PI控制器为

$$u(s)=\left(K_p+K_i\frac{1}{s}\right)e(s) \tag{2.151}$$

则

$$su(s)=K_pse(s)+K_ie(s) \tag{2.152}$$

对上式进行拉普拉斯反变换:

$$\frac{du(t)}{dt}=K_p\frac{de(t)}{dt}+K_ie(t) \tag{2.153}$$

则

$$\int_{u(k)}^{u(k+1)}du(t)=K_p\int_{e(k)}^{e(k+1)}de(t)+K_i\int_{t(k)}^{t(k+1)}e(k)dt \tag{2.154}$$

即

$$u(k+1)-u(k)=K_p[e(k+1)-e(k)]+K_ie(k)[t(k+1)-t(k)] \tag{2.155}$$

令

$$T_s=t(k+1)-t(k) \tag{2.156}$$

则

$$\Delta u(k+1)=u(k+1)-u(k)=K_p[e(k+1)-e(k)]+K_iT_se(k) \tag{2.157}$$

增量式PI控制递归算法为

$$u(k+1)=u(k)+\Delta u(k+1) \tag{2.158}$$

增量式PI控制递归算法如图2.21所示。

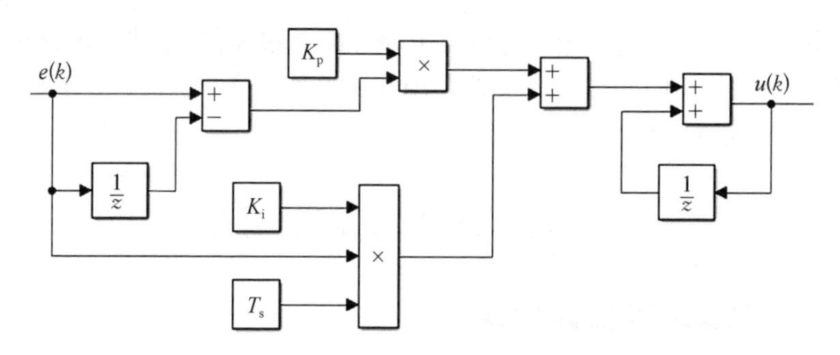

图 2.21 增量式 PI 控制递归算法

2.11.2 算例

微型涡喷发动机燃油流量到转子转速的传递函数为

$$G_p(s)=\frac{n(s)}{W_f(s)}=\frac{2\,800\,000}{s+0.76}\left(\frac{\text{r/min}}{\text{kg/s}}\right)$$

执行机构传递函数为

$$G_a(s)=\frac{1}{0.1s+1}$$

增广对象传递函数为

$$G_{arg}(s)=G_p(s)G_a(s)=\frac{2\,800\,000}{(s+0.76)}\ \frac{1}{(0.1s+1)}=\frac{2\,800\,000}{0.1s^2+1.076s+0.76}$$

设 PI 控制器结构为

$$G_c(s)=K_p+K_i\frac{1}{s}=\frac{K_ps+K_i}{s}=K_i\frac{\frac{K_p}{K_i}s+1}{s}$$

则开环传递函数为

$$G_{op}(s)=\frac{2\,800\,000}{(s+0.76)(0.1s+1)}K_i\frac{\frac{K_p}{K_i}s+1}{s}=K_i\frac{3\,684\,210.5}{(1.315\,8s+1)(0.1s+1)}\frac{\left(\frac{K_p}{K_i}s+1\right)}{s}$$

令

$$\frac{K_p}{K_i}=1.315\,8$$

则

$$G_{\mathrm{op}}(s)=K_{\mathrm{i}}\frac{3\ 684\ 210.5}{s(0.1s+1)}$$

其根轨迹如图 2.22 所示。

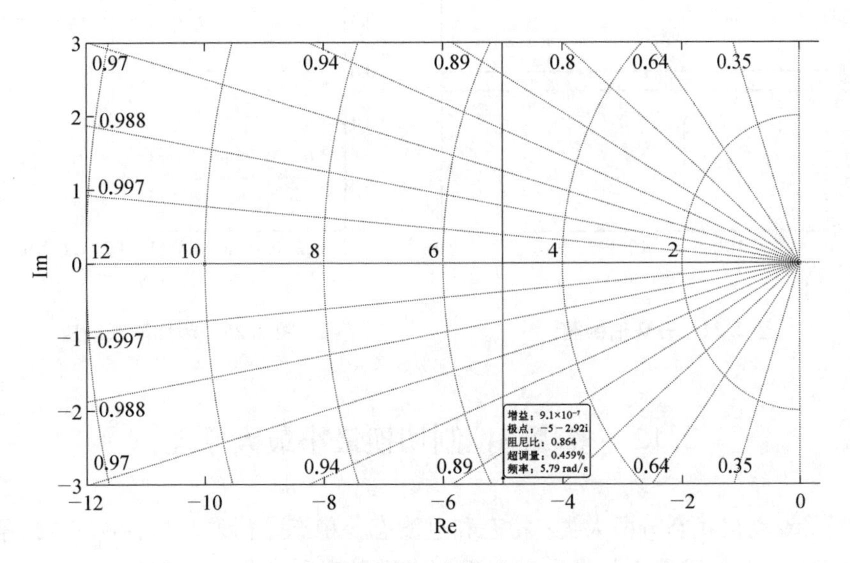

图 2.22　根轨迹

在根轨迹上移动鼠标，选择合适闭环极点，对应增益值即为 K_{i}，选择

$$K_{\mathrm{i}}=9.1\times10^{-7}$$

则

$$K_{\mathrm{p}}=1.315\ 8K_{\mathrm{i}}=1.197\times10^{-6}$$

增量式 PI 控制递归算法控制系统如图 2.23 所示。

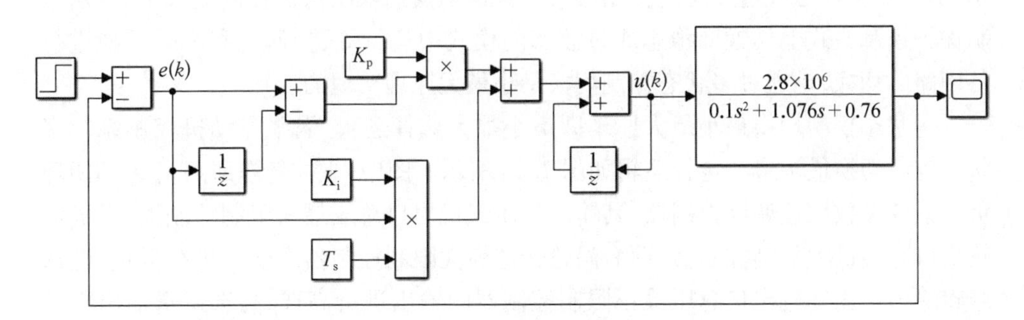

图 2.23　增量式 PI 控制递归算法控制系统

其伯德图如图 2.24 所示,闭环阶跃响应如图 2.25 所示。

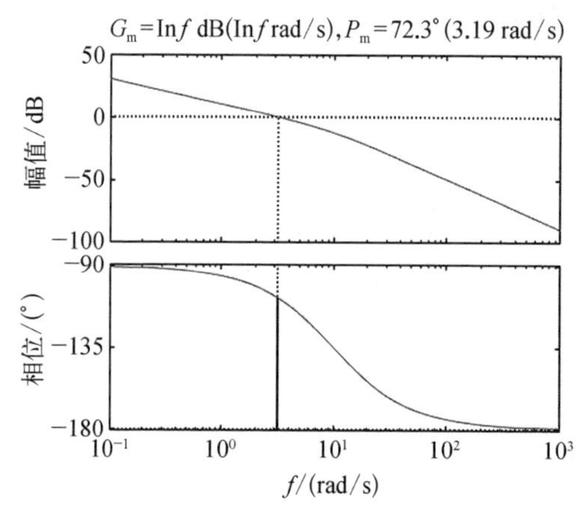

图 2.24　开环伯德图

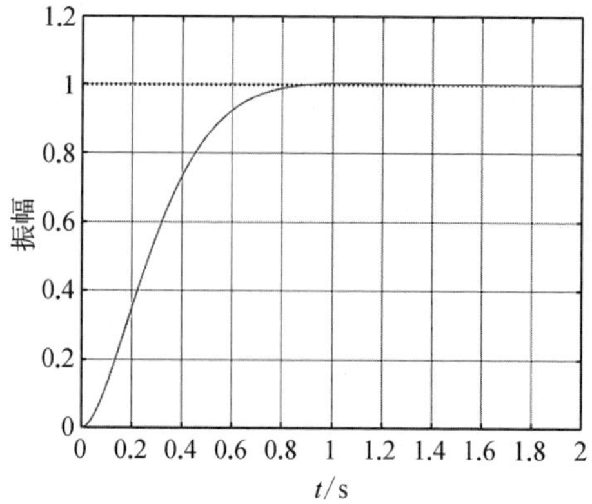

图 2.25　闭环阶跃响应

2.12　多状态控制切换最小最大原理

涡桨发动机状态分两大类:稳态和过渡态。稳态是指发动机性能参数不随时间而变化的状态;过渡态是指发动机性能参数随时间变化的状态。稳态如慢车状态、节流状态、最大状态等,过渡态如起动加速状态、慢车以上空载加速状态、加载状态等,这些功能单一的独立模块结构上组成了各自不同的控制回路模块,控制系统需要将这些不同状态单一功能要求的控制模块进行集成以实现系统要求的多功能综合控制。不同状态下发动机输出轴功率的管理都是通过燃油流量计量活门这唯一的燃油执行机构实现的,驾驶员根据飞机不同飞行任务需求,需要发动机从一个工作状态转换到另一个工作状态时对发动机状态进行连续控制,如从慢车稳态要进入加速过渡态或从最大稳态进入减速过渡态,或者当发动机出现超转、超温、超压时,要从稳态或过渡态的控制模式下快速切换到限制保护控制模式上,或从限制保护控制模式上切换回稳态或过渡态的模式中运行等,如何柔和不跳跃地进行各回路的切换,是通过多状态控制切换最小最大原理实现的。

多状态控制切换最小最大原理即最小最大选择逻辑,涡桨发动机控制系统多状态控制切换最小最大选择逻辑如图 2.26 所示。图中,主控稳态回路 n_g 采用闭环负反馈变参数增益调度控制器,其输出与压气机出口总压最大限制控制器、燃气涡轮出口总温最大限制控制器、动力涡轮转速最大限制控制器的输出进行低选,低选逻辑输出与压气机出口总压最小限制控制器的输出进行高选,高选逻辑输出再与加速控制器的输出进行低选,低选逻辑输出再与减速控制器的输出进行高选,高选逻辑的输出最后经过燃油流量位置饱和限制器、燃油流量速率饱和限制器，其输出 W_f 通过燃油喷嘴供给发动机燃烧室，实现了多状态控制的功能、性能和安全性的系统综合控制要求。

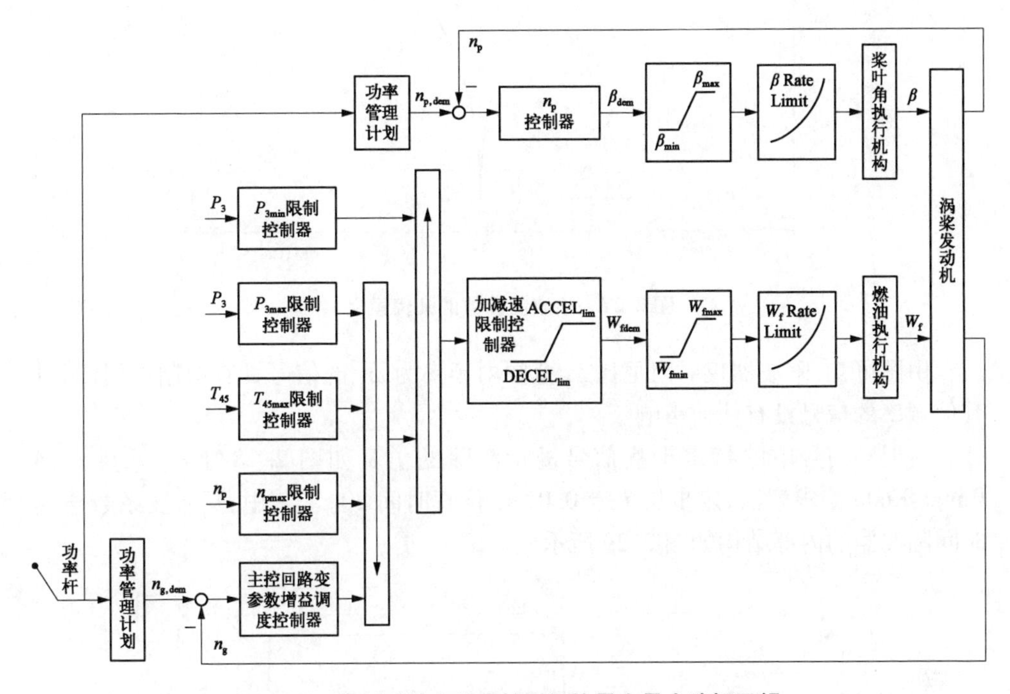

图 2.26　控制系统多状态控制切换最小最大选择逻辑

2.13　陷 波 原 理

航空发动机控制系统安装在发动机机匣上，工作环境十分恶劣，极易受到环境干扰的影响，直接影响着控制系统的稳态、动态性能，需要对环境干扰进行抑制。

采用低通滤波的方法可以有效抑制带宽以上的高频传感器噪声和高频环境干扰，但无法去除带宽以内的中低频干扰，陷波器是一种有效的抑制方法。

设环境干扰信号的频率为 ω_{noise}，设计二阶陷波器传递函数为

$$\mathrm{Notch}(s)=\frac{y(s)}{u(s)}=\frac{s^2+2g_{min}\xi_n\omega_n s+\omega_n^2}{s^2+2\xi_n\omega_n s+\omega_n^2} \tag{2.159}$$

其中，ω_n 为陷波器频率；$\omega_n=\omega_{noise}$；ξ_n 为陷波器极点的阻尼比；ξ_n 的大小控制陷波器的陷波宽度；g_{min} 为频率在 ω_n 时的陷波衰减增益，g_{min} 控制陷波深度，陷波器的伯德图如图 2.27 所示。

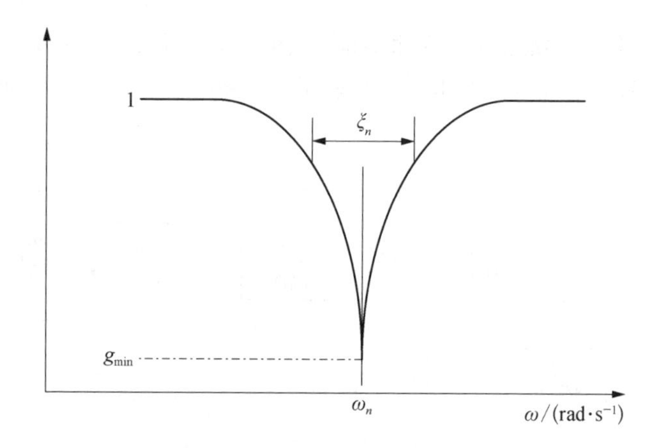

图 2.27 陷波器参数的几何意义

由图可知，陷波器仅对阻尼比 ξ_n 范围内频率为 ω_n 的信号具有抑制作用，而对其他频率的信号没有任何影响。

对混频信号中的特定干扰信号进行清除的仿真如图 2.28 所示，采用 ode4 Runge-Kutta 法求解器，定步长 $T_s = 0.02$ s，仿真时间 20 s。其中，具有变系数连续时间陷波器的内部结构如图 2.29 所示。

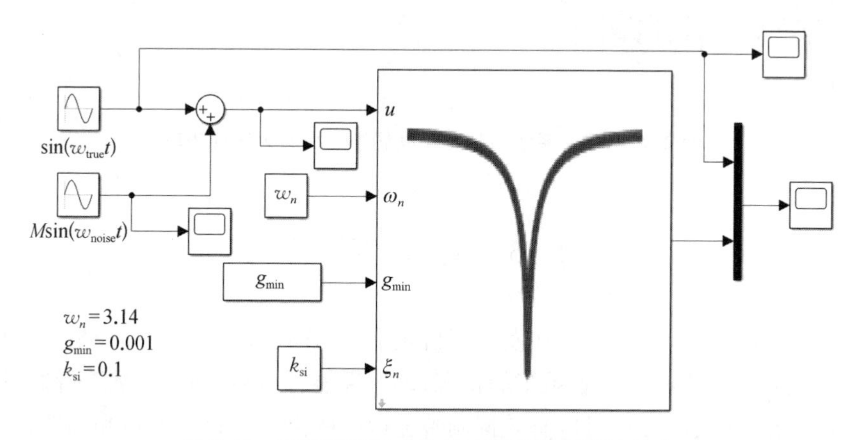

图 2.28 对混频信号中的特定干扰信号滤波仿真

设某物理参数信号为

$$u_{\text{true}} = \sin(\omega_{\text{true}} t)$$

其中，$\omega_{\text{true}} = 2\pi f_{\text{true}} = 6.28$ rad/s，$f_{\text{true}} = 1$ Hz；$u_{\text{true}} = \sin(6.28t)$，该信号在 20 s 内的正弦函数曲线如图 2.30 所示。

干扰信号为

$$u_{\text{noise}} = M\sin(\omega_{\text{noise}} t)$$

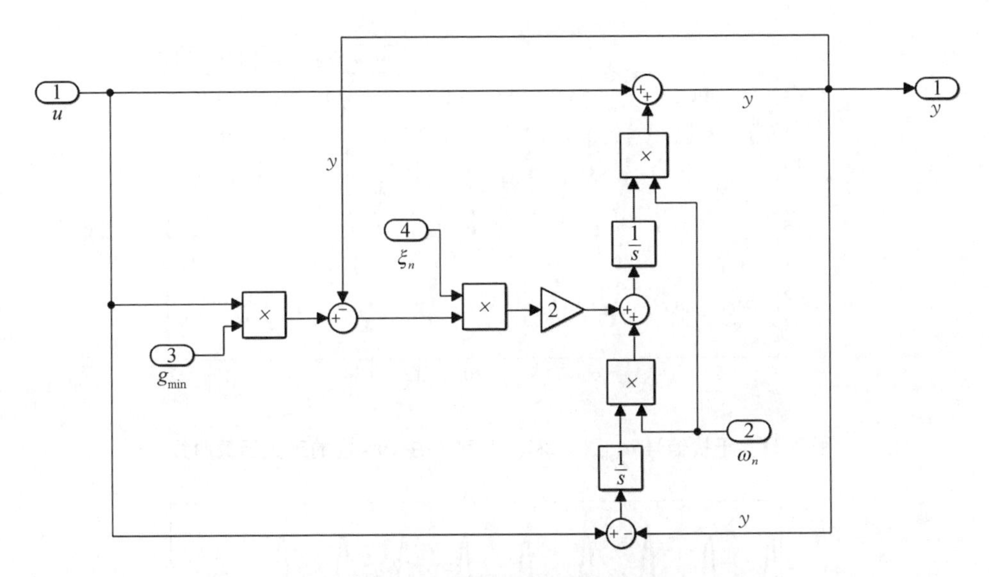

图 2.29 变系数连续时间陷波器实现

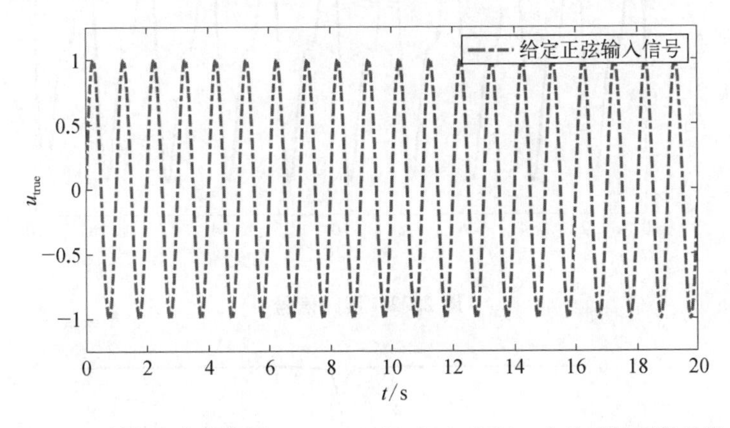

图 2.30 某物理参数信号 $u_{\text{true}}=\sin(6.28t)$ 在 20 s 内的正弦函数曲线

其中，$\omega_{\text{noise}}=2\pi f_{\text{noise}}=3.14\ \text{rad/s}$，$f_{\text{noise}}=0.5\ \text{Hz}$；$M=2$；$u_{\text{noise}}=2\sin(3.14t)$，该信号在 20 s 内的正弦函数曲线如图 2.31 所示。

混频信号如图 2.32 所示。

设计陷波器：

$$\text{Notch}(s)=\frac{y(s)}{u(s)}=\frac{s^2+2g_{\min}\xi_n\omega_n s+\omega_n^2}{s^2+2\xi_n\omega_n s+\omega_n^2}$$

其中，$\xi_n=0.1$，$g_{\min}=0.001$，$\omega_n=3.14$，陷波器伯德图如图 2.33 所示。

通过陷波器对干扰信号进行抑制后的输出信号如图 2.34 所示，图中对某物理参数信号进行了对比。

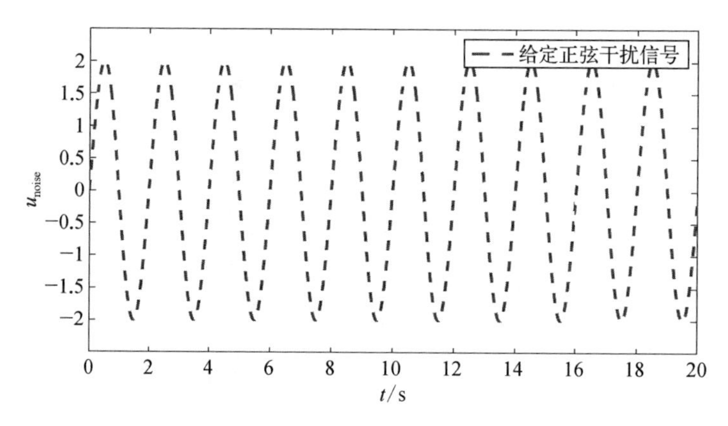

图 2.31　干扰信号 $u_{noise} = 2\sin(3.14t)$ 在 20 s 内的正弦函数曲线

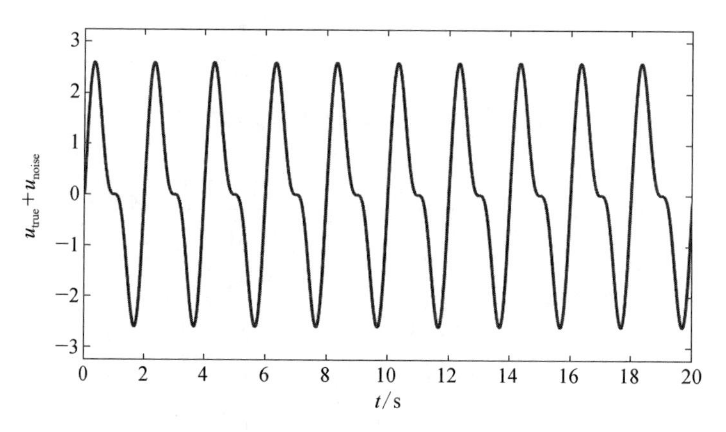

图 2.32　混频信号

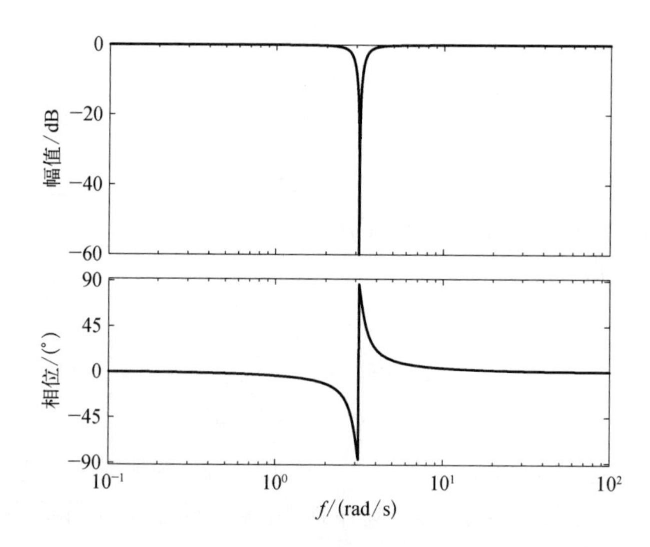

图 2.33　陷波器伯德图

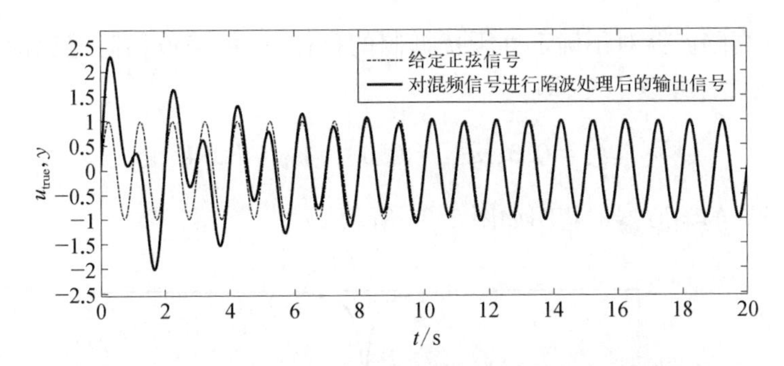

图 2.34　陷波器输出信号与某物理参数信号的对比曲线

设干扰信号存在 2%的不确定性,即

$$\omega_{noise} = 3.14(1 + 2\%)\,\text{rad/s},\ u_{noise} = 2\sin[3.14(1 + 2\%)t]$$

不确定性干扰信号与某物理参数信号组合生成的混频信号如图 2.35 所示。

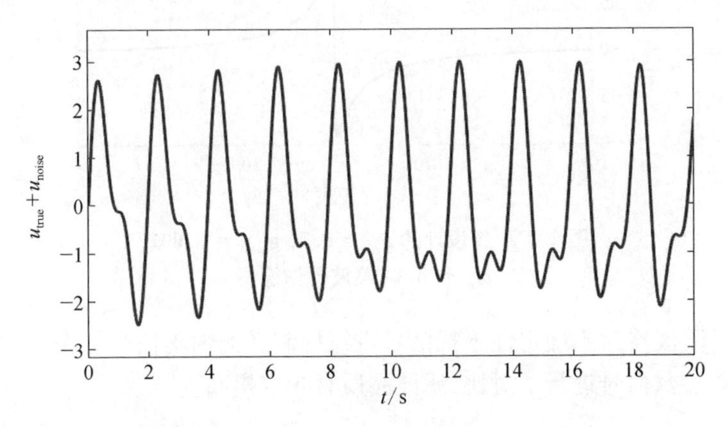

图 2.35　不确定性干扰信号与某物理参数信号组合生成的混频信号

通过陷波器对不确定性干扰信号进行抑制后的输出信号如图 2.36 所示,图中对某物理参数信号进行了对比,发现输出信号与真实信号有一定的误差。

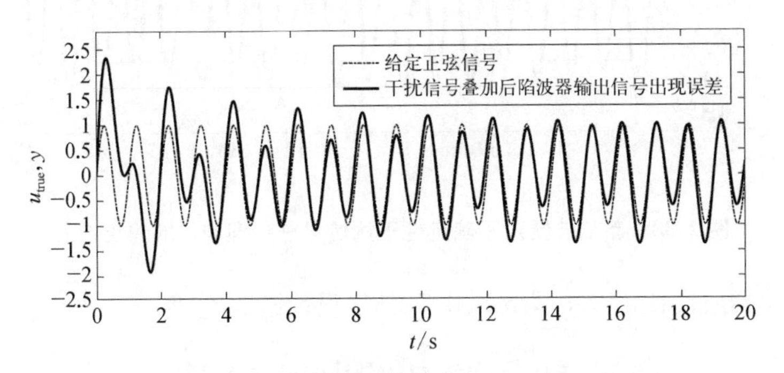

图 2.36　陷波器对不确定性干扰信号进行抑制后的输出信号

为了提高陷波器对不确定性干扰抑制的鲁棒性,将陷波器阻尼比由 0.1 提高到 0.3,其他设计参数不变,即

$$\xi_n = 0.3\,,\ g_{\min} = 0.001\,,\ \omega_n = 3.14$$

重新设计的陷波器伯德图如图 2.37 所示。

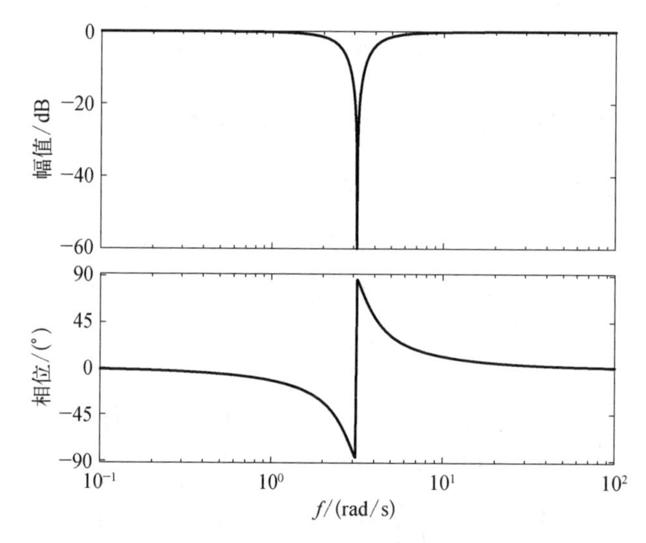

图 2.37 新设计的 $\xi_n = 0.3$, $g_{\min} = 0.001$, $\omega_n = 3.14$ 陷波器伯德图

通过新陷波器对不确定性干扰信号进行抑制后的输出信号如图 2.38 所示,图中对某物理参数信号进行了对比,滤波品质有一定提高。

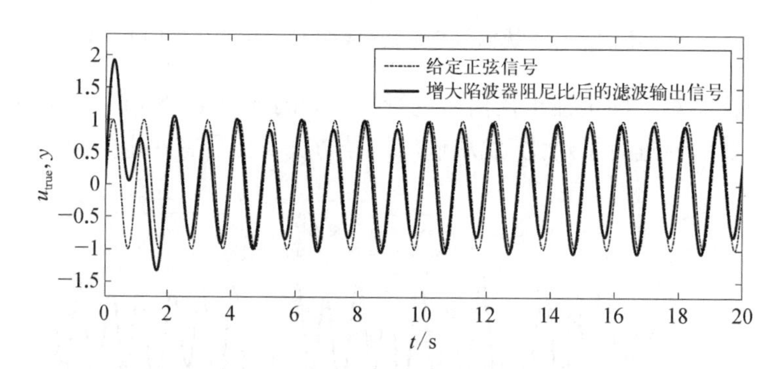

图 2.38 新陷波器对不确定性干扰信号进行抑制后的输出信号

将陷波器阻尼比由 0.1 提高到 0.7,其他设计参数不变,即

$$\xi_n = 0.7\,,\ g_{\min} = 0.001\,,\ \omega_n = 3.14$$

陷波器伯德图如图 2.39 所示。

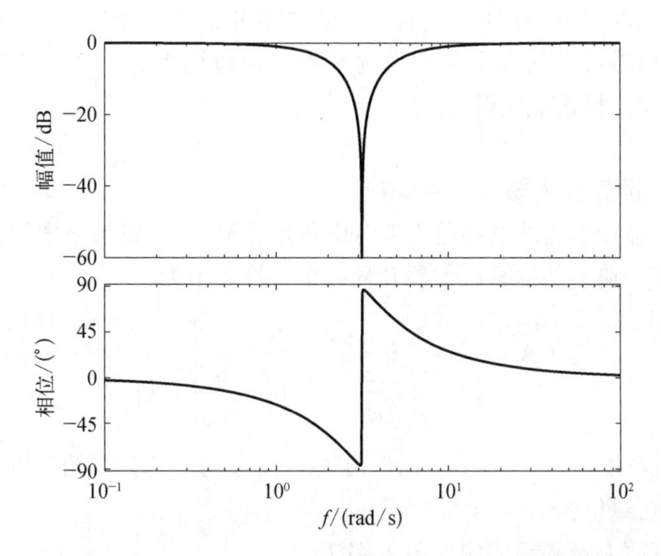

图 2.39 $\xi_n = 0.7$, $g_{\min} = 0.001$, $\omega_n = 3.14$ 陷波器伯德图

通过陷波器对不确定性干扰信号进行抑制后的输出信号如图 2.40 所示,输出信号的幅值降低,与某物理参数信号进行对比,失真度加大,可见陷波器阻尼比不能太大。

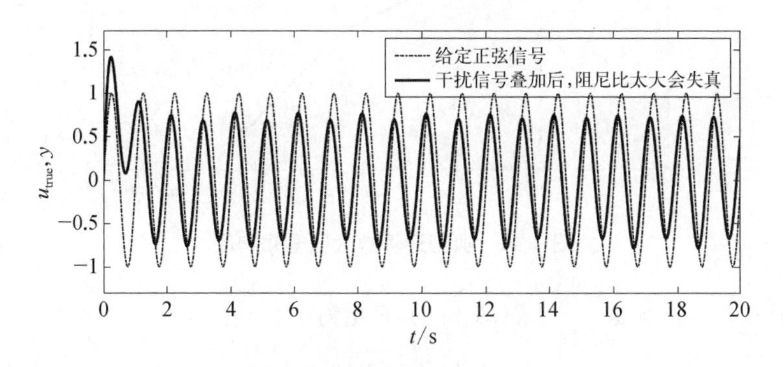

图 2.40 陷波器阻尼比调大,输出信号失真度加大

2.14 运算放大器负反馈电路的高稳定性设计原理

运算放大器是一种用途广泛的线性模拟集成电路,具有高增益、输入电阻无穷大、输入电流接近零、输出电阻可以忽略不计、增益 A_0 与频率无关且不变、输出电压不随电源电压的变化而变化的特点,能够放大两个输入端之间的差分信号,对叠加在两个输入信号的任何噪声信号具有极高的共模抑制比(common mode rejection ratio, CMRR, CMRR>100 dB),具有极强的去噪声能力,运算放大器负反馈电路在信号处理、传感器信号放大采集中作为基本模块应用十分广泛,为了提高稳定裕度,需要进行超前校正优化设计。

2.14.1 运算放大器的频率响应

运算放大器在直流或低频范围差分电压增益最大,随着频率增加,该差分电压增益单调减小。典型的运算放大器开环频率特性表示为

$$GA_o(j\omega)=\frac{A_0}{\left(j\dfrac{\omega}{\omega_{b1}}+1\right)\left(j\dfrac{\omega}{\omega_{b2}}+1\right)} \tag{2.160}$$

其中,A_0 为直流增益;ω_{b1} 为第一拐点角频率;ω_{b2} 为第二拐点角频率;ω_{bw} 定义为单位增益带宽,单位为 $rad \cdot s^{-1}$。

典型运算放大器幅频响应如图 2.41 所示。

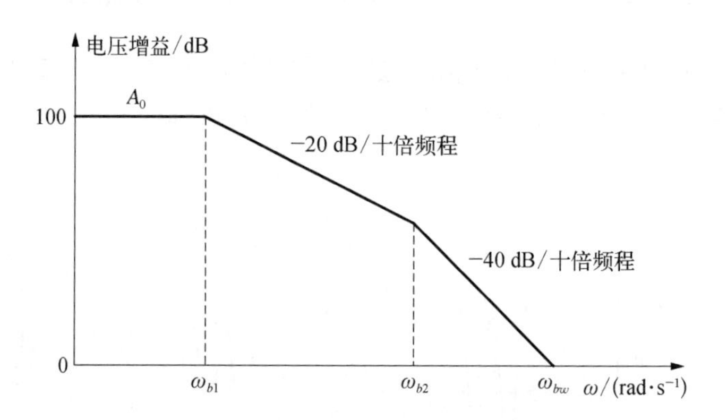

图 2.41 典型运算放大器幅频响应

对于 $\omega \gg \omega_{b2} > \omega_{b1} > 1$, $GA_o(j\omega)$ 简化为

$$GA_o(j\omega)=\frac{A_0}{\left(j\dfrac{\omega}{\omega_{b1}}\right)\left(j\dfrac{\omega}{\omega_{b2}}\right)} \tag{2.161}$$

当 $\omega=\omega_{bw}$ 时,

$$|GA_o(j\omega_{bw})|=\frac{A_0\omega_{b1}\omega_{b2}}{\omega_{bw}^2}=1 \tag{2.162}$$

即

$$\omega_{bw} = \sqrt{A_0 \omega_{b1} \omega_{b2}} \tag{2.163}$$

设典型运算放大器 $A_0 = 2 \times 10^5$, $\omega_{b1} = 10^5$, $\omega_{b2} = 10^6$ 时, $\omega_{bw} = 1.414 \times 10^8\ \mathrm{rad/s}$,其伯德图如图 2.42 所示,单位阶跃响应如图 2.43 所示。

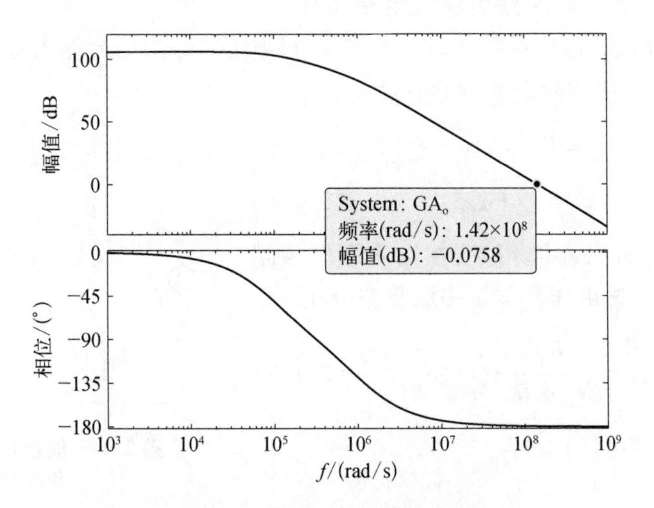

图 2.42　典型运算放大器伯德图

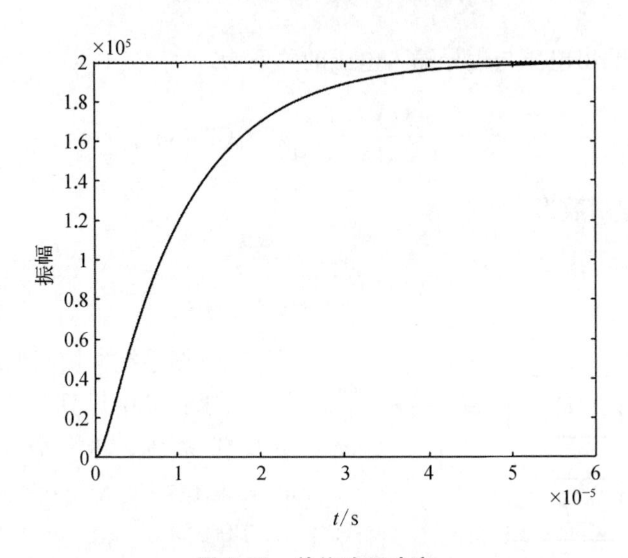

图 2.43　单位阶跃响应

信号的时间常数 τ_s 与角频率 ω_s 成反比关系,即

$$\omega_s = \frac{1}{\tau_s} \tag{2.164}$$

可知,一个时间常数为 $\tau_s = 0.05\ \mu s$ 的输入信号,其对应的输入角频率为 $\omega_s =$

20×10^6 rad/s = 3.18 MHz，运算放大器的单位增益带宽必须满足 $\omega_{bw} > 20 \times 10^6$ rad/s = 3.18 MHz，否则输出电压将会出现失真。

2.14.2 运算放大器负反馈电路设计

同相运算放大器负反馈原理图如图 2.44 所示。v_s 为信号输入电压，v_f 为反馈电压，v_e 为加入运算放大器的差分输入电压。

$$v_o = GA_o(s) v_e \tag{2.165}$$

$$v_e = v_s - v_f \tag{2.166}$$

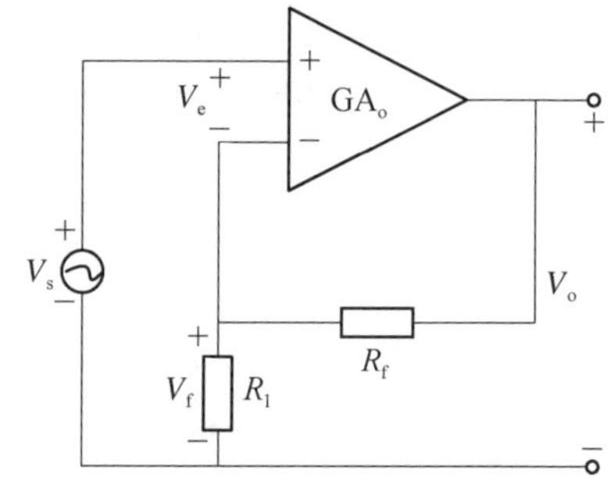

图 2.44 同相运算放大器负反馈原理图

由于运算放大器同相、反相输入端电流接近为零，因此反馈电压构成了串联支路分压，故

$$v_f = \frac{R_1}{R_1 + R_f} v_o = \beta v_o \tag{2.167}$$

其中，β 为反馈电压比，即

$$\beta = \frac{R_1}{R_1 + R_f} \tag{2.168}$$

则运算放大器输出电压与信号输入电压的关系为

$$v_o = \frac{GA_o(s)}{1 + GA_o(s)\beta} v_s = GA_f(s) v_s \tag{2.169}$$

其中，闭环传递函数为

$$GA_f(s) = \frac{GA_o(s)}{1 + GA_o(s)\beta} \tag{2.170}$$

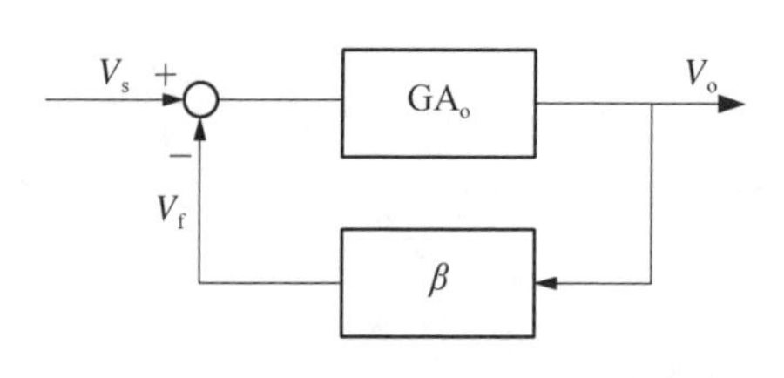

图 2.45 同相运算放大器负反馈方块图

闭环负反馈系统方块图如图 2.45 所示。

设计要求：采用运算放大器电路，设计闭环负反馈系统，单位增益带宽 $\omega_{bw} > 10^7$ rad/s，相位裕度大于 60°，对输入电压信号放大 20 倍，即 $GA_{f,\ DCgain} = |GA_f(0)| = 20$。

采用 $A_0 = 2 \times 10^5$，$\omega_{b1} = 10^5$，$\omega_{b2} = 10^6$ 的运算放大器，运算放大器本身传递函数为

$$GA_o(s) = \frac{A_0}{\left(\dfrac{s}{\omega_{b1}} + 1\right)\left(\dfrac{s}{\omega_{b2}} + 1\right)} = \frac{2 \times 10^{16}}{(s + 10^6)(s + 10^5)}$$

由于 $GA_o(s)\beta \gg 1$，式(2.169)简化为

$$v_o = \frac{GA_o(s)}{1 + GA_o(s)\beta} v_s \approx \frac{GA_o(s)}{GA_o(s)\beta} v_s = \frac{1}{\beta} v_s \tag{2.171}$$

设 $R_1 = 10^4\ \Omega$，则

$$\frac{1}{\beta} = \frac{1}{\dfrac{R_1}{R_1 + R_f}} = GA_{f,\ DCgain} \tag{2.172}$$

$$R_f = (GA_{f,\ DCgain} - 1) R_1 \tag{2.173}$$

得 $\beta = 0.05$，$R_f = 19 \times 10^4\ \Omega$，则运算放大器闭环传递函数为

$$GA_f(s) = \frac{GA_o(s)}{1 + GA_o(s)\beta} = \frac{2 \times 10^{16}}{s^2 + 1.1 \times 10^6 s + 10^{15}}$$

$GA_o(s)$ 与 $GA_f(s)$ 的幅频响应对比曲线如图 2.46 所示，由图可知，采用闭环负反馈使得原运算放大器的低频增益降低，以满足对输入电压信号放大 20 倍的要求，但是在 $\omega = \omega_r = 3.14 \times 10^7$ rad/s 的谐振频率处有一个高达 54 dB 的峰值，将引起系统的震荡，闭环系统的阶跃响应如图 2.47 所示。

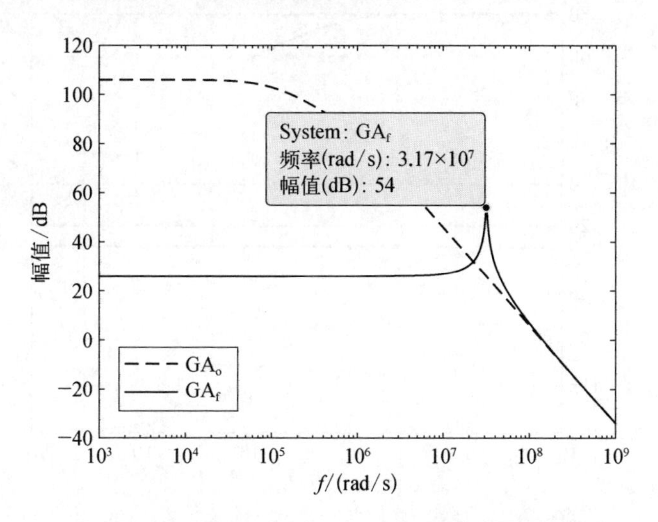

图 2.46 $GA_o(s)$ 与 $GA_f(s)$ 的幅频响应对比曲线

回路开环传递函数为

$$L(s) = \beta GA_o = \frac{\beta A_0}{\left(\dfrac{s}{\omega_{b1}} + 1\right)\left(\dfrac{s}{\omega_{b2}} + 1\right)} = \frac{10^{15}}{(s + 10^6)(s + 10^5)}$$

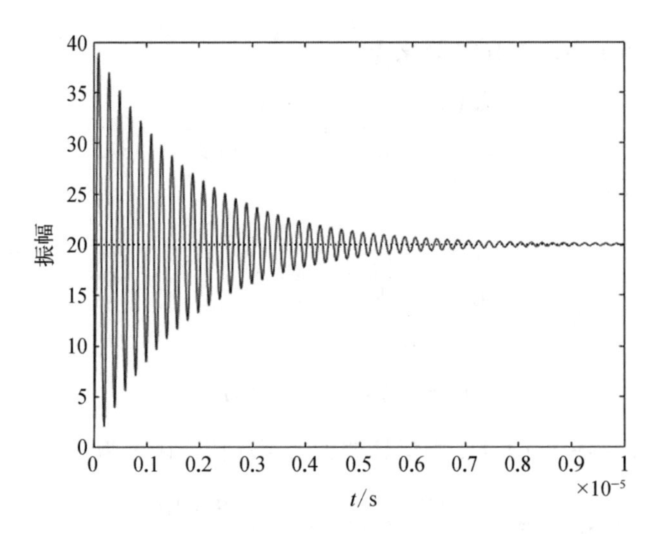

图 2.47 闭环系统的阶跃响应

开环伯德图如图 2.48 所示，其穿越频率为 $\omega_{cp} = 3.16 \times 10^7$ rad/s，对应相位裕度仅有 1.99°，稳定性非常差。

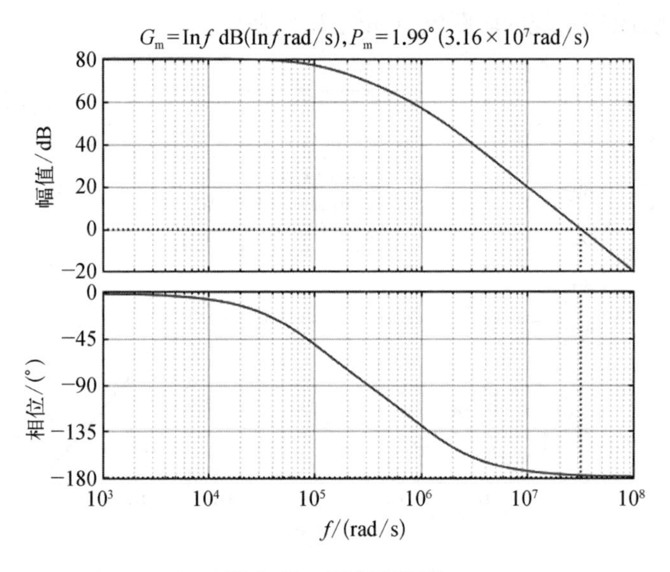

图 2.48 开环伯德图

其次，考察闭环特性对运算放大器本身特性误差的影响，由于运算放大器特性在低频的变化来源于加工制造、温度漂移等不确定性因素，这一不确定性因素对变化特性的影响评估可采用灵敏度函数的计算方法获得。

定义灵敏度函数为

$$S(s)=\frac{\dfrac{\delta GA_f}{GA_f}}{\dfrac{\delta GA_o}{GA_o}}=\frac{GA_o}{GA_f}\frac{\partial GA_f}{\partial GA_o}=\frac{1}{1+L(s)} \tag{2.174}$$

则

$$S(s)=\frac{1}{1+L(s)}=\frac{s^2+1.1\times10^6 s+10^{11}}{s^2+1.1\times10^6 s+10^{15}}$$

$S(s)$ 与 $GA_f(s)$ 的幅频响应对比曲线如图 2.49 所示。由图可知,灵敏度函数在低频范围内幅值为-80 dB,这一结果表明运算放大器负反馈闭环系统对运算放大器本身的温度漂移等不确定性具有很好的抑制能力。

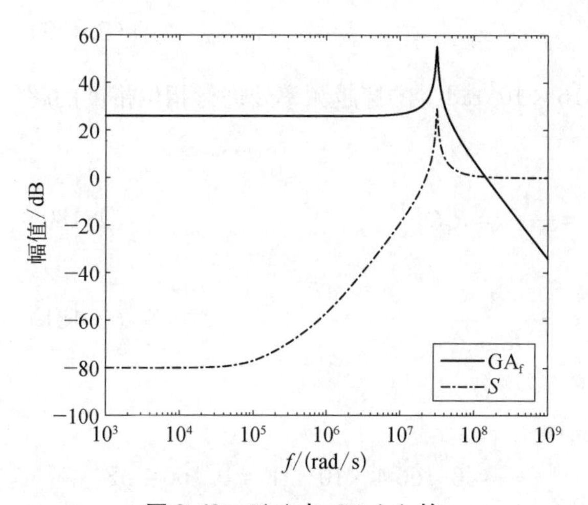

图 2.49　$S(s)$ 与 $GA_f(s)$ 的幅频响应对比曲线

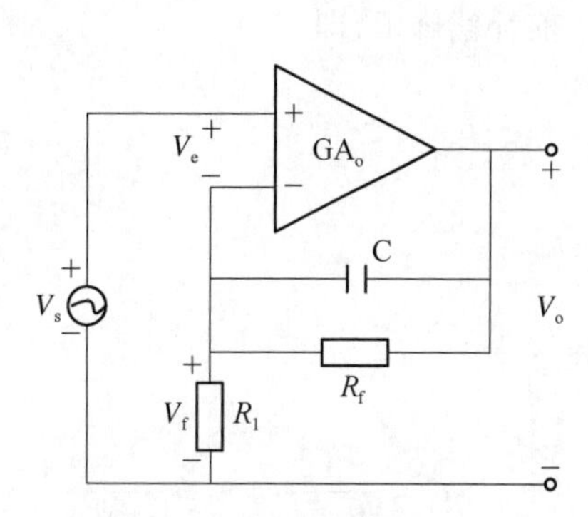

图 2.50　带超前补偿功能的运算放大器负反馈电路

为了获得相位裕度的设计要求,以增强闭环系统的稳定性,采用 RC 串并联超前补偿网络,重新设计带超前补偿功能的运算放大器负反馈电路如图 2.50 所示。

RC 串并联超前补偿网络反馈电压为

$$v_f=\frac{R_1}{R_1+\dfrac{\dfrac{R_f}{Cs}}{R_f+\dfrac{R_f}{Cs}}}v_o=\frac{R_1}{R_1+\dfrac{R_f}{R_fCs+R_f}}v_o=k\frac{\tau_z s+1}{\tau_p s+1}v_o=\beta_c v_o \tag{2.175}$$

超前补偿反馈电压比 β_c 为

$$\beta_c = K\frac{\tau_z s + 1}{\tau_p s + 1} = K\frac{\dfrac{s}{\frac{1}{\tau_z}} + 1}{\dfrac{s}{\frac{1}{\tau_p}} + 1} \tag{2.176}$$

其中，K 为纯比例反馈增益，

$$K = \frac{R_1}{R_1 + R_f} \tag{2.177}$$

$$\tau_z = R_f C \tag{2.178}$$

$$\tau_p = K\tau_z \tag{2.179}$$

由时间常数的定义，在 $\omega_{cp} = 3.16 \times 10^7$ rad/s 的穿越频率处进行相位裕度的超前补偿修正，即

$$\tau_z = \frac{1}{\omega_{cp}} = R_f C \tag{2.180}$$

$$C = \frac{1}{R_f \omega_{cp}} \tag{2.181}$$

即

$$C = \frac{1}{R_f \omega_{cp}} = \frac{1}{19 \times 10^4 \times 3.16 \times 10^7} = 0.1664 \times 10^{-12}\ \text{F} = 0.1664\ \text{pF}$$

$$\tau_z = R_f C = 3.163 \times 10^{-8}$$

$$K = 0.05$$

$$\tau_p = kR_f C = 1.581 \times 10^{-9}$$

超前补偿反馈电压比传递函数为

$$\beta_c = K\frac{\tau_z s + 1}{\tau_p s + 1} = \frac{1.582 \times 10^{-9} s + 0.05}{1.582 \times 10^{-9} s + 1} = 0.05\frac{\dfrac{s}{3.1615 \times 10^7} + 1}{\dfrac{s}{6.3229 \times 10^8} + 1}$$

超前补偿反馈电压比传递函数伯德图如图 2.51 所示。

超前补偿开环传递函数为

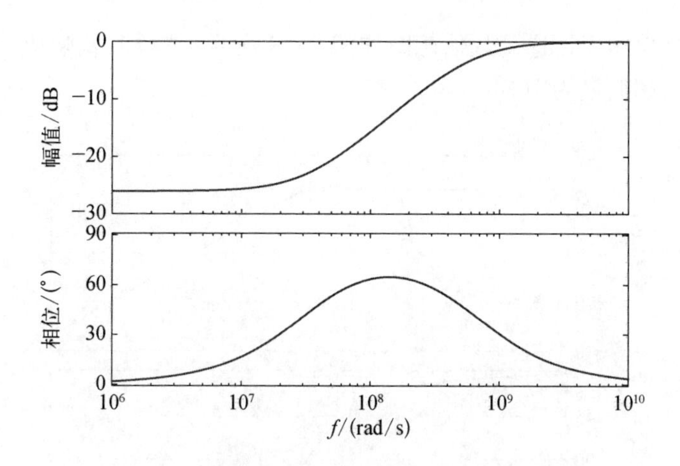

图 2.51　超前补偿反馈电压比传递函数伯德图

$$L_c(s)=\beta_c GA_o=\frac{\beta_c A_0}{\left(\frac{s}{\omega_{b1}}+1\right)\left(\frac{s}{\omega_{b2}}+1\right)}=\frac{2\times10^{16}(s+3.161\times10^7)}{(s+10^6)(s+10^5)(s+6.323\times10^8)}$$

超前补偿开环传递函数伯德图如图 2.52 所示，由图可知，相位裕度为 49.7°。

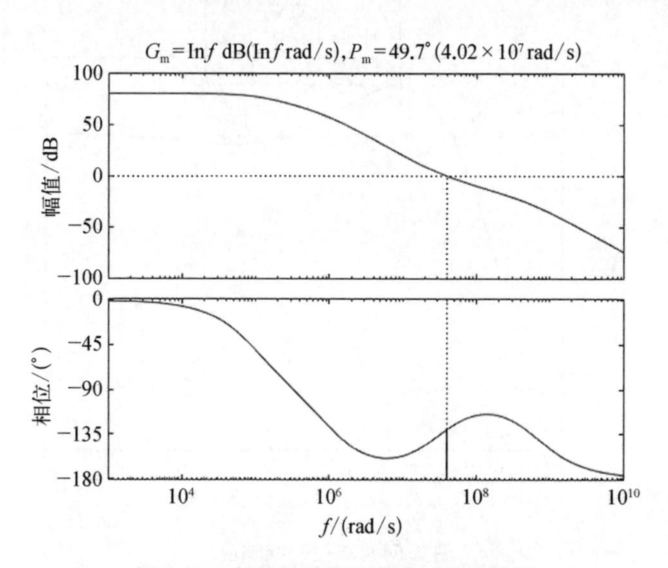

图 2.52　超前补偿开环传递函数伯德图

带超前补偿闭环传递函数为

$$GA_{f,c}(s)=\frac{GA_o(s)}{1+GA_o(s)\beta_c}=\frac{2\times10^{16}(s+6.323\times10^8)}{(s+6.007\times10^8)(s^2+3.27\times10^7 s+1.053\times10^{15})}$$

带超前补偿闭环传递函数伯德图如图 2. 53 所示,单位阶跃响应如 2. 54 图所示,由图可知,超调量为 16%。

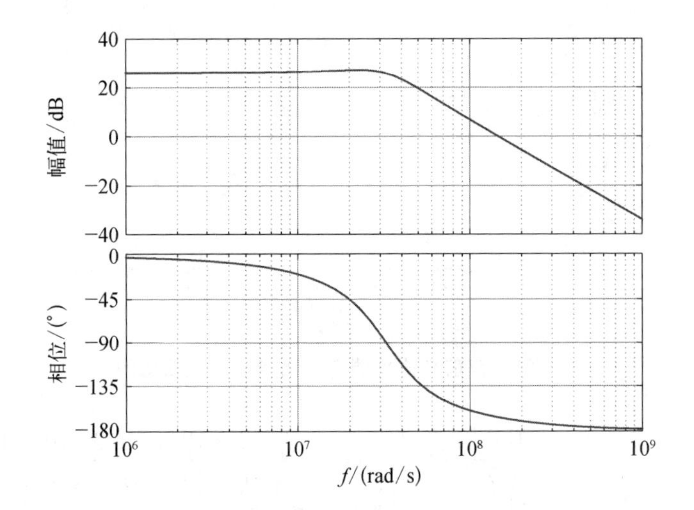

图 2. 53　带超前补偿闭环传递函数伯德图

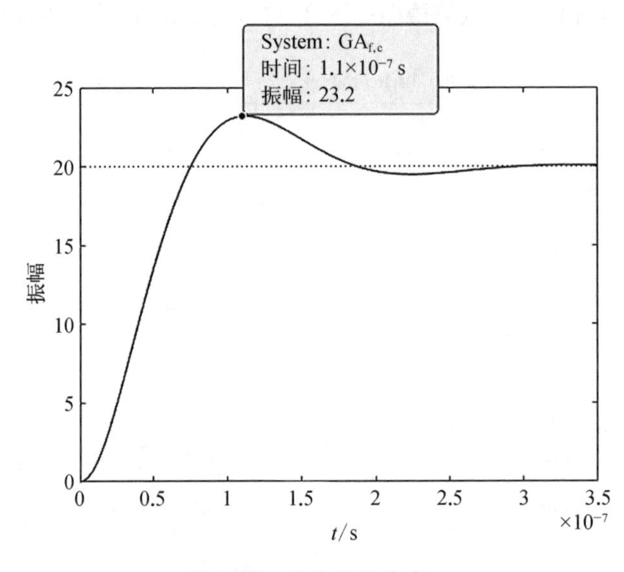

图 2. 54　单位阶跃响应

上述仿真表面,虽然采用超前补偿对闭环系统性能进行了修正,但 RC 串并联超前补偿网络不是最优的设计方案,需要对补偿电容进行优化设计。

在初步设计的补偿电容 $C = 0.1664\ \text{pF}$ 附近进行扫描式寻优,扫描范围为 $0.1\ \text{pF} \leqslant C \leqslant 0.9\ \text{pF}$, 增量为 $\Delta C = 0.1\ \text{pF}$, 优化过程中开环传递函数伯德图如图 2. 55 所示,闭环单位阶跃响应如图 2. 56 所示。

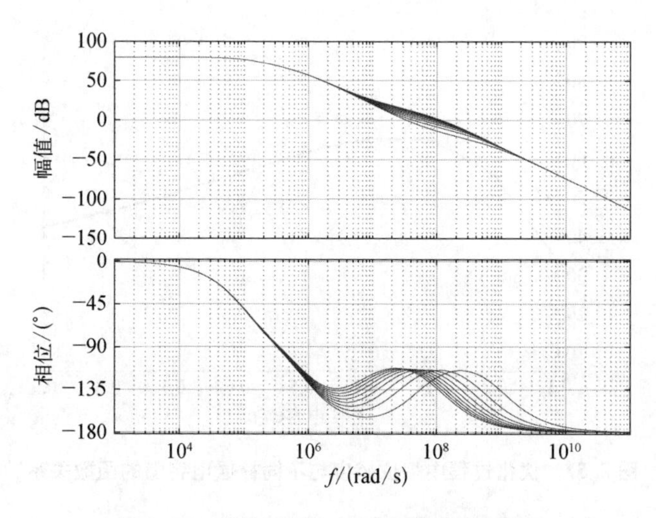

图 2.55　优化过程中开环传递函数伯德图

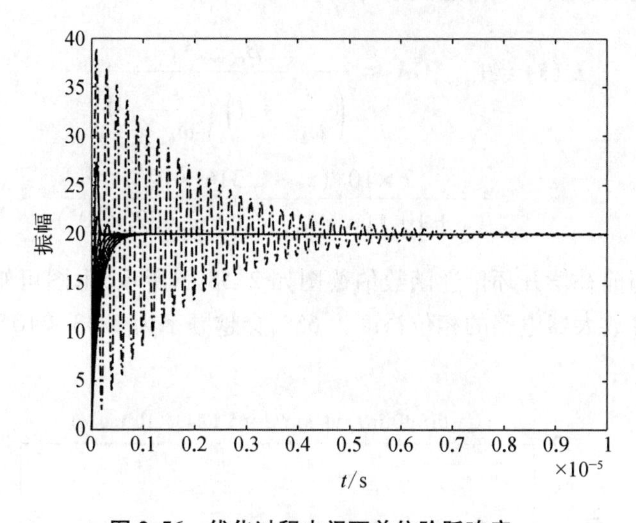

图 2.56　优化过程中闭环单位阶跃响应

优化过程中相位裕度与不同补偿电容值的函数关系如图 2.57 所示。

优化的补偿电容为

$$C_{\text{best}} = 0.3\ \text{pF}$$

优化的超前补偿反馈电压比传递函数为

$$\beta_{\text{c, best}} = \frac{3.8 \times 10^{-9} s + 0.05}{3.8 \times 10^{-9} s + 1} = 0.05 \frac{\dfrac{s}{1.3158 \times 10^{7}} + 1}{\dfrac{s}{2.6316 \times 10^{8}} + 1}$$

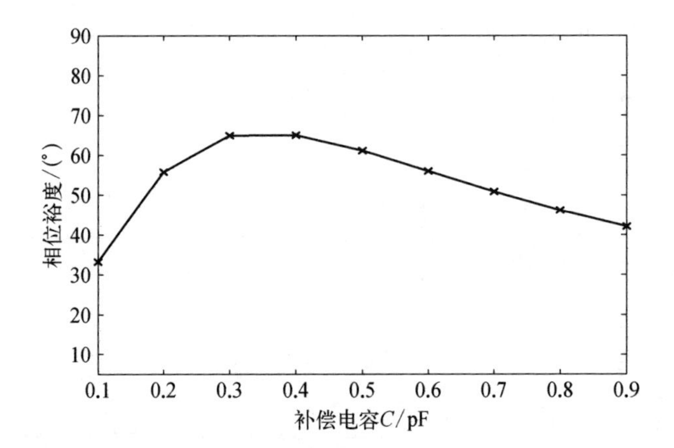

图 2.57 优化过程中相位裕度与不同补偿电容值的函数关系

优化的超前补偿开环传递函数为

$$L_c(s)=\beta_{c,\ \text{best}}\text{GA}_o=\frac{\beta_{c,\ \text{best}}A_0}{\left(\dfrac{s}{\omega_{b1}}+1\right)\left(\dfrac{s}{\omega_{b2}}+1\right)}$$

$$=\frac{2\times10^{16}(s+1.316\times10^{7})}{(s+10^{6})(s+10^{5})(s+2.632\times10^{8})}$$

优化的超前补偿开环传递函数伯德图如 2.58 图所示，由图可知，优化的带超前补偿的运算放大器电路的相位裕度为 65°，穿越频率为 7.43×10^{7} rad/s，满足设计要求。

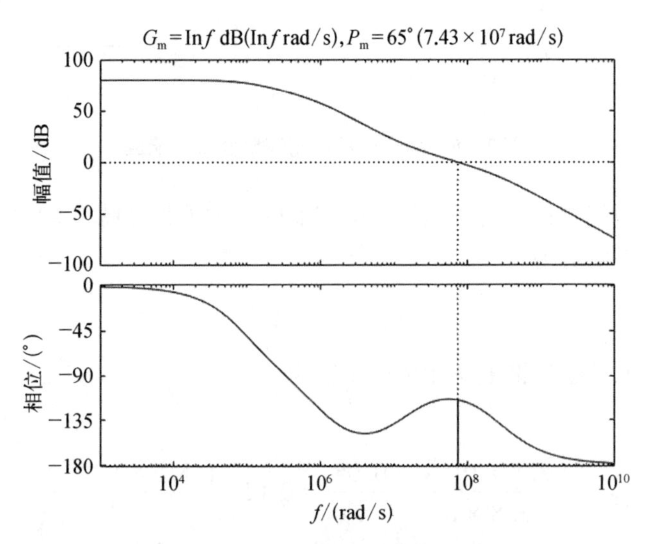

图 2.58 优化的超前补偿开环传递函数伯德图

优化的闭环传递函数为

$$GA_{f,c,best}(s)=\frac{GA_o(s)}{1+GA_o(s)\beta_{c,best}}=\frac{2\times10^{16}(s+2.632\times10^8)}{(s+1.617\times10^8)(s^2+2.481\times10^8 s+1.628\times10^{16})}$$

优化的带超前补偿闭环传递函数与原运算放大器及纯比例反馈闭环传递函数对比伯德图如图2.59所示。

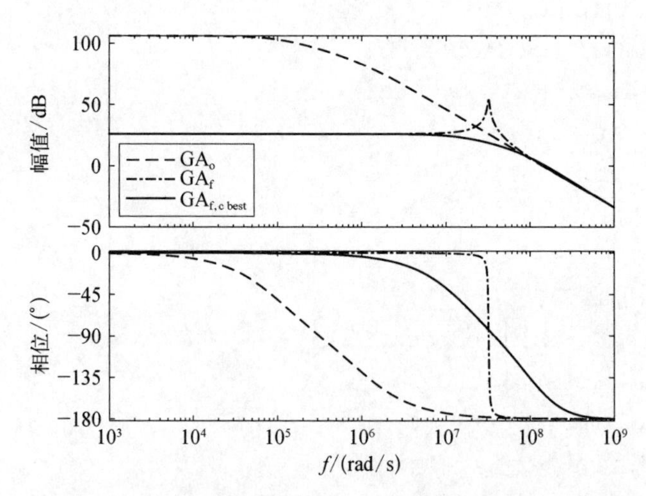

图2.59 优化的带超前补偿闭环传递函数与原运算放大器及纯比例反馈闭环传递函数对比伯德图

优化的带超前补偿与纯比例反馈补偿闭环传递函数单位阶跃响应对比曲线如图2.60所示，由图可知，优化的带超前补偿的运算放大器无超调。

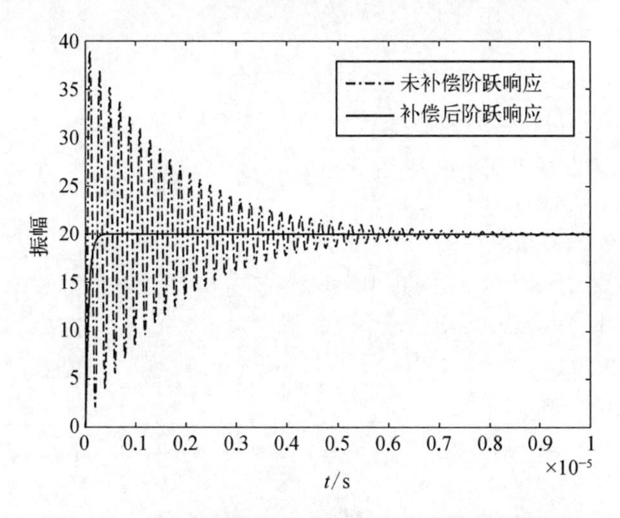

图2.60 优化的带超前补偿与纯比例反馈补偿闭环传递函数单位阶跃响应对比曲线

源 程 序

```
A0 = 2e5; w1 = 1e5; w2 = 1e6; s = tf('s');
GAo=zpk(A0/(1+s/w1)/(1+s/w2))
w=logspace(3, 9, 200);
figure(1),bode(GAo, w,'k')
figure(2),step(GAo,'k')
Af_DCgain=20, R1=10*1e3
beta=1/Af_DCgain
Rf=(Af_DCgain-1)*R1
GAf=zpk(feedback(GAo, beta))
figure(3),bodemag(GAo,'k--',GAf,'k')
legend('GAo','GAf')
L=beta*GAo, S=feedback(1, L)
figure(4),stepplot(GAf)
figure(5),margin(L),grid
[GM, PM, wcg, wcp]=margin(L)
figure(6),bodemag(GAf,'k',S,'k-.')
legend('GAf','S')
C=1/(Rf*wcp)  %C=1.664785924176539e-13
K=R1/(R1+Rf)
taoz=Rf*C
taop=K*Rf*C
betaC=tf([K*taoz  K],[taop  1])
figure(7),bode(betaC)
L_c=GAo*betaC
figure(8),margin(L_c)
GAf_c=feedback(GAo, betaC)
figure(9),bode(GAf_c),grid
figure(10),step(GAf_c,'k')
CC=[0.1: 0.1: 0.9]*1e-12
for i=1: length(CC)
    beta_c_array(:,:,i)=tf([K*Rf*CC(i)  K],[K*Rf*CC(i)
1]);
end
```

```
GAf_c_array=feedback(GAo, beta_c_array);
L_c_array=GAo*beta_c_array;
figure(11),bode(L_c_array),grid
figure(12),step(GAf,'k-.',GAf_c_array,'k')

[GM_array, PM_array, wcg_array, wcp_array]=margin(L_c_array)
index=1
for j=2: length(PM_array)
    if PM_array(j)>PM_array(index)
        index=j
    end
end
C_best=CC(index)
taoz_best=Rf*C_best
taop_best=K*Rf*C_best
betaC_best=tf([K*taoz_best  K],[taop_best  1])
figure(13),plot(CC*1e12, PM_array,'k',CC*1e12, PM_array,'kx')
ax = gca; xlim([0.1 0.9]); ylim([5 90]);ax.Box = 'on';
xlabel('Compensation Capacitor   C/pF');
ylabel('Phase Margin   PM/¡ã')
L_c_best=L_c_array(:,:,index)
figure(14),margin(L_c_best)
GAf_c_best=GAf_c_array(:,:,index)
figure(15),step(GAf,'k-.',GAf_c_best,'k')
legend('Uncompensated','Compensated')
figure(16),bodeplot(GAo,'k--',GAf,'k-.',GAf_c_best,'k')
legend('GAo','GAf','GAf_c best')
```

第3章 螺旋桨特性

涡桨发动机和空气螺旋桨共同组成飞机的动力装置，空气螺旋桨是飞机的主要推进器，其作用是从发动机获得的机械能转变为使飞机前进的拉力。

根据空气动力学原理，飞机在大气中飞行时，螺旋桨在推进运动和旋转运动的同时作用下构成复合运动，做复合运动的螺旋桨受到气流的作用，在叶片上产生升力和阻力，升力和阻力在前进方向的正交分量的合力产生了拉力 F，升力和阻力在圆周切线方向的正交分量的合力产生了圆周切向力 F_Q，显然，需要发动机输出扭矩并传递到螺旋桨上以克服螺旋桨阻力矩才能具备产生拉力的条件，同时，拉力的大小和方向由叶片攻角的大小决定，如果螺旋桨叶片上的攻角小于零，则会使螺旋桨局部产生失速。

空气螺旋桨叶片可看成是无数多的不同叶素连续累积而成，因此可根据空气动力学原理，通过对叶素运动学、动力学特性的描述和分析，再对叶素特性的整个作用范围积分而获得整体的叶片动力学特性。在叶素运动学中由于螺旋桨诱导速度的抽象性，需要从桨盘动力学的研究角度，以流过桨盘的气体作为研究对象，在满足质量、动量和能量三大守恒定律的条件下，建立桨盘动力学特性，以此获得螺旋桨诱导速度的几何理解，从而建立完整的螺旋桨特性。

螺旋桨产生拉力的动力学机制类似机翼产生升力的动力学机制。

本章首先分析机翼升力和阻力产生的机制，作为螺旋桨叶片动力学的研究基础；其次，以叶素运动学特性为出发点，辅以桨盘动力学获得螺旋桨诱导速度概念，展开叶素动力学特性的研究；在此基础上建立完整的螺旋桨特性。

3.1 机翼升力和阻力

飞机以攻角为 α 的亚声速气流流过机翼的翼型时，在下表面邻近前缘点处有气流分离点 A，流速为零，称为驻点，驻点以上气流沿翼型上表面流过，驻点以下气流沿翼型下表面流过，在后缘点 B 汇合成一条流线，后缘点 B 也是驻点，流速为零，如图3.1所示。

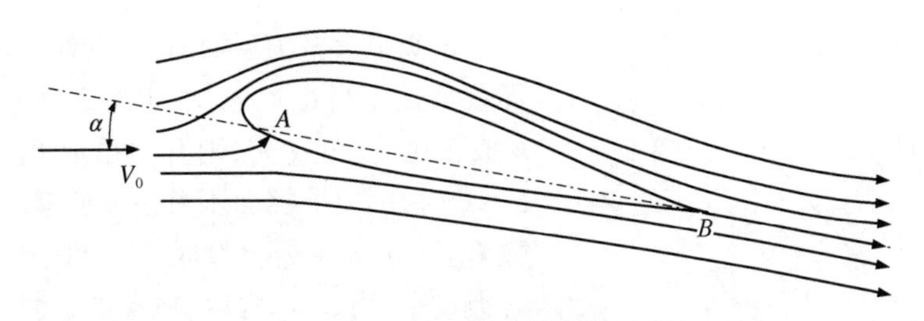

图 3.1 气流以速度 V_0 流过翼型时,翼型上下的气流流线

由于翼型上表面几何呈拱形,路程较长,流速较快,按伯努利公式,上表面压力要减小,流速最快点处的压力最小,最小压力点位置随攻角的变化而变化,大攻角时靠近前缘,小攻角时后移,最小压力点大小随攻角的增大而减小;翼型下表面相对平坦,路程较短,流速小,压力比上表面的大,作用在翼面上的压力用压力系数 $\bar{P}$ 表示,即

$$\bar{P} = \frac{P - P_0}{\frac{1}{2}\rho_0 V_0^2} \tag{3.1}$$

其中,P 为翼面某点压力;下标"0"的参数表示远前方迎面气流参数。压力系数 $\bar{P}$ 为负,表示该点压力小于远前方迎面气流压力,称为负压力或吸力,流速比 V_0 大;压力系数 $\bar{P}$ 为正,表示该点压力大于远前方迎面气流压力,称为正压力,流速比 V_0 小;驻点压力系数 $\bar{P}$ 为1,是翼面上最大正压力点。各点压力系数 $\bar{P}$ 表示在翼面上,并将各向量外端光滑连成曲线,获得压力分布,如图 3.2 所示。

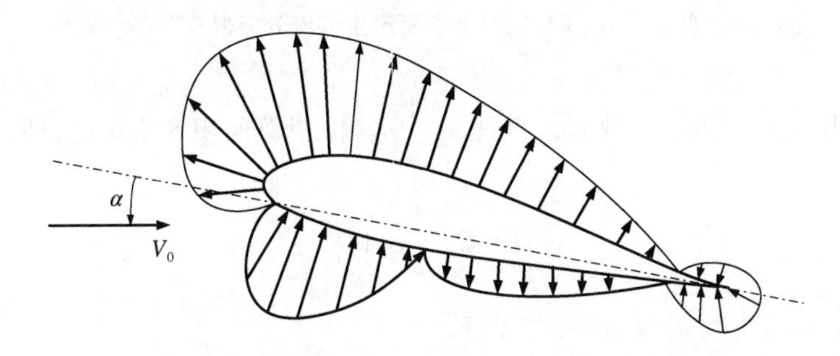

图 3.2 压力系数 $\bar{P}$ 在翼面上的压力分布图

图 3.2 中箭头所指为翼面法向,$\bar{P} < 0$,箭头向外,$\bar{P} > 0$,箭头指向翼面,压力分布图表示上下翼面的压力差,将其投影到 V_0 的垂直线上,并沿着整个翼面积分获得升力系数 C_L,通过风洞试验可得到 C_L 与攻角 α 的函数关系。

气流通过翼型时在翼面上产生的阻力来源于气流作用于翼型表面的法向力在 V_0 上的投影分量和气流对翼型表面的切向摩擦力在 V_0 上的投影分量之和。

升力系数、阻力系数与攻角特性关系如图 3.3 所示。

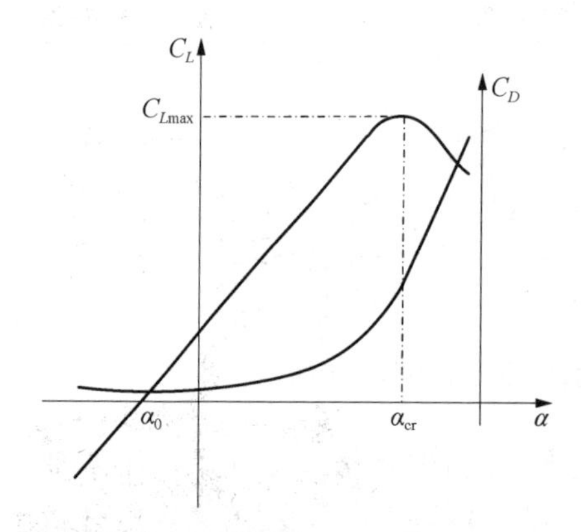

图 3.3 升力系数、阻力系数与攻角特性关系

定义最大升力系数 $C_{L\max}$ 点处的攻角为临界攻角 α_{cr}，当 $\alpha < \alpha_{cr}$ 时，升力系数 C_L 与攻角 α 成正比，攻角 α 大，则升力系数 C_L 也大；当 $\alpha = 0$ 时，因上下翼面压力差大于零，故升力系数 $C_L > 0$；$\alpha = \alpha_0 < 0$ 时，$C_L = 0$，称 α_0 为零升力攻角；当 $\alpha > \alpha_{cr}$ 时，机翼上表面气流不再沿着翼面流动，而是产生气流分离，形成漩涡，因此，升力不再增加，如图 3.4 所示。

机翼升力 L 与升力系数 C_L、动压头 $\frac{1}{2}\rho_0 V_0^2$、机翼面积 S 成正比，即

$$L = C_L \frac{1}{2}\rho_0 V_0^2 S \tag{3.2}$$

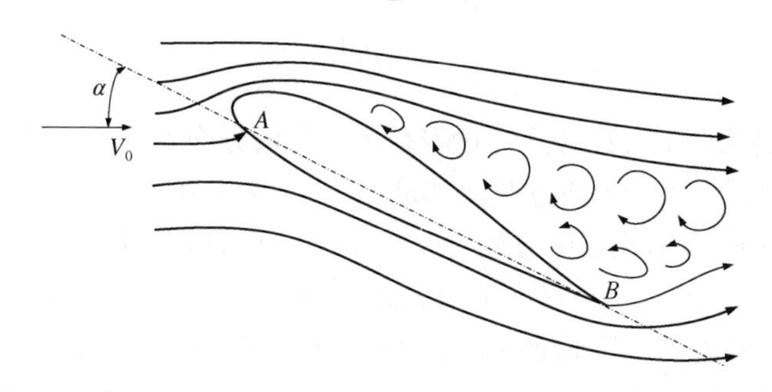

图 3.4 当 $\alpha > \alpha_{cr}$ 时，机翼上表面产生气流分离形成漩涡示意图

机翼阻力 D 与阻力系数 C_D、动压头 $\frac{1}{2}\rho_0 V_0^2$、机翼面积 S 成正比，即

$$D = C_D \frac{1}{2}\rho_0 V_0^2 S \tag{3.3}$$

翼面上的升力与阻力如图 3.5 所示。

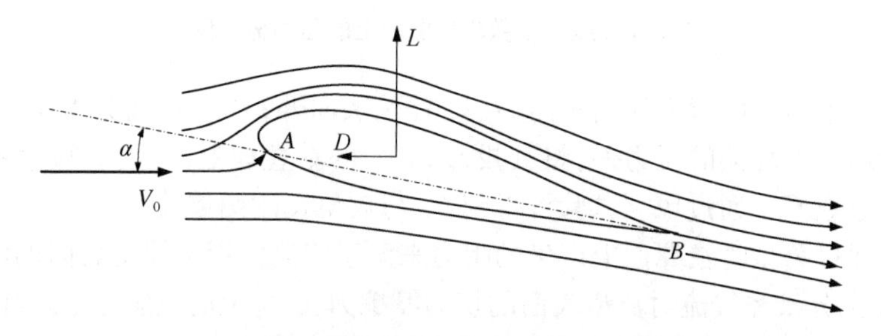

图 3.5 在翼面上的升力与阻力示意图

3.2 叶素运动学

设飞机速度为 V_0，螺旋桨推进速度也为 V_0，根据物体运动与反作用原理，飞机在大气中飞行时，螺旋桨相对大气的速度为 V_0，方向向前；以螺旋桨为研究对象时，螺旋桨受到向后的、速度为 V_0 的大气的作用，根据空气动力学理论，在螺旋桨叶片上将产生升力和阻力，升力和阻力在飞机前进方向上投影的合力即为螺旋桨上产生的拉力，螺旋桨运动的反作用原理如图3.6所示。

设螺旋桨转速为 n_{prop}，单位为 r/min，n_s 为每秒螺旋桨旋转次数，单位为 r/s，螺旋桨角速度为

$$\omega = 2\pi n_s = 2\pi \frac{n_{prop}}{60} \tag{3.4}$$

螺旋桨角速度单位为 rad/s，螺旋桨桨叶半径为 r 处的剖面称为叶素，定义零升力线与叶素弦线重合，叶素弦线与螺旋桨旋转平面之间夹角 β 为桨叶角（或桨距、桨叶安装角），叶素的圆周速度为

$$U_0 = \omega r = 2\pi r n_s \tag{3.5}$$

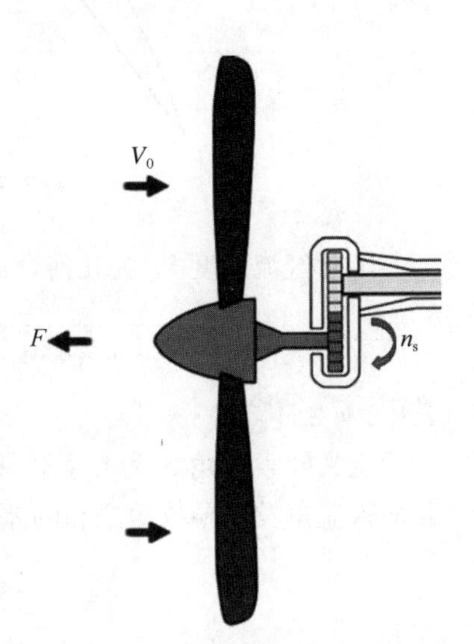

图3.6 螺旋桨运动的反作用原理

设螺旋桨推进速度为 V_0，叶素几何合成速度 V_R 为叶素圆周速度 U_0 与推进速度 V_0 的矢量和，其大小为

$$V_R = \sqrt{U_0^2 + V_0^2} \tag{3.6}$$

叶素几何合成速度与螺旋桨旋转平面之间夹角 γ 为几何入流角：

$$\gamma = \mathrm{tg}^{-1} \frac{V_0}{U_0} \tag{3.7}$$

叶素运动速度几何关系如图3.7所示。

前向飞行中螺旋桨叶素上有三个速度分量，即 V_0、U_0 和 w，w 为螺旋桨诱导速度，α_i 为诱导攻角：

$$\alpha_i = \sin^{-1} \frac{w}{V_R} \tag{3.8}$$

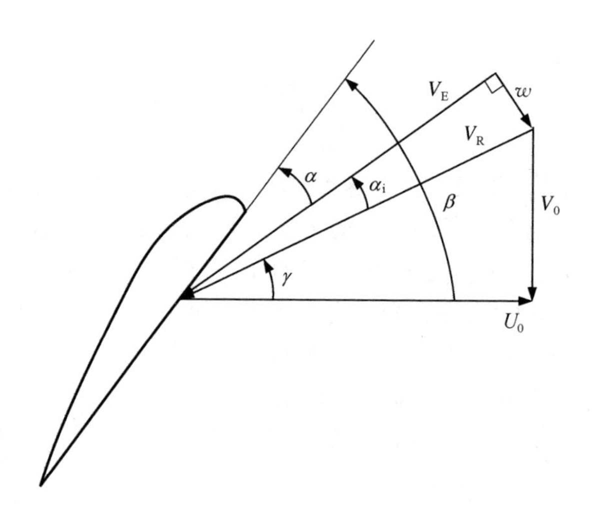

图 3.7　叶素运动速度几何关系

实际气流速度 V_E 为几何合成速度 V_R 和螺旋桨诱导速度 w 的矢量和：

$$V_E = \sqrt{[U_0 - w\sin(\gamma + \alpha_i)]^2 + [V_0 + w\cos(\gamma + \alpha_i)]^2} \tag{3.9}$$

其中，$w \perp V_E$。

定义叶素攻角 α 为叶素弦线与实际气流速度方向的夹角，即攻角为桨叶角与几何入流角及诱导攻角之和的差：

$$\alpha = \beta - (\gamma + \alpha_i) \tag{3.10}$$

3.3　桨盘动力学

将推进运动的旋转螺旋桨等效为一个面积为 A_1 的薄盘，气流连续通过薄盘时进行收缩，气流通过桨叶薄盘沿收缩流管流动时，在薄盘上产生前向拉力示意图如图 3.8 所示。

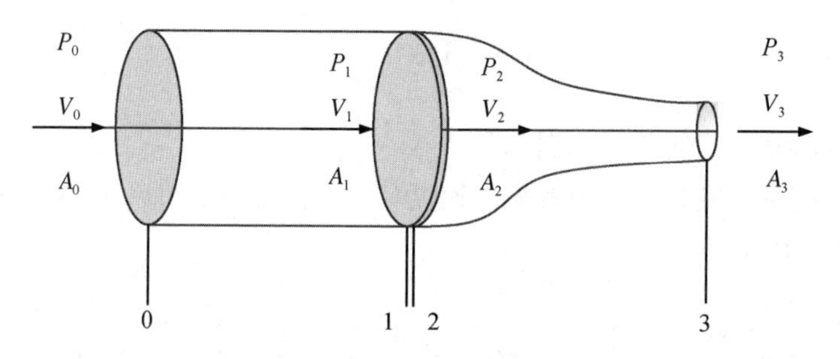

图 3.8　气流沿收缩流管流动时，在薄盘上产生前向拉力示意图

以通过薄盘的气体作为研究对象,假设空气密度为 ρ 的理想不可压缩气流在一个两端环境压力相同的收缩流管内流动,薄盘位于流管的中间位置,气流在流管进口 0 截面未受螺旋桨扰动,气流速度为 V_0, 静压为 p_0, 薄盘前后 1 截面、2 截面的气流速度分别为 V_1 和 V_2, 且 $V_1 = V_2$, 薄盘前后 1 截面、2 截面的气流静压分别为 p_1 和 p_2, 且 $p_2 > p_1$, 即气流通过薄盘时静压将增加,在流管出口 3 截面的气流速度为 V_3, 静压为 p_3, 且 $p_3 = p_0$, 气流通过薄盘时在薄盘上产生的拉力为 F, 根据动量守恒定律,得

$$F = \dot{m}_3 V_3 - \dot{m}_0 V_0 \tag{3.11}$$

根据质量守恒定律:

$$\dot{m}_0 = \rho A_0 V_0 = \dot{m}_1 = \rho A_1 V_1 = \dot{m}_2 = \rho A_2 V_2 = \dot{m}_3 = \rho A_3 V_3 \tag{3.12}$$

则

$$F = \dot{m}_3 (V_3 - V_0) = \rho A_3 V_3 (V_3 - V_0) \tag{3.13}$$

同时,作用在薄盘面积 A_1 上的拉力为

$$F = A_1 (p_2 - p_1) \tag{3.14}$$

则

$$A_1 (p_2 - p_1) = \rho A_3 V_3 (V_3 - V_0) \tag{3.15}$$

即

$$(p_2 - p_1) = \rho \frac{A_3}{A_1} V_3 (V_3 - V_0) \tag{3.16}$$

根据能量守恒定律:

$$p_0 + \frac{1}{2}\rho V_0^2 = p_1 + \frac{1}{2}\rho V_1^2 \tag{3.17}$$

$$p_2 + \frac{1}{2}\rho V_2^2 = p_3 + \frac{1}{2}\rho V_3^2 \tag{3.18}$$

上述二式相减,得

$$p_2 - p_1 = \frac{1}{2}\rho (V_3^2 - V_0^2) = \frac{1}{2}\rho (V_3 - V_0)(V_3 + V_0) \tag{3.19}$$

联立式(3.16)与式(3.19),得

$$\frac{1}{2}\rho (V_3 - V_0)(V_3 + V_0) = \rho \frac{A_3}{A_1} V_3 (V_3 - V_0) \tag{3.20}$$

即

$$\frac{1}{2}(V_3 + V_0) = \frac{A_3}{A_1}V_3 \tag{3.21}$$

根据质量守恒定律：

$$\rho A_3 V_3 = \rho A_1 V_1 \tag{3.22}$$

得

$$A_1 = \frac{V_3}{V_1}A_3 \tag{3.23}$$

将式(3.23)代入式(3.21)中，得

$$\frac{1}{2}(V_3 + V_0) = \frac{A_3}{A_1}V_3 = \frac{A_3}{\frac{V_3}{V_1}A_3}V_3 = V_1 \tag{3.24}$$

即

$$V_1 = \frac{1}{2}(V_0 + V_3) \tag{3.25}$$

上式表明，通过螺旋桨薄盘的空气气流速度等于螺旋桨上游和下游速度的平均值，由此，引入 w_{ind}，将其定义为螺旋桨诱导速度，则螺旋桨薄盘气流速度可看成是螺旋桨上游速度与螺旋桨诱导速度之和：

$$V_1 = V_0 + w_{ind} \tag{3.26}$$

代入式(3.25)中，得

$$V_3 = V_0 + 2w_{ind} \tag{3.27}$$

螺旋桨理想功率为气流动能变化的增量，即

$$\begin{aligned} P_i &= \frac{1}{2}\dot{m}_3 V_3^2 - \dot{m}_0 V_0^2 = \frac{1}{2}\dot{m}_1(V_3^2 - V_0^2) = \frac{1}{2}\rho A_1 V_1(V_3 - V_0)(V_3 + V_0) \\ &= \frac{1}{2}\rho A_1(V_0 + w_{ind})(V_0 + 2w_{ind} - V_0)(V_0 + 2w_{ind} + V_0) = 2w_{ind}\rho A_1(V_0 + w_{ind})^2 \end{aligned} \tag{3.28}$$

由式(3.13)，得

$$F = \rho A_1 V_1(V_3 - V_0) = \rho A_1(V_0 + w_{ind})(V_0 + 2w_{ind} - V_0) = 2w_{ind}\rho A_1(V_0 + w_{ind}) \tag{3.29}$$

螺旋桨有效功率为

$$P_e = FV_0 \tag{3.30}$$

螺旋桨诱导功率为

$$P_{ind} = Fw_{ind} \tag{3.31}$$

由式(3.28)、式(3.29)，得

$$P_i = F(V_0 + w_{ind}) = FV_0 + Fw_{ind} = P_e + P_{ind} \tag{3.32}$$

上式表明，螺旋桨所需的理想功率是螺旋桨有效功率与诱导功率之和，当螺旋桨所需的理想功率不变时，随着飞行速度 V_0 的增加，拉力会下降。

由式(3.29)可知，当拉力 F、飞行速度 V_0 已知时，螺旋桨诱导速度是下述一元二次方程的解：

$$(2\rho A_1)w_{ind}^2 + (2\rho A_1 V_0)w_{ind} - F = 0 \tag{3.33}$$

$$w_{ind} = \frac{1}{2}\left(-V_0 + \sqrt{V_0^2 + \frac{2F}{\rho A_1}}\right) \tag{3.34}$$

当飞行速度 $V_0 = 0$ 时，静拉力为 F_0，螺旋桨静态诱导速度为

$$w_{ind0} = \sqrt{\frac{F_0}{2\rho A_1}} \tag{3.35}$$

因此，当飞行速度 $V_0 = 0$ 时，发动机所需的理想静态功率 P_0 为

$$P_0 = P_{ind0} = F_0 w_{ind0} = \sqrt{\frac{F_0^3}{2\rho A_1}} \tag{3.36}$$

当螺旋桨所需的理想静态功率 P_0 已知时，可通过上式求出螺旋桨静拉力为

$$F_0 = (2\rho A_1 P_0^2)^{\frac{1}{3}} \tag{3.37}$$

螺旋桨理想推进效率 $\eta_{prop,i}$ 是有效功率与理想功率之比：

$$\eta_{prop,i} = \frac{P_e}{P_i} = \frac{FV_0}{F(V_0 + w_{ind})} = \frac{1}{1 + \frac{w_{ind}}{V_0}} \tag{3.38}$$

由式(3.34)，得

$$\frac{w_{ind}}{V_0} = \frac{1}{2}\left(-1 + \sqrt{1 + \frac{2F}{\rho A_1 V_0^2}}\right) \tag{3.39}$$

即

$$\eta_{\mathrm{prop,\,i}} = \frac{1}{1+\dfrac{w_{\mathrm{ind}}}{V_0}} = \frac{1}{1+\dfrac{1}{2}\left(-1+\sqrt{1+\dfrac{2F}{\rho A_1 V_0^2}}\right)} \tag{3.40}$$

从式(3.39)和式(3.40)可知,当拉力 $F=0$ 时,诱导速度 $w_{\mathrm{ind}}=0$,理想效率为100%,这表明理想效率在诱导速度 $w_{\mathrm{ind}}=0$ 时能达到100%,但螺旋桨上不会产生拉力,式(3.40)意味着拉力和理想效率成反比的关系,拉力小,则理想效率大;拉力大,则理想效率小;因此,在选择螺旋桨性能目标设计时,应在拉力和效率这两个性能指标上权衡,进行折中设计。

实际螺旋桨推进效率是有效功率与实际发动机轴功率 P_{S} 之比:

$$\eta_{\mathrm{prop}} = \frac{FV_0}{P_{\mathrm{S}}} \tag{3.41}$$

且 $\eta_{\mathrm{prop}} < \eta_{\mathrm{prop,\,i}}$。

定义功率修正因子为理想功率和发动机实际轴功率之比:

$$C_{\mathrm{f}} = \frac{P_{\mathrm{i}}}{P_{\mathrm{S}}} \tag{3.42}$$

则诱导速度 w_{ind} 的初步估计也可以通过功率修正因子、发动机实际轴功率、拉力、飞行速度的关系获得,即

$$w_{\mathrm{ind}} = \frac{C_{\mathrm{f}} P_{\mathrm{S}}}{F} - V_0 \tag{3.43}$$

其中,$C_{\mathrm{f}} = 0.75 \sim 0.8$。

变距螺旋桨通过调节桨叶角保持转速不变,以提高螺旋桨推进效率。

3.4 叶素动力学

作用在螺旋桨叶片叶素上的力与运动速度的几何关系如图3.9所示。

设螺旋桨桨叶半径为 r 处的叶素宽度为 b,沿半径 r 方向的微元增量为 $\mathrm{d}r$,微元面积为

$$\mathrm{d}S = b\,\mathrm{d}r \tag{3.44}$$

叶素与该微元面积构成叶素微元体,定义叶素升力 $\mathrm{d}L$ 为作用于叶素微元体上的升

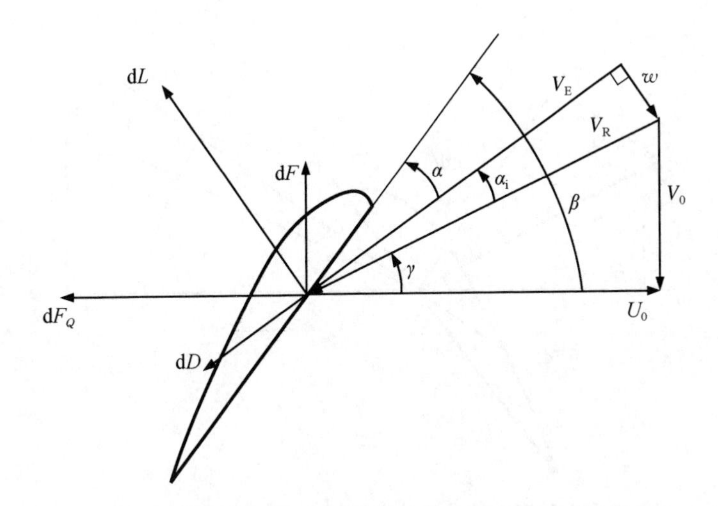

图 3.9 作用在叶素上的力与运动速度的几何关系

力, dL 垂直于实际气流速度 V_E 方向,根据空气动力学原理,其大小为

$$dL = C_L \frac{1}{2}\rho V_E^2 b dr \tag{3.45}$$

其中, C_L 为升力系数; ρ 为空气密度。

定义叶素阻力 dD 为作用于叶素微元体上的阻力, dD 与实际气流速度 V_E 方向一致,其大小为

$$dD = C_D \frac{1}{2}\rho V_E^2 b dr \tag{3.46}$$

其中, C_D 为阻力系数。

定义叶素总空气动力 dR 为作用于叶素微元体上的总空气动力,其矢量表达式为

$$dR = dL + dD = dF + dF_Q$$

作用在叶素上的叶素总空气动力 dR 与叶素升力 dL、叶素阻力 dD 及叶素拉力 dF、叶素圆周切向力 dF_Q 的合成与分解关系如图 3.10 所示。

在远离失速状态情况下,升力曲线的斜率为 k_0, 则升力系数 C_L 的近似估计为

$$C_L = C_{L,\alpha}(\beta - \alpha_i - \gamma) = k_0(\beta - \alpha_i - \gamma) \tag{3.47}$$

阻力系数 C_D 按叶片当前所处的各种空气动力学状态进行近似估计,即按升力系数 C_L 和攻角 α 的最小最大值进行分段计算:

$$C_D = \begin{cases} C_{D,\min}, & C_L < C_{L,\min} \\ C_{D,\min} + k(C_L - C_{L,\min})^2, & C_{L,\min} < C_L < C_{L,\max} \\ C_{D,\alpha_{\max}} + k_1(\alpha - \alpha_{\max}), & \alpha > \alpha_{\max} \end{cases} \tag{3.48}$$

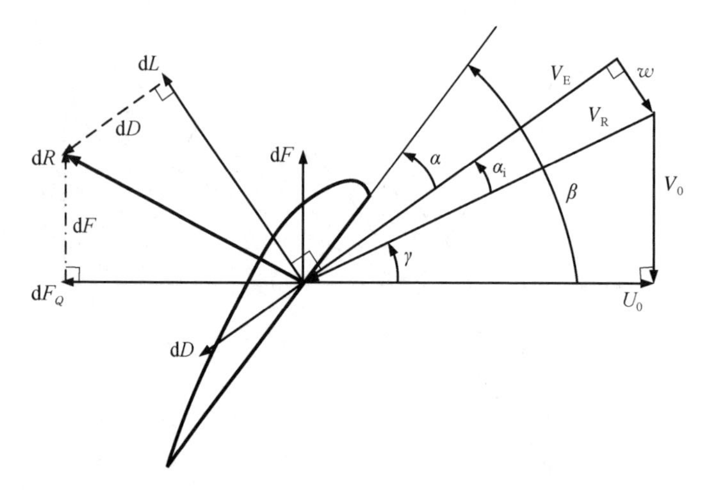

图 3.10 作用在叶素上的叶素总空气动力 dR 与叶素升力 dL、叶素阻力 dD 及叶素拉力 dF、叶素圆周切向力 dF_Q 的合成与分解关系

定义叶素拉力 $\mathrm{d}F$ 为作用于叶素微元体上的拉力，叶素圆周切向力 $\mathrm{d}F_Q$ 为作用于叶素微元体上的圆周切向力，由于叶素拉力 $\mathrm{d}F$ 与叶素升力 $\mathrm{d}L$ 之间夹角为 $\gamma+\alpha_i$，则存在以下三角关系：

$$\mathrm{d}F=\mathrm{d}L\cos(\gamma+\alpha_i)-\mathrm{d}D\sin(\gamma+\alpha_i) \tag{3.49}$$

$$\mathrm{d}F_Q=\mathrm{d}L\sin(\gamma+\alpha_i)+\mathrm{d}D\cos(\gamma+\alpha_i) \tag{3.50}$$

将式(3.45)和式(3.46)代入，得

$$\mathrm{d}F=\frac{1}{2}\rho V_E^2 b[C_L\cos(\gamma+\alpha_i)-C_D\sin(\gamma+\alpha_i)]\mathrm{d}r \tag{3.51}$$

$$\mathrm{d}F_Q=\frac{1}{2}\rho V_E^2 b[C_L\sin(\gamma+\alpha_i)+C_D\cos(\gamma+\alpha_i)]\mathrm{d}r \tag{3.52}$$

叶素微元体上的叶素圆周切向力矩为

$$\mathrm{d}Q=r\mathrm{d}F_Q=\frac{1}{2}\rho V_E^2 b[C_L\sin(\gamma+\alpha_i)+C_D\cos(\gamma+\alpha_i)]r\mathrm{d}r \tag{3.53}$$

叶素吸收功率为叶素微元体上叶素吸收的功率：

$$\begin{aligned}\mathrm{d}P_{\mathrm{prop}}&=\omega\mathrm{d}Q=\omega\frac{1}{2}\rho V_E^2 b[C_L\sin(\gamma+\alpha_i)+C_D\cos(\gamma+\alpha_i)]r\mathrm{d}r\\&=\pi n_s\rho V_E^2 b[C_L\sin(\gamma+\alpha_i)+C_D\cos(\gamma+\alpha_i)]r\mathrm{d}r\end{aligned} \tag{3.54}$$

当动力涡轮经过减速机构传来的主动力矩与叶素阻力矩相平衡时，才能保证

上述叶素动力学的平衡关系。

为了计算上述叶素微元体上的动力学关系，需要获得诱导攻角 α_i 的计算方法，α_i 计算过程如下。

设诱导速度 w 相比 V_R 较小，则存在 $V_E \approx V_R$ 的关系，同时考虑到阻力相对于升力较小，初步计算 w 时忽略，并考虑螺旋桨叶片数 m，则

$$\mathrm{d}F \approx \mathrm{d}L\cos\gamma = mk_0(\beta - \alpha_i - \gamma)\frac{1}{2}\rho V_R^2 b\mathrm{d}r\cos\gamma \tag{3.55}$$

考虑半径为 r 的叶素，在厚度为 $\mathrm{d}r$ 的微圆环面积上，根据桨盘动力学的计算式(3.29)及 w_{ind} 方向与 V_0 方向一致、$w \perp V_E$、$w_{ind} = w\cos\gamma$、$w \approx \alpha_i V_R$ 的关系，其微圆环所受的拉力为

$$\begin{aligned}\mathrm{d}F &\approx 2\rho w_{ind}(V_0 + w_{ind})\mathrm{d}A \approx 2\rho w\cos\gamma(V_0 + w\cos\gamma)(2\pi r\mathrm{d}r)\\ &\approx 2\rho\alpha_i V_R\cos\gamma(V_0 + \alpha_i V_R\cos\gamma)(2\pi r\mathrm{d}r)\end{aligned} \tag{3.56}$$

联立式(3.55)与式(3.56)，得一元二次方程式：

$$\alpha_i^2 + \left(\frac{V_0}{V_R\cos\gamma} + \frac{mk_0 b}{8\pi r\cos\gamma}\right)\alpha_i - \frac{mk_0 b}{8\pi r\cos\gamma}(\beta - \gamma) = 0 \tag{3.57}$$

为了消去式中的三角变量，设螺旋桨叶尖半径为 R，定义参考弦长为 b_{ref} 的面积比为

$$\sigma_{ref} = \frac{mb_{ref}R}{\pi R^2} = \frac{mb_{ref}}{\pi R} \tag{3.58}$$

并设半径比为

$$\chi = \frac{r}{R} \tag{3.59}$$

弦长为 b 的面积比为

$$\sigma = \frac{mbR}{\pi R^2} = \frac{mb}{\pi R} = \chi\frac{mb}{\pi r} \tag{3.60}$$

则

$$mb = \frac{\sigma}{\chi}\pi r \tag{3.61}$$

设螺旋桨进距 H_a 为飞行速度为 V_0 的螺旋桨旋转一周的前进距离，即飞行速度 V_0 与螺旋桨转速 n_s 之比

$$H_{a} = \frac{V_0}{n_s} \tag{3.62}$$

叶尖圆周切向速度

$$V_T = \omega R \tag{3.63}$$

定义螺旋桨进距比 λ 为螺旋桨进距与螺旋桨直径 D 之比,即

$$\lambda = \frac{H_a}{D} = \frac{V_0}{n_s D} = \frac{V_0}{\frac{\omega}{2\pi}2R} = \frac{\pi V_0}{\omega R} = \frac{\pi V_0}{V_T} \tag{3.64}$$

由式(3.7)得

$$\gamma = \tan^{-1}\frac{V_0}{\omega r} = \tan^{-1}\frac{V_0}{\omega R \chi} = \tan^{-1}\frac{\lambda}{\chi\pi} \tag{3.65}$$

则

$$V_R \cos\gamma = \omega r = \chi\omega R = \chi V_T \tag{3.66}$$

则

$$\frac{1}{\cos\gamma} = \frac{V_R}{\chi V_T} \tag{3.67}$$

$$\frac{V_0}{V_R\cos\gamma} = \frac{V_0}{V_R}\frac{V_R}{\chi V_T} = \frac{V_0}{\chi V_T} = \frac{\lambda}{\chi\pi} \tag{3.68}$$

$$\frac{mk_0 b}{8\pi r\cos\gamma} = \frac{k_0}{8}\frac{\sigma}{\chi}\frac{V_R}{\chi V_T} = \frac{k_0\sigma V_R}{8\chi^2 V_T} \tag{3.69}$$

由式(3.57)得

$$\alpha_i^2 + \left(\frac{\lambda}{\chi\pi} + \frac{k_0\sigma V_R}{8\chi^2 V_T}\right)\alpha_i - \frac{k_0\sigma V_R}{8\chi^2 V_T}(\beta - \gamma) = 0 \tag{3.70}$$

则

$$\alpha_i = \frac{1}{2}\left[-\left(\frac{\lambda}{\chi\pi} + \frac{k_0\sigma V_R}{8\chi^2 V_T}\right) + \sqrt{\left(\frac{\lambda}{\chi\pi} + \frac{k_0\sigma V_R}{8\chi^2 V_T}\right)^2 + \frac{k_0\sigma V_R}{2\chi^2 V_T}(\beta - \gamma)}\right] \tag{3.71}$$

因此,在螺旋桨的几何结构、转速、飞机的推进速度已知条件下,可根据式(3.71)估计出诱导攻角 α_i 的近似值。

3.5 叶片动力学

设安装在轮盘上的螺旋桨叶片，其叶根半径为r_h，叶尖半径为R，叶片数为m，则整个螺旋桨上作用的螺旋桨拉力F为

$$F = m\int_{r_h}^{R} \mathrm{d}F \tag{3.72}$$

螺旋桨圆周切向力F_Q为

$$F_Q = m\int_{r_h}^{R} \mathrm{d}F_Q \tag{3.73}$$

螺旋桨圆周切向力矩Q为

$$Q = m\int_{r_h}^{R} \mathrm{d}Q \tag{3.74}$$

螺旋桨吸收功率（或消耗功率）P_{prop}为

$$P_{prop} = m\int_{r_h}^{R} \mathrm{d}P_{prop} \tag{3.75}$$

稳态时，螺旋桨消耗功率P_{prop}与发动机输出轴功率P_s相平衡。

设螺旋桨直径为D，考虑到螺旋桨拉力是空气密度、螺旋桨转速平方、直径4次方这3个量的乘积关系，定义螺旋桨拉力系数C_T为

$$C_T = \frac{F}{\rho n_s^2 D^4} \tag{3.76}$$

同时，考虑到螺旋桨消耗功率与空气密度、螺旋桨转速的3次方、直径的5次方这3个量的乘积成正比，定义螺旋桨功率系数C_P为

$$C_P = \frac{P_{prop}}{\rho n_s^3 D^5} \tag{3.77}$$

螺旋桨效率η_{prop}为螺旋桨有效功率FV_0与螺旋桨吸收功率P_{prop}之比，即

$$\eta_{prop} = \frac{FV_0}{P_{prop}} = \frac{C_T\rho n_s^2 D^4 V_0}{C_P\rho n_s^3 D^5} = \frac{C_T V_0}{C_P n_s D} = \frac{C_T}{C_P}\lambda \tag{3.78}$$

考虑到

$$V_{\mathrm{E}}^{2} \approx V_{R}^{2} = V_{0}^{2} + \omega^{2} r^{2} = \lambda^{2} n_{\mathrm{s}}^{2} D^{2} + 4\pi^{2} n_{\mathrm{s}}^{2} r^{2} \tag{3.79}$$

则

$$\begin{aligned} C_{T} &= \frac{F}{\rho n_{\mathrm{s}}^{2} D^{4}} = \frac{m}{\rho n_{\mathrm{s}}^{2} D^{4}} \int_{r_{\mathrm{h}}}^{R} \mathrm{d}F = \frac{m}{\rho n_{\mathrm{s}}^{2} D^{4}} \int_{r_{\mathrm{h}}}^{R} \frac{1}{2} \rho V_{\mathrm{E}}^{2} b [C_{L} \cos(\gamma + \alpha_{\mathrm{i}}) - C_{D} \sin(\gamma + \alpha_{\mathrm{i}})] \mathrm{d}r \\ &= \frac{m}{\rho n_{\mathrm{s}}^{2} D^{4}} \frac{1}{2} \rho b \int_{r_{\mathrm{h}}}^{R} (\lambda^{2} n_{\mathrm{s}}^{2} D^{2} + 4\pi^{2} n_{\mathrm{s}}^{2} r^{2}) [C_{L} \cos(\gamma + \alpha_{\mathrm{i}}) - C_{D} \sin(\gamma + \alpha_{\mathrm{i}})] \mathrm{d}r \\ &= \frac{mb}{2D^{4}} \int_{r_{\mathrm{h}}}^{R} (\lambda^{2} D^{2} + 4\pi^{2} r^{2}) [C_{L} \cos(\gamma + \alpha_{\mathrm{i}}) - C_{D} \sin(\gamma + \alpha_{\mathrm{i}})] \mathrm{d}r \end{aligned} \tag{3.80}$$

$$\begin{aligned} C_{P} &= \frac{P_{\mathrm{prop}}}{\rho n_{\mathrm{s}}^{3} D^{5}} = \frac{1}{\rho n_{\mathrm{s}}^{3} D^{5}} m \int_{r_{\mathrm{h}}}^{R} \mathrm{d}P_{\mathrm{prop}} \\ &= \frac{m}{\rho n_{\mathrm{s}}^{3} D^{5}} \int_{r_{\mathrm{h}}}^{R} \frac{1}{2} \rho V_{\mathrm{E}}^{2} b \omega [C_{L} \sin(\gamma + \alpha_{\mathrm{i}}) + C_{D} \cos(\gamma + \alpha_{\mathrm{i}})] r \mathrm{d}r \\ &= \frac{m}{\rho n_{\mathrm{s}}^{3} D^{5}} \frac{1}{2} \rho b \int_{r_{\mathrm{h}}}^{R} 2\pi n_{\mathrm{s}} (\lambda^{2} n_{\mathrm{s}}^{2} D^{2} + 4\pi^{2} n_{\mathrm{s}}^{2} r^{2}) [C_{L} \sin(\gamma + \alpha_{\mathrm{i}}) + C_{D} \cos(\gamma + \alpha_{\mathrm{i}})] r \mathrm{d}r \\ &= \frac{mb\pi}{D^{5}} \int_{r_{\mathrm{h}}}^{R} (\lambda^{2} D^{2} + 4\pi^{2} r^{2}) [C_{L} \sin(\gamma + \alpha_{\mathrm{i}}) + C_{D} \cos(\gamma + \alpha_{\mathrm{i}})] r \mathrm{d}r \end{aligned} \tag{3.81}$$

典型三叶变距螺旋桨 C_T 与 λ 的性能曲线如图 3.11 所示，三叶变距螺旋桨 C_P 与 λ 的性能曲线如图 3.12 所示，三叶变距螺旋桨 η 与 λ 的性能曲线如图 3.13 所示。

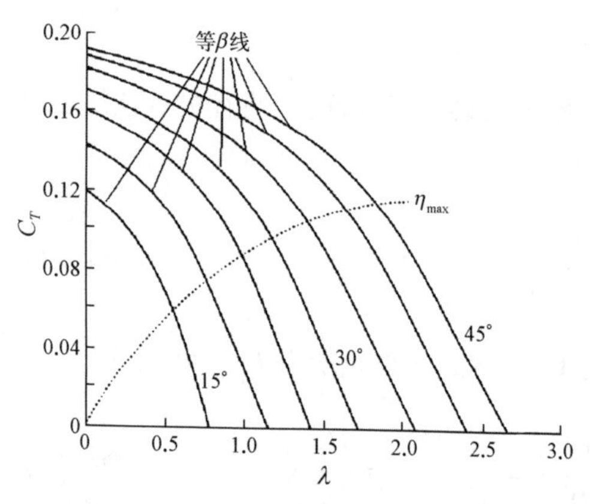

图 3.11 三叶变距螺旋桨 C_T 与 λ 的性能曲线[25]

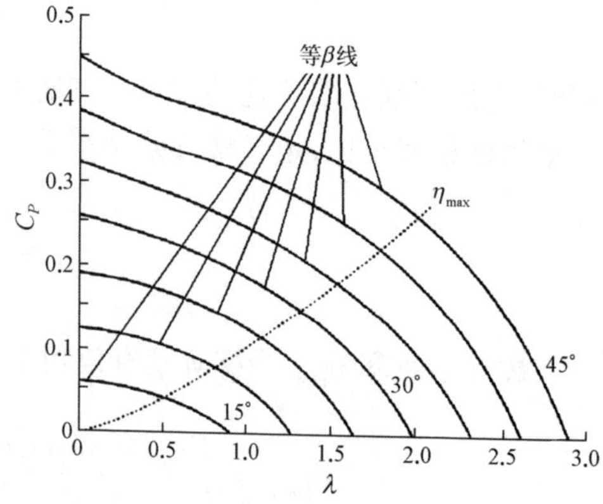

图 3.12 三叶变距螺旋桨 C_P 与 λ 的性能曲线[25]

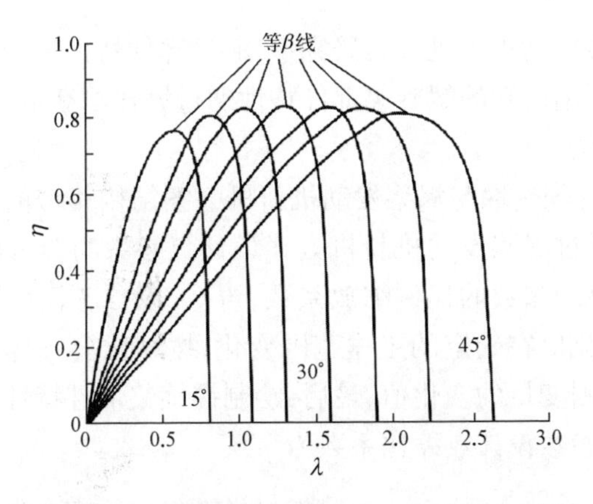

图 3.13 三叶变距螺旋桨 η 与 λ 的性能曲线[25]

典型四叶变距螺旋桨 C_T 与 λ 的性能曲线如图 3.14 所示，四叶变距螺旋桨 C_P 与 λ 的性能曲线如图 3.15 所示。

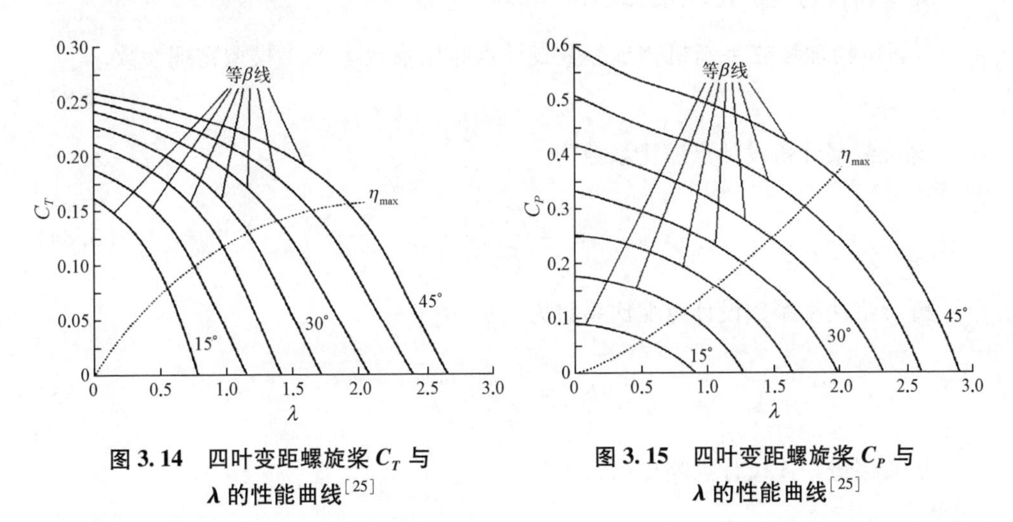

图 3.14 四叶变距螺旋桨 C_T 与 λ 的性能曲线[25]

图 3.15 四叶变距螺旋桨 C_P 与 λ 的性能曲线[25]

当飞机低速飞行时，螺旋桨进距比 λ 为零，效率 η 也为零，螺旋桨拉力系数 C_T 和功率系数 C_P 却不为零，且 C_T 和 C_P 最大。通常变桨距螺旋桨设计点选在高效率的巡航状态，以保证长时间飞行中能够减少燃油的消耗，但从螺旋桨特性可知，如果选高效率的巡航状态为设计点，就不能保证在低速起飞和低空爬升过程中获得较高的效率，也就是说低速起飞和低空爬升状态必然付出油耗高的代价。

3.6 螺旋桨部件特性缩比法

螺旋桨部件特性是计算涡桨发动机非设计点性能、建立涡桨发动机动态模型的基本条件,在涡桨发动机新机方案研究中,通过部件特性试验方法获取螺旋桨部件特性代价很大,利用已知的螺旋桨部件特性通过缩比法获取螺旋桨部件特性,是一种有效可行的方法。

缩比法原理：首先选取与涡桨发动机新机方案结构相似的已有涡桨发动机作为参考模型;其次通过涡桨发动机新机方案设计点参数与参考模型设计点参数进行比较,确定不同物理参数的比例缩放系数;再次,以参考模型网格点作为不同物理参数自变量的变化值在确定的工作范围变化,按缩比公式计算得到新机方案对应同名物理参数的因变量的变化值;最后,绘制螺旋桨部件特性。

定义新机物理参数设计点缩比系数为

$$\text{新机物理参数设计点缩比系数}=\frac{\text{新机模型对应物理参数设计点数值}}{\text{参考模型不同物理参数设计点数值}} \tag{3.82}$$

定义新机物理参数缩比公式为

$$\text{新机物理参数}=\text{新机物理参数设计点缩比系数}\times\text{参考模型物理参数} \tag{3.83}$$

螺旋桨桨叶角设计点缩比系数为

$$k_{\beta}=\frac{\beta_{\text{new, des}}}{\beta_{\text{ref, des}}} \tag{3.84}$$

螺旋桨功率系数设计点缩比系数为

$$k_{C_P}=\frac{C_{P\text{new, des}}}{C_{P\text{ref, des}}} \tag{3.85}$$

螺旋桨进距比设计点缩比系数为

$$k_{\lambda}=\frac{\lambda_{\text{new, des}}}{\lambda_{\text{ref, des}}} \tag{3.86}$$

螺旋桨效率设计点缩比系数为

$$k_{\eta}=\frac{\eta_{\text{new, des}}}{\eta_{\text{ref, des}}} \tag{3.87}$$

螺旋桨桨叶角缩比公式为

$$\beta_{\text{new}}=k_{\beta}\beta_{\text{ref}} \tag{3.88}$$

螺旋桨功率系数缩比公式为

$$C_{P\text{new}} = k_{C_P} C_{P\text{ref}} \tag{3.89}$$

螺旋桨进距比缩比公式为

$$\lambda_{\text{new}} = k_{\lambda} \lambda_{\text{ref}} \tag{3.90}$$

螺旋桨效率缩比公式为

$$\eta_{\text{new}} = k_{\eta} \eta_{\text{ref}} \tag{3.91}$$

第4章 涡桨发动机热力循环及热力计算

涡桨发动机热力循环是气体在热力机械中的一个运动过程，在这一热力循环过程中，所研究的对象为气体，也称热力学体系，热力学体系和外界交换的热量和功遵从质量守恒、动量守恒和能量守恒三大守恒定律。当热力学体系处于平衡状态时，热力学状态是通过研究对象的温度、压力、比容、内能、焓、熵等状态参数所唯一表征的，只要知道了任意两个状态参数，其状态也就确定了，并能够按照特定的热力过程中状态参数的变化规律确定每一热力过程的始点和终点的状态参数。涡桨发动机所用的工质，即空气和燃气，可视为其气体分子只有质量而无体积、分子间没有作用力的完全气体，可以通过完全气体状态方程式描述状态参数之间的变化规律。

涡桨发动机设计点性能计算的目的在于根据选定的循环设计参数、部件效率和损失系数等，计算从发动机进口到出口各个截面的气流参数，并最终获得发动机在该设计状态下工作时的性能参数，研究涡桨发动机沿程各种总参数和静参数的关系，可以采用气流绝能定熵滞止过程描述。

本章研究自由涡轮式双轴涡桨发动机设计点热力循环，其结构如图4.1所示，截面定义如表4.1所示。

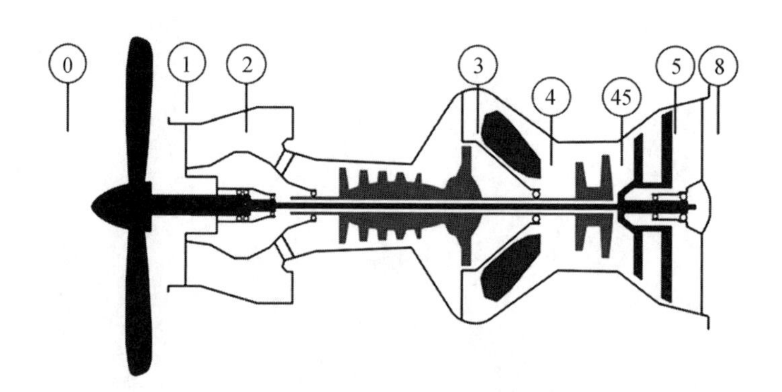

图4.1　自由涡轮式双轴涡桨发动机结构

表4.1 截面定义

截面代号	物理位置
0	未受扰动的大气
1	进气道进口
2	进气道出口、压气机进口
3	压气机出口、燃烧室进口
4	燃烧室出口、燃气涡轮进口
45	燃气涡轮出口、动力涡轮进口
5	动力涡轮出口
8	尾喷管出口

4.1 涡桨发动机设计点热力循环

4.1.1 大气

涡桨发动机热力循环是从大气状态开始的，飞机飞行速度为 V_0 和飞行马赫数 Ma 的关系为

$$V_0 = Ma\sqrt{kRT_{s0}} \tag{4.1}$$

空气定压比热容 C_p 定义为 1 kg 的空气在定压过程中升高 1 K 时需要消耗功为 C_p 焦耳的热量，即

$$C_p = \frac{k}{k-1}R \tag{4.2}$$

其中，R 为空气的气体常数。

比热比（绝热指数或定熵指数）k 为

$$k = \frac{C_p}{C_{v,\mathrm{c}}} = \frac{C_p}{C_p - R} \tag{4.3}$$

以地球为定参考系对飞机的运动度量时，大气是静止的，大气压力为 P_{s0}，大气温度为 T_{s0}，飞机飞行速度为 V_0；选取飞机为动参照系度量时，大气的气流速度就是 V_0，方向与飞行速度方向相反，研究大气的各种总参数（或滞止参数）和静参数的关系，可以采用气流绝能定熵滞止过程进行描述。

根据气流绝能定熵滞止参数表示的能量方程,得

$$h_0 = h_{s0} + \frac{V^2}{2} \tag{4.4}$$

大气可看作完全气体,在定压比热容 C_p 不变的情况下,式(4.4)可表示为

$$C_p T_0 = C_p T_{s0} + \frac{V^2}{2} \tag{4.5}$$

大气总温为

$$T_0 = T_{s0} + \frac{V^2}{2C_p} = T_{s0} + \frac{Ma^2 kRT_{s0}}{2\frac{k}{k-1}R} = T_{s0}\left(1 + \frac{k-1}{2}Ma^2\right) \tag{4.6}$$

即

$$\frac{T_0}{T_{s0}} = 1 + \frac{V^2}{2C_p T_{s0}} = \left(1 + \frac{k-1}{2}Ma^2\right) \tag{4.7}$$

在气流绝能定熵滞止过程中,大气总压满足定熵过程中气体的变化规律,即

$$\frac{P_0}{P_{s0}} = \left(\frac{T_0}{T_{s0}}\right)^{\frac{k}{k-1}} \tag{4.8}$$

即

$$\frac{P_0}{P_{s0}} = \left(1 + \frac{k-1}{2}Ma^2\right)^{\frac{k}{k-1}} \tag{4.9}$$

大气总压为

$$P_0 = P_{s0}\left(1 + \frac{k-1}{2}Ma^2\right)^{\frac{k}{k-1}} \tag{4.10}$$

4.1.2 进气道

进气道冲压比为进气道出口总压与大气静压之比,即

$$\pi_i = \frac{P_2}{P_{s0}} \tag{4.11}$$

设进气道总压恢复系数为

$$\sigma_{\mathrm{i}} = \frac{P_2}{P_0} \tag{4.12}$$

则

$$\pi_{\mathrm{i}} = \frac{P_2}{P_{s0}} = \frac{P_2}{P_0}\frac{P_0}{P_{s0}} = \sigma_{\mathrm{i}}\left(1 + \frac{k-1}{2}Ma^2\right)^{\frac{k}{k-1}} \tag{4.13}$$

即

$$P_2 = \pi_{\mathrm{i}} P_{s0} = P_{s0}\sigma_{\mathrm{i}}\left(1 + \frac{k-1}{2}Ma^2\right)^{\frac{k}{k-1}} \tag{4.14}$$

根据能量守恒定律，得进气道出口参数：

$$h_2 = h_0 \tag{4.15}$$

$$T_2 = T_0 = T_{s0}\left(1 + \frac{k-1}{2}Ma^2\right) \tag{4.16}$$

4.1.3 压气机

对于自由涡轮式双轴涡桨发动机，燃气涡轮产生的实际功率通过高压转子转轴传递给压气机，驱动压气机旋转，压气机转子上的叶片对进气道出口的空气进行压缩增压、增温，空气以极短的时间通过压气机，来不及与外界进行热交换，可近似看作绝热过程。

压气机实际功与压气机理想功在 $h-s$ 图上的表示如图 4.2 所示。

假设压气机压缩绝热过程没有摩擦，是一个可逆绝热的定熵过程，如图中的从状态 2 到状态 3，ad 的定熵压缩过程，其压气机出口与进口的总温比与总压比存在以下关系：

$$\frac{T_{3,ad}}{T_2} = \left(\frac{P_{3,ad}}{P_2}\right)^{\frac{k-1}{k}} \tag{4.17}$$

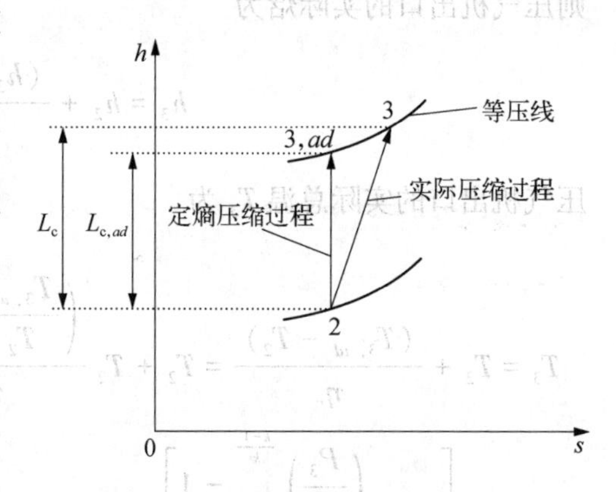

图 4.2 压气机实际功与压气机理论功在 $h-s$ 图上的表示

其中，T_2、P_2 分别为压气机进口的总温、总压；$T_{3,ad}$、$P_{3,ad}$ 分别为定熵过程中压气机出口的总温、总压。

根据能量守恒定律及质量守恒定律，单位质量的空气被压气机压缩需要消耗

外界的功称为压气机定熵压缩功(或称为压气机理想功) $L_{c,ad}$，则

$$
\begin{aligned}
L_{c,ad} &= h_{3,ad} - h_2 = C_{p,c}(T_{3,ad} - T_2) = C_{p,c}T_2\left(\frac{T_{3,ad}}{T_2} - 1\right) \\
&= C_{p,c}T_2\left[\left(\frac{P_{3,ad}}{P_2}\right)^{\frac{k-1}{k}} - 1\right] = C_{p,c}T_2(\pi_c^{\frac{k-1}{k}} - 1)
\end{aligned}
\tag{4.18}
$$

其中，π_c 为压气机增压比。

压气机增压比 π_c 为

$$
\pi_c = \frac{P_3}{P_2} = \frac{P_{3,ad}}{P_2} \tag{4.19}
$$

上式表明,压气机理想功 $L_{c,ad}$ 随进口总温 T_2 和压气机增压比 π_c 的增大而增大。

实际中,压气机压缩过程是一个不可逆熵增多变压缩过程,如图中的状态 2 到状态 3,在多变压缩过程中气流存在摩擦损失,可用压气机效率 η_c（或称为压气机绝热效率)表示,压气机效率 η_c 定义为理想压缩功 $L_{c,ad}$ 与实际压缩功 L_c 的比值,即

$$
\eta_c = \frac{L_{c,ad}}{L_c} = \frac{h_{3,ad} - h_2}{h_3 - h_2} \tag{4.20}
$$

则压气机出口的实际焓为

$$
h_3 = h_2 + \frac{(h_{3,ad} - h_2)}{\eta_c} \tag{4.21}
$$

压气机出口的实际总温 T_3 为

$$
\begin{aligned}
T_3 &= T_2 + \frac{(T_{3,ad} - T_2)}{\eta_c} = T_2 + T_2\frac{\left(\frac{T_{3,ad}}{T_2} - 1\right)}{\eta_c} = T_2\left[1 + \frac{\left(\frac{P_{3,ad}}{P_2}\right)^{\frac{k-1}{k}} - 1}{\eta_c}\right] \\
&= T_2\left[1 + \frac{\left(\frac{P_3}{P_2}\right)^{\frac{k-1}{k}} - 1}{\eta_c}\right] = T_2\left(1 + \frac{\pi_c^{\frac{k-1}{k}} - 1}{\eta_c}\right)
\end{aligned}
\tag{4.22}
$$

压气机实际功:

$$L_c = h_3 - h_2 = C_{p,c}(T_3 - T_2) = \frac{L_{c,ad}}{\eta_c} = \frac{h_{3,ad} - h_2}{\eta_c} = C_{p,c}\frac{(T_{3,ad} - T_2)}{\eta_c}$$

$$= C_{p,c}T_2\frac{\left(\frac{T_{3,ad}}{T_2} - 1\right)}{\eta_c} = C_{p,c}T_2\left[\frac{\left(\frac{P_{3,ad}}{P_2}\right)^{\frac{k-1}{k}} - 1}{\eta_c}\right] = C_{p,c}T_2\left(\frac{\pi_c^{\frac{k-1}{k}} - 1}{\eta_c}\right) \tag{4.23}$$

其中，

$$P_3 = P_{3,ad} \tag{4.24}$$

$$P_3 = P_2\left[1 + \left(\frac{T_3}{T_2} - 1\right)\eta_c\right]^{\frac{k}{k-1}} \tag{4.25}$$

4.1.4　燃烧室

涡桨发动机是一个热力循环体系，所产生的飞机推进动力是通过不断消耗燃油的热能实现的，这是能量守恒与转换定律在热力机械系统中的应用，即热力学第一定律的具体体现。燃油调节器计量后的高压燃油经喷嘴喷射雾化后与压气机压缩后的高压空气在燃烧室混合定压燃烧，释放的热量加入高压气体中，使之形成高温高压燃气，提高了燃气的焓值。

燃烧室能量方程为

$$\eta_B W_f H_u + W_a h_3 = (W_f + W_a)h_4 \tag{4.26}$$

其中，η_B 为燃烧效率；W_f 为燃油流量；H_u 为燃油低热值；W_a 为空气流量；h_3 为燃烧室进口空气焓；h_4 为燃烧室出口燃气焓。

油气比 f 为燃油流量与空气流量之比，即

$$f = \frac{W_f}{W_a} \tag{4.27}$$

则

$$\eta_B f H_u + h_3 = (f + 1)h_4 \tag{4.28}$$

$$f = \frac{h_4 - h_3}{\eta_B H_u - h_4} = \frac{C_{p,g}T_4 - C_{p,c}T_3}{\eta_B H_u - C_{p,g}T_4} \tag{4.29}$$

$$T_4 = \frac{\eta_B f H_u + C_{p,c}T_3}{(f + 1)C_{p,g}} \tag{4.30}$$

其中，燃气定压比热容 $C_{p,\mathrm{g}}$ 为 1 kg 的燃气在定压过程中升高 1 K 时需要消耗功为 $C_{p,\mathrm{g}}$ 焦耳的热量，即

$$C_{p,\mathrm{g}} = \frac{k_{\mathrm{g}}}{k_{\mathrm{g}} - 1} R_{\mathrm{g}} \tag{4.31}$$

其中，R_{g} 为燃气的气体常数。

燃气比热比（绝热指数或定熵指数）k_{g} 为

$$k_{\mathrm{g}} = \frac{C_{p,\mathrm{g}}}{C_{v,\mathrm{g}}} = \frac{C_{p,\mathrm{g}}}{C_{p,\mathrm{g}} - R_{\mathrm{g}}} \tag{4.32}$$

考虑到燃烧室内无叶轮装置，与外界没有叶轮功的交换，且燃气近似为等速流动，根据气流微元体的伯努利方程：

$$-v\mathrm{d}P_{\mathrm{s}} = \mathrm{d}\left(\frac{V^2}{2}\right) \approx 0 \tag{4.33}$$

其中，v 为燃气比容；P_{s} 为燃气静压；V 为燃气速度。则

$$\mathrm{d}P_{\mathrm{s}} \approx 0 \tag{4.34}$$

故

$$P_{\mathrm{s}} \approx C \tag{4.35}$$

即燃烧过程可近似为一个定压过程。

当燃烧室进口总压 P_3 恒定时，燃烧室的稳定燃烧区域主要取决于油气比与空气流量的分配关系，如图 4.3 所示。

燃烧室实际气流的流动过程存在摩擦等不可逆因素，将会损失一部分能量，设 σ_{b} 为燃烧室总压恢复系数，燃烧室出口总压为

$$P_4 = \sigma_{\mathrm{b}} P_3 \tag{4.36}$$

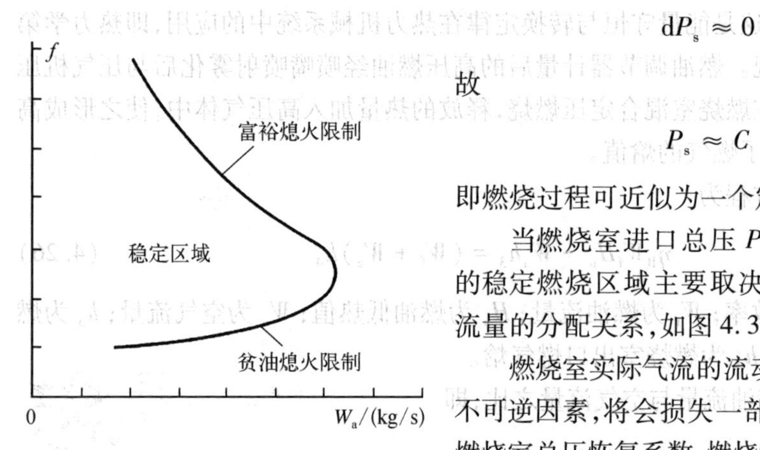

图 4.3　燃烧室进口总压 P_3 恒定时燃烧室的稳定燃烧区域

4.1.5　燃气涡轮

高温燃气首先流过燃气涡轮叶片时，燃气要膨胀、降压、降温，使燃气涡轮对外界做功，由于燃气以极短的时间通过涡轮，来不及与外界进行热交换，可近似看作绝热过程。燃气涡轮实际功与燃气涡轮理想功在 $h-s$ 图上的表示如图 4.4 所示。

假设燃气涡轮膨胀绝热过程没有摩擦，是一个可逆绝热的定熵过程，如图 4.4

中的状态 4 到状态 45,*ad*,燃气涡轮进出口的总温比与总压比存在以下关系:

$$\frac{T_4}{T_{45,\,ad}}=\left(\frac{P_4}{P_{45,\,ad}}\right)^{\frac{k_g-1}{k_g}} \tag{4.37}$$

其中,T_4、P_4 分别为燃气涡轮进口的总温、总压;$T_{45,\,ad}$、$P_{45,\,ad}$ 分别为定熵过程中燃气涡轮出口的总温、总压。

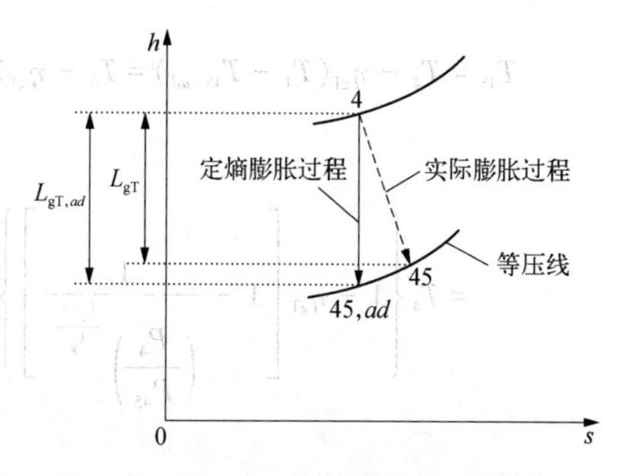

图 4.4　燃气涡轮实际功与燃气涡轮理论功在 *h*–*s* 图上的表示

根据能量守恒定律及质量守恒定律,单位质量的燃气通过燃气涡轮膨胀对外界作的燃气涡轮定熵膨胀功(或称为燃气涡轮理想功) $L_{gT,\,ad}$ 为

$$L_{gT,\,ad}=h_4-h_{45,\,ad}=C_{p,\,g}(T_4-T_{45,\,ad})=C_{p,\,g}T_4\left(1-\frac{T_{45,\,ad}}{T_4}\right)=C_{p,\,g}T_4\left(1-\frac{1}{\dfrac{T_4}{T_{45,\,ad}}}\right)$$

$$=C_{p,\,g}T_4\left[1-\frac{1}{\left(\dfrac{P_4}{P_{45,\,ad}}\right)^{\frac{k_g-1}{k_g}}}\right]=C_{p,\,g}T_4\left(1-\frac{1}{\pi_{gT}^{\frac{k_g-1}{k_g}}}\right) \tag{4.38}$$

其中,π_{gT} 为燃气涡轮落压比。上式表明,燃气涡轮理想功随进口总温和燃气涡轮功落压比的增大而增大。

实际中,燃气涡轮膨胀过程是一个不可逆熵增多变膨胀过程,如图 4.4 中的状态 4 到状态 45。

在多变膨胀过程中气流存在摩擦损失,可用燃气涡轮效率(或称为燃气涡轮绝热效率)表示,燃气涡轮效率 η_{gT} 定义为实际燃气涡轮功 L_{gT} 与理想燃气涡轮功 $L_{gT,\,ad}$ 的比值,即

$$\eta_{gT}=\frac{L_{gT}}{L_{gT,\,ad}}=\frac{h_4-h_{45}}{h_4-h_{45,\,ad}} \tag{4.39}$$

则燃气涡轮出口的实际焓 h_{45} 为

$$h_{45}=h_4-\eta_{gT}(h_4-h_{45,\,ad}) \tag{4.40}$$

燃气涡轮出口的实际总温 T_{45} 为

$$T_{45} = T_4 - \eta_{gT}(T_4 - T_{45,ad}) = T_4 - \eta_{gT}T_4\left[1 - \frac{1}{\left(\frac{P_4}{P_{45,ad}}\right)^{\frac{k_g-1}{k_g}}}\right]$$

$$= T_4\left\{1 - \eta_{gT}\left[1 - \frac{1}{\left(\frac{P_4}{P_{45}}\right)^{\frac{k_g-1}{k_g}}}\right]\right\} = T_4\left[1 - \eta_{gT}\left(1 - \frac{1}{\pi_{gT}^{\frac{k_g-1}{k_g}}}\right)\right] \tag{4.41}$$

燃气涡轮实际功：

$$L_{gT} = h_4 - h_{45} = C_{p,g}(T_4 - T_{45}) = \eta_{gT}L_{gT,ad} = \eta_{gT}(h_4 - h_{45,ad}) = \eta_{gT}C_{p,g}(T_4 - T_{45,ad})$$

$$= \eta_{gT}C_{p,g}T_4\left[1 - \frac{1}{\left(\frac{P_4}{P_{45,ad}}\right)^{\frac{k_g-1}{k_g}}}\right] = \eta_{gT}C_{p,g}T_4\left[1 - \frac{1}{\left(\frac{P_4}{P_{45}}\right)^{\frac{k_g-1}{k_g}}}\right]$$

$$= C_{p,g}T_4\eta_{gT}\left(1 - \frac{1}{\pi_{gT}^{\frac{k_g-1}{k_g}}}\right) \tag{4.42}$$

其中，燃气涡轮出口总压 P_{45} 为

$$P_{45} = P_{45,ad} \tag{4.43}$$

由式(4.41)，得

$$P_{45} = P_4\left[1 - \frac{1}{\eta_{gT}}\left(1 - \frac{T_{45}}{T_4}\right)\right]^{\frac{k_g}{k_g-1}} \tag{4.44}$$

燃气涡轮落压比 π_{gT} 为

$$\pi_{gT} = \frac{P_4}{P_{45}} \tag{4.45}$$

涡桨发动机结构上通过高压转子转轴将燃气涡轮与压气机连接，考虑高压转子转轴传递功率的机械效率 $\eta_{m,g}$，则

$$\eta_{m,g}W_4L_{gT} = W_2L_c \tag{4.46}$$

即

$$\eta_{m,g}W_4C_{p,g}(T_4 - T_{4.5}) = W_2C_p(T_3 - T_2) \tag{4.47}$$

其中，W_4 为燃气涡轮进口燃气流量；W_2 为压气机进口空气流量；T_2、T_3 分别为压气机进口、出口总温。

对涡桨发动机进行热力循环分析时，可作一些近似假设：

$$W_2C_p \approx W_4C_{p,g} \tag{4.48}$$

则

$$T_{4.5} \approx T_4 - \frac{1}{\eta_{m,g}}(T_3 - T_2) \tag{4.49}$$

4.1.6　动力涡轮

从燃气涡轮排出的高温燃气继续流过动力涡轮叶片时，燃气仍要进一步膨胀、降压、降温，使动力涡轮对外界做功，由于这一热力工程很短，高温燃气来不及与外界进行热交换，可近似看作绝热过程。动力涡轮实际功与动力涡轮理论功在 $h-s$ 图上的表示如图 4.5 所示。

假设动力涡轮膨胀绝热过程没有摩擦，是一个可逆绝热的定熵过程，如图 4.5 中的状态 45 到状态 5, ad。

燃气涡轮进出口的总温比与总压比存在以下关系：

$$\frac{T_{45}}{T_{5,ad}} = \left(\frac{P_{45}}{P_{5,ad}}\right)^{\frac{k_g-1}{k_g}} \tag{4.50}$$

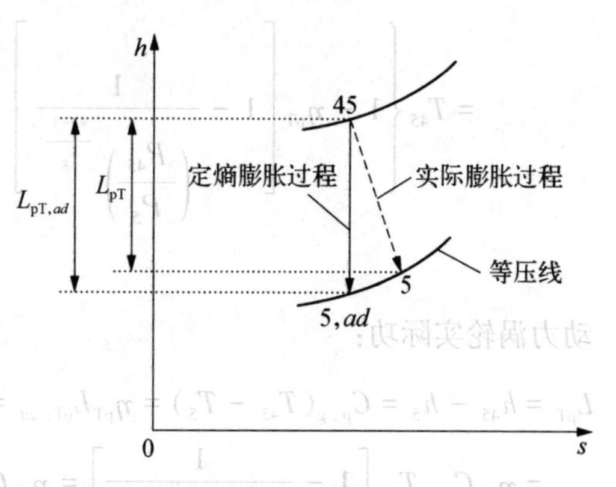

图 4.5　动力涡轮实际功与动力涡轮理论功在 $h-s$ 图上的表示

其中，T_{45}、P_{45} 分别为动力涡轮进口的总温、总压。

单位质量的燃气通过动力涡轮膨胀对外界做的动力涡轮定熵膨胀功（或称为动力涡轮理想功），根据能量守恒定律及质量守恒定律，得

$$L_{pT,ad} = h_{45} - h_{5,ad} = C_{p,g}(T_{45} - T_{5,ad}) = C_{p,g}T_{45}\left(1 - \frac{T_{5,ad}}{T_{45}}\right)$$

$$= C_{p,g}T_{45}\left(1 - \frac{1}{\dfrac{T_{45}}{T_{5,ad}}}\right) = C_{p,g}T_{45}\left[1 - \frac{1}{\left(\dfrac{P_{45}}{P_{5,ad}}\right)^{\frac{k_g-1}{k_g}}}\right] = C_{p,g}T_{45}\left(1 - \frac{1}{\pi_{pT}^{\frac{k_g-1}{k_g}}}\right) \tag{4.51}$$

上式表明，动力涡轮理想功随进口总温和动力涡轮功落压比的增大而增大。

实际中，动力涡轮膨胀过程是一个不可逆熵增多变膨胀过程，如图中的状态45到状态5，在多变膨胀过程中气流存在摩擦损失，可用动力涡轮效率（或称为动力涡轮绝热效率）表示，动力涡轮效率定义为实际动力涡轮功与理想动力涡轮功的比值，即

$$\eta_{pT} = \frac{L_{pT}}{L_{pT,\,ad}} = \frac{h_{45} - h_5}{h_{45} - h_{5,\,ad}} \tag{4.52}$$

则动力涡轮出口的实际焓为

$$h_5 = h_{45} - \eta_{pT}(h_{45} - h_{5,\,ad}) \tag{4.53}$$

动力涡轮出口的实际总温为

$$\begin{aligned} T_5 &= T_{45} - \eta_{pT}(T_{45} - T_{5,\,ad}) = T_{45} - \eta_{pT} T_{45}\left[1 - \frac{1}{\left(\dfrac{P_{45}}{P_{5,\,ad}}\right)^{\frac{k_g - 1}{k_g}}}\right] \\ &= T_{45}\left\{1 - \eta_{pT}\left[1 - \frac{1}{\left(\dfrac{P_{45}}{P_5}\right)^{\frac{k_g - 1}{k_g}}}\right]\right\} = T_{45}\left[1 - \eta_{pT}\left(1 - \frac{1}{\pi_{pT}^{\frac{k_g - 1}{k_g}}}\right)\right] \end{aligned} \tag{4.54}$$

动力涡轮实际功：

$$\begin{aligned} L_{pT} &= h_{45} - h_5 = C_{p,\,g}(T_{45} - T_5) = \eta_{pT} L_{pT,\,ad} = \eta_{pT}(h_{45} - h_{5,\,ad}) = \eta_{pT} C_{p,\,g}(T_{45} - T_{5,\,ad}) \\ &= \eta_{pT} C_{p,\,g} T_{45}\left[1 - \frac{1}{\left(\dfrac{P_{45}}{P_{5,\,ad}}\right)^{\frac{k_g - 1}{k_g}}}\right] = \eta_{pT} C_{p,\,g} T_{45}\left[1 - \frac{1}{\left(\dfrac{P_{45}}{P_5}\right)^{\frac{k_g - 1}{k_g}}}\right] \\ &= C_{p,\,g} T_{45} \eta_{pT}\left(1 - \frac{1}{\pi_{pT}^{\frac{k_g - 1}{k_g}}}\right) \end{aligned} \tag{4.55}$$

其中，

$$P_5 = P_{5,\,ad} \tag{4.56}$$

由式（4.54），得

$$P_5 = P_{45}\left[1 - \frac{1}{\eta_{pT}}\left(1 - \frac{T_5}{T_{45}}\right)\right]^{\frac{k_g}{k_g - 1}} \tag{4.57}$$

动力涡轮落压比 π_{pT} 为

$$\pi_{pT} = \frac{P_{45}}{P_5} \tag{4.58}$$

动力涡轮输出功率 P_{pT} 为

$$P_{pT} = W_{4.5}C_{p,g}(T_{4.5} - T_5) \tag{4.59}$$

对于涡桨发动机,动力涡轮产生的实际功率通过低压转子转轴传递给减速箱,再经过减速箱输出传动轴驱动螺旋桨旋转,螺旋桨叶片对空气进行压缩增压。

设动力涡轮输出传动轴传递功率时的机械效率为 $\eta_{m,p}$,减速箱输出传动轴传递功率时的机械效率为 η_{gb},减速箱输出输入转速传动比为 i_{gb},则

$$n_{prop} = i_{gb}n_p \tag{4.60}$$

发动机输出轴功率 P_s 为

$$P_s = \eta_{gb}\eta_{m,p}P_{pT} = \eta_{gb}\eta_{m,p}W_{4.5}C_{p,g}(T_{4.5} - T_5) \tag{4.61}$$

得

$$T_5 = T_{4.5} - \frac{P_s}{\eta_{m,p}\eta_{gb}W_{4.5}C_{p,g}} \tag{4.62}$$

考虑到螺旋桨所需功率 P_{prop} 在稳态时与发动机输出轴功率 P_s 相平衡:

$$P_s = P_{prop} = C_P\rho n_s^3D^5 \tag{4.63}$$

其中,C_P 为螺旋桨功率系数;ρ 为空气密度;n_s 为螺旋桨转速,单位为 r/s;;D 为螺旋桨直径。

螺旋桨产生的拉力为

$$F_{prop} = C_T\rho n_s^2D^4 = \frac{C_P}{\lambda}\eta_{prop}\rho n_s^2D^4 = \frac{C_P}{\lambda}\eta_{prop}\frac{\rho n_s^3D^5}{n_sD} = \frac{\eta_{prop}}{\lambda}\frac{P_{prop}}{n_sD} = \frac{\eta_{prop}}{V_0}P_{prop} \tag{4.64}$$

如果涡桨发动机在理想情况下能够获得期望的最大轴功率输出,则动力涡轮出口总压接近大气静压,$P_5 \to P_{s0}$,收敛喷管出口马赫数接近零,$Ma_8 \to 0$,$\lambda_8 \to 0$,根据式(4.57),得

$$T_8 = T_5 = T_{45}\left\{1 - \eta_{pT}\left[1 - \frac{1}{\left(\frac{P_{45}}{P_5}\right)^{\frac{k_g - 1}{k_g}}}\right]\right\} = T_{45}\left\{1 - \eta_{pT}\left[1 - \frac{1}{\left(\frac{P_{45}}{P_{s0}}\right)^{\frac{k_g - 1}{k_g}}}\right]\right\} \tag{4.65}$$

为了避免燃气在喷口出现回流,收敛喷管出口马赫数应不低于 0.3。

4.1.7 尾喷管

燃气在尾喷管中的实际流动是一个熵增的过程,设尾喷管总压恢复系数为 σ_n,则

$$P_8 = \sigma_n P_5 \tag{4.66}$$

同时,燃气与外界既没有热量交换,也没有叶轮功交换,根据能量方程:

$$h_8 = h_5 \tag{4.67}$$

$$T_8 = T_5 \tag{4.68}$$

考虑尾喷口出口截面燃气绝能定熵滞止流动到速度为零的滞止状态,燃气总温、静温、速度的关系为

$$C_{p,g}T_8 = C_{p,g}T_{s8} + \frac{V_{8i}^2}{2} \tag{4.69}$$

则

$$V_{8i} = \sqrt{2C_{p,g}(T_8 - T_{s8})} = \sqrt{2C_{p,g}T_8\left(1 - \frac{T_{s8}}{T_8}\right)} = \sqrt{2\frac{k_g R_g}{k_g - 1}T_5\left[1 - \left(\frac{P_{s8}}{P_8}\right)^{\frac{k_g - 1}{k_g}}\right]} \tag{4.70}$$

定义尾喷管速度系数:

$$C_V = \frac{V_8}{V_{8i}} \tag{4.71}$$

尾喷管临界落压比:

$$\pi_{e,cr} = \left(\frac{k_g + 1}{2}\right)^{\frac{k_g}{k_g - 1}} \tag{4.72}$$

对于 $k_g = 1.33$ 的燃气，$\pi_{e,cr} = 1.8506$。

定义尾喷管落压比：

$$\pi_e = \frac{P_8}{P_{s0}} \tag{4.73}$$

分三种情况计算尾喷管出口燃气压力 P_{s8}：

（1）当 $\pi_e < \pi_{e,cr}$ 时，燃气在尾喷管内的流动处于亚临界流动状态，燃气在尾喷管中完全膨胀，$\lambda_8 < 1$，尾喷管出口燃气压力与外界大气压力相同，即

$$P_{s8} = P_{s0} \tag{4.74}$$

（2）当 $\pi_e = \pi_{e,cr}$ 时，燃气在尾喷管内的流动处于临界流动状态，燃气在尾喷管中完全膨胀，$\lambda_8 = 1$，尾喷管出口燃气压力与外界大气压力相同，即

$$P_{s8} = P_{s0} \tag{4.75}$$

（3）当 $\pi_e > \pi_{e,cr}$ 时，燃气在尾喷管内的流动处于超临界流动状态，燃气在尾喷管中不完全膨胀，$\lambda_8 = 1$，尾喷管出口燃气压力大于外界大气压力，即

$$P_{s8} = P_8\pi(\lambda_8) = P_8\left(\frac{2}{k_g + 1}\right)^{\frac{k_g}{k_g - 1}} \tag{4.76}$$

对于 $k_g = 1.33$ 的燃气，$P_{s8} = 0.5404P_8$。 则有

$$\pi(\lambda_8) = \frac{P_{s8}}{P_8} \tag{4.77}$$

$$\lambda_8 = \sqrt{\frac{k_g + 1}{k_g - 1}\{1 - [\pi(\lambda_8)]^{\frac{k_g - 1}{k_g}}\}} \tag{4.78}$$

$$\tau(\lambda_8) = \frac{T_{s8}}{T_8} = \left(1 - \frac{k_g - 1}{k_g + 1}\lambda_8^2\right) \tag{4.79}$$

$$T_{s8} = T_8\left(1 - \frac{k_g - 1}{k_g + 1}\lambda_8^2\right) \tag{4.80}$$

$$\varepsilon(\lambda_8) = \frac{\rho_{s8}}{\rho_8} = \left(1 - \frac{k_g - 1}{k_g + 1}\lambda_8^2\right)^{\frac{1}{k_g - 1}} \tag{4.81}$$

$$\rho_8 = \frac{P_8}{R_g T_8} \tag{4.82}$$

$$\rho_{s8}=\rho_8\left(1-\frac{k_g-1}{k_g+1}\lambda_8^2\right)^{\frac{1}{k_g-1}} \tag{4.83}$$

$$q(\lambda_8)=\left(\frac{k_g+1}{2}\right)^{\frac{1}{k_g-1}}\lambda_8\left(1-\frac{k_g-1}{k_g+1}\lambda_8^2\right)^{\frac{1}{k_g-1}} \tag{4.84}$$

尾喷管出口速度为

$$V_8=C_V V_{8i}=C_V\sqrt{2C_{p,g}T_8\left[1-\left(\frac{P_0}{P_8}\right)^{\frac{k_g-1}{k_g}}\right]}=C_V\sqrt{2\frac{k_gR_g}{k_g-1}T_5\left[1-\left(\frac{P_0}{\sigma_nP_5}\right)^{\frac{k_g-1}{k_g}}\right]} \tag{4.85}$$

其中，C_V 为速度系数。

由此可知,尾喷管出口燃气速度取决于动力涡轮出口总温和总压，T_5、P_5 越高,速度也越大。

尾喷管出口燃气流量为

$$W_8=C_V\sqrt{\frac{k_g}{R}\left(\frac{2}{k_g+1}\right)^{\frac{k_g+1}{k_g-1}}}\frac{P_8A_8}{\sqrt{T_8}}q(\lambda_8)=\rho_{s8}A_8V_8 \tag{4.86}$$

4.2 涡桨发动机性能

根据动量守恒定律,涡桨发动机反作用推力为

$$\begin{aligned}F_{jet}&=W_8V_8-W_aV_0+(P_{s8}-P_{s0})A_8=(W_f+W_a)V_8-W_aV_0+(P_{s8}-P_{s0})A_8\\&=W_a[(1+f)V_8-V_0]+(P_{s8}-P_{s0})A_8\end{aligned} \tag{4.87}$$

螺旋桨拉力为

$$F_{prop}=\eta_{prop}\frac{P_{prop}}{V_0} \tag{4.88}$$

涡桨发动机总推力为螺旋桨拉力和涡桨发动机反作用推力之和:

$$F_{totle}=F_{prop}+F_{jet} \tag{4.89}$$

涡桨发动机单位推力为总推力与每秒流过发动机空气质量流量之比,即

$$F_s=\frac{F_{totle}}{W_a}=\frac{F_{prop}}{W_a}+\frac{F_{jet}}{W_a}=\eta_{prop}\frac{P_{prop}}{V_0W_a}+[(1+f)V_8-V_0]+\frac{(P_{s8}-P_{s0})A_8}{W_a} \tag{4.90}$$

涡桨发动机当量功率(总功率)为轴功率与喷气功率之和,即

$$P_{\mathrm{eq}} = P_{\mathrm{s}} + \frac{F_{\mathrm{jet}} V_0}{\eta_{\mathrm{prop}}} = P_{\mathrm{s}} + \frac{V_0}{\eta_{\mathrm{prop}}}\{W_{\mathrm{a}}[(1+f)V_8 - V_0] + (P_{\mathrm{s8}} - P_{\mathrm{s0}})A_8\} \tag{4.91}$$

涡桨发动机当量功为轴功与喷气功之和,即

$$L_{\mathrm{eq}} = L_{\mathrm{s}} + \frac{F_{\mathrm{jet}} V_0}{W_{\mathrm{a}} \eta_{\mathrm{prop}}} \tag{4.92}$$

涡桨发动机单位推力燃油耗油率为涡桨发动机单位推力每小时消耗的燃油量(thrust specific fuel consumption),即

$$C_{\mathrm{tsf}} = 3\,600 \frac{W_{\mathrm{f}}}{F_{\mathrm{totle}}} = 3\,600 \frac{f}{\dfrac{F_{\mathrm{totle}}}{W_{\mathrm{a}}}} = 3\,600 \frac{f}{F_{\mathrm{s}}} \tag{4.93}$$

涡桨发动机单位当量功率燃油耗油率为涡桨发动机单位当量功率每小时消耗的燃油量(power specific fuel consumption),即

$$C_{\mathrm{psf}} = 3\,600 \frac{W_{\mathrm{f}}}{P_{\mathrm{eq}}} \tag{4.94}$$

第 5 章

自由涡轮式双轴涡桨发动机动态模型

发动机非设计点性能计算步骤与设计点性能计算步骤基本相同,也取决于各个部件的工作状态,从发动机进口到出口,由前向后逐个截面依次计算。而非设计点性能计算与设计点性能计算的主要区别在于设计点计算时各个部件的性能参数是由设计者直接给定的,而非设计点计算时需要根据各部件之间的共同工作,由相关的平衡条件建立起相应的平衡方程,通过给定相关的自由变量得到一个非线性方程组,发动机在非设计点的工作状态就由这个方程组来确定。而这个非线性方程组的解就表示各部件在该非设计状态下的工作情况。涡桨发动机非设计点的计算需要用发动机的部件特性,如低压压气机特性、高压压气机特性、燃烧室燃烧特性和高压燃气涡轮特性、低压燃气涡轮特性、动力涡轮特性、螺旋桨特性等。

本章基于螺旋桨特性、自由涡轮式双轴涡桨发动机部件特性和给定的飞行条件、控制变量,通过部件法+共同工作方程,采用 Newton-Raphson 非线性方程迭代法和 Euler 微分方程递推法建立自由涡轮式双轴涡桨发动机部件级非线性动态迭代模型,采用顺数法建立自由涡轮式双轴涡桨发动机线性模型。

自由涡轮式双轴涡桨发动机主要由螺旋桨、减速器、进气道、压气机、燃烧室、燃气涡轮、动力涡轮和尾喷管等几个部件组成,自由涡轮式双轴涡桨发动机各截面定义如表 5.1、图 5.1 所示。

表 5.1　自由涡轮式双轴涡桨发动机截面定义

截面代号	物理位置
0	未受扰动的大气
1	进气道进口
2	进气道出口、压气机进口
3	压气机出口、燃烧室进口

续 表

截面代号	物理位置
4	燃烧室出口、燃气涡轮进口
45	燃气涡轮出口、动力涡轮进口
5	动力涡轮出口
8	尾喷管出口

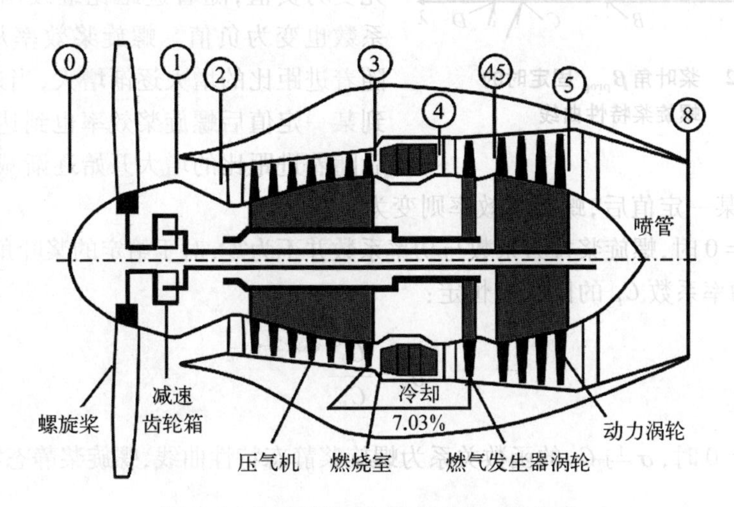

图 5.1 自由涡轮式双轴涡桨发动机结构

5.1 螺旋桨工作特性

5.1.1 螺旋桨特性

螺旋桨特性可用拉力系数 C_T、功率系数 C_P 和螺旋桨效率 η_{prop} 与进距比 λ、桨叶角 β_{prop} 的函数关系确定,即

$$C_T = f_1(\beta_{\text{prop}},\ \lambda) = \frac{F}{\rho n_s^2 D^4} \tag{5.1}$$

$$C_P = f_2(\beta_{\text{prop}},\ \lambda) = \frac{P_{\text{prop}}}{\rho n_s^3 D^5} \tag{5.2}$$

$$\eta_{\text{prop}} = f_3(\beta_{\text{prop}},\ \lambda) = \frac{C_T}{C_P}\lambda \tag{5.3}$$

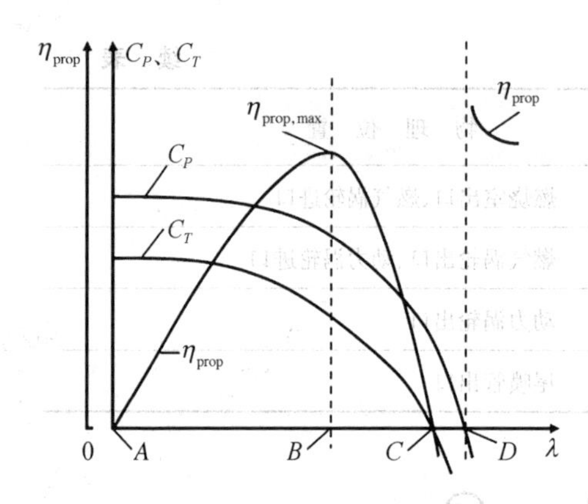

图 5.2 桨叶角 β_{prop} 固定时的螺旋桨特性曲线

当桨叶角 β_{prop} 固定时，C_T、C_P、η_{prop} 与 λ 有定性关系，桨叶角 β_{prop} 固定时螺旋桨特性曲线如图 5.2 所示。

螺旋桨在原地工作时进距比为零，效率为零，推进功率为零；随着进距比的增大，螺旋桨功率系数和拉力系数均减小，当进距比增大到某一定值后，拉力系数首先变为负值，随着进距比继续增大，功率系数也变为负值。螺旋桨效率从零开始随着进距比的增大逐渐增大，当进距比达到某一定值后螺旋桨效率也到达最大，其后随着进距比的增大开始逐渐减小，当进距比超过某一定值后，螺旋桨效率则变为负值。

当 $\lambda=0$ 时，螺旋桨拉力系数与功率系数并不为零，对于给定的桨叶角，拉力系数 C_T 与功率系数 C_P 的比值 σ 恒定：

$$\sigma=\frac{C_T}{C_P} \tag{5.4}$$

当 $\lambda=0$ 时，σ 与 C_P 的函数关系为螺旋桨静态特性曲线，螺旋桨静态特性如图 5.3 所示。

$$\sigma=f_4(C_P) \tag{5.5}$$

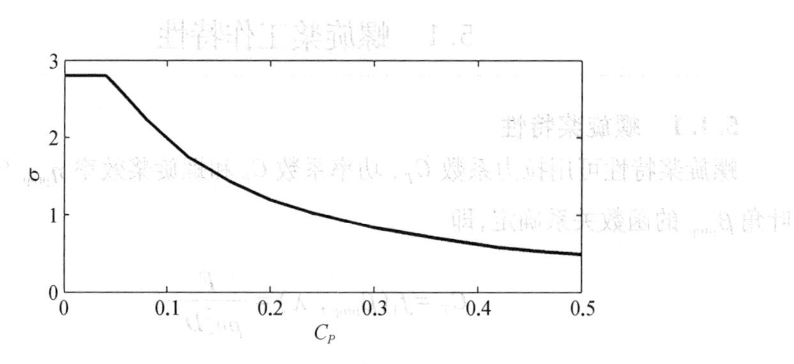

图 5.3 $\lambda=0$ 时，螺旋桨静态特性[29]

当桨叶角变化时，螺旋桨功率系数与进距比的特性曲线如图 5.4 所示。

当桨叶角变化时，螺旋桨效率与进距比的特性曲线如图 5.5 所示。

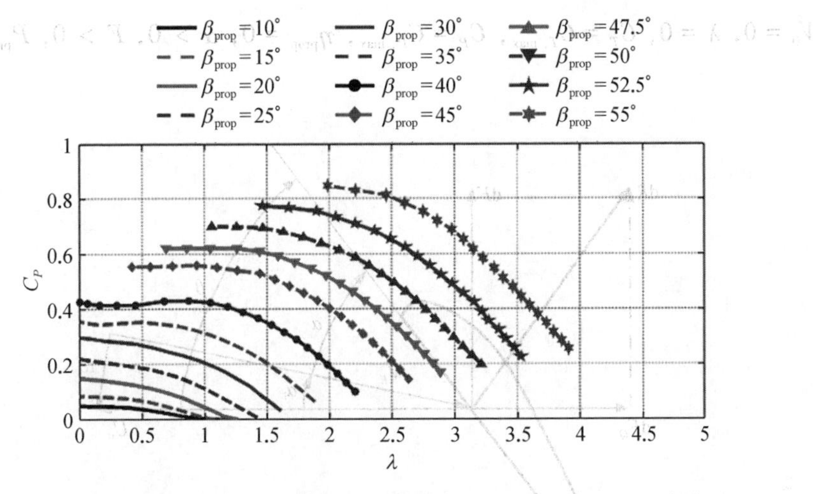

图5.4　当桨叶角变化时，螺旋桨功率系数与进距比的特性曲线[29]

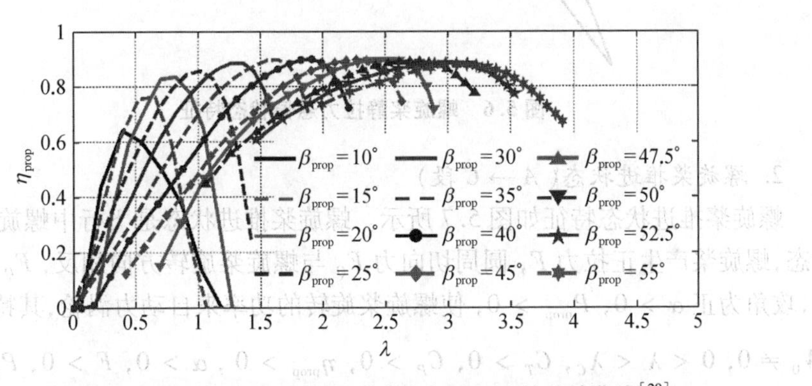

图5.5　当桨叶角变化时，螺旋桨效率与进距比的特性曲线[29]

5.1.2　螺旋桨工作状态

螺旋桨工作状态包括静拉力悬停状态（图5.1中A点）、推进状态（图5.1中$A \to C$段）、零拉力状态（图5.1中C点）、制动状态（图5.1中$C \to D$段）、自转状态（图5.1中D点）和风车状态（图5.1中D点以后）。

1. 螺旋桨静拉力悬停状态（A点）

螺旋桨静拉力悬停状态特征如图5.6所示。螺旋桨静拉力悬停状态特征为推进速度为零、螺旋桨效率为零，螺旋桨产生正拉力F，圆周切向力F_Q与螺旋桨旋转方向相反，F_Q产生阻力矩，攻角为正$\alpha > 0$，$P_{prop} > 0$，使螺旋桨旋转的功率来自动力涡轮，桨叶角不变时，螺旋桨功率系数和拉力系数最大，消耗发动机轴功率也最大，产生最大静拉力，螺旋桨静拉力悬停状态也是飞机地面最大起飞状态，其特征为

$$V_0 = 0,\ \lambda = 0,\ C_T = C_{T,\max},\ C_P = C_{P,\max},\ \eta_{\mathrm{prop}} = 0,\ \alpha > 0,\ F > 0,\ P_{\mathrm{prop}} > 0 \tag{5.6}$$

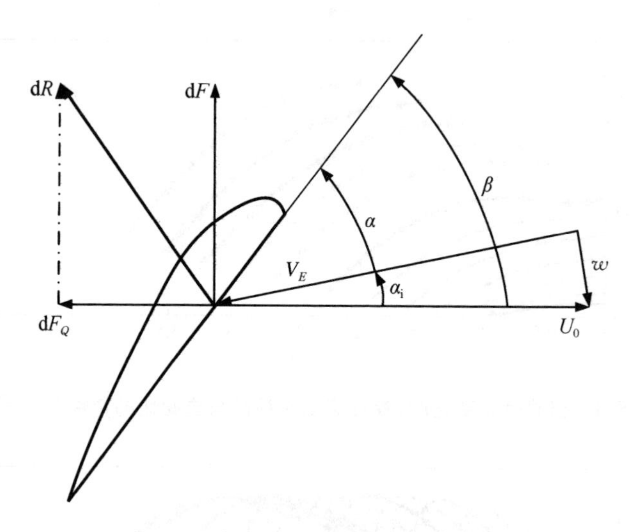

图 5.6 螺旋桨静拉力悬停状态特征

2. 螺旋桨推进状态($A \rightarrow C$ 段)

螺旋桨推进状态特征如图 5.7 所示。螺旋桨推进状态是飞行中螺旋桨的工作状态,螺旋桨产生正拉力 F, 圆周切向力 F_Q 与螺旋桨旋转方向相反, F_Q 产生阻力矩,攻角为正 $\alpha > 0$, $P_{\mathrm{prop}} > 0$, 使螺旋桨旋转的功率来自动力涡轮,其特征为

$$V_0 \neq 0,\ 0 < \lambda < \lambda_C,\ C_T > 0,\ C_P > 0,\ \eta_{\mathrm{prop}} > 0,\ \alpha > 0,\ F > 0,\ P_{\mathrm{prop}} > 0 \tag{5.7}$$

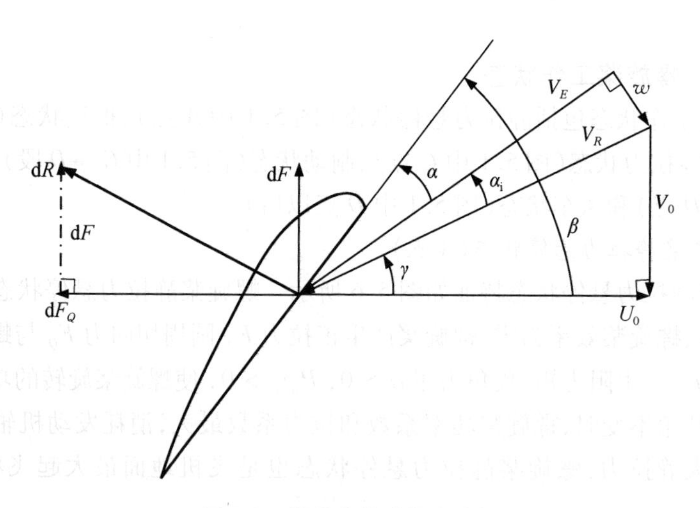

图 5.7 螺旋桨推进状态特征

螺旋桨工作在进距比的 B 点效率最大。当桨叶角不变时,随着进距比向 B 点靠近,螺旋桨效率也随之增大,进距比超过 B 点后螺旋桨效率迅速下降,可知桨叶角固定的涡桨发动机螺旋桨效率很低,因此,要求桨叶角设计为可调结构。

3. 螺旋桨零拉力状态(C 点)

螺旋桨零拉力状态特征如图 5.8 所示。螺旋桨零拉力状态下作用在螺旋桨上的总空气动力落在螺旋桨回转平面内,拉力为零,圆周切向力 F_Q 与螺旋桨旋转方向相反, F_Q 产生阻力矩,推进功为零,效率也为零,攻角为负 $\alpha < 0$ 接近零, $P_{\text{prop}} > 0$, 使螺旋桨旋转的功率来自动力涡轮,其特征为

$$V_0 \neq 0,\ \lambda = \lambda_C,\ C_T = 0,\ C_P > 0,\ \eta_{\text{prop}} = 0\ ,\ \alpha = -2^\circ \sim -3^\circ\ ,\ F = 0,\ P_{\text{prop}} > 0 \tag{5.8}$$

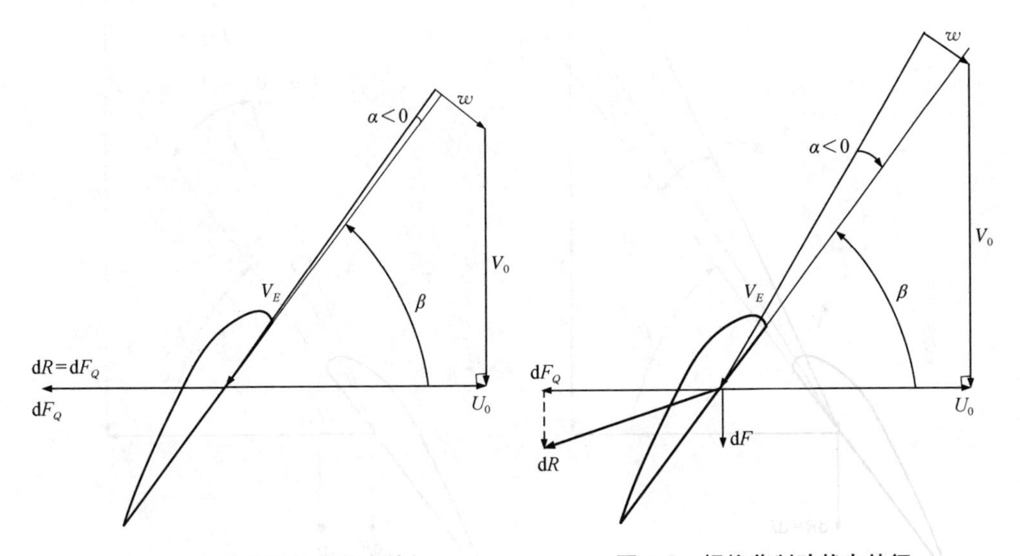

图 5.8 螺旋桨零拉力状态特征

图 5.9 螺旋桨制动状态特征

4. 螺旋桨制动状态($C \rightarrow D$ 段)

螺旋桨制动状态特征如图 5.9 所示。螺旋桨制动状态有利于飞机降落时缩短着陆滑跑距离,特别适于舰载飞机在甲板上降落,推进速度不为零、螺旋桨效率小于零,螺旋桨产生负拉力 F, 圆周切向力 F_Q 与螺旋桨旋转方向相反, F_Q 产生阻力矩,攻角为负 $\alpha < 0$, $P_{\text{prop}} > 0$, 使螺旋桨旋转的功率来自动力涡轮,其特征为

$$V_0 \neq 0,\ \lambda_C < \lambda < \lambda_D,\ C_T < 0,\ C_P > 0,\ \eta_{\text{prop}} < 0,\ \alpha < 0\ ,\ F < 0,\ P_{\text{prop}} > 0 \tag{5.9}$$

5. 螺旋桨自转状态(D 点)

螺旋桨自转状态特征如图 5.10 所示。螺旋桨自转状态下作用在螺旋桨上的

总空气动力与螺旋桨回转轴线一致,推进速度不为零、螺旋桨效率小于零,螺旋桨产生负拉力 F, 圆周切向力 $F_Q = 0$, 无阻力矩,攻角为负 $\alpha < 0$, $P_{prop} = 0$, 不需要动力涡轮的功率,螺旋桨靠迎面气流的能量产生自转,其特征为

$$V_0 \neq 0,\ \lambda = \lambda_D,\ C_T < 0,\ C_P = 0,\ \eta_{prop} < 0,\ \alpha < 0,\ F < 0,\ F_Q = 0,\ P_{prop} = 0 \tag{5.10}$$

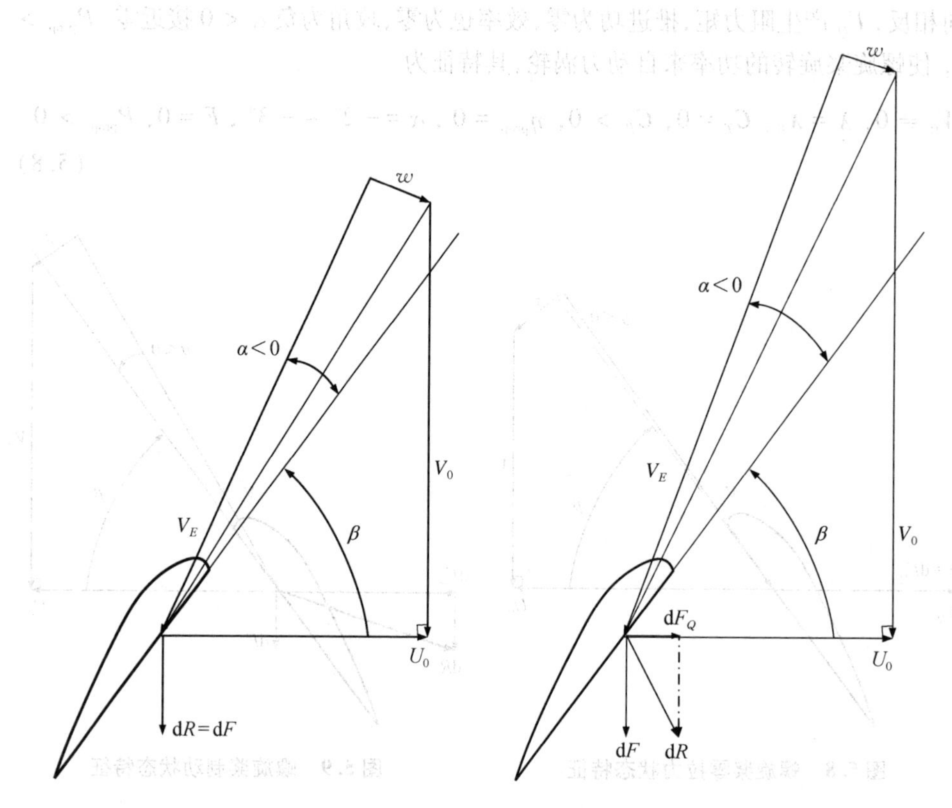

图 5.10 螺旋桨自转状态特征

图 5.11 螺旋桨风车状态特征

6. 螺旋桨风车状态(D 点以后)

螺旋桨风车状态特征如图 5.11 所示。螺旋桨风车状态下推进速度不为零、螺旋桨效率小于零,螺旋桨靠迎面气流的能量转动,产生负拉力 F, 产生的圆周切向力 F_Q 与螺旋桨旋转方向一致, F_Q 产生驱动动力涡轮的反作用力矩,将此能量反传给动力涡轮,攻角为负 $\alpha < 0$, $P_{prop} < 0$, 其特征为

$$V_0 \neq 0,\ \lambda > \lambda_D,\ C_T < 0,\ C_P < 0,\ \eta_{prop} < 0,\ \alpha < 0,\ F < 0,\ P_{prop} < 0 \tag{5.11}$$

5.2　螺旋桨非线性模型

螺旋桨非线性模型是依据螺旋桨特性（螺旋桨功率系数与进距比、桨叶角的特性曲线、螺旋桨效率与进距比、桨叶角的特性曲线）及螺旋桨静态特性，在给定的飞行高度、飞行马赫数、桨叶角、螺旋桨转速条件下，获得螺旋桨拉力、螺旋桨功率和螺旋桨效率。螺旋桨非线性模型输入输出接口关系如图5.12所示。

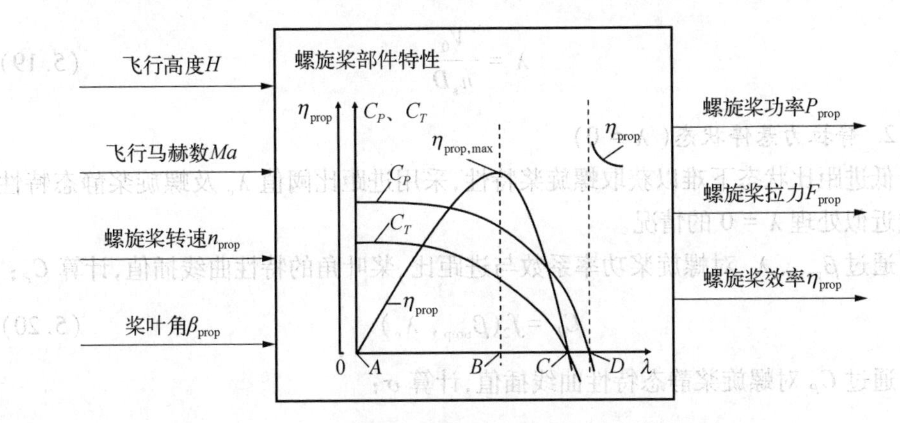

图5.12　螺旋桨非线性模型输入输出接口关系

由于螺旋桨在静拉力 $\lambda=0$ 状态、低速推进状态和高速推进状态的工作特点不同，需要根据 λ 的大小分三种情况计算。

1. 初始化

设当地静温为 T_{se}，根据飞行高度 H 和飞行马赫数 Ma 计算飞行速度和大气密度。

当 $H \leqslant 11$ km 时，

$$T_{s0}=(288.15-6.5H)+(T_{se}-288.15) \tag{5.12}$$

$$P_{s0}=101\,325\left(\frac{T_{s0}}{288.15}\right)^{5.255\,88} \tag{5.13}$$

当 $11\text{ km}<H \leqslant 25$ km 时，

$$T_{s0}=216.65+(T_{se}-288.15) \tag{5.14}$$

$$P_{s0}=22\,632e^{0.157\,689(11-H)} \tag{5.15}$$

则

$$V_0 = Ma\sqrt{kRT_{s0}} \tag{5.16}$$

$$\rho = \frac{P_{s0}}{RT_{s0}} \tag{5.17}$$

根据螺旋桨转速 n_{prop} 和螺旋桨直径 D 计算螺旋桨进距比 λ：

$$n_s = \frac{n_{prop}}{60} \tag{5.18}$$

$$\lambda = \frac{V_0}{n_s D} \tag{5.19}$$

2. 静拉力悬停状态（$\lambda = 0$）

低进距比状态下难以获取螺旋桨特性，采用进距比阈值 λ_c 及螺旋桨静态特性曲线近似处理 $\lambda = 0$ 的情况。

通过 β_{prop}、λ_c 对螺旋桨功率系数与进距比、桨叶角的特性曲线插值，计算 C_P：

$$C_P = f_2(\beta_{prop}, \lambda_c) \tag{5.20}$$

通过 C_P 对螺旋桨静态特性曲线插值，计算 σ：

$$\sigma = f_4(C_P) \tag{5.21}$$

则

$$C_T = \sigma C_P \tag{5.22}$$

$$F_{prop} = C_T \rho n_s^2 D^4 \tag{5.23}$$

$$P_{prop} = C_P \rho n_s^3 D^5 \tag{5.24}$$

$$\eta_{prop} = 0 \tag{5.25}$$

3. 低速推进状态（$0 < \lambda < \lambda_c$）

采用两点边值线性插值方法计算。

首先，对进距比阈值 λ_c 状态计算：

$$C_P = f_2(\beta_{prop}, \lambda_c) \tag{5.26}$$

$$\eta_{prop1} = f_3(\beta_{prop}, \lambda_c) \tag{5.27}$$

$$C_{T1} = \frac{\eta_{prop1} C_P}{\lambda_c} \tag{5.28}$$

$$F_{prop1} = C_{T1} \rho n_s^2 D^4 \tag{5.29}$$

其次,对 $\lambda=0$ 静拉力悬停状态计算:

$$C_P=f_2(\beta_{\mathrm{prop}},\lambda_c) \tag{5.30}$$

$$\sigma=f_4(C_P) \tag{5.31}$$

$$C_{T2}=\sigma C_P \tag{5.32}$$

$$F_{\mathrm{prop2}}=C_{T2}\rho n_s^2 D^4 \tag{5.33}$$

$$\eta_{\mathrm{prop2}}=0 \tag{5.34}$$

最后,对两点边值线性插值:

$$\frac{F_{\mathrm{prop}}-F_{\mathrm{prop2}}}{\lambda}=\frac{F_{\mathrm{prop1}}-F_{\mathrm{prop2}}}{\lambda_c} \tag{5.35}$$

则

$$F_{\mathrm{prop}}=F_{\mathrm{prop2}}+\frac{F_{\mathrm{prop1}}-F_{\mathrm{prop2}}}{\lambda_c}\lambda \tag{5.36}$$

$$\frac{\eta_{\mathrm{prop}}-\eta_{\mathrm{prop2}}}{\lambda}=\frac{\eta_{\mathrm{prop1}}-\eta_{\mathrm{prop2}}}{\lambda_c} \tag{5.37}$$

$$\eta_{\mathrm{prop}}=\frac{\eta_{\mathrm{prop1}}}{\lambda_c}\lambda \tag{5.38}$$

$$C_P=f_2(\beta_{\mathrm{prop}},\lambda_c) \tag{5.39}$$

$$C_T=\frac{\eta_{\mathrm{prop}}C_P}{\lambda} \tag{5.40}$$

$$P_{\mathrm{prop}}=C_P\rho n_s^3 D^5 \tag{5.41}$$

4. 高速推进状态($\lambda\geqslant\lambda_c$)

$$C_P=f_2(\beta_{\mathrm{prop}},\lambda) \tag{5.42}$$

$$\eta_{\mathrm{prop}}=f_3(\beta_{\mathrm{prop}},\lambda) \tag{5.43}$$

$$C_T=\frac{\eta_{\mathrm{prop}}C_P}{\lambda} \tag{5.44}$$

$$F_{\mathrm{prop}}=C_T\rho n_s^2 D^4 \tag{5.45}$$

$$P_{\mathrm{prop}}=C_P\rho n_s^3 D^5 \tag{5.46}$$

5.3 涡桨发动机部件特性获取的缩比法

双轴涡桨发动机部件特性包括压气机部件特性、燃气涡轮部件特性、动力涡轮部件特性，是计算涡桨发动非设计点性能、建立涡桨发动机动态模型的基本条件，在涡桨发动机新机方案研究中，通过部件特性试验方法获取发动机部件特性代价很大，利用已知的发动机部件特性通过缩比法获取新机发动机部件特性，是一种有效可行的方法。

缩比法原理：首先选取与涡桨发动机新机方案结构相似的已有涡桨发动机作为参考模型；其次通过涡桨发动机新机方案设计点参数与参考模型设计点参数进行比较，确定不同物理参数的比例缩放系数；再次，以参考模型网格点作为不同物理参数自变量的变化值在确定的工作范围变化，按缩比公式计算得到新机方案对应同名物理参数的因变量的变化值；最后，绘制发动机新机方案部件特性。

定义新机物理参数设计点缩比系数为

$$\text{新机物理参数设计点缩比系数} = \frac{\text{新机模型对应物理参数设计点数值}}{\text{参考模型不同物理参数设计点数值}} \tag{5.47}$$

定义新机物理参数缩比公式为

$$\text{新机物理参数} = \text{新机物理参数设计点缩比系数} \times \text{参考模型物理参数} \tag{5.48}$$

转速设计点缩比系数为

$$k_n = \frac{n_{\text{new, des}}}{n_{\text{ref, des}}} \tag{5.49}$$

流量设计点缩比系数为

$$k_W = \frac{W_{\text{new, des}}}{W_{\text{ref, des}}} \tag{5.50}$$

绝热效率设计点缩比系数为

$$k_\eta = \frac{\eta_{\text{new, des}}}{\eta_{\text{ref, des}}} \tag{5.51}$$

压比（压气机增压比、涡轮落压比）设计点缩比系数为

$$k_\pi = \frac{\pi_{\text{new, des}} - 1}{\pi_{\text{ref, des}} - 1} \tag{5.52}$$

转速缩比公式为

$$n_{\text{new}} = k_n n_{\text{ref}} \tag{5.53}$$

流量缩比公式为

$$W_{\text{new}} = k_W W_{\text{ref}} \tag{5.54}$$

绝热效率缩比公式为

$$\eta_{\text{new}} = k_\eta \eta_{\text{ref}} \tag{5.55}$$

压比(压气机增压比、涡轮落压比)缩比公式为

$$\pi_{\text{new}} = k_\pi(\pi_{\text{ref}} - 1) + 1 \tag{5.56}$$

5.4　涡桨发动机部件模型

5.4.1　旋转部件的变比热计算原理

1. 原理

涡桨发动机的压气机、燃气涡轮、动力涡轮为旋转部件,如果已知这三个部件的进口总温、增压比(或落压比)、绝热效率,采用变比热方法可提高部件出口总温及压缩功(或膨胀功)的计算精度,计算方法如下。

设旋转部件从起始状态1到终止状态2的压缩过程为等熵绝热过程,根据熵的定义:

$$\mathrm{d}s = \frac{\mathrm{d}q}{T} = \frac{\mathrm{d}u}{T} + \frac{P\mathrm{d}v}{T} \tag{5.57}$$

再根据完全气体状态方程及其微分方程:

$$Pv = RT \tag{5.58}$$

$$v\mathrm{d}P + P\mathrm{d}v = R\mathrm{d}T \tag{5.59}$$

$$\frac{\mathrm{d}P}{P} + \frac{\mathrm{d}v}{v} = \frac{\mathrm{d}T}{T} \tag{5.60}$$

则

$$\begin{aligned}\mathrm{d}s &= \frac{\mathrm{d}u}{T} + \frac{R\mathrm{d}v}{v} = \frac{C_v\mathrm{d}T}{T} + R\left(\frac{\mathrm{d}T}{T} - \frac{\mathrm{d}P}{P}\right) \\ &= \frac{(C_v + R)\mathrm{d}T}{T} - R\frac{\mathrm{d}P}{P} = C_p\frac{\mathrm{d}T}{T} - R\frac{\mathrm{d}P}{P}\end{aligned} \tag{5.61}$$

从起始状态 1 到终止状态 2 对上式进行积分：

$$s_2 - s_1 = \int_{T_1}^{T_2} \frac{C_p}{T} \mathrm{d}T - R\ln \frac{P_2}{P_1} = 0 \tag{5.62}$$

则

$$\int_{T_1}^{T_2} \frac{C_p}{T} \mathrm{d}T = R\ln \frac{P_2}{P_1} = R\ln\pi \tag{5.63}$$

上式表明，$\int_{T_1}^{T_2} \frac{C_p}{T} \mathrm{d}T$ 的值只与过程的始末温度有关，因此，可将 $\int_{T_1}^{T_2} \frac{C_p}{T} \mathrm{d}T$ 定义为状态 ϕ 函数的差：

$$\int_{T_1}^{T_2} \frac{C_p}{T} \mathrm{d}T = \phi(T_2) - \phi(T_1) = R\ln\pi = \frac{R}{\lg e}\lg\pi \tag{5.64}$$

即

$$\frac{\lg e}{R}\phi(T_2) - \frac{\lg e}{R}\phi(T_1) = \lg\pi \tag{5.65}$$

定义熵函数：

$$\psi = \frac{\lg(e)}{R}\phi \tag{5.66}$$

则

$$\psi_2 = \psi_1 + \lg\pi \tag{5.67}$$

2. 变比热函数 $f_1(\cdot)$ 的算法（用于压气机部件）

调用格式：$[T_{\text{out}}, h_{\text{out}}] = f_1(T_{\text{in}}, \pi, \eta)$。

功能：已知压气机进口总温 T_{in}、增压比 π、绝热效率 η，计算出口总温 T_{out}、焓 h_{out}。

定义：$\psi\_T(\cdot)$ 为热力学性质熵温函数、$H\_T(\cdot)$ 为热力学性质焓温函数，均是温度的单值函数；温熵函数 $T\_\psi(\cdot)$ 是熵温函数 $\psi\_T(\cdot)$ 的反函数，温焓函数 $T\_H(\cdot)$ 是焓温函数 $H\_T(\cdot)$ 的反函数，这些函数采用分段拟合公式计算。

$$\psi_{\text{in}} = \psi\_T(T_{\text{in}}) \tag{5.68}$$

$$h_{\text{in}} = H\_T(T_{\text{in}}) \tag{5.69}$$

在等熵绝热过程中：

$$\psi_{\text{out, ad}} = \psi_{\text{in}} + \lg\pi \tag{5.70}$$

$$T_{out,\ ad} = T\_\psi(\psi_{out,\ ad}) \tag{5.71}$$

$$h_{out,\ ad} = H\_T(T_{out,\ ad}) \tag{5.72}$$

实际多变压缩过程中：

$$h_{out} = h_{in} + \frac{h_{out,\ ad} - h_{in}}{\eta} \tag{5.73}$$

$$T_{out} = T\_H(h_{out}) \tag{5.74}$$

3. 变比热函数$f_2(\cdot)$的算法(用于涡轮部件)

调用格式：$[T_{out}, h_{out}] = f_2(T_{in}, \pi, \eta, f)$。

功能：已知涡轮进口总温T_{in}、落压比π、绝热效率η、油气比f，计算出口总温T_{out}、焓h_{out}。

定义：$\psi_T(\cdot)$为热力学性质熵温函数、$H_T(\cdot)$为热力学性质焓温函数，均是温度的单值函数；温熵函数$T_\psi(\cdot)$是熵温函数$\psi_T(\cdot)$的反函数，温焓函数$T_H(\cdot)$是焓温函数$H_T(\cdot)$的反函数，这些函数采用分段拟合公式计算。

$$\psi_{in} = \psi\_T(T_{in}) + \frac{f}{f+1}\theta_{\psi\_T}(T_{in}) \tag{5.75}$$

$$h_{in} = H\_T(T_{in}) + \frac{f}{f+1}\theta_{H\_T}(T_{in}) \tag{5.76}$$

在等熵绝热过程中：

$$\psi_{out,\ ad} = \psi_{in} - \lg\pi \tag{5.77}$$

迭代求解下式：

$$T_{out,\ ad} = T\_\psi(\psi_{out,\ ad}, f) \tag{5.78}$$

则

$$h_{out,\ ad} = H\_T(T_{out,\ ad}) + \frac{f}{f+1}\theta_{H\_T}(T_{out,\ ad}) \tag{5.79}$$

$$h_{out} = h_{in} + (h_{out,\ ad} - h_{in})\eta \tag{5.80}$$

迭代求解下式：

$$T_{out} = T\_H(h_{out}, f) \tag{5.81}$$

5.4.2 大气

设当地静温为T_{se}，根据飞行高度H和飞行马赫数Ma计算大气静温T_{s0}、大气

静压 P_{s0}、飞行速度 V_0、大气密度 ρ、大气总温 T_0、大气总压 P_0。

当 $H \leqslant 11$ km 时，

$$T_{s0} = (288.15 - 6.5H) + (T_{se} - 288.15) \tag{5.82}$$

$$P_{s0} = 101\,325\left(\frac{T_0}{288.15}\right)^{5.255\,88} \tag{5.83}$$

当 11 km $< H \leqslant 25$ km 时，

$$T_{s0} = 216.65 + (T_{se} - 288.15) \tag{5.84}$$

$$P_{s0} = 22\,632e^{0.157\,689(11-H)} \tag{5.85}$$

$$V_0 = Ma\sqrt{kRT_{s0}} \tag{5.86}$$

$$\rho = \frac{P_{s0}}{RT_{s0}} \tag{5.87}$$

$$T_0 = T_{s0}\left(1 + \frac{k-1}{2}Ma^2\right) \tag{5.88}$$

$$P_0 = P_{s0}\left(1 + \frac{k-1}{2}Ma^2\right)^{\frac{k}{k-1}} \tag{5.89}$$

5.4.3 进气道

进气道出口总压、总温分别为

$$P_2 = \pi_i P_{s0} = P_{s0}\sigma_i\left(1 + \frac{k-1}{2}Ma^2\right)^{\frac{k}{k-1}} \tag{5.90}$$

$$T_2 = T_0 = T_{s0}\left(1 + \frac{k-1}{2}Ma^2\right) \tag{5.91}$$

5.4.4 压气机

选取第 1 个初猜值为压气机进口空气流量 W_2、第 2 个初猜值为燃气发生器转速 n_g、第 3 个初猜值为压气机增压比 π_c，计算压气机换算转速 n_{gcor}：

$$n_{gcor} = n_g\sqrt{\frac{288.15}{T_2}} \tag{5.92}$$

根据压气机特性图，插值求取压气机特性图上的换算流量 $W_{2cor,\ map}$、压气机效率 η_c：

$$W_{2cor,\ map} = f_c(n_{gcor},\ \pi_c) \tag{5.93}$$

$$\eta_c = g_c(n_{gcor},\ \pi_c) \tag{5.94}$$

压气机特性图上的空气流量 W_{2map} 为

$$W_{2map} = W_{2cormap}\sqrt{\frac{288.15}{T_2}}\frac{P_2}{101\ 325} \tag{5.95}$$

压气机出口总压 P_3 为

$$P_3 = \pi_c P_2 \tag{5.96}$$

$$[T_3,\ h_3] = f_1(T_2,\ \pi_c,\ \eta_c) \tag{5.97}$$

由于采用了用压气机的引气冷却热端涡轮部件，设结构上采用压气机出口级间引气处对燃气涡轮动叶冷却，假设引气系数为 x_{bld}、引气焓增因子为 α_{bld}，则引气流量 W_{bld}、引气焓 h_{bld} 和引气总温 T_{tbld} 分别为

$$W_{bld} = W_2 x_{bld} \tag{5.98}$$

$$h_{bld} = h_2 + \alpha_{bld}(h_3 - h_2) \tag{5.99}$$

$$T_{bld} = T\_h(h_{bld}) \tag{5.100}$$

则

$$W_3 = W_2 - W_{bld} = W_2(1 - x_{bld}) \tag{5.101}$$

压气机内流部分消耗压缩功率为

$$P_{c,\ in} = W_3(h_3 - h_2) \tag{5.102}$$

压气机级间引气消耗压缩功率为

$$P_{bld} = W_{bld}(h_{bld} - h_2) \tag{5.103}$$

则压气机实际消耗功率为

$$P_c = P_{c,\ in} + P_{bld} \tag{5.104}$$

5.4.5 燃烧室

已知燃油流量 W_f、燃油油温 T_f，燃油低热值 H_u，燃烧效率 η_B，燃烧室总压恢复系数 σ_b，则燃烧室出口燃气流量 W_4、油气比 f、燃气总温 T_4、总压 P_4 可计算如下：

$$W_4 = W_3 + W_f \tag{5.105}$$

$$f = \frac{W_f}{W_3} \tag{5.106}$$

$$h_f = h\_T(T_f) \tag{5.107}$$

$$h_4 = \frac{W_3 h_3 + \eta_B W_f H_u + W_f h_f}{W_4} \tag{5.108}$$

$$T_4 = T\_h(h_4, f) \tag{5.109}$$

$$P_4 = \sigma_b P_3 \tag{5.110}$$

5.4.6 燃气涡轮

选取第 4 个初猜值为燃气涡轮落压比 π_{gT}，计算燃气涡轮换算转速 n_{gcor4}：

$$n_{gcor4} = n_g \sqrt{\frac{288.15}{T_4}} \tag{5.111}$$

根据燃气涡轮特性图，插值求取换算流量 $W_{4cor,\ map}$、燃气涡轮效率 η_{gT}：

$$W_{4cor,\ map} = f_{gT}(n_{gcor4}, \pi_{gT}) \tag{5.112}$$

$$\eta_{gT} = g_{gT}(n_{gcor4}, \pi_{gT}) \tag{5.113}$$

燃气涡轮特性图上的空气流量 W_{4map} 为

$$W_{4map} = W_{4cor,\ map} \sqrt{\frac{288.15}{T_4}} \frac{P_4}{101\ 325} \tag{5.114}$$

通过变比热函数 $f_2(\cdot)$ 的算法计算未冷却燃气涡轮转子叶片的燃气涡轮出口总温 T_{45}、焓 h_{45}：

$$[T_{45}, h_{45}] = f_2(T_4, \pi_{gT}, \eta_{gT}, f) \tag{5.115}$$

燃气涡轮输出功率为

$$P_{gT} = W_4(h_4 - h_{45}) \tag{5.116}$$

再考虑到实际对燃气涡轮转子叶片进行了冷却，设冷却气流为 W_{gTCool}、焓为 h_{gTCool}，则

$$W_{gTCool} = W_{bld} \tag{5.117}$$

$$h_{gTCool} = h_{bld} \tag{5.118}$$

燃气涡轮出口截面 45 的燃气流量 W_{45} 为

$$W_{45}=W_4+W_{gTCool} \tag{5.119}$$

燃气涡轮出口截面 45 的油气比f_{45}为

$$f_{45}=\frac{W_f}{W_{45}-W_f}=\frac{W_f}{W_3+W_{gTCool}}=\frac{\dfrac{W_4}{W_3+W_f}W_f}{\dfrac{W_4}{W_3+W_f}W_3+W_{gTCool}}=\frac{\dfrac{W_4}{1+f}f}{\dfrac{W_4}{1+f}+W_{gTCool}} \tag{5.120}$$

燃气涡轮出口截面 45 的焓 h_{45} 为

$$h_{45}=\frac{W_4h_4+W_{gTCool}h_{gTCool}}{W_{45}} \tag{5.121}$$

燃气涡轮出口截面 45 的总温 T_{45} 为

$$T_{45}=T\_h(h_{45},f_{45}) \tag{5.122}$$

燃气涡轮出口截面 45 的总压 P_{45} 为

$$P_{45}=\frac{P_4}{\pi_{gT}} \tag{5.123}$$

5.4.7　动力涡轮

选取第 5 个初猜值为动力涡轮落压比 π_{pT}、第 6 个初猜值为动力涡轮转速 n_p，计算动力涡轮换算转速 n_{pcor45}：

$$n_{pcor45}=n_p\sqrt{\frac{288.15}{T_{45}}} \tag{5.124}$$

根据动力涡轮特性图，插值求取换算流量 $W_{45cor,\ map}$、动力涡轮效率 η_{pT}：

$$W_{45cor,\ map}=f_{pT}(n_{pcor45},\pi_{pT}) \tag{5.125}$$

$$\eta_{pT}=g_{pT}(n_{pcor45},\pi_{pT}) \tag{5.126}$$

动力涡轮特性图上的空气流量 W_{45map} 为

$$W_{45map}=W_{45cor,\ map}\sqrt{\frac{288.15}{T_{45}}}\frac{P_{45}}{101\,325} \tag{5.127}$$

通过变比热函数$f_2(\cdot)$的算法计算动力涡轮出口总温 T_5、焓 h_5：

$$[T_5,h_5]=f_2(T_{45},\pi_{pT},\eta_{pT},f_{45}) \tag{5.128}$$

动力涡轮输出功率为

$$P_{\mathrm{pT}} = W_{45}(h_{45} - h_5) \tag{5.129}$$

动力涡轮出口截面 5 的总压 P_5 为

$$P_5 = \frac{P_{45}}{\pi_{\mathrm{pT}}} \tag{5.130}$$

动力涡轮出口截面 5 的流量 W_5 为

$$W_5 = W_{45} \tag{5.131}$$

5.4.8 尾喷管

设尾喷管总压恢复系数为 σ_{n}，则

$$P_8 = \sigma_{\mathrm{n}} P_5 \tag{5.132}$$

根据能量方程：

$$h_8 = h_5 \tag{5.133}$$

$$T_8 = T_5 \tag{5.134}$$

考虑尾喷口出口截面燃气绝能定熵滞止流动到速度为零的滞止状态，燃气总温、静温、速度的关系为

$$C_{p,\mathrm{g}} T_8 = C_{p,\mathrm{g}} T_{\mathrm{s8}} + \frac{V_{8\mathrm{i}}^2}{2} \tag{5.135}$$

则

$$V_{8\mathrm{i}} = \sqrt{2C_{p,\mathrm{g}}(T_8 - T_{\mathrm{s8}})} = \sqrt{2C_{p,\mathrm{g}} T_8\left(1 - \frac{T_{\mathrm{s8}}}{T_8}\right)} = \sqrt{2\frac{k_{\mathrm{g}} R_{\mathrm{g}}}{k_{\mathrm{g}} - 1} T_5\left[1 - \left(\frac{P_{\mathrm{s8}}}{P_8}\right)^{\frac{k_{\mathrm{g}}-1}{k_{\mathrm{g}}}}\right]} \tag{5.136}$$

定义尾喷管速度系数：

$$C_{\mathrm{V}} = \frac{V_8}{V_{8\mathrm{i}}} \tag{5.137}$$

尾喷管临界落压比：

$$\pi_{\mathrm{e,cr}} = \left(\frac{k_{\mathrm{g}} + 1}{2}\right)^{\frac{k_{\mathrm{g}}}{k_{\mathrm{g}}-1}} \tag{5.138}$$

定义尾喷管落压比：

$$\pi_e = \frac{P_8}{P_{s0}} \tag{5.139}$$

分三种情况计算尾喷管出口燃气压力 P_{s8}：

（1）当 $\pi_e < \pi_{e,cr}$ 时，燃气在尾喷管内的流动处于亚临界流动状态，燃气在尾喷管中完全膨胀，$\lambda_8 < 1$，尾喷管出口燃气压力与外界大气压力相同，即

$$P_{s8} = P_{s0} \tag{5.140}$$

（2）当 $\pi_e = \pi_{e,cr}$ 时，燃气在尾喷管内的流动处于临界流动状态，燃气在尾喷管中完全膨胀，$\lambda_8 = 1$，尾喷管出口燃气压力与外界大气压力相同，即

$$P_{s8} = P_{s0} \tag{5.141}$$

（3）当 $\pi_e > \pi_{e,cr}$ 时，燃气在尾喷管内的流动处于超临界流动状态，燃气在尾喷管中不完全膨胀，$\lambda_8 = 1$，尾喷管出口燃气压力大于外界大气压力，即

$$P_{s8} = P_8\pi(\lambda_8) = P_8\left(\frac{2}{k_g + 1}\right)^{\frac{k_g}{k_g - 1}} \tag{5.142}$$

则

$$\pi(\lambda_8) = \frac{P_{s8}}{P_8} \tag{5.143}$$

$$\lambda_8 = \sqrt{\frac{k_g + 1}{k_g - 1}\left\{1 - [\pi(\lambda_8)]^{\frac{k_g - 1}{k_g}}\right\}} \tag{5.144}$$

$$\tau(\lambda_8) = \frac{T_{s8}}{T_8} = \left(1 - \frac{k_g - 1}{k_g + 1}\lambda_8^2\right) \tag{5.145}$$

$$T_{s8} = T_8\left(1 - \frac{k_g - 1}{k_g + 1}\lambda_8^2\right) \tag{5.146}$$

$$\varepsilon(\lambda_8) = \frac{\rho_{s8}}{\rho_8} = \left(1 - \frac{k_g - 1}{k_g + 1}\lambda_8^2\right)^{\frac{1}{k_g - 1}} \tag{5.147}$$

$$\rho_8 = \frac{P_8}{R_g T_8} \tag{5.148}$$

$$\rho_{s8} = \rho_8\left(1 - \frac{k_g - 1}{k_g + 1}\lambda_8^2\right)^{\frac{1}{k_g - 1}} \tag{5.149}$$

$$q(\lambda_8)=\left(\frac{k_g+1}{2}\right)^{\frac{1}{k_g-1}}\lambda_8\left(1-\frac{k_g-1}{k_g+1}\lambda_8^2\right)^{\frac{1}{k_g-1}} \tag{5.150}$$

尾喷管出口速度为

$$V_8=C_V V_{8i}=C_V\sqrt{2C_{p,g}T_8\left[1-\left(\frac{P_0}{P_8}\right)^{\frac{k_g-1}{k_g}}\right]}=C_V\sqrt{2\frac{k_gR_g}{k_g-1}T_5\left[1-\left(\frac{P_0}{\sigma_n P_5}\right)^{\frac{k_g-1}{k_g}}\right]} \tag{5.151}$$

其中，C_V 为速度系数。

尾喷管出口燃气流量为

$$W_8=C_V\sqrt{\frac{k_g}{R}\left(\frac{2}{k_g+1}\right)^{\frac{k_g+1}{k_g-1}}}\frac{P_8A_8}{\sqrt{T_8}}q(\lambda_8)=\rho_{s8}A_8V_8 \tag{5.152}$$

5.4.9 减速箱

设动力涡轮输出传动轴传递功率时的机械效率为 $\eta_{m,p}$，减速箱输出传动轴传递功率时的机械效率为 η_{gb}，减速箱输出输入转速传动比为 i_{gb}，则

$$n_{prop}=i_{gb}n_p \tag{5.153}$$

发动机输出轴功率 P_s 为

$$P_s=\eta_{gb}\eta_{m,p}P_{pT}=\eta_{gb}\eta_{m,p}W_{4.5}C_{p,g}(T_{4.5}-T_5) \tag{5.154}$$

5.4.10 螺旋桨

设螺旋桨所需功率 P_{prop} 在稳态时与发动机输出轴功率 P_s 相平衡：

$$P_{prop}=C_P\rho n_s^3D^5 \tag{5.155}$$

其中，C_P 为螺旋桨功率系数；ρ 为空气密度；n_s 为螺旋桨转速；单位为 r/s；D 为螺旋桨直径。

5.4.11 涡桨发动机性能

$$F_{prop}=C_T\rho n_s^2D^4=\frac{\eta_{prop}}{V_0}P_{prop} \tag{5.156}$$

$$F_{jet}=W_a[(1+f)V_8-V_0]+(P_{s8}-P_{s0})A_8 \tag{5.157}$$

$$F_{totle}=F_{prop}+F_{jet} \tag{5.158}$$

$$F_s = \frac{F_{totle}}{W_a} = \frac{F_{prop}}{W_a} + \frac{F_{jet}}{W_a} = \eta_{prop}\frac{P_{prop}}{V_0 W_a} + [(1+f)V_8 - V_0] + \frac{(P_{s8} - P_{s0})A_8}{W_a} \tag{5.159}$$

$$P_{eq} = P_s + \frac{F_{jet}V_0}{\eta_{prop}} = P_s + \frac{V_0}{\eta_{prop}}\{W_a[(1+f)V_8 - V_0] + (P_{s8} - P_{s0})A_8\} \tag{5.160}$$

$$L_{eq} = L_s + \frac{F_{jet}V_0}{W_a\eta_{prop}} \tag{5.161}$$

$$C_{tsf} = 3\,600\frac{W_f}{F_{totle}} = 3\,600\frac{f}{\dfrac{F_{totle}}{W_a}} = 3\,600\frac{f}{F_s} \tag{5.162}$$

$$C_{psf} = 3\,600\frac{W_f}{P_{eq}} \tag{5.163}$$

5.5　涡桨发动机部件级非线性动力学迭代模型

5.5.1　非线性动力学迭代模型建模方法

涡桨发动机在飞行包线内工作时,当给定飞行高度、飞行马赫数、燃油流量、桨叶角时,根据上述涡桨发动机部件模型,还需根据涡桨发动机各部件的流量平衡和功率平衡建立 6 个共同工作方程,试取初猜值为燃气发生器转速 n_g、动力涡轮转速 n_p、压气机进口空气流量 W_2、压气机增压比 π_c、燃气涡轮落压比 π_{gT}、动力涡轮落压比 π_{pT},通过微分动力学方程和代数非线性方程的 Newton-Raphson 或 Broyden 数值解法,计算涡桨发动机稳态和过渡态热力循环过程参数及其性能参数。

涡桨发动机部件模型和共同工作方程构成了隐函数的代数方程和动态过程的动力学微分方程,隐函数的代数方程设为 $F(X)=0$,其解需要给定初猜值进行迭代求解,初猜值的个数应与非线性代数方程的个数相等,并且初猜值变量的选取应保证发动机能够按部件次序完成各个部件的全部性能计算。对于稳态模型求解,数值解法主要有 Newton-Raphson 法、Broyden 法、$N+1$ 点残量法等迭代法;对于动态过程的动力学微分方程的求解,主要有 Euler 法、改进 Euler 法、Runge-Kutta 法等。

5.5.2　Newton-Raphson 迭代法

对于隐函数表示的代数方程 $F(X)=0$,设向量 $X=(x_1, x_2, \cdots, x_n)^T$,其残差

向量 $Z=(z_1, z_2, \cdots, z_n)^{\mathrm{T}}$ 可表示为

$$Z=F(X)=\begin{pmatrix} f_1(X) \\ f_2(X) \\ \vdots \\ f_n(X) \end{pmatrix} \tag{5.164}$$

Newton-Raphson 法的主要思路是已知第 k 次迭代试取值 $X^{(k)}=(x_1^{(k)}, x_2^{(k)}, \cdots, x_n^{(k)})^{\mathrm{T}}$ 和计算的残差为 $Z^{(k)}=(z_1^{(k)}, z_2^{(k)}, \cdots, z_n^{(k)})^{\mathrm{T}}$，求第 $k+1$ 次迭代的试取值 $X^{(k+1)}$，它应力求使 $Z^{(k+1)}=0$，即 $F(X^{(k+1)})=0$。将非线性函数 $F(X)$ 在 $X^{(k)}$ 处展开为泰勒级数，保留线性一阶项，则

$$F(X)=F(X^{(k)})+J(X^{(k)})(X-X^{(k)}) \tag{5.165}$$

其中，$J(X^{(k)})$ 为雅可比（Jacobian）矩阵，即

$$J(X^{(k)})=\begin{bmatrix} \dfrac{\partial f_1(X^{(k)})}{\partial x_1} & \dfrac{\partial f_1(X^{(k)})}{\partial x_2} & \cdots & \dfrac{\partial f_1(X^{(k)})}{\partial x_n} \\ \dfrac{\partial f_2(X^{(k)})}{\partial x_1} & \dfrac{\partial f_2(X^{(k)})}{\partial x_2} & \cdots & \dfrac{\partial f_2(X^{(k)})}{\partial x_n} \\ \vdots & \vdots & \ddots & \vdots \\ \dfrac{\partial f_n(X^{(k)})}{\partial x_1} & \dfrac{\partial f_n(X^{(k)})}{\partial x_2} & \cdots & \dfrac{\partial f_n(X^{(k)})}{\partial x_n} \end{bmatrix} \tag{5.166}$$

令 $F(X)=0$，其解 X 作为 $X^{(k+1)}$，则第 $k+1$ 次迭代的试取值为

$$X^{(k+1)}=X^{(k)}-J^{-1}(X^{(k)})F(X^{(k)}) \tag{5.167}$$

每次迭代以新的试取值重新计算，直至残差 $|z_i|\leqslant\varepsilon(i=1, 2, \cdots, n)$，其中 ε 为迭代误差。

由于发动机非线性模型不是显函数，无法直接求导获得雅可比矩阵 $J(X^{(k)})$，一般采用数值差分方法近似求解雅可比矩阵的微分元素，采用中心差分格式的计算方法为

$$\left(\frac{\partial z_i}{\partial x_j}\right)_{ij}^{(k)}=\frac{z_i(x_1^{(k)}, \cdots, x_j^{(k)}+h_j, \cdots, x_n^{(k)})-z_i(x_1^{(k)}, \cdots, x_j^{(k)}-h_j, \cdots, x_n^{(k)})}{2h_j}$$
$$(i=1, 2, \cdots, n;\ j=1, 2, \cdots, n) \tag{5.168}$$

设第 k 次计算的残差值为 $Z(X^{(k)})$，对试取值的每一分量给一微小增量而保

持其他分量不变,构成新的初猜值,进行发动机非线性模型的迭代求解,并按上式(5.168)计算出解雅可比矩阵的每一元素。

Newton-Raphson 法的局部收敛特性好,收敛速度能够达到平方收敛,但缺点是对初猜值选取比较敏感,初猜值选得不合适,迭代次数大大增加,且每次迭代都要计算雅可比矩阵及其逆,计算量较大,会增大数值计算误差,以稳态计算结果作为初猜值进行迭代,可以避免这一问题。

5.5.3 Broyden 迭代法

Broyden 法迭代计算公式为

$$\begin{cases} X^{(k+1)} = X^{(k)} - B^{(k)} F(X^{(k)}) \\ p^{(k)} = X^{(k+1)} - X^{(k)} \\ q^{(k)} = F(X^{(k+1)}) - F(X^{(k)}) \\ B^{(k+1)} = B^{(k)} + \dfrac{(p^{(k)} - B^{(k)} q^{(k)})(p^{(k)})^{\mathrm{T}} B^{(k)}}{(p^{(k)})^{\mathrm{T}} B^{(k)} q^{(k)}} \end{cases} \tag{5.169}$$

Broyden 迭代算法:

(1) 给出精度要求和最大迭代次数;

(2) 由初猜值 $X^{(1)}$ 计算雅可比矩阵的逆矩阵,作为初始 $B^{(1)}$;

(3) 进入循环,令 $k = 1, 2, \cdots$;

(4) 根据式(5.169),计算 $X^{(k+1)}$、$p^{(k)}$、$q^{(k)}$、$B^{(k+1)}$;

(5) 如果满足精度要求,则迭代结束;否则,返回(3)。

Broyden 法避免了每一次迭代中对雅可比矩阵及其逆的计算,而又保持了 Newton-Raphson 法的平方收敛性,加快了计算速度。

5.5.4 动力学微分方程的解算步长和收敛性

对于涡桨发动机动力学微分方程初值问题的数值解法采用显式单步法求解,求解算法主要有 Euler 法、改进 Euler 法、Runge-Kutta 法等,合理的步长由数值解法、求解误差精度要求及其收敛性确定。

设有常微分方程初值问题:

$$\begin{cases} \dfrac{\mathrm{d}y}{\mathrm{d}t} = f(t, y), \quad t_0 \leqslant t \leqslant T \\ y(t_0) = y_0 \end{cases} \tag{5.170}$$

其模型方程为

$$\frac{\mathrm{d}y}{\mathrm{d}t} = \lambda y \tag{5.171}$$

其中,模型方程的特征根为

$$\lambda = \frac{\partial f}{\partial y} \tag{5.172}$$

$e^{\lambda t}$ 为原微分方程的模态,步长 h 的选取与 λ 成反比,二者的关系由绝对稳定区域确定。

5.5.5 动力学微分方程的 Euler 法求解

Euler 法(一级一阶 Runge-Kutta 法)的计算公式为

$$y_{n+1} = y_n + hf(t_n, y_n) \tag{5.173}$$

当 λ 为实数时,Euler 法的绝对稳定区域为 $-2 < \lambda h < 0$。

5.5.6 动力学微分方程的改进欧拉法求解

改进 Euler 法(二级二阶 Runge-Kutta 法)的计算公式为

$$\begin{cases} y_{n+1} = y_n + \frac{h}{2}(k_1 + k_2) \\ k_1 = f(t_n, y_n) \\ k_2 = f(t_n + h, y_n + hk_1) \end{cases} \tag{5.174}$$

当 λ 为实数时,改进 Euler 法的绝对稳定区域为 $-2 < \lambda h < 0$。

5.5.7 动力学微分方程的 Runge-Kutta 法求解

四级四阶经典 Runge-Kutta 法:

$$\begin{cases} y_{n+1} = y_n + \frac{h}{6}(k_1 + 2k_2 + 2k_3 + k_4) \\ k_1 = f(t_n, y_n) \\ k_2 = f(t_n + \frac{1}{2}h, y_n + \frac{1}{2}hk_1) \\ k_3 = f(t_n + \frac{1}{2}h, y_n + \frac{1}{2}hk_2) \\ k_4 = f(t_n + h, y_n + hk_3) \end{cases} \tag{5.175}$$

当 λ 为实数时,改进 Euler 法的绝对稳定区域为 $-2.78 < \lambda h < 0$。

显然,模型方程的特征根 λ 的实部在左半复数平面上离虚轴越远,步长越小,模型所对应的极点离虚轴越远,仿真步长也随之减小以满足稳定收敛条件。

对于采用容腔动力学方法建立的发动机模型,其部件容腔体积反映了容腔温度和压力动态的惯性,容腔体积越小,模型所对应的极点离虚轴越远,仿真步长必须减小以满足稳定收敛条件。可见,发动机模型中容腔体积最小的部件决定了模型解算的步长,也就是说,容腔动力学模型的实时性严格受到模型中最小容腔体积大小限制。

5.5.8　涡桨发动机各部件稳态共同工作平衡方程

压气机进口流量连续平衡方程:

$$\frac{W_{2\mathrm{map}} - W_2}{W_2} = \varepsilon_1 \tag{5.176}$$

燃气涡轮进口流量连续平衡方程:

$$\frac{W_{4\mathrm{map}} - W_4}{W_4} = \varepsilon_2 \tag{5.177}$$

动力涡轮进口流量连续平衡方程:

$$\frac{W_{45\mathrm{map}} - W_{45}}{W_{45}} = \varepsilon_3 \tag{5.178}$$

尾喷管流量连续平衡方程:

$$\frac{W_5 - W_8}{W_8} = \varepsilon_4 \tag{5.179}$$

高压转子功率平衡方程:

$$\frac{\eta_{\mathrm{m,g}} P_{\mathrm{gT}} - P_{\mathrm{C}}}{P_{\mathrm{gT}}} = \varepsilon_5 \tag{5.180}$$

低压转子功率平衡方程:

$$\frac{\eta_{\mathrm{gb}} \eta_{\mathrm{m,p}} P_{\mathrm{pT}} - P_{\mathrm{prop}}}{P_{\mathrm{pT}}} = \varepsilon_6 \tag{5.181}$$

5.5.9　涡桨发动机非线性部件级稳态模型计算流程

上述涡桨发动机部件模型和共同工作方程构成了隐函数的代数方程 $F(X) =$

0，采用 Newton-Raphson 法、Broyden 法等数值解法可以求解代数方程 $F(X)=0$，当6个平衡方程的6个残差满足迭代收敛精度时获得 $F(X)=0$ 的解，输出涡桨发动机热力循环参数，涡桨发动机非线性部件级稳态模型的计算流程如图5.13所示。

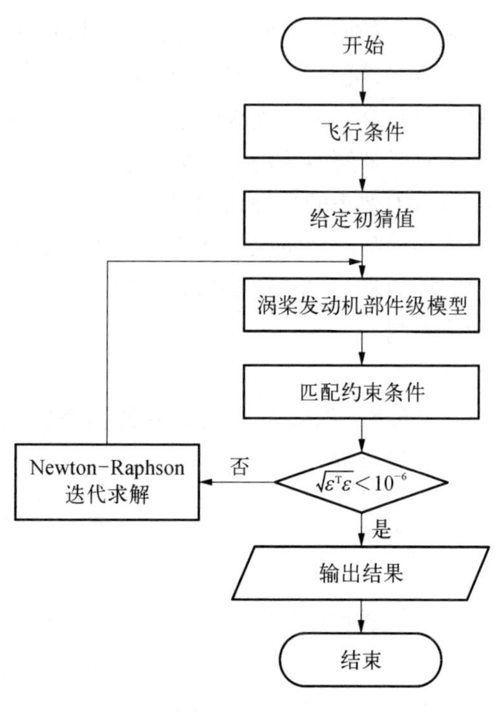

图5.13　涡桨发动机非线性部件级稳态模型的计算流程图

5.5.10　涡桨发动机各部件动态共同工作平衡方程

涡桨发动机各部件动态共同工作平衡方程由4个流量连续平衡方程和2个转子动力学微分平衡方程组成。

压气机进口流量连续平衡方程：

$$\frac{W_{2map}-W_2}{W_2}=\varepsilon_1 \tag{5.182}$$

燃气涡轮进口流量连续平衡方程：

$$\frac{W_{4map}-W_4}{W_4}=\varepsilon_2 \tag{5.183}$$

动力涡轮进口流量连续平衡方程：

$$\frac{W_{45map}-W_{45}}{W_{45}}=\varepsilon_3 \tag{5.184}$$

尾喷管流量连续平衡方程：

$$\frac{W_5-W_8}{W_8}=\varepsilon_4 \tag{5.185}$$

高压转子动力学微分平衡方程：

$$\frac{\mathrm{d}n_g}{\mathrm{d}t}=\frac{\eta_{m,g}P_{gT}-P_C}{\left(\frac{\pi}{30}\right)^2 J_g n_g} \tag{5.186}$$

低压转子动力学微分平衡方程：

$$\frac{dn_p}{dt}=\frac{\eta_{m,p}P_{pT}-\frac{1}{\eta_{gb}}P_{prop}}{\left(\frac{\pi}{30}\right)^2 J_{p,eq}n_p} \tag{5.187}$$

其中，$J_{p,eq}$ 为动力涡轮转子轴等效转动惯量。

$$J_{p,eq}=J_p+\frac{i_{gb}^2}{\eta_{gb}}J_{prop} \tag{5.188}$$

5.5.11　涡桨发动机非线性部件级动态模型计算流程

上述涡桨发动机部件模型和共同工作方程构成了隐函数的代数方程 $F(X)=0$ 和动态过程的动力学微分方程，采用 Newton-Raphson 法、Broyden 法等数值解法可以求解代数方程 $F(X)=0$，当 4 个流量连续平衡方程的 4 个残差满足迭代收敛精度时获得 $F(X)=0$ 的解，并采用 Euler 法、改进 Euler 法、Runge-Kutta 法等数值解法求解动态过程的转子动力学微分平衡方程，输出涡桨发动机热力循环参数，完成了一次仿真计算，再进入下一时刻，重复上述计算过程，涡桨发动机非线性部件级动态模型的计算流程如图 5.14 所示。

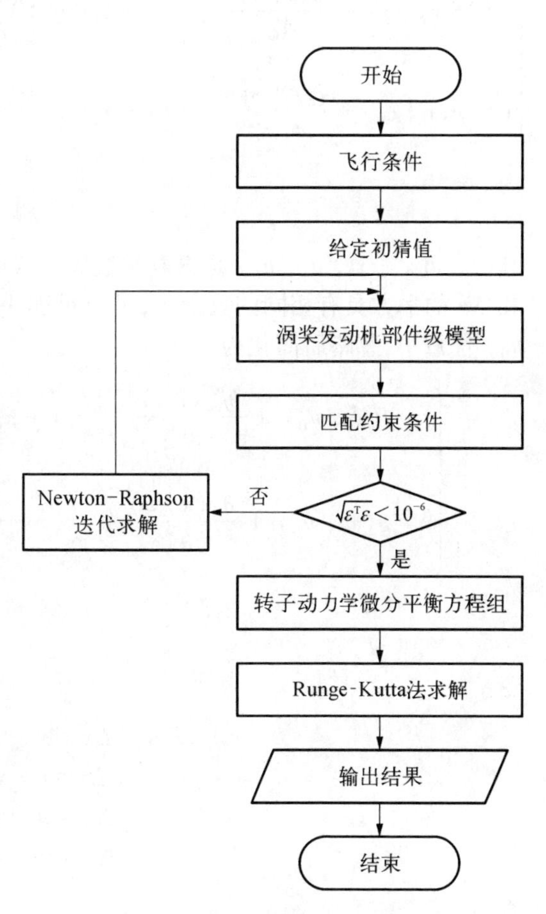

图 5.14　涡桨发动机非线性部件级动态模型的计算流程图

5.6　双轴涡桨发动机线性模型

5.6.1　基本方法

设涡桨发动机动态系统的非线性状态方程和输出方程分别为

$$\begin{aligned}\dot{x}(t)&=f(x(t),u(t),t)\\ y(t)&=g(x(t),u(t),t)\end{aligned} \tag{5.189}$$

其中，$x \in R^n$ 为状态向量；$u \in R^p$ 为输入向量；$y \in R^q$ 为输出向量。

非线性函数 $f(\cdot)$ 和 $g(\cdot)$ 在涡桨发动机工作包线内都是连续平滑函数，在确定稳态工作点 x_0 和 u_0 处，其泰勒级数展开为

$$\begin{cases} \dot{x} = f(x_0, u_0) + \left.\dfrac{\partial f(x, u)}{\partial x}\right|_{\substack{x=x_0 \\ u=u_0}}(x - x_0) + \left.\dfrac{\partial f(x, u)}{\partial u}\right|_{\substack{x=x_0 \\ u=u_0}}(u - u_0) + O(x - x_0, u - u_0) \\ y = g(x_0, u_0) + \left.\dfrac{\partial g(x, u)}{\partial x}\right|_{\substack{x=x_0 \\ u=u_0}}(x - x_0) + \left.\dfrac{\partial g(x, u)}{\partial u}\right|_{\substack{x=x_0 \\ u=u_0}}(u - u_0) + O(x - x_0, u - u_0) \end{cases} \tag{5.190}$$

其中，$O(x - x_0, u - u_0)$ 是泰勒级数展开式中余项集合中的高阶小量，与变量 Δx 和 Δu 的平方具有相同的数量级，可取足够小的 Δx 和 Δu，从而使 $O(x - x_0, u - u_0)$ 任意小，忽略后简化为

$$\begin{cases} \dot{x} = f(x_0, u_0) + \left.\dfrac{\partial f(x, u)}{\partial x}\right|_{\substack{x=x_0 \\ u=u_0}}(x - x_0) + \left.\dfrac{\partial f(x, u)}{\partial u}\right|_{\substack{x=x_0 \\ u=u_0}}(u - u_0) \\ y = g(x_0, u_0) + \left.\dfrac{\partial g(x, u)}{\partial x}\right|_{\substack{x=x_0 \\ u=u_0}}(x - x_0) + \left.\dfrac{\partial g(x, u)}{\partial u}\right|_{\substack{x=x_0 \\ u=u_0}}(u - u_0) \end{cases} \tag{5.191}$$

令

$$\begin{aligned} \Delta x &= x - x_0 \\ \Delta \dot{x} &= \dot{x} - \dot{x}_0 \\ \Delta u &= u - u_0 \\ \Delta y &= y - y_0 \end{aligned} \tag{5.192}$$

则

$$\begin{cases} \Delta \dot{x} = A\Delta x + B\Delta u \\ \Delta y = C\Delta x + D\Delta u \end{cases} \tag{5.193}$$

其中，各系数矩阵为

$$\begin{cases} A = \left(\dfrac{\partial f(x, u)}{\partial x}\right)\Bigg|_{\substack{x=x_0 \\ u=u_0}}, \ B = \left(\dfrac{\partial f(x, u)}{\partial u}\right)\Bigg|_{\substack{x=x_0 \\ u=u_0}} \\ C = \left(\dfrac{\partial g(x, u)}{\partial x}\right)\Bigg|_{\substack{x=x_0 \\ u=u_0}}, \ D = \left(\dfrac{\partial g(x, u)}{\partial u}\right)\Bigg|_{\substack{x=x_0 \\ u=u_0}} \end{cases} \tag{5.194}$$

采用数值中心差分方法近似求解各系数矩阵的偏微分元素：

$$\left(\frac{\partial f_i(x,u)}{\partial x_j}\right)_{ij}=\frac{f_i(x_1,\cdots,x_j+\Delta x_j,\cdots,x_n,u_1,\cdots,u_p)-f_i(x_1,\cdots,x_j-\Delta x_j,\cdots,x_n,u_1,\cdots,u_p)}{2\Delta x_j}$$

$$i=1,2,\cdots,n;j=1,2,\cdots,n \tag{5.195}$$

$$\left(\frac{\partial f_i(x,u)}{\partial u_j}\right)_{ij}=\frac{f_i(x_1,\cdots,x_n,u_1,\cdots,u_j+\Delta u_j,\cdots,u_p)-f_i(x_1,\cdots,x_n,u_1,\cdots,u_j-\Delta u_j,\cdots,u_p)}{2\Delta u_j}$$

$$i=1,2,\cdots,n;j=1,2,\cdots,p \tag{5.196}$$

$$\left(\frac{\partial g_i(x,u)}{\partial x_j}\right)_{ij}=\frac{g_i(x_1,\cdots,x_j+\Delta x_j,\cdots,x_n,u_1,\cdots,u_p)-g_i(x_1,\cdots,x_j-\Delta x_j,\cdots,x_n,u_1,\cdots,u_p)}{2\Delta x_j}$$

$$i=1,2,\cdots,q;j=1,2,\cdots,n \tag{5.197}$$

$$\left(\frac{\partial g_i(x,u)}{\partial u_j}\right)_{ij}=\frac{g_i(x_1,\cdots,x_n,u_1,\cdots,u_j+\Delta u_j,\cdots,u_p)-g_i(x_1,\cdots,x_n,u_1,\cdots,u_j-\Delta u_j,\cdots,u_p)}{2\Delta u_j}$$

$$i=1,2,\cdots,q;j=1,2,\cdots,p \tag{5.198}$$

5.6.2 顺数法线性化

设某自由涡轮式双轴涡桨发动机状态变量为

$$\Delta x=\begin{bmatrix}\Delta x_1\\ \Delta x_2\end{bmatrix}=\begin{bmatrix}\Delta n_{\mathrm{g}}\\ \Delta n_{\mathrm{p}}\end{bmatrix} \tag{5.199}$$

输入变量为

$$\Delta u=\begin{bmatrix}\Delta u_1\\ \Delta u_2\end{bmatrix}=\begin{bmatrix}\Delta W_{\mathrm{f}}\\ \Delta \beta_{\mathrm{prop}}\end{bmatrix} \tag{5.200}$$

输出变量为

$$\Delta y=\begin{bmatrix}\Delta y_1\\ \Delta y_2\\ \Delta y_3\end{bmatrix}=\begin{bmatrix}\Delta n_{\mathrm{g}}\\ \Delta n_{\mathrm{p}}\\ \Delta P_{\mathrm{prop}}\end{bmatrix} \tag{5.201}$$

其中，W_{f} 为燃油流量；β_{prop} 为桨叶角；n_{g} 为燃气涡轮转速；n_{p} 为动力涡轮转速；P_{prop} 为螺旋桨功率。

双轴涡桨发动机非线性状态方程为

$$\frac{\mathrm{d}n_{\mathrm{g}}}{\mathrm{d}t}=f_1(n_{\mathrm{g}},n_{\mathrm{p}},W_{\mathrm{f}},\beta_{\mathrm{prop}}) \tag{5.202}$$

$$\frac{\mathrm{d}n_{\mathrm{p}}}{\mathrm{d}t}=f_2(n_{\mathrm{g}},n_{\mathrm{p}},W_{\mathrm{f}},\beta_{\mathrm{prop}}) \tag{5.203}$$

双轴涡桨发动机非线性输出方程为

$$\begin{aligned} n_{\mathrm{g}}&=g_1(n_{\mathrm{g}},n_{\mathrm{p}},W_{\mathrm{f}},\beta_{\mathrm{prop}})\\ n_{\mathrm{p}}&=g_2(n_{\mathrm{g}},n_{\mathrm{p}},W_{\mathrm{f}},\beta_{\mathrm{prop}})\\ P_{\mathrm{prop}}&=g_3(n_{\mathrm{g}},n_{\mathrm{p}},W_{\mathrm{f}},\beta_{\mathrm{prop}}) \end{aligned} \tag{5.204}$$

则双轴涡桨发动机在某稳态点的线性状态方程为

$$\begin{bmatrix}\Delta\dot{n}_{\mathrm{g}}\\ \Delta\dot{n}_{\mathrm{p}}\end{bmatrix}=\begin{bmatrix}a_{11}&a_{12}\\ a_{21}&a_{22}\end{bmatrix}\begin{bmatrix}\Delta n_{\mathrm{g}}\\ \Delta n_{\mathrm{p}}\end{bmatrix}+\begin{bmatrix}b_{11}&b_{12}\\ b_{21}&b_{22}\end{bmatrix}\begin{bmatrix}\Delta W_{\mathrm{f}}\\ \Delta\beta_{\mathrm{prop}}\end{bmatrix} \tag{5.205}$$

线性输出方程为

$$\begin{bmatrix}\Delta n_{\mathrm{g}}\\ \Delta n_{\mathrm{p}}\\ \Delta P_{\mathrm{prop}}\end{bmatrix}=\begin{bmatrix}c_{11}&c_{12}\\ c_{21}&c_{22}\\ c_{31}&c_{32}\end{bmatrix}\begin{bmatrix}\Delta n_{\mathrm{g}}\\ \Delta n_{\mathrm{p}}\end{bmatrix}+\begin{bmatrix}d_{11}&d_{12}\\ d_{21}&d_{22}\\ d_{31}&d_{32}\end{bmatrix}\begin{bmatrix}\Delta W_{\mathrm{f}}\\ \Delta\beta_{\mathrm{prop}}\end{bmatrix} \tag{5.206}$$

即

$$\Delta\dot{x}=A\Delta x+B\Delta u \tag{5.207}$$

$$\Delta y=C\Delta x+D\Delta u \tag{5.208}$$

其中，$\Delta x\in R^2$ 为状态向量；$\Delta u\in R^2$ 为输入向量；$\Delta y\in R^3$ 为输出向量。

$$A=\begin{bmatrix}a_{11}&a_{12}\\ a_{21}&a_{22}\end{bmatrix}=\begin{bmatrix}\dfrac{\partial f_1}{\partial n_{\mathrm{g}}}&\dfrac{\partial f_1}{\partial n_{\mathrm{p}}}\\ \dfrac{\partial f_2}{\partial n_{\mathrm{g}}}&\dfrac{\partial f_2}{\partial n_{\mathrm{p}}}\end{bmatrix}=\left(\frac{\partial f_i}{\partial x_j}\right)_{i,j}=\left(\frac{\Delta\dot{x}_i}{\Delta x_j}\right)_{i,j},\ i=1,2;j=1,2 \tag{5.209}$$

$$B=\begin{bmatrix}b_{11}&b_{12}\\ b_{21}&b_{22}\end{bmatrix}=\begin{bmatrix}\dfrac{\partial f_1}{\partial W_{\mathrm{f}}}&\dfrac{\partial f_1}{\partial\beta_{\mathrm{prop}}}\\ \dfrac{\partial f_2}{\partial W_{\mathrm{f}}}&\dfrac{\partial f_2}{\partial\beta_{\mathrm{prop}}}\end{bmatrix}=\left(\frac{\partial f_i}{\partial u_j}\right)_{i,j}=\left(\frac{\Delta\dot{x}_i}{\Delta u_j}\right)_{i,j},\ i=1,2;j=1,2 \tag{5.210}$$

$$C=\begin{bmatrix} c_{11} & c_{12} \\ c_{21} & c_{22} \\ c_{31} & c_{32} \end{bmatrix}=\begin{bmatrix} \frac{\partial g_1}{\partial n_g} & \frac{\partial g_1}{\partial n_p} \\ \frac{\partial g_2}{\partial n_g} & \frac{\partial g_2}{\partial n_p} \\ \frac{\partial g_3}{\partial n_g} & \frac{\partial g_3}{\partial n_p} \end{bmatrix}=\left(\frac{\partial g_i}{\partial x_j}\right)_{i,j}=\left(\frac{\Delta y_i}{\Delta x_j}\right)_{i,j},\ i=1,2,3;\ j=1,2 \tag{5.211}$$

$$D=\begin{bmatrix} d_{11} & d_{12} \\ d_{21} & d_{22} \\ d_{31} & d_{32} \end{bmatrix}=\begin{bmatrix} \frac{\partial g_1}{\partial W_f} & \frac{\partial g_1}{\partial \beta_{prop}} \\ \frac{\partial g_2}{\partial W_f} & \frac{\partial g_2}{\partial \beta_{prop}} \\ \frac{\partial g_3}{\partial W_f} & \frac{\partial g_3}{\partial \beta_{prop}} \end{bmatrix}=\left(\frac{\partial g_i}{\partial u_j}\right)_{i,j}=\left(\frac{\Delta y_i}{\Delta u_j}\right)_{i,j},\ i=1,2,3;\ j=1,2 \tag{5.212}$$

传递函数矩阵为

$$G(s)=C(sI-A)^{-1}B+D \tag{5.213}$$

基于涡桨发动机非线性模型,通过依次改变状态变量、控制变量,获得涡桨发动机非线性模型的计算结果,作为顺数法的计算依据,顺数法计算 A、B、C、D 过程如下。

(1) 给定飞行高度、飞行马赫数和发动机控制输入 W_f、β_{prop},根据涡桨发动机非线性模型计算稳态工作点的各个参数值,记为 W_{f0}、β_{prop0}、n_{g0}、n_{p0}、P_{prop0}。

(2) 其他条件不变(相对稳态计算点),单独给燃气涡轮转速一个正的小增量 δn_g,通过涡桨发动机非线性动态模型计算,输出计算结果标记为 $\dot{n}_g^+$、$\dot{n}_p^+$、n_g^+、n_p^+、P_{prop}^+;同理,其他条件不变(相对稳态计算点),单独给燃气涡轮转速一个负的小增量 $-\delta n_g$,通过涡桨发动机非线性动态模型计算,输出计算结果标记为 $\dot{n}_g^-$、$\dot{n}_p^-$、n_g^-、n_p^-、P_{prop}^-,按下式计算 A 矩阵和 C 矩阵的第一列关于 n_g 偏导数的各元素值:

$$A=\begin{bmatrix} \frac{\partial f_1}{\partial n_g} & \frac{\partial f_1}{\partial n_p} \\ \frac{\partial f_2}{\partial n_g} & \frac{\partial f_2}{\partial n_p} \end{bmatrix}=\begin{bmatrix} \frac{\dot{n}_g^+-\dot{n}_g^-}{2\delta n_g} & \frac{\partial f_1}{\partial n_p} \\ \frac{\dot{n}_p^+-\dot{n}_p^-}{2\delta n_g} & \frac{\partial f_2}{\partial n_p} \end{bmatrix} \tag{5.214}$$

$$C=\begin{bmatrix}\dfrac{\partial g_1}{\partial n_g} & \dfrac{\partial g_1}{\partial n_p}\\ \dfrac{\partial g_2}{\partial n_g} & \dfrac{\partial g_2}{\partial n_p}\\ \dfrac{\partial g_3}{\partial n_g} & \dfrac{\partial g_3}{\partial n_p}\end{bmatrix}=\begin{bmatrix}\dfrac{n_g^+ - n_g^-}{2\delta n_g} & \dfrac{\partial g_1}{\partial n_p}\\ \dfrac{n_p^+ - n_p^-}{2\delta n_g} & \dfrac{\partial g_2}{\partial n_p}\\ \dfrac{P_{prop}^+ - P_{prop}^-}{2\delta n_g} & \dfrac{\partial g_3}{\partial n_p}\end{bmatrix} \tag{5.215}$$

(3) 同理,其他条件不变(相对稳态计算点),单独给动力涡轮转速一个正的、负的小增量,可计算 A 矩阵和 C 矩阵的第二列关于 n_p 偏导数的各元素值。

(4) 其他条件不变(相对稳态计算点),单独给燃油流量一个正的小增量 $\delta W_f = W_{f0}\varepsilon$ (取 $\varepsilon = 3\%$),得到 $W_f^+ = W_{f0} + \delta W_f$, 通过涡桨发动机非线性动态模型计算,输出计算结果标记为 $\dot{n}_g^+$、$\dot{n}_p^+$、n_g^+、n_p^+、P_{prop}^+; 同理,其他条件不变(相对稳态计算点),单独给燃油流量一个负的小增量 $-\delta W_f = -W_{f0}\varepsilon$, 得到 $W_f^- = W_{f0} - \delta W_f$, 通过涡桨发动机非线性动态模型计算,输出计算结果标记为 $\dot{n}_g^-$、$\dot{n}_p^-$、n_g^-、n_p^-、P_{prop}^-, 按下式计算 B 矩阵和 D 矩阵的第一列关于 W_f 偏导数的各元素值:

$$B=\begin{bmatrix}\dfrac{\partial f_1}{\partial W_f} & \dfrac{\partial f_1}{\partial \beta_{prop}}\\ \dfrac{\partial f_2}{\partial W_f} & \dfrac{\partial f_2}{\partial \beta_{prop}}\end{bmatrix}=\begin{bmatrix}\dfrac{\dot{n}_g^+ - \dot{n}_g^-}{2\delta W_f} & \dfrac{\partial f_1}{\partial \beta_{prop}}\\ \dfrac{\dot{n}_p^+ - \dot{n}_p^-}{2\delta W_f} & \dfrac{\partial f_2}{\partial \beta_{prop}}\end{bmatrix} \tag{5.216}$$

$$D=\begin{bmatrix}\dfrac{\partial g_1}{\partial W_f} & \dfrac{\partial g_1}{\partial \beta_{prop}}\\ \dfrac{\partial g_2}{\partial W_f} & \dfrac{\partial g_2}{\partial \beta_{prop}}\\ \dfrac{\partial g_3}{\partial W_f} & \dfrac{\partial g_3}{\partial \beta_{prop}}\end{bmatrix}=\begin{bmatrix}\dfrac{n_g^+ - n_g^-}{2\delta W_f} & \dfrac{\partial g_1}{\partial \beta_{prop}}\\ \dfrac{n_p^+ - n_p^-}{2\delta W_f} & \dfrac{\partial g_2}{\partial \beta_{prop}}\\ \dfrac{P_{prop}^+ - P_{prop}^-}{2\delta W_f} & \dfrac{\partial g_3}{\partial \beta_{prop}}\end{bmatrix} \tag{5.217}$$

(5) 同理,其他条件不变(相对稳态计算点),单独给桨叶角 β_{prop} 一个正的、负的小增量,记录发动机非线性动态模型,标记计算结果,可计算 B 和 D 矩阵的第二列关于 β_{prop} 偏导数的各元素值。

5.6.3　线性模型归一化

对状态向量 $\Delta x \in R^n$、输入向量 $\Delta u \in R^p$ 和输出向量 $\Delta y \in R^q$ 分别作以下线性非奇异变换:

$$\Delta\bar{x} = T_x \Delta x,\ \Delta\bar{u} = T_u \Delta u,\ \Delta\bar{y} = T_y \Delta y \tag{5.218}$$

其中，

$$T_x = \text{diag}\left\{\frac{1}{x_{1,d}},\ \cdots,\ \frac{1}{x_{n,d}}\right\} \tag{5.219}$$

$$T_u = \text{diag}\left\{\frac{1}{u_{1,d}},\ \cdots,\ \frac{1}{u_{p,d}}\right\} \tag{5.220}$$

$$T_y = \text{diag}\left\{\frac{1}{y_{1,d}},\ \cdots,\ \frac{1}{y_{q,d}}\right\} \tag{5.221}$$

则无量纲归一化线性模型为

$$\Delta\dot{\bar{x}} = \bar{A}\Delta\bar{x} + \bar{B}\Delta\bar{u} \tag{5.222}$$

$$\Delta\bar{y} = \bar{C}\Delta\bar{x} + \bar{D}\Delta\bar{u} \tag{5.223}$$

其中，

$$\bar{A} = T_x A T_x^{-1},\ \bar{B} = T_x B T_u^{-1},\ \bar{C} = T_y C T_x^{-1},\ \bar{D} = T_y D T_u^{-1} \tag{5.224}$$

传递函数矩阵为

$$\bar{G}(s) = \bar{C}(sI - \bar{A})^{-1}\bar{B} + \bar{D} = T_y G(s) T_u^{-1} \tag{5.225}$$

5.6.4 算例

双轴涡桨发动机设计点参数如表5.2所示。

表5.2　双轴涡桨发动机设计点参数

参数名称	参数符号	参数值	单位
发动机进口流量	W_2	4.612 2	kg/s
进气道总压恢复系数	σ_{i}	0.988	—
压气机压比	π_{C}	17.5	—
压气机效率	η_{C}	0.821	—
燃油流量	W_{f}	0.105 39	kg/s
燃油低热值	H_{u}	43 031	kJ/kg
燃烧效率	η_{B}	0.985	—
燃气发生器转速	n_{g}	44 700	r/min

续 表

参数名称	参数符号	参数值	单 位
燃气发生器轴转动惯量	J_g	0.060 3	$kg \cdot m^2$
燃气发生器轴机械效率	$\eta_{m,g}$	0.99	—
燃气发生器涡轮落压比	π_{gT}	4.365 6	—
燃气发生器涡轮效率	η_{gT}	0.85	—
动力涡轮转速	n_P	20 900	r/min
动力涡轮轴等效转动惯量	J_{eq}	8.08	$kg \cdot m^2$
动力涡轮轴机械效率	$\eta_{m,p}$	0.99	—
动力涡轮落压比	π_{pT}	3.133 1	—
动力涡轮效率	η_{pT}	0.85	—
尾喷管喷口面积	A_8	0.037 73	m^2
尾喷管速度系数	C_V	0.975	—

在涡桨发动机稳态设计点处,飞行高度、飞行马赫数分别为

$$H_d = 1\ \text{km},\ Ma_d = 0.2$$

燃油流量、桨叶角分别为

$$W_{f,d} = 0.105\ 39\ \text{kg/s},\ \beta_{prop,d} = 40°$$

燃气涡轮转速、动力涡轮转速、螺旋桨功率分别为

$$n_{g,d} = 44\ 700\ \text{r/min},\ n_{p,d} = 20\ 900\ \text{r/min},\ P_{prop,d} = 1\ 266.243\ \text{kW}$$

在稳态设计点处按上述小偏差顺数法求解,获得如下的双轴涡桨发动机状态空间线性模型,即

$$\Delta\dot{x} = A\Delta x + B\Delta u$$

$$\Delta y = C\Delta x + D\Delta u$$

其中,状态空间模型的状态向量、输入向量、输出向量分别为

$$\Delta x = \begin{pmatrix} \Delta n_g \\ \Delta n_p \end{pmatrix} \quad \Delta u = \begin{pmatrix} \Delta W_f \\ \Delta\beta_{prop} \end{pmatrix} \quad \Delta y = \begin{pmatrix} \Delta n_g \\ \Delta n_p \\ \Delta P_{prop} \end{pmatrix}$$

各系数矩阵为

$$A=\begin{bmatrix}-3.494 & -0.055\\ 0.037 & -0.139\end{bmatrix}\quad B=\begin{bmatrix}253\,862.228 & 0\\ 3\,818.612 & -76.628\end{bmatrix}$$

$$C=\begin{bmatrix}1 & 0\\ 0 & 1\\ 0 & 0.276\end{bmatrix}\quad D=\begin{bmatrix}0 & 0\\ 0 & 0\\ 0 & 141.906\end{bmatrix}$$

设状态向量、输入向量、输出向量的变换矩阵分别为

$$T_x=\begin{bmatrix}\dfrac{1}{n_{g,d}} & 0\\ 0 & \dfrac{1}{n_{p,d}}\end{bmatrix}\quad T_u=\begin{bmatrix}\dfrac{1}{W_{f,d}} & 0\\ 0 & \dfrac{1}{\beta_{prop,d}}\end{bmatrix}\quad T_y=\begin{bmatrix}\dfrac{1}{n_{g,d}} & 0 & 0\\ 0 & \dfrac{1}{n_{p,d}} & 0\\ 0 & 0 & \dfrac{1}{P_{prop,d}}\end{bmatrix}$$

对双轴涡桨发动机状态空间线性模型进行变换，归一化后状态向量、输入向量、输出向量分别为

$$\Delta\bar{x}=\begin{pmatrix}\dfrac{\Delta n_g}{n_{g,d}}\\ \dfrac{\Delta n_p}{n_{p,d}}\end{pmatrix}\quad \Delta\bar{u}=\begin{pmatrix}\dfrac{\Delta W_f}{W_{f,d}}\\ \dfrac{\Delta\beta_{prop}}{\beta_{prop,d}}\end{pmatrix}\quad \Delta\bar{y}=\begin{pmatrix}\dfrac{\Delta n_g}{n_{g,d}}\\ \dfrac{\Delta n_p}{n_{p,d}}\\ \dfrac{\Delta P_{prop}}{P_{prop,d}}\end{pmatrix}$$

则涡桨发动机无量纲归一化线性模型为

$$\Delta\dot{\bar{x}}=\bar{A}\Delta\bar{x}+\bar{B}\Delta\bar{u}$$

$$\Delta\bar{y}=\bar{C}\Delta\bar{u}+\bar{D}\Delta\bar{u}$$

其中，

$$\bar{A}=\begin{bmatrix}-3.494\,1 & -0.025\,6\\ 0.078\,8 & -0.139\,3\end{bmatrix}\quad \bar{B}=\begin{bmatrix}0.598\,5 & 0\\ 0.019\,3 & -0.146\,7\end{bmatrix}$$

$$\bar{C}=\begin{bmatrix}1 & 0\\ 0 & 1\\ 0 & 4.549\,6\end{bmatrix}\quad \bar{D}=\begin{bmatrix}0 & 0\\ 0 & 0\\ 0 & 4.482\,7\end{bmatrix}$$

第 6 章
单轴涡桨发动机动态模型

本章基于螺旋桨特性、单轴涡桨发动机部件特性和给定的飞行条件、控制变量，通过部件法+容腔动力学法[30]，采用 Euler 微分方程递推法建立单轴涡桨发动机部件级非线性动态非迭代模型，采用顺数法建立单轴涡桨发动机线性模型。

单轴涡桨发动机主要由螺旋桨、减速箱、进气道、压气机、燃烧室、涡轮和尾喷管等几个部件组成，涡桨发动机各截面定义如图 6.1 所示。

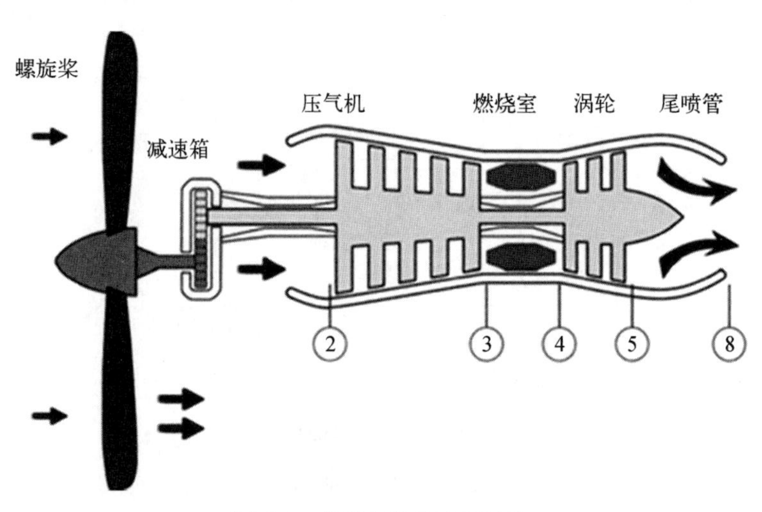

图 6.1　单轴涡桨发动机结构

2：压气机进口；3：压气机出口；4：涡轮进口；5：涡轮出口；8：尾喷管出口

6.1　涡桨发动机容腔动力学非线性模型

考虑单轴涡桨发动机的储能效应，将燃烧室作为容腔Ⅰ，将涡轮和尾喷管之间的管道作为容腔Ⅱ，单轴涡桨发动机容腔动力学结构如图 6.2 所示。

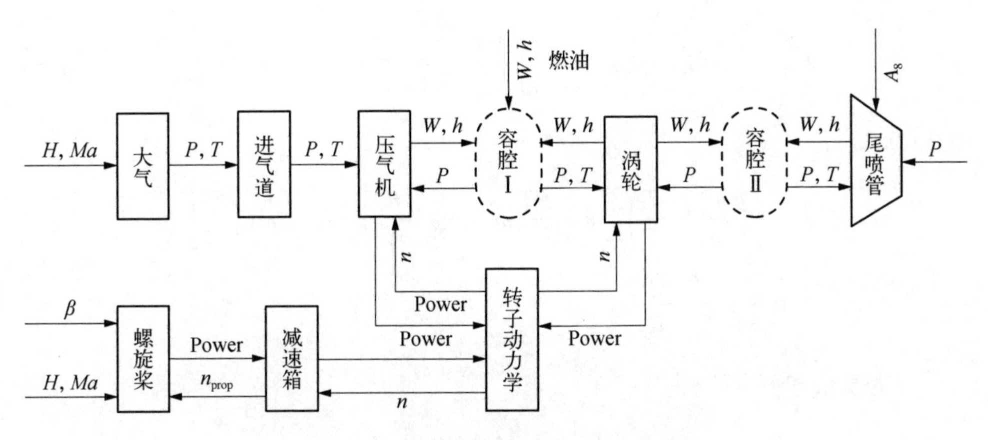

图6.2　单轴涡桨发动机容腔动力学结构

6.1.1　容腔动力学原理(Principle of Volume Dynamics)

设容积为V的容腔,腔内气体总压为P,总温为T,质量为m,容腔进口气流的质量流量为W_{in},焓为h_{in},容腔出口气流的质量流量为W_{out},焓为h_{out},考虑容腔的质量存储和能量存储效应,研究容腔气体的动力学特性。容腔动力学描述如图6.3所示。

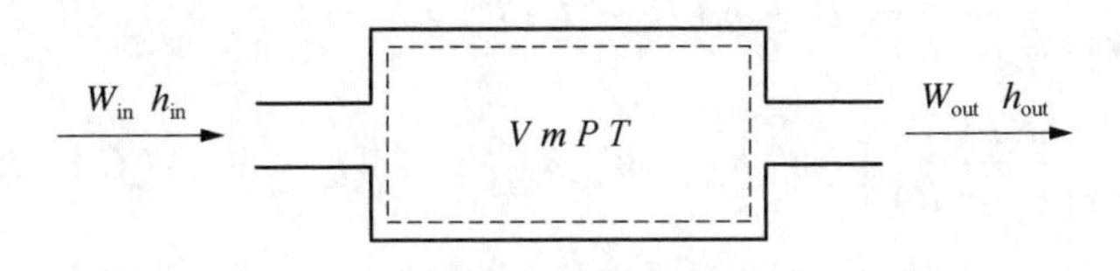

图6.3　容腔动力学描述

容腔气体的完全气体方程为

$$PV = mRT \tag{6.1}$$

容腔气体的完全气体微分方程为

$$\frac{\dot{P}}{P} = \frac{\dot{m}}{m} + \frac{\dot{T}}{T} \tag{6.2}$$

容腔气体内能为

$$U = mu \tag{6.3}$$

容腔气体内能微分为

$$\dot{U} = \dot{m}u + m\dot{u} = \dot{m}u + mC_v\dot{T} \tag{6.4}$$

则

$$\dot{T}=\frac{1}{mC_v}(\dot{U}-\dot{m}u)=\frac{RT}{PV(C_p-R)}[\dot{U}-\dot{m}(C_p-R)T] \tag{6.5}$$

由式(6.2)得

$$\begin{aligned}\dot{P}&=P\left(\frac{\dot{m}}{m}+\frac{\dot{T}}{T}\right)=P\left[\frac{RT}{PV}\dot{m}+\frac{1}{T}\frac{RT}{PVC_v}(\dot{U}-\dot{m}C_vT)\right]\\&=\frac{R}{V(C_p-R)}\dot{U}\end{aligned} \tag{6.6}$$

根据质量守恒定律,得

$$\dot{m}=\frac{\mathrm{d}m}{\mathrm{d}t}=\lim_{\Delta t\to 0}\frac{\Delta m}{\Delta t}=W_{\text{in}}-W_{\text{out}} \tag{6.7}$$

根据能量守恒定律,得

$$\dot{U}=\lim_{\Delta t\to 0}\frac{\Delta U}{\Delta t}=W_{\text{in}}h_{\text{in}}-W_{\text{out}}h_{\text{out}} \tag{6.8}$$

则

$$\begin{aligned}\dot{T}&=\frac{RT}{PV(C_p-R)}[\dot{U}-\dot{m}(C_p-R)T]\\&=\frac{RT}{PV(C_p-R)}[(W_{\text{in}}h_{\text{in}}-W_{\text{out}}h_{\text{out}})-(W_{\text{in}}-W_{\text{out}})(C_p-R)T]\end{aligned} \tag{6.9}$$

$$\dot{P}=\frac{R}{V(C_p-R)}\dot{U}=\frac{R}{V(C_p-R)}(W_{\text{in}}h_{\text{in}}-W_{\text{out}}h_{\text{out}}) \tag{6.10}$$

容腔动力学模块函数为

$$\left[\frac{\mathrm{d}T}{\mathrm{d}t},\ \frac{\mathrm{d}P}{\mathrm{d}t}\right]=f(W_{\text{in}},\ h_{\text{in}},\ W_{\text{out}},\ h_{\text{out}}) \tag{6.11}$$

容腔动力学特性模块输入输出关系如图 6.4 所示。

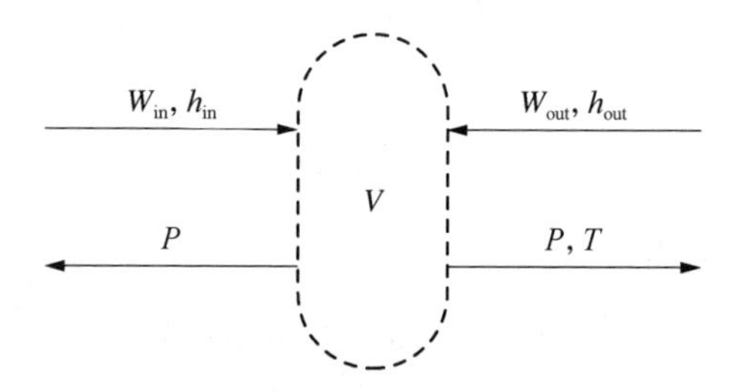

图 6.4　容腔动力学特性模块输入输出关系

6.1.2　大气(atmosphere)

当 $H \leqslant 11$ km 时,大气静温、静压分别为

$$T_{s0} = (288.15 - 6.5H) + (T_{se} - 288.15) \tag{6.12}$$

$$P_{s0} = 101\,325\left(\frac{T_0}{288.15}\right)^{5.255\,88} \tag{6.13}$$

当 11 km $< H \leqslant 25$ km 时,大气静温、静压分别为

$$T_{s0} = 216.65 + (T_{se} - 288.15) \tag{6.14}$$

$$P_{s0} = 22\,632e^{0.157\,689(11-H)} \tag{6.15}$$

则飞行速度为

$$V_0 = Ma\sqrt{kRT_{s0}} \tag{6.16}$$

大气密度为

$$\rho = \frac{P_{s0}}{RT_{s0}} \tag{6.17}$$

大气总温为

$$T_0 = T_{s0}\left(1 + \frac{k-1}{2}Ma^2\right) \tag{6.18}$$

大气总压为

$$P_0 = P_{s0}\left(1 + \frac{k-1}{2}Ma^2\right)^{\frac{k}{k-1}} \tag{6.19}$$

大气模块输入参数有高度 H、马赫数 Ma, 当地静温 T_{se}; 输出参数为大气总温 T_0、大气总压 P_0、飞行速度 V_0, 大气密度 ρ, 即

$$[T_0, P_0, V_0, \rho] = \text{atmosphere}(H, Ma, T_{se}) \tag{6.20}$$

6.1.3　进气道(inlet)

进气道出口总压、总温分别为

$$P_2 = \sigma_i P_0 \tag{6.21}$$

$$T_2 = T_0 \tag{6.22}$$

进气道模块输入参数有大气总温 T_0、大气总压 P_0、进气道总压恢复系数 σ_i;

输出参数为进气道出口总温、总压,即

$$[T_2, P_2] = \text{inlet}(T_0, P_0, \sigma_i) \tag{6.23}$$

6.1.4 压气机(compressor)

设燃气发生器转速为 n_g,则燃气涡轮换算转速 n_{gcor} 为

$$n_{gcor} = n_g \sqrt{\frac{288.15}{T_2}} \tag{6.24}$$

设压气机出口总压为 P_3,则压气机增压比 π_c 为

$$\pi_c = \frac{P_3}{P_2} \tag{6.25}$$

根据压气机特性图,插值求取压气机特性图上的空气换算流量 W_{2cor}、压气机效率 η_c:

$$W_{2cor} = f_c(n_{gcor}, \pi_c) \tag{6.26}$$

$$\eta_c = g_c(n_{gcor}, \pi_c) \tag{6.27}$$

则压气机进口空气流量为

$$W_2 = W_{2cor} \sqrt{\frac{288.15}{T_2}} \frac{P_2}{101\,325} \tag{6.28}$$

根据变比热函数 $f_1(\cdot)$ 的算法,计算压气机出口总温 T_3、焓 h_3,即

$$[T_3, h_3] = f_1(T_2, \pi_c, \eta_c) \tag{6.29}$$

考虑到飞机环境系统引气和涡桨发动机防冰引气,压气机级数为 m,引气位置在级间 x 处,设引气因子为 α_x,则级间 x 处所引气体焓值与压气机进口气体焓值之差与未引气时压气机出口气体焓值与压气机进口气体焓值之差的比值近似为 α_x,即级间 x 所引气体焓值为

$$h_x = h_2 + \alpha_x(h_3 - h_2) \tag{6.30}$$

其中,

$$\alpha_x = \frac{x}{m} \tag{6.31}$$

$$h_2 = H\_T(T_2) \tag{6.32}$$

级间 x 处所引气体的总温为

$$T_x = T\_H(h_x) \tag{6.33}$$

级间 x 处所引气体的总压按等熵绝热过程计算：

$$\psi_x = \psi\_T(T_x) \tag{6.34}$$

$$\psi_2 = \psi\_T(T_2) \tag{6.35}$$

$$\pi_x = 10^{\psi_x - \psi_2} \tag{6.36}$$

$$P_x = \pi_x P_2 \tag{6.37}$$

级间 x 处所引气体流量为

$$W_x = f(n_{gcor}) \tag{6.38}$$

涡桨发动机在起动和加速过程中，为了防止压气机喘振，在压气机级间 y_1 和级间 y_2 处设置了放气活门，放气活门的工作逻辑为：在燃气涡轮换算转速 $n_{gcor,A}$ 以下时，级间 y_1 和级间 y_2 放气活门同时打开；当燃气涡轮换算转速超过 $n_{gcor,A}$ 时，级间 y_2 放气活门关闭；当燃气涡轮换算转速超过 $n_{gcor,B}$ 时，级间 y_1 放气活门关闭。

级间 y_1 放气流量为

$$W_{y_1} = f(n_{gcor}) \tag{6.39}$$

级间 y_2 放气流量为

$$W_{y_2} = f(n_{gcor}) \tag{6.40}$$

级间 y_1 放气因子为

$$\alpha_{y_1} = \frac{y_1}{m} \tag{6.41}$$

级间 y_2 放气因子为

$$\alpha_{y_2} = \frac{y_2}{m} \tag{6.42}$$

级间 y_1 放气焓值为

$$h_{y_1} = h_2 + \alpha_{y_1}(h_3 - h_2) \tag{6.43}$$

级间 y_2 放气焓值为

$$h_{y_2} = h_2 + \alpha_{y_2}(h_3 - h_2) \tag{6.44}$$

级间 y_1 放气总温为

$$T_{y_1} = T\_H(h_{y_1}) \tag{6.45}$$

级间 y_2 放气总温为

$$T_{y_2} = T\_H(h_{y_2}) \tag{6.46}$$

同理,级间 y_1 和级间 y_2 放气总压按等熵绝热过程计算:

$$\psi_{y_1} = \psi\_T(T_{y_1}) \tag{6.47}$$

$$\psi_{y_2} = \psi\_T(T_{y_2}) \tag{6.48}$$

$$\pi_{y_1} = 10^{\psi_{y_1} - \psi_2} \tag{6.49}$$

$$\pi_{y_2} = 10^{\psi_{y_2} - \psi_2} \tag{6.50}$$

$$P_{y_1} = \pi_{y_1} P_2 \tag{6.51}$$

$$P_{y_2} = \pi_{y_2} P_2 \tag{6.52}$$

压气机出口空气流量为

$$W_3 = W_2 - W_x - W_{y_1} - W_{y_2} \tag{6.53}$$

压气机出口空气流量消耗的功率为

$$P_{c0} = W_3(h_3 - h_2) \tag{6.54}$$

级间 x 引气消耗的功率为

$$P_{cx} = W_x(h_x - h_2) \tag{6.55}$$

级间 y_1 放气消耗的功率为

$$P_{cy_1} = W_{y_1}(h_{y_1} - h_2) \tag{6.56}$$

级间 y_2 放气消耗的功率为

$$P_{cy_2} = W_{y_2}(h_{y_2} - h_2) \tag{6.57}$$

压气机实际消耗功率为

$$P_c = P_{c0} + P_{cx} + P_{cy_1} + P_{cy_2} \tag{6.58}$$

压气机部件模块输入输出关系如图 6.5 所示。

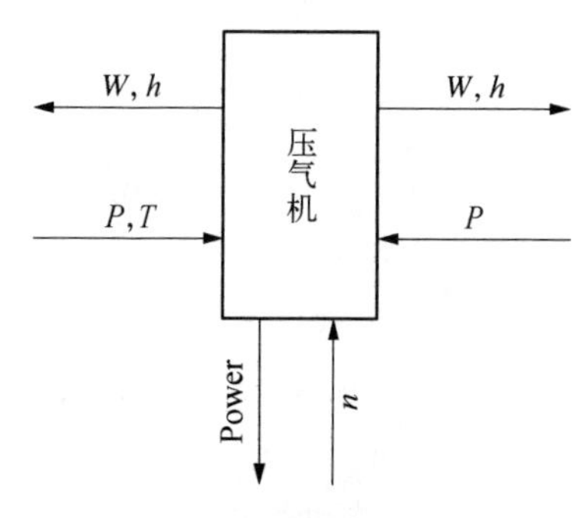

图 6.5 压气机部件的输入输出关系图

6.1.5　容腔Ⅰ(volume　Ⅰ)

容腔Ⅰ即为燃烧室,设燃烧室燃油流量为 W_f,燃烧室燃烧效率为 η_b,燃油低热值为 H_μ,燃烧室出口燃气流量为 W_4,焓为 h_4,油气比 f 为

$$f = \frac{W_f}{W_3} \tag{6.59}$$

根据质量守恒定律,得

$$\dot{m}_{\mathrm{I}} = W_3 + W_f - W_4 \tag{6.60}$$

根据能量守恒定律,得

$$\dot{U}_{\mathrm{I}} = W_3 h_3 + W_f h_{W_f} + W_f H_\mu \eta_b - W_4 h_4 \tag{6.61}$$

则

$$\dot{T}_4 = \frac{R_4 T_4}{P_4 V_{\mathrm{I}} (C_{p4} - R_4)} [\dot{U}_{\mathrm{I}} - \dot{m}_{\mathrm{I}} (C_{p4} - R_4) T_4] \tag{6.62}$$

$$\dot{P}_4 = \frac{R_4}{V_{\mathrm{I}} (C_{p4} - R_4)} \dot{U}_{\mathrm{I}} \tag{6.63}$$

燃烧室进口总压为

$$P_3 = \frac{P_4}{\sigma_{\mathrm{I}}} \tag{6.64}$$

其中,σ_{I} 为燃烧室总压恢复系数。

容腔动力学模块函数为

$$\left[\frac{\mathrm{d}T}{\mathrm{d}t}, \frac{\mathrm{d}P}{\mathrm{d}t}\right] = f(W_{in}, h_{in}, W_{out}, h_{out}) \tag{6.65}$$

容腔动力学特性模块输入输出关系如图6.6所示。

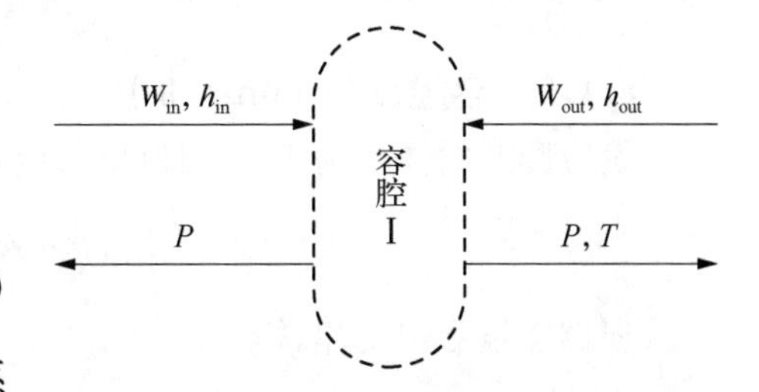

图6.6　容腔动力学特性模块输入输出关系

6.1.6　涡轮(turbine)

燃气涡轮换算转速 n_{gtcor} 为

$$n_{gtcor} = n_g \sqrt{\frac{288.15}{T_4}} \tag{6.66}$$

设燃气涡轮出口总压为 P_5，则涡轮落压比 π_t 为

$$\pi_t = \frac{P_4}{P_5} \tag{6.67}$$

根据涡轮特性图，插值求取涡轮特性图上的燃气换算流量 W_{4cor}、涡轮效率 η_t：

$$W_{4cor} = f_t(n_{gtcor},\ \pi_t) \tag{6.68}$$

$$\eta_t = g_t(n_{gtcor},\ \pi_t) \tag{6.69}$$

则涡轮进口燃气流量为

$$W_4 = W_{4cor}\sqrt{\frac{288.15}{T_4}}\ \frac{P_4}{101\ 325} \tag{6.70}$$

根据变比热函数 $f_2(\cdot)$ 的算法，计算涡轮出口总温 T_5、焓 h_5，即

$$[T_5,\ h_5] = f_2(T_4,\ \pi_t,\ \eta_t,\ f) \tag{6.71}$$

设涡轮部件结构上未采用引气冷却，涡轮出口燃气流量为

$$W_5 = W_4 \tag{6.72}$$

涡轮产生的功率为

$$P_t = W_4(h_4 - h_5) \tag{6.73}$$

涡轮部件模块输入输出关系如图 6.7 所示。

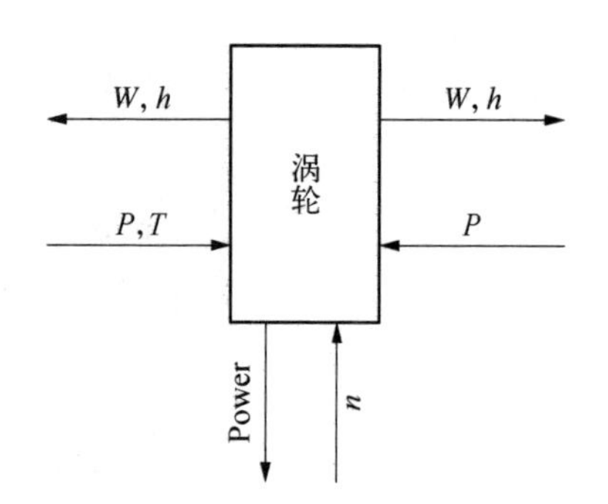

图 6.7　涡轮部件模块输入输出关系

6.1.7　容腔Ⅱ(volume Ⅱ)

设容腔Ⅱ的体积为 V_{II}，出口燃气流量为 W_8，焓为 h_4，根据质量守恒定律，得

$$\dot{m}_{\text{II}} = W_5 - W_8 \tag{6.74}$$

根据能量守恒定律，得

$$\dot{U}_{\text{II}} = W_5 h_5 - W_8 h_8 \tag{6.75}$$

则

$$\dot{T}_8 = \frac{R_8 T_8}{P_8 V_{\text{II}}(C_{p8} - R_8)}[\dot{U}_{\text{II}} - \dot{m}_{\text{II}}(C_{p8} - R_8)T_8] \tag{6.76}$$

$$\dot{P}_8 = \frac{R_8}{V_{\text{II}}(C_{p8} - R_8)}\dot{U}_{\text{II}} \tag{6.77}$$

容腔Ⅱ进口总压为

$$P_5 = \frac{P_8}{\sigma_{\mathrm{II}}} \tag{6.78}$$

其中，σ_{II} 为容腔Ⅱ总压恢复系数。

容腔动力学模块函数为

$$\left[\frac{\mathrm{d}T}{\mathrm{d}t}, \frac{\mathrm{d}P}{\mathrm{d}t}\right] = f(W_{\mathrm{in}}, h_{\mathrm{in}}, W_{\mathrm{out}}, h_{\mathrm{out}}) \tag{6.79}$$

容腔动力学特性模块输入输出关系如图6.8所示。

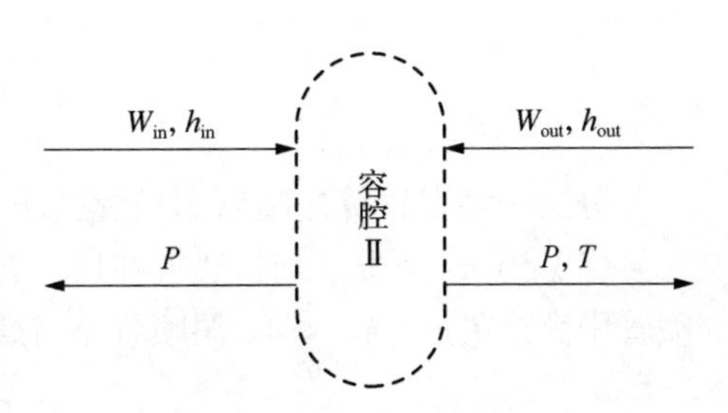

图6.8　容腔动力学特性模块输入输出关系

6.1.8　尾喷管(nozzle)

设尾喷管总压恢复系数为 σ_{n}，则

$$P_8 = \sigma_{\mathrm{n}} P_5 \tag{6.80}$$

根据能量方程：

$$h_8 = h_5 \tag{6.81}$$

$$T_8 = T_5 \tag{6.82}$$

考虑尾喷口出口截面燃气绝能定熵滞止流动到速度为零的滞止状态，燃气总温、静温、速度的关系为

$$C_{p,\mathrm{g}} T_8 = C_{p,\mathrm{g}} T_{\mathrm{s}8} + \frac{V_{8\mathrm{i}}^2}{2} \tag{6.83}$$

则

$$V_{8\mathrm{i}} = \sqrt{2C_{p,\mathrm{g}}(T_8 - T_{\mathrm{s}8})} = \sqrt{2C_{p,\mathrm{g}}T_8\left(1 - \frac{T_{\mathrm{s}8}}{T_8}\right)} = \sqrt{2\frac{k_{\mathrm{g}}R_{\mathrm{g}}}{k_{\mathrm{g}}-1}T_5\left[1 - \left(\frac{P_{\mathrm{s}8}}{P_8}\right)^{\frac{k_{\mathrm{g}}-1}{k_{\mathrm{g}}}}\right]} \tag{6.84}$$

定义尾喷管速度系数：

$$C_{\mathrm{V}} = \frac{V_8}{V_{8\mathrm{i}}} \tag{6.85}$$

尾喷管临界落压比：

$$\pi_{e,cr}=\left(\frac{k_g+1}{2}\right)^{\frac{k_g}{k_g-1}} \tag{6.86}$$

定义尾喷管落压比：

$$\pi_e=\frac{P_8}{P_{s0}} \tag{6.87}$$

分三种情况计算尾喷管出口燃气压力 P_{s8}。

（1）当 $\pi_e<\pi_{e,cr}$ 时，燃气在尾喷管内的流动处于亚临界流动状态，燃气在尾喷管中完全膨胀，$\lambda_8<1$，尾喷管出口燃气压力与外界大气压力相同，即

$$P_{s8}=P_{s0} \tag{6.88}$$

（2）当 $\pi_e=\pi_{e,cr}$ 时，燃气在尾喷管内的流动处于临界流动状态，燃气在尾喷管中完全膨胀，$\lambda_8=1$，尾喷管出口燃气压力与外界大气压力相同，即

$$P_{s8}=P_{s0} \tag{6.89}$$

（3）当 $\pi_e>\pi_{e,cr}$ 时，燃气在尾喷管内的流动处于超临界流动状态，燃气在尾喷管中不完全膨胀，$\lambda_8=1$，尾喷管出口燃气压力大于外界大气压力，即

$$P_{s8}=P_8\pi(\lambda_8)=P_8\left(\frac{2}{k_g+1}\right)^{\frac{k_g}{k_g-1}} \tag{6.90}$$

则

$$\pi(\lambda_8)=\frac{P_{s8}}{P_8} \tag{6.91}$$

$$\lambda_8=\sqrt{\frac{k_g+1}{k_g-1}\{1-[\pi(\lambda_8)]^{\frac{k_g-1}{k_g}}\}} \tag{6.92}$$

$$\tau(\lambda_8)=\frac{T_{s8}}{T_8}=\left(1-\frac{k_g-1}{k_g+1}\lambda_8^2\right) \tag{6.93}$$

$$T_{s8}=T_8\left(1-\frac{k_g-1}{k_g+1}\lambda_8^2\right) \tag{6.94}$$

$$\varepsilon(\lambda_8)=\frac{\rho_{s8}}{\rho_8}=\left(1-\frac{k_g-1}{k_g+1}\lambda_8^2\right)^{\frac{1}{k_g-1}} \tag{6.95}$$

$$\rho_8=\frac{P_8}{R_gT_8} \tag{6.96}$$

$$\rho_{s8}=\rho_8\left(1-\frac{k_g-1}{k_g+1}\lambda_8^2\right)^{\frac{1}{k_g-1}} \tag{6.97}$$

$$q(\lambda_8)=\left(\frac{k_g+1}{2}\right)^{\frac{1}{k_g-1}}\lambda_8\left(1-\frac{k_g-1}{k_g+1}\lambda_8^2\right)^{\frac{1}{k_g-1}} \tag{6.98}$$

尾喷管出口速度为

$$V_8=C_V V_{8i}=C_V\sqrt{2C_{p,g}T_8\left[1-\left(\frac{P_0}{P_8}\right)^{\frac{k_g-1}{k_g}}\right]}=C_V\sqrt{2\frac{k_gR_g}{k_g-1}T_5\left[1-\left(\frac{P_0}{\sigma_nP_5}\right)^{\frac{k_g-1}{k_g}}\right]} \tag{6.99}$$

其中，C_V 为速度系数。

尾喷管出口燃气流量为

$$W_8=C_V\sqrt{\frac{k_g}{R}\left(\frac{2}{k_g+1}\right)^{\frac{k_g+1}{k_g-1}}}\frac{P_8A_8}{\sqrt{T_8}}q(\lambda_8)=\rho_{s8}A_8V_8 \tag{6.100}$$

尾喷管部件的输入输出关系如图6.9所示。

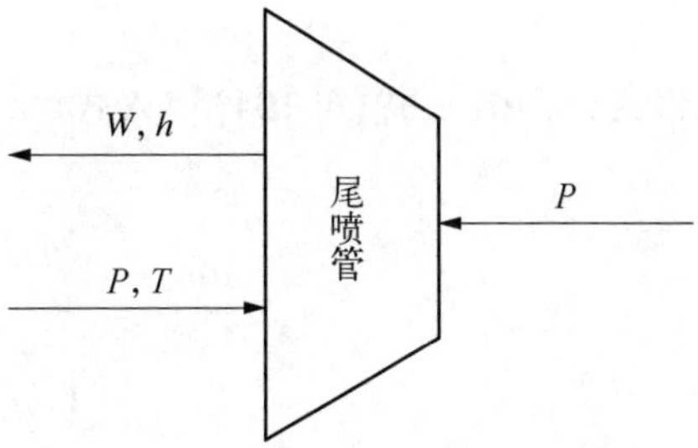

图6.9　尾喷管部件的输入输出关系

6.1.9　减速箱（reduction gearbox）

设涡轮输出传动轴传递功率时的机械效率为 η_m，减速箱输出传动轴传递功率时的机械效率为 η_{gb}，减速箱输出输入转速传动比为 i_{gb}，则

$$i_{gb}=\frac{n_{prop}}{n_g} \tag{6.101}$$

减速箱输出功率 P_{gb} 也是涡桨发动机输出轴功率 P_s，稳态时满足

$$P_s=P_{gb}=\eta_{gb}(\eta_mP_t-P_c-P_{ex}) \tag{6.102}$$

其中，P_{ex} 为附件传动齿轮箱消耗功率。

6.1.10　螺旋桨转子动力学（propeller rotordynamics）

设螺旋桨所需功率 P_{prop} 为

$$P_{prop}=C_P\rho n_s^3D^5 \tag{6.103}$$

则螺旋桨转子动力学方程为

$$\frac{\mathrm{d}n_{prop}}{\mathrm{d}t}=\frac{\eta_{gb}P_{gb}-P_{prop}}{\left(\frac{\pi}{30}\right)^2 J_{prop}n_{prop}} \tag{6.104}$$

其中，J_{prop} 为螺旋桨转子转动惯量；n_{prop} 为螺旋桨转速。

6.1.11 燃气发生器转子动力学(gas generator rotordynamics)

涡桨发动机是单轴结构形式，需要通过燃气涡轮发生的功率驱动压气机、风冷交流发电机、交流起动发电机及减速箱，减速箱再将传递功率驱动螺旋桨。

燃气发生器转子动力学方程为

$$\frac{\mathrm{d}n_g}{\mathrm{d}t}=\frac{\eta_m P_t-P_c-P_{ex}-P_{gb}}{\left(\frac{\pi}{30}\right)^2 J_g n_g} \tag{6.105}$$

将式(6.101)、式(6.104)代入式(6.105)，得

$$\frac{\mathrm{d}n_g}{\mathrm{d}t}=\frac{\eta_m P_t-P_c-P_{ex}-\dfrac{P_{prop}}{\eta_{gb}}}{\left(\frac{\pi}{30}\right)^2\left(J_g+J_{prop}\dfrac{i_{gb}^2}{\eta_{gb}}\right)n_g} \tag{6.106}$$

6.1.12 涡桨发动机性能(turboprop engine performance)

$$F_{prop}=C_T\rho n_s^2 D^4=\frac{\eta_{prop}}{V_0}P_{prop} \tag{6.107}$$

$$F_{jet}=W_a[(1+f)V_8-V_0]+(P_{s8}-P_{s0})A_8 \tag{6.108}$$

$$F_{totle}=F_{prop}+F_{jet} \tag{6.109}$$

$$F_s=\frac{F_{totle}}{W_a}=\frac{F_{prop}}{W_a}+\frac{F_{jet}}{W_a}=\eta_{prop}\frac{P_{prop}}{V_0 W_a}+[(1+f)V_8-V_0]+\frac{(P_{s8}-P_{s0})A_8}{W_a} \tag{6.110}$$

$$P_{eq}=P_s+\frac{F_{jet}V_0}{\eta_{prop}}=P_s+\frac{V_0}{\eta_{prop}}\{W_a[(1+f)V_8-V_0]+(P_{s8}-P_{s0})A_8\} \tag{6.111}$$

$$L_{eq}=L_s+\frac{F_{jet}V_0}{W_a\eta_{prop}} \tag{6.112}$$

$$C_{\text{tsf}} = 3\,600\,\frac{W_{\text{f}}}{F_{\text{totle}}} = 3\,600\,\frac{f}{\dfrac{F_{\text{totle}}}{W_{\text{a}}}} = 3\,600\,\frac{f}{F_{\text{s}}} \tag{6.113}$$

$$C_{\text{psf}} = 3\,600\,\frac{W_{\text{f}}}{P_{\text{eq}}} \tag{6.114}$$

6.2　单轴涡桨发动机线性模型

单轴涡桨发动机状态空间模型为

$$\Delta\dot{x} = A\Delta x + B\Delta u \tag{6.115}$$

$$\Delta y = C\Delta x + D\Delta u \tag{6.116}$$

其中，$\Delta x \in R^5$ 为状态向量；$\Delta u \in R^2$ 为输入向量；$\Delta y \in R^7$ 为输出向量。

状态向量定义为

$$\Delta x = \begin{pmatrix} \Delta x_1 \\ \Delta x_2 \\ \Delta x_3 \\ \Delta x_4 \\ \Delta x_5 \end{pmatrix} = \begin{pmatrix} \Delta T_4 \\ \Delta P_4 \\ \Delta T_5 \\ \Delta P_5 \\ \Delta n_{\text{g}} \end{pmatrix} \tag{6.117}$$

输入向量定义为

$$\Delta u = \begin{bmatrix} \Delta u_1 \\ \Delta u_2 \end{bmatrix} = \begin{bmatrix} \Delta W_{\text{f}} \\ \Delta \beta_{\text{prop}} \end{bmatrix} \tag{6.118}$$

输出向量定义为

$$\Delta y = \begin{pmatrix} \Delta y_1 \\ \Delta y_2 \\ \Delta y_3 \\ \Delta y_4 \\ \Delta y_5 \\ \Delta y_6 \\ \Delta y_7 \end{pmatrix} = \begin{pmatrix} \Delta T_3 \\ \Delta P_3 \\ \Delta T_4 \\ \Delta P_4 \\ \Delta T_5 \\ \Delta P_5 \\ \Delta n_{\text{g}} \end{pmatrix} \tag{6.119}$$

在 $H = 0$，$Ma = 0$，PLA = 22° 稳态平衡点处计算，单轴涡桨发动机线性模型系数矩

阵为

$$A = \begin{bmatrix} -2.076\,107\,84 & -0.533\,270\,112 & 0 & 0.474\,384\,183 & 0.053\,717\,791 \\ -1.051\,480\,626 & -2.524\,097\,779 & 0 & 1.545\,431\,625 & 0.282\,384\,694 \\ 21.598\,495\,22 & 0.048\,628\,232 & -34.002\,975\,54 & -393.330\,121\,9 & 0.244\,224\,124 \\ 2.666\,287\,144 & 5.034\,130\,875 & -4.089\,981\,915 & -330.828\,529\,7 & 0.021\,351\,048 \\ 5.094\,469\,652 & 11.999\,214\,94 & 0 & -33.487\,856\,87 & -1.841\,871\,437 \end{bmatrix}$$

$$B = \begin{bmatrix} 4\,240.820\,754 & 0 \\ 3\,650.791\,012 & 0 \\ 566.829\,372\,6 & 0 \\ 76.060\,549\,86 & 0 \\ -16.109\,360\,46 & -60.538\,53 \end{bmatrix}$$

$$C = \begin{bmatrix} 0 & 0.118\,126\,115 & 0 & 0 & 0.028\,141\,491 \\ 0 & 0.951\,777\,161 & 0 & 0 & 0.014\,830\,669 \\ 1 & 0 & 0 & 0 & 0 \\ 0 & 1 & 0 & 0 & 0 \\ 0 & 0 & 1 & 0 & 0 \\ 0 & 0 & 0 & 1 & 0 \\ 0 & 0 & 0 & 0 & 1 \end{bmatrix} \quad D = \begin{bmatrix} 0 & 0 \\ 0 & 0 \\ 0 & 0 \\ 0 & 0 \\ 0 & 0 \\ 0 & 0 \\ 0 & 0 \end{bmatrix}$$

第7章 涡桨发动机液压机械式控制

现代涡桨发动机 FADEC 实现对发动机和螺旋桨的控制,有利于提高控制系统的性能和安全可靠性。液压机械式涡桨发动机控制(hydromechanical propeller engine control, HMPEC)相比 FADEC 虽然结构较为复杂,难以实现先进的现代控制理论多变量控制算法和故障诊断监控技术,然而,由于 HMPEC 最早应用于涡桨发动机配装的飞机中,技术相对成熟,在控制机制方面易于理解,同时,HMPEC 更能直观描述涡桨发动机特点,基本概念也出自 HMPEC。

本章针对典型自由涡轮式双轴涡桨发动机液压机械控制系统,从发动机燃油控制和螺旋桨变距调速控制两个方面展开分析和研究,为涡桨发动机 FADEC 建立基础。

7.1 涡桨发动机控制系统基本组成

典型自由涡轮式双轴涡桨发动机由燃气发生器和动力发生器两大部分组成,燃气发生器包含压气机、燃烧室、燃气涡轮和附件传动齿轮箱等,动力发生器包括自由涡轮(又称动力涡轮)、减速齿轮箱、螺旋桨等,燃气涡轮和动力涡轮反向旋转,燃气涡轮驱动离心压气机和附件传动齿轮箱,动力涡轮通过减速齿轮箱驱动螺旋桨,燃气发生器转速与动力涡轮转速无机械联系,仅存在气动耦合,自由涡轮式双轴涡桨发动机结构如图 7.1 所示。

空气通过环形增压室被吸入发动机后,通过 3 级轴流压气机和 1 级离心压气机使空气增压,进入燃烧室,同时,燃油调节器将增压计量后的燃油经过燃油喷嘴喷入燃烧室,雾化的燃油和增压的空气在燃烧室混合,经火花点火器点燃,当形成连续稳定的火焰后关闭点火器,燃烧产生的高温燃气被引导进入燃气涡轮,高温燃气在燃气涡轮中膨胀做功加速,燃气涡轮发生功率带动压气机及附件传动系统旋转,同时,较高温度的膨胀燃气进入动力涡轮,在动力涡轮中进一步膨胀做功加速,动力涡轮发生功率驱动传动轴带转减速齿轮箱,减速齿轮箱经二级减速后将扭矩传递给螺旋桨使其旋转,使螺旋桨产生拉力,同时,经动力涡轮排出的燃气再经过

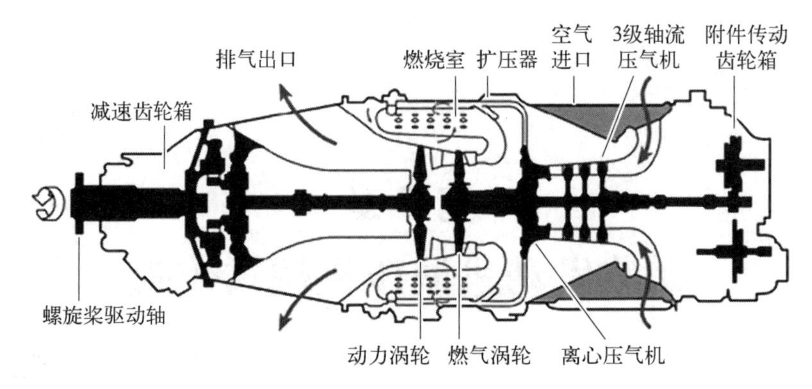

图 7.1　自由涡轮式双轴涡桨发动机结构

尾喷管排到大气中，这一热力过程不断循环，使涡桨发动机不断产生功率，当需要发动机停车时，通过切断燃油实现停车。

自由涡轮式双轴涡桨发动机装备了相互配合的发动机燃油控制单元（fuel control unit, FCU）和螺旋桨转速调节单元（constant speed unit, CSU），由驾驶员操纵功率操纵杆、螺旋桨操纵杆和油门操纵杆，如图 7.2 所示，发出不同要求的指令对 FCU 和 CSU 进行伺服调节。

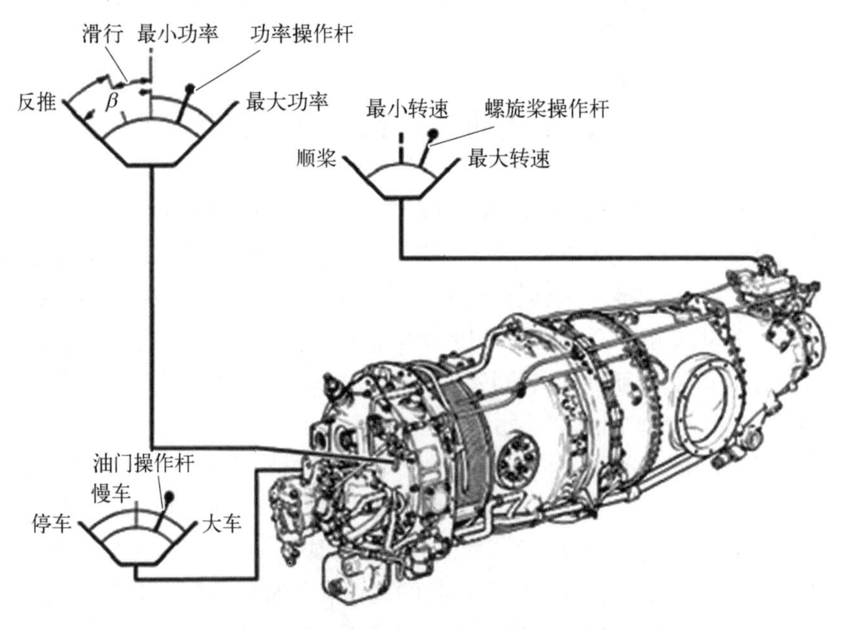

图 7.2　驾驶舱控制的功率操纵杆、螺旋桨操纵杆、油门操纵杆[31]

功率操纵杆用于从完全反向推力到起飞推力的不同阶段调节发动机输出的轴功率，将功率操纵杆向前推到最大位置能够使发动机输出最大轴功率指令，向后拉到反推最小位置能够使发动机输出最大的反推力指令，以实现倒车功能，推到最小功率位置，使发动机在飞行慢车稳定工作，功率杆用于状态控制对应的特征参数如表7.1所示。

表7.1　功率杆用于状态控制对应的特征参数[31]

状　态	PLA/(°)	扭矩/%	n_g /%	桨叶角/(°)
起飞	30	100	100	调速器自动控制
巡航	15	40~60	85	调速器自动控制
飞行慢车	0	—	—	11
反推	-15	15	87	-15

功率操纵杆通过附件齿轮箱上的凸轮总成将指令传递到FCU，FCU实现正向和反向推力模式下的燃气发生器 n_g 转速的伺服控制，并通过CSU的Beta阀辅助作用，对桨叶角进行调节，当Beta阀断开时，正向调节桨叶角，当Beta阀接合时，反向调节桨叶角，桨叶角的工作范围为：-15°～50°。

油门操纵杆设置了停车、慢车和大车三个位置，在停车位置，关断燃油，使发动机停车；慢车位置为50%～54%，是飞行中允许的最小 n_g 状态；大车位置 n_g 为67%～71%。

螺旋桨操纵杆用于设置最小至最大不同的螺旋桨转速（与动力涡轮转速成定比例关系）指令，通过变距调节保持螺旋桨转速伺服跟踪转速指令，并通过放掉变距活塞腔的滑油实现顺桨，使螺旋桨在所有飞行条件下都能发挥最佳性能。

7.2　燃油控制系统

液压机械式FCU由燃油泵组件、燃油调节器、燃油流量分配器等组成，燃油泵组件和燃油调节器结构如图7.3所示。

7.2.1　燃油泵组件

燃油泵组件由一对齿轮泵、燃油进口低压油滤（内含旁路）、出口高压燃油滤、燃油滤旁路活门、溢流阀等元件组成。燃油进口来油经过低压油滤进入油泵，当进口流量出现节流堵塞时，低压油滤前后压差增大，使低压油滤向前移动，进口燃油不经过油滤直接经油滤的内旁路进入齿轮泵的进口油腔，齿轮泵在传动齿轮箱的输出扭矩驱动下旋转，将进口低压油带到出口区，齿间的燃油在旋转扭矩作用下被

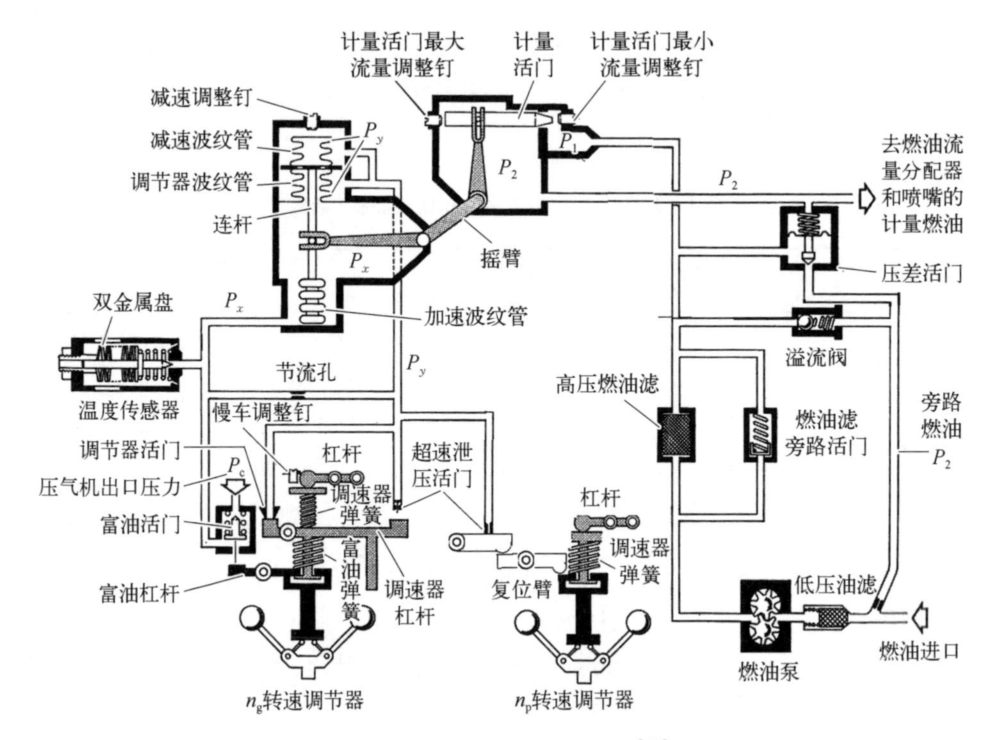

图 7.3 液压机械式 FCU 结构[32]

挤出，齿轮泵出口压力升高，如果出口油滤出现节流堵塞现象，高压燃油滤两端油压差升高，克服旁路活门上的弹簧预紧力使旁路活门打开，泵后高压燃油从旁路活门流入等压差计量装置，如果出口油滤未出现节流堵塞时，高压燃油经过过滤后使干净的高压燃油流入等压差计量装置，当油压超限时，溢流阀打开回油路进行泄油，以保证高压燃油的正常工作。

7.2.2 燃油调节器

燃油调节器主要包括转速调节器、T_2 温度修正组件、波纹管组件、计量活门组件。

1. n_g 转速调节器

n_g 转速调节器由 n_g 转速指令给定凸轮、凸轮随动摇臂、调速器弹簧、调速器杠杆、富油弹簧、富油杠杆、离心飞重等元件组成。转速调节器采用闭环负反馈原理设计，转速调节器输入参数为 n_g 转速指令凸轮旋转角度（即转速指令）、发动机工作 n_g 转速，输出参数为调速器杠杆两端的旋转角位移、富油杠杆左端的旋转角位移。调速器杠杆与富油杠杆装在同一转轴上，两个杠杆相互跨接（跨接处存在间隙），当出现间隙时，两杠杆的运动相互独立，当间隙消除后，两杠杆同速转动。调速器杠杆上的两端凸起小平台的位置分别控制调节器活门、超转泄压活门节流孔的开度,以调节压气机出口压力 P_c 的分压 P_Y；富油杠杆上的凸起小平台的位置控制富油活门节流孔的开度,以调节压气机出口压力 P_c 的分压 P_X。离心飞重感受燃气发生器转速 n_g 的变化,与调速器指令组件产生与转速对应的位移偏差信号,并使调速器杠杆、富油杠杆产生旋转,输出角位移信号,以控制调节器活门、富油活门、超转泄压活门的节流孔开度,使 P_Y、P_X 改变,导致波纹管组件被压缩或膨胀,带动摇臂、计量活门联动,使计量活门流通面积变化,改变燃油流量实现对 n_g 的伺服控制。

2. T_2 温度修正组件

当温度变化时,双金属盘能够感受温度产生伸缩变形,控制通往分压 P_X 腔的放气节流孔开度,当温度升高时双金属盘伸长,带动节气针移动,关小放气节流孔开度,使 P_X 增大,反之,当温度降低时双金属盘缩短,带动节气针移动,开大放气节流孔,使 P_X 减小,使 P_X 与 T_2 成比例函数关系,实现大气温度变化时对燃油供油量的修正补偿。

3. 波纹管组件

波纹管组件包括加速波纹管、减速波纹管、调节器波纹管,结构如图 7.4 所示。加速波纹管、减速波纹管、调节器波纹管通过连杆连在一起,压气机出口压力 P_c 经富油活门节流后产生分压压力 P_X,P_X 作用在加速波纹管的外侧面上及调节器波

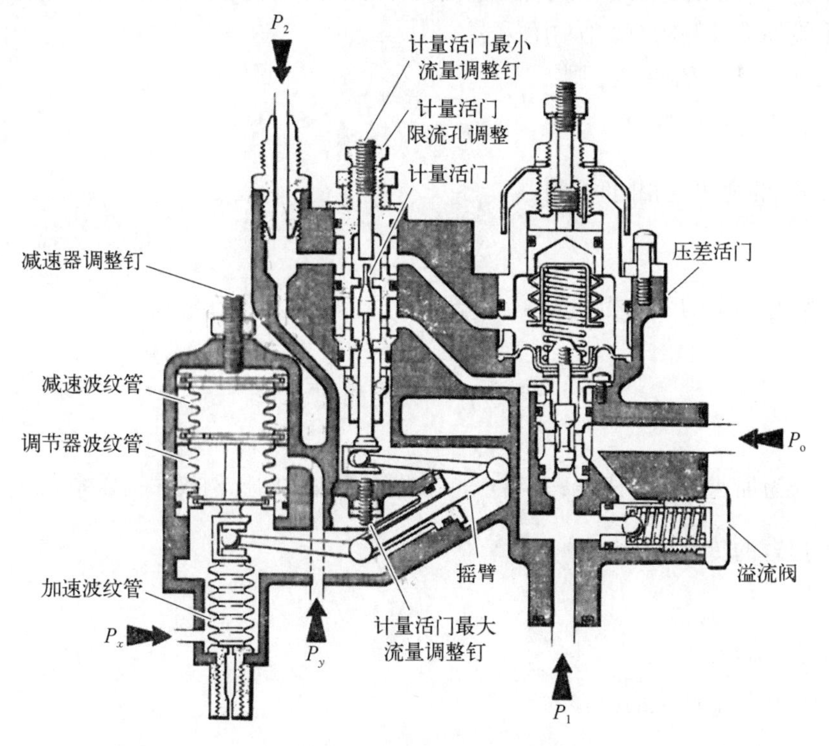

图 7.4　波纹管组件结构[32]

纹管的内侧面上,调节器波纹管的内腔与减速波纹管的内腔之间通过小孔相通,因此,P_X 也作用在减速波纹管的内侧面上,P_X 通过固定节流孔后变成 P_Y,P_Y 作用在减速波纹管和调节器波纹管的外侧面上。

同时,当动力涡轮转速超过其转速限制值时,飞重轴向换算离心力大于转速限制值弹簧力,使顶杆向上移动,推动复位臂逆时针转动,导致超转泄压活门喷嘴挡板顺时针转动,打开超转泄压活门的节流孔,引起 P_Y 降低。

由此,P_X、P_Y 是压气机出口压力 P_c、T_2 温度修正组件放气活门的开度、调节器活门开度、富油活门开度、超转泄压活门开度等自变量的函数,当这些自变量发生变化时,P_X、P_Y 按已知的函数关系变化,P_X、P_Y 作用在波纹管上的力也发生变化,使连杆移动,并通过销钉与摇臂连接,连杆的位移输出转变为摇臂的角位移,摇臂的角位移输出通过销钉的传动带动计量活门移动,从而改变了发动机的供油量。

将调节器波纹管和加速波纹管看作一体,则作用在波纹管组件上的向下合外力为

$$F = P_Y A_Y - P_X A_X + P_X A_Z \tag{7.1}$$

其中,A_Y、A_X 分别为减速波纹管上端面的外侧和内侧有效作用面积;A_Z 为加速波纹管上端面的外侧的有效作用面积。

设 $A_Y = A_X$、$P_Y = P_X$,则

$$F = P_X A_Z \tag{7.2}$$

当 P_Y、P_X 的变化也相同时,则

$$\Delta F = \Delta P_X A_Z \tag{7.3}$$

因此,当 P_Y、P_X 的变化相同时,波纹管组件上产生的弹性变形量为

$$\Delta x = \frac{A_Z}{k_Z}\Delta P_X = k_1 \Delta P_X \tag{7.4}$$

其中,k_Z 为加速波纹管刚度;$k_1 = \dfrac{A_Z}{k_Z}$ 为波纹管组件的比例放大增益系数。

设摇臂的传动比为

$$i = \frac{\Delta y}{\Delta x} \tag{7.5}$$

则在计量活门上产生的位移为

$$\Delta y = i\Delta x = ik_1 \Delta P_X \tag{7.6}$$

4. 计量活门组件

计量活门组件由计量活门、压差活门组成。

1）压差活门动力学

压差活门采用闭环负反馈设计，当进入稳态平衡时，作用在压差活门上的力平衡，即

$$P_{10}A_z = P_{20}A_z + k_2 z_0 \tag{7.7}$$

$$P_{10} - P_{20} = \frac{k_2 z_0}{A_z} = C \tag{7.8}$$

其中，z_0 为压差活门在平衡点的压差活门弹簧压缩量。

设压差活门在外界环境干扰下，偏离了平衡位置 z_0，压差活门的偏离量为 z，则调节过程中的力平衡关系为

$$m\frac{\mathrm{d}v_z}{\mathrm{d}t} = m\frac{\mathrm{d}^2 z}{\mathrm{d}t^2} = (P_1 - P_2)A_z - c\frac{\mathrm{d}z}{\mathrm{d}t} - k_2(z_0 + z) \tag{7.9}$$

设压差活门质量 m 很小，其惯性力和摩擦力相比液体作用力很小，可以忽略，上式简化为

$$P_1 - P_2 = P_{10} - P_{20} + \Delta(P_1 - P_2) = \frac{k_2}{A_z}(z_0 + z) \tag{7.10}$$

式(7.10)与式(7.8)相减，得

$$\Delta(P_1 - P_2) = \frac{k_2}{A_z}z \tag{7.11}$$

显然，为了在动态调节过程结束后实现作用在压差活门上的前后压差不变，使 $P_1 - P_2 = C$，就必须使偏离量 $z = 0$。

2）压差活门的等压差调节原理

设压差活门在外界环境干扰下，$P_1 - P_2 > C$，作用在压差活门上的合外力向上，使得压差活门向上运动，压差活门回油节流孔开度变大，回油量增大，使得计量活门前压力 P_1 下降，导致 $P_1 - P_2$ 下降，若满足 $P_1 - P_2 < C$，则合外力改变方向而向下，使得压差活门开始向下运动，压差活门回油节流孔开度又逐渐关小，使得 P_1 又逐渐回升，当达到 $P_1 - P_2 = C$ 时，压差活门重新进入原平衡位置，偏离量 $z = 0$，并保持压差不变。

3）计量原理

由于计量活门组件采用了等压差调节原理设计，通过计量活门流通面积 A_y 的燃油体积流量为

$$W_f = \mu A_y \sqrt{\frac{2}{\rho}(P_1 - P_2)} = k_3 A_y \tag{7.12}$$

其中，k_3 为计量活门流量-流通面积比例增益系数。

因此，燃油体积流量是计量活门流通面积 A_y 的纯比例函数关系，即

$$W_f = g(A_y) \tag{7.13}$$

计量活门流通面积几何一般设计为位移 y 的函数关系[30]，则计量活门流通面积 A_y 为

$$A_y = \phi(y) \tag{7.14}$$

因此，燃油体积流量为计量活门位移 y 的函数关系，即

$$W_f = f(y) \tag{7.15}$$

7.2.3 燃油流量分配器

燃油流量分配器由油门杆、最小压力流量分配活门、起动分油活门、泄油活门、燃油旁通油路等组成，结构如图 7.5 所示。

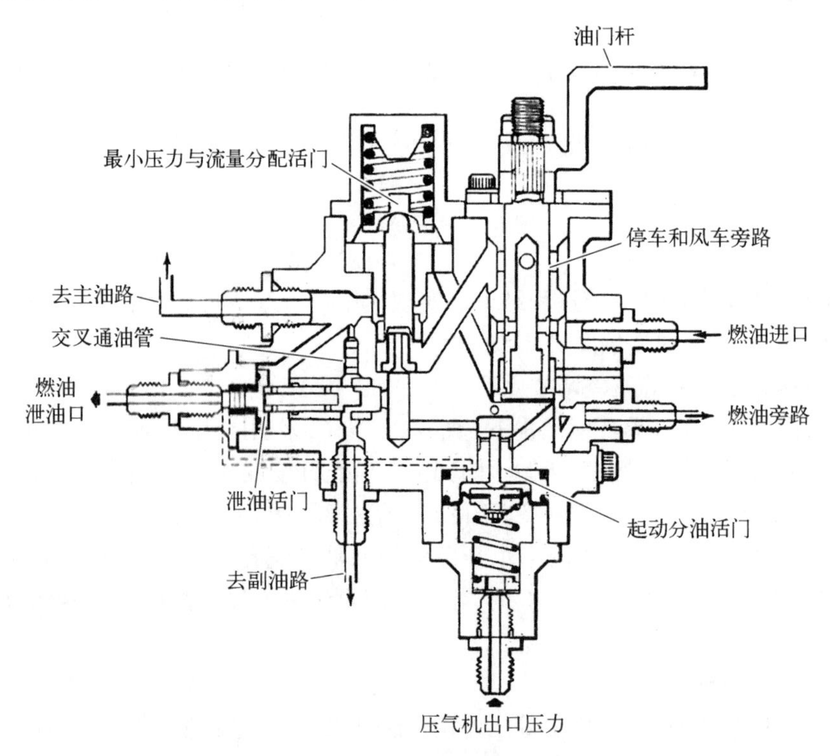

图 7.5 燃油流量分配器结构[32]

1. 油门杆

油门杆带动油门开关转动，接通和关断从燃油调节器到燃油喷嘴的油路，当接通时，油门开关断开回油旁路，燃油经供油路、最小压力流量分配活门被分配到主、副油路喷嘴；切断时将回油旁路同时打开，燃油经回油旁路回到油泵进口。

油门杆与燃油调节器上的转速给定凸轮杠杆联动，油门杆与刻度盘位置的对应关系如下：

（1）0°为停车位置；

（2）5°为切断燃油位置；

（3）20°为慢车位置；

（4）20°~90°为慢车到最大推力变化范围。

2. 最小压力流量分配活门

最小压力流量分配活门包括活门、弹簧、调整钉等。最小压力流量分配活门根据计量活门后压力 P_2 将计量燃油按比例关系分配到主、副油路，当分配活门上的压差 $\Delta P \geqslant 3.85\ \mathrm{kg/cm^2}$ 时，活门打开副油路；当分配活门上的压差 $\Delta P \geqslant 12.6\ \mathrm{kg/cm^2}$ 时，活门继续开大打开主油路，这时主、副油路同时向燃烧室供油。

3. 起动分油活门组件

起动分油活门组件由起动分油活门、膜片、弹簧等组成。压气机出口气压 P_c 作用在膜片上，当 P_c 变化时，膜片发生的弹性变形转变为起动分油活门的位移，分油活门的凸台工作边控制了起动分油活门上的回油节流孔开度。在起动过程中，起动供油量为计量燃油流量减去从起动分油活门上回油节流孔的回油流量，在起动供油开始到慢车转速供油期间，压气机出口气压 P_c 的变化控制了回油燃油流量，从而控制了起动供油量，实现了按油气比变化的起动供油规律，起动供油规律为

$$W_{f,\,st} = W_{f,\,mt}(n_g,\ P_c) - W_{f,\,rt}(P_c) \tag{7.16}$$

其中，$W_{f,\,mt}(n_g,\ P_c)$ 为起动状态计量活门燃油流量与 n_g、P_c 的函数关系；$W_{f,\,rt}(P_c)$ 为起动分油活门回油量与 P_c 的函数关系，$W_{f,\,rt}(P_c)$ 函数关系如图7.6所示。

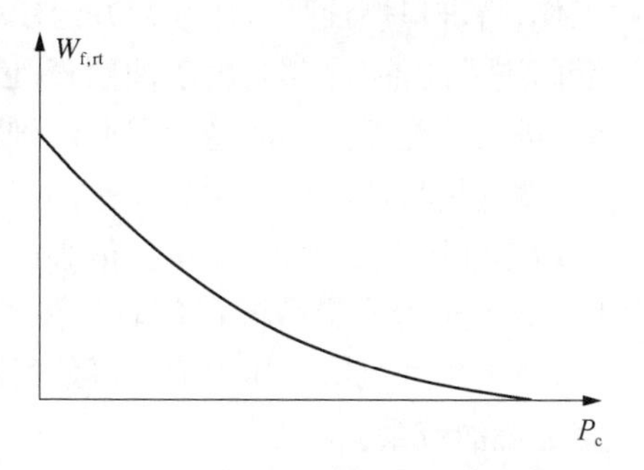

图7.6　起动分油活门回油量与 P_c 的函数关系

7.3　涡桨发动机状态燃油控制

稳态、加减速过渡态油气比供油计划如图7.7所示。

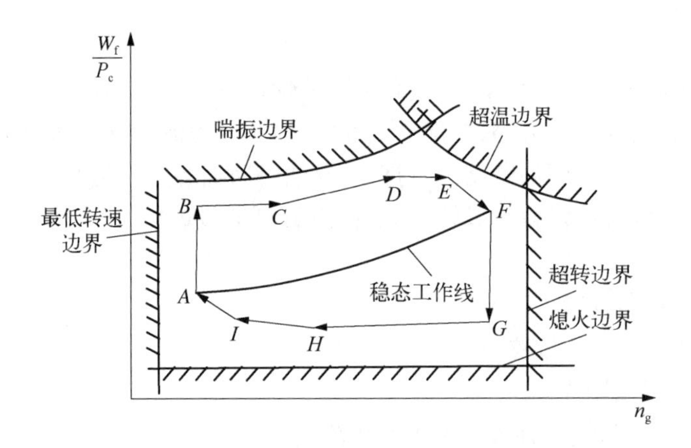

图 7.7 稳态、加减速过渡态油气比供油计划

7.3.1 起动控制

1. 起动准备阶段

油门杆置于停车位置(SHUT OFF),由于压气机出口压力 P_c 及其分压 P_X 很小,波纹管处于初始未压缩状态,作用在摇臂上的初始扭矩使计量活门附加了一个初始预紧力,计量活门紧靠在最小流量调整钉位置上。

2. 起动第一阶段

起动第一阶段是起动机单独带转燃气发生器运转的阶段,起动时接通起动机,起动机带转高压转子转动,高压转子通过传动齿轮箱带转燃油泵旋转,燃油泵开始工作,将进口燃油吸入燃油泵并经压缩后燃油泵输出高压燃油,高压燃油通过计量活门进入燃油分配器,由于油门杆处在停车位置,燃油进油路与燃油旁路连通,因此,进入分配器的燃油经旁路返回到油箱。随着燃气发生器转速升高,当达到 8% 时,驾驶员将油门杆推到 20°慢车位置,使油门开关接通供油路,关闭回油旁路,计量后燃油压力增大,当作用在最小压力流量分配活门上的压差 $\Delta P \geqslant 3.85\ \mathrm{kg/cm^2}$ 时,最小压力流量分配活门打开副油路,并关闭泄油活门,同时,起动分油活门打开,由于压气机出口压力 P_c 较低,经起动分油活门的回油量较大,进入发动机燃烧室的燃油流量偏小。

3. 起动第二阶段

起动第二阶段是起动机和燃气涡轮共同带转压气机和附件传动齿轮箱的阶段。当转速升高到点火转速时,点火器通电,开始点燃燃烧室燃油,燃气涡轮开始做功,起动机和燃气涡轮同时带转压气机及附件传动箱运转,当最小压力流量分配活门上的压差 $\Delta P \geqslant 12.6\ \mathrm{kg/cm^2}$ 时,打开燃油分配器主油路,这时主、副油路同时向燃烧室供油;同时,起动分油活门回油量按图 7.6 计量,并随着压气机出口压力 P_c 的升高,起动分油活门回油量逐渐减少,进入发动机燃烧室的燃油逐渐增加;当转速增大到45%时，压气机出口压力 P_c 及其分压 P_X 增加到燃油调节器投入工作的阶段，分压 P_X 的增加使加速波纹管下移，带动摇杆左摆，使计量活门移动，计量活门开度增大，供油量增加，高压转子上的剩余功率促使转速继续上升，当压气机出口压力 P_c 达到0.42 kg/cm^2 时，起动分油活门完全关闭起动回油路，起动供油完全由波纹管组件控制，这时经计量活门计量的燃油全部进入燃烧室。

4. 起动第三阶段

起动第三阶段是燃气涡轮单独带转的阶段。当转速升高到49%时，燃气涡轮发出的功率除用于压气机及附件传动箱所需的消耗功率外，还有足够的剩余功率使燃气发生器转子不断加速，这时需要关闭起动机和点火器，单独由燃气涡轮带转压气机和附件传动箱，起动供油规律完全按油气比的开环供油函数关系实现供油，当发动机转速增加至慢车转速52%时，起动过程结束，进入慢车稳态调节状态，由转速调节器按闭环负反馈原理对 n_g 进行闭环控制。

7.3.2　加速控制

燃油调节器气路工作原理如图7.8所示。驾驶员从慢车状态20°快推油门杆到大车状态90°时，转速给定凸轮的升程达到最大，使调速器弹簧承受的拉力猛然增大，在调速器杠杆上产生逆时针力矩，促使调速器杠杆逆时针转动，完全关闭调节器活门开度。

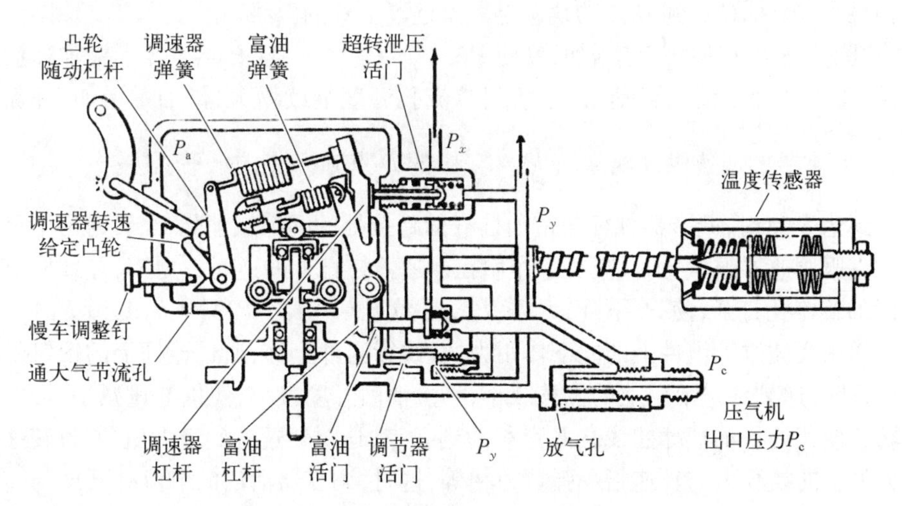

图7.8　燃油调节器气路工作原理图[32]

同时，消除了调速器杠杆与富油杠杆之间的间隙，富油杠杆逆时针转动，也将富油活门节流孔开度关至最小，导致 $P_Y = P_X$，这时，作用在波纹管组件上的力为 $F = P_X A_Z$，并且随着 P_c 的增大迅速增高，F 也迅速增大，使加速波纹管的自由端迅速下移，经连杆上的销钉带动摇臂迅速左摆，摇臂的输出带动计量活门迅速移动，使计量活门流通面积快速增大，供油量迅速增加，如图 7.7 中的 A 点到 B 点的轨迹。

由于油气比 $\frac{W_{f,\ ac}}{P_c}$ 的迅速增加，燃气发生器转子上的剩余功率增多，促使 n_g 迅速增大，又引起压气机出口压力 P_c 升高，P_Y、P_X 也同时增大，且 $P_Y = P_X$，使加速波纹管进一步被压缩，又导致摇臂继续带动计量活门移动，计量活门节流孔开度也进一步增大，使供油量增加，并保持 $\frac{W_{f,\ ac}}{P_c}$ = 常数的加速供油规律，如图中的 B 点到 C 点的水平轨迹。

当到达 C 点时，转速 n_g 也增大到一定程度，飞重离心力增大，使飞重顶杆推动小滚轮向上移动，放松了富油弹簧的拉力，同时在调速器杠杆与富油杠杆之间产生了间隙，减弱了作用在富油杠杆上的逆时针力矩，使富油活门节流孔开度开始增大，由压气机出口的气流进入调节器的空气流量增大，进一步引起了分压 P_Y、分压 P_X 增大，且 $P_Y = P_X$，使加速波纹管收缩下移，带动连杆继续下移，摇臂继续左摆，使计量活门节流孔开度继续增大，使油气比 $\frac{W_{f,\ ac}}{P_c}$ 曲线到达 D 点，转速 n_g 也增大，飞重离心力继续增大，使飞重顶杆推动小滚轮继续上移，同时富油活门节流孔开度也开到最大，因此，C 点到 D 点的轨迹是一条逐渐上移的斜线。

其后，随着转速的继续增加，又使 P_c、P_Y、P_X 增大，且 $P_Y = P_X$，压缩加速波纹管，摇臂带动计量活门移动，计量活门节流孔开度继续增大，供油量增加，并保持 $\frac{W_{f,\ ac}}{P_c}$ = 常数的加速供油规律，如图 7.7 中的 D 点到 E 点的水平轨迹。

到达 E 点时，调节器杠杆与富油杠杆的跨接处的间隙被消除，当转速再增至离心力克服调速器弹簧力时，减弱了作用在调速器杠杆上的逆时针力矩，导致调节器活门的节流孔打开，使 P_Y 下降，$P_Y < P_X$，导致 $F = P_YA_Y - P_XA_X + P_XA_Z < P_XA_Z$，减弱了作用在波纹管组件上的向下作用力，波纹管组件上移，通过连杆上的销钉带动摇臂，使传递到计量活门上的位移减小，计量活门开度减小，使供油量减小，油气比随转速变化的供油规律曲线从 E 点移动到 F 点，这时转速达到最大值，并且转速离心力的轴向换算力与转速指令弹簧力相等，这时，调节器活门的节流孔开度与转速指令相适应，富油活门的节流孔开度达到最大，最大供油量与最大需油量相平衡，加速过程结束，进入最大转速的稳态调节状态。

7.3.3 减速控制

当从大车状态位置下拉油门杆到慢车状态转速时，转速给定凸轮处于最低位置，导致调速器弹簧迅速放松，调节器活门节流孔开度迅速开大，同时，超转泄压活门也被调速器杠杆压开，结果，气压 P_Y 腔的气体从两个活门同时放气，P_Y 迅速下降，引发作用在波纹管组件上的力迅速减弱，带动波纹管组件连杆上移至止动钉位置，经摇臂传递后使计量活门节流孔开度减小，供油量急剧下降，油气比随转速变化的供油规律曲线从 F 点移动到 G 点，这时转速迅速下降，随之引发 P_c 及其分压 P_X 下降，P_X 的降低导致作用在波纹管组件上的力进一步减小，继续带动波纹管组件连杆上移，经摇臂传递后继续带动计量活门开度减小，供油量进一步减小，并保持 $\frac{W_{f,dc}}{P_c}$ = 常数的减速供油规律，如图7.7中的 G 点到 H 点的水平轨迹；当到达 H 点后，P_c、P_X 的继续下降，使减速波纹管的下端开始上移，减速波纹管内腔气压受到挤压，腔压升高，使减速波纹管腔内气体经连通小孔被挤入调节器波纹管内，阻碍了 P_X 的下降速率，使波纹管组件连杆上移速度减慢，计量活门开度减小的速率减慢，导致 $\frac{W_{f,dc}}{P_c}$ 值略有上升，如图7.7中的 H 点到 I 点的小斜线轨迹；到达 I 点时，计量活门也移动到最小流量调整钉的止动位置，供油量 $W_{f,dc}$ 保持常数不变，但因转速、P_c 继续下降，导致 $\frac{W_{f,dc}}{P_c}$ 随转速减小而上升，执行 $\frac{W_{f,dc}}{P_c}=f(n_g)$ 的减速供油规律，如图7.7中的 I 点到 A 点的斜线轨迹，当到达 A 点后，这时转速减小到慢车转速，慢车转速离心力的轴向换算力与转速指令弹簧力相等，调节器活门的节流孔开度与转速指令相适应，同时，富油杠杆在富油弹簧力的作用下，也将富油活门节流孔关至最小开度，慢车供油量与慢车需油量相平衡，减速过程结束，进入慢车转速的稳态调节状态。

7.3.4　稳态控制

发动机在稳定状态下，n_g 转速调节器的离心飞重换算轴向力与调速器弹簧、富油弹簧这两个弹簧力相平衡，调速器杠杆与富油杠杆跨接处间隙被消除，富油杠杆和调速器杠杆可看成一体，同时产生相同的角速度和角位移，燃油调节器按闭环负反馈原理对发动机转速进行调节，以保持给定的转速不变。

当 n_g 偏离转速指令给定值时，将产生转速偏差，离心飞重换算轴向力的变化通过顶杆传递给富油杠杆上的小滚轮，小滚轮再传递给富油杠杆、调速器杠杆，使调速器杠杆绕支点转动，改变了调节器活门节流孔的开度，使 P_Y 偏离了平衡点，波纹管组件产生上下位移变化，再经波纹管组件上的连杆将其传递给计量活门，以此改变计量活门节流孔开度，使供油量按转速偏差进行调节，直至消除了转速偏差进入稳态为止，这时 n_g 与指令转速相平衡，P_Y 也达到平衡状态保持不变，达到转速伺服控制目的。

当 n_g 大于转速指令给定值时，离心飞重换算轴向力过大，通过顶杆推动小滚轮上移，带动富油杠杆、调速器杠杆绕支点转动，使调节器活门节流孔的开度增大，则 P_Y 减小，波纹管组件受力减小，波纹管组件上移，经连杆上的销钉带动摇臂右摆，计量活门开度减小，供油量减小，转速 n_g 减小，离心飞重换算轴向力减小，重复上述过程，直至消除转速偏差进入稳态，这时 n_g 与指令转速相平衡，P_Y 也回到平衡状态；反之，当 n_g 小于转速指令给定值时，离心飞重换算轴向力过小，通过顶杆使小滚轮下移，带动富油杠杆、调速器杠杆绕支点转动，使调节器活门节流孔的开度减小，则 P_Y 增大，波纹管组件受力增大，波纹管组件下移，经连杆上的销钉带动摇臂左摆，计量活门开度增大，供油量增大，转速 n_g 增大，离心飞重换算轴向力增大，重复上述过程，直至消除转速偏差进入稳态，这时 n_g 与指令转速相平衡，P_Y 也回到平衡状态，实现了闭环负反馈转速调节。

7.3.5 超转限制保护控制

当转速 n_g 超过燃气涡轮最大转速的3%时，调速器杠杆将超转泄压活门打开，使 P_Y 下降，波纹管组件上移，带动摇臂摆动，使计量活门节流孔开度减小，供油量减小，使转速 n_g 减小，起到 n_g 限制保护的作用。

同理，当转速 n_p 超过动力涡轮转速的限制值时，n_p 转速调节器的离心飞重在离心力的作用下带动复位臂转动，打开超转泄压活门，使 P_Y 下降，波纹管组件上移，带动摇臂摆动，使计量活门节流孔开度减小，供油量减小，使转速 n_p 减小，起到 n_p 限制保护的作用。

7.4 螺旋桨变距调速系统

7.4.1 桨叶变距调速原理

涡桨发动机由于螺旋桨在任何飞行条件下（Alpha 模式）都能够高效发挥涡桨发动机功率，而且能够通过 Beta 模式和反桨模式的灵活控制提供零拉力或负拉力，使驾驶员易于对地面实施操纵和倒车。

螺旋桨变距调速单元具有恒速、顺桨、反桨功能，当涡桨发动机在飞行中停车时，能够使螺旋桨进入顺桨模式，如果需要再次起动发动机，变距调速单元可在飞行过程中自动解除顺桨模式；当涡桨发动机需要制动或倒车时，能够使螺旋桨进入反桨模式，使螺旋桨产生负拉力；当涡桨发动机正常飞行时，能够使螺旋桨实现变距调速，保持 n_p 转速恒定。

螺旋桨变距调速单元由变距伺服活塞、变距伺服弹簧（顺桨弹簧）、桨叶作动杆、反桨推拉杆、转速指令弹簧、离心飞重、分油活门、滑油泵、溢流阀、锁定变距电磁阀、Beta 阀（β 阀）、Beta 阀联动杆等组成。螺旋桨变距调速单元还装有一个电磁线圈,用于巡航期间匹配两个螺旋桨的转速,由飞机提供的同步移相器实现该功能。

螺旋桨工作模式有顺桨模式、大功率 Alpha 模式、小功率 Alpha 模式、Beta 模式、零拉力模式、反桨模式等,对应桨叶角的变化情况如图 7.9 所示。

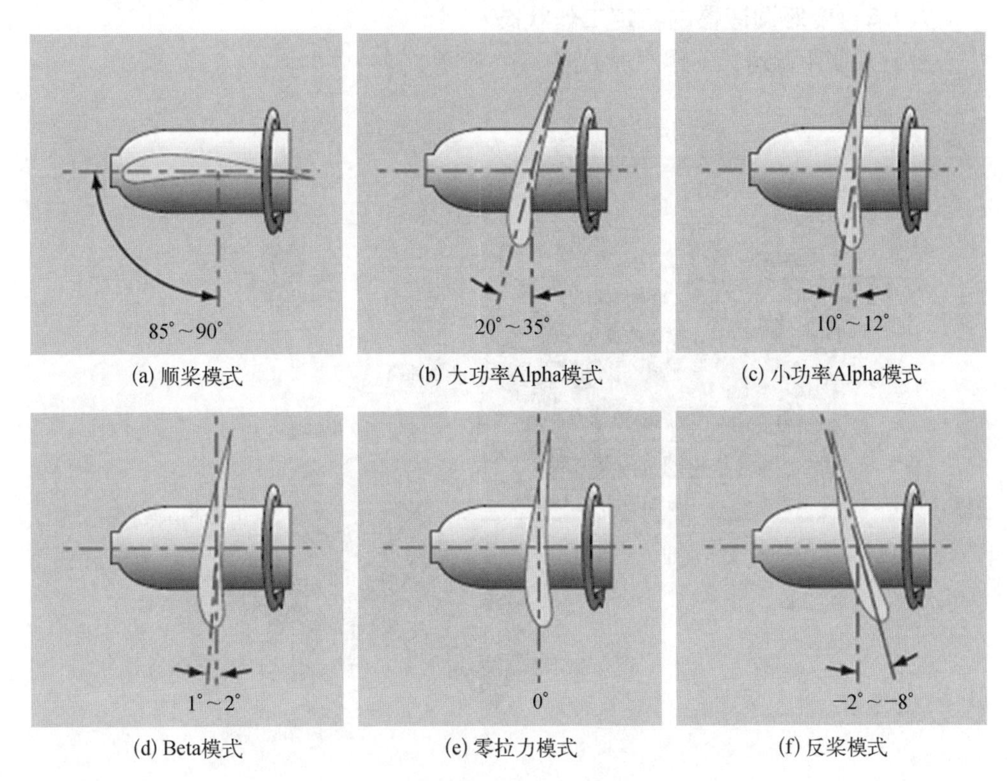

图 7.9　螺旋桨不同工作模式下对应桨叶角的变化情况

液压机械式螺旋桨变距调速器采用闭环负反馈原理对 n_p 转速进行恒速控制,具有恒速、顺桨、反桨功能,桨叶变距结构如图 7.10 所示。螺旋桨变距调速器滑油泵通过传动齿轮箱的输出轴驱动,滑油经过滑油泵增压,增压后的高压油沿程经过溢流阀、锁定变距电磁阀、Beta 阀、分油活门,离心飞重换算轴向力与变距调速器转速指令弹簧力的合力决定了分油活门的运动方向和位置,分油活门的位置控制了进入或流出变距伺服活塞腔的流路,当转速指令弹簧力大于离心飞重换算轴向力时,分油活门下移,高压油通过分油活门凸台上边沿控制的节流孔进入变距伺服活塞腔,变距伺服活塞腔油压增加,推动变距伺服活塞右移,压缩变距伺服弹簧(顺桨弹簧),促使桨叶朝着小桨距方向移动,使桨叶角减小;当转速指令弹簧力小于离心飞重换算轴向力时,分油活门上移,变距伺服活塞腔工作滑油通过分油活门凸台下边沿控制的节流孔向回油腔流出,变距伺服活塞腔油压降低,在变距伺服弹簧(顺桨弹簧)力作用下,拉动变距伺服活塞左移,促使桨叶朝着大桨距方向移动,使桨叶角增大。桨叶角的减小或增大,改变了螺旋桨的吸收功率,随之改变了动力涡轮转子上的剩余功率,实现了对 n_p 转速的调节。

7.4.2 变距调速器的稳定工作状态

螺旋桨变距调速器工作原理如图 7.10 所示。

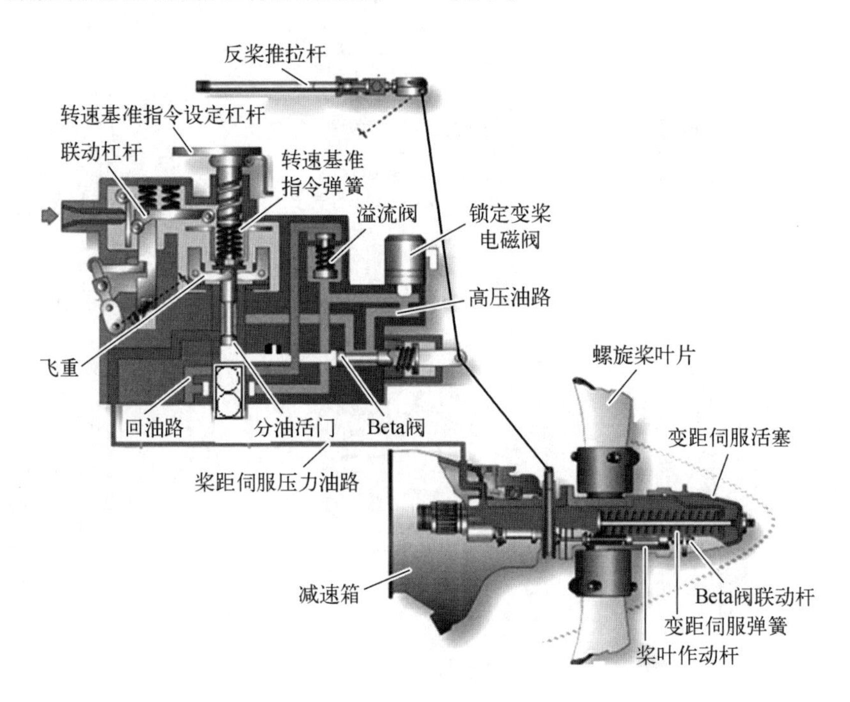

图 7.10 螺旋桨变距调速器工作原理[33]

涡桨发动机工作时,螺旋桨变距调速器滑油泵被发动机带动旋转,由发动机主滑油泵来的滑油经调速器滑油泵增压后,流经单向活门、滑油滤、溢流阀、电磁截止阀、Beta 阀,到达分油活门的进口。螺旋桨变距调速器处于稳定工作状态时(设计点转速的 95%状态),螺旋桨的需用扭矩等于发动机的输出扭矩,离心飞重换算轴向力与变距调速器转速基准指令弹簧力相等,分油活门处于中立位置,分油活门工作凸台上的上下凸边堵住了进出变距伺服活塞的油路,作用在变距伺服活塞的油压力不变,并与变距伺服弹簧力(顺桨弹簧力)及螺旋桨叶片横向离心力平衡,变距伺服活塞不动,控制桨叶角保持不变。

当齿轮泵后压力超过安全油压限制值时,溢流阀打开以限制变距调速器的最高油压。

螺旋桨变距调速器装有一个电磁线圈,由飞机提供的同步移相器单元控制,用于在巡航期间匹配两个螺旋桨的转速。

7.4.3 变距调速器的闭环负反馈调节

螺旋桨变距调速器由于外界干扰处于非稳定工作状态时,螺旋桨的需用扭矩与发动机的输出扭矩的平衡关系被打破,使转速 n_p 偏离转速基准指令,采用闭环负反馈原理进行调节。

1. 转速 n_p 增大

当发动机输出扭矩由于燃油供油量的增大而增大,而螺旋桨的需用扭矩未变时,或者当飞行条件变化(如飞行高度上升)导致螺旋桨的需用扭矩减小,而发动机输出扭矩未变时,在这两种情况下,由于动力涡轮转子上的合外力矩大于零,转速 n_p 增加,作用在分油活门上的离心飞重换算轴向力大于变距调速器转速基准指令弹簧力,进入闭环 n_p 转速调节过程,分油活门向上移动,分油活门工作凸台上的上凸边堵住了进入变距伺服活塞的油路,而下凸边打开了从变距伺服活塞腔流出到低压油的油路,作用在变距伺服活塞的油压力减小,打破了与变距伺服弹簧力及螺旋桨叶片横向离心力平衡的关系,作用在变距伺服活塞合外力方向向左,使变距伺服活塞向左移动,桨叶角增大;由于螺旋桨桨距变大,螺旋桨吸收功率增大,转速 n_p 减小,离心飞重换算轴向力减小,引起分油活门向下移动,分油活门移动时有可能越过原平衡转速位置而偏下,打开了分油活门工作凸台上的上凸边进入变距伺服活塞的油路,而下凸边堵住了从变距伺服活塞腔流出到低压油的油路,变距伺服活塞腔油压增大,变距伺服活塞向右移动,桨叶角减小,引起转速 n_p 增大,离心飞重换算轴向力增大,分油活门向上移动,这种闭环转速调节的过程是一个收敛的过程,因而经过1~2次转速偏摆后,螺旋桨变距调速器又回到了稳定的工作状态,使转速 n_p 不变,至此闭环转速调节过程结束。

2. 转速 n_p 降低

当发动机输出扭矩由于燃油供油量的减小而减小,而螺旋桨的需用扭矩未变时,或者当飞行条件变化(如飞行高度降低)导致螺旋桨的需用扭矩增大,而发动机输出扭矩未变时,在这两种情况下,由于发动机转子上的合外力矩小于零,转速降低,作用在分油活门上的离心飞重换算轴向力小于调速器转速基准指令弹簧力,进入闭环转速调节过程,分油活门向下移动,分油活门工作凸台上的上凸边打开了进入变距伺服活塞的油路,而下凸边堵住了从变距伺服活塞腔流出到低压油的油路,作用在变距伺服活塞的油压力增大,打破了与变距伺服弹簧力及螺旋桨叶片横向离心力平衡的关系,作用在变距伺服活塞合外力方向向右,使变距伺服活塞向右移动,桨叶角减小;由于螺旋桨桨距变小,螺旋桨吸收功率减小,转速 n_p 增大,离心飞重换算轴向力增大,引起分油活门向上移动,分油活门移动时有可能越过原平衡转速位置而偏上,堵住了分油活门工作凸台上的上凸边进入变距伺服活塞的油路,而下凸边打开了从变距伺服活塞腔流出到低压油的油路，变距伺服活塞腔油压减小，变距伺服活塞向左移动，桨叶角增大，引起转速 n_p 减小，离心飞重换算轴向力减小，分油活门向下移动，这种闭环转速调节的过程是一个收敛的过程，因而经过 1~2 次转速偏摆后，螺旋桨变距调速器又回到了稳定的工作状态，使转速 n_p 不变，至此闭环转速调节过程结束。

7.4.4 螺旋桨变距调速器超转保护模式

当螺旋桨变距调速器出现超转故障时（超过设计点转速的 106%），在飞重离心力作用下，推动弹簧座顶靠在杠杆上，使杠杆绕支点逆时针转动，打开超速泄压活门，燃油控制单元 FCU 中的 P_Y 下降，如图 7.3 和图 7.11 所示，计量活门开度减小，限制了燃油流量，使转速 n_p 不超过限制值。

7.4.5 螺旋桨变距调速器 Beta 模式

1. Beta 模式工作原理

螺旋桨变距调速器 Beta 模式工作原理如图 7.11 所示。

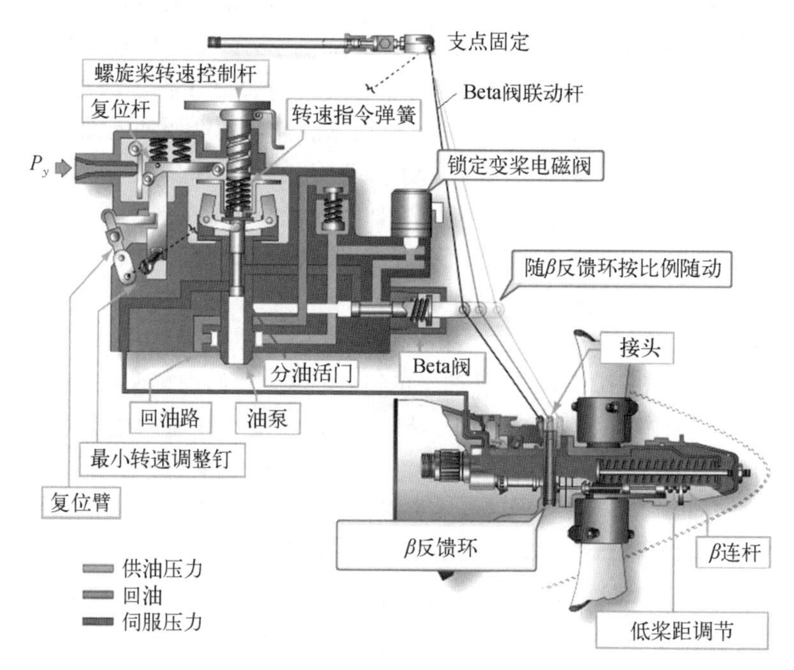

图 7.11 螺旋桨变距调速器 Beta 模式工作原理图[33]

在低功率下，由于转速太低，变距调速器离心飞重换算轴向力远小于调速器弹簧力，分油活门向下移动，高压油推动变距伺服活塞圆顶向右移动，使螺旋桨朝低

桨距方向移动,当桨叶角减小到10°时, Beta阀联动杆随动右移,带动Beta阀右移, Beta阀上左凸台上的右凸边关闭了进入变距伺服活塞腔的进油节流孔,使桨叶角停止在最小的位置上,这是飞行操作中允许的最小桨叶角,即螺旋桨进入了Beta模式,Beta模式的设计防止了桨叶角再继续降低的可能性。在Beta模式下如果发动机输出轴功率继续降低,由于桨叶角保持不变,螺旋桨吸收功率不变,只能使动力涡轮转速降低。

2. Beta模式的防泄漏设计

当螺旋桨长时间工作在Beta模式时,变距伺服活塞腔油压会出现泄漏,桨距会自发向增大的方向漂移,Beta联动杆会放松对Beta阀的拉力, Beta阀在拉簧的作用下左移,Beta阀上左凸台上的右凸边又重新打开进入变距伺服活塞腔的进油节流孔,高压油又开始向螺旋桨变距伺服活塞腔供油,使变距伺服活塞右移,同时带动Beta阀右移,Beta阀上左凸台上的右凸边又关闭进入变距伺服活塞腔的进油节流孔,使桨距重新回到最小位置上,这种情况周而复始,使桨叶角始终保存在最小安全角度上。

3. Beta模式系统故障下的Beta模式备份

当螺旋桨在飞行中出现Beta系统故障时(如Beta阀卡滞)会使高压油继续进入变距伺服活塞腔,出现桨叶角低于10°的异常情况,导致螺旋桨出现反转。为避免Beta故障带来的危险性,在螺旋桨变距调速器中设计了锁定变桨电磁阀,具有Beta阀故障下的备用功能。当螺旋桨在飞行中出现Beta系统故障时,锁定变桨电磁阀通电,电磁阀活门上的电磁力克服弹簧力而运动,由此截断了高压油通往螺旋桨变距伺服活塞腔的通路,使变距伺服活塞停止移动,保持桨距不变。

当螺旋桨长时间工作在Beta模式时,变距伺服活塞腔油压会出现泄漏,而导致桨叶角向增大的方向漂移,为避免这一问题的出现,将锁定变桨电磁阀采用与滑环联动的设计方法,当变距伺服活塞腔油压泄漏而自发引起变距伺服活塞左移时,使锁定变桨电磁阀及时断电,重新打开高压油进入变距伺服活塞腔的通路,使螺旋桨变距调速器再次恢复到Beta模式,当进入Beta模式,立即对锁定变桨电磁阀通电,截断高压油通往螺旋桨变距伺服活塞腔的通路,使桨距保持不变。

7.4.6　螺旋桨变距调速器反桨模式

飞机着陆滑跑和应急下降时,需要桨叶处于负攻角位置,使螺旋桨产生的负拉力,能够起到快速制动作用。

螺旋桨变距调速器反桨模式工作原理如图7.12所示。

为了使螺旋桨进入反桨模式,需要向左拉动反桨推拉杆,使Beta阀杠杆的支点基准向左移动,使反桨模式下的Beta阀右移关闭高压油进入变距伺服活塞腔通路的时间滞后于Beta模式的关闭时间,使变距伺服活塞能够继续向右再移动一段

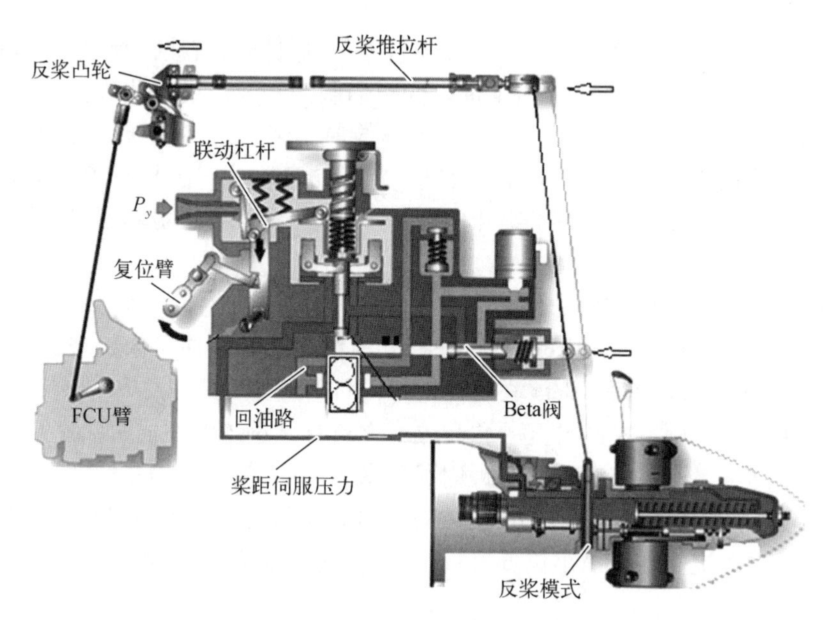

图 7.12 螺旋桨变距调速器反桨模式工作原理[33]

距离到达反桨模式位置,Beta 阀才能完全关闭高压油向变距伺服活塞腔的供油,并保持桨距处于反桨位置不变。

为了获得更大的反向拉力,需要更多地向左拉动反桨推拉杆,使 Beta 阀杠杆的支点基准再向左移动,以使 Beta 阀完全关闭高压油进入变距伺服活塞腔通路的时间更晚,桨叶角的负角度更大。

除飞机着陆滑跑和应急下降状态以外,过大的负拉力加大了飞机操纵性难度,为了防止负拉力引发飞转而导致发动机和螺旋桨转动部件破坏,使反桨推拉杆与 CSU 上的复位臂联动,当反桨推拉杆被左拉到一定位置时,带动复位臂转动,下拉联动杆,带动联动杠杆下移,消除了联动杠杆小滚轮与调速器弹簧座的间隙。随着发动机输出轴功率的增加,转速 n_p 增加,在调速器飞重力作用下,上推调速器弹簧座,使联动杠杆逆时针转动,打开超转泄压活门,FCU 中的 P_Y 下降,FCU 计量燃油流量减小,发动机输出轴功率变小,转速 n_g、n_p 下降,防止了发动机超转。

当转速 n_p 比变距调速器指令转速低 5%左右时,分油活门下移到全部打开位置,由 Beta 阀控制高压油流向螺旋桨变距伺服活塞腔的滑油流量。

7.4.7 超转保护和发动机故障顺桨

超转保护和发动机故障顺桨保护系统主要由转速调整钉、超转指令弹簧、超转指令活门、转速指令弹簧、飞重、超转回油活门、超转复位电磁阀、顺桨电磁阀组成,飞机超转保护采用闭环负反馈原理设计,超转保护设有两个挡位,正常飞行中为设计点转速的104%,起飞过程中为设计点转速的100%。超转保护和发动机故障情况下进入顺桨保护的工作原理如图7.13所示。

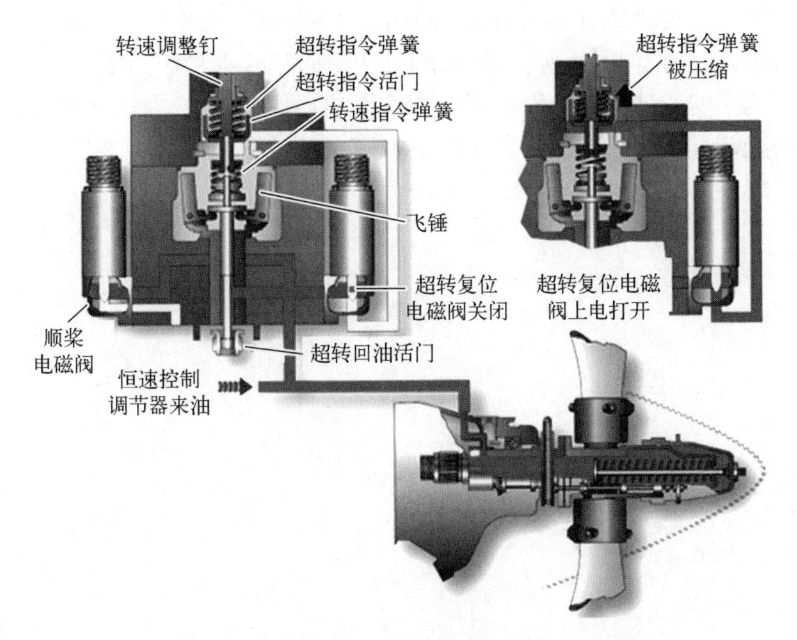

图7.13　超转保护和发动机故障顺桨工作原理图[33]

1. 正常飞行超转保护

正常飞行中,超转复位电磁阀断电、顺桨电磁阀断电,超转指令活门在超转指令弹簧的作用下下移压缩转速指令弹簧,弹簧力作用在超转回油活门的弹簧座上,弹簧作用力向下,通过转速调整钉可以设定超转的阈值,如104%设计点转速。当转速 n_p 超过这一阈值时,飞重轴向换算离心力作用在超转回油活门上,方向向上,由于轴向换算离心力大于弹簧作用力,超转回油活门开始打开回油节流孔,从恒速控制调节器来的高压滑油经过回油节流孔向减速器低压系统回油,变距伺服活塞腔油压降低,变距伺服活塞左移,桨距增大,螺旋桨转速降低,当螺旋桨转速低于超转阈值时,超转回油活门下移,关闭回油节流孔,使恒速控制调节器回到正常的工作模式,保证螺旋桨转速不会超转104%,恒速控制调节器实现超转保护功能。

2. 飞机起飞超转保护

飞机起飞过程中,为了安全,使超转复位电磁阀通电,从恒速控制调节器来的高压滑油经过超转复位电磁阀活门进入超转指令活门的下端,作用在超转指令活门上的高压滑油作用力大于超转指令弹簧力,使超转指令活门上移到极限位置,因此放松了超转指令活门对转速指令弹簧的压缩力,这时,超转保护装置只有一个转速指令弹簧起作用,一旦转速超过100%,超转回油活门就开始上移,使桨距调大,保证转速不会超过 100%。

3. 发动机故障顺桨保护

当发动机出现故障时,顺桨电磁阀通电,打开顺桨电磁阀活门向减速器低压系统的回油通道,变距伺服活塞腔油压降低,变距伺服活塞左移,桨距一直增大到顺桨状态。为了快速进入顺桨状态,使超转复位电磁阀也通电,在飞重作用下有利于快速打开超转回油活门的回油节流孔,加快桨叶到达顺桨位置的速度。

第 8 章
单轴涡桨发动机数字控制

飞机在飞行包线内飞行时,飞机的需用功率、飞行条件都在变化,发动机经常在远离设计状态下工作,涡桨发动机工作参数和性能也在变化,为使发动机在各种条件下正常工作,需要确定被控参数的变化规律以对发动机工作过程进行调节,被控参数的变化规律称为调节规律。调节规律是通过感受飞行环境参数和发动机参数对被控参数进行控制实现的。在给定的调节规律下,发动机输出轴功率、耗油率随供油量、大气条件、飞行高度、飞行速度变化的关系称为发动机特性。

本章首先针对典型单轴涡桨发动机工作特点和工作需求,阐述控制计划的设计机制,包括节流状态控制计划、恒转速、变转速组合控制计划、加减速过渡态控制计划;其次,通过分析单轴涡桨发动机特性,包括节流特性、转速特性、高度特性、速度特性、地面温度-压力特性,展开单轴涡桨发动机调节规律的设计,并研究压气机防喘控制、执行机构小闭环控制设计、单轴涡桨发动机闭环控制伺服性能、抗干扰性能的若干设计方法。

8.1 控制计划分析

8.1.1 涡桨发动机工作状态的选择

涡桨发动机在不同的等热力参数下,当量功率与转速的特性曲线如图 8.1 所示。

图 8.1 中规定了涡桨发动机的约束工作边界,即涡桨发动机工作点不能超越这些约束边界。在大状态时由于材料的限制受到超温限制线的约束;由于强度的限制受到最大转速限制线的约束;当涡轮前温度不断降低时,发动机输出的功率将不足以维持转子的自动转动,而受到自转限制线的约束;当燃烧室贫油时受到熄火限制线的约束;当远离设计点状态工作时受到喘振限制线的约束。这些约束限制线构成了涡桨发动机的安全边界线,涡桨发动机只能工作在安全边界线内。

涡桨发动机控制计划就是要保证在任何飞行条件、任何工作状态下都不能穿越安全边界线进入不安全区域,同时,要保证在安全区域以最优的工作路线和工作点工作。

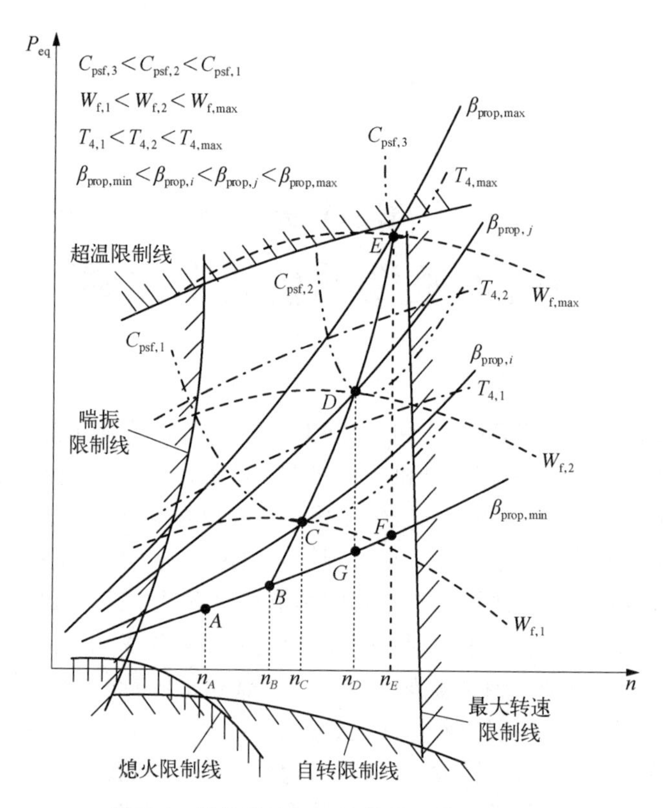

图 8.1 涡桨发动机工作状态及其约束边界

由图 8.1 可知,在任一条等燃油流量线上都存在一个最佳的转速工作点,如等 $W_{f,\ max}$ 线上的 E 点,这时转速为 n_E、对应的发动机当量功率 P_{eq} 最大、当量功率耗油率 C_{psf} 最小,如果转速低于 n_E,则由于压气机增压比降低而使当量功率减少,如果转速高于 n_E,则由于空气流量增大而使压气机涡轮的流动损失增大也会使当量功率减少;在等 $W_{f,\ 2}$ 线上的 D 点、在等 $W_{f,\ 1}$ 线上的 C 点也是如此,仅仅在于等燃油流量线减少使时最佳的转速工作点左移,等燃油流量线增大使时最佳的转速工作点右移,将这些不同等燃油流量线上最佳的工作点连接,即 $BCDE$ 线称为最佳工作线。

同时,在等转速线上,涡轮前温度 T_4 与燃油流量 W_f 成正比,因此,选择 E 点作为设计点时,当量功率 P_{eq} 最大、当量功率耗油率 C_{psf} 最小、燃油流量 W_f 最大、转速最大。

螺旋桨吸收功率是转速 n、桨叶角 β、飞行速度 V_0、飞行高度 H 的函数关系,当桨叶角、飞行速度、飞行高度不变时,螺旋桨吸收功率与转速的 3 次方成正比,如采用变距螺旋桨使涡桨发动机在任何期望的工作点上稳定工作。

涡桨发动机工作状态的选择通常是将最大(或额定)功率状态选在允许的最大转速和允许的最大涡轮前温度的点,即 E 点,最小当量功率耗油率应尽可能选在

最大功率 E 点或巡航状态 D 点上，慢车工作状态应尽可能选在桨叶角最小，同时离喘振限制线、自转限制线有一定裕度的点上，即 A 点。

8.1.2 调节方案

为了能够系统地反映涡桨发动机工作特性、零部件的载荷和热负荷，通常选用转速、当量功率和涡轮前燃气温度作为控制系统的被控参数，控制变量采用燃油流量和桨叶角。在不同的大气环境条件和飞行状态下，首先对三种基本调节规律、实现、适用范围进行分析，其次展开单轴涡桨发动机控制计划的分析。

1. 按最佳工作线调节

如果按图 8.1 所示的最佳工作 $ABCDE$ 线调节，则从慢车到最大状态在不同的工作状态下当量功率最大、耗油率最低，能够发挥发动机的最佳潜力，但是要实现这一调节规律，需要转速降低的同时也要减少涡轮前温度，由于控制变量只有燃油流量和桨叶角，显然降低燃油流量的同时需要减小桨叶角，二者的调节必须同步协调配合，这实现起来难度较大。

2. 等转速调节

等转速调节是指按图 8.1 所示的 EF 等转速线调节。如果要从 F 点减速到慢车 A 点，需要保持桨叶角最小不变的条件下减少燃油流量才能到达慢车状态 A 点。

当飞行条件不变时，等转速调节使发动机在各个状态下使转速保持恒定，换算转速也保持不变，使状态工作点远离压气机喘振边界，同时，在状态改变时可避开因涡桨发动机惯性大导致的加速性能差的问题，即加速性好。

采用等转速调节，节流时减小燃油流量，涡轮前总温下降，压气机增压比减小，引起转速下降，为保持转速不变，需要减小桨叶角以减小螺旋桨吸收的功率；加速时增大燃油流量，涡轮前总温上升，压气机增压比增大，引起转速上升，为保持转速不变，需要增大桨叶角以增加螺旋桨吸收功率，采用调节桨叶角以实现转速不变，即

$$\beta_{\text{prop}} \to n = \text{const} \tag{8.1}$$

在发动机轴功率较小的 F 点状态，由于涡轮前总温下降、压气机增压比减小，导致发动机循环功减小，推力、螺旋桨功率、当量功率下降，耗油率增加，各部件效率和发动机循环热效率降低，但由于 F 点工作状态具有良好的加速性能和喘振裕度大的特点，对于提升涡桨发动机加速性能具有明显的优势。

等转速调节克服了按最佳工作线调节带来的燃油流量与桨叶角同步协调配合的难度，易于工程实现。

3. 等螺旋桨功率

获得期望的涡桨发动机当量功率是飞机对发动机性能的基本要求，但当量功

率难以获得,考虑到螺旋桨功率占据了当量功率的绝大部分,因此,从控制的可实现性角度,采用等螺旋桨功率调节这一间接的方式近似实现对涡桨发动机当量功率的控制,采用调节燃油流量以实现螺旋桨功率不变,即

$$W_f \rightarrow P_{prop} = \text{const} \tag{8.2}$$

在功率限制设计高度以下,采用等螺旋桨功率调节可以在各个工作状态发挥发动机的功率潜能,原因分析如下:在低空飞行时,空气流量大,螺旋桨功率大,随着飞行高度增加,空气流量减少,螺旋桨功率将下降,为了保证螺旋桨功率不变,涡轮前总温将会不断升高;在起飞低速飞行时,能保证更大的当量功率,改善了起飞性能,但在低空以恒定较高速度飞行时,空气流量将进一步增大,为了保证螺旋桨功率不变,必须降低涡轮前总温,这使得发动机工作点较大地偏离了设计点,部件效率降低,经济性差,但涡轮前总温低使发动机能更可靠工作,也延长了使用寿命。

4. 等涡轮前总温调节

根据涡桨发动机转速特性,最大功率、最佳单位当量功率燃油消耗量是在涡轮前总温保持设计值不变的情况下获得的,采用调节燃油流量以实现涡轮前总温不变,即

$$W_f \rightarrow T_4 = T_{4d} = \text{const} \tag{8.3}$$

这一控制规律在低转速状态,发动机输出轴功率较多,为了吸取多余的功率,就必须加重螺旋桨的负载,使桨叶角调到很大的位置,而加速时桨叶角要求由大变小,很容易过调超转,导致加速性恶化,驱使压气机进入不稳定的喘振状态,如果长时间工作在涡轮前总温最大允许值的情况下,热阻塞现象严重,涡轮寿命缩短。

考虑到单轴涡桨发动机在功率限制高度以上的范围内飞行时,如果保持涡轮前总温为最大值(不同工作状态有不同的最大值),高空飞行时可获得最大功率,这就能够充分发挥发动机热端部件能力,因此,等涡轮前总温调节适用于高空飞行的情况。

8.2 单轴涡桨发动机控制计划

8.2.1 工作状态定义

典型单轴涡桨发动机控制系统包括:发动机、燃油调节器、螺旋桨调速器、自动起动器。单轴涡桨发动机主要部件包括:减速器、附件传动装置、压气机、燃烧室、涡轮、排气装置和保证发动机和飞机正常工作的附件。减速器将发动机输出轴功率传递给螺旋桨,并按减速比降低螺旋桨转速,使螺旋桨在最有利的工作转速运转,减速器内装有测扭机构、负拉力自动顺桨传感器等。燃油调节器根据发动机工

作状态、飞行条件自动调节向发动机的供油量,保证实现选定的发动机调节规律,飞行员通过操纵功率杆改变发动机工作状态。螺旋桨调速器通过改变桨叶角,以保证发动机除慢车外的所有工作状态转速恒定,并设有扭矩、负拉力和人工顺桨等装置,以保证飞机飞行安全可靠。自动起动器保证冷转、地面和空中起动,由起动发电机带动发动机转子运行,点火器点燃燃烧室内燃料,当起动超温时进行切油,防止涡轮前温度超限。

典型单轴涡桨发动机工作状态按发动机转速或功率杆角度定义,如表 8.1 所示。

表 8.1 单轴涡桨发动机工作状态($H = 0$, $Ma = 0$ 标准大气条件,设计点转速 100%)

工作状态	功率杆角度/(°)	转速/%	发动机连续工作时间/min
慢车	0	80~82	<30
0.2 额定状态	20±2	95~96	不限
0.4 额定状态	35±2	95~96	不限
0.6 额定状态	52±2	95~96	不限
0.7 额定状态	60±2	95~96	不限
0.85 额定状态	72±2	95~96	不限
额定状态	84±2	95~96	不限
起飞状态	98~105	95~96	<15

8.2.2 单轴涡桨发动机功率管理计划

涡桨发动机控制系统架构采用双回路结构方案,如图 8.2 所示,包括功率管理计划、控制器、执行机构、传感器和涡桨发动机。

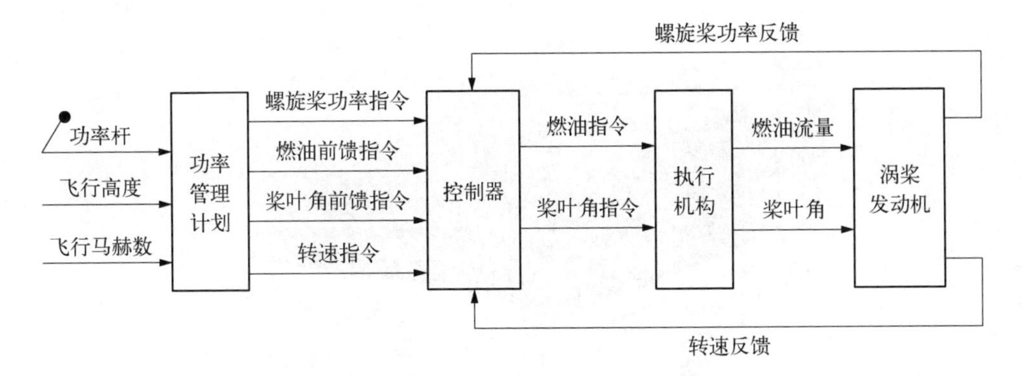

图 8.2 涡桨发动机双回路控制系统架构

功率管理计划为涡桨发动机双回路控制系统提供顶层管理指令，包括螺旋桨功率指令管理计划、燃油前馈计划、桨叶角前馈计划、螺旋桨转速指令计划。

1. 螺旋桨功率指令管理计划

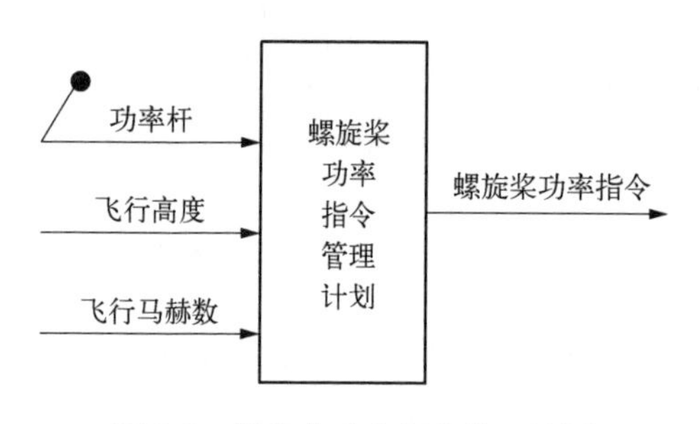

图 8.3 螺旋桨功率指令管理计划

螺旋桨功率指令管理计划为螺旋桨功率指令与功率操纵杆、飞行高度、飞行马赫数的函数关系，如图 8.3 所示，螺旋桨功率首先按功率操纵杆基准插值出标准大气条件下的螺旋桨功率，再根据不同的飞行条件对其进行修正，以适应飞行包线范围内非标准条件下的螺旋桨需求功率。

$$P_{\text{prop, dem}} = f(\text{PLA},\ H,\ Ma) \tag{8.4}$$

螺旋桨功率管理计划设计思路：选定不变的转速条件下，以螺旋桨功率为需求，考虑到螺旋桨功率与功率杆的对应关系及涡轮前总温限制的约束，在涡桨发动机全飞行包线范围内，基于涡桨发动机非线性动态模型，根据涡桨发动机三种基本调节规律，即等转速调节规律、等涡轮前总温调节规律、等当量功率调节规律，并采用供油规律前馈设计方法，飞行高度按增量 $\Delta H = 1$ km, $H = 0 \sim 10$ km 变化，飞行速度按增量 $\Delta V_0 = 25$ m/s, $V_0 = 0 \sim 200$ m/s 变化，功率杆 PLA = [22°, 36°, 48°, 56°, 66°, 82°, 100°]，形成三维网格点，共 11 × 9 × 7 = 693 个节点，以每一节点作为一个稳态点计算螺旋桨需求功率，构建三维网格数据库，可确定螺旋桨需求功率与飞行高度、飞行速度、功率杆的函数关系，即为

$$P_{\text{prop, dem}} = f(H,\ V_0,\ \text{PLA}) \tag{8.5}$$

螺旋桨功率管理计划如图 8.4 所示。

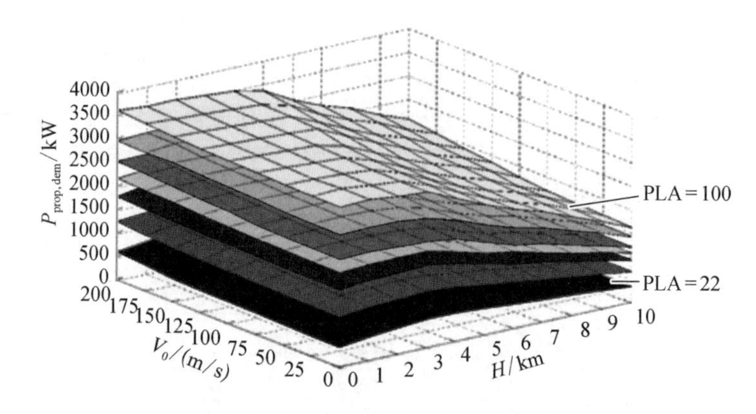

图 8.4 螺旋桨功率管理计划[29]

2. 燃油前馈计划

燃油前馈计划为燃油前馈与功率操纵杆、转速、飞行高度、飞行马赫数的函数关系，燃油前馈计划如图8.5所示。

$$W_{f,\ feedforward}=f(PLA,\ n,\ H,\ Ma) \tag{8.6}$$

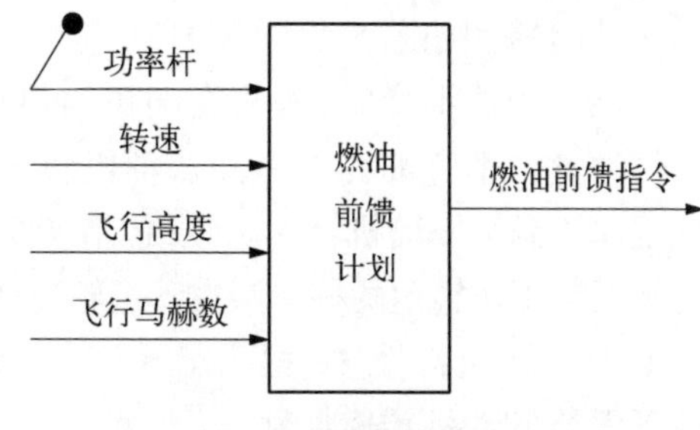

图8.5　燃油前馈计划

3. 桨叶角前馈计划

桨叶角前馈计划为桨叶角前馈指令与功率操纵杆、螺旋桨转速、飞行高度、飞行马赫数的函数关系，桨叶角前馈计划如图8.6所示。

$$\beta_{prop,\ feedforward}=f(PLA,\ n,\ H,\ Ma) \tag{8.7}$$

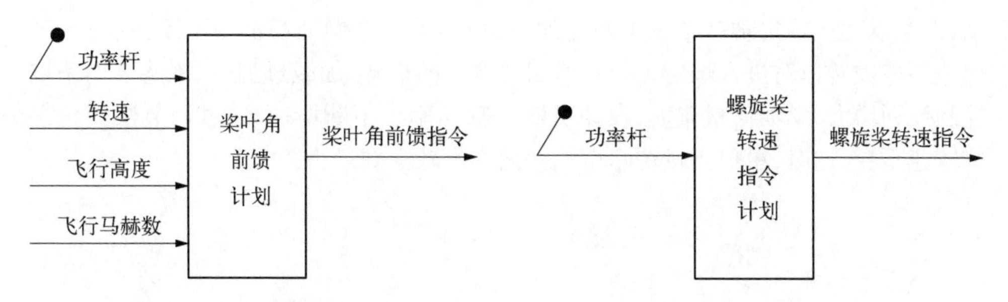

图8.6　桨叶角前馈计划　　图8.7　螺旋桨转速指令计划

4. 螺旋桨转速指令计划

螺旋桨转速指令计划为螺旋桨转速指令与功率操作杆的函数关系，螺旋桨转速指令计划如图8.7所示。

$$n_{prop,\ dem}=f(PLA) \tag{8.8}$$

8.2.3　节流状态控制计划

飞机在全飞行包线内各种飞行状态飞行时需要不同的功率，功率和状态是对应的，通过控制计量活门的移动改变供油量可以实现对状态的控制。节流状态是指从慢车转速到低于最大转速的状态，这些状态点是在节流特性线上表征的，如图8.1中的A点、B点、G点。

飞行条件不变、发动机转速不变时，涡桨发动机当量功率、单位当量功率燃油耗油率等随燃油供油量的变化规律为涡桨发动机节流特性。在海平面标准大气条件下，保持转速不变，涡桨发动机当量功率、螺旋桨功率、涡轮前温度随燃油供油量的增加而增大，单位当量功率燃油耗油率随燃油供油量的增加而减少，单轴涡桨发动机节流特性如图 8.8 所示。

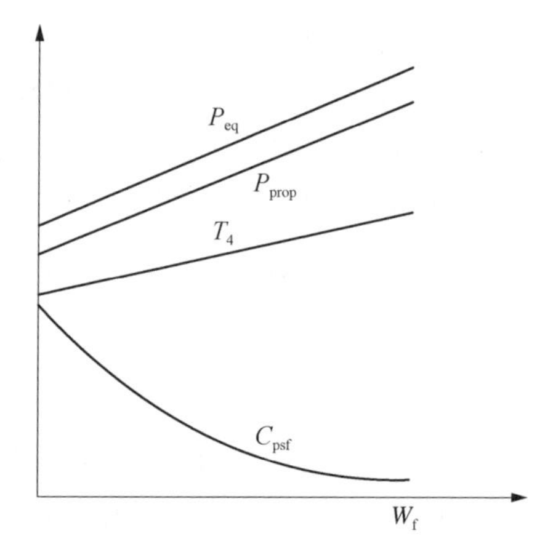

图 8.8　单轴涡桨发动机节流特性

飞行条件不变时，涡桨发动机当量功率、单位当量功率燃油耗油率随发动机转速的变化规律为涡桨发动机转速特性，包括变工作转速和恒定工作转速两种涡桨发动机转速特性。

（1）转速特性 1：恒定最大工作转速条件下涡桨发动机转速特性。

恒定最大工作转速 n_{max} 涡桨发动机转速特性如图 8.9 所示，在最大转速 n_{max} 以下的加速过程中，使转速快速由慢车转速 n_{idle} 增大到 n_{max}，桨叶角保持最小不变，螺旋桨处于空载状态，随着转速的增加，涡轮前总温不断增加，涡桨发动机输出轴功率也不断增加，单位当量功率燃油耗油率不断减少；当转速达到最大转速时进入恒定工作转速闭环调节的模式；加载过程中，螺旋桨功率按控制计划增大，燃油流量调大，发动机输出轴功率也不断增加，通过调节桨叶角保持转速不变，这时，单位当量功率燃油耗油率也减少到最小。

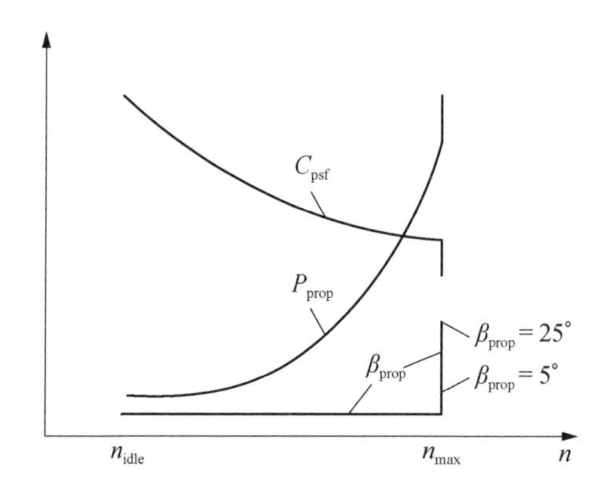

图 8.9　恒定工作转速涡桨发动机转速特性

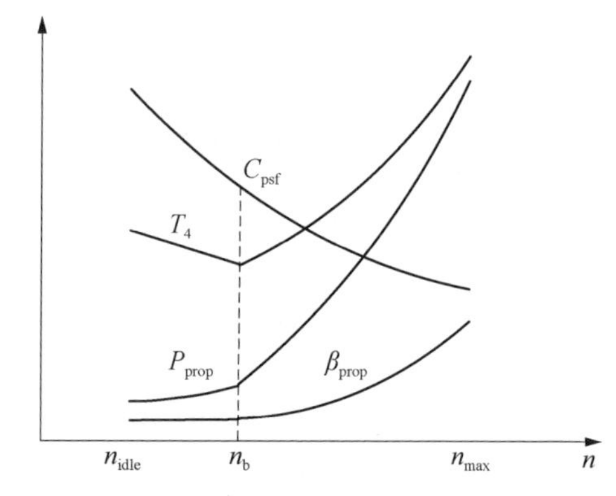

图 8.10　变工作转速涡桨发动机转速特性

（2）转速特性 2：变工作转速条件下涡桨发动机转速特性。

变工作转速条件下涡桨发动机转速特性如图 8.10 所示，在慢车转速 n_{idle} 到转折转速 n_b 之间，为了保证加速性能，保持桨叶角最小不变，随着转速的增加，涡轮前总温不断降低，涡桨发动机输出轴功率也不断增加，油气比随转速的增加而减小，因此，单位当量功率燃油耗油率不断减少；当转速超过 n_b 后，在 n_b 到 n_{max} 之间，桨叶角随转速增大而增大，螺旋桨阻力矩也随之增大，涡桨发动机输出轴功率必须随之增大，以适应螺旋桨功率的变化情况，因此，涡轮前总温必须相应提高，油气比增大,但涡桨发动机输出轴功率增大的程度比油气比增大的程度大得多,故而单位当量功率燃油耗油率减少,当转速达到 n_{max} 时,桨叶角变化到最大,涡轮前总温达到最大,螺旋桨功率也达到最大,单位当量功率燃油耗油率也减少到最小。

根据两种涡桨发动机转速特性的分析,涡桨发动机节流控制计划适宜采用开环+闭环结构,由于节流状态下螺旋桨负载较轻,采用调节燃油流量保持节流转速不变的控制方式,即采用燃油前馈+转速闭环的结构实现,并采用桨叶角开环结构对螺旋桨功率进行控制,节流状态开环+闭环控制如图 8.11 所示。

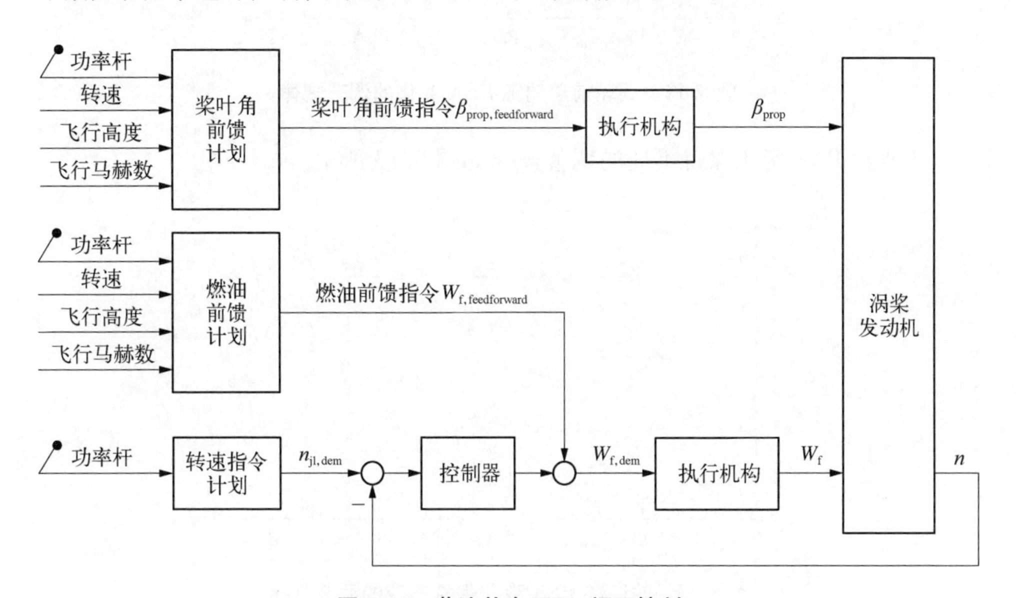

图 8.11　节流状态开环+闭环控制

8.2.4　恒转速状态组合控制计划

涡桨发动机的特点是通常配置了两个调节器,即转速调节器和燃油流量调节器,这样当飞行条件变化或发动机工作状态变化时,可以规定两个被控参数按一定规律变化,恒转速、变转速状态组合控制计划有以下几种方案。

(1) $W_f \to T_4 = \text{const}(\text{PLA})$、$\beta_{prop} \to n = \text{const}$ 双变量调节。

采用调节燃油流量使涡轮前总温按功率操纵杆 PLA 分段变化+调节桨叶角使转速保持最大转速不变的双变量控制规律,即

$$W_f \to T_4 = \text{const}(\text{PLA}) \tag{8.9}$$

$$\beta_{prop} \to n = \text{const} \tag{8.10}$$

涡轮前总温随 PLA 变化的调节规律如图 8.12 所示。T_{4max}、$T_{4rating}$、$T_{4cruise}$、T_{4idle} 分别表示最大状态、额定状态、巡航状态和慢车状态时的涡轮前总温。

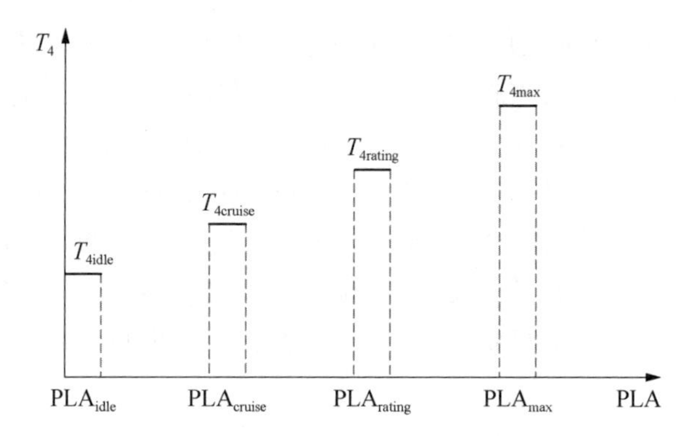

图 8.12 涡轮前总温随 PLA 变化的调节规律

转速随 PLA 变化保持不变的调节规律如图 8.13 所示。

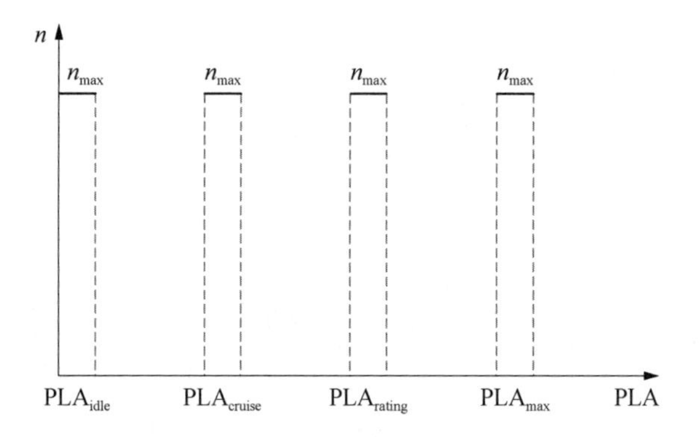

图 8.13 转速随 PLA 变化保持不变的调节规律

图 8.13 所示的$\beta_{prop} \rightarrow n = n_{max}$的控制规律,会使涡桨发动机长期在高负荷状态下工作,涡桨发动机使用寿命将会缩短。为延长使用寿命、提高工作可靠性,通过状态杆(condition lever angle, CLA)按涡桨发动机工作状态即功率操纵杆 PLA 的变化设定不同的螺旋桨转速,能充分发挥涡桨发动机各个状态下的性能。

加拿大普惠公司的 PW150 涡桨发动机配置了 PLA 和 CLA, PLA 用于燃油控制回路中控制涡轮输出功率以匹配螺旋桨需求功率,CLA 用于设定不同状态对应的螺旋桨转速指令,通过转速闭环调节桨叶角使转速保持不变,CLA 按工作状态设定的螺旋桨转速指令值如下:

a) 起飞状态,CLA 对应螺旋桨转速指令为 1 020 r/min;

b) 最大爬升状态,CLA 对应螺旋桨转速指令为 900 r/min;

c) 最大巡航状态,CLA 对应螺旋桨转速指令为 850 r/min。

显然,采用调节燃油流量使涡轮前总温按 PLA 分段变化+调节桨叶角使转速按 CLA 分段变化的涡桨发动机双变量控制规律更为合理,即

$$W_f \rightarrow T_4 = \text{const}(\text{PLA}) \tag{8.11}$$

$$\beta_{prop} \rightarrow n = \text{const}(\text{CLA}) \tag{8.12}$$

涡轮前总温随功率杆变化的调节规律如图 8.12 所示,转速随功率杆变化的调节规律如图 8.14 所示。n_{max}、n_{rating}、n_{cruise}、n_{idle} 分别表示最大状态、额定状态、巡航状态和慢车状态的转速。

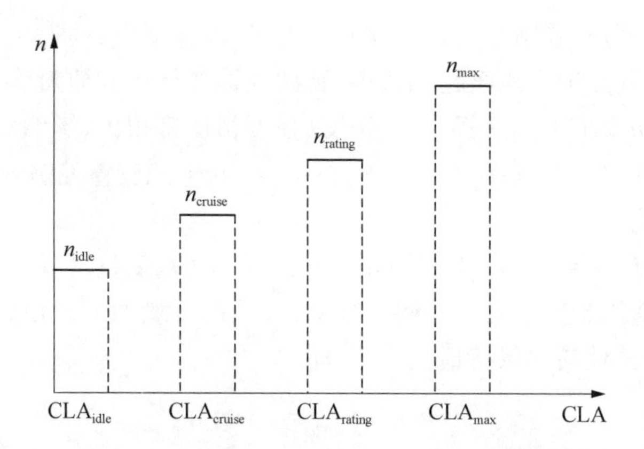

图 8.14　转速按 CLA 分段变化的调节策略

当 PLA 位于巡航状态时,涡桨发动机的飞行特性如图 8.15、图 8.16 所示。图 8.15 为飞行高度、转速、涡轮前总温不变的条件下涡桨发动机的速度特性,随着飞行速度的升高,空气流量增加,速度冲压增大,总增压比增大,涡轮落压比加大,在涡轮前总温不变的条件下单位涡轮功增大,螺旋桨单位功也增大,使得螺旋桨功率增大、涡桨发动机当量功率增大。而随着飞行速度的升高,压气机后总温增加,在涡轮前总温不变的条件下燃烧室温度增量减小,油气比减小,单位当量功率燃油消耗量将降低。

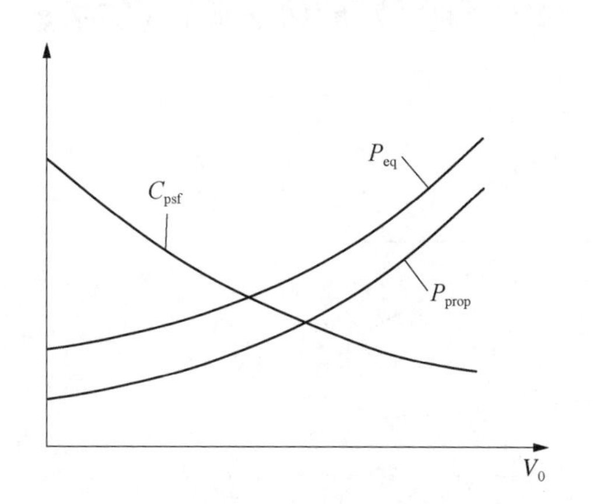

图 8.15　涡桨发动机的速度特性(飞行高度、转速、涡轮前总温不变)

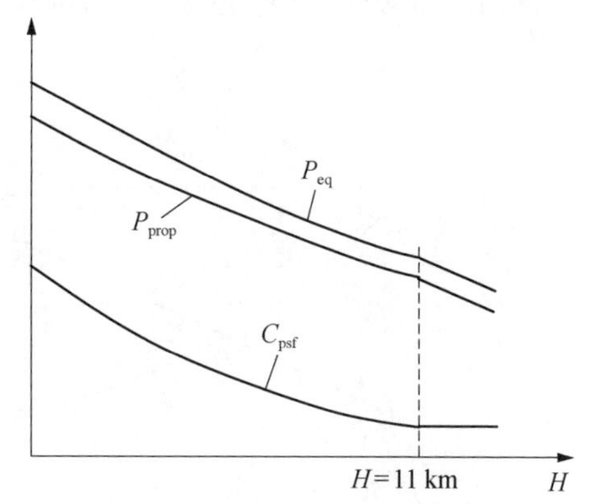

图 8.16　涡桨发动机的高度特性(飞行速度、转速、涡轮前总温不变)

图 8.16 为飞行速度、转速、涡轮前总温不变的条件下涡桨发动机的高度特性。随着飞行高度的升高,大气温度降低,总增压比增大,涡轮落压比加大,在涡轮前总温不变的条件下单位涡轮功增大,螺旋桨单位功也增大,但由于空气流量减少得较多,使得螺旋桨功率也减小、涡桨发动机当量功率减小。大气温度随着飞行高度的升高而降低,总增压比增大,加热比也增大,热量的利用率提高,导致单位当量功率燃油消耗量降低。

从图 8.16 可知,采用上述双变量控制规律,当在低空、高速飞行时,螺旋桨功率很大,如果设计点选为地面起飞状态,则减速器的体积和质量将很大,在高空飞行时需传递的功率小于设计值,功率裕度、强度裕度都很大,影响涡桨发动机的功重比,因此,$W_f \to T_4 = \text{const(PLA)}$、$\beta_{prop} \to n = \text{const}$ 双变量控制规律仅适应于中、高空飞行的情况。

(2) $W_f \to P_{prop} = \text{const}$、$\beta_{prop} \to n = n_{max} = \text{const}$ 双变量调节。

为了解决适用于低空飞行的调节规律,采用调节燃油流量使螺旋桨功率保持不变+调节桨叶角使转速保持最大不变,即

$$W_f \to P_{prop} = \text{const} \tag{8.13}$$

$$\beta_{prop} \to n = n_{max} = \text{const} \tag{8.14}$$

以某一功率限制设计高度为减速器的设计点,在这一功率限制设计高度以下的范围内,螺旋桨功率不随飞行高度的降低而增加,用降低涡轮前总温的方法使螺旋桨功率不超过最大允许值。

在功率限制设计高度 H_{lim} 以下,当飞行速度、转速、螺旋桨功率不变,涡桨发动机的高度特性如图 8.17 所示,随着飞行高度的升高,大气压力下降,空气流量减少,使得螺旋桨功率也减小、这将导致转速升高,为保持螺旋桨功率不变和转速不变,燃油流量必须调小,同时桨叶角调大,涡桨发动机当量功率也近似不变,尽管燃

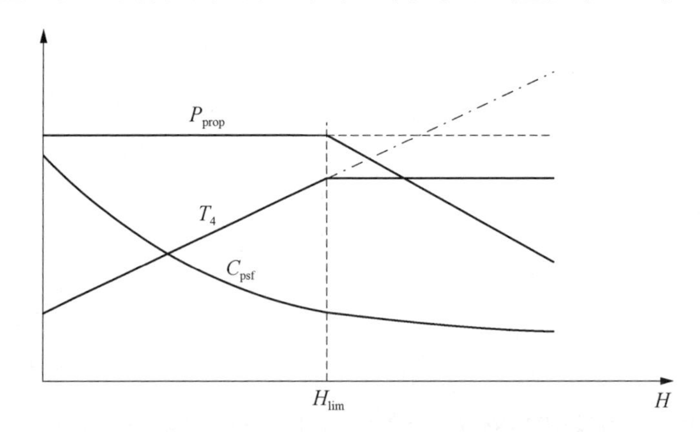

图 8.17 涡桨发动机的高度特性(飞行速度、转速不变)

油流量减小了,但燃油流量减小的速率比空气流量减少的速率要慢,导致油气比增加,涡轮前总温将不断增高。另外大气温度随着飞行高度的升高而降低,总增压比增大,加热比也增大,热量的利用率提高,导致单位当量功率燃油消耗量降低。

当飞行高度超过功率限制设计高度 H_{lim} 时,如果继续保持螺旋桨功率不变,将引发涡轮前总温超过其限制值,见图 8.17 中的虚线,同时引发压气机喘振,为保证发动机安全,需要采用等涡轮前总温调节规律。随着高度的增加,大气压力下降将导致空气流量的减少率大于因温度下降造成的单位功率的增长率,这将导致螺旋桨功率下降。随高度增加大气温度下降使供油量增加、增压比增加,将导致单位当量功率燃油消耗量随高度增加而继续降低,但下降斜率相比在功率限制设计高度 H_{lim} 以下减缓。

飞机在高空飞行中,随着飞行高度的升高,气压降低,空气流量较少,油气比增大,因此,在较低的大气温度下就使涡轮前温度达到最大允许值,等当量功率调节范围要缩小,需要切换到等涡轮前温度限制的调节规律,其转折点是随大气压力的降低向低温方向不断移动的。典型单轴涡桨发动机功率限制高度 H_{lim} 是大气总温的函数关系,如图 8.18 所示。

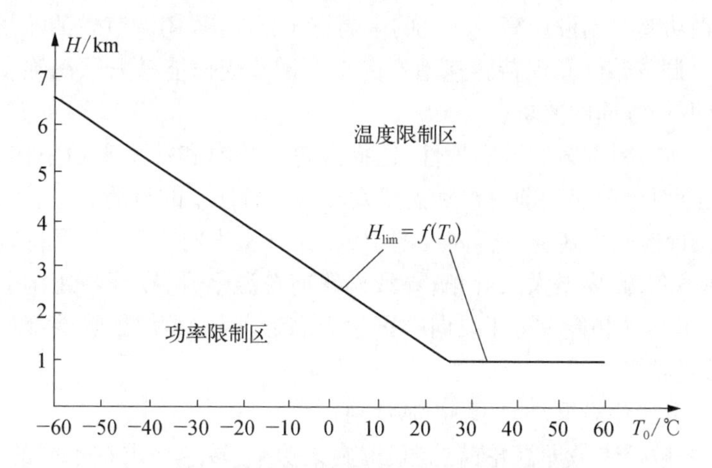

图 8.18　典型单轴涡桨发动机功率限制高度 H_{lim} 随大气总温变化的函数关系

考虑到涡桨发动机在低、中、高空整个飞行包线范围控制计划的合理性,综合上述两种基本的双变量调节规律的特点和各自优势,采用按功率限制设计高度为界限的分段组合双变量控制规律,并考虑到涡轮前总温难以测量,而涡轮后总温与涡轮前总温有一定的对应关系,以及计算误差、发动机性能退化和涡轮前总温安全裕度的设计问题,需要对涡轮后总温进行修正补偿,这样以涡轮后总温控制间接实现对涡轮前总温的控制。

综合上述因素,设计两种方案以实现分段组合控制计划如下。

方案 1：分段组合双闭环控制计划。

$H < H_{lim}$：

$$W_f \rightarrow P_{prop} = const \tag{8.15}$$

$$\beta_{prop} \rightarrow n = n_{max} = const \tag{8.16}$$

$H \geqslant H_{lim}$：

$$W_f \rightarrow T_5 = T_{5max} = const \tag{8.17}$$

$$\beta_{prop} \rightarrow n = n_{max} = const \tag{8.18}$$

其中，T_5 表示涡轮后总温；T_{5max} 表示涡轮后最大总温。

方案 1 特点如下：

a）当桨叶角调小时，由于采用闭环调节使转速保持恒定，不会引发超转；

b）通过保持转速恒定，当限制功率时，也限制了发动机输出轴、减速器轴系、螺旋桨上的扭矩，从而，在保证安全条件下，可设计轻巧的传动系统；

c）低空飞行时，采用调节燃油流量保持螺旋桨功率不变+调节桨叶角保持转速不变，而在功率限制设计高度以上的中高空飞行时，采用调节燃油流量保持涡轮后总温不变+调节桨叶角保持转速不变的组合调节规律能够兼顾涡桨发动机对性能和安全性两个方面的要求；

d）考虑到控制方案的可实现性，选择涡轮后总温和螺旋桨功率作被控参数，以达到间接近似控制涡轮前总温和涡桨发动机当量功率的目的；

e）在飞行包线内随着飞行高度的上升，大气密度将下降，为保持转速和发动机当量功率不变，需要增大桨叶角，导致涡轮前总温上升，在等转速调节规律下发动机共同工作点将沿着等转速线向喘振边界靠近，因此为保证热端部件的安全和防止喘振需要对 T_4 限制。

方案 2：分段组合开环+闭环控制计划。

方案 1 的被控参数即涡轮前总温、螺旋桨功率、转速要求在不同的工作状态、不同的飞行条件下按功率操纵杆统一调度以双闭环实现，也可以采用开环+闭环的方式实现。构造涡桨发动机开环+闭环分段组合调节原理如图 8.19 所示。$G_{act,W_f}(s)$ 为燃油执行机构传递函数，$G_{act,\beta}(s)$ 为桨叶角执行机构传递函数。

根据图 8.18 所示的涡桨发动机功率限制高度随大气总温变化的函数关系 $H_{lim}=f(T_0)$，在温度限制区内，给定飞行条件、功率操纵杆角度、涡轮前总温，通过涡桨发动机非线性模型计算，并通过拟合方法对计算数据拟合，可得前馈燃油控制涡轮后总温函数

$$W_f = f(H, V_0, PLA, T_5) \tag{8.19}$$

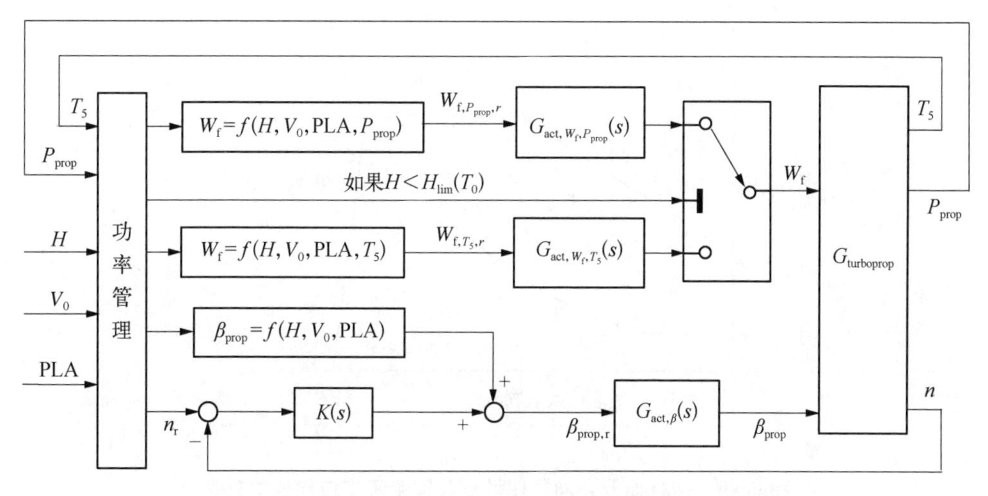

图 8.19　方案 2 单轴涡桨发动机开环+闭环分段组合控制

同理，根据涡桨发动机功率限制高度随大气总温变化的函数关系 $H_{lim}=f(T_0)$，在功率限制区内，给定飞行条件、功率操纵杆角度、螺旋桨功率，通过涡桨发动机非线性模型计算，并通过拟合方法对计算数据拟合，可得前馈燃油控制螺旋桨功率函数：

$$W_f=f(H,\ V_0,\ PLA,\ P_{prop}) \tag{8.20}$$

同时，给定飞行条件、功率操纵杆角度，通过涡桨发动机非线性模型计算，并通过拟合方法对计算数据拟合，可得前馈桨叶角函数：

$$\beta_{prop}=f(H,\ V_0,\ PLA) \tag{8.21}$$

方案 2 特点如下：

a）继承了方案 1 的特点；

b）转速采用前馈开环+闭环反馈式，涡轮后总温和螺旋桨功率采用了前馈开环式，相比于方案 1 闭环式的调节，虽调节精度低，但能够保证大惯性系统的转速稳定性和动态快速调节性能。

8.2.5　加减速过渡态控制计划

典型单轴涡桨发动机加减速过渡态控制可采用开环油气比计划实现，即燃油流量与压气机出口压力之比与压气机转子换算转速的函数关系。压气机喘振边界线、涡轮前温度超温边界线、超转边界线、超压边界线、熄火边界线与开环油气比计划的关系如图 8.20 所示。

根据发动机工作限制边界可设计出一条加速或减速时间最短的过渡态油气比计划，开环油气比计划具有易于测量、防喘保护功能，即当出现失速、喘振现象时，

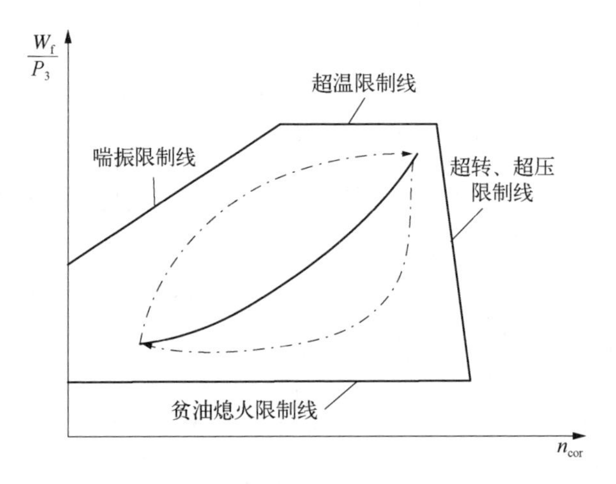

图 8.20　加减速开环油气比计划与安全工作边界线的关系

压气机出口压力一旦降低，燃油流量立刻随之自动减小，具有自适应防喘功能。

1. 稳态点外推法原理

首先定义喘振、超温、熄火安全裕度边界线，从慢车转速到最大转速选定桨叶角，保持最小值不变，$\beta_{prop}=\beta_{prop,\ min}$，以稳态工作线为基线，在慢车转速至最大转速之间选取若干条等换算转速线，在某一条等换算转速线上逐渐增加或减少供油量，共同工作点也会沿等换算转速线向左上或右下移动，直到到达安全裕度线，记录该点性能参数，再换下一条等换算转速线重复这一过程，将每条等换算转速上计算的终点连接即为过渡态最优油气比加减速线，如图 8.21 所示。

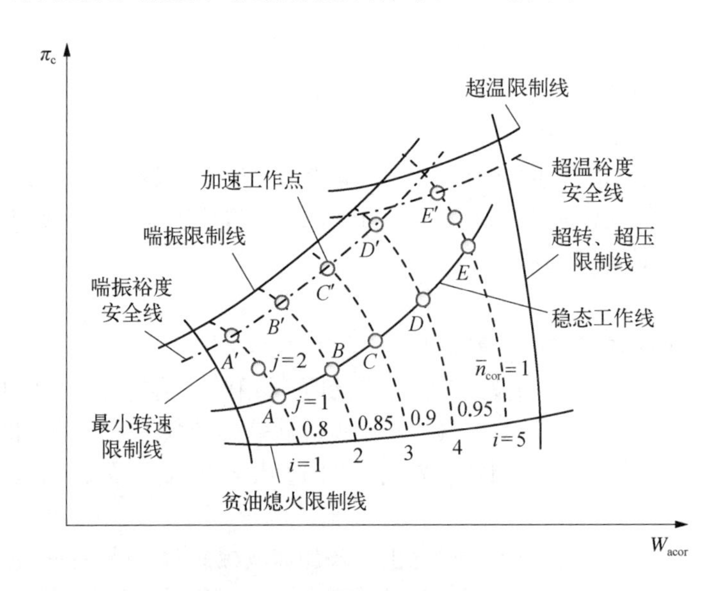

图 8.21　稳态点外推法原理图

2. 机制分析

对于加速控制规律，选取 n_{cor} = const 进行分析，在发动机稳态工作点，发动机共同工作满足流量和功率平衡方程，其结果为

$$\pi_c = \text{const} \cdot \sqrt{\frac{T_4}{T_2}} W_{2,\,cor} \tag{8.22}$$

若令 $\frac{T_4}{T_2} = \text{const}$，则式(8.22)在压气机特性图上呈一束直线，在 $n_{cor} = \text{const}$ 线上，$\frac{T_4}{T_2} = \text{const}$ 的值越大，越靠近喘振边界和涡轮限制温度线。

当主燃油流量增加时，涡轮前温度 T_4 会增大，导致涡轮功率增加，即

$$P_t = W_4 C_{p,\,g} T_4 \left(1 - \frac{1}{\pi_t^{\frac{k_g - 1}{k_g}}}\right) \eta_t \tag{8.23}$$

则涡轮功率和压气机功率、传动附件功率、螺旋桨吸收功率趋向不平衡，产生剩余功率。根据转子动力学方程：

$$\frac{dn}{dt} = \frac{\eta_m P_t - P_c - P_{ex} - \dfrac{P_{prop}}{\eta_{gb}}}{\left(\dfrac{\pi}{30}\right)^2 \left(J_g + J_{prop} \dfrac{i_{gb}^2}{\eta_{gb}}\right) n} \tag{8.24}$$

可知，n 有增大趋势，然而，要保证 n_{cor} = const，转速变化率必须为零，即 $\frac{dn}{dt} = 0$，功率平衡条件满足

$$\eta_m P_t - P_c - P_{ex} - \frac{P_{prop}}{\eta_{gb}} = 0 \tag{8.25}$$

根据螺旋桨特性，当飞行条件、螺旋桨转速、桨叶角已知条件下，可计算出螺旋桨功率 P_{prop}，故而可计算压气机功率，即

$$P_c = \eta_m P_t - P_{ex} - \frac{P_{prop}}{\eta_{gb}} \tag{8.26}$$

根据压气机特性：

$$P_c = W_a C_{p,\,c} T_2 \frac{\pi_c^{\frac{k-1}{k}} - 1}{\eta_c} \tag{8.27}$$

由于在流量平衡条件下，W_a 被确定，由此通过下式可计算 π_c：

$$\pi_c = \left(\frac{P_c}{W_a C_{p,c} T_2} \eta_c + 1 \right)^{\frac{k}{k-1}} \tag{8.28}$$

由于压气机功率是增大的，π_c 也必须增高，共同工作点就会沿着等换算转速线上移，共同工作点也是当新的平衡点，就可计算出新平衡点性能参数。如果该新平衡点尚未碰到喘振裕度安全线、超温裕度安全线，则继续增加主燃油流量，重复上述过程，直至碰到，这时的新平衡点就是所要的加速工作点。

减速控制规律的设计原理与加速类似，仅在于边界线的限制参数不同，边界线是燃烧室贫油熄火限制线。

根据上述分析，可得稳态点外推算法如下。

3. 油气比开环计划的稳态点外推算法

（1）在稳态共同工作线上选择稳态工作点 A、B、C、D、E，性能参数为 $W_{f,s,cor,i}$、$P_{3,cor,i}$、$n_{cor,i}$，$i = 1, 2, \cdots, m$，构建稳态工作点二维坐标 $\left(n_{cor,i}, \frac{W_{f,s,cor,i}}{P_{3,cor,i}} \right)$ 的集合，拟合为稳态工作点油气比函数关系：

$$\left(\frac{W_{f,s}}{P_3} \right)_{cor,i} = f_s(n_{cor,i}) \tag{8.29}$$

在喘振裕度安全线上计算 $SM_{margin,boundacy,j}(n_{cor,i})$，在超温裕度安全线上计算 $T_{4,margin,boundacy,j}(n_{cor,i})$。

（2）令第 i 条等换算转速线的外推加速油量为

$$\left(\frac{W_{f,acc}}{P_3} \right)_{cor,i} = K_{acc,i} f_s(n_{cor,i}) \tag{8.30}$$

其中，$K_{acc,i}$ 为油气比函数的增量系数，表示为

$$K_{acc,i} = 1 + j\Delta K_{acc},\ j = 1, 2, \cdots \tag{8.31}$$

保持 $n_{cor,i} = \text{const}$，按涡桨发动机非线性稳态模型计算新稳态工作点性能参数，则

$$W_{f,acc,cor,i} = P_{3,cor,i} K_{acc,i} f_s(n_{cor,i}) \tag{8.32}$$

$$SM_{i,j} = \left(\frac{\dfrac{\pi_{c,boundary}}{W_{a,cor,boundary}}}{\dfrac{\pi_{c,i,j}}{W_{a,cor,i,j}}} - 1 \right) \times 100\% \tag{8.33}$$

(3) 若同时满足

$$\begin{cases} SM_{i,j} > SM_{margin, boundacy, j}(n_{cor, i}) \\ T_{4, i, j} < T_{4, margin, boundacy, j}(n_{cor, i}) \end{cases} \tag{8.34}$$

则 $j = j + 1$，重复(2)；否则，进入(4)。

(4) 该换算转速条件下的加速燃油流量为

$$W_{f, acc, i} = W_{f, acc, cor, i} \cdot \frac{P_2\sqrt{T_2}}{101\,325\sqrt{288.15}} \tag{8.35}$$

(5) 令 $i = i + 1$，重复(2)~(4)的计算过程，直至 $i = m$ 结束。

(6) 拟合各条等换算转速线上的裕度边界点，即加速油气比计划：

$$\left(\frac{W_{f, acc}}{P_3}\right)_{cor} = f(n_{cor}) \tag{8.36}$$

$$\left(\frac{W_{f, acc}}{P_3}\right) = \sqrt{\frac{T_2}{288.15}} f(n_{cor}) \tag{8.37}$$

减速油气比计划的稳态点外推算法与之类似，只是在步骤(3)中将喘振、超温裕度安全线改为熄火裕度安全线，并且增量系数改为 $K_{dec, i}$，由 1 按增量 ΔK_{dec} 逐渐减小，即

$$K_{dec, i} = 1 - j\Delta K_{dec}, \; j = 1, 2, \cdots \tag{8.38}$$

8.3　起动、加速安全工作边界

对于带有压气机放气防喘活门的单轴涡桨发动机起动、加速过程安全工作边界如图 8.22 所示，安全工作边界是发动机工作参数极限值的限制线。

曲线 1 为最小转速限制线。在这条线上，涡轮发出的功率正好等于压气机、螺旋桨、传动附件消耗的功率，不需要起动机带转，发动机便可自行工作，这个转速约为设计点转速的 37%~39%，在此转速以上发动机能自动加速到慢车转速；而在此转速之下若断开起动机，发动机无论如何也不能起动加速到慢车。但考虑到发动机的性能退化、起动快速，以及最小转速裕度的设计要求等因素，起动机要比这个最小转速大一个最小转速裕度 5%~8%，即以设计点转速的 42%~47%作为起动机断开转速。

曲线 2 为压气机放气防喘活门打开时的喘振限制线。在超过最小转速限制线的一个较低转速范围内加速过程中，压气机工作在远离设计点的非设计点状态，空气流量小、压力增加也很少，若供油量太大，油气比将增加太大，涡轮前燃气温度就会迅速增大，燃气密度低，燃气在燃烧室出口的流通能力减小，在涡轮前造成燃气

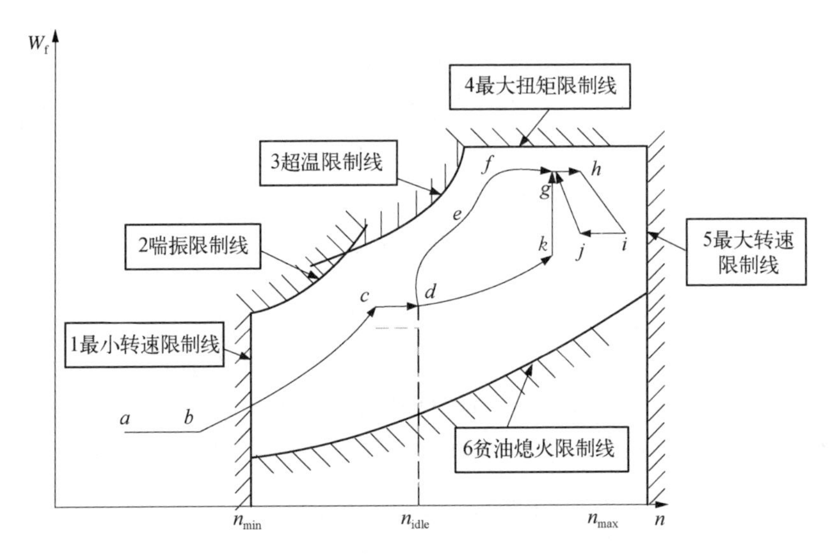

图 8.22 单轴涡桨发动机起动、加速供油规律

堵塞,燃气堵塞又反作用于压气机,形成正反馈,使压气机流量进一步减小,以致进入压气机失速、喘振。如果不设计压气机放气防喘活门,这条喘振限制线会更低,因此压气机放气防喘活门仅仅是在一定程度上提高了压气机的喘振裕度,但并不意味着不存在喘振限制线。

曲线 3 为涡轮前温度限制线。如果供油量太大,燃气温度会超过热端部件燃烧室、涡轮所允许的最大值,就会烧坏燃烧室和涡轮热端部件。

曲线 4 为扭矩最大限制线。发动机扭矩太大时,减速器等部件因受力过大而超过其极限值,最终导致损坏甚至断裂。

曲线 5 为最大转速限制线。涡桨发动机压气机、涡轮等旋转部件因受离心力而存在强度限制的问题,如果超过其限制值将导致压气机、涡轮及其轮毂破裂。

曲线 6 为最小增速限制线。供油量不能低于最小增速限制线,如果低于这条线,起动或加速时间将会延长,或因油气比太小而导致燃烧室贫油熄火。

8.4 单轴涡桨发动机过渡态控制

单轴涡桨发动机过渡态控制包括起动加速控制和慢车以上加减速控制。起动加速控制是保证发动机快速起动、增速均匀、能够从静止状态到达发动机慢车状态,慢车以上加减速控制要求快速到达发动机工作状态,在过渡态控制过程中不出现喘振、超温、超转等。

设压气机采用两级放气的防喘措施,中间级放气防喘活门 1 在设计点转速的 88%时关闭,后面级放气防喘活门 2 在设计点转速的 72%时关闭。

8.4.1　起动加速到慢车状态的控制

单轴涡桨发动机燃油系统包括起动油路和工作油路,从起动发动机到进入慢车转速的工作过程如图 8.22 中的 $a \to b \to c \to d$。

按下起动按钮,起动机开始发出功率带转压气机、减速箱、螺旋桨一起旋转,对于起动油路,在第 9 s 起动供油电磁活门打开,燃油进入起动喷嘴,点火系统开始工作,在第 25 s 关闭起动供油电磁活门,停止起动供油。

对于工作油路,从按下起动按钮开始的最初 20 s 内,停车电磁活门通电,燃油计量活门尚未打开,由主燃油泵来的燃油全部经过回油活门衬套上的孔返回到主燃油泵进口,工作喷嘴不向发动机燃烧室供油,见图 8.22 中的 $a \to b$ 线。

当起动机工作到 20 s 时转速上升到设计点转速的 17%~18%,即 2 000~2 300 r/min(如果转速太低,计量后燃油压力较低,工作喷嘴喷入燃烧室后无法形成雾化油雾,造成燃烧室点火和燃烧稳定工作条件很差,容易熄火),停车电磁活门断电,燃油计量活门开始工作,工作喷嘴向发动机燃烧室喷油,起动加速供油规律是按照单轴涡桨发动机安全工作边界、一定的安全工作裕度和起动时间要求设计的,采用开环油气比的起动供油规律,当转速达到设计点转速的 42%~47%时,起动机断开,当转速达到设计点转速的 72%时,后面级压气机放气活门 2 关闭,见图 8.22 中的 $b \to c$ 线。

随着转速不断上升,当转速接近慢车转速(设计点转速的 80%)时,慢车转速闭环控制器根据回路低选原则进入闭环控制的条件,即当慢车转速相对误差小于 2%时,触发慢车闭环控制条件,控制回路被自动切换到慢车转速闭环控制的模式,燃油流量由慢车转速闭环控制确定,见图 8.22 中的 $c \to d$ 线。

8.4.2　从慢车状态快速加速到起飞状态的控制

从慢车状态快速加速到起飞状态的工作过程如图 8.22 中的 $d \to e \to f \to g$,这条轨迹是按最优加速性能预先设计的。

当需要进入起飞状态时,驾驶员在 0.5 s 内快速推动功率杆,从慢车状态推到起飞状态,加速供油规律是按照单轴涡桨发动机安全工作边界、一定的安全工作裕度和起动时间要求设计的,类似起动加速,采用开环油气比控制规律设计。

当转速上升到设计点转速的 88%时,压气机中间级放气活门 1 关闭,见图 8.22 中的 e 点。供油量将在 3~6 s 内柔和增大到起飞燃油流量,见图 8.22 中的 f 点,这时多余的燃油必使转速急剧增加。当转速达到大车转速(设计点转速的 95%)时,见图 8.22 中的 g 点,转速闭环调节器投入工作,螺旋桨进入变距调节过程,桨叶角按如图 8.9 所示的恒定工作转速特性开始增大,螺旋桨吸收功率随之增大,但由于惯性大响应慢,螺旋桨吸收功率还不足以平衡发动机涡轮多余的功率,导致转速继续增加达到设计点转速 100%,见图 8.22 中的 h 点。这时触发了最大转速限制器投入的工作条件，最大转速闭环限制器根据闭环转速误差调节燃油流量，使燃油流量减少，但由于螺旋桨调节慢的缘故，转子转速还会略有增加，并可能达到最大允许转速（设计点转速的103%），见图8.22中的i点。这时，由于桨叶角的不断增大和最大转速闭环限制器的输出燃油流量减小，发动机转速开始下降，到达图8.22中的j点。当转速下降到低于设计点转速100%时，最大转速闭环限制器根据闭环转速误差调节燃油流量，使燃油流量增加，当燃油流量增大到起飞供油量时，转速也稳定在大车转速，又回到图8.22中的g点，使涡桨发动机按最大转速闭环限制器工作，进入起飞状态。

8.4.3 从慢车状态慢速过渡到起飞状态的控制

从慢车状态缓慢过渡到起飞状态的工作过程如图8.22中的$d \to k \to g$所示。

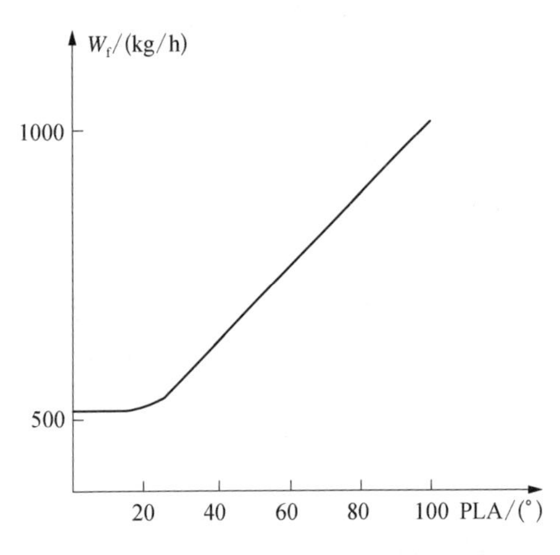

图8.23 慢推功率杆时，加速供油规律

从慢车状态慢推功率杆到起飞状态时，加速供油规律采用燃油流量与功率杆角度的开环函数关系供油，如图8.23所示。

首先到达0.2额定状态，如图8.22中的$d \to k$曲线所示，转速达到设计点转速的95%，螺旋桨转速闭环调节器投入工作，螺旋桨进入变距调节过程，当从0.2额定状态再缓慢向上推功率杆时，加速燃油流量增大，同时，螺旋桨转速闭环调节器使桨叶角也调大，螺旋桨吸收功率增大，可保持转速不变，当功率杆推到100°的起飞状态时，桨叶角也调大到与起飞状态当量功率对应的位置。

上述开环油气比过渡态供油规律也可采用闭环Ndot控制，虽然闭环Ndot的控制指令按开环油气比供油规律设计，但相比开环油气比方案，燃油供油量不受地面和高空条件的制约而是自动根据闭环偏差调节，环节适应性强，起动成功率高，加减速性能一致性好。

8.5 压气机防喘控制

8.5.1 喘振机制

压气机喘振是涡桨发动机不稳定工作的一种故障状态，喘振将引发压气机叶片和整台发动机振动甚至损坏。在一定转速下，当空气流量减少到一定程度时，压气机可能出现喘振现象，其特征如下：

(1) 压气机出口压力和速度低频大幅脉动,均压大幅下降;

(2) 发动机整机抖动,发出低沉声音;

(3) 气流出现倒流吐火现象,喷口发出放炮声。

多级轴流压气机是通过每一基元级上的动叶叶栅和静叶叶栅的扩张流道降速增压原理工作的,定义工作叶轮进口处气流相对速度方向与叶片弦线之间的夹角为攻角 i, 在压气机设计状态,为了使压气机工作效率高,设计攻角 $i \approx 0$。当正攻角 $i > 0$ 过大时,气流会在叶背上产生分离,驱使压气机进入不稳定工作区,受转子叶片移动速度的作用,有加速分离恶化的趋势;当负攻角 $i < 0$ 过大时,气流会在叶盆上产生分离,导致压气机堵塞、压比和效率大幅下降,但不会有加重的趋势。影响攻角的因素有:压气机转速(动叶叶栅进口的圆周速度 $u = 2\pi nr$)、空气流量 W_a(气流轴向速度 c_a 正比于 W_a)、进气速度 c 的方向。根据基元级速度三角形和矢量定义,这三个物理量可唯一确定进口处气流相对速度,因此,也确定了攻角 i。

多级轴流压气机的流道面积是逐级减小的,以使空气密度逐级增大,设计压气机时是根据设计状态的各级设计压比确定流道面积沿程的变化关系。涡桨发动机在全飞行包线内、不同的非设计点工作时,压气机压比就会偏离设计压比,导致气流轴向速度 c_a 发生变化,各基元级攻角偏离了设计点的零攻角。

根据质量守恒原理:

$$W_a = \rho_1 A_1 c_{1a} = \rho_2 A_2 c_{2a} = \cdots = \rho_k A_k c_{ka} \tag{8.39}$$

其中,下标 1, 2, …, k 为压气机各基元级的进口截面符号; A 为各级进口面积; ρ 为各级进口空气密度。

压气机为多变压缩过程,满足 $P/\rho^n = \text{const}$, 定义 $\pi_k = \dfrac{P_k}{P_1}$, 则

$$\frac{c_{ka}}{c_{1a}} = \text{const}\,\frac{1}{\pi_k^{\frac{1}{n}}} \tag{8.40}$$

当多级压气机压比低于设计值时,即 $\pi_k < \pi_{k,\,d}$ 时, $\dfrac{c_{ka}}{c_{1a}} > \dfrac{c_{ka,\,d}}{c_{1a,\,d}}$, 由速度三角形可知, c_{ka} 的增大意味着后面基元级攻角减小,变为负攻角; c_{1a} 的减小意味着前面基元级攻角增大,变为正攻角,反之,当多级压气机压比高于设计值时,即 $\pi_k > \pi_{k,\,d}$ 时, $\dfrac{c_{ka}}{c_{1a}} < \dfrac{c_{ka,\,d}}{c_{1a,\,d}}$, 由速度三角形可知, c_{ka} 的减小意味着后面基元级攻角增大,变为正攻角; c_{1a} 的增大意味着前面基元级攻角减小,变为负攻角,这就是多级压气机前面基元级与后面基元级不协调工作的特征,如果压气机前、后级不协调比较严重将导致压气机喘振。

当转速减小或压气机进口总温增大时，压气机相对换算转速 $\bar{n}_{cor} = \frac{n}{n_d}\sqrt{\frac{288.15}{T_2}}$ 小于设计值时，压气机前几级轴向速度小于设计值，前几级攻角 i 增大。当 $i > i_{cr}$ 时，前几级产生失速，失速引发叶片工作能力降低，级的增压比下降，级的出口气流密度下降，这样由前至后气流轴向速度必然增大，而中间级接近设计值，后面级大于设计值，使攻角减小，促使叶盆上气流分离，也使级的增压能力下降。后面级的轴向速度进一步增大，当等于声速时，气流堵塞，使空气流量 W_a 大大下降。由于流量的连续性又使前面级轴向速度大大降低，前面级正攻角 i 进一步增大，叶背气流分离更加严重，扩大到整个压气机叶栅通道，使压气机叶栅完全失去扩压能力，动叶再也没有能力把气流压向后方，去克服后面较高的反压气体，导致气体流量急剧下降而中断；甚至出现后面反压气体通过分离的叶栅通道倒流至前方，出现前方吐火现象。

同时由于涡轮的向后抽气作用，压气机后面的反压降到很低，这一瞬时，压气机恢复正常变得很通畅，大量空气被吸入压气机，压气机出口压力又重新建立起来。但是，触发喘振的根本条件没有改变，新一轮的循环又将开始，如此周而复始进行下去，流动、前几级叶背分离、后几级叶盆分离、中断或倒流，再流动、再分离、再中断或倒流，这一周期性的气流振荡过程就是压气机喘振的物理过程。

上述压气机在小换算转速下出现的不稳定工作特点是“前喘后堵”，即前面单元级在正攻角下工作、后面单元级在负攻角下工作，是喘振出现的主要诱因。

8.5.2 IGV 调节防喘控制

燃油调节器调整不当、燃烧室过分富油、推拉油门过猛、起动和加速过程中尤其高原机场大气温度较高时起动易发生喘振，这是因为富油时燃烧室温度过高，反压过大，使本来远离设计点工作的压气机更趋于不利。采用可调进口导向叶片 IGV、可调静止叶片 VSV、放气活门、三转子结构是防止涡桨发动机喘振的有效措施。

1. 固定进口导向叶片 IGV 的问题

对于进口导向叶片角固定的情况，当偏离设计状态时出现叶背、叶盆气流分离示意图如图 8.24 所示。

图 8.24 中，α 是按设计状态确定的进口导向叶片角，气流流入动叶叶栅通道的三种情况如下：

（1）当气流以轴向绝对速度 c_{1a} 从进口导向叶片叶栅流出时，按其相对速度 w_1 流入动叶叶栅通道，由于攻角接近设计状态 $i \approx 0$，不会出现叶背、叶盆气流分离；

（2）当从进口导向叶片叶栅流出的气流轴向绝对速度由原来的 c_{1a} 降为 c'_{1a} 时，其相对速度也从原来的 w_1 降为 w'_1，流入动叶叶栅通道，这时攻角变为正攻角，$i > 0$，在动叶叶栅叶背上产生气流分离；

（3）当从进口导向叶片叶栅流出的气流轴向绝对速度由原来的 c_{1a} 增大为 c''_{1a}

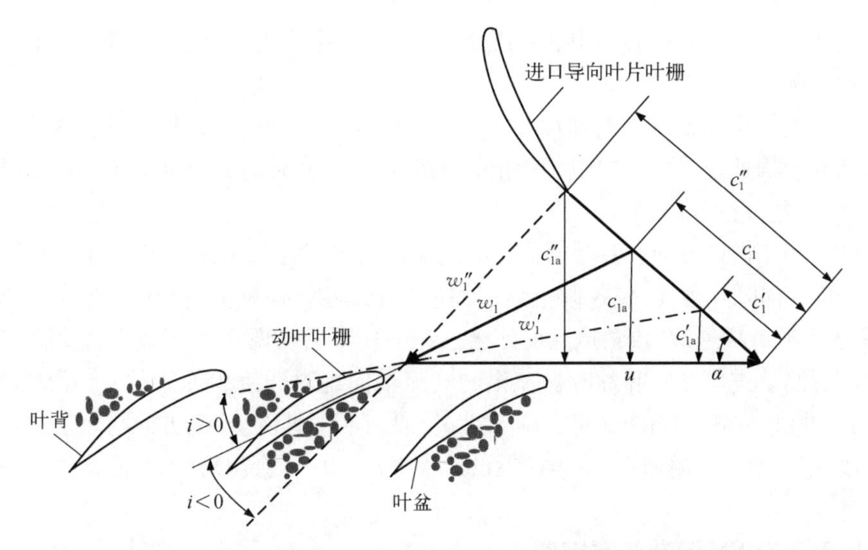

图 8.24　进口导向叶片角固定,当偏离设计状态时出现叶背、叶盆气流分离示意图

时,其相对速度也从原来的 w_1 升为 w'_1, 流入动叶叶栅通道,这时攻角变为负攻角, $i < 0$, 在动叶叶栅叶盆上产生气流分离。

2. 进口导向叶片 IGV 可调防喘

进口导向叶片角可调,当偏离设计状态时调节 IGV,攻角接近设计状态示意图如图 8.25 所示。

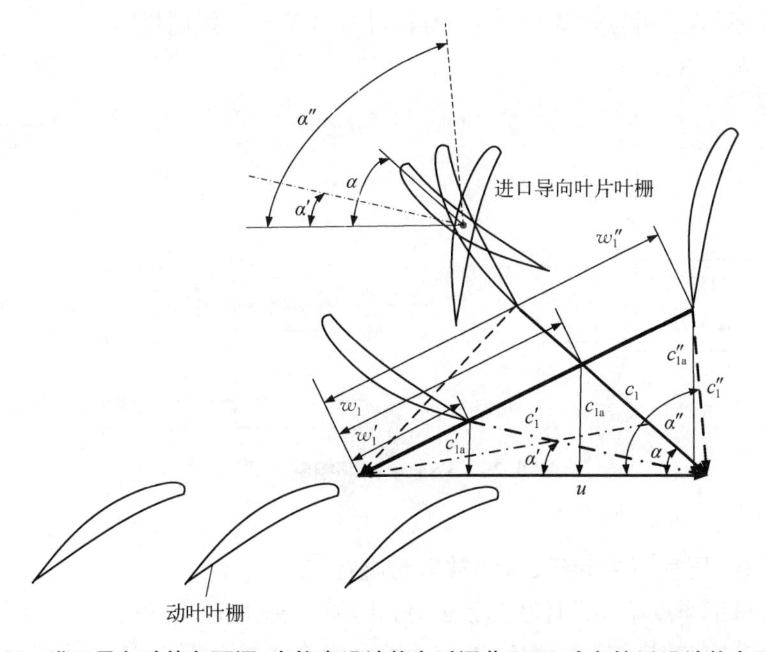

图 8.25　进口导向叶片角可调,当偏离设计状态时调节 IGV,攻角接近设计状态示意图

图 8.25 中，α 是按设计状态确定的进口导向叶片角，气流流入动叶叶栅通道的三种情况如下：

（1）当气流以轴向绝对速度 c_{1a} 从进口导向叶片叶栅流出时，按其相对速度 w_1 流入动叶叶栅通道，进口导向叶片角 α 不调，由于攻角接近设计状态 $i \approx 0$，不会出现叶背、叶盆气流分离；

（2）当从进口导向叶片叶栅流出的气流轴向绝对速度由原来的 c_{1a} 降为 c'_{1a} 时，调节进口导向叶片角 α，使 α 调小到 α'，使其相对速度 w'_1 的方向与原来的 w_1 方向一致，流入动叶叶栅通道，攻角接近设计状态 $i \approx 0$，不会出现叶背、叶盆气流分离；

（3）当从进口导向叶片叶栅流出的气流轴向绝对速度由原来的 c_{1a} 增大到 c''_{1a} 时，调节进口导向叶片角 α，使 α 调大到 α''，使其相对速度 w'_1 的方向与原来的 w_1 方向一致，流入动叶叶栅通道，攻角接近设计状态 $i \approx 0$，不会出现叶背、叶盆气流分离。

8.5.3 VSV 调节防喘控制

方案 1 的进口导向叶片 IGV 可调只能使第一基元级转子叶片进口气流的攻角恢复到设计状态的 $i \approx 0$，确保在第一基元级动叶叶栅上不会出现叶背、叶盆气流分离现象，但不能保证第二基元级及其后面的第三、第四基元级转子叶片进口气流的攻角接近设计状态的 $i \approx 0$，因而采用进口导向叶片 IGV 可调+多级可调静子叶片的 VSV 调节方法比单一采用可调进口导向叶片 IGV 的方法更加有效。

VSV 调节防喘控制机构主要由可变静子叶片、摇臂、联动环、曲轴、作动筒和控制器组成，调节机制与方案 1 的进口导向叶片 IGV 调节机制相同。

VSV 调节规律为

$$\mathrm{VSV} = f(n_{\mathrm{cor}}) \tag{8.41}$$

VSV 小闭环控制结构原理如图 8.26 所示。

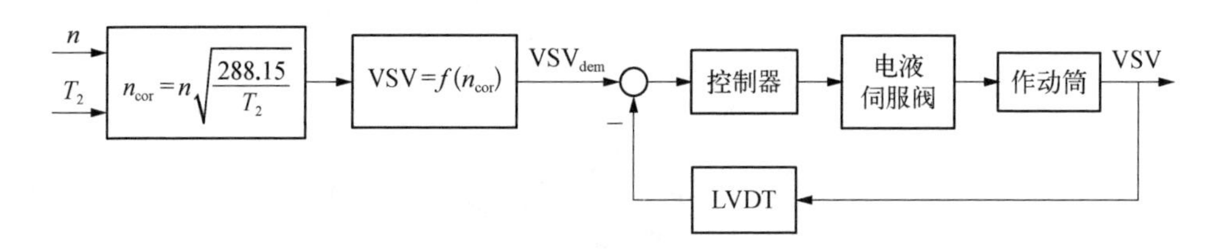

图 8.26 VSV 小闭环控制原理图

8.5.4 压气机中间级、末级放气防喘控制

压气机工作点偏离设计状态较远时，如果喘振裕度较小，就会在小换算转速下出现不稳定“前喘后堵”的现象，即前面单元级在正攻角下工作、后面单元级在负

攻角下工作。如果采用压气机中间级放气,相对于前面级并联了一条通路,自然使前面级空气流量增加,轴向速度随之增加,攻角减小,减少了叶背气流分离的程度而退出喘振状态进入稳定工作,同时,后面单元级的空气流量减少,攻角接近设计状态下的攻角,脱离了堵塞状态。

压气机在高换算转速下工作时,后面单元级可能引发喘振,压气机采用最后几级放气可以减少后面单元级攻角,避免进入喘振状态。

8.5.5　采用三转子结构防喘

1. 单转子压气机"前重后轻""前喘后堵"

单转子压气机在小换算转速下出现的不稳定工作特点"前喘后堵",即前面单元级攻角增大 $i > 0$、后面单元级攻角减小 $i < 0$。

正攻角增大导致扭速增大,如图 8.27 所示。

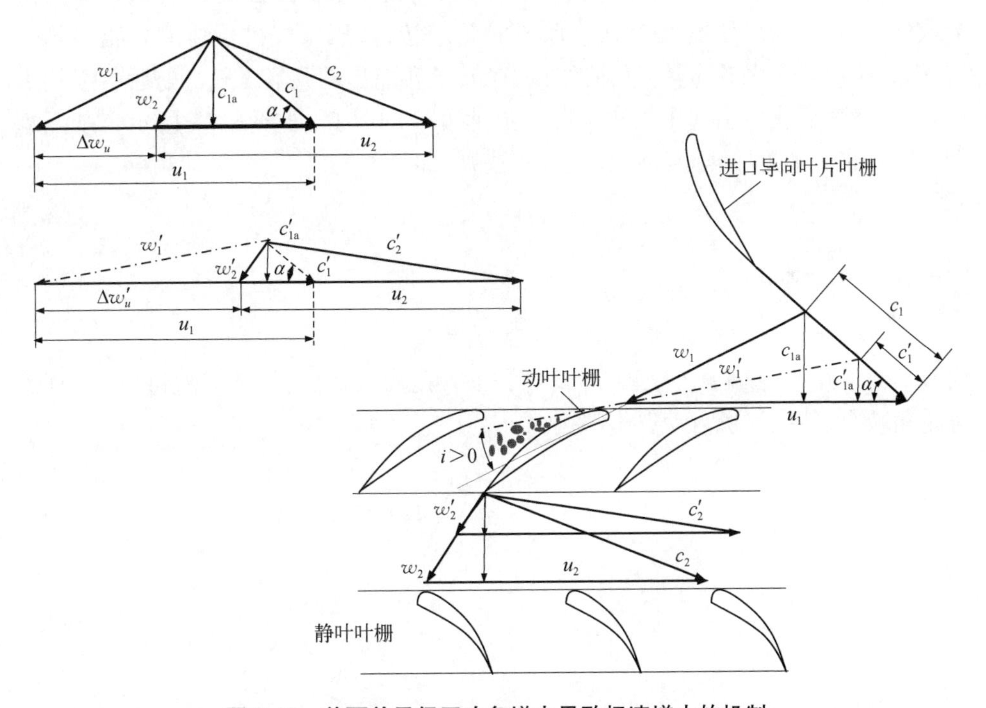

图 8.27　前面单元级正攻角增大导致扭速增大的机制

当接近设计状态时,$i \approx 0$,扭速为

$$\Delta w_u = w_{1u} - w_{2u} \tag{8.42}$$

当出现正攻角 $i > 0$ 时,扭速为

$$\Delta w'_u = w'_{1u} - w'_{2u} \tag{8.43}$$

由于，

$$w'_{1u} > w_{1u},\ w'_{2u} < w_{2u} \tag{8.44}$$

故而，

$$\Delta w'_u > \Delta w_u \tag{8.45}$$

反之，当后面单元级攻角减小 $i < 0$，出现负攻角时，扭速将减小。

结果，前面单元级正攻角增大时，扭速增大，加功量随之增大，压气机显得前面级“重”，后面单元级出现负攻角时，扭速减小，加功量随之减轻，压气机显得后面级“轻”，这就是单转子压气机在小换算转速下未采取防喘措施情况下导致的“前重后轻”的所在。

2. 三转子防喘机制

在高增压比的涡桨发动机采用三转子结构，将多级高增压比压气机一分为二分成两个转子，低压压气机单独由低压涡轮带转，高压压气机单独由高压涡轮带转，螺旋桨由自由涡轮带转，通过改变两个转子转速自动调节压气机前后各级的工作状况，转速变化后引起压气机动叶圆周速度 u 的改变，如图 8.28 所示。基元级动叶叶栅进口速度三角形满足矢量运算法则，即

$$u + w = c \tag{8.46}$$

则

$$w = c - u \tag{8.47}$$

当 c 不变条件下，若 u 减小，由图 8.28 可知，β 角增大到 β'，这将导致进口 $i > 0$ 的正攻角减小，使压气机自动退出喘振。

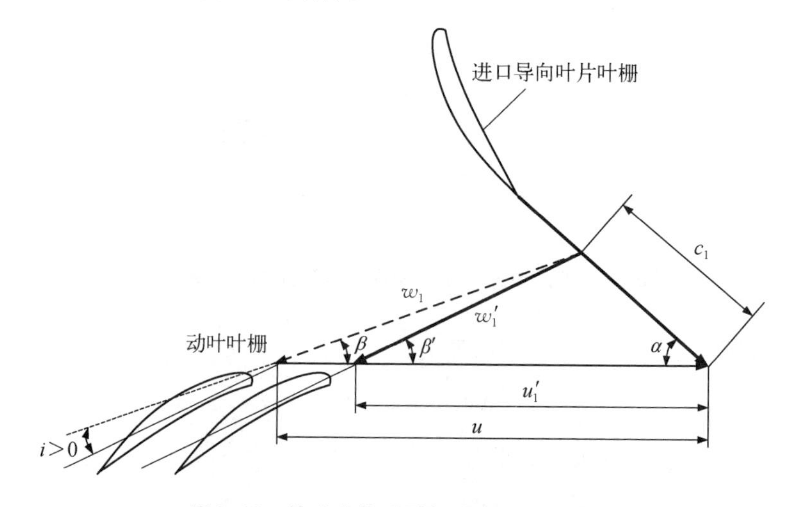

图 8.28　转速变化后引起速度三角形变化

反之，当 c 不变条件下，若 u 增大，β 角将减小，攻角随之增大。

根据航空发动机原理，在低换算转速下低压涡轮作功能力将大幅下降，高压涡轮作功能力下降不明显，而低压压气机"前重"，高压压气机"后轻"，这将导致低压转子转速下降，高压转子转速升高，结果前面低压压气机基元级攻角自动调大，自动退出"前喘"，后面高压压气机基元级攻角自动减小，自动脱离"后堵"，"前喘后堵"自动排出、实现防喘。

在高换算转速下低压涡轮作功能力变化不大，高压涡轮作功能力明显增大，而低压压气机"前轻"，高压压气机"后重"，这将导致低压转子转速上升，高压转子转速降低，结果前面低压压气机基元级攻角自动调小，自动退出"前堵"，后面高压压气机基元级攻角自动增大，自动脱离"后喘"，"前堵后喘"自动排出、实现防喘。

8.6　执行机构小闭环设计

8.6.1　执行机构小闭环回路

力反馈喷嘴挡板式电液伺服阀控制计量活门原理图如图8.29所示。

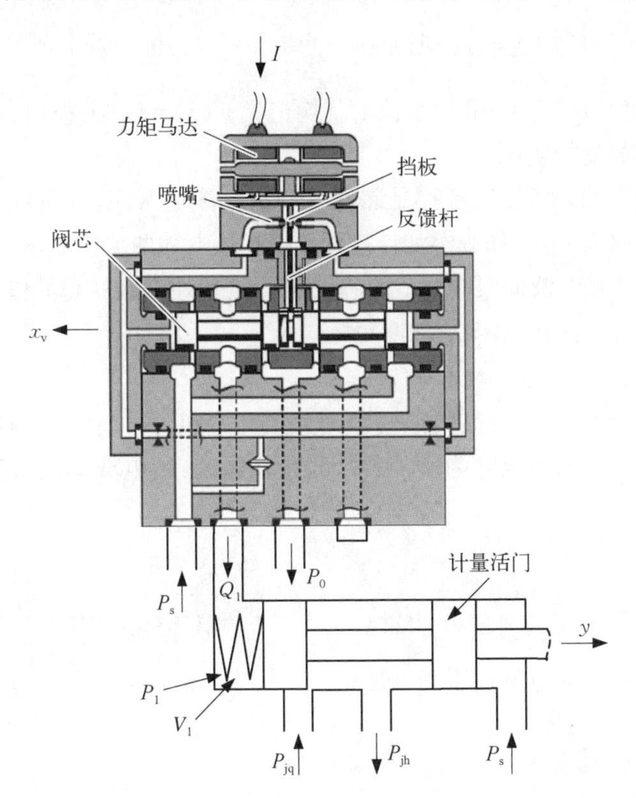

图8.29　力反馈喷嘴挡板式电液伺服阀控制计量活门原理图

设电液伺服阀阀芯正向移动 x_v 时,计量活门左腔有效面积为 A_1,右腔有效面积为 A_2,计量活门前油压为 P_{jq},计量活门后油压为 P_{jh},伺服供油压为 P_s,回油压力为 P_0,x_v 为电液伺服阀阀芯位移,y 为计量活门位移,y 和 x_v 的方向以图 8.29 中箭头方向为正。

燃油计量和几何位移作动执行机构通常采用闭环负反馈控制结构,以抑制液压机械系统中的干扰,实现对指令的伺服精准控制,典型电液伺服燃油流量计量小闭环控制系统如图 8.30 所示。

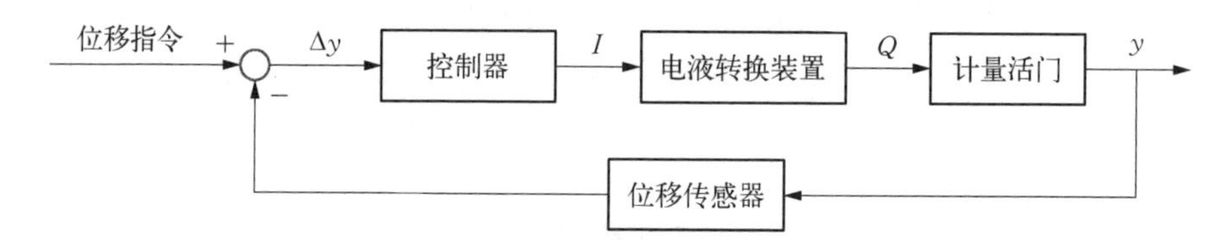

图 8.30 电液伺服燃油流量计量小闭环控制系统

8.6.2 电液伺服燃油计量开环模型

设时域信号 $f(t)$ 的拉普拉斯变换记为 $F(s)=L[f(t)]=\int_0^{\infty} f(t)\mathrm{e}^{-st}\mathrm{d}t$,如对时域小偏差位移信号 $\Delta x_v(t)$ 的拉普拉斯变换记为 $x_v(s)=L[\Delta x_v(t)]$,对其他时域小偏差位移信号的变换类同。

电液伺服燃油计量小闭环控制装置主要由电液伺服阀、计量活门、压差活门、控制器等模块组成,电液伺服燃油计量开环模型可分为两个串联模块,即从电液伺服阀输入电流 I 至电液伺服阀调节阀芯位移 x_v 的传递函数 $G_1(s)$ 和从 x_v 至燃油计量活门阀芯位移 y 的传递函数 $G_2(s)$。

1. 电液伺服阀传递函数 $G_1(s)$

考虑液体不可压缩,忽略电液伺服阀力矩马达和力-位移转换器的动态特性,将前置级功率放大器看成是弹簧-阻尼-质量块系统,则电液伺服阀传递函数为二阶振荡环节:

$$G_1(s)=\frac{x_v(s)}{I(s)}=\frac{K_I\omega_n^2}{s^2+2\zeta\omega_n s+\omega_n^2} \tag{8.48}$$

其中,稳态增益 K_I 为电液伺服阀设计点阀芯位移与输入电流之比;ζ 为阻尼比;ω_n 为自然频率。

2. 电液伺服阀流量特性方程

当电液伺服阀阀芯移动 x_v 时,流入计量活门无杆腔的流量 Q_1 为

$$Q_1(t) = C_q w x_v(t) \sqrt{\frac{2}{\rho}[P_s - P_1(t)]} \tag{8.49}$$

其中，C_q 为流量系数；w 为计量活门节流孔面积梯度。

稳态点线性化方程为

$$\Delta Q_1(t) = K_{q1}\Delta x_v(t) - K_{c1}\Delta P_1(t) \tag{8.50}$$

其中，

$$K_{q1} = \left.\frac{\partial Q_1(t)}{\partial x_v}\right|_0 = \left(C_q w \sqrt{\frac{2[P_s - P_1(t)]}{\rho}}\right)_0 \tag{8.51}$$

$$K_{c1} = -\left.\frac{\partial Q_1(t)}{\partial p_1}\right|_0 = \left(C_q w x_v(t) \sqrt{\frac{1}{2\rho[P_s - P_1(t)]}}\right)_0 \tag{8.52}$$

其拉普拉斯变换为

$$Q_1(s) = K_{q1}x_v(s) - K_{c1}P_1(s) \tag{8.53}$$

3. 控制腔动力学方程

$$Q_1 - A_1\dot{y} = \frac{V_1}{\beta}\frac{\mathrm{d}P_1}{\mathrm{d}t} \tag{8.54}$$

其中，β 为液体弹性模量；V_1 为控制腔体积。

稳态点线性化方程为

$$\Delta Q_1 = A_1\Delta\dot{y} + \frac{V_1}{\beta}\frac{\mathrm{d}\Delta P_1}{\mathrm{d}t} \tag{8.55}$$

其拉普拉斯变换为

$$Q_1(s) = A_1 s y(s) + \frac{V_1}{\beta}sP_1(s) \tag{8.56}$$

4. 计量活门动力学方程

设左腔弹簧刚度为 K_s，作用在计量活门上的力为左腔压力、右腔压力、左腔弹簧力、摩擦力和液动力，不考虑液动力的情况下，计量活门动力学方程为

$$m\ddot{y} = A_1P_1 - A_2P_s - B_s\dot{y} - K_s y \tag{8.57}$$

其中，m 为计量活门阀芯质量；B_s 为等效阻尼系数。

稳态点线性化方程为

$$m\Delta\ddot{y} = A_1\Delta P_1 - B_s\Delta\dot{y} - K_s\Delta y \tag{8.58}$$

其拉普拉斯变换为

$$ms^2y(s)=A_1P_1(s)-B_ssy(s)-K_sy(s) \tag{8.59}$$

5. x_v 至 y 的传递函数 $G_2(s)$

联立式(8.53)和式(8.56),得

$$P_1(s)=\frac{1}{\frac{V_1}{\beta}s+K_{c1}}[K_{q1}x_v(s)-A_1sy(s)] \tag{8.60}$$

联立式(8.59)和式(8.60),得

$$G_2(s)=\frac{y(s)}{x_v(s)}=\frac{A_1K_{q1}}{\frac{mV_1}{\beta}s^3+\left(mK_{c1}+\frac{B_sV_1}{\beta}\right)s^2+\left(\frac{K_sV_1}{\beta}+B_sK_{c1}+A_1^2\right)s+K_sK_{c1}} \tag{8.61}$$

6. 电液伺服计量开环线性模型

$$G(s)=\frac{y(s)}{I(s)}=\frac{y(s)}{x_v(s)}\frac{x_v(s)}{I(s)}$$

$$=\frac{K_I\omega_n^2A_1K_{q1}}{(s^2+2\zeta\omega_ns+\omega_n^2)\left[\frac{mV_1}{\beta}s^3+\left(mK_{c1}+\frac{B_sV_1}{\beta}\right)s^2+\left(\frac{K_sV_1}{\beta}+B_sK_{c1}+A_1^2\right)s+K_sK_{c1}\right]} \tag{8.62}$$

电液伺服计量装置参数如表 8.2 所示。

表 8.2 电液伺服计量装置参数

参数符号	单位	参数值
计量活门无杆腔面积 A_1	m^2	3.1×10^{-4}
计量活门有杆腔面积 A_2	m^2	1.6×10^{-4}
计量活门活塞质量 m	kg	0.03
电液伺服阀流量系数 C_q	—	0.7
电液伺服阀面积梯度 w	m	2.9×10^{-4}
液体弹性模量 β	Pa	1.7×10^{9}
供油压力 P_s	Pa	35×10^{5}

续　表

参数符号	单　位	参数值
回油压力 P_0	Pa	2×10^5
阻尼系数 B_s	N·s/m	10
油液密度 ρ	kg/m³	780
弹簧刚度 K_s	N/m	3.1×10^3
控制腔压力 P_1	Pa	1.7×10^6
无杆腔初始容积 V_1	m³	2.2×10^{-6}
流量位移增益 K_{q1}	m³/(s·m)	0.013 6
流量压力增益 K_{c1}	m³/(s·Pa)	1.3×10^{-14}
电液伺服阀阀芯位移 x_v	m	3.3×10^{-6}

电液伺服计量开环传递函数为

$$G(s)=\frac{5.8\times10^{13}}{(s+4.1\times10^{-4})(s^2+201s+1.58\times10^4)(s^2+343s+2.54\times10^9)}$$

$$\approx\frac{5.8\times10^{13}}{s(s^2+201s+1.58\times10^4)(s^2+343s+2.54\times10^9)}$$

8.6.3　根轨迹设计原理

闭环回路如图8.31所示。

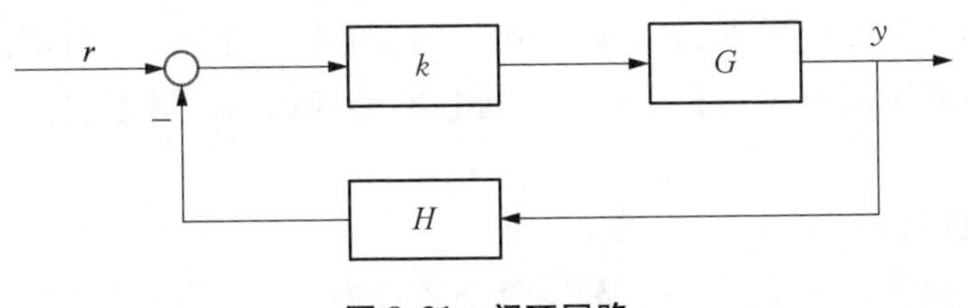

图8.31　闭环回路

传感器 H 可视为增益为1的纯比例环节，被控对象 G 传递函数已知，当 k 连续变化时，闭环特征方程

$$f(s)=1+kG(s)=0 \tag{8.63}$$

的根满足

$$kG(s)=k\frac{(s-z_1)(s-z_2)\cdots(s-z_m)}{(s-p_1)(s-p_2)\cdots(s-p_n)}=-1 \tag{8.64}$$

即

$$k\frac{\prod_{i=1}^{m}(s-z_i)}{\prod_{i=1}^{n}(s-p_i)}=-1 \tag{8.65}$$

当 s 取某一复数值时，上式左端是一个复数，可用复数的模和角表示，整个等式两端相等，得到模条件方程和角条件方程：

$$k\frac{\prod_{i=1}^{m}|(s-z_i)|}{\prod_{i=1}^{n}|(s-p_i)|}=1 \tag{8.66}$$

$$\sum_{i=1}^{m}\angle(s-z_i)-\sum_{i=1}^{n}\angle(s-p_i)=(2l+1)\pi \tag{8.67}$$

由此可知，在复平面上满足角条件的点都是根轨迹，在根轨迹上的某一确定点根据模条件可求 k 值。

根轨迹设计控制器原理如下：根轨迹一旦绘出，则在根轨迹图上用目测的方法锁定期望闭环极点，该极点对应一个增益 k 值；并同时观测时域性能曲线和频域性能曲线，如果时域阶跃响应性能和频域伯德图性能满足设计要求，k 值就是设计的控制器；否则，在现有的控制器上增加零极点，新的根轨迹随之改变，如果从目测观测到增加零极点获得的修正后的新根轨迹形状符合预期，则在新根轨迹上逐渐调整 k 值，并同时观测时域性能曲线和频域性能曲线，如果时域阶跃响应性能和频域伯德图性能满足设计要求，k 值就是设计的控制器。显然，根轨迹设计原理是一种由根轨迹不断更新直至符合预期的反推控制器参数的图形方法。

8.6.4 设计算例

对于电液伺服计量小闭环回路，其特征方程为

$$k\frac{5.8\times10^{13}}{s(s^2+201s+1.58\times10^4)(s^2+343s+2.54\times10^9)}=-1$$

根轨迹如图 8.32 所示，从开环极点开始沿着根轨迹移动鼠标，k 值将不断增大，当 $k=26$ 时，闭环极点在根轨迹图上的位置就是图中的小红点，对应开环伯德图如图 8.33 所示，对应闭环阶跃响应如图 8.34 所示，超调量 $\sigma=4.89\%$，调节时

间 $t_s = 0.088s$，为了使调节时间接近设计值，再增大 k 值，虽调节时间能够满足，但超调量还会更大，显然，控制器仅仅是一个比例环节是无法满足设计要求的。

由根轨迹图 8.35 可知，当增益 k 逐渐增大到 $k = 115$ 时，闭环极点将进入右半平面，系统变得不稳定，对应开环伯德图如图 8.36 所示，对应闭环阶跃响应如图 8.37 所示。

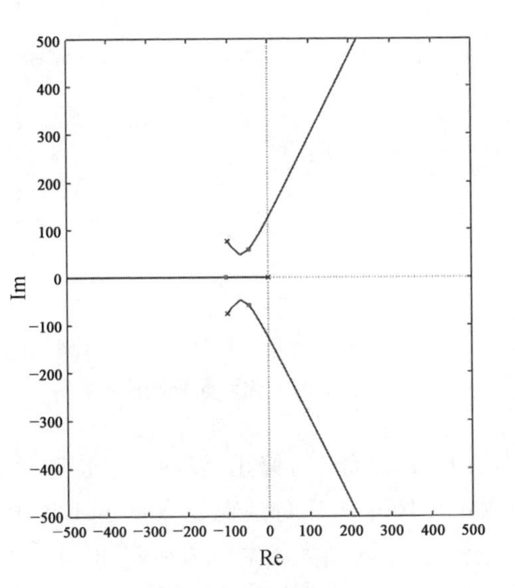

图 8.32　根轨迹图

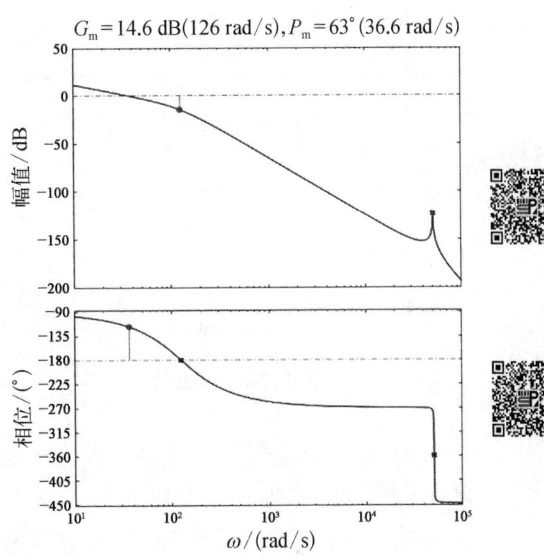

图 8.33　伯德图

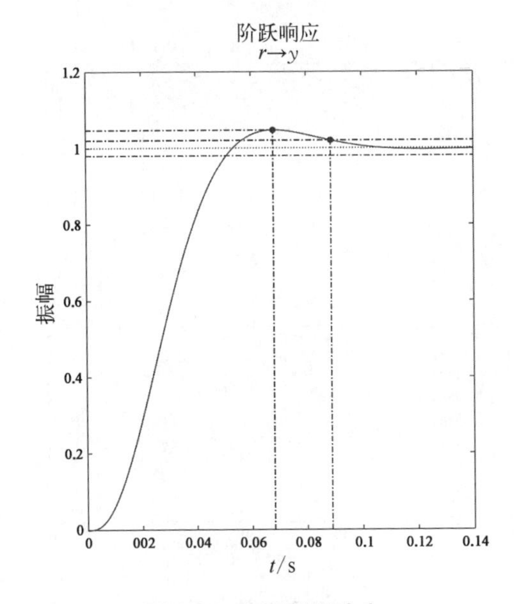

图 8.34　闭环阶跃响应

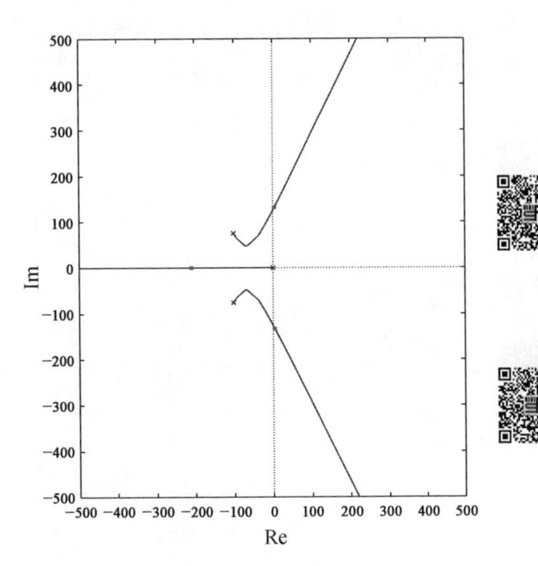

图 8.35　根轨迹图

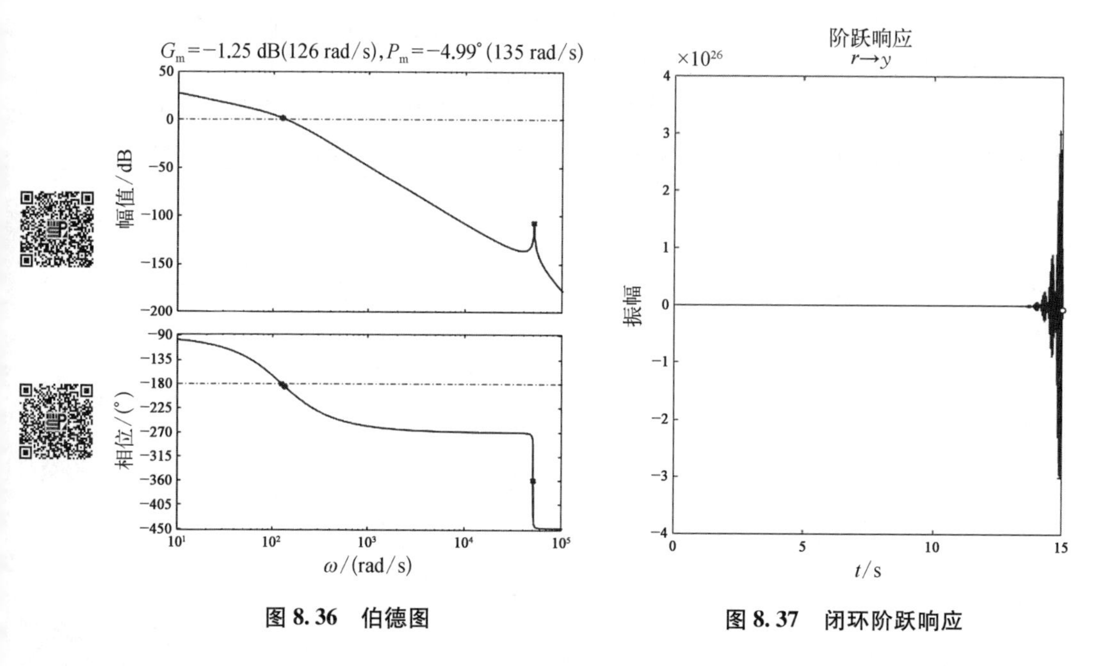

图 8.36 伯德图

图 8.37 闭环阶跃响应

为此,必须通过增加零极点的方法对原来的根轨迹进行修正,以使新根轨迹形状符合预期。增加一对共轭复极点 − 10 000 ± 100j 和一对共轭复零点 − 122 ± 110j 后,新根轨迹如图 8.38 所示,在新根轨迹上,逐渐增大增益到 k = 44.8,其闭环极点在根轨迹图上的位置就是图中的小红点,对应开环伯德图如图 8.39 所示,

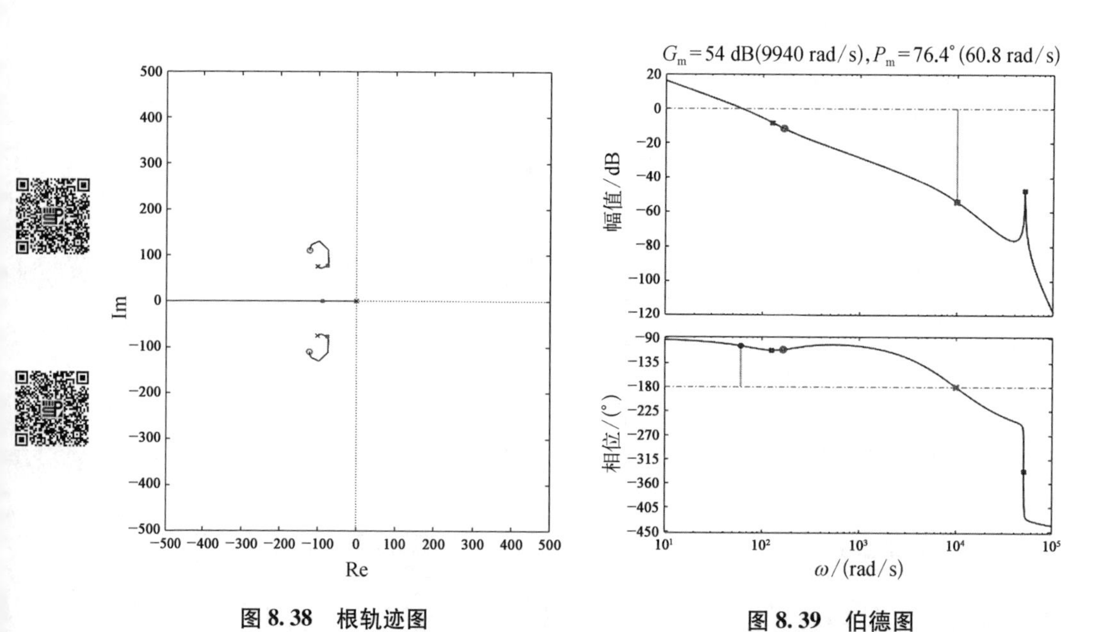

图 8.38 根轨迹图

图 8.39 伯德图

对应闭环阶跃响应如图 8.40 所示，超调量 $\sigma = 0\%$，调节时间 $t_s = 0.041s$，达到设计要求。设计的控制器为

$$C(s) = 166\,780 \frac{s^2 + 244s + 26\,980}{s^2 + 20\,000s + 100\,000\,000} = 45 \frac{0.006\,1^2 s^2 + 0.009s + 1}{0.000\,1^2 s^2 + 0.000\,2s + 1}$$

由于小闭环无超调，可将其小闭环传递函数用一阶惯性环节近似：

$$G_{\text{in, closed}}(s) = \frac{1}{0.02s + 1}$$

闭环传递函数简化前后阶跃响应对比如图 8.41 所示。

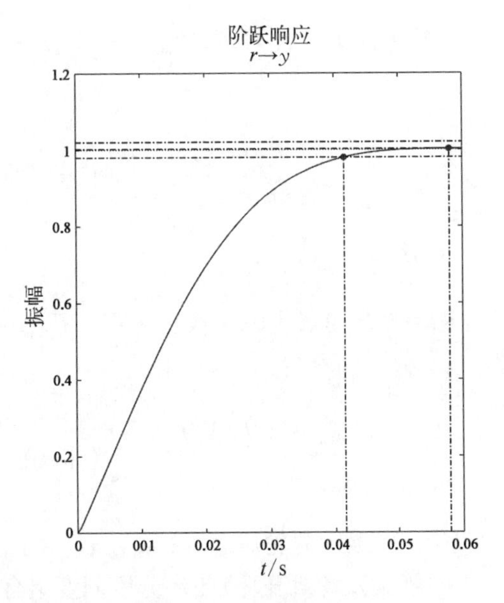

图 8.40　闭环阶跃响应

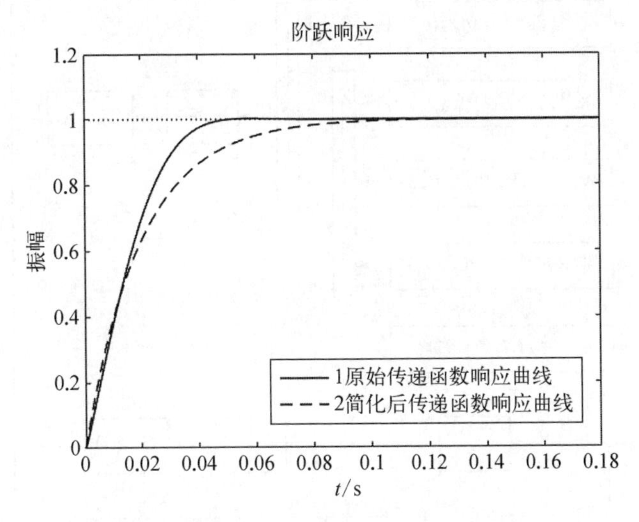

图 8.41　闭环传递函数简化前后阶跃响应对比

8.7　单轴涡桨发动机控制系统设计算例

8.7.1　单轴涡桨发动机转速控制结构

设计单轴涡桨发动机控制系统分段组合开环+闭环控制结构如下。

$H < H_{\lim}(T_0)$：

$$W_f = f(H,\ V_0,\ \mathrm{PLA},\ P_{prop}) \rightarrow P_{prop} = \mathrm{const}\text{（采用前馈燃油控制螺旋桨功率）} \tag{8.68}$$

$$\begin{cases}\beta_{prop} = f(H,\ V_0,\ \mathrm{PLA}) \\ \beta_{prop} \rightarrow n = n_{max} = \mathrm{const}\end{cases}\text{（采用前馈桨叶角 + 闭环反馈控制转速）} \tag{8.69}$$

$H \geqslant H_{lim}(T_0)$：

$$W_f = f(H,\ V_0,\ \mathrm{PLA},\ T_5) \rightarrow T_5 = T_{5max} = \mathrm{const}\text{（采用前馈燃油控制涡轮后总温）} \tag{8.70}$$

$$\begin{cases}\beta_{prop} = f(H,\ V_0,\ \mathrm{PLA}) \\ \beta_{prop} \rightarrow n = n_{max} = \mathrm{const}\end{cases}\text{（采用前馈桨叶角 + 闭环反馈控制转速）} \tag{8.71}$$

其中，T_5 表示涡轮后总温；T_{5max} 表示涡轮后最大总温。

涡桨发动机开环+闭环分段调度组合控制回路如图 8.42 所示。

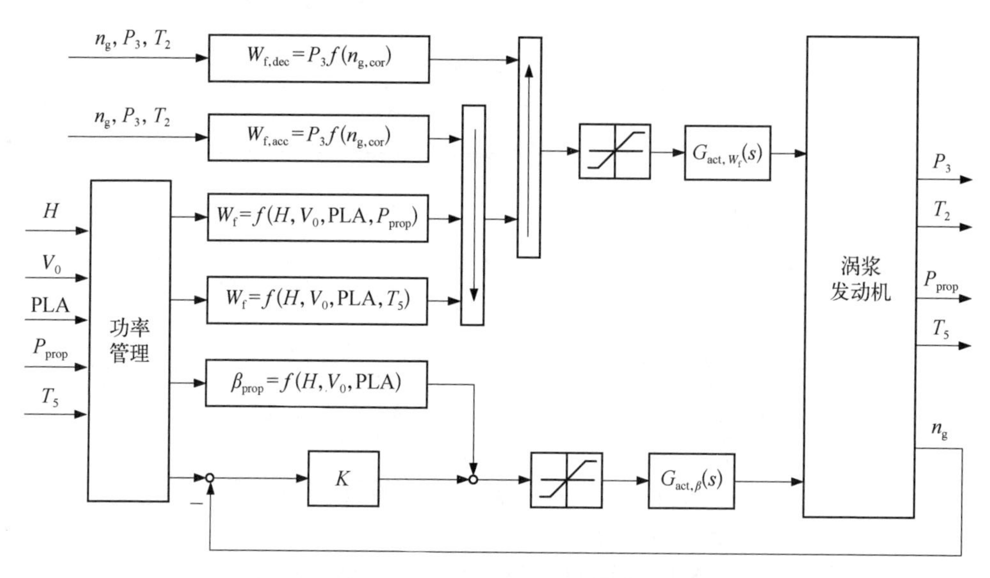

图 8.42 单轴涡桨发动机开环+闭环组合控制回路

8.7.2 转速闭环控制频域回路成型设计

单轴涡桨发动机某一稳态点转速回路状态空间模型为

$$\dot{x} = Ax + Bu$$

$$y = Cx + Du$$

其中，$x \in R^5$ 为状态向量；$u \in R^1$ 为输入向量；$y \in R^1$ 为输出向量。

$$x = \begin{pmatrix} x_1 \\ x_2 \\ x_3 \\ x_4 \\ x_5 \end{pmatrix} = \begin{pmatrix} T_4 \\ P_4 \\ T_5 \\ P_5 \\ n_g \end{pmatrix} \quad u = \beta_{\text{prop}} \quad y = n_g$$

$$A = \begin{bmatrix} -2.076\,107\,84 & -0.533\,270\,112 & 0 & 0.474\,384\,183 & 0.053\,717\,791 \\ -1.051\,480\,626 & -2.529\,097\,779 & 0 & 1.545\,431\,625 & 0.282\,384\,694 \\ 21.598\,495\,22 & 0.048\,628\,232 & -34.002\,975\,54 & -393.330\,121\,9 & 0.244\,224\,124 \\ 2.666\,287\,144 & 5.034\,130\,875 & -4.089\,981\,915 & -330.828\,529\,7 & 0.021\,351\,048 \\ 5.094\,469\,652 & 11.999\,214\,94 & 0 & -33.487\,856\,87 & -1.841\,871\,437 \end{bmatrix}$$

$$B = \begin{bmatrix} 0 \\ 0 \\ 0 \\ 0 \\ -60.538\,53 \end{bmatrix}$$

$$C = [0 \quad 0 \quad 0 \quad 0 \quad 1] \quad D = 0$$

其传递函数为

$$G_{\text{plant}}(s) = \frac{y(s)}{u(s)} = C(sI - A)^{-1}B + D$$

作线性非奇异变换：

$$x_n = T_X x,\ u_n = T_U u,\ y_n = T_Y y$$

$$T_X = \text{diag}\left\{\frac{1}{T_4}, \frac{1}{P_4}, \frac{1}{T_5}, \frac{1}{P_5}, \frac{1}{n_g}\right\} \quad T_U = \frac{1}{\beta_{\text{prop}}} \quad T_Y = \frac{1}{n_g}$$

则归一化线性模型为

$$\Sigma_{\text{normalized}}: \begin{cases} \dot{x}_n = A_n x_n + B_n u_n \\ y_n = C_n x_n + D_n u_n \end{cases}$$

其中，

$$A_n = T_X A T_X^{-1} = \begin{bmatrix} -2.07 & -0.49 & 0 & 0.06 & 0.82 \\ -1.24 & -2.52 & 0 & 0.24 & 5.15 \\ 33.28 & 0.06 & -34 & -81.61 & 5.79 \\ 19.8 & 31.53 & -19.71 & -330.82 & 2.44 \\ 0.33 & 0.65 & 0 & -0.29 & -1.84 \end{bmatrix}$$

$$B_n = T_X B T_U^{-1} = \begin{bmatrix} 0 \\ 0 \\ 0 \\ 0 \\ -0.04 \end{bmatrix}$$

$$C_n = T_Y C T_X^{-1} = [0 \quad 0 \quad 0 \quad 0 \quad 1] \quad D_n = T_Y D T_U^{-1} = 0$$

设执行机构状态空间模型为

$$\Sigma_{\text{actuator}}: \begin{cases} \dot{x}_{ac} = A_{ac} x_{ac} + B_{ac} u_{ac} \\ u_n = C_{ac} x_{ac} + D_{ac} u_{ac} \end{cases}$$

其中，$x_{ac} \in R^1$ 为状态向量；$u_{ac} \in R^1$ 为输入向量。

$$A_{ac} = -\frac{1}{\tau_1} \quad B_{ac} = \frac{1}{\tau_1} \quad C_{ac} = 1 \quad D_{ac} = 0$$

其中，$\tau_1 = 0.02$，执行机构传递函数为

$$G_{ac}(s) = \frac{u_n(s)}{u_{ac}(s)} = C_{ac}(sI - A_{ac})^{-1} B_{ac} = \frac{1}{\tau_1 s + 1}$$

对被控对象和执行机构进行增广，设增广后被控对象的状态向量为 $x_{aug} = \begin{bmatrix} x_n \\ x_{ac} \end{bmatrix} \in R^6$，输入向量为 $u_{aug} = u_{ac} \in R^1$，输出向量为 $y_{aug} = y_n \in R^1$。

增广的被控对象为

$$\Sigma_{\text{augmented}}: \begin{cases} \dot{x}_{aug} = A_{aug} x_{aug} + B_{aug} u_{aug} \\ y_{aug} = C_{aug} x_{aug} \end{cases}$$

其中，

$$A_{aug} = \begin{bmatrix} A_n & B_n C_{ac} \\ 0 & A_{ac} \end{bmatrix}, \; B_{aug} = \begin{bmatrix} B_n D_{ac} \\ B_{ac} \end{bmatrix}, \; C_{aug} = [C_n \quad D_n C_{ac}]$$

增广被控对象的传递函数矩阵为

$$G_{\mathrm{aug}}(s)=\frac{y_{\mathrm{aug}}(s)}{u_{\mathrm{aug}}(s)}=C_{\mathrm{aug}}(sI-A_{\mathrm{aug}})^{-1}B_{\mathrm{aug}}$$

$$=\frac{-2.277s^4-841.2s^3-25\,670s^2-104\,200s-101\,700}{s^6+421.3s^5+30\,560s^4+664\,900s^3+3\,359\,000s^2+4\,677\,000s+1\,232\,000}$$

闭环负反馈结构如图8.43所示。

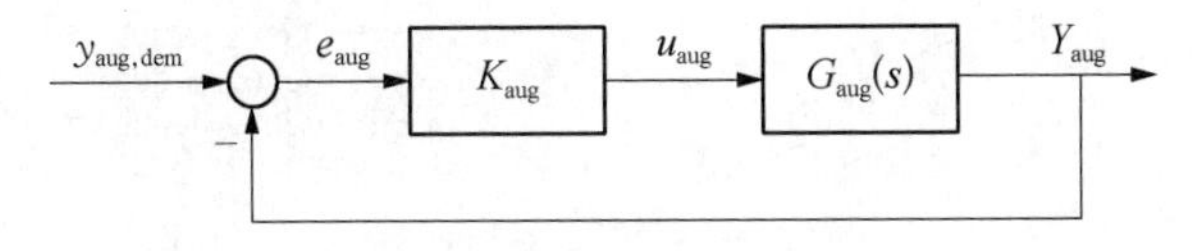

图8.43　闭环负反馈结构

设期望开环传递函数为

$$G_{\mathrm{d}}(s)=\frac{1.2\left(\dfrac{s}{2}+1\right)}{\left(\dfrac{s}{3}\right)\left(\dfrac{s}{1.66}+1\right)\left(\dfrac{s}{12}+1\right)\left(\dfrac{s}{60}+1\right)}$$

其伯德图如图8.44所示。

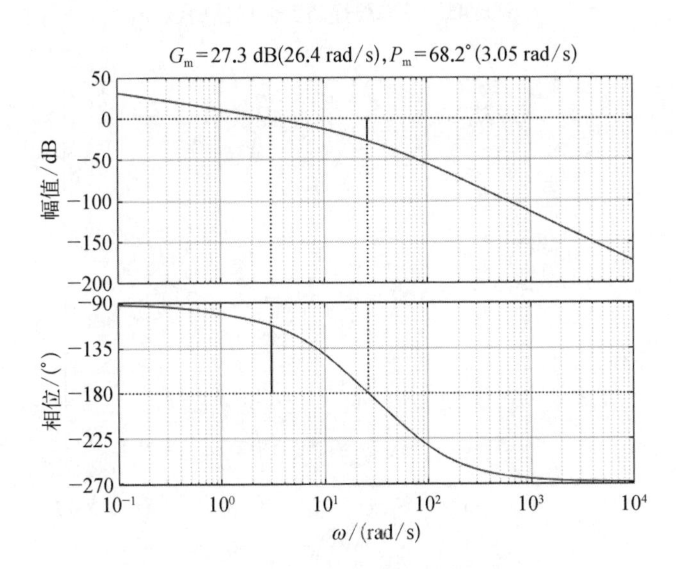

图8.44　期望开环传递函数 Bode 图

按期望开环传递函数进行频域回路整形，$\gamma=1.63$，设计的控制器为

$$K_{\text{aug}}=\frac{\begin{array}{c}-2.7756\times10^{-17}(s+7.5\times10^{8})(s+50)(s+12.19)(s+4.352)(s+2)\cdot\\(s+1.793)(s+1.718)(s+0.3418)(s^{2}-1.313\times10^{9}s+9.843\times10^{17})\end{array}}{\begin{array}{c}s(s+58.16)(s+19.01)(s+12)(s+3.058)(s+1.97)\cdot\\(s+1.667)(s+1.514)(s^{2}+8192s+1.678\times10^{7})\end{array}}$$

开环传递函数奈奎斯特曲线如图 8.45 所示,开环传递函数奇异值曲线如图 8.46 所示。

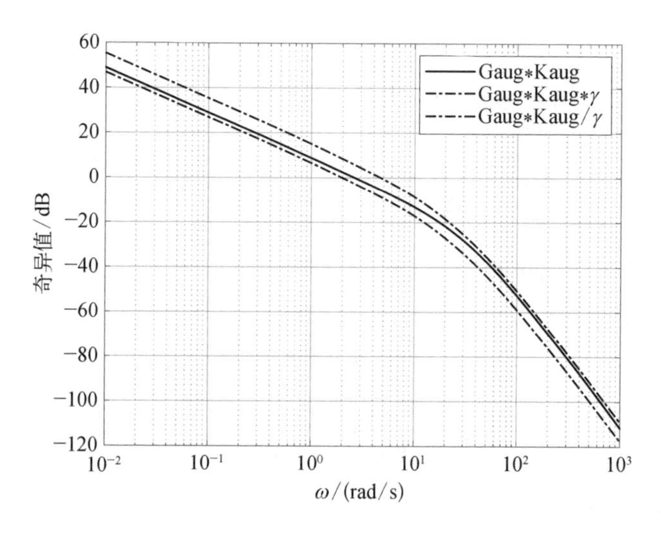

图 8.45 开环传递函数奇异值曲线

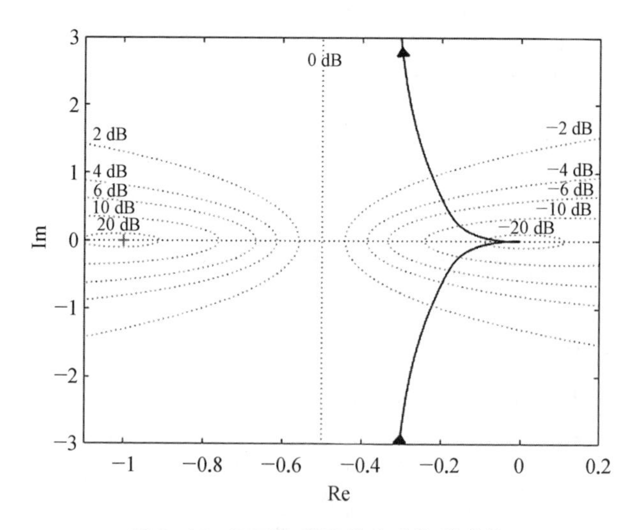

图 8.46 开环传递函数奈奎斯特曲线

降阶控制器为

$$K_{aug}=-\frac{1.2307(s+852)(s+3.191)(s+0.3428)}{s(s+17.86)(s+1.898)}$$

控制器降阶前后伯德图如图 8.47 所示，开环传递函数降阶前后奇异值曲线如图 8.48 所示。

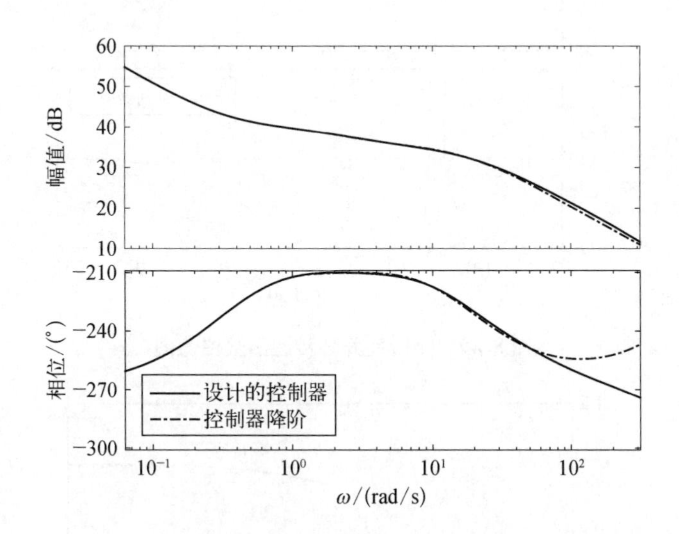

图 8.47　控制器降阶前后伯德图

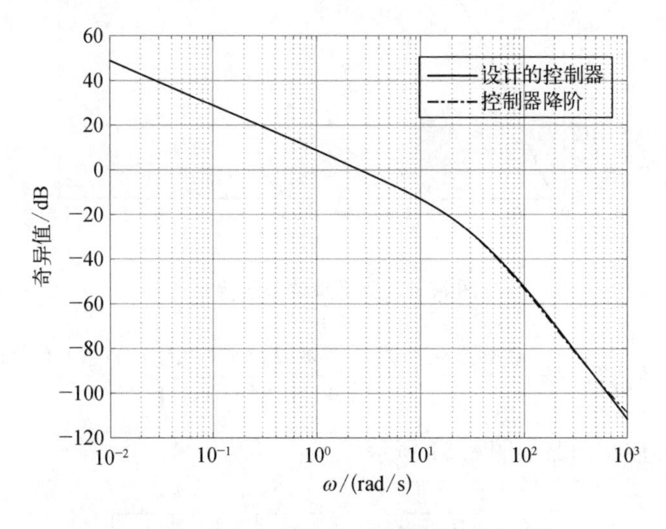

图 8.48　开环传递函数降阶前后奇异值曲线

降阶后开环传递函数伯德图如图 8.49 所示，闭环单位阶跃响应如图 8.50 所示。

还原的控制器为

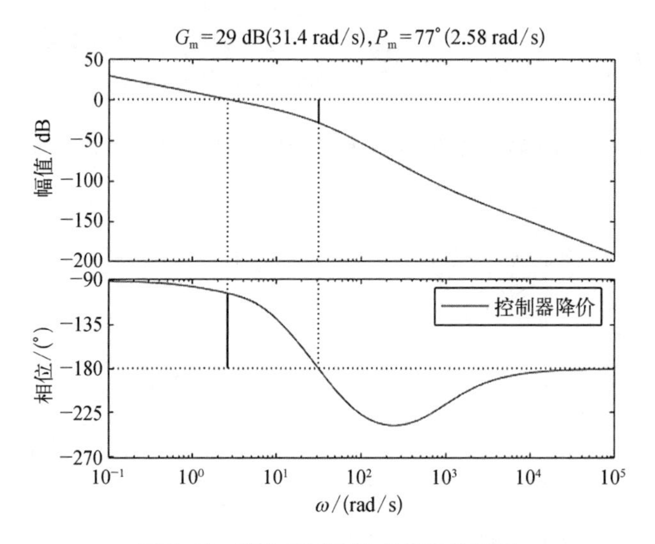

图 8.49　降阶后开环传递函数伯德图

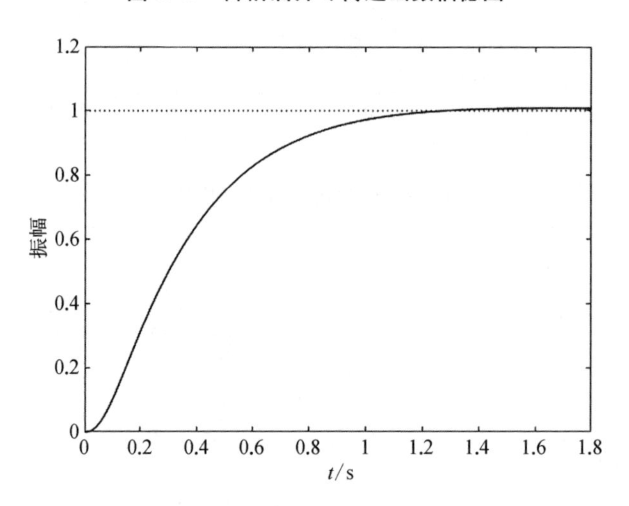

图 8.50　闭环单位阶跃响应

$$K = T_U^{-1} K_{\text{aug}} T_Y = -\frac{0.000\,925\,95(s+852)(s+3.191)(s+0.342\,8)}{s(s+17.86)(s+1.898)}$$

转速闭环控制回路如图 8.51 所示。

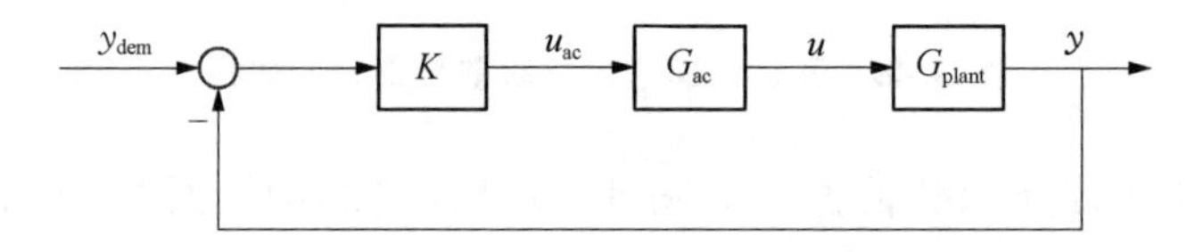

图 8.51　转速闭环控制回路

8.7.3　单轴涡桨发动机控制系统仿真

构建单轴涡桨发动机非线性模型及其控制系统仿真验证平台，仿真时间 300 s，飞行高度变化轨迹如图 8.52 所示，飞行速度变化轨迹如图 8.53 所示，功率杆变化轨迹如图 8.54 所示。

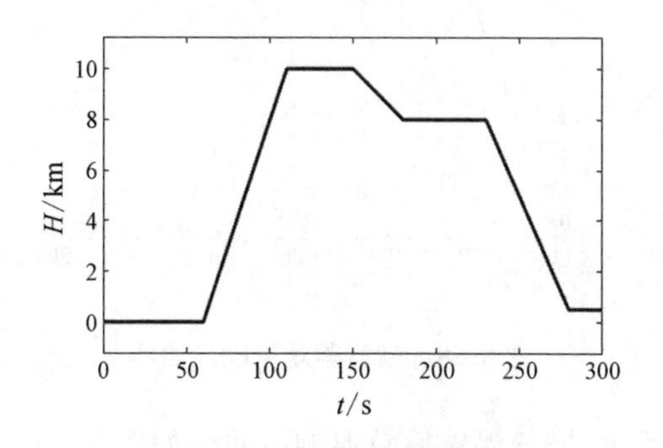

图 8.52　飞行高度变化轨迹

图 8.53　飞行速度变化轨迹

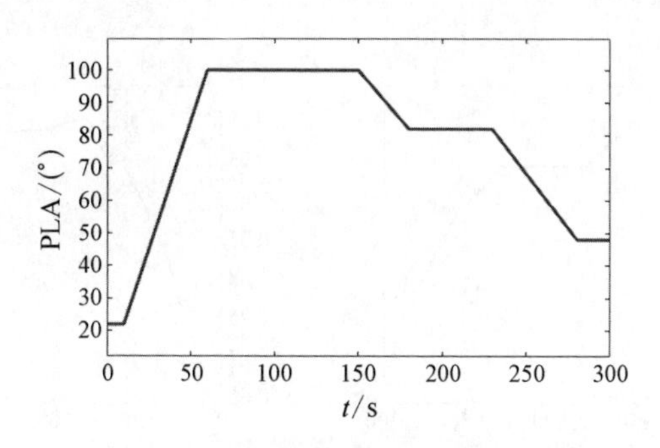

图 8.54　功率杆变化轨迹

燃油流量调节曲线如图 8.55 所示，桨叶角调节曲线如图 8.56 所示。

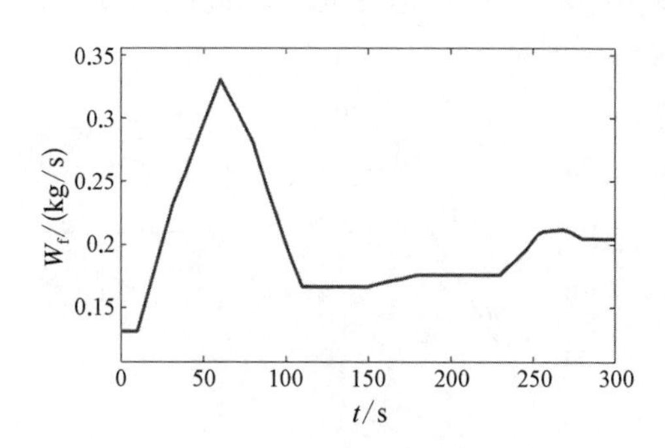

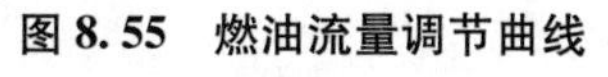

图 8.55　燃油流量调节曲线

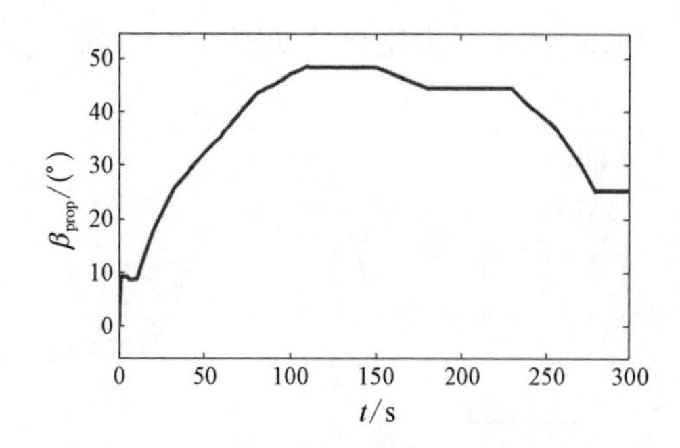

图 8.56　桨叶角调节曲线

以下为采用了归一化后的各气动热力参数仿真曲线。

涡桨发动机转速响应曲线如图 8. 57 所示,螺旋桨功率响应曲线如图 8. 58 所示。

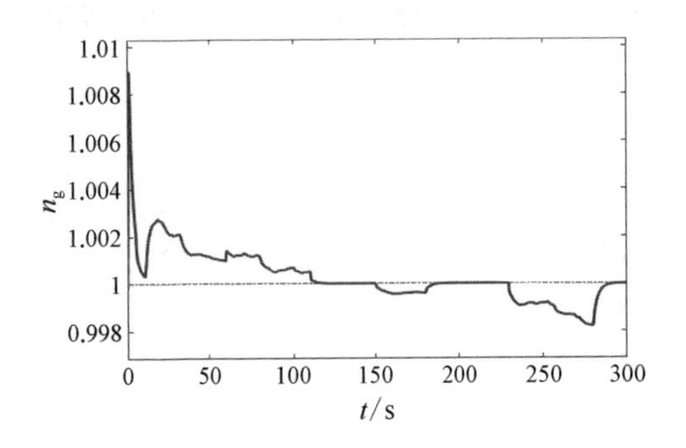

图 8. 57　涡桨发动机转速响应曲线

图 8. 58　螺旋桨功率响应曲线

燃气涡轮前总温响应曲线如图 8. 59 所示,燃气涡轮后总温响应曲线如图 8. 60 所示。

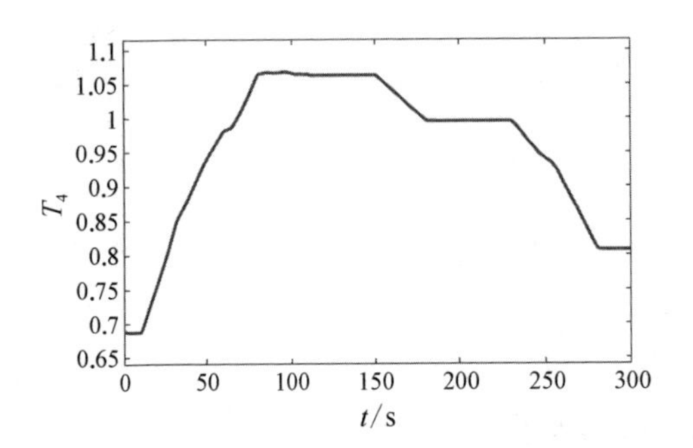

图 8. 59　涡轮前总温响应曲线

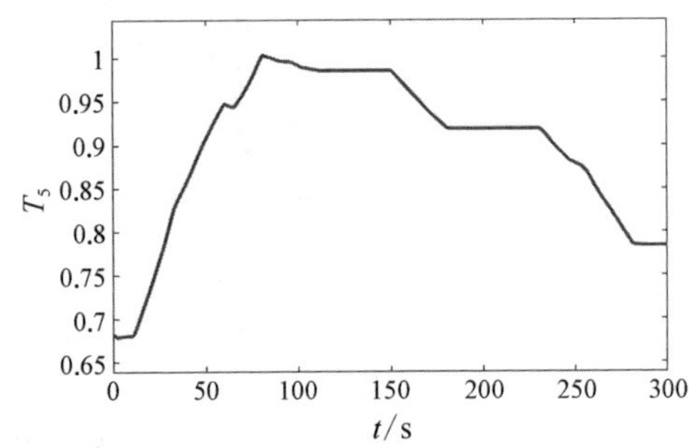

图 8. 60　涡轮后总温响应曲线

第二次仿真飞行高度变化轨迹如图 8. 61 所示,飞行速度变化轨迹如图 8. 62 所示,功率杆变化轨迹如图 8. 63 所示。

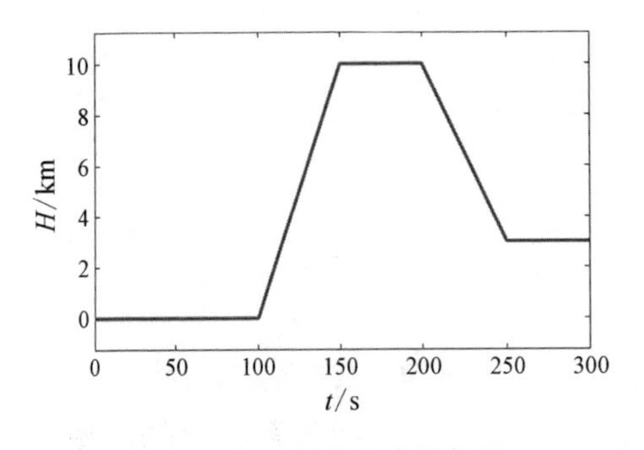

图 8. 61　飞行高度变化轨迹

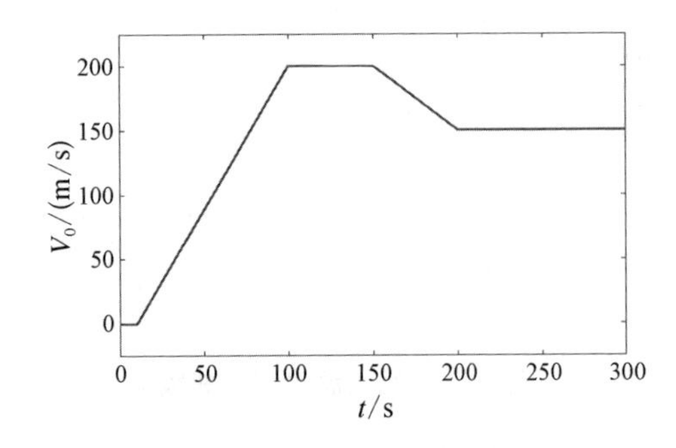

图 8. 62　飞行速度变化轨迹

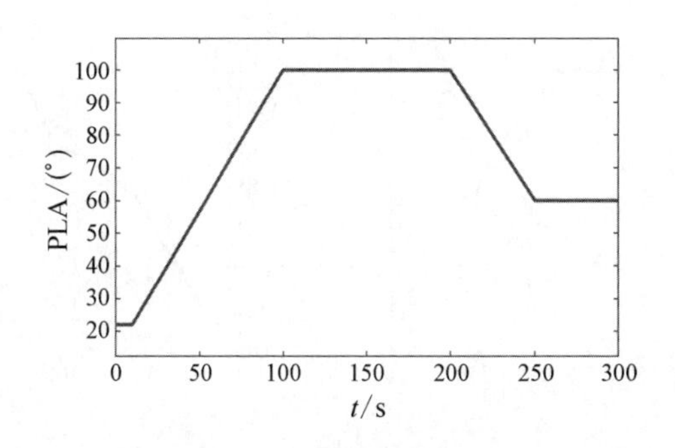

图 8.63　功率杆变化轨迹

燃油流量调节曲线如图 8.64 所示,桨叶角调节曲线如图 8.65 所示。

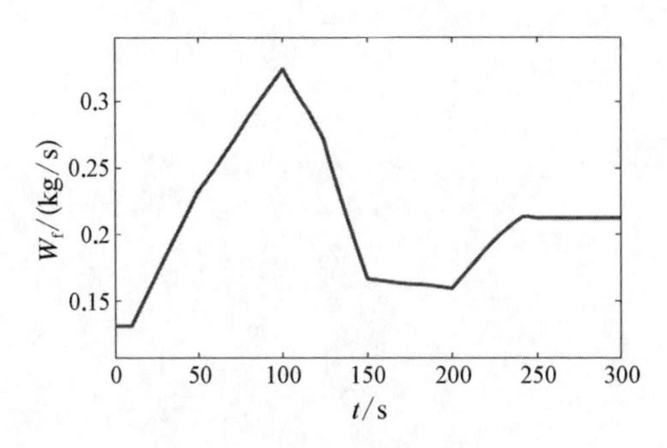

图 8.64　燃油流量调节曲线

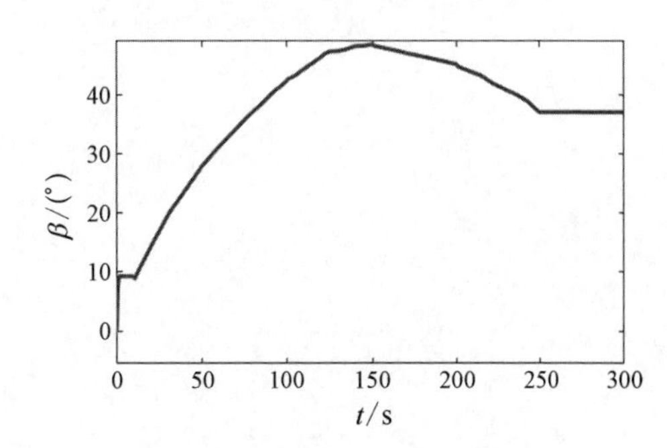

图 8.65　桨叶角调节曲线

以下为采用了归一化后的各气动热力参数仿真曲线。

涡桨发动机转速响应曲线如图 8.66 所示,螺旋桨功率响应曲线如图 8.67 所示。

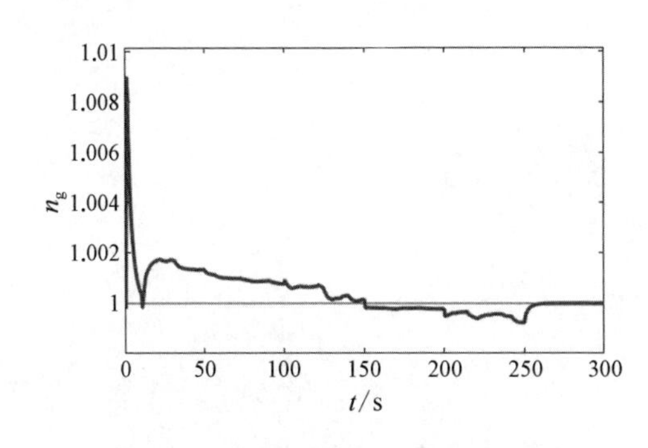

图 8.66　涡桨发动机转速响应曲线

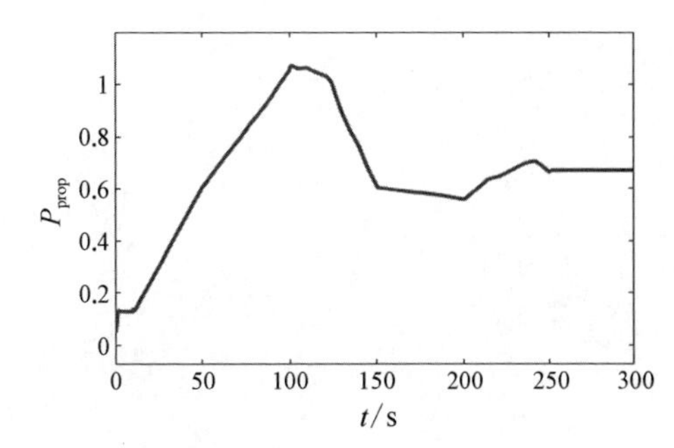

图 8.67　螺旋桨功率响应曲线

燃气涡轮前总温响应曲线如图 8.68 所示,燃气涡轮后总温响应曲线如图 8.69 所示。

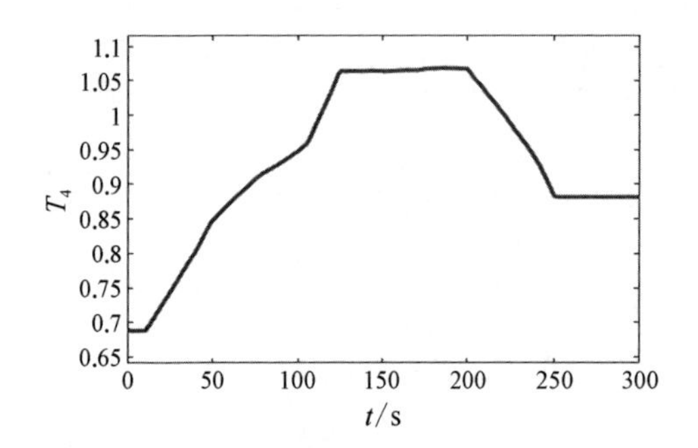

图 8.68　涡轮前总温响应曲线

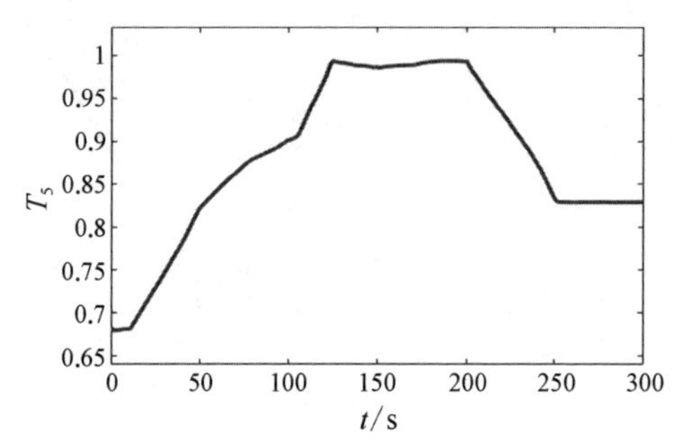

图 8.69　涡轮后总温响应曲线

第9章

双轴涡桨发动机数字控制

涡桨发动机控制目标主要有螺旋桨转速和发动机输出轴功率,属于多回路结构,对某一回路实施控制作用时,必然对其他分支回路造成干扰,影响了该回路的控制性能。为了避免各回路之间的耦合干扰,通常对涡桨发动机控制系统提出了多回路解耦控制的需求。解耦控制的方法主要有两种,一种是先对多回路进行解耦,使解耦后的各回路之间切断相互干扰的联系,退化为各自独立的单回路结构,采用单变量控制的方法设计解耦后各自回路的控制器,这种方法相对简单,可以采用经典控制理论的基于传递函数的方法设计,也可以采用现代控制理论的状态空间方法设计;另外一种是把多回路系统中的每个子回路视为子系统,将各个子系统动力学特性在线性状态空间的描述进行增广,构建完整多回路系统的线性状态空间描述,采用现代控制理论的多变量控制方法直接设计综合控制器,通过综合控制器线性系数矩阵元素的内在神经网络关系实现对多回路之间的动态解耦,这种方法相对复杂,需要现代控制理论的基础知识。

在状态空间进行控制系统的设计中,若被控系统的所有状态变量全部可测且可控,则可通过适当的状态反馈增益将闭环极点配置到任意期望的位置,极点配置问题就是通过对状态反馈矩阵的选择,使闭环极点配置到期望的位置上,以满足控制系统期望的性能指标要求。期望的闭环极点可根据频响响应和时域瞬态响应的要求设计,如调节时间、超调量、带宽、谐振峰值、相位裕度等,再按极点配置的方法计算反馈增益阵。

本章首先研究双轴涡桨发动机控制系统的架构方案,包括稳态控制回路方案和加减速过渡态控制回路方案,其次引入运动模态概念以及运动模态与系统矩阵 A 的所有特征值的内在互等关系,给出了状态反馈极点配置伺服控制器的设计方法,并针对涡桨发动机多目标控制回路的内部耦合干扰问题,研究了多回路解耦控制的设计以及解耦后状态反馈极点配置的伺服控制器设计与仿真验证方法。

9.1　双轴涡桨发动机稳态控制回路方案设计

9.1.1　地面慢车状态控制方案

双轴涡桨发动机在地面慢车状态,螺旋桨处于空载条件,桨叶角最小,要求保证发动机燃气涡轮转速不变,以满足最小转速限制的要求,采用闭环负反馈结构方案,双轴涡桨发动机地面慢车控制方案如图 9.1 所示。

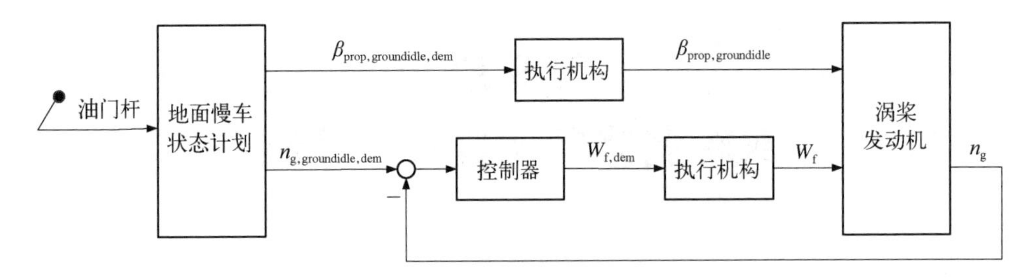

图 9.1　双轴涡桨发动机地面慢车控制方案

9.1.2　飞行慢车状态控制方案

双轴涡桨发动机在飞行慢车状态,螺旋桨处于空载条件,桨叶角最小,为了保证加速过程中喘振裕度大、加速迅速,要求保证发动机动力涡轮转速不变,采用串级双回路闭环负反馈结构方案如图 9.2 所示。

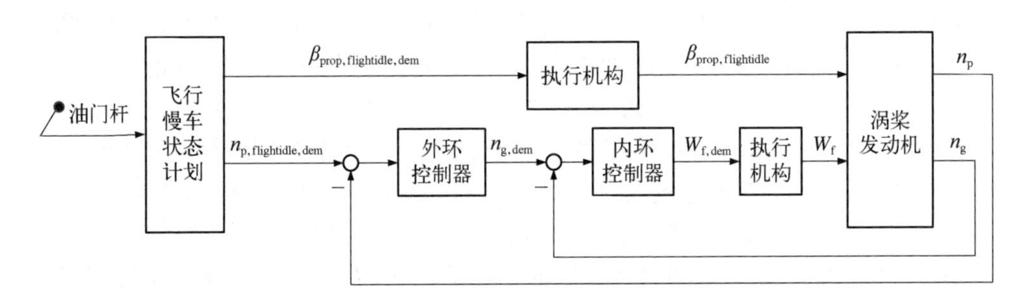

图 9.2　双轴涡桨发动机飞行慢车控制方案

9.1.3　起飞状态控制方案

双轴涡桨发动机在起飞状态的特征也是螺旋桨转速、功率都处于最大的状态,控制系统需要采用并行双回路架构以实现这一需求,即通过调节燃油流量使发动机输出轴功率保持不变、通过调节桨叶角使动力涡轮转速保持不变,起飞状态双轴涡桨发动机控制系统架构一如图 9.3 所示。

涡桨发动机输出轴功率随燃气涡轮转速的变化关系是确定的,因此,上述起飞状态双轴涡桨发动机控制系统架构一也可采用通过调节燃油流量使燃气涡轮转速保持不变、通过调节桨叶角使动力涡轮转速保持不变的方案实现,起飞状态双轴涡桨发动机控制系统架构二如图 9.4 所示。

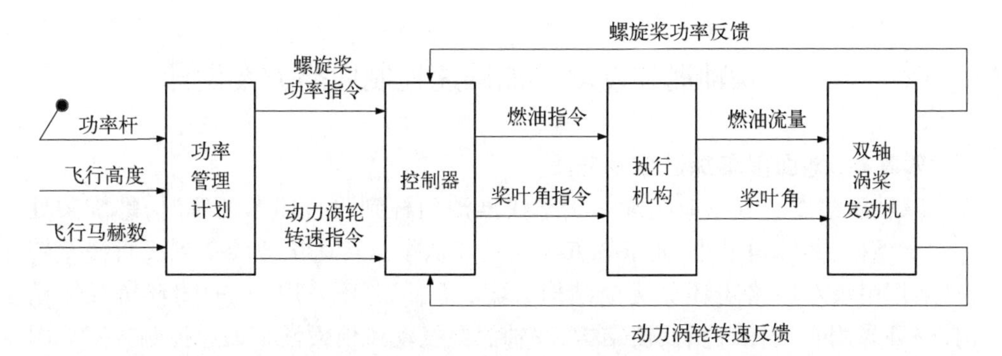

图 9.3　起飞状态双轴涡桨发动机控制系统架构一

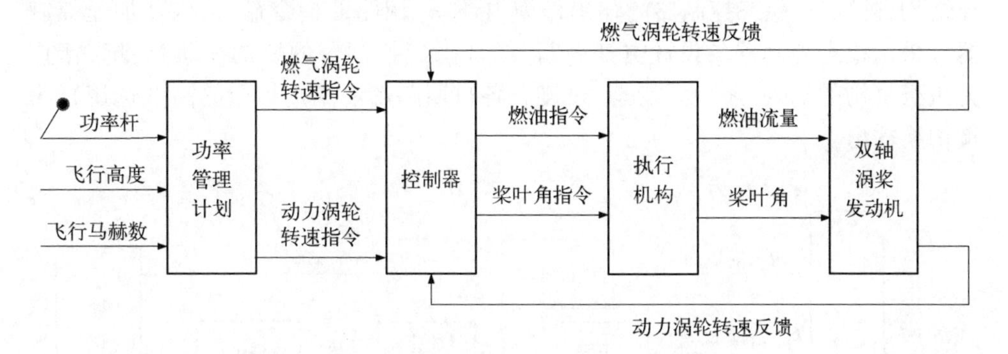

图 9.4　起飞状态双轴涡桨发动机控制系统架构二

9.1.4　巡航状态控制方案

当需要根据飞行任务改变涡桨发动机性能时，如为了在巡航状态耗油率低，可以采用变速调节方式，将状态杆的变化参与到功率管理计划中，通过状态杆的变化影响动力涡轮转速，使功率管理计划根据状态杆、功率杆、飞行条件进行决策，给出合理的巡航状态控制计划，即并行双回路控制系统的燃气涡轮转速指令 $n_{g,\,dem}$、动力涡轮转速指令 $n_{p,\,dem}$，巡航状态双轴涡桨发动机控制系统架构如图 9.5 所示。

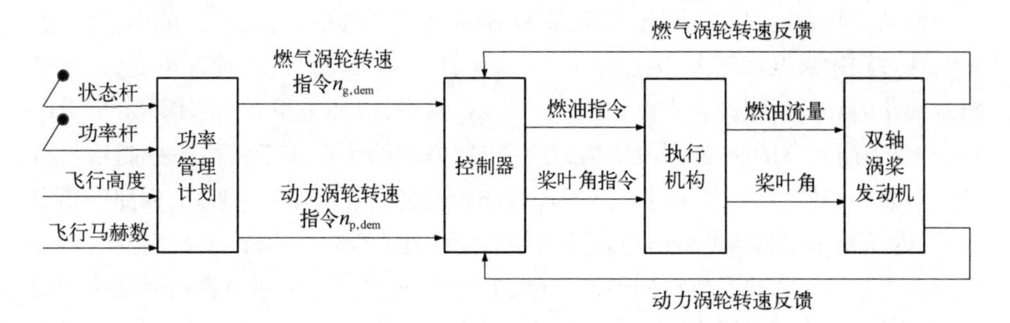

图 9.5　巡航状态双轴涡桨发动机控制系统架构

9.2 双轴涡桨发动机加减速控制回路方案设计

9.2.1 地面慢车加速控制方案

双轴涡桨发动机在地面慢车状态快推油门杆到飞行慢车位置时，螺旋桨处于空载条件，桨叶角最小，要求燃气涡轮转速从慢车转速快速转变到飞行慢车转速，采用串级双回路闭环负反馈结构方案，其中，内环采用 $\dot{n}_g$ 的闭环负反馈结构，外环采用 n_g 的闭环负反馈结构，双轴涡桨发动机地面慢车加速控制方案如图 9.6 所示，这一控制方案的特点在于将稳态控制器与加速过渡态控制器融为双环结构，外环 n_g 稳态控制器的输出作为内环 $\dot{n}_g$ 回路的指令输入，内环加速控制器可采用稳态控制器的设计方法获得，内环加速控制器的燃油流量指令直接作为执行机构的输入，避免了稳态、过渡态各自回路燃油流量指令的高低选逻辑决策切换输出。

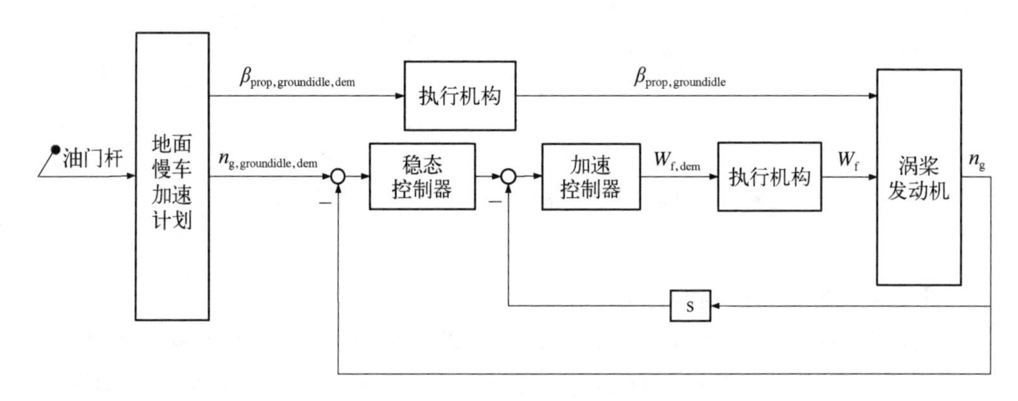

图 9.6 双轴涡桨发动机地面慢车加速控制方案

9.2.2 飞行慢车减速控制方案

双轴涡桨发动机在飞行慢车状态，螺旋桨处于空载条件，桨叶角最小，为了保证减速过程中喘振裕度大、减速迅速，要求保证发动机动力涡轮转速不变，采用串级双回路闭环负反馈结构方案如图 9.7 所示，其中，内环采用 $\dot{n}_g$ 的闭环负反馈结构，外环采用 n_g 的闭环负反馈结构，这一控制方案的特点在于将稳态控制器与减速过渡态控制器融为双环结构，外环 n_g 稳态控制器的输出作为内环 $\dot{n}_g$ 回路的指令输入，内环减速控制器可采用稳态控制器的设计方法获得，内环减速控制器的燃油流量指令直接作为执行机构的输入，避免了稳态、过渡态各自回路燃油流量指令的高低选逻辑决策切换输出。

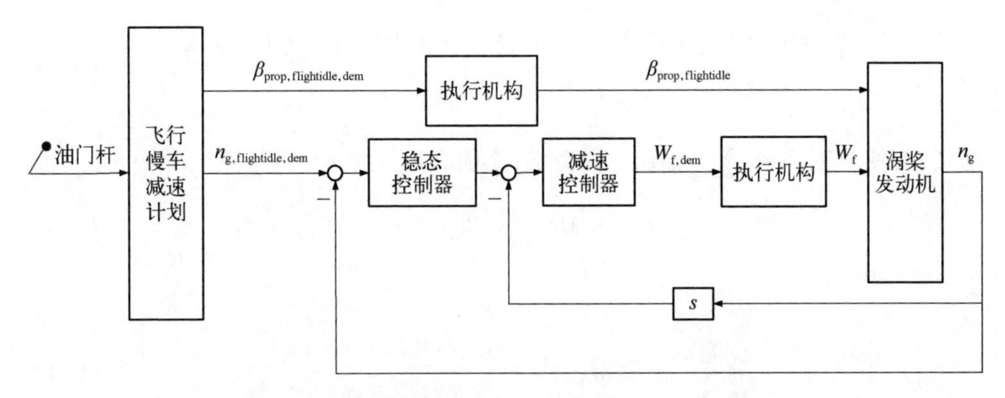

图 9.7　双轴涡桨发动机飞行慢车减速控制方案

9.3　双回路解耦控制

9.3.1　前馈补偿去干扰原理

设$G_{yu}(s)$为控制信号u到系统$\sum_1$输出y的传递函数，$G_{yw}(s)$为干扰信号w到系统$\sum_1$输出y的传递函数，如图9.8所示。

系统$\sum_1$的输入、输出信号描述为

$$y = G_{yu}(s)u + G_{yw}(s)w \qquad (9.1)$$

为了消除干扰信号w对系统$\sum_1$输出y的影响，采用前馈补偿方法构造系统$\sum_2$，如图9.9所示。

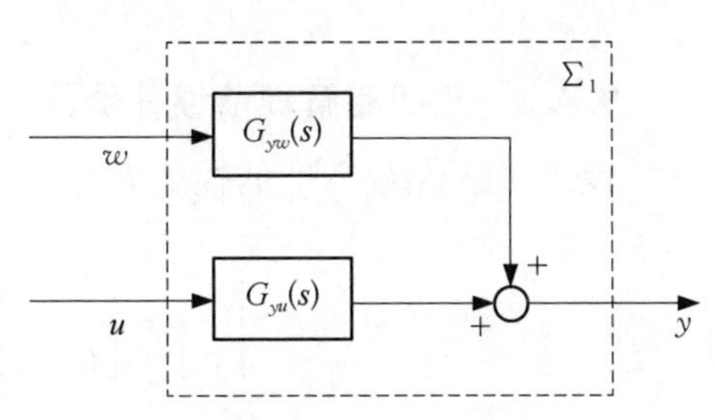

图 9.8　系统$\sum_1$的输入、输出信号描述

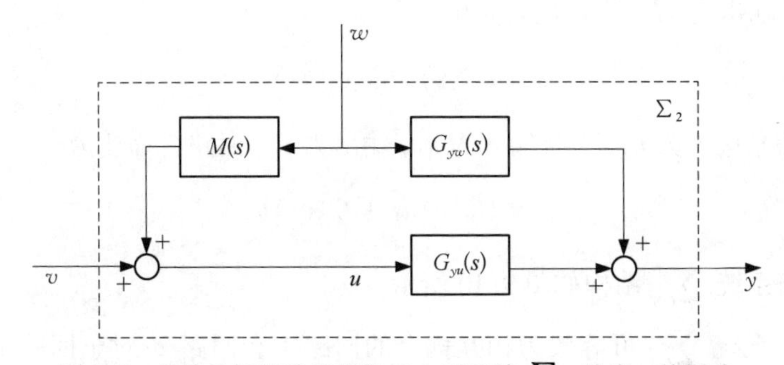

图 9.9　前馈补偿消除干扰信号w对系统$\sum_2$输出y的影响

设前馈补偿传递函数为$M(s)$，系统$\sum_2$的输入、输出信号描述为

$$
\begin{aligned}
y &= G_{yu}(s)u + G_{yw}(s)w = G_{yu}(s)(v + M(s)w) + G_{yw}(s)w \\
&= G_{yu}(s)v + [G_{yu}(s)M(s) + G_{yw}(s)]w
\end{aligned} \tag{9.2}
$$

显然,要使 w 对系统 $\sum_2$ 输出 y 无影响,必须满足

$$
G_{yu}(s)M(s) + G_{yw}(s) = 0 \tag{9.3}
$$

即

$$
M(s) = -\frac{G_{yw}(s)}{G_{yu}(s)} \tag{9.4}
$$

则系统 $\sum_2$ 实现了对干扰 w 的抑制,即

$$
y = G_{yu}(s)v \tag{9.5}
$$

从上式可知,前馈补偿传递函数 $M(s)$ 的极点由 $G_{yw}(s)$ 的极点和 $G_{yu}(s)$ 的零点共同组成,采用前馈补偿后,为了使系统 $\sum_2$ 稳定,需要 $G_{yu}(s)$ 是一个最小相位传递函数。

9.3.2 双回路解耦前馈补偿器设计

设双回路系统 $\sum_3$ 的描述为

$$
\begin{bmatrix} y_1 \\ y_2 \end{bmatrix} = \begin{bmatrix} G_{11}(s) & G_{12}(s) \\ G_{21}(s) & G_{22}(s) \end{bmatrix} \begin{bmatrix} u_1 \\ u_2 \end{bmatrix} \tag{9.6}
$$

即双回路系统 $\sum_3$ 是回路 1 和回路 2 的线性组合,回路 1 的信号输入为 u_1, 干扰输入为 u_2, 输出为 y_1, 回路 1 描述为

$$
y_1 = G_{11}(s)u_1 + G_{12}(s)u_2 \tag{9.7}
$$

回路 2 的信号输入为 u_2, 干扰输入为 u_1, 输出为 y_2, 回路 2 描述为

$$
y_2 = G_{21}(s)u_1 + G_{22}(s)u_2 \tag{9.8}
$$

双回路系统 $\sum_3$ 结构如图 9.10 所示。

双回路系统 $\sum_3$ 可等效为相互耦合的回路 1 和回路 2,对于回路 1, u_1 为控制信号, u_2 为干扰信号, $G_{11}(s)$ 为控制信号 u_1 到系统 $\sum_3$ 输出 y_1 的传递函数, $G_{12}(s)$ 为干扰信号 u_2 到系统 $\sum_3$ 输出 y_1 的传递函数;对于回路 2, u_2 为控制信

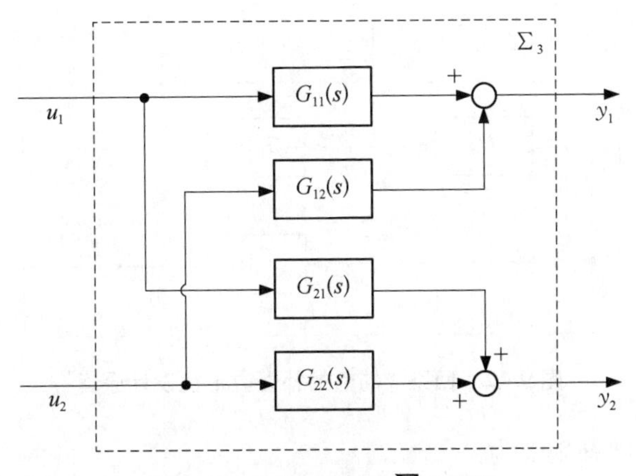

图 9.10　双回路系统 $\sum_3$ 结构

号，u_1 为干扰信号，$G_{22}(s)$ 为控制信号 u_2 到系统 $\sum_3$ 输出 y_2 的传递函数，$G_{21}(s)$ 为干扰信号 u_1 到系统 $\sum_3$ 输出 y_2 的传递函数。因此，双回路系统 $\sum_3$ 的解耦可等效为回路 1 和回路 2 各自独立的前馈补偿去干扰设计的问题，设计过程如下。

回路 1 的前馈补偿去干扰设计原理如图 9.11 所示。

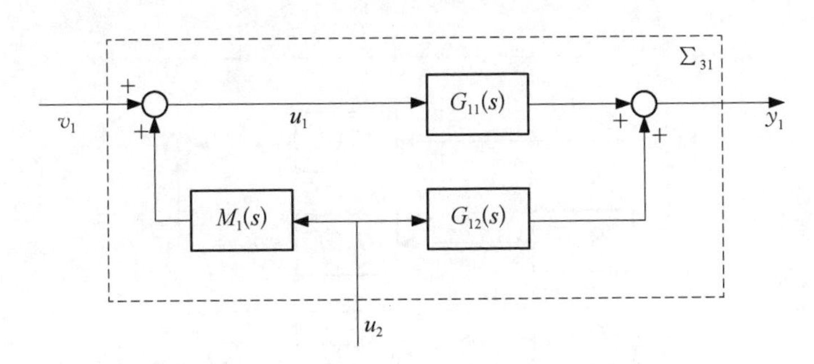

图 9.11　回路 1 的前馈补偿去干扰设计原理

回路 1 的前馈补偿器为

$$M_1(s) = -\frac{G_{12}(s)}{G_{11}(s)} \tag{9.9}$$

同理，前馈补偿传递函数 $M_1(s)$ 的极点由 $G_{12}(s)$ 的极点和 $G_{11}(s)$ 的零点共同组成，采用前馈补偿后，为了使系统 $\sum_{31}$ 稳定，需要 $G_{11}(s)$ 是一个最小相位传递函数。

回路 2 的前馈补偿去干扰设计原理如图 9.12 所示。

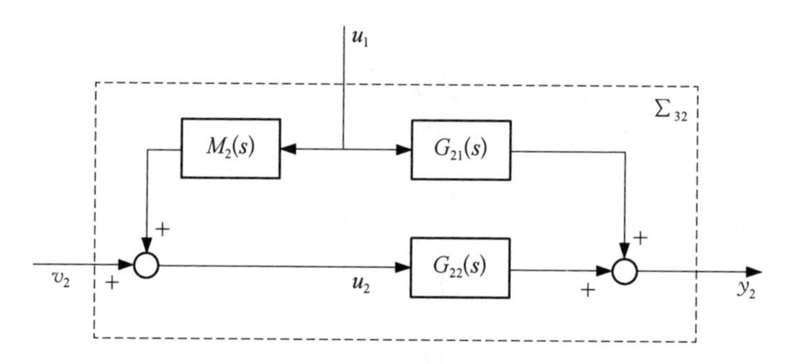

图 9.12　回路 2 的前馈补偿去干扰设计原理

回路 2 的前馈补偿器为

$$M_2(s) = -\frac{G_{21}(s)}{G_{22}(s)} \tag{9.10}$$

同理,前馈补偿传递函数 $M_2(s)$ 的极点由 $G_{21}(s)$ 的极点和 $G_{22}(s)$ 的零点共同组成,采用前馈补偿后,为了使系统 $\sum_{32}$ 稳定,需要 $G_{22}(s)$ 是一个最小相位传递函数。

将回路 1 和回路 2 组合,即双回路系统 $\sum_3$ 的解耦前馈补偿设计为系统 $\sum_4$,结构如图 9.13 所示。

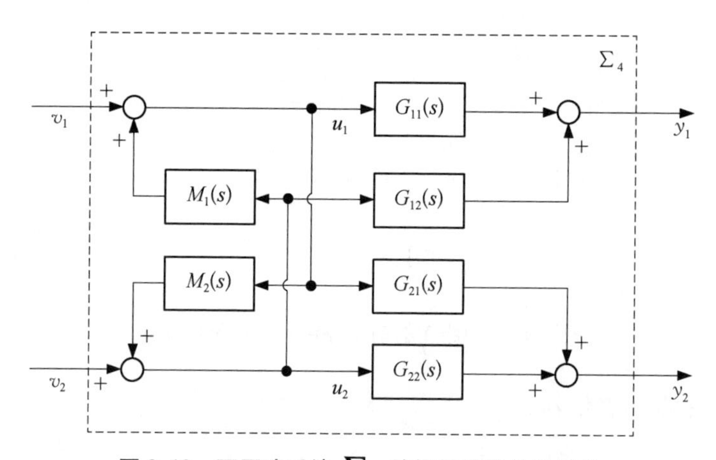

图 9.13　双回路系统 $\sum_3$ 的解耦前馈补偿设计

由图 9.13 可得

$$u_1 = v_1 + M_1 u_2 \tag{9.11}$$

$$u_2 = v_2 + M_2 u_1 \tag{9.12}$$

即

$$\begin{bmatrix} u_1 \\ u_2 \end{bmatrix} = \begin{bmatrix} 1 & 0 \\ 0 & 1 \end{bmatrix} \begin{bmatrix} v_1 \\ v_2 \end{bmatrix} + \begin{bmatrix} 0 & M_1 \\ M_2 & 0 \end{bmatrix} \begin{bmatrix} u_1 \\ u_2 \end{bmatrix} \tag{9.13}$$

即

$$\begin{aligned} \begin{bmatrix} u_1 \\ u_2 \end{bmatrix} &= \begin{bmatrix} 1 & -M_1 \\ -M_2 & 1 \end{bmatrix}^{-1} \begin{bmatrix} v_1 \\ v_2 \end{bmatrix} = \frac{1}{1-(-M_1)(-M_2)} \begin{bmatrix} 1 & M_1 \\ M_2 & 1 \end{bmatrix} \begin{bmatrix} v_1 \\ v_2 \end{bmatrix} \\ &= \frac{1}{1-\dfrac{G_{12}(s)}{G_{11}(s)}\dfrac{G_{21}(s)}{G_{22}(s)}} \begin{bmatrix} 1 & -\dfrac{G_{12}(s)}{G_{11}(s)} \\ -\dfrac{G_{21}(s)}{G_{22}(s)} & 1 \end{bmatrix} \begin{bmatrix} v_1 \\ v_2 \end{bmatrix} \end{aligned} \tag{9.14}$$

即

$$\begin{bmatrix} u_1 \\ u_2 \end{bmatrix} = \frac{1}{G_{11}(s)G_{22}(s) - G_{12}(s)G_{21}(s)} \begin{bmatrix} G_{11}(s)G_{22}(s) & -G_{22}(s)G_{12}(s) \\ -G_{11}(s)G_{21}(s) & G_{11}(s)G_{22}(s) \end{bmatrix} \begin{bmatrix} v_1 \\ v_2 \end{bmatrix} \tag{9.15}$$

则系统 $\sum_4$ 的描述为

$$\begin{bmatrix} y_1 \\ y_2 \end{bmatrix} = \begin{bmatrix} G_{11}(s) & 0 \\ 0 & G_{22}(s) \end{bmatrix} \begin{bmatrix} v_1 \\ v_2 \end{bmatrix} \tag{9.16}$$

系统 $\sum_4$ 实现了对双回路系统 $\sum_3$ 解耦，系统 $\sum_4$ 的等效系统 $\sum_5$ 如图 9.14 所示。

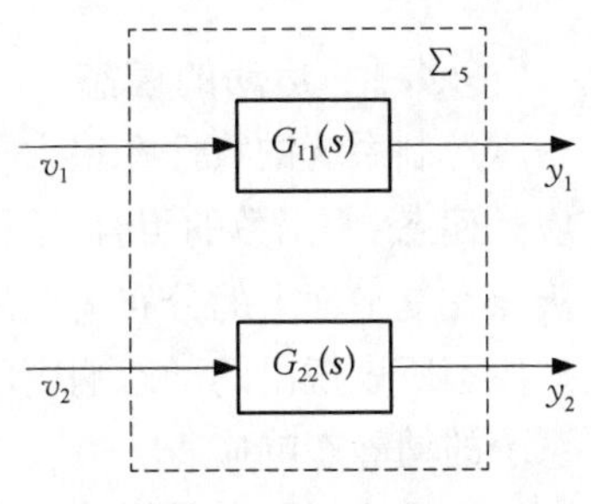

图 9.14　系统 $\sum_4$ 的等效系统 $\sum_5$

9.3.3　双回路解耦系统结构

双回路解耦系统结构设计方案如图 9.15 所示。

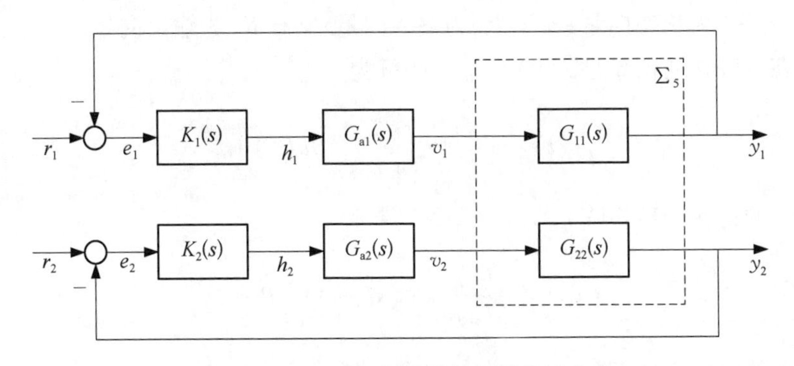

图 9.15　双回路解耦系统控制器设计方案

图 9.15 中,考虑了回路 1 的执行机构传递函数 $G_{a1}(s)$ 和回路 2 的执行机构传递函数 $G_{a2}(s)$, 回路 1 的增广被控对象为

$$G_{p1}(s) = \frac{y_1(s)}{h_1(s)} = G_{11}(s)G_{a1}(s) \tag{9.17}$$

回路 1 控制器设计问题为：已知增广被控对象 $G_{p1}(s)$, 设计闭环负反馈控制器 $K_1(s)$, 使得闭环系统渐进稳定,且具有无静差鲁棒伺服跟踪和干扰抑制性能。

回路 2 的增广被控对象为

$$G_{p2}(s) = \frac{y_2(s)}{h_2(s)} = G_{22}(s)G_{a2}(s) \tag{9.18}$$

回路 2 控制器设计问题为：已知增广被控对象 $G_{p2}(s)$, 设计闭环负反馈控制器 $K_2(s)$, 使得闭环系统渐进稳定,且具有无静差鲁棒伺服跟踪和干扰抑制性能。

9.4 状态反馈极点配置伺服控制规律设计

9.4.1 运动的模态

控制系统的特性在很大程度上由闭环系统的零点和极点位置决定,系统的响应是模态 $e^{\lambda t}$ 函数的组合,不同极点 λ 决定了响应的各种模态,闭环系统的零点和极点在复平面上的分布情况决定了输出参数响应表达式中各模态系数的大小,对该模态所表现出的动态响应的快慢起到了加权作用,一组零极点的分布对应一个系统的动静态响应。

设线性时不变系统状态空间模型为

$$\Sigma: \quad \begin{aligned} \dot{x} &= Ax + Bu \\ y &= Cx + Du \end{aligned} \tag{9.19}$$

其中, $x \in R^n$ 为状态向量; $u \in R^p$ 为输入向量; $y \in R^q$ 为输出向量。

状态方程在初值条件 $x(0) = x_0$ 下的解为

$$x(t) = e^{At}x_0 + \int_0^t e^{A(t-\tau)}Bu(\tau)\,d\tau \tag{9.20}$$

对应的传递函数矩阵为

$$G(s) = \frac{y(s)}{u(s)} = C(sI - A)^{-1}B + D \tag{9.21}$$

其单输入单输出条件下:

$$G(s)=\frac{Y(s)}{U(s)}=\frac{b_m s^m+b_{m-1}s^{m-1}+\cdots+b_1 s+b_0}{s^n+a_{n-1}s^{n-1}+\cdots+a_1 s+a_0}=\frac{N(s)}{D(s)},\ n\geqslant m \quad (9.22)$$

其对应时域零初值条件下的输入量为 $u(t)$、输出量为 $y(t)$ 的 n 阶线性常系数微分方程：

$$\begin{aligned}&\frac{\mathrm{d}^{(n)}y}{\mathrm{d}t^n}+a_{n-1}\frac{\mathrm{d}^{(n-1)}y}{\mathrm{d}t^{n-1}}+\cdots+a_1\frac{\mathrm{d}y}{\mathrm{d}t}+a_0\\&=b_m\frac{\mathrm{d}^{(m)}u}{\mathrm{d}t^m}+b_{m-1}\frac{\mathrm{d}^{(m-1)}u}{\mathrm{d}t^{m-1}}+\cdots+b_1\frac{\mathrm{d}u}{\mathrm{d}t}+b_0\end{aligned}\quad (9.23)$$

对应的 n 阶奇次线性常系数微分方程为

$$\frac{\mathrm{d}^{(n)}y}{\mathrm{d}t^n}+a_{n-1}\frac{\mathrm{d}^{(n-1)}y}{\mathrm{d}t^{n-1}}+\cdots+a_1\frac{\mathrm{d}y}{\mathrm{d}t}+a_0=0 \quad (9.24)$$

其特征方程为

$$\lambda^n+a_{n-1}\lambda^{n-1}+\cdots+a_1\lambda+a_0=0 \quad (9.25)$$

设其 n 个特征根由 a 个实根 λ_i、和 b 个共轭复根 λ_k 组成，即

$$\lambda_i=-d_i\ (\ d_i>0,\ i=1,\ \cdots,\ a\ ) \quad (9.26)$$

$$\lambda_k,\ \lambda_{k+1}=-\xi_k\omega_{nk}\ \pm \mathrm{j}\omega_{dk}\ (\ \omega_{dk}=\omega_{nk}\sqrt{1-\xi_k^2},\ k=a+1,\ a+3,\ \cdots,\ n-1\ ) \quad (9.27)$$

奇次线性常系数微分方程的解为

$$\begin{aligned}y(t)=&C_1\mathrm{e}^{\lambda_1 t}+\cdots+C_a\mathrm{e}^{\lambda_a t}+C_{a+1}\mathrm{e}^{-\xi_1\omega_{n1}t}\cos\omega_{d1}t+C_{a+2}\mathrm{e}^{-\xi_1\omega_{n1}t}\sin\omega_{d1}t\\&+\cdots+C_{n-1}\mathrm{e}^{-\xi_{b-1}\omega_{n(b-1)}t}\cos\omega_{d(b-1)}t+C_n\mathrm{e}^{-\xi_{b-1}\omega_{n(b-1)}t}\sin\omega_{d(b-1)}t\end{aligned}\quad (9.28)$$

其中，实系数 $C_i(i=1,\ \cdots,\ n)$ 由奇次微分方程的初值决定，任意一组初值唯一确定了一组实系数 $C_i(i=1,\ \cdots,\ n)$，也就确定了一个奇次线性常系数微分方程解 $y(t)$。

上述奇次线性常系数微分方程的所有解 $y(t)$ 是所研究控制系统的所有自由运动的全体，它在实数域上构成了一个以 t 为自变量的函数的向量空间，该 n 维向量空间的基由 n 个基底组成，即

$$\varphi_1(t)=\mathrm{e}^{\lambda_1 t}$$

$$\cdots$$

$$\varphi_a(t)=\mathrm{e}^{\lambda_a t}$$

$$\cdots$$

$$
\begin{aligned}
&\varphi_{a+1}(t)=\mathrm{e}^{-\xi_1\omega_{n1}t}\cos\omega_{d1}t \\
&\varphi_{a+2}(t)=\mathrm{e}^{-\xi_1\omega_{n1}t}\sin\omega_{d1}t \\
&\cdots \\
&\varphi_{n-1}(t)=\mathrm{e}^{-\xi_{b-1}\omega_{n(b-1)}t}\cos\omega_{d(b-1)}t \\
&\varphi_{n}(t)=\mathrm{e}^{-\xi_{b-1}\omega_{n(b-1)}t}\sin\omega_{d(b-1)}t
\end{aligned}
\tag{9.29}
$$

称这 n 个基底 $\varphi_i(t)\ (i=1,\ \cdots,\ n)$ 为该奇次线性常系数微分方程所描述运动的模态,任何一个解是这个基的线性组合,n 个基底线性无关,实系数 $C_i(i=1,\ \cdots,\ n)$ 是向量 $y(t)$ 关于这个基的坐标。令

$$\varphi(t)=[\varphi_1(t),\varphi_2(t),\cdots,\ \varphi_n(t)] \tag{9.30}$$

$$C=[C_1,\ C_2,\ \cdots,\ C_n]^{\mathrm{T}} \tag{9.31}$$

则自由运动向量 $y(t)$ 表示为

$$y(t)=\varphi(t)C=[\varphi_1(t),\varphi_2(t),\cdots,\ \varphi_n(t)]\begin{bmatrix}C_1\\C_2\\\vdots\\C_n\end{bmatrix} \tag{9.32}$$

对于 MIMO 多变量系统 Σ, 设矩阵 A 的特征值为矩阵为 $\lambda_i(i=1,\ \cdots,\ n)$, 且互不相等,特征向量矩阵为

$$V=[v_1\quad v_2\quad\cdots\quad v_n] \tag{9.33}$$

满足

$$
\begin{aligned}
AV&=A[v_1\quad v_2\quad\cdots\quad v_n]=[Av_1\quad Av_2\quad\cdots\quad Av_n] \\
&=[\lambda_1v_1\quad\lambda_2v_2\quad\cdots\quad\lambda_nv_n]=[v_1\quad v_2\quad\cdots\quad v_n]\begin{bmatrix}\lambda_1&&&\\&\lambda_2&&\\&&\ddots&\\&&&\lambda_n\end{bmatrix}
\end{aligned}
\tag{9.34}
$$

$$A=V\begin{bmatrix}\lambda_1&&&\\&\lambda_2&&\\&&\ddots&\\&&&\lambda_n\end{bmatrix}V^{-1} \tag{9.35}$$

则

$$e^{At}=V\begin{bmatrix} e^{\lambda_1 t} & & & \\ & e^{\lambda_2 t} & & \\ & & \ddots & \\ & & & e^{\lambda_n t} \end{bmatrix}V^{-1} \tag{9.36}$$

系统 $\sum$ 的自由运动为

$$x(t)=e^{At}x_0=V\begin{bmatrix} e^{\lambda_1 t} & & & \\ & e^{\lambda_2 t} & & \\ & & \ddots & \\ & & & e^{\lambda_n t} \end{bmatrix}V^{-1}x_0 \tag{9.37}$$

设

$$V^{-1}x_0=\begin{bmatrix} z_1 \\ z_2 \\ \vdots \\ z_n \end{bmatrix} \tag{9.38}$$

$$\begin{aligned} x(t) &= [v_1 \quad v_2 \quad \cdots \quad v_n]\begin{bmatrix} e^{\lambda_1 t} & & & \\ & e^{\lambda_2 t} & & \\ & & \ddots & \\ & & & e^{\lambda_n t} \end{bmatrix}\begin{bmatrix} z_1 \\ z_2 \\ \vdots \\ z_n \end{bmatrix} \\ &= z_1 v_1 e^{\lambda_1 t}+z_2 v_2 e^{\lambda_2 t}+\cdots+z_n v_n e^{\lambda_n t}=\sum_{k=1}^{n} z_k v_k e^{\lambda_k t} \end{aligned} \tag{9.39}$$

系统 $\sum$ 的自由运动 $x(t)$ 可表示为一组列向量

$$[v_1 e^{\lambda_1 t} \quad v_2 e^{\lambda_2 t} \quad \cdots \quad v_n e^{\lambda_n t}] \tag{9.40}$$

的线性组合,所有解 $x(t)$ 是所研究控制系统所有自由运动的全体,它在实数域上构成了一个以 t 为自变量的函数的 n 维向量空间,该 n 维向量空间的基由 n 个基底 $v_k e^{\lambda_k t}(k=1, 2, \cdots, n)$ 组成,称这 n 个基底 $v_k e^{\lambda_k t}(k=1, 2, \cdots, n)$ 为系统 $\sum$ 的自由运动 $x(t)$ 的模态,实系数 $z_k(k=1, 2, \cdots, n)$ 是向量 $x(t)$ 关于这个基的坐标,由初值 x_0 确定。

对于含有控制输入的系统 $\sum$ 属于强迫运动,其传递函数是有理函数时,其全

部信息是由传递函数的零极点反映的,强迫运动一般都含有自由运动 $x(t)$ 的模态,例如控制输入是一单位阶跃函数,即

$$U(s)=\frac{1}{s} \tag{9.41}$$

则

$$\begin{aligned}Y(s)=G(s)U(s)&=\frac{b_ms^m+b_{m-1}s^{m-1}+\cdots+b_1s+b_0}{s^n+a_{n-1}s^{n-1}+\cdots+a_1s+a_0}U(s)\\&=\frac{b_ms^m+b_{m-1}s^{m-1}+\cdots+b_1s+b_0}{s^n+a_{n-1}s^{n-1}+\cdots+a_1s+a_0}\frac{1}{s}\end{aligned} \tag{9.42}$$

其拉普拉斯反变换为

$$\begin{aligned}y(t)=&\ 1+A_1e^{\lambda_1t}+\cdots+A_ae^{\lambda_at}+A_{a+1}e^{-\xi_1\omega_{n1}t}\cos\omega_{d1}t+A_{a+2}e^{-\xi_1\omega_{n1}t}\sin\omega_{d1}t\\&+\cdots+A_{n-1}e^{-\xi_{b-1}\omega_{n(b-1)}t}\cos\omega_{d(b-1)}t+A_ne^{-\xi_{b-1}\omega_{n(b-1)}t}\sin\omega_{d(b-1)}t\end{aligned} \tag{9.43}$$

其中,各运动模态的实系数 $A_i(i=1,\cdots,n)$ 由零极点确定。

式(9.43)表明,系统输出 $y(t)$ 是由自由运动 $x(t)$ 模态的线性组合表征。由于系统自由运动的模态完全由系统 $\sum$ 的系统矩阵 A 的所有特征值(传递函数的全部极点)确定,反映了系统固有的特征,它们在任何输入信号的激励作用下都会自动产生出来,因此,状态反馈系统的极点配置问题是伺服控制设计的核心问题。

9.4.2 极点配置问题

对于闭环负反馈系统,控制信号不仅依赖于参考输入,与系统的状态信号、输出信号直接相关,对于状态空间系统,系统的全部动态信息含在系统的状态中,反馈控制信号 $u(t)$ 是参考输入信号 $v(t)$ 及状态信号 $x(t)$ 的函数:

$$u(t)=f[v(t),x(t),t] \tag{9.44}$$

设连续时间线性时不变被控系统的状态空间描述为

$$\dot{x}=Ax+Bu,\quad x(0)=x_0,\quad t\geqslant 0 \tag{9.45}$$

$$y=Cx+Du \tag{9.46}$$

其中,$x\in R^n$ 为状态向量;$u\in R^p$ 为输入向量;$y\in R^q$ 为输出向量。

采用状态负反馈:

$$u=v-Kx \tag{9.47}$$

其中，$v \in R^p$ 为参考输入信号，闭合系统的状态方程和输出方程分别为

$$\dot{x} = (A - BK)x + Bv, \quad x(0) = x_0, \quad t \geqslant 0 \tag{9.48}$$

$$y = (C - DK)x + Dv \tag{9.49}$$

状态反馈结构如图 9.16 所示。

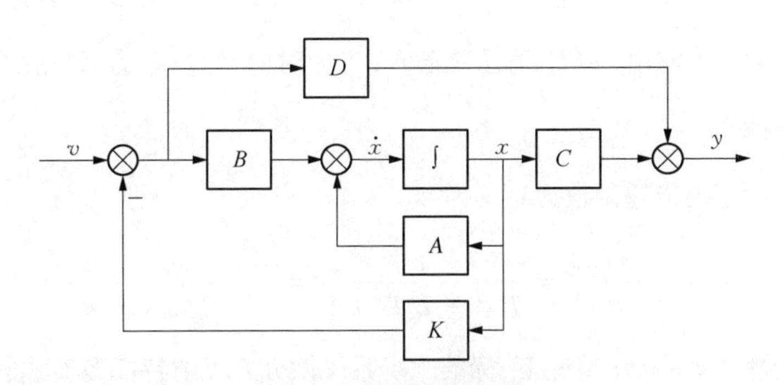

图 9.16　状态反馈闭环系统

由状态空间控制理论可知，若原系统的状态完全可控，则存在状态反馈增益矩阵 K，使得状态反馈闭环系统完全可控，并且，状态反馈增益矩阵 K 可以配置到任意期望的极点位置上。其中，原系统完全可控条件为

$$\text{rank } Q_c = \text{rank}[B \quad AB \quad \cdots \quad A^{n-1}B] = n \tag{9.50}$$

显见，闭环系统稳态响应及动态响应特性完全由矩阵 $A - BK$ 特征值所唯一确定。若 K 合适，使得 $A - BK$ 是一个渐进稳定阵，且对所有的 $x(0) \neq 0$，当 $t \to \infty$ 时，$x(t) \to 0$，称 $A - BK$ 的特征值为调节器极点。如果调节器极点均位于 s 左半平面，则闭环系统是渐进稳定的，当 $t \to \infty$ 时，$x(t) \to 0$。

如果以一组期望闭环极点为性能指标，对控制系统进行设计，使调节器极点配置到期望的位置，称为极点配置问题。

9.4.3　期望闭环极点

控制系统的闭环性能指标有时域性能指标和频率域性能指标。时域性能指标由系统的单位阶跃响应所定义，主要有超调量、调节时间、上升时间、峰值时间等。频率域性能指标主要有谐振峰值、谐振角频率、带宽、幅值裕度、相位裕度等。

由经典控制理论可知，高阶系统的特性可由闭环主导极点组成的低阶系统的特性近似。对于标准二阶系统，其性能品质与自然角频率、阻尼比系数具有确定的显式对应关系。

标准二阶系统微分方程为

$$T^2\frac{d^2y}{dt^2}+2\zeta T\frac{dy}{dt}+y=u \tag{9.51}$$

或

$$\frac{d^2y}{dt^2}+2\zeta\omega_n\frac{dy}{dt}+\omega_n^2y=\omega_n^2u \tag{9.52}$$

其中，$y(t)$ 为系统输出；$u(t)$ 为系统输入；T 为时间常数；ζ 为阻尼比系数；$\omega_n=\frac{1}{T}$ 为自然角频率。

标准二阶系统传递函数为

$$G(s)=\frac{y(s)}{u(s)}=\frac{1}{T^2s^2+2\zeta Ts+1}=\frac{\omega_n^2}{s^2+2\zeta\omega_ns+\omega_n^2} \tag{9.53}$$

在欠阻尼 $0<\zeta<1$ 情况下，标准二阶系统微分方程的特征多项式的零点为一共轭复数：

$$s_1,\ s_2=-\frac{\zeta}{T}\pm j\frac{\sqrt{1-\zeta^2}}{T}=-\zeta\omega_n\pm j\omega_d \tag{9.54}$$

$$G(s)=\frac{\omega_n^2}{(s+\zeta\omega_n+j\omega_d)(s+\zeta\omega_n-j\omega_d)} \tag{9.55}$$

其中，

$$\omega_d=\omega_n\sqrt{1-\zeta^2} \tag{9.56}$$

为系统的阻尼自然角频率。

标准二阶系统在单位阶跃输入下，系统输出为

$$y(s)=\frac{\omega_n^2}{s(s^2+2\zeta\omega_ns+\omega_n^2)}=\frac{1}{s}-\frac{s+\zeta\omega_n}{(s+\zeta\omega_n)^2+\omega_d^2}-\frac{\zeta\omega_n}{(s+\zeta\omega_n)^2+\omega_d^2}$$

其拉普拉斯反变换为

$$\begin{aligned}y(t)&=1-e^{-\zeta\omega_nt}\cos\omega_dt-\frac{\zeta\omega_n}{\omega_d}e^{-\zeta\omega_nt}\sin\omega_dt=1-e^{-\zeta\omega_nt}\left(\cos\omega_dt-\frac{\zeta}{\sqrt{1-\zeta^2}}e^{-\zeta\omega_nt}\sin\omega_dt\right)\\&=1-\frac{1}{\sqrt{1-\zeta^2}}e^{-\zeta\omega_nt}\sin(\omega_dt+\theta)\end{aligned} \tag{9.57}$$

其中，

$$\theta = \arctan \frac{\sqrt{1-\zeta^2}}{\zeta} = \arccos\zeta \tag{9.58}$$

时域性能指标与性能参数 ζ、ω_n、T 的关系如下。

超调量:

$$\sigma = e^{-\frac{\zeta}{\sqrt{1-\zeta^2}}\pi} \tag{9.59}$$

调节时间:

$$t_s = \frac{4.6}{\zeta\omega_n},\ \pm 1\% \text{ 误差标准} \tag{9.60}$$

频率域性能指标与性能参数 ζ、ω_n 的关系如下。

谐振峰值:

$$M_r = \frac{1}{2\zeta\sqrt{1-\zeta^2}},\quad 0 \leqslant \zeta \leqslant 0.707 \tag{9.61}$$

$$M_r = 1,\quad \zeta > 0.707 \tag{9.62}$$

谐振角频率:

$$\omega_r = \omega_n\sqrt{1-2\zeta^2},\quad 0 \leqslant \zeta \leqslant 0.707 \tag{9.63}$$

带宽:

$$\omega_B = \omega_n\sqrt{1-2\zeta^2+\sqrt{4\zeta^4-4\zeta^2+2}} \tag{9.64}$$

系统的阶跃响应超调量 $\sigma\%$ 与谐振峰值 M_r 及其相应裕度 PM 与 ζ 关系具有以下经验公式:

$$\sigma\% \approx \begin{cases} 100(M_r-1), & M_r \leqslant 1.25 \\ 50\sqrt{M_r-1}, & M_r > 1.25 \end{cases} \tag{9.65}$$

$$\text{PM} \approx 100\zeta \tag{9.66}$$

对 n 阶系统的期望闭环极点,可以根据上述性能指标对性能参数的关系确定 ζ、ω_n、T,以此计算主导极点的一对共轭复数根作为 2 个期望闭环极点,其余 $n-2$ 个期望闭环极点可在 s 左半平面的远离主导极点的区域选取,其位置至少在主导极点对虚轴距离的 5~10 倍。

9.4.4 极点配置算法

对于系统:

$$\dot{x} = Ax + Bu \tag{9.67}$$

$$y = Cx \tag{9.68}$$

采用状态反馈控制律 $u = -Kx$，闭环系统可以任意配置极点，即

$$\det(sI - A + BK) = \prod_{i=1}^{n}(s - \delta_i) \tag{9.69}$$

成立的充分必要条件为开环系统 $\sum(A, B, C)$ 状态完全可控，其中，$\delta_i(i = 1, 2, \cdots, n)$ 为任意一组期望闭环极点。

极点配置算法：

步骤 1. 对于系统 $\sum(A, B, C)$，给定期望闭环系统特征值 $\delta_i(i = 1, 2, \cdots, n)$；

步骤 2. 检测状态完全可控条件，如果可控阵

$$Q_c \triangleq [B \quad AB \quad \cdots \quad A^{n-1}B] \tag{9.70}$$

的秩为 n，继续下一步，否则系统不可进行极点配置；

步骤 3. 求系统阵 A 的特征多项式：

$$\det(sI - A) = s^n + a_1 s^{n-1} + \cdots + a_n \tag{9.71}$$

步骤 4. 求变换阵：

$$T = Q_c W \tag{9.72}$$

其中，

$$W = \begin{bmatrix} a_{n-1} & a_{n-2} & \cdots & a_1 & 1 \\ a_{n-2} & \iddots & \iddots & 1 & 0 \\ \vdots & \iddots & \iddots & \iddots & 0 \\ a_1 & 1 & \iddots & \iddots & \vdots \\ 1 & 0 & 0 & \cdots & 0 \end{bmatrix} \tag{9.73}$$

步骤 5. 构造期望闭环系统特征多项式：

$$\prod_{i=1}^{n}(s - \delta_i) = (s - \delta_1)(s - \delta_2)\cdots(s - \delta_n) = s^n + \beta_1 s^{n-1} + \cdots + \beta_n \tag{9.74}$$

步骤 6. 计算反馈状态矩阵：

$$K = [\beta_n - a_n \quad \beta_{n-1} - a_{n-1} \quad \cdots \quad \beta_1 - a_1]\, T^{-1} \tag{9.75}$$

上述算法可用 MATLAB 软件中的函数 $place(A, B, P)$ 求解，即

$$K = place(A, B, P) \tag{9.76}$$

其中，$P = [\delta_1, \cdots, \delta_n]$。

9.4.5　状态反馈极点配置伺服控制

设被控系统的状态方程为

$$\dot{x} = Ax + Bu, \quad x(0) = x_0, \quad t \geqslant 0 \tag{9.77}$$

其中，$x \in R^n$ 为状态向量；$u \in R^p$ 为输入向量。

采用状态反馈控制规律：

$$u = -Kx \tag{9.78}$$

则闭环系统为

$$\dot{x} = (A - BK)x \tag{9.79}$$

使这一闭环系统渐进稳定的反馈增益矩阵 K 的求解问题定义为状态调节器设计问题，其解为

$$x(t) = e^{(A-BK)t}x(0) \tag{9.80}$$

其中，$x(0)$ 是外部干扰引起的初始状态。

由内模原理可知，若被控对象中不含积分器，为了伺服跟踪阶跃参考指令，在闭环反馈回路的前向通道中应包含参考指令不稳定模型，并将一阶积分环节内模嵌入闭环系统的伺服补偿器中，在闭环系统渐进稳定的前提下，能够实现无静差跟踪的积分环节。

针对以下单输入单输出(SISO)被控对象构建如图 9.17 所示的伺服状态反馈闭环系统。

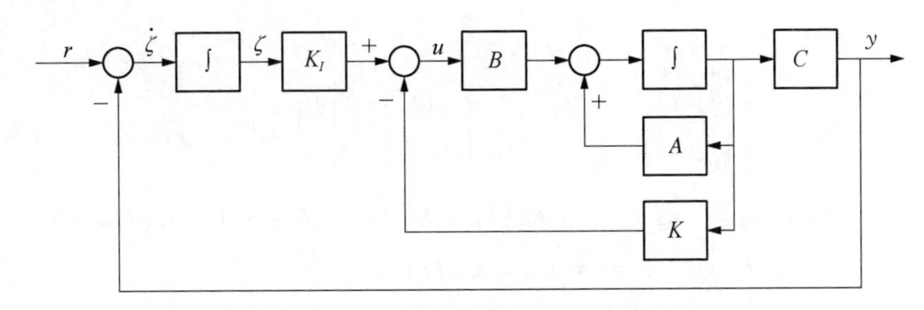

图 9.17　伺服状态反馈闭环系统

$$\dot{x} = Ax + Bu \tag{9.81}$$

$$y = Cx \tag{9.82}$$

其中，$x \in R^n$ 为状态向量；$u \in R^1$ 为输入向量；$y \in R^1$ 为输出向量。

伺服状态反馈闭环系统控制律为

$$u = -Kx + K_I\zeta \tag{9.83}$$

由图 9.17 可知

$$\dot{\zeta} = r - y = r - Cx \tag{9.84}$$

设在 $t = 0$ 时加入参考单位阶跃输入，则对 $t > 0$ 后的系统，系统的动态特性描述为

$$\begin{bmatrix} \dot{x}(t) \\ \dot{\zeta}(t) \end{bmatrix} = \begin{bmatrix} A & 0 \\ -C & 0 \end{bmatrix} \begin{bmatrix} x \\ \zeta \end{bmatrix} + \begin{bmatrix} B \\ 0 \end{bmatrix} u(t) + \begin{bmatrix} 0 \\ 1 \end{bmatrix} r(t) \tag{9.85}$$

设计一个渐进稳定系统，使得 $x(\infty)$、$\zeta(\infty)$ 和 $u(\infty)$ 分别等于常值，故此在稳态时 $\dot{\zeta}(t) = 0$ 且 $y(\infty) = r$，$r(\infty) = r(t) = r$。

$$\begin{bmatrix} \dot{x}(\infty) \\ \dot{\zeta}(\infty) \end{bmatrix} = \begin{bmatrix} A & 0 \\ -C & 0 \end{bmatrix} \begin{bmatrix} x(\infty) \\ \zeta(\infty) \end{bmatrix} + \begin{bmatrix} B \\ 0 \end{bmatrix} u(\infty) + \begin{bmatrix} 0 \\ 1 \end{bmatrix} r(\infty) \tag{9.86}$$

可得

$$\begin{bmatrix} \dot{x}(t) - \dot{x}(\infty) \\ \dot{\zeta}(t) - \dot{\zeta}(\infty) \end{bmatrix} = \begin{bmatrix} A & 0 \\ -C & 0 \end{bmatrix} \begin{bmatrix} x(t) - x(\infty) \\ \zeta(t) - \zeta(\infty) \end{bmatrix} + \begin{bmatrix} B \\ 0 \end{bmatrix} [u(t) - u(\infty)] \tag{9.87}$$

定义误差变量：

$$x_e(t) = x(t) - x(\infty) \tag{9.88}$$

$$\zeta_e(t) = \zeta(t) - \zeta(\infty) \tag{9.89}$$

$$u_e(t) = u(t) - u(\infty) \tag{9.90}$$

则

$$\begin{bmatrix} \dot{x}_e(t) \\ \dot{\zeta}_e(t) \end{bmatrix} = \begin{bmatrix} A & 0 \\ -C & 0 \end{bmatrix} \begin{bmatrix} x_e(t) \\ \zeta_e(t) \end{bmatrix} + \begin{bmatrix} B \\ 0 \end{bmatrix} u_e(t) \tag{9.91}$$

$$\begin{aligned} u_e(t) &= u(t) - u(\infty) = -Kx(t) + K_I\zeta(t) + Kx(\infty) - K_I\zeta(\infty) \\ &= -K[x(t) - x(\infty)] + K_I[\zeta(t) - \zeta(\infty)] \\ &= -Kx_e + K_I\zeta_e \end{aligned} \tag{9.92}$$

即

$$u_e(t) = -\begin{bmatrix} K & -K_I \end{bmatrix} \begin{bmatrix} x_e \\ \zeta_e \end{bmatrix} \tag{9.93}$$

定义闭环系统的 $(n+1)$ 维状态误差向量为

$$z_e(t) = \begin{bmatrix} x_e(t) \\ \zeta_e(t) \end{bmatrix} \tag{9.94}$$

则状态误差方程为

$$\dot{z}_e = \hat{A} z_e + \hat{B} u_e \tag{9.95}$$

状态反馈控制律为

$$u_e = -\hat{K} z_e \tag{9.96}$$

其中，

$$\hat{A} = \begin{bmatrix} A & 0 \\ -C & 0 \end{bmatrix},\ \hat{B} = \begin{bmatrix} B \\ 0 \end{bmatrix} \tag{9.97}$$

$$\hat{K} = \begin{bmatrix} K & -K_I \end{bmatrix} \tag{9.98}$$

则

$$\dot{z}_e = (\hat{A} - \hat{B}\hat{K}) z_e = \left\{ \begin{bmatrix} A & 0 \\ -C & 0 \end{bmatrix} - \begin{bmatrix} B \\ 0 \end{bmatrix} \begin{bmatrix} K & -K_I \end{bmatrix} \right\} z_e = \begin{bmatrix} A - BK & BK_I \\ -C & 0 \end{bmatrix} z_e \tag{9.99}$$

这样,原被控对象中不含积分器的伺服控制问题可以等效转化为闭环系统状态误差的调节器设计问题,如果满足状态完全可控条件:

$$\mathrm{rank}\ \hat{Q}_c \triangleq \mathrm{rank} \begin{bmatrix} \hat{B} & \hat{A}\hat{B} & \cdots & \hat{A}^{n-1}\hat{B} \end{bmatrix} = n + 1 \tag{9.100}$$

则可采用前述极点配置算法求出其解 $\hat{K} = \begin{bmatrix} K & -K_I \end{bmatrix}$ 。

因此,控制系统在阶跃参考指令下,控制律采用 $u = -Kx + K_I \zeta$ 构成的闭环系统动态方程为

$$\begin{bmatrix} \dot{x}(t) \\ \dot{\zeta}(t) \end{bmatrix} = \begin{bmatrix} A - BK & BK_I \\ -C & 0 \end{bmatrix} \begin{bmatrix} x \\ \zeta \end{bmatrix} + \begin{bmatrix} 0 \\ 1 \end{bmatrix} r(t) \tag{9.101}$$

输出方程为

$$y = [C \quad 0]\begin{bmatrix} x \\ \zeta \end{bmatrix} \tag{9.102}$$

同时,

$$\dot{x}(t) = (A - BK)x + BK_I\zeta \tag{9.103}$$

$$y = Cx \tag{9.104}$$

则开环传递函数为

$$G_{op} = \frac{1}{s}C[sI - (A - BK)]^{-1}BK_I \tag{9.105}$$

9.4.6 转速双回路解耦前馈补偿器设计

双轴涡桨发动机在飞行高度为 $H_d = 1$ km、飞行马赫数为 $Ma_d = 0.2$、燃油流量 $W_{f,d} = 0.105\,39$ kg/s、桨叶角 $\beta_{prop,d} = 40°$ 的稳态工作点,燃气涡轮转速 $n_{g,d} = 44\,700$ r/min、动力涡轮转速 $n_{p,d} = 20\,900$ r/min、螺旋桨功率 $P_{prop,d} = 1\,266.243$ kW,其状态空间模型为

$$\dot{x} = Ax + Bu$$

$$y = Cx + Du$$

其中,

$$x = \begin{pmatrix} n_g \\ n_p \end{pmatrix} \quad u = \begin{pmatrix} W_f \\ \beta_{prop} \end{pmatrix} \quad y = \begin{pmatrix} n_g \\ n_p \end{pmatrix}$$

各系数矩阵为

$$A = \begin{bmatrix} -3.494 & -0.055 \\ 0.037 & -0.139 \end{bmatrix} \quad B = \begin{bmatrix} 253\,862.228 & 0 \\ 3\,818.612 & -76.628 \end{bmatrix}$$

$$C = \begin{bmatrix} 1 & 0 \\ 0 & 1 \end{bmatrix} \quad D = \begin{bmatrix} 0 & 0 \\ 0 & 0 \end{bmatrix}$$

设状态向量、输入向量、输出向量的变换矩阵分别为

$$T_X = \begin{bmatrix} \frac{1}{n_{g,d}} & 0 \\ 0 & \frac{1}{n_{p,d}} \end{bmatrix} \quad T_U = \begin{bmatrix} \frac{1}{W_{f,d}} & 0 \\ 0 & \frac{1}{\beta_{prop,d}} \end{bmatrix} \quad T_Y = \begin{bmatrix} \frac{1}{n_{g,d}} & 0 \\ 0 & \frac{1}{n_{p,d}} \end{bmatrix}$$

作线性非奇异变换：

$$x_n = T_X x,\ u_n = T_U u,\ y_n = T_Y y$$

$$x_n = \begin{pmatrix} n_{g,n} \\ n_{p,n} \end{pmatrix} \quad u_n = \begin{pmatrix} W_{f,n} \\ \beta_{prop,n} \end{pmatrix} \quad y_n = \begin{pmatrix} n_{g,n} \\ n_{p,n} \end{pmatrix}$$

则归一化线性模型为

$$\Sigma_{normalized}: \begin{cases} \dot{x}_n = A_n x_n + B_n u_n \\ y_n = C_n x_n + D_n u_n \end{cases}$$

其中，

$$A_n = \begin{bmatrix} -3.4941 & -0.0256 \\ 0.0788 & -0.1393 \end{bmatrix} \quad B_n = \begin{bmatrix} 0.5985 & 0 \\ 0.0193 & -0.1467 \end{bmatrix}$$

$$C_n = \begin{bmatrix} 1 & 0 \\ 0 & 1 \end{bmatrix} \quad D_n = \begin{bmatrix} 0 & 0 \\ 0 & 0 \end{bmatrix}$$

设执行机构状态空间模型为

$$\Sigma_{actuator}: \begin{cases} \dot{x}_{ac} = A_{ac} x_{ac} + B_{ac} u_{ac} \\ u_n = C_{ac} x_{ac} + D_{ac} u_{ac} \end{cases}$$

其中，$x_{ac} = \begin{pmatrix} W_{f,n} \\ \beta_{prop,n} \end{pmatrix} \in R^2$ 为状态向量；$u_{ac} = \begin{pmatrix} W_{f,dem} \\ \beta_{prop,dem} \end{pmatrix} \in R^2$ 为输入向量；$u_n = \begin{pmatrix} W_{f,n} \\ \beta_{prop,n} \end{pmatrix} \in R^2$ 为输出向量。

$$A_{ac} = \begin{bmatrix} -\dfrac{1}{\tau_1} & 0 \\ 0 & -\dfrac{1}{\tau_2} \end{bmatrix} \quad B_{ac} = \begin{bmatrix} \dfrac{1}{\tau_1} & 0 \\ 0 & \dfrac{1}{\tau_2} \end{bmatrix} \quad C_{ac} = \begin{bmatrix} 1 & 0 \\ 0 & 1 \end{bmatrix} 1 \quad D_{ac} = \begin{bmatrix} 0 & 0 \\ 0 & 0 \end{bmatrix}$$

其中，$\tau_1 = 0.1$；$\tau_2 = 0.09$。执行机构传递函数矩阵为

$$G_{ac}(s) = C_{ac}(sI - A_{ac})^{-1} B_{ac} + D_{ac} = \begin{bmatrix} \dfrac{1}{\tau_1 s + 1} & \\ & \dfrac{1}{\tau_2 s + 1} \end{bmatrix}$$

对被控对象和执行机构进行增广，设增广后被控对象的状态向量为

$$x_{aug}=\begin{bmatrix}x_n\\x_{ac}\end{bmatrix}=[n_{g,n}\quad n_{p,n}\quad W_{f,n}\quad \beta_{prop,n}]^{T}\in R^4$$

输入向量为

$$u_{aug}=u_{ac}=\begin{pmatrix}W_{f,dem}\\\beta_{prop,dem}\end{pmatrix}\in R^2$$

输出向量为

$$y_{aug}=y_n=\begin{pmatrix}n_{g,n}\\n_{p,n}\end{pmatrix}\in R^2$$

增广的被控对象为

$$\Sigma_{augmented}:\begin{cases}\dot{x}_{aug}=A_{aug}x_{aug}+B_{aug}u_{aug}\\y_{aug}=C_{aug}x_{aug}\end{cases}$$

其中,

$$A_{aug}=\begin{bmatrix}A_n & B_nC_{ac}\\0 & A_{ac}\end{bmatrix},\ B_{aug}=\begin{bmatrix}0\\B_{ac}\end{bmatrix},\ C_{aug}=[C_n\quad D_nC_{ac}]$$

$$\begin{cases}A_{aug}=\begin{bmatrix}-3.4941 & -0.0256 & 0.5985 & 0\\0.0788 & -0.1393 & 0.0193 & -0.1467\\0 & 0 & -10 & 0\\0 & 0 & 0 & -11.11\end{bmatrix}\\B_{aug}=\begin{bmatrix}0 & 0\\0 & 0\\10 & 0\\0 & 11.11\end{bmatrix}\\C_{aug}=\begin{bmatrix}1 & 0 & 0 & 0\\0 & 1 & 0 & 0\end{bmatrix}\\D_{aug}=\begin{bmatrix}0 & 0\\0 & 0\end{bmatrix}\end{cases}$$

增广被控对象传递函数矩阵为

$$G_{aug}(s)=\begin{bmatrix}G_{11}(s) & G_{12}(s)\\G_{21}(s) & G_{22}(s)\end{bmatrix}$$

$$u_{\mathrm{aug}} = u_{\mathrm{ac}} = \begin{pmatrix} W_{\mathrm{f,\,dem}} \\ \beta_{\mathrm{prop,\,dem}} \end{pmatrix} \in R^2 \quad y_{\mathrm{aug}} = y_n = \begin{pmatrix} n_{\mathrm{g},\,n} \\ n_{\mathrm{p},\,n} \end{pmatrix} \in R^2$$

$$G_{11}(s) = \frac{n_{\mathrm{g},\,n}}{W_{\mathrm{f,\,dem}}(s)} = \frac{5.985s + 0.827}{s^3 + 13.63s^2 + 36.82s + 4.877}$$

$$G_{12}(s) = \frac{n_{\mathrm{g},\,n}}{\beta_{\mathrm{prop,\,dem}}(s)} = \frac{0.0419}{s^3 + 14.74s^2 + 40.85s + 5.419}$$

$$G_{21}(s) = \frac{n_{\mathrm{p},\,n}}{W_{\mathrm{f,\,dem}}(s)} = \frac{0.1926s + 1.146}{s^3 + 13.63s^2 + 36.82s + 4.877}$$

$$G_{22}(s) = \frac{n_{\mathrm{p},\,n}}{\beta_{\mathrm{prop,\,dem}}} = \frac{-1.63s - 5.694}{s^3 + 14.74s^2 + 40.85s + 5.419}$$

解耦前馈补偿器为

$$M_1(s) = -\frac{G_{12}(s)}{G_{11}(s)} = -\frac{0.007001s + 0.07001}{s^2 + 11.25s + 1.535}$$

$$M_2(s) = -\frac{G_{21}(s)}{G_{22}(s)} = \frac{0.1182s^2 + 2.017s + 7.817}{s^2 + 13.49s + 34.94}$$

回路系统 $\sum_3$ 的解耦前馈补偿设计为系统 $\sum_4$，结构如图 9.18 所示。

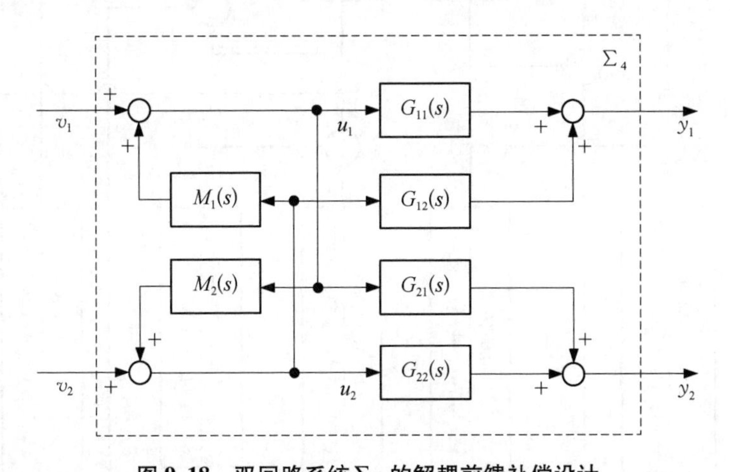

图 9.18　双回路系统Σ_3的解耦前馈补偿设计

双回路解耦对比仿真如图 9.19 所示，给以两个回路的输入均为单位阶跃信号，经过解耦后回路 1 的输出响应与 $G_{11}(s)$ 的传递函数的输出响应曲线完全一致，如图 9.20 所示；经过解耦后回路 2 的输出响应与 $G_{22}(s)$ 的传递函数的输出响应曲线完全一致，如图 9.21 所示。

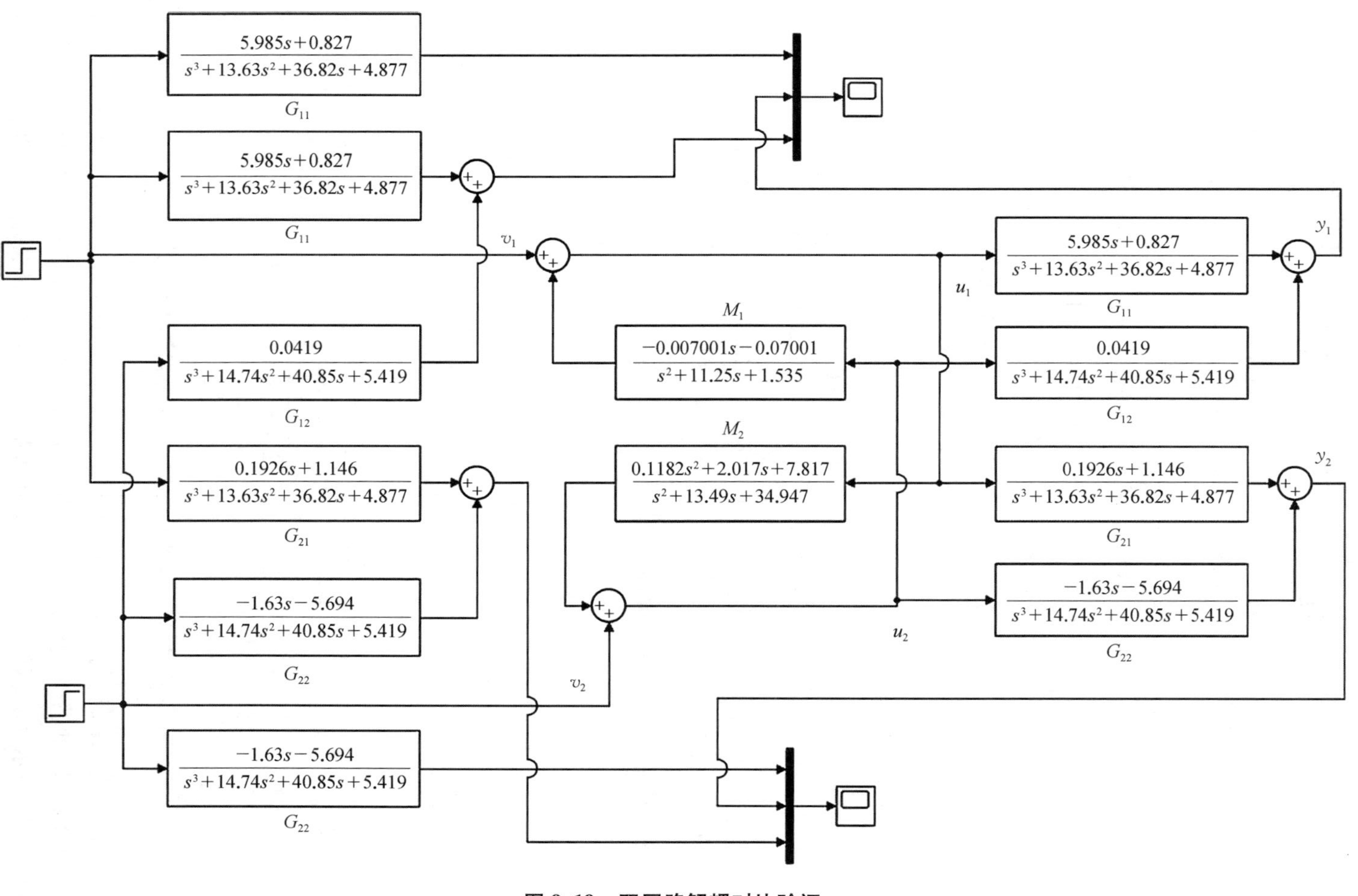

图 9.19 双回路解耦对比验证

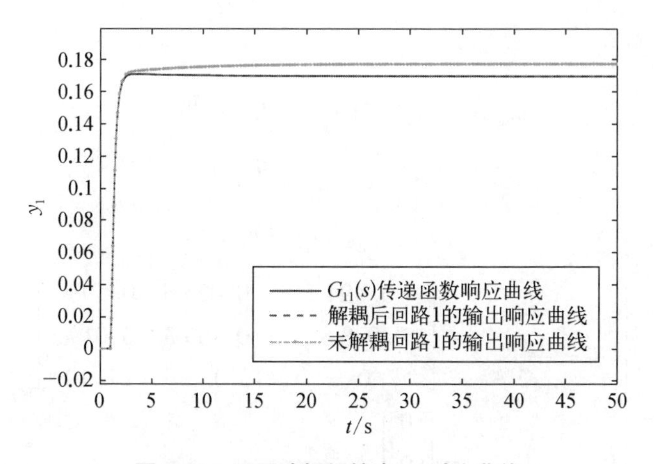

图 9.20　双回路解耦输出 y_1 对比曲线

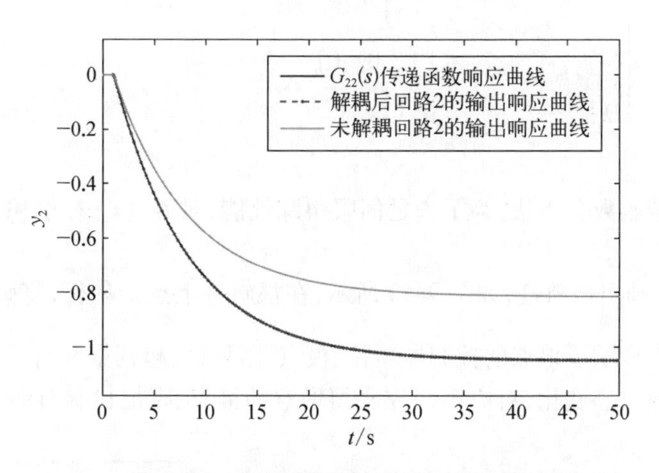

图 9.21　双回路解耦输出 y_2 对比曲线

9.4.7　燃气发生器转速输出反馈控制器设计

燃气发生器燃油流量指令到燃气发生器归一化转速的传递函数和零极点模型为

$$G_{11}(s)=\frac{n_{g,n}(s)}{W_{f,dem}(s)}=\frac{5.985s+0.827}{s^3+13.63s^2+36.82s+4.877}$$
$$=\frac{5.9845(s+0.1382)}{(s+3.493)(s+10)(s+0.1396)}$$

其状态空间模型为

$$\begin{cases}\dot{x}_{aug,\,w_{f,dem}\to n_{g,n}}=A_{aug,\,w_{f,dem}\to n_{g,n}}x_{aug,\,w_{f,dem}\to n_{g,n}}+B_{aug,\,w_{f,dem}\to n_{g,n}}u_{aug,\,w_{f,dem}\to n_{g,n}}\\ y_{aug,\,w_{f,dem}\to n_{g,n}}=C_{aug,\,w_{f,dem}\to n_{g,n}}x_{aug,\,w_{f,dem}\to n_{g,n}}\end{cases}$$

其中，

$$x_{\text{aug}, w_{\text{f, dem}} \to n_{\text{g}, n}} = [n_{\text{g}, n} \quad n_{\text{p}, n} \quad W_{\text{f}, n}]^{\text{T}}$$

$$u_{\text{aug}, w_{\text{f, dem}} \to n_{\text{g}, n}} = W_{\text{f, dem}}$$

$$y_{\text{aug}, w_{\text{f, dem}} \to n_{\text{g}, n}} = n_{\text{g}, n}$$

$$\begin{cases} A_{\text{aug}, w_{\text{f, dem}} \to n_{\text{g}, n}} = \begin{bmatrix} -3.4941 & -0.0256 & 0.5985 \\ 0.0788 & -0.1393 & 0.0193 \\ 0 & 0 & -10 \end{bmatrix} \\ B_{\text{aug}, w_{\text{f, dem}} \to n_{\text{g}, n}} = \begin{bmatrix} 0 \\ 0 \\ 10 \end{bmatrix} \\ C_{\text{aug}, w_{\text{f, dem}} \to n_{\text{g}, n}} = [1 \quad 0 \quad 0] \\ D_{\text{aug}, w_{\text{f, dem}} \to n_{\text{g}, n}} = 0 \end{cases}$$

采用频域函数分析法，为了满足伺服跟踪性能，对 $G_{11}(s)$ 补偿积分环节 $\frac{1}{s}$ 构成 $\frac{1}{s}G_{11}(s)$，画出根轨迹，如图 9.22 所示，在根轨迹上点击鼠标，将弹出一个信息框。信息框中显示了该点的控制器增益、极点、阻尼比、超调量和自然频率，拖动鼠标使其沿着根轨迹变化，对应不同控制器增益的极点、阻尼比、超调量和自然频率

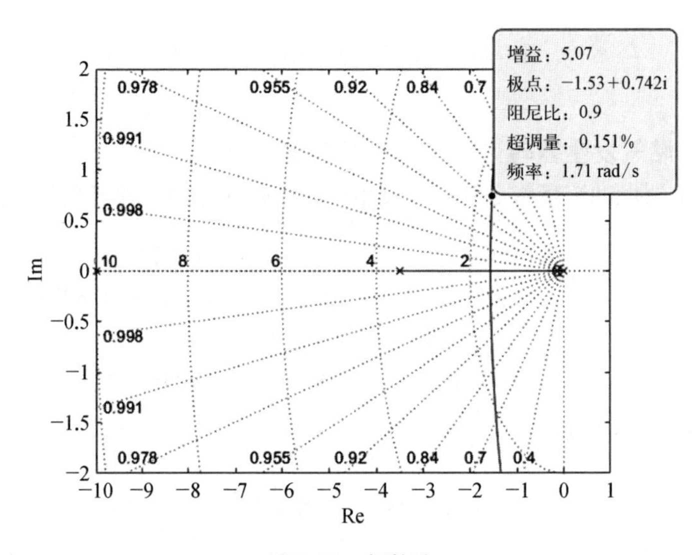

图 9.22 根轨迹

也随之变化,当选定阻尼比为0.9时,其控制器增益为5.07,设计的控制器为

$$K_{w_{\mathrm{f,\,dem}} \to n_{\mathrm{g},\,n}}(s) = \frac{5.07}{s}$$

涡桨发动机 $w_{\mathrm{f,\,dem}} \to n_{\mathrm{g},\,n}$ 回路的开环伯德图如图9.23所示。

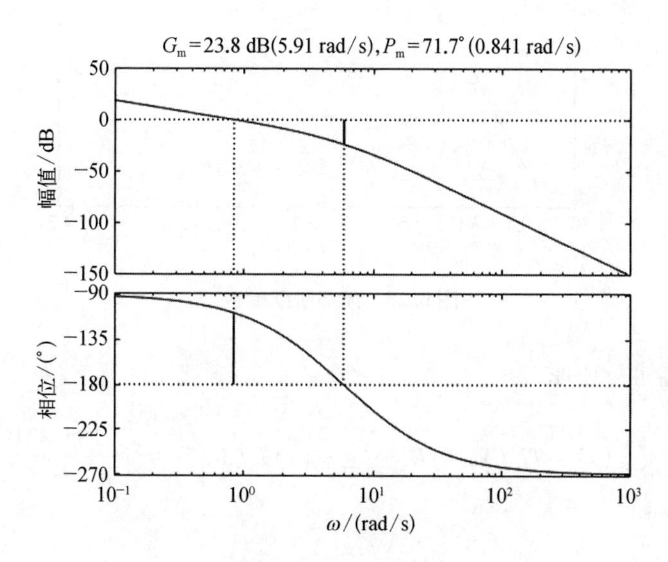

图9.23　开环伯德图

涡桨发动机 $w_{\mathrm{f,\,dem}} \to n_{\mathrm{g},\,n}$ 回路的闭环伯德图如图9.24所示,闭环阶跃响应如图9.25所示。

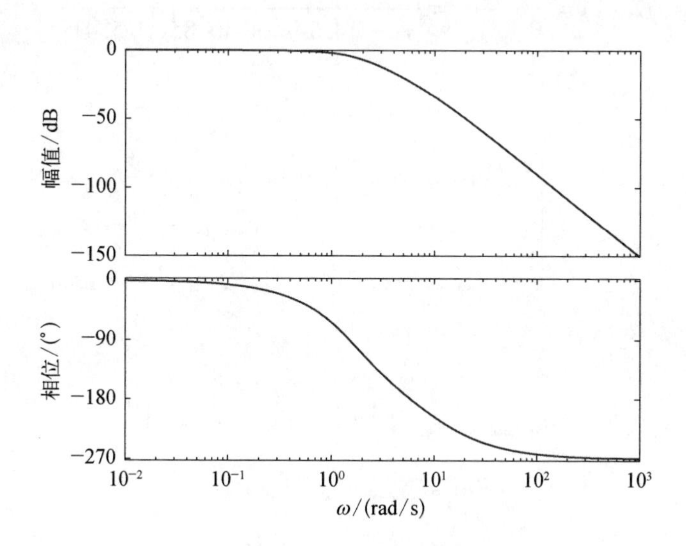

图9.24　闭环伯德图

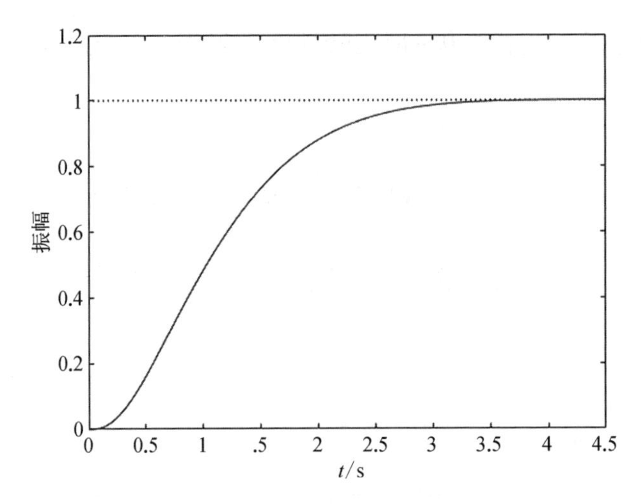

图 9.25　闭环阶跃响应

对控制器进行还原,得

$$K_{w_{\mathrm{f,\ dem}}\to n_{\mathrm{g}}}(s)=T_U^{-1}(1,\ 1)K_{w_{\mathrm{f,\ dem}}\to n_{\mathrm{g},\ n}}(s)T_y(1,\ 1)=\frac{1.195\times 10^{-5}}{s}$$

9.4.8　动力涡轮转速状态反馈控制器设计

桨叶角指令到动力涡轮归一化转速的传递函数为

$$G_{22}(s)=\frac{n_{\mathrm{p},\ n}}{\beta_{\mathrm{prop,\ dem}}}=\frac{-1.63s-5.694}{s^3+14.74s^2+40.85s+5.419}$$

其状态空间模型为

$$\sum\nolimits_{\beta_{\mathrm{prop,\ dem}}\to n_{\mathrm{p},\ n}}:\begin{cases}\dot{x}_{\mathrm{aug},\ \beta_{\mathrm{prop,\ dem}}\to n_{\mathrm{p},\ n}}=A_{\mathrm{aug},\ \beta_{\mathrm{prop,\ dem}}\to n_{\mathrm{p},\ n}}x_{\mathrm{aug},\ \beta_{\mathrm{prop,\ dem}}\to n_{\mathrm{p},\ n}}\\ \qquad +B_{\mathrm{aug},\ \beta_{\mathrm{prop,\ dem}}\to n_{\mathrm{p},\ n}}u_{\mathrm{aug},\ \beta_{\mathrm{prop,\ dem}}\to n_{\mathrm{p},\ n}}\\ y_{\mathrm{aug},\ \beta_{\mathrm{prop,\ dem}}\to n_{\mathrm{p},\ n}}=C_{\mathrm{aug},\ \beta_{\mathrm{prop,\ dem}}\to n_{\mathrm{p},\ n}}x_{\mathrm{aug},\ \beta_{\mathrm{prop,\ dem}}\to n_{\mathrm{p},\ n}}\end{cases}$$

其中,

$$x_{\mathrm{aug},\ \beta_{\mathrm{prop,\ dem}}\to n_{\mathrm{p},\ n}}=[n_{\mathrm{g},\ n}\quad n_{\mathrm{p},\ n}\quad \beta_{\mathrm{prop},\ n}]^{\mathrm{T}}$$

$$u_{\mathrm{aug},\ \beta_{\mathrm{prop,\ dem}}\to n_{\mathrm{p},\ n}}=\beta_{\mathrm{prop,\ dem}}$$

$$y_{\mathrm{aug},\ \beta_{\mathrm{prop,\ dem}}\to n_{\mathrm{p},\ n}}=n_{\mathrm{p},\ n}$$

$$\begin{cases} A_{\text{aug}, \beta_{\text{prop, dem}} \to n_{\text{p}, n}} = \begin{bmatrix} -3.4941 & -0.0256 & 0 \\ 0.0788 & -0.1393 & 0.1467 \\ 0 & 0 & -11.11 \end{bmatrix} \\ B_{\text{aug}, \beta_{\text{prop, dem}} \to n_{\text{p}, n}} = \begin{bmatrix} 0 \\ 0 \\ 11.11 \end{bmatrix} \\ C_{\text{aug}, \beta_{\text{prop, dem}} \to n_{\text{p}, n}} = [0 \quad 1 \quad 0] \\ D_{\text{aug}, \beta_{\text{prop, dem}} \to n_{\text{p}, n}} = 0 \end{cases}$$

针对 $\sum_{\beta_{\text{prop, dem}} \to n_{\text{p}, n}}$ 构建如图 9.26 所示的状态反馈伺服闭环系统。图中，$A = A_{\text{aug}, \beta_{\text{prop, dem}} \to n_{\text{p}, n}} \in R^{3\times3}$，$B = B_{\text{aug}, \beta_{\text{prop, dem}} \to n_{\text{p}, n}} \in R^{3\times1}$，$C = C_{\text{aug}, \beta_{\text{prop, dem}} \to n_{\text{p}, n}} \in R^{1\times3}$。

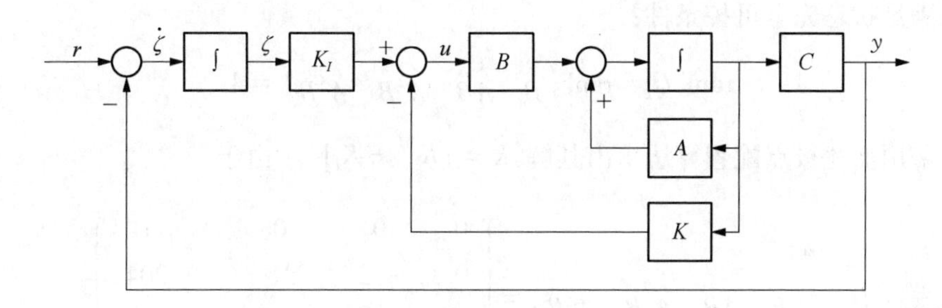

图 9.26 状态反馈伺服闭环系统

在 $t = 0$ 时加入参考单位阶跃输入,则对 $t > 0$ 后的系统,系统的动态特性描述为

$$\begin{bmatrix} \dot{x}(t) \\ \dot{\zeta}(t) \end{bmatrix} = \begin{bmatrix} A & 0 \\ -C & 0 \end{bmatrix} \begin{bmatrix} x \\ \zeta \end{bmatrix} + \begin{bmatrix} B \\ 0 \end{bmatrix} u(t) + \begin{bmatrix} 0 \\ 1 \end{bmatrix} r(t)$$

其中，$x = x_{\text{aug}, \beta_{\text{prop, dem}} \to n_{\text{p}, n}}$；$u = u_{\text{aug}, \beta_{\text{prop, dem}} \to n_{\text{p}, n}}$。

设伺服状态反馈闭环系统控制律为

$$u = -Kx + K_I\zeta = [-K \quad K_I] \begin{pmatrix} x \\ \zeta \end{pmatrix} = \hat{K} \begin{pmatrix} x \\ \zeta \end{pmatrix}$$

设计一个渐进伺服稳定系统,使得 $y(t)$ 伺服跟踪 $r(t)$，等价于状态误差方程为

$$\dot{z}_{\text{e}} = \hat{A} z_{\text{e}} + \hat{B} u_{\text{e}}$$

$$z_e(t)=\begin{bmatrix}x_e(t)\\ \zeta_e(t)\end{bmatrix}=\begin{bmatrix}x(t)-x(\infty)\\ \zeta(t)-\zeta(\infty)\end{bmatrix}$$

$$u_e(t)=u(t)-u(\infty)$$

$$\hat{A}=\begin{bmatrix}A & 0\\ -C & 0\end{bmatrix}\in R^{(3+1)\times(3+1)},\ \hat{B}=\begin{bmatrix}B\\ 0\end{bmatrix}\in R^{(3+1)\times 1}$$

在状态反馈控制律 $u_e=-\hat{K}z_e(\hat{K}=[-K\quad K_I]\in R^{1\times 4})$ 的作用下闭环系统 $\sum_{\hat{K}}(\hat{A}-\hat{B}\hat{K},\ \hat{B},\ \hat{C})$ 渐进稳定的状态调节器设计问题。

采用配置极点的方法,使闭环极点配置到 $P=[p_1\quad p_2\quad p_3\quad p_4]$,即

$$\det(sI-\hat{A}+\hat{B}\hat{K})=\prod_{i=1}^{3+1}(s-p_i)$$

如果满足状态完全可控条件:

$$\operatorname{rank}\hat{Q}_c\triangleq\operatorname{rank}[\hat{B}\quad \hat{A}\hat{B}\quad \hat{A}^2\hat{B}\quad \hat{A}^3\hat{B}]=4$$

则可采用前述极点配置算法求出其解 $\hat{K}=[K\quad -K_I]$ 。由于,

$$\hat{Q}_c=[\hat{B}\quad \hat{A}\hat{B}\quad \hat{A}^2\hat{B}\quad \hat{A}^3\hat{B}]=\begin{bmatrix}0 & 0 & 0 & -1\\ 0 & -2 & 18 & -204\\ 11 & -123 & 1\,372 & -15\,242\\ 0 & 0 & 2 & -18\end{bmatrix}$$

$$\operatorname{rank}\hat{Q}_c=4$$

故满足任意极点可配置条件。

设期望闭环极点为 $P=[-2.3+1.363\,8j\quad -2.3-1.363\,8j\quad -18\quad -19]$,则

$$\hat{K}=[K\quad -K_I]=[-5\,049\quad -233.8\quad 2.4\quad 429.5]$$

即

$$K_{\beta_{\text{prop, dem}}\to n_{\text{p},n}}(s)=[-5\,049\quad -233.8\quad 2.4\quad 429.5]$$

开环传递函数为

$$G_{op}=\frac{1}{s}C[sI-(A-BK)]^{-1}BK_I=\frac{699.84(s+3.494)}{s(s+2.761)(s^2+38.84s+412.1)}$$

闭环传递函数为

$$G_{\mathrm{cl}} = \frac{699.84(s + 3.494)}{(s + 19)(s + 18)(s^2 + 4.6s + 7.15)}$$

涡桨发动机 $\beta_{\mathrm{prop,\ dem}} \rightarrow n_{\mathrm{p},\ n}$ 回路的根轨迹如图 9.27 所示，开环伯德图如图 9.28 所示。

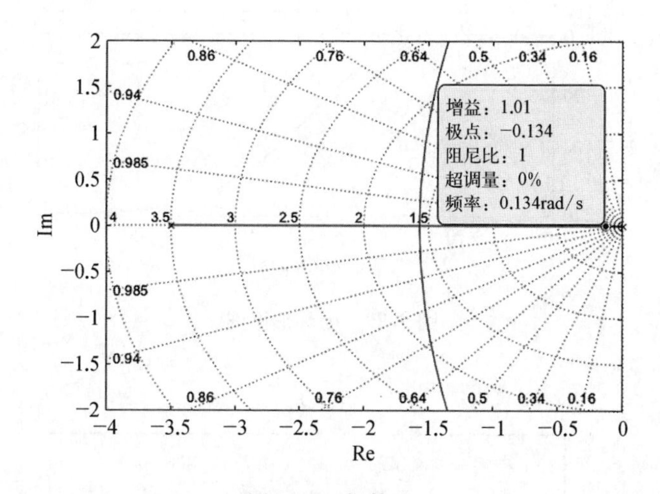

图 9.27　根轨迹

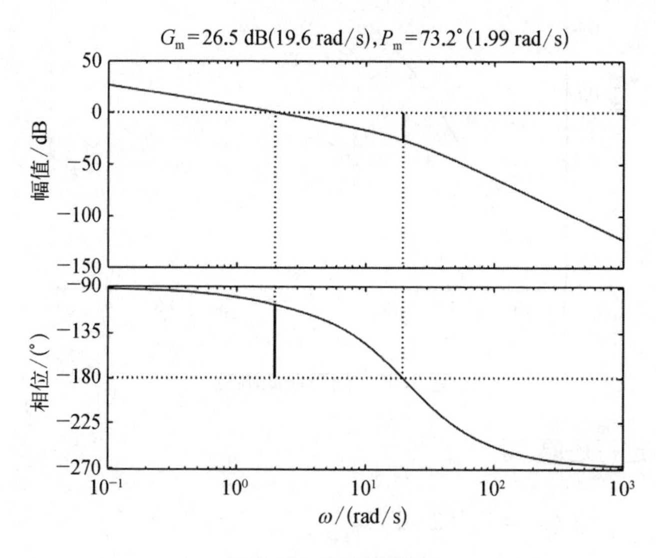

图 9.28　开环伯德图

涡桨发动机 $\beta_{\mathrm{prop,\ dem}} \rightarrow n_{\mathrm{p},\ n}$ 回路的闭环伯德图如图 9.29 所示，闭环阶跃响应如图 9.30 所示。

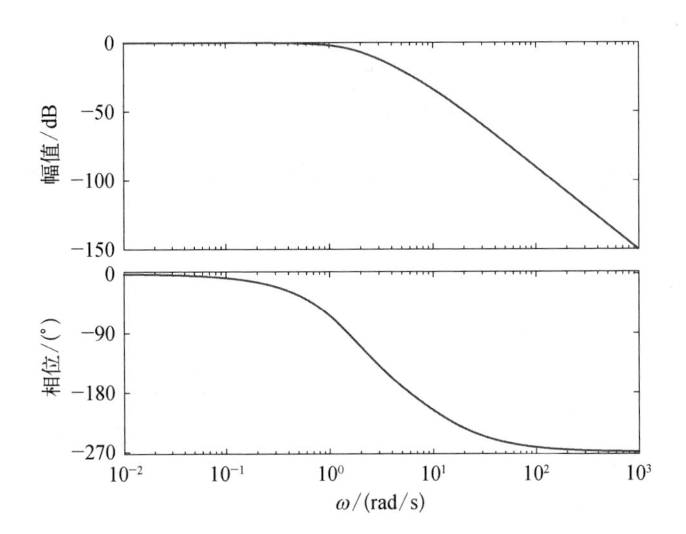

图 9.29 闭环伯德图

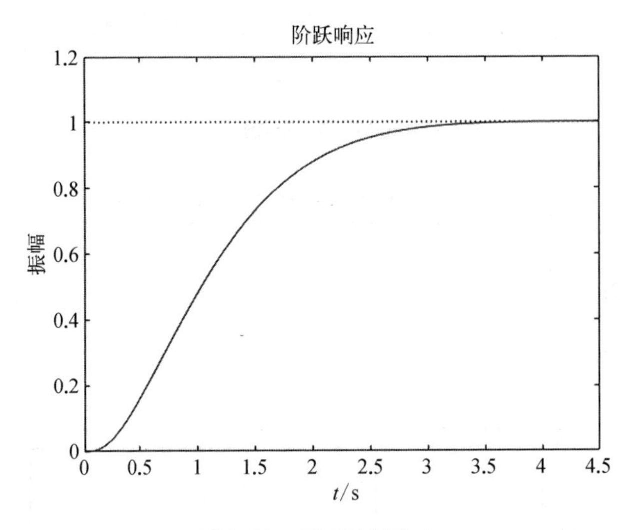

图 9.30 闭环阶跃响应

对控制器进行还原，得

$$K_{\beta_{\mathrm{prop,\ dem}} \to n_{\mathrm{p}}}(s) = T_U^{-1}(2,\ 2) K_{\beta_{\mathrm{prop,\ dem}} \to n_{\mathrm{p},\ n}}(s) T_y(2,\ 2)$$
$$= [-9.6632 \quad -0.4474 \quad 0.0046 \quad 0.822]$$

涡桨发动机$\beta_{\mathrm{prop,\ dem}} \to n_{\mathrm{p},\ n}$闭环回路状态反馈仿真结构如图 9.31 所示，涡桨发动机$\beta_{\mathrm{prop,\ dem}} \to n_{\mathrm{p},\ n}$闭环回路状态反馈输出响应曲线如图 9.32 所示。

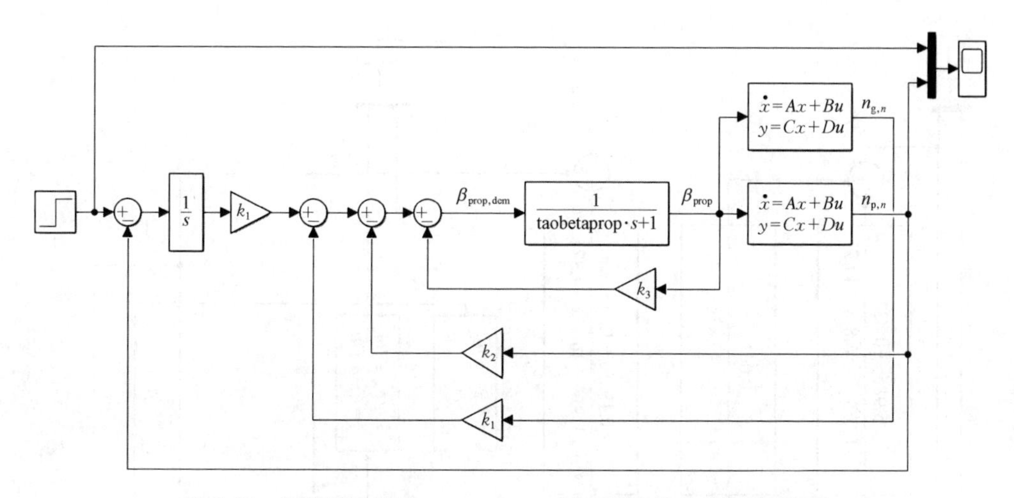

图 9.31　涡桨发动机 $\boldsymbol{\beta}_{prop,\,dem} \rightarrow \boldsymbol{n}_{p,\,n}$ 闭环回路状态反馈仿真结构

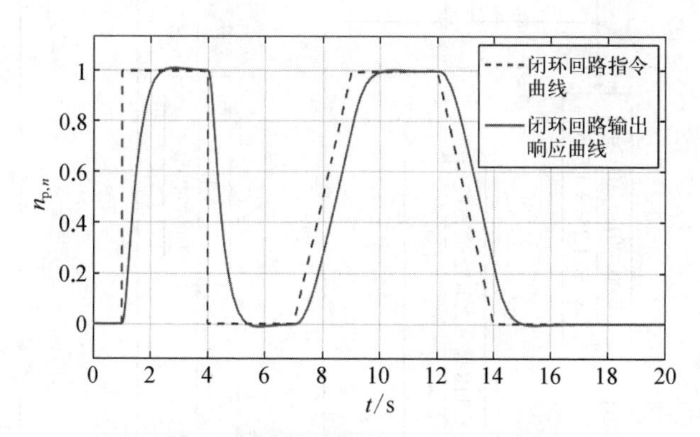

图 9.32　涡桨发动机 $\boldsymbol{\beta}_{prop,\,dem} \rightarrow \boldsymbol{n}_{p,\,n}$ 闭环回路状态反馈输出响应曲线

9.5　仿 真 验 证

9.5.1　线性系统仿真

如图 9.33 所示为涡桨发动机双回路解耦控制系统仿真验证平台。

图 9.33 中，解耦前馈补偿器为

$$M_1(s) = -\frac{G_{12}(s)}{G_{11}(s)} = -\frac{0.007\,001s + 0.070\,01}{s^2 + 11.25s + 1.535}$$

$$M_2(s) = -\frac{G_{21}(s)}{G_{22}(s)} = \frac{0.118\,2s^2 + 2.017s + 7.817}{s^2 + 13.49s + 34.94}$$

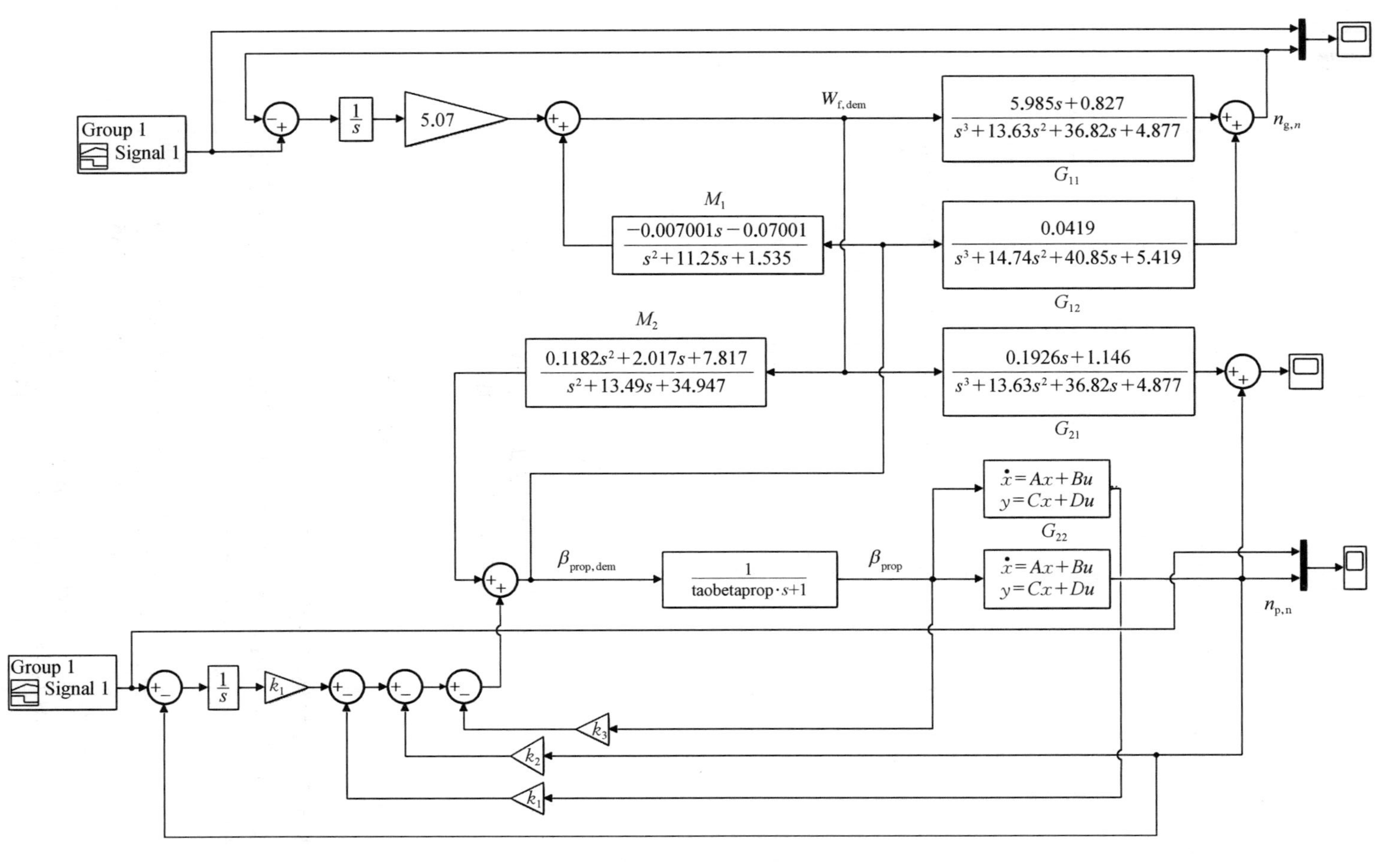

图 9.33 涡桨发动机双回路解耦控制系统仿真

反馈控制器分别为

$$K_{w_{f,\,dem}\to n_{g,\,n}}(s)=\frac{5.07}{s}$$

$$K_{\beta_{prop,\,dem}\to n_{p,\,n}}(s)=[-5\,049\quad -233.8\quad 2.4\quad 429.5]$$

给定 $w_{f,\,dem}\to n_{g,\,n}$ 回路的 $n_{g,\,n}$ 指令如图 9.34 虚线所示,给定 $\beta_{prop,\,dem}\to n_{p,\,n}$ 回路的 $n_{p,\,n}$ 指令如图 9.35 虚线所示。仿真 20 s, $w_{f,\,dem}\to n_{g,\,n}$ 回路的 $n_{g,\,n}$ 响应曲线如图 9.34 实线所示, $\beta_{prop,\,dem}\to n_{p,\,n}$ 回路的 $n_{p,\,n}$ 响应曲线如图 9.35 实线所示,由图可知,解耦前馈补偿器+反馈控制器能够实现阶跃和斜坡伺服跟踪。

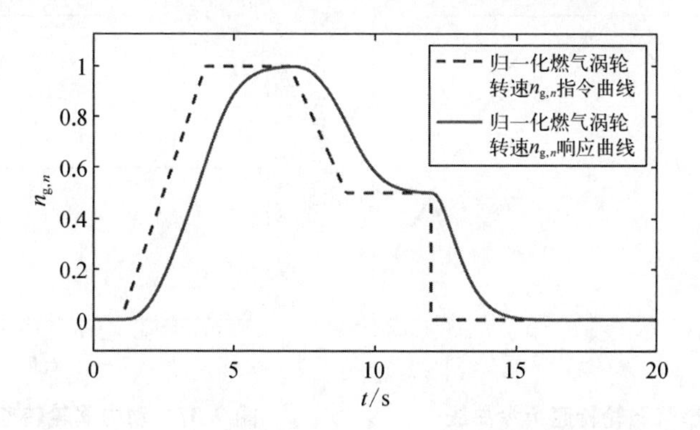

图 9.34 $w_{f,\,dem}\to n_{g,\,n}$ 回路的 $n_{g,\,n}$ 指令与响应曲线

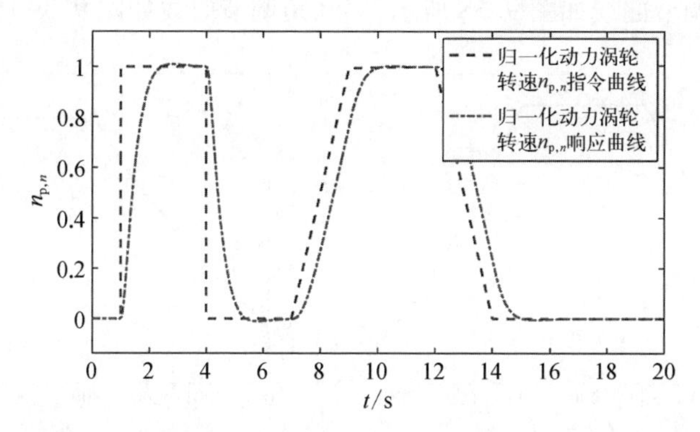

图 9.35 $\beta_{prop,\,dem}\to n_{p,\,n}$ 回路的 $n_{p,\,n}$ 指令与响应曲线

9.5.2 飞行包线内仿真

为了验证解耦前馈补偿器+反馈控制器的鲁棒性能,采用涡桨发动机非线性模型构建涡桨发动机控制系统仿真平台。解耦前馈补偿器由于对发动机工作状态特别敏感,当工作状态变化时解耦前馈补偿器按 n_g 调度设计,反馈控制器在设计点按上述方法设计,燃油流量到燃气涡轮转速回路控制器按根轨迹方法设计,即

$$K_{w_{\mathrm{f,\ dem}}\to n_{\mathrm{g}}}(s)=\frac{1.195\times10^{-5}}{s}$$

桨叶角到动力涡轮转速回路控制器按极点配置方法设计,即

$$K_{\beta_{\mathrm{prop,\ dem}}\to n_{\mathrm{p}}}(s)=[-9.6632\quad -0.4474\quad 0.0046\quad 0.822]$$

仿真时间 750 s,仿真步长为 0.01 s,在飞行高度 $H=1$ km、飞行马赫数 $Ma=0.2$ 的飞行条件下,给定燃气涡轮转速 $n_{\mathrm{g,\ dem}}$ 指令如图 9.36 所示,动力涡轮转速指令保持不变如图 9.37 所示。

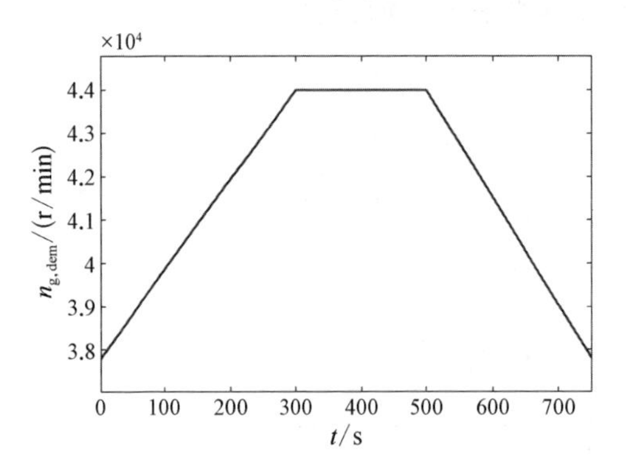

图 9.36 燃气涡轮转速指令曲线

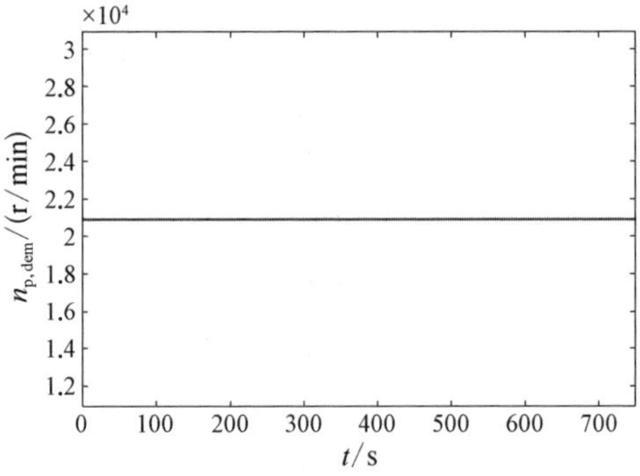

图 9.37 动力涡轮转速指令曲线

燃油流量调节曲线如图 9.38 所示,桨叶角调节曲线如图 9.39 所示。

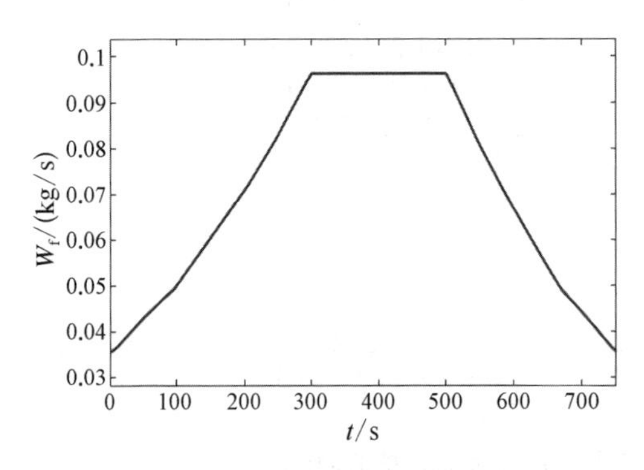

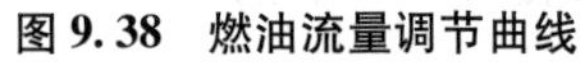
图 9.38 燃油流量调节曲线

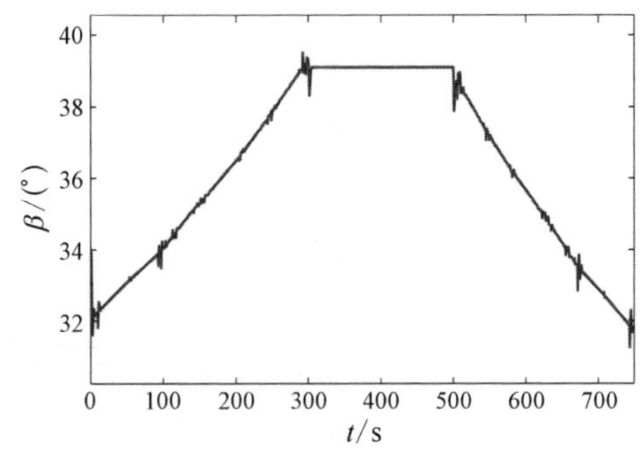

图 9.39 桨叶角调节曲线

燃气涡轮转速 n_{g} 响应曲线如图 9.40 所示,燃气涡轮转速 n_{g} 对指令的相对误差曲线如图 9.41 所示,当燃气涡轮转速指令按斜波变化时,燃气涡轮转速响应曲线存在误差,最大误差为 0.06%,当燃气涡轮转速指令恒值不变时,误差接近零,能够伺服跟踪指令。

动力涡轮转速 n_{p} 响应曲线如图 9.42 所示,动力涡轮转速 n_{p} 对指令的相对误

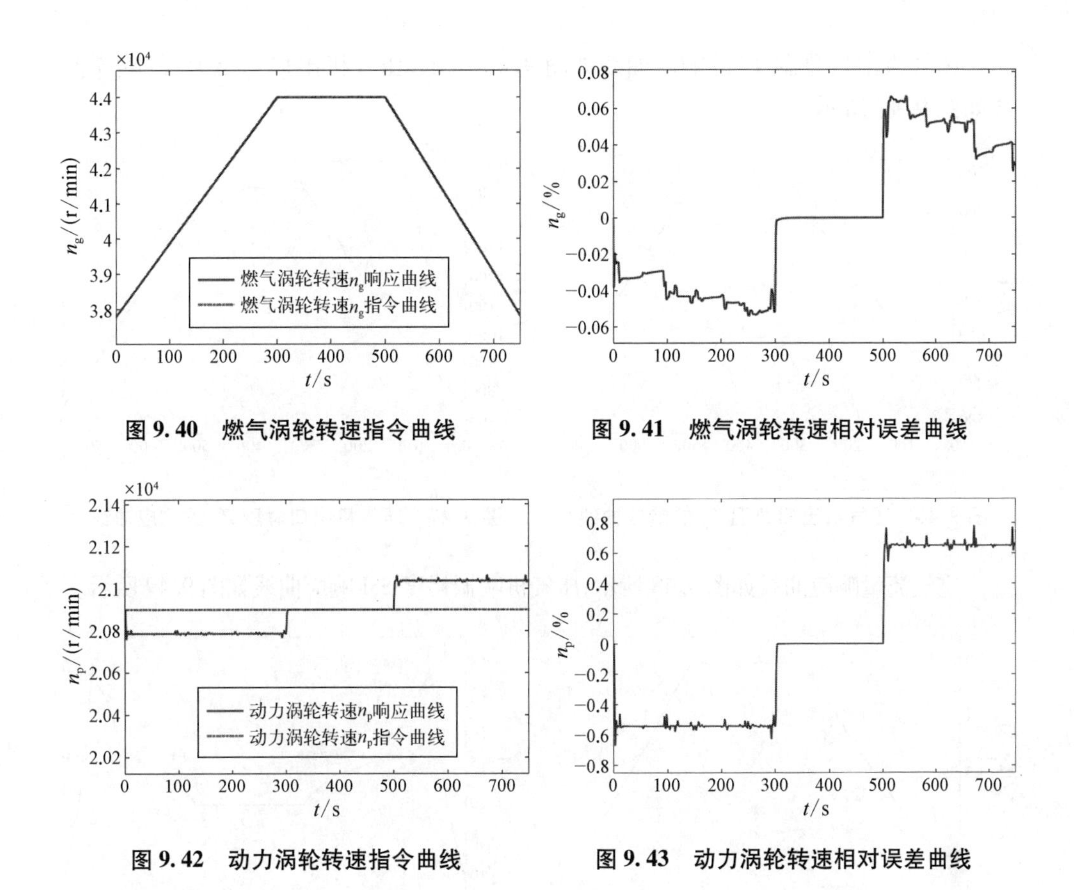

图 9.40　燃气涡轮转速指令曲线

图 9.41　燃气涡轮转速相对误差曲线

图 9.42　动力涡轮转速指令曲线

图 9.43　动力涡轮转速相对误差曲线

差曲线如图 9.43 所示。由图可知,当燃气涡轮转速指令按斜波变化时,动力涡轮转速响应曲线存在误差,最大误差为 0.8%,当燃气涡轮转速指令恒值不变时,动力涡轮转速能够伺服跟踪动力涡轮转速指令。

压气机进口总温 T_2 的响应曲线如图 9.44 所示,压气机进口总压 P_2 的响应曲线如图 9.45 所示。

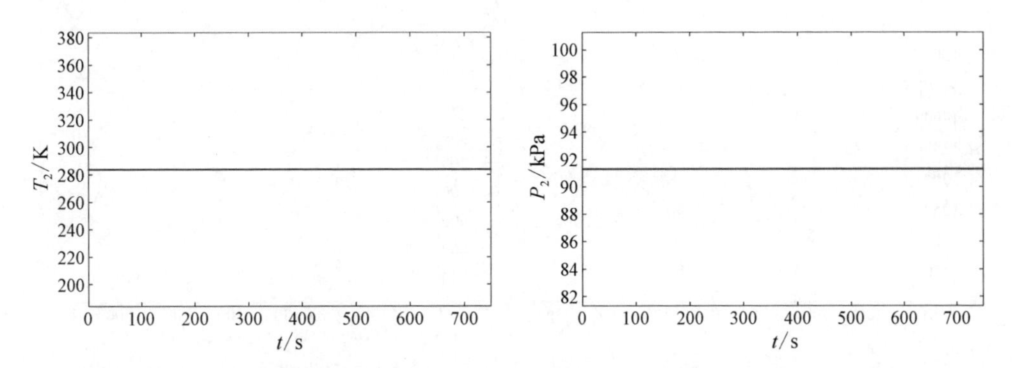

图 9.44　压气机进口总温 T_2 的响应曲线

图 9.45　压气机进口总压 P_2 的响应曲线

压气机出口总温 T_3 的响应曲线如图 9.46 所示，压气机出口总压 P_3 的响应曲线如图 9.47 所示。

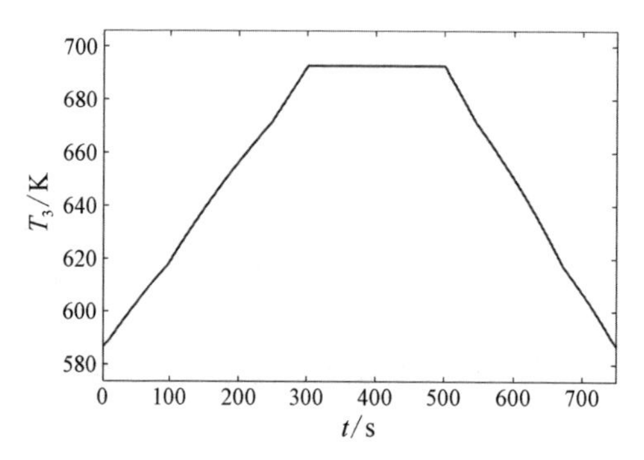

图 9.46 压气机出口总温 T_3 的响应曲线

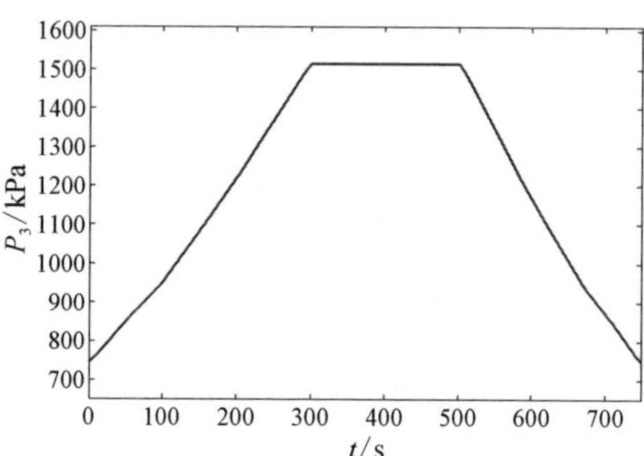

图 9.47 压气机出口总压 P_3 的响应曲线

空气流量响应曲线如图 9.48 所示，压气机喘振裕度 SM 响应曲线如图 9.49 所示。

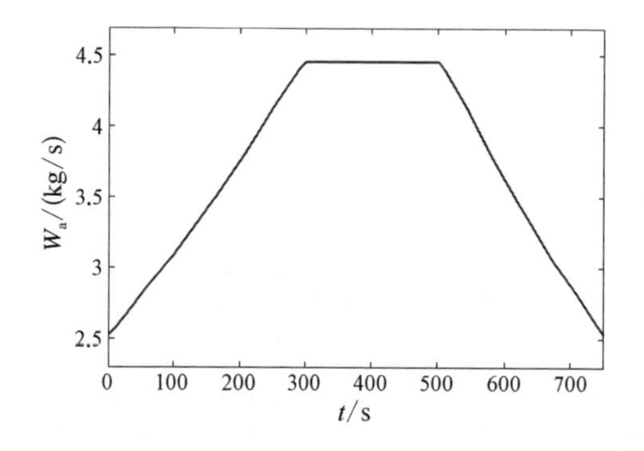

图 9.48 空气流量响应曲线

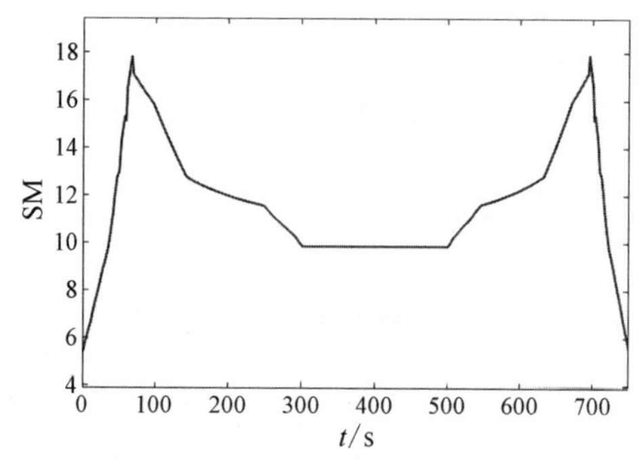

图 9.49 压气机喘振裕度 SM 响应曲线

燃气涡轮前总温 T_4 的响应曲线如图 9.50 所示，燃气涡轮前总压 P_4 的响应曲线如图 9.51 所示。

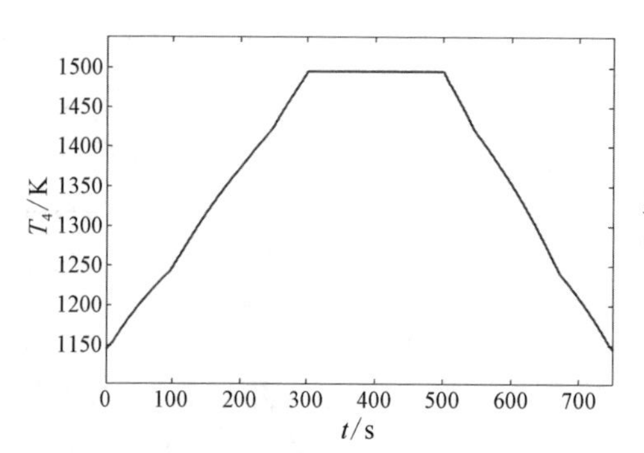

图 9.50 燃气涡轮前总温 T_4 的响应曲线

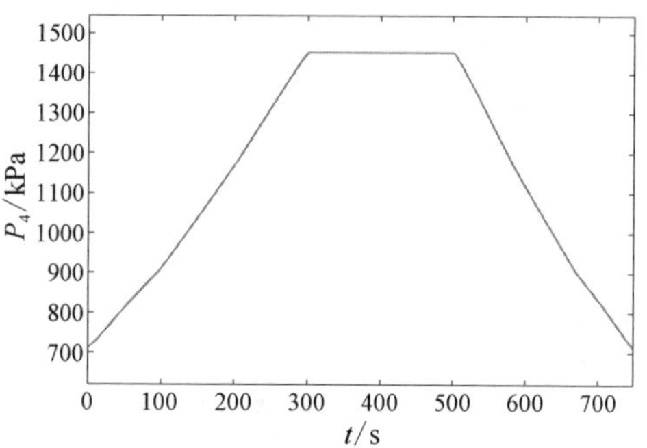

图 9.51 燃气涡轮前总压 P_4 的响应曲线

动力涡轮前总温 T_{45} 的响应曲线如图 9.52 所示，动力涡轮前总压 P_{45} 的响应曲线如图 9.53 所示。

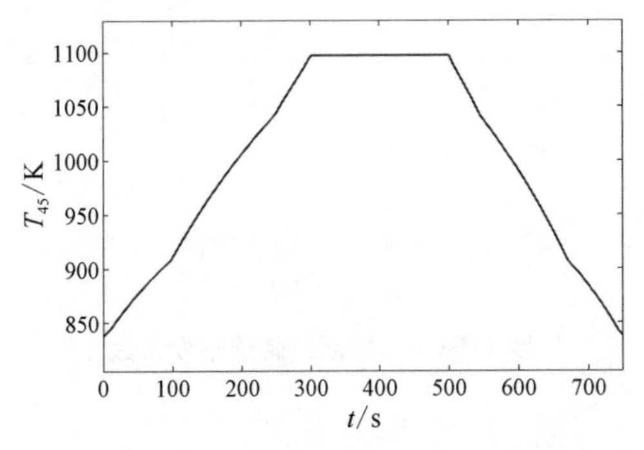

图 9.52　动力涡轮前总温 T_{45} 的响应曲线

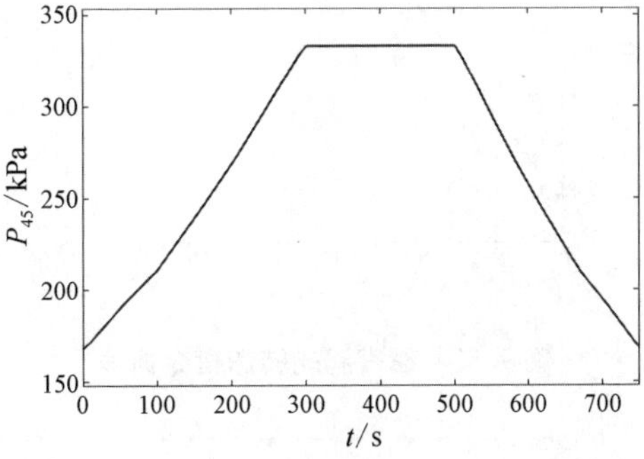

图 9.53　动力涡轮前总压 P_{45} 的响应曲线

动力涡轮后总温 T_5 的响应曲线如图 9.54 所示，动力涡轮后总压 P_5 的响应曲线如图 9.55 所示。

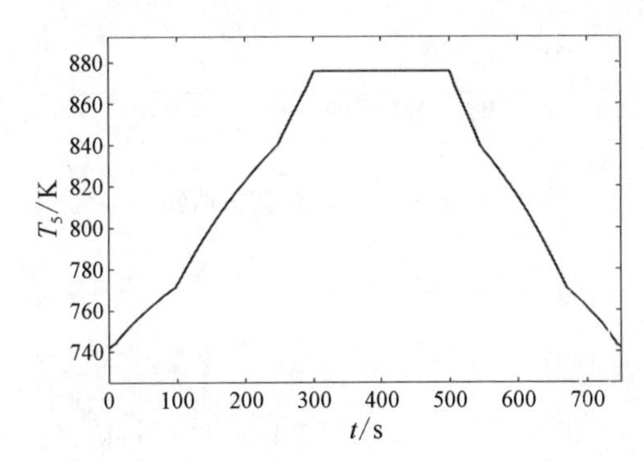

图 9.54　动力涡轮后总温 T_5 的响应曲线

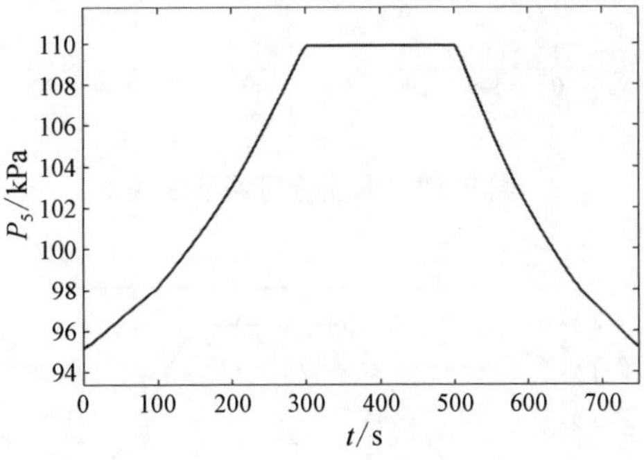

图 9.55　动力涡轮后总压 P_5 的响应曲线

其次，飞行马赫数为 $Ma = 0.2$，飞行高度轨迹按图 9.56 变化，给定燃气涡轮转速 $n_{g,\,dem}$ 指令如图 9.57 所示，动力涡轮转速指令保持不变如图 9.58 所示，解耦前馈补偿器与反馈控制器同前，仿真时间 750 s，仿真步长 0.01 s。

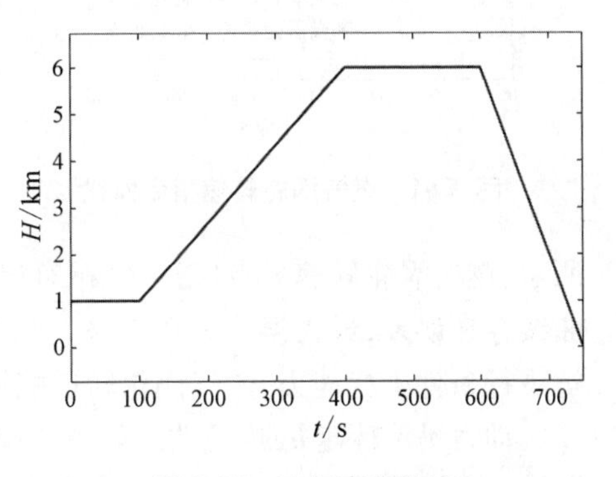

图 9.56　飞行高度轨迹

燃油流量调节曲线如图 9.59 所示，桨叶角调节曲线如图 9.60 所示。

燃气涡轮转速 n_g 响应曲线如图 9.61

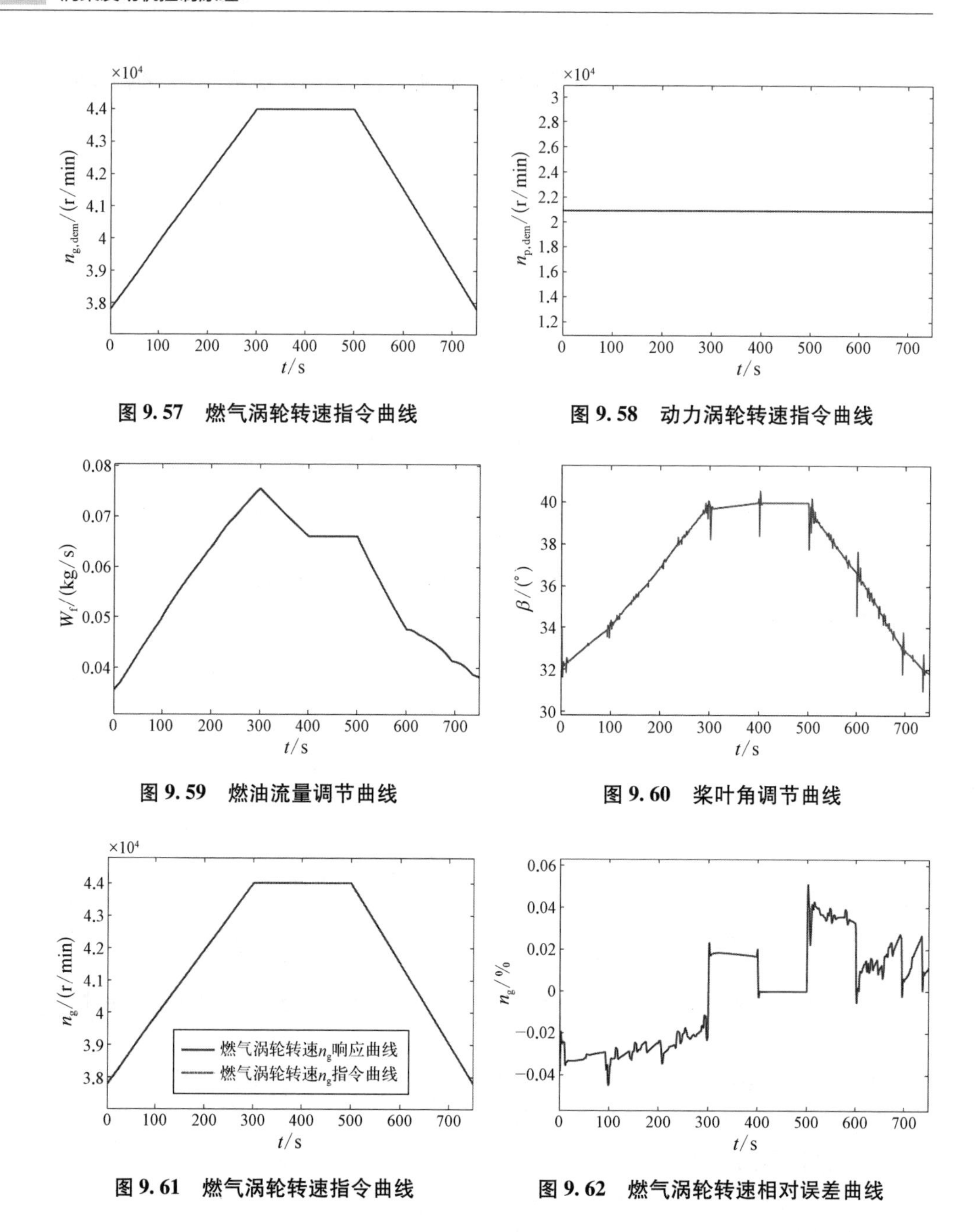

图 9.57 燃气涡轮转速指令曲线

图 9.58 动力涡轮转速指令曲线

图 9.59 燃油流量调节曲线

图 9.60 桨叶角调节曲线

图 9.61 燃气涡轮转速指令曲线

图 9.62 燃气涡轮转速相对误差曲线

所示,燃气涡轮转速 n_g 对指令的相对误差曲线如图 9.62 所示,燃气涡轮转速响应曲线存在误差,最大误差为 0.05%,当飞行高度在 0~6 km 变化时,控制系统具有抗飞行条件干扰能力,燃气涡轮转速能够伺服跟踪燃气涡轮转速指令。

动力涡轮转速 n_p 响应曲线如图 9.63 所示,动力涡轮转速 n_p 对指令的相对误差曲线如图 9.64 所示。由图可知,当飞行高度在 0~6 km 变化时,控制系统具有抗飞行

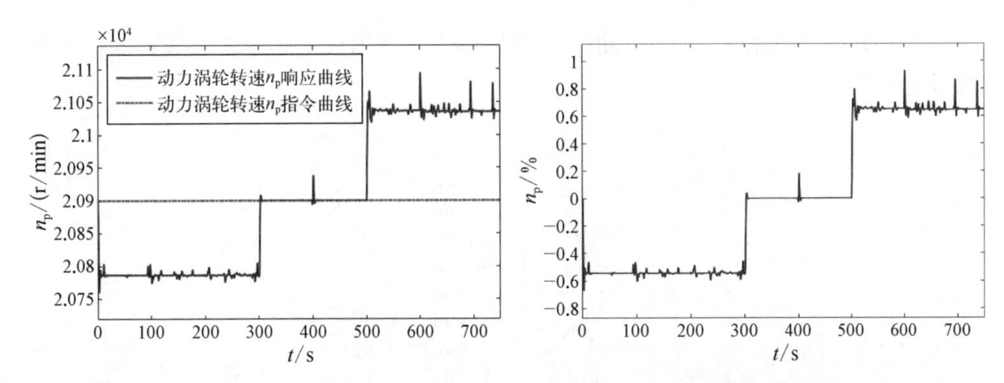

图 9.63　动力涡轮转速指令曲线　　图 9.64　动力涡轮转速相对误差曲线

条件干扰能力，最大误差为 1%，动力涡轮转速能够伺服跟踪动力涡轮转速指令。

发动机进口总温 T_1 的响应曲线如图 9.65 所示，发动机进口总压 P_1 的响应曲线如图 9.66 所示。

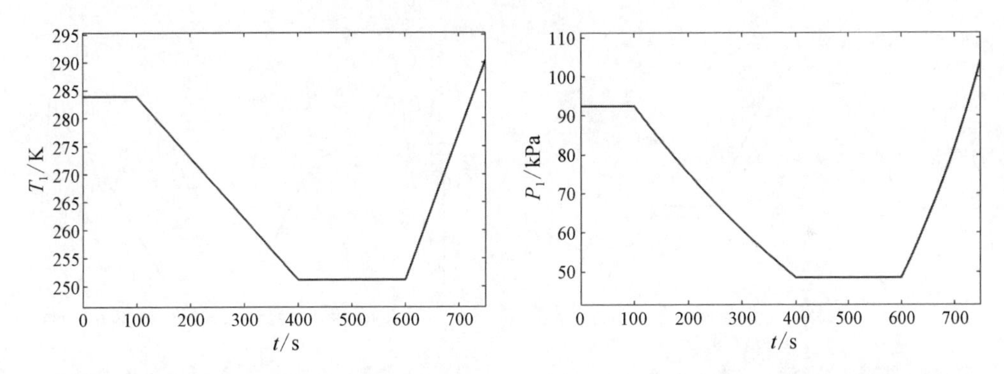

图 9.65　发动机进口总温 T_1 的响应曲线　　图 9.66　发动机进口总压 P_1 的响应曲线

压气机进口总温 T_2 的响应曲线如图 9.67 所示，压气机进口总压 P_2 的响应曲线如图 9.68 所示。

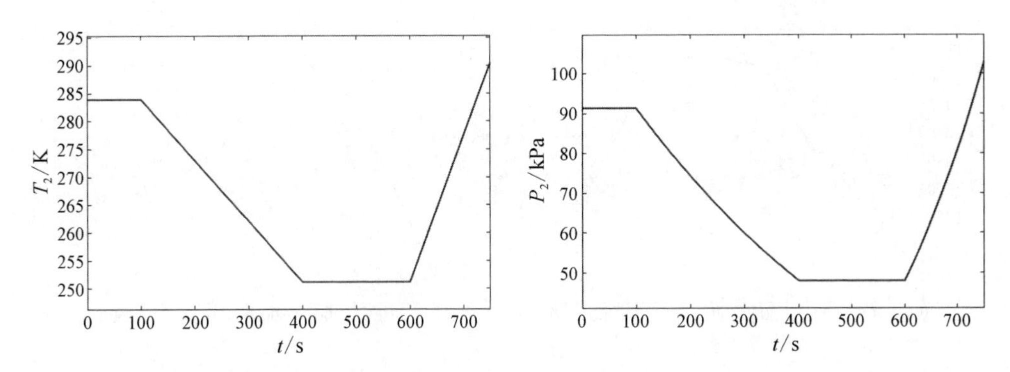

图 9.67　压气机进口总温 T_2 的响应曲线　　图 9.68　压气机进口总压 P_2 的响应曲线

压气机出口总温 T_3 的响应曲线如图 9.69 所示，压气机出口总压 P_3 的响应曲线如图 9.70 所示。

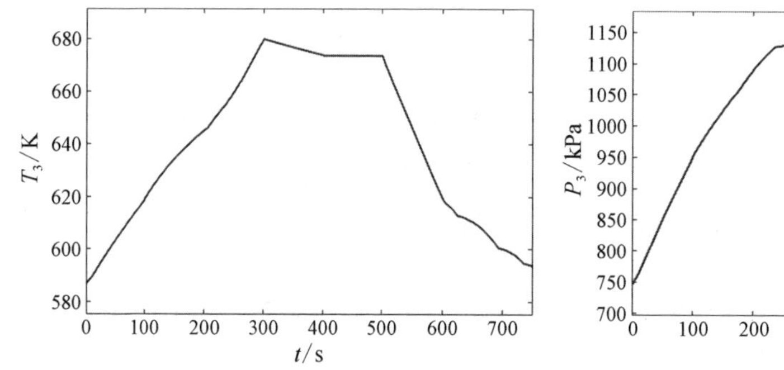

图 9.69 压气机出口总温 T_3 的响应曲线

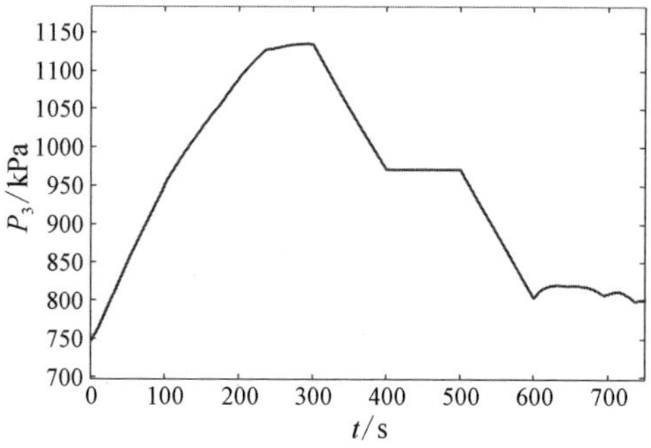

图 9.70 压气机出口总压 P_3 的响应曲线

空气流量响应曲线如图 9.71 所示，压气机喘振裕度 SM 响应曲线如图 9.72 所示。

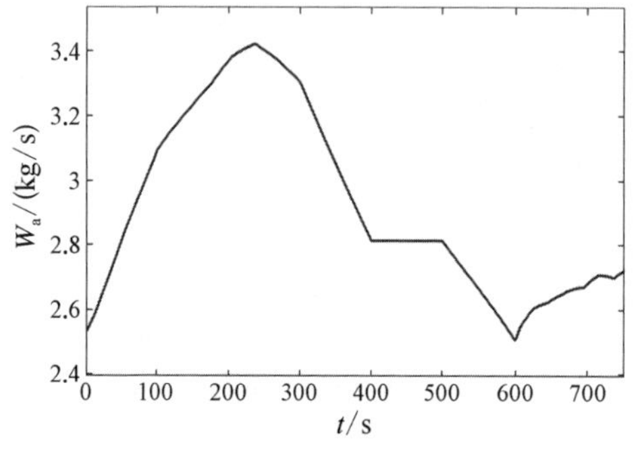

图 9.71 空气流量响应曲线

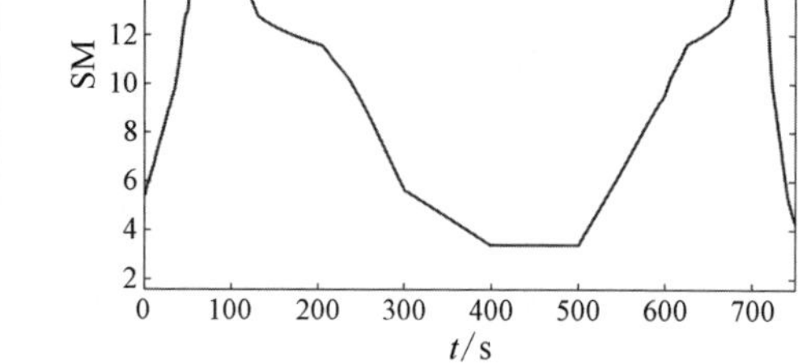

图 9.72 压气机喘振裕度 SM 响应曲线

燃气涡轮前总温 T_4 的响应曲线如图 9.73 所示，燃气涡轮前总压 P_4 的响应曲线如图 9.74 所示。

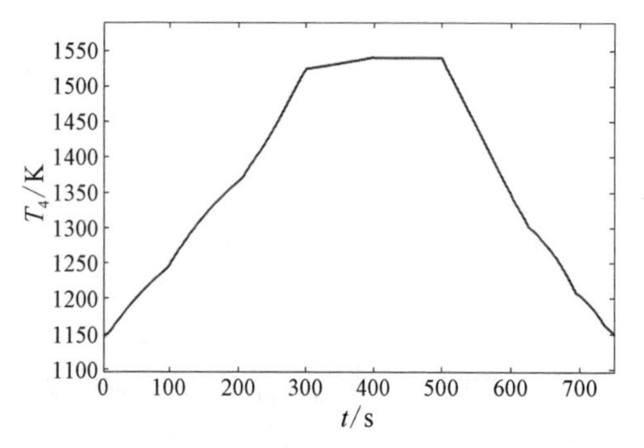

图 9.73 燃气涡轮前总温 T_4 的响应曲线

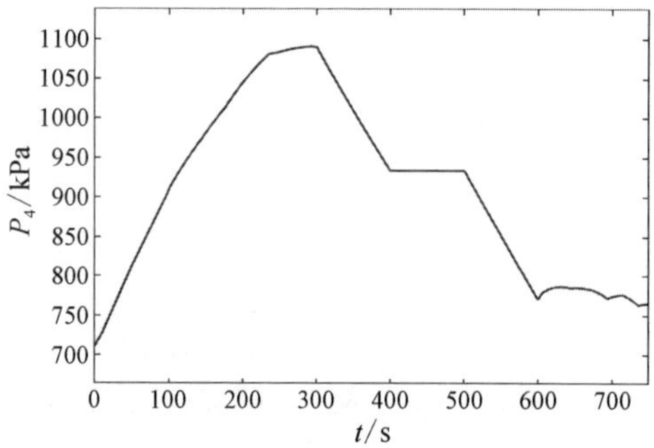

图 9.74 燃气涡轮前总压 P_4 的响应曲线

动力涡轮前总温 T_{45} 的响应曲线如图 9.75 所示，动力涡轮前总压 P_{45} 的响应曲线如图 9.76 所示。

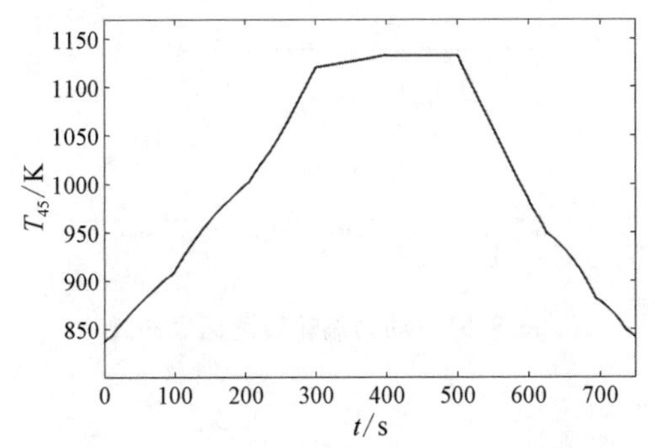

图 9.75　动力涡轮前总温 T_{45} 的响应曲线

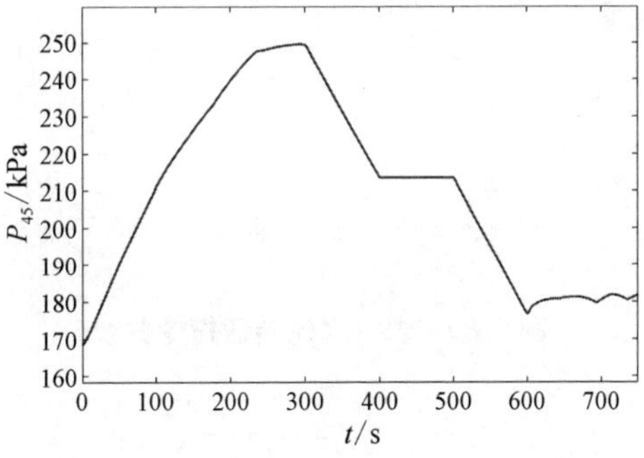

图 9.76　动力涡轮前总压 P_{45} 的响应曲线

动力涡轮后总温 T_5 的响应曲线如图 9.77 所示，动力涡轮后总压 P_5 的响应曲线如图 9.78 所示。

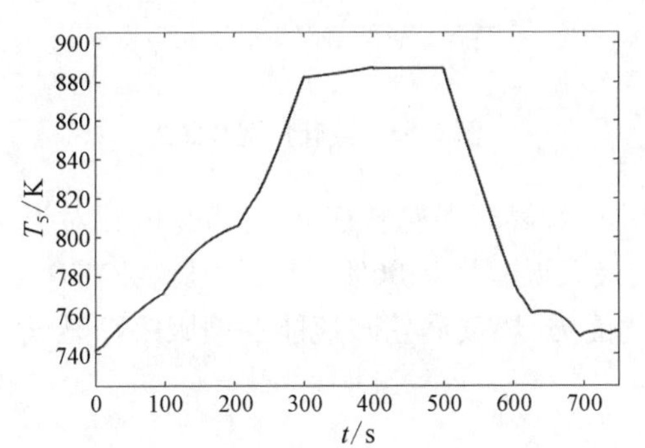

图 9.77　动力涡轮后总温 T_5 的响应曲线

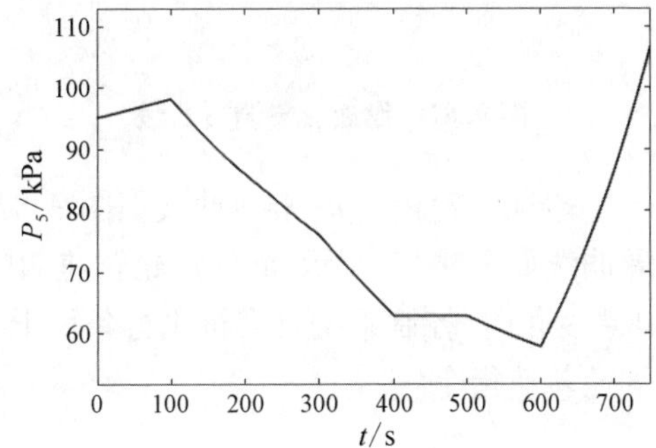

图 9.78　动力涡轮后总压 P_5 的响应曲线

再次，飞行高度保持 1 km 不变，飞行马赫数轨迹按图 9.79 变化，给定燃气涡轮转速 $n_{g,\,dem}$ 指令如图 9.80 所示，动力涡轮转速指令 $n_{p,\,dem}$ = 20 900 r/min 保持不变如图 9.81 所示，解耦前馈补偿器与反馈控制器同前，仿真时间 750 s，仿真步长 0.01 s。

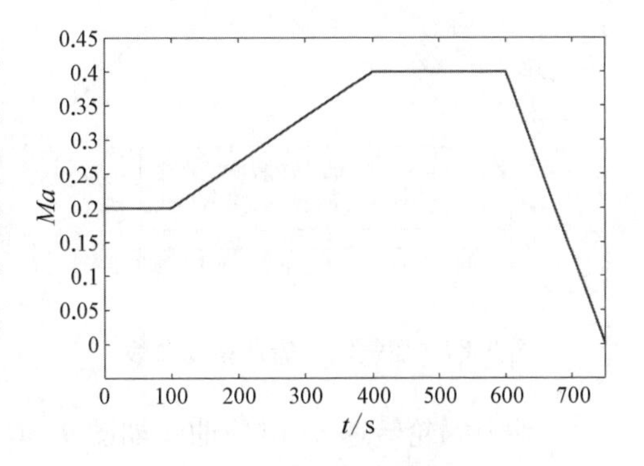

图 9.79　飞行马赫数轨迹

燃油流量调节曲线如图 9.82 所示，桨叶角调节曲线如图 9.83 所示。

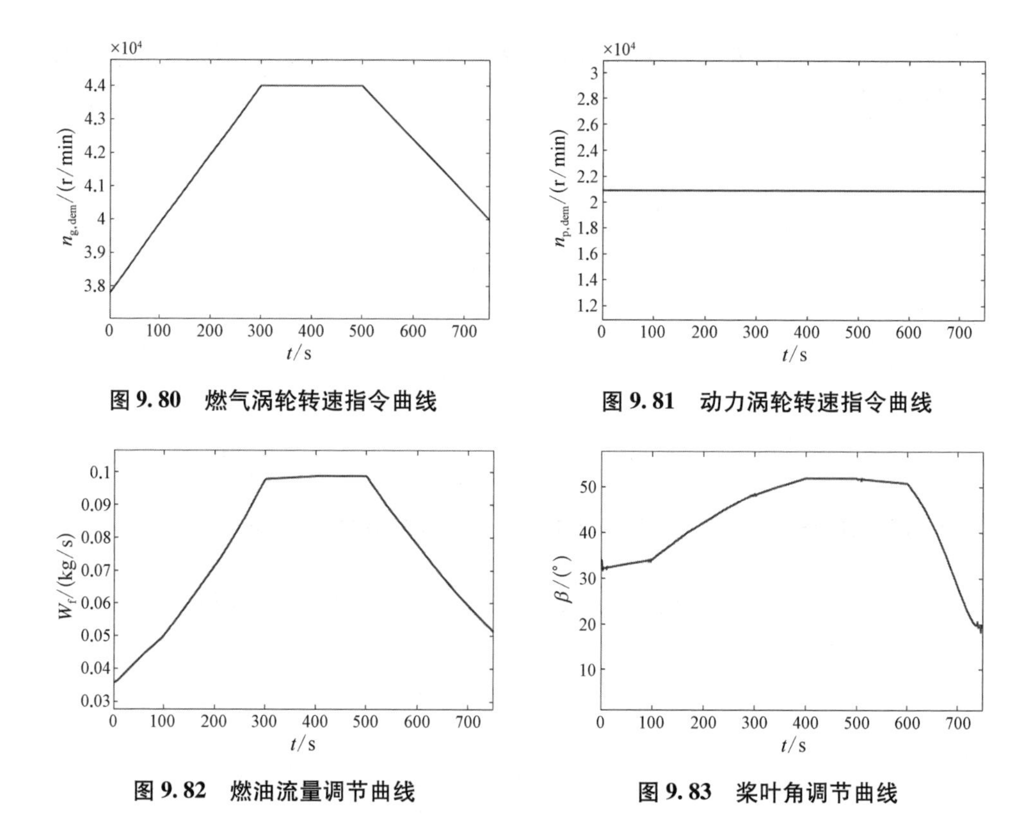

图 9.80　燃气涡轮转速指令曲线

图 9.81　动力涡轮转速指令曲线

图 9.82　燃油流量调节曲线

图 9.83　桨叶角调节曲线

燃气涡轮转速 n_g 响应曲线如图 9.84 所示，燃气涡轮转速 n_g 对指令的相对误差曲线如图 9.85 所示，燃气涡轮转速响应最大误差为 0.06%，当飞行马赫数在 0~0.4 变化时，控制系统具有抗飞行条件干扰能力，燃气涡轮转速能够伺服跟踪燃气涡轮转速指令。

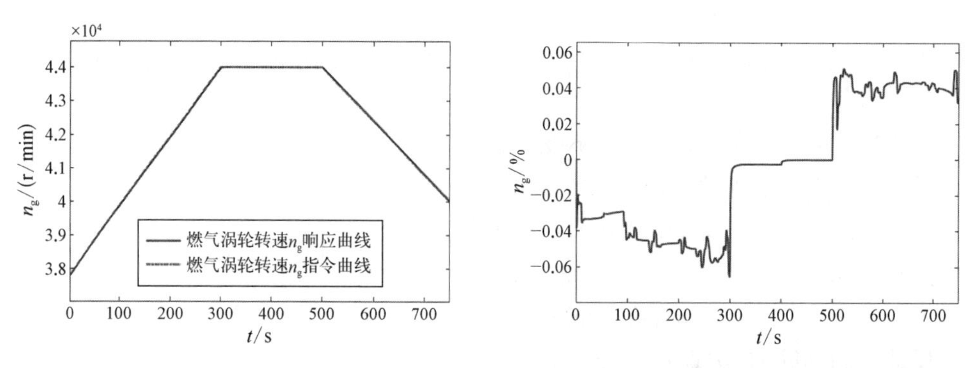

图 9.84　燃气涡轮转速指令曲线

图 9.85　燃气涡轮转速相对误差曲线

动力涡轮转速 n_p 响应曲线如图 9.86 所示，动力涡轮转速 n_p 对指令的相对误差曲线如图 9.87 所示。由图可知，当飞行马赫数在 0~0.4 变化时，控制系统具有抗飞行条件干扰能力，动力涡轮转速最大误差为0.7%，动力涡轮转速能够伺服跟踪动力涡轮转速指令。

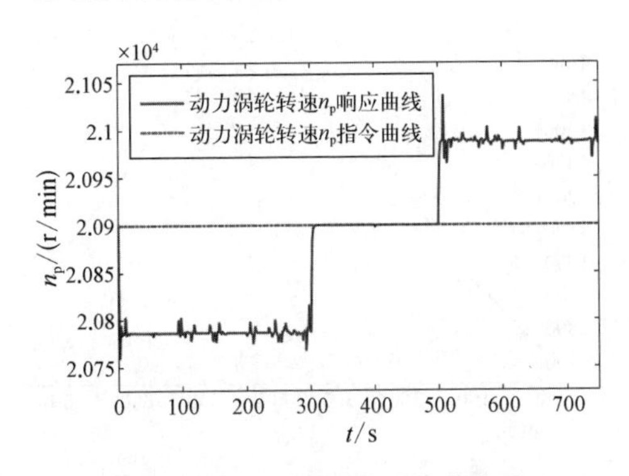

图9.86　动力涡轮转速指令曲线

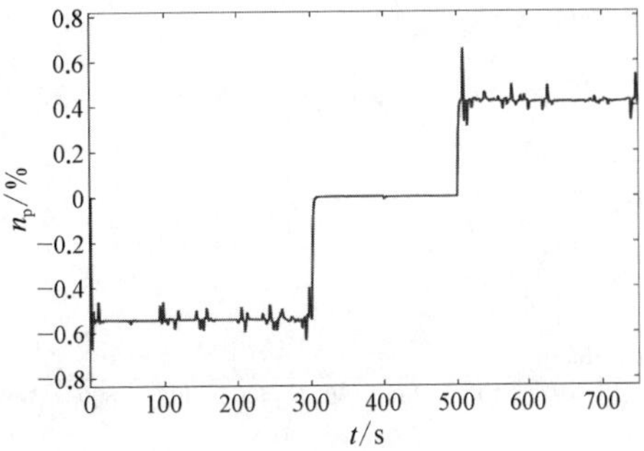

图9.87　动力涡轮转速相对误差曲线

发动机进口总温T_1的响应曲线如图9.88所示，发动机进口总压P_1的响应曲线如图9.89所示。

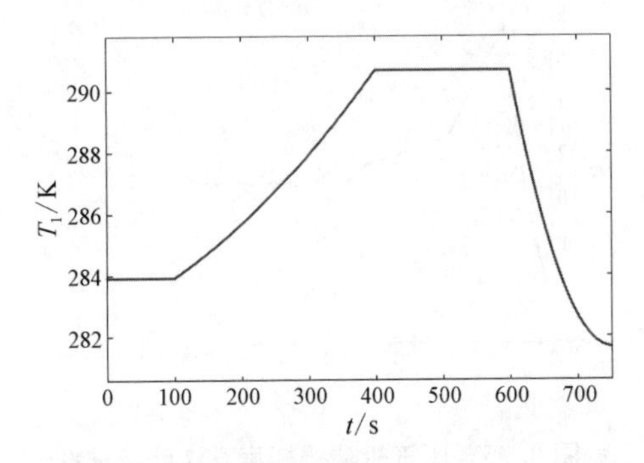

图9.88　发动机进口总温T_1的响应曲线

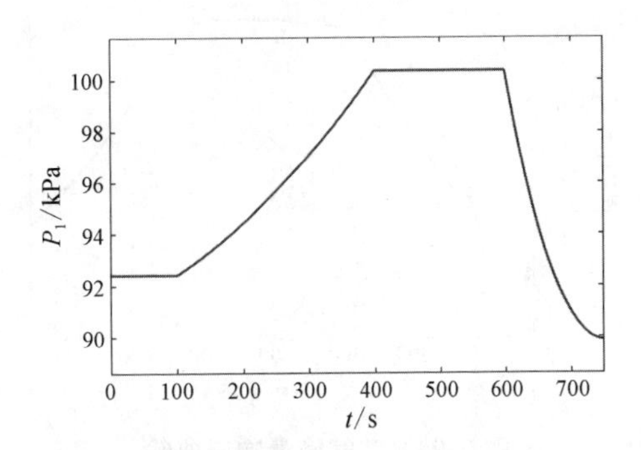

图9.89　发动机进口总压P_1的响应曲线

压气机进口总温T_2的响应曲线如图9.90所示，压气机进口总压P_2的响应曲线如图9.91所示。

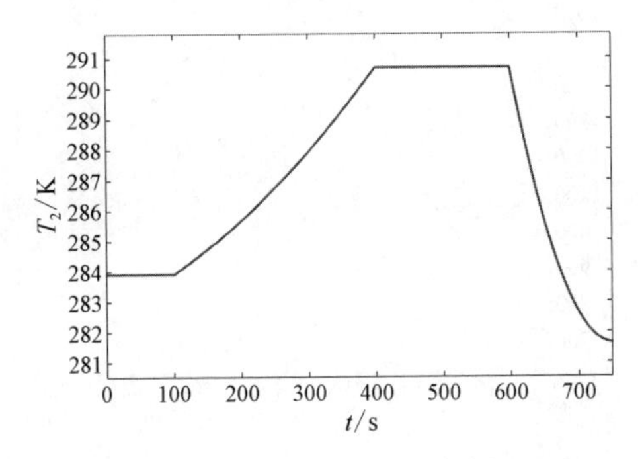

图9.90　压气机进口总温T_2的响应曲线

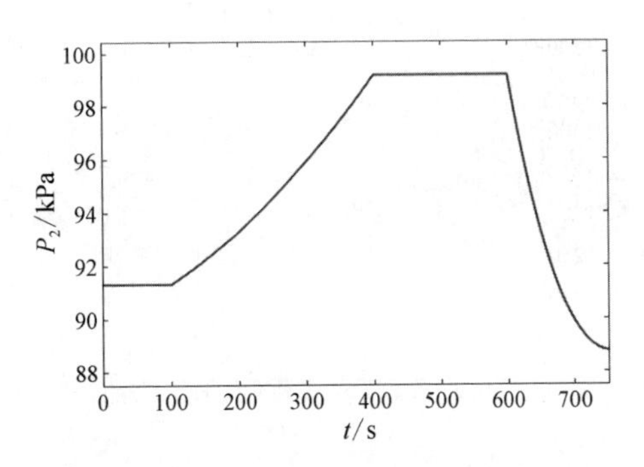

图9.91　压气机进口总压P_2的响应曲线

压气机出口总温 T_3 的响应曲线如图 9.92 所示，压气机出口总压 P_3 的响应曲线如图 9.93 所示。

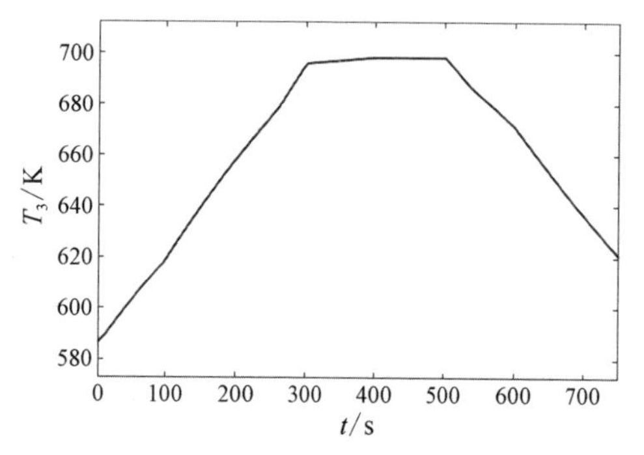

图 9.92　压气机出口总温 T_3 的响应曲线

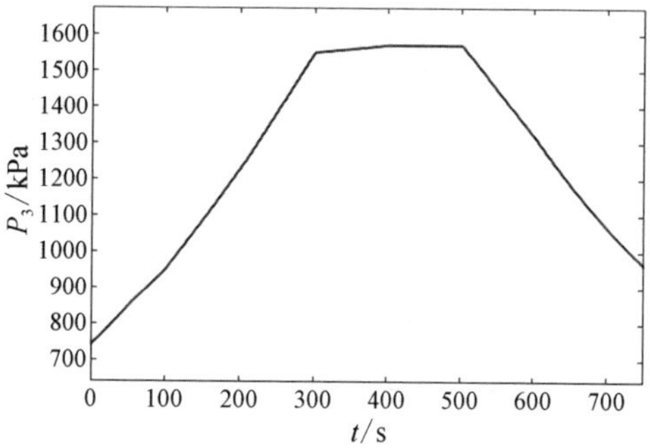

图 9.93　压气机出口总压 P_3 的响应曲线

空气流量响应曲线如图 9.94 所示，压气机喘振裕度 SM 响应曲线如图 9.95 所示。

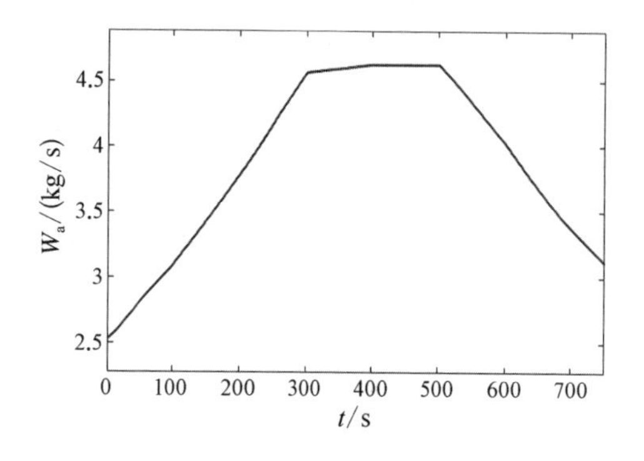

图 9.94　空气流量响应曲线

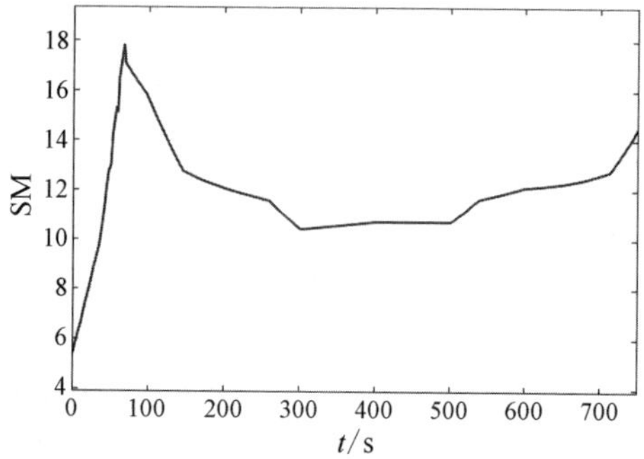

图 9.95　压气机喘振裕度 SM 响应曲线

燃气涡轮前总温 T_4 的响应曲线如图 9.96 所示，燃气涡轮前总压 P_4 的响应曲线如图 9.97 所示。

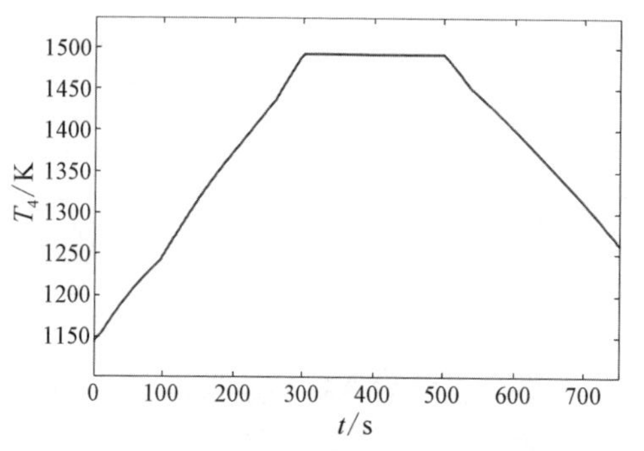

图 9.96　燃气涡轮前总温 T_4 的响应曲线

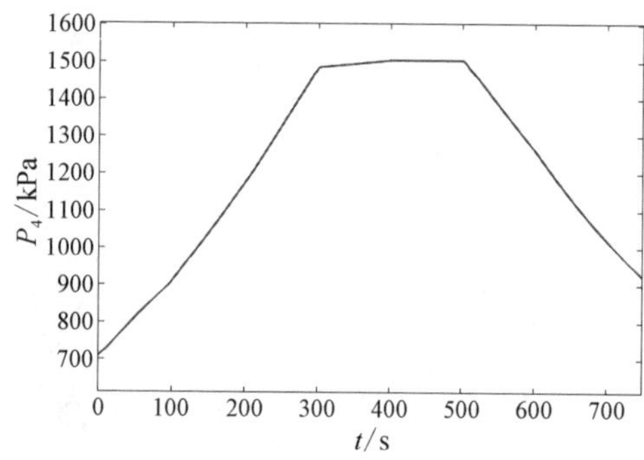

图 9.97　燃气涡轮前总压 P_4 的响应曲线

动力涡轮前总温 T_{45} 的响应曲线如图 9.98 所示，动力涡轮前总压 P_{45} 的响应曲线如图 9.99 所示。

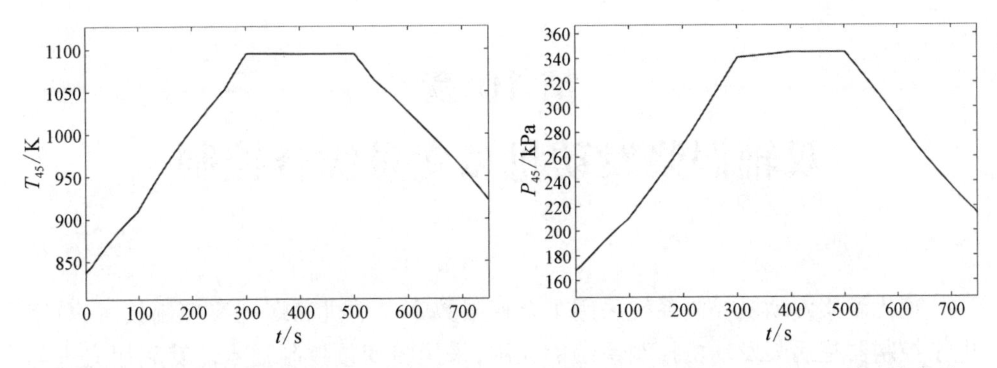

图 9.98　动力涡轮前总温 T_{45} 的响应曲线　　**图 9.99　动力涡轮前总压 P_{45} 的响应曲线**

动力涡轮后总温 T_5 的响应曲线如图 9.100 所示，动力涡轮后总压 P_5 的响应曲线如图 9.101 所示。

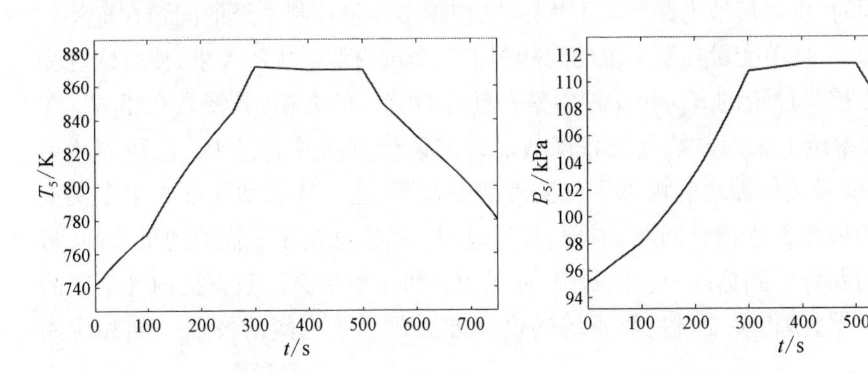

图 9.100　动力涡轮后总温 T_5 的响应曲线　　**图 9.101　动力涡轮后总压 P_5 的响应曲线**

第10章 双轴涡桨发动机多变量综合控制

现代涡桨发动机控制系统采用了全权限数字发动机和螺旋桨控制技术，数字电子控制器是涡桨发动机控制系统的大脑，采用多变量控制技术能够利用先进的现代控制理论实现多通道控制回路耦合干扰之间的动态解耦和干扰抑制，充分发挥涡桨发动机功能和性能，进一步提升复杂多变量控制系统的性能品质。

多变量控制系统由于多回路之间存在内在干扰耦合，各支路回路实现各自跟踪目标的同时，将对其他支路产生干扰影响，使得多变量控制系统的问题在抗外界干扰的要求下，比单变量控制系统的问题多了一个抗内部干扰的要求，使得问题复杂化。现代控制理论的 H_∞ 和 μ 控制是一种可行有效的方法，其特点在于 H_∞ 和 μ 控制在频率域上采用灵敏度加权函数设计的设计方法并通过 H_∞ 范数的约束条件，对多变量多回路之间内部干扰实现动态解耦，这一特点彻底解决了多变量回路之间的内部干扰耦合问题；同理，再通过 H_∞ 范数对外界干扰的约束条件，将内外干扰问题统一到标准 H_∞ 控制中，通过 H_∞ 和 μ 控制算法获得抗内外干扰的多变量控制器，使得多变量控制系统的设计方法赋予了广阔的发展空间和应用前景。

对于 MIMO 不确定性系统，要求控制系统具有鲁棒性，即系统在一个给定的不确定性边界范围的条件下，要求设计的控制器对这一确定范围内的不确定性具有鲁棒性能。结构化奇异值 μ 控制是设计鲁棒控制器的主要方法，最小化结构化奇异值 μ 的最优鲁棒控制器在数学上可采用 DK 迭代算法获得，同时，结构化奇异值 μ 具有鲁棒性能的分析能力，可用 μ 分析获得鲁棒性能的充分必要条件。

H_∞ 和 μ 控制设计的多变量控制器阶次很高，需要对其进行降阶处理。

本章针对涡桨发动机多回路系统动态解耦问题，研究状态空间混合灵敏度 H_∞ 多变量控制器的设计方法，针对 MIMO 不确定性系统的鲁棒控制问题，研究多变量 μ 控制器的伺服跟踪性能、抗干扰性能和噪声抑制性能，设计方法包括混合灵敏度 H_∞ 控制、模型跟踪 H_∞ 控制、模型跟踪 μ 控制及其高阶控制器的降阶设计等。

10.1　混合灵敏度 H_∞ 控制设计

10.1.1　设计原理

设闭环系统结构如图10.1所示。

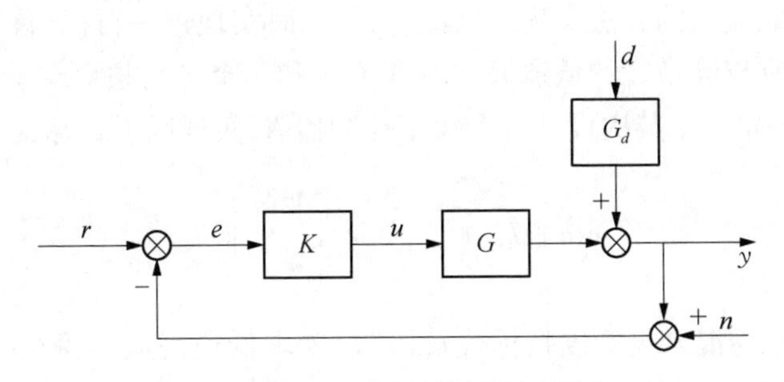

图10.1　闭环系统结构图

其中,G 为被控对象传递函数;G_d 为外界干扰对系统输出的传递函数;K 为控制器;r 为参考指令输入信号;d 为外部干扰信号;n 为传感器噪声信号;e 为偏差信号;u 为控制器输出信号;y 为被控对象输出信号,定义系统回路的开环传递函数为

$$L = GK \tag{10.1}$$

则闭环系统的输出响应为

$$y = Tr + SG_d d - Tn \tag{10.2}$$

控制误差为

$$e = Sr - SG_d d - Sn \tag{10.3}$$

控制器输出为

$$u = KSr - KSG_d d - KSn \tag{10.4}$$

其中,灵敏度函数为

$$S = (I + L)^{-1} = I - T \tag{10.5}$$

补灵敏度函数为

$$T = (I + L)^{-1}L = I - S \tag{10.6}$$

上式表明,灵敏度函数和补灵敏度函数直接对闭环系统的输出、控制偏差、控制输入造成影响,通过对灵敏度函数和补灵敏度函数的约束设计,使控制系统达到伺服跟踪性能、抗干扰性能和噪声抑制等性能,由此对频域性能要求归纳如下:

(1) 在低频范围内,S 应足够小,以保证低频伺服跟踪性能和抗干扰性能;

(2) 在高频范围内,T 应足够小,以保证高频噪声抑制性能。

考虑到干扰信号 d 属于低频信号,如果使 S 的最大奇异值在相同的低频范围内限制在一个很小的值内,则可以阻止扰动对系统产生的控制误差,同理,为了抑制高频噪声 n 对系统输出的影响,采用使 T 的最大奇异值在相同的高频范围内限制在一个很小的值内的方法实现。因此,为了同时实现这一目标,首先选择一个与干扰信号 d 具有相同带宽的低通滤波器 $W_1(s)$ 和一个与高频噪声 n 具有相同带宽的高通滤波器 $W_3(s)$,其次设计一个镇定控制器 K,实现以下目标:

$$\min_K \| T_{zw} \|_\infty = \min_K \left\| \begin{matrix} W_1 S \\ W_3 T \end{matrix} \right\|_\infty \tag{10.7}$$

其中,$\| T_{zw} \|_\infty$ 为混合灵敏度目标代价函数,要求低通滤波器 $W_1(s)$ 的穿越频率低于高通滤波器 $W_3(s)$ 的穿越频率,且这两个穿越频率近似等于期望的带宽频率。上述求解镇定控制器 K 的问题称为混合灵敏度设计问题。

混合灵敏度设计问题结构上可描述为标准 H_∞ 方块图,如图 10.2 所示。

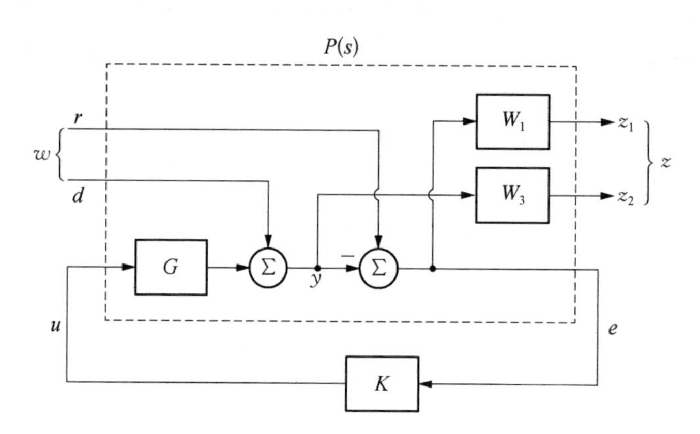

图 10.2 标准 H_∞ 方块图

图 10.2 中,P 为广义被控对象;K 为控制器;$w = \begin{bmatrix} r \\ d \end{bmatrix}$ 为外部对 P 的干扰信号;u 为控制器对 P 的调节信号;$z = \begin{bmatrix} z_1 \\ z_2 \end{bmatrix}$ 为系统的性能评估信号;e 为闭环系统反馈信号对参考指令信号的偏差信号,且满足

$$\begin{bmatrix} z \\ e \end{bmatrix} = P \begin{bmatrix} w \\ u \end{bmatrix} = \begin{bmatrix} P_{11} & P_{12} \\ P_{21} & P_{22} \end{bmatrix} \begin{bmatrix} w \\ u \end{bmatrix} \tag{10.8}$$

$$P_{11}=\begin{bmatrix}W_1 & -W_1\\ 0 & W_3\end{bmatrix},\quad P_{12}=\begin{bmatrix}-W_1G\\ W_3G\end{bmatrix},\quad P_{21}=[I\quad -I],\quad P_{22}=-G \tag{10.9}$$

且 P 关于 K 的下线性分式变换为

$$F_l(P,K)=P_{11}+P_{12}K(I-P_{22}K)P_{21}=\begin{bmatrix}W_1S\\ W_3T\end{bmatrix} \tag{10.10}$$

$$z=F_l(P,K)w \tag{10.11}$$

$$u=Ke \tag{10.12}$$

对于标准 H_∞ 问题,可采用 hinfsyn 和 mixsyn 两个 MATLAB 函数求解 K,满足下述不等式:

$$\|T_{zw}\|_\infty<\gamma \tag{10.13}$$

10.1.2 闭环灵敏度函数频域整形

构造灵敏度加权函数为

$$W_1(s)=\alpha\frac{s+\omega_B}{s+\omega_B\varepsilon_S}=\frac{\alpha}{\varepsilon_S}\frac{\dfrac{s}{\omega_B}+1}{\dfrac{s}{\omega_B\varepsilon_S}+1}\quad(0.1<\alpha<0.9,\ 0<\varepsilon_S\ll 1) \tag{10.14}$$

其中,α、ε_S 为加权灵敏度函数的调节因子;ω_B 为闭环系统带宽。

构造补灵敏度加权函数为

$$W_3(s)=\beta\frac{s+\omega_B}{\varepsilon_T s+\omega_B}=\beta\frac{\dfrac{s}{\omega_B}+1}{\dfrac{s}{\dfrac{\omega_B}{\varepsilon_T}}+1}\quad(0.1<\beta<0.9,\ 0<\varepsilon_T\ll 1) \tag{10.15}$$

其中,β、ε_T 为加权补灵敏度函数的调节因子;ω_B 为闭环系统带宽。

灵敏度加权函数和补灵敏度加权函数的构造约束条件为

$$\frac{\alpha}{\sqrt{1-\alpha^2}}<\frac{\sqrt{1-\beta^2}}{\beta} \tag{10.16}$$

逆灵敏度加权函数 $W_1^{-1}(s)$ 为

$$W_1^{-1}(s)=\frac{1}{\alpha}\frac{s+\omega_B\varepsilon_S}{s+\omega_B}=\frac{\varepsilon_S}{\alpha}\frac{\dfrac{s}{\omega_B\varepsilon_S}+1}{\dfrac{s}{\omega_B}+1}\quad(0.1<\alpha<0.9,\ 0<\varepsilon_S\ll 1) \tag{10.17}$$

逆灵敏度加权函数 $W_1^{-1}(s)$ 频域整形如图 10.3 所示。

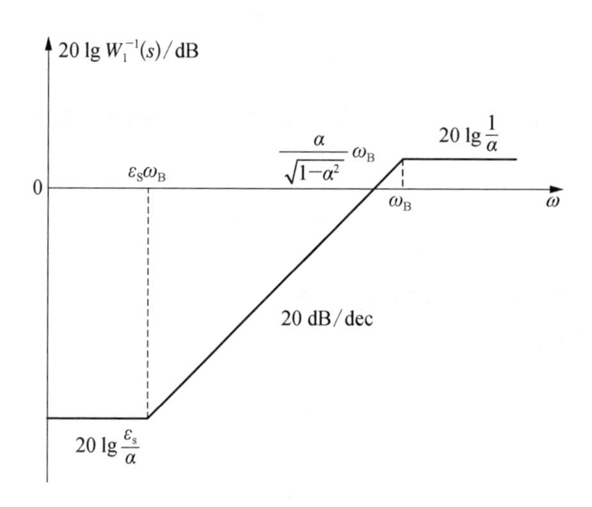

图 10.3 逆灵敏度加权函数 $W_1^{-1}(s)$ 频域整形

逆补灵敏度加权函数 $W_3^{-1}(s)$ 为

$$W_3^{-1}(s)=\frac{1}{\beta}\frac{\varepsilon_T s+\omega_B}{s+\omega_B}=\frac{1}{\beta}\frac{\dfrac{\dfrac{s}{\omega_B}+1}{\varepsilon_T}}{\dfrac{s}{\omega_B}+1}\quad(0.1<\beta<0.9,\ 0<\varepsilon_T\ll 1) \tag{10.18}$$

逆补灵敏度加权函数 $W_3^{-1}(s)$ 频域整形如图 10.4 所示。

构造广义被控对象,则可以基于标准 H_∞ 控制算法求解 $\|T_{zw}\|_\infty<\gamma$ 的镇定控制器 $K(s)$ 优化设计问题,满足

$$\bar{\sigma}[S(j\omega)]\leqslant\gamma\underline{\sigma}[W_1^{-1}(j\omega)] \tag{10.19}$$

$$\bar{\sigma}[T(j\omega)]\leqslant\gamma\underline{\sigma}[W_3^{-1}(j\omega)] \tag{10.20}$$

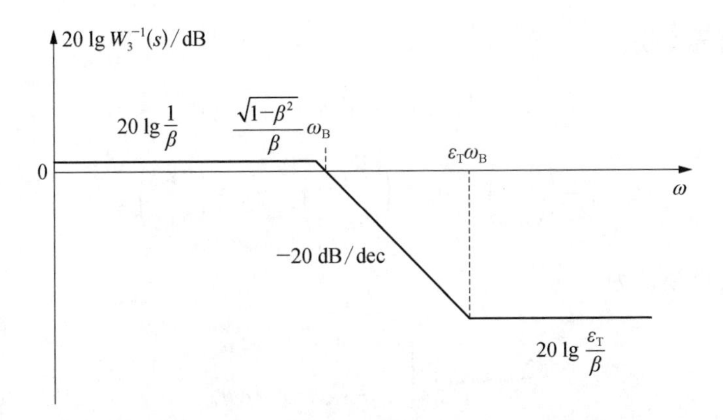

图 10.4　逆补灵敏度加权函数 $W_3^{-1}(s)$ 频域整形

10.1.3　涡桨发动机混合灵敏度 H_∞ 控制设计

双轴涡桨发动机在飞行高度为 $H_d = 1$ km、飞行马赫数为 $Ma_d = 0.2$、燃油流量 $W_{f,d} = 0.105\,39$ kg/s、桨叶角 $\beta_{prop,d} = 40°$ 的稳态工作点，燃气涡轮转速 $n_{g,d} = 44\,700$ r/min、动力涡轮转速 $n_{p,d} = 20\,900$ r/min、螺旋桨功率 $P_{prop,d} = 1\,266.243$ kW，其状态空间模型为

$$\dot{x} = Ax + Bu$$

$$y = Cx + Du$$

其中，

$$x = \begin{pmatrix} n_g \\ n_p \end{pmatrix} \quad u = \begin{pmatrix} W_f \\ \beta_{prop} \end{pmatrix} \quad y = \begin{pmatrix} n_g \\ n_p \end{pmatrix}$$

各系数矩阵为

$$A = \begin{bmatrix} -3.494 & -0.055 \\ 0.037 & -0.139 \end{bmatrix} \quad B = \begin{bmatrix} 253\,862.228 & 0 \\ 3\,818.612 & -76.628 \end{bmatrix}$$

$$C = \begin{bmatrix} 1 & 0 \\ 0 & 1 \end{bmatrix} \quad D = \begin{bmatrix} 0 & 0 \\ 0 & 0 \end{bmatrix}$$

设状态向量、输入向量、输出向量的变换矩阵分别为

$$T_X = \begin{bmatrix} \frac{1}{n_{g,d}} & 0 \\ 0 & \frac{1}{n_{p,d}} \end{bmatrix} \quad T_U = \begin{bmatrix} \frac{1}{W_{f,d}} & 0 \\ 0 & \frac{1}{\beta_{prop,d}} \end{bmatrix} \quad T_Y = \begin{bmatrix} \frac{1}{n_{g,d}} & 0 \\ 0 & \frac{1}{n_{p,d}} \end{bmatrix}$$

作线性非奇异变换：

$$x_n = T_X x,\ u_n = T_U u,\ y_n = T_Y y$$

$$x_n = \begin{pmatrix} n_{g,n} \\ n_{p,n} \end{pmatrix} \quad u_n = \begin{pmatrix} W_{f,n} \\ \beta_{prop,n} \end{pmatrix} \quad y_n = \begin{pmatrix} n_{g,n} \\ n_{p,n} \end{pmatrix}$$

则归一化线性模型为

$$\Sigma_{normalized}: \begin{cases} \dot{x}_n = A_n x_n + B_n u_n \\ y_n = C_n x_n + D_n u_n \end{cases}$$

其中，

$$A_n = \begin{bmatrix} -3.4941 & -0.0256 \\ 0.0788 & -0.1393 \end{bmatrix} \quad B_n = \begin{bmatrix} 0.5985 & 0 \\ 0.0193 & -0.1467 \end{bmatrix}$$

$$C_n = \begin{bmatrix} 1 & 0 \\ 0 & 1 \end{bmatrix} \quad D_n = \begin{bmatrix} 0 & 0 \\ 0 & 0 \end{bmatrix}$$

设执行机构状态空间模型为

$$\Sigma_{actuator}: \begin{cases} \dot{x}_{ac} = A_{ac} x_{ac} + B_{ac} u_{ac} \\ u_n = C_{ac} x_{ac} + D_{ac} u_{ac} \end{cases}$$

其中，$x_{ac} = \begin{pmatrix} W_{f,n} \\ \beta_{prop,n} \end{pmatrix} \in R^2$ 为状态向量；$u_{ac} = \begin{pmatrix} W_{f,dem} \\ \beta_{prop,dem} \end{pmatrix} \in R^2$ 为输入向量；$u_n = \begin{pmatrix} W_{f,n} \\ \beta_{prop,n} \end{pmatrix} \in R^2$ 为输出向量。

$$A_{ac} = \begin{bmatrix} -\dfrac{1}{\tau_1} & 0 \\ 0 & -\dfrac{1}{\tau_2} \end{bmatrix} \quad B_{ac} = \begin{bmatrix} \dfrac{1}{\tau_1} & 0 \\ 0 & \dfrac{1}{\tau_2} \end{bmatrix} \quad C_{ac} = \begin{bmatrix} 1 & 0 \\ 0 & 1 \end{bmatrix} 1 \quad D_{ac} = \begin{bmatrix} 0 & 0 \\ 0 & 0 \end{bmatrix}$$

其中，$\tau_1 = 0.1$；$\tau_2 = 0.09$。执行机构传递函数矩阵为

$$G_{ac}(s) = C_{ac}(sI - A_{ac})^{-1} B_{ac} + D_{ac} = \begin{bmatrix} \dfrac{1}{\tau_1 s + 1} & \\ & \dfrac{1}{\tau_2 s + 1} \end{bmatrix}$$

对被控对象和执行机构进行增广，设增广后被控对象的状态向量为

$$x_{\mathrm{aug}} = \begin{bmatrix} x_n \\ x_{\mathrm{ac}} \end{bmatrix} = [n_{\mathrm{g},\,n} \quad n_{\mathrm{p},\,n} \quad W_{\mathrm{f},\,n} \quad \beta_{\mathrm{prop},\,n}]^{\mathrm{T}} \in R^4$$

输入向量为

$$u_{\mathrm{aug}} = u_{\mathrm{ac}} = \begin{pmatrix} W_{\mathrm{f,\,dem}} \\ \beta_{\mathrm{prop,\,dem}} \end{pmatrix} \in R^2$$

输出向量为

$$y_{\mathrm{aug}} = y_n = \begin{pmatrix} n_{\mathrm{g},\,n} \\ n_{\mathrm{p},\,n} \end{pmatrix} \in R^2$$

增广的被控对象为

$$\Sigma_{\mathrm{augmented}}: \begin{cases} \dot{x}_{\mathrm{aug}} = A_{\mathrm{aug}} x_{\mathrm{aug}} + B_{\mathrm{aug}} u_{\mathrm{aug}} \\ y_{\mathrm{aug}} = C_{\mathrm{aug}} x_{\mathrm{aug}} \end{cases}$$

$$A_{\mathrm{aug}} = \begin{bmatrix} A_n & B_n C_{\mathrm{ac}} \\ 0 & A_{\mathrm{ac}} \end{bmatrix},\ B_{\mathrm{aug}} = \begin{bmatrix} 0 \\ B_{\mathrm{ac}} \end{bmatrix},\ C_{\mathrm{aug}} = [C_n \quad D_n C_{\mathrm{ac}}]$$

$$\begin{cases} A_{\mathrm{aug}} = \begin{bmatrix} -3.494\,1 & -0.025\,6 & 0.598\,5 & 0 \\ 0.078\,8 & -0.139\,3 & 0.019\,3 & -0.146\,7 \\ 0 & 0 & -10 & 0 \\ 0 & 0 & 0 & -11.11 \end{bmatrix} \\ B_{\mathrm{aug}} = \begin{bmatrix} 0 & 0 \\ 0 & 0 \\ 10 & 0 \\ 0 & 11.11 \end{bmatrix} \\ C_{\mathrm{aug}} = \begin{bmatrix} 1 & 0 & 0 & 0 \\ 0 & 1 & 0 & 0 \end{bmatrix} \\ D_{\mathrm{aug}} = \begin{bmatrix} 0 & 0 \\ 0 & 0 \end{bmatrix} \end{cases}$$

对增广被控对象嵌入积分器，可得广义被控对象为

$$G_{\mathrm{aug\_integral}}(s) = \begin{bmatrix} \dfrac{5.985\,4(s+0.138\,2)}{s(s+10)(s+3.493)(s+0.139\,6)} & \dfrac{0.041\,904}{s(s+11.11)(s+3.493)(s+0.139\,6)} \\ \dfrac{0.192\,56(s+5.954)}{s(s+10)(s+3.493)(s+0.139\,6)} & \dfrac{-1.629\,5(s+3.494)}{s(s+11.11)(s+3.493)(s+0.139\,6)} \end{bmatrix}$$

对涡桨发动机采用以下控制计划:

$$\begin{cases} W_{\mathrm{f}} \rightarrow n_{\mathrm{g}} \text{ 伺服跟踪 } n_{\mathrm{g,\ dem}} = f(\mathrm{PLA}) \\ \beta_{\mathrm{prop}} \rightarrow n_{\mathrm{p}} \text{ 伺服跟踪 } n_{\mathrm{p,\ dem}} = g(\mathrm{PLA}) \end{cases} \tag{10.21}$$

即通过调节燃油流量使燃气涡轮转速伺服跟踪燃气涡轮指令转速、通过调节桨叶角使动力涡轮转速伺服跟踪恒定不变动力涡轮指令转速的双回路控制策略。

设 $\alpha = 0.6$、$\beta = 0.7$、$\omega_{\mathrm{B}} = 5$、$\varepsilon_{\mathrm{S}} = 0.001$、$\varepsilon_{\mathrm{T}} = 0.01$, 则

$$w_1(s) = \frac{\alpha}{\varepsilon_{\mathrm{S}}} \frac{\dfrac{s}{\omega_{\mathrm{B}}} + 1}{\dfrac{s}{\omega_{\mathrm{B}}\varepsilon_{\mathrm{S}}} + 1} = 600 \frac{\dfrac{s}{5} + 1}{\dfrac{s}{0.005} + 1}$$

灵敏度加权函数伯德图如图 10.5 所示。

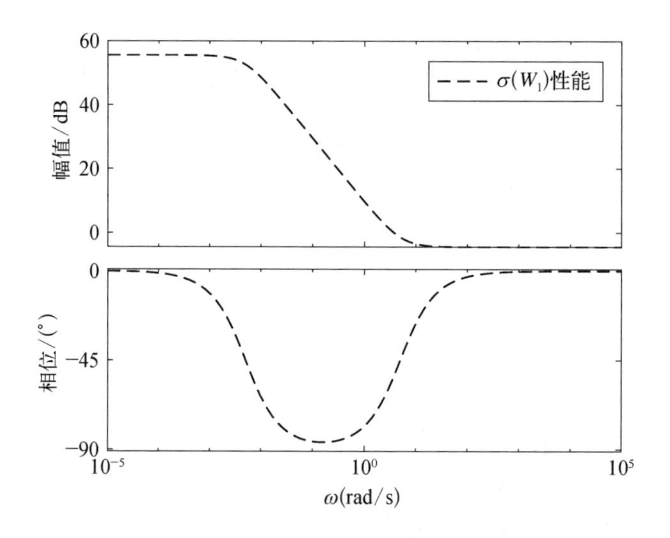

图 10.5 灵敏度加权函数伯德图

$$w_3(s) = \beta \frac{\dfrac{s}{\omega_{\mathrm{B}}} + 1}{\dfrac{s}{\dfrac{\omega_{\mathrm{B}}}{\varepsilon_{\mathrm{T}}}} + 1} = 0.7 \frac{\dfrac{s}{5} + 1}{\dfrac{s}{500} + 1}$$

补灵敏度加权函数伯德图如图 10.6 所示。

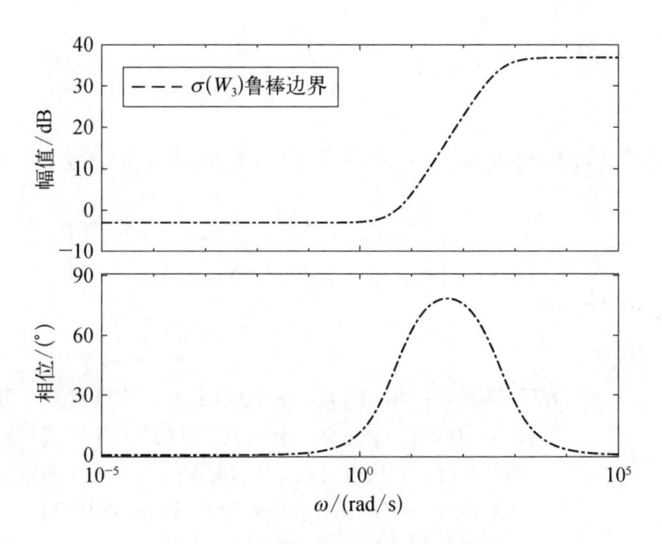

图 10.6　补灵敏度加权函数伯德图

逆灵敏度加权函数 $W_1^{-1}(s)$、逆补灵敏度加权函数 $W_3^{-1}(s)$ 频域整形如图 10.7 所示。

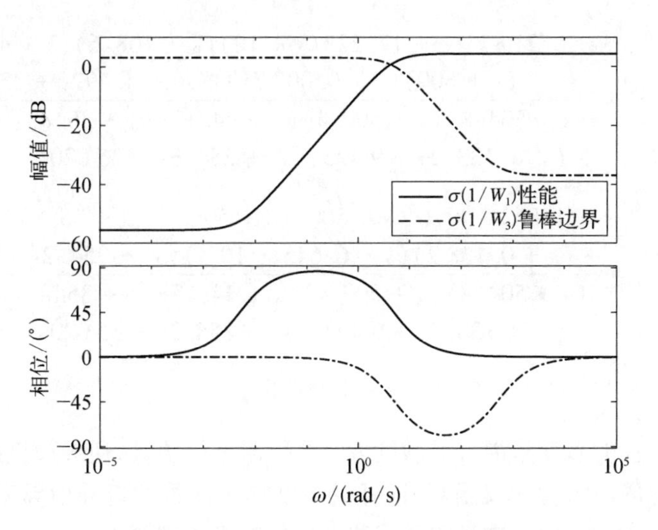

图 10.7　$W_1^{-1}(s)$、$W_3^{-1}(s)$ 频域整形

构造灵敏度加权函数矩阵：

$$W_1(s)=\begin{bmatrix} w_1(s) & 0 \\ 0 & w_1(s) \end{bmatrix}$$

构造补灵敏度加权函数矩阵：

$$W_3(s)=\begin{bmatrix} w_3(s) & 0 \\ 0 & w_3(s) \end{bmatrix}$$

针对上述广义被控对象 $G_{\text{aug\_integral}}(s)$ 设计多变量混合灵敏度 H_∞ 控制器，得

$$K_{\text{aug\_integral}}(s)=\begin{bmatrix} K_{11,\text{ aug\_integral}}(s) & K_{12,\text{ aug\_integral}}(s) \\ K_{21,\text{ aug\_integral}}(s) & K_{22,\text{ aug\_integral}}(s) \end{bmatrix}$$

其中，

$$K_{11,\text{ aug\_integral}}(s)=\frac{\begin{array}{c}875\,740(s+44.15)(s+10)(s+3.494)(s+500)\\ \cdot(s+500.4)(s+7.75\times10^{-5})(s^2+133.2s+9\,504)\end{array}}{\begin{array}{c}(s+504.8)(s+500.4)(s+44.17)(s+35.8)(s+0.005)\\ \cdot(s^2+133.2s+9\,492)(s^2+254.3s+35\,020)\end{array}}$$

$$K_{21,\text{ aug\_integral}}(s)=\frac{\begin{array}{c}29\,950(s+500)(s+506.4)(s+34.23)(s+11.11)\\ \cdot(s+5.956)(s+3.595\times10^{-5})(s^2+285.2s+41\,820)\end{array}}{\begin{array}{c}(s+504.8)(s+500.4)(s+44.17)(s+35.8)(s+0.005)\\ \cdot(s^2+133.2s+9\,492)(s^2+254.3s+35\,020)\end{array}}$$

$$K_{12,\text{ aug\_integral}}(s)=\frac{\begin{array}{c}21\,873(s+17.22)(s+10)(s+108.6)(s+498.8)\\ \cdot(s+500)(s+0.007\,719)(s^2-4.492s+236.2)\end{array}}{\begin{array}{c}(s+504.8)(s+500.4)(s+44.17)(s+35.8)(s+0.005)\\ \cdot(s^2+133.2s+9\,492)(s^2+254.3s+35\,020)\end{array}}$$

$$K_{22,\text{ aug\_integral}}(s)=\frac{\begin{array}{c}-1.063\,8\times10^{6}(s+500)(s+504.8)(s+35.8)(s+11.11)\\ \cdot(s+0.138\,2)(s+6.645\times10^{-5})(s^2+254.2s+35\,010)\end{array}}{\begin{array}{c}(s+504.8)(s+500.4)(s+44.17)(s+35.8)(s+0.005)\\ \cdot(s^2+133.2s+9\,492)(s^2+254.3s+35\,020)\end{array}}$$

$$\gamma=1.007\,5$$

对上述设计的多变量混合灵敏度 H_∞ 控制器进行仿真，逆灵敏度函数、补灵敏度函数与对应的灵敏度加权函数、逆补灵敏度加权函数的奇异值频率响应曲线如图 10.8 所示。由图可知，满足闭环回路奇异值频率成型要求。

开环传递函数与对应的灵敏度加权函数、逆补灵敏度加权函数的奇异值频率响应曲线如图 10.9 所示。由图可知，满足开环回路奇异值频率成型要求。

燃油流量到燃气涡轮转速的单位阶跃响应如图 10.10 所示，调节时间 1 s，无超调。桨叶角到燃气涡轮转速的单位阶跃响应如图 10.11 所示，燃气涡轮转速单位阶跃响应对内部回路的桨叶角干扰的抑制能力为 0.05%，具有动态解耦性能。

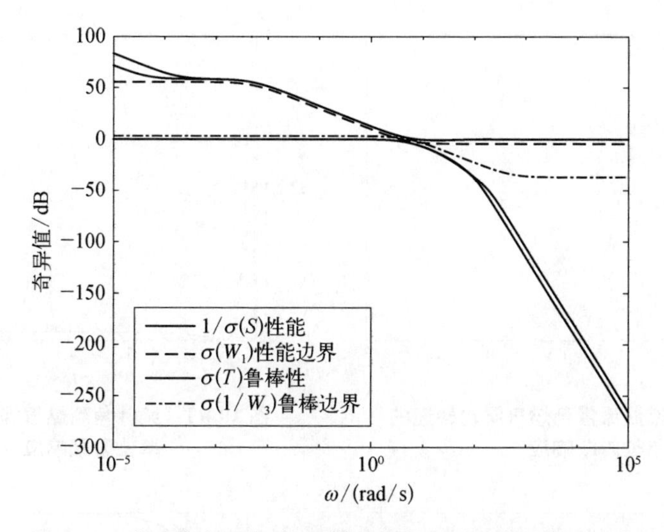

图 10.8　逆灵敏度函数、补灵敏度函数与对应的灵敏度加权函数、逆补灵敏度加权函数的奇异值频率响应曲线

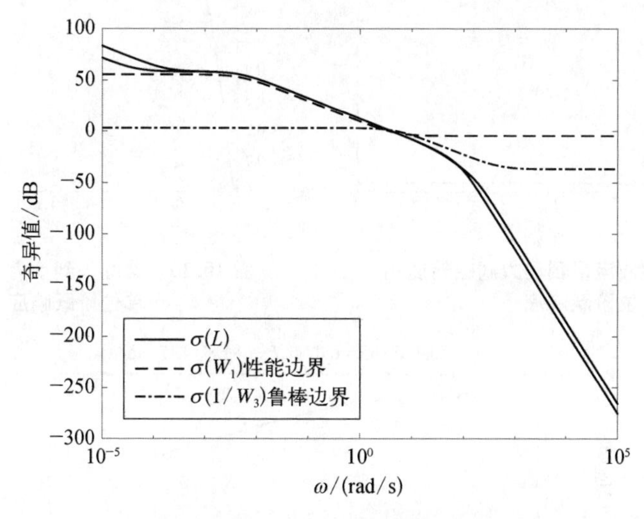

图 10.9　开环传递函数与对应的灵敏度加权函数、逆补灵敏度加权函数的奇异值频率响应曲线

燃油流量到动力涡轮转速的单位阶跃响应如图 10.12 所示，动力涡轮转速单位阶跃响应对内部回路的燃油流量干扰的抑制能力为 0.049%，具有动态解耦性能。桨叶角到动力涡轮转速的单位阶跃响应如图 10.13 所示，调节时间 1 s，无超调。

燃油流量到燃气涡轮转速的开环传递函数伯德图如图 10.14 所示，幅值裕度为 30.4 dB，相位裕度为 81.8°，穿越频率为 4.12 rad/s。

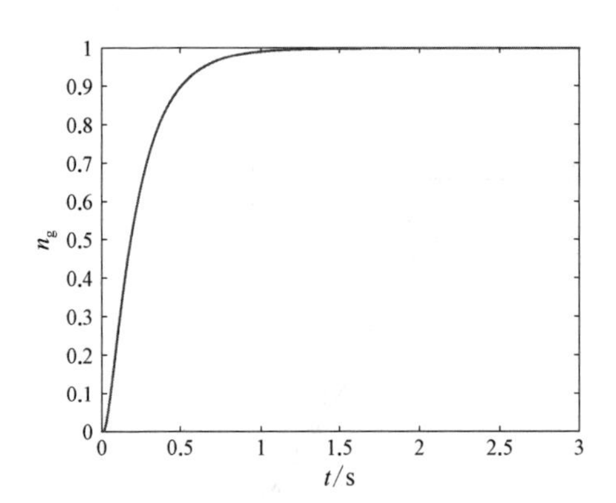

图 10.10 燃油流量到燃气涡轮转速的单位阶跃响应

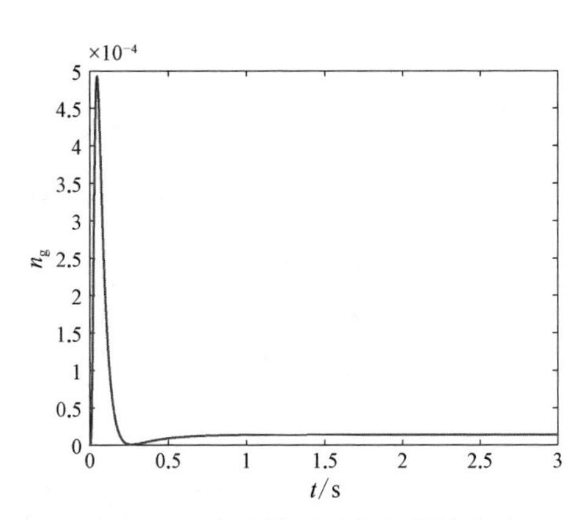

图 10.11 桨叶角到燃气涡轮转速的单位阶跃响应

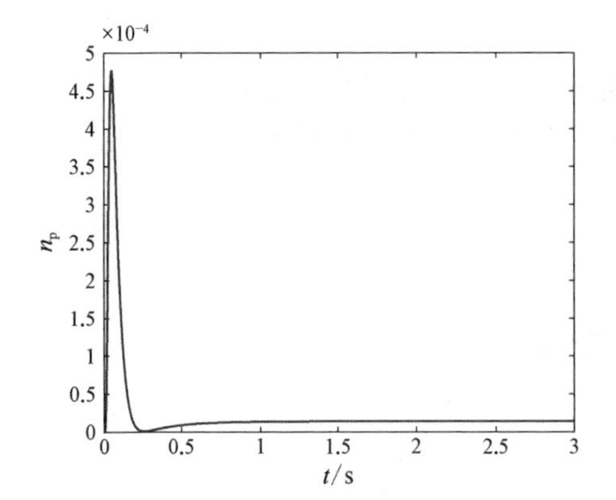

图 10.12 燃油流量到动力涡轮转速的单位阶跃响应

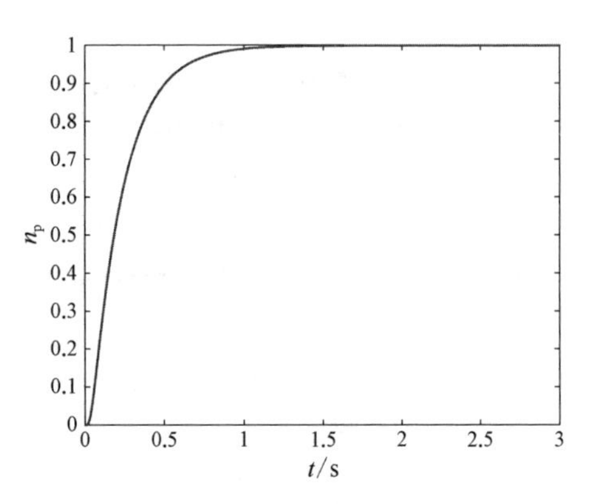

图 10.13 桨叶角到动力涡轮转速的单位阶跃响应

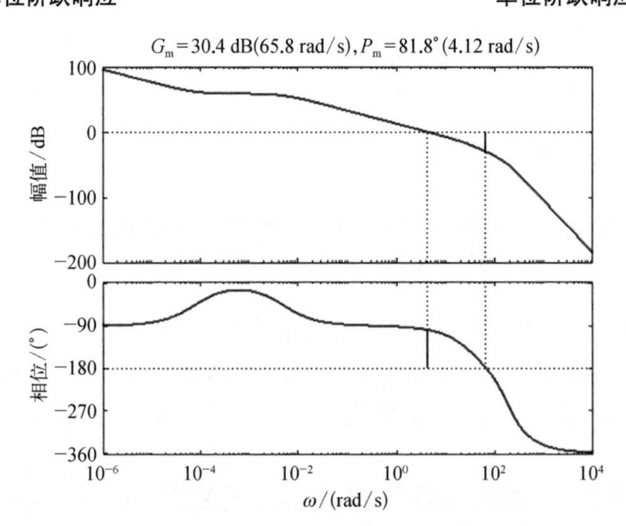

图 10.14 燃油流量到燃气涡轮转速的开环传递函数伯德图

燃油流量到燃气涡轮转速的闭环传递函数伯德图如图 10. 15 所示,谐振峰值为 1,带宽为 4. 84 rad/s。

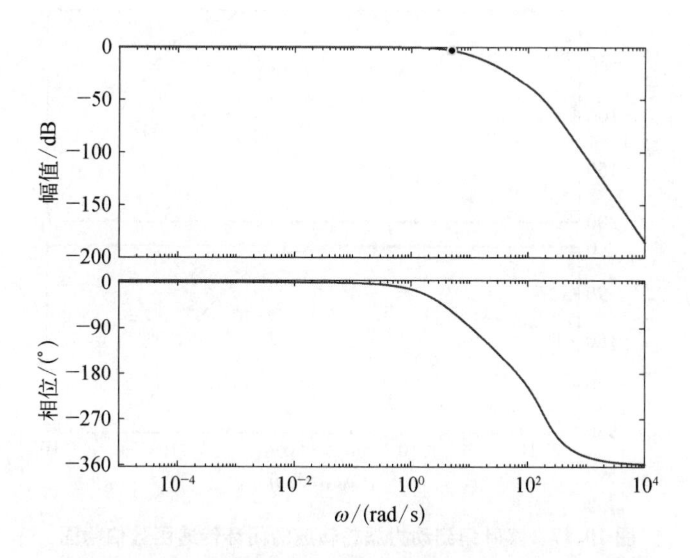

图 10. 15　燃油流量到燃气涡轮转速的闭环传递函数伯德图

桨叶角到动力涡轮转速的开环传递函数伯德图如图 10. 16 所示,幅值裕度为 25 dB,相位裕度为 81. 4°,穿越频率为 4. 11 rad/s。

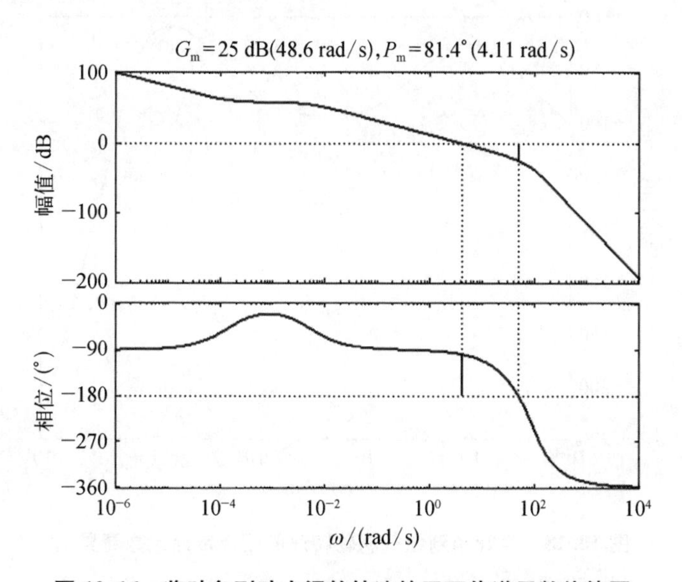

图 10. 16　桨叶角到动力涡轮转速的开环传递函数伯德图

桨叶角到动力涡轮转速的闭环传递函数伯德图如图 10. 17 所示,谐振峰值为

1,带宽为 4.85 rad/s。

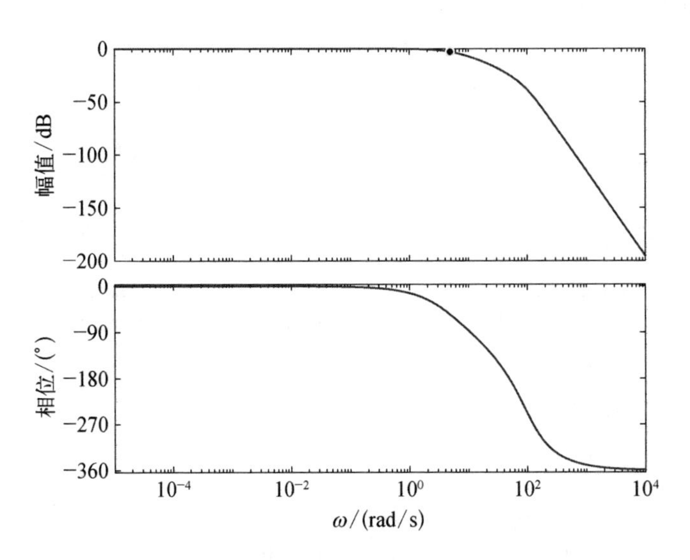

图 10.17 桨叶角到动力涡轮转速的闭环传递函数伯德图

桨叶角到燃气涡轮转速的闭环传递函数奇异值如图 10.18 所示,最大奇异值为−63.7 dB,具有很好的抗干扰能力。

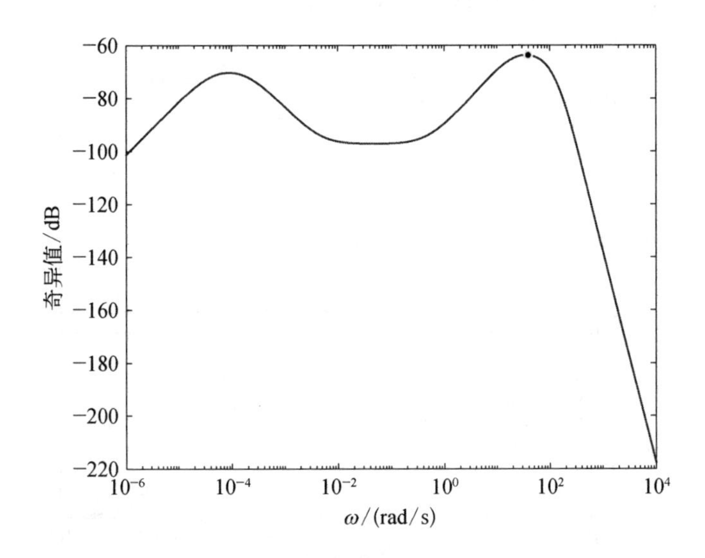

图 10.18 桨叶角到燃气涡轮转速的闭环传递函数奇异值

燃油流量到动力涡轮转速的闭环传递函数奇异值如图 10.19 所示,最大奇异值为−63.9 dB,具有很好的抗干扰能力。

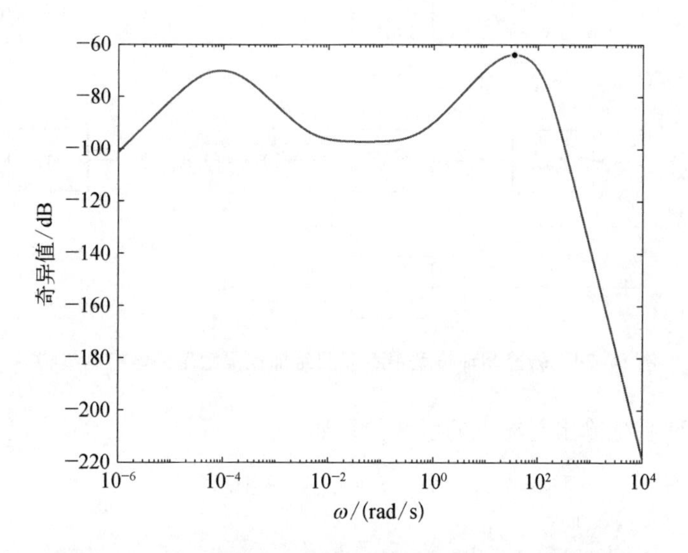

图 10.19　燃油流量到动力涡轮转速的闭环传递函数奇异值

10.2　涡桨发动机模型跟踪 H_∞ 控制设计

10.2.1　模型跟踪 H_∞ 控制设计

设涡桨发动机广义被控对象为

$$G_{\text{aug}}(s)=\begin{bmatrix}\dfrac{5.9854(s+0.1382)}{(s+10)(s+3.493)(s+0.1396)} & \dfrac{0.041904}{(s+11.11)(s+3.493)(s+0.1396)}\\ \dfrac{0.19256(s+5.954)}{(s+10)(s+3.493)(s+0.1396)} & \dfrac{-1.6295(s+3.494)}{(s+11.11)(s+3.493)(s+0.1396)}\end{bmatrix}$$

对涡桨发动机采用以下控制计划：

$$\begin{cases}W_{\text{f}}\rightarrow n_{\text{g}}\ 伺服跟踪\ n_{\text{g, dem}}=f(\text{PLA})\\ \beta_{\text{prop}}\rightarrow n_{\text{p}}\ 伺服跟踪\ n_{\text{p, dem}}=g(\text{PLA})\end{cases} \tag{10.22}$$

即通过调节燃油流量使燃气涡轮转速伺服跟踪指令转速、通过调节桨叶角使动力涡轮转速保持恒定值不变的双回路控制策略。

模型跟踪双回路加权灵敏度函数控制结构如图 10.20 所示。G_{aug} 为广义被控对象；M 为参考模型；W_{p} 为模型跟踪灵敏度加权函数；W_{u} 为控制输出灵敏度加权函数；K_{aug} 为控制器；r 为参考指令信号；e 为跟踪参考指令误差信号；u 为控制器输出信号；d 为外部干扰信号；y 为被控参数信号；z_1 为跟踪模型误差评估信号；z_2 为控制输出幅度评估信号。

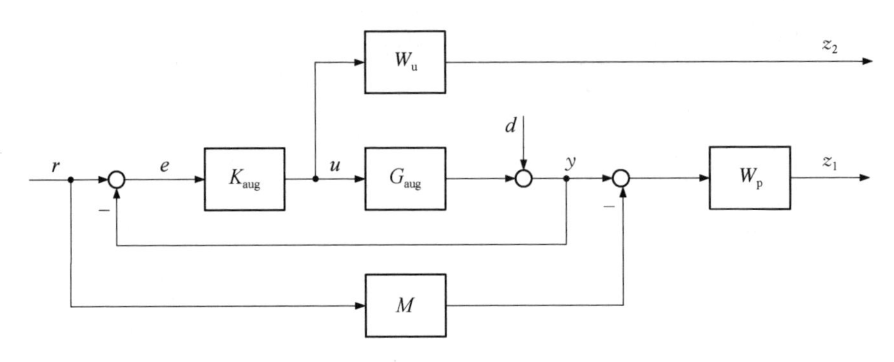

图 10.20　转速闭环模型跟踪双回路加权灵敏度函数控制结构

分析闭环系统输出与输入的函数关系如下：

$$z_1 = W_p(d + G_{aug}u - Mr) \tag{10.23}$$

$$z_2 = W_u u \tag{10.24}$$

$$e = r - G_{aug}u - d \tag{10.25}$$

则

$$\begin{bmatrix} z_1 \\ z_2 \\ e \end{bmatrix} = \begin{bmatrix} -W_pM & W_p & W_pG_{aug} \\ 0 & 0 & W_u \\ I & -I & -G_{aug} \end{bmatrix} \begin{bmatrix} r \\ d \\ u \end{bmatrix} \tag{10.26}$$

$$u = K_{aug}e \tag{10.27}$$

定义干扰信号向量为 w，评估信号向量为 z，即

$$w = \begin{bmatrix} r \\ d \end{bmatrix},\ z = \begin{bmatrix} z_1 \\ z_2 \end{bmatrix} \tag{10.28}$$

则

$$\begin{bmatrix} z \\ e \end{bmatrix} = P_{aug} \begin{bmatrix} w \\ u \end{bmatrix} \tag{10.29}$$

其中，P_{aug} 称为标准化广义被控对象，即

$$P_{aug} = \begin{bmatrix} -W_pM & W_p & W_pG_{aug} \\ 0 & 0 & W_u \\ I & -I & -G_{aug} \end{bmatrix} \tag{10.30}$$

上述模型跟踪双回路加权灵敏度函数控制问题可转化为标准 H_∞ 的 $P-K$ 优化

问题,如图 10.21 所示。

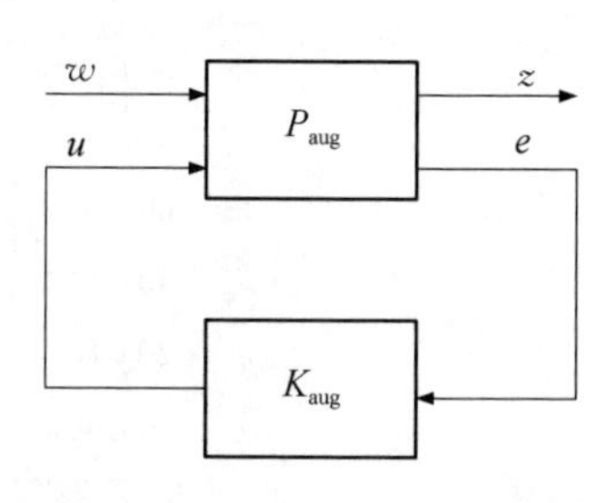

图 10.21　标准 H_∞ 优化问题

设闭环灵敏度函数:

$$S_o(s) = (I + G_{aug}K_{aug})^{-1} \tag{10.31}$$

补闭环灵敏度函数:

$$T_o(s) = G_{aug}K_{aug}(I + G_{aug}K_{aug})^{-1} \tag{10.32}$$

根据线性分式变换,得闭环传递函数矩阵为

$$\begin{aligned} T_{zw}(s) &= F_l(P_{aug}, K_{aug}) = P_{11} + P_{12}K_{aug}(I - P_{22}K_{aug})^{-1}P_{21} \\ &= \begin{bmatrix} W_p(T_o - M) & W_pS_o \\ W_uK_{aug}S_o & -W_uK_{aug}S_o \end{bmatrix} \end{aligned} \tag{10.33}$$

则设计标准 H_∞ 优化控制器的问题为

$$\min_K \| T_{zw}(s) \|_\infty \tag{10.34}$$

上式表明,为使闭环传递函数矩阵的 H_∞ 范数最小,加权函数 W_p 是保证系统输出跟踪参考模型输出的主要手段,同时,加权函数 W_p 也保证了灵敏度函数在低频范围的伺服跟踪性能和抗干扰性能;加权函数 W_u 是保证控制器输出幅度受限的主要手段。

设 $\alpha = 0.6$、$\omega_B = 20$、$\varepsilon_S = 0.000\,01$, 则

$$w_p(s) = \frac{\alpha}{\varepsilon_S} \frac{\dfrac{s}{\omega_B} + 1}{\dfrac{s}{\omega_B\varepsilon_S} + 1} = 60\,000 \frac{\dfrac{s}{20} + 1}{\dfrac{s}{0.000\,2} + 1}$$

$$W_p(s) = \begin{bmatrix} w_p(s) & 0 \\ 0 & w_p(s) \end{bmatrix}$$

模型跟踪灵敏度加权函数 W_p 的伯德图如图 10.22 所示。

设 $\gamma = 0.5$、$\omega_B = 20$、$\varepsilon_u = 0.002$, 则

$$w_u(s) = \gamma \frac{\dfrac{s}{\omega_B} + 1}{\dfrac{s}{\dfrac{\omega_B}{\varepsilon_u}} + 1} = 0.5 \frac{\dfrac{s}{20} + 1}{\dfrac{s}{\dfrac{20}{0.002}} + 1}$$

$$W_u(s) = \begin{bmatrix} w_u(s) & 0 \\ 0 & w_u(s) \end{bmatrix}$$

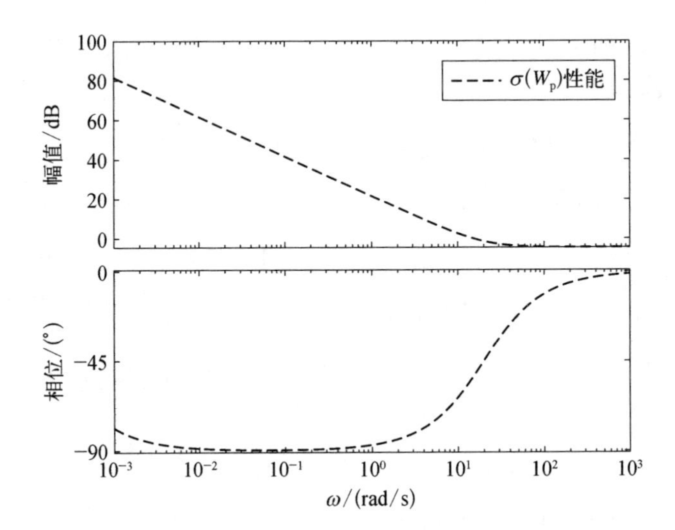

图 10.22　灵敏度加权函数伯德图

控制输出灵敏度加权函数 W_u 的伯德图如图 10.23 所示。

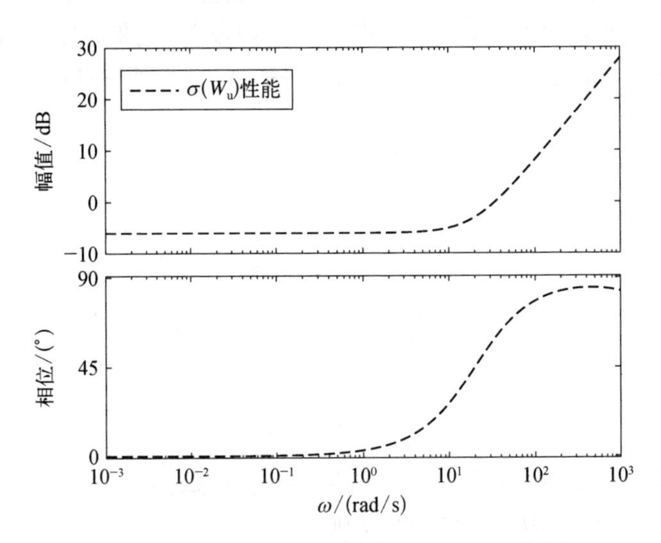

图 10.23　控制输出灵敏度加权函数 W_u 的伯德图

设 $\xi = 0.9$、$\omega_n = 10$，则参考模型设计为标准二阶环节：

$$m(s) = \frac{\omega_n^2}{s^2 + 2\xi\omega_n s + \omega_n^2} = \frac{100}{s^2 + 18s + 100}$$

$$M(s) = \begin{bmatrix} m(s) & 0 \\ 0 & m(s) \end{bmatrix}$$

参考模型频域整形如图 10.24 所示。

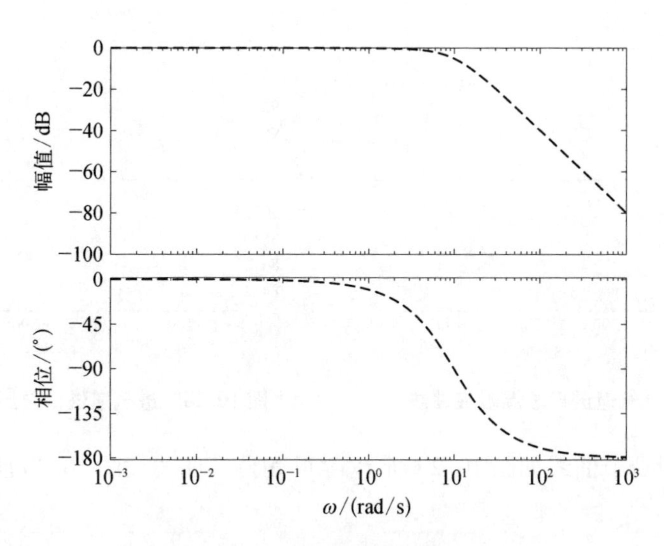

图 10.24 参考模型频域整形

针对上述广义被控对象 $G_{aug}(s)$、参考模型 $M(s)$、模型跟踪灵敏度加权函数 W_p、控制输出灵敏度加权函数 W_u 构造标准化广义被控对象 P，基于标准 H_∞ 控制求解算法获得 16 阶控制器的解，即

$$K_{aug}(s) = \begin{bmatrix} K_{11,\,aug}(s) & K_{12,\,aug}(s) \\ K_{21,\,aug}(s) & K_{22,\,aug}(s) \end{bmatrix}$$

$$\gamma = 9.486 \tag{10.35}$$

控制系统非线性仿真：飞行高度为 $H = 1$ km 不变、飞行马赫数为 $Ma = 0.2$ 不变，n_g 指令如图 10.25 所示，n_p 指令保持 $n_{p,\,dem} = 20\,900$ r/min 不变，如图 10.26 所示，仿真时间 500 s，仿真周期为 0.002 s，采用 4 阶 Runge-Kutta 法(ode4)求解微分方程。

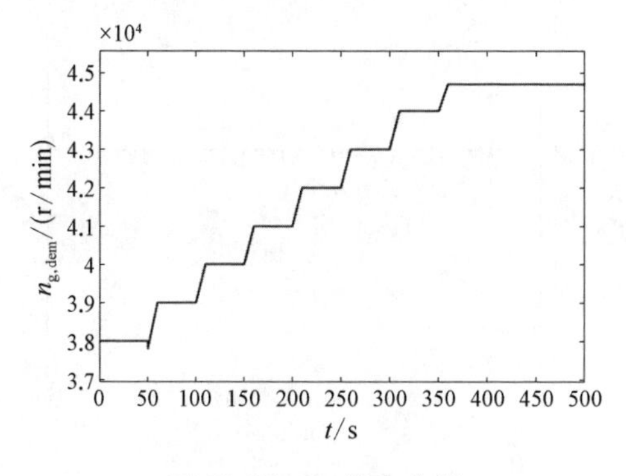

图 10.25 n_g 指令曲线

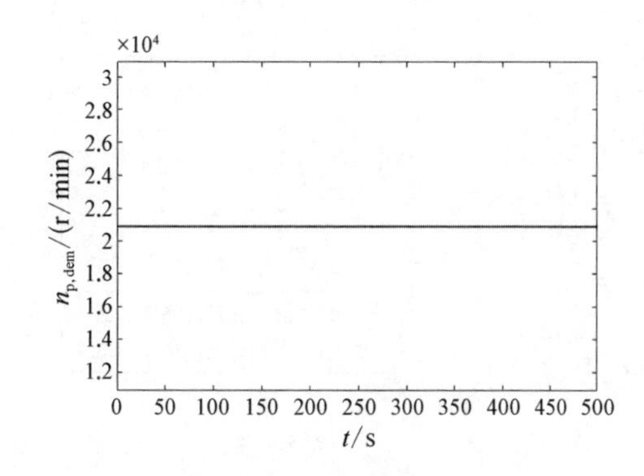

图 10.26 n_p 指令曲线

进气道进口总温如图 10.27 所示，进气道进口总压响应曲线如图 10.28 所示。

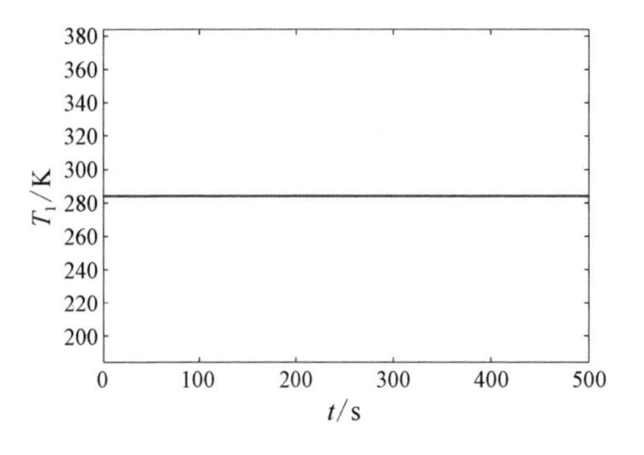

图 10.27 进气道进口总温响应曲线

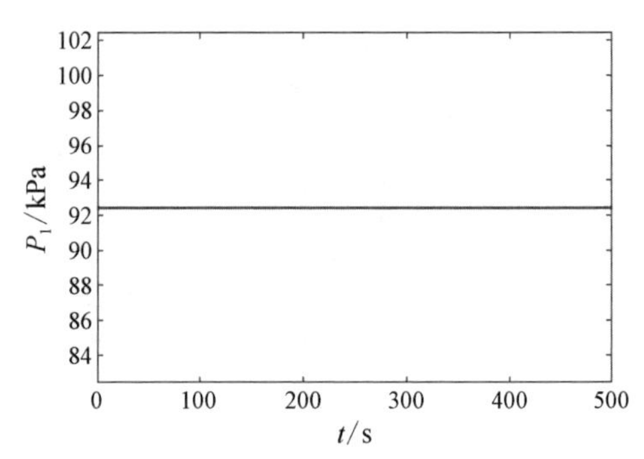

图 10.28 进气道进口总压响应曲线

燃油流量调节曲线如图 10.29 所示，桨叶角调节曲线如图 10.30 所示。

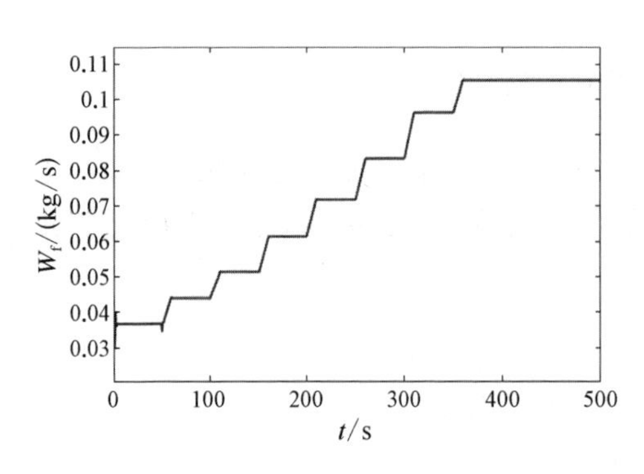

图 10.29 燃油流量调节曲线

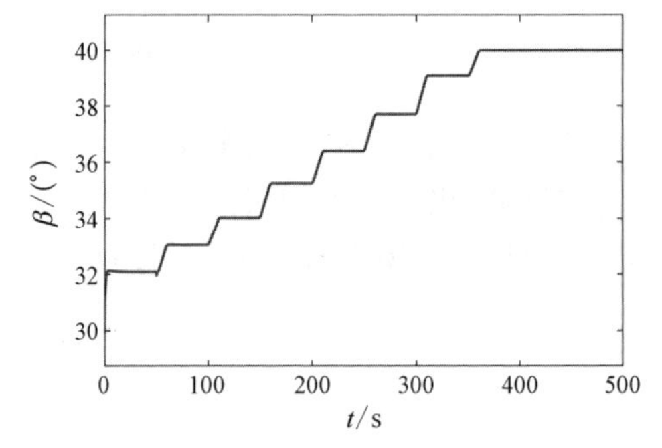

图 10.30 桨叶角调节曲线

n_g 指令与 n_g 响应对比曲线如图 10.31 所示，n_g 相对误差曲线如图 10.32 所示，最大 n_g 相对误差为 0.5%。

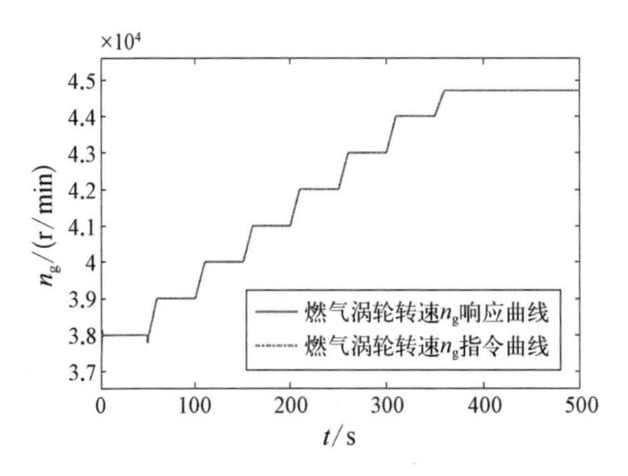

图 10.31 n_g 指令与 n_g 响应对比曲线

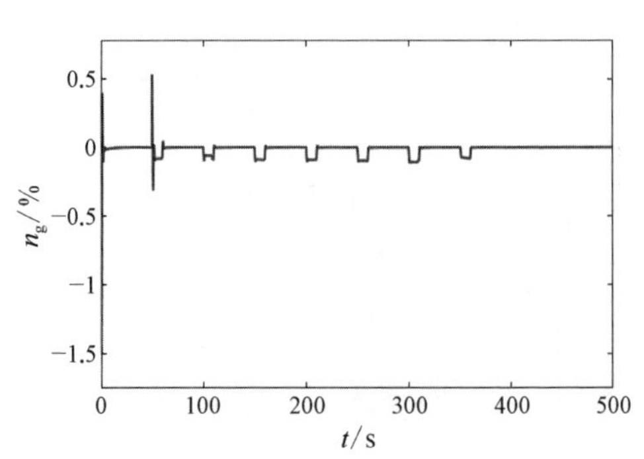

图 10.32 n_g 相对误差曲线

n_p 指令与 n_p 响应对比曲线如图 10.33 所示，n_p 相对误差曲线如图 10.34 所示，最大 n_p 相对误差为 0.29%。

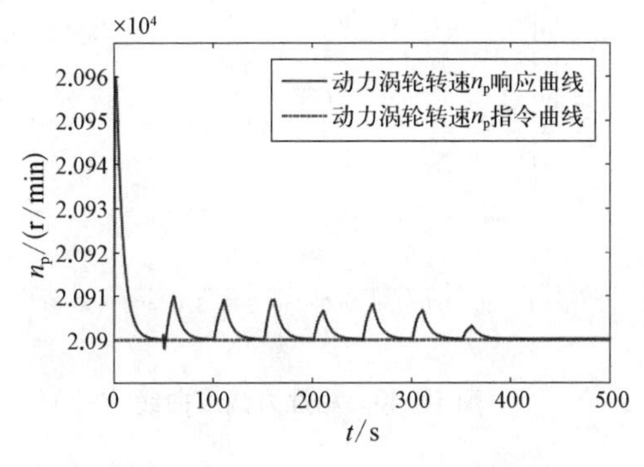

图 10.33　n_p 指令与 n_p 响应对比曲线

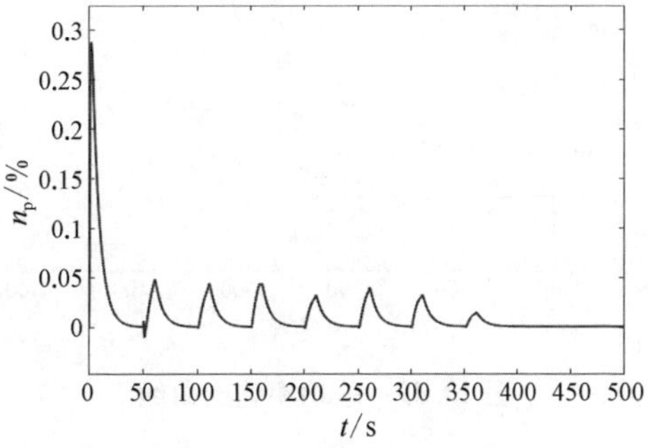

图 10.34　n_p 相对误差曲线

螺旋桨功率响应曲线如图 10.35 所示，螺旋桨拉力响应曲线如图 10.36 所示。

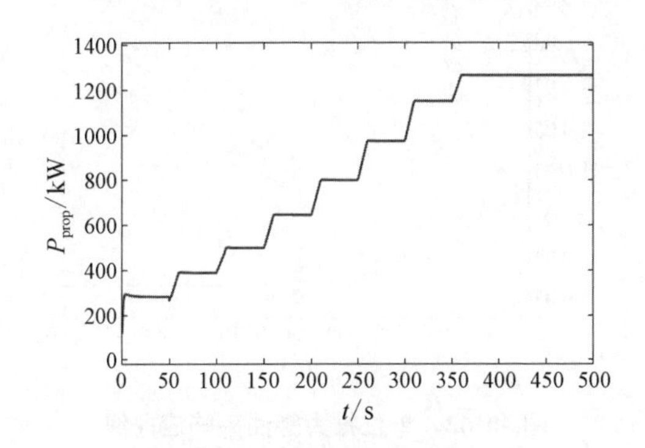

图 10.35　螺旋桨功率响应曲线

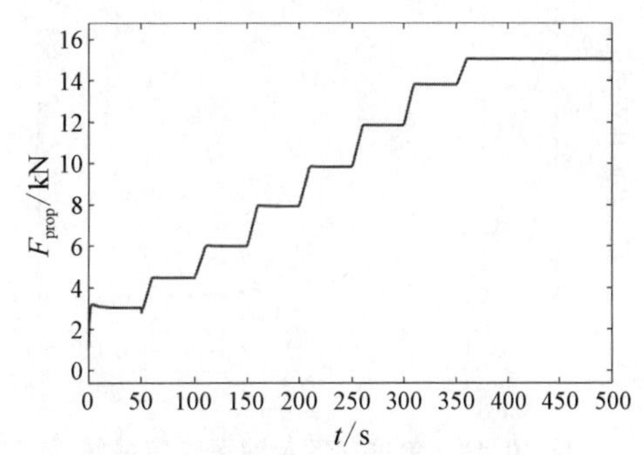

图 10.36　螺旋桨拉力响应曲线

螺旋桨扭矩响应曲线如图 10.37 所示，空气流量响应曲线如图 10.38 所示。

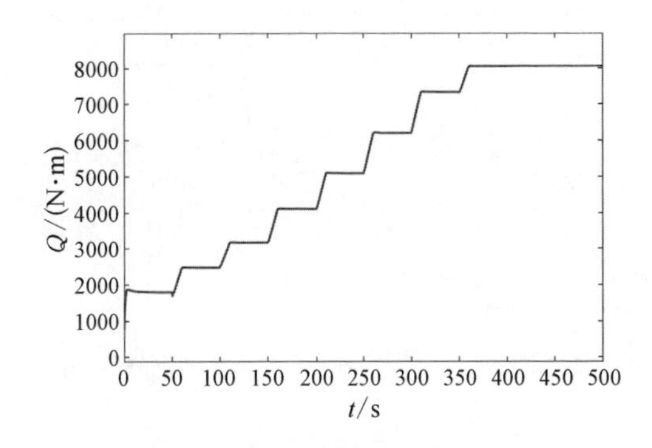

图 10.37　螺旋桨扭矩响应曲线

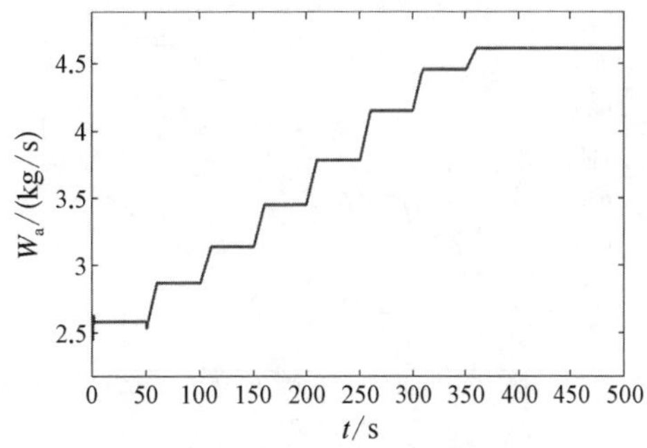

图 10.38　空气流量响应曲线

总功率响应曲线如图 10.39 所示，总推力响应曲线如图 10.40 所示。

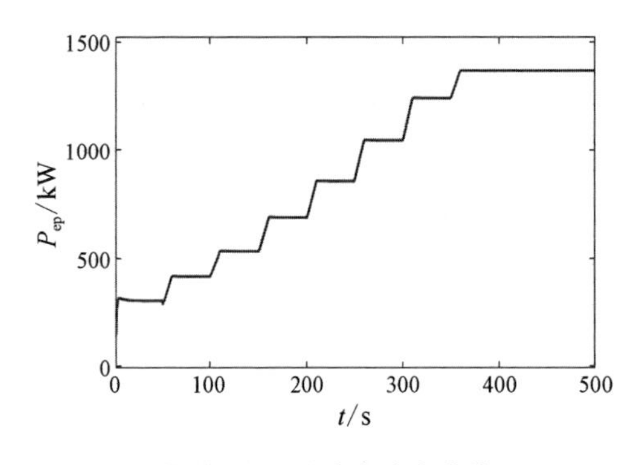

图 10.39 总功率响应曲线

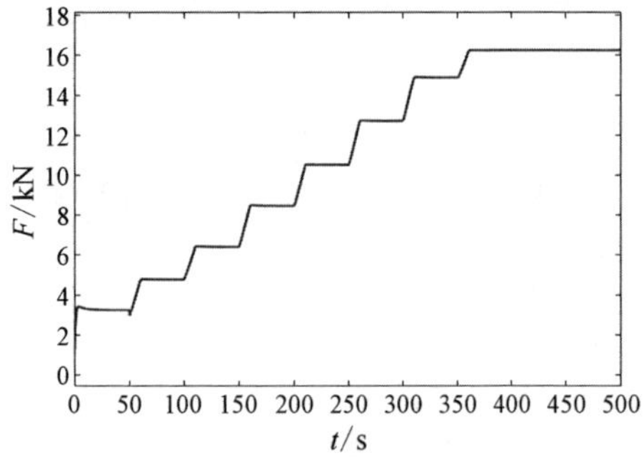

图 10.40 总推力响应曲线

单位功率耗油率响应曲线如图 10.41 所示，单位推力耗油率响应曲线如图 10.42 所示。

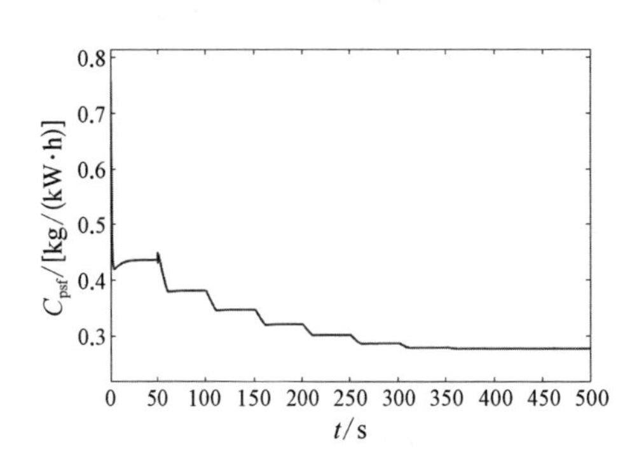

图 10.41 单位功率耗油率响应曲线

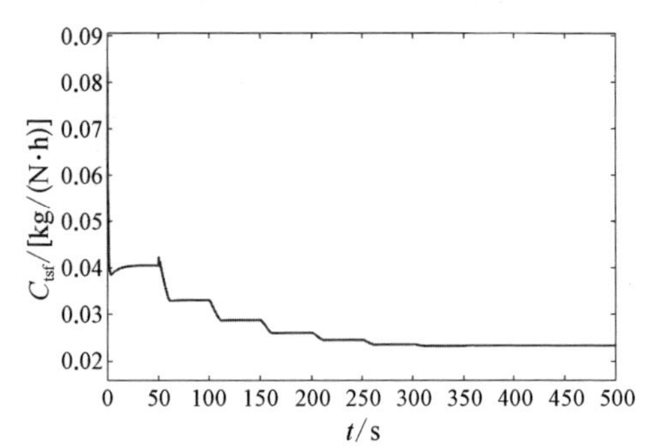

图 10.42 单位推力耗油率响应曲线

压气机出口总温响应曲线如图 10.43 所示，压气机出口总压响应曲线如图 10.44 所示。

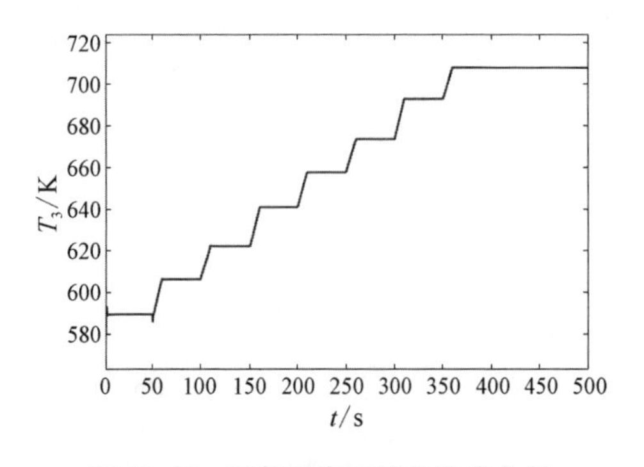

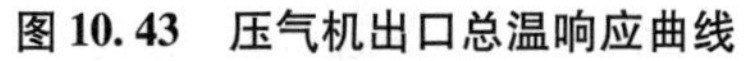

图 10.43 压气机出口总温响应曲线

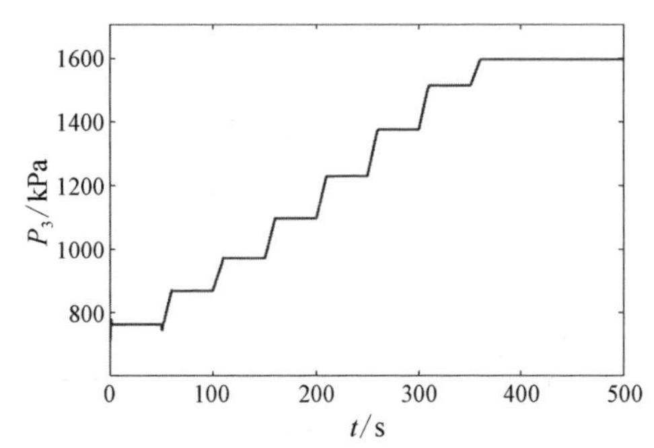

图 10.44 压气机出口总压响应曲线

压气机喘振裕度响应曲线如图 10.45 所示。

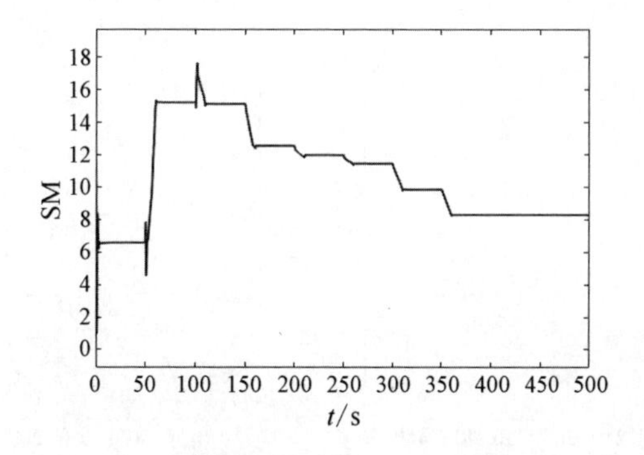

图 10.45　压气机喘振裕度 SM 的响应曲线

燃气涡轮前总温响应曲线如图 10.46 所示，燃气涡轮前总压响应曲线如图 10.47 所示。

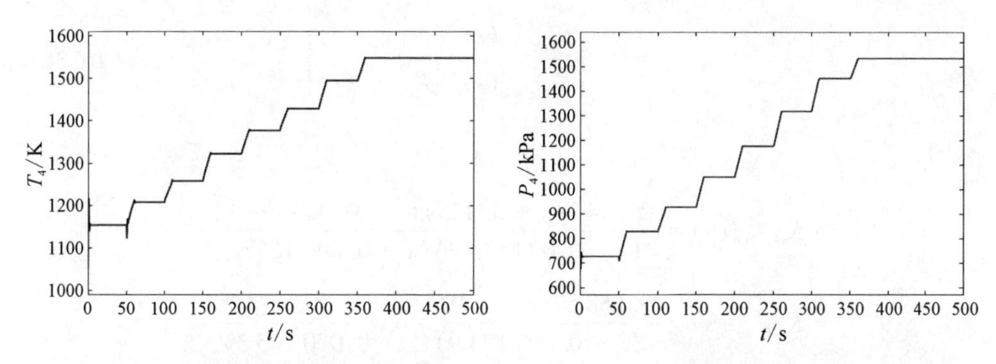

图 10.46　燃气涡轮前总温响应曲线　　图 10.47　燃气涡轮前总压响应曲线

燃气涡轮后总温响应曲线如图 10.48 所示，燃气涡轮后总压响应曲线如图 10.49 所示。

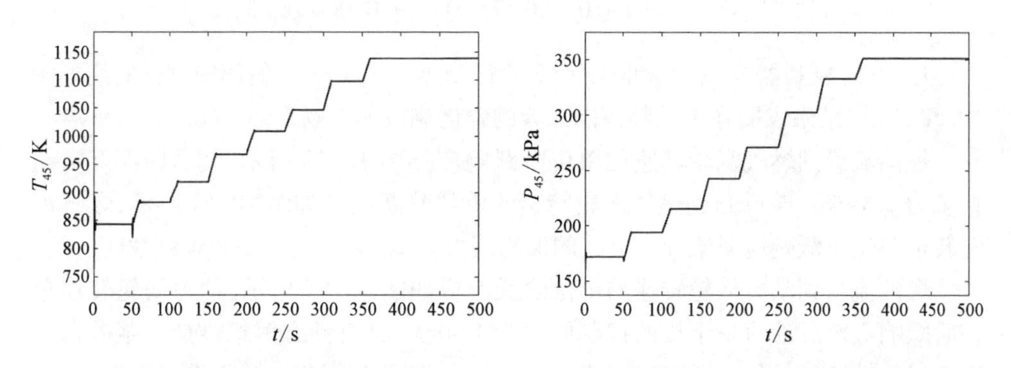

图 10.48　燃气涡轮后总温响应曲线　　图 10.49　燃气涡轮后总压响应曲线

动力涡轮后总温响应曲线如图 10.50 所示,动力涡轮后总压响应曲线如图 10.51 所示。

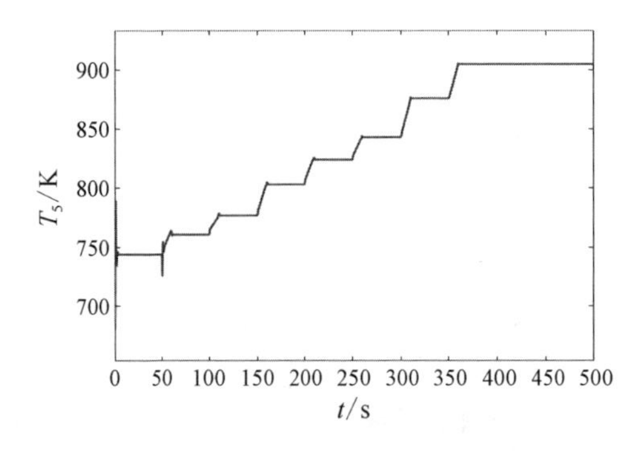

图 10.50　动力涡轮后总温响应曲线

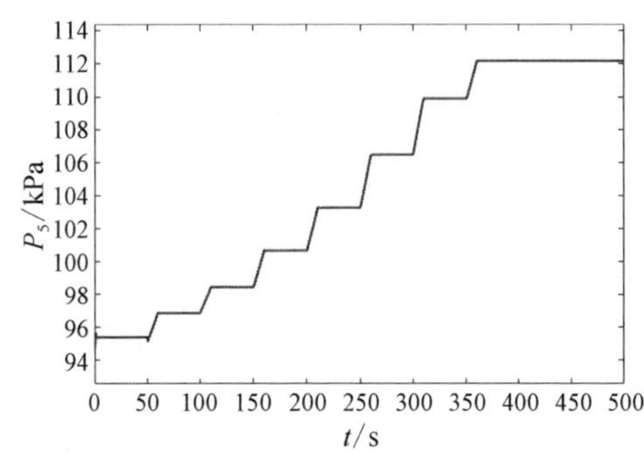

图 10.51　动力涡轮后总压响应曲线

采用模型降阶方法,对上述 16 阶控制器 $K_{aug}(s)$ 进行降阶,得 2 阶控制器为

$$K_{r,\ aug}(s)=\begin{bmatrix}K_{r11,\ aug}(s) & K_{r12,\ aug}(s)\\ K_{r21,\ aug}(s) & K_{r22,\ aug}(s)\end{bmatrix} \tag{10.36}$$

其中,

$$K_{r11,\ aug}(s)=\frac{2.2147(s+5.423)(s+0.0001741)}{(s+0.0001739)(s+0.0001653)}$$

$$K_{r21,\ aug}(s)=\frac{0.55857(s+4.91)(s+0.0001747)}{(s+0.0001739)(s+0.0001653)}$$

$$K_{r12,\ aug}(s)=\frac{0.18681(s+3.546)(s+0.0001988)}{(s+0.0001739)(s+0.0001653)}$$

$$K_{r22,\ aug}(s)=\frac{-10.578(s+0.1265)(s+0.0001613)}{(s+0.0001739)(s+0.0001653)}$$

原 16 阶控制器 $K_{aug}(s)$ 和降阶后 2 阶控制器 $K_{r,\ aug}(s)$ 的伯德图对比曲线如图 10.52 所示,结果表明在中低频范围二者的频谱响应曲线吻合。

燃油流量到燃气涡轮转速的单位阶跃响应如图 10.53 所示,调节时间 2 s,超调量为 2.14%。桨叶角到燃气涡轮转速的单位阶跃响应如图 10.54 所示,燃气涡轮转速单位阶跃响应对桨叶角干扰的抑制能力为 2.79%,具有动态解耦性能。

燃油流量到动力涡轮转速的单位阶跃响应如图 10.55 所示,动力涡轮转速单位阶跃响应对燃油流量干扰的抑制能力为 1.49%,具有动态解耦性能。桨叶角到动力涡轮转速的单位阶跃响应如图 10.56 所示,调节时间 2 s,无超调。

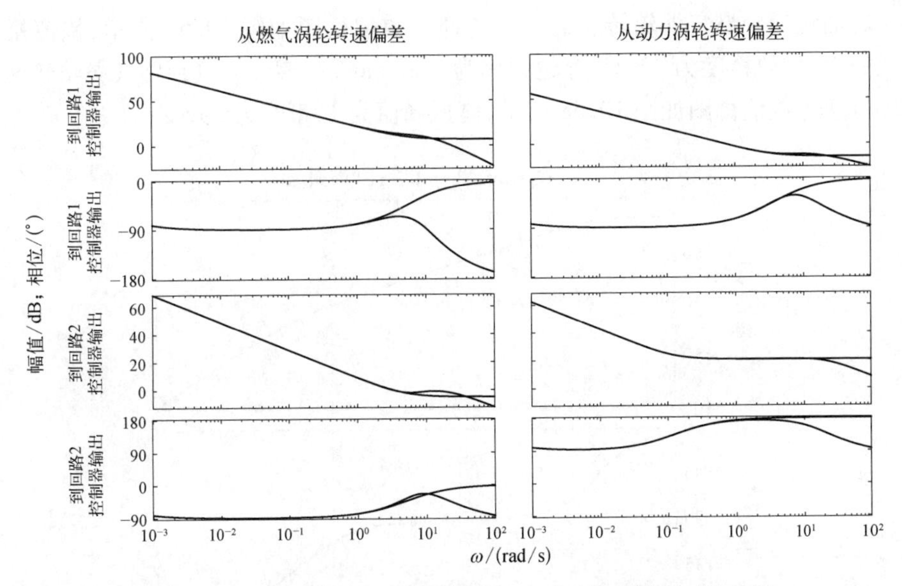

图 10.52 控制器 $K_{aug}(s)$ 和控制器 $K_{r,aug}(s)$ 的伯德图对比曲线

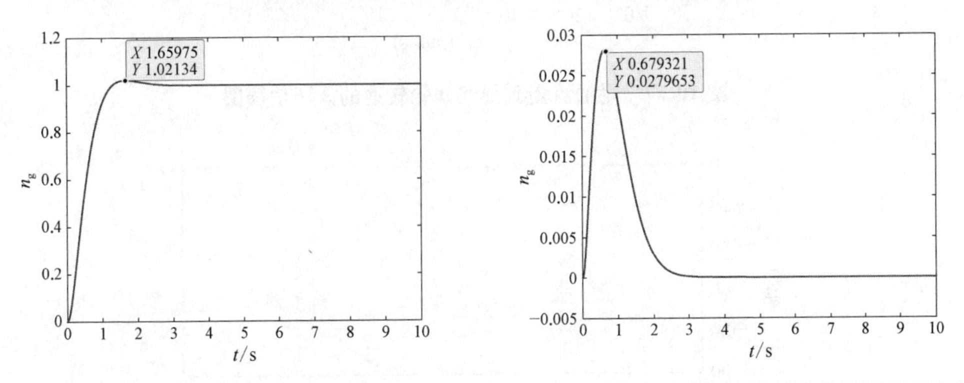

图 10.53 燃油流量到燃气涡轮转速的单位阶跃响应 图 10.54 桨叶角到燃气涡轮转速的单位阶跃响应

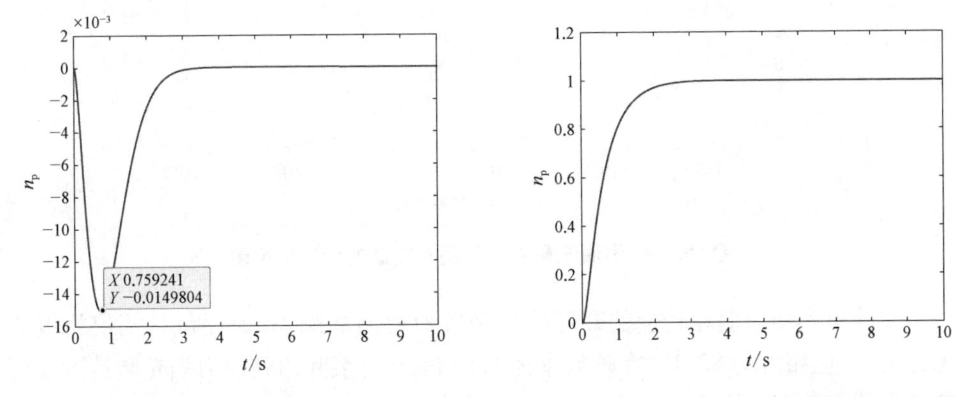

图 10.55 燃油流量到动力涡轮转速的单位阶跃响应 图 10.56 桨叶角到动力涡轮转速的单位阶跃响应

燃油流量到燃气涡轮转速的开环传递函数伯德图如图 10. 57 所示,幅值裕度为无穷大,相位裕度为 70. 2°,穿越频率为 1. 88 rad/s。燃油流量到燃气涡轮转速的闭环传递函数伯德图如图 10. 58 所示,谐振峰值为 1,带宽为 2 rad/s。

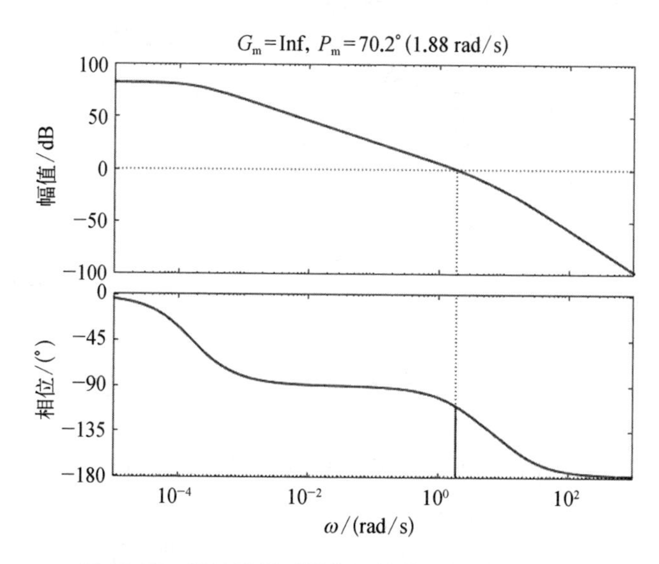

图 10. 57 燃油流量到燃气涡轮转速的开环伯德图

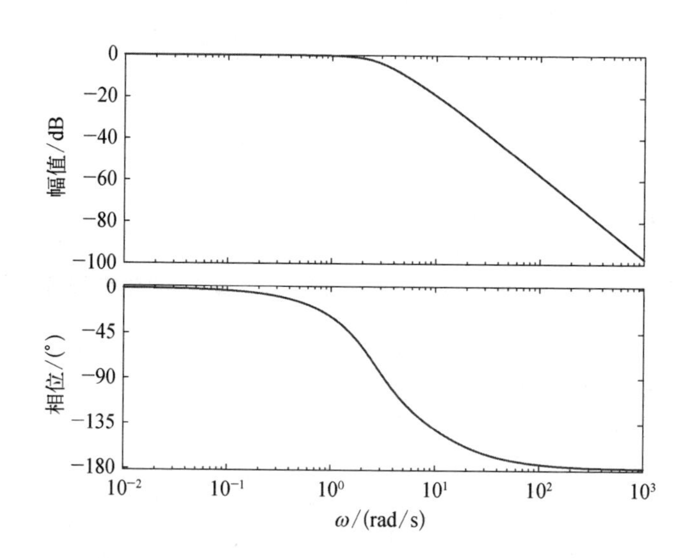

图 10. 58 燃油流量到燃气涡轮转速的闭环伯德图

桨叶角到动力涡轮转速的开环传递函数伯德图如图 10. 59 所示,幅值裕度为无穷大,相位裕度为 82. 1°,穿越频率为 1. 54 rad/s。桨叶角到动力涡轮转速的闭环传递函数伯德图如图 10. 60 所示,谐振峰值为 1,带宽为 1 rad/s。

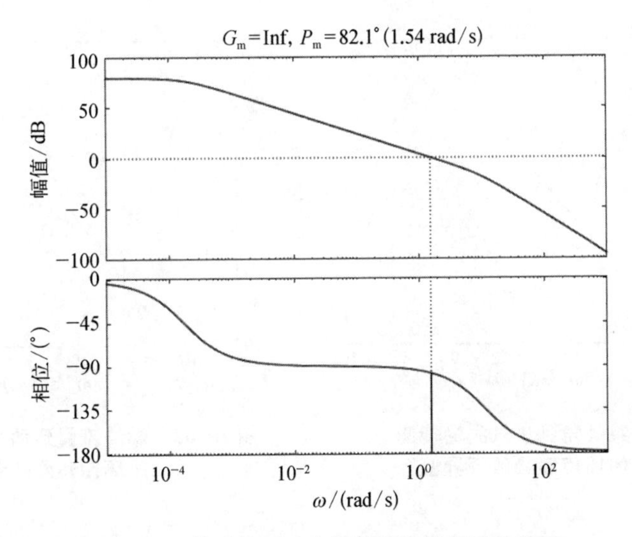

图 10.59　桨叶角到动力涡轮转速的开环伯德图

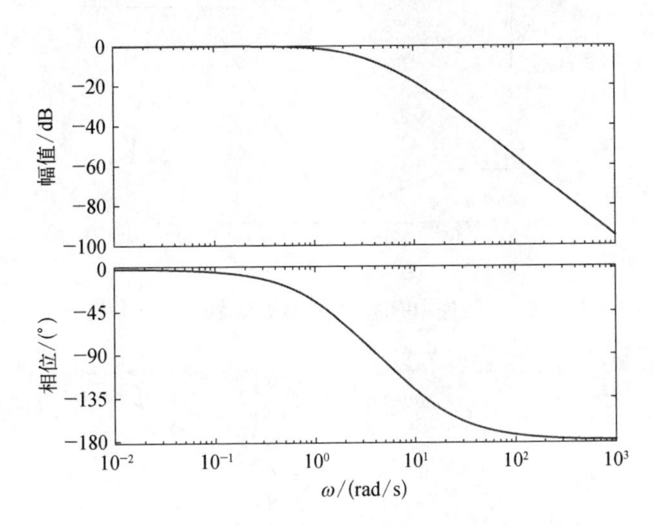

图 10.60　桨叶角到动力涡轮转速的闭环伯德图

桨叶角到燃气涡轮转速的闭环传递函数奇异值如图 10.61 所示，最大奇异值为−29 dB，燃油流量到动力涡轮转速闭环传递函数奇异值如图 10.62 所示，最大奇异值为−32 dB，均具有动态解耦性能。

控制器降阶后控制系统非线性仿真：飞行马赫数为 $Ma = 0.2$ 不变，飞行高度轨迹如图 10.63 所示，进气道进口总温曲线如图 10.64 所示，进气道进口总压曲线如图 10.65 所示，n_g 指令曲线如图 10.66 所示，n_p 指令保持 $n_{p,\,dem} = 20\,900$ r/min 不变，如图 10.68 所示，仿真时间 600 s，仿真周期为 0.01 s，采用 4 阶 Runge-Kutta 法(ode4)求解微分方程。

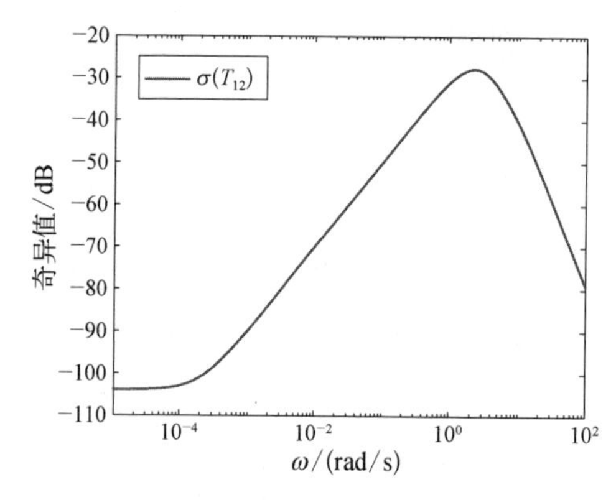

图 10.61 桨叶角到燃气涡轮转速闭环传递函数奇异值

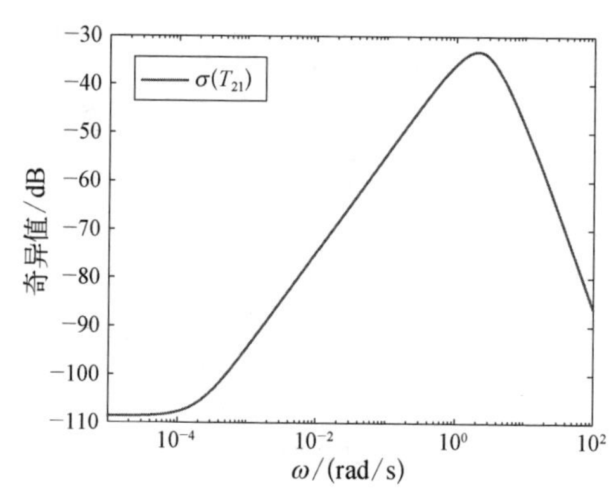

图 10.62 燃油流量到动力涡轮转速闭环传递函数奇异值

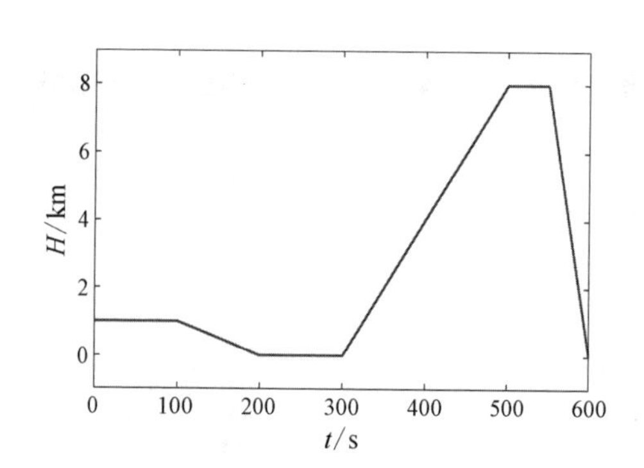

图 10.63 飞行高度轨迹

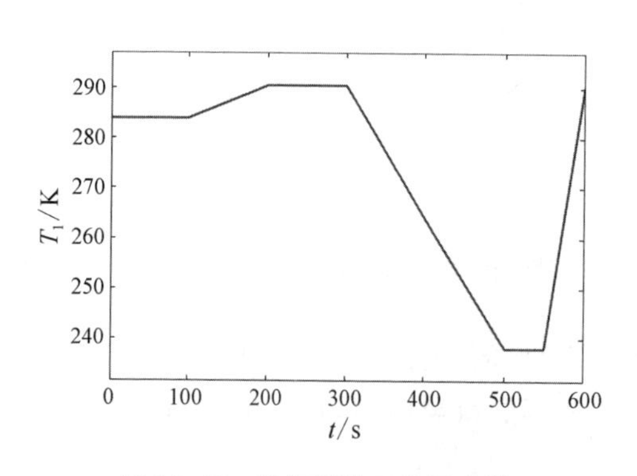

图 10.64 进气道进口总温曲线

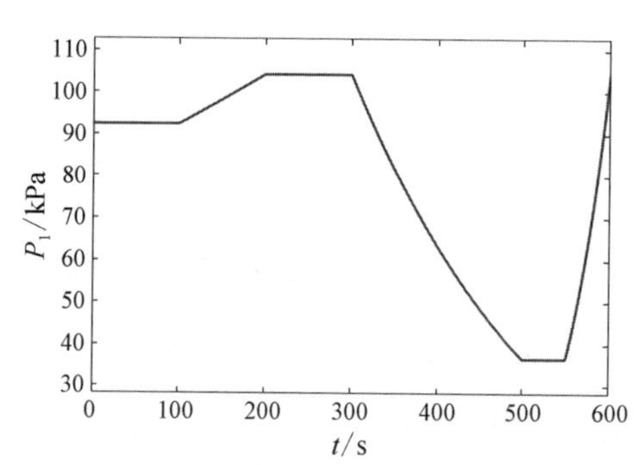

图 10.65 进气道进口总压曲线

n_g 指令与 n_g 响应对比曲线如图 10.66 所示，n_g 相对误差响应曲线如图 10.67 所示，最大相对误差为 1.5%，发生在 n_g 指令大幅变化的瞬时。

n_p 指令与 n_p 响应对比曲线如图 10.68 所示，n_p 误差响应曲线如图 10.69 所示，最大相对误差 0.28%，发生在 n_g 指令大幅变化的瞬时。

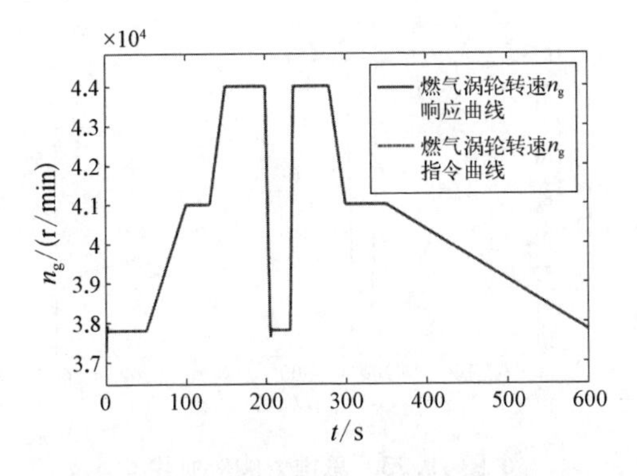

图 10.66　n_g 指令与 n_g 响应对比曲线

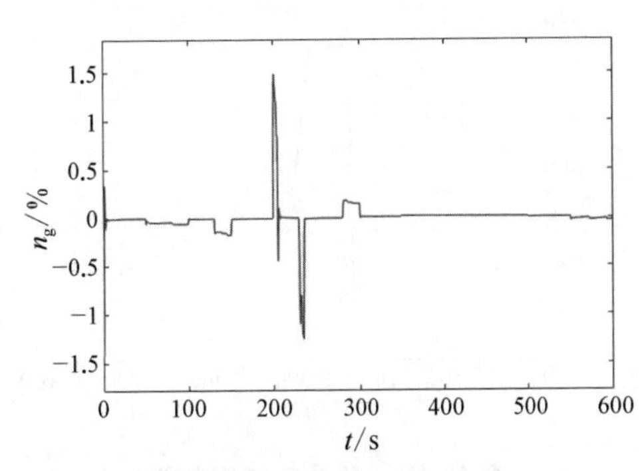

图 10.67　n_g 误差响应曲线

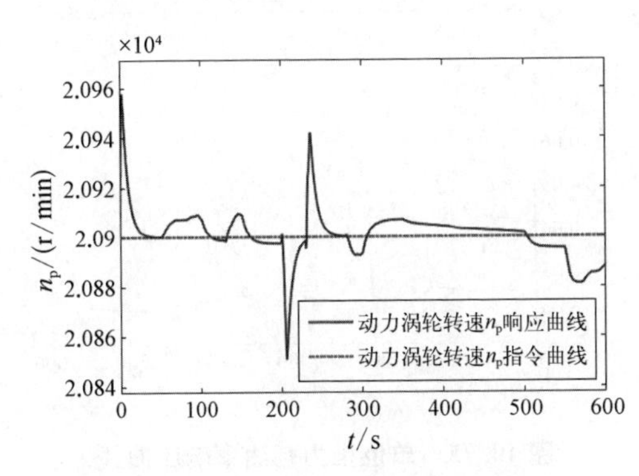

图 10.68　n_p 指令与 n_p 响应对比曲线

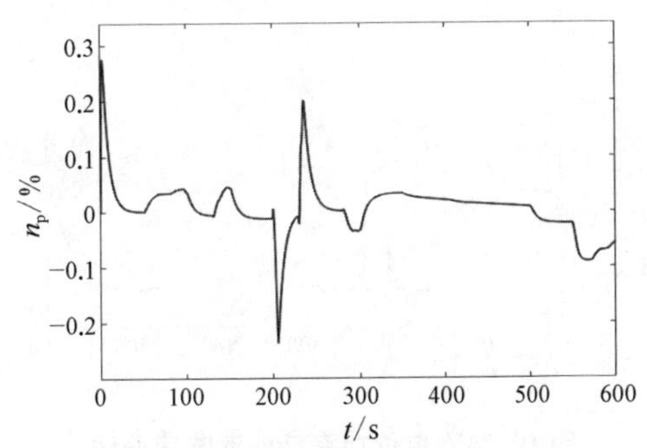

图 10.69　n_p 误差响应曲线

燃油流量调节曲线如图 10.70 所示,桨叶角调节曲线如图 10.71 所示。

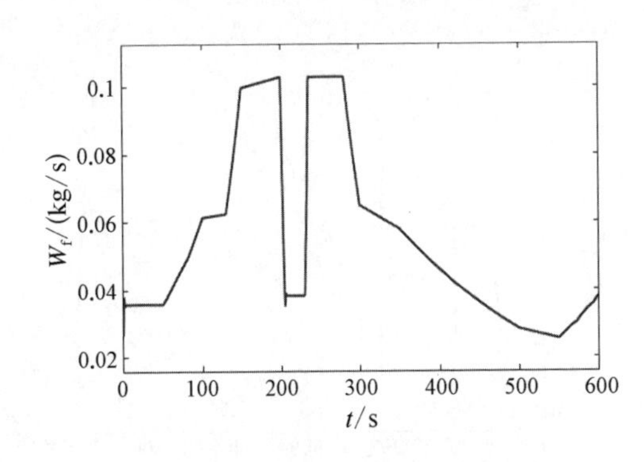

图 10.70　燃油流量调节曲线

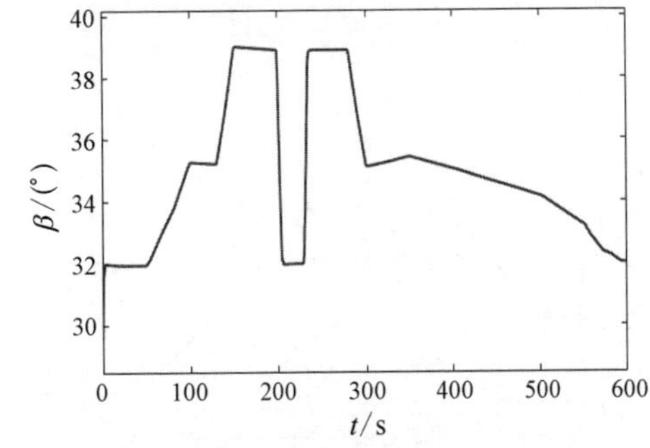

图 10.71　桨叶角调节曲线

总功率响应曲线如图 10.72 所示,总推力曲线如图 10.73 所示。

单位功率耗油率响应曲线如图 10.74 所示,单位推力耗油率响应曲线如图 10.75 所示。

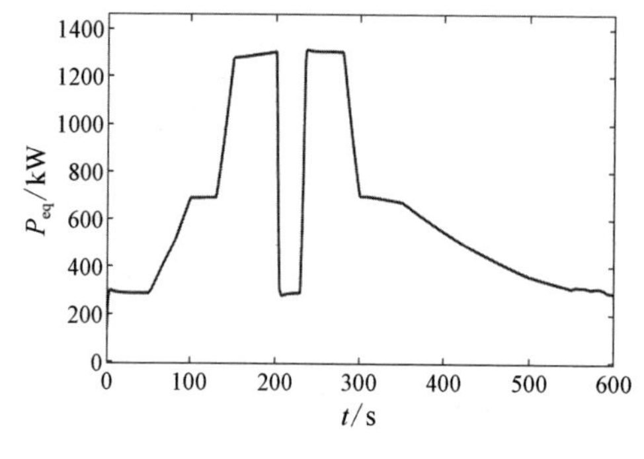

图 10.72　总功率响应曲线

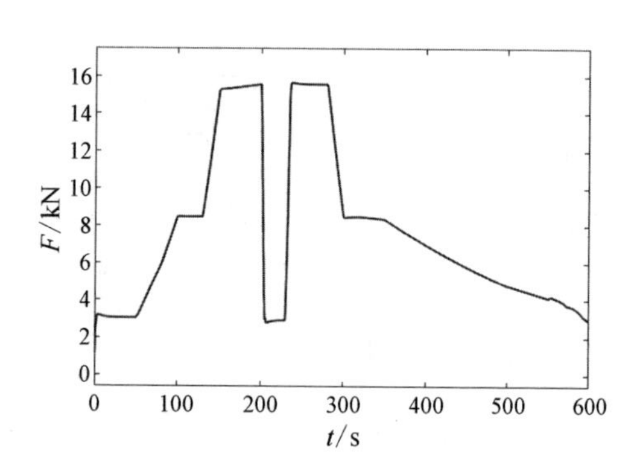

图 10.73　总推力响应曲线

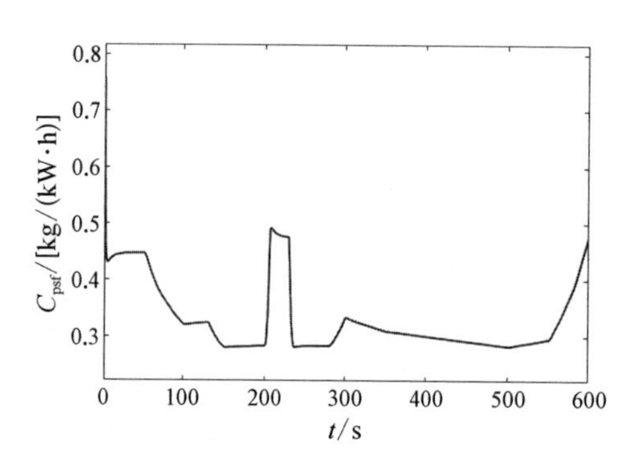

图 10.74　单位功率耗油率响应曲线

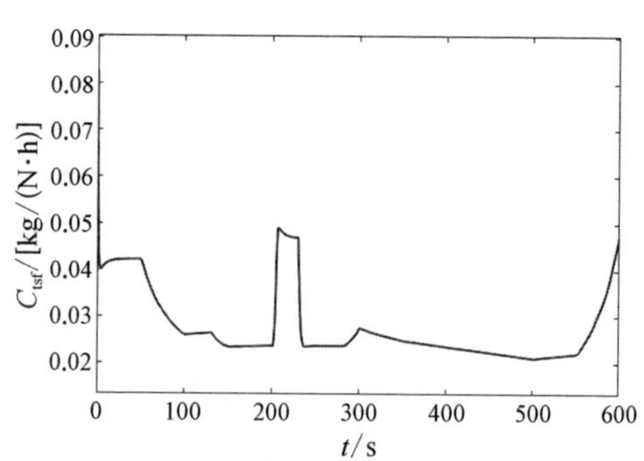

图 10.75　单位推力耗油率响应曲线

空气流量响应曲线如图 10.76 所示，压气机喘振裕度响应曲线如图 10.77 所示，由图可知，当 $n_{g,\,dem}$ 指令大幅变化的瞬时，压气机喘振裕度瞬时变小，最小值接近 2%。

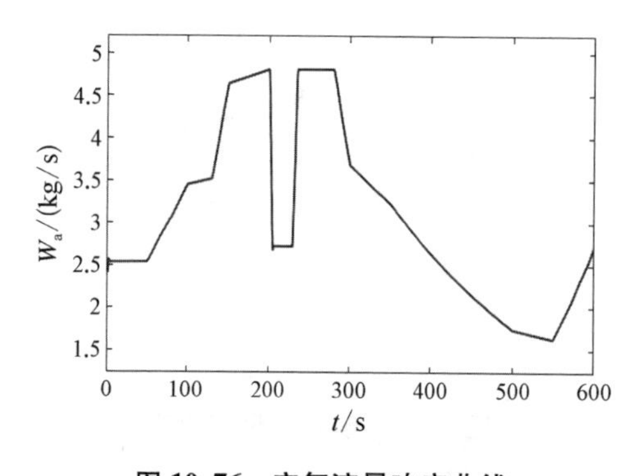

图 10.76　空气流量响应曲线

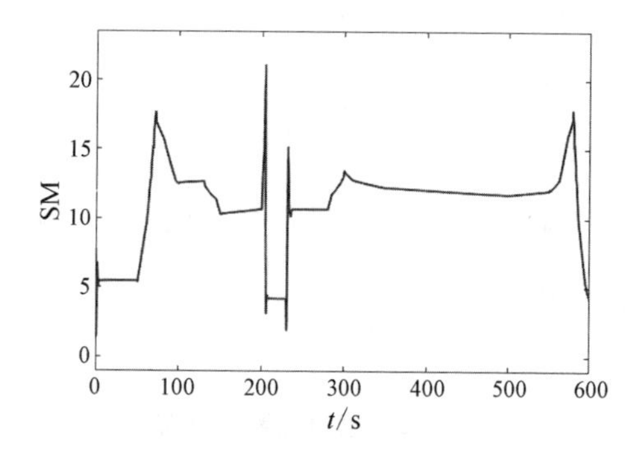

图 10.77　压气机喘振裕度响应曲线

螺旋桨功率响应曲线如图 10.78 所示，螺旋桨扭矩响应曲线如图 10.79 所示。

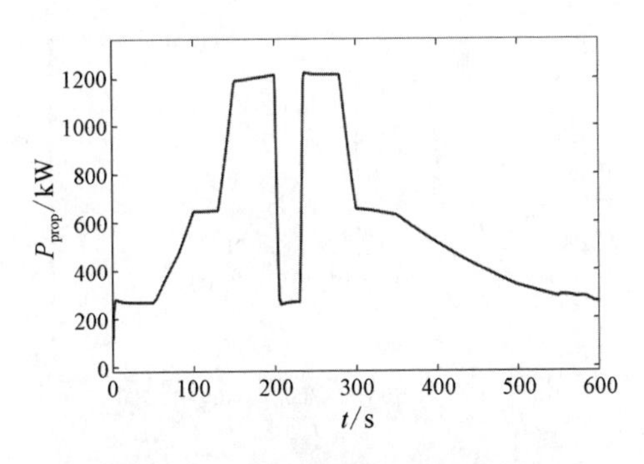

图 10.78　螺旋桨功率响应曲线

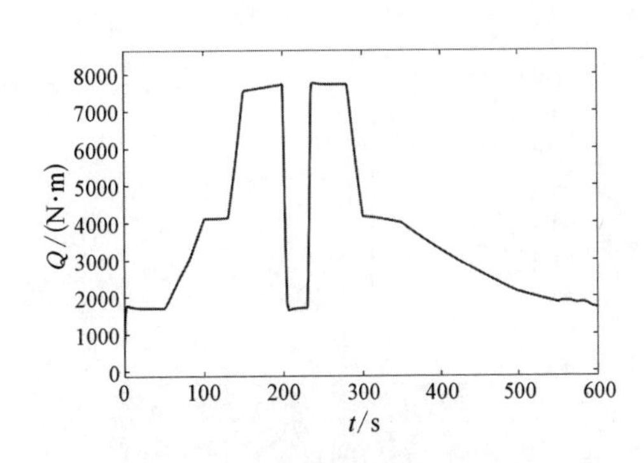

图 10.79　螺旋桨扭矩响应曲线

压气机出口总温响应曲线如图 10.80 所示,压气机出口总压响应曲线如图 10.81 所示。

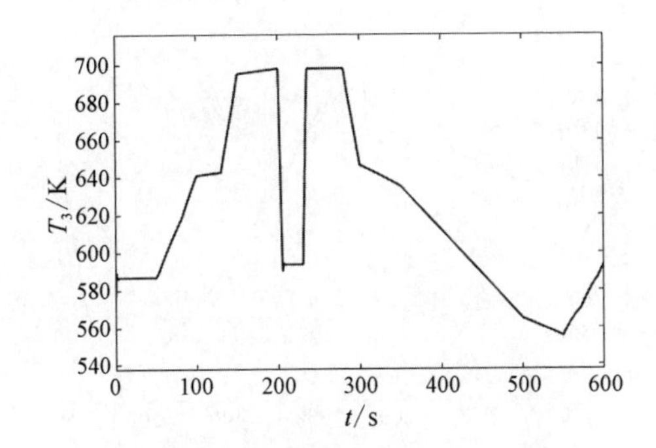

图 10.80　压气机出口总温响应曲线

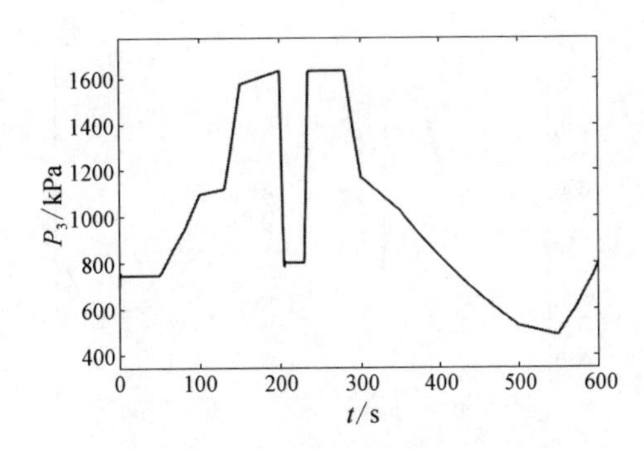

图 10.81　压气机出口总压响应曲线

燃气涡轮前总温响应曲线如图 10.82 所示,燃气涡轮前总压响应曲线如图 10.83 所示。

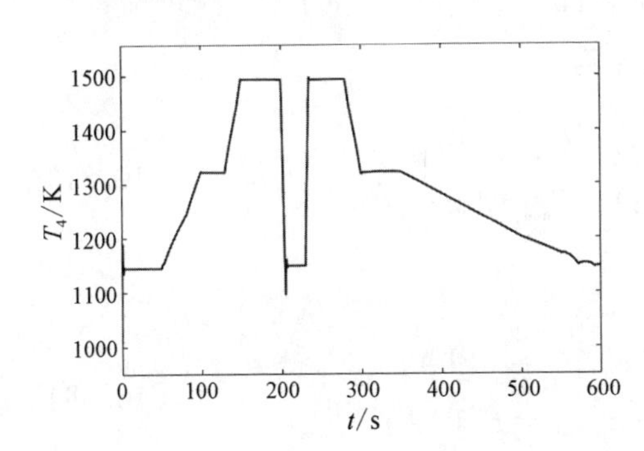

图 10.82　燃气涡轮前总温响应曲线

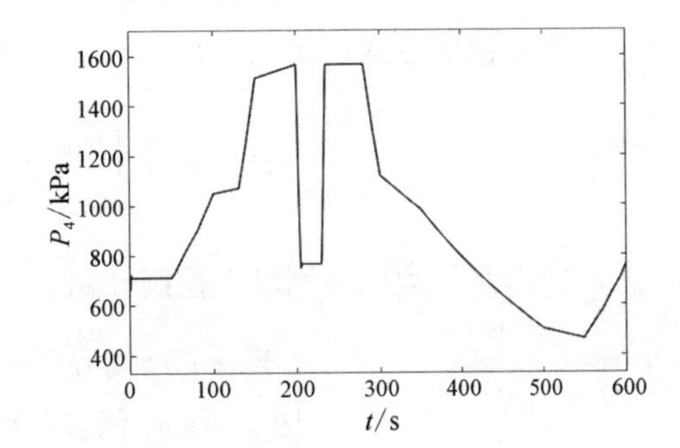

图 10.83　燃气涡轮前总压响应曲线

动力涡轮前总温响应曲线如图 10.84 所示,动力涡轮前总压响应曲线如图 10.85 所示。

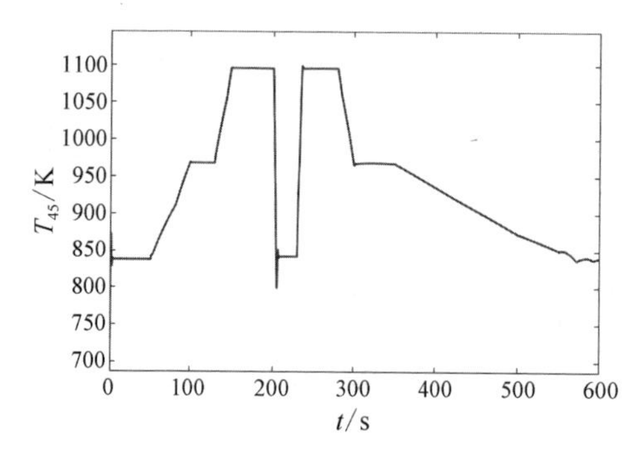

图 10.84　动力涡轮前总温响应曲线

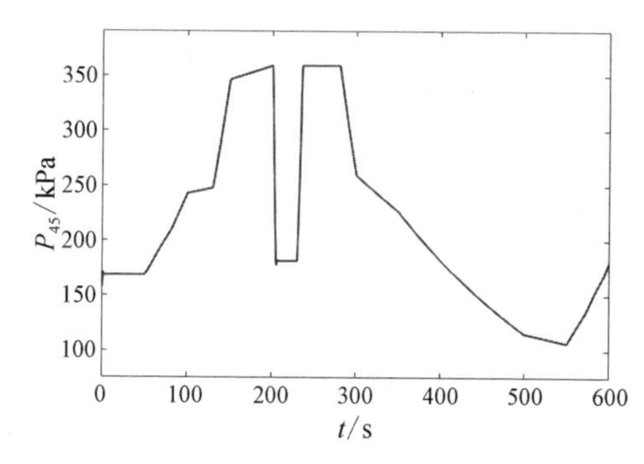

图 10.85　动力涡轮前总压响应曲线

动力涡轮后总温响应曲线如图 10.86 所示，动力涡轮后总压响应曲线如图 10.87 所示。

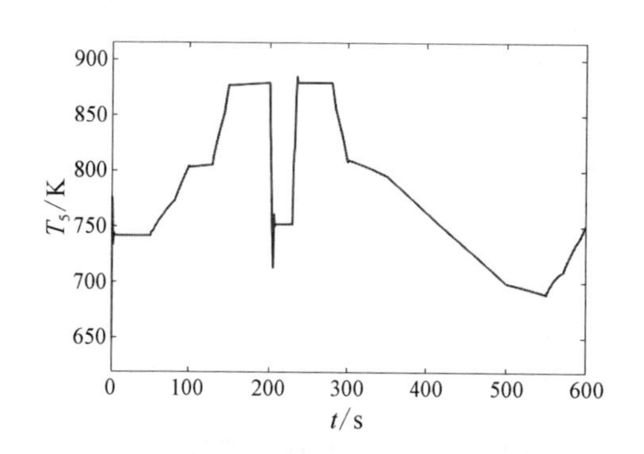

图 10.86　动力涡轮后总温响应曲线

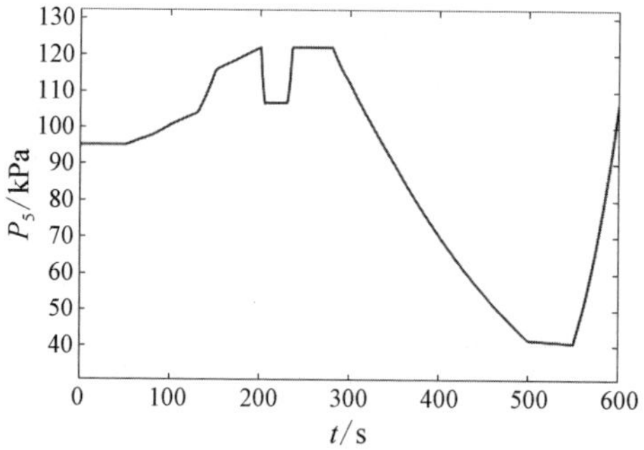

图 10.87　动力涡轮后总压响应曲线

10.2.2　二自由度模型跟踪 H_∞ 控制设计

设自由涡轮式涡桨发动机广义被控对象为

$$G_{\text{aug}}(s)=\begin{bmatrix} G_{\text{aug},\,11}(s) & G_{\text{aug},\,12}(s) \\ G_{\text{aug},\,21}(s) & G_{\text{aug},\,22}(s) \end{bmatrix} \tag{10.37}$$

对涡桨发动机采用以下控制计划：

$$\begin{cases} W_{\text{f}} \to n_{\text{g}} \text{ 伺服跟踪 } n_{\text{g, dem}} = f(\text{PLA}) \\ \beta_{\text{prop}} \to n_{\text{p}} \text{ 伺服跟踪 } n_{\text{p, dem}} = g(\text{PLA}) \end{cases} \tag{10.38}$$

即通过调节燃油流量使燃气涡轮转速伺服跟踪指令转速、通过调节桨叶角使动力涡轮转速保持恒定值不变的双回路控制策略。

二自由度模型跟踪双回路加权灵敏度函数控制结构如图 10.88 所示。G_{aug} 为广义被控对象；M 为参考模型；W_{p} 为模型跟踪灵敏度加权函数；W_{u} 为控制输出灵敏度加权函数；$K_{\mathrm{aug,\ 2dof}}$ 为二自由度控制器；r 为参考指令信号；e_r 为跟踪参考指令信号；e_y 为被控参数信号；u 为控制器输出信号；d 为外部干扰信号；y 为被控参数信号；z_1 为跟踪模型误差评估信号；z_2 为控制输出幅度评估信号。

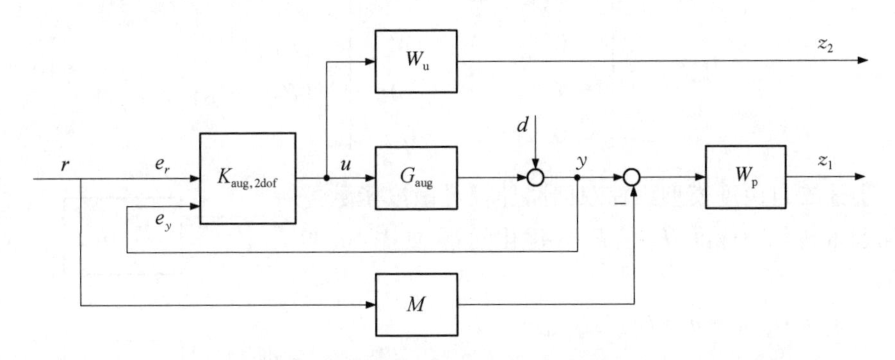

图 10.88　转速闭环二自由度模型跟踪双回路加权灵敏度函数控制结构

定义干扰信号向量为 w，评估信号向量为 z，误差信号为 e，即

$$w = \begin{bmatrix} r \\ d \end{bmatrix},\ z = \begin{bmatrix} z_1 \\ z_2 \end{bmatrix},\ e = \begin{bmatrix} e_r \\ e_y \end{bmatrix} \tag{10.39}$$

则

$$u = K_{\mathrm{aug,\ 2dof}} e = \begin{bmatrix} K_{\mathrm{aug,\ 2dof},\ r} & K_{\mathrm{aug,\ 2dof},\ y} \end{bmatrix} \begin{bmatrix} e_r \\ e_y \end{bmatrix} \tag{10.40}$$

$$z_1 = W_{\mathrm{p}}(d + G_{\mathrm{aug}} u - Mr) \tag{10.41}$$

$$z_2 = W_{\mathrm{u}} u \tag{10.42}$$

$$e_r = r \tag{10.43}$$

$$e_y = G_{\mathrm{aug}} u + d \tag{10.44}$$

则

$$\begin{bmatrix} z_1 \\ z_2 \\ e_1 \\ e_2 \end{bmatrix} = \begin{bmatrix} -W_{\mathrm{p}} M & W_{\mathrm{p}} & W_{\mathrm{p}} G_{\mathrm{aug}} \\ 0 & 0 & W_{\mathrm{u}} \\ I & 0 & 0 \\ 0 & I & G_{\mathrm{aug}} \end{bmatrix} \begin{bmatrix} r \\ d \\ u \end{bmatrix} \tag{10.45}$$

则

$$\begin{bmatrix} z \\ e \end{bmatrix} = P_{\text{aug, 2dof}} \begin{bmatrix} w \\ u \end{bmatrix} \tag{10.46}$$

其中，$P_{\text{aug, 2dof}}$ 称为标准化广义被控对象，即

$$P_{\text{aug, 2dof}} = \begin{bmatrix} -W_{\text{p}}M & W_{\text{p}} & W_{\text{p}}G_{\text{aug}} \\ 0 & 0 & W_{\text{u}} \\ I & 0 & 0 \\ 0 & I & G_{\text{aug}} \end{bmatrix} = \begin{bmatrix} P_{11} & P_{12} \\ P_{21} & P_{22} \end{bmatrix} \tag{10.47}$$

上述二自由度模型跟踪双回路加权灵敏度函数控制问题可转化为标准 H_∞ 的 $P-K$ 优化问题，如图 10.89 所示。

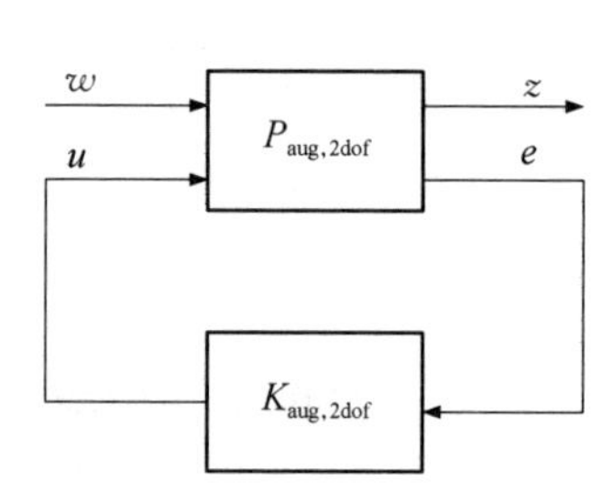

图 10.89 标准 H_∞ 优化问题

$$\begin{aligned} e_y &= G_{\text{aug}}u + d = G_{\text{aug}}K_{\text{aug, 2dof}}e + d \\ &= G_{\text{aug}}[K_{\text{aug, 2dof}, r} \quad K_{\text{aug, 2dof}, y}] \begin{bmatrix} e_r \\ e_y \end{bmatrix} + d \\ &= d + G_{\text{aug}}K_{\text{aug, 2dof}, r}r + G_{\text{aug}}K_{\text{aug, 2dof}, y}e_y \end{aligned} \tag{10.48}$$

$$e_y = (I - G_{\text{aug}}K_{\text{aug, 2dof}, y})^{-1}d + (I - G_{\text{aug}}K_{\text{aug, 2dof}, y})^{-1}G_{\text{aug}}K_{\text{aug, 2dof}, r}r \tag{10.49}$$

设闭环灵敏度函数：

$$S_{\text{o}}(s) = (I - G_{\text{aug}}K_{\text{aug, 2dof}, y})^{-1} \tag{10.50}$$

$$S_{\text{i}}(s) = (I - K_{\text{aug, 2dof}, y}G_{\text{aug}})^{-1} \tag{10.51}$$

则

$$e_y = S_{\text{o}}d + S_{\text{o}}G_{\text{aug}}K_{\text{aug, 2dof}, r}r \tag{10.52}$$

根据线性分式变换，及左下三角矩阵逆：

$$\begin{bmatrix} A & 0 \\ C & B \end{bmatrix}^{-1} = \begin{bmatrix} A^{-1} & 0 \\ -B^{-1}CA^{-1} & B^{-1} \end{bmatrix} \tag{10.53}$$

得闭环传递函数矩阵为

$$\begin{aligned} T_{zw}(s) &= F_{\text{l}}(P_{\text{aug, 2dof}}, K_{\text{aug, 2dof}}) = P_{11} + P_{12}K_{\text{aug, 2dof}}(I - P_{22}K_{\text{aug, 2dof}})^{-1}P_{21} \\ &= \begin{bmatrix} -W_{\text{p}}M & W_{\text{p}} \\ 0 & 0 \end{bmatrix} + \begin{bmatrix} W_{\text{p}}G_{\text{aug}} \\ W_{\text{u}} \end{bmatrix} [K_{\text{aug, 2dof}, r} \quad K_{\text{aug, 2dof}, y}] \left[\begin{pmatrix} I & 0 \\ 0 & I \end{pmatrix}\right. \end{aligned}$$

$$-\begin{pmatrix} 0 \\ G_{aug} \end{pmatrix} \begin{pmatrix} K_{aug,\ 2dof,\ r} & K_{aug,\ 2dof,\ y} \end{pmatrix} \Bigg]^{-1} \begin{bmatrix} I & 0 \\ 0 & I \end{bmatrix}$$

$$= \begin{bmatrix} W_p(S_o G_{aug} K_{aug,\ 2dof,\ r} - M) & W_p S_o \\ W_u S_i K_{aug,\ 2dof,\ r} & W_u K_{aug,\ 2dof,\ y} S_o \end{bmatrix} \tag{10.54}$$

则设计标准 H_∞ 优化控制器的问题为

$$\min_K \| T_{zw}(s) \|_\infty \tag{10.55}$$

上式表明，为使闭环传递函数矩阵的 H_∞ 范数最小，加权函数 W_p 是保证系统输出跟踪模型输出的主要手段，同时，也保证了灵敏度函数在低频范围的伺服跟踪性能和抗干扰性能；加权函数 W_u 是保证控制器输出幅度受限的主要手段。

模型跟踪灵敏度加权函数 W_p 设计为

$$w_p(s) = \frac{\alpha}{\varepsilon_S} \frac{\dfrac{s}{\omega_B} + 1}{\dfrac{s}{\omega_B \varepsilon_S} + 1} \tag{10.56}$$

$$W_p(s) = \begin{bmatrix} w_p(s) & 0 \\ 0 & w_p(s) \end{bmatrix} \tag{10.57}$$

控制输出灵敏度加权函数 W_u 设计为

$$w_u(s) = \gamma \frac{\dfrac{s}{\omega_B} + 1}{\dfrac{s}{\dfrac{\omega_B}{\varepsilon_u}} + 1} \tag{10.58}$$

$$W_u(s) = \begin{bmatrix} w_u(s) & 0 \\ 0 & w_u(s) \end{bmatrix} \tag{10.59}$$

则参考模型设计为标准二阶环节：

$$m(s) = \frac{\omega_n^2}{s^2 + 2\xi\omega_n s + \omega_n^2} \tag{10.60}$$

$$M(s) = \begin{bmatrix} m(s) & 0 \\ 0 & m(s) \end{bmatrix} \tag{10.61}$$

设

$$G_{\text{aug}}(s)=\begin{bmatrix}\dfrac{5.985\,4(s+0.138\,2)}{(s+10)(s+3.493)(s+0.139\,6)} & \dfrac{0.041\,904}{(s+11.11)(s+3.493)(s+0.139\,6)}\\ \dfrac{0.192\,56(s+5.954)}{(s+10)(s+3.493)(s+0.139\,6)} & \dfrac{-1.629\,5(s+3.494)}{(s+11.11)(s+3.493)(s+0.139\,6)}\end{bmatrix}$$

$$\alpha=0.6、\omega_{\text{B}}=20、\varepsilon_{\text{S}}=0.000\,01,\gamma=0.5、\varepsilon_{\text{u}}=0.002,\xi=0.9、\omega_n=10$$

则

$$w_{\text{p}}(s)=\frac{0.6}{0.000\,01}\frac{\dfrac{s}{20}+1}{\dfrac{s}{20\times 0.000\,01}+1}$$

$$w_{\text{u}}(s)=0.5\frac{\dfrac{s}{20}+1}{\dfrac{s}{\dfrac{20}{0.002}}+1}$$

$$m(s)=\frac{100}{s^2+18s+100}$$

针对上述广义被控对象 $G_{\text{aug}}(s)$、参考模型 $M(s)$、模型跟踪灵敏度加权函数 W_{p}、控制输出灵敏度加权函数 W_{u} 构造标准化广义被控对象 $P_{\text{aug, 2dof}}$，基于标准 H_∞ 控制求解算法获得 16 阶控制器：

$$K_{\text{aug, 2dof}}(s)=\begin{bmatrix}K_{\text{aug, 2dof, 11}}(s) & K_{\text{aug, 2dof, 12}}(s) & K_{\text{aug, 2dof, 13}}(s) & K_{\text{aug, 2dof, 14}}(s)\\ K_{\text{aug, 2dof, 21}}(s) & K_{\text{aug, 2dof, 22}}(s) & K_{\text{aug, 2dof, 23}}(s) & K_{\text{aug, 2dof, 24}}(s)\end{bmatrix}$$
$$\gamma=9.486\,3 \tag{10.62}$$

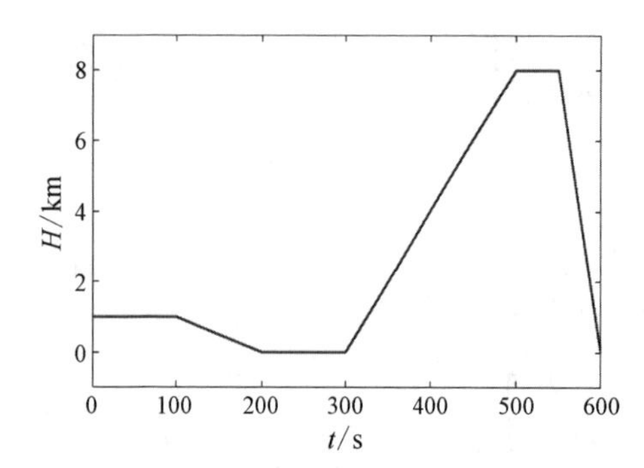

图 10.90 飞行高度轨迹

控制系统非线性仿真：飞行马赫数为 $Ma=0.2$ 不变，飞行高度轨迹如图 10.90 所示，进气道进口总温曲线如图 10.91 所示，进气道进口总压曲线如图 10.92 所示，仿真时间 600 s，仿真周期为 0.01 s，采用 4 阶 Runge-Kutta 法（ode4）求解微分方程。

n_g 指令与 n_g 响应对比曲线如图 10.93 所示，n_g 相对误差响应曲线如图 10.94 所示，n_g 最大相对误差 1.5%。

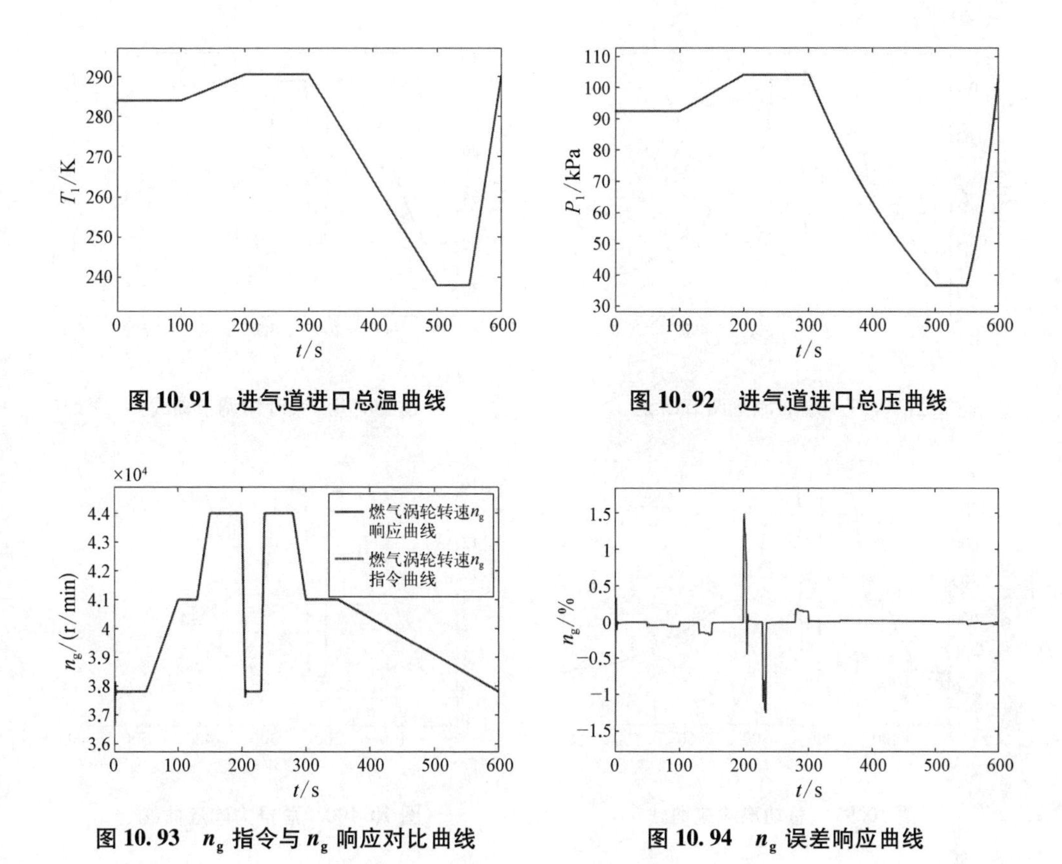

图 10.91　进气道进口总温曲线

图 10.92　进气道进口总压曲线

图 10.93　n_g 指令与 n_g 响应对比曲线

图 10.94　n_g 误差响应曲线

n_p 指令与 n_p 响应对比曲线如图 10.95 所示，n_p 相对误差响应曲线如图 10.96 所示，n_p 最大相对误差 0.28%。

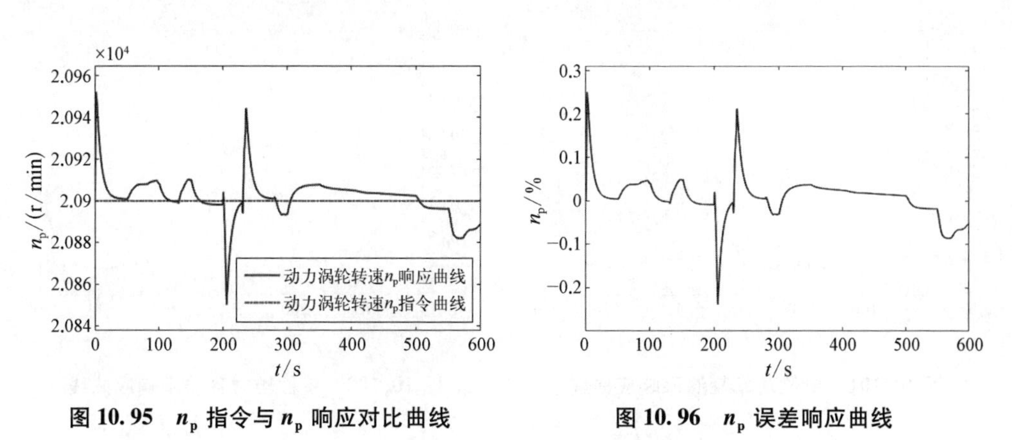

图 10.95　n_p 指令与 n_p 响应对比曲线

图 10.96　n_p 误差响应曲线

燃油流量调节曲线如图 10.97 所示，桨叶角调节曲线如图 10.98 所示。总功率响应曲线如图 10.99 所示，总推力曲线如图 10.100 所示。

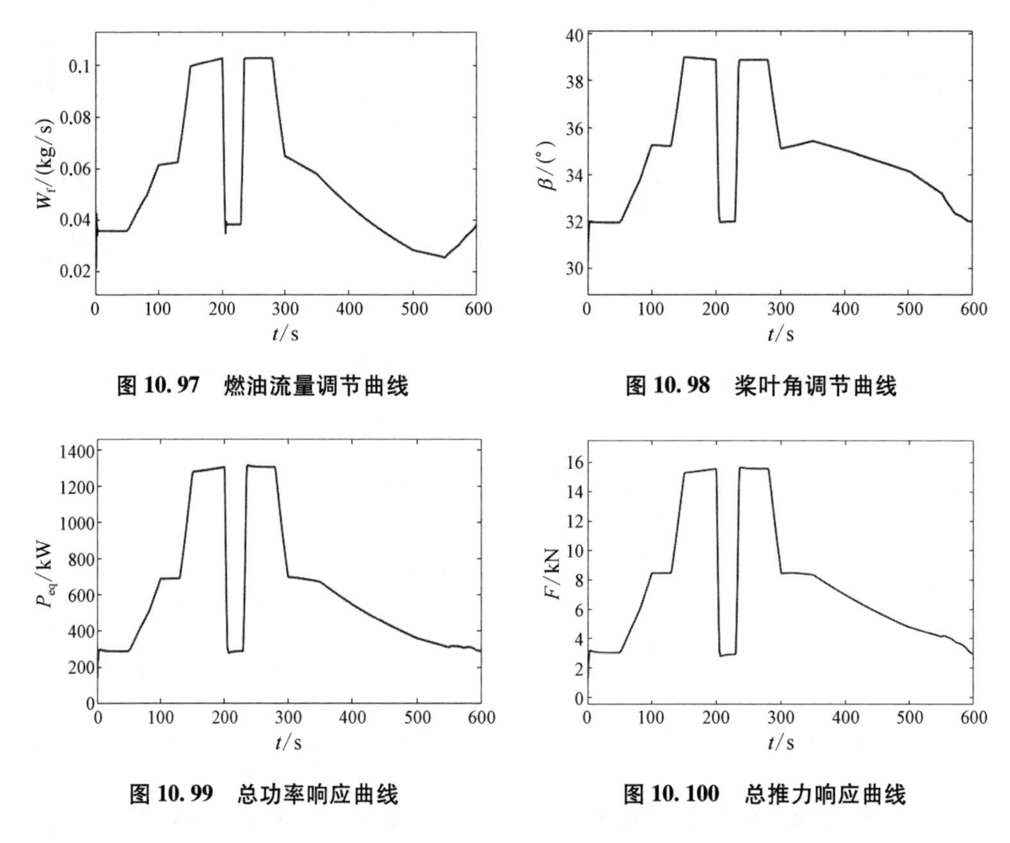

图 10.97　燃油流量调节曲线

图 10.98　桨叶角调节曲线

图 10.99　总功率响应曲线

图 10.100　总推力响应曲线

单位功率耗油率响应曲线如图 10.101 所示，单位推力耗油率响应曲线如图 10.102 所示。

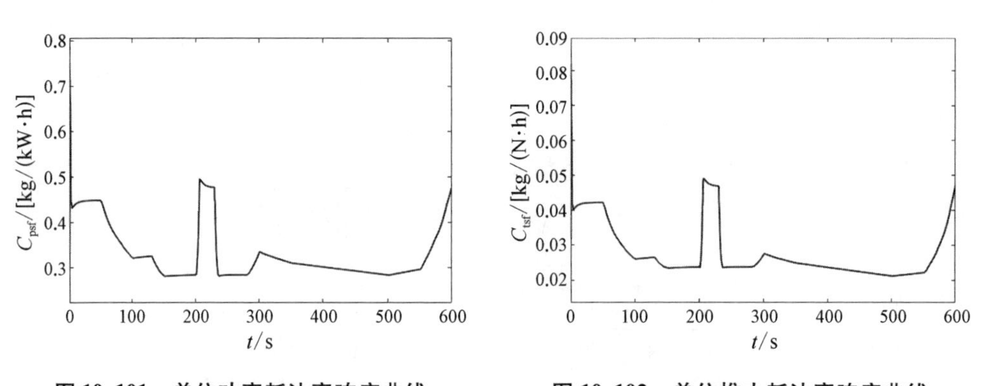

图 10.101　单位功率耗油率响应曲线

图 10.102　单位推力耗油率响应曲线

空气流量响应曲线如图 10.103 所示，压气机喘振裕度响应曲线如图 10.104 所示。

螺旋桨功率响应曲线如图 10.105 所示，螺旋桨扭矩响应曲线如图 10.106 所示。

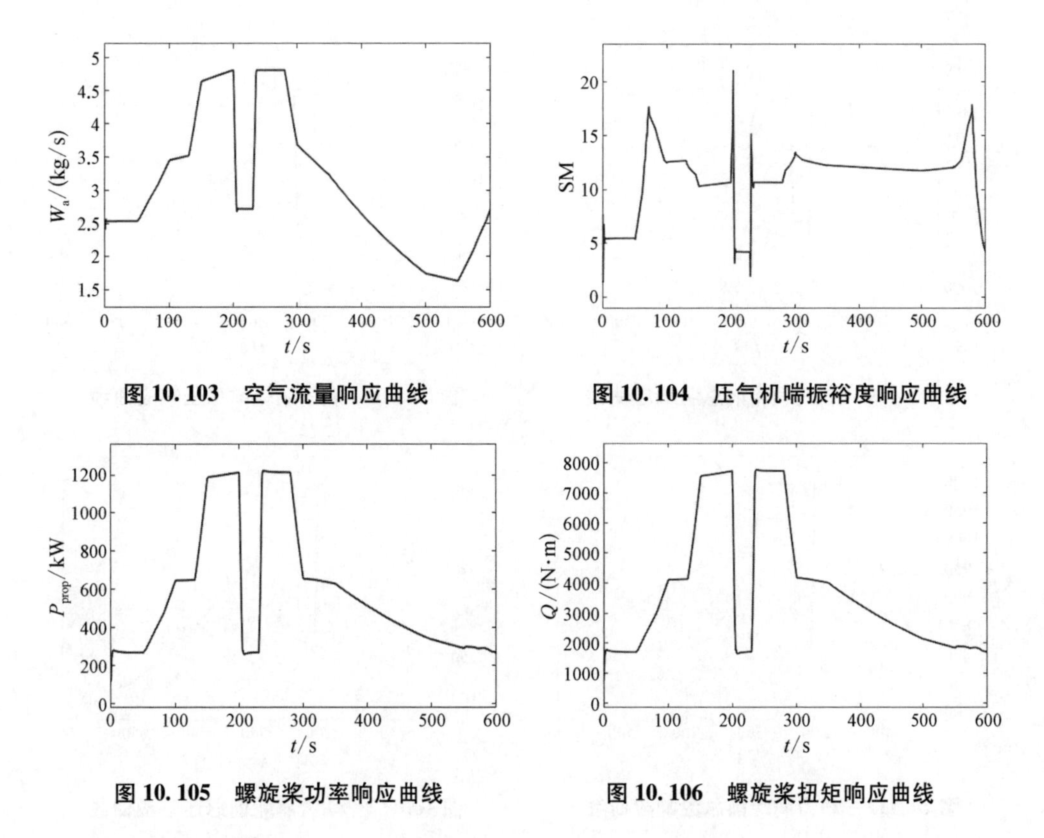

图 10.103　空气流量响应曲线

图 10.104　压气机喘振裕度响应曲线

图 10.105　螺旋桨功率响应曲线

图 10.106　螺旋桨扭矩响应曲线

压气机出口总温响应曲线如图 10.107 所示,压气机出口总压响应曲线如图 10.108 所示。

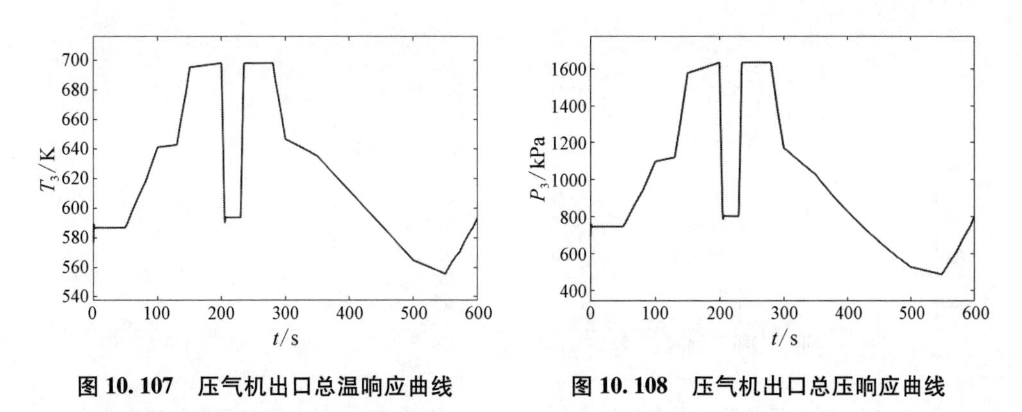

图 10.107　压气机出口总温响应曲线

图 10.108　压气机出口总压响应曲线

燃气涡轮前总温响应曲线如图 10.109 所示,燃气涡轮前总压响应曲线如图 10.110 所示。

动力涡轮前总温响应曲线如图 10.111 所示,动力涡轮前总压响应曲线如图 10.112 所示。

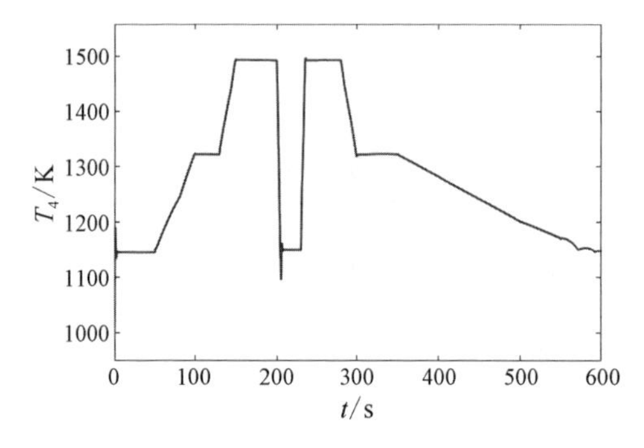

图 10.109　燃气涡轮前总温响应曲线

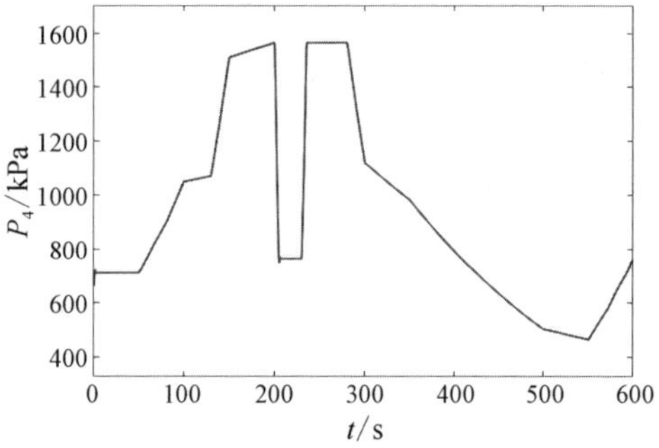

图 10.110　燃气涡轮前总压响应曲线

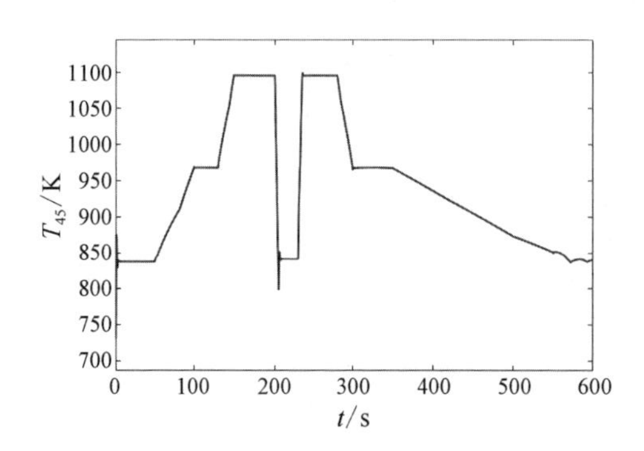

图 10.111　动力涡轮前总温响应曲线

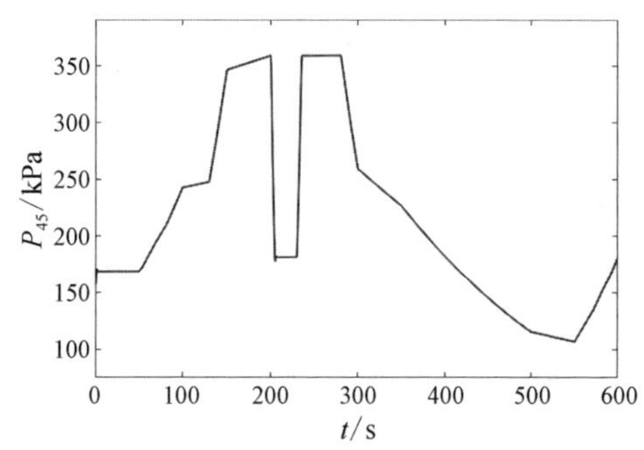

图 10.112　动力涡轮前总压响应曲线

动力涡轮后总温响应曲线如图 10.113 所示，动力涡轮后总压响应曲线如图 10.114 所示。

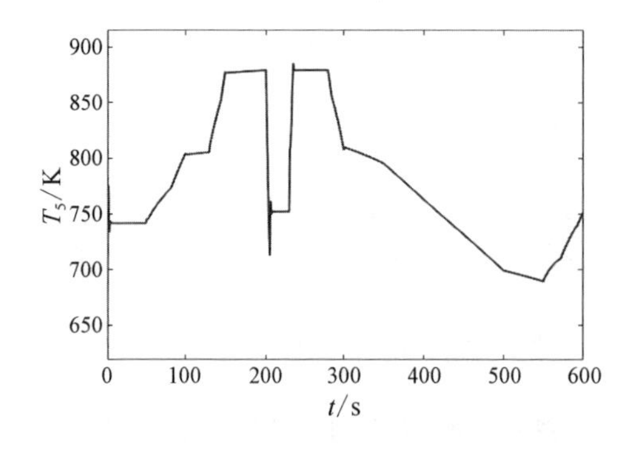

图 10.113　动力涡轮后总温响应曲线

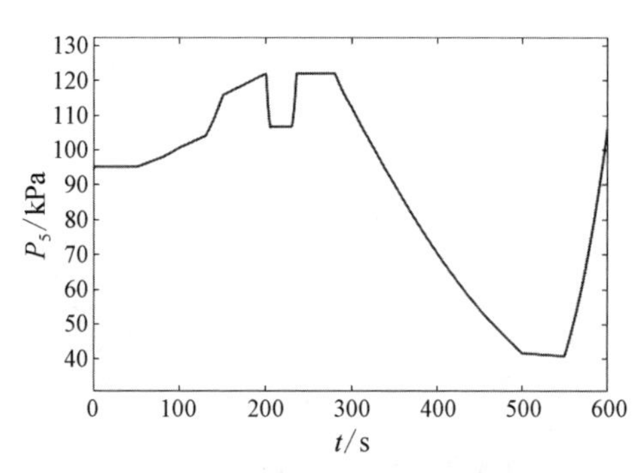

图 10.114　动力涡轮后总压响应曲线

对原设计的 16 阶控制器进行降阶，降阶后的 4 阶控制器为

$$K_{\mathrm{aug,\ 2dof,\ 11}}(s)=\frac{-1.0352(s-34.87)(s+31.48)(s+3.224)(s+0.0002)}{(s+9.936)(s+30.53)(s+0.0002)^{2}}$$

$$K_{\text{aug, 2dof, 21}}(s)=\frac{-0.21698(s-155.8)(s+0.0002)(s^2+8.379s+24.74)}{(s+9.936)(s+30.53)(s+0.0002)^2}$$

$$K_{\text{aug, 2dof, 12}}(s)=\frac{-0.2541(s-46.84)(s+0.0002)(s^2+7.442s+17.22)}{(s+9.936)(s+30.53)(s+0.0002)^2}$$

$$K_{\text{aug, 2dof, 22}}(s)=\frac{1.1717(s-278.6)(s+9.897)(s+0.1258)(s+0.0002)}{(s+9.936)(s+30.53)(s+0.0002)^2}$$

$$K_{\text{aug, 2dof, 13}}(s)=\frac{0.96506(s-37.82)(s+31.51)(s+3.186)(s+0.0002)}{(s+9.936)(s+30.53)(s+0.0002)^2}$$

$$K_{\text{aug, 2dof, 23}}(s)=\frac{0.19908(s-172.4)(s^2+8.378s+24.37)(s+0.0002)}{(s+9.936)(s+30.53)(s+0.0002)^2}$$

$$K_{\text{aug, 2dof, 14}}(s)=\frac{0.20084(s-62.39)(s^2+6.99s+16.18)(s+0.0002)}{(s+9.936)(s+30.53)(s+0.0002)^2}$$

$$K_{\text{aug, 2dof, 24}}(s)=\frac{-0.88096(s-370.7)(s+9.893)(s+0.1258)(s+0.0002)}{(s+9.936)(s+30.53)(s+0.0002)^2}$$

控制器降阶前后伯德图对比如图 10.115 所示。

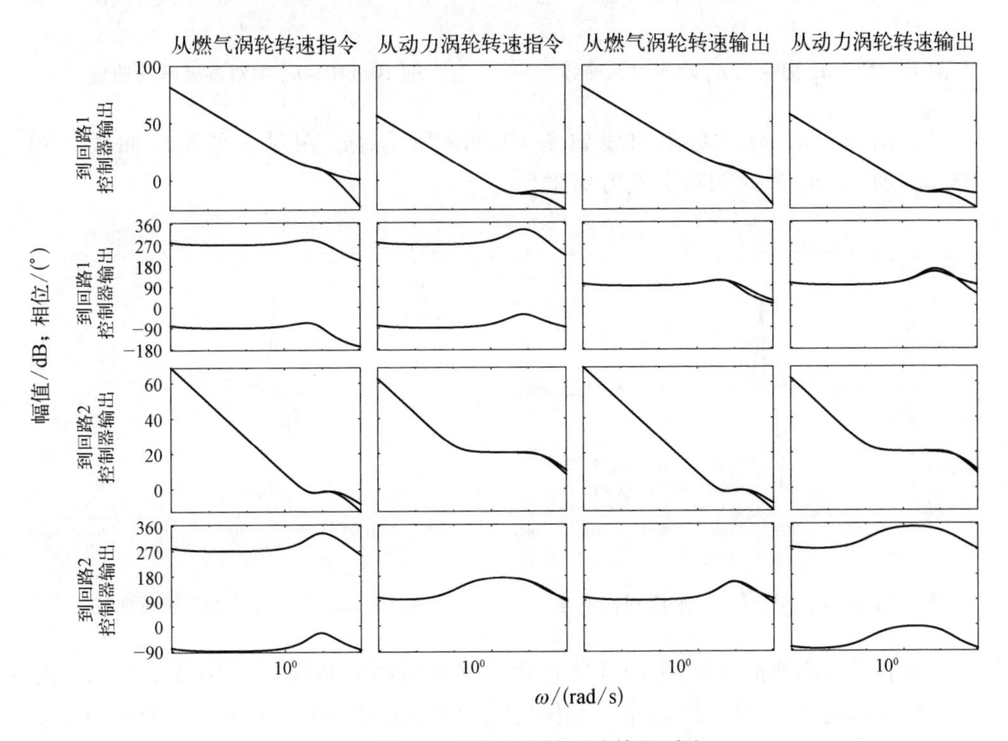

图 10.115　控制器降阶前后伯德图对比

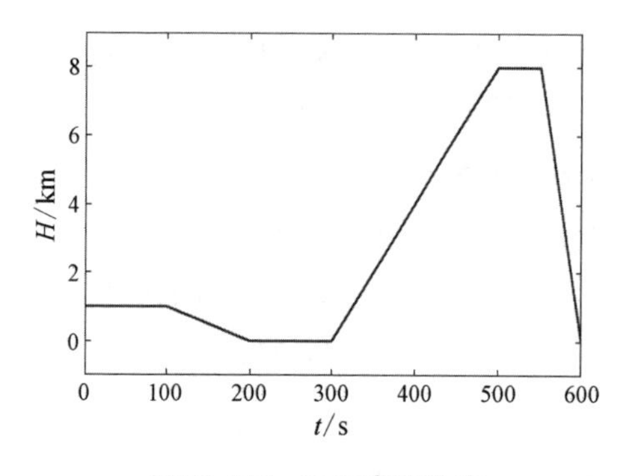

图 10.116 飞行高度轨迹

控制器降阶后控制系统非线性仿真：飞行马赫数为 $Ma=0.2$ 不变，飞行高度轨迹如图 10.116 所示，仿真时间 600 s，仿真周期为 0.01 s，采用 4 阶 Runge-Kutta 法(ode4)求解微分方程。

n_g 指令与 n_g 响应对比曲线如图 10.117 所示，n_g 相对误差响应曲线如图 10.118 所示，n_g 最大相对误差为 1.5%。

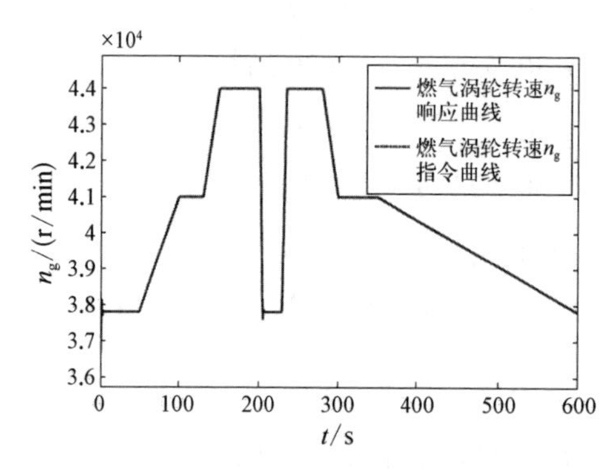

图 10.117 n_g 指令与 n_g 响应对比曲线

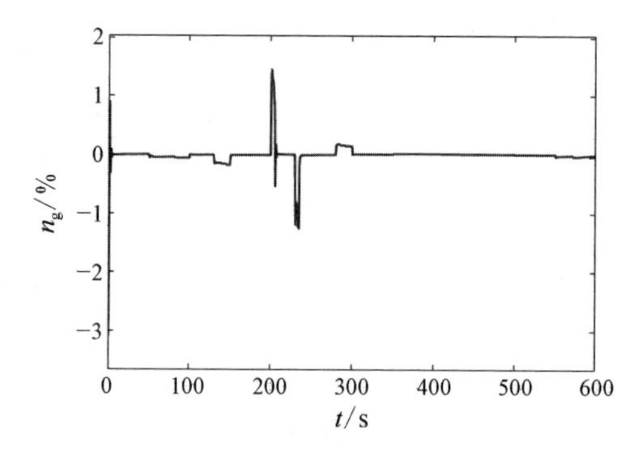

图 10.118 n_g 相对误差响应曲线

n_p 指令与 n_p 响应对比曲线如图 10.119 所示，n_p 相对误差响应曲线如图 10.120 所示，n_p 最大相对误差为 0.25%。

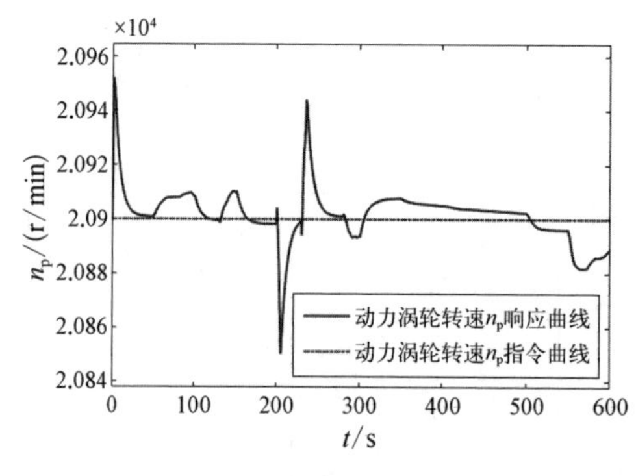

图 10.119 n_p 指令与 n_p 响应对比曲线

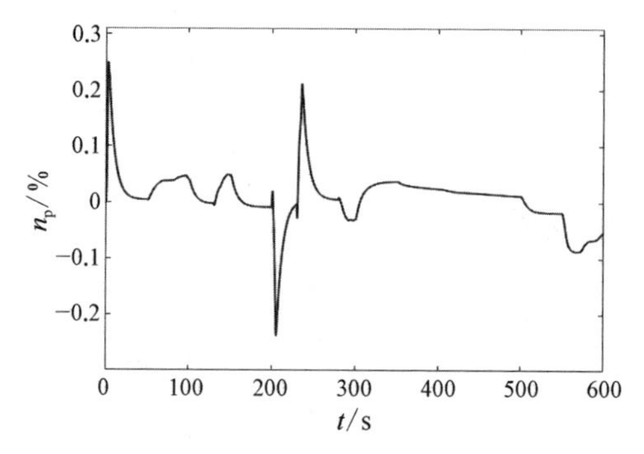

图 10.120 n_p 相对误差响应曲线

燃油流量调节曲线如图 10.121 所示。桨叶角调节曲线如图 10.122 所示。总功率响应曲线如图 10.123 所示。总推力响应曲线如图 10.124 所示。单位功率耗油率响应曲线如图 10.125 所示，单位推力耗油率响应曲线如图 10.126 所示。

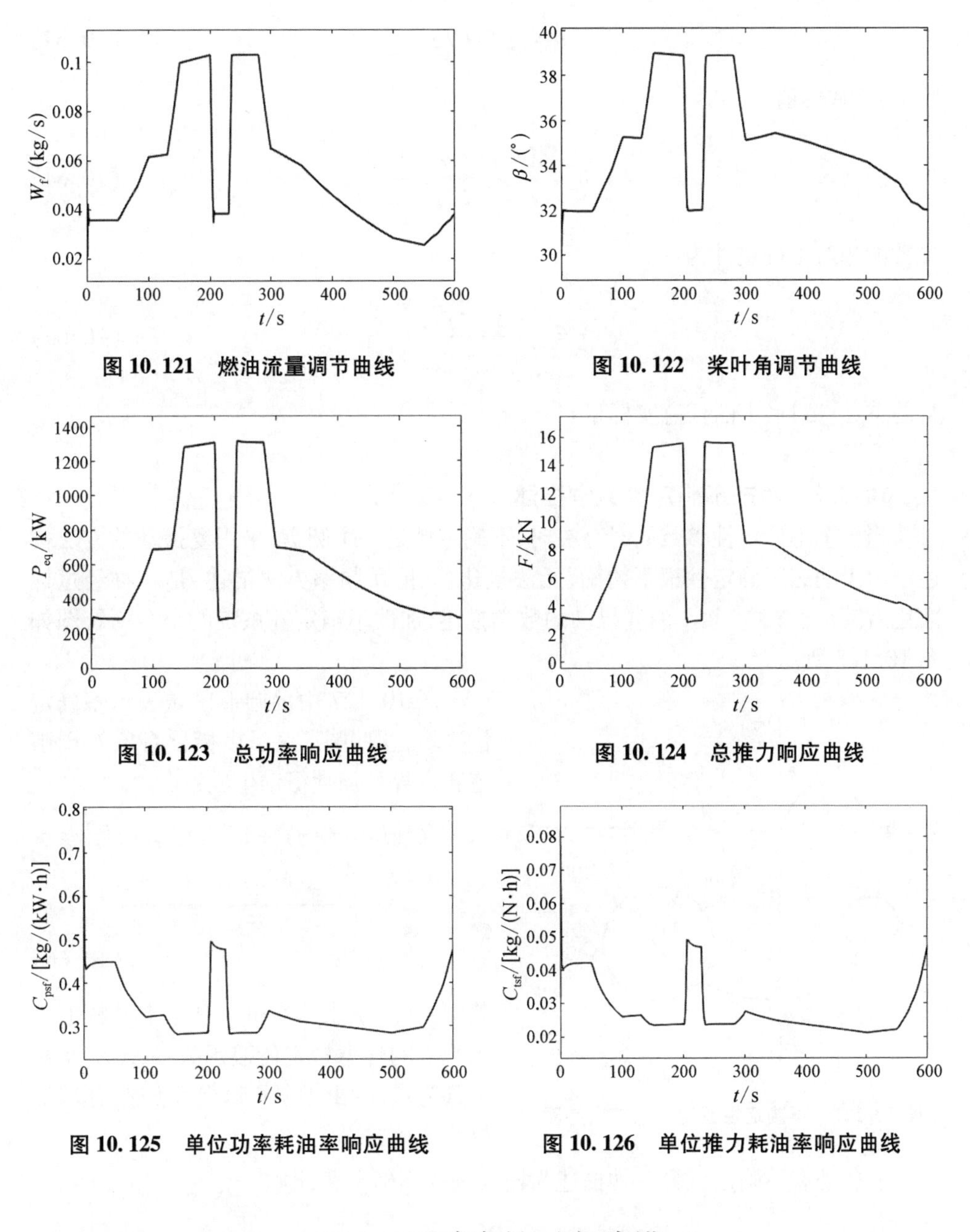

图 10.121　燃油流量调节曲线

图 10.122　桨叶角调节曲线

图 10.123　总功率响应曲线

图 10.124　总推力响应曲线

图 10.125　单位功率耗油率响应曲线

图 10.126　单位推力耗油率响应曲线

10.3　不确定性对象建模

10.3.1　参数不确定性数学描述

设不确定性对象模型每个不确定参数都在确定的区间 $[a_{\min}, a_{\max}]$ 内变化，则每个不确定参数可被变化区间的有界值量化为一个参数集合：

$$a = \bar{a}(1 + r\Delta) \tag{10.63}$$

其中,参数均值为

$$\bar{a} = \frac{(a_{\min} + a_{\max})}{2} \tag{10.64}$$

参数的相对不确定性为

$$r = \frac{(a_{\max} - a_{\min})}{(a_{\min} + a_{\max})} \tag{10.65}$$

Δ 是满足 $|\Delta| \leqslant 1$ 的任意实标量。

10.3.2 动态不确定性数学描述

当多个不确定性参数同时存在时,不确定域是一个圆盘,采用复摄动的方法描述。由于动态不确定性很不精确,无法量化,只能用频率方法描述,是一种经过标准化后满足 $\|\Delta\|_{\infty} \leqslant 1$ 的复摄动的数学描述,加性不确定性系统的奈奎斯特图如图 10.127 所示。

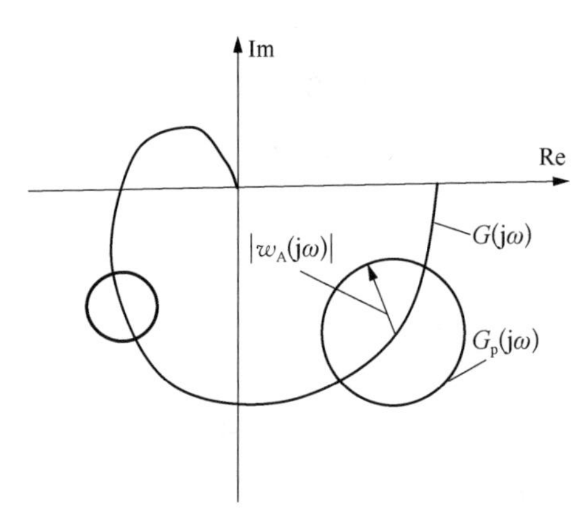

图 10.127 不确定性系统的奈奎斯特图

图 10.127 中的圆形区域表示不确定性区域,这些圆形区域由标称对象 G 周围范数有界的加性摄动生成:

$$G_p(s) = G(s) + w_A(s)\Delta_A(s), \quad \underbrace{|\Delta_A(j\omega)| \leqslant 1, \ \forall \omega}_{\|\Delta_A\|_{\infty} \leqslant 1} \tag{10.66}$$

其中,$\Delta_A(s)$ 表示在每一频率上其幅值不大于 1 的任意稳定传递函数;$w_A(s)$ 是稳定且为最小相位的不确定性加性有理加权传递函数。

上述动态不确定性另一种描述为输入乘性不确定性,即

$$G_p(s) = G(s)[1 + w_I(s)\Delta_I(s)], \quad \underbrace{|\Delta_I(j\omega)| \leqslant 1, \ \forall \omega}_{\|\Delta_I\|_{\infty} \leqslant 1} \tag{10.67}$$

其中,$\Delta_I(s)$ 是任意稳定的传递函数,在任何频率处其幅值小于或等于 1;$w_I(s)$ 是稳定且为最小相位的不确定性输入乘性有理加权传递函数。

输入乘性不确定性可用图 10.128 所示的方块图表示。

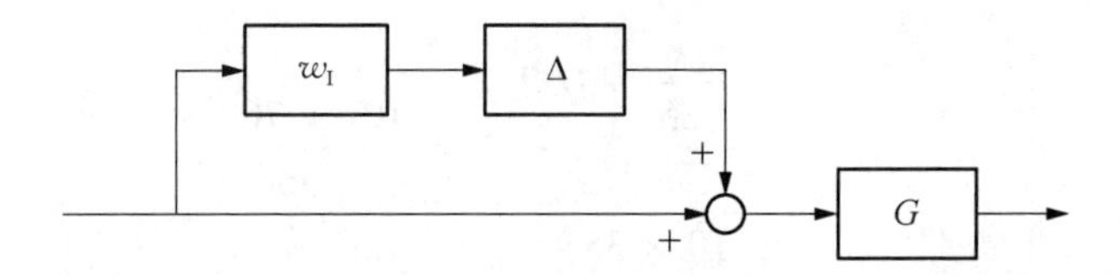

图 10.128　输入乘性不确定性

不确定性加性有理加权函数与输入乘性有理加权函数之间存在下述关系：

$$|w_I(j\omega)| = \left|\frac{w_A(j\omega)}{G(j\omega)}\right| \tag{10.68}$$

由于乘性不确定性相对加性不确定性包含了更多的信息，乘性不确定性的适用性较为普遍。当 $|w_I(j\omega)| > 1$ 时，意味着不确定性超过了 100%。

10.3.3　乘性不确定性权函数的计算

复数乘性不确定性的权函数求取方法：对于给定的不确定性对象模型 $G_p(s)$，选择一个标称对象 $G(s)$，在每一频率上标准化摄动半径为

$$l_I(\omega) = \max\left|\frac{G_p(j\omega) - G(j\omega)}{G(j\omega)}\right|, \quad \forall\omega \tag{10.69}$$

使权函数全部覆盖这一不确定性的集合，则不确定性输入乘性有理加权传递函数应满足

$$|w_I(j\omega)| \geqslant l_I(\omega), \quad \forall\omega \tag{10.70}$$

10.3.4　未建模动态乘性不确定性权函数的确定

未建模动态不仅包括忽略的动态特性，还包括阶数未知或阶数无穷大的动态特性，采用乘性不确定性权函数表示：

$$w_I(s) = \frac{\tau s + r_0}{\dfrac{\tau}{r_\infty}s + 1} = \frac{\dfrac{s}{\omega_\tau} + r_0}{\dfrac{s}{r_\infty \omega_\tau} + 1} \tag{10.71}$$

其中，r_0 是稳态相对不确定性；$\omega_\tau = \dfrac{1}{\tau}$ 是相对不确定性达到 100%时的频率；r_∞ 是权函数在高频时的幅值。

如输入通道上未建模动态在低频时存在 20%误差，在 35 rad/s 角频率处存在 100%的误差，在高频时存在 1 000%的误差，则

$$r_0 = 0.2,\ r_\infty = 10,\ \omega_\tau = 35\ \text{rad/s}$$

$$w_{\mathrm{I}}(s)=\frac{\dfrac{s}{35}+0.2}{\dfrac{s}{10\times 35}+1}=\frac{10s+70}{s+350}$$

10.3.5 乘性不确定性闭环系统的鲁棒稳定性 RS

输入乘性不确定性反馈系统如图 10.129 所示。

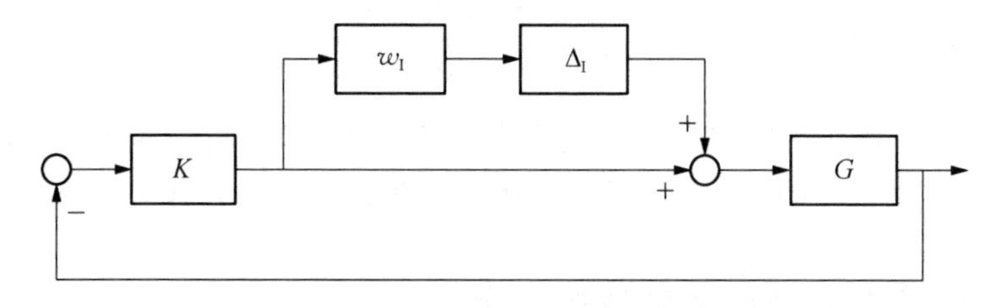

图 10.129 输入乘性不确定性反馈系统

系统存在不确定性时，回路传递函数为

$$L_{\mathrm{p}}=G_{\mathrm{p}}K=G(1+w_{\mathrm{I}}\Delta_{\mathrm{I}})K=G(K+w_{\mathrm{I}}K\Delta_{\mathrm{I}})=L+w_{\mathrm{I}}L\Delta_{\mathrm{I}},\quad \underbrace{|\Delta_{\mathrm{I}}(\mathrm{j}\omega)|\leqslant 1,\ \forall\omega}_{\|\Delta_{\mathrm{I}}\|_{\infty}\leqslant 1} \tag{10.72}$$

设标称闭环系统稳定，当存在不确定性时 L_{p} 也稳定，则闭环系统的鲁棒稳定条件为

$$RS\Leftrightarrow \text{闭环系统稳定},\forall L_{\mathrm{p}}\Leftrightarrow L_{\mathrm{p}}\ \text{不包围}\ -1,\ \forall L_{\mathrm{p}} \tag{10.73}$$

L_{p} 的奈奎斯特曲线如图 10.130 所示。

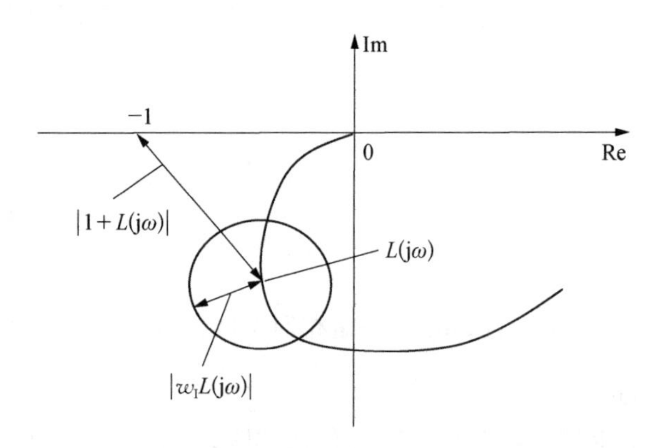

图 10.130 L_{p} 的奈奎斯特曲线

其中，$|-1-L|=|1+L|$ 为−1 到 L_{p} 圆盘中心的距离，$|w_{\mathrm{I}}L|$ 是圆盘半径，如

果任一个圆盘都不覆盖-1，则保证了 L_p 不会包围-1，由此得鲁棒稳定条件：

$$RS \Leftrightarrow |w_I L| < |1+L|,\ \forall\omega \Leftrightarrow \frac{|w_I L|}{|1+L|} < 1,\ \forall\omega \Leftrightarrow |w_I T| < 1,\ \forall\omega \Leftrightarrow \| w_I T \|_\infty < 1 \tag{10.74}$$

其中，标称系统的补灵敏度函数为 $T = \dfrac{L}{1+L}$。

结论：乘性不确定性闭环系统鲁棒稳定的条件是标称对象的补灵敏度函数具有一个以输入乘性权函数值为倒数的上界，即

$$RS \Leftrightarrow |T(j\omega)| < \frac{1}{|w_I(j\omega)|},\ \forall\omega \tag{10.75}$$

10.3.6　标称性能 NP 的权函数的设计

灵敏度函数 S 可作为闭环性能指标评估和设计，包括：

（1）最小带宽频率 ω_B；

（2）在选择频率段的最大跟踪误差；

（3）最大稳态误差 $\dfrac{\varepsilon_S}{\alpha}$；

（4）在选择频率段的形状；

（5）S 的最大峰值 $\| S(j\omega) \|_\infty \leqslant \dfrac{1}{\alpha}$，以防止噪声在高频段放大。

上述指标可以通过 S 值的上界 $\dfrac{1}{|w_P(s)|}$ 来限定，$w_P(s)$ 为设计的权函数，其中下标大写 P 表示性能，则标称性能指标为

$$\begin{aligned} NP \Leftrightarrow |S(j\omega)| < \frac{1}{|w_P(j\omega)|},\quad \forall\omega \Leftrightarrow |w_P S| < 1,\quad \forall\omega \\ \Leftrightarrow |w_P| < |1+L|,\quad \forall\omega \Leftrightarrow \| w_P S \|_\infty < 1 \end{aligned} \tag{10.76}$$

权函数的设计：

$$W_p(s) = \alpha \frac{s+\omega_B}{s+\omega_B\varepsilon_S} = \frac{\alpha}{\varepsilon_S} \frac{\dfrac{s}{\omega_B}+1}{\dfrac{s}{\omega_B\varepsilon_S}+1} \quad (0.1 < \alpha < 0.9,\ 0 < \varepsilon_S \ll 1) \tag{10.77}$$

其中，α、ε_S 为加权灵敏度函数的调节因子；ω_B 为闭环系统带宽。

$$W_p^{-1}(s)=\frac{1}{\alpha}\frac{s+\omega_B\varepsilon_S}{s+\omega_B}=\frac{\varepsilon_S}{\alpha}\frac{\frac{s}{\omega_B\varepsilon_S}+1}{\frac{s}{\omega_B}+1}\quad(0.1<\alpha<0.9,\ 0<\varepsilon_S\ll 1)\tag{10.78}$$

$W_p^{-1}(s)$ 的频谱在低频段等于 $\frac{\varepsilon_S}{\alpha}$，在高频段等于 $\frac{1}{\alpha}>1$，在接近频率 ω_B 处穿越 1。

权函数 $W_p^{-1}(s)$ 幅频曲线如图 10.131 所示。

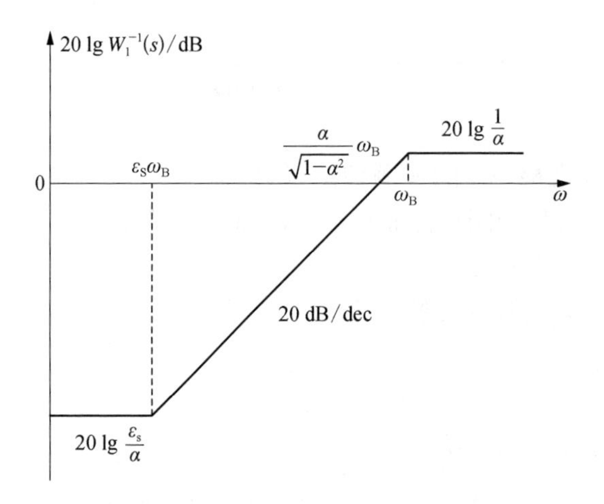

图 10.131　权函数 $W_p^{-1}(s)$ 幅频曲线

NP 条件 $|w_P|<|1+L|$ 的奈奎斯特图如图 10.132 所示，$L(j\omega)$ 必须位于圆心为-1，半径为 $|w_P(j\omega)|$ 的圆外。

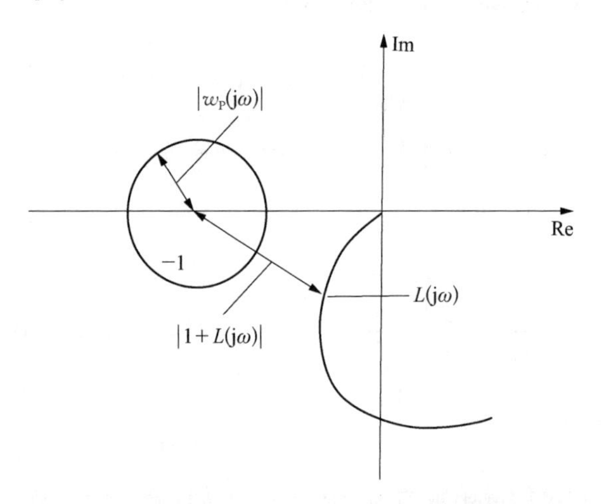

图 10.132　NP 条件 $|w_P|<|1+L|$ 的奈奎斯特图

10.3.7　鲁棒性能 RP 的评估

RP 条件 $|w_P| < |1 + L_p|$ 即 $|S| < |w_p^{-1}|$ 的奈奎斯特图如图 10.133 所示。

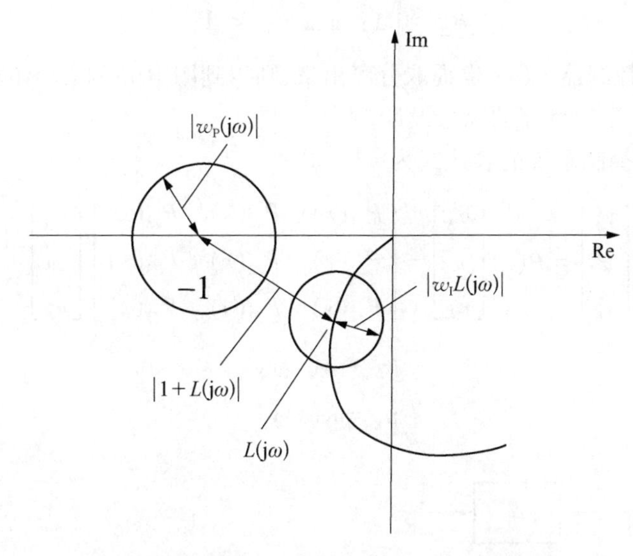

图 10.133　RP 条件 $|w_P| < |1+L_p|$ 的奈奎斯特图

即 $L_p(j\omega)$ 必须位于圆心为-1,半径为 $|w_P(j\omega)|$ 的圆外。由于 $L_p(j\omega)$ 在每个频率处都落在圆心为 $L(j\omega)$,半径为 $|w_I(j\omega)L(j\omega)|$ 的园内,RP 的条件要求这两个圆的半径 $|w_P(j\omega)|$ 和 $|w_I(j\omega)L(j\omega)|$ 不重叠,这两个圆心距离为 $|1 + L(j\omega)|$,则

$$
\begin{aligned}
\text{RP} &\Leftrightarrow |w_P| + |w_I L| < |1 + L|, \quad \forall \omega \\
&\Leftrightarrow |w_P(1 + L)^{-1}| + |w_I L(1 + L)^{-1}| < 1, \quad \forall \omega \\
&\Leftrightarrow |w_P S| + |w_I T| < 1, \quad \forall \omega \quad \Leftrightarrow \max_{\omega}(|w_P S| + |w_I T|) < 1
\end{aligned}
\tag{10.79}
$$

$$
\text{RP} \Leftrightarrow \left\| \begin{matrix} w_P S \\ w_I T \end{matrix} \right\|_{\infty} = \max_{\omega}(|w_P S| + |w_I T|) < 1 \tag{10.80}
$$

10.4　不确定性系统的鲁棒控制设计与鲁棒裕度

10.4.1　不确定性控制系统架构

结构化不确定性系统的表示方法是把不确定性摄动从含有不确定性的控制系统中提取分离出来,构成一个对角型分块矩阵:

$$
\Delta = \operatorname{diag}\{\Delta_1, \Delta_2, \cdots, \Delta_i, \cdots\} \tag{10.81}
$$

其中，Δ_i 代表不同来源的不确定性。用标记 $\forall\Delta$ 表示容许摄动集合中的所有的 Δ，用 $\max\limits_{\Delta}$ 表示针对容许摄动集合中的所有 Δ 的最大化，并定义容许摄动集合为

$$B_{\Delta} = \{\Delta:\ \|\Delta\|_{\infty} < 1\} \tag{10.82}$$

进一步将控制器 $K(s)$ 也提取分离出来，则得到图 10.134 所示的 $\Delta-P-K$ 控制系统描述，用于控制器的综合设计。

$\Delta-P-K$ 控制系统的表达式为

$$\begin{bmatrix} y_{\Delta} \\ z \\ y_K \end{bmatrix} = P(s)\begin{bmatrix} u_{\Delta} \\ w \\ u_K \end{bmatrix} = \begin{bmatrix} P_{11}(s) & P_{12}(s) & P_{13}(s) \\ P_{21}(s) & P_{22}(s) & P_{23}(s) \\ P_{31}(s) & P_{32}(s) & P_{33}(s) \end{bmatrix}\begin{bmatrix} u_{\Delta} \\ w \\ u_K \end{bmatrix} \tag{10.83}$$

$$u_{\Delta} = \Delta(s)y_{\Delta} \tag{10.84}$$

$$u_K = K(s)y_K \tag{10.85}$$

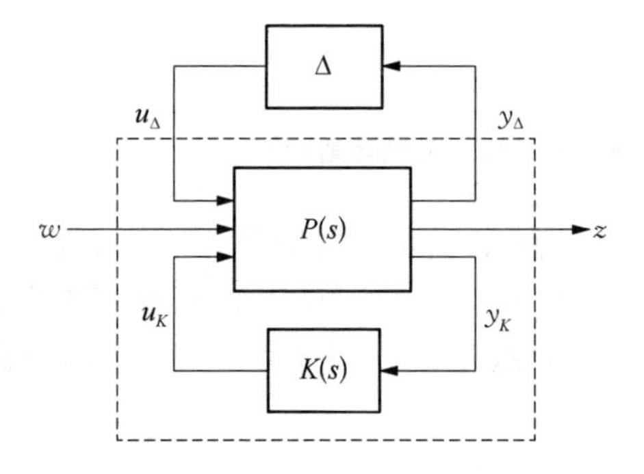

图 10.134 分离结构的 $\Delta-P-K$ 控制系统描述

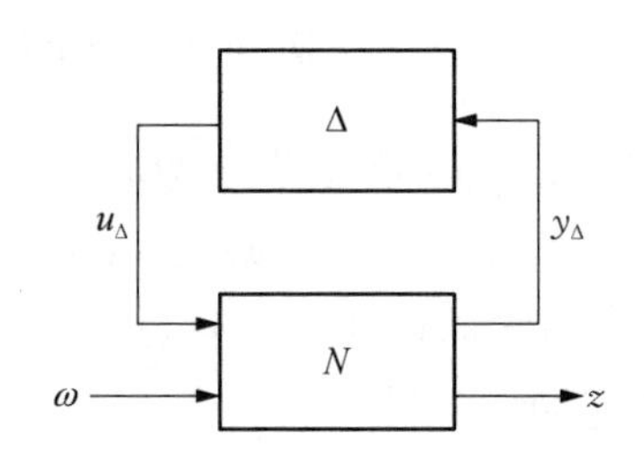

图 10.135 $\Delta-N$ 描述的不确定性控制系统

当控制器设计完成后，采用 $\Delta-N$ 结构的形式分析不确定性系统的特性，如图 10.135 所示。

$\Delta-N$ 控制系统的表达式为

$$\begin{aligned} N(s) = F_l(P(s),K) &= \begin{bmatrix} N_{11}(s) & N_{12}(s) \\ N_{21}(s) & N_{22}(s) \end{bmatrix} \\ &= \begin{bmatrix} P_{11}(s) & P_{12}(s) \\ P_{21}(s) & P_{22}(s) \end{bmatrix} + \begin{bmatrix} P_{13}(s) \\ P_{23}(s) \end{bmatrix} K(s)[I - P_{33}(s)K(s)]^{-1}[P_{31}(s) \quad P_{32}(s)] \end{aligned} \tag{10.86}$$

$$\begin{bmatrix} y_{\Delta} \\ z \end{bmatrix} = \begin{bmatrix} N_{11}(s) & N_{12}(s) \\ N_{21}(s) & N_{22}(s) \end{bmatrix}\begin{bmatrix} u_{\Delta} \\ \omega \end{bmatrix} \tag{10.87}$$

$$u_{\Delta} = \Delta(s) y_{\Delta} \tag{10.88}$$

从 ω 到 z 的不确定性闭环传递函数可用线性上分式变换表示为

$$F(s) = F_u(N(s),\Delta(s)) = N_{22}(s) + N_{21}(s)\Delta(s)[I - N_{11}(s)\Delta(s)]^{-1}N_{12}(s) \tag{10.89}$$

$$z = F(s)\omega \tag{10.90}$$

分析不确定性闭环传递函数 $F(s)$ 的鲁棒稳定性，可用 $\Delta - M$ 结构表示，如图 10.136 所示。

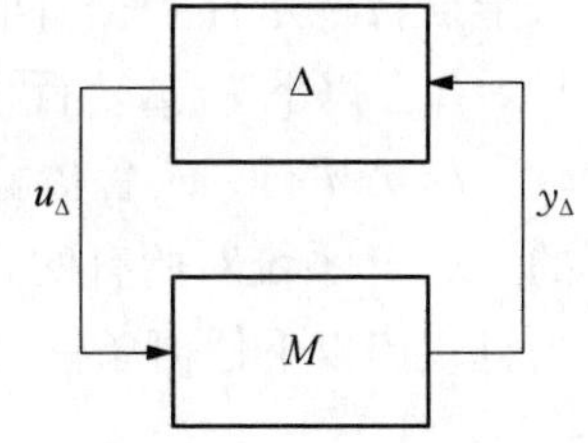

图 10.136　Δ − M 结构

$$M(s) = N_{11}(s) = P_{11}(s) + P_{13}(s)K(s)[I - P_{33}(s)K(s)]^{-1}P_{31}(s) \tag{10.91}$$

$$y_{\Delta} = M(s) u_{\Delta} \tag{10.92}$$

$$u_{\Delta} = \Delta(s) y_{\Delta} \tag{10.93}$$

10.4.2　鲁棒稳定性和鲁棒性能要求

$\Delta - N$ 控制系统的鲁棒性分析，就是针对含不确定性的 $\Delta - N$ 控制系统，在给定的控制器条件下对不确定性集合中的所有对象进行分析，包括鲁棒稳定性(RS)分析和鲁棒性能(RP)分析。

RS 分析：在给定的控制器条件下，判断系统对不确定性集合中所有对象是否都能够保持稳定。

RP 分析：在满足 RS 条件下，对不确定性集合中的所有对象，确定从外部输入 ω 到输出 z 的传递函数有多大。

采用 H_∞ 范数定义系统性能，对系统鲁棒稳定性(RS)和鲁棒性能(RP)的要求如下。

$$\text{NS：标称稳定，N 是内部稳定的。} \tag{10.94}$$

$$\text{NP：标称性能，满足 NS，且 } \|N_{22}\|_\infty < 1 \tag{10.95}$$

$$\text{RS：鲁棒稳定，满足 NS，且 } F = F_u(N, \Delta) \text{ 是稳定的，} \forall \Delta,\ \|\Delta\|_\infty < 1 \tag{10.96}$$

$$\text{RP：鲁棒性能，满足 NS，且 } \|F\|_\infty = \|F_u(N, \Delta)\|_\infty < 1,\ \forall \Delta,\ \|\Delta\|_\infty < 1 \tag{10.97}$$

对于图 10.135 所示的 $\Delta - N$ 不确定性系统，设 Δ 稳定，如果系统在 $\Delta = 0$ 条件

下满足标称稳定 *NS* 条件,即 N 是稳定的,则由 $F(s)=F_u(N,\ \Delta)=N_{22}+N_{21}\Delta\cdot(I-N_{11}\Delta)^{-1}N_{12}$ 可知,不稳定的唯一来源只能是反馈项 $(I-N_{11}\Delta)^{-1}$,则 $\Delta-N$ 不确定性系统的稳定性等价于图 10.136 所示的 $\Delta-M$ 结构的稳定性。

10.4.3　$\Delta-M$ 结构的鲁棒稳定性

$\Delta-M$ 结构的鲁棒稳定性可用 $I-\Delta M$ 行列式鲁棒稳定 RS 判别条件检测,根据奈奎斯特稳定性判据,同时,考虑到对所有的容许摄动 $\Delta\in B_\Delta=\{\Delta:\|\Delta\|_\infty<1\}$,存在以下 $I-\Delta M$ 行列式鲁棒稳定 RS 判别条件。

$I-\Delta M$ 行列式鲁棒稳定 RS 判别条件:设标称系统 M 和不确定性 Δ 都是稳定的,$\Delta-M$ 系统对所有的容许摄动 $\Delta\in B_\Delta=\{\Delta:\|\Delta\|_\infty<1\}$ 都是鲁棒稳定 RS 的,当且仅当以下任何条件之一成立:

$$(1)\ \det(I-\Delta M)\ \text{的奈奎斯特曲线不包围原点},\ \forall\Delta \tag{10.98}$$

$$(2)\ \det[I-\Delta M(\mathrm{j}\omega)]\neq 0,\quad \forall\Delta,\quad \forall\omega \tag{10.99}$$

$$(3)\ \lambda_i[\Delta M(\mathrm{j}\omega)]\neq 1,\quad \forall\Delta,\quad \forall\omega,\quad \forall i \tag{10.100}$$

10.4.4　非结构化不确定性的鲁棒稳定性

非结构化不确定性定义为对于满元素的任意复数不确定性传递函数矩阵 Δ,满足 $\|\Delta\|_\infty<1,\ \forall\Delta$。

$$\max_\Delta\rho(\Delta M)\leqslant\max_\Delta\bar{\sigma}(\Delta M)\leqslant\max_\Delta[\bar{\sigma}(\Delta)\bar{\sigma}(M)]=\bar{\sigma}(M) \tag{10.101}$$

设标称系统 $M(s)$ 是稳定的,既满足 NS 条件,且 Δ 也是稳定的,则对于图 10.136 所示具有 $\Delta-M$ 结构的系统能够满足 $\|\Delta\|_\infty<1$ 的所有非结构化不确定性,当且仅当以下任何条件之一成立:

$$(1)\ \bar{\sigma}[M(\mathrm{j}\omega)]<1,\quad \forall\omega \tag{10.102}$$

$$(2)\ \|M\|_\infty<1 \tag{10.103}$$

10.4.5　不确定性鲁棒稳定性的 μ 检测方法

结构化奇异值 μ 定义为对于不确定性 Δ 的最小结构化,使得矩阵 $I-M\Delta$ 奇异,可用 $\bar{\sigma}(\Delta)$ 来度量,则

$$\mu(M)=\frac{1}{\bar{\sigma}(\Delta)} \tag{10.104}$$

结构化奇异值 μ 的数学描述为

$$\mu(M)=\frac{1}{\min\limits_{\Delta}\{\bar{\sigma}(\Delta)\mid \det(I-M\Delta)=0,\text{对于结构化 }\Delta\}} \tag{10.105}$$

较大的 μ 意味着较小的摄动可使 $I-M\Delta$ 奇异，μ 越小，对于较大的摄动也有鲁棒抑制能力。

根据前述 $\Delta-M$ 结构的鲁棒稳定性 $\det[I-\Delta M(\mathrm{j}\omega)]\neq 0,\quad \forall\Delta,\quad \forall\omega$，$\bar{\sigma}[\Delta(\mathrm{j}\omega)]\leqslant 1$ 仅仅是一个判别鲁棒稳定性的条件，为此，采用因子 k_m 对 Δ 作尺度变换，使 Δ 标准化满足 $\bar{\sigma}(\Delta)\leqslant 1$，并求使 $I-k_mM\Delta$ 奇异的最小 k_m，即满足 $\det[I-k_mM\Delta]=0$，则变成标准化结构化奇异值 μ，其数学描述式为

$$\mu(M)=\begin{cases}\dfrac{1}{\min\limits_{\Delta}\{k_m\mid \det(I-k_mM\Delta)=0,\text{对于结构化 }\Delta\in B_\Delta=\{\Delta:\ \|\Delta\|_\infty<1\}\}}\\ 0,\text{若这种结构的 }\Delta\text{ 不存在}\end{cases} \tag{10.106}$$

这样，就能够在最坏情况下确定不确定性边界的 k_m 的大小，即 $k_m=\dfrac{1}{\mu(M)}$，对不确定性的鲁棒尺度有定量的分析，k_m 就是鲁棒稳定裕度。

不确定性鲁棒稳定性的定量 μ 检测方法如下：对于具有分块对角不确定性，其中对角元素为实数或复数的分块矩阵，设标称系统 $M(s)$ 是稳定的，既满足 NS 条件，且 Δ 也是稳定的，则对于 $\Delta-M$ 系统的所有容许不确定性 $\bar{\sigma}[\Delta(\mathrm{j}\omega)]<1$，$\forall\omega$ 都是鲁棒稳定的，当且仅当，

$$\mu[M(\mathrm{j}\omega)]<1,\quad \forall\omega \tag{10.107}$$

则

$$k_m=\left\{\frac{1}{\mu(M)}\,\middle|\,\mu(M)=\max_{\omega}\mu[M(\mathrm{j}\omega)]<1,\quad \forall\omega\right\} \tag{10.108}$$

上述最坏情况下确定不确定性边界的 k_m 的大小，以及 $\mu[M(\mathrm{j}\omega)]$ 可用 Matlab 鲁棒控制工具箱中的函数 robuststab 计算，方法是对如图 10.137 所示的含不确定性的 $\Delta-N$ 控制系统，通过下述函数计算：

$$[\text{stabmarg},\ \text{destabunc},\ \text{report},\ \text{message}]=\text{robuststab}(\Delta,\ N) \tag{10.109}$$

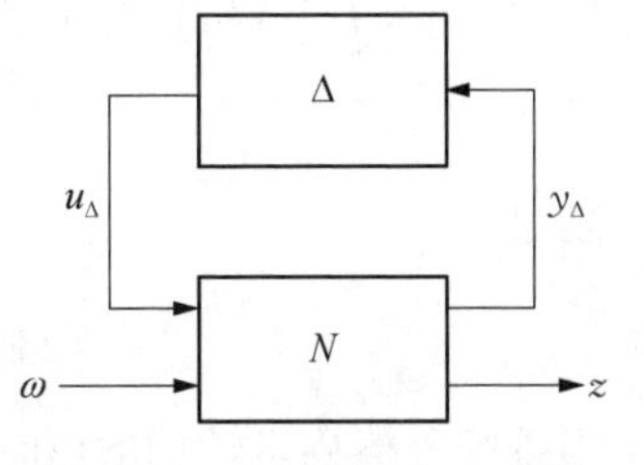

图 10.137　$\Delta-N$ 含不确定性的控制系统

10.4.6　不确定性系统鲁棒性能的 μ 检测方法

对于不确定性集合中所有可能的对象，均能使控制系统满足既定的性能指标，

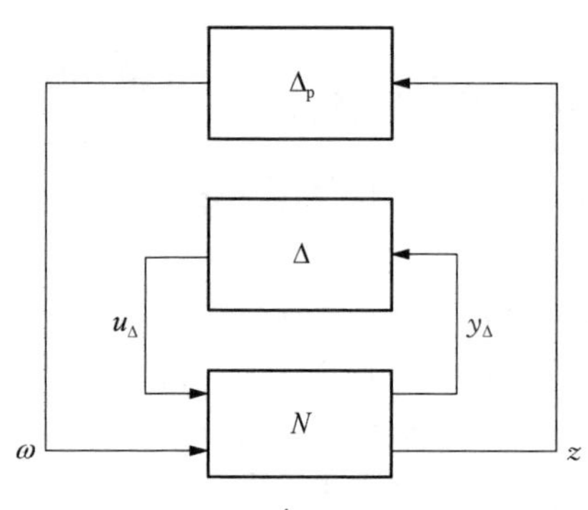

图 10.138 $\hat{\Delta}-N$ 控制系统

则这样的控制系统具有鲁棒性能。为此,在 $\Delta-N$ 含不确定性描述的控制系统的基础上,嵌入用表示 H_∞ 性能指标的满元素虚拟不确定性复数矩阵 Δ_p,构造如图 10.138 所示的 $\hat{\Delta}-N$ 控制系统,则可对不确定性集合中所有可能的对象进行鲁棒性能检测。

不确定性系统鲁棒性能的 μ 检测方法如下:对于 $\Delta-N$ 不确定性系统,构造如图 10.138 所示的 $\hat{\Delta}-N$ 控制系统,设 N 是标称内部稳定的,则对于不确定性集合中所有可能的对象都能使控制系统获得鲁棒性能,即满足 $\|F\|_\infty=\|F_u(N,\Delta)\|_\infty<1$,$\forall\Delta$,$\|\Delta\|_\infty<1$,当且仅当下式成立:

$$\mu_{\hat{\Delta}}[N(\mathrm{j}\omega)]<1,\ \forall\omega,\ \hat{\Delta}=\begin{bmatrix}\Delta & 0\\ 0 & \Delta_p\end{bmatrix} \tag{10.110}$$

其中,Δ_p 的维数与 F^T 的维数相同。

$\mu_{\hat{\Delta}}[N(\mathrm{j}\omega)]$ 可用 Matlab 鲁棒控制工具箱中的函数 robustperf 计算,方法是对图 10.138 所示的含不确定性的 $\hat{\Delta}-N$ 控制系统,通过下述函数计算:

$$[\text{perfmarg, perfmargunc, report, message}]=\text{robustperf}(\hat{\Delta},N) \tag{10.111}$$

10.4.7 鲁棒稳定性和鲁棒性能的 μ 分析

构造 $\Delta-N$ 不确定性系统,分块对角不确定性矩阵 Δ 满足 $\|\Delta\|_\infty<1$,设

$$F(s)=F_u[N(s),\Delta(s)]=N_{22}(s)+N_{21}(s)\Delta(s)[I-N_{11}(s)\Delta(s)]^{-1}N_{12}(s) \tag{10.112}$$

满足

$$\|F\|_\infty=\|F_u(N,\Delta)\|_\infty<1 \tag{10.113}$$

则系统鲁棒稳定性(RS)和鲁棒性能(RP)的 μ 分析如下。

$$\text{NS: 标称稳定,N 是内部稳定的} \tag{10.114}$$

$$\text{NP: 标称性能,满足 NS,且 } \bar{\sigma}(N_{22})=\mu_{\Delta p}<1,\ \forall\omega \tag{10.115}$$

$$\text{RS: 鲁棒稳定,满足 NS,且 } \mu_\Delta(N_{11})<1,\ \forall\omega \tag{10.116}$$

RP：鲁棒性能，满足 NS，且 $\mu_{\hat{\Delta}}[N(j\omega)] < 1,\ \forall\omega,\ \hat{\Delta} = \begin{bmatrix} \Delta & 0 \\ 0 & \Delta_p \end{bmatrix}$

(10.117)

10.4.8 μ 控制器的 DK 迭代法

针对 $\Delta - N$ 不确定性系统，求解能够最小化给定 μ 条件的控制器，称为 μ 综合问题。

定义 Ω 是所有与 Δ 可交换的矩阵，满足 $D\Delta = \Delta D$ 的集合，则

$$\mu(N) \leqslant \min_{D\in\Omega} \bar{\sigma}(DND^{-1}) \tag{10.118}$$

DK 迭代法是结合了 H_∞ 分析与 μ 分析的一种迭代方法，其思路是求解一个能够在频域范围内最小化 $\mu(N)$ 上界峰值的控制器 K，即

$$\min_{K}\{\min_{D\in\Omega}\bar{\sigma}[DN(K)D^{-1}]\} \tag{10.119}$$

为了获得这一控制器 K，采用交替改变 K 或 D，即保持 K、D 中的一个不变，不断迭代最小化 $\| DN(K)D^{-1} \|_\infty$，算法如下。

DK 迭代算法具体步骤如下。

步骤 1：初始化 $D(s)$。选择初始稳定的有理传递函数矩阵 $D(s)$，可取 $D(s) = I$

步骤 2：求 K。固定 D，综合一个 H_∞ 控制器，即求解 K，满足

$$K = \min_{K} \| DN(K)D^{-1} \|_\infty \tag{10.120}$$

步骤 3：求 D。固定 K，求解 D，使其在每个频率上满足

$$D = \min_{\omega} \bar{\sigma}[D(j\omega)ND^{-1}(j\omega)] \tag{10.121}$$

步骤 4：检测迭代收敛条件。若满足下述条件，则迭代结束，否则，进到步骤 5

$$\| DN(K)D^{-1} \|_\infty < 1 \tag{10.122}$$

步骤 5：对 $D(j\omega)$ 频域辨识。低阶拟合 $D(j\omega)$ 中每个元素的幅值，使得 $D(s)$ 是一个稳定低阶的最小相位传递函数［$D(s)$ 阶次低，则 H_∞ 控制器 $K(s)$ 的阶次低］，返回步骤 2。

10.5 涡桨发动机不确定性系统 μ 综合控制设计

10.5.1 模型跟踪 μ 控制设计

针对涡桨发动机标称对象 $G_{aug}(s)$，构建标称点领域范围动态不确定性的描述

为输入乘性不确定性，即

$$G_{\mathrm{aug},\Delta}(s)=G_{\mathrm{aug}}(s)[1+w_{\mathrm{I}}(s)\Delta_{\mathrm{I}}(s)],\quad \underbrace{|\Delta_{\mathrm{I}}(\mathrm{j}\omega)|\leqslant 1,\ \forall\omega}_{\|\Delta_{\mathrm{I}}\|_{\infty}\leqslant 1} \tag{10.123}$$

其中，$\Delta_{\mathrm{I}}(s)$ 是任意稳定的传递函数，在任何频率处其幅值小于或等于1；$w_{\mathrm{I}}(s)$ 是稳定且为最小相位的不确定性输入乘性有理加权传递函数。

设未建模动态在低频时存在10%误差，在20 rad/s 角频率处存在100%的误差，在高频时存在1 000%的误差，即

$$r_0=0.1,\ r_{\infty}=10,\ \omega_{\tau}=20\ \mathrm{rad/s}$$

$$w_{\mathrm{I}}(s)=\frac{\dfrac{s}{\omega_{\tau}}+r_0}{\dfrac{s}{r_{\infty}\omega_{\tau}}+1}=\frac{\dfrac{s}{20}+0.1}{\dfrac{s}{10\times 20}+1}$$

$$W_{\mathrm{I}}(s)=\begin{bmatrix} w_{\mathrm{I}}(s) & 0 \\ 0 & w_{\mathrm{I}}(s)\end{bmatrix}$$

不确定性输入乘性有理加权传递函数 W_{I} 的伯德图如图10.139所示。

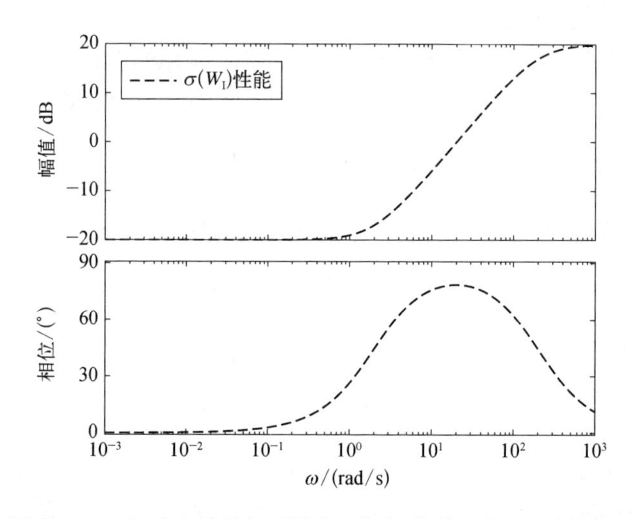

图10.139　不确定性输入乘性有理加权传递函数 W_{I} 的伯德图

设 $\alpha=0.6$、$\omega_{\mathrm{B}}=20$、$\varepsilon_{\mathrm{S}}=0.000\,001$，则

$$w_{\mathrm{p}}(s)=\frac{\alpha}{\varepsilon_{\mathrm{S}}}\frac{\dfrac{s}{\omega_{\mathrm{B}}}+1}{\dfrac{s}{\omega_{\mathrm{B}}\varepsilon_{\mathrm{S}}}+1}=\frac{0.6}{0.000\,001}\frac{\dfrac{s}{20}+1}{\dfrac{s}{20\times 0.000\,001}+1}$$

性能加权传递函数 w_p 的伯德图如图 10.140 所示。

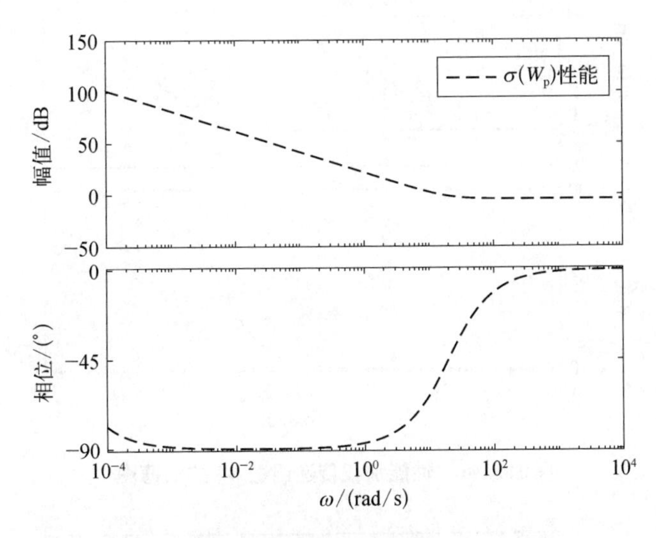

图 10.140　性能加权传递函数 w_p 的伯德图

$$W_p(s)=\begin{bmatrix} w_p(s) & 0 \\ 0 & w_p(s) \end{bmatrix}$$

设 $\gamma=0.5$、$\omega_B=20$、$\varepsilon_u=0.002$，则

$$w_u(s)=\gamma\frac{\dfrac{s}{\omega_B}+1}{\dfrac{\dfrac{s}{\omega_B}}{\varepsilon_u}+1}=0.5\frac{\dfrac{s}{20}+1}{\dfrac{\dfrac{s}{20}}{0.002}+1}$$

性能加权传递函数 w_u 的伯德图如图 10.141 所示。

$$W_u(s)=\begin{bmatrix} w_u(s) & 0 \\ 0 & w_u(s) \end{bmatrix}$$

设 $\xi=0.9$、$\omega_n=10$，则参考模型设计为标准二阶环节：

$$m(s)=\frac{\omega_n^2}{s^2+2\xi\omega_n s+\omega_n^2}=\frac{100}{s^2+18s+100}$$

参考模型 m 的伯德图如图 10.142 所示。

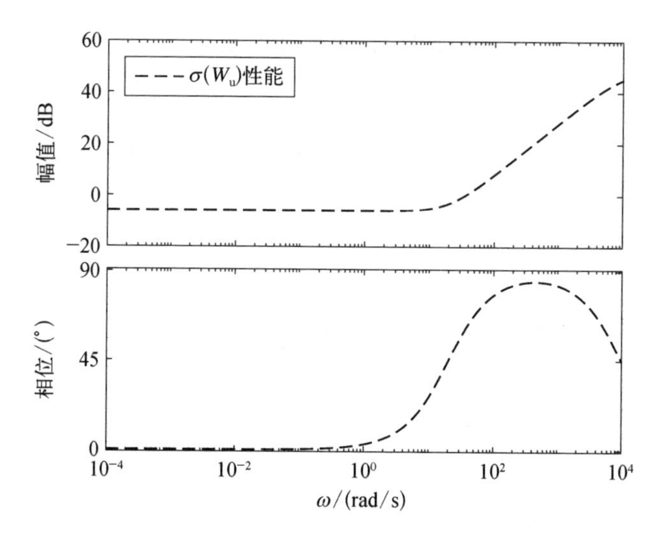

图 10.141 性能加权传递函数 w_u 的伯德图

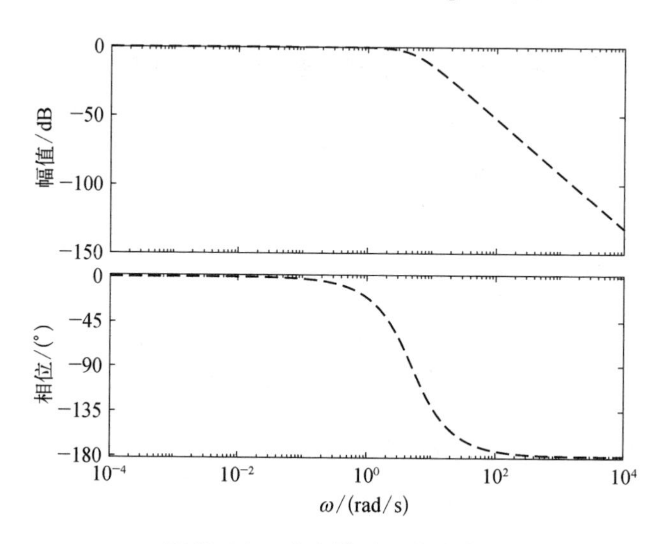

图 10.142 参考模型 m 的伯德图

$$M(s)=\begin{bmatrix} m(s) & 0 \\ 0 & m(s) \end{bmatrix}$$

不确定性对象的模型跟踪双回路加权灵敏度函数控制结构如图 10.143 所示。G_{aug} 为广义被控对象；M 为参考模型；W_p 为模型跟踪灵敏度加权函数；W_u 为控制输出灵敏度加权函数；W_I 为不确定性输入乘性有理加权传递函数，不确定性基 $\|\Delta_I\|_\infty \leqslant 1$；$K_{aug,\Delta}$ 为鲁棒控制器；r 为参考指令信号；e 为跟踪参考指令误差信号；u 为控制器输出信号；d 为外部干扰信号；y 为被控参数信号；z_1 为跟踪模型误差评估信号；z_2 为控制输出幅度评估信号。

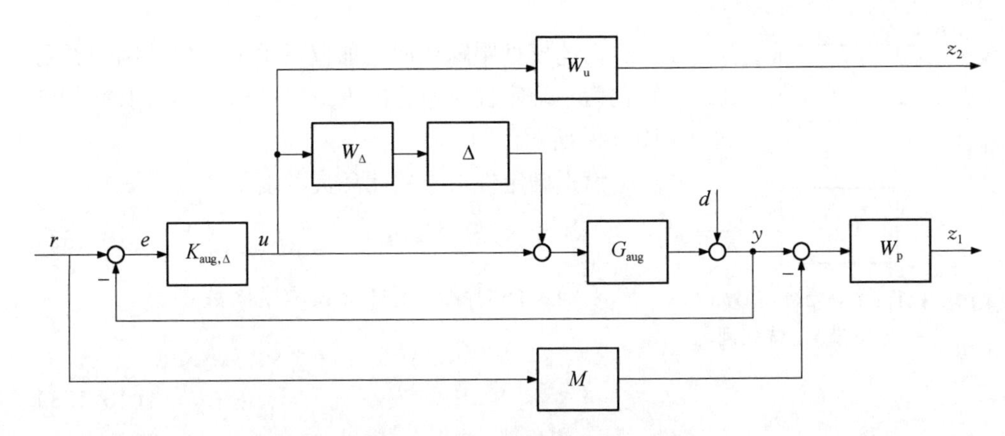

图 10.143　不确定性对象的转速闭环模型跟踪双回路加权灵敏度函数控制结构

分析闭环系统输出与输入的函数关系如下：

$$z_1 = W_p(d + G_{aug,\Delta}u - Mr) \tag{10.124}$$

$$z_2 = W_u u \tag{10.125}$$

$$e = r - G_{aug,\Delta}u - d \tag{10.126}$$

则

$$\begin{bmatrix} z_1 \\ z_2 \\ e \end{bmatrix} = \begin{bmatrix} -W_pM & W_p & W_pG_{aug,\Delta} \\ 0 & 0 & W_u \\ I & -I & -G_{aug,\Delta} \end{bmatrix} \begin{bmatrix} r \\ d \\ u \end{bmatrix} \tag{10.127}$$

$$u = K_{aug,\Delta}e \tag{10.128}$$

定义干扰信号向量为 w，评估信号向量为 z，即

$$w = \begin{bmatrix} r \\ d \end{bmatrix},\ z = \begin{bmatrix} z_1 \\ z_2 \end{bmatrix} \tag{10.129}$$

则

$$\begin{bmatrix} z \\ e \end{bmatrix} = P_{aug,\Delta} \begin{bmatrix} w \\ u \end{bmatrix} \tag{10.130}$$

其中，$P_{aug,\Delta}$ 称为标准化广义被控对象，即

$$P_{aug,\Delta} = \begin{bmatrix} -W_pM & W_p & W_pG_{aug,\Delta} \\ 0 & 0 & W_u \\ I & -I & -G_{aug,\Delta} \end{bmatrix} \tag{10.131}$$

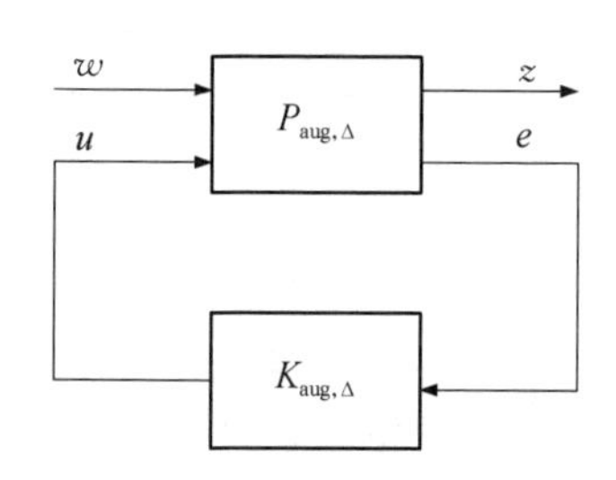

图 10.144 不确定性对象的标准 H_∞ 优化问题

上述模型跟踪双回路加权灵敏度函数控制问题可转化为不确定性对象标准 H_∞ 的 $P-K$ 优化问题，如图 10.144 所示。

设不确定性对象的闭环灵敏度函数：

$$S_{o,\Delta}(s)=(I+G_{aug,\Delta}K_{aug,\Delta})^{-1} \tag{10.132}$$

不确定性对象的闭环补灵敏度函数：

$$T_{o,\Delta}(s)=G_{aug,\Delta}K_{aug,\Delta}(I+G_{aug,\Delta}K_{aug,\Delta})^{-1} \tag{10.133}$$

根据线性分式变换，得不确定性对象的闭环传递函数矩阵为

$$\begin{aligned}T_{zw}(s)&=F_l(P_{aug,\Delta},K_{aug,\Delta})=P_{11}+P_{12}K_{aug,\Delta}(I-P_{22}K_{aug,\Delta})^{-1}P_{21}\\&=\begin{bmatrix}W_p(T_{o,\Delta}-M) & W_pS_{o,\Delta}\\ W_uK_{aug,\Delta}S_{o,\Delta} & -W_uK_{aug,\Delta}S_{o,\Delta}\end{bmatrix}\end{aligned} \tag{10.134}$$

针对上述广义被控对象 $G_{aug}(s)$、参考模型 $M(s)$、模型跟踪灵敏度加权函数 W_p、不确定性输入乘性有理加权传递函数 W_I，控制输出灵敏度加权函数 W_u、构造标准化广义被控对象 P，基于 μ 综合 DK 迭代算法获得 16 阶控制器 K 的解。

对控制器 K 与不确定性对象构建闭环控制系统，其鲁棒稳定性的 μ 的上下界为

$$\mu_{up}=0.1416,\ \mu_{low}=0.1415$$

闭环系统鲁棒稳定性 μ 的上下界如图 10.145 所示。

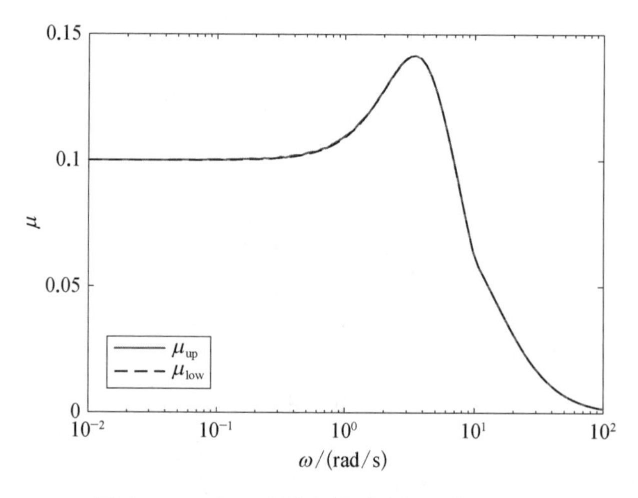

图 10.145 闭环系统鲁棒稳定性 μ 的上下界

鲁棒稳定裕度的上下界为

$$\mathrm{SM}_{\mathrm{up}}=7.063,\ \mathrm{SM}_{\mathrm{low}}=7.060$$

闭环系统鲁棒稳定性满足 $\mathrm{RS}\Leftrightarrow|T(\mathrm{j}\omega)|<\dfrac{1}{|w_{\mathrm{I}}(\mathrm{j}\omega)|},\ \forall\omega$ 条件,闭环系统鲁棒稳定的测试如图 10.146 所示。

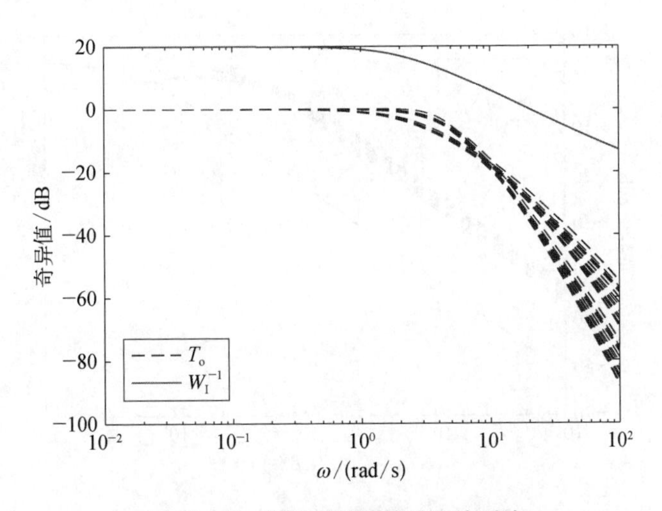

图 10.146　闭环系统鲁棒稳定的测试

对控制器 K 与不确定性对象构建闭环控制系统,其鲁棒性能 μ 的上下界为

$$\mu_{\mathrm{up}}=8.8915,\ \mu_{\mathrm{low}}=8.8914$$

闭环系统鲁棒性能 μ 的上下界如图 10.147 所示。

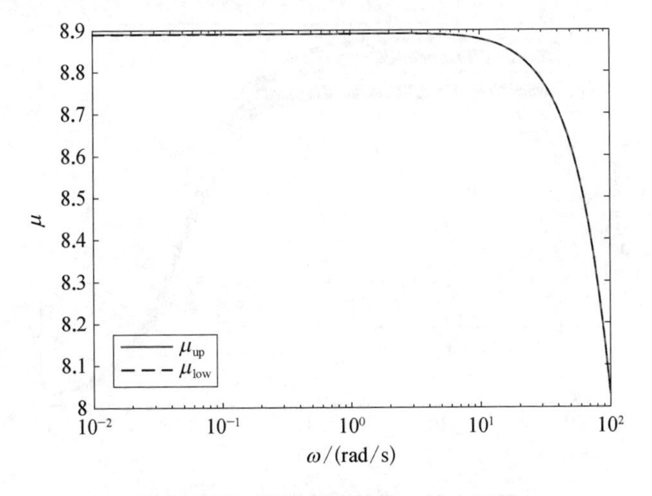

图 10.147　闭环系统性能 μ 的上下界

鲁棒性能裕度的上下界为

$$\mathrm{PM_{up}} = 0.112\,467,\ \mathrm{PM_{low}} = 0.112\,466$$

闭环系统鲁棒性能不满足 $|S| < |w_{\mathrm{p}}^{-1}|$ 条件,闭环系统鲁棒性能测试如图 10.148 所示。

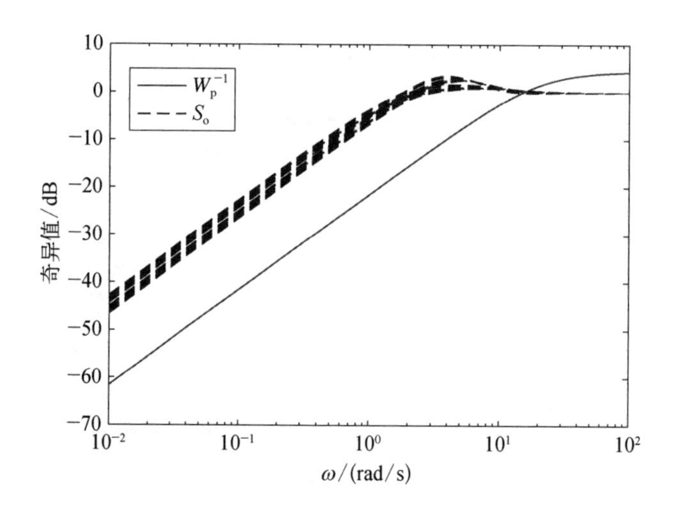

图 10.148 闭环系统鲁棒性能测试

闭环系统鲁棒性能测试不满足 $\mathrm{RP} \Leftrightarrow \left\| \begin{matrix} w_{\mathrm{P}}S \\ w_{\mathrm{I}}T \end{matrix} \right\|_{\infty} = \max\limits_{\omega}(|w_{\mathrm{P}}S| + |w_{\mathrm{I}}T|) < 1$ 条件,如图 10.149 所示。闭环系统控制输出性能测试如图 10.150 所示。

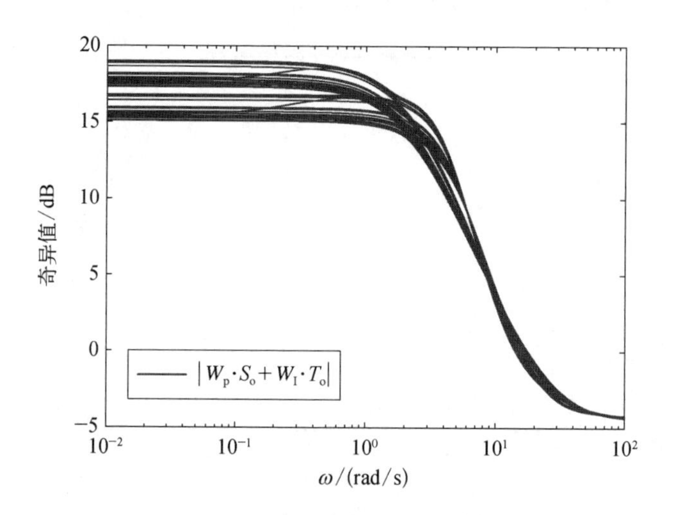

图 10.149 闭环系统性能稳定的测试

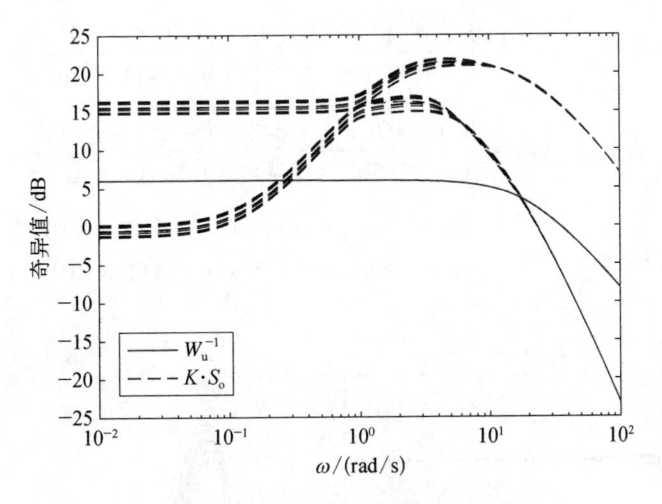

图 10.150　闭环系统控制输出性能测试

闭环系统鲁棒稳定、鲁棒性能测试情况如图 10.151 所示。

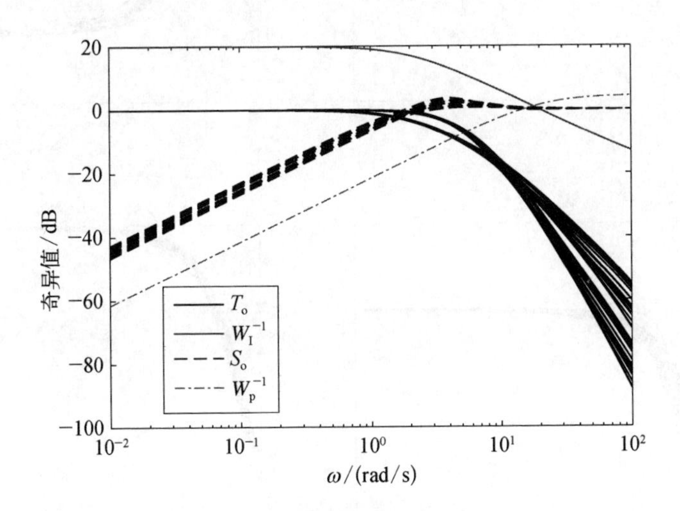

图 10.151　闭环系统鲁棒稳定、鲁棒性能测试

闭环系统阶跃响应如图 10.152 所示。

降阶后的 2 阶控制器为

$$K_{\text{aug},\Delta}(s)=\begin{bmatrix}K_{11,\text{aug},\Delta}(s) & K_{12,\text{aug},\Delta}(s)\\ K_{21,\text{aug},\Delta}(s) & K_{22,\text{aug},\Delta}(s)\end{bmatrix}$$

$$K_{11,\text{aug},\Delta}(s)=\frac{2.059(s+5.617)(s+1.565\times10^{-5})}{(s+1.562\times10^{-5})(s+1.411\times10^{-5})}$$

$$K_{21,\,\mathrm{aug},\,\Delta}(s)=\frac{0.526\,71(s+5.016)(s+1.577\times10^{-5})}{(s+1.562\times10^{-5})(s+1.411\times10^{-5})}$$

$$K_{12,\,\mathrm{aug},\,\Delta}(s)=\frac{0.174\,02(s+3.648)(s+2.05\times10^{-5})}{(s+1.562\times10^{-5})(s+1.411\times10^{-5})}$$

$$K_{22,\,\mathrm{aug},\,\Delta}(s)=\frac{-10.247(s+0.126\,8)(s+1.334\times10^{-5})}{(s+1.562\times10^{-5})(s+1.411\times10^{-5})}$$

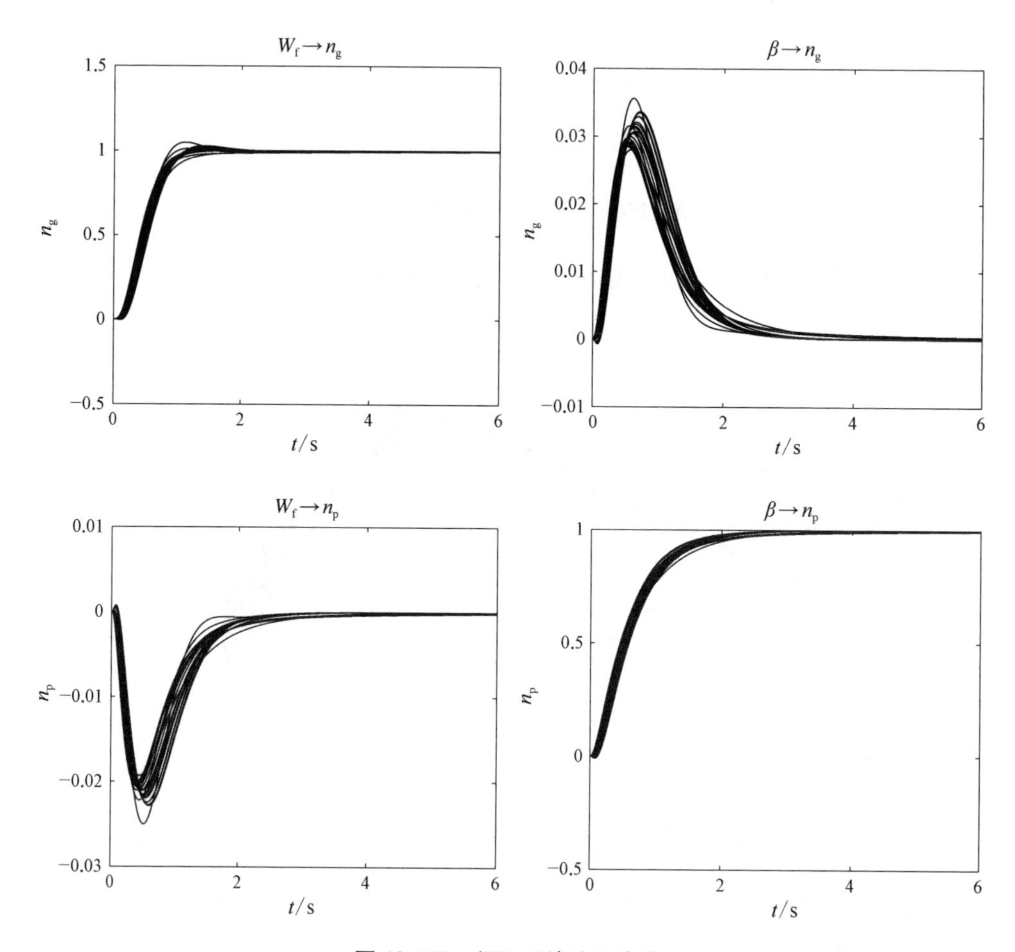

图 10.152　闭环系统阶跃响应

n_g 回路的开环伯德图如图 10.153 所示，n_g 回路的闭环伯德图如图 10.154 所示。

n_p 回路的开环伯德图如图 10.155 所示，n_p 回路的闭环伯德图如图 10.156 所示。

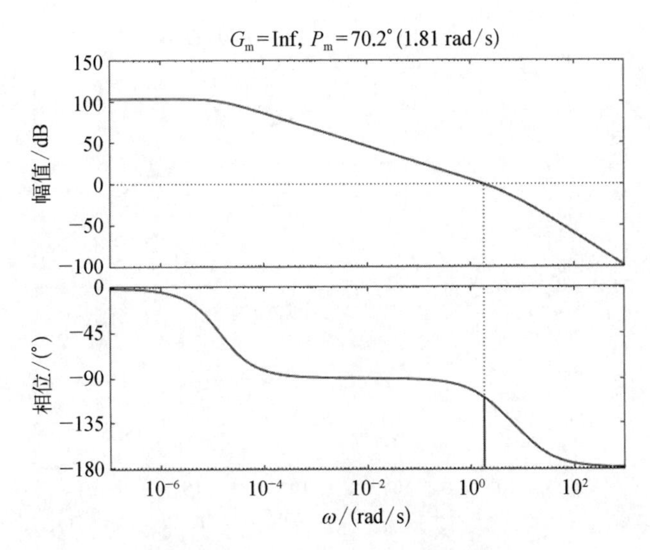

图 10.153　n_g 回路的开环伯德图

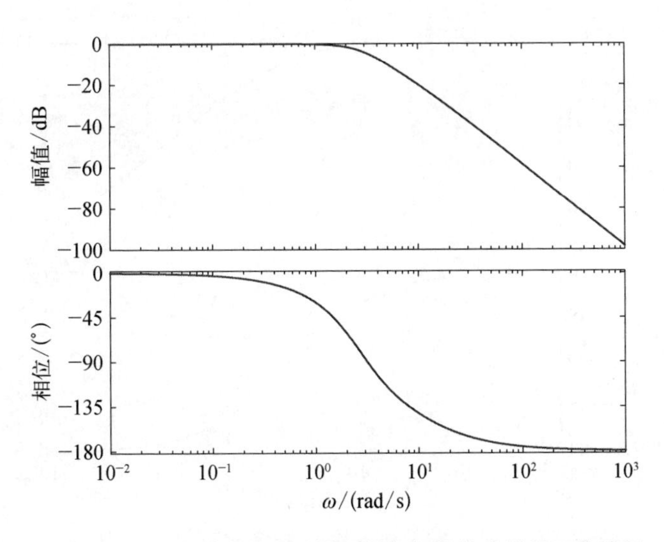

图 10.154　n_g 回路从燃油流量到燃气涡轮转速的闭环伯德图

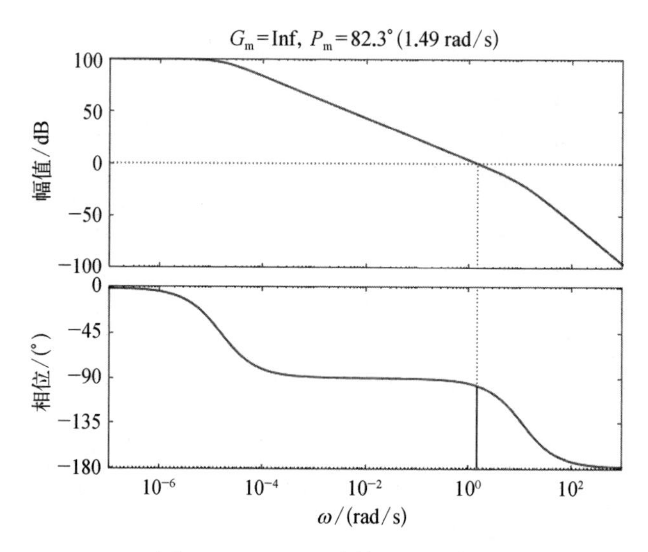

图 10.155　n_p 回路的开环伯德图

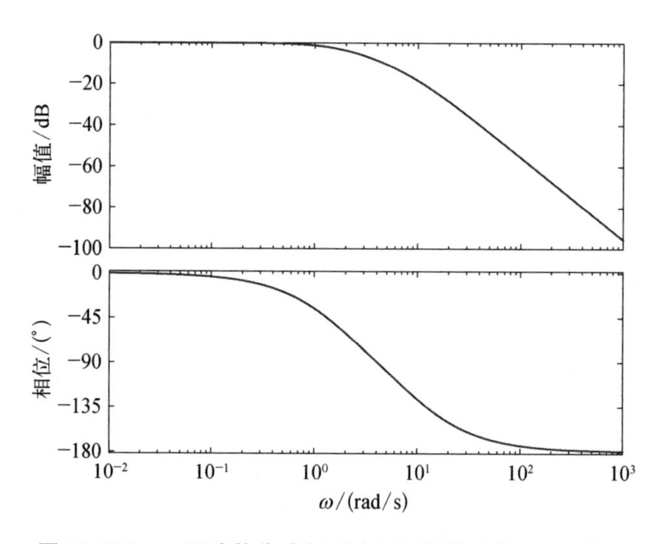

图 10.156　n_p 回路从桨叶角到动力涡轮转速的闭环伯德图

桨叶角干扰对转速 n_g 的闭环奇异值图如图 10.157 所示，燃油流量干扰对转速 n_p 的闭环奇异值图如图 10.158 所示。

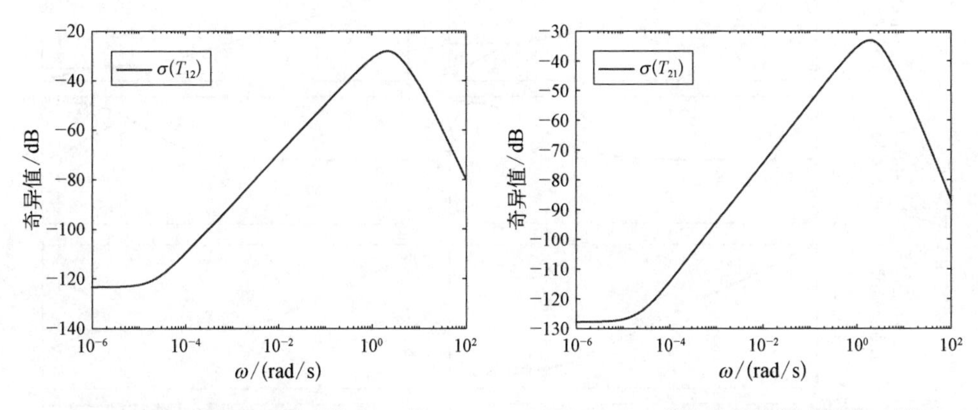

图 10.157　桨叶角干扰对转速 n_g 的闭环奇异值图

图 10.158　燃油流量干扰对转速 n_p 的闭环奇异值图

双回路闭环灵敏度函数与补灵敏度函数伯德图如图 10.159 所示。

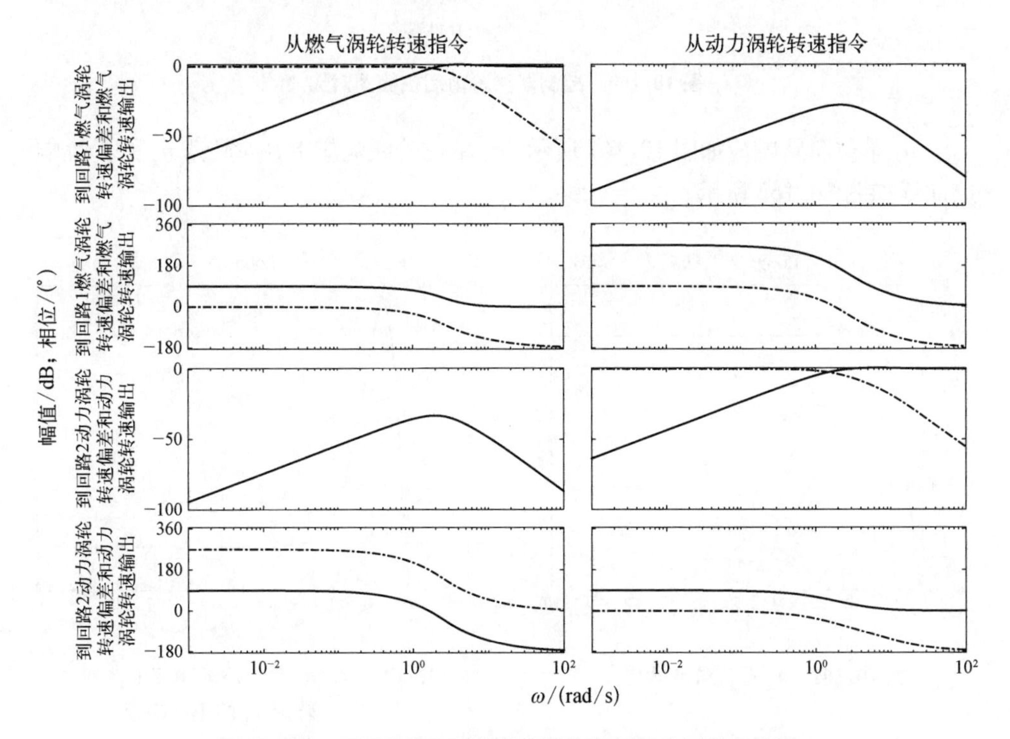

图 10.159　双回路闭环灵敏度函数与补灵敏度函数伯德图

控制器降阶前后伯德图对比曲线如图 10.160 所示。

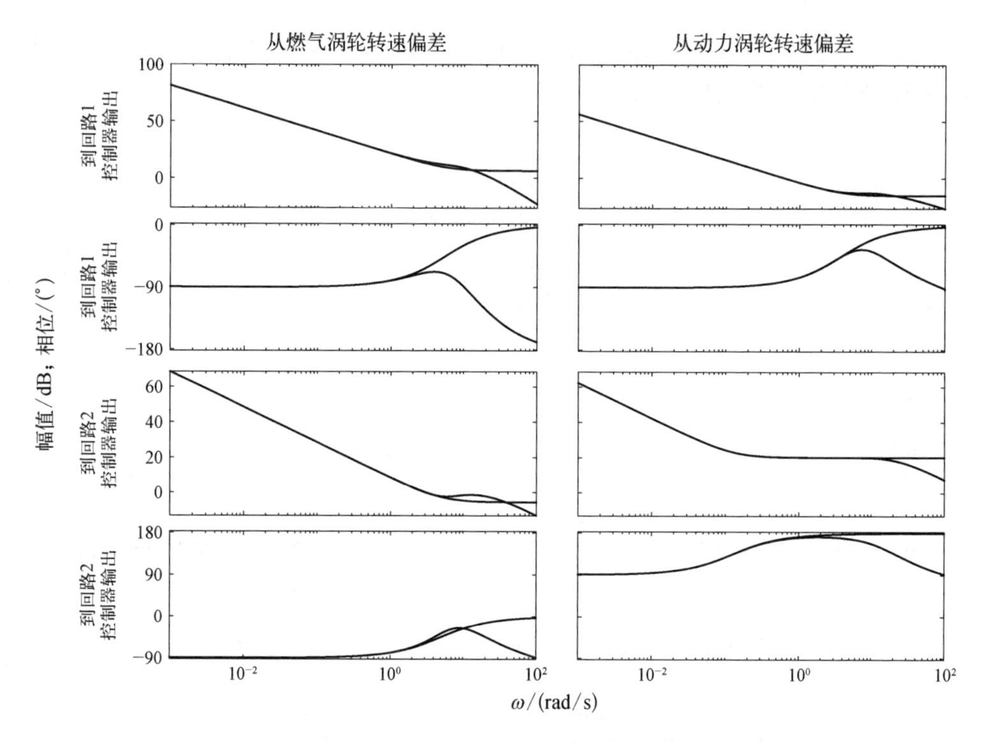

图 10.160 控制器降阶前后伯德图对比

n_g 单位阶跃响应如图 10.161 所示，n_g 单位阶跃响应下 β 对转速 n_g 的干扰响应曲线如图 10.162 所示。

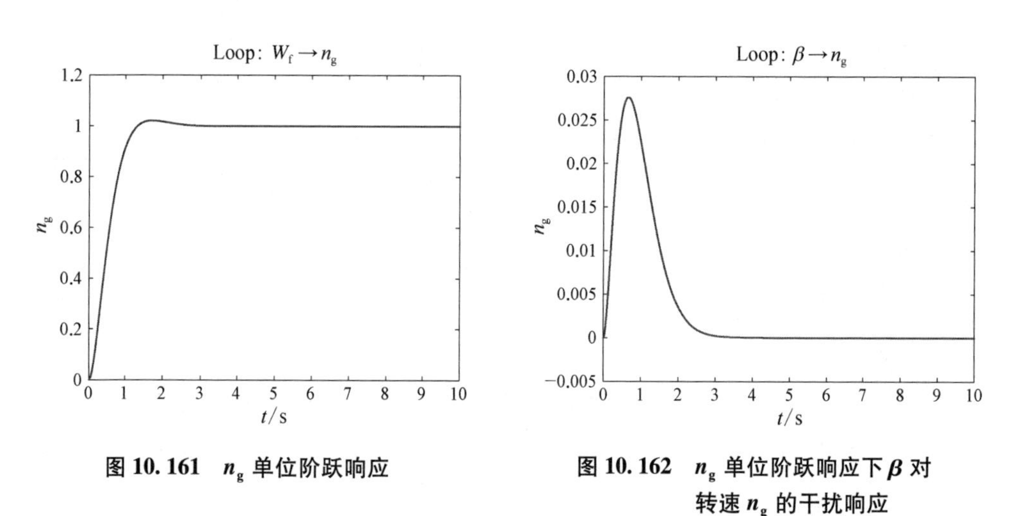

图 10.161 n_g 单位阶跃响应

图 10.162 n_g 单位阶跃响应下 β 对转速 n_g 的干扰响应

n_p 单位阶跃响应下 W_f 对转速 n_g 的干扰响应曲线如图 10.163 所示，n_p 单位阶跃响应如图 10.164 所示。

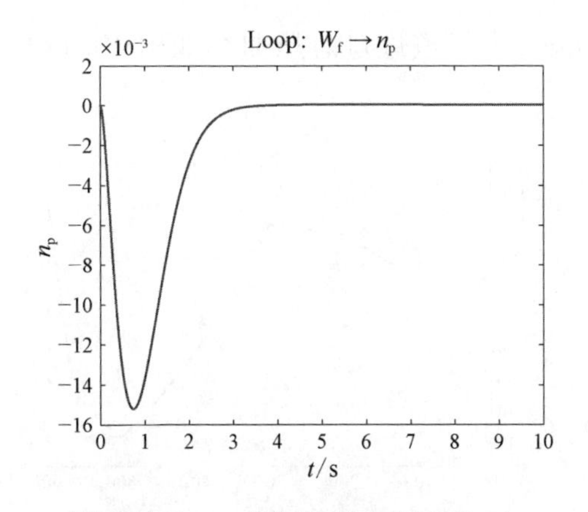

图 10.163　n_p 单位阶跃响应下 W_f 对转速 n_g 的干扰响应

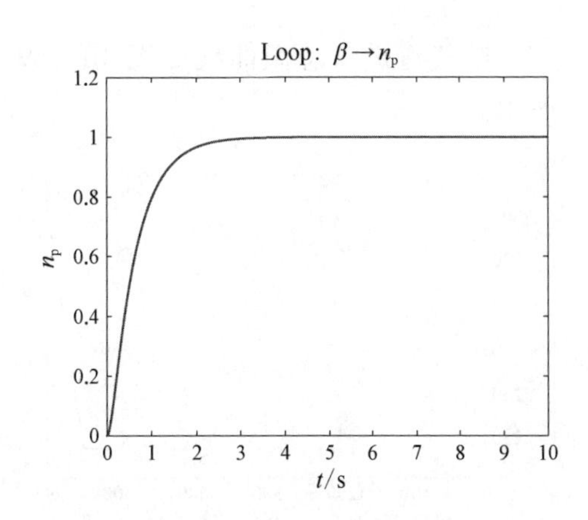

图 10.164　n_p 单位阶跃响应

采用 2 阶降阶控制器进行涡桨发动机控制系统非线性仿真：飞行高度轨迹如图 10.165 所示，飞行马赫数轨迹如图 10.166 所示，仿真时间 600 s，仿真周期为 0.01 s，采用 4 阶 Runge-Kutta 法(ode4)求解微分方程。

$n_{g,dem}$ 指令计划如图 10.167 所示，$n_{p,dem}$ 指令计划如图 10.168 所示。

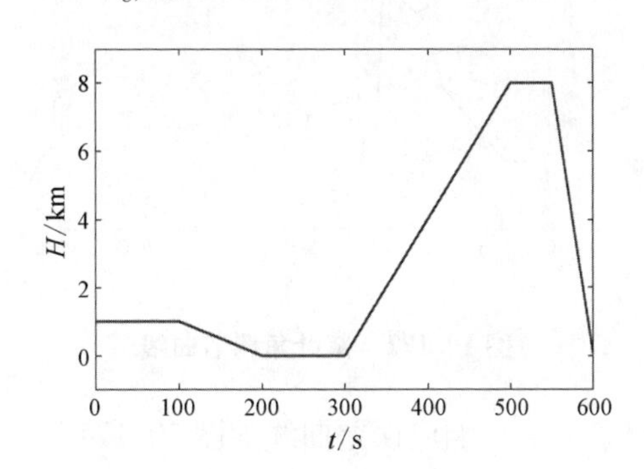

图 10.165　飞行高度轨迹

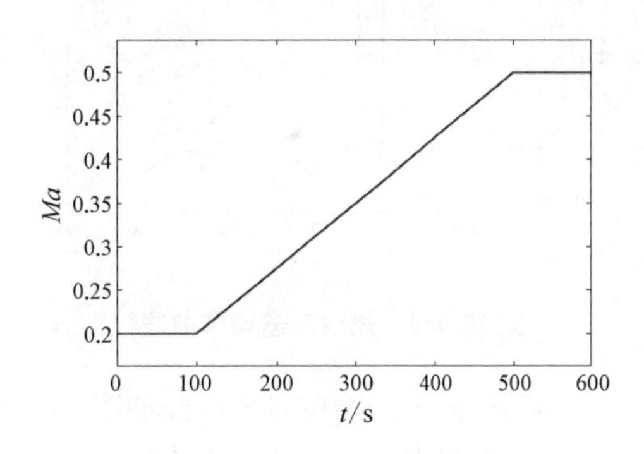

图 10.166　飞行马赫数轨迹

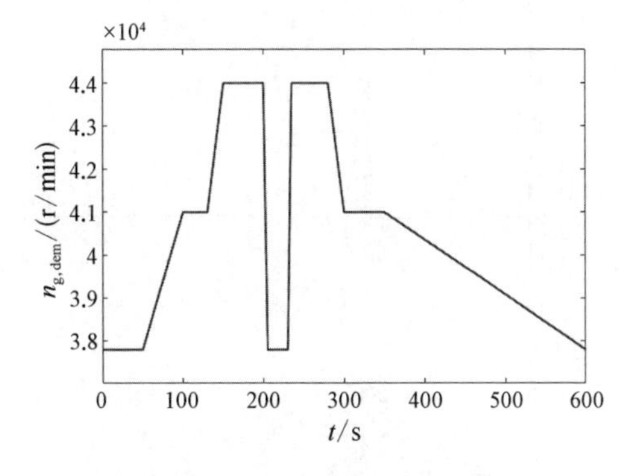

图 10.167　n_g 指令计划曲线

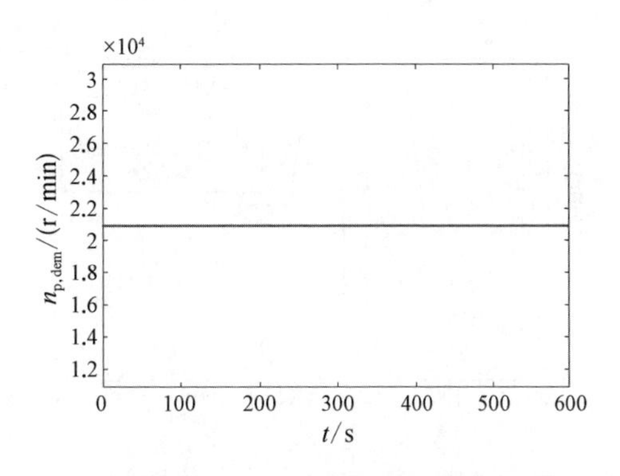

图 10.168　n_p 指令计划曲线

进气道进口总温曲线如图 10.169 所示,进气道进口总压曲线如图 10.170 所示。

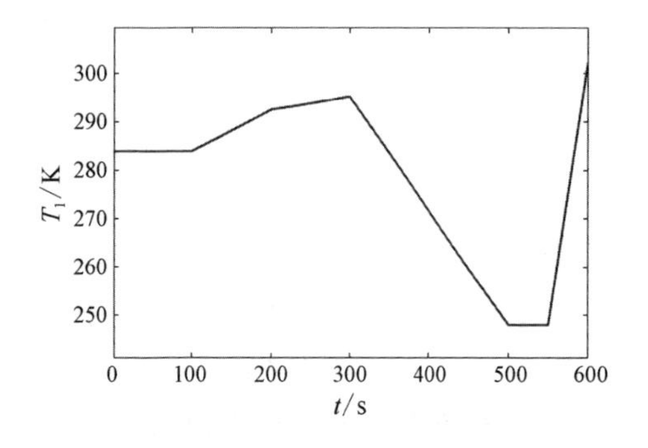

图 10.169　进气道进口总温曲线

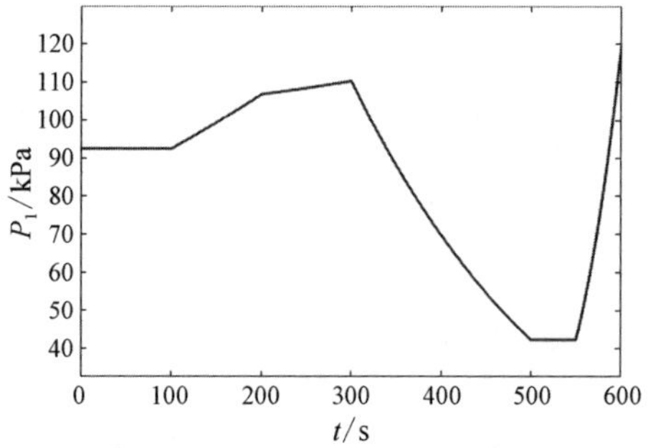

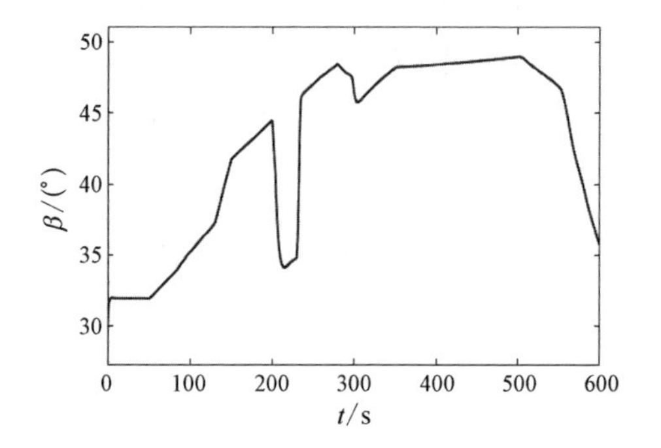

图 10.170　进气道进口总压曲线

燃油流量调节曲线如图 10.171 所示,桨叶角调节曲线如图 10.172 所示。

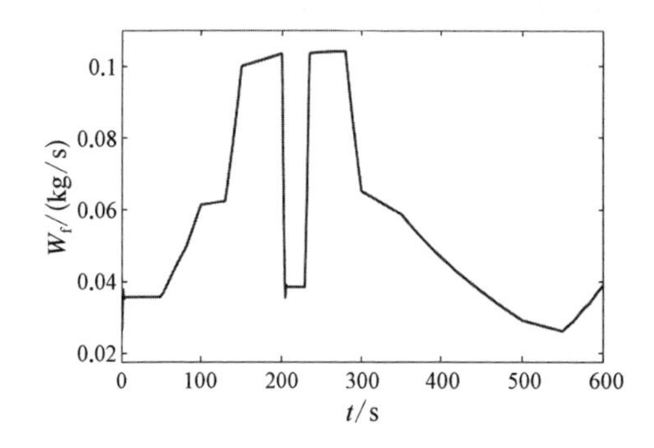

图 10.171　燃油流量调节曲线

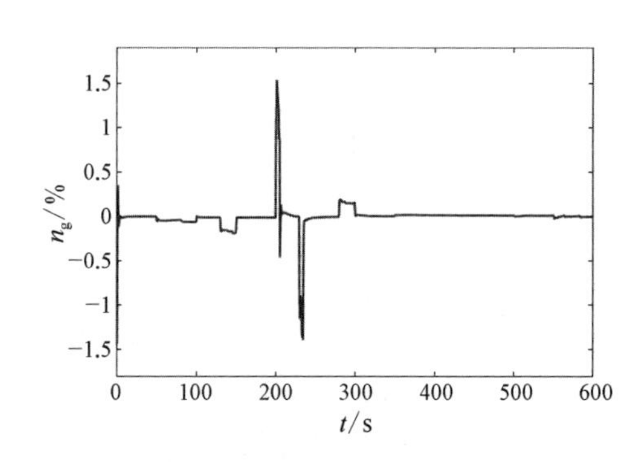

图 10.172　桨叶角调节曲线

n_g 指令与 n_g 响应对比曲线如图 10.173 所示, n_g 响应误差曲线如图 10.174 所示,最大相对误差为 1.5%。

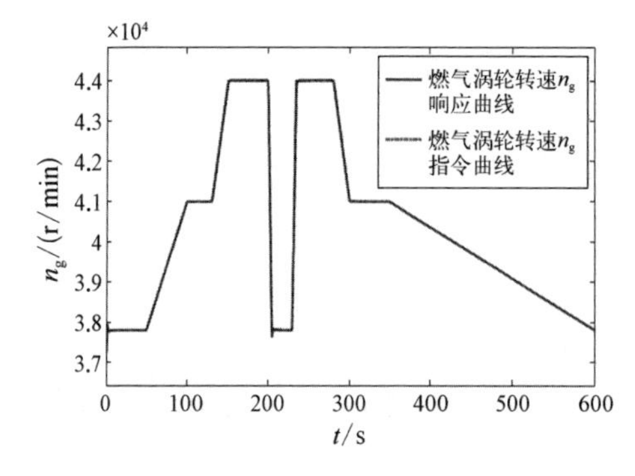

图 10.173　n_g 指令与 n_g 响应对比曲线

图 10.174　n_g 响应误差曲线

n_p 指令与 n_p 响应对比曲线如图 10.175 所示，n_p 响应相对误差曲线如图 10.176 所示，最大相对误差为 1.3%。

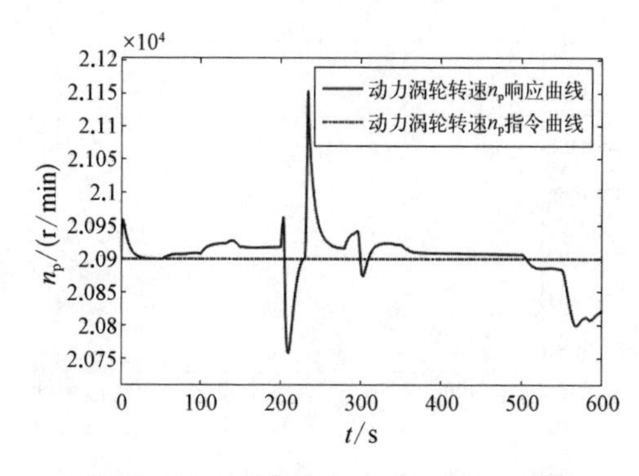

图 10.175　n_p 指令与 n_p 响应对比曲线

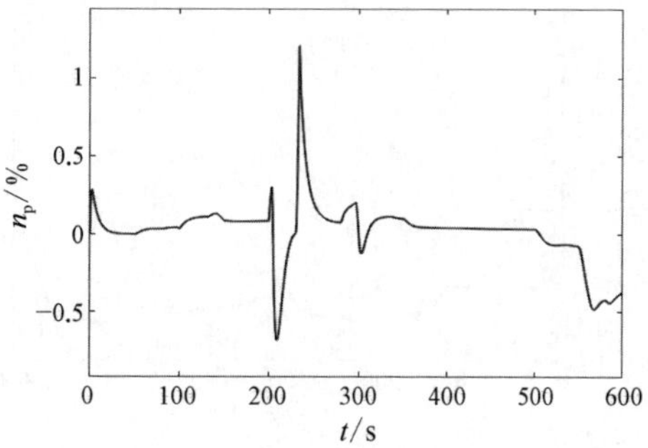

图 10.176　n_p 响应误差曲线

螺旋桨功率响应曲线如图 10.177 所示，螺旋桨扭矩响应曲线如图 10.178 所示。

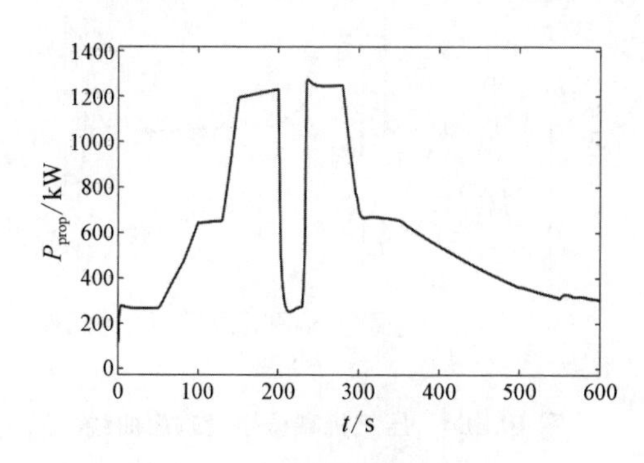

图 10.177　螺旋桨功率响应曲线

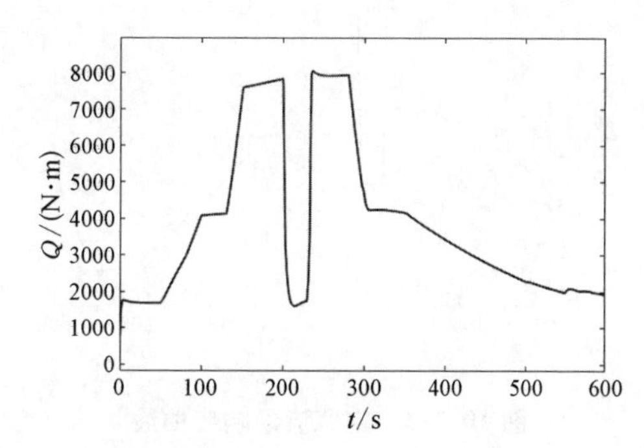

图 10.178　螺旋桨扭矩响应曲线

总功率响应曲线如图 10.179 所示，总推力响应曲线如图 10.180 所示。

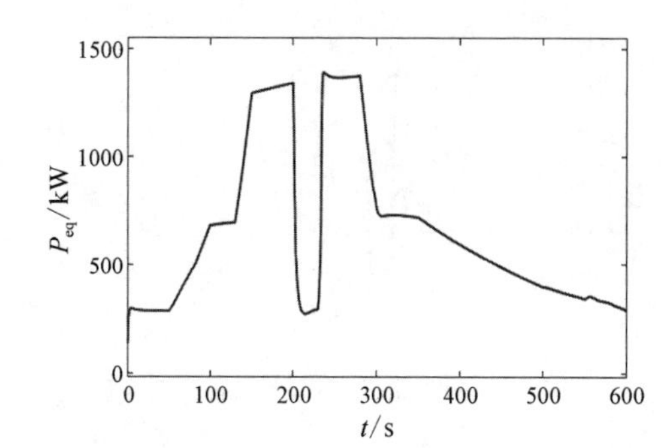

图 10.179　总功率响应曲线

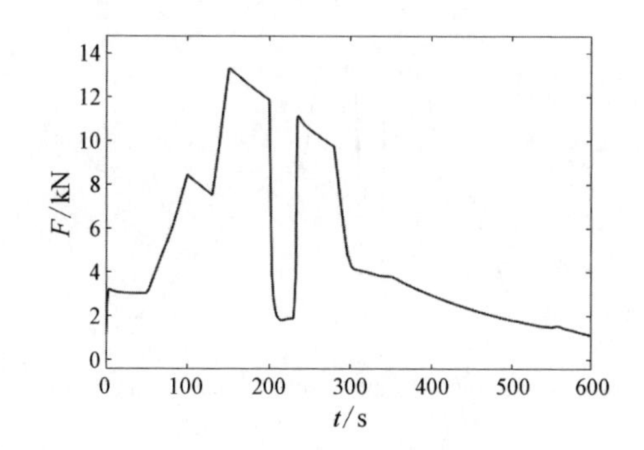

图 10.180　总推力响应曲线

单位功率耗油率响应曲线如图 10.181 所示,单位推力耗油率响应曲线如图 10.182 所示。

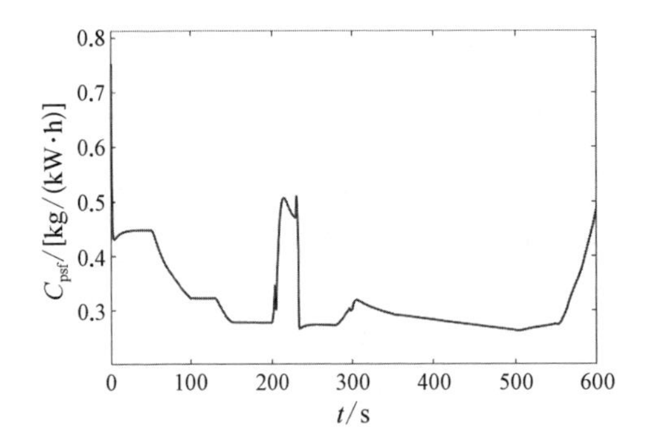

图 10.181 单位功率耗油率响应曲线

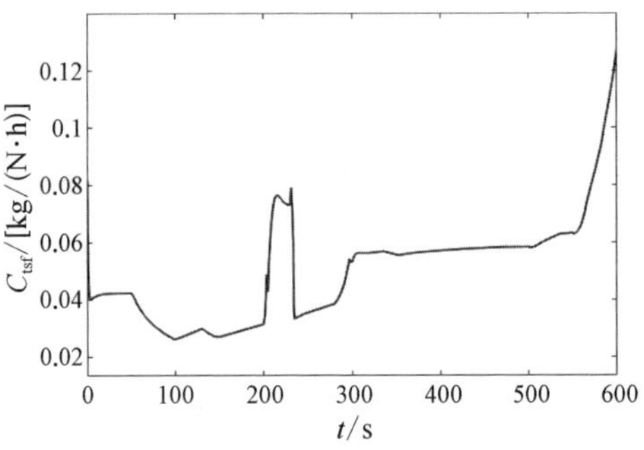

图 10.182 单位推力耗油率响应曲线

空气流量响应曲线如图 10.183 所示,压气机喘振裕度响应曲线如图 10.184 所示。

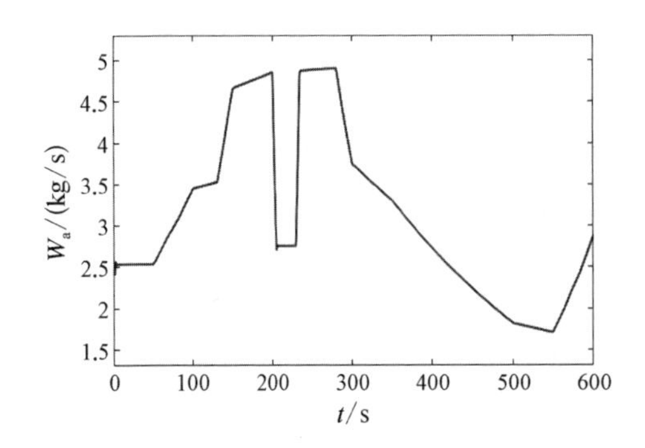

图 10.183 空气流量响应曲线

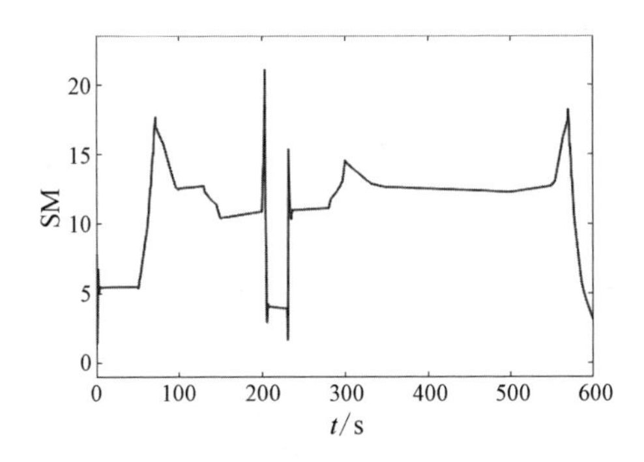

图 10.184 压气机喘振裕度响应曲线

压气机出口总温响应曲线如图 10.185 所示,压气机出口总压响应曲线如图 10.186 所示。

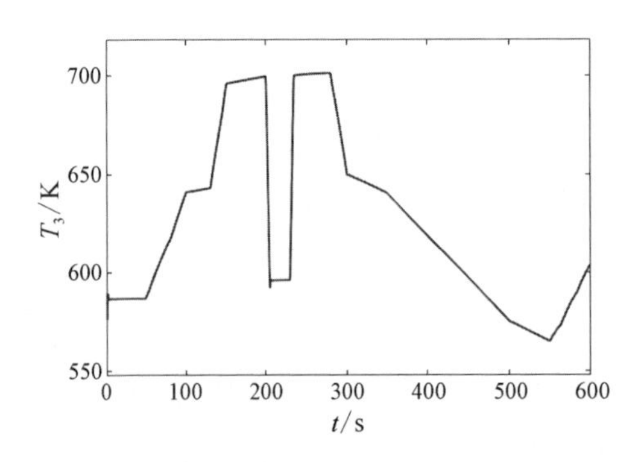

图 10.185 压气机出口总温响应曲线

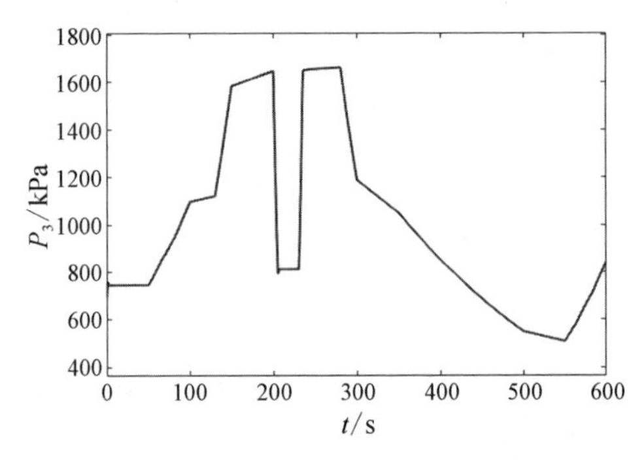

图 10.186 压气机出口总压响应曲线

燃气涡轮前总温响应曲线如图 10. 187 所示,燃气涡轮前总压响应曲线如图 10. 188 所示。

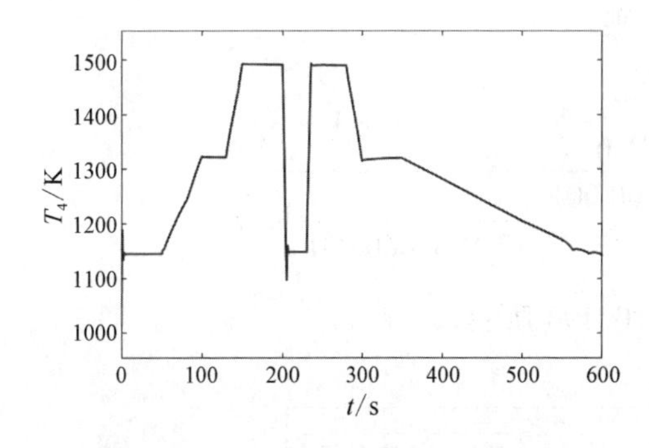

图 10. 187　燃气涡轮前总温响应曲线

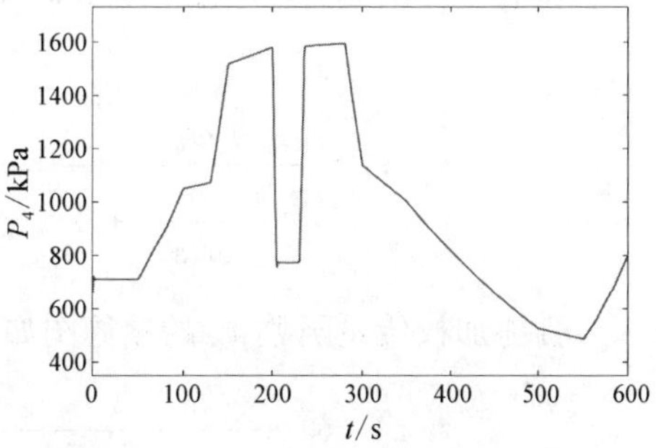

图 10. 188　燃气涡轮前总压响应曲线

燃气涡轮后总温响应曲线如图 10. 189 所示,燃气涡轮后总压响应曲线如图 10. 190 所示。

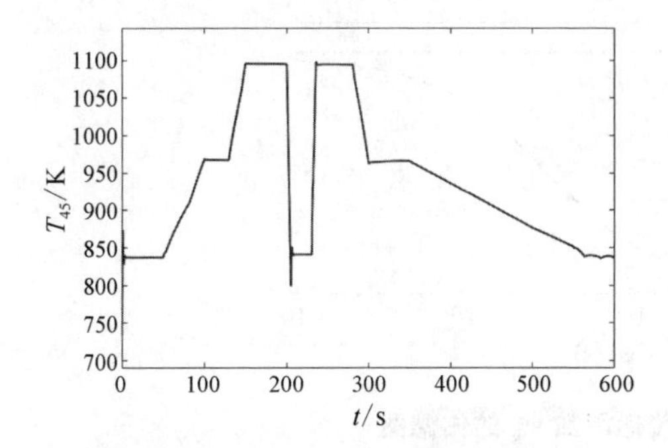

图 10. 189　燃气涡轮后总温响应曲线

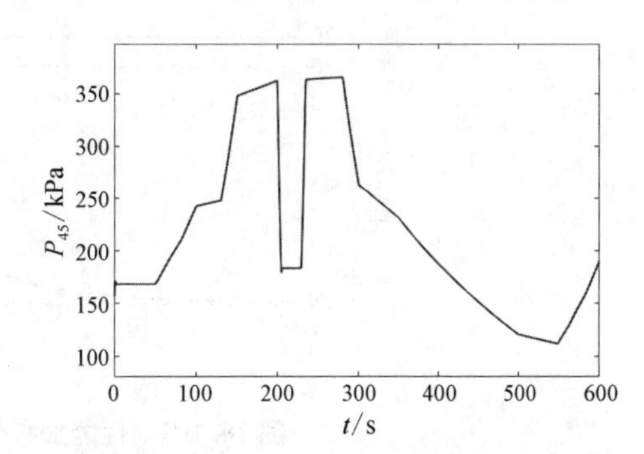

图 10. 190　燃气涡轮后总压响应曲线

动力涡轮后总温响应曲线如图 10. 191 所示,动力涡轮后总压响应曲线如图 10. 192 所示。

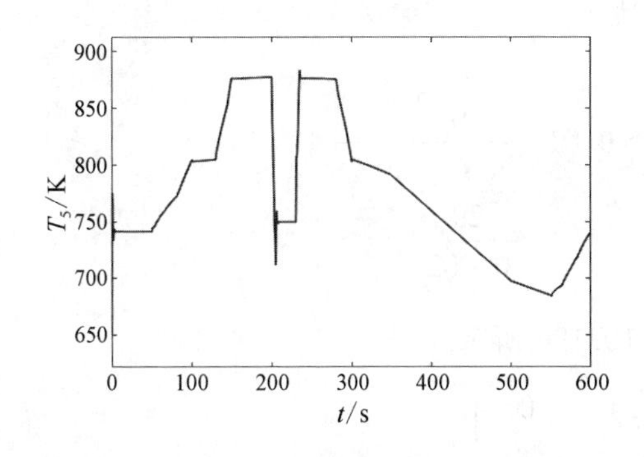

图 10. 191　动力涡轮后总温响应曲线

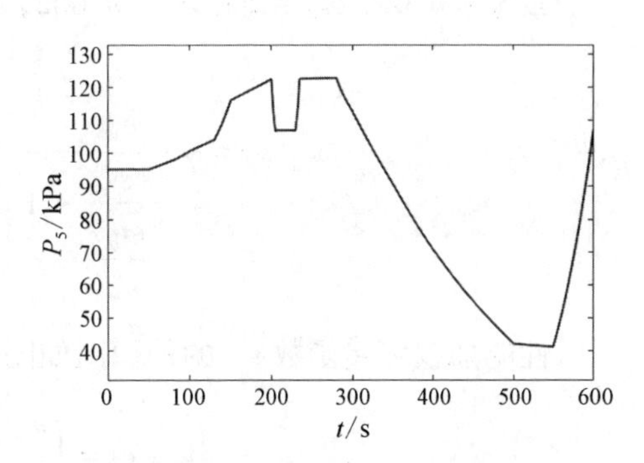

图 10. 192　动力涡轮后总压响应曲线

上述设计中,由于鲁棒性能μ的上下界均大于1,无法满足鲁棒性能,进行改进设计如下:

设$\alpha = 0.6$、$\omega_B = 3$、$\varepsilon_S = 0.000\,001$,则

$$w_p(s) = \frac{\alpha}{\varepsilon_S} \frac{\dfrac{s}{\omega_B} + 1}{\dfrac{s}{\omega_B \varepsilon_S} + 1} = \frac{0.6}{0.000\,001} \frac{\dfrac{s}{3} + 1}{\dfrac{s}{3 \times 0.000\,001} + 1}$$

性能加权传递函数w_p的伯德图如图10.193所示。

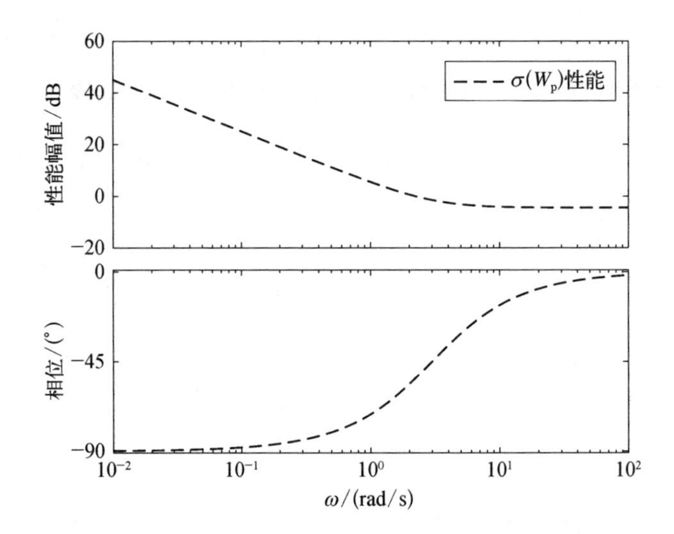

图10.193　性能加权传递函数w_p的伯德图

$$W_p(s) = \begin{bmatrix} w_p(s) & 0 \\ 0 & w_p(s) \end{bmatrix}$$

设$\gamma = 0.01$、$\omega_B = 20$、$\varepsilon_u = 0.002$,则

$$w_u(s) = \gamma \frac{\dfrac{s}{\omega_B} + 1}{\dfrac{s}{\dfrac{\omega_B}{\varepsilon_u}} + 1} = 0.01 \frac{\dfrac{s}{20} + 1}{\dfrac{s}{\dfrac{20}{0.002}} + 1}$$

性能加权传递函数w_u的伯德图如图10.194所示。

$$W_u(s) = \begin{bmatrix} w_u(s) & 0 \\ 0 & w_u(s) \end{bmatrix}$$

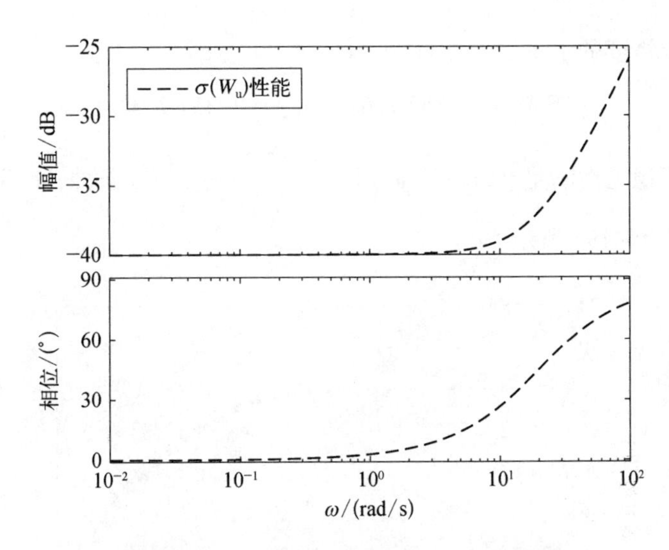

图 10.194　性能加权传递函数 w_u 的伯德图

针对上述广义被控对象 $G_{aug}(s)$、参考模型 $M(s)$、模型跟踪灵敏度加权函数 W_p、不确定性输入乘性有理加权传递函数 W_I，控制输出灵敏度加权函数 W_u、构造标准化广义被控对象 P，基于 μ 综合 DK 迭代算法重新对控制器 K 求解。

对所求的 16 阶控制器 K 与不确定性对象构建闭环控制系统，其鲁棒稳定性的 μ 的上下界为

$$\mu_{up} = 0.135\,911,\ \mu_{low} = 0.135\,910$$

闭环系统鲁棒稳定性 μ 的上下界如图 10.195 所示。

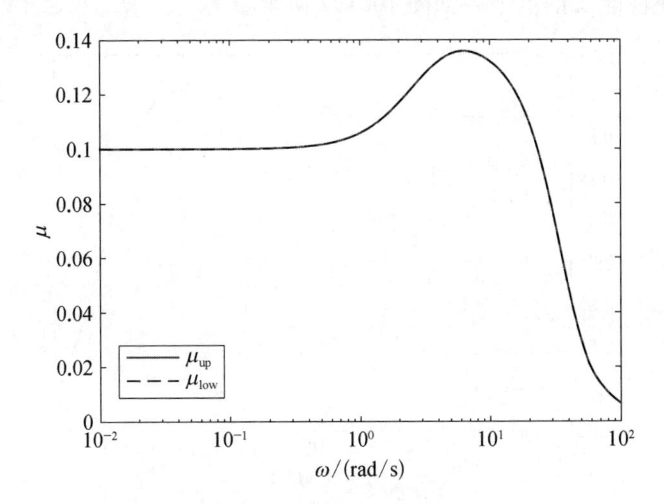

图 10.195　闭环系统鲁棒稳定性 μ 的上下界

鲁棒稳定裕度的上下界为

$$SM_{up}=7.357\,756,\ SM_{low}=7.357\,753$$

闭环系统鲁棒稳定性满足 RS$\Leftrightarrow|T(j\omega)|<\dfrac{1}{|w_I(j\omega)|}$，$\forall\omega$ 条件，闭环系统鲁棒稳定的测试如图 10.196 所示。

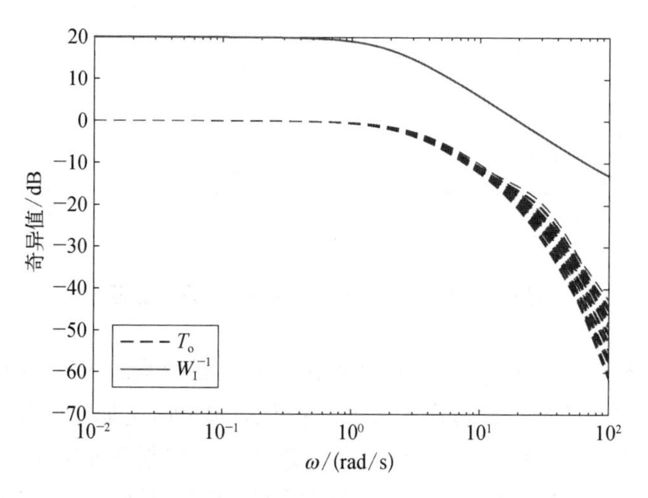

图 10.196 闭环系统鲁棒稳定的测试

对控制器 K 与不确定性对象构建闭环控制系统，其鲁棒性能 μ 的上下界为

$$\mu_{up}=0.903,\ \mu_{low}=0.900$$

闭环系统鲁棒性能 μ 的上下界如图 10.197 所示。

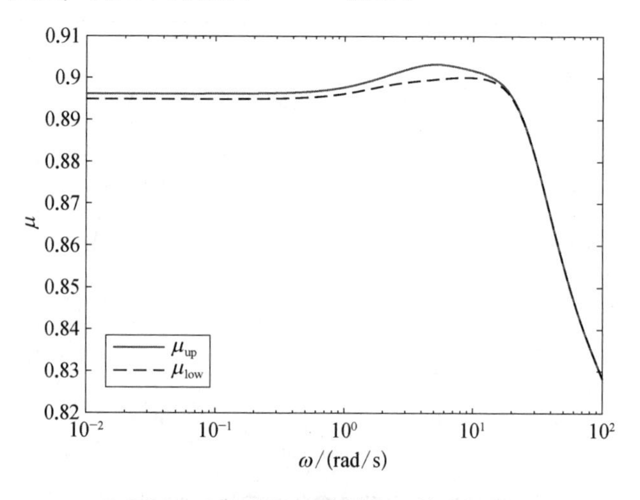

图 10.197 闭环系统性能 μ 的上下界

鲁棒性能裕度的上下界为

$$\mathrm{PM_{up}} = 1.11, \mathrm{PM_{low}} = 1.10$$

闭环系统鲁棒性能满足 $|S| < |w_p^{-1}|$ 条件，闭环系统鲁棒性能测试如图 10.198 所示。

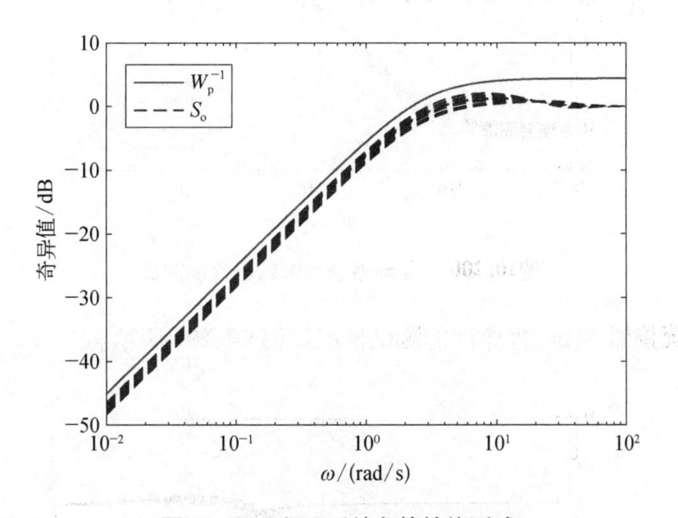

图 10.198 闭环系统鲁棒性能测试

闭环系统鲁棒性能测试满足 $\mathrm{RP} \Leftrightarrow \left\| \begin{matrix} w_P S \\ w_I T \end{matrix} \right\|_\infty = \max\limits_{\omega}(|w_P S| + |w_I T|) < 1$ 条件，如图 10.199 所示。闭环系统控制输出性能测试如图 10.200 所示。

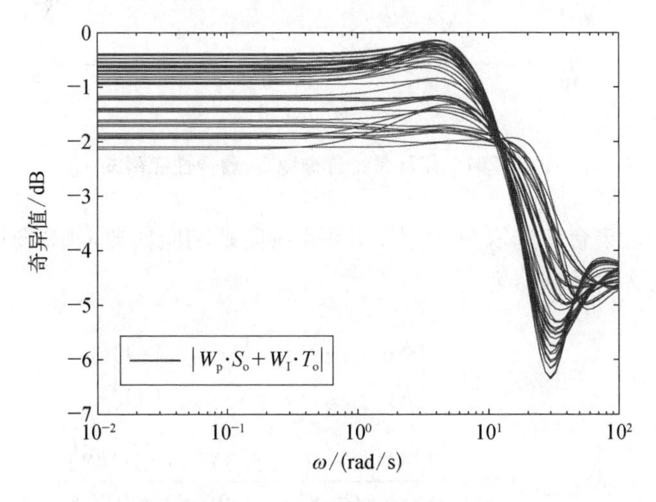

图 10.199 闭环系统性能稳定的测试

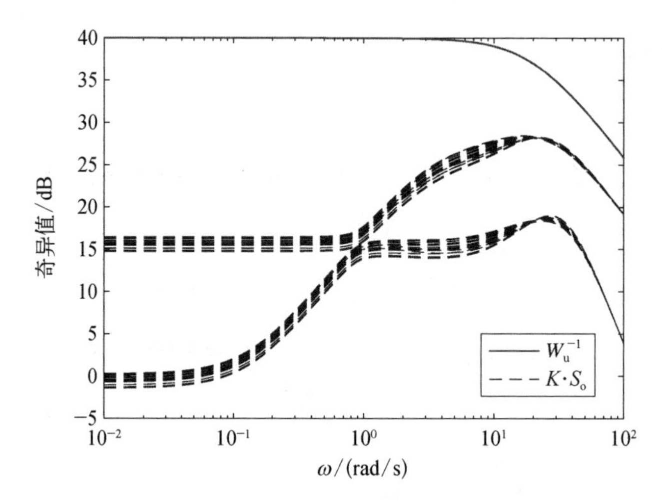

图 10.200 闭环系统控制输出性能测试

闭环系统鲁棒稳定、鲁棒性能测试情况如图 10.201 所示。

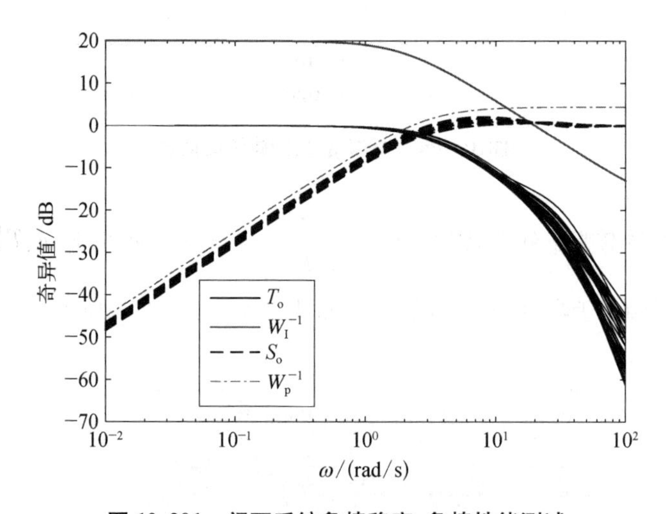

图 10.201 闭环系统鲁棒稳定、鲁棒性能测试

在不确定性集合中选取 20 个点，闭环系统阶跃响应如图 10.202 所示。降阶后的 2 阶控制器为

$$K_{\text{aug},\Delta}(s)=\begin{bmatrix}K_{11,\text{aug},\Delta}(s) & K_{12,\text{aug},\Delta}(s)\\ K_{21,\text{aug},\Delta}(s) & K_{22,\text{aug},\Delta}(s)\end{bmatrix}$$

$$K_{11,\text{aug},\Delta}(s)=\frac{4.4412(s+155.3)(s+3.148)}{(s+154.8)(s+2.182\times10^{-6})}$$

$$K_{21,\ \text{aug},\ \Delta}(s)=\frac{-0.48663(s-208.7)(s+4.789)}{(s+154.8)(s+2.182\times10^{-6})}$$

$$K_{12,\ \text{aug},\ \Delta}(s)=\frac{0.36312(s+2.576\times10^{-6})(s^2+7.906s+61.56)}{(s+154.8)(s+2.201\times10^{-6})(s+2.182\times10^{-6})}$$

$$K_{22,\ \text{aug},\ \Delta}(s)=\frac{10.189(s-243.2)(s+0.1369)}{(s+154.8)(s+2.201\times10^{-6})}$$

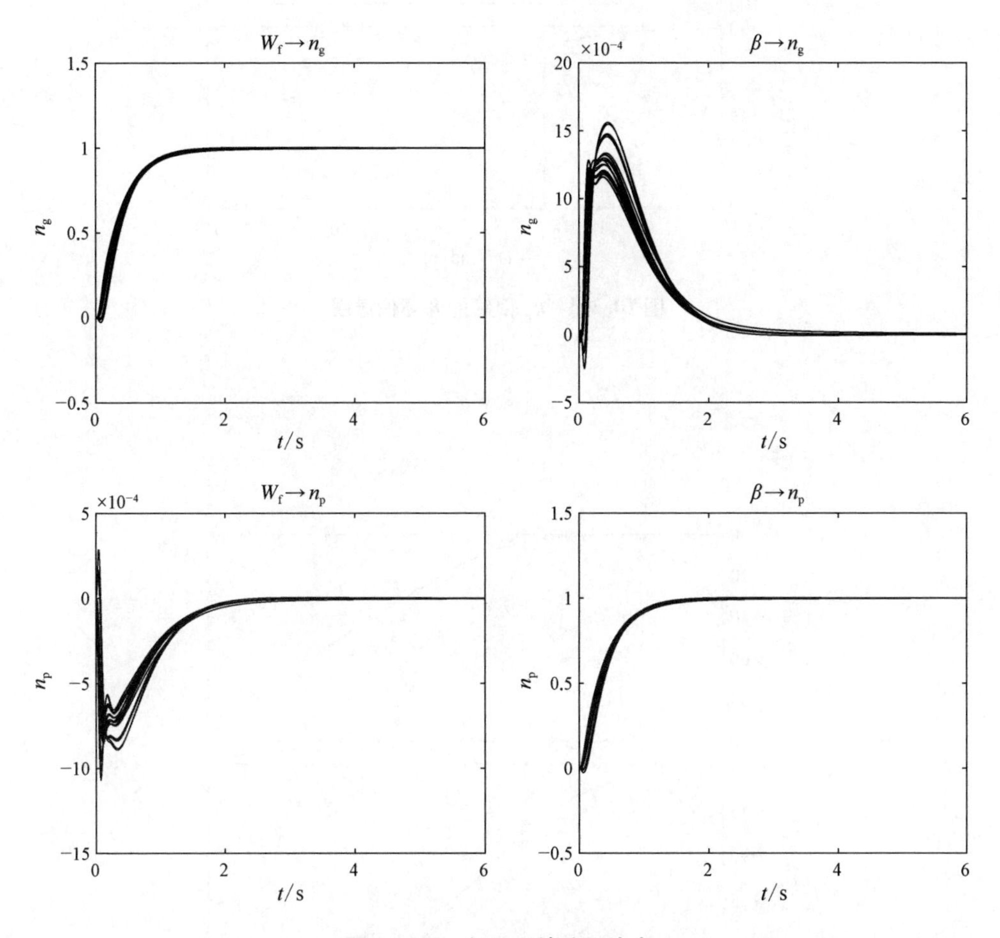

图 10.202 闭环系统阶跃响应

n_g 回路的开环伯德图如图 10.203 所示，n_g 回路的闭环伯德图如图 10.204 所示。

n_p 回路的开环伯德图如图 10.205 所示，n_p 回路的闭环伯德图如图 10.206 所示。

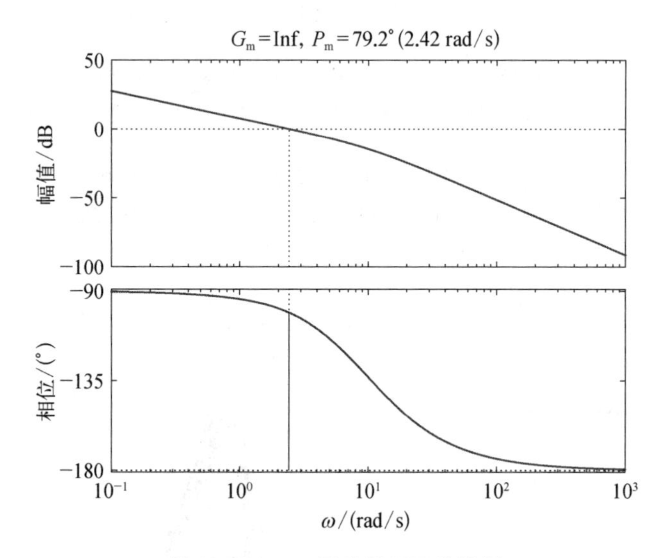

图 10.203 n_g 回路的开环伯德图

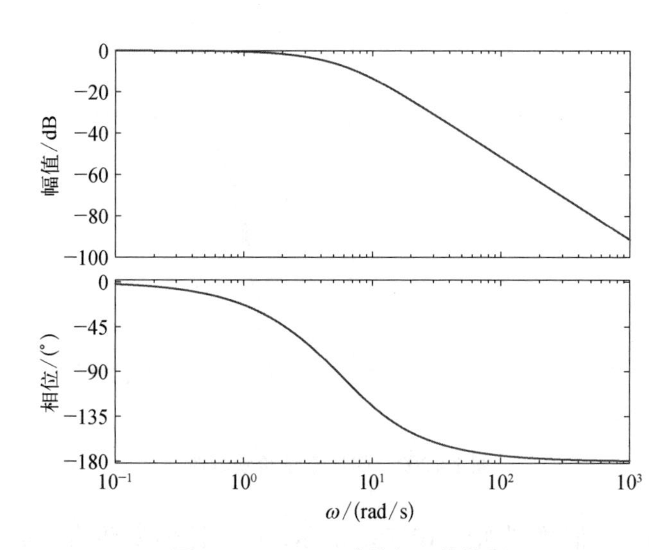

图 10.204 n_g 回路的闭环伯德图

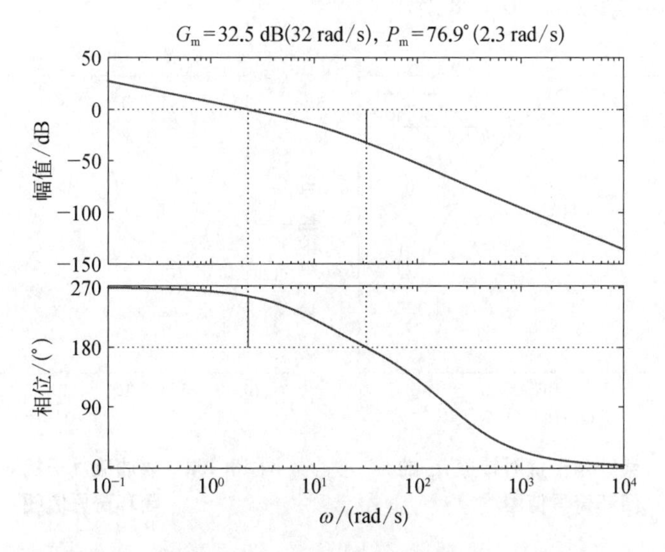

图 10.205　n_p 回路的开环伯德图

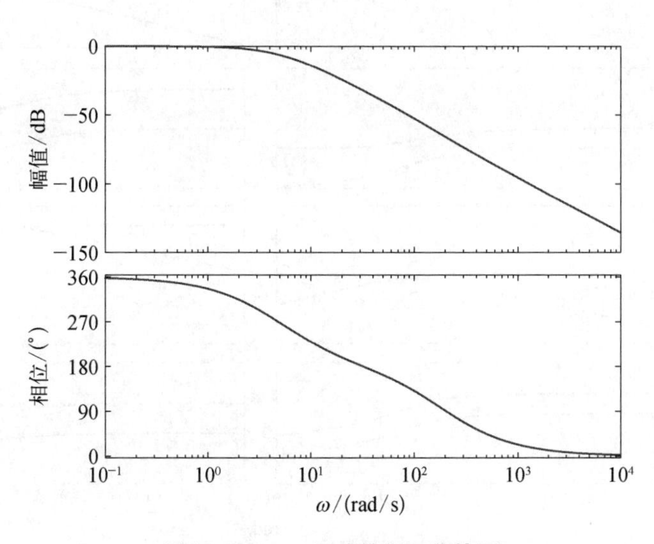

图 10.206　n_p 回路的闭环伯德图

桨叶角干扰对转速 n_g 的闭环奇异值图如图 10.207 所示，燃油流量干扰对转速 n_p 的闭环奇异值图如图 10.208 所示。

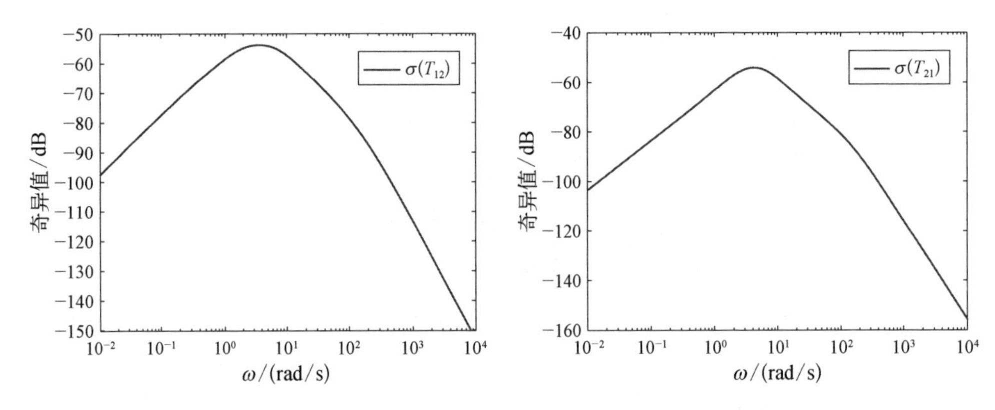

图 10.207　桨叶角干扰对转速 n_g 的闭环奇异值图

图 10.208　燃油流量干扰对转速 n_p 的闭环奇异值图

双回路闭环灵敏度函数与补灵敏度函数伯德图如图 10.209 所示。

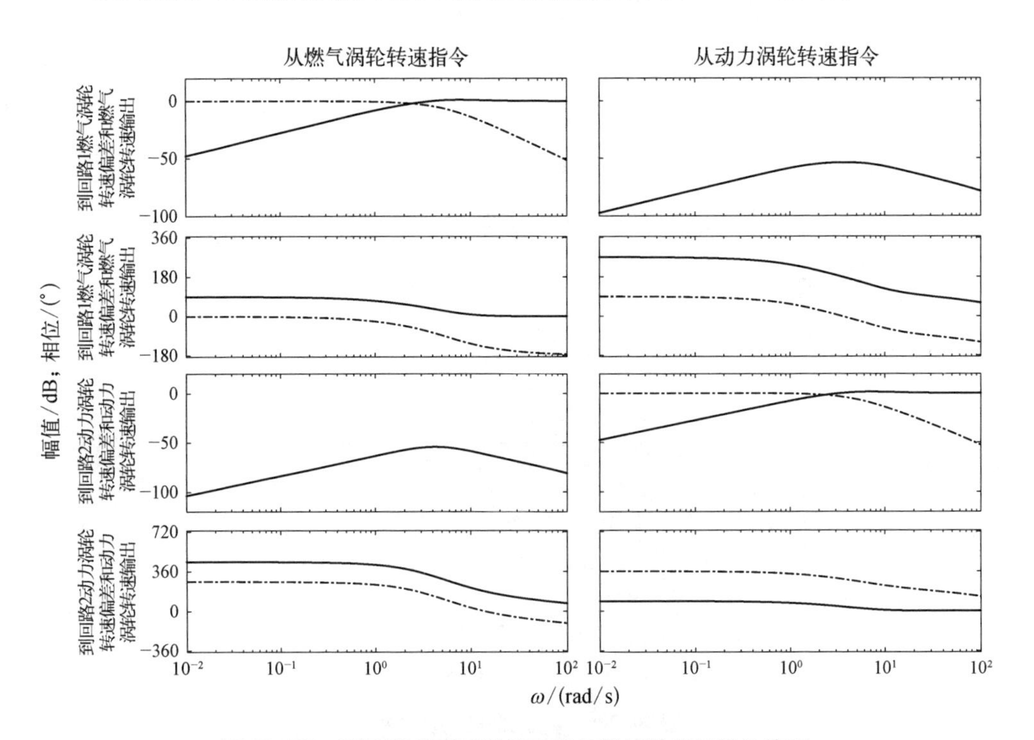

图 10.209　双回路闭环灵敏度函数与补灵敏度函数伯德图

控制器降阶前后伯德图对比曲线如图 10.210 所示。

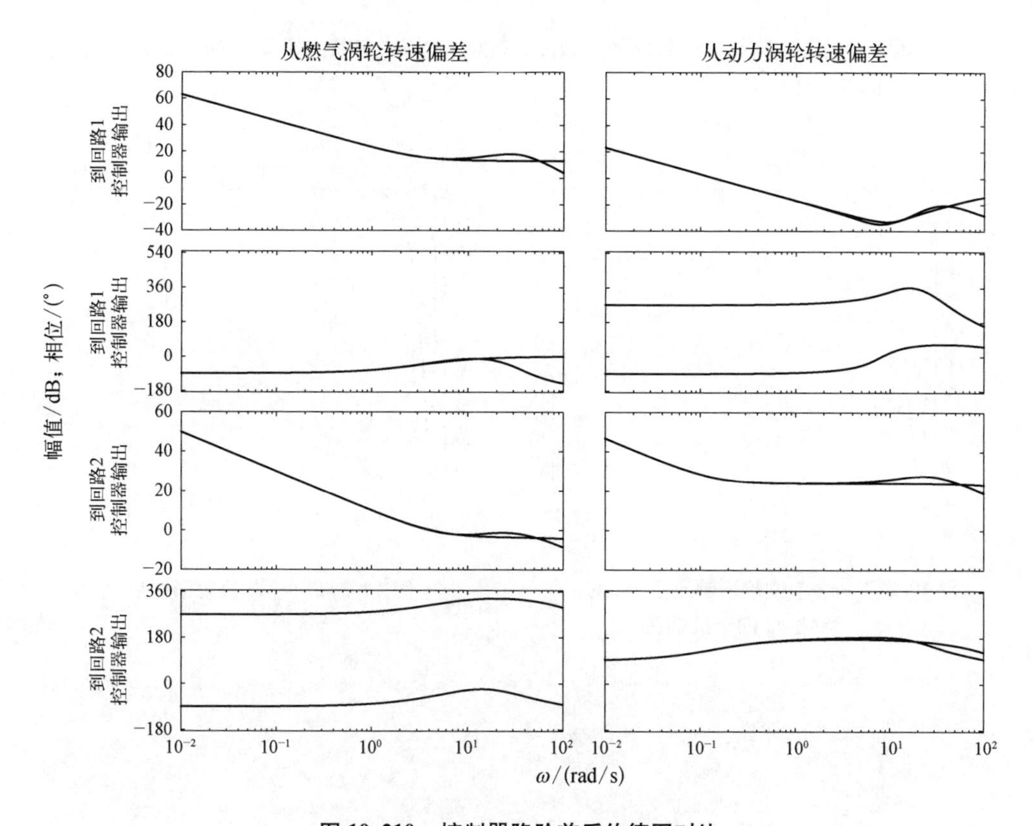

图 10.210　控制器降阶前后伯德图对比

n_g 单位阶跃响应如图 10.211 所示，n_g 单位阶跃响应下 β 对转速 n_g 的干扰响应曲线如图 10.212 所示。

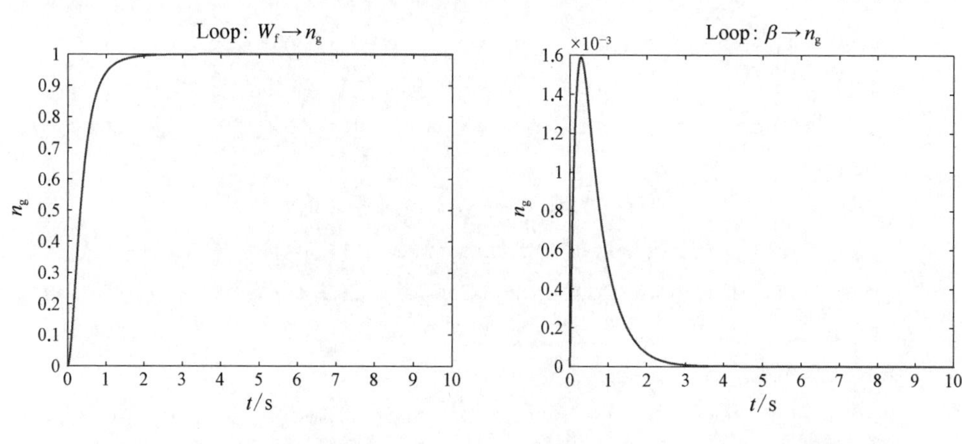

图 10.211　n_g 单位阶跃响应

图 10.212　n_g 单位阶跃响应下 β 对转速 n_g 的干扰响应

n_p 单位阶跃响应下 W_f 对转速 n_g 的干扰响应曲线如图 10.213 所示，n_p 单位阶跃响应如图 10.214 所示。

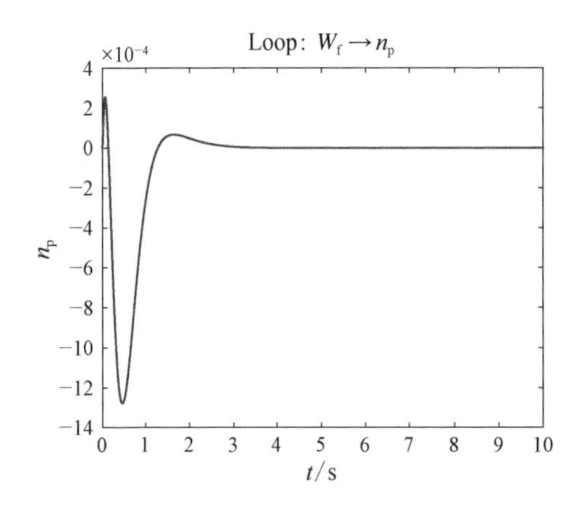

图 10.213 n_p 单位阶跃响应下 W_f 对转速 n_g 的干扰响应

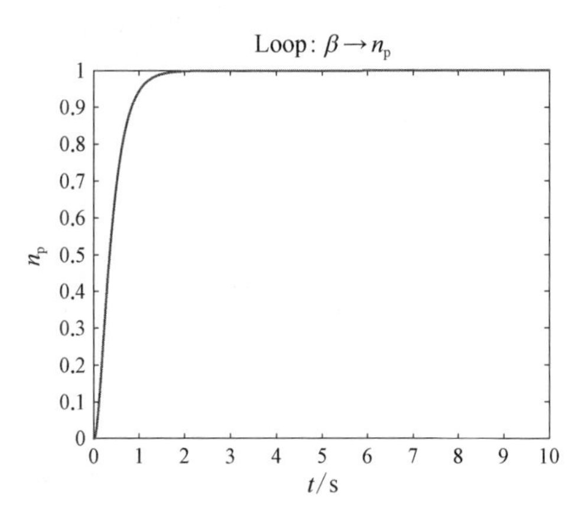

图 10.214 n_p 单位阶跃响应

源 程 序

```
clc
s=tf('s'),omega=logspace(-2, 2, 100);
Ap=[-3.494 -0.055; 0.037 -0.139],Bp=[253862.2280; 3818.612
-76.628]
Cp=[1 0; 0 1],Dp=zeros(2, 2)
[nAp,~]=size(Ap)
Gpss=ss(Ap, Bp, Cp, Dp),Gptf=tf(Gpss),Gpzpk=zpk(Gpss)
wf=0.10539, betaprop=40, ng=44700, np=20900
vpx=[1/ng, 1/np],Tpx=diag(vpx),vpu=[1/wf, 1/betaprop],
Tpu=diag(vpu),Tpy=Tpx
Apn=Tpx*Ap*inv(Tpx),Bpn=Tpx*Bp*inv(Tpu)
Cpn=Tpy*Cp*inv(Tpx),Dpn=zeros(2, 2)
Gpnss=ss(Apn, Bpn, Cpn, Dpn),Gpntf=tf(Gpnss,'min'),Gpnzpk=
zpk(Gpnss)
taowf=0.1, taobetaprop=0.09
Aac=[-1/taowf 0; 0 -1/taobetaprop],Bac=[1/taowf 0; 0 1/
taobetaprop]
```

```
    Cac=eye(2),Dac=zeros(2, 2)
    [nAac,~]=size(Aac),[~,nBac]=size(Bac)
    Gacss=ss(Aac, Bac, Cac, Dac),Gactf=tf(Gacss)
    Anaug=[Apn Bpn * Cac; zeros(nAac, nAp) Aac],Bnaug=[zeros
(nAp, nBac);Bac]
    Cnaug=[Cpn Dpn * Cac],Dnaug=zeros(2)
    Gnaugss = ss(Anaug, Bnaug, Cnaug, Dnaug), Gnaugzpk = zpk
(Gnaugss)
    plant=Gnaugzpk;
    alfa=0.6; wB=3; epsiS=1e-6;
    Wp1=alfa/epsiS * (s/wB+1)/(s/wB/epsiS+1),Wp2=Wp1
    Wp=blkdiag(Wp1, Wp2)
    figure(1)
    bode(Wp1,'k--',omega);
    legend('\sigma(Wp) performance')
    WI1=makeweight(0.1, 20, 10)
    WI=blkdiag(WI1, WI1)
    delta1=ultidyn('delta1',[1 1]),delta2=ultidyn('delta1',
[1 1])
    delta=blkdiag(delta1, delta2)
    uG=(eye(2) +delta * WI) * plant
    gam=0.01, wuB=20, epsiu=0.002
    Wu1 =gam * (s/wuB+1)/(s/(wuB/epsiu)+1),Wu2 =Wu1
    figure(2)
    bode(Wu1,'k--',omega);legend('\sigma(Wu) performance')
    Wu=blkdiag(Wu1, Wu2)
    figure(3)
    bode(inv(Wu1), 'k--', omega); legend('\sigma(1/Wu)
performance')
    kesiM=0.9, wnM=5
    M1=tf(wnM^2,[1 2 * kesiM * wnM wnM^2]),M2=tf(wnM^2,[1 2 * kesiM
 * wnM wnM^2])
    M=blkdiag(M1, M2)
    figure(4)
    bode(M1,'k--',omega);
```

```
figure(5)
step(M1, 5);
systemnames='uG M Wp Wu '
inputvar='[ref{2};dist{2};control{2}]'
outputvar='[Wp; Wu; ref-dist-uG]'
input_to_uG='[control]'
input_to_M='[ref]'
input_to_Wp='[uG+dist-M]'
input_to_Wu='[control]'
systemIC=sysic
nmeas=2, ncontrol=2, gmin=0.1, gmax=20, tol=0.001
gamRange = [gmin gmax];
[K, CLperf, info] = dksyn(systemIC, nmeas, ncontrol)
KA=K.a, KB=K.b, KC=K.c, KD=K.d,
get(K)
clpIC=lft(systemIC, K)
clp_g=ufrd(clpIC, omega)
[stabmarg, destabunc, report_stab, info_stab] = robuststab
(clp_g)
destabunc.delta1
tf(destabunc.delta1)
pole(usubs(CLperf, destabunc))
[pkl_stab, pklidx] = max(info_stab.MussvBnds(1, 2).
ResponseData(:));
[pku_stab, pkuidx] = max(info_stab.MussvBnds(1, 1).
ResponseData(:));
pkmu_stab.UpperBound = pku_stab;
pkmu_stab.LowerBound = pkl_stab;
pkmu_stab
figure(10)
semilogx(info_stab.MussvBnds(1, 1),'r-',info_stab.MussvBnds
(1, 2),'k--')
title(' Robust stability '),xlabel(' Frequency (rad/s) '),
ylabel('\mu ')
legend('\mu-upper bound ','\mu-lower bound ')
```

```
[M, Delta, BlockStructure] = lftdata(CLperf);
size_Delta = size(Delta);
M11 = M(1: size_Delta(2),1: size_Delta(1) );
omega2 = info_stab.Frequency;
M11_g = frd(M11, omega2);
rbounds = mussv(M11_g, BlockStructure);
figure(11)
semilogx(rbounds(1, 1),'r-',rbounds(1, 2),'b--')
title(' Robust stability '),xlabel(' Frequency (rad/s)'),
ylabel('mu ')
legend('\mu-upper bound ','\mu-lower bound ')
[perfmarg, perfmargunc, report_perf, info_perf]=robustperf
(clp_g)
perfmargunc.delta1
figure(20)
sigma(CLperf,'r-',usubs(CLperf, perfmargunc),'k--',omega)
legend('Random perturbations ','Worst-case perturbations ')
figure(21)
semilogx(info_perf.MussvBnds(1, 1),'r-', info_perf.
MussvBnds(1, 2),'k--')
title(' Robust performance '),xlabel(' Frequency (rad/s)'),
ylabel('\mu ')
legend('\mu-upper bound ','\mu-lower bound ')
[pkl, pklidx] = max(info_perf.MussvBnds(1, 2).ResponseData
(:));
[pku, pkuidx] = max(info_perf.MussvBnds(1, 1).ResponseData
(:));
pkmu.UpperBound = pku;
pkmu.LowerBound = pkl;
pkmu
systemnames = ' uG K ';
inputvar = '[ ref{2}; dist{2} ]';
outputvar = '[ uG+dist; K  ]';
input_to_uG = '[ K ]';
input_to_K = '[ ref-uG-dist ]';
```

```
cls = sysic;
cls.NominalValue
To = cls(1: 2, 1: 2);
So = cls(1: 2, 3: 4);
KSo = cls(3: 4, 3: 4);
figure(22)
sigma(To,'k',inv(WI),'r',So,'k--',inv(Wp),'r-.',omega)
legend('To','WI^-^1','So','Wp^-^1')
figure(23)
sigma(inv(Wp),'r-',So,'b--',omega)
legend('Wp^-^1','So')
figure(24)
sigma(inv(Wu),'r-',K * So,'b--',omega)
legend('Wu^-^1','K * So')
figure(25)
sigma(To,'b--',inv(WI),'r-',omega)
legend('To','WI^-^1')
figure(26)
sigma(Wp,'k-',inv(So),'r--',omega)
legend('Wp','I+L')
figure(27)
sigma(Wp * So+WI * To, omega)
legend('|Wp * So+WI * To|')
tfin = 6;
nsample =20;
[To20, samples] = usample(To, nsample);
time = 0: tfin/500: tfin;
nstep = size(time, 2);
ref1(1: nstep) = 1.0; ref2(1: nstep) = 0.0;
ref = [ref1' ref2'];
figure(28)
subplot(2, 2, 1)
hold off
for i = 1: nsample
    [y, t] = lsim(To20(1: 2, 1: 2, i),ref, time);
```

```
    plot(t, y(: ,1),'k-')
    hold on
end
title('From W_f to n_g'),xlabel('Time/s'),ylabel('n_g')
subplot(2, 2, 3)
hold off
for i = 1: nsample
    [y, t] = lsim(To20(1: 2, 1: 2, i),ref, time);
    plot(t, y(: ,2),'b-')
    hold on
end
title('From W_f to n_p'),xlabel('Time/s'),ylabel('n_p')
time = 0: tfin/500: tfin;
nstep = size(time, 2);
ref1(1: nstep) = 0.0; ref2(1: nstep) = 1.0;
ref = [ref1' ref2'];
subplot(2, 2, 2)
hold off
for i = 1: nsample
    [y, t] = lsim(To20(1: 2, 1: 2, i),ref, time);
    plot(t, y(: ,1),'k-')
    hold on
end
title('From beta to n_g'),xlabel('Time/s'),ylabel('n_g')
subplot(2, 2, 4)
hold off
for i = 1: nsample
    [y, t] = lsim(To20(1: 2, 1: 2, i),ref, time);
    plot(t, y(: ,2),'b-')
    hold on
end
title('From beta to n_p'),xlabel('Time/s'),ylabel('n_p')
[K_balreal, g] = balreal(K)   % Compute balanced realization
figure(30)
gn=length(g)
```

```
    x=1: gn;
    plot(x, g)
    format long
    g
    elim = (g<20)
    K_r = modred(K_balreal, elim)
    K_rA=K_r.a, K_rB=K_r.b, K_rC=K_r.c, K_rD=K_r.d,
    clp_rIC=lft(systemIC, K_r)
    clp_r_g=ufrd(clp_rIC, omega)
    [stabmarg_r, destabilize_r, report_r, info_r] = robuststab
(clp_r_g)
    figure(31)
    semilogx(info_r.MussvBnds(1, 1),'r-',info_r.MussvBnds(1,
2),'k--')
    title('Robust stability'),xlabel('Frequency (rad/s)'),
ylabel('mu')
    legend('\mu-upper bound','\mu-lower bound')
    figure(32)
    bode(K,'k',K_r,'k-',omega)
    K_r_tf=tf(K_r),K_r_zpk=zpk(K_r)
    K_h=K_r;
    [m, n]=size(K_h)
    K_h_tf=tf(K_h,'min')
    K_h_tf_min=minreal(K_h_tf)
    K_h_ss_min=ss(K_h_tf_min)
    K_h_tf_min_11num=K_h_tf_min(1, 1).num{1}
    K_h_tf_min_11den=K_h_tf_min(1, 1).den{1}
    K_h_tf_min_12num=K_h_tf_min(1, 2).num{1}
    K_h_tf_min_12den=K_h_tf_min(1, 2).den{1}
    K_h_tf_min_21num=K_h_tf_min(2, 1).num{1}
    K_h_tf_min_21den=K_h_tf_min(2, 1).den{1}
    K_h_tf_min_22num=K_h_tf_min(2, 2).num{1}
    K_h_tf_min_22den=K_h_tf_min(2, 2).den{1}
    K_h_zpk=zpk(K_h_tf_min,'min')
    K_h_zpk_min=minreal(K_h_zpk)
```

```
looptransfer=loopsens(plant, K_h_zpk_min);
figure(33)
bode(looptransfer.So,'k',looptransfer.To,'k-.',omega)
L0=plant*K_h_zpk_min
L=looptransfer.Lo
Ltf=tf(L,'min')
Lzpk=zpk(Ltf)
L11=minreal(L(1, 1))
L12=minreal(L(1, 2))
L21=minreal(L(2, 1))
L22=minreal(L(2, 2))
T=looptransfer.To;
T11=minreal(T(1, 1))
T12=minreal(T(1, 2))
T21=minreal(T(2, 1))
T22=minreal(T(2, 2))
Ttf=tf(T,'min')
I=eye(size(L));
tend=10;
figure(40)
step(T,'k-',tend)
figure(41)
[ng_wf, time]=step(T11,'k-',tend);
plot(time, ng_wf)
xlabel('t/s'),ylabel('ng'),title('Loop: Wf -> ng'),grid
figure(42)
[ng_beta, time]=step(T12,'k-',tend);
plot(time, ng_beta)
xlabel('t/s'),ylabel('ng'),title('Loop: beta -> ng')
figure(43)
[np_wf, time]=step(T21,'k-',tend);
plot(time, np_wf)
xlabel('t/s'),ylabel('np'),title('Loop: Wf -> np')
figure(44)
[np_beta, time]=step(T22,'k-',tend);
```

```
plot(time, np_beta)
xlabel('t/s'),ylabel('np'),title('Loop: beta -> np'),grid
figure(50)
margin(L11)
figure(51)
bode(T11)
figure(52)
margin(L22)
figure(53)
bode(T22)
figure(54)
sigma(T12)
legend('\sigma(T12)')
figure(55)
sigma(T21)
legend('\sigma(T21)')
save plant_K Gnaugzpk K
clear Gnaugzpk K
```

采用 2 阶降阶控制器进行涡桨发动机控制系统非线性仿真：飞行高度轨迹如图 10.215 所示，飞行马赫数轨迹如图 10.216 所示，仿真时间 600 s，仿真周期为 0.01 s，采用 4 阶 Runge-Kutta 法(ode4)求解微分方程。

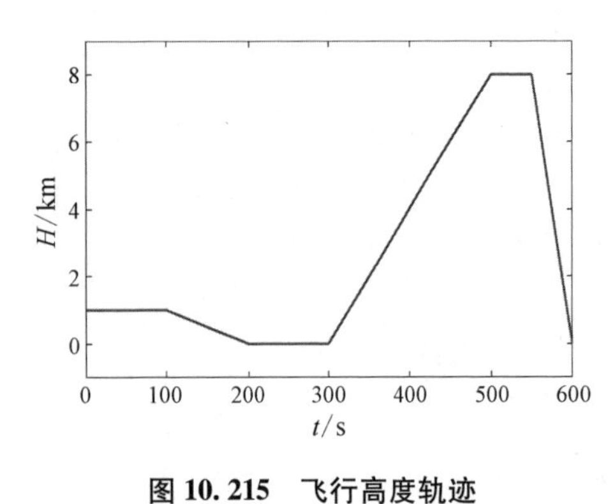

图 10.215 飞行高度轨迹

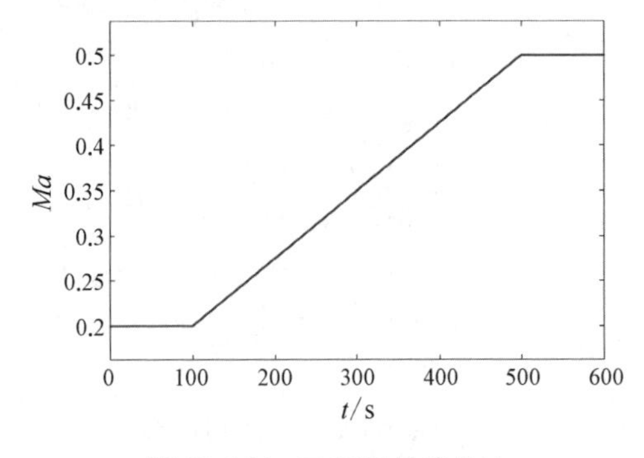

图 10.216 飞行马赫数轨迹

n_g 指令计划如图 10.217 所示，n_p 指令计划如图 10.218 所示。

进气道进口总温曲线如图 10.219 所示，进气道进口总压曲线如图 10.220 所示。

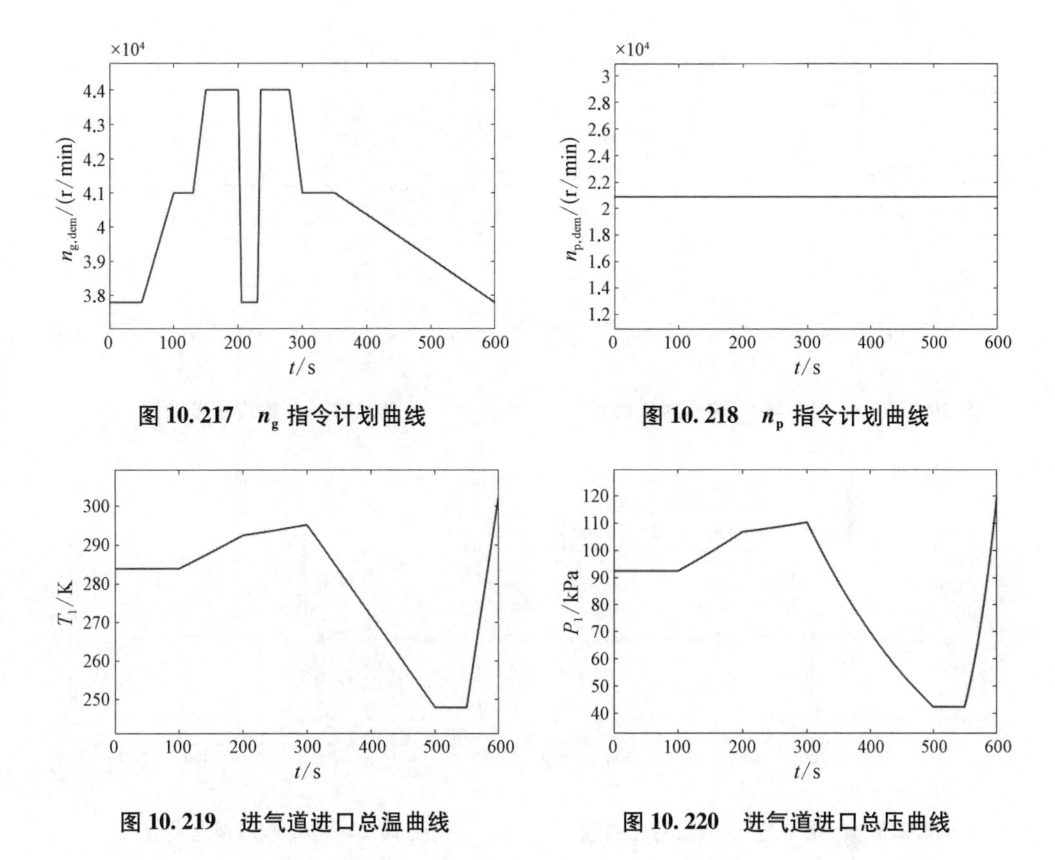

图 10.217　n_g 指令计划曲线

图 10.218　n_p 指令计划曲线

图 10.219　进气道进口总温曲线

图 10.220　进气道进口总压曲线

燃油流量调节曲线如图 10.221 所示,桨叶角调节曲线如图 10.222 所示。

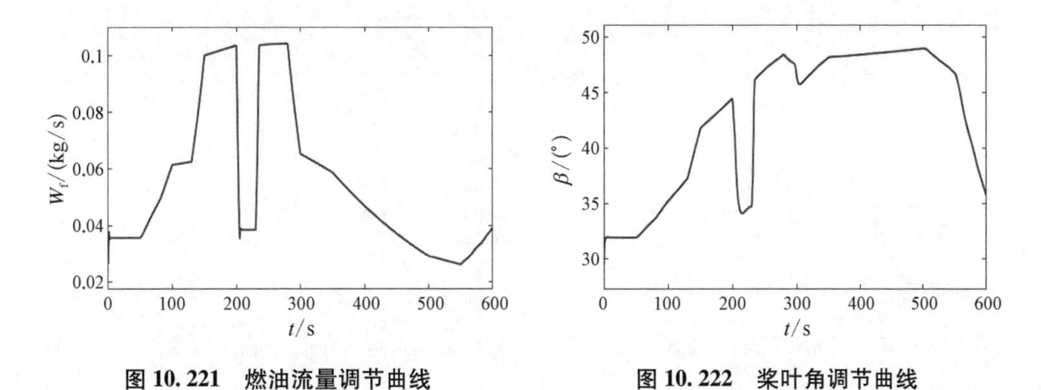

图 10.221　燃油流量调节曲线

图 10.222　桨叶角调节曲线

n_g 指令与 n_g 响应对比曲线如图 10.223 所示,n_g 响应误差曲线如图 10.224 所示,最大相对误差为 1.5%。

n_p 指令与 n_p 响应对比曲线如图 10.225 所示,n_p 响应相对误差曲线如图 10.226 所示,最大相对误差为 1.3%。

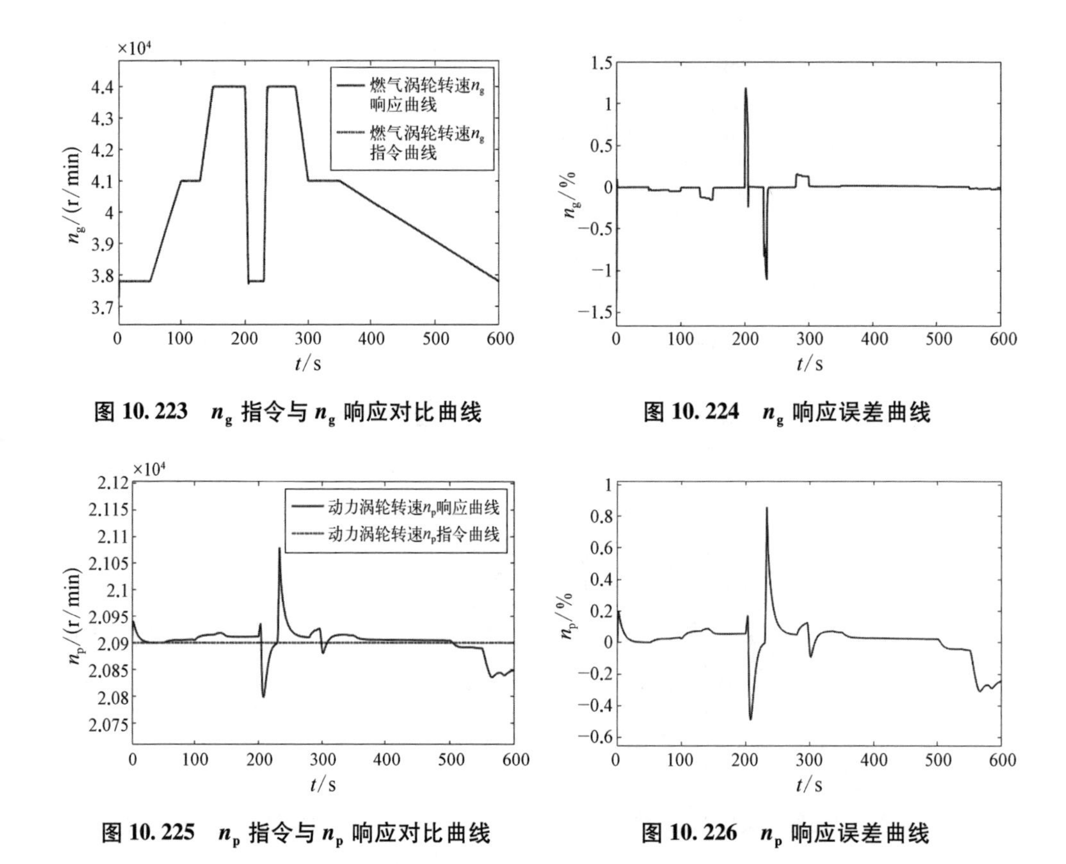

图 10.223　n_g 指令与 n_g 响应对比曲线

图 10.224　n_g 响应误差曲线

图 10.225　n_p 指令与 n_p 响应对比曲线

图 10.226　n_p 响应误差曲线

螺旋桨功率响应曲线如图 10.227 所示，螺旋桨扭矩响应曲线如图 10.228 所示。

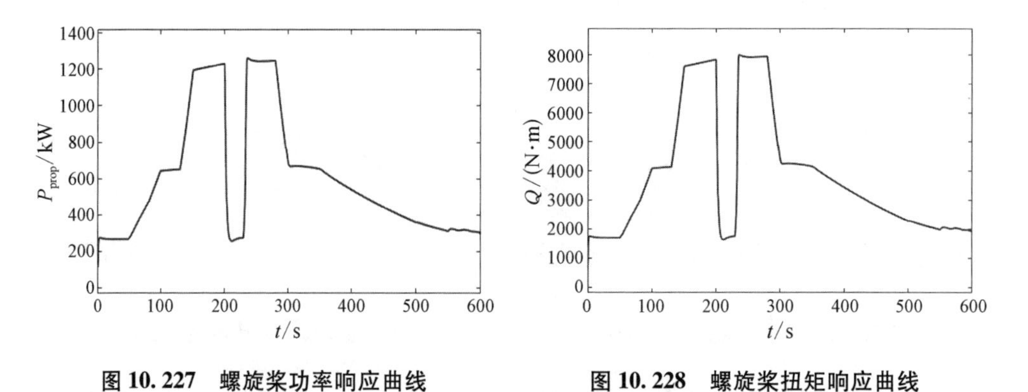

图 10.227　螺旋桨功率响应曲线

图 10.228　螺旋桨扭矩响应曲线

总功率响应曲线如图 10.229 所示，总推力响应曲线如图 10.230 所示。

单位功率耗油率响应曲线如图 10.231 所示，单位推力耗油率响应曲线如图 10.232 所示。

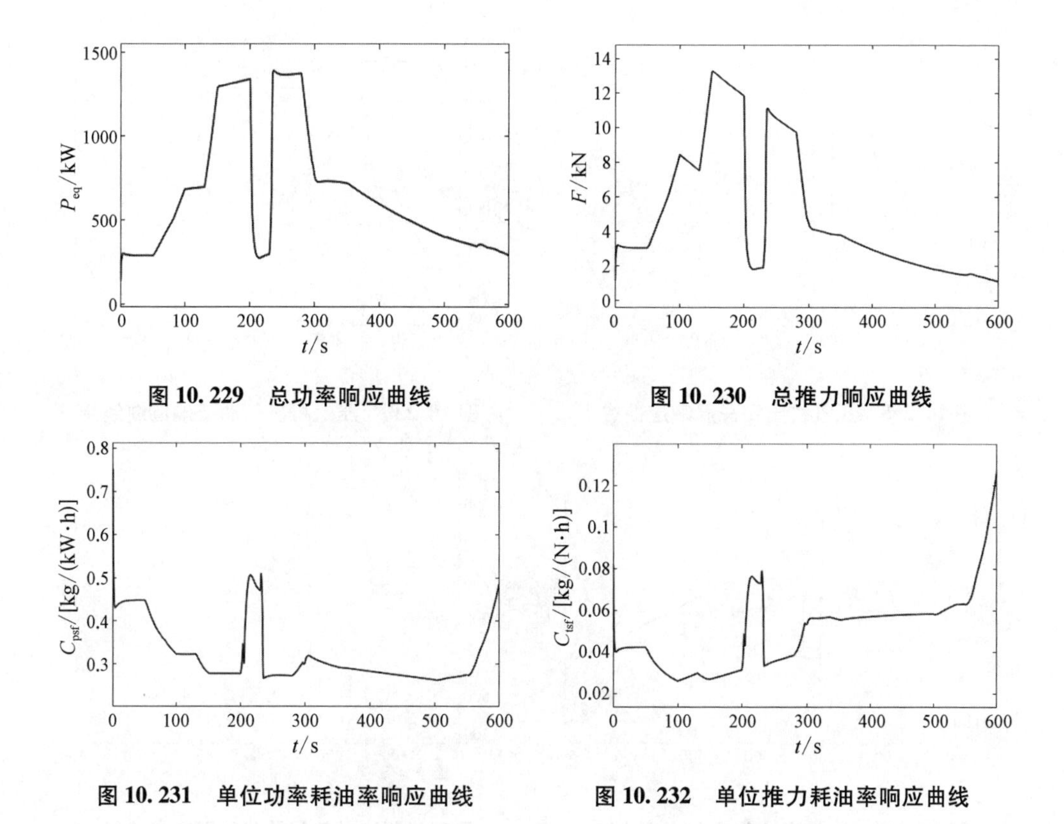

图 10.229　总功率响应曲线

图 10.230　总推力响应曲线

图 10.231　单位功率耗油率响应曲线

图 10.232　单位推力耗油率响应曲线

空气流量响应曲线如图 10.233 所示，压气机喘振裕度响应曲线如图 10.234 所示。

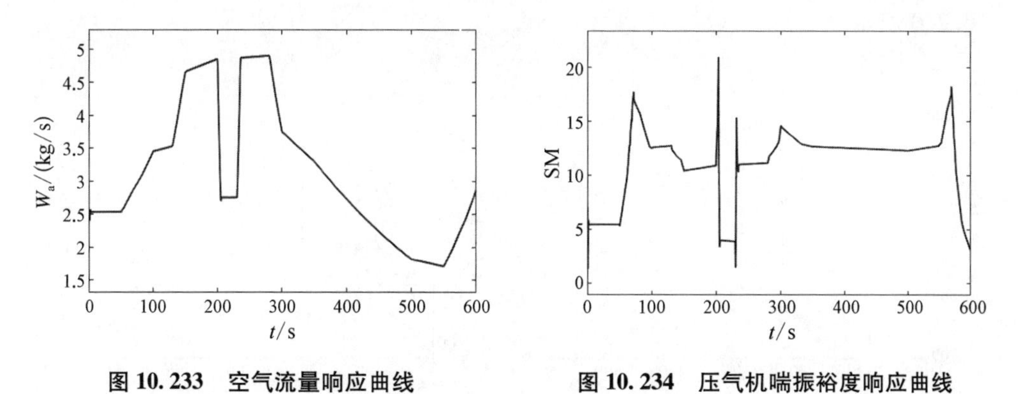

图 10.233　空气流量响应曲线

图 10.234　压气机喘振裕度响应曲线

压气机出口总温响应曲线如图 10.235 所示，压气机出口总压响应曲线如图 10.236 所示。

燃气涡轮前总温响应曲线如图 10.237 所示，燃气涡轮前总压响应曲线如图 10.238 所示。

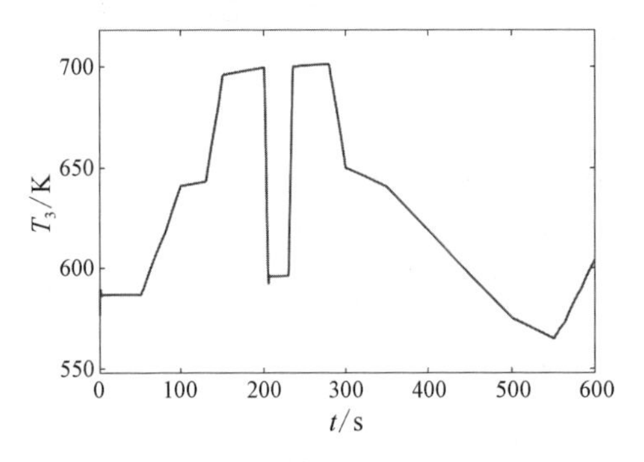

图 10.235 压气机出口总温响应曲线

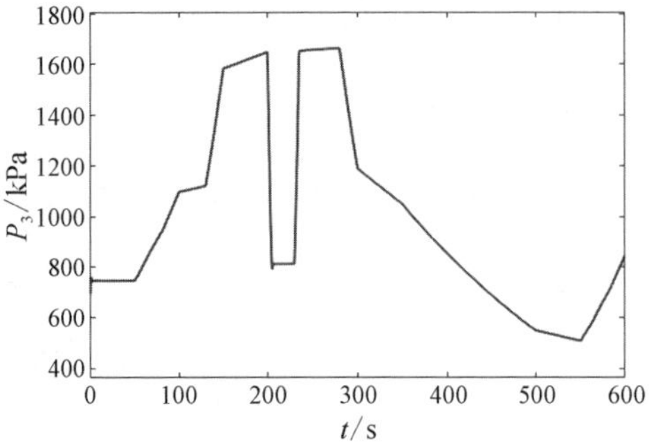

图 10.236 压气机出口总压响应曲线

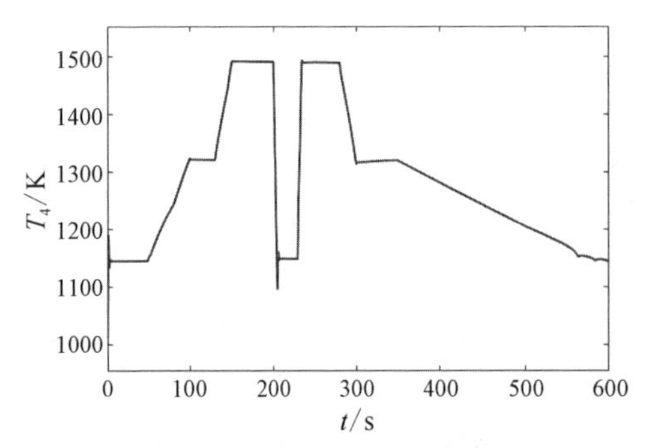

图 10.237 燃气涡轮前总温响应曲线

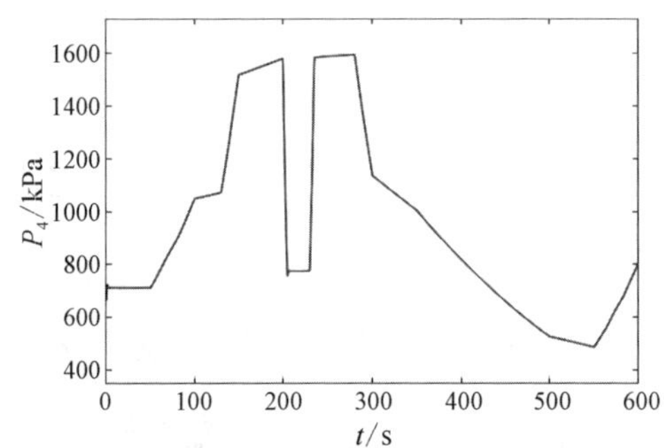

图 10.238 燃气涡轮前总压响应曲线

燃气涡轮后总温响应曲线如图 10.239 所示，燃气涡轮后总压响应曲线如图 10.240 所示。

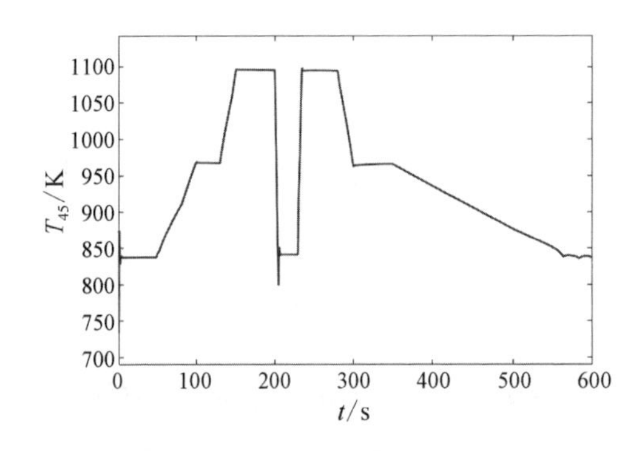

图 10.239 燃气涡轮后总温响应曲线

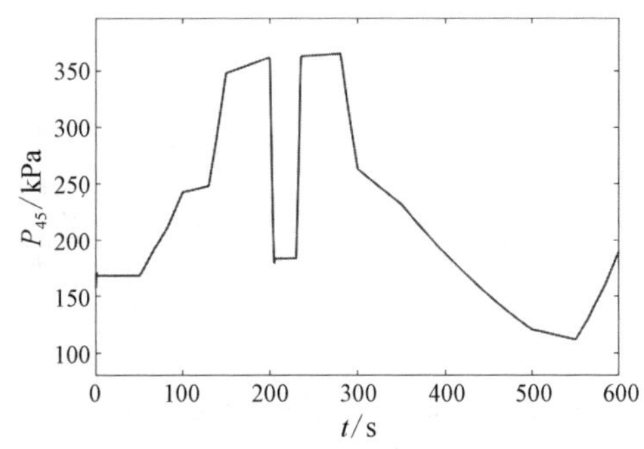

图 10.240 燃气涡轮后总压响应曲线

动力涡轮后总温响应曲线如图 10.241 所示，动力涡轮后总压响应曲线如图 10.242 所示。

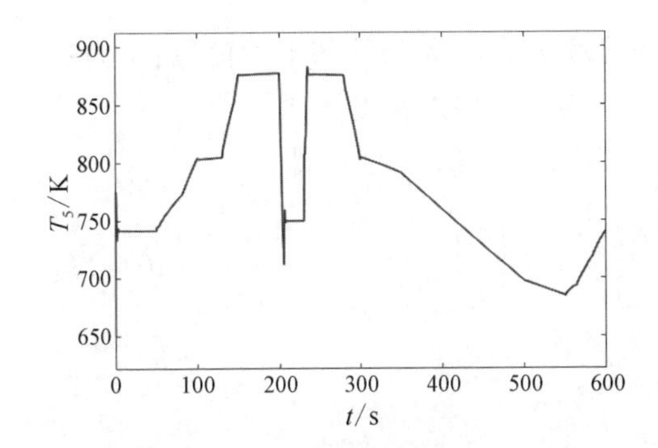

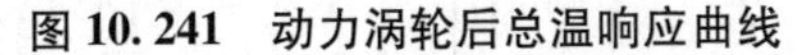
图 10.241　动力涡轮后总温响应曲线

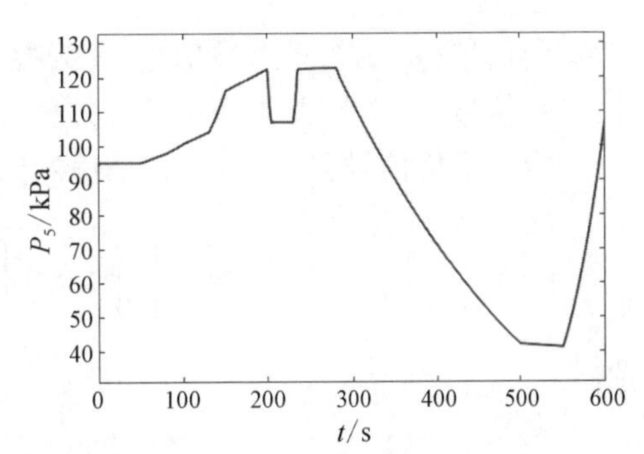

图 10.242　动力涡轮后总压响应曲线

10.5.2　二自由度模型跟踪 μ 控制设计

广义被控对象为

$$G_{\mathrm{aug}}(s)=\begin{bmatrix}G_{\mathrm{aug},\,11}(s) & G_{\mathrm{aug},\,12}(s)\\ G_{\mathrm{aug},\,21}(s) & G_{\mathrm{aug},\,22}(s)\end{bmatrix} \tag{10.135}$$

对涡桨发动机采用以下控制计划：

$$\begin{cases}W_{\mathrm{f}}\rightarrow n_{\mathrm{g}}\ \text{伺服跟踪}\ n_{\mathrm{g,\,dem}}=f(\mathrm{PLA})\\ \beta_{\mathrm{prop}}\rightarrow n_{\mathrm{p}}\ \text{伺服跟踪}\ n_{\mathrm{p,\,dem}}=g(\mathrm{PLA})\end{cases} \tag{10.136}$$

即通过调节燃油流量使燃气涡轮转速伺服跟踪指令转速、通过调节桨叶角使动力涡轮转速保持恒定值不变的双回路控制策略。

二自由度模型跟踪双回路加权灵敏度函数控制结构如图 10.243 所示。G_{aug} 为广义被控对象；M 为参考模型；W_{p} 为模型跟踪灵敏度加权函数；W_{u} 为控制输出灵敏度加权函数；$K_{\mathrm{aug,\,2dof,\,\Delta}}$ 为二自由度鲁棒控制器；r 为参考指令信号；e_r 为跟踪参

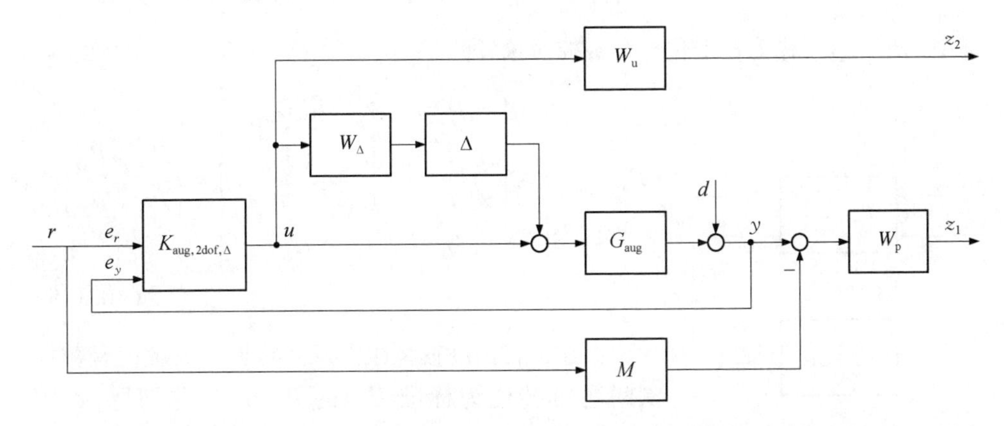

图 10.243　转速闭环二自由度模型跟踪双回路加权灵敏度函数控制结构

考指令信号；e_y 为被控参数信号；u 为控制器输出信号；d 为外部干扰信号；y 为被控参数信号；z_1 为跟踪模型误差评估信号；z_2 为控制输出幅度评估信号。

定义干扰信号向量为 w，评估信号向量为 z，误差信号为 e，即

$$w = \begin{bmatrix} r \\ d \end{bmatrix}, z = \begin{bmatrix} z_1 \\ z_2 \end{bmatrix}, e = \begin{bmatrix} e_r \\ e_y \end{bmatrix} \tag{10.137}$$

则

$$u = K_{\text{aug, 2dof}, \Delta} e = [K_{\text{aug, 2dof}, r, \Delta} \quad K_{\text{aug, 2dof}, y, \Delta}] \begin{bmatrix} e_r \\ e_y \end{bmatrix} \tag{10.138}$$

$$z_1 = W_{\text{p}}(d + G_{\text{aug}, \Delta} u - Mr) \tag{10.139}$$

$$z_2 = W_{\text{u}} u \tag{10.140}$$

$$e_r = r \tag{10.141}$$

$$e_y = G_{\text{aug}, \Delta} u + d \tag{10.142}$$

则

$$\begin{bmatrix} z_1 \\ z_2 \\ e_1 \\ e_2 \end{bmatrix} = \begin{bmatrix} -W_{\text{p}}M & W_{\text{p}} & W_{\text{p}}G_{\text{aug}, \Delta} \\ 0 & 0 & W_{\text{u}} \\ I & 0 & 0 \\ 0 & I & G_{\text{aug}, \Delta} \end{bmatrix} \begin{bmatrix} r \\ d \\ u \end{bmatrix} \tag{10.143}$$

则

$$\begin{bmatrix} z \\ e \end{bmatrix} = P_{\text{aug, 2dof}, \Delta} \begin{bmatrix} w \\ u \end{bmatrix} \tag{10.144}$$

其中，$P_{\text{aug, 2dof}, \Delta}$ 称为标准化广义被控对象，即

$$P_{\text{aug, 2dof}, \Delta} = \begin{bmatrix} -W_{\text{p}}M & W_{\text{p}} & W_{\text{p}}G_{\text{aug}, \Delta} \\ 0 & 0 & W_{\text{u}} \\ I & 0 & 0 \\ 0 & I & G_{\text{aug}, \Delta} \end{bmatrix} = \begin{bmatrix} P_{11} & P_{12} \\ P_{21} & P_{22} \end{bmatrix} \tag{10.145}$$

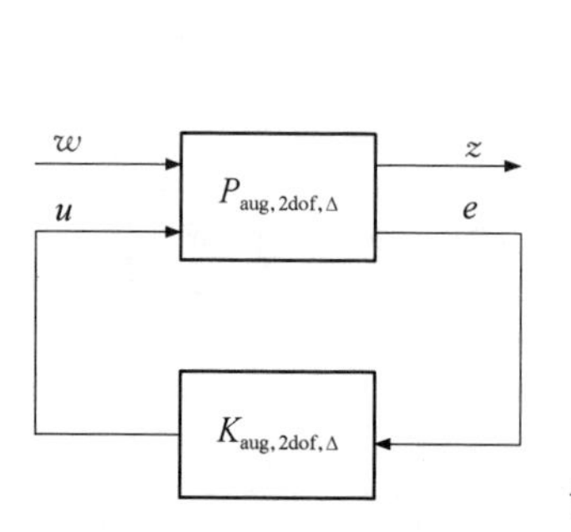

图 10.244 标准 H_∞ 优化问题

上述二自由度模型跟踪双回路加权灵敏度函数控制问题可转化为标准 H_∞ 的 $P-K$ 优化问题，如图 10.244 所示。

$$e_y = G_{aug,\Delta}u + d = G_{aug,\Delta}K_{aug,2dof,\Delta}e + d = G_{aug,\Delta}[K_{aug,2dof,r,\Delta} \quad K_{aug,2dof,y,\Delta}]\begin{bmatrix} e_r \\ e_y \end{bmatrix} + d$$

$$= d + G_{aug,\Delta}K_{aug,2dof,r,\Delta}r + G_{aug,\Delta}K_{aug,2dof,y,\Delta}e_y \tag{10.146}$$

$$e_y = (I - G_{aug,\Delta}K_{aug,2dof,y,\Delta})^{-1}d + (I - G_{aug,\Delta}K_{aug,2dof,y,\Delta})^{-1}G_{aug,\Delta}K_{aug,2dof,r,\Delta}r \tag{10.147}$$

设闭环灵敏度函数:

$$S_{o,\Delta}(s) = (I - G_{aug,\Delta}K_{aug,2dof,y,\Delta})^{-1} \tag{10.148}$$

$$S_{i,\Delta}(s) = (I - K_{aug,2dof,y,\Delta}G_{aug,\Delta})^{-1} \tag{10.149}$$

则

$$e_y = S_{o,\Delta}d + S_{o,\Delta}G_{aug,\Delta}K_{aug,2dof,r,\Delta}r \tag{10.150}$$

得闭环传递函数矩阵为

$$T_{zw}(s) = F_l(P_{aug,2dof,\Delta}, K_{aug,2dof,\Delta}) = \begin{bmatrix} W_p(S_{o,\Delta}G_{aug,\Delta}K_{aug,2dof,r,\Delta} - M) & W_pS_{o,\Delta} \\ W_uS_{i,\Delta}K_{aug,2dof,r,\Delta} & W_uK_{aug,2dof,y,\Delta}S_{o,\Delta} \end{bmatrix} \tag{10.151}$$

设 $\alpha = 0.6$、$\omega_B = 3$、$\varepsilon_S = 0.000\,001$，则

$$w_p(s) = \frac{\alpha}{\varepsilon_S}\frac{\dfrac{s}{\omega_B} + 1}{\dfrac{s}{\omega_B\varepsilon_S} + 1} = \frac{0.6}{0.000\,001}\frac{\dfrac{s}{3} + 1}{\dfrac{s}{3 \times 0.000\,001} + 1}$$

$$W_p(s) = \begin{bmatrix} w_p(s) & 0 \\ 0 & w_p(s) \end{bmatrix}$$

设 $\gamma = 0.01$、$\omega_B = 20$、$\varepsilon_u = 0.002$，则

$$w_u(s) = \gamma\frac{\dfrac{s}{\omega_B} + 1}{\dfrac{s}{\dfrac{\omega_B}{\varepsilon_u}} + 1} = 0.01\frac{\dfrac{s}{20} + 1}{\dfrac{s}{\dfrac{20}{0.002}} + 1}$$

$$W_u(s) = \begin{bmatrix} w_u(s) & 0 \\ 0 & w_u(s) \end{bmatrix}$$

设 $\xi = 0.9$、$\omega_n = 10$，则参考模型设计为标准二阶环节:

$$m(s)=\frac{\omega_n^2}{s^2+2\xi\omega_n s+\omega_n^2}=\frac{100}{s^2+18s+100}$$

$$M(s)=\begin{bmatrix} m(s) & 0 \\ 0 & m(s) \end{bmatrix}$$

针对上述广义被控对象 $G_{\text{aug}}(s)$、参考模型 $M(s)$、模型跟踪灵敏度加权函数 W_{p}、不确定性输入乘性有理加权传递函数 W_{I}，控制输出灵敏度加权函数 W_{u}、构造标准化广义被控对象 $P_{\text{aug, 2dof, }\Delta}$，基于 μ 综合 DK 迭代算法获得 16 阶控制器的解。

对所求的 16 阶控制器 K 与不确定性对象构建闭环控制系统，其鲁棒稳定性的 μ 的上下界为

$$\mu_{\text{up}}=0.135\,034\,5,\ \mu_{\text{low}}=0.135\,034\,4$$

闭环系统鲁棒稳定性 μ 的上下界如图 10.245 所示。

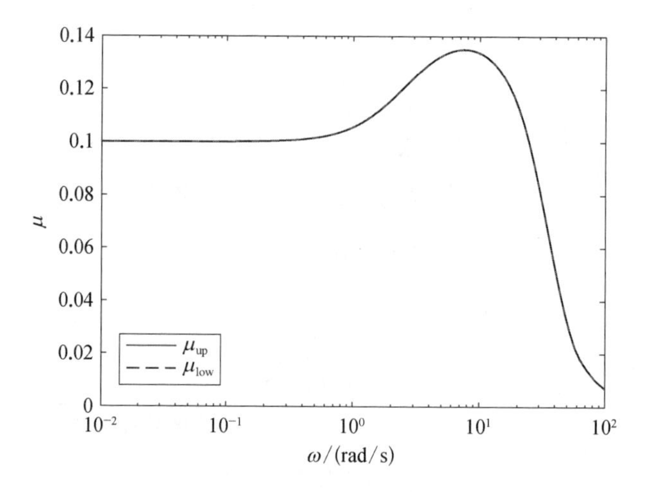

图 10.245　闭环系统鲁棒稳定性 μ 的上下界

鲁棒稳定裕度的上下界为

$$\text{SM}_{\text{up}}=7.405\,517,\ \text{SM}_{\text{low}}=7.405\,514$$

鲁棒稳定裕度检测结果表明，控制系统具有抗模型不确定性 741% 的能力。

闭环系统鲁棒稳定性满足 $\text{RS}\Leftrightarrow|T(\text{j}\omega)|<\dfrac{1}{|w_{\text{I}}(\text{j}\omega)|},\ \forall\omega$ 条件，闭环系统鲁棒稳定的测试如图 10.246 所示。

对控制器 K 与不确定性对象构建闭环控制系统，其鲁棒性能 μ 的上下界为

$$\mu_{\text{up}}=0.90,\ \mu_{\text{low}}=0.89$$

闭环系统鲁棒性能 μ 的上下界如图 10.247 所示。

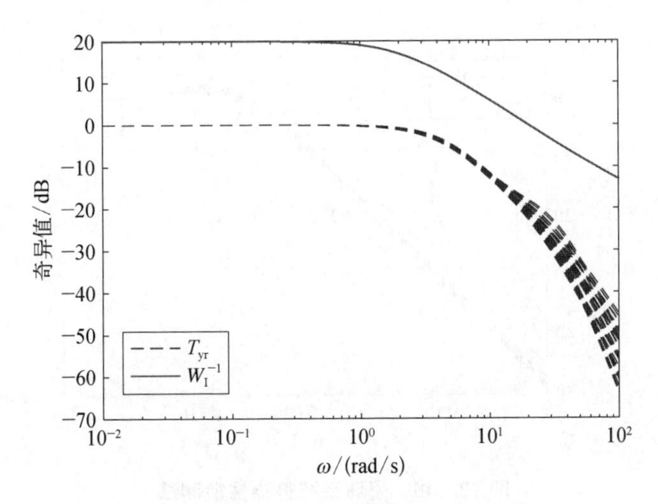

图 10.246　闭环系统鲁棒稳定的测试

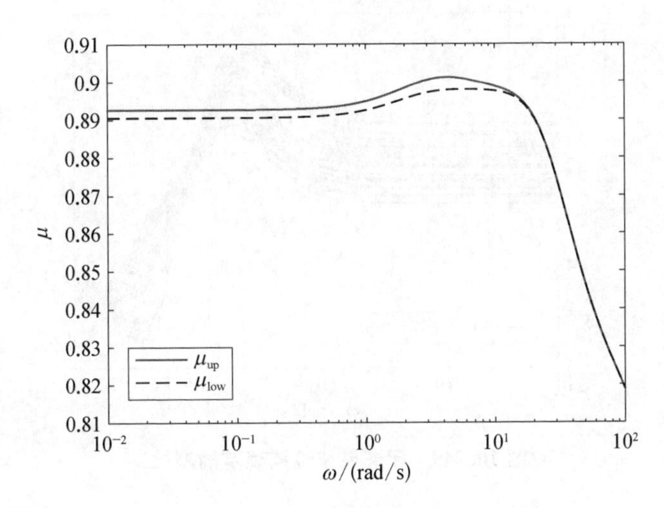

图 10.247　闭环系统性能 μ 的上下界

鲁棒性能裕度的上下界为

$$\mathrm{PM}_{up} = 1.108,\ \mathrm{PM}_{low} = 1.106$$

鲁棒性能裕度具有抗模型不确定性 111%的能力。

闭环系统鲁棒性能满足 $|S| < |w_p^{-1}|$ 条件，闭环系统鲁棒性能测试如图 10.248 所示。

闭环系统鲁棒性能测试满足 $\mathrm{RP} \Leftrightarrow \left\| \begin{matrix} w_P S \\ w_I T \end{matrix} \right\|_\infty = \max\limits_{\omega}(|w_P S| + |w_I T|) < 1$ 条件，如图 10.249 所示。闭环系统控制输出性能测试如图 10.250 所示。

闭环系统鲁棒稳定、鲁棒性能测试情况如图 10.251 所示。

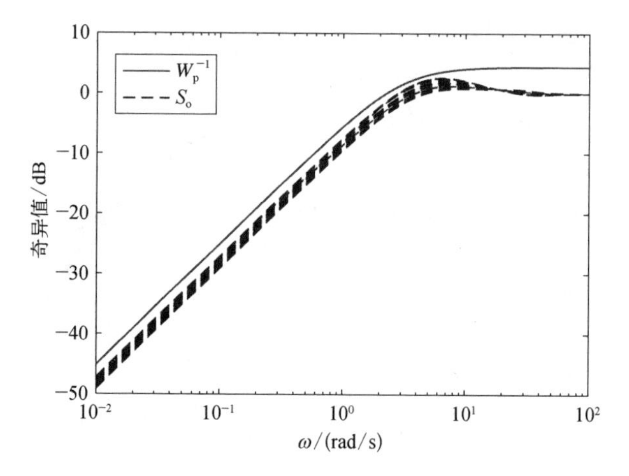

图 10.248　闭环系统鲁棒性能测试

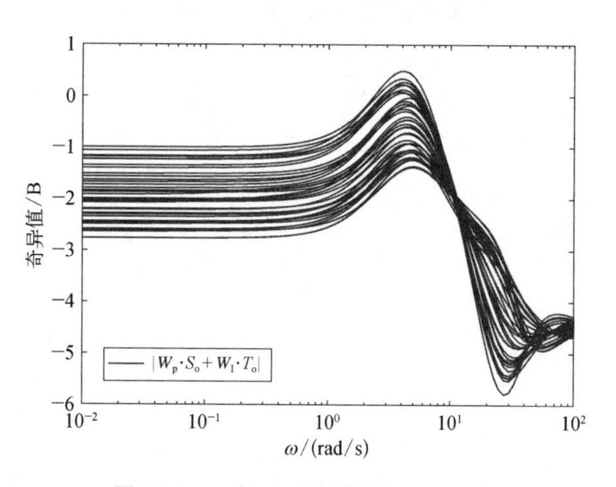

图 10.249　闭环系统性能稳定的测试

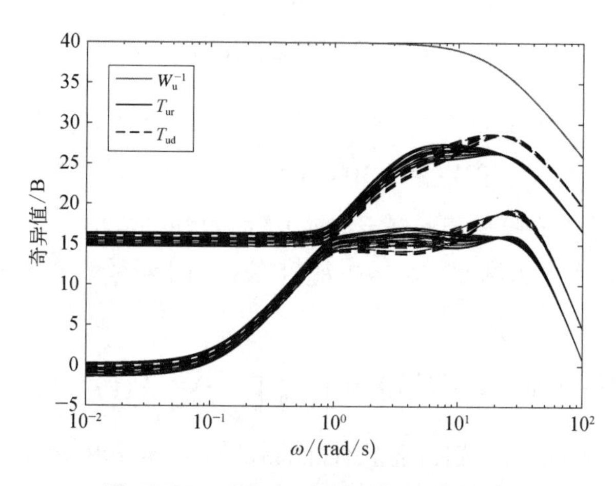

图 10.250　闭环系统控制输出性能测试

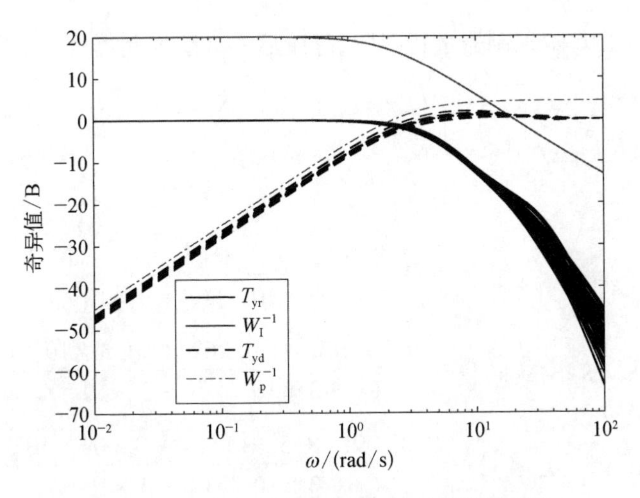

图 10.251　闭环系统鲁棒稳定、鲁棒性能测试

在不确定性集合中选取 20 个点,闭环系统阶跃响应如图 10.252 所示。

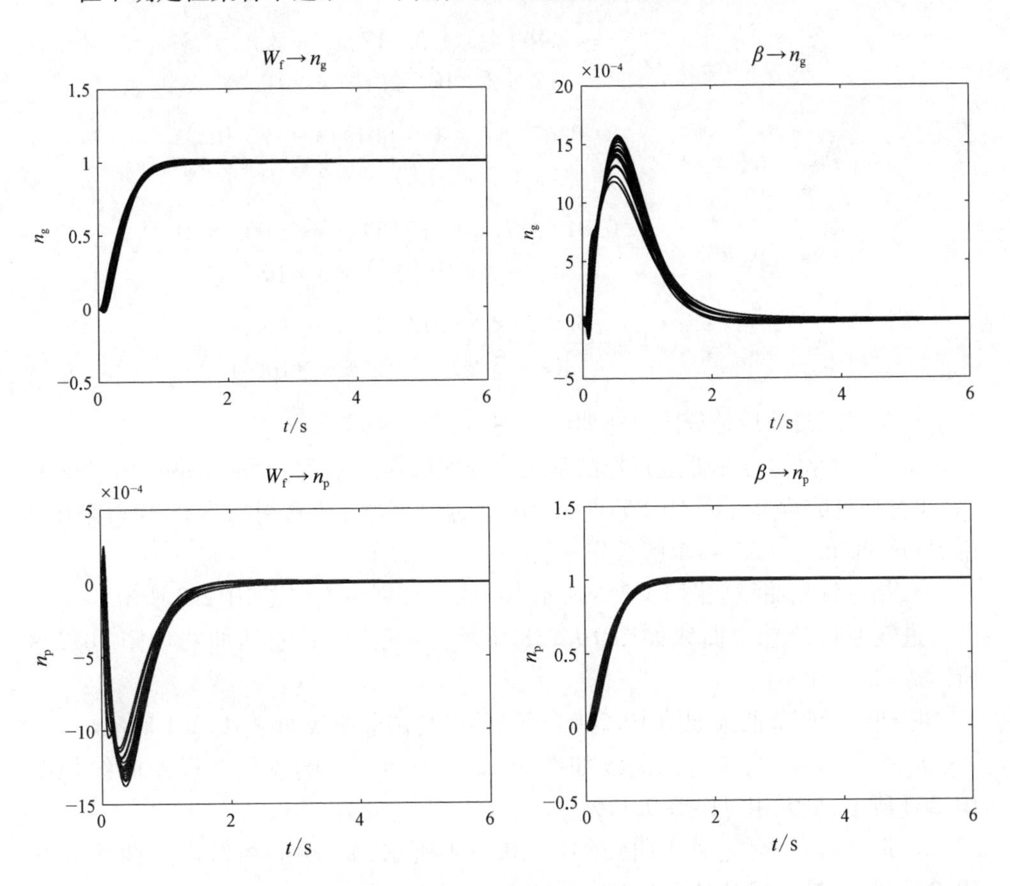

图 10.252　闭环系统阶跃响应

对原设计的 16 阶控制器进行降阶，降阶后的 2 阶控制器为

$$K_{\text{aug, 2dof}, \Delta}(s) = \begin{bmatrix} K_{\text{aug, 2dof}, r, \Delta, 11}(s) & K_{\text{aug, 2dof}, r, \Delta, 12}(s) & K_{\text{aug, 2dof}, y, \Delta, 13}(s) & K_{\text{aug, 2dof}, y, \Delta, 14}(s) \\ K_{\text{aug, 2dof}, r, \Delta, 21}(s) & K_{\text{aug, 2dof}, r, \Delta, 22}(s) & K_{\text{aug, 2dof}, y, \Delta, 23}(s) & K_{\text{aug, 2dof}, y, \Delta, 24}(s) \end{bmatrix} \tag{10.152}$$

$$K_{\text{aug, 2dof}, r, \Delta, 11}(s) = \frac{4.940\,1(s+2.814)(s+3\times10^{-6})}{(s+3\times10^{-6})(s+3\times10^{-6})}$$

$$K_{\text{aug, 2dof}, r, \Delta, 21}(s) = \frac{0.730\,47(s+4.262)(s+3\times10^{-6})}{(s+3\times10^{-6})(s+3\times10^{-6})}$$

$$K_{\text{aug, 2dof}, r, \Delta, 12}(s) = \frac{0.023\,9(s+5.915)(s+3.003\times10^{-6})}{(s+3\times10^{-6})(s+3\times10^{-6})}$$

$$K_{\text{aug, 2dof}, r, \Delta, 22}(s) = \frac{-15.919(s+0.136\,4)(s+3\times10^{-6})}{(s+3\times10^{-6})(s+3\times10^{-6})}$$

$$K_{\text{aug, 2dof}, y, \Delta, 13}(s) = \frac{-4.460\,4(s+3.117)(s+3\times10^{-6})}{(s+3\times10^{-6})(s+3\times10^{-6})}$$

$$K_{\text{aug, 2dof}, y, \Delta, 23}(s) = \frac{-0.622\,57(s+5.001)(s+3\times10^{-6})}{(s+3\times10^{-6})(s+3\times10^{-6})}$$

$$K_{\text{aug, 2dof}, y, \Delta, 14}(s) = \frac{-0.019\,327(s+7.315)(s+3.003\times10^{-6})}{(s+3\times10^{-6})(s+3\times10^{-6})}$$

$$K_{\text{aug, 2dof}, y, \Delta, 24}(s) = \frac{15.835(s+0.137\,1)(s+3\times10^{-6})}{(s+3\times10^{-6})(s+3\times10^{-6})}$$

控制器降阶前后伯德图对比曲线如图 10.253 所示。

采用 2 阶降阶控制器进行控制系统非线性仿真：飞行高度轨迹如图 10.254 所示，飞行马赫数轨迹如图 10.255 所示，仿真时间 600 s，仿真周期为 0.01 s，采用 4 阶 Runge-Kutta 法（ode4）求解微分方程。

n_g 指令计划曲线如图 10.256 所示，n_p 指令计划曲线如图 10.257 所示。

进气道进口总温曲线如图 10.258 所示，进气道进口总压曲线如图 10.259 所示。

燃油流量调节曲线如图 10.260 所示，桨叶角调节曲线如图 10.261 所示。

n_g 指令与 n_g 响应对比曲线如图 10.262 所示，n_g 响应相对误差曲线如图 10.263 所示，最大相对误差 0.11%。

n_p 指令与 n_p 响应对比曲线如图 10.264 所示，n_p 响应相对误差曲线如图 10.265 所示，最大相对误差 1.4%。

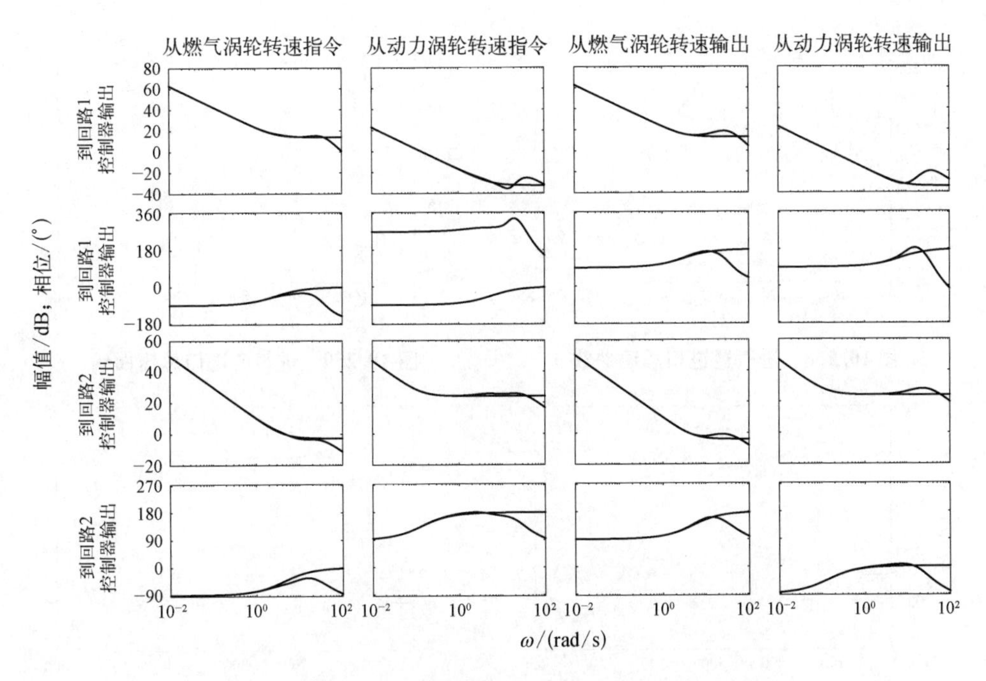

图 10.253　控制器降阶前后伯德图对比

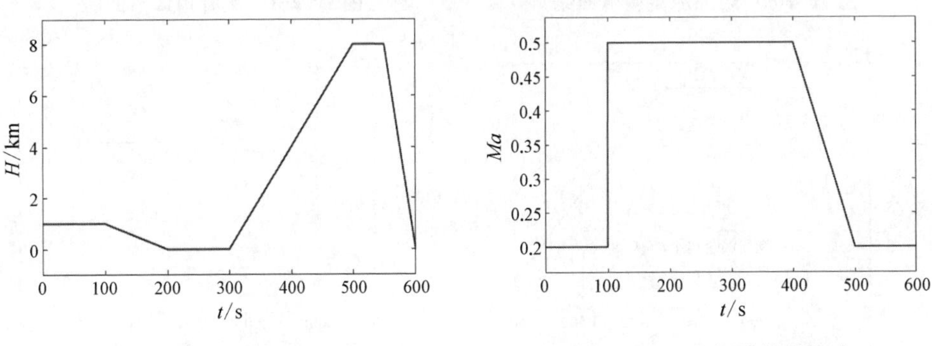

图 10.254　飞行高度轨迹

图 10.255　飞行马赫数轨迹

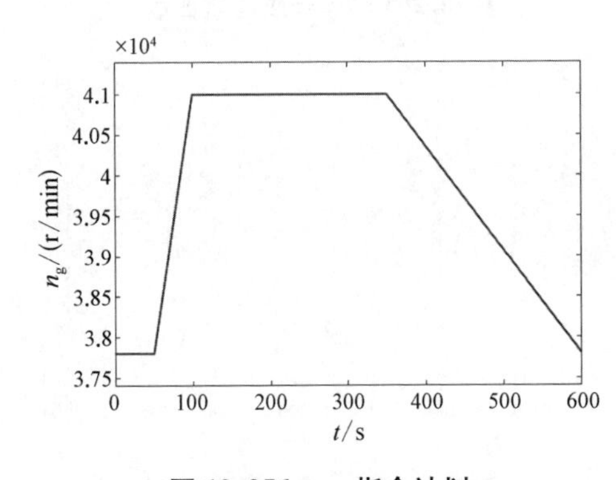

图 10.256　n_g 指令计划

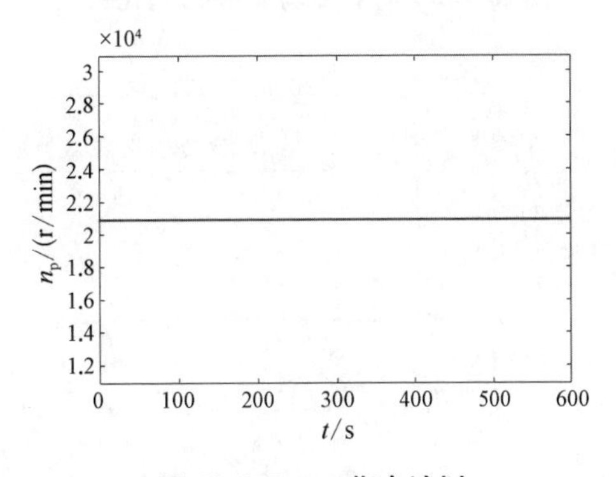

图 10.257　n_p 指令计划

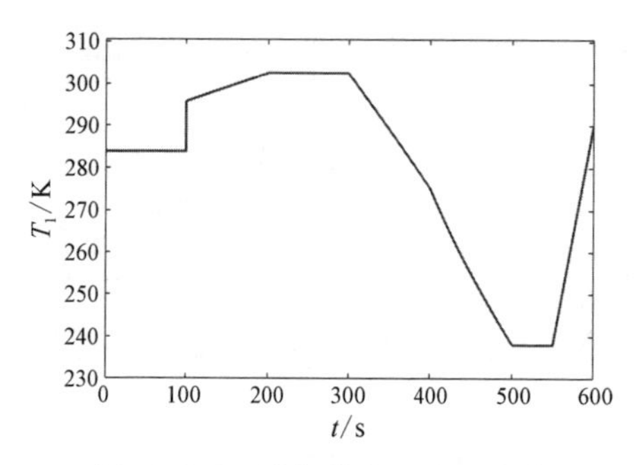

图 10.258 进气道进口总温曲线

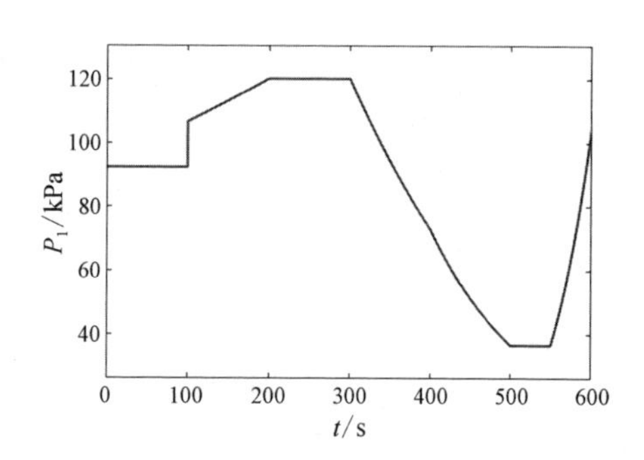

图 10.259 进气道进口总压曲线

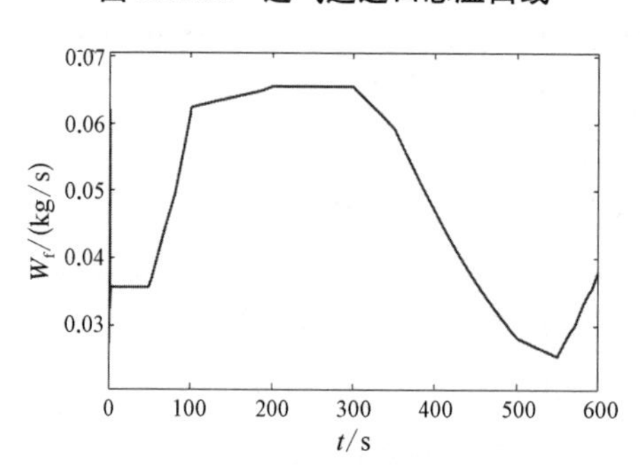

图 10.260 燃油流量调节曲线

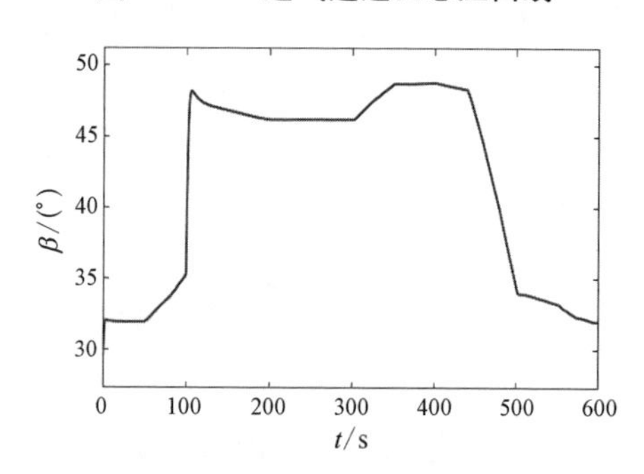

图 10.261 桨叶角调节曲线

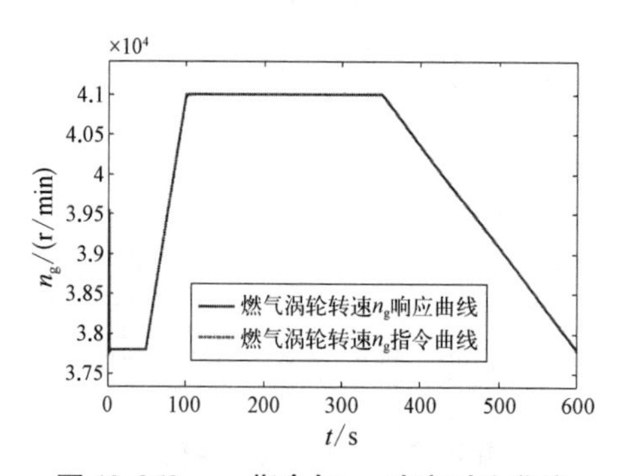

图 10.262 n_g 指令与 n_g 响应对比曲线

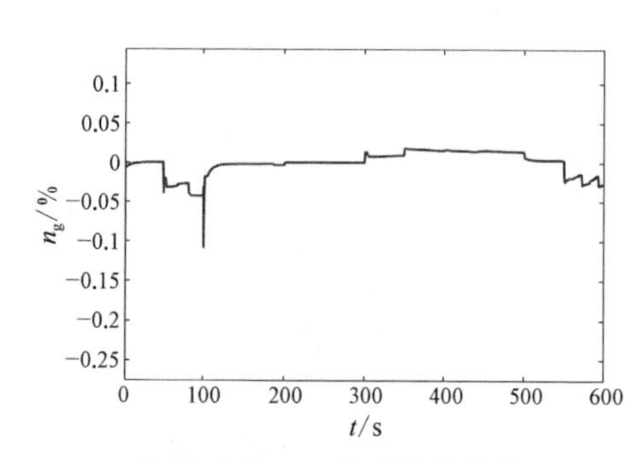

图 10.263 n_g 响应误差曲线

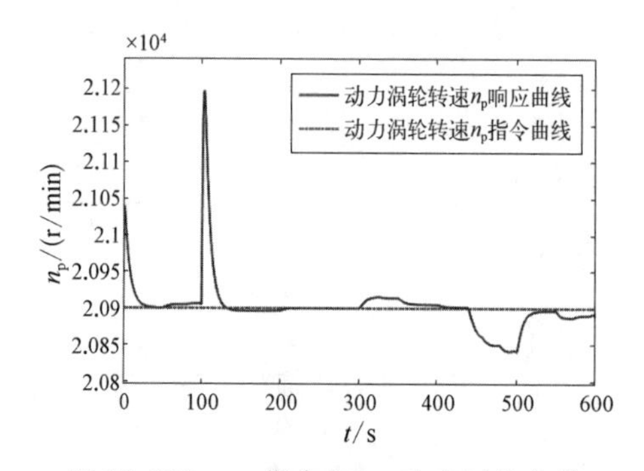

图 10.264 n_p 指令与 n_p 响应对比曲线

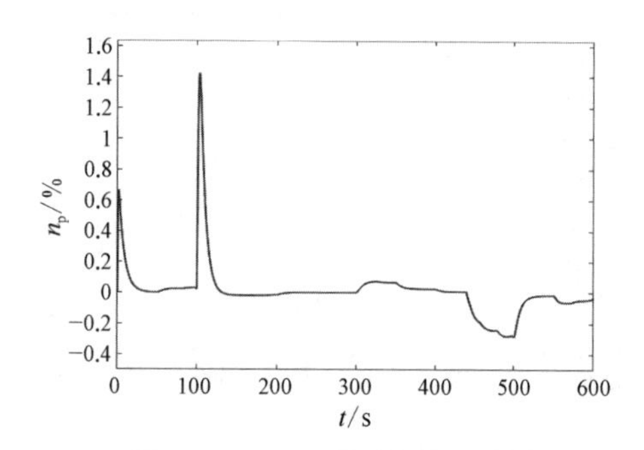

图 10.265 n_p 响应误差曲线

总功率响应曲线如图 10.266 所示，总推力响应曲线如图 10.267 所示。

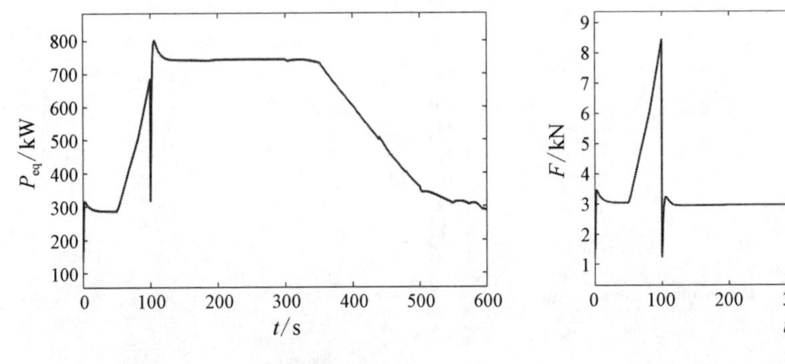

图 10.266　总功率响应曲线

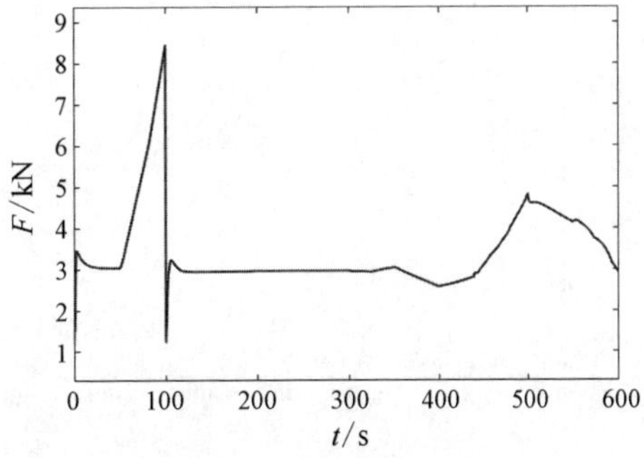

图 10.267　总推力响应曲线

单位功率耗油率响应曲线如图 10.268 所示，单位推力耗油率响应曲线如图 10.269 所示。

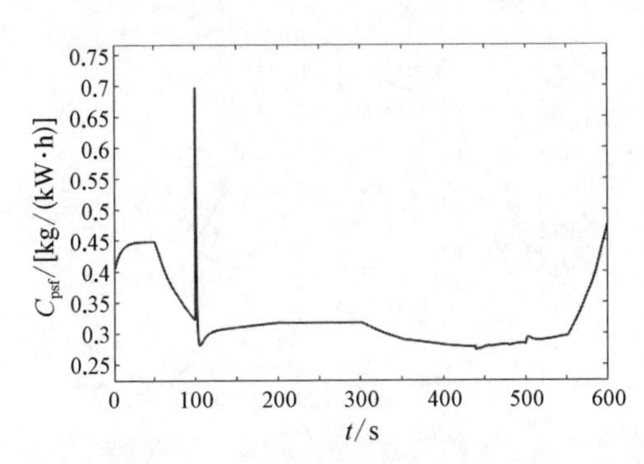

图 10.268　单位功率耗油率响应曲线

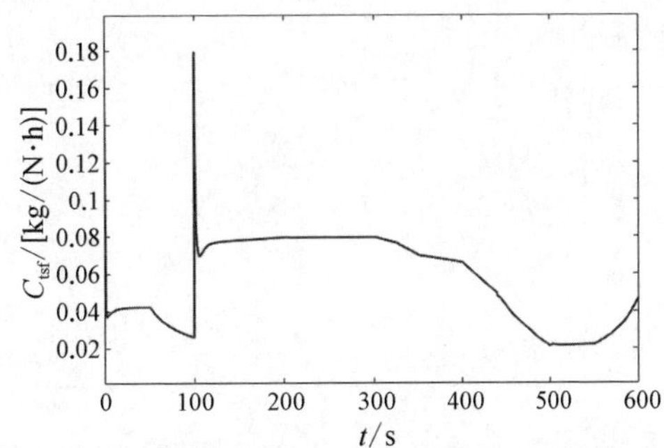

图 10.269　单位推力耗油率响应曲线

螺旋桨功率响应曲线如图 10.270 所示，螺旋桨扭矩响应曲线如图 10.271 所示。

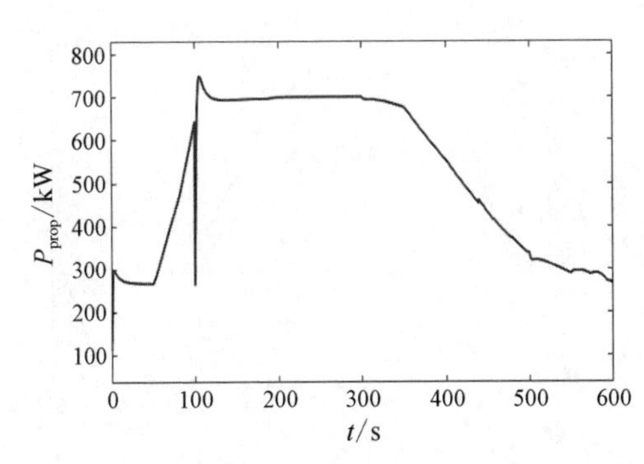

图 10.270　螺旋桨功率响应曲线

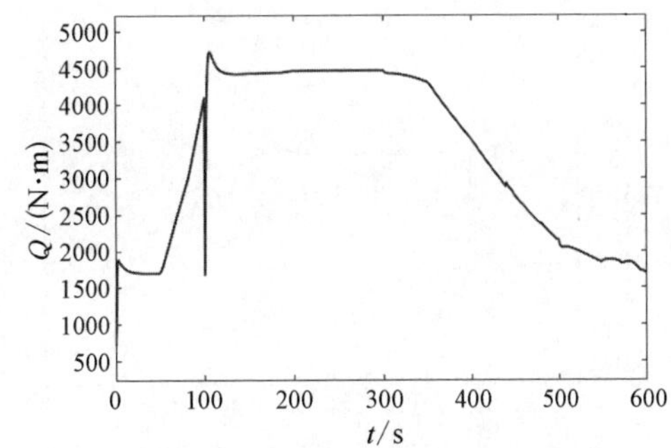

图 10.271　螺旋桨扭矩响应曲线

空气流量响应曲线如图 10.272 所示,压气机喘振裕度响应曲线如图 10.273 所示。

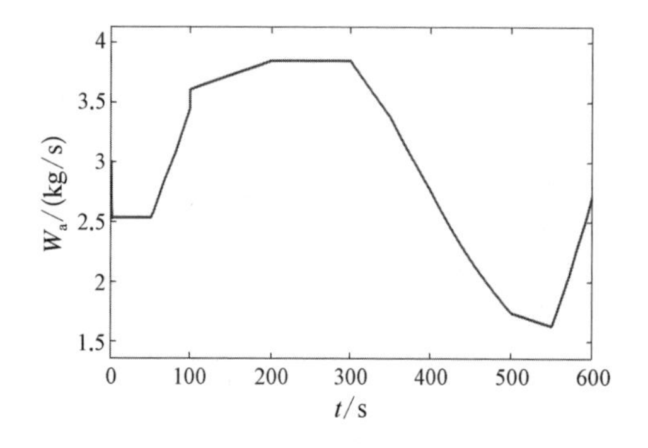

图 10.272 空气流量响应曲线

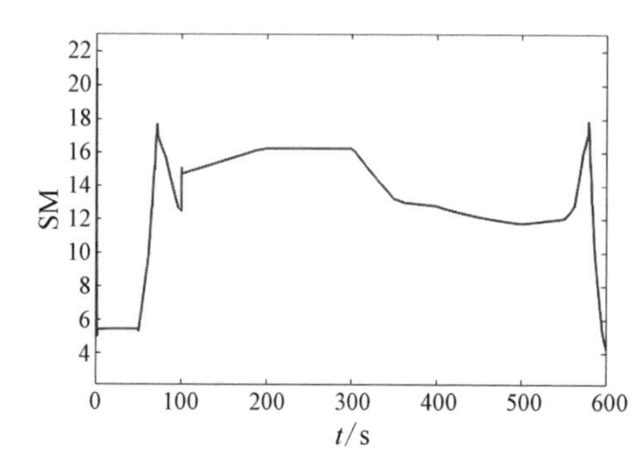

图 10.273 压气机喘振裕度响应曲线

压气机出口总温响应曲线如图 10.274 所示,压气机出口总压响应曲线如图 10.275 所示。

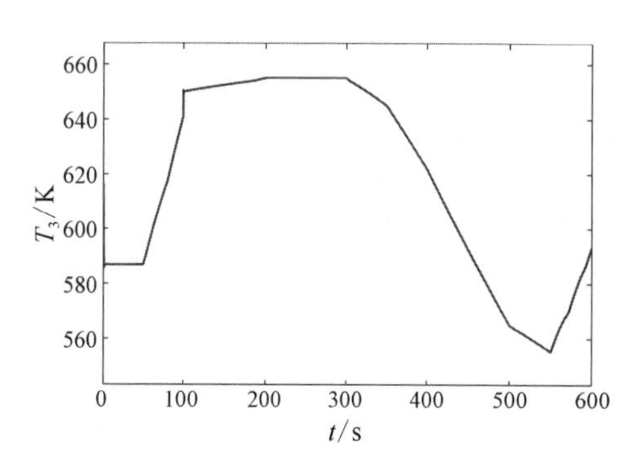

图 10.274 压气机出口总温响应曲线

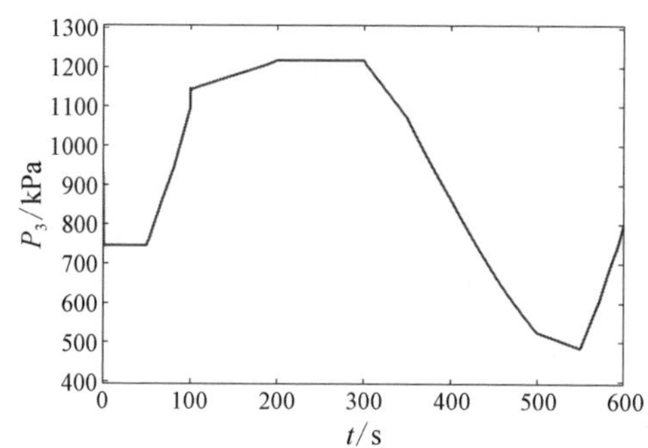

图 10.275 压气机出口总压响应曲线

燃气涡轮前总温响应曲线如图 10.276 所示,燃气涡轮前总压响应曲线如图 10.277 所示。

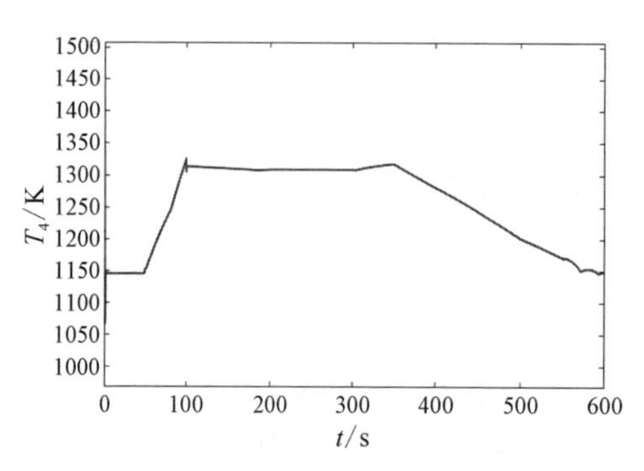

图 10.276 燃气涡轮前总温响应曲线

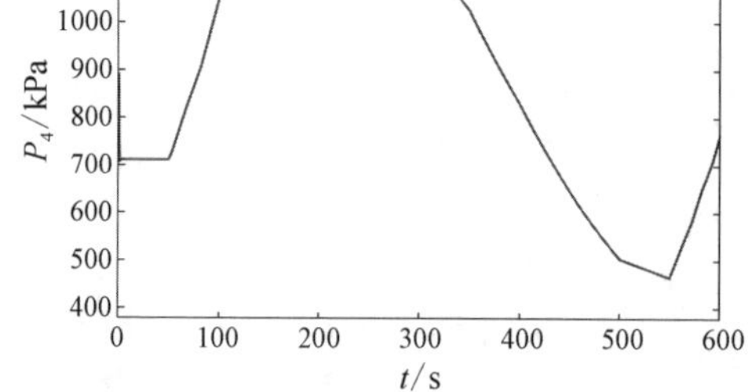

图 10.277 燃气涡轮前总压响应曲线

燃气涡轮后总温响应曲线如图 10.278 所示，燃气涡轮后总压响应曲线如图 10.279 所示。

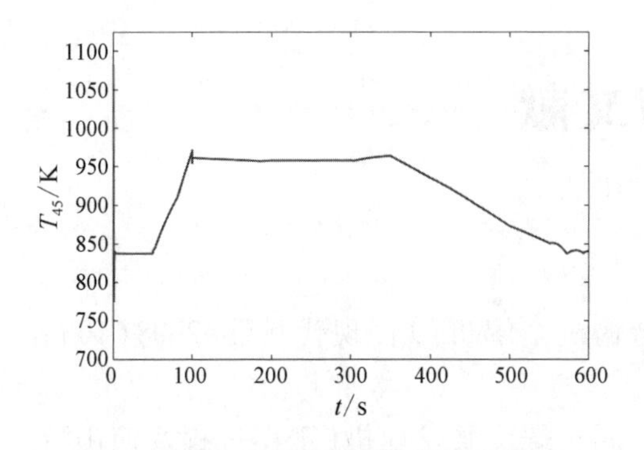

图 10.278　燃气涡轮后总温响应曲线

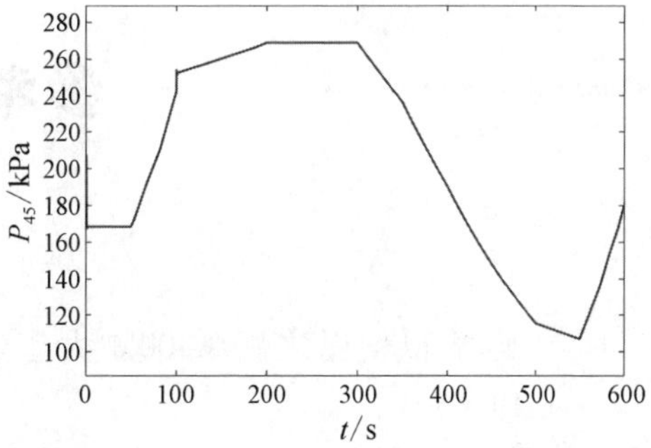

图 10.279　燃气涡轮后总压响应曲线

动力涡轮后总温响应曲线如图 10.280 所示，动力涡轮后总压响应曲线如图 10.281 所示。

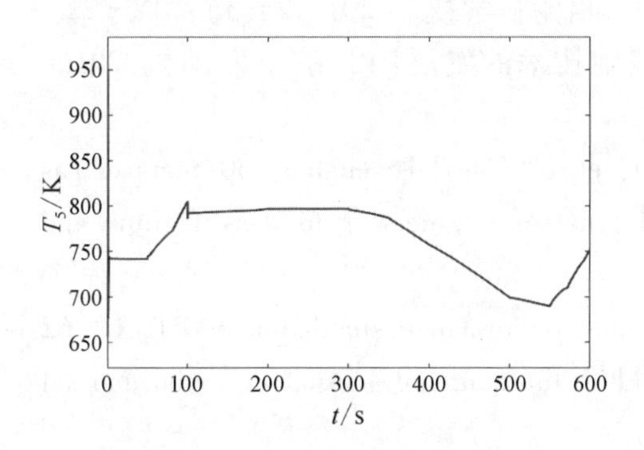

图 10.280　动力涡轮后总温响应曲线

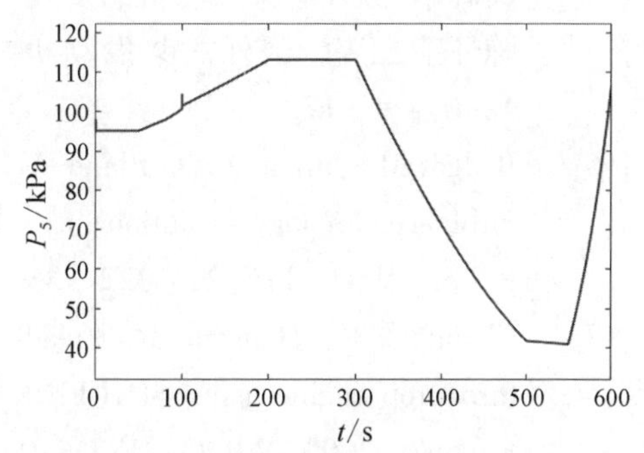

图 10.281　动力涡轮后总压响应曲线

参考文献

[1] 吴涛. 欧罗巴之鹰 A400M 大型运输机全解析[J]. 现代兵器,2008(10): 19－30.

[2] П К 卡赞德让,A B 库兹涅佐夫. 涡轮螺旋桨发动机(工作过程及使用特性)[M]. 毛可久,等译. 北京: 国防工业出版社,1965.

[3] 沈亮,欧平阳. 捕食者系列无人机特点及发展经验[J]. 飞航导弹,2012,(12): 33－36.

[4] 周辉华. 国外涡桨发动机的发展[J]. 航空科学技术,2013,24(1): 18－22.

[5] 陈怀荣,王曦. 国外涡桨发动机控制技术的发展[J]. 航空发动机,2016,42(6): 9－17.

[6] Badger M, Julien A, LeBlanc A D, et al. The PT6 engine: 30 years of gas turbine technology evolution[J]. Journal of Engineering for Gas Turbine and Power, 1994, 116(2): 322－330.

[7] Changduk K, Hongsuk R. Steady-state performance simulation of PT6A－62 turboprop engine using SIMULINK[J]. International Journal of Turbo and Jet Engines, 2003, 20(2): 183－194.

[8] 牛顿. 自然哲学之数学原理[M]. 王克迪,译. 北京: 北京大学出版社,2006.

[9] 杨卫,赵沛,王宏涛. 力学导论[M]. 北京: 科学出版社,2020.

[10] 大卫·布鲁斯特. 艾萨克·牛顿、理性时代与现代科学的肇始[M]. 段毅豪,译. 北京: 华文出版社,2021.

[11] 安德鲁·卡内基. 瓦特传: 工业革命的旗手[M]. 王铮,译. 南昌:江西教育出版社,2012.

[12] Katsuhiko O. Modern control engineering[M]. 4th Edition. Upper Saddle River: Prentice Hall, 2002.

[13] 麦克斯韦. 电磁通论[M]. 戈革,译. 北京: 北京大学出版社,2010.

[14] Morris Driels. 线性控制系统工程[M]. 金爱娟,李少龙,李航天,译. 北京: 清华大学出版社,2000.

[15] 吴麒. 自动控制原理[M]. 第 2 版. 北京: 清华大学出版社,2006.

[16] 郑大中. 线性系统理论[M]. 第2版. 北京：清华大学出版社,2002.

[17] Zames G. Feedback optimal sensitivity: Model reference transformations, multiplicative seminorms and approximate inverse[J]. IEEE Transactions on Automatic Control, 1981, AC-26: 301-320.

[18] Glover K, Doyle J C. State-space formulae for all stabilizing controllers that satisfy an H_∞ norm bound and relations to risk sensitivity [J]. Systems & Control Letters, 1988, 11(8): 167-172.

[19] Doyle J C, Glover K, Khargonekar P, et al. State-space solutions to standard H_2 and H_∞ control problems[J]. IEEE Transactions on Automatic Control, 1989, 34(8): 831-847.

[20] Gahinet P, Apkarian P. A linear matrix inequality approach to H_∞ control [J]. International Journal of Robust Nonlinear Control, 1994, 4(4): 421-448.

[21] Gahinet P. Explicit controller formulas for LMI-based H_∞ synthesis [J]. Automatica, 1996, 32(7): 1007-1014.

[22] Gahinet P, Nemirovski A, Laub A J, et al. LMI control toolbox[R]. The Math Works Inc., 1995.

[23] Eugene L, Kevin A Wise. Robust and adaptive control with aerospace applications[M]. London: Springer-Verlag London, 2013.

[24] Nhan T Nguyen. Model-reference adaptive control: A prime [M]. Berlin: Springer, 2018.

[25] Greatrix D R. Powered flight[M]. London: Springer-Verlag London Limited, 2012.

[26] 赵利. PW150C 发动机为新舟 700 提供动力[OL]. http://www.ce.cn/aero/201508/17/t20150817_6241272.shtml[2015-8-17].

[27] Walsh Philip, Fletcher Paul. 燃气涡轮发动机性能[M]. 郑建弘,胡忠志,华清,等译. 上海：上海交通大学出版社,2018.

[28] Keck M F, Schwent G V, Fredlake J J, et al. A turboprop engine advanced adaptive fuel control with a high contamination tolerance[C]. ASME 1968 Gas Turbine Conference and Products Show, Washington: ASME Press, 1968: No. 68-GT-48, 1-9.

[29] 陈怀荣. 涡桨发动机燃油控制系统故障诊断与预测方法研究[D]. 北京：北京航空航天大学,2023.

[30] 王曦,杨舒柏,朱美印,等. 航空发动机控制原理[M]. 北京：科学出版社,2021.

[31] Lathasree P, Pashilkar A A. Digital simulation model for a turboprop engine

[C]. Bangalore: Symposium on Applied Aerodynamics and Design of Aerospace Vehicle, 2011.

[32] JT15D-4型涡轮风扇喷气发动机总体结构分析[Z]. 北京：第三机械工业部第六研究院.

[33] Federal Aviation Administration. Aviation Maintenance Technician Handbook - Powerplant, Volume 2[M]. U.S. Department of Transportation, 2012.